AF569764

DELIUS KLASING

**Wartung und Reparatur**

**Matthew Coombs**

# Yamaha

## MT-07
## TRACER und XSR700

Modelle:

| | | |
|---|---|---|
| MT-07 | 689 cm³ | 2014 bis 2017 |
| MT-07TR TRACER | 689 cm³ | 2016 bis 2017 |
| XSR 700 | 689 cm³ | 2016 bis 2017 |

*Einschließlich Sondermodelle*

**Delius Klasing Verlag**

Die englische Originalausgabe mit dem Titel »Yamaha MT-07, Tracer and XRS700 Owner Workshop manual« erschien 2018 bei Haynes Publishing.

Bibliografische Information der Deutschen Nationalbibliothek
Die Deutsche Nationalbibliothek verzeichnet diese Publikation in der Deutschen Nationalbibliografie; detaillierte bibliografische Daten sind im Internet über http://dnb.dnb.de abrufbar.

1. Auflage
ISBN 978-3-667-11591-1
Die Rechte für die deutsche Ausgabe liegen beim Verlag Delius Klasing & Co. KG, Bielefeld.

Übertragen und bearbeitet von Udo Stünkel
Einbandgestaltung: Gabriele Engel
Satz: Hans Kock Buch- und Offsetdruck GmbH, Bielefeld
Druck: Print Consult, München
Printed in Slovakia 2019



Delius Klasing Verlag, Siekerwall 21, D - 33602 Bielefeld
Tel.: 0521/559-0, Fax: 0521/559-115
E-Mail: info@delius-klasing.de
www.delius-klasing.de

# Inhalt

# Yamaha

## Von Musikinstrumenten zu Motorrädern

*von Julian Ryder*

### Die Yamaha Motor Company

1889 entstand der Firmenname Yamaha, als Torakusu Yamaha die Yamaha Orgelfabrik gründete. Der Erfolg war so groß, dass daraus 1897 die Nippon Gakki GmbH hervorging, die Pfeifenorgeln und Klaviere im großen Stil herstellte.

Während des Zweiten Weltkrieges nutzte die Regierung die Fabrikeinrichtungen von Nippon Gakki zur Fertigung von Propellern und Benzintanks für die Flugzeugindustrie. Am Ende des Krieges entstand eine große Nachfrage nach preiswerten Fahrzeugen. So verwandten viele Firmen ihre überholten Flugzeugbaumaschinen zur Produktion von Motorrädern. Das erste Motorrad von Nippon Gakki kam im Februar 1955 unter dem Namen 125 YA-1 Red Dragonfly auf den Markt. Diese Maschine war ein Nachbau der deutschen DKW RT 125 mit einem Einzylinder-Zweitakt-Motor und einem Vier-Gang-Getriebe. Aufgrund des großen Erfolges dieses Modells wurde der Motorradbereich im Juli 1955 von Nippon Gakki getrennt und die Yamaha Motor Company gebildet. Die YA-1 wurde auch als Sieger in zwei der größten Straßenrennen Japans gefeiert, dem Fuji-Bergrennen und dem Asama-Vulkan-Rennen. Die gleichbleibend hohe Nachfrage nach der YA-1 führte zur Entwicklung einer ganzen Serie von Ein- und Zweizylinder-Zweitakt-Maschinen.

**Beliebtes Einstiegsmodell der 50-cm³-Klasse**

Nachdem Yamaha sich auf dem Heimatmarkt einen guten Namen gemacht hatte, wurden Yamaha-Motorräder ab 1958 in die USA und ab 1962 nach Europa exportiert. Zu dieser Zeit hatte die Konkurrenz zwischen den zahlreichen japanischen Motorradherstellern deren Zahl erheblich reduziert, und gegen Ende der 1960er-Jahre gab es nur noch die vier großen, heute noch bekannten Firmen.

1968 wurde Yamaha Europa gegründet und in Holland eingerichtet. Obwohl ursprünglich als Vertrieb für Wassersportprodukte geplant, ist die holländische Niederlassung jetzt offizielle europäische Zentrale und Vertriebszentrum. Yamaha Motorräder werden in Werken in Holland, Dänemark, Norwegen, Italien, Frankreich, Spanien und Portugal hergestellt. Mitsui und Co., zunächst ein Handelshaus für den Transport und den Vertrieb japanischer Produkte in westlichen Ländern, entwickelte sich schließlich zum Verantwortlichen für Yamaha Motorräder und Außenbordmotoren.

Auf die Technologie des Motorradbereiches aufbauend, stellte Yamaha viele andere Produkte her: Pkw- und Leichtflugzeugmotoren, Schiffsmotoren und Boote, Generatoren, Pumpen, Geländefahrzeuge, Snowmobile, Golfkarren, Industrieroboter, Rasenmäher, Swimmingpools und Bogenschützenausstattung.

### Zuerst kamen Zweitakter

Einen großen Anteil am Erfolg von Yamaha hatte eine ganze Reihe von Neuentwicklungen auf dem Zweitaktsektor. Getrenntschmierung, »Monocoque« Pressstahlrahmen, Elektrostarter, Multikanalspülung, Membraneinlasssteuerung und »Powervalves« (Walzendrehschieber) hielten die Yamaha-Zweitakter an der Spitze der Technologie.

In den 1960er- und 1970er-Jahren bildeten die Zweitakt-Maschinen YAS3 125, YDS1 bis YDS7 250 und YR5 350 das Herzstück des Yamaha-Angebotes. Bis zur Mitte der 1970er-Jahre wurden sie durch RD (Race-Developed) 125, 250 und 350 ersetzt. Diese Zweitakt-Twin-Reihe hatte eine verbesserte Sieben-Kanal-Spülung mit Membraneinlasssteuerung. Das Bremsverhalten wurde mittels der hydraulischen Vorderradbremse der DX-Modelle anstelle der vorher genutzten Trommel verbessert. Alugussräder waren im Vorgriff auf spätere RD-Modelle erhältlich. 1976 wurde die RD 350 von der RD 400 abgelöst.

Neben den RD-Twin-Modellen lief eine Reihe von Einzylinder-Zweitakt-Modellen. Neben einigen anderen Fahrgestellen wurde der Motor für das beliebte 50-cm³-Moped FS1-E, RS 100 und 125 und in der DT-Off-Road-Reihe verwandt.

Die luftgekühlten Ein- und Zweizylinder-Modelle wurden 1980 schließlich durch die LC-Reihe mit wassergekühlten Motoren, komplett neuem Äußeren, säbelförmigen Gussspeichenrädern und Cantilever-Rahmen (Yamahas Monoshock) ersetzt. Den größten Eindruck hinterließ die RD 350 LC, später RD 350 R.

Spätere Modelle hatten den YPVS (Yamaha Power-Valve-System), der im Grunde aus einer Walze in der Auslassöffnung bestand, die elektronisch gesteuert wurde, um die Durchflusszeiten so zu verändern, dass ein Maximum an Energieausbeute erzielt wurde. Die RD 500 LC war der größte Zweitakter von Yamaha und unterschied sich von den anderen LC-Modellen durch den Einsatz von einem V-Vierzylinder-Motor.

Mit Ausnahme der RD 350 R, die heute in Brasilien produziert wird, wurde die LC-Reihe eingestellt. Zweitaktmotoren haben dem Umweltdruck nachgegeben und werden mit wenigen Ausnahmen nur noch in Rollern und Kleinkrafträdern verwandt.

## Viertakt

Bis 1970 konzentrierte Yamaha sich ausschließlich auf die Fertigung von Zweitakt-Modellen. Dann wurde mit der XS1 das erste Yamaha Viertakt-Motorrad hergestellt. Vielleicht war es der Erfolg im Zweitaktbereich, der einen früheren Einstieg in den Markt mit Viertakt-Motorrädern verhinderte, obwohl die Zusammenarbeit mit Toyota in den 1960er-Jahren eine gesunde Basis an Viertakt-Technologie für Yamaha geschaffen hatte. Die XS 1, die später als XS 650 bekannt wurde und auch in der Chopper-Version als SE auftrat, hatte einen 650-cm³-Zweizylindermotor.

1976 führte Yamaha die XS 750 mit einem 750-cm³-Dreizylindermotor in einem Sport-Tourer-Rahmen ein. Die XS 750 machte sich selbst einen guten Namen in der Sport-Tourer-Klasse und blieb bis zur Erweiterung auf 850 cm³ 1980 nahezu unverändert.

1976 folgten mit der XJ Zweizylinder-Reihe die 250, 360, 400, die 1978 durch die Vier-Zylinder-Maschine XJ 1100 verstärkt wurden.

1976 wurde mit der XT 500 der Vorgänger des Dauerläufers SR 500 (ab 1978 bis 1999) in den Verkauf gebracht.

In den 1980er-Jahren kam eine neue Familie Viertakter mit den Modellen XJ 550, 650, 750 und 900 Four auf den Markt. Gegenüber der XJ-Reihe zeigten sich diese Verbesserungen in Form eines »schlankeren« DOHC-Motors, da die Lichtmaschine hinter die Zylinder platziert werden konnte, einer elektronischen Zündung und verbesserter Brems- und Fahrwerksysteme. Das erste Yamaha-Modell mit einem Turbolader war die XJ 650 T. Diese nicht mehr produzierten XJ-Modelle hatte deutliche Auswirkungen auf die XJ 600 S und die XJ 900 S Diversion (Seca II) Modelle.

Unter den FZR-Vorgängern befinden sich die reinen Sportmodelle von Yamaha. Mit Ausnahme der FZR 400 und FZR 600 mit 16 Ventilen wurden in der FZR-Reihe 20-Ventil-Motoren eingesetzt: zwei Auslass- und drei Einlassventile pro Zylinder. Dieses Konzept, Genesis genannt, verbesserte den Gasfluss im Kompressionsraum. Weitere Merkmale des neuen Motors waren die Fallstromvergaser und der stärker geneigte Winkel des Motors im Rahmen sowie der Wechsel zur Wasserkühlung. Ein besseres Handling wurde durch einen leichten Deltabox-Aluminiumrahmen und ein verbessertes Fahrwerk erreicht. Der Genesis-Motor wurde in den YZF-750- und 1000-Modellen weiter verwandt.

Das Genesis-Konzept war die Basis für Yamahas Siegeszug im Viertakt-Rennsport. Dieser begann zunächst mit einer Maschine, die einfach »die Genesis« hieß – man hatte einen FZR-750-Motor in eine TT-Formel-1-Maschine gesteckt, und schon konnte das Werk Hondas RFV-750-Rennern bei solch wichtigen Rennen wie in Suzuka oder beim Bol d'Or die Show stehlen. Allerdings wurde die Maschine nicht während der gesamten Weltmeisterschaft eingesetzt. Erst bei der neuen Superbike-Weltmeisterschaft wurden Yamahas an den Start gebracht – nicht vom Werk, sondern vom australischen Importeur –, die im Debütjahr 1988 den Titel holten. Der Fahrer hieß übrigens Mick Doohan, und er gewann nicht mit einem Homologationsrenner, sondern auf einer FZ 750 mit Stahlrahmen. Die OW01 war eine Gewinnermaschine – besonders in den Händen von Fabrizio Pirovano, der als Werksfahrer nicht weniger als zehn Siege einfuhr.

Yamaha war immer eine sportlich orientierte Firma, die ihre bei Rennen gewonnen Erkenntnisse in die Serienproduktion einfließen ließ. Also verwunderte es auch nicht, dass

**Die RD-Modelle mit der markanten Formgestaltung und Farbgebung**

die neueste Generation leichtgewichtiger Sportler sowohl auf als auch neben der Rennstrecke den Ton angaben. Die R6 gewann im Einführungsjahr der World Supersport-Meisterschaft mehr Rennen als jede andere Maschine; der quirlige Noriyuki Haga gewann mit der gerade erschienen R7 ein Rennen bei der Superbike-WM, und die mächtige 1000er-R1 beendete Hondas Dominanz auf der Isle of Man, als David Jefferies bei der 1999er-Tourist-Trophy drei Siege innerhalb einer Woche einfuhr.

Beim Motorrad-Grand-Prix benötigte das Werk mehrere Jahre, um über den Schock von Wayne Raineys schwerem Unfall hinwegzukommen, und es dauerte bis 1998, als Simon Crafar in Donington Park gewann. Im folgenden Jahr verstärkte Yamaha seine Ambitionen und unterzeichnete mit dem italienischen Superstar Max Biaggi sowie dem Spanier Carlos Checa Verträge als Werksfahrer. Nach dem seit 2001 für Yamaha fahrenden australischen Drift-Künstler Garry McCoy gelang es dem Team für die Saison 2004 den fünffachen Weltmeister Valentino Rossi zu verpflichten.

Dieser holte auf Anhieb den WM-Titel und konnte seine Vormachtstellung 2005, 2008 und 2009 erneut beweisen. 2010, 2012 und 2015 wurde sein Teamkollege Jorge Lorenzo

**Vorbilder aus England: die XS 650 mit Yamahas erstem Viertaktmotor**

**Die XS-Reihe wurde Mitte der 1970er-Jahre durch die 750er mit DOHC-Dreizylinder und Kardanantrieb erweitert.**

Weltmeister, während Rossi nach seiner Rückkehr von Ducati dreimal Vizeweltmeister werden konnte.

## Preiswerter Nervenkitzel

Wie reagiert ein großer Motorradhersteller auf die weltweite Finanzkrise? Der Crash von 2008/2009 und die gleichzeitig nachlassende Nachfrage nach Sportmaschinen stellte alle vier großen japanischen Hersteller vor große Herausforderungen. Yamaha brauchte nicht lange, um eine Antwort zu finden. Zunächst wurden auf Motorradmessen in Drähten aufgehängte Motorgehäuse gezeigt, die eher an Ausstellungsstücke einer Kunstmesse erinnerten. Dies waren Yamahas künstlerische Hinweise auf die Zukunft: eine völlig neue Motorengeneration für die MT-Reihe. MT bedeutete »Masters of Torque« (Meister des Drehmoments), auch wenn die Baureihe auf vielen Märkten – einschließlich der USA mit dem alten Kürzel »FZ« versehen wurde.

Die erste *neue* MT (bereits 2005 waren ein 1600er-Twin namens MT-01 und ein Jahr darauf das 660er-Einzylindermodell MT-03 erschienen) war die MT-09 mit einem 900er Dreizylindermotor, doch kurz darauf kam die MT-07 mit einem 700er-Zweizylindermotor, die trotz deutlichem Leistungsdefizit nicht weniger Spaß machte. Wer hätte das gedacht?

Eine Kombination aus einem DOHC-Paralleltwin im Stahlrohrrahmen, billigen Federelementen und nur der allernötigsten Elektronik ergab am Ende ein Spaßgerät, das an die legendäre RD 350 LC oder vielleicht auch die erste 600er Fazer erinnerte. Auch wenn die MT-07 zunächst recht konventionell daherkam, konnte die 270°-Kurbelwelle für sich in Anspruch nehmen, aus dem im MotoGP eingesetzten Cross-Plane-Konzept abgeleitet worden zu sein. Ein Nebeneffekt hiervon war der an ein V2-Triebwerk erinnernde Motorklang. Das kecke kleine Triebwerk wurde weder durch alternative Motorkennfelder noch andere elektronische Spielereien von seinem eigentlichen Einsatzzweck abgelenkt, sodass es zusammen mit dem aus unterschiedlich steifen Stahlrohren zusammengesetzten Rahmen für eine knackige Leistungsentfaltung sorgte. Selbst die nicht einstellbare Gabel und der lediglich in der Federvorspannung justierbare Stoßdämpfer konnten den Fahrspaß nicht verhindern. Wenn Sparmaßnahmen immer solche Ergebnisse brächten, dürfte sich niemand beschweren.

**Die 1980 eingeführte XJ-Reihe hat noch heute Nachfahren im Modellprogramm.**

Natürlich musste der brandneue Motor sein Geld auch in anderen Modellen einspielen. Also entstand ein Reisemotorrad namens TRACER; dass bei der Verwandlung des spritzigen nackten Kurvenräubers keine Änderungen am Motor vorgenommen wurden, kann fast als kleines Wunder bezeichnet werden. Der Heckrahmen und die Federelemente wurden dem Betrieb mit zwei Personen und Gepäck angepasst, zudem kam eine rahmenfeste Verkleidung mit Doppelscheinwerfer zum Einsatz, doch den von einem Tourer zu erwartenden Geradeauslauf stellte lediglich eine um 5 cm verlängerte Hinterradschwinge sicher. Ein weiterer kluger Trick lag darin, wie beim Basismodell MT-07 den Preis niedrig zu halten, um auch auf dem Reisemaschinen-Sektor konkurrenzfähig zu sein.

Und dann gab es noch eine MT-Variante, die wirklich den Zeitgeist nach der Wirtschaftskrise einfing: die XSR 700. Yamaha hatte bereits mehrere weltbekannte Custombike-Schmieden verschiedene Varianten der SR 400 für große Ausstellungen erschaffen lassen und daher gute Kontakte zu Umbau-Spezialisten. Auf den offiziellen Messeständen wurde eine vom kalifornischen Trendsetter Roland Sands gestaltete MT-09 drapiert, die in ihrer schwarzgelben Farbgebung an Kenny Roberts Rennmaschine von vor 40 Jahren erinnerte.

**Die MT-07 als Sondermodell Moto Cage**

Die MT-07 TR TRACER

Die XSR 700

Die XSR 700 wurde vom Japaner Shinya Kimura entworfen; es sollte ein »zeitloses«, kein Retro-Motorrad sein. Dennoch sind einige Retro-Stilelemente offensichtlich, darunter eine offene Bauweise, ein runder Scheinwerfer und eine »klassische« Lackierung. Ein anderes wesentliches Merkmal moderner Custombikes ist eine knappe Sitzbank auf einem gekürzten – und geschraubten – Rahmenheck. Yamaha bot zudem ein umfangreiches Zubehörprogramm an, um die Maschine individuell zu gestalten.
Laut Yamaha sollte die XSR 700 an die ersten Viertaktmodelle XS1 und XS 650 erinnern und galt als Premierenmodell der »Faster Sons«-Reihe. Sehr japanisch und sehr klug; geschichtsbewusst und dennoch auf dem neuesten Stand der Technik: ein cleverer Trick, den die MT-07-Baureihe souverän beherrscht.

# Danksagung

Wir danken der Firma Bransons Motorcycles aus Yeovil, England, die uns die Maschinen für dieses Handbuch zur Verfügung gestellt hat. Außerdem möchten wir uns bei der Cooper-Avon Reifen Company für die Unterstützung und technische Beratung zum Thema Reifen sowie der NGK Spark Plugs (UK) Ltd. bedanken, die uns beim Thema Zündkerzen weiter geholfen hat. Danke auch an Draper Tools Ltd. für die Unterstützung mit verschiedenen Werkzeugen. Yamaha Motor (UK) hat uns Modellfotos zur Verfügung gestellt.
Die Einleitung wurde von Julian Ryder geschrieben.

# Über dieses Handbuch

Der Sinn dieses Buches ist es, Ihnen dabei zu helfen, mit Ihrem Motorrad viel Freude zu haben. Diese Hilfe kann auf verschiedenen Wegen geschehen: Sie können entscheiden, welche Arbeiten erledigt werden müssen und was Sie davon selbst ausführen können; Ihnen werden Informationen zur Instandhaltung und Pflege Ihrer Maschine gegeben; es werden Ihnen Diagnosen und Reparatur-Reihenfolgen angeboten, um Störungen zu beseitigen.
Wir wünschen uns, dass Sie mit diesem Handbuch viele Arbeiten selber erledigen können. Bei vielen simplen Arbeiten kann es einfacher sein, sie selber auszuführen, als einen Werkstatt-Termin auszumachen und das Motorrad zum Händler zu bringen und wieder abzuholen. Noch wichtiger ist, dass man schon viel Geld sparen kann, wenn man auch nur einige Vorarbeiten erledigt – noch mehr, wenn man alle Reparaturen selber erledigt. Ebenfalls ein wichtiger Punkt ist das gute Gefühl, das entsteht, wenn man eine Arbeit erfolgreich zu Ende gebracht hat.
Angaben für die rechte oder linke Seite beziehen sich – soweit nicht anders angegeben – auf die Fahrtrichtung.

**Wir sind stets sehr um die Richtigkeit der Informationen in allen unseren Büchern bemüht, doch es kommt immer wieder vor, dass Motorradhersteller während der Produktion technische Veränderungen vornehmen, von denen wir nichts wissen. Autor und Verlag können deshalb keine Verantwortung für fehlende oder falsche Informationen übernehmen, die dem Kunden Schaden oder Verletzungen zugefügt haben.**

# Identifikationsnummern

## Rahmen- und Motornummern

Die Rahmennummer ist auf der rechten Seite des Lenkkopfes eingeschlagen und findet sich wieder auf dem Typenschild rechts am vorderen Rahmenrohr. Die Motornummer ist links in das Motorgehäuse eingeschlagen. Unter dem Beifahrersitz ist ein Aufkleber mit dem Modellcode angebracht. Die Rahmennummer steht in den Fahrzeugpapieren. Um der Polizei das Wiederfinden einer gestohlenen Maschine zu erleichtern, sollte man sich auch die möglicherweise von der Rahmennummer abweichende Motornummer notieren.

In diesem Buch werden die drei Modellreihen MT-07 (in den USA und Kanada baugleich als FZ-07 bezeichnet), die MT-07-TR TRACER (MTT690) und die XSR 700 (MTM 690) behandelt. Nötigenfalls werden die Modelle durch ihre Modellnamen, eine ggf. vorhandene ABS-Bremsanlage (erst ab 2016 serienmäßig) und ihre Produktionszeiträume unterschieden. Das Herstellungsjahr – welches nicht mit dem in den Papieren stehenden Erstzulassungsjahr übereinstimmen muss – ist durch einen Modellcode angegeben – siehe Tabelle. Ein Modelljahr beginnt meistens im Herbst des Vorjahres, sodass es durchaus möglich sein kann, dass z. B. eine 2017er-Maschine bereits Ende 2016 zugelassen wurde.

### Europa-Modelle

| Modell | Code | Modelljahr |
|---|---|---|
| MT-07 | 1WS1/1WS2/1WS6/1WS7/<br>1WS8/1WS9/1WSA/1WSG | 2014 |
| MT-07 | 1WSB/1WSC | 2015 |
| MT-07 | 1WSH/1WSJ | 2016 |
| MT-07A | 1XB1/1XB2/1XB5/<br>1XB6/1XB7/1XB8/1XBE | 2014 |
| MT-07A | 1XBA/1XBB | 2015 |
| MT-07A | 1XBH/1XBJ | 2016 |
| MT-07A | BU21/BU23 | 2017 |
| MT-07TR TRACER | BC61 | 2016/2017 |
| XSR 700 | B341/B344 | 2016 |
| XSR 700 | B347 | 2017 |

### US- und Kanada-Modelle

| Modell | Code | Modelljahr |
|---|---|---|
| FZ-07 | F | 2015 |
| FZ-07 | G | 2016 |
| FZ-07 | H | 2017 |

## Ersatzteilkauf

Sobald Sie alle Identifikationsnummern gefunden haben, sollten diese zur Erleichterung beim Ersatzteilkauf notiert werden. Da der Hersteller technische Daten, Teile und Ausführungen auch während der laufenden Produktion ändert, ist das Bereithalten der Nummern die sicherste Methode, die richtigen Teile zu erhalten.

Wenn möglich, sollten immer die defekten Teile mitgebracht werden, um sie mit den Neuteilen zu vergleichen. Auf dem Weg vom Hersteller zum Teileregal des Händlers gibt es viele Möglichkeiten, Nummern zu verwechseln oder falsch zu notieren.

Die zwei Quellen neuer Ersatzteile für Ihr Motorrad – der Zubehörhandel und der Vertragshändler – unterscheiden sich in den Teilen, die sie bereithalten. Während der Yamaha-Vertragshändler jedes aufgelistete Einzelteil Ihrer Maschine besorgen kann, bietet der Zubehörhandel zumeist nur normale Verschleißteile wie Ketten- oder Dichtungssätze sowie Tuningteile wie Stoßdämpfer und Auspuffanlagen an.

**Die Rahmennummer ist rechts in den Lenkkopf eingeschlagen.**

**Die Motornummer ist links ins Motorgehäuse eingeschlagen.**

**Unter dem Beifahrersitz findet sich ein Aufkleber mit dem Modell- und dem Farbcode**

Oftmals ist es möglich, von darauf spezialisierten Geschäften Gebrauchtteile zu kaufen, die grob gesagt etwa die Hälfte von Neuteilen kosten. Dafür weiß man nie genau, was man erhält. Auch hier sollten zum Vergleich immer die defekten Teile mitgebracht werden.

Unabhängig davon, ob Sie neue, gebrauchte oder überholte Teile kaufen wollen, sollten Sie sich immer an jemanden wenden, der sich auf Yamaha-Teile spezialisiert hat.

# Sicherheit geht vor!

Professionelle Mechaniker haben während ihrer Ausbildung viel über Arbeitssicherheit gelernt. Doch auch der Enthusiast sollte sich bei seinen Tätigkeiten die Zeit nehmen, um sicherzustellen, dass er sich nicht unnötig in Gefahr begibt. Eine kurze Unachtsamkeit kann genauso zu einem Unfall führen wie die Nichtbeachtung simpler Vorsichtsmaßnahmen.

Es gibt unendlich viele Möglichkeiten, einen Unfall herbeizuführen – und es kann hier keine umfassende Liste aller Gefahren wiedergegeben werden; vielmehr soll auf das Risiko hingewiesen und auf eine sichere Herangehensweise an alle Arbeiten am Motorrad aufmerksam gemacht werden.

## Asbest

• Verschiedene Reibmaterialien, Isolierungen und Dichtungen (z. B. Brems- und Kupplungsbeläge, Kopfdichtungen, Hitzeschilde, usw.) können Asbest enthalten. Absolute Vorsicht ist beim Einatmen des Staubs solcher Teile geboten, da dieser äußerst gesundheitsschädlich ist. Im Zweifelsfall sollte man immer davon ausgehen, dass Asbest enthalten ist.

## Feuer

• Denken Sie immer daran, dass Benzin leicht entzündbar ist. Rauchen Sie niemals bei der Arbeit am Fahrzeug, und lassen Sie keine offenen Flammen in die Nähe kommen. Hiermit ist das Feuerrisiko jedoch noch nicht gebannt, denn Funken durch einen elektrischen Kurzschluss, das Aufeinanderschlagen zweier Metallteile, der unbedachte Einsatz von Werkzeugen oder die statische Aufladung des Körpers oder der Kleidung können in geschlossenen Räumen Benzindämpfe entzünden, die sich zu einem hochexplosiven Gemisch entwickelt haben. Verwenden Sie Benzin niemals als Reinigungsmittel, sondern benutzen Sie ungefährlichere Lösungsmittel.

• Trennen Sie vor jeder Arbeit am Kraftstoff- oder Zündsystem den Masseanschluss (–) von der Batterie. Lassen Sie niemals Benzin auf den heißen Motor oder Auspuff tropfen.

• Es wird empfohlen, in der Garage oder der Werkstatt einen für brennende Flüssigkeiten geeigneten Feuerlöscher griffbereit zu halten. Löschen Sie niemals brennendes Benzin oder unter Strom stehende Teile mit Wasser!

## Dämpfe

• Manche Dämpfe sind hochgiftig und können schnell zur Bewusstlosigkeit oder gar zum Tod führen, wenn sie in einer bestimmten Konzentration eingeatmet werden. Benzindämpfe gehören genauso dazu wie Dämpfe von Lösungsmitteln wie Trichlorethylen. Sämtlicher Umgang mit solch flüchtigen Stoffen darf nur in gut belüfteten Bereichen geschehen.

• Bei der Verwendung von Reinigungs- oder Lösungsmitteln müssen stets sorgfältig die Anwendungshinweise durchgelesen werden. Benutzen Sie niemals Stoffe aus unbeschrifteten Behältern, und mischen Sie niemals verschiedene an sich harmlose Lösungsmittel – sie können giftige Dämpfe freisetzen.

• Lassen Sie niemals einen Verbrennungsmotor in geschlossenen Räumen laufen. Auspuffgase enthalten Kohlenmonoxid, das extrem giftig ist. Wenn ein Motor gestartet werden muss, hat dies möglichst im Freien zu geschehen, zumindest ist die Maschine so hinzustellen, dass der Auspuff nach draußen zeigt.

## Batterie

• Setzen Sie die Batterie nie offenem Feuer oder Funken aus, da sie immer etwas Wasserstoff abgibt, der hochexplosiv ist.

• Trennen Sie vor der Arbeit am Kraftstoff- oder Zündsystem den Masse-Anschluss (–) von der Batterie – außer, die Stromzufuhr wird ausdrücklich verlangt.

• Lockern Sie beim Laden der Batterie die Einfüllstopfen. Laden Sie die Batterie nicht mit einer zu hohen Rate, da sie hierdurch beschädigt wird.

• Seien Sie beim Auffüllen, Reinigen und Tragen der Batterie vorsichtig. Die Batteriesäure ist auch im verdünnten Zustand stark ätzend. Haut- und Augenkontakt muss durch das Tragen von Gummihandschuhen und einer Schutzbrille mit Gesichtsschutz vermieden werden. Muss die Batteriesäure selber vorbereitet werden, darf nur die Säure langsam dem Wasser zugefügt werden – kippen Sie niemals das Wasser in die Säure!

## Elektrizität

• Beim Einsatz von Elektrowerkzeugen, Lampen usw. muss immer ein korrekter Stromanschluss und ggf. Masseanschluss sichergestellt sein. Verwenden Sie keine Elektrogeräte in feuchter Umgebung oder in der Nähe von Benzin oder Benzindämpfen. Achten Sie darauf, dass alle Geräte und das Stromnetz den Sicherheitsstandards entsprechen.

• Einen starken Stromschlag kann man beim Berühren bestimmter Teile der elektrischen Anlage bekommen, so zum Beispiel beim Anfassen der Zündkabel bei laufendem oder durchgedrehtem Motor – und besonders, wenn Bauteile feucht sind oder eine defekte Isolierung haben. Bei elektronischen Zündanlagen kann die Zündspannung lebensgefährlich sein!

## Niemals ...

✗ den Motor starten, ohne geprüft zu haben, dass sich das Getriebe im Leerlauf befindet.

✗ plötzlich den Deckel eines heißen Kühlsystems entfernen, sondern ihn mit Lappen abdecken. Langsam den Druck ablassen, damit man sich nicht durch austretendes Kühlmittel verbrüht.

✗ aus einem heißen Motor Öl ablassen, sondern ihn erst etwas abkühlen lassen, um sich nicht zu verbrennen.

✗ Teile eines heißen Motors oder Auspuffs anfassen, um sich nicht zu verbrennen.

✗ Bremsflüssigkeit oder Kühlmittel auf Lack oder Kunststoffteile gelangen lassen.

✗ giftige Flüssigkeiten wie Benzin, Bremsflüssigkeit oder Frostschutzmittel mit dem Mund ansaugen oder auf die Haut gelangen lassen.

✗ Staub einatmen, der gesundheitsschädlich sein kann (siehe oben unter Asbest).

✗ Öl oder Fett auf dem Boden belassen, sondern es aufwischen, bevor man ausrutscht.

✗ verschlissene Werkzeuge benutzen, da man damit abrutschen und sich verletzen kann.

✗ schwere Dinge wie Motoren alleine heben, sondern einen Assistenten zu Hilfe holen.

✗ in Zeitnot arbeiten oder die Arbeit auf gefährlichen Wegen abkürzen.

✗ Kinder oder Tieren ermöglichen, sich in der Nähe eines unbeobachteten Fahrzeugs aufzuhalten.

✗ einen Reifen über den erlaubten Maximaldruck aufpumpen. Abgesehen von der Überlastung der Karkasse kann er in Extremfällen platzen.

## Stets ...

✔ dafür sorgen, dass die Maschine sicher steht. Besonders wichtig ist dies, wenn die Maschine für den Ausbau eines Rades oder einer Radaufhängung aufgebockt wird.

✔ festsitzende Schrauben oder Muttern vorsichtig lockern. An einem Schlüssel zu ziehen ist immer besser als ihn zu drücken, damit man beim Abrutschen nicht auf die Maschine fällt.

✔ beim Einsatz von Bohrern, Schleifern und anderen Maschinen eine Schutzbrille tragen.

✔ beim Arbeiten in schmutzigen Bereichen die Hände mit Schutzcreme versehen, die nicht nur vor Infektionen schützt, sondern auch das Reinigen erleichtert. Längerer Kontakt mit Motoröl kann ein Gesundheitsrisiko sein. Passen Sie aber auf, dass die Hände durch die Creme nicht rutschig werden.

✔ Kleidungsstücke wie Ärmel, Halstücher oder lange Haare außerhalb des Arbeitsbereichs beweglicher Teile halten.

✔ Schmuck und Uhren vor der Arbeit – besonders an elektrischen Bauteilen – ablegen.

✔ den Arbeitsbereich sauber und geordnet halten, um nicht über herumliegende Teile zu fallen.

✔ beim Zusammendrücken von Federn für den Aus- oder Einbau vorsichtig sein. Spannen und Entspannen Sie Federn nur mit geeigneten Werkzeugen, die die Feder nicht plötzlich weg springen lassen.

✔ aufpassen, dass Hebevorrichtungen genügend Tragkraft für die zu verrichtende Arbeit haben.

✔ jemanden regelmäßig die Arbeit kontrollieren lassen, wenn man alleine am Fahrzeug arbeitet.

✔ die Arbeit in einer logischen Reihenfolge ausführen und anschließend prüfen, ob alles korrekt montiert und gesichert ist.

✔ daran denken, dass die Sicherheit des Fahrzeugs auch Ihre eigene Sicherheit und die anderer bedeutet. Bei jedem Zweifel muss professioneller Rat eingeholt werden.

• Da man sich trotz des Befolgens dieser Hinweise verletzen kann, muss dafür gesorgt werden, dass immer jemand (ggf. per Telefon) erreichbar ist, der einem zur Hilfe kommen kann.

# Tägliche Kontrollen

**Anmerkung:** *Die in der Bedienungsanleitung enthaltene Checkliste »Vor jeder Fahrt« beinhaltet Punkte, die vor jeder Inbetriebnahme des Motorrades durchgeführt werden sollten. Diese Kontrollen werden bei ausgeschalteter Zündung durchgeführt. Nach jedem Einschalten der Zündung führt das Steuergerät eine Prüfung der Instrumenten-Warnfunktionen durch.*

## 1 Motorölpegel

### Vor Beginn

✔ Starten Sie den Motor, und bringen Sie ihn möglichst durch eine etwa viertelstündige Fahrt auf Betriebstemperatur.

***Achtung: Der Motor darf nicht in einem geschlossenen Raum laufen.***

✔ Stützen Sie das Motorrad auf einer ebenen Fläche aufrecht stehend ab (lassen Sie es ggf. von einem Assistenten halten).

✔ Schalten Sie den Motor ab, und warten Sie ein paar Minuten, bis sich der Ölpegel stabilisiert hat.

### Vorsichtsmaßnahmen:

- Falls regelmäßig Öl nachgefüllt werden muss, sollten die Gründe des Ölverlustes gefunden werden. Sind keine Anzeichen von Lecks an Verbindungen und Dichtungen festzustellen, wird das Öl vom Motor verbrannt (siehe *Fehlersuche*).

### Das richtige Öl

- Moderne, leistungsstarke Motoren stellen große Anforderungen an ihr Motoröl. Es ist deshalb sehr wichtig, ein für das Motorrad geeignete Öl zu verwenden – benutzen Sie kein Auto-Motorenöl.
- Benutzen Sie immer gutes Qualitätsöl der angegebenen Öltypen und Viskositäten, und füllen Sie den Motor nicht zu voll.

***Achtung: Manche Leichtlauföle für Automobil enthalten Additive, die Ölbadkupplungen möglicherweise durchrutschen lassen. Öle, die dem japanischen JASO-MA-Standard entsprechen, vertragen sich mit Ölbadkupplungen.***

| | |
|---|---|
| **Öltyp** | API-Klasse SG oder höher, JASO T 903 MA (Motorrad-Motoröl) |
| **Viskosität** | SAE 10W/40 |

**1** **Der Ölpegel kann links unten am Motor im Schauglas kontrolliert werden. Falls das Glas verschmutzt ist, muss es gereinigt werden. Der Pegel muss bei gerade stehendem Motorrad zwischen den Linien neben dem Schauglas (Pfeile) liegen.**

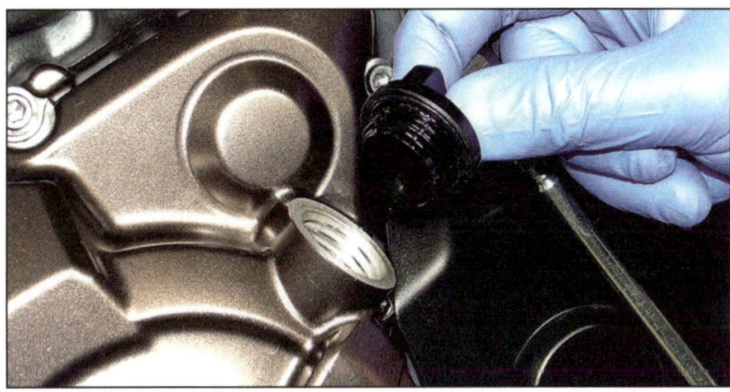

**2** **Falls der Pegel unter der unteren Linie liegt, muss der Einfüllstopfen aus dem Lichtmaschinendeckel geschraubt werden.**

**3** **Füllen Sie den Motor mit dem vorgeschriebenen Öl auf, bis der Pegel knapp unter der oberen Markierung liegt. Füllen Sie nicht zu viel Öl auf!**

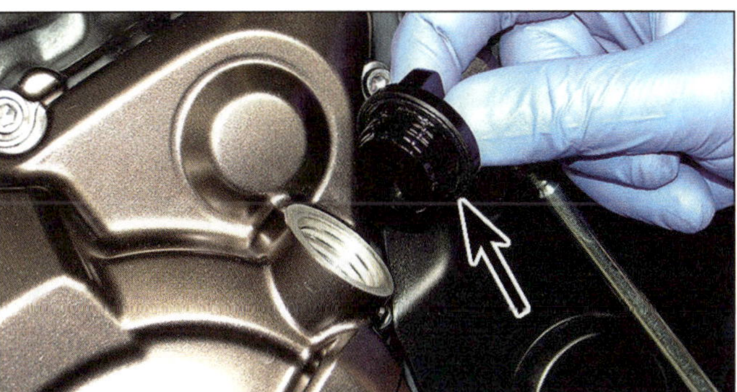

**4** **Prüfen Sie, ob der Dichtring des Einfüllstopfens in Ordnung ist und korrekt sitzt. Installieren Sie den Stopfen, starten Sie den Motor kurzzeitig, warten Sie einige Minuten, und kontrollieren Sie den Ölpegel erneut.**

# 2 Federung, Lenkung und Antrieb

## Federung und Lenkung

- Prüfen Sie, ob die Vorderrad- und Hinterradfederung sanft und klemmfrei arbeitet (siehe Kapitel 1).
- Kontrollieren Sie, ob der Stoßdämpfer entsprechend der Belastung eingestellt ist (siehe Kapitel 5).
- Überprüfen Sie, ob sich die Lenkung sanft von Anschlag zu Anschlag bewegen lässt.

## Endantrieb

- Prüfen Sie, ob die Kette den korrekten Durchhang hat, und stellen Sie sie nötigenfalls ein (siehe Kapitel 1).
- Eine trocken aussehende Kette muss geschmiert werden (siehe Kapitel 1).

# 3 Kühlmittelpegel

## Vor Beginn

✔ Prüfen Sie den Kühlmittel-Pegel immer nur bei kaltem Motor, da er sich bei warmem Motor ändert.
✔ Stützen Sie das Motorrad auf einer ebenen Fläche senkrecht stehend ab.

## Vorsichtsmaßnahmen

- Benutzen Sie immer die vorgeschriebene aus 50% destilliertem Wasser und 50% Ethylen-Glykol mit Korrosionsschutz für Aluminium-Motoren als Frostschutz bestehende Kühlflüssigkeit. Es ist wichtig, Frostschutz das ganze Jahr über zu verwenden und nicht nur im Winter. Füllen Sie bei gesunkenem Pegel nicht nur Wasser auf, um die Flüssigkeit nicht zu verdünnen.

**Anmerkung:** *Im Notfall darf weiches (kalkarmes) Leitungswasser benutzt werden – aber kein hartes Wasser; kochen Sie das Wasser im Zweifelsfall vorher ab oder verwenden Sie Regenwasser.*

- Füllen Sie den Ausgleichsbehälter nicht über die obere Markierung hinaus auf.
- Falls der Pegel stetig abfällt, muss das System auf Undichtigkeiten kontrolliert werden (siehe Kapitel 1). Werden keine Lecks gefunden, muss das Kühlsystem in einer Yamaha-Werkstatt einer Druckkontrolle unterzogen werden.

***Warnung: Entfernen Sie NICHT den Überdruckdeckel am Kühlerstutzen, um Flüssigkeit aufzufüllen. Das Nachfüllen erfolgt über den Ausgleichsbehälter. Lagern Sie Kühlflüssigkeit NICHT in offenen Behältern, da giftige Gase entweichen können.***

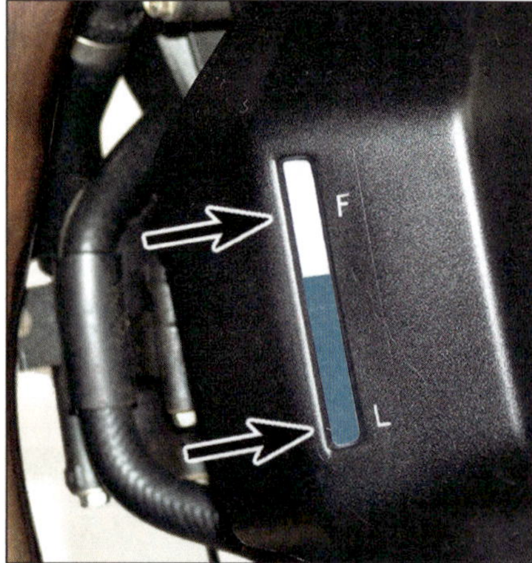


1 **Der Ausgleichsbehälter sitzt links vorn am Motorgehäuse. Der Kühlmittelpegel muss sich zwischen den am Behälter angebrachten F- und L-Linien befinden.**

2 **Entfernen Sie nötigenfalls den Deckel des Ausgleichsbehälters.**

3 **Füllen Sie das vorgeschriebene Kühlmittel bis zur F-Linie auf.**

# 4 Reifen

## Reifenprofiltiefe

- Zurzeit muss ein Reifen laut Gesetz eine Mindestprofiltiefe von 1,6 mm aufweisen. Yamaha empfiehlt nicht, Reifen früher zu wechseln, doch kann es vorkommen, dass das Fahrverhalten bereits früher schlechter wird.
- Viele heutige Reifen besitzen Profiltiefen-Indikatoren, auf die an den Flanken mit Dreiecken oder der Bezeichnung TWI hingewiesen wird. Diese Indikatoren müssen **nicht** den vorgeschriebenen 1,6 mm entsprechen! Ermitteln Sie die Profiltiefe an der am stärksten verschlissenen Stelle des Reifens – die Polizei wird es bei einer Kontrolle ebenso tun. Ersetzen Sie einen abgefahrenen Reifen – dies erhöht die Sicherheit und schützt vor Strafe.

## Der richtige Reifendruck

- Der Luftdruck muss bei **kaltem** Reifen überprüft werden – also nicht direkt nach längerer Fahrt, denn hierbei wird der Reifen warm und der Luftdruck steigt. Extrem niedriger Reifenluftdruck kann den Reifen auf der Felge rutschen oder sogar abspringen lassen. Zu hoher Luftdruck lässt den Reifen in der Mitte stark verschleißen und sorgt für eine unsichere Fahrweise.
- Benutzen Sie ein genaues Messgerät.
- Ein richtiger Luftdruck erhöht die Lebensdauer der Reifen und sorgt für beste Fahrstabilität und Fahrkomfort. An der Hinterradschwinge findet sich ein Aufkleber mit den korrekten Luftdruckwerten

| Vorderrad | Hinterrad |
|---|---|
| 2,25 bar | 2,5 bar |

## Vorsichtsmaßnahmen

- Kontrollieren Sie die Reifen sorgfältig auf Risse, Schnitte, eingedrungene Nägel oder andere scharfe Dinge und erhöhte Abnutzung. Die Benutzung von Motorrädern mit stark abgefahrenen Reifen ist extrem gefährlich, auch die Straßenlage und Traktion verschlechtert sich stark.
- Achten Sie auf festsitzende Schutzkappen. Entweicht nach dem Entfernen einer Kappe Luft, kann dies an einem locker sitzenden Ventil liegen. Mithilfe eines preiswerten Werkzeugs (das es auch in die Ventilkappe integriert gibt) kann das Ventil wieder angezogen (oder ausgetauscht) werden. Kontrollieren Sie den Zustand der Reifenventile.
- Im Gummi steckende Steine, Scherben und Nägel müssen entfernt werden, damit sie nicht komplett eindringen und für einen Plattfuß sorgen.
- Wenn eine Beschädigung offensichtlich ist oder ungewöhnlich hoher Druckverlust auftritt, muss unverzüglich Rat bei einem Reifenhändler gesucht werden.

1 **Schrauben Sie die Staubkappe vom Ventil – vergessen Sie nicht, sie später wieder aufzuschrauben.**

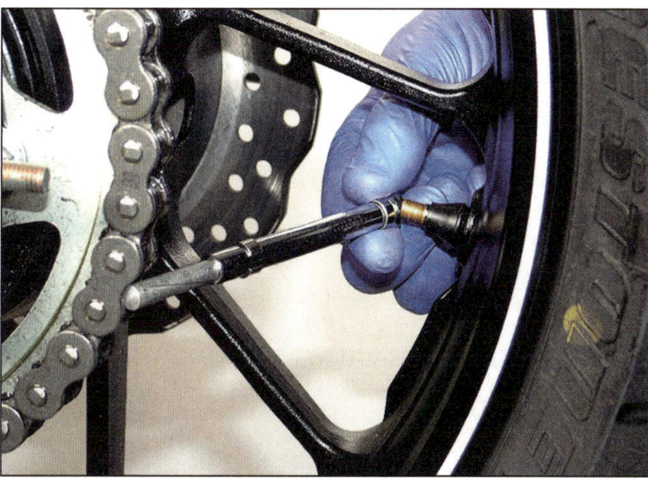

2 **Kontrollieren Sie den Luftdruck nur bei kaltem Reifen, und füllen Sie nur bis zum empfohlenen Druck.**

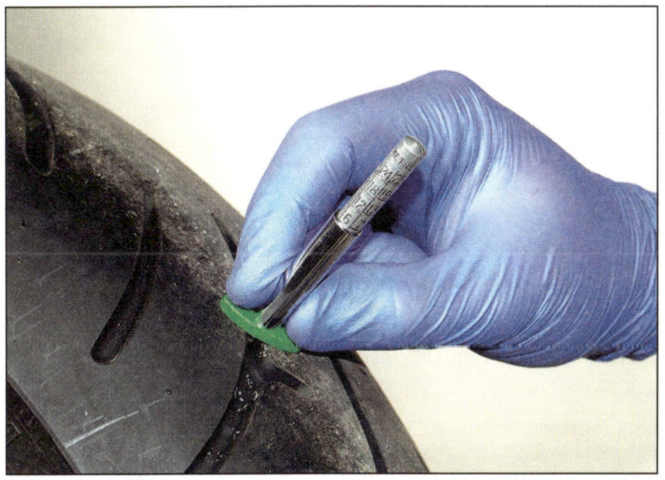

3 **Die Profiltiefe wird mithilfe eines an der am stärksten verschlissenen Stelle des Reifens gemessen.**

4 **Der Profiltiefen-Indikator (A) und der Pfeil, ein Dreieck oder der Hinweis (TWI = Tread Wear Indicator) auf der Reifenflanke (B).**

# 5 Bremsflüssigkeitspegel

> ⚠ ***Warnung:** Bremsflüssigkeit kann zu Augenverletzungen führen und Lackoberflächen angreifen, bewahren Sie deshalb beim Umgang hiermit größte Sorgfalt. Beim Eingießen sollten gefährdete Teile mit Lappen verdeckt sein. Benutzen Sie keine Bremsflüssigkeit, die längere Zeit offen gestanden hat, da sie Feuchtigkeit aus der Luft absorbiert, was zu einem gefährlichen Verlust an Bremswirkung führen kann.*

## Vor Beginn

✔ Der Ausgleichsbehälter der Handbremse sitzt rechts am Lenker. Der Ausgleichsbehälter der Fußbremse sitzt hinter dem rechten Seitendeckel, der für den Zugang entfernt werden muss (siehe Kapitel 7).

✔ Stellen Sie sicher, dass Sie die richtige Bremsflüssigkeit vorrätig haben – DOT 4 ist vorgeschrieben.

✔ Umwickeln Sie den Ausgleichsbehälter mit Lappen, damit keine Spritzer auf Lackteile geraten.

✔ Stützen Sie für die Kontrolle des Fußbremszylinder-Ausgleichsbehälters das Motorrad senkrecht auf einer ebenen Fläche ab.

✔ Drehen Sie für die Kontrolle des Handbremszylinder-Ausgleichsbehälters den Lenker so, dass der Behälter möglichst gerade steht.

## Vorsichtsmaßnahmen

- Der Flüssigkeitsstand in beiden Bremsausgleichsbehältern nimmt mit zunehmendem Verschleiß der Bremsbeläge ab – prüfen Sie diese bei niedrigem Pegel (siehe Kapitel 1), und ersetzen Sie sie nötigenfalls (siehe Kapitel 6). Füllen Sie den Behälter nicht vor dem Einbau neuer Bremsbeläge auf, sondern prüfen Sie nach dem Einbau, ob Auffüllen weiterhin nötig ist – die Bremssattel-Kolben werden durch die dickeren Beläge weiter zurück gedrückt, sodass der Pegel im Behälter ansteigt.
- Wenn ein Ausgleichsbehälter wiederholt nachgefüllt werden muss, ist dies ein Indiz für ein Leck im Hydrauliksystem, das sofort repariert werden muss (siehe Kapitel 6).
- Achten Sie auf Beschädigungen oder Risse an den Hydraulikschläuchen und Komponenten – falls welche gefunden werden, müssen sie sofort ersetzt oder repariert werden (siehe Kapitel 6).
- Prüfen Sie die Funktion beider Bremsen, bevor Sie mit der Maschine fahren. Wenn Luftblasen im System sind (schwammiges Gefühl im Hebel oder Pedal), muss es entlüftet werden (siehe Kapitel 6).

# Vorderradbremse

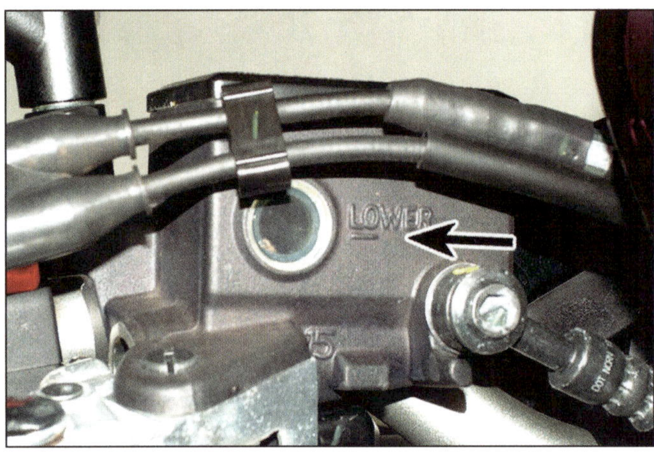


**1 Der Bremsflüssigkeitspegel ist durch das Schauglas sichtbar – er muss sich oberhalb der LOWER-Markierung befinden.**

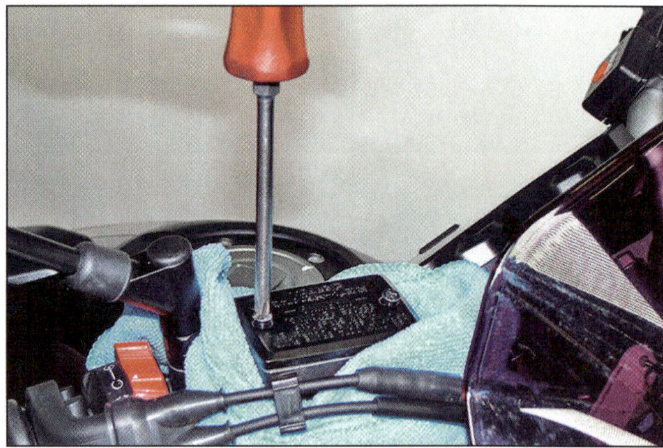

**2 Falls der Pegel nahe oder unterhalb der LOWER-Linie liegt, müssen die zwei Schrauben des Behälterdeckels gelöst und dieser samt Platte und Manschette abgenommen werden.**

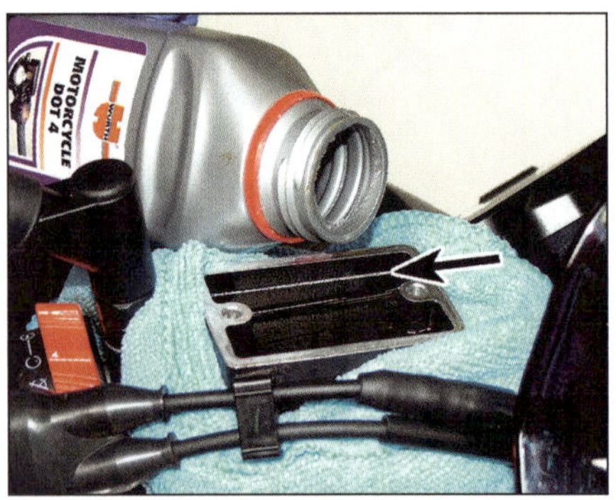


**3 Füllen Sie frische DOT 4-Bremsflüssigkeit auf, bis der Pegel an der UPPER-Markierung innerhalb des Behälters steht – füllen Sie nicht zu viel auf und vermeiden Sie Spritzer (siehe Warnung oben).**

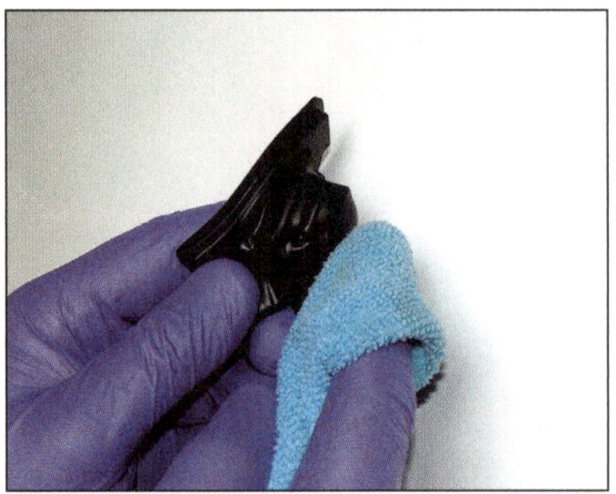

**4 Wischen Sie mit einem Papiertuch Ablagerungen aus der Manschette.**

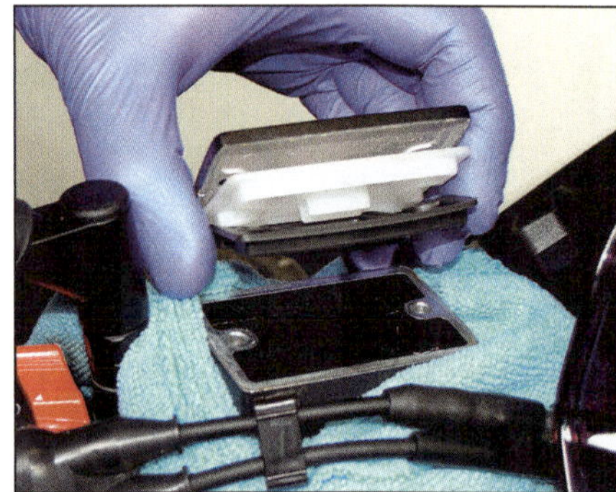

**5 Achten Sie vor dem Aufsetzen des Deckels darauf, dass die Manschette korrekt sitzt. Sichern Sie den Deckel mit den Schrauben.**

# Hinterradbremse

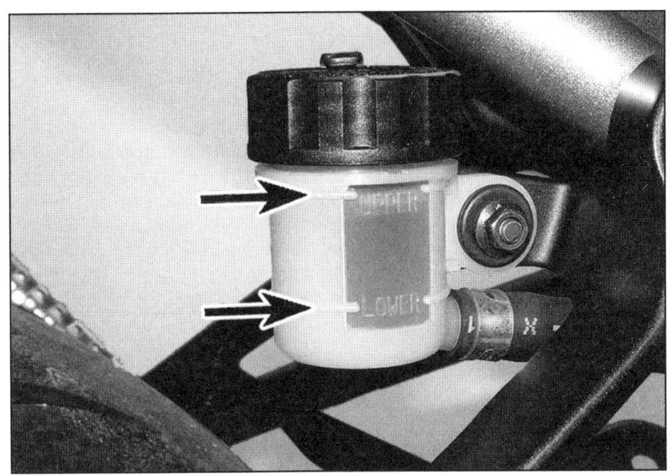


1 Der Bremsflüssigkeitspegel ist durch das transparente Gehäuse des Ausgleichsbehälters sichtbar – er muss zwischen den LOWER- und UPPER-Linien stehen.

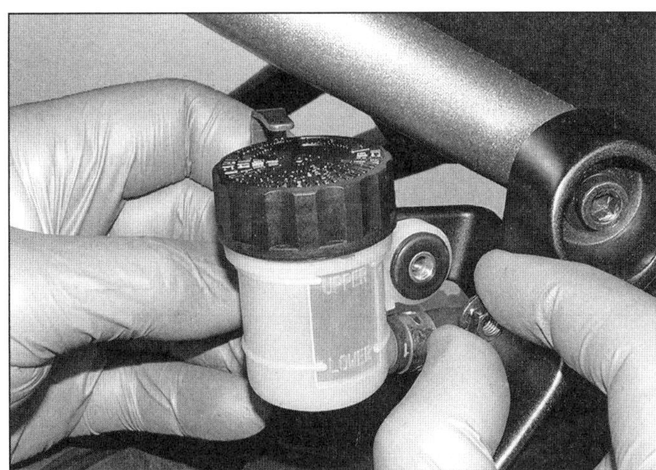

2 Falls bei der MT-07 und der TRACER der Pegel nahe oder unterhalb der LOWER-Linie liegt, muss die Mutter der Behälterdeckel-Sicherung gelöst werden.

3 Falls bei der XSR 700 der Pegel nahe oder unterhalb der LOWER-Linie liegt, muss die Befestigungsschraube des Behälters gelöst werden, um den Deckel unter der Sicherungslasche zu befreien.

4 Halten Sie den Ausgleichsbehälter, und drehen Sie den Deckel ab; entfernen Sie ihn samt Platte und Manschette.

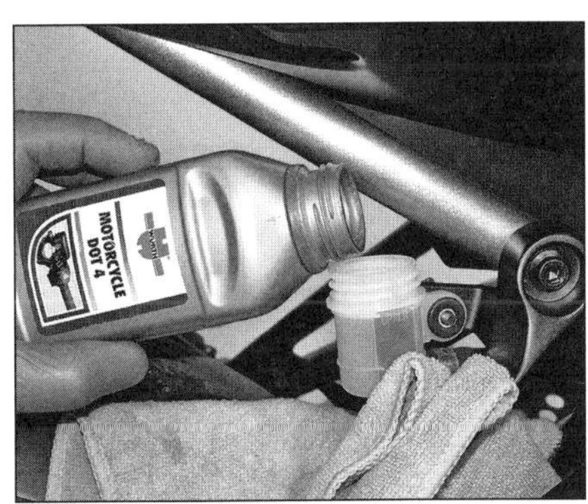


5 Füllen Sie frische DOT 4-Bremsflüssigkeit auf, bis der Pegel an der UPPER-Linie steht – füllen Sie nicht zu viel auf und vermeiden Sie Spritzer (siehe Warnung oben).

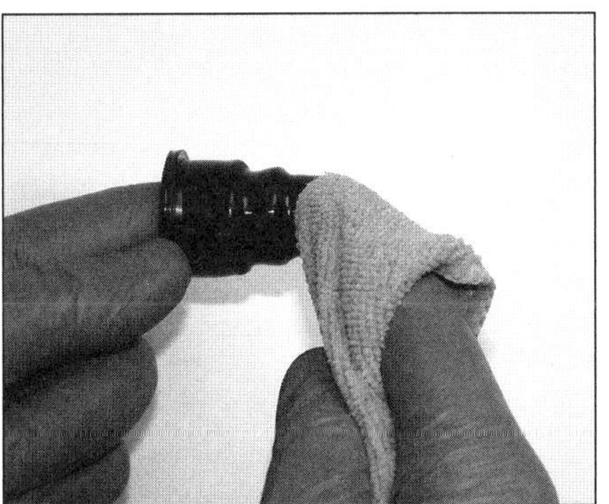

6 Wischen Sie mit einem Papiertuch Ablagerungen aus der Manschette.

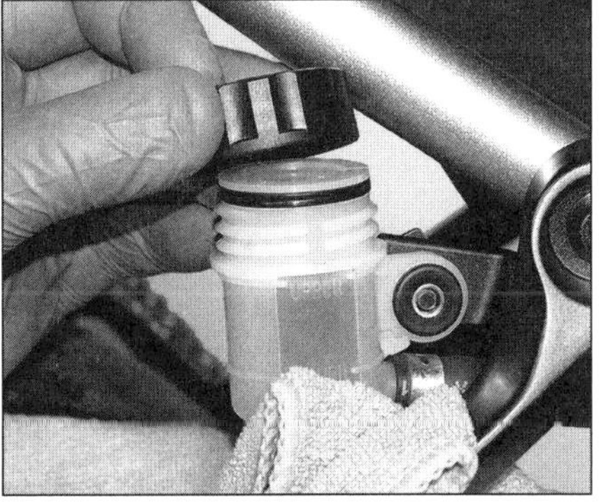

7 Achten Sie vor dem Aufsetzen der Platte und des Deckels darauf, dass die Manschette korrekt sitzt. Schrauben Sie den Deckel auf den Behälter, und ziehen Sie die Schraube bzw. die Mutter an.

# 6 Ordnungsgemäßer Zustand und Sicherheit

## Licht und Signale

- Kontrollieren Sie, ob Scheinwerfer, Rücklicht, Bremslicht, Kennzeichen- und Instrumentenbeleuchtung sowie alle Blinker korrekt funktionieren.
- Prüfen Sie die Funktion der Hupe.
- Ein funktionierender Tachometer ist gesetzlich vorgeschrieben.

## Sicherheit

- Überprüfen Sie, ob der Gasgriff leichtgängig ist und jederzeit und in allen Lenkerstellungen von allein wieder schließt. Kontrollieren Sie das korrekte Gasgriff-Spiel (siehe Kapitel 1).
- Prüfen Sie, ob sich der Bremshebel, das Bremspedal, der Kupplungshebel und der Schalthebel sanft und frei bewegen lassen. Schmieren alle Teile in den vorgegebenen Intervallen oder bei Erfordernis (siehe Kapitel 1).
- Prüfen Sie, ob der Motor abschaltet, wenn der Killschalter betätigt wird. Kontrollieren Sie den Sicherheits-Stromkreis (siehe Kapitel 1).
- Prüfen Sie, ob die Ständerfedern den Seitenständer im eingeklappten Zustand sicher an der Maschine halten.

## Kraftstoff

- **Auch wenn es überflüssig klingt: Überprüfen Sie, ob Sie genug Benzin für die bevorstehende Fahrt im Tank haben. Wenn irgendwo Kraftstoff ausläuft, muss die Ursachen hierfür sofort beseitigt werden.**
- Vergewissern Sie sich, dass immer Benzin der vorgeschriebenen Oktanzahl verwendet wird – Yamaha schreibt Otto-Kraftstoff mit mindestens 95 Oktan vor.

# Modellentwicklung

## MT-07

Die MT-07 wurde 2014 in Europa auf den Markt gebracht, in den USA und Kanada folgte sie ein Jahr später als FZ-07.
Im quer eingebauten und wassergekühlten Reihenzweizylinder öffnen zwei obenliegende Nockenwellen vier Ventile je Brennraum. Die Kurbelwelle überträgt die Leistung über eine per Seilzug betätigte Mehrscheiben-Ölbadkupplung auf ein Sechsganggetriebe. Das Hinterrad wird per Dichtringkette angetrieben.
Ein Motorsteuergerät überwacht die Kraftstoffeinspritzung und die Zündung.
Die weitgehend unter dem Motor sitzend einteilige Auspuffanlage beinhaltet einen Katalysator und eine Lambdasonde.
Der Motor sitzt als tragendes Element in Stahlrohrrahmen. Das Vorderrad steckt in einer konventionellen nicht einstellbaren Teleskopgabel mit 41 mm Standrohrdurchmesser. Das Hinterrad wird in einer Schwinge aus Stahlprofilen geführt, die sich über ein progressiv angelenktes Zentralfederbein mit einstellbarer Federvorspannung gegen den Rahmen abstützt.
Auf den 17 Zoll großen Zehnspeichen-Alugussrädern sind schlauchlose Reifen aufgezogen. Die zwei schwimmend gelagerten Bremsscheiben des Vorderrads werden mit Vierkolben-Bremssätteln verzögert, während am Hinterrad ein Einkolben-Schwimmsattel auf eine fest verschraubte Bremsscheibe wirkt. MT-07A-Modelle sind mit ABS ausgerüstet. Viele Modelle sind mit einer Wegfahrsperre versehen.
2015 wurde das MT-07-Sondermodell Moto Cage vorgestellt, das mit speziell lackierten Rädern, Motor-, Kühler- und Handschützern sowie verschiedenen Verkleidungen an ein Stuntbike erinnerte.
Bis 2017 wurden keine wesentlichen Änderungen an der MT-07 vorgenommen.

## MT-07 TR TRACER

Die 2016 vorgestellte TRACER ist eine halbverkleidete und tourentaugliche Variante der MT-07. Abgesehen von der Verkleidung und anderen Anbauteilen unterscheiden sich auch der Tank, die Sitzbank, der Lenker, die Scheinwerfer und die Instrumente vom Basismodell. Eine längere Hinterradschwinge aus Aluminium und ein geänderter Stoßdämpfer sollen den Reisekomfort verbessern, ein verstärktes Rahmenheck bietet mehr Zuladung. ABS und Wegfahrsperre sind serienmäßig an Bord.
Bis 2017 wurden keine wesentlichen Änderungen an der TRACER vorgenommen.

## XSR 700

Die 2016 präsentierte XSR 700 ist eine Retro-Variante der MT-07. Unterschiede sind am Tank, der Sitzbank, dem Lenker, dem geschraubten Rahmenheck, dem Scheinwerfer, dem Rücklicht, den Instrumenten und verschiedenen Anbauteilen erkennbar. ABS und Wegfahrsperre sind serienmäßig an Bord.
Bis 2017 wurden keine wesentlichen Änderungen an der XSR 700 vorgenommen.

# Maße und Gewicht

### Gesamtlänge

| | |
|---|---|
| MT-07 | 2085 mm |
| TRACER | 2138 mm |
| XSR 700 | 2075 mm |

### Gesamtbreite

| | |
|---|---|
| MT-07 | 745 mm |
| TRACER | 806 mm |
| XSR 700 | 820 mm |

### Gesamthöhe

| | |
|---|---|
| MT-07 | 1090 mm |
| TRACER | 1270 mm |
| XSR 700 | 1130 mm |

### Sitzhöhe

| | |
|---|---|
| MT-07 | 805 mm |
| TRACER | 835 mm |
| XSR 700 | 815 mm |

### Radstand

| | |
|---|---|
| MT-07 | 1400 mm |
| TRACER | 1450 mm |
| XSR 700 | 1405 mm |
| Bodenfreiheit | 140 mm |

### Gewicht (betriebsbereit und vollgetankt)

| | |
|---|---|
| MT-07 | 179 kg (mit ABS: 182 kg) |
| TRACER | 196 kg |
| XSR 700 | 186 kg |

### Maximale Zuladung (Fahrer/Beifahrer/Gepäck)

| | |
|---|---|
| MT-07 | 176 kg (mit ABS: 173 kg) |
| TRACER | 180 kg |
| XSR 700 | 172 kg |

# Technische Daten

## Motor

| | |
|---|---|
| Typ | Viertakt-Reihenzweizylinder, 8 Ventile |
| Hubraum | 689 cm³ |
| Bohrung | 80,0 mm |
| Hub | 68,6 mm |
| Verdichtungsverhältnis | 11,5 : 1 |
| Ventiltrieb | 2 kettengetriebene obenliegende Nockenwellen (DOHC) |
| Kupplung | Mehrscheiben-Ölbadkupplung |
| Getriebe | 6 Gänge im konstanten Eingriff |
| Endantrieb | Dichtringkette |
| Kühlsystem | Wasserkühlung |
| Drosselklappengehäuse | Mikuni EHDW 38 |
| Zündanlage | Digitale CDI-Zündung mit elektronischer Frühverstellung |

## Fahrwerk

| | |
|---|---|
| Rahmen | Brückenrahmen aus Stahlrohr |

## Lenkkopfwinkel und Nachlauf

| | |
|---|---|
| MT-07 | 24,8°, 90 mm |
| TRACER und XSR 700 | 25°, 90 mm |

## Tankinhalt (einschl. Reserve)

| | |
|---|---|
| MT-07 und XSR 700 | 14 Liter |
| TRACER | 17 Liter |

## davon Reserve (Warnlampe leuchtet)

| | |
|---|---|
| MT-07 und XSR 700 | 2,7 Liter |
| TRACER | 3,5 Liter |

## Vorderradfederung

| | |
|---|---|
| Typ | Hydraulische Teleskopgabel, 41 mm Standrohrdurchmesser |
| Federweg | 130 mm |
| Einstellmöglichkeiten | keine |

## Hinterradfederung

| | |
|---|---|
| Typ | Mono-Stoßdämpfer, progressiv angelenkt, Schwinge aus Stahlprofilen |
| Federweg | |
| MT-07 und XSR 700 | 52 mm am Stoßdämpfer, 130 mm am Hinterrad |
| TRACER | 65 mm am Stoßdämpfer, 142 mm am Hinterrad |
| Einstellmöglichkeiten | Federvorspannung |

| | | |
|---|---|---|
| Räder | 17-Zoll-Zehnspeichengussräder | |
| Reifen | **Vorderrad** | **Hinterrad** |
| MT-07 und TRACER | 120/70-ZR17 (58W) TL | 180/55-ZR17 (73W) TL |
| XSR 700 | 120/70-ZR17 (58V) TL | 180/55-ZR17 (73V) TL |
| Vorderrad | | |
| Hinterrad | 160/60-ZR17 (69W) schlauchlos | |
| Vorderradbremse | 2 Bremsscheiben (282 mm) mit Vierkolben-Festsätteln | |
| Hinterradbremse | Bremsscheibe (245 mm) mit Einkolben-Schwimmsattel | |

# Kapitel 1
# Einstellungs- und Wartungsarbeiten

## **Inhalt** (in alphabetischer Reihenfolge, die Zahlen geben die Nummerierung in den grauen Feldern wieder)



## Schwierigkeitsgrade

| | | | | |
|---|---|---|---|---|
| **Leicht.** Für Anfänger mit wenig Erfahrung geeignet.  | **Relativ leicht.** Für Anfänger mit etwas Erfahrung geeignet.  | **Relativ schwierig.** Für geübte Selbstschrauber geeignet.  | **Schwer.** Für Selbstschrauber mit viel Erfahrung geeignet.  | **Sehr schwer.** Für Experten und Profis geeignet. |

## Technische Daten

1

### Motor

| | |
|---|---|
| Zündkerzen | |
| Typ | NGK LMAR8A-9 |
| Elektroden-Kontaktabstand | 0,8 bis 0,9 mm |
| Standgasdrehzahl | |
| MT-07 (bis 2015) | 1100 bis 1300/min |
| alle anderen Modelle | 1250 bis 1450/min |
| Zylindernummerierung | Nr. 1 – links; Nr. 2 – rechts |
| Drosselklappensynchronisation – maximale Differenz zwischen Gehäusen | 10 mm Hg (13 mbar) |
| Ventilspiel (bei **kaltem** Motor) | |
| Einlassventile | 0,11 bis 0,20 mm |
| Auslassventile | 0,24 bis 0,30 mm |

### Fahrwerk

| | |
|---|---|
| Antriebsketten-Durchhang (auf Seitenständer) siehe Text | |
| MT-07 und XSR 700 | 51 bis 56 mm |
| TRACER | 30 bis 35 mm |
| Gaszug-Spiel (am Griffbund) | 3 bis 5 mm |
| Kupplungszug-Spiel (am Hebelende) | 5 bis 10 mm |
| Reifendruck | |
| Vorderrad | 2,25 bar |
| Hinterrad | 2,50 bar |

## Empfohlene Schmiermittel und Flüssigkeiten

| | |
|---|---|
| Kraftstoff | Bleifreier Otto-Kraftstoff mit mindestens 95 Oktan |
| Motoröl-Typ und Viskosität | API-Klasse SG oder höher, JASO T 903 MA; SAE 10W/40 |
| Motoröl-Füllmenge | |
| nur Ölwechsel | 2,3 Liter |
| Öl- und Filterwechsel | 2,6 Liter |
| nach Motorüberholung (trocken, neuer Filter) | 3,0 Liter |
| Kühlflüssigkeit-Typ | 50% destilliertes Wasser und 50% Ethylen-Glykol mit Korrosionsschutz für Aluminium-Motoren |
| Kühlflüssigkeit-Füllmenge | |
| Motor, Schläuche und Kühler | 1,6 Liter |
| Ausgleichsbehälter | 0,25 Liter |
| Bremsflüssigkeit | DOT 4 |
| Antriebskette | Für Dichtringe verträgliches Kettenspray |
| Lenkkopflager | Lithium-Mehrzweckfett |
| Stoßdämpferbuchsen, Anlenkung und Dichtlippen | Lithium-Mehrzweckfett |
| Schwingenbolzen, Lager und Dichtlippen | Lithium-Mehrzweckfett |
| Radlager-Dichtringlippen | Lithium-Mehrzweckfett |
| Ständer/Bremspedal/Schalthebel/Kupplungshebel | Lithium-Mehrzweckfett |
| Handbremshebel-Lager und Kontaktpunkt | Silikon |
| Bowdenzüge | Bowdenzug-Schmiermittel oder Waffenöl |
| Gasgriff | Lithium-Mehrzweckfett |

## Anzugsdrehmomente

| | |
|---|---|
| Hinterachsmutter | |
| MT-07 und XSR 700 | 105 Nm |
| TRACER | 150 Nm |
| Kühlsystem-Ablassschraube | 7 Nm |
| Kurbelwellenstopfen | 10 Nm |
| Lenkkopflager-Einstellring – mit Yamaha-Werkzeug | |
| Erstanzug | 52 Nm |
| Endanzug | 18 Nm |
| Lenkkopflagereinstellring-Klemmschraube | |
| MT-07 und XSR 700 | 21 Nm |
| TRACER | 35 Nm |
| Motoröl-Ablassschraube | 43 Nm |
| Ölfilter | 17 Nm |
| Standrohr-Klemmschraube (obere Gabelbrücke) | 26 Nm |
| Steuerzeiten-Kontrollschraube | 15 Nm |
| Zündkerzen | 13 Nm |

# MT-07 (FZ-07): Lage der Baugruppen

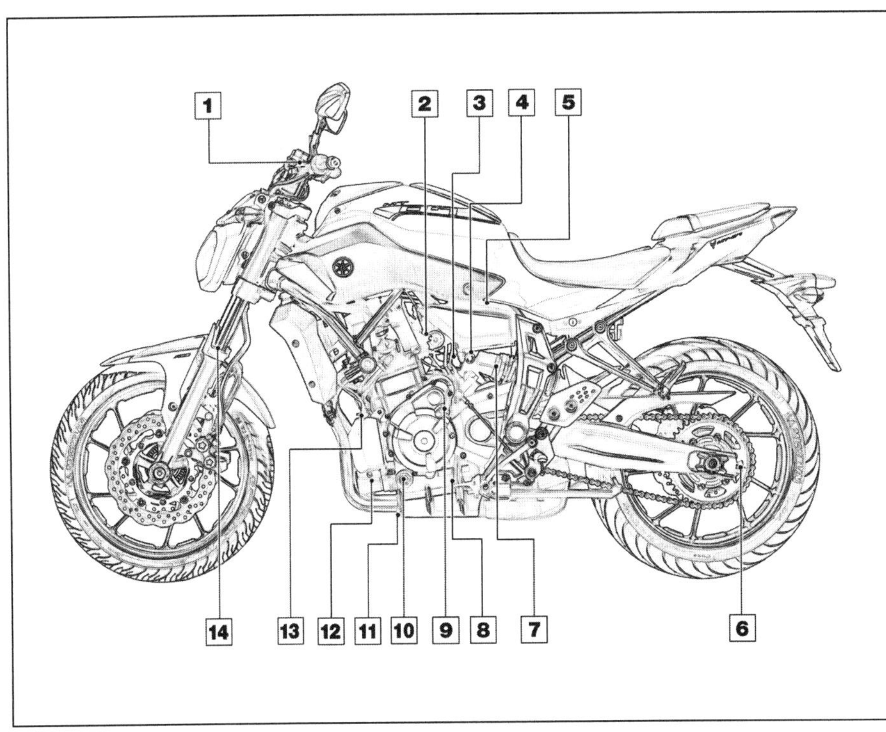


Linke Seite

1 Oberer Kupplungszugeinsteller
2 Unterer Gaszugeinsteller
3 Benzingas-Sammelbehälter (falls vorhanden)
4 Luftfiltergehäuse-Ablassstopfen
5 Luftfilter
6 Kettenspanner
7 Federvorspannungs-Einsteller
8 Motornummer
9 Öleinfülldeckel
10 Ölpegel-Schauglas
11 Ölablassschraube
12 Ölfilter
13 Kühlmittelbehälter-Einfüllstopfen
14 Gabel-Dichtring

# MT-07 (FZ-07): Lage der Baugruppen

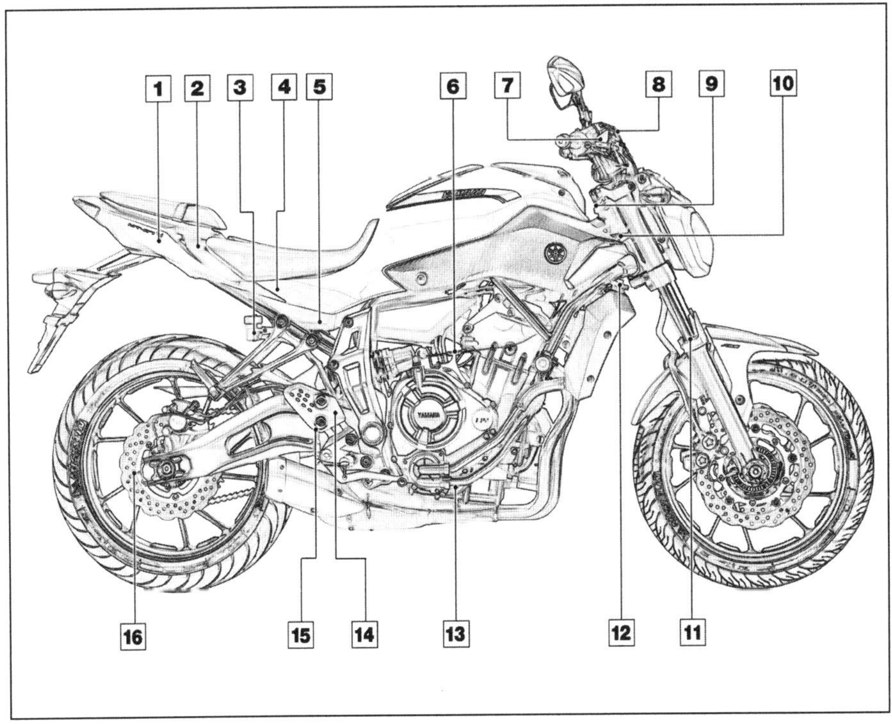


Rechte Seite

1 Modellcode/Farbcode-Aufkleber
2 Diagnosestecker
3 Fußbremsen-Ausgleichsbehälter
4 Sicherungen
5 Batterie
6 Unterer Kupplungszugeinsteller
7 Handbremsen-Ausgleichsbehälter
8 Gaszugeinsteller
9 Lenkkopflager-Einsteller
10 Rahmennummer
11 Gabel-Dichtring
12 Wasserkühler-Druckventil
13 Kühlmittel-Ablassschraube
14 Hinterrad-Bremslichtschalter
15 Bremspedal-Höhenversteller
16 Kettenspanner

# MT-07 TR TRACER: Lage der Baugruppen

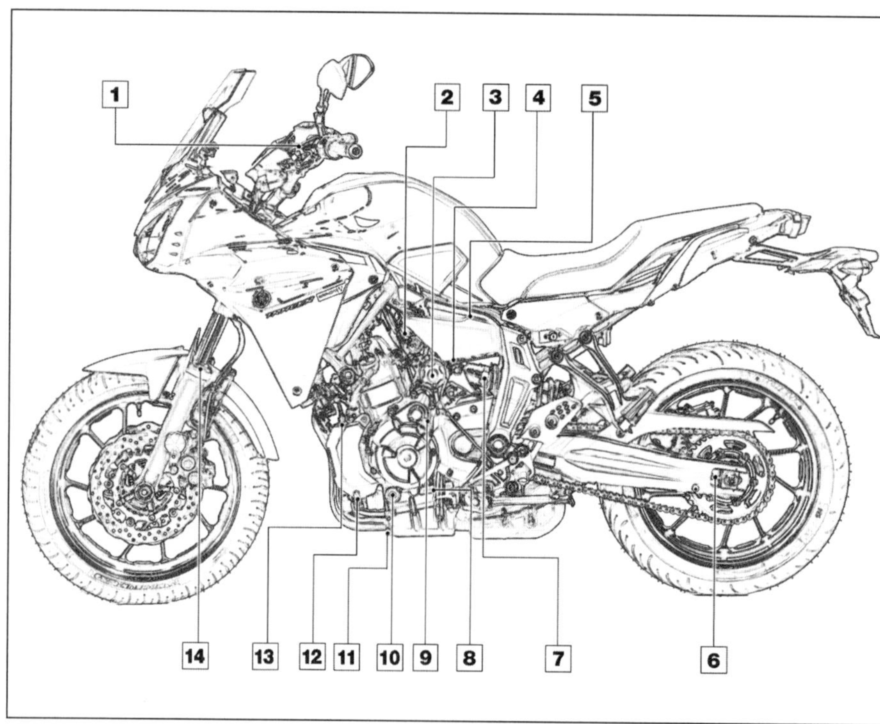


1 Oberer Kupplungszugeinsteller
2 Unterer Gaszugeinsteller
3 Benzingas-Sammelbehälter
4 Luftfiltergehäuse-Ablassstopfen
5 Luftfilter
6 Kettenspanner
7 Federvorspannungs-Einsteller
8 Motornummer
9 Öleinfülldeckel
10 Ölpegel-Schauglas
11 Ölablassschraube
12 Ölfilter
13 Kühlmittelbehälter-Einfüllstopfen
14 Gabel-Dichtring

**Linke Seite**

# MT-07 TR TRACER: Lage der Baugruppen

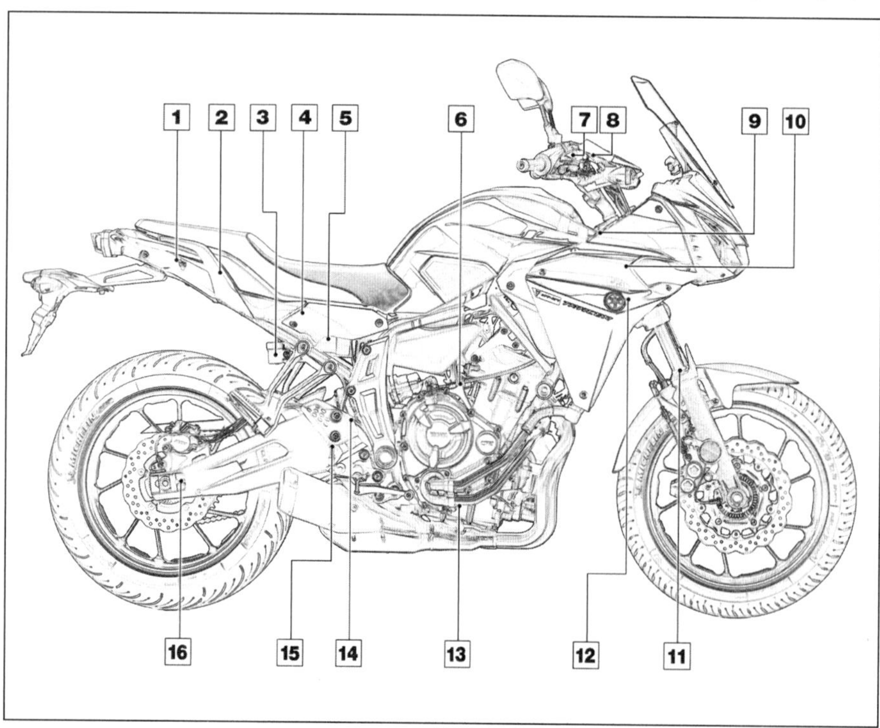


1 Modellcode/Farbcode-Aufkleber
2 Diagnosestecker
3 Fußbremsen-Ausgleichsbehälter
4 Sicherungen
5 Batterie
6 Unterer Kupplungszugeinsteller
7 Handbremsen-Ausgleichsbehälter
8 Gaszugeinsteller
9 Lenkkopflager-Einsteller
10 Rahmennummer
11 Gabel-Dichtring
12 Wasserkühler-Druckventil
13 Kühlmittel-Ablassschraube
14 Hinterrad-Bremslichtschalter
15 Bremspedal-Höhenversteller
16 Kettenspanner

**Rechte Seite**

# XSR 700: Lage der Baugruppen

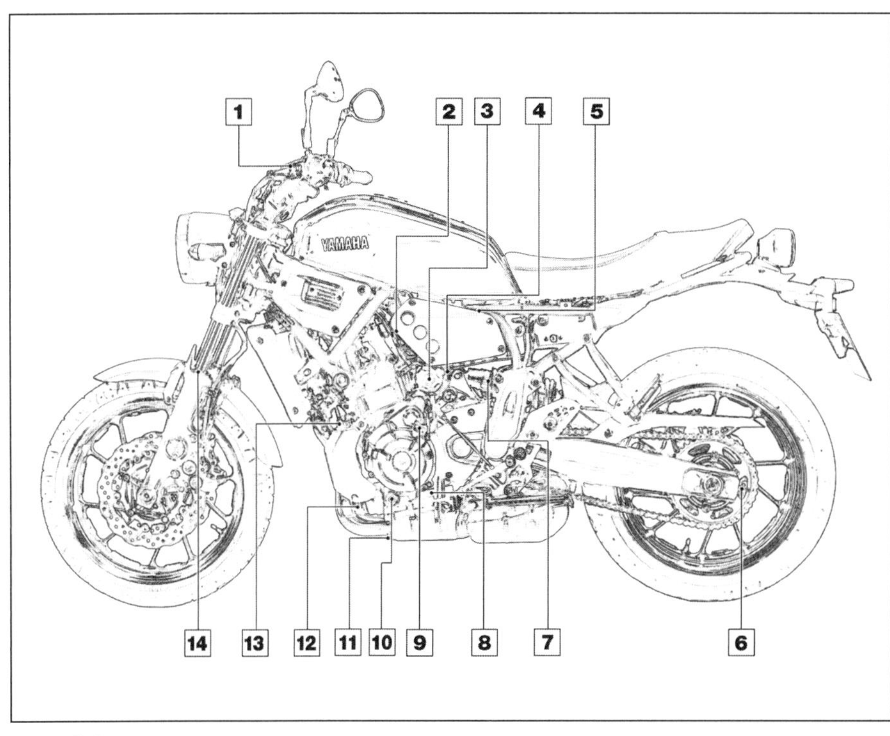


1 Oberer Kupplungszugeinsteller
2 Unterer Gaszugeinsteller
3 Benzingas-Sammelbehälter
4 Luftfiltergehäuse-Ablassstopfen
5 Luftfilter
6 Kettenspanner
7 Federvorspannungs-Einsteller
8 Motornummer
9 Öleinfülldeckel
10 Ölpegel-Schauglas
11 Ölablassschraube
12 Ölfilter
13 Kühlmittelbehälter-Einfüllstopfen
14 Gabel-Dichtring

**Linke Seite**

# XSR 700: Lage der Baugruppen

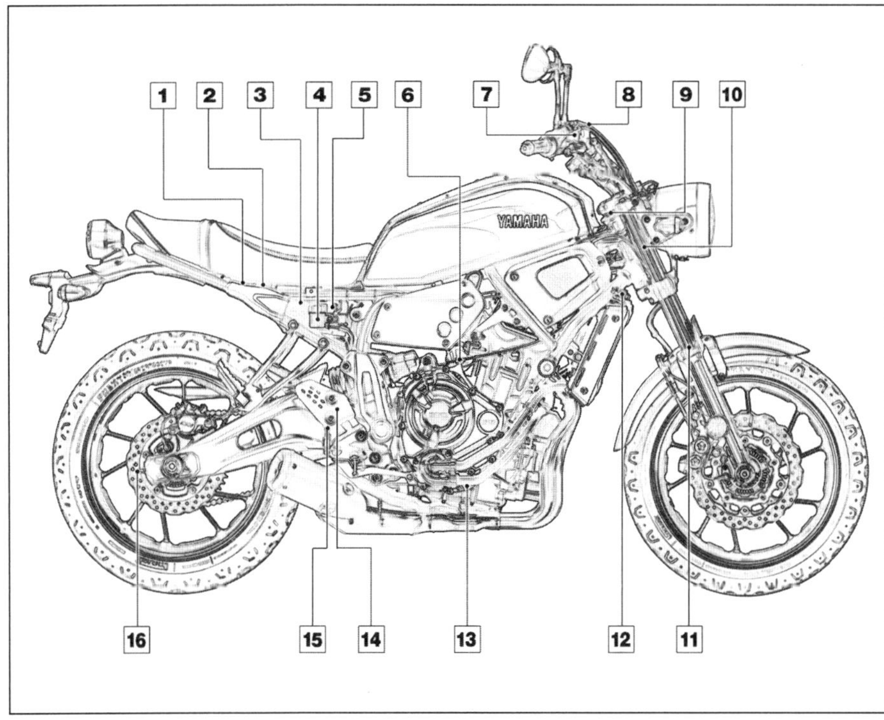


1 Modellcode/Farbcode-Aufkleber
2 Diagnosestecker
3 Fußbremsen-Ausgleichsbehälter
4 Sicherungen
5 Batterie
6 Unterer Kupplungszugeinsteller
7 Handbremsen-Ausgleichsbehälter
8 Gaszugeinsteller
9 Lenkkopflager-Einsteller
10 Rahmennummer
11 Gabel-Dichtring
12 Wasserkühler-Druckventil
13 Kühlmittel-Ablassschraube
14 Hinterrad-Bremslichtschalter
15 Bremspedal-Höhenversteller
16 Kettenspanner

**Rechte Seite**

# Wartungsplan

**Anmerkung**: *Die Instrumente aller Modelle sind mit einer Service-Anzeige ausgerüstet, die nach dem Einschalten der Zündung und der Selbstkontrolle kurze Zeit die Kilometer (in 100er-Schritten) bzw. Zeit bis zur nächsten Inspektion erscheinen lässt, sobald diese innerhalb der nächsten 1 000 km oder des nächsten Monats stattfinden muss. Falls eine Wartung überfällig ist, leuchtet die allgemeine Warnlampe gelb und SERVICE wird ständig zusammen mit dem Datum oder der Kilometerangabe angezeigt, an dem die Wartung hätte durchgeführt werden müssen. Die Service-Anzeige muss von einer Yamaha-Werkstatt zurückgesetzt werden.*

## Täglich (vor jeder Fahrt)

- ☐ Alle am Anfang dieses Buchs beschriebenen *Täglichen Kontrollen*.

**Nach den ersten 1000 km**

**Anmerkung**: *Normalerweise wird die Erstinspektion nach 1 000 km durch eine Yamaha-Fachwerkstatt durchgeführt. Danach werden alle Inspektionen nach den im Plan vorgesehenen Intervallen vorgenommen.*

## Alle 1 000 km

- ☐ Kontrolle, Einstellung, Reinigung und Schmieren der Antriebskette (Sektion 3))

## Alle 10 000 km oder jährlich

- ☐ Kontrolle und Einstellung der Zündkerze (Sektion 4)
- ☐ Kontrolle und Einstellung der Standgasdrehzahl (Sektion 5)
- ☐ Kontrolle und Synchronisation der Drosselklappen (Sektion 6)
- ☐ Kontrolle des Kraftstoffsystems (Sektion 7)
- ☐ Kontrolle und ggf. Einstellung des Gaszugs (Sektion 8)
- ☐ Kontrolle und ggf. Einstellung des Kupplungszugs (Sektion 9)
- ☐ Schmieren des Kupplungs- und Bremshebels, Bremspedals, der Ständerzapfen und der Bowdenzüge (Sektion 10)
- ☐ Kontrolle des Kühlsystems (Sektion 11)
- ☐ Wechsel des Motoröls (Sektion 12)
- ☐ Kontrolle des Bremssystems (Sektion 13)
- ☐ Kontrolle der Räder, Radlager und Reifen (Sektion 14)
- ☐ Kontrolle der Federelemente (Sektion 15)
- ☐ Kontrolle und ggf. Einstellung der Lenkkopflager (Sektion 16)
- ☐ Kontrolle der Ständer und des Sicherheitsstromkreises (Sektion 17)
- ☐ Festigkeitsprüfung aller Muttern und Schrauben (Sektion 18)
- ☐ Kontrolle der Batterie (Sektion 19)

## Alle 20 000 km

*Neben den Punkten der 6 000er-Inspektion müssen folgende Aufgaben durchgeführt werden:*

- ☐ Ersetzen der Zündkerze (Sektion 4)
- ☐ Kontrolle des Kraftstoff-Verdunstungssystems (falls vorhanden) (Sektion 7)
- ☐ Wechsel des Ölfilters (Sektion 12)
- ☐ Nachschmieren der Lenkkopflager (Kapitel 5)
- ☐ Nachschmieren der Stoßdämpferanlenkung (Kapitel 5)

## Alle 40 000 km

- ☐ Wechsel des Luftfilterelements und Reinigung des Filtergehäuses (Sektion 20)
- ☐ Kontrolle und ggf. Einstellung des Ventilspiels (Sektion 21)

## Alle 50 000 km

- ☐ Nachschmieren der Schwingenlager (Kapitel 5)

## Alle 2 Jahre

- ☐ Wechsel der Bremsflüssigkeit (Kapitel 6)

## Alle 3 Jahre

- ☐ Wechsel des Kühlmittels (Sektion 11)

## Alle 4 Jahre

- ☐ Austausch der Bremsleitungen (Kapitel 6)

## 2 Allgemeine Informationen

**1** Dieses Kapitel soll dem Hobbyschrauber helfen, sein Motorrad in einem sicheren und technisch guten Zustand zu halten, sodass es immer voll leistungsfähig ist und eine lange Lebensdauer erreicht.

**2** Die Entscheidung, wo und wann man mit den Routinekontrollen anfangen soll, hängt von verschieden Faktoren ab. Wenn die Garantieperiode der Maschine gerade abgelaufen ist, und bisherige Inspektionen von einer Werkstatt vorgenommen wurden, kann mit der nächsten Routinekontrolle bis zum nächsten vorgeschriebenen Kilometerstand oder Zeitablauf gewartet werden. Wenn Sie die Maschine schon einige Zeit haben, aber schon lange keine Inspektion haben machen lassen, sollten Sie mit dem nächsten Intervall beginnen und einige zusätzliche Kontrollen vornehmen, um sicherzugehen, dass nichts Wichtiges übersehen wurde. Wenn Sie gerade eine große Motor-Überholung erledigt haben, sollten Sie die Service-Intervalle von Anfang an beginnen. Wenn Sie eine gebrauchte Maschine erworben haben und über ihre Geschichte und Wartung nichts wissen, sollten Sie sich für eine Komplettkontrolle aller Punkte entscheiden und dann mit den normalen Intervallen weitermachen.

**3** Vor Beginn irgendwelcher Wartungsarbeiten sollte das Motorrad sorgfältig gereinigt werden, besonders um den Ölfilter, die Ablassschrauben, die Ventildeckel, die Federelemente, Räder usw. herum. Saubere Teile schützen davor, dass während der Arbeit Schmutz in den Motor eindringt, außerdem lassen sie Verschleiß und Beschädigungen besser erkennen.

**4** Wichtige Wartungshinweise sind oft auf Aufklebern vermerkt, die am Motorrad angebracht sind. Wenn diese Informationen sich von denen in diesem Buch angegeben unterscheiden, richten Sie sich nach denen am Motorrad.

***Warnung: Lesen Sie vor Beginn der Arbeit die Sektion »Sicherheit geht vor! Sorgfältig durch.***

## 3 Antriebskette und Kettenräder

### Kontrolle

**1** Eine vernachlässigte Antriebskette wird nur ein kurzes Leben haben und ebenfalls schnell das Motorritzel und das Kettenblatt zerstören. Weil die Kette mit zunehmendem Verschleiß länger wird, muss ihr Durchhang gelegentlich nachgestellt werden. Eine regelmäßige Einstellung und Schmierung garantiert eine maximale Lebensdauer aller Komponenten.

***Achtung: Fahren mit einer zu sehr gespannten Kette führt ebenso zu Beschädigungen wie mit einer zu stark durchhängenden Kette.***

**2** Das Motorrad muss auf dem Seitenständer stehen und darf nicht belastet sein.

**3** Das Getriebe muss sich im Leerlauf befinden.

**4** Halten Sie in der Mitte des unteren Kettentrums ein Lineal gegen die Gleitschiene hinten an der Schwinge. Drücken Sie die Kette herunter, bis jeglicher Durchhang aufgehoben ist, und notieren Sie, wie weit die Mittellinie der Kette von der Schwinge entfernt ist die Position des unteren Kettenrandes (siehe Abbildungen).

**5** Vergleichen Sie den Wert mit den Vorgaben (MT-07 und XSR: 51 bis 56 mm; TRACER: 30 bis 35 mm).

**6** Da Ketten selten gleichmäßig verschleißen, muss das Hinterrad gedreht werden, sodass ein anderer Bereich der Kette gemessen werden kann. Wiederholen Sie dies mehrmals über die gesamte Kettenlänge, und markieren Sie die straffste Stelle.

**7** In Fällen mangelnder Schmierung können Korrosion und Abrieb bewirken, dass die Glieder sich nicht mehr frei bewegen können – was bei den Messungen eine stramme Kette vortäuschen kann (siehe Abbildung). Markieren Sie die Stelle, reinigen Sie den Bereich, und führen Sie eine kurze Probefahrt durch.

**3.7 Bei einer schlecht gewarteten Kette können die Kettenglieder verklemmt sein.**

**8** Ist die Kette nach der Probefahrt immer noch verklemmt oder weist lose Bolzen oder beschädigt Rollen auf, muss dringend eine neue eingebaut werden (siehe Kapitel 6). Eine verrostete, verklemmte oder verschlissene Kette

1

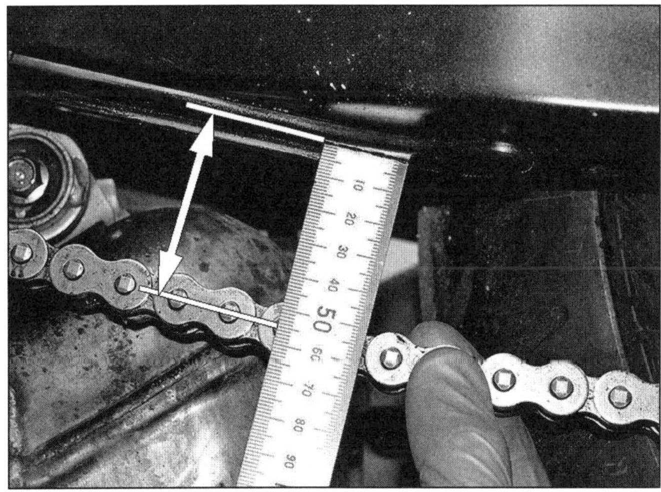

**3.4a Ermittlung des Kettendurchhangs bei der MT-07 und der XSR 700**

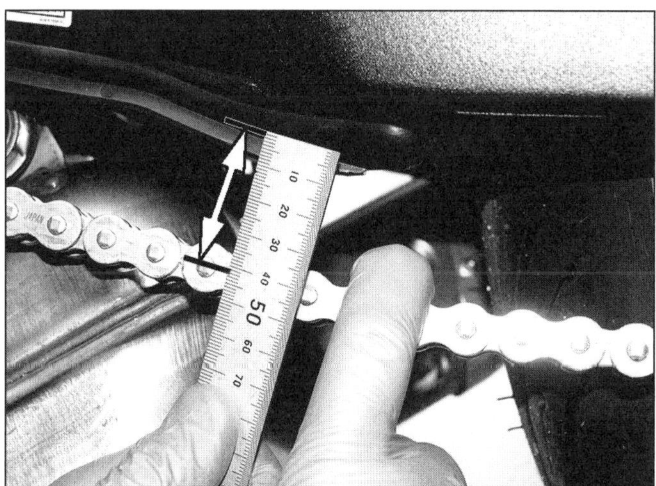

**3.4b Ermittlung des Kettendurchhangs bei der TRACER**

beschädigt Kettenräder und sogar Getriebewellenlager, schluckt Leistung, erhöht den Verbrauch und kann reißen – was zu schweren Beschädigungen oder gar Verletzungen und einem Sturz führen kann. Bei jedem Zweifel muss daher die Kette (und wahrscheinlich auch die Kettenräder) ersetzt werden.

**9** Kontrollieren Sie die gesamte Kette auf beschädigte Rollen sowie lockere Laschen und Bolzen und fehlende O-Ringe. Erneuern Sie die Kette gegebenenfalls sofort. Nach einer erhöhten Laufleistung ist auch eine gut gewartete Kette am Ende des Einstellbereichs angekommen, sodass sie samt ihrer Kettenräder ersetzt werden muss.

***Achtung: Montieren Sie niemals eine neue Kette auf verschlissene Kettenräder, und benutzen Sie niemals die alte Kette weiter, wenn Sie neue Kettenräder montiert haben – ersetzen Sie immer die Kette und beide Kettenräder als Satz.***

## Einstellung

**10** Wenn der Durchhang an der straffsten Stelle den Maximalwert überschreitet, muss die Kette eingestellt werden. Drehen Sie das Hinterrad so, dass der straffste Punkt der Kette in der Mitte des unteren Trums liegt.

**11** Lockeren Sie die Hinterachsmutter (siehe Abbildungen).

**12** Lockern Sie bei der MT-07 und der XSR 700 an beiden Seiten der Schwinge die (äußere) Kontermuttern der Einsteller. Drehen Sie die Einstellmuttern gleichmäßig und in kleinen Schritten im Uhrzeigersinn, um den Durchhang zu verringern; oder links herum, um ihn zu vergrößern – drücken Sie hierbei das Rad nach vorn, damit die Muttern und Endkappen gegen die Schwinge drücken (siehe Abbildungen). Wenn der Durchhang stimmt, muss geprüft werden, ob die Kerben an den Gleitstücken an beiden Seiten in einer relativ gleichen Position zu den Markierungen an der Schwinge stehen (siehe Abbildung) – andernfalls müssen die Einsteller angeglichen werden, da das Hinterrad nicht mehr in Flucht zum Vorderrad steht.

**13** Lockern Sie bei der TRACER an beiden Seiten der Schwinge die (vordere) Kontermuttern der Einsteller. Drehen Sie die Einstellschrauben gleichmäßig und in kleinen Schritten gegen den Uhrzeigersinn, um den Durchhang zu verringern; oder rechts herum, um ihn zu vergrößern – drücken Sie hierbei das Rad nach vorn, damit die Muttern und Endkappen gegen die Schwinge drücken (siehe Abbildungen). Wenn der Durchhang stimmt, muss geprüft werden, ob die Kerben an den Gleitstücken an beiden Seiten in einer relativ gleichen Position zu den Markierungen an der Schwinge stehen (siehe Abbildung) – andernfalls müssen die Einsteller angeglichen werden, da das Hinterrad nicht mehr in Flucht zum Vorderrad steht.

**14** Auch wenn nur der rechte Einsteller verdreht wurde, kann sich dies auf den Kettendurchhang auswirken, sodass dieser unbedingt erneut kontrolliert werden muss.

**15** Drücken Sie das Hinterrad nach vorn, bis bei der MT-07 und der XSR 700 die Einstellmutter bzw. bei der TRACER die Einstellschraube an der Schwinge anliegt, und ziehen Sie die Achsmutter vorschriftsmäßig an (MT-07, XSR: 105 Nm; TRACER: 150 Nm).

**16** Kontern Sie die Einstellschrauben oder -Muttern, und ziehen Sie die Kontermuttern sorgfältig an (siehe Abbildung). Überprüfen Sie erneut den Kettendurchhang.

**17** Falls sich der Durchhang schwierig einstellen lässt oder die Kettenspanner am Ende ihres Einstellbereichs angelangt sind, muss geprüft werden, ob sich die Kette nicht übermäßig gelängt hat (siehe Kapitel 6).

**3.11a Hinterachsmutter – MT-07 und XSR 700**

**3.11b Hinterachsmutter – TRACER**

## Reinigen und Schmieren

**Anmerkung:** *Falls ein automatisches Kettenschmiersystem (z. B. von Scottoiler) verwendet wird, muss kein weiterer Schmierstoff von Hand aufgetragen werden.*

**18** Die beste Zeit zum Schmieren der Kette ist direkt nach der Fahrt, wenn sie warm ist. Der Schmierstoff dringt dann besser zwischen die Glieder als im kalten Zustand.

**19** Reinigen Sie die Kette nötigenfalls mit einem speziellen Reinigungsspray, oder waschen Sie sie mit einer weichen Bürste in Petroleum oder anderem Lösungsmittel, das nicht die Dichtringe angreift (siehe Abbildung). Wischen Sie das Reinigungsmittel ab, und lassen Sie die Kette trocknen – ggf. mithilfe von Druckluft.

***Achtung: Benutzen Sie kein Benzin, Lösungsmittel oder andere Reinigungsmittel, welche die O-Ringe in der Kette angreifen können. Benutzen Sie keinen Dampfstrahler. Der Reinigungsprozess soll nicht länger als zehn Minuten dauern, da sonst die Dichtringe beschädigt werden können.***

**20** Tragen Sie den Ketten-Schmierstoff von der Innenseite der Kette her auf die Stellen auf, wo sich die Laschen überlappen, nicht in die Mitte der Rollen. Schützen Sie beim Aufsprühen den Reifen mit einem Stück Pappe.

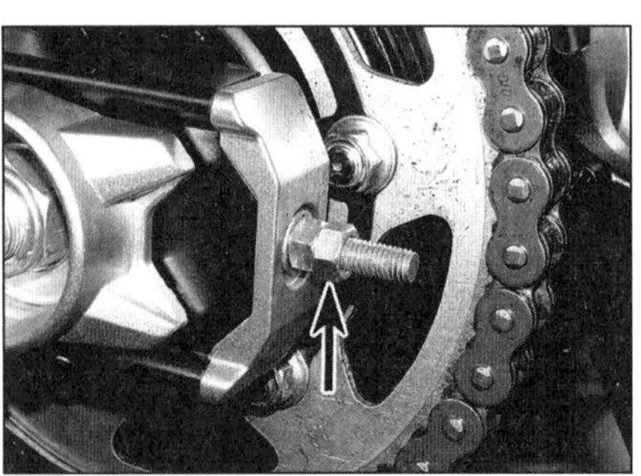

**3.12a Lockern Sie an beiden Seiten die Kontermutter, …**

**3.12b … und verdrehen Sie beide Einstellmuttern, um den korrekten Durchhang einzustellen.**

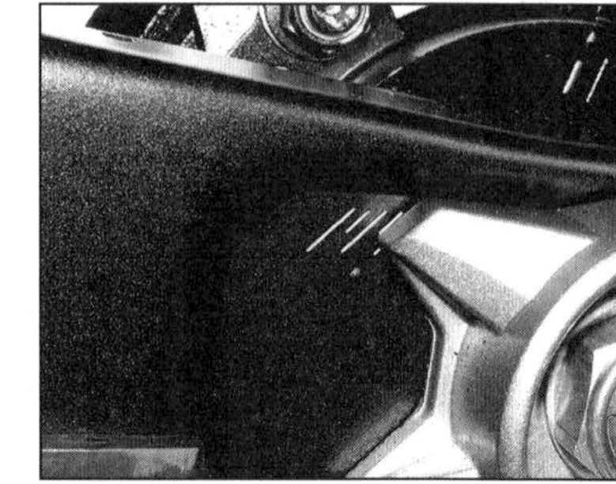

**3.12c Die Einstellplatten müssen an beiden Seiten der Schwinge identisch zu deren Markierungen ausgerichtet sein – MT-07 und XSR 700**

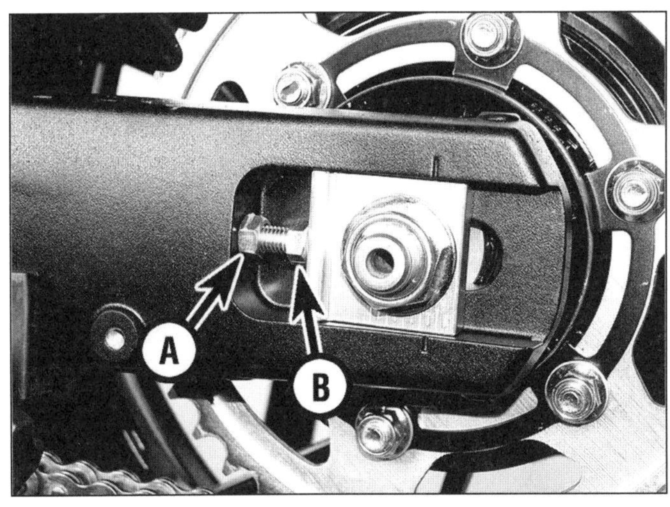


**3.13a Lockern Sie an beiden Seiten die Kontermutter (A), und verdrehen Sie beide Einstellschrauben (B), um den korrekten Durchhang einzustellen.**

**3.13b Die Einstellplatten müssen an beiden Seiten der Schwinge identisch zu deren Markierungen ausgerichtet sein - TRACER**

**Anmerkung:** *Yamaha empfiehlt die Verwendung von O- oder X-Ring verträglichem Kettenspray. Nötigenfalls kann auch Motoröl verwendet werden, doch es haftet nicht besonders gut an der Kette, sodass die Behandlung oft wiederholt werden muss. Lassen Sie das Öl in Ruhe einziehen und ggf. vorhandenes Lösungsmittel verdunsten.*

***Tragen Sie den Schmierstoff auf der Oberseite des unteren Kettentrums auf, damit ihn die Fliehkräfte während der Fahrt in die gesamte Kette drücken. Lassen Sie den Schmierstoff einige Minuten einwirken, bevor überschüssiges Öl mit einem Lappen abgewischt wird.***

***Warnung: Das Schmiermittel darf nicht auf den Reifen oder die Bremsscheibe geraten. Reinigen Sie kontaminierte Bereiche sorgfältig mit Bremsenreiniger, bevor Sie mit dem Motorrad fahren.***

## Kettenrad-Verschleiß

**21** Falls die Kette verschlissen oder beschädigt ist, werden auch die Kettenräder in Mitleidenschaft gezogen worden sein.

**22** Demontieren Sie den Motorritzeldeckel (siehe Kapitel 6). Überprüfen Sie die Zähne des Ritzels und des hinteren Kettenblatts auf Verschleiß (siehe Abbildung). Wenn die Kettenräder verschlissen sind, müssen sie zusammen mit der Kette ausgetauscht werden.

**23** Prüfen Sie den festen Sitz der Kettenräder – die Ritzelmutter muss mit 95 Nm, die Kettenblattmuttern müssen mit 80 Nm angezogen sein.

**3.16 Kontern Sie den Einsteller, und ziehen Sie die Kontermuttern an.**

**24** Inspizieren Sie die vorn an der Schwinge sitzende Ketten-Gleitschiene auf übermäßigen Verschleiß und Beschädigungen, und ersetzen Sie sie nötigenfalls (siehe Kapitel 5).

1

**3.19 Im Zubehörhandel sind spezielle Bürsten für die Kettenreinigung erhältlich.**

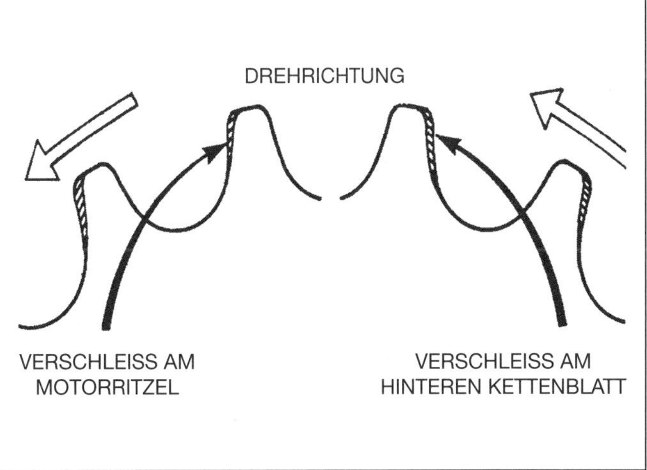


**3.22 Kontrollieren Sie die Motorritzel- und Kettenblattzähne in den gezeigten Bereichen auf Verschleiß.**

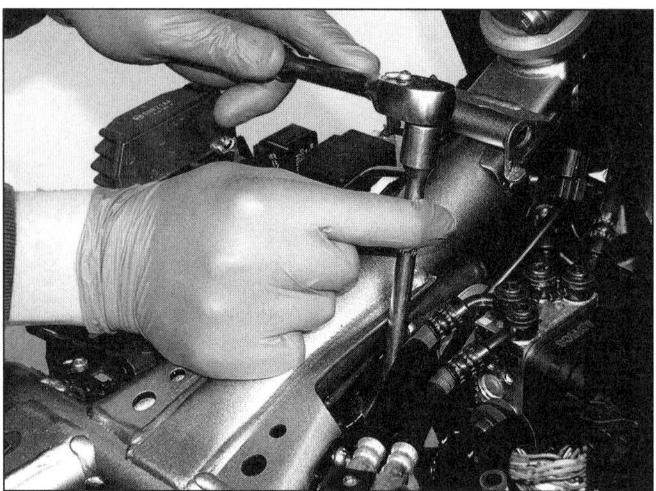

**4.4a Schrauben Sie die Zündkerzen heraus, ...**

**4.4b ... und heben Sie sie nötigenfalls mithilfe eines Magneten aus dem Zylinderkopf.**

## 4 Zündkerzen

**1** Für den Ausbau der Zündkerzen wird ein 14-mm-Kerzenschlüssel benötigt.
**2** Ziehen Sie die integrierten Zündspulen von den Zündkerzen (siehe Kapitel 4).
**3** Blasen Sie die Zündkerzenkanäle möglichst mit Druckluft aus, damit beim Ausbau der Kerzen kein Schmutz in die Brennräume fällt.
**4** Schrauben Sie die Zündkerzen mithilfe des Schlüssels aus dem Bordwerkzeug oder eines anderen 14-mm-Zündkerzenschlüssels aus dem Zylinderkopf (siehe Abbildungen). Legen Sie die Kerzen entsprechend ihrer Einbaupositionen ab, um zu wissen, aus welchem Zylinder sie stammen.
**5** Inspizieren Sie die Elektroden vor dem Reinigen auf Verschleiß. Sowohl die Mittelelektrode als auch die bügelförmige Masseelektrode darf nicht abgerundet oder ungleichmäßig dick sein. Achten Sie auf starke Ablagerungen und Hinweise auf Risse im Isolator der Mittelelektrode.
**6** Vergleichen Sie Ihre Zündkerzen mit den farbigen Zündkerzenbildern auf der Innenseite des Rückumschlags dieses Buches. Falls unnormale Zustände festgestellt werden, sollten deren Ursachen herausgefunden werden. Kontrollieren Sie das Gewinde, den Dichtring und den Keramik-Isolator der Zündkerze auf Brüche und andere Beschädigungen.

***Zündkerzen können für viele Symptome verantwortlich sein: Schlechtes Anspringen, ungleichmäßiges Standgas, Fehlzündungen, hoher Verbrauch, mangelnde Leistung, usw. Ein Kerzenwechsel bewirkt hier oft Wunder.***

**7** Reinigen Sie die Elektroden mit einer Drahtbürste. Wenn die Elektroden nicht verschlissen sind, leicht gereinigt werden können und keine Risse oder Ausbrüche festgestellt werden, sollte vor dem Wiedereinbau der Elektrodenabstand überprüft werden (s. u.). Falls eine Zündkerze verschlissen oder beschädigt ist oder nicht vollständig gereinigt werden kann, sollten alle vier durch Neuteile ersetzt werden – Zündkerzen sind nicht teuer. Generell sollten die Zündkerzen alle 20 000 km ersetzt werden.

**8** Vor dem Einbau der Zündkerzen muss sichergestellt sein, dass sie vom richtigen Typ sind (NGK LMAR8A-9) und der Abstand zwischen den Elektroden korrekt ist – dieser kann mit einer Fühler- oder Drahtlehre ermittelt werden (siehe Abbildungen). Liegt der gemessene Wert nicht zwischen 0,8 und 0,9 mm, muss die Masseelektrode äußerst vorsichtig entsprechend gebogen werden, ohne dabei den Isolator zu beschädigen (siehe Abbildung). Achten Sie darauf, dass der Dichtring nicht verloren gegangen ist.
**9** Stecken Sie die Zündkerze in den Kerzenschlüssel, um sie damit zu installieren. Alternativ gibt es spezielle Zündkerzen-Einbauwerkzeuge, aber auch ein passender Schlauch kann hilfreich sein. Da der Zylinderkopf aus Aluminium besteht, muss bei diesem weichen Material sehr auf Beschädigung der Kerzengewinde geachtet werden. Drehen Sie deshalb die Kerze möglichst weit per Hand in den Motor, und ziehen Sie sie anschließend an. Falls ein Drehmomentschlüssel vorhanden ist, sollte die Kerze mit 13 Nm angezogen werden; ansonsten werden neue Zündkerzen nach dem Aufsetzen des Dichtrings eine viertel bis halbe Umdrehung angezogen, alte Kerzen werden eine Achtel- bis Viertelumdrehung

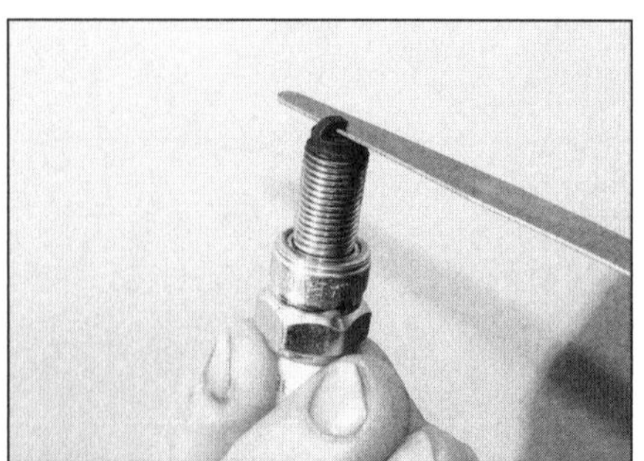

**4.8a Messen Sie den Kontaktabstand mit einer Fühlerlehre ...**

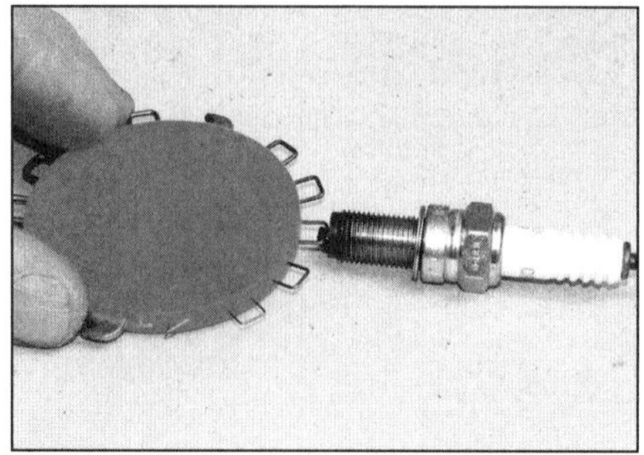

**4.8b ... oder möglichst mit einer Drahtlehre.**

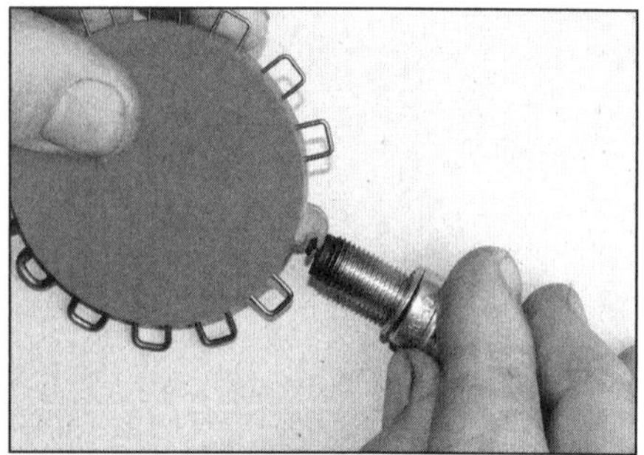

**4.8c Biegen Sie ausschließlich die Masseelektrode, um den Elektrodenabstand einzustellen.**

festgezogen – zu festes Anziehen kann schnell das Gewinde ausreißen lassen.

**10** Montieren Sie die Zündspulen (siehe Kapitel 4).

***Ausgerissene Kerzengewinde können mit Gewindeeinsätzen wieder repariert werden. Beachten Sie sich hierzu die Werkzeug- und Werkstatt-Tipps im Anhang dieses Buchs.***

## 5 Standgasdrehzahl

**1** Die Standgasdrehzahl wird elektronisch überwacht und kann nicht manuell eingestellt werden. Falls die Standgasdrehzahl bei warmem Motor nicht den den in den technischen Daten angegebenen Vorgaben entspricht, muss überprüft werden, ob die Drosselklappen synchronisiert sind (Sektion 6), das Ventilspiel korrekt ist (Sektion 21) und der Luftfilter sauber ist (Sektion 20); zudem müssen die Zündkerzen sauber sein und den korrekten Elektrodenabstand aufweisen (Sektion 4). Bewegen Sie bei im Standgas laufendem Motor den Lenker von Anschlag zu Anschlag, und achten Sie dabei darauf auf verändernde Drehzahlen – in diesem Fall sind die Gaszüge nicht korrekt eingestellt, falsch verlegt oder verschlissen. Weil dieser Zustand gefährliche Folgen haben kann, muss unverzüglich Abhilfe geschaffen werden (siehe Sektion 8). Kontrollieren Sie auch, ob die Ansaugstutzen-Schellen zwischen den Drosselklappengehäusen und dem Zylinderkopf locker sind und die Stutzen selbst keine Risse aufweisen, durch die Nebenluft angesaugt werden kann. Prüfen Sie nötigenfalls auch die Motorkompression (siehe Kapitel 2).

**2** Falls keine Probleme festgestellt werden, muss die Standgasdrehzahl in einer Yamaha-Werkstatt mit einem Diagnosegerät kontrolliert und ggf. justiert werden.

## 6 Drosselklappen-Synchronisation

***Warnung: Benzin ist sehr leicht entzündbar. Treffen Sie deshalb besondere Vorsichtsmaßnahmen, wenn Sie am Kraftstoffsystem arbeiten. Rauchen Sie nicht, und lassen Sie keine offenen Flammen oder Glühbirnen in die Nähe. Arbeiten Sie nicht in Garagen, in denen ein Gasheizgerät läuft. Sollte Benzin auf die Haut geraten, muss die Stelle sofort mit Wasser und Seife abgewaschen werden. Tragen Sie bei Arbeiten an der Kraftstoffanlage immer eine Schutzbrille, und stellen Sie einen Feuerlöscher, der für brennende Flüssigkeiten ausgelegt ist, bereit – vergewissern Sie sich, wie er zu benutzen ist.***

***Warnung: Lassen Sie den Motor nicht in geschlossenen Räumen laufen. Führen Sie die Arbeit entweder im Freien oder in einem Raum mit Abgas-Absauganlage aus.***

**Spezialwerkzeug:** *Für diese Arbeit wird ein Set mit zwei Unterdruckmessgeräten benötigt.*

**1** Durch die Synchronisation der Drosselklappen wird dafür gesorgt, dass beide Zylinder die gleiche Menge Luft erhalten, damit das korrekte Benzin/Luft-Gemisch sichergestellt werden kann. Die Einstellung erfolgt mithilfe von Unterdruck-Messgeräten. Die Synchronisation der Drosselklappen verschlechtert sich langsam über lange Zeit und äußert sich in steigendem Benzinverbrauch, höherer Motortemperatur, schlechter Gasannahme und starken Vibrationen.

**2** Zunächst muss sichergestellt sein, dass das Ventilspiel in den vorgeschriebenen Intervallen kontrolliert und ggf. eingestellt wurde (Sektion 21), und der Luftfilter sauber ist (Sektion 20); zudem müssen die Zündkerzen sauber sein und den korrekten Elektrodenabstand aufweisen (Sektion 4). Kontrollieren Sie auch, ob die Ansaugstutzen-Schellen zwischen den Drosselklappengehäusen und dem Zylinderkopf locker sind und die Stutzen selbst keine Risse aufweisen, durch die Nebenluft angesaugt werden kann.

**3** Die Drosselklappen können mithilfe von Unterdruck-Messgeräten (zwei Manometer oder Unterdruck-Uhren samt Schläuchen und Adaptern) synchronisiert werden (siehe Abbildung). Lesen Sie zunächst die Bedienungsanleitung durch. Die Schläuche (oder Uhren) sind oft mit einstellbaren Begrenzungen ausgerüstet, die für eine Dämpfung der Anzeige sorgen, damit diese korrekt abgelesen werden kann. Für die MT-07 bis 2016 werden zudem zwei Dreiwege-Schlauchverbinder und zwei zusätzliche Schläuche benötigt; bei allen anderen Modellen werden ein Dreiwege-Schlauchverbinder und ein Zusatz-Schlauch benötigt – diese sind beim Yamaha-Händler erhältlich.

**4** Lassen Sie den Motor Betriebstemperatur erreichen, und schalten Sie ihn dann ab. Stützen Sie das Motorrad senkrecht ab. Demontieren Sie den Tank an (siehe Kapitel 4).

**5** Trennen Sie bei der MT-07 bis 2016 den Schlauch des Ansaugdrucksensors vom Unterdruckanschluss des linken Drosselklappengehäuses sowie den Ansaugluftklappen-Membranventil-Schlauch vom rechten Drosselklappengehäuse (siehe Abbildungen). Verbinden Sie die Zusatzschläuche mit den Anschlüssen, verbinden Sie die Dreiwege-Schlauchverbinder mit den anderen Enden, und schließen Sie die Schläuche des Ansaugdrucksensors und des Membranventils wieder an. Verbinden Sie den den Schlauch des Messgeräts Nr. 1 mit dem verbliebenen Anschluss des linken Verbinders und Messgerät Nr. 2 mit dem rechten Verbinder.

**6** Trennen Sie bei der MT-07 ab 2017 sowie allen TRACER und XSR 700 den Schlauch des Ansaugdrucksensors vom Unterdruckanschluss des linken Drosselklappengehäuses (Abbildung 7.5a), und entfernen Sie die Kappe vom Anschluss des rechten Drosselklappengehäuses (siehe Abbildung). Verbinden Sie den Zusatzschlauch mit dem Anschluss des linken Drosselklappengehäuses, und verbinden Sie den Dreiwege-Schlauchverbinder mit dessen anderem Ende. Stecken Sie den Schlauch des Ansaugdrucksensors mit dem einen Anschluss des Verbinders und den

1

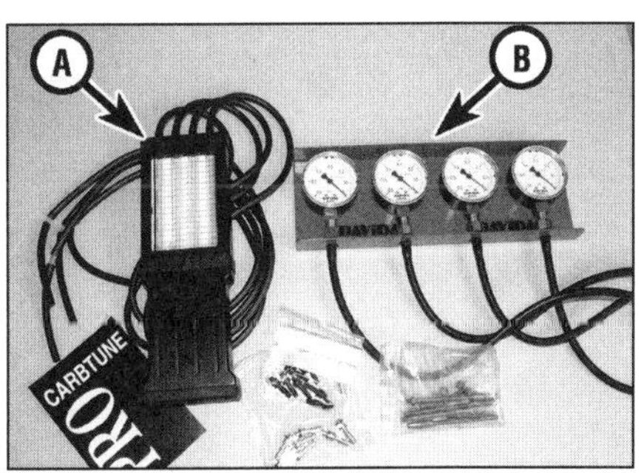


**6.3 Manometer (A) und Unterdruckuhren (B) – diese Ausführungen eignen sich auch für Vierzylindermotoren.**

**6.5a Schlauch des Ansaugdrucksensors**

**6.5b Ansaugluftklappen-Membranventil-Schlauch**

Schlauch des Messgeräts Nr. 1 mit dem verbliebenen Anschluss. Verbinden Sie Messgerät Nr. 2 mit dem Anschluss des rechten Drosselklappengehäuses.

**7** Positionieren Sie den Tank auf dem Rahmen, und schließen Sie alle Schläuche und Stecker an (siehe Kapitel 4) – achten Sie darauf, keine Messgerät-Schläuche abzuquetschen oder zu knicken.

**8** Starten Sie den Motor, und lassen Sie ihn im Standgas laufen – die Standgasdrehzahl muss korrekt sein. Stellen Sie ggf. die Luftbegrenzungen der Messgeräte so ein, dass die Anzeigen nicht mehr wackeln, aber dennoch auf kleine Druckänderungen reagieren. Der Unterschied zwischen den Messgeräten darf 10 mm Quecksilbersäule oder 13 Millibar nicht überschreiten (siehe Abbildung).

**9** Falls größere Differenzen festgestellt werden, müssen die Gehäuse synchronisiert werden; hierzu müssen die Positionen der Bypass-Schrauben ermittelt werden: diejenige des linken Drosselklappengehäuses bildet die Basis (und darf nicht verstellt werden), an die Schraube des rechten Gehäuses angeglichen werden muss (siehe Abbildungen). Die Schraube des rechten Drosselklappengehäuses lässt sich am besten mit einem abgewinkelten Schraubendreher drehen, wie er u.a. mit der Teilenummer 90890-03173 beim Yamaha-Händler als Spezialwerkzeug erhältlich ist.

**10** Verdrehen Sie die rechte Bypass-Schraube, bis der Unterdruck an beiden Messgeräten gleich ist (Abbildung 6.9b). Nach jeder Einstellung muss kurz Gas gegeben werden, damit sich die Einstellung stabilisiert. Falls die Bypass-Schraube versehentlich herausgedreht wurde, muss sie wieder eingeschraubt werden.

**11** Nach der Synchronisation muss zwei- bis dreimal kurz Gas gegeben werden, damit sich die Anlenkung setzt. Kontrollieren Sie anschließend erneut den Unterdruck. Falls keine Synchronisation möglich ist, müssen die Drosselklappengehäuse demontiert, gereinigt und kontrolliert werden (siehe Kapitel 4); nötigenfalls sind sie zu ersetzen.

**12** Entfernen Sie die Messgeräte, und stecken Sie die je nach Modell die Schläuche und die Kappe auf die Unterdruckanschlüsse (Abbildung 6.5a und b sowie 6.6).

**13** Montieren Sie den Tank (siehe Kapitel 4).

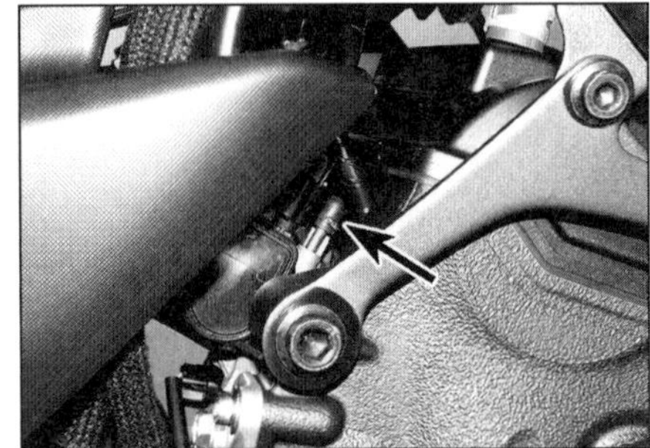

**6.6 Kappe am Unterdruckanschluss des rechten Drosselklappengehäuses**

**6.8 Ermitteln Sie die Synchronisation der Drosselklappen.**

## 7 Kraftstoffsystem und Verdunstungsregelung

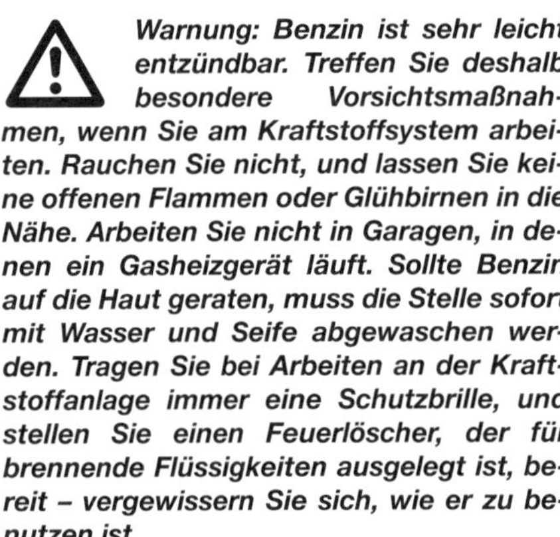

***Warnung: Benzin ist sehr leicht entzündbar. Treffen Sie deshalb besondere Vorsichtsmaßnahmen, wenn Sie am Kraftstoffsystem arbeiten. Rauchen Sie nicht, und lassen Sie keine offenen Flammen oder Glühbirnen in die Nähe. Arbeiten Sie nicht in Garagen, in denen ein Gasheizgerät läuft. Sollte Benzin auf die Haut geraten, muss die Stelle sofort mit Wasser und Seife abgewaschen werden. Tragen Sie bei Arbeiten an der Kraftstoffanlage immer eine Schutzbrille, und stellen Sie einen Feuerlöscher, der für brennende Flüssigkeiten ausgelegt ist, bereit – vergewissern Sie sich, wie er zu benutzen ist.***

## Kraftstoffsystem

**1** Heben Sie den Tank an (siehe Kapitel 4). Überprüfen Sie die Unterseite des des Tank sowie die Zulauf-, Überlauf-, Belüftungs- und Unterdruckschläuche auf Anzeichen von Undichtigkeit, Porosität und Beschädigungen (siehe Abbildung). Benzinschläuche werden mit der Zeit spröde und härten aus, sie müssen deshalb gelegentlich ausgewechselt werden (siehe Kapitel 4). Merken Sie sich die Verlegung und Befestigung aller Schläuche – es empfiehlt sich, vor der Demontage eine Skizze anzufertigen. Kontrollieren Sie die unteren Enden des Überlauf- und des Belüftungsschlauchs auf Verstopfungen.

**2** Kontrollieren Sie die Dichtfläche der Benzinpumpenplatte zum Tank. Wenn die Dichtung der Benzinpumpe leckt, muss zunächst geprüft werden, ob die Schrauben vorschriftsmäßig mit 4 Nm angezogen sind. Hilft ein Nachziehen nicht, muss die Pumpe ausgebaut und mit einer neuen Dichtung versehen werden (siehe Kapitel 4).

**3** Demontieren Sie den Tank (siehe Kapitel 4).

**4** Inspizieren Sie den Ansaugluftdruck-Schlauch und bei der MT-07 bis 2017 auch den Schlauch des Ansaugluftklappen-Membranventils auf Risse, Verhärtung und andere Schäden (Abbildung 6.5 a und b). Alle Schläuche müssen vollständig auf ihre Stutzen geschoben sein.

**5** Kontrollieren Sie die Verbindungen zwischen dem Druckspeicher, den Einspritzdüsen und den Drosselklappengehäusen auf Undichtigkeiten. Tritt Benzin aus, müssen der Druckspeicher demontiert und die Einspritzdüsen mit neuen Dichtungen und O-Ringen versehen werden (siehe Kapitel 4).

**6** Die Verbindungen zwischen dem Luftfiltergehäuse und den Drosselklappengehäusen müssen dicht und die Schellen fest angezogen sein (siehe Abbildung).

**7** Reinigen Sie nötigenfalls den Sammelbehälter des Luftfiltergehäuses (siehe Abbildung). Falls nach dem Entfernen des Sammelbehälters weiterer Schmutz aus dem Gehäuse austritt, muss es nach dem Ausbau des Filterelements gereinigt werden (siehe Sektion 21).

**6.9a Die Bypass-Luftschraube des linken Drosselklappengehäuses darf NICHT verstellt werden.**

**6.9b Die Synchronisation erfolgt ausschließlich über die Bypass-Luftschraube des rechten Drosselklappengehäuses.**

**7.1 Kontrollieren Sie den Tank und die Schläuche wie beschrieben.**

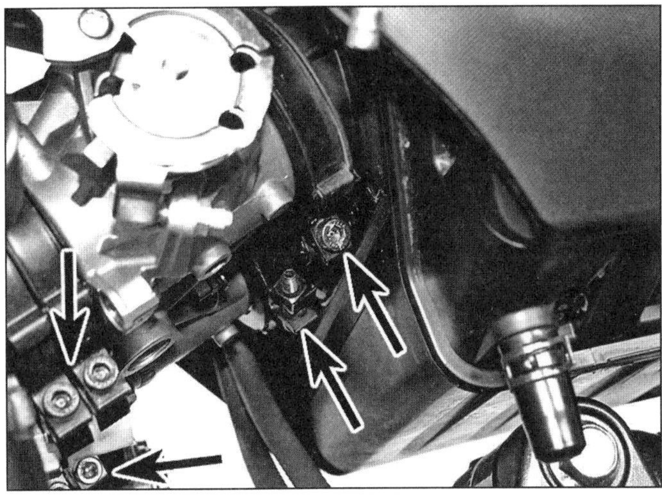

**7.6 Alle drei Schellen jedes Drosselklappengehäuses müssen sorgfältig angezogen sein.**

**7.7 Ablaufbehälter des Luftfiltergehäuses**

## Verdunstungsregelung
(falls vorhanden)

**8** Dieses System sorgt bei abgeschaltetem Motor dafür, dass keine Benzindämpfe aus dem Tank in die Atmosphäre entweichen, indem sie in einem Behälter gespeichert und nach dem Start des Motors in die Drosselklappengehäuse geleitet werden. Bei Motorrädern, die die Abgasnorm Euro 4 erfüllen, ist dieses System obligatorisch.

**9** Das System besteht aus dem Schlauch samt Rückschlagventil, der aus dem Tank in den Behälter führt, und den Schläuchen vom Behälter zu den Drosselklappengehäusen. Der Sammelbehälter sitzt oberhalb des Anlassers (siehe Abbildungen).

**10** Demontieren Sie bei der MT-07 und der XSR 700 die rechte Tankverkleidung und bei der TRACER die Tankabdeckung (siehe Kapitel 7). Inspizieren Sie alle Schläuche und das Rückschlagventil auf Knicke, Risse und andere Schäden ( Abbildung 7.9a und b). Auch der Entlüftungsschlauch des Behälters muss in Ordnung sein (siehe Abbildung). Alle Schläuche müssen komplett aufgeschoben und mit Schellen gesichert sein. Ersetzen Sie schadhafte Teile.

## 8 Gaszüge

**1** Der Gasgriff muss sich in verschiedenen Lenkerstellungen leicht öffnen und schließen lassen. Der geöffnete Gasgriff muss beim Loslassen jederzeit zurückschnappen

**2** Falls der Gasgriff klemmt, liegt dies wahrscheinlich an den Zügen – befreien Sie sie, um sie zu schmieren (siehe Sektion 11); hilft dies nicht, müssen sie ersetzt werden.

**3** Bei befreien Zügen kann geprüft werden, ob sich der Gasgriff sanft auf dem Lenker dreht.

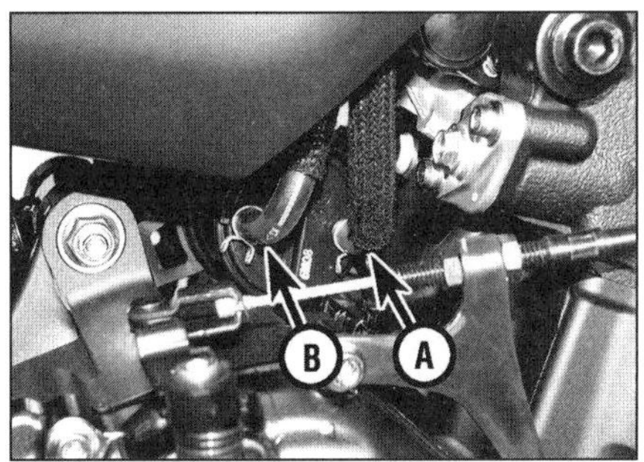


**7.9a Schlauchanschlüsse am Sammelbehälter: Schlauch vom Tank (A), Schlauch zu den Drosselklappengehäusen (B).**

Verschmutzung und mangelnde Schmierung können für Schwergängigkeit sorgen. Demontieren Sie nötigenfalls das Lenkergewicht, und ziehen Sie den Griff ab (siehe Abbildungen). Entfernen Sie altes Fett vom Lenker und aus

1

**7.9b Schlauch-Verteiler zu den beiden Drosselklappengehäusen**

**7.10 Entlüftungsschlauch am Benzingas-Behälter**

**8.3a Bei der MT-07 und der XSR 700 wird das Lenkergewicht direkt mit einem Inbusschlüssel herausgedreht.**

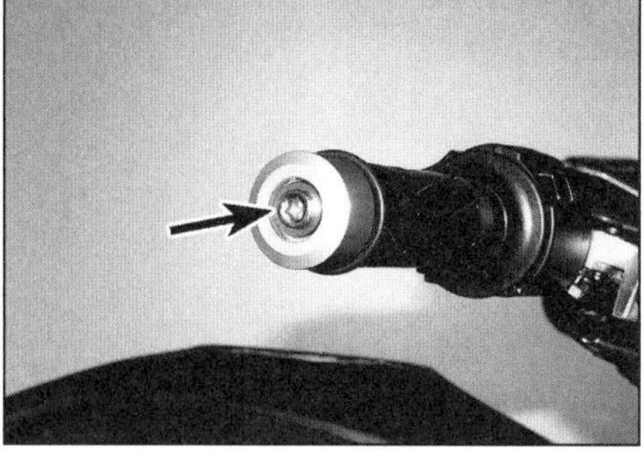

**8.3b Bei der TRACER muss die Schraube des Lenkergewichts gelöst werden, um dies herausziehen zu können.**

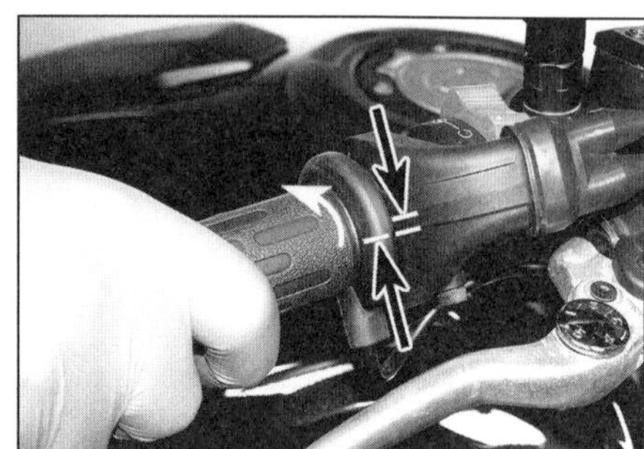

**8.5 Ermittlung des Gasgriff-Spiels**

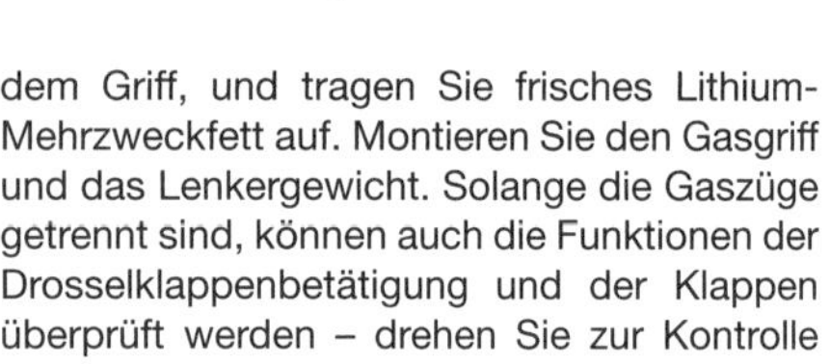

dem Griff, und tragen Sie frisches Lithium-Mehrzweckfett auf. Montieren Sie den Gasgriff und das Lenkergewicht. Solange die Gaszüge getrennt sind, können auch die Funktionen der Drosselklappenbetätigung und der Klappen überprüft werden – drehen Sie zur Kontrolle ihre links sitzende Betätigung von Hand.

**4** Schließen Sie die geschmierten oder neuen Gaszüge an – sie müssen korrekt verlegt sein (siehe Kapitel 4).

**5** Prüfen Sie, ob die Gaszüge etwas Spiel haben – dies wird durch den Leerweg des Gasgriffs ermittelt, dessen Griffgummi-Bund etwa 3 bis 5 mm Drehspiel zum Gehäuse haben sollte (siehe Abbildung) – falls eine Einstellung nötig wird, müssen die folgenden Schritten beachtet werden:

**6** Zunächst wird das Spiel des Öffnerzugs am oberen Einsteller justiert. Ziehen Sie die Gummikappe vom Einsteller, lockern Sie die Kontermutter, und verdrehen Sie den Einsteller, bis das gewünschte Spiel (3 bis 5 mm) erreicht ist (siehe Abbildung); drehen Sie den Einsteller zur Konterring, um das Spiel zu vergrößern, und von der Mutter weg, um es zu verringern. Ziehen Sie die Kontermutter anschließend wieder gegen den Einsteller.

**7** Falls das Gasgriff-Spiel nicht mehr an den oberen Einstellern justiert werden kann oder größere Änderungen nötig werden, muss der Gaszug an der Drosselklappenbetätigung eingestellt werden. Zunächst wird der obere Einsteller vollständig hineingeschraubt, um maximales Gaszug-Spiel zu erhalten. Stellen Sie dann das Spiel am unteren Ende ein: Lockern Sie an der Halterung die Kontermutter des Öffnerzugs, und drehen Sie sie hoch, um die Einstellmutter aus dem Halter befreien und etwas herunterdrehen zu können. Installieren Sie die Einstellmutter wieder in die Halterung, und ziehen Sie die Kontermutter von oben dagegen (siehe Abbildungen). Weitere Einstellungen können jetzt wieder am Gasgriff vorgenommen werden (siehe oben). Falls sich die Gaszüge nicht korrekt einstellen lassen, müssen sie durch Neuteile ersetzt werden (siehe Kapitel 4).

***Warnung: Bei im Leerlauf arbeitendem Motor wird der Lenker von Anschlag zu Anschlag bewegt. Der Motor darf dabei an keiner Stelle höher drehen, andernfalls ist mindestens ein Gaszug falsch verlegt. Dieser Zustand muss unbedingt vor der nächsten Fahrt korrigiert werden!***

## 9 Kupplungszug

**1** Prüfen Sie, ob sich der Kupplungshebel sanft und ohne große Kraftanstrengung betätigen lässt.

**2** Falls sich die Kupplung nur schwergängig betätigen lässt, muss der Kupplungszug ausgehängt oder besser vollständig ausgebaut (siehe Kapitel 2) und geschmiert werden (siehe Sektion 8). Wenn sich der Seilzug danach immer noch schwergängig in der Hülle bewegt, muss der Kupplungszug ersetzt werden. Prüfen Sie bei demontiertem Seilzug die Funktion des Hebels – siehe Schritt 3. Installieren Sie den geschmierten oder neuen Kupplungszug.

**3** Falls der Hebel selbst klemmt, muss er demontiert werden (siehe Kapitel 5) um den Grund dafür zu finden und das Problem zu beheben. Reinigen und schmieren Sie den Lagerzapfen und die Kontaktbereiche (siehe Sektion 11).

**4** Wenn der Kupplungszug und der Hebel leichtgängig sind, müssen der im Kupplungsdeckel sitzende Ausrückmechanismus und die Kupplung selbst überprüft werden (siehe Kapitel 2).

**5** Wenn die Kupplung leicht zu betätigen ist, kann das Spiel kontrolliert werden – dies muss gelegentlich justiert werden, um den Verschleiß der Kupplungsbeläge und die Längung des Zuges auszugleichen. Prüfen Sie, ob sich das Ende des Kupplungshebels 5 bis 10 mm frei bewegen lässt, bevor der Zug unter Last gesetzt wird (siehe Abbildung).

**6** Falls eine Einstellung nötig wird, kann das Spiel am oberen Ende des Bowdenzuges justiert werden (siehe Abbildung). Drehen Sie den Einsteller in den Hebelhalter, um das Spiel zu vergrößern – und heraus, um es zu verringern. Achten Sie darauf, dass die Öffnung des Ein-

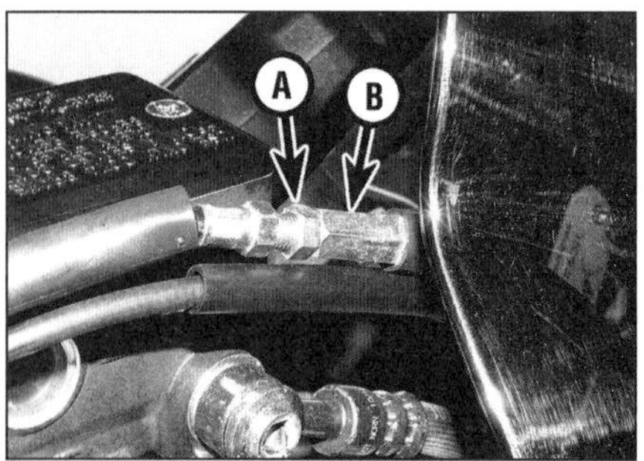


**8.6 Ziehen Sie die Gummikappe ab, lockern Sie die Kontermutter (A), und verdrehen Sie den Einsteller (B).**

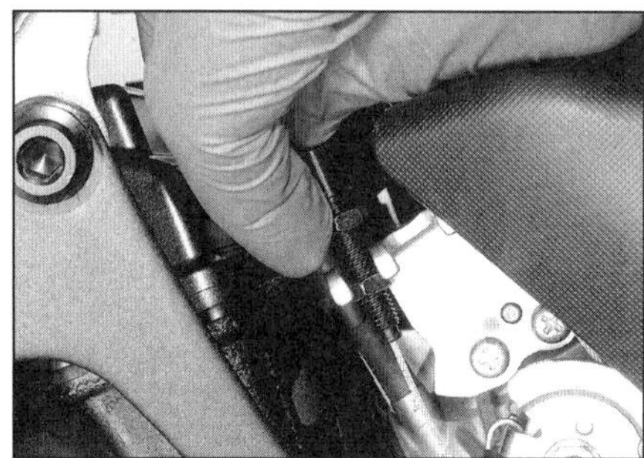

**8.7a Lockern Sie die Kontermutter und drehen Sie sie hoch, ...**

**8.7b ... befreien Sie den Gaszug dann nach unten aus dem Halter, um die Einstellmutter zu verdrehen.**

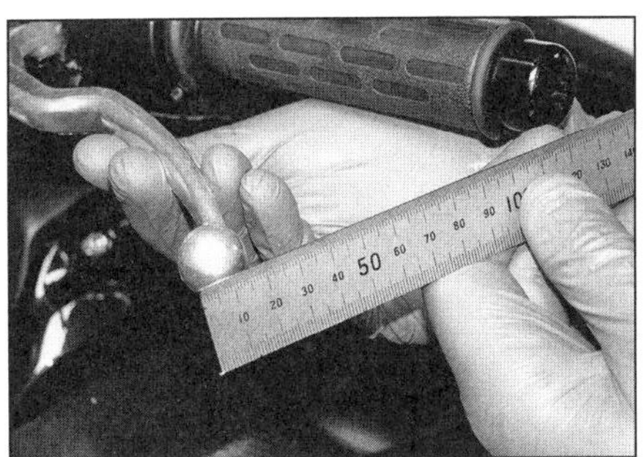

**9.5 Messen Sie das Spiel des Kupplungshebels an dessen Ende.**

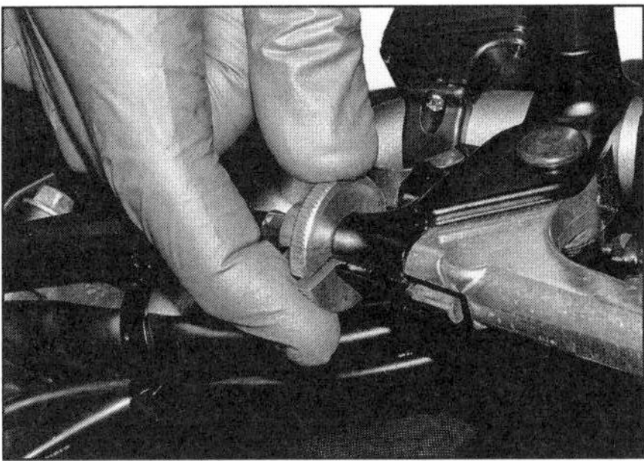

**9.6 Lockern Sie den Konterring, und drehen Sie den Einsteller hinein (mehr Spiel) oder heraus (weniger Spiel).**

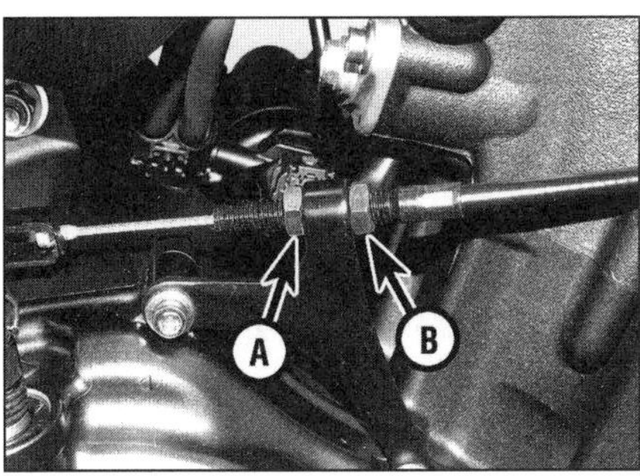


**9.8 Kontermutter (A) und Einstellmutter (B) rechts am Motor**

stellers nicht zu derjenigen des Hebelhalters ausgerichtet ist, damit der Zug nicht während der Fahrt herausspringen kann.

**7** Falls am Kupplungshebel keine Einstellungen mehr nötig sind, wird hier der Einsteller vollständig in den Halter gedreht und das Spiel am innerhalb des Zuges sitzenden Einsteller (rechts vom Motor) vorgenommen.

**8** Lockern Sie die Kontermutter, die das Gewinde des Einstellers im Halter sichert, und drücken Sie den Kupplungszug nach vorn, bis der Einsteller aus der Lasche befreit ist. Verdrehen Sie jetzt den Einsteller, um das korrekte Spiel zu erreichen (siehe Abbildung) – drehen Sie ihn herunter, um das Spiel zu vergrößern; drehen Sie ihn hoch, um es zu vergrößern. Sobald das korrekte Spiel erreicht ist, wird die Einstellmutter gegen die Lasche positioniert, und ziehen Sie die Kontermutter gegen den Halter. Kleinere Einstellungen können jetzt wieder am Hebel vorgenommen werden (siehe oben).

## 10 Schmierpunkte

**1** Da die Bedienungselemente, Bowdenzüge oder andere Komponenten des Motorrades ständig den Unbilden des Wetters ausgesetzt sind, müssen sie regelmäßig geschmiert werden, um eine problemlose Funktion sicherzustellen.

### Gelenke

**2** Die Gelenke des Kupplungs- und Bremshebels, der Fußrasten, des Bremspedals, des Schalthebels und der Ständer müssen regelmäßig geschmiert werden, Je nach Art des Schmierstoffes kann es das Beste sein, die Komponenten vorher zu zerlegen, um die wichtigsten Stellen zu erreichen (siehe Kapitel 5).

**3** Die von Yamaha empfohlenen Schmiermittel sind zu Beginn dieses Kapitels aufgeführt. Wenn Sprühöl verwendet wird, reicht es, die Verbindungsstellen zu schmieren, es kriecht dann von allein an die Stellen, wo die Reibung auftritt (allerdings empfiehlt es sich, die Teile zu zerlegen, um sie zu reinigen und von Korrosion zu befreien).

**4** Bei der Verwendung von Motoröl und dünnem Fett sollte auf Sparsamkeit geachtet werden, da Schmutz daran haften bleibt, der die Funktion der Bedienungselemente nach kurzer Zeit stark beeinträchtigen kann.

**Anmerkung:** *Ein alternatives Schmiermittel für Hebel-Gelenke ist Trockenfilm, der unter verschiedenen Namen im Fachhandel erhältlich ist.*

### Bowdenzüge

**Spezialwerkzeug:** *Für diese Arbeit wird ein Sprühdosen-Adapter (»Bowdenzugöler«) benötigt.*

**5** Zum Schmieren des Kupplungszuges und der Gas-Bowdenzüge müssen diese an den oberen Enden ausgehängt werden (siehe Kapitel 2 bzw. 4). Montieren Sie den Bowdenzugöler an den Zug, und setzen Sie die Sprühdose an seinem Anschluss an (siehe Abbildungen).

## 11 Kühlsystem

### Kontrolle

***Warnung: Der Motor muss zunächst vollständig abgekühlt sein.***

**1** Entfernen Sie bei der TRACER das rechte Verkleidungsseitenteil und die Innenverkleidung (siehe Kapitel 7).

**2** Kontrollieren Sie den Kühlmittelpegel im Ausgleichsbehälter (siehe *Tägliche Kontrollen*).

**3** Kontrollieren Sie das gesamte Kühlsystem auf Undichtigkeiten.

**4** Prüfen Sie jeden Gummischlauch auf der ganzen Länge. Achten Sie auf Risse, Scheuerstellen und andere Beschädigungen. Drücken Sie alle Schläuche an verschiedenen Stellen von Hand zusammen, um zu erkennen, ob sie spröde oder ausgehärtet sind (siehe Abbildung) – sie müssen sich griffig und glatt anfühlen und nach dem Lösen in ihre alte Form zurückkehren. Wenn sie spröde oder verhärtet

1

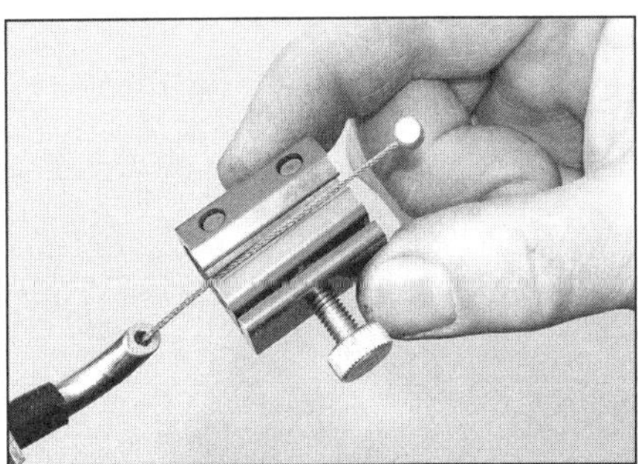

**10.5a Klemmen Sie den Zug in den Adapter, ...**

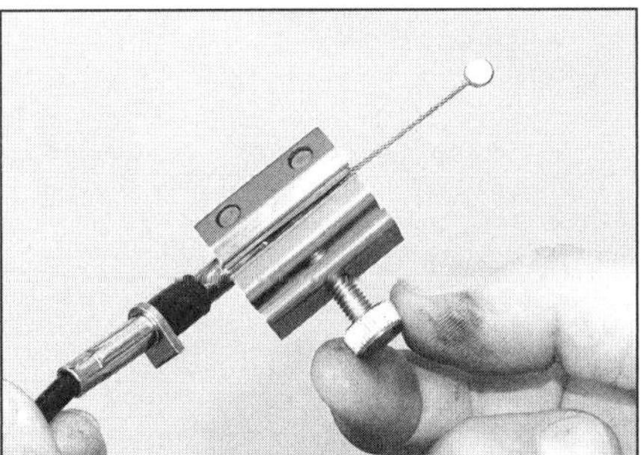

**10.5b ... ziehen Sie die Schraube an, um ihn abzudichten, ...**

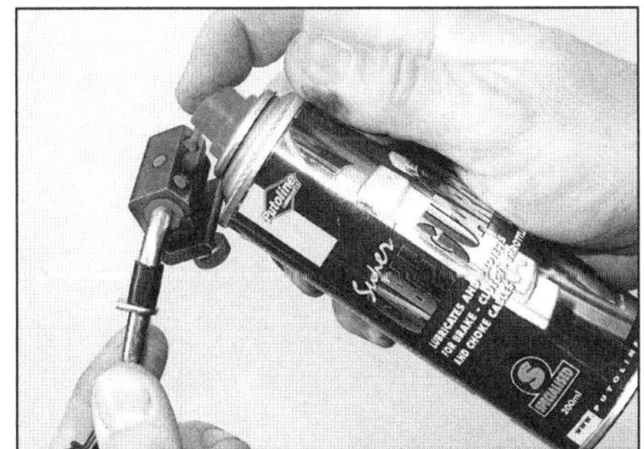

**10.5c ... und schließen Sie die Sprühdose an die Bohrung an.**

**11.4 Drücken Sie die Schläuche, um sie auf Risse und Verhärtung zu prüfen. Alle Schellen müssen fest sitzen.**

**11.7 Wasserpumpen-Austrittsbohrung**

**11.9 Thermostatdeckel**

sind, müssen sie ersetzt werden. Ziehen Sie alle Schlauchschellen sorgfältig an, um die Anschlüsse dicht zu halten. Falls an den Rohranschlüssen der Wasserpumpe Kühlmittel austritt, müssen die Schrauben auf Festigkeit überprüft oder nötigenfalls die O-Ringe ersetzt werden (siehe Kapitel 3).

**5** Kontrollieren Sie die Zulauf- und Rücklaufschläuche des vorn am Motor sitzenden Ölkühlers auf Undichtigkeiten und fest sitzende Schellen. Am Ölkühlerstutzen darf weder Öl noch Wasser austreten, andernfalls müssen die Hinweise in Kapitel 2 beachtet werden. Falls aus dem Gehäuse Kühlmittel austritt, muss der Ölkühler ersetzt werden. Bei austretendem Öl muss zunächst der Ölfilter entfernt (siehe Sektion 13) und geprüft werden, ob der Ölkühlerbolzen mit 40 Nm angezogen ist – nötigenfalls muss er demontiert und mit einem neuen O-Ring ausgerüstet werden.

**6** Kontrollieren Sie rechts am Motor den Bereich um die Wasserpumpe auf Undichtigkeiten (Abbildung 11.4). Falls die Wasserpumpe am Deckel leckt, muss geprüft werden, ob die Schrauben korrekt angezogen sind – andernfalls muss der Deckel entfernt und mit einem neuen O-Ring ausgerüstet werden (siehe Kapitel 3).

**7** Um kein Kühlmittel ins Motoröl und umgekehrt auch kein Öl in den Kühlkreislauf eindringen zu lassen, ist die Wasserpumpenwelle innerhalb des Pumpengehäuses mit zwei Dichtungen ausgerüstet. An der Unterseite der Pumpe befindet sich ein Ablassstutzen (siehe Abbildung) – wenn eine der Dichtungen ausfällt, tritt hier Kühlmittel oder Öl (oder beides) aus. Austretende Flüssigkeit hinterlässt verräterische Spuren.

**8** Ein an der Rückseite des Pumpenrades sitzender Doppellippen-Dichtring soll das Kühlmittel zurückhalten, während der dahinter sitzende Simmerring dafür sorgt, dass das Öl im Motor bleibt. Falls Kühlmittel austritt, muss die Pumpe demontiert und mit einer neuen Dichtung ausgerüstet werden. Falls Öl oder eine Emulsion aus beiden Flüssigkeiten austritt, müssen beide Dichtungen ersetzt werden (die Doppellippendichtung muss entfernt werden, um den Simmerring austauschen zu können, darf aber nicht wiederverwendet werden) – siehe Kapitel 3.

**9** Überprüfen Sie den Thermostatdeckel links am Zylinderkopf auf Undichtigkeiten (siehe Abbildung); falls Kühlmittel austritt und die Deckelschrauben fest sitzen, muss der gesamte Thermostat ausgetauscht werden (siehe Kapitel 3), da sein Dichtring nicht separat erhältlich ist. Kontrollieren Sie ebenfalls den Kühlmittel-Einlassstutzen vorn am Motor – dazwischen sitzt ein O-Ring (siehe Kapitel 3).

**10** Inspizieren Sie den Wasserkühler auf Undichtigkeiten und andere Schäden. Lecks am Kühler hinterlassen verräterische Ablagerungen verdunsteter Kühlflüssigkeit. Der Kühler muss in diesem Fall unverzüglich repariert oder ausgetauscht werden (siehe Kapitel 3).

***Achtung: Versuchen Sie nicht, den Kühler mit chemischen Dichtmitteln zu reparieren.***

**11** Kontrollieren Sie die Lamellen des Wasserkühlers auf getrockneten Matsch, Schmutz und Insekten. Hiermit setzt sich der Kühler zu und die Luft kann nicht mehr hindurchströmen. Demontieren Sie gegebenenfalls den Kühler (siehe Kapitel 3), und reinigen Sie ihn mit Wasser oder mit von der Innenseite her vorsichtig eingesetzter Druckluft. Sind Lamellen verbogen, können sie vorsichtig mit einem Schraubendreher wieder gerichtet werden (siehe Abbildung). Falls ein größerer Bereich der Kühlerlamellen beschädigt ist besteht die Gefahr, dass der Motor überhitzt – ersetzen Sie den Kühler nötigenfalls.

**12** Lösen Sie die Sicherungsschraube des Kühlerdeckels (siehe Abbildung). Drehen Sie den Deckel bis zum Anschlag nach links (siehe Abbildung) – falls dabei zischend Druck abgebaut wird, muss gewartet werden, bis das Kühlsystem drucklos ist. Drücken Sie den Deckel anschließend herunter, und drehen Sie ihn weiter, um ihn zu entfernen.

**13** Kontrollieren Sie den Zustand des Kühlmittels. Wenn es rostfarben ist oder starke Ablagerungen sichtbar sind, muss es abgelassen und das System gespült und neu befüllt werden (siehe unten). Kontrollieren Sie den Frostschutzgehalt des Kühlmittels möglichst mit einem Frostschutz-Hydrometer (siehe Abbildung) – ein fünfzigprozentiges Frostschutz-Gemisch muss eine Dichte von 1,084 (bei 5 °C) bis 1,074 (bei 25 °C) aufweisen. Zu wenig Frostschutzmittel (Dichte unter 1,07 bzw. 1,06) führt zu unzureichendem Schutz gegen Frost- und Korrosionsschäden, zu viel verringert hingegen die Kühlwirkung der Flüssigkeit. Zeigt

**11.11 Kontrollieren Sie die Kühlerlamellen, und biegen Sie sie nötigenfalls gerade.**

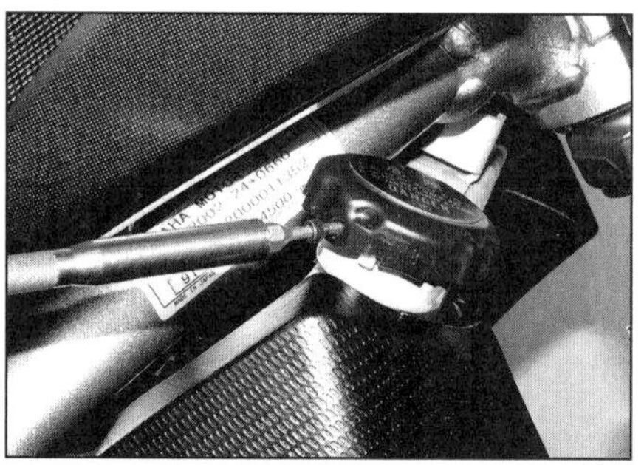
**11.12a Lösen Sie die Sicherungsschraube des Kühlerdeckels, ...**

**11.12b ... und entfernen Sie ihn wie beschrieben.**

**11.13 Kontrolle des Kühlmittels mithilfe eines Hydrometers**

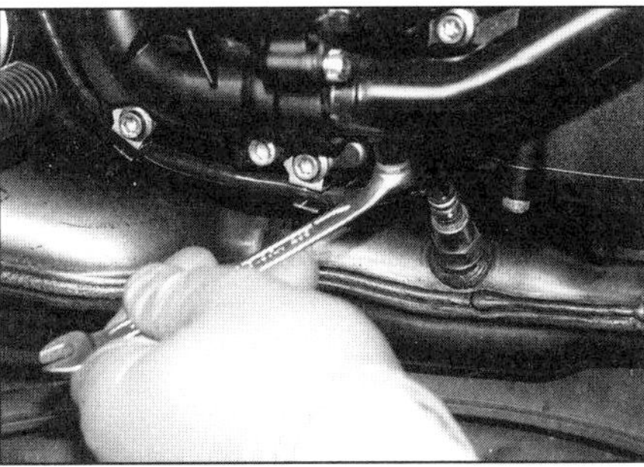

11.21a **Lösen Sie die Ablassschraube, ...**

**11.21b ... und lassen Sie das Kühlmittel in einen Behälter ablaufen.**

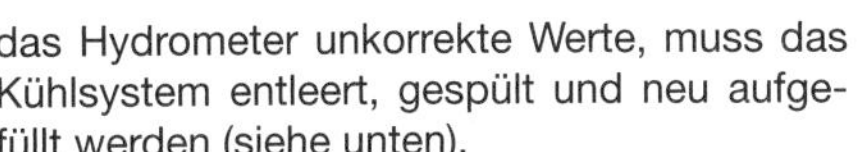

das Hydrometer unkorrekte Werte, muss das Kühlsystem entleert, gespült und neu aufgefüllt werden (siehe unten).

**14** Ohne ein korrekt funktionierendes Überdruckventil kann das Kühlsystem nicht korrekt arbeiten. Kontrollieren Sie die Ventildichtung auf Risse und andere Schäden. Wenn das Kühlsystem stetig Flüssigkeit verliert, und/oder der Motor überhitzt, aber keine Undichtigkeiten auffindbar sind, muss das Ventil bei Zweifel über seinen Zustand von einer Yamaha-Werkstatt getestet oder prophylaktisch ausgetauscht werden – ein neuer Kühlerdeckel ist nicht teuer.

**15** Installieren Sie das Druckventil, indem Sie den Deckel im Uhrzeigersinn bis zum Anschlag drehen, dann herunterdrücken und fest drehen (Abbildung 11.12b). Installieren Sie anschließend die Sicherungsschraube des Kühlerdeckels (Abbildung 11.12a).

**16** Starten Sie den Motor, und bringen Sie ihn auf Betriebstemperatur. Kontrollieren Sie erneut die Dichtigkeit des Kühlsystems. Wenn die Kühltemperatur stark ansteigt, muss der hinten am Kühler sitzende Ventilator automatisch einsetzen, bis die Temperatur wieder auf einen normalen Wert abgesunken ist. Bei anderen Ergebnissen müssen der Schalter, der Ventilator und der entsprechende Stromkreis kontrolliert werden (siehe Kapitel 3).

**17** Falls der Kühlmittel-Pegel stetig sinkt, aber keine Lecks gefunden werden, und zudem ein neuer Kühlerdeckel installiert wurde (siehe Schritt 12), muss das gesamte Kühlsystem von einer Yamaha-Werkstatt einer Druckprüfung unterzogen werden.

## Austausch des Kühlmittels

⚠ ***Warnung: Der Motor muss abgekühlt sein, bevor mit dieser Kontrolle begonnen werden kann. Frostschutzmittel darf nicht mit der Haut oder Lackoberflächen in Berührung kommen. Wischen Sie Spritzer unverzüglich mit reichlich Wasser ab. Frostschutz kann giftige und explosive Gase produzieren, wenn es in offenen Behältern gelagert oder auf den Boden verschüttet wird. Kinder und Tiere können durch den süßen Geschmack irritiert werden und das Mittel trinken. Frostschutzmittel ist brennbar und darf daher nicht in der Nähe offener Flammen gelagert werden. Fragen Sie Ihren Fachhändler, wo Sie altes Frostschutzmittel entsorgen können.***

### Ablassen

**18** Entfernen Sie bei der TRACER das rechte Verkleidungsseitenteil und die Innenverkleidung (siehe Kapitel 7).

**19** Demontieren Sie den Ausgleichsbehälter (siehe Kapitel 3), um ihn in ein geeignetes Gefäß zu entleeren und mit frischem Wasser auszuspülen. Montieren Sie ihn anschließend wieder.

**20** Entfernen Sie das Druckventil aus dem Kühlerstutzen (siehe Schritt 12).

**21** Stellen Sie einen geeigneten Behälter unter die Wasserpumpe rechts am Motor, und lösen Sie deren Ablassschraube, um das Kühlmittel vollständig ablaufen zu lassen (siehe Abbildungen). Später muss auf jeden Fall eine neue Dichtscheibe verwendet werden.

### Spülen

**22** Spülen Sie das Kühlsystem mithilfe eines in den Kühlerstutzen gesteckten Gartenschlauchs durch. Spülen Sie solange, bis an der Ablaufbohrung klares Wasser austritt. Werden viele Rostpartikel heraus gespült, muss der Wasserkühler demontiert (siehe Kapitel 3) und professionell gereinigt werden.

### Auffüllen

**23** Rüsten Sie die Kühlsystem-Ablassschraube mit einer neuen Dichtscheibe aus, und ziehen Sie sie mit 7 Nm an (siehe Abbildung).

**24** Füllen Sie das Kühlsystem über den Kühlerstutzen bis zu dessen Basis mit dem in den technischen Daten angegebenen Gemisch aus destilliertem Wasser und Frostschutzmittel auf (siehe Abbildung).

**Anmerkung:** *Füllen Sie das Kühlmittel nur langsam auf, um möglichst wenig Luft ins System eindringen zu lassen. Wenn der Kühler gefüllt ist, sollte das Motorrad mehrmals von einer Seite zu anderen geneigt werden, um Luftblasen aufsteigen zu lassen – das Kneten der Kühlerschläuche hat eine ähnliche Wirkung.*

**25** Sobald das Kühlsystem bis zum oberen Rand des Deckelstutzens gefüllt ist, wird das Druckventil aufgesetzt, aber noch nicht mit der Schraube gesichert. Füllen Sie nun

1

**11.23 Die Ablassschraube muss stets mit einer neuen Dichtscheibe ausgerüstet werden.**

**11.24 Füllen Sie das Kühlsystem wie beschrieben auf.**

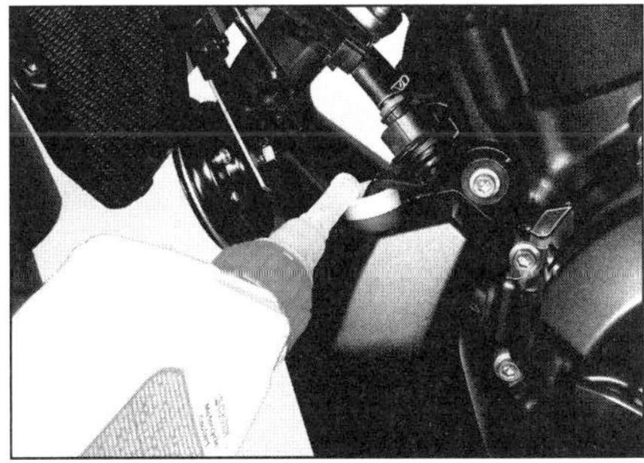

**11.25a Füllen Sie den Ausgleichsbehälter ...**

**11.25b ... bis zur F-Markierung auf.**

den Ausgleichsbehälter bis zur F-Markierung auf (siehe Abbildungen).

**26** Starten Sie den Motor, und lassen Sie ihn einige Minuten im Standgas laufen. Geben Sie dann drei- bis viermal kurz Gas, sodass die Drehzahl auf etwa 4000 bis 5000/min steigt. Schalten Sie den Motor dann aus – sämtliche im System gefangenen Luftblasen sollten jetzt bis in den Kühlerstutzen gestiegen sein, sodass der Pegel gefallen ist.

**27** Warten Sie ein paar Minuten, entfernen Sie das Druckventil, und kontrollieren Sie den Pegel im Stutzen sowie im Ausgleichsbehälter. Füllen Sie den Kühler nötigenfalls erneut bis zur Basis des Stutzens auf und installieren Sie das Druckventil; sichern Sie es jetzt mit der Schraube – Abbildung 11.12b und a). Füllen Sie auch den Ausgleichsbehälter bis zur F-Markierung auf und installieren Sie dessen Deckel.

**28** Kontrollieren Sie das Kühlsystem auf Undichtigkeiten.

**29** Montieren Sie bei der TRACER alle entfernten Verkleidungsteile (siehe Kapitel 7).

**30** Entsorgen Sie die alte Kühlflüssigkeit im Fachhandel oder beim Sondermüll (siehe Warnung zu Beginn dieser Sektion).

## 12 Motoröl und Ölfilter

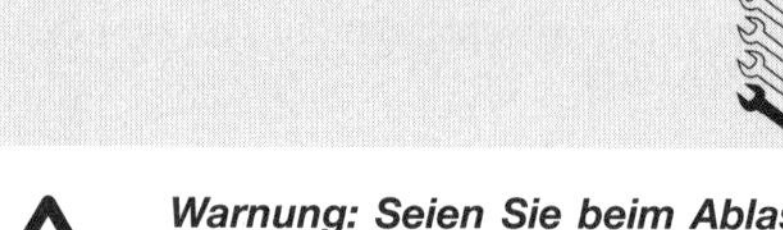

***Warnung: Seien Sie beim Ablassen des Motoröls vorsichtig – der Auspuff, der Motor und das Öl selbst sind heiß und man kann sich schwere Verbrennungen zuziehen!***

## Motoröl

**1** Ein regelmäßiger Öl- und Filterwechsel ist die wichtigste Wartungsarbeit für den Erhalt eines Motorrades. Das Öl ist nicht nur zur Schmierung der Motorinnereien, der Kupplung und des Getriebes da, sondern auch zum Kühlen, Reinigen, Abdichten und den Oberflächenschutz. Aufgrund dieser Anforderungen trägt das Motoröl einen hohen Grad an Verantwortung für die Funktion des Motors und muss deshalb spätestens nach 10 000 km ersetzt werden. Der Ölfilter ist bei jedem zweiten Ölwechsel auszutauschen (darf aufgrund seiner geringen Kosten aber auch bei jedem Ölwechsel erneuert werden – siehe Schritte 9 bis 11).

**12.3 Drehen Sie den Öleinfülldeckel heraus.**

***Für das durch Preisunterschied zwischen Billig-Öl und Markenöl gesparte Geld kann man sich nach einem möglichen Motorschaden nicht allzu viele Ersatzteile kaufen.***

**2** Wärmen Sie den Motor zunächst auf, damit das Öl besser abfließen kann.

**3** Stellen Sie einen geeigneten Auffangbehälter vorn unter den Motor. Drehen Sie den Einfülldeckel aus dem Kupplungsdeckel – einmal um ihn zu belüften und zum anderen als Erinnerung daran, dass sich kein Öl im Motor befindet (siehe Abbildung).

**4** Schrauben Sie die Ölablassschraube vorn aus der Ölwanne, und lassen Sie das Öl in den Behälter ablaufen (siehe Abbildungen). Befreien Sie die Dichtscheibe von der Schraube, und ersetzen Sie sie durch ein Neuteil (siehe Abbildungen). Falls der Ölfilter gewechselt werden soll, ist der Tausch jetzt durchzuführen (siehe Schritte 9 bis 11).

**5** Nachdem das Öl abgelassen wurde, wird die Ablassschraube mit einer neuen Dichtscheibe ausgerüstet und mit 43 Nm angezogen (siehe Abbildung) – zu festes Anziehen kann das Gewinde der Ölwanne beschädigen!

**6** Füllen Sie die korrekte Menge des vorgeschriebenen Motoröls auf (siehe *Tägliche Kontrollen*), bis der Pegel **bei geradestehendem Motorrad** zwischen den Schauglasmarkierungen steht (siehe Abbildungen). Starten Sie den Motor, und lassen Sie ihn zwei bis drei Minuten laufen. Schalten Sie den Motor ab, warten Sie einige Minuten, und kontrollieren Sie erneut den Ölpegel. Füllen Sie nötigenfalls Motoröl nach, bis der Pegel knapp unter der oberen

**12.5 Installieren Sie die Ablassschraube mit einer neuen Dichtscheibe.**

**12.4a Lösen Sie die Ölablassschraube, ...**

**12.4b ... und lassen Sie das Motoröl vollständig ablaufen.**

**12.4c Entfernen Sie die alte Dichtscheibe von der Ablassschraube.**

**12.6a Füllen Sie Motoröl auf, ...**

**12.6b ... bis bei senkrecht stehendem Motorrad der Pegel kurz unter der oberen Linie liegt.**

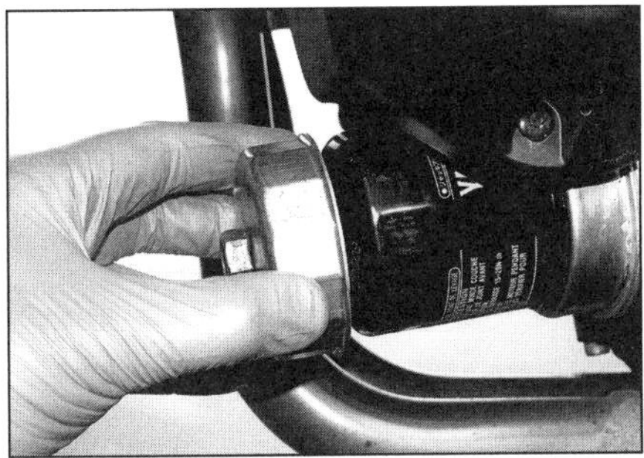

**12.10a Setzen Sie den Ölfilterschlüssel an, ...**

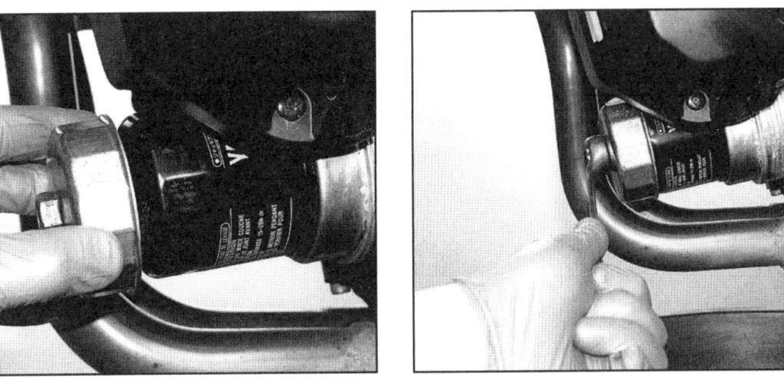

**12.10b ... lösen Sie damit den Filter, ...**

Markierung des Peilstabs liegt. Kontrollieren Sie die Bereiche um die Ablassschraube und ggf. den Ölfilter auf Undichtigkeiten.

**7** Das alte Motoröl kann nicht mehr verwendet werden und sollte in einen auslaufsicheren Behälter gefüllt werden. Jeder Händler, der technische Öle verkauft, ist auch dazu verpflichtet, entsprechende Mengen Altöl zurückzunehmen und zur fachgerechten Entsorgung oder zum Recycling zu bringen. Lassen Sie nie Altöl in die Kanalisation gelangen oder im Boden versickern! Ein entleerter Ölfilter darf zwar im Hausmüll entsorgt werden, sollte jedoch zusammen mit dem Altöl beim Händler oder dem Sondermüll abgegeben werden.

Praxis TiPP

***Um einen übermäßigen Verschleiß im Motor zu ermitteln, sollte man das ablaufende Öl durch ein Sieb in den Behälter fließen lassen, sodass Fremdkörper herausgefiltert werden. Falls sich im Öl kleine Metallbrocken oder Splitter finden, läuft in Ihrem Motor etwas entschieden falsch, und die Maschine muss zur Inspektion und Reparatur zerlegt werden. Metallischer Schimmer im Öl weist bei einem neuen oder überholten Motor darauf hin, dass die Komponenten eingefahren wurden – bei einem eigentlich bereits eingefahrenen Motor zeigt er Schmierprobleme an. Wenn Sie faserartiges Material vorfinden, weist das auf extremen Kupplungsverschleiß hin.***

**12.10c ... und lassen das Öl in den Sammelbehälter ablaufen.**

## Ölfilter

**Spezialwerkzeug:** *Für diese Arbeit wird ein Ölfilterschlüssel benötigt (siehe Abbildung 12.10a).*

**8** Lassen Sie das Motoröl ab (Schritte 2 bis 4).

**9** Der Ölfilter ist vorn auf den Ölkühler geschraubt – stellen Sie einen geeigneten Auffangbehälter darunter. Reinigen Sie um den Filter herum das Motorgehäuse.

**10** Lösen Sie den Ölfilter mit einem geeigneten Schlüssel (siehe Abbildung).

**Anmerkung:** *Achten Sie auf die korrekte Schlüsselgröße. Am besten eignet sich ein Steckschlüssel, der zur Knarre und zum Drehmomentschlüssel passt. Yamaha bietet für die Original-Ölfilter unter den Teilenummern 908900-1426 entsprechende Spezialwerkzeuge an. Gießen Sie Reste aus dem Filter in den Sammelbehälter.*

**11** Reinigen Sie sorgfältig die Dichtfläche am Motorgehäuse. Entfernen Sie die Schutzfolie oder Kappe vom neuen Ölfilter (siehe Abbildung), und schmieren Sie die Gummidichtung – falls nicht bereits gefettet – mit frischem Motoröl. Drehen Sie den Ölfilter von Hand auf den Stutzen (siehe Abbildung). Ziehen Sie den Filter entweder mit 17 Nm oder so fest wie möglich von Hand an. Manchmal finden sich auf am Filter selbst Hinweise zur Montage.

**Anmerkung:** *Ziehen Sie einen Filter niemals mit einem Band- oder Kettenschlüssel an, da er hierdurch beschädigt wird!*

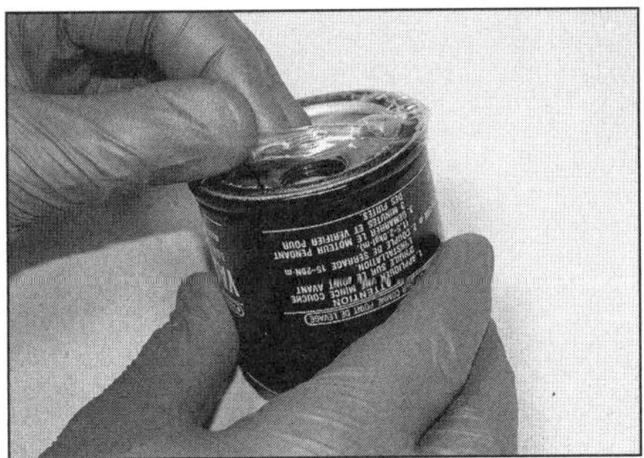

**12.11 Entfernen Sie die Schutzfolie des Ölfilters.**

**12** Installieren Sie die Ölablassschraube, und füllen Sie frisches Motoröl auf (siehe Schritte 5 und 6).

**13** Entsorgen Sie das Altöl und den alten Ölfilter bei einer geeigneten Rücknahmestelle.

## 13 Bremssystem

### Kontrolle des Bremssystems

**1** Eine routinemäßige Gesamtkontrolle des Bremssystems stellt sicher, dass jedes Problem erkannt und behoben ist, bevor die Sicherheit des Fahrers aufs Spiel gesetzt wird.

**2** Kontrollieren Sie den Bremshebel und das Pedal auf lockeren Sitz, Schwergängigkeit, übermäßiges Spiel, Verzug und andere Schäden. Ersetzen Sie alle schadhaften Teile (siehe Kapitel 5). Reinigen und schmieren Sie die Gelenke des Hebels und des Pedals, um Schwergängigkeit zu verhindern (siehe Sektion 10).

**3** Alle Bremsen Komponenten müssen fest verschraubt sein – beachten Sie die Anzugsdrehmomente in Kapitel 6). Prüfen Sie, ob sich genügend Bremsflüssigkeit in den Ausgleichsbehältern befindet (siehe *Tägliche Kontrollen*). Kontrollieren Sie den Verschleiß der Bremsbeläge (Schritte 11 bis 13).

**4** Falls am Hebel oder Pedal ein schwammiges Gefühl festgestellt wird, muss die entsprechende Bremse entlüftet werden (siehe Kapitel 6). Wechseln Sie die Bremsflüssigkeit spätestens alle zwei Jahre aus.

**5** Drücken und kneten Sie die Bremsschläuche, während Sie sie auf Risse, Ausbeulungen und austretende Bremsflüssigkeit überprüfen. Kontrollieren Sie besonders sorgfältig die Verbindungen zu den Anschlussteilen, da die Schläuche hier besonders schnell undicht werden (siehe Abbildung). Inspizieren Sie die Anschlussaugen der Bremsleitungen – wenn die Anschlüsse korrodiert, zerkratzt oder geknickt sind, muss die entsprechende Bremsleitung ersetzt werden (siehe Kapitel 6).

**13.5 Kontrollieren Sie die Bremsleitungen wie beschrieben.**

**13.8 Einstellmutter des Hinterrad-Bremslichtschalters**

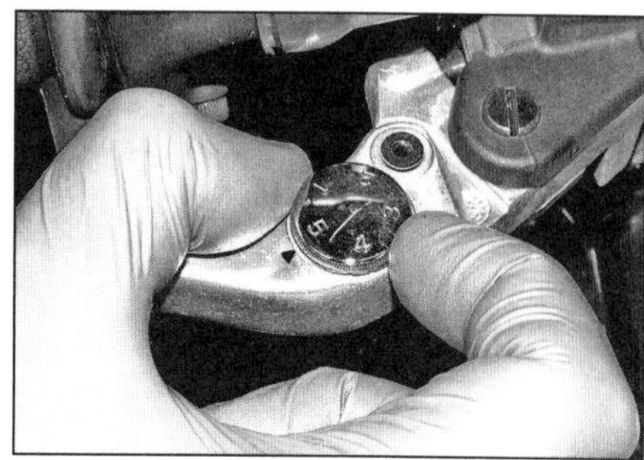

**13.9 Drücken Sie den Bremshebel nach vorn, um den Weitenversteller drehen zu können.**

Yamaha schreibt vor, Bremsschläuche alle vier Jahre zu ersetzen (Schritte 15 und 16).

**6** Inspizieren Sie die Geberzylinder und Bremssättel auf Undichtigkeiten (Schritte 17 und 18).

**7** Prüfen Sie, ob das Bremslicht beim Betätigen der Handbremse leuchtet. Der unten am Bremszylinder sitzende Bremslichtschalter ist nicht einstellbar – kontrollieren Sie ggf. seine Funktion (siehe Kapitel 8).

**8** Prüfen Sie, ob das Bremslicht beim Betätigen der Fußbremse kurz vor dem Einsetzen der Bremswirkung leuchtet. Der einstellbare Schalter sitzt zwischen dem rechten Fußrastenträger und der Hinterradschwinge – für den Zugang sollte die rechte Rahmenabdeckung entfernt werden (siehe Kapitel 7). Halten Sie zum Einstellen des Schalters dessen Gehäuse, und drehen Sie die Mutter, bis die Einstellung korrekt ist (siehe Abbildung) – drehen Sie nicht den Schalter selbst! Falls das Bremslicht zu spät oder gar nicht aufleuchtet, muss die Mutter nach unten gedreht werden, damit der Schalter aus dem Halter gehoben wird. Falls das Bremslicht zu früh oder dauerhaft aufleuchtet, muss die Mutter nach oben gedreht werden, damit der Schalter in den Halter gezogen wird. Arbeitet der Schalter überhaupt nicht, muss er kontrolliert werden (siehe Kapitel 8).

**9** Der Handbremshebel ist mit einem Weitenversteller ausgerüstet, um seinen Abstand zum Gasgriff anzupassen. Die Einstellungen sind mit Nummern markiert, die zum Dreieck am Hebel ausgerichtet sein müssen. Drücken Sie den Hebel nach vorn, und drehen Sie den Einsteller in die gewünschte Position (siehe Abbildung) – Position 1 steht für maximalen, Position 5 für minimalen Abstand; bringen Sie den Einsteller nicht in eine Position zwischen zwei Ziffern.

**10** Setzen Sie sich auf das Motorrad, und prüfen Sie die Höhe des Bremspedals. Die relative Höhe des Pedals zur Oberseite der Fußraste kann in einem gewissen Bereich individuell angepasst werden. Um die Höhe einzustellen, muss die Kontermutter des Druckstangen-Gelenks am Fußbremszylinder gelockert und die Druckstange mit einem Maulschlüssel entsprechend verdreht werden (siehe Abbildung), anschließend ist die Kontermutter wieder gegen das Gelenk zu ziehen. Nach der Einstellung muss ein Stück der Druckstange unter der Kontermutter sichtbar sein. Nach dem Ändern der Pedalhöhe muss der hintere Bremslichtschalter neu eingestellt werden (Schritt 8).

## Bremsbelag-Verschleiß

***Warnung: Der durch Bremsbeläge erzeugte Staub kann gesundheitsschädlich sein. Blasen Sie eine Bremse niemals mit Druckluft aus, und atmen Sie den Staub niemals ein. Bei der Arbeit an Bremsen sollte eine geeignete Atemmaske getragen werden.***

**11** Die Vorderrad-Bremsbeläge sind durch den Blick von vorn in die Bremssättel erkennbar (siehe Abbildung). Originale Yamaha-Beläge sind an den Trägerplatten mit leicht nach innen gebogenen Ecken ausgerüstet; ersetzen Sie die Beläge, kurz bevor die Ecken die Bremsscheibe berühren (siehe Kapitel 6).

***Achtung: Spätestens, wenn das Schleifen von Metall auf Metall hörbar wird, müssen die Bremsbeläge ersetzt werden!***

Bei jedem Zweifel über die Stärke des Belagmaterials, oder falls die Beläge gereinigt werden sollen, müssen sie ausgebaut werden (siehe Kapitel 6).

**12** Die Hinterrad-Bremsbeläge sind durch den Blick von hinten in den Bremssattel erkennbar (siehe Abbildung). Originale Yamaha-Beläge sind an den Trägerplatten mit Ausschnitten versehen; ersetzen Sie die Beläge, kurz bevor das Material bis auf die Ausschnitte verschlissen ist (siehe Kapitel 6). Falls die Beläge verschmutzt sind oder Zweifel über ihre Belagstärke besteht, sollten sie ausgebaut und gereinigt werden (siehe Kapitel 6).

**13** Zubehör-Bremsbeläge können andere Verschleißmarkierungen als Originalteile aufweisen. Zur Ermittlung der Minimal-Belagstärke (0,5 mm vorn, 1,0 mm hinten) müssen die Beläge nötigenfalls ausgebaut werden.

## Bremsflüssigkeitswechsel

**14** Die Bremsflüssigkeit muss bei jeder Zerlegung oder Überholung einer Bremsenkomponente sowie spätestens nach zwei Jahren erneuert werden. Details hierzu finden sich in Kapitel 6, Sektion 11. Stellen Sie sicher, dass

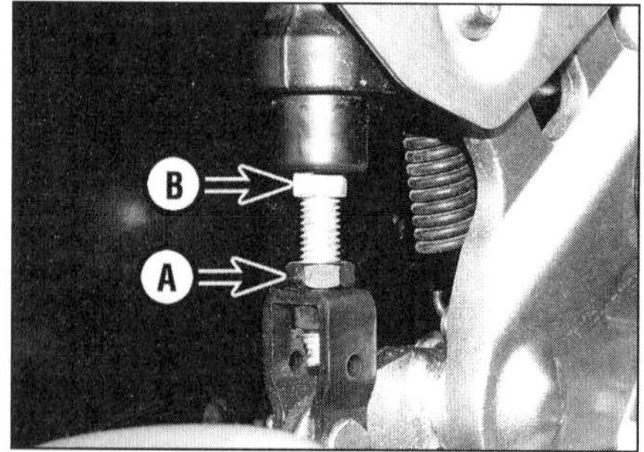


**13.10 Lockern Sie die Kontermutter (A), und stellen Sie mit dem Druckstangen-Sechskant (B) die Pedalhöhe ein.**

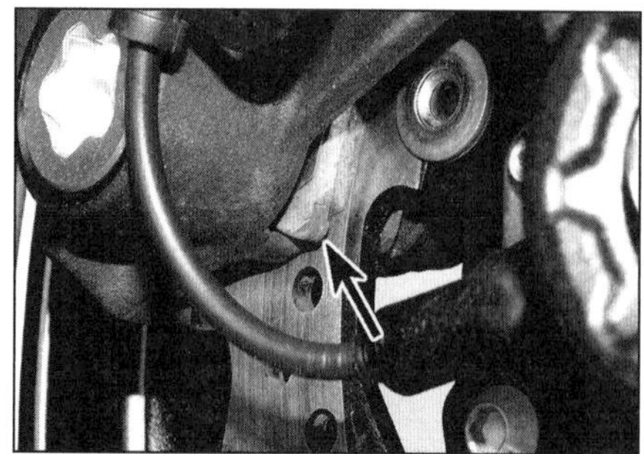

**13.11 Verschleißanzeige an originalen Vorderrad-Bremsbelägen**

**13.12 Verschleißgrenzen-Ausschnitt an originalen Hinterrad-Bremsbelägen**

sämtliche alte Bremsflüssigkeit aus dem System gepumpt wird. Kontrollieren Sie den Pegel im Ausgleichsbehälter, und testen Sie die Bremsen vor der ersten Fahrt.

## Bremsschläuche

**15** Gummi-Bremsschläuche werden mit der Zeit spröde und müssen ungeachtet ihres Zustandes alle vier Jahre gewechselt werden (siehe Kapitel 6).

***Durch den Einbau sogenannter Stahlflex-Bremsleitungen kann man sich das regelmäßige Wechseln der Bremsschläuche ersparen, zudem sorgen diese Leitungen nach Meinung vieler Fahrer für einen besseren Druckpunkt.***

**16** Die Dichtscheiben an den Bremsschlauch-Anschlüssen müssen nach jeder Demontage ausgetauscht werden. Füllen Sie das Bremssystem mit frischer Bremsflüssigkeit auf, und entlüften Sie die Bremse (siehe Kapitel 6).

## Bremszylinder- und Bremssattel-Dichtungen

**17** Mit der Zeit altern die Dichtungen der Bremssättel und Bremszylinder, sodass deren Kolben schwergängig arbeiten oder Bremsflüssigkeit austritt. Yamaha empfiehlt, die Dichtringe nach einer hohen Laufleistung auszutauschen – und natürlich, sobald ein Defekt auftritt (siehe Kapitel 6).
**18** Yamaha bietet für alle Geberzylinder und Bremssättel entsprechende Reparatursets an (siehe Kapitel 6).

## 14 Räder, Radlager und Reifen

## Räder

**1** Gussräder sind zwar nahezu wartungsfrei, doch sollten sie regelmäßig gereinigt und auf Brüche und andere Beschädigungen untersucht werden. Kontrollieren Sie ebenfalls den Rundlauf und die Ausrichtung der Räder (siehe Kapitel 6). Versuchen Sie nicht, Gussräder zu reparieren, bei geringen Schäden kann ein Spezialbetrieb zurate gezogen werden – ansonsten sind sie zu erneuern. Achten Sie auf den festen Sitz aller vorhandenen Auswuchtgewichte an der Felge; ist ein Gewicht abgefallen, muss das Rad von einem Fachbetrieb neu ausgewuchtet werden.
**2** Achten Sie darauf, dass die Ventilkappe immer fest sitzt (siehe Abbildung). Falls die Undichtigkeit auf das Ventil selbst zurückzuführen ist, kann dies mithilfe eines Ventilwerkzeugs (das auch in die Ventilkappe integriert erhältlich ist) fest angezogen oder nötigenfalls ausgetauscht werden. Überprüfen Sie den Ventilsitz auf Anzeichen von Beschädigungen – eine poröse Dichtung kann Luft entweichen lassen. Wenn der Reifen stetig Luft verliert – und dies lässt sich mithilfe von Spucke oder Seifenwasser auf den Ventilsitz zurückführen –, muss das Ventil mit einer neuen Dichtung versehen werden. Pumpen Sie den Reifen auf den korrekten Wert auf, und prüfen Sie, ob er rundherum richtig in der Felge sitzt.

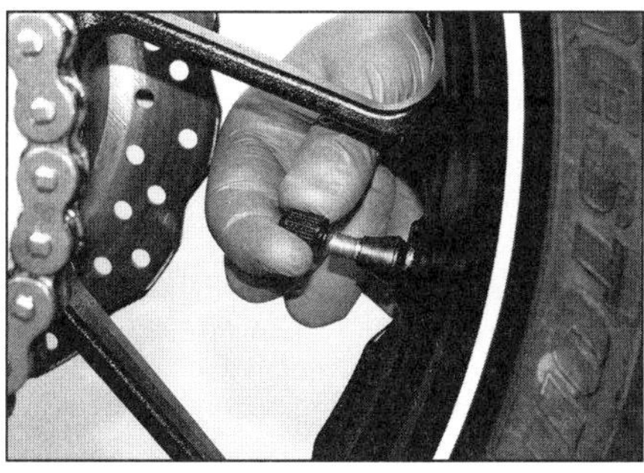

**14.2 Die Ventilkappe muss aufgeschraubt sein; das Ventilgummi darf nicht porös sein.**

## Radlager

**Anmerkung:** *Vermeiden Sie es, einen Hochdruckreiniger direkt auf die Radnabe zu richten. Das Wasser kann in die Lagerdichtungen eindringen, das Fett auswaschen und zu Korrosion führen, sodass das Lager zerstört wird.*

**3** Radlager verschleißen mit der Zeit und müssen daher regelmäßig kontrolliert werden, bevor sich die Fahreigenschaften der Maschine erheblich verschlechtern.
**4** Stützen Sie das Motorrad auf einer geeigneten Vorrichtung ab, sodass das zu kontrollierende Rad nicht den Boden berührt. Kontrollieren Sie durch Ziehen und Drücken der Räder, ob irgendein Spiel in den Lagern festzustellen ist (siehe Abbildung). Drehen Sie zur Kontrolle des Vorderrades die Lenkung gegen einen Anschlag, damit man das Rad dagegen drücken kann. Drehen Sie außerdem das Rad, und prüfen Sie, ob es sich sanft und geräuschlos dreht.

**Anmerkung:** *Die Bremsen und der Endantrieb können Geräusche und Widerstand hervorrufen – verwechseln Sie dies nicht mit den Radlagern.*

**5** Falls in der Radnabe Spiel festgestellt wurde oder das Rad sich nicht sanft dreht (und dies nicht auf eine schleifende Bremse oder den Antrieb zurückzuführen ist), muss das Rad ausgebaut und die Lager auf Verschleiß oder Beschädigung kontrolliert werden (siehe Kapitel 6). Im Zweifel sind die Lager zu ersetzen.

## Reifen

**6** Kontrollieren Sie sorgfältig den Zustand und die Profiltiefe – siehe *Tägliche Kontrollen*.

**14.4 Kontrollieren Sie die Radlager auf Spiel.**

## 15 Federelemente

**1** Alle Elemente der Federung müssen sich in gutem Zustand befinden, um die Sicherheit des Fahrers zu gewährleisten. Lockere, verschlissene oder beschädigte Komponenten vermindern die Stabilität und die Kontrolle über die Maschine.
**2** Prüfen Sie die Festigkeit aller Schrauben und Muttern der Federelemente – beachten Sie dazu die Anzugswerte in Kapitel 5.

### Vorderradfederung – Kontrolle

**3** Stellen Sie sich neben die Maschine, und drücken Sie mit betätigter Bremse den Lenker mehrmals nach unten (siehe Abbildung). Klemmt die Gabel oder federt sie nicht weich ein und aus, sollte sie demontiert und begutachtet werden (siehe Kapitel 5).
**4** Inspizieren Sie die Oberflächen der Standrohre auf Kratzer, Korrosion und kleine Pickel, die zu vorzeitigem Ausfall der Dichtringe führen können (siehe Abbildung). Hebeln Sie mit einem Schraubendreher vorsichtig die Staubkappe aus dem Tauchrohr, und inspizieren Sie den Bereich der Standrohre über dem Dichtring – sämtliche Riefen, Ausbrüche und aufgeblühte Korrosion lassen den Dichtring rasch verschleißen. Bei übermäßiger Beschädigung oder Undichtigkeiten müssen die Rohre ersetzt werden (siehe Kapitel 5). Kleine Roststellen können mit einem feinen Schleifstein ent-

**15.3 Drücken Sie die Gabel zusammen, um ihre Funktion zu testen.**

1

**15.4 Kontrollieren Sie das Standrohr oberhalb der Staubdichtung auf Rost und Beschädigungen.**

fernt werden. Fachbetriebe sind in der Lage, eine neue Hartchromschicht aufzutragen.

5 Falls an den Dichtringen Öl austritt, müssen sie ersetzt werden (siehe Kapitel 5). Falls sich am Sicherungsdraht des Gabeldichtrings Korrosion gebildet hat, muss die Gabel demontiert werden, um neue Staubdichtungen zu installieren. Sprühen Sie den verrosteten Bereich zuvor mit Kriechöl ein, um den Ausbau nicht unnötig zu erschweren. Drücken Sie anschließend die Staubkappe wieder in ihren Sitz.

## Hinterradfederung – Kontrolle

**Anmerkung:** *Die Schwingenlagerung und die Stoßdämpferanlenkung dürfen keinesfalls mit einem Hochdruckreiniger gesäubert werden. Hierbei kann Wasser durch Dichtlippen eindringen und das Fett herauswaschen – was zu Korrosion und vorzeitigem Ausfall der Lager führt.*

6 Kontrollieren Sie den Stoßdämpfer auf Undichtigkeit und fest sitzende Aufnahmen (siehe Abbildung). Wenn ein Leck festgestellt wurde, muss der Dämpfer von einem Spezialisten kontrolliert und gegebenenfalls überholt oder ersetzt werden (siehe Kapitel 5).

7 Lassen Sie einen Assistenten einige Male das Heck des Motorrades herunterdrücken (siehe Abbildung) – es sollte sich ohne Klemmen frei auf und ab bewegen können. Wenn hier irgendwelche Ungleichmäßigkeiten gefühlt werden, muss das fehlerhafte Teil identifiziert und ersetzt werden (siehe Kapitel 5). Das Problem kann am Stoßdämpfer, an seiner Anlenkung oder an der Schwingenlagerung liegen.

8 Stützen Sie das Motorrad mit einer geeigneten Vorrichtung ab, sodass das Hinterrad nicht den Boden berührt. Greifen Sie die Schwinge, und drücken Sie sie seitlich hin und her. Hinten sollten keine erkennbaren Bewegungen festzustellen sein (siehe Abbildung). Bei leichtem Spiel oder leichtem Klicken müssen alle Befestigungen der Hinterradfederung und des Stoßdämpfers auf Festigkeit und richtige Anzugsdrehmomente überprüft werden (siehe Kapitel 5). Wiederholen Sie die Kontrolle anschließend.

9 Als Nächstes wird das Hinterrad nach oben gezogen. Es darf kein erkennbarer Weg festzustellen sein, bis der Stoßdämpfer zu arbeiten beginnt (siehe Abbildung). Jedes Spiel ist auf verschlissene Lager in der Schwingenaufnahme oder der Stoßdämpferanlenkung, eine ermüdete Feder, einen defekten Dämpfer oder dessen Befestigung zurückzuführen. Verschlissene Komponenten müssen ersetzt werden (siehe Kapitel 5).

10 Um eine brauchbare Einschätzung der Schwingenlager zu erhalten, muss zuerst das Hinterrad demontiert werden (siehe Kapitel 6). Dann wird der Stoßdämpfer samt der Anlenkung entfernt (siehe Kapitel 5). Greifen Sie die Schwinge mit einer Hand hinten, und halten Sie die andere Hand an die Verbindung zwischen Schwinge und Rahmen. Versuchen Sie nun, die Schwinge hinten seitlich zu bewegen – jegliches Lagerspiel wird als Vor- und Zurück-Bewegung der Schwinge am Rahmen fühlbar.

11 Schwenken Sie nun die Schwinge auf und ab – sie muss sich über den gesamten Federweg sanft und frei bewegen lassen. Falls Spiel festgestellt wird oder die Schwinge sich nicht frei bewegen lässt, muss sie für die Kontrolle der Lager ausgebaut werden (siehe Kapitel 5). Wird Spiel festgestellt oder lässt sich die Schwinge nicht sanft bewegen, muss sie für eine Inspektion der Lager ausgebaut werden (siehe Kapitel 5).

12 Bei getrennter Stoßdämpferanlenkung sollten auch deren Dichtringe und Lager überprüft werden; kontrollieren Sie ebenfalls das Spiel zwischen dem Anlenkhebel und dem Rahmen. Versehen Sie entweder die Dichtringe und Lager mit frischem Fett oder installieren Sie Neuteile.

## Vorderradgabel – Ölwechsel

13 Obwohl für den Wechsel des Gabelöls keine Intervalle vorgegeben sind, muss bedacht werden, dass das Öl mit der Zeit schlechter wird und seine dämpfenden Eigenschaften verliert. Details zum Ausbau der Gabelrohre und dem Wechsel des Öls sind in Kapitel 5 beschrieben – die Gabel muss für den Ölwechsel nicht vollständig zerlegt werden.

## Hinterradfederung – Schmieren der Lager

14 Das Fett in den Lagern der Schwinge wird mit der Zeit ausgewaschen oder es verhärtet, sodass Schmutz und Wasser eindringen können. Schmieren Sie daher die Lager alle 50 000 km nach.

15 Zum Schmieren der Lager müssen die Schwinge und der Stoßdämpfer ausgebaut und die Lager gereinigt werden – Details finden sich in Kapitel 5.

# 16 Lenkkopflager

## Lagerspiel – Kontrolle und Einstellung

1 Die an diesen Motorrädern verwendeten Kugellager können sich auch im normalen Betrieb eindrücken und lockern oder rau laufen. In Extremfällen können verschlissene oder lockere Lenkkopflager gefährliches Lenkerflattern verursachen. Zu fest angezogene Lager sorgen für ein schlechtes Fahrverhalten.

## Kontrolle

2 Stützen Sie das Motorrad mithilfe einer geeigneten Vorrichtung so ab, dass das Vorderrad nicht den Boden berührt. Sorgen Sie für eine sichere Abstützung.

3 Stellen Sie das Vorderrad geradeaus, und bewegen Sie den Lenker ganz langsam hin und her. Wenn das Lager Druckstellen hat oder rau läuft, ist das dadurch zu spüren, dass der Lenker sich nicht weich und frei bewegen

**15.7 Prüfen Sie die Funktion der Hinterradfederung.**

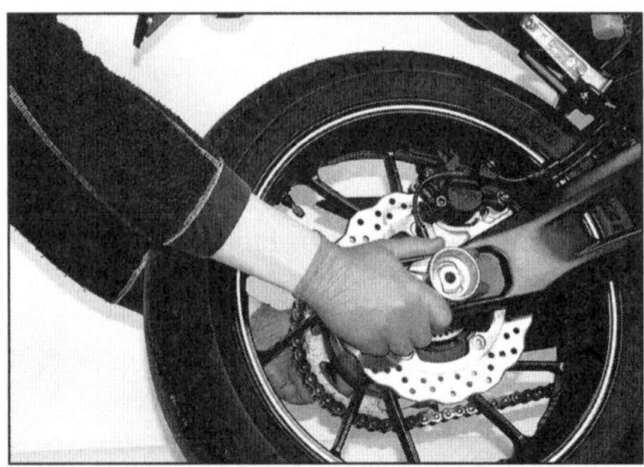

**15.8 Kontrollieren Sie, ob die Schwingenlager Spiel aufweisen.**

**15.9 Prüfen Sie, ob in der Stoßdämpferanlenkung und den Stoßdämpferaufnahmen Spiel vorhanden ist.**

**16.5 Kontrolle des Lenkkopflagerspiels**

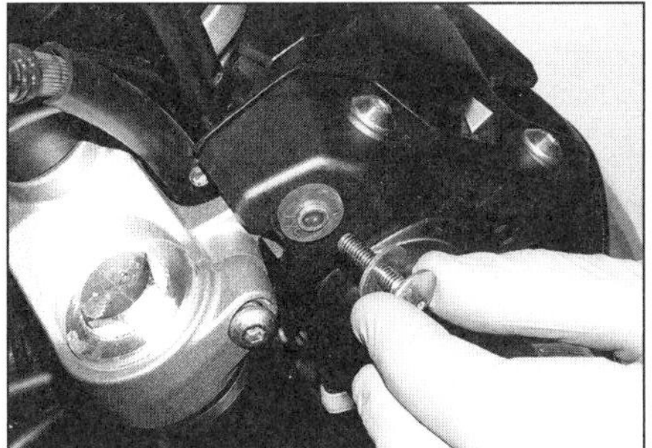

**16.7a Lösen Sie bei der MT-07 rechts und links die Schrauben der Scheinwerferhalterung, ...**

**16.7b ... und befreien Sie die Scheinwerfer-Baugruppe von der oberen Gabelbrücke.**

lässt. Beschädigte Lager müssen ersetzt werden (siehe Kapitel 5). Sind die Lager zu fest angezogen, müssen sie neu eingestellt werden (siehe unten).

**4** Prüfen Sie, ob sich das geradeaus gestellte Rad nach einem leichten Schlag gegen den Lenker selbstständig zu beiden Anschlägen »fällt«, was anzeigt, dass die Lager nicht zu fest angezogen sind (berücksichtigen Sie den Widerstand durch Bowdenzüge, Hydraulikschläuche und Kabel).

**5** Greifen Sie als Nächstes unten an die Gabel, und versuchen Sie sie vorwärts und rückwärts zu bewegen (siehe Abbildung). Jede Lockerung des Lenkkopflagers kann man durch die Bewegung der Gabel erfühlen. Wenn Lagerspiel festgestellt wird, muss der Lenkkopf wie folgt nachgestellt werden:

**16.7c Befreien Sie bei der XSR 700 die Scheinwerfer-Baugruppe von der oberen Gabelbrücke.**

***Verwechseln Sie nicht irgendeine Bewegung des Motorrades auf dem Ständer mit Lagerspiel. Drücken und ziehen Sie nicht zu stark – eine leichte Bewegung reicht völlig aus. Spiel in der Gabel kann auch durch verschlissene Gleitbuchsen in den Tauchrohren entstehen. Verwechseln Sie dieses Spiel nicht mit dem Lenkkopflagerspiel.***

## Einstellung

**Spezialwerkzeug:** *Für eine korrekte Einstellung werden das Yamaha-Spezialwerkzeug 90890-01403 und ein Drehmomentschlüssel benötigt – siehe Schritt 10. Nötigenfalls reicht auch ein passender Hakenschlüssel (Abbildung 16.11).*

**16.8a Lockern Sie rechts und links die Gabelholm-Klemmschrauben ...**

**6** Demontieren Sie alle Tankverkleidungen (siehe Kapitel 7); bei der Verwendung des Yamaha-Werkzeugs sollte auch der Tank entfernt werden (siehe Kapitel 4).

**7** Bei der MT-07 und der XSR 700 müssen an beiden Seiten der oberen Gabelbrücke die Schrauben der Scheinwerfer-Baugruppe gelöst und diese nach vorn geschwenkt werden (siehe Abbildungen).

**8** Lockern Sie die Gabelholm- und Einstellring-Klemmschrauben der oberen Gabelbrücke (siehe Abbildungen).

**9** Heben Sie die obere Gabelbrücke an (aber nicht ab), bis die Nuten des Lenkkopflager-Einstellrings zugänglich sind (siehe Abbildung).

**10** Um die Lenkkopflager entsprechend der Vorgaben von Yamaha einzustellen, müssen deren Spezialwerkzeug 90890-01403 und ein Drehmomentschlüssel vorhanden sein; Lockern Sie zunächst den Einstellring etwas, um die Lager zu entlasten. Ziehen Sie dann den Einstellring zunächst mit 52 Nm an – achten Sie darauf, dass die Werkzeuge im Winkel von 90° zusammengesetzt sind (siehe Abbildung). Lockern Sie den Einstellring wieder, und ziehen Sie ihn mit dem Endanzugswert von 18 Nm an.

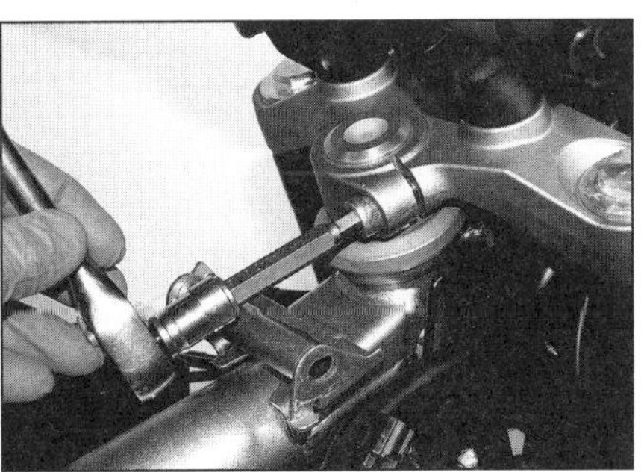

**16.8b ... sowie die mittig sitzende Einstellmutter-Klemmschraube.**

**16.9 Heben Sie die Gabelbrücke samt Lenker an.**

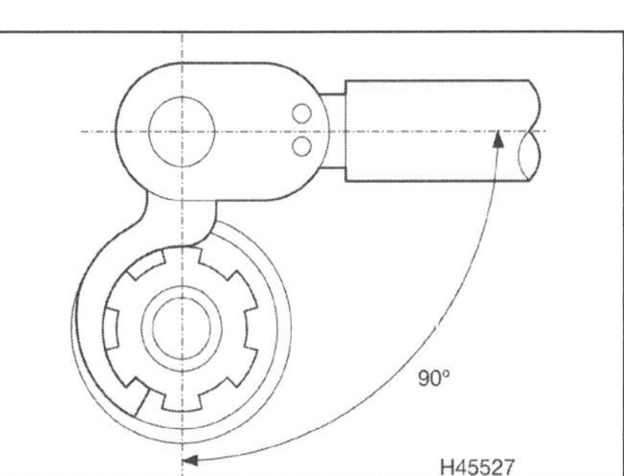


**16.10 Das Yamaha-Werkzeug muss rechtwinklig zum Drehmomentschlüssel positioniert sein.**

1

**11** Falls das Yamaha-Spezialwerkzeug 90890-01403 nicht vorhanden ist, muss der Einstellring zunächst mithilfe eines passenden Hakenschlüssels etwas gelockert werden, um die Lager zu entlasten; ziehen Sie ihn dann an, bis kein Spiel mehr spürbar ist (siehe Abbildung). Ziehen Sie den Einstellring etwas weiter, um die Lager vorzuspannen, und lockern Sie den Ring anschließend wieder; ziehen Sie ihn dann so weit an, bis jegliches Lagerspiel aufgehoben ist, die Lenkung aber noch frei beweglich ist (siehe Schritte 3 bis 5). Ziel ist es, die Lager unter leichten Druck zu setzen, um jegliches Spiel aufzuheben, aber die Lenkung noch frei von Anschlag zu Anschlag bewegen zu können, wie oben beschrieben.
**12** Bewegen Sie die Lenkung fünfmal von Anschlag zu Anschlag, und kontrollieren Sie erneut – und je nach

***Achtung: Achten Sie sorgfältig darauf, beim Einstellen auf die Lager keinen hohen Druck auszuüben – dieses führt zu vorzeitigen Lagerschäden.***

**13** Drücken Sie die obere Gabelbrücke wieder herunter, bis sie über dem Einstellring sitzt (Abbildung 16.9). Ziehen Sie die Einstellring-Klemmschraube bei der MT-07 und der XSR 700 mit 21 Nm, bzw. bei der TRACER mit 35 Nm an; ziehen Sie dann die Standrohr-Klemmschrauben mit 26 Nm an (Abbildung 17.8b und a).
**14** Kontrollieren Sie erneut die Einstellung der Lenkkopflager (siehe Schritte 3 bis 5). Montieren Sie alle entfernten Bauteile.

### Schmieren

**15** Mit der Zeit altert das Fett der Lenkkopflager und härtet aus, sodass Schmutz und Wasser eindringen können.
**16** Die Lenkkopflager sollten alle 20.000 km zerlegt, gereinigt und nachgefettet werden (siehe Kapitel 5, Sektion 10).

## 17 Seitenständer und Sicherheitsstromkreis

### Seitenständer

**1** Der Ständer muss während der Fahrt sicher von seinen Federn oben gehalten werden. Eine ermüdete oder gebrochene Feder muss umgehend durch ein Neuteil ersetzt werden (siehe Kapitel 5).
**2** Kontrollieren Sie den Ständer und seine Halterung auf Risse und andere Schäden. Das Ständergelenk muss sich sanft und spielfrei bewegen lassen.

### Sicherheitsstromkreis

**3** Der Seitenständerschalter soll davor schützen, mit ausgeklapptem Ständer loszufahren. Er unterbricht den Stromkreis des Motorsteuergeräts, wenn bei ausgeklapptem Ständer ein Gang eingelegt und die Kupplung ausgerückt wird; bei ausgeklapptem Ständer lässt sich der Motor zudem nicht starten.
**4** Prüfen Sie die Funktion des aus dem Seitenständerschalter, dem Kupplungsschalter, dem Leerlaufschalter und dem Anlasser-Abschaltrelais bestehenden Sicherheitsstromkreises wie folgt: Das Getriebe muss sich im Leerlauf befinden. Klappen Sie den Ständer ein, und starten Sie den Motor. Ziehen Sie die Kupplung, und legen Sie einen Gang ein. Halten Sie die Kupplung gezogen, und klappen Sie den Seitenständer aus – der Motor muss dabei ausgehen.

**16.11 Einstellung des Lenkkopflager per Hakenschlüssel**

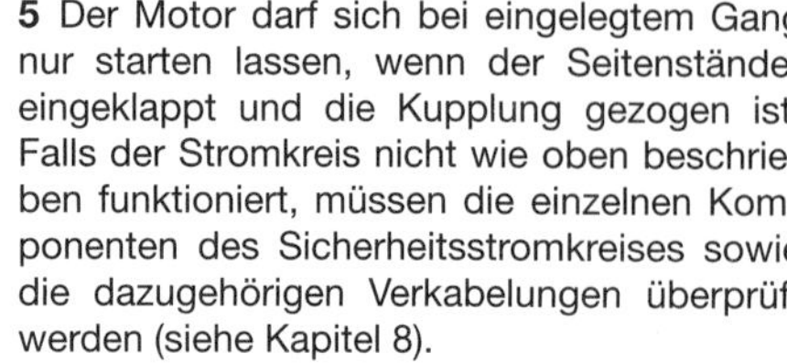

**5** Der Motor darf sich bei eingelegtem Gang nur starten lassen, wenn der Seitenständer eingeklappt und die Kupplung gezogen ist. Falls der Stromkreis nicht wie oben beschrieben funktioniert, müssen die einzelnen Komponenten des Sicherheitsstromkreises sowie die dazugehörigen Verkabelungen überprüft werden (siehe Kapitel 8).

## 18 Muttern und Schrauben

**1** Da sich durch die Vibrationen des Motorrades Befestigungen lockern können, sollten alle Muttern, Schrauben und Bolzen regelmäßig auf Festigkeit kontrolliert werden.
**2** Beachten Sie besonders die folgenden Befestigungen – Details finden sich in den entsprechenden Kapiteln:

- Bremssattel- und Geberzylinder-Befestigungsschrauben
- Bremsleitungs-Anschlussschrauben und Entlüftungsventile
- Bremsscheibenschrauben
- Auspuffbefestigungen
- Motoröl-Ablassschraube
- Motorhalterungen
- Hebel- und Pedalbolzen und Muttern
- Lenker-Befestigungen
- Fußrastenträger- und Ständer-Befestigungen
- Stoßdämpferbefestigungen und Anlenkung
- Schwingenbolzen
- Gabelbrücken-Klemmschrauben (oben und unten) und Gabel-Verschlüsse
- Vorderachse und Klemmschrauben
- Hinterachsmutter
- Kettenradmuttern
- Kettenspanner-Kontermuttern

**3** Es ist immer sinnvoll, einen Drehmomentschlüssel zu benutzen und sich an die Drehmomentangaben am Anfang dieses und anderer Kapitel zu halten.

## 19 Batterie
Kontrolle

**1** Alle Modelle sind mit »wartungsfreien« Batterien ausgerüstet, deren Gehäuse versiegelt sind und nicht geöffnet werden dürfen.

***Achtung: Versuche, die Verschlusskappen zu öffnen, zerstört die Batterie!***

**2** Die einzige mögliche Wartungsarbeit liegt darin, die Sauberkeit und Festigkeit der Batteriepole sowie die Unversehrtheit des Batteriegehäuses sicherzustellen. Weitere Details sind in Kapitel 8 beschrieben.
**3** Falls das Motorrad nicht regelmäßig gefahren wird, sollte die Batterie vom Bordnetz getrennt und alle 4 bis 6 Wochen geladen werden (siehe Kapitel 8, Sektion 4).

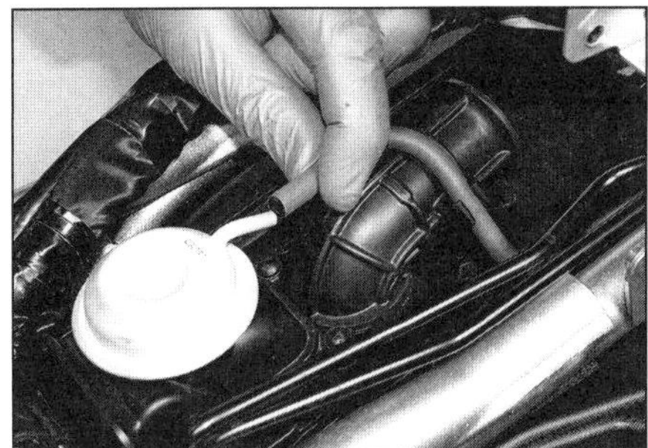

**20.2 Der Schlauch ist auf den Ventilstutzen gesteckt.**

**20.4 Lösen Sie die vier Schrauben.**

**20.5a Lösen Sie die einzelne Luftfilterschraube, ...**

## 20 Luftfilter

**Anmerkung:** *Falls die Maschine ständig in staubiger Umgebung gefahren wird, müssen die Wechselintervalle verkürzt werden.*

**Anmerkung:** *Der mit Öl imprägnierte Papierfilter kann nicht gereinigt und muss spätestens alle 40 000 km ersetzt werden.*

***Achtung: Fahren Sie das Motorrad niemals ohne Luftfilter!***

**1** Heben Sie den Tank an oder demontieren Sie ihn (siehe Kapitel 4) – der Luftfilter kann bei angehobenem Tank ausgetauscht werden – klemmen Sie dazu einen kurzen Schraubendreher zwischen eine der vorderen Luftfilterdeckel-Schrauben und den Tank.

**2** Falls bei der MT-07 bis 2016 der Luftfilter komplett entnommen werden soll, muss der Unterdruckschlauch vom Ansaugluftklappen-Ventil gezogen und aus seiner Halterung befreit werden (siehe Abbildung).

**3** Demontieren Sie bei der TRACER den Sitzbank-Halter.

**4** Lösen Sie die Schrauben des Luftfilterdeckels, und entnehmen Sie diesen (siehe Abbildung).

**5** Lösen Sie die einzelne Luftfilterschraube, und heben Sie das Filterelement aus dem Gehäuse (siehe Abbildungen).

**6** Reinigen Sie das Filtergehäuse und den Deckel. Prüfen Sie, ob der Zugang des Motorentlüftungsschlauchs vorn im Gehäuse frei ist.

**7** Installieren Sie das neue Filterelement korrekt in seinen Sitz, und sichern Sie es mit der Schraube (Abbildung 20.5b und a).

**8** Montieren Sie den Deckel, und sichern Sie ihn mit den Schrauben (Abbildung 20.4).

**9** Verbinden Sie bei der MT-07 bis 2016 den Unterdruckschlauch des Ansaugluftklappen-Ventils, und sichern Sie ihn in seiner Halterung (Abbildung 20.2).

**10** Montieren Sie bei der TRACER den Sitzbank-Halter.

**11** Kontrollieren Sie den oben vom Motorgehäuse nach vorn ans Luftfiltergehäuse verlaufenden Schlauch der Motorentlüftung (siehe Abbildung) – falls er Risse oder andere Schäden aufweist, muss er erneuert werden.

**12** Senken Sie den Tank ab oder montieren Sie ihn (siehe Kapitel 4).

**20.5b ...und heben Sie das Filterelement aus dem Gehäuse.**

## 21 Ventilspiel

**1** Der Motor muss für die Ventilspielkontrolle völlig abgekühlt sein – am besten lässt man ihn über Nacht stehen.

**2** Entfernen Sie die Zündkerzen (siehe Sektion 5).

**3** Entfernen Sie den Ventildeckel (siehe Kapitel 2).

**4** Drehen Sie links die Steuerzeiten-Kontrollschraube und den Kurbelwellenstopfen aus

**20.11 Motorentlüftungsschlauch**

**21.4 Entfernen Sie den Kurbelwellenstopfen und die Kontrollschraube.**

**21.6a Drehen Sie die Kurbelwelle ausschließlich gegen den Uhrzeigersinn, ...**

**21.6b ... bis die Markierung des Rotors zu den Kerben in der Kontrollschraubenbohrung fluchtet ...**

dem Lichtmaschinendeckel (siehe Abbildung) – diese müssen später nötigenfalls mit einer neuen Dichtscheibe bzw. einem neuen O-Ring ausgerüstet werden.

**5** Zylinder Nr. 1 steht (in Fahrtrichtung) links und Nr. 2 befindet sich rechts. Jeder Zylinder wird mit jeweils zwei Einlass- und zwei Auslassventilen gesteuert. Fertigen Sie eine Skizze mit vorn 4 Auslassventilen und hinten 4 Einlassventilen an, um dort das vorhandene Ventilspiel eintragen zu können.

**6** Drehen Sie die Kurbelwelle mithilfe eines am Zündrotorbolzen angesetzten Schlüssels **gegen den Uhrzeigersinn**, bis die Markierung des Rotors zu den Kerben in der Kontrollschraubenbohrung fluchtet und die Nockenspitzen über dem linken Zylinder voneinander weg zeigen (diejenigen der Einlass-Nockenwelle nach hinten und die der Auslassnockenwelle nach vorn) (siehe Abbildungen); falls die Nocken zueinander zeigen, muss die Kurbelwelle eine volle Umdrehung weitergedreht werden (wieder nur links herum!), bis die Markierung wieder fluchtet. Wenn die Nockenspitzen über Zylinder 1 jetzt voneinander weg zeigen, steht der Kolben im oberen Totpunkt (OT) des Verdichtungstaktes.

**7** In dieser Position sind alle Ventile des linken Zylinders geschlossen, sodass unter allen vier Nocken etwas Spiel zum Tassenstößel bestehen muss. Führen Sie an den (hinteren) Einlassventilen ein Fühlerlehrenblatt der Stärke 0,11 oder 0,20 mm und an den (vorderen) Auslassventilen ein Blatt der Stärke 0,24 oder 0,30 mm ein; prüfen Sie dabei, ob sich die Fühlerlehre wie durch ein dickes Buch ziehen lässt (siehe Abbildungen). Ist das Spiel zu groß oder zu klein, muss mithilfe anderer Stärken das tatsächliche Ventilspiel ermittelt werden. Notieren Sie das ermittelte Ventilspiel.

**8** Drehen Sie jetzt den Zündrotor eine dreiviertel Umdrehung (270°) weiter (gegen den Uhrzeigersinn), sodass die Nockenspitzen über Zylinder Nr. 2 voneinander weg zeigen und dessen Kolben im oberen Totpunkt (OT) des Verdichtungstaktes steht (siehe Abbildung). Messen Sie das Ventilspiel genauso wie beim ersten Zylinder (Schritt 7).

**9** Nachdem die Werte aller Ventile ermittelt worden ist, kann jetzt abgelesen werden, ob es irgendwo außerhalb der Toleranzen ist. Wenn dies der Fall ist, muss das Plättchen (»Shim«) zwischen Tassenstößel und Ventil gegen ein passendes ausgetauscht werden, sodass das Ventilspiel wieder korrekt wird.

**10** Das Wechseln eines Shims erfordert den Ausbau der Nockenwellen (siehe Kapitel 2). Legen Sie Lappen über die Zündkerzenbohrungen und den Steuerkettenschacht, um zu verhindern, dass Shims in den Motor fallen.

**11** Nachdem die Nockenwellen ausgebaut sind, wird der Tassenstößel des entsprechenden Ventils mit einem kleinen Saugnapf, einem Magneten oder einer vorsichtig eingesetzten Spitzzange entfernt, um das darunter liegende Einstellplättchen sicherzustellen (siehe Abbil-

**21.6c ... und die Nockenspitzen über dem linken Zylinder voneinander weg zeigen.**

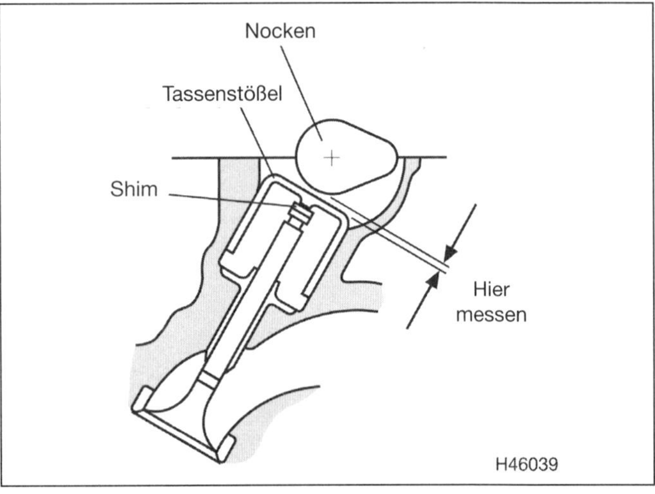


**21.7a Führen Sie die Ventilspiel-Kontrolle ...**

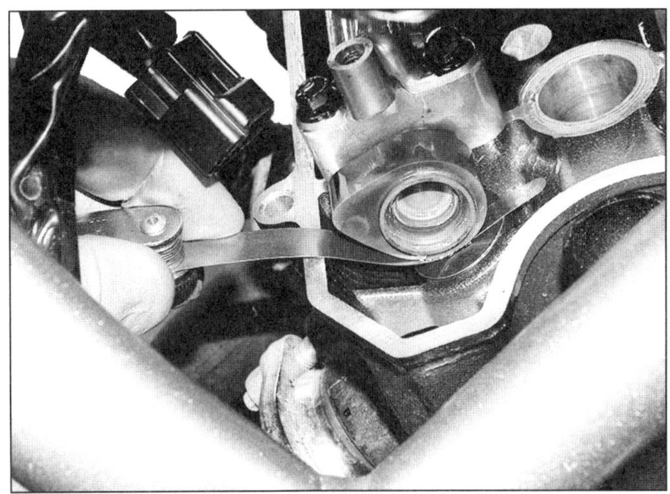

**21.7b ... mit einer Fühlerlehre durch.**

**21.8 Die Spitzen der Auslassnockenwelle über Zylinder Nr. 2 zeigen nach vorn.**

**21.11a Heben Sie den Tassenstößel heraus, ...**

**21.11b ... und befreien Sie den Shim.**



dungen). Findet sich der Shim nicht im Stößel, so liegt er auf dem Ventil, wo er mit einem Magneten, einem mit Fett versehenen Schraubendreher (an dem er kleben bleiben soll) oder einem sehr kleinen Schraubenzieher abgehebelt und mit einer Zange abgenommen werden kann (Abbildung 21.14a). Passen Sie auf, dass der Shim nicht in den Motor fällt.

**12** Messen Sie mithilfe einer Bügelmessschraube die Stärke des vorhandenen Shims (siehe Abbildung) – sie sollte auch auf dessen Oberseite markiert sein. Ein beispielsweise mit »175« markierter Shim hat eine Stärke von 1,75 mm. Ist keine Markierung sichtbar, und um sicher zu gehen, dass das Plättchen nicht verschlissen ist, sollte es auf jeden Fall nachgemessen werden.

**13** Falls das gemessene Ventilspiel über dem oberen Toleranzwert liegt, muss ein dickerer Shim beschafft werden; bei zu geringem Ventilspiel wird ein dünnerer Shim benötigt. Errechnen Sie, wie viel dicker oder dünner der neue Shim sein muss, um das Ventilspiel wie-

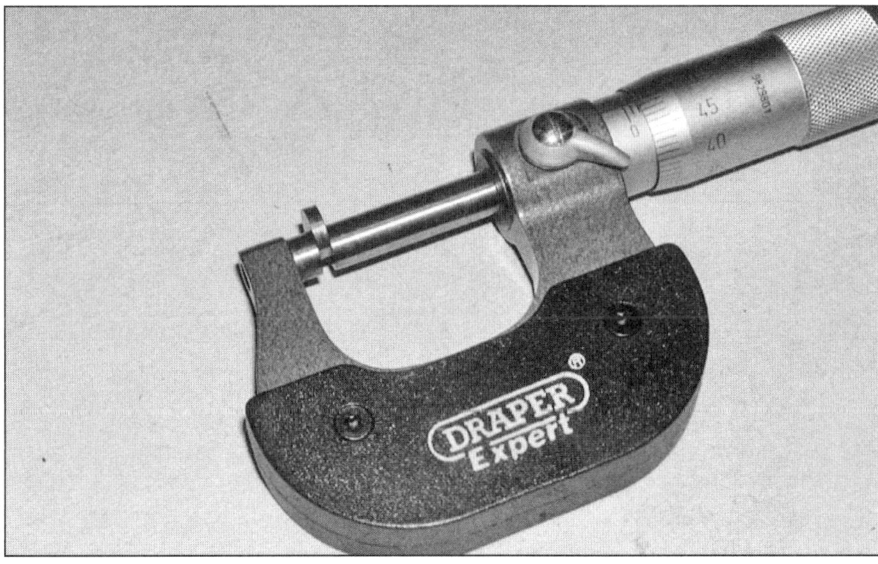


**21.12 Messen Sie die Stärke des Shims mithilfe einer Bügelmessschraube.**

**21.14 Setzen Sie den Shim in die Vertiefung des Federtellers ...**

**21.14b ... und den Tassenstößel darüber.**

der in die Vorgaben zu bringen. Yamaha bietet Shims von 1,50 bis 2,40 mm in Steigerungen von 0,05 mm an. Wenn beispielsweise das gemessene Spiel eines Einlassventils 0,25 mm beträgt, hat das Ventil 0,1 mm mehr Spiel als vorgegeben (Mittelwert zwischen 0,11 und 0,20 mm: 0,15 mm). Beschaffen Sie einen neuen Shim, der 0,1 mm stärker ist als der vorhandene. Falls die benötigte Stärke nicht zu einer lieferbaren Größe passt, muss auf- oder abgerundet werden, um das Spiel möglichst nahe an den Mittelwert zu bringen.

**14** Besorgen Sie sich das entsprechende Ersatz-Plättchen, schmieren Sie es mit einem Gemisch aus gleichen Teilen Molybdän-Fett und Motoröl, und installieren Sie es mit der Markierung nach oben in den Ventilfederteller (siehe Abbildung). Überprüfen Sie, ob der Shim korrekt sitzt, und schmieren Sie den Tassenstößel mit einem Gemisch aus gleichen Teilen Molybdän-Fett und Motoröl, bevor Sie ihn senkrecht über das Ventil setzen (siehe Abbildung). Wiederholen Sie diesen Prozess bei allen anderen infrage kommenden Ventilen. Montieren Sie anschließend die Nockenwellen (siehe Kapitel 2).

**15** Drehen Sie die Kurbelwelle einige Male (gegen Uhrzeigersinn), damit sich alle Plättchen setzen, und kontrollieren Sie das Ventilspiel erneut.

**16** Montieren Sie den Ventildeckel (siehe Kapitel 2)

**17** Installieren Sie die Steuerzeiten-Kontrollschraube mit einer neuen Dichtscheibe, und ziehen Sie sie mit 15 Nm an (Abbildung 21.4). Fetten Sie den (ggf. neuen) O-Ring des Kurbelwellenstopfens ein, und ziehen Sie den Stopfen mit 10 Nm an (Abbildung 21.4).

**18** Montieren Sie alle entfernten Bauteile in der umgekehrten Ausbaureihenfolge.

# Kapitel 2
# Motor, Kupplung und Getriebe

## Inhalt (in alphabetischer Reihenfolge, die Zahlen geben die Nummerierung in den grauen Feldern wieder)



## Schwierigkeitsgrade

| | | | | |
|---|---|---|---|---|
| **Leicht.** Für Anfänger mit wenig Erfahrung geeignet.  | **Relativ leicht.** Für Anfänger mit etwas Erfahrung geeignet.  | **Relativ schwierig.** Für geübte Selbstschrauber geeignet  | **Schwer.** Für Selbstschrauber mit viel Erfahrung geeignet. 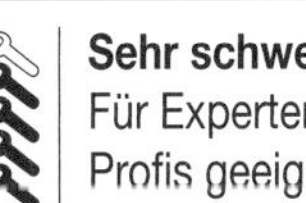 | **Sehr schwer.** Für Experten und Profis geeignet.  |



## Technische Daten

### Allgemeines

| | |
|---|---|
| Typ | Viertakt-Reihenzweizylindermotor |
| Hubraum | 689 cm³ |
| Bohrung | 80,0 mm |
| Hub | 68,8 mm |
| Verdichtungsverhältnis | 11,5 : 1 |
| Zylindernummerierung | Nr. 1 – links; Nr. 2 – rechts |
| Ventiltrieb | Steuerkette, 2 Nockenwellen (DOHC), Tassenstößel, jeweils 4 Ventile |
| Kühlung | Wasserkühlung |
| Kupplung | Mehrscheiben-Ölbadkupplung |
| Getriebe | 6 Gänge in konstantem Eingriff |
| Endantrieb | Dichtringkette |

| **Nockenwellen** | **Standard** | **Verschleißgrenze** |
|---|---|---|
| Nockenhöhe | | |
| Einlassnockenwelle | 35,61 bis 35,71 mm | 35,51 mm (min.) |
| Auslassnockenwelle | 35,71 bis 35,81 mm | 35,61 mm (min.) |
| Wellenzapfen-Durchmesser | 21,959 bis 21,972 mm | |
| Lagerschild-Durchmesser | 22,000 bis 22,021 mm | |
| Nockenwellen-Lagerspiel | 0,028 bis 0,062 mm | |
| Nockenwellen-Verzug | 0,06 mm (max.) | |

| **Zylinderkopf** | **Standard** | **Verschleißgrenze** |
|---|---|---|
| Verzug | | 0,05 mm (max.) |

| **Ventile, Führungen und Federn** | **Standard** | **Verschleißgrenze** |
|---|---|---|
| Ventilspiel | siehe Kapitel 1 | |
| Einlassventile | | |
| Ventilschaftdurchmesser | 4,475 bis 4,490 mm | 4,445 mm (min.) |
| Ventilführungs-Innendurchmesser | 4,500 bis 4,512 mm | 4,550 mm (max.) |
| Spiel zwischen Schaft und Bohrung | 0,010 bis 0,037 mm | 0,08 mm (max.) |
| Ventilschaft-Verzug | | 0,01 mm (max.) |
| Ventilsitz-Breite | 0,9 bis 1,1 mm | |
| Ventilfedern – freie Länge | 40,3 mm | 38,3 mm (min.) |
| Ventilfeder-Verzug | | 1,8 mm (max.) |
| Auslassventile | | |
| Ventilschaftdurchmesser | 4,460 bis 4,475 mm | 4,430 mm (min.) |
| Ventilführungs-Innendurchmesser | 4,500 bis 4,512 mm | 4,550 mm (max.) |
| Spiel zwischen Schaft und Bohrung | 0,025 bis 0,052 mm | 0,10 mm (max.) |
| Ventilschaft-Verzug | | 0,01 mm (max.) |
| Ventilsitz-Breite | 0,9 bis 1,1 mm | |
| Ventilfedern – freie Länge | 41,4 mm | 39,3 mm (min.) |
| Ventilfeder-Verzug | | 1,8 mm (max.) |

| **Kupplung** | **Standard** | **Verschleißgrenze** |
|---|---|---|
| Belagscheiben | | |
| Typ 1 (2 Stück) – Stärke | 2,90 bis 3,10 mm | 2,80 mm |
| Typ 2 (5 Stück) – Stärke | 2,92 bis 3,08 mm | 2,82 mm |
| Stahlscheiben (6 Stück) | | |
| Stärke | 1,9 bis 2,1 mm | |
| Verzug | | 0,1 mm (max.) |
| Kupplungsfedern – freie Länge | 50,0 mm | 47,5 mm (min.) |

| **Schmiersystem** | **Standard** | **Verschleißgrenze** |
|---|---|---|
| Öldruck (Motor warm) | 2,8 bar bei 5 000/min | |
| Ölpumpe | | |
| Spiel zwischen Innenrotorspitze und Außenrotor | unter 0,12 mm | 0,20 mm |
| Spiel zwischen Außenrotor und Gehäuse | 0,09 bis 0,15 mm | 0,22 mm |

| **Zylinderbohrungen** | **Standard** | **Verschleißgrenze** | |
|---|---|---|---|
| Durchmesser | 80,00 bis 80,01 mm | | |
| Ovalität | | 0,05 mm (max.) | |
| Kegelförmigkeit | | 0,05 mm (max.) | |
| Spiel zwischen Kolben und Zylinde | 0,015 bis 0,040 mm | | |
| Zylinderkompression bei 355/min | **Minimum** | **Standard** | **Maximum** |
| Zylinder Nr. 1 (links) | 7,7 bar | 8,8 bar | 10 bar |
| Zylinder Nr. 2 (rechts) | 6,9 bar | 7,9 bar | 8,8 bar |

| **Kolben** | **Standard** | **Verschleißgrenze** |
|---|---|---|
| Durchmesser (8 mm über unterem Randes, 90° zum Kolbenbolzen) | 79,970 bis 79,985 mm | |
| Spiel zwischen Kolben und Zylinder | 0,015 bis 0,040 mm | |
| Kolbenbolzen-Durchmesser | 17,990 bis 17,995 mm | 17,970 mm (min.) |
| Kolbenbolzen-Bohrung im Kolben | 18,004 bis 18,015 mm | 18,045 mm (max.) |
| Spiel zwischen Kolbenbolzen und Kolben | 0,009 bis 0,025 mm | 0,075 mm (max.) |

| **Kolbenringe** | **Standard** | **Verschleißgrenze** |
|---|---|---|
| Oberer Kompressionsring | | |
| Typ | Fassförmig | |
| Stoßspiel (eingebaut) | 0,15 bis 0,25 mm | 0,50 mm (max.) |
| Spiel in Kolbennut | 0,03 bis 0,065 mm | 0,115 mm (max.) |
| Zweiter Kompressionsring | | |
| Typ | Kegelförmig | |
| Stoßspiel (eingebaut) | 0,30 bis 0,45 mm | 0,8 mm (max.) |
| Spiel in Kolbennut | 0,02 bis 0,055 mm | 0,115 mm (max.) |
| Ölabstreifring | | |
| Stoßspiel (eingebaut) | 0,10 bis 0,35 mm | |

| **Kurbelwelle und Hauptlager** | **Standard** | **Verschleißgrenze** |
|---|---|---|
| Hauptlager-Spiel | 0,018 bis 0,042 mm | |
| Kurbelwellen-Verzug | | 0,03 mm (max.) |

| **Ausgleichswelle und Lager** | **Standard** | **Verschleißgrenze** |
|---|---|---|
| Hauptlager-Spie | 0,020 bis 0,054 mm | |
| Kurbelwellen-Verzug | | 0,03 mm (max.) |

| **Pleuelstangen** | **Standard** | **Verschleißgrenze** |
|---|---|---|
| Spiel zwischen Pleuel und Kolbenbolzen | 0,027 bis 0,051 mm | |

| **Getriebe-Untersetzung (Anzahl der Zähne)** | | |
|---|---|---|
| Primäruntersetzung | 1,925 zu 1 (77/40) | |
| Enduntersetzung | 2,688 zu 1 (43/16) | |
| 1. Gang | 2,846 zu 1 (37/13) | |
| 2. Gang | 2,125 zu 1 (34/16) | |
| 3. Gang | 1,632 zu 1 (31/19) | |
| 4. Gang | 1,300 zu 1 (26/20) | |
| 5. Gang | 1,091 zu 1 (24/22) | |
| 6. Gang | 0,964 zu 1 (27/28) | |
| Getriebewellen-Verzug | | 0,08 mm (max.) |

| **Schaltwalze und Schaltgabeln** | **Standard** | **Verschleißgrenze** |
|---|---|---|
| Schaltgabelachsen-Verzug | | 0,05 mm (max.) |
| Schaltgabeln – Stärke der Gabel-Enden | 5,76 bis 5,89 mm | |

2

| **Anzugsdrehmomente** | |
|---|---|
| Anlasserfreilauf-Schrauben | 32 Nm |
| Ausgleichswellen-Endkappenschrauben | 12 Nm |
| Fußrasten/Schalthebelträger-Schrauben | 30 Nm |
| Getriebeeingangswellen-Lagersitzschrauben | 12 Nm |
| Innere Rahmenhalteplatte (Schrauben | 45 Nm |
| Kühlerrohr-Schrauben | 10 Nm |
| Kupplungsdeckel-Schrauben | 12 Nm |
| Kupplungsfeder-Schrauben | 8 Nm |
| Kupplungsmutter | 95 Nm |
| Kurbelwellenstopfen | 10 Nm |
| Motorhalterungen | siehe Sektion 4 |
| Motorgehäuseschrauben | siehe Sektion 19 |
| Nockenwellenhalter-Schrauben | 10 Nm |
| Nockenwellenritzel-Schrauben | 24 Nm |
| Ölansaugsieb-Schrauben | 10 Nm |
| Ölkanalstopfen | 8 Nm |

| | |
|---|---|
| Ölkühlerbolzen | 40 Nm |
| Ölpumpen-Befestigungschrauben | 12 Nm |
| Ölpumpendeckelschrauben | 4 Nm |
| Ölpumpenhalter-Schrauben | 10 Nm |
| Ölwannenschrauben | 10 Nm |
| Pleuelfußschrauben | |
| Schritt 1 | 20 Nm |
| Schritt 2 (siehe Sektion 21) | + 180° (½ Umdrehung) |
| Schaltgabelachsen-Halteplattenschrauben | 10 Nm |
| Schalthebelrückholfeder-Arretierstift | 22 Nm |
| Schwingenbolzenmutter | 110 Nm |
| Seitenständer-Aufnahme-Schrauben | 63 Nm |
| Steuerkettenhalter-Schraube | 10 Nm |
| Steuerkettenspanner-Befestigungsschrauben | 10 Nm |
| Steuerkettenspannerschienen-Gelenkzapfen | 10 Nm |
| Steuerkettenspanner-Verschlussschraube | 7 Nm |
| Steuerzeiten-Kontrollschraube | 15 Nm |
| Stoßdämpfer – vordere Bolzenmutter | 44 Nm |
| Ventildeckelschrauben | 10 Nm |
| Wasserpumpendeckel-Schrauben | 10 Nm |
| Zylinderkopfschrauben | siehe Sektion 10 |

## 1 Allgemeine Informationen

1 Im Zylinderkopf des wassergekühlten Reihen-Zweizylindermotors werden je vier Ventile pro Zylinder über zwei obenliegende Nockenwellen und Tassenstößel betätigt. Die Nockenwellen werden rechts von der Kurbelwelle über eine Kette angetrieben. Das aus Leichtmetall bestehende Motorgehäuse ist vertikal geteilt.
2 Der Motor wird über ein Nasssumpfsystem mit einer hinter der Kupplung per Kette angetriebenen Doppelrotorpumpe geschmiert. Das Motoröl fließt durch einen vorn am Motor sitzenden, vom Kühlwasser durchströmten Ölkühler und den davor sitzenden Ölfilter. Das Schmiersystem beinhaltet ein Überdruckventil und einen Öldruckschalter.
3 Auf dem linken Kurbelwellenstumpf sitzt die Lichtmaschine, dahinter befindet sich der Anlasserfreilauf.
4 Die per Seilzug betätigte Mehrscheiben-Ölbadkupplung wird über Zahnräder von der Kurbelwelle angetrieben. Von hier aus wird die Eingangswelle des Sechsgang-Getriebes angetrieben. Der Antrieb des Hinterrades erfolgt über Kettenräder und eine Dichtringkette.
5 Eine rechts am Motor sitzende Wasserpumpe wälzt das Kühlmittel um.

## 2 Motorbauteile
Zugang

**Arbeiten, die bei eingebautem Motor möglich sind:**
1 Die unten aufgelisteten Komponenten und Teile können demontiert werden, ohne dass der Motor aus dem Rahmen gebaut werden muss. Wenn jedoch mehrere dieser Arbeiten zugleich ausgeführt werden müssen, empfiehlt es sich, den Motor dafür auszubauen.

- Ventildeckel
- Nockenwellen
- Steuerkette samt Schienen
- Zylinderkopf
- Wasserpumpe und Thermostat
- Kupplung
- Schaltmechanismus
- Lichtmaschinenstator und Kurbelwellensensor
- Lichtmaschinenrotor und Anlasserfreilauf
- Anlasser
- Ölfilter und Ölkühler
- Ölwanne und Ansaugsieb,
- Ölpumpe und Überdruckventil

**Arbeiten, die den Ausbau des Motors erfordern:**
2 Für den Zugang zu folgenden Komponenten muss der Motor aus dem Rahmen genommen und die Gehäusehälften getrennt werden:

- Kurbelwelle und Lager
- Ausgleichswelle und Lager
- Pleuel und Pleuelfußlager
- Zylinderbohrungen, Kolben und Kolbenringe
- Getriebewellen
- Schaltwalze und -Gabeln

## 3 Motorbauteile
Verschleißbestimmung

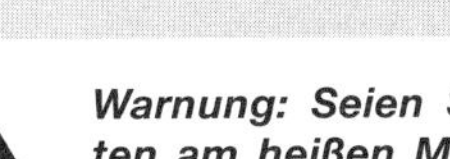

***Warnung: Seien Sie bei Arbeiten am heißen Motor sehr vorsichtig – die Auspuffanlage, der Motor und das Motoröl können sehr heiß sein.***

1 Geringe Motorleistung, Auspuffqualm, starker Ölverbrauch und schlechtes Startverhalten können die Folge mangelnder Kompression sein. Diese kann unter anderem durch undichte Ventile, eine leckende Zylinderkopfdichtung sowie Verschleiß an Kolben, den Kolbenringen und Zylinderbohrungen hervorgerufen werden. Eine Kompressionsprüfung kann helfen, die Ursache zu finden; zudem lassen sich damit übermäßige Kohleablagerungen ermitteln. Ein spezieller Druckverlust-Tester (fragen Sie Ihren Yamaha-Händler) kann helfen, die Gründe einzugrenzen.

### Zylinderkompressionstest

**Spezialwerkzeug:** *Für diese Arbeit wird ein Kompressionsprüfer mit einem Adapter für 10 mm-Zündkerzengewinde benötigt. Beim Yamaha-Händler sind unter den Teilenummern 90890-03081 ein Druckprüfgerät und unter 90890-04136 ein passender Adapter erhältlich. Je nach Ergebnis des ersten Tests kann es nötig werden, für weitere Kontrollen eine Öl-Spritzflasche zu beschaffen.*

2 Vor dem Durchführen des Tests muss sichergestellt werden, dass das Ventilspiel in Ordnung ist (siehe Kapitel 1).
3 Starten Sie den Motor, lassen Sie ihn Betriebstemperatur erreichen, schalten Sie ihn dann ab.
4 Entfernen Sie die Zündkerzen (siehe Kapitel 1, Sektion 5). Um keinen Fehlercode speichern zu lassen, sollten die Kabelstecker wieder an die Zündspulen angeschlossen und die Zündkerzen eingesteckt werden, um sie dann am Zylinderkopf gegen Masse zu halten (alternativ können sie auch mit entsprechenden Klemmen und Kabeln gegen Masse gehalten werden).

***Achtung: Halten Sie die Zündkerzen nicht in die Nähe ihrer Bohrungen, damit kein austretendes Benzin/Luftgemisch entzündet wird!***

5 Verbinden Sie den korrekten Gewindeadapter mit dem Schlauch des Kompressionsprüfers (siehe Abbildung), und drehen Sie ihn in die erste Zündkerzenbohrung.
6 Schalten Sie die Zündung ein und den Killschalter auf RUN, öffnen Sie vollständig den Gasgriff, und drehen Sie den Motor mit dem Anlasser solange durch, bis sich das Messgerät nach ein paar Kurbelwellenumdrehungen auf einen Wert stabilisiert, der den maximalen Druck angibt (siehe Abbildung). Notieren Sie den gemessenen Wert, und wiederholen Sie die Messungen am anderen Zylinder. Schalten Sie anschließend die Zündung wieder aus.
7 Vergleichen Sie die Ergebnisse mit den Angaben in den technischen Daten (Zylinderbohrungen). Beachten Sie die unterschiedlichen Werte für die jeweiligen Zylinder, da sich die Werte links und rechts unterscheiden. Wenn die Ergebnisse innerhalb der Vorgaben liegen, ist der Motor in diesen Bereichen in Ordnung.
8 Liegt der Zylinderdruck eines Zylinders deutlich unter den Vorgaben, kann dies an Verschleiß an der Zylinderbohrung, den Kolben-

**3.5a Wählen Sie den korrekten Adapter, ...**

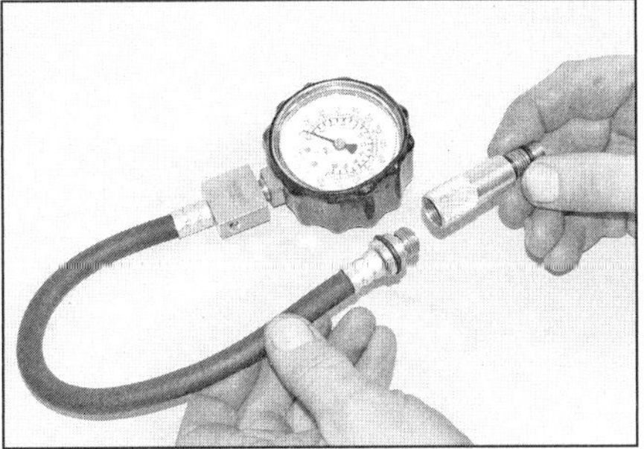

**3.5b ... und verbinden Sie ihn mit dem Kompressionsprüfer.**

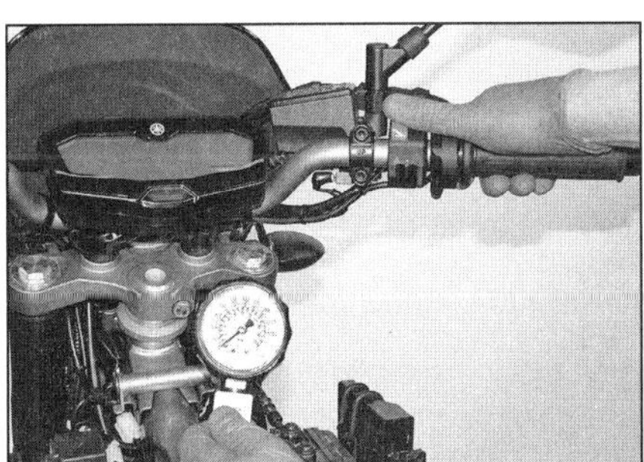

**3.6 Ermitteln der Zylinderkompression**

**3.16a Drehen Sie den Ölkanalstopfen heraus.**

**3.16b Schrauben Sie den korrekten Adapter in den Ölkanal.**

**3.16c Verbinden Sie den Druckprüfer-Schlauch mit dem Adapter (es gibt verschiedene Ausführungen).**

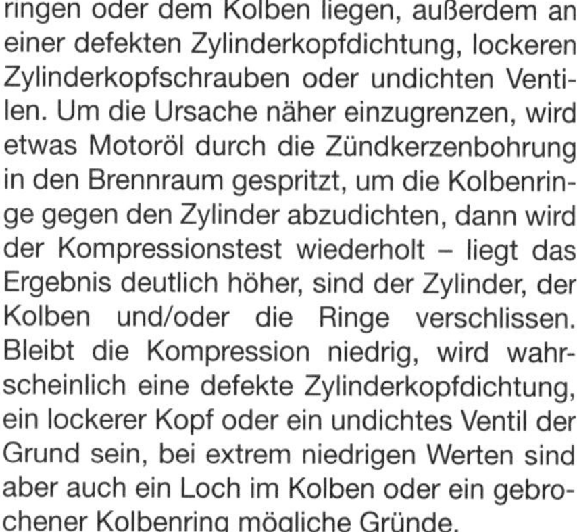

ringen oder dem Kolben liegen, außerdem an einer defekten Zylinderkopfdichtung, lockeren Zylinderkopfschrauben oder undichten Ventilen. Um die Ursache näher einzugrenzen, wird etwas Motoröl durch die Zündkerzenbohrung in den Brennraum gespritzt, um die Kolbenringe gegen den Zylinder abzudichten, dann wird der Kompressionstest wiederholt – liegt das Ergebnis deutlich höher, sind der Zylinder, der Kolben und/oder die Ringe verschlissen. Bleibt die Kompression niedrig, wird wahrscheinlich eine defekte Zylinderkopfdichtung, ein lockerer Kopf oder ein undichtes Ventil der Grund sein, bei extrem niedrigen Werten sind aber auch ein Loch im Kolben oder ein gebrochener Kolbenring mögliche Gründe.

**9** Drücke über den Vorgaben sind dank sauber verbrennender moderner Kraftstoffe unwahrscheinlich, würden allerdings auf massive Ölkohleablagerungen im Brennraum hinweisen. In diesem Fall muss der Zylinderkopf demontiert werden, um die Ablagerungen vom Kolben, aus dem Kopf und von den Ventilen entfernen zu können (siehe Sektion 11).

**10** Nach Beendigung des Tests können die Zündkerzen wieder installiert werden (siehe Kapitel 1).

## Druckverlust-Test

**11** Ein Druckverlust-Test ähnelt einer Kompressionsprüfung, gibt aber auch Hinweise darauf, wie viel Druck durch Lecks verloren geht. Viele Werkstätten ziehen einen Druckverlust-Test gegenüber einer Kompressionsprüfung vor, da hierdurch gezielter auf Probleme hingewiesen wird, sodass nach einer Zerlegung leichter gegen die Ursachen vorgegangen werden kann. Die erforderliche Ausrüstung ist allerdings teurer als ein Kompressionsprüfer, zudem wird eine Druckluftquelle benötigt. Richten Sie sich bei der Durchführung des Tests ggf. nach der Bedienungsanleitung des Prüfgeräts – oder lassen Sie ihn von einer entsprechend ausgerüsteten Fachwerkstatt durchführen.

**12** Ein Druckverlust-Test kann zusammen mit einer Kompressionsprüfung durchgeführt werden, um andere Probleme zu diagnostizieren – darunter schadhafte Komponenten des Ventiltriebs, unkorrekte Steuerzeiten oder Defekte am Zünd- und Einspritzsystem.

## Öldruck-Kontrolle

**Anmerkung:** *Für diesen Test ist ein Öldruckprüfer samt 16-mm-Adapter für den Ölkanalstopfen erforderlich. Beim Yamaha-Händler sind unter den Teilenummern 90890-03153 ein Druckprüfgerät und unter 90890-03139 ein passender Adapter erhältlich.*

**13** Besteht irgendein Zweifel über die Funktion des Schmiersystems, muss eine Öldruck-Kontrolle durchgeführt werden. Dieser Check liefert nützliche Informationen über den Verschleiß im Motor.

**14** Kontrollieren Sie den Ölpegel, und füllen Sie ggf. Öl nach (siehe *Tägliche Kontrollen*).

**15** Starten Sie den Motor, lassen Sie ihn Betriebstemperatur erreichen, schalten Sie ihn dann ab. Stützen Sie das Motorrad mit dem Seitenständer ab.

**16** Stellen Sie einen geeigneten Sammelbehälter rechts unter den Motor. Lösen Sie den Ölkanalstopfen, und ersetzen Sie ihn durch den Adapter; schließen Sie daran den Druckprüfer an (siehe Abbildungen).

***Warnung: Verbrennen Sie sich nicht die Hände am heißen Öl, dem Motorgehäuse oder der Auspuffanlage. Lassen Sie den Motor nicht in einem geschlossenem Raum laufen, sondern führen Sie den Test im Freien oder mit einer geeigneten Absauganlage durch.***

**17** Starten Sie den Motor, erhöhen Sie die Drehzahl auf 5000/min, und beobachten Sie dabei das Messgerät (siehe Abbildung) – es müssen etwa 2,8 bar festgestellt werden.

**18** Schalten Sie den Motor ab.

**19** Rüsten Sie den Ölkanalstopfen mit einem neuen O-Ring aus, und schmieren Sie diesen mit Motoröl.

**20** Entfernen Sie das Prüfgerät und den Adapter und installieren Sie den Ölkanalstopfen – ziehen Sie ihn mit 8 Nm an. Kontrollieren Sie den Ölpegel (siehe *Tägliche Kontrollen*).

**3.17 Kontrolle des Öldrucks**

**4.1 Das nach der Demontage des Auspuffs abgestützte Motorrad**

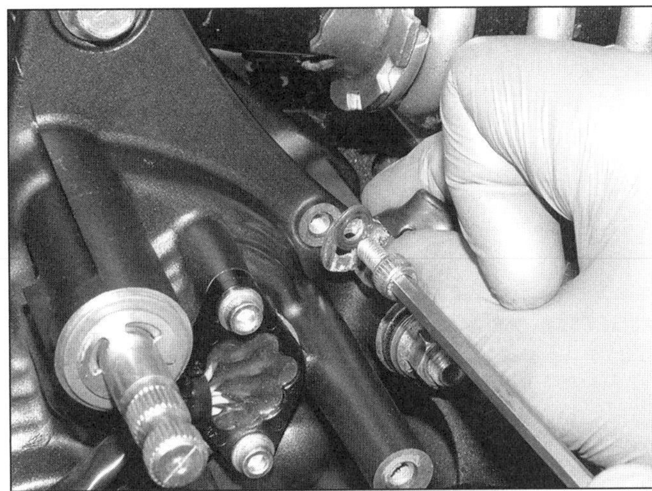

**4.11 Befreien Sie die Massekabel.**

**21** Falls der Öldruck deutlich unter 2,8 bar liegt, ist entweder das Ansaugsieb oder der Ölfilter verstopft, das offene Überdruckventil klemmt, die Ölpumpe oder ihr Antrieb ist defekt oder es liegt ein anderer Motorschaden vor. Beginnen Sie die Diagnose mit der Kontrolle des Ölfilters (siehe Kapitel 1), des Ansaugsiebs und des Überdruckventils; kontrollieren Sie anschließend die Ölpumpe (Sektionen 17 und 18). Wenn bis hierher alles in Ordnung ist und alle Ölkanäle frei sind, muss der Motor zerlegt werden, um das Spiel aller Gleitlager zu überprüfen und den Motor ggf. grundlegend zu überholen.

**22** Falls der Öldruck zu hoch ist, kann ein Ölkanal oder der Ölfilter verstopft sein, das Überdruckventil im geschlossenen Zustand klemmen oder eine falsche Ölviskosität verwendet worden sein.

**23** Lösen Sie vor dem nächsten Start des Motors alle Probleme – beachten Sie die entsprechenden Sektionen dieses Kapitels.

## 4 Motor
### Ausbau und Einbau

***Warnung: Der Motor ist sehr schwer. Der Ein- und Ausbau des Motors sollte immer mit der Hilfe mindestens eines Assistenten ausgeführt werden. Ein herunterfallender oder abrutschender Motor kann zu Verletzungen führen und Beschädigungen zur Folge haben. Zur Abstützung und zum Anheben/Absenken des Motors sollte eine mechanische oder hydraulische Hebevorrichtung verwendet werden. Um das Gewicht des Motors vor dem Ausbau zu reduzieren, sollten gut zugängliche Komponenten wie die Kupplung, die Lichtmaschine und der Anlasser demontiert werden.***

### Ausbau

**Anmerkung:** *Falls der Motor für eine Überholung ausgebaut wird, empfiehlt es sich, zuvor den Lichtmaschinenbolzen sowie die Kupplungsmutter noch bei eingebautem Motor zu lockern – beachten Sie für die Lichtmaschine die Hinweise in Kapitel 8 und für die Kupplung die Sektion 13.*

**1** Stützen Sie das Motorrad auf einer ebenen Fläche aufrecht ab. Weil der Stoßdämpfer sich vorn gegen den Motor abstützt, kann keine Heck-Abstützung verwendet werden. Eine stabile und mit Lappen geschützte Stange kann durch die Soziusfußrastenträger geschoben und links und rechts mit Stützböcken gesichert werden. Alternativ können nach der Demontage der Auspuffanlage Stützböcke wie gezeigt platziert werden (siehe Abbildung) – die linke Stütze muss den Rahmen halten, da der linke Fußrastenträger demontiert werden muss. Unterlegen Sie das Hinterrad mit Hölzern, damit es beim Lösen des Stoßdämpfers nicht herunterfällt – es darf aber auch nicht die Federung komprimieren. Ziehen Sie den Bremshebel mit einem Gummiband gegen den Lenker, damit die Maschine nicht nach vorn rollen kann. Die Arbeit kann erleichtert werden, wenn die Maschine mithilfe einer Rampe oder Bühne auf eine bessere Höhe gebracht wird. Das Motorrad muss sicher stehen und darf nicht nach vorn überkippen (beachten Sie die *Werkzeug- und Werkstatt-Tipps* im Anhang). Bevor Kabel, Züge und Leitungen getrennt werden, sollten sie markiert und ihre Verlegung sowie mögliche Befestigungspunkte notiert werden, um den Zusammenbau zu erleichtern.

**2** Trennen Sie die Batterie vom Bordnetz (siehe Kapitel 8).

**3** Falls der Motor – speziell an seinen Aufhängungen – verschmutzt ist, muss er zuerst gründlich gereinigt werden. Hierdurch wird nicht nur die Arbeit erleichtert, sondern auch ausgeschlossen, dass abfallender Schmutz hineingeraten kann.

**4** Lassen Sie das Motoröl und das Kühlmittel ab (siehe Kapitel 1).

**5** Demontieren Sie den Tank, das Luftfiltergehäuse und die Drosselklappengehäuse (siehe Kapitel 4). Verstopfen Sie die Einlasskanäle mit sauberen Lappen.

**6** Entfernen Sie die Zündspulen (siehe Kapitel 4).

**7** Entfernen Sie Kühlmittel-Ausgleichsbehälter und den Kühler samt aller Schläuche; demontieren Sie dann die beiden Rohre von der Wasserpumpe (siehe Kapitel 3).

**8** Demontieren Sie die Auspuffanlage (siehe Kapitel 4).

**9** Befreien Sie den Kupplungszug vom Ausrückmechanismus (siehe Sektion 12).

**10** Entfernen Sie den Motorritzeldeckel (siehe Kapitel 6) und die linke Rahmenverkleidung (siehe Kapitel 7).

**11** Lösen Sie die Massekabel vom Motor (siehe Abbildung).

**12** Befreien Sie bei Modellen ohne Benzingas-Sammelbehälter den Überlaufschlauch und den Belüftungsschlauch des Tanks aus den Clips (siehe Abbildung). Lösen Sie den Clip des mit einem blauen Punkt versehenen Schlauchs vom Kabel des Seitenständerschalters, und ziehen Sie die Schläuche aus der Führung am Seitenständerschalter – merken Sie sich ihre Verlegung (der Schlauch mit dem blauen Punkt liegt hinter demjenigen mit dem

**4.12a Lösen Sie die Schläuche aus den Clips.**

**4.12b Lösen Sie den Clip.**

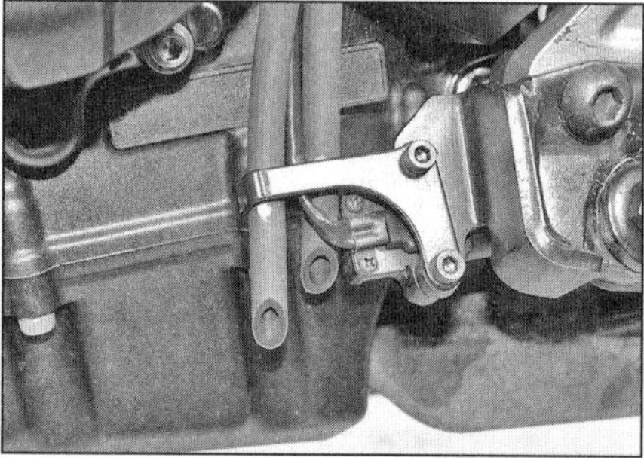
**4.12c Ziehen Sie die Schläuche aus der Führung.**

**4.13a Trennen Sie den/die Stecker, ...**

**4.13b ... und lösen Sie die Schraube, um den Halter und die Kabel beiseite zu schwenken.**

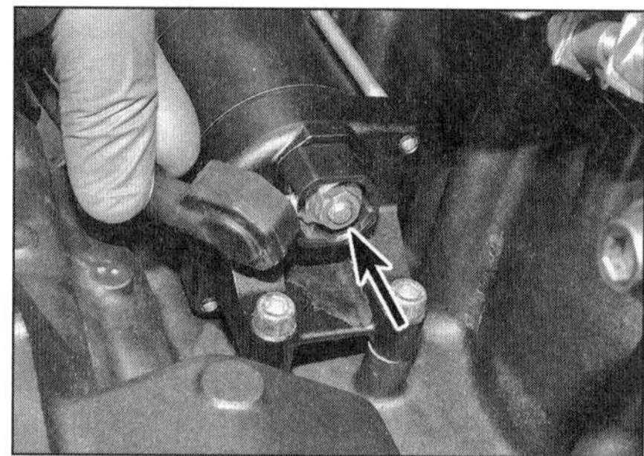
**4.14 Lösen Sie die Mutter des Anlasserkabels.**

**4.15 Lösen Sie die Schraube des Öldruckschalter-Kabels.**

weißen Punkt, das Kabel liegt zwischen ihnen), und entfernen Sie sie (siehe Abbildungen).

**13** Trennen Sie den Stecker des Getriebeschalters. Trennen Sie bei Modellen ohne ABS oder Traktionskontrolle auch den Stecker des Geschwindigkeitssensors, und lösen Sie die Schraube des Stecker/Schlauch-Halters, um die Verkabelung beiseite zu schwenken (siehe Abbildungen).

**14** Ziehen Sie am Anlasser die Gummikappe vom Kabelanschluss, lösen Sie die Mutter, und befreien Sie das Kabel (siehe Abbildung), um es abseits des Motors zu sichern.

**15** Ziehen Sie am Öldruckschalter die Gummikappe vom Kabelanschluss, lösen Sie die Schraube, und befreien Sie das Kabel (siehe Abbildung), um es abseits zu sichern.

**16** Trennen Sie die Stecker des Kurbelwellensensors und der Lichtmaschine (siehe Abbildungen). Führen Sie die Kabel zum Lichtmaschinendeckel zurück – befreien Sie sie dabei

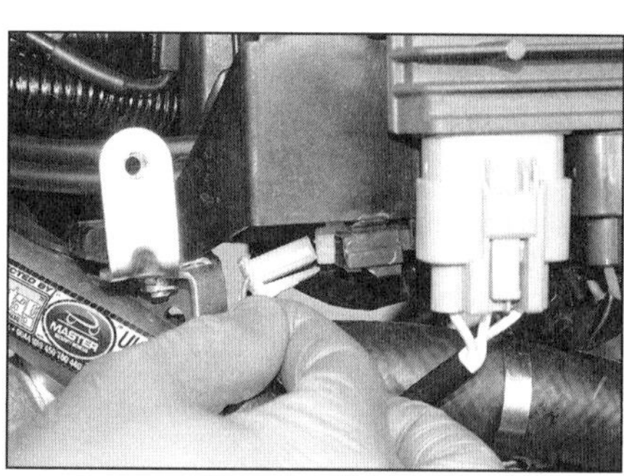
**4.16a Stecker des Kurbelwellensensors**

aus allen Befestigungen, und merken Sie sich ihre Verlegung.

**17** Schrauben Sie rechts am Rahmen die Kupplungszugführung ab (Abbildung 6.4).

**18** Lösen Sie rechts am Rahmen die Schraube des Kabelstecker/Bremsleitungs-Halters (siehe Abbildung).

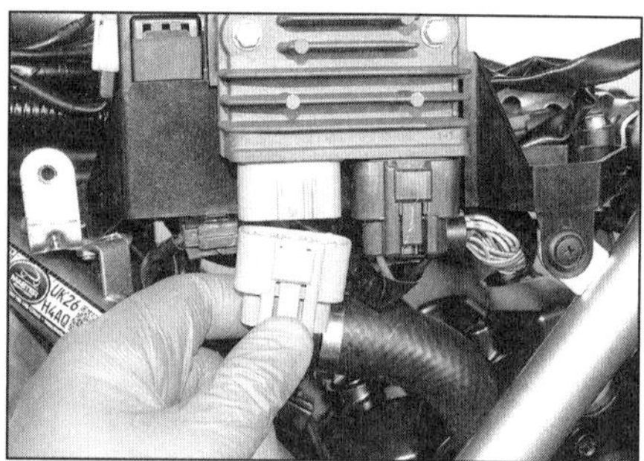
**4.16b Lichtmaschinen-Kabelstecker**

**19** Lösen Sie vorn am Stoßdämpfer die Mutter des Haltebolzens, und ziehen Sie diesen samt der Hülse aus der Aufnahme am Motor. Heben Sie den Stoßdämpfer aus der Aufnahme, und sichern Sie ihn am Rahmen (siehe Abbildungen).

**20** Lösen Sie am Stecker des Seitenständerschalters den Kabelbinder, und trennen Sie

**4.18 Lösen Sie die Schraube, damit der Halter bewegt werden kann.**

**4.19a Lösen Sie die Mutter, und ziehen Sie den Stoßdämpferbolzen heraus.**

**4.19b Sichern Sie den Stoßdämpfer wie gezeigt.**

**4.20a Öffnen Sie den Kabelbinder, und ziehen Sie ihn nach hinten, …**

**4.20b … um den Stecker zu trennen.**

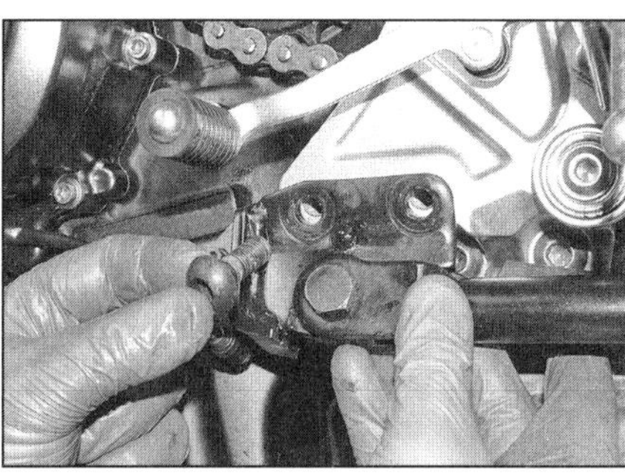

**4.20c Lösen Sie die Schrauben der Seitenständer-Baugruppe, und entfernen Sie diese.**

**4.21a Lockern Sie die Schwingenbolzenmutter – sie muss nicht entfernt werden.**

**4.21b Lösen Sie die Schrauben der inneren Rahmenhalteplatte, …**

**4.21c … schwenken Sie diese zurück, und stecken Sie eine der Schrauben in die vordere Bohrung.**

den Stecker (siehe Abbildungen). Lösen Sie die Schrauben der Seitenständer-Aufnahme, und entnehmen Sie die Ständerbaugruppe (siehe Abbildung).

**21** Lockern Sie die Schwingenbolzenmutter (siehe Abbildung). Lösen Sie links die Schrauben der inneren Rahmenhalteplatte, und schwenken Sie diesen nach hinten, um Zugang zur hinteren unteren Schraube zu erhalten (siehe Abbildung) – sichern Sie den Halter in dieser Position, indem Sie eine seiner Schrauben in die vordere Bohrung stecken und ihn so gegen den hinteren Rand des Rahmens abstützen (siehe Abbildung).

**22** Demontieren Sie das Motorritzel (siehe Kapitel 6), und heben Sie die Kette über die Getriebeausgangswelle (siehe Abbildung).

**23** Stellen Sie jetzt eine mechanische oder hydraulische Hebevorrichtung unter den Motor, und legen Sie ein Holz darauf, um das Motorgehäuse nicht zu beschädigen. Der Heber muss mittig positioniert sein, sodass der Motor nicht seitlich herunterfällt, nachdem der letzte Bolzen gelöst wurde. Der Heber soll lediglich das Gewicht des Motors aufnehmen (aber nicht das Motorrad anheben), damit keine Belastung auf die Motorbolzen ausgeübt wird und sie leicht herausgezogen werden können.

**24** Sie sicher, dass alle Schläuche und Kabel gelöst sind, die nicht zusammen mit dem Motor ausgebaut werden. Am Motor verbleibende Leitungen dürfen nicht am Rahmen gesichert sein – und am Rahmen verbleibende Teile nicht am Motor.

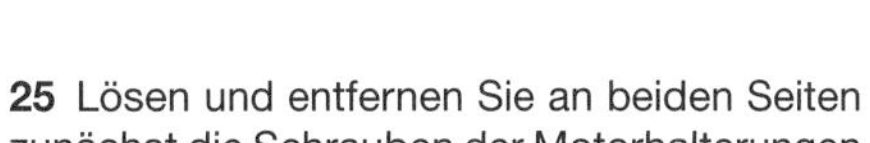

**25** Lösen und entfernen Sie an beiden Seiten zunächst die Schrauben der Motorhalterungen und dann den oberen Motorbolzen (siehe Abbildungen).

**4.22 Heben Sie die Kette über die Getriebeausgangswelle.**

**4.25a Demontieren Sie die linke …**

**4.25b … und die rechte Motorhalterung.**

**4.26a Demontieren Sie den rechten ...**

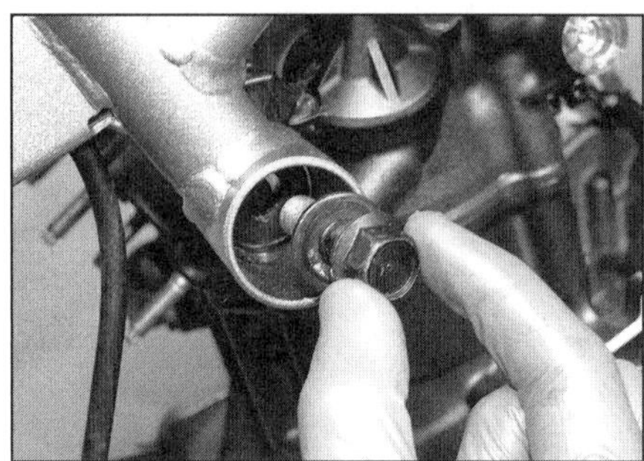

**4.26b ... und den linken vorderen Motorbolzen – beachten Sie deren Scheiben.**

**4.28a Lösen Sie links die Mutter des hinteren oberen Motorbolzens, und entnehmen Sie die Scheibe.**

**26** Lösen Sie an beiden Seiten die vorderen Motorbolzen (siehe Abbildungen).
**27** Überprüfen Sie, ob der Motor sicher abgestützt ist; lassen Sie ihn jetzt auch von einem Assistenten halten.
**28** Lösen Sie links am oberen hinteren Motorbolzen die Mutter, und entfernen Sie die Scheibe (siehe Abbildung). Ziehen Sie den Bolzen heraus – bei Modellen mit ABS muss dazu der Bremsleitungshalter beiseite genommen werden (siehe Abbildung) – achten Sie darauf, keine Bremsrohre zu verbiegen oder zu knicken.
**29** Lösen Sie rechts am unteren hinteren Motorbolzen die Mutter und entfernen Sie die Scheibe (siehe Abbildung). Stützen Sie den Motor mithilfe des Assistenten gut ab, ziehen Sie den Bolzen heraus, und senken Sie den Motor vorsichtig ab (siehe Abbildung).
**30** Bei Modellen, wo direkt hinter der rechten vorderen Motorhalterung eine »1« eingeschlagen ist, findet sich ein Distanzblech, dass nötigenfalls entnommen werden sollte, falls es locker ist – merken Sie sich, wie seine Vorsprünge in die Nuten greifen.

## Einbau

**31** Bei Modellen, wo direkt hinter der rechten vorderen Motorhalterung eine »1« eingeschlagen ist, muss darauf geachtet werden, dass die Vorsprünge des Distanzblech in die Nuten greifen.
**32** Platzieren Sie den Motor mithilfe eines Assistenten auf den mit Hölzern geschützten Heber, und heben Sie ihn vorsichtig an, bis die Motorbolzen-Aufnahmen zu denen des Rahmens fluchten. Achten Sie darauf, dass keine Kabel oder Schläuche eingeklemmt werden.
**33** Die Motorbolzen müssen in der folgenden Reihenfolge installiert werden:

- Schieben Sie von rechts den oberen hinteren Bolzen und von links den unteren hinteren Bolzen ein (Abbildung 4.28b und 4.29b). Legen Sie die Scheiben auf, und drehen Sie die Muttern handfest auf (Abbildung 4.28a und 4.29a).
- Installieren Sie die mit den Scheiben ausgerüsteten vorderen Motorbolzen zunächst handfest (Abbildung 4.26a und b).
- Montieren Sie den rechten Motorhalter, dessen Befestigungsschrauben zum Rahmen und den oberen Motorbolzen – drehen Sie alle handfest ein (Abbildung 4.25b).
- Ziehen Sie die beiden hinteren Bolzenmuttern mit 55 Nm an – kontern Sie dabei die Bolzen.
- Ziehen Sie den linken vorderen Motorbolzen mit 75 Nm an.
- Montieren Sie den linken Motorhalter, dessen Befestigungsschrauben zum Rahmen und den oberen Motorbolzen – drehen Sie alle handfest ein (Abbildung 4.25a).
- Ziehen Sie den linken oberen Motorbolzen mit 55 Nm an.
- Ziehen Sie den rechten vorderen Motorbolzen mit 75 Nm an.
- Ziehen Sie den rechten oberen Motorbolzen mit 55 Nm an.
- Ziehen Sie die Schrauben beider Motorhalterungen mit 25 Nm in den Rahmen.

**34** Der Rest des Einbaus entspricht der umgekehrten Ausbaureihenfolge – beachten Sie dabei folgende Punkte:

- Positionieren Sie die innere Rahmenhalteplatte links an den Rahmen, reinigen Sie die Gewinde ihrer Schrauben, tragen Sie frische Sicherungspaste auf, und ziehen Sie sie mit 45 Nm an (Abbildung 4.21b). Ziehen Sie den Schwingenbolzen mit 110 Nm an (Abbildung 4.21a).
- Reinigen Sie die Gewinde der Seitenständer-Aufnahme-Schrauben, tragen Sie frische Sicherungspaste auf, und ziehen Sie sie mit 63 Nm an (Abbildung 4.20c).
- Installieren Sie den vorderen Stoßdämpferbolzen samt Hülse durch die Aufnahme und das Stoßdämpferauge, und ziehen Sie die Mutter mit 44 Nm an (Abbildung 4.19a).
- Alle Kabel, Bowdenzüge und Schläuche müssen korrekt verlegt, gesichert und angeschlossen werden.
- Füllen Sie Motoröl und Kühlmittel auf (siehe Kapitel 1 und *Tägliche Kontrollen*).
- Stellen Sie das Spiel des Kupplungszugs und der Gaszüge ein (siehe Kapitel 1).
- Stellen Sie den korrekten Durchhang der Antriebskette ein (siehe Kapitel 1).
- Starten Sie den Motor, und prüfen Sie, ob nirgends Motoröl oder Kühlmittel austreten.

**4.28b Halten Sie ggf. den Bremsleitungshalter beiseite, um rechts den hinteren oberen Motorbolzen herausziehen zu können**

**4.29a Lösen Sie rechts die Mutter des hinteren unteren Motorbolzens, und entnehmen Sie die Scheibe.**

**4.29b Ziehen Sie links den unteren Bolzen heraus, und senken Sie den Motor aus dem Rahmen ab.**

## 5 Motorüberholung
Allgemeine Informationen

**1** Vor einer Überholung müssen alle zugehörigen Arbeitsschritte durchgelesen werden, damit man sich einen Überblick über den Umfang und die Anforderungen der Tätigkeit machen kann. Eine Motorüberholung ist nicht besonders schwierig, dafür aber zeitaufwendig. Prüfen Sie die Verfügbarkeit aller notwendigen Teile, und sorgen Sie dafür, dass alle notwendigen Spezialwerkzeuge zugänglich sind.
**2** Die meisten Arbeiten können mit der normalen Werkstatt-Ausrüstung durchgeführt werden, doch zur Verschleißermittlung werden zahlreiche Präzisions-Messgeräte benötigt – beachten Sie dazu die Hinweise im Anhang.
**3** Um den überholten Motor möglichst problemlos möglichst lange betreiben zu können, muss alles äußerst sorgfältig in einer absolut sauberen Umgebung zusammengebaut werden.

### Zerlegen

**4** Vor dem Zerlegen des Motors muss dieser ordentlich gereinigt und äußerlich entfettet werden. Hiermit wird einer Verschmutzung der Motorinnereien vorgebeugt und außerdem ein leichteres und sauberes Arbeiten ermöglicht. Mit einem schwer entflammbaren Lösungsmittel (Petroleum) oder besser noch einem speziellen Maschinen-Entfettungsmittel und alten Pinseln oder Zahnbürsten werden die verschiedenen Ecken und Winkel gereinigt. Passen Sie auf, dass kein Lösungsmittel oder Wasser an elektrische Teile oder in die Ein- und Auslasskanäle gerät.

***Warnung: Die Verwendung von Benzin als Reinigungsmittel sollte aufgrund des hohen Entzündungsrisikos vermieden werden.***

**5** Schaffen Sie für den gereinigten und getrockneten Motor ausreichend Platz auf einer sauberen Arbeitsfläche – möglichst einer stabilen Werkbank –, damit alle demontierten Baugruppen bearbeitet werden können. Halten Sie eine Ansammlung von Behältern und Plastiktüten bereit, damit zusammengehörige Einzelteile in übersichtlichen Gruppen gelagert werden können. Papier und Stift sollten für Notizen und Markierungen ebenso vorhanden sein wie ein Vorrat an sauberen und saugfähigen Lappen.
**6** Lesen Sie vor Arbeitsbeginn die entsprechende Sektion vollständig durch, um einen Überblick zu erhalten. Beachten Sie, dass bei der Zerlegung der verschiedenen Motorkomponenten nur selten große Kraftanstrengung nötig ist – außer dies ist extra erwähnt. Das Überprüfen des vorgeschriebenen Anzugdrehmoments einer bestimmten Schraube zeigt an, wie fest sie sitzt und wie viel Kraft zum Lösen gebraucht wird. In vielen Fällen, in denen sich Teile hartnäckig weigern, auseinanderzugehen, liegt ein unkorrekter Versuch der Demontage vor. Bei jedem Zweifel sollte im Text nachgelesen werden. Sprühen Sie korrodierte Verbindungen mit Kriechöl ein, und lassen Sie es einige Stunden einwirken.
**7** Beim Zerlegen des Motors müssen im Motor zusammenarbeitende »Paare« zusammengehalten werden (Kolben mit Ringen und Pleuel, Zahnräder, Ventile mit ihren Komponenten usw.). Diese Paare dürfen nur als Einheit erneuert oder wiederverwendet werden. Es ist hilfreich, eine große Pappe entsprechend des Aufbaus des Motors zu markieren, sodass die Teile darauf entsprechend ihrer Positionen im Motor verteilt werden können.
**8** Die Zerlegung der Motor/Getriebe-Einheit sollte nach der folgenden generellen Reihenfolge und unter Berücksichtigung der entsprechenden Sektionen vorgenommen werden:

- Demontieren Sie den Kupplungsdeckel (falls noch nicht erledigt), die Ölwanne und das Ansaugsieb – hierdurch kann der Motor besser stehen, um die anderen Komponenten entfernen zu können.
- Demontieren Sie den Ventildeckel.
- Demontieren Sie den Steuerkettenspanner.
- Demontieren Sie die Nockenwellen.
- Demontieren Sie den Zylinderkopf.
- Demontieren Sie die Kupplung.
- Demontieren Sie den Schaltmechanismus.
- Demontieren Sie die Ölpumpe.
- Demontieren Sie den Lichtmaschinenrotor und den Anlasserfreilauf.
- Demontieren Sie den Anlasser (siehe Kapitel 8).
- Demontieren Sie den Ölkühler.
- Trennen Sie die Motorgehäusehälften.
- Demontieren Sie die Ausgleichswelle.
- Demontieren Sie die Kurbelwelle.
- Demontieren Sie die Pleuelstangen samt Kolben.
- Demontieren Sie die Getriebeausgangswelle.
- Demontieren Sie die Schaltwalze und die Schaltgabeln.
- Demontieren Sie die Getriebeeingangswelle.

### Zusammenbau

**9** Der Zusammenbau des Motors erfolgt in der umgekehrten Demontage-Reihenfolge.

## 6 Ventildeckel

### Ausbau

**1** Demontieren Sie den Tank und die Zündspulen (siehe Kapitel 4). Entfernen Sie bei der XSR 700 die Abdeckungen vorn unter dem Tank (siehe Kapitel 7).
**2** Entfernen Sie den Kühler (siehe Kapitel 3).
**3** Entfernen Sie bei der MT-07 bis 2016 das Ansaugluftklappen-Magnetventil und den Ausgleichsbehälter (siehe Kapitel 4).
**4** Schrauben Sie rechts am Rahmen die Kupplungszugführung ab (siehe Abbildung).
**5** Trennen Sie oben am Ventildeckel den Entlüftungsschlauch (siehe Abbildung).
**6** Lösen Sie die Ventildeckelschrauben, und heben Sie den Deckel vom Zylinderkopf (siehe Abbildungen) – falls er klemmt, muss er rundherum mit einem Kunststoffhammer oder Holzstück gelockert werden. Versuchen Sie nicht, den Deckel mit Gewalt abzuhebeln!

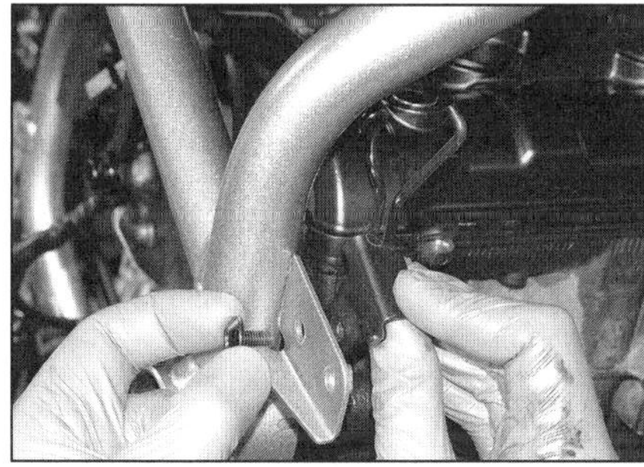

**6.4 Lösen Sie die Schrauben der Kupplungszugführung.**

**6.5 Lösen Sie die Schelle, und ziehen Sie den Entlüftungsschlauch ab.**

**6.6a Lösen Sie an beiden Seiten die zwei Schrauben, …**

**6.6b … und heben Sie den Ventildeckel ab.**

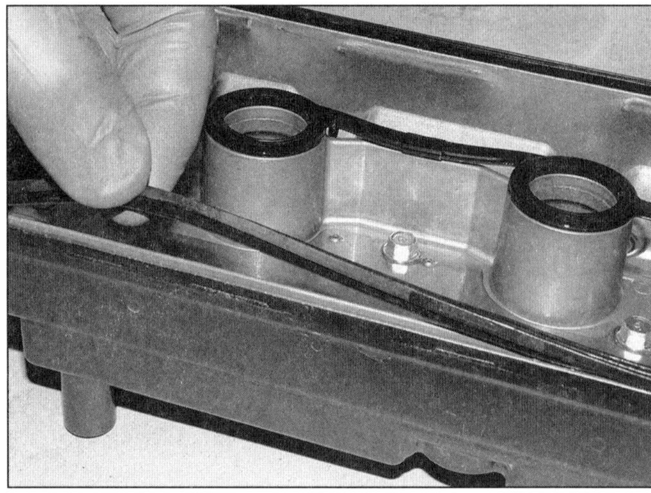

**6.7a Kontrollieren Sie alle Dichtungen …**

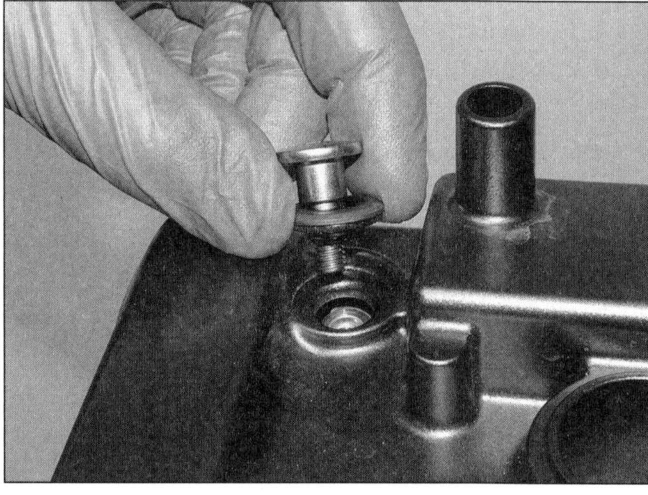

**6.7b … und die Dichtscheiben der Schrauben.**

## Einbau

**7** Kontrollieren Sie die Ventildeckeldichtung und die Dichtringe der Zündkerzenkanäle auf Beschädigungen oder Porosität, und ersetzen Sie sie nötigenfalls (siehe Abbildung). Kontrollieren Sie ebenso die Dichtscheiben der Deckelschrauben auf Verhärtung und Verformung, und ersetzen Sie sie nötigenfalls (siehe Abbildung).

**8** Reinigen Sie die Dichtflächen des Zylinderkopfes und des Ventildeckels mit geeignetem Lösungsmittel und tragen Sie Dichtmasse wie z. B. Yamaha Bond 1215 auf.

**9** Legen Sie die Dichtung so auf den Ventildeckel, dass der Vorsprung am Verbindungsstück zwischen den Zündkerzen-Ringen vorn über der Gehäuserippe liegt (Abbildung 6.7a). Falls die neue Dichtung mit einem Steg zwischen dem Steuerkettenschacht und der benachbarten Kerzenkanal versehen ist, muss dieser mit einem scharfen Messer entfernt werden.

**10** Setzen Sie den Ventildeckel auf den Zylinderkopf – die Dichtung darf nicht verrutschen (Abbildung 6.6b). Tragen Sie an den Lippen der Schrauben-Dichtringe Silikonpaste auf, legen Sie sie in ihre Sitze, installieren Sie die Schrauben und ziehen Sie sie mit 10 Nm an (Abbildung 6.7b)

**11** Der Rest des Einbaus entspricht der umgekehrten Ausbaureihenfolge.

## 7 Steuerkettenspanner

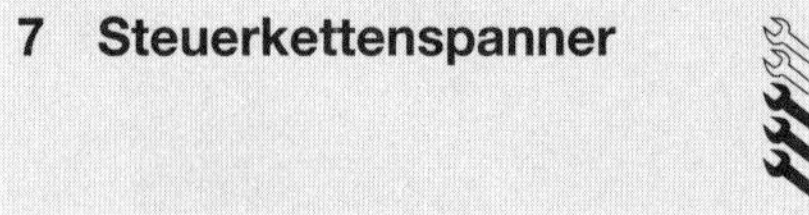

**1** Der Steuerkettenspanner sitzt hinten rechts am Zylinderkopf (Abbildung 7.4b).

## Ausbau

**2** Demontieren Sie den Ventildeckel (siehe Sektion 6) und die Zündkerzen (siehe Kapitel 1).

**3** Bringen Sie den Kolben von Zylinder Nr. 1 (links) in den Gaswechsel-OT (siehe Sektion 8, Schritte 2 und 3). Falls die Nockenwellen nicht ausgebaut werden sollen, muss die Steuerkette mit einem Kabelbinder am Ritzel der Einlass-Nockenwelle gesichert werden, damit sie nicht überspringt und dadurch die Steuerzeiten durcheinander bringt (siehe Abbildung).

**4** Lösen Sie die (mittige) Verschlussschraube des Steuerkettenspanners (siehe Abbildung). Lösen Sie dann gleichmäßig die zwei Befestigungsschrauben, und ziehen Sie den Spanner aus dem Zylinderkopf – der Spannerkolben steht unter Federdruck (siehe Abbildung). Die Dichtung muss später erneuert werden; kontrollieren Sie, ob auch die Dichtscheibe der Verschlussschraube ersetzt werden sollte.

## Kontrolle

**5** Der Spannerkolben darf sich nicht ins Spannergehäuse drücken lassen (siehe Abbildung) – andernfalls ist der Steuerkettenspanner durch ein Neuteil zu ersetzen. Ziehen Sie den Spanner mithilfe eines links herum

**7.3 Sichern Sie die Steuerkette mit einem Kabelbinder am Ritzel der Einlass-Nockenwelle.**

**7.4a Entfernen Sie die Verschlussschraube samt Dichtscheibe.**

**7.4b Lösen Sie schrittweise die Befestigungsschrauben, und ziehen Sie den Spanner aus dem Zylinderkopf.**

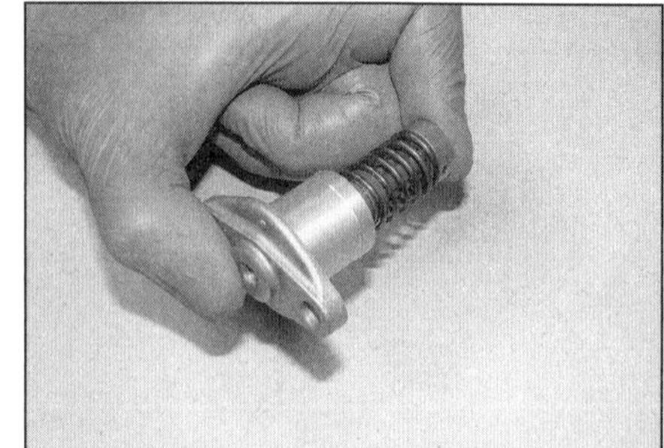

**7.5 Der Spannerkolben darf sich nicht ins Spannergehäuse drücken lassen.**

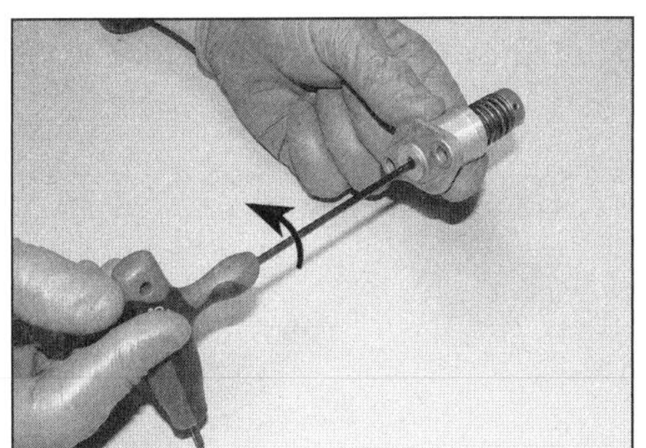

**7.7a Ziehen Sie den Spannerkolben mithilfe eines 3er-Inbusschlüssels zurück.**

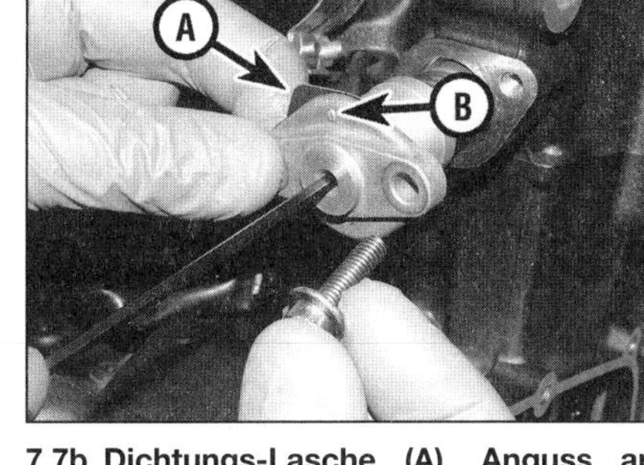


**7.7b Dichtungs-Lasche (A), Anguss am Spannergehäuse (B)**

**7.7c Entfernen Sie den Inbusschlüssel, und prüfen Sie, ob der Kolben die Kette spannt.**

**7.8 Entfernen Sie den Kabelbinder.**

gedrehten 3-mm-Inbusschlüssels in das Gehäuse (Abbildung 7.7a) – er muss sich sanft und leichtgängig eindrehen lassen. Halten Sie den Spannerkolben in dieser Position, entfernen Sie den Inbusschlüssel und lassen Sie den Kolben langsam los – er muss sich sanft und frei unter dem Druck der Feder herausbewegen.

## Einbau

**6** Reinigen Sie die Dichtflächen des Zylinderkopfes und des Steuerkettenspanners.

**7** Ziehen Sie den Spannerkolben mithilfe eines links herum gedrehten 3-mm-Inbusschlüssels vollständig in das Gehäuse (siehe Abbildung) – entfernen Sie den Schlüssel nicht, damit der Kolben nicht herausdrückt (der Schlüssel muss dabei arretieren und muss nicht unter Last gehalten werden). Rüsten Sie den Spanner mit einer neuen Dichtung aus, deren hervorstehende Lasche nach links zur angegossenen Markierung zeigen muss. Installieren Sie den Spanner mit nach oben zeigender Markierung, und ziehen Sie die Gehäuseschrauben mit 10 Nm an (siehe Abbildung). Entfernen Sie den Inbusschlüssel – hierbei muss der Spannerkolben gegen die Spannerschiene drücken und die Steuerkette unter Zug halten (siehe Abbildung). Installieren Sie die ggf. mit einer neuen Dichtscheibe ausgerüstete Verschlussschraube, und ziehen Sie sie mit 7 Nm an (Abbildung 7.4a).

**8** Entfernen Sie den Kabelbinder, der die Steuerkette am Einlassnockenwellenritzel sichert (siehe Abbildung). Drehen Sie den Motor zwei volle Umdrehungen gegen den Uhrzeigersinn (Abbildung 8.3a), und prüfen Sie, ob der Spanner die Steuerkette korrekt vorspannt. Prüfen Sie danach, ob alle Steuerzeiten korrekt eingestellt sind (siehe Sektion 8, Schritt 3).

**9** Montieren Sie den Ventildeckel (siehe Sektion 6).

**10** Installieren Sie die Steuerzeiten-Kontrollschraube mit einer neuen Dichtscheibe, und ziehen Sie sie mit 15 Nm an. Fetten Sie den (ggf. neuen) O-Ring des Kurbelwellenstopfens ein, und ziehen Sie den Stopfen mit 10 Nm an (Abbildung 8.2).

**11** Montieren Sie alle entfernten Bauteile in der umgekehrten Ausbaureihenfolge. Kontrollieren Sie zum Schluss den Motorölpegel (siehe *Tägliche Kontrollen*).

# 8 Nockenwellen und Tassenstößel

## Ausbau

**1** Demontieren Sie den Ventildeckel (siehe Sektion 6) und die Zündkerzen (siehe Kapitel 1).

**2** Schrauben Sie links am Motor den Kurbelwellen-Stopfen und die Steuerzeiten-Kontrollschraube aus dem Lichtmaschinendeckel (siehe Abbildung) – ggf. werden beim Einbau eine neue Dichtscheibe und ein neuer O-Ring benötigt.

**3** Drehen Sie die Kurbelwelle mithilfe eines am Zündrotorbolzen angesetzten Schlüssels **gegen den Uhrzeigersinn**, bis die Markierung des Rotors zu den Kerben in der Kontrollschraubenbohrung fluchtet, die Linie neben dem »I« der Einlassnockenwelle parallel zur Zylinderkopf-Dichtfläche nach hinten zeigt, die Linien der Auslassnockenwellen parallel zur Zylinderkopf-Dichtfläche liegen und deren Körnermarkierung oben steht (siehe Abbildungen). Falls die Linie der Einlassnockenwelle zur Auslassnockenwelle zeigt, muss die Kurbelwelle eine volle Umdrehung weitergedreht werden (wieder nur links herum!), bis die Markierung wieder fluchtet – jetzt müssen die Markierungen wie gezeigt ausgerichtet sein und der Kolben von Zylinder Nr. 1 steht im oberen Totpunkt (OT) des

2

**8.2 Entfernen Sie den Kurbelwellenstopfen und die Kontrollschraube.**

**8.3a Drehen Sie die Kurbelwelle ausschließlich gegen den Uhrzeigersinn, ...**

**8.3b ... bis die Markierung des Rotors zu den Kerben in der Kontrollschraubenbohrung fluchtet ...**

**8.3c ... und die Linien sowie die Körnermarkierung der Nockenwellenritzel exakt so stehen.**

**8.5a Schrauben der Nockenwellenhalter. Die Einlassnockenwelle liegt hinten (oben).**

**8.5b Heben Sie den Halter ab, und stellen Sie ggf. die Passhülsen (Pfeile) sicher.**

Gaswechseltaktes. In dieser Stellung können die Nockenwellen ausgebaut werden.

**4** Demontieren Sie den Steuerkettenspanner (siehe Sektion 7).

**5** Beginnen Sie mit der Einlassnockenwelle. Lösen Sie schrittweise und über Kreuz die Schrauben des Nockenwellenhalters – beginnen Sie außen und arbeiten Sie sich zur Mitte vor (siehe Abbildung). Heben Sie den Halter dann ab, und stellen Sie nötigenfalls die Passhülsen sicher (siehe Abbildung).

***Achtung: Falls die Schrauben nicht gleichmäßig in kleinen Schritten gelockert werden, kann aufgrund des durch die Ventilfedern ausgeübten Drucks der Nockenwellenhalter verkanten und zerbrechen. In diesem Fall muss der gesamte Zylinderkopf ersetzt werden, da die Halter und der Kopf aufeinander abgestimmt sind und keine Einzelteile ersetzt werden können. Auch für die Nockenwelle besteht hierbei die Gefahr, zu verziehen oder zu zerbrechen.***

**6** Demontieren Sie den Halter der Auslassnockenwelle auf die gleiche Weise (siehe Abbildung) – stellen Sie auch hier nötigenfalls die Passhülsen sicher.

**7** Befreien Sie die Steuerkette vom Ritzel der Einlassnockenwelle, und heben Sie die Welle aus dem Zylinderkopf (Abbildung 8.28a). Demontieren Sie die Auslassnockenwelle auf die gleiche Weise (Abbildung 8.27a). Legen Sie die Steuerkette über die Schraube im Kettenschacht. Die Kurbelwelle darf jetzt nicht mehr gedreht werden, da die Gefahr besteht, die Kette zwischen ihrem Ritzel und dem Motorgehäuse einzuklemmen.

**8** Falls die Tassenstößel und Shims aus dem Zylinderkopf entfernt werden sollen, muss ein Behälter mit acht Fächern (z. B. ein Eierkarton) beschafft werden, um die Teile unterzubringen. Markieren Sie alle Fächer entsprechend ihrer Position (Zylinder, Ein- oder Auslass, linkes oder rechtes Ventil). Entfernen Sie den Tassenstößel des entsprechenden Ventils, und stellen Sie den Shim entweder aus dem Stößel oder dem Ventilfederteller sicher (siehe Abbildungen) – auch hier hilft ein Magnet, eine Spitzzange oder ein Schraubendreher mit etwas Fett an der Spitze, an dem der Shim haften bleibt (Abbildung 8.24a). Lassen Sie keinen Shim ins Motorgehäuse fallen!

## Kontrolle

**9** Begutachten Sie die Lagergleitflächen des Zylinderkopfes und der Lagerschilde sowie der Nockenwellen (siehe Abbildung). Achten Sie auf Kerben, tiefe Riefen und Anzeichen von Abblätterungen (die zu Ausbrüchen führen können) (Abbildung 8.10a). Falls Schäden oder starker Verschleiß festgestellt wird, muss wahrscheinlich der gesamte Zylinderkopf samt Lagerschilden ersetzt werden, da keine Einzelteile erhältlich sind.

**10** Kontrollieren Sie die Nocken auf Anlassfarben durch Überhitzung (blaue Verfärbung), Kerben, Absplitterungen, Pitting und Risse. Messen Sie die Höhe jedes Nockens mit einer

**8.6 Halter und Passhülsen (Pfeile) der Auslassnockenwelle**

**8.8a Entnehmen Sie den Tassenstößel, ...**

**8.8b ... und stellen Sie den ggf. darin sitzenden Shim sicher.**

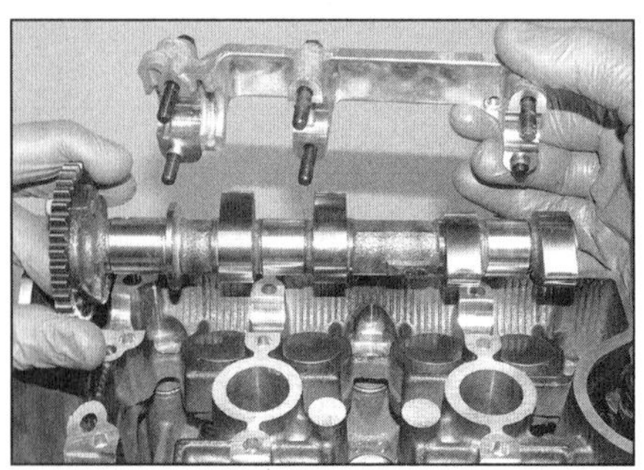

**8.9 Kontrollieren Sie alle Lagerflächen der Nockenwellen.**

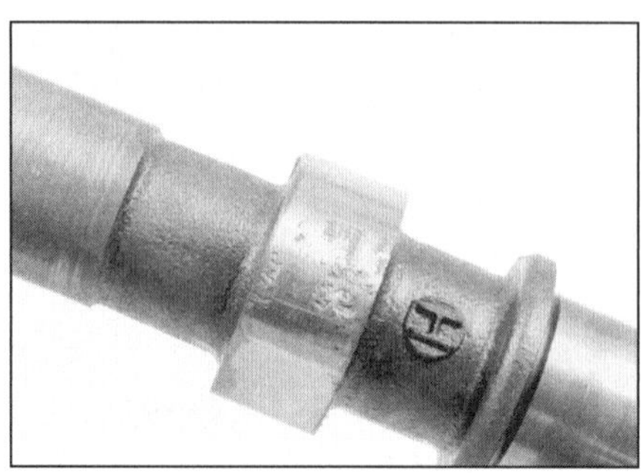

**8.10a Beispiel für eine stark verschlissene Nockenwelle**

**8.10b Messen Sie die Höhe der Nocken mit einer Mikrometerschraube.**

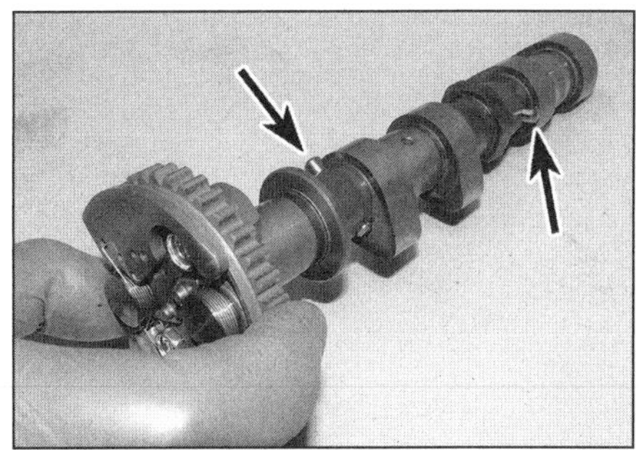

**8.20a Bei nach innen geschwenkten Gewichten (Grundstellung) müssen die abgerundeten Ende der Stifte aus der Nockenwelle ragen.**

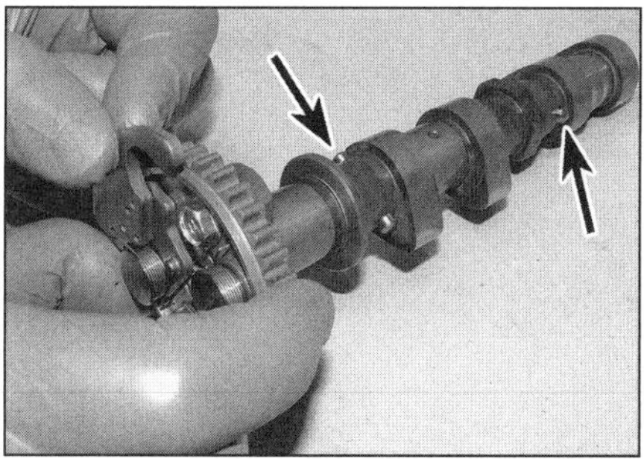

**8.20b Beim Herausschwenken der Gewichte müssen sich die abgerundeten Ende der Stifte in die Nockenwelle zurückziehen.**

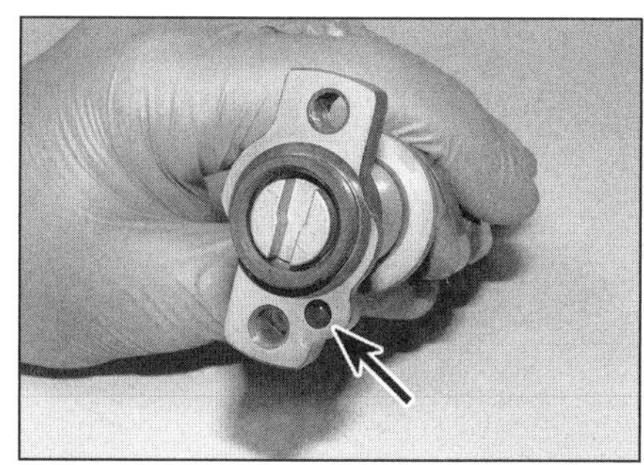

**8.20c Halten Sie die Nockenwelle so, dass die Bohrung wie gezeigt positioniert ist.**

Mikrometerschraube (siehe Abbildung), und vergleichen Sie die Höhen der Nocken mit denen in den technischen Daten am Anfang des Kapitels (siehe Abbildung). Bei Beschädigungen oder starkem Verschleiß muss die Nockenwelle ersetzt werden. Kontrollieren Sie ebenfalls die Tassenstößel.

**11** Kontrollieren Sie den Verzug der Nockenwellen. Lagern Sie die Nockenwelle drehbar in Prismenböcken, und überprüfen mit einer Messuhr den Rundlauf. Wenn ein Verzug von mehr als 0,03 mm festgestellt wird, muss die Nockenwelle ersetzt werden.

***Wechseln Sie zu den Werkzeug- und Werkstatt-Tipps im Anhang, um mehr über die Benutzung von Messinstrumenten zu erfahren.***

**12** Als Nächstes muss das Lagerspiel der Nockenwelle ermittelt werden; dies ist durch den Einsatz von Quetschmessstreifen möglich, die unter dem Namen »*Plastigauge*« bekannt sind.

**13** Arbeiten Sie jeweils an einer Nockenwelle, und reinigen sie die Gleitflächen der Welle und des Zylinderkopfes sowie des Halters mit einem sauberen fusselfreien Lappen. Legen Sie die Nockenwelle so in den Zylinderkopf, dass die Nocken weder Tassenstößel (falls eingebaut) noch Ventile berühren.

**14** Schneiden Sie passende »*Plastigauge*«-Quetschmessstreifen ab, und legen Sie sie parallel zur Drehachse der Welle auf jeden Lagerzapfen (Abbildung 24.13). Setzen Sie ggf. die Passhülsen ein, und legen Sie die korrekten Halter auf (siehe Schritt 29). Installieren Sie die mit geölten Gewinden versehenen Schrauben, und ziehen Sie sie von innen nach außen schrittweise und über Kreuz bis zum Drehmoment von 10 Nm an – der Halter muss sich dabei senkrecht über den Passhülsen auf den Zylinderkopf absenken.

**Anmerkung:** *Die Nockenwelle darf sich hierbei nicht drehen, da die Messstreifen dadurch zerstört würden.*

**15** Lösen Sie die Schrauben wie in Schritt 5 beschrieben, und heben Sie den Halter vorsichtig ab.

**16** Um das Lagerspiel ermitteln zu können, müssen die gequetschten Plastikstreifen jedes Lagers an ihrer breitesten Stelle gemessen und mit der auf ihrer Verpackung gedruckten Skala verglichen werden (Abbildung 24.17). Vergleichen Sie das Ergebnis mit den Angaben in den technischen Daten – wenn das Lagerspiel über 0,06 mm liegt, weist dies auf Verschleiß hin. Entfernen Sie die Messstreifen-Reste – dies sollte mit den Fingernägeln möglich sein.

**17** Prüfen Sie zuerst, ob die Nockenwellen-Gleitflächen übermäßig verschlissen sind, indem Sie mit einer Mikrometerschraube ihre Durchmesser ermitteln – werden irgendwo weniger als 21,959 mm ermittelt, gilt die Welle als verschlissen – prüfen Sie zunächst, ob eine unverschlissene Nockenwelle das korrekte Lagerspiel wiederherstellen kann.

**18** Wenn die Nockenwellen-Gleitflächen in Ordnung sind oder eine neue Nockenwelle nicht das korrekte Spiel erzeugen kann, werden der Halter und/oder der Zylinderkopf verschlissen sein, sodass möglicherweise ein neuer Zylinderkopf samt Haltern beschafft werden muss.

***Es gibt Fachbetriebe, die in der Lage sind, auf verschlissene Gleitflächen Material aufzuschweißen und entsprechend zu schleifen, um sie wieder auf Sollmaß zu bringen – vergleichen Sie die Kosten für diese Arbeit mit dem Preis eines neuen Zylinderkopfes!***

**19** Inspizieren Sie die Steuerketten-Führungsschiene, die Spannerschiene und die Steuerkette (siehe Sektion 9).

**20** Prüfen Sie die Funktion des an der Auslassnockenwelle sitzenden Dekompressionsmechanismus: Wenn die Gewichte außen am Ritzel in ihrer Grundstellung stehen, müssen die Dekompressionsstifte aus der Welle herausschauen; sobald die Gewichte nach außen bewegt werden, müssen sich die Stifte zurückziehen. Sämtliche Bewegungen müssen sanft erfolgen (siehe Abbildungen). Um die internen Wellen und die Dekompressionsstifte ausbauen

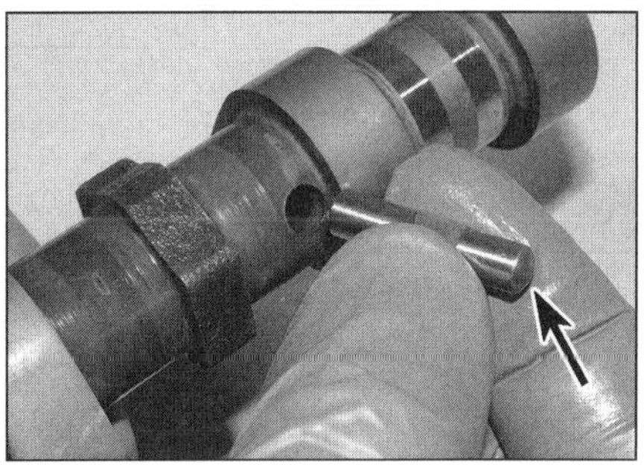

**8.20d Installieren Sie den linken Stift mit dem abgerundeten Ende von den Nocken weg zeigend; der Ausschnitt muss zum Ritzel-Flansch zeigen.**

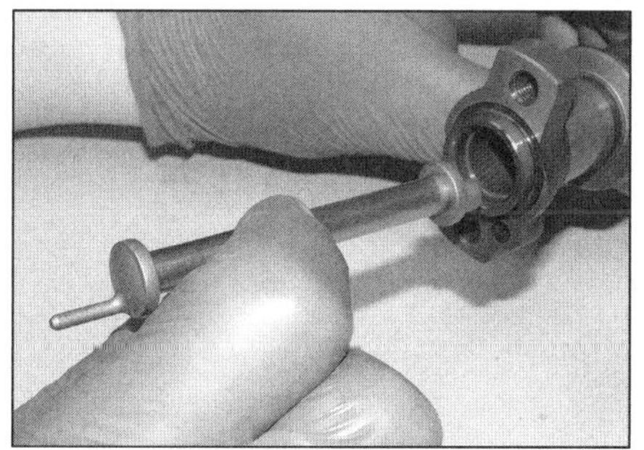

**8.20e Installieren Sie die Welle, ...**

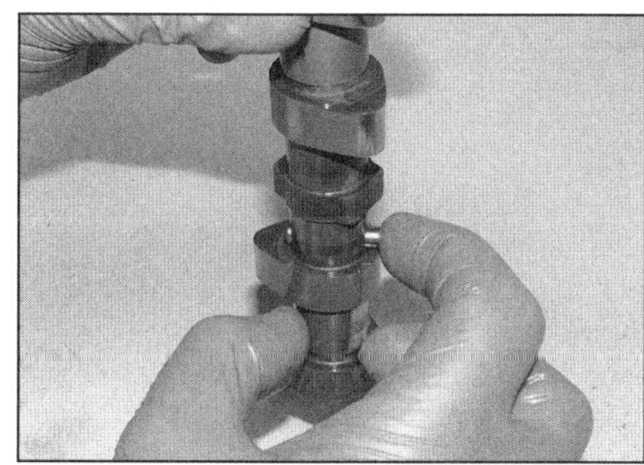

**8.20f ... und prüfen Sie, ob sie in den Ausschnitt des Stifts greift.**

**8.20g Installieren Sie den rechten Stift mit dem abgerundeten Ende von den Nocken weg zeigend; der Ausschnitt muss zum Ritzel-Flansch zeigen.**

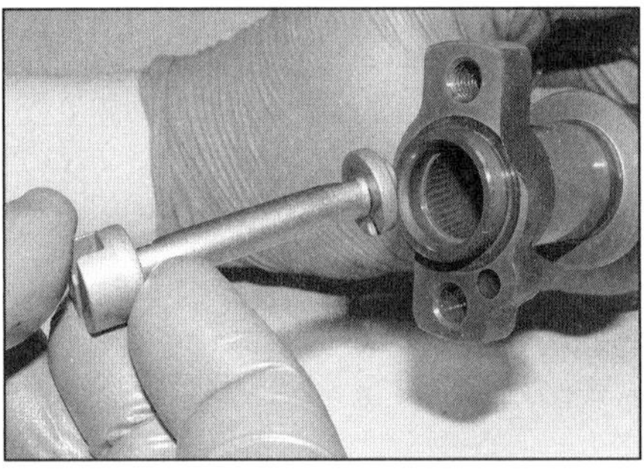

**8.20h Installieren Sie die Welle wie beschrieben.**

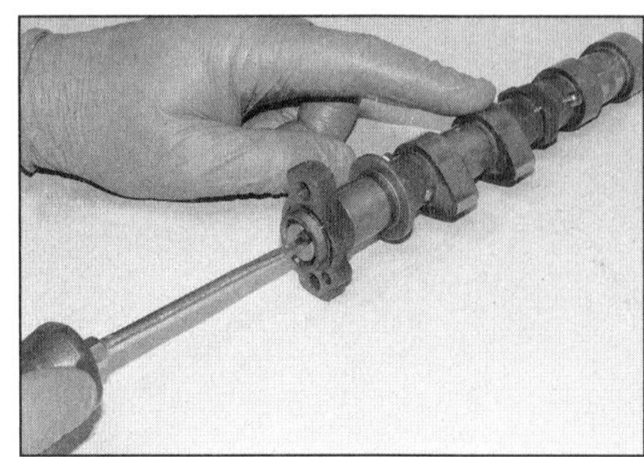

**8.20i Drehen Sie die rechte Welle mit einem Schraubendreher, und prüfen Sie, ob sich die Stifte heraus und hinein bewegen.**

zu können, muss das Ritzel von der Nockenwelle getrennt werden (Schritt 21). Halten Sie den rechten Stift, ziehen Sie die rechte Welle heraus, und entfernen Sie den Stift (Abbildung 8.20h und g). Wiederholen Sie dies am linken Stift samt Welle (Abbildung 8.20e und d). Bevor die Komponenten wieder eingebaut werden, müssen sie mit frischem Motoröl geschmiert werden. Halten Sie die Nockenwelle für den Zusammenbau wie gezeigt mit der Bohrung im Ritzelflansch nach rechts unten, stecken Sie den linken Stift in seine Bohrung – das abgerundete Ende muss herausschauen, sodass es gegenüber den Nocken sitzt und sein Ausschnitt zum Ritzel-Ende zeigt. Installieren Sie dann die linke Welle mit dem kurzen versetzt angeordneten Stift voran in den Ausschnitt des Stifts (siehe Abbildungen) – prüfen Sie, ob die Welle in den Stift greift (siehe Abbildung). Wiederholen Sie dies mit dem rechten Dekompressionsstift samt Welle – sein Ausschnitt links muss über den langen dünnen Stift der linken Welle greifen, sodass beim Drehen der rechten Welle auch die linke Welle gedreht wird (siehe Abbildungen). Prüfen Sie durch Drehen der rechten Welle, ob alles korrekt sitzt (siehe Abbildung) – die Dekompressionsstifte müssen sich gleichzeitig sanft heraus und hinein bewegen. Montieren Sie das Ritzel (Schritt 21).

**21** Inspizieren Sie die Nockenwellenritzel – falls sie Hinweise auf Verschleiß, Risse oder andere Schäden aufweisen, müssen sie zusammen mit der Steuerkette ersetzt werden. Die Ritzel sind mit zwei Schrauben an den Nockenwellen gesichert (siehe Abbildungen) – lösen Sie diese, und nehmen Sie das Ritzel ab; bei der Einlassnockenwelle kann ein geeignetes Werkzeug zum Kontern von innen in die Bohrungen des Ritzels gesteckt werden, die Auslassnockenwelle kann mit einem geeigneten Maulschlüssel an den Abflachungen zwischen den Nocken-Paaren gehalten werden (siehe Abbildung). Installieren Sie neue Ritzel – das der Einlassnockenwelle müssen das »I« und das »E« wie gezeigt zu den Nocken fluchten (Abbildung 8.21a); bei der Auslassnockenwelle müssen sich die Körnermarkierung am Ritzel und die Bohrung in der Nockenwelle gegenüberliegen (siehe Abbildung) und die Gewichte in die rechte Dekompressionswelle greifen, sodass sich die Dekompressionsstifte durch Bewegen der Gewichte verschieben. Ziehen Sie die Ritzelschrauben mit 24 Nm an – beginnen Sie bei der Auslassnockenwelle mit der Schraube neben der Körnermarkierung.

**22** Inspizieren Sie die Gleitflächen der Tassenstößel auf Verschleiß, Riefen oder andere Schäden. Wenn ein Tassenstößel schlecht aussieht, wird auch seine Bohrung im Zylinderkopf beschädigt sein. Ein verschlissener Stößel, der spürbares Spiel im Zylinderkopf hat, muss ersetzt werden – ist die Bohrung stark ausgeschlagen, muss der Zylinderkopf ersetzt werden – beachten Sie auch hierzu den Praxis-Tipp oben.

## Einbau

**23** Falls entfernt, werden die Steuerkette und die Spannerschiene installiert (siehe Sektion 9).

**24** Schmieren Sie alle Shims mit einem Gemisch aus Molybdänfett und Motoröl ge-

**8.21a Ritzelschrauben der Einlassnockenwelle (Pfeile). Beachten Sie die Ausrichtung der Buchstaben zu den Nocken.**

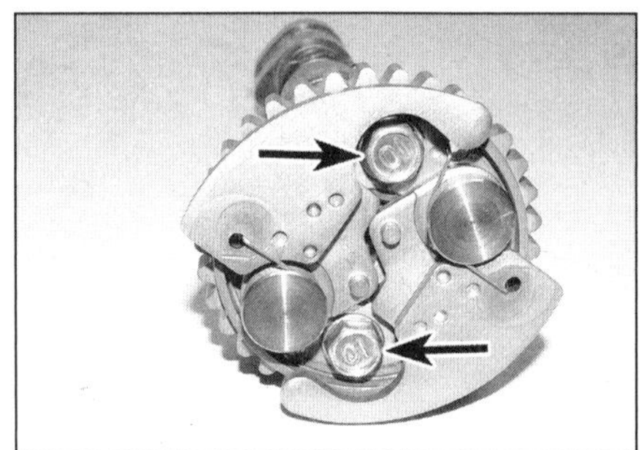

**8.21b Ritzelschrauben der Auslassnockenwelle (Pfeile)**

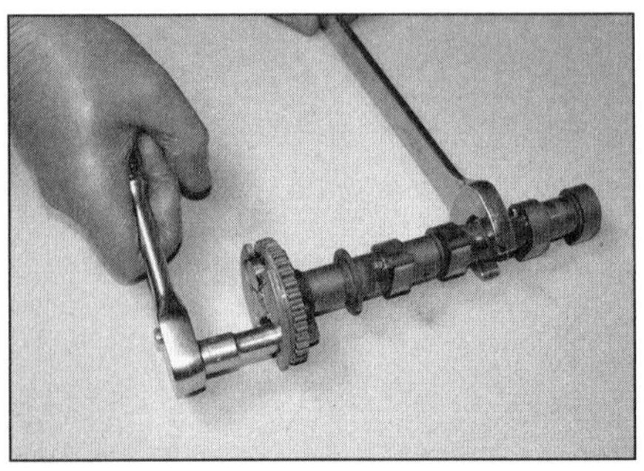

**8.21c Die Auslassnockenwelle kann zum Lösen der Ritzelschrauben mit einem Maulschlüssel gekontert werden.**

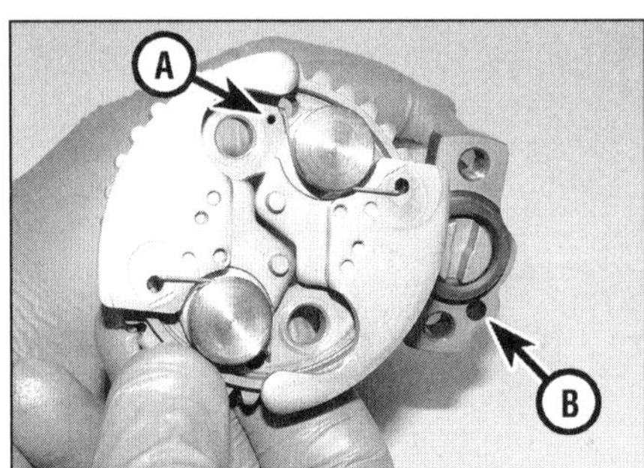


**8.21d Die Körnermarkierung (A) muss gegenüber der Bohrung in der Nockenwelle (B) liegen.**

**8.24a Legen Sie den Shim in die Vertiefung des Ventilfedertellers, …**

schmiert, und installieren Sie sie mit der Größen-Markierung nach oben in den Ausschnitt des korrekten Ventilfedertellers (siehe Abbildung). Prüfen Sie, ob die Shims korrekt sitzen, und schieben Sie die oben mit dem gleichen Schmierstoff versehenen und an den Seiten mit Motoröl geschmierten Tassenstößel senkrecht über das entsprechende Ventil (siehe Abbildung).

**Anmerkung:** *Die Stößel und Shims müssen unbedingt wieder in ihre ursprünglichen Positionen gelangen, da ansonsten das Ventilspiel nicht mehr stimmt und mit erhöhtem Verschleiß zu rechnen ist.*

**25** Prüfen Sie, ob die Steuerzeitenmarkierung mit den Nuten der Kontrollbohrung fluchtet (siehe Schritt 3) (Abbildung 8.3b).

**26** Die Gleitflächen der Nockenwellen, des Zylinderkopfes und der Halter müssen absolut sauber sein. Schmieren Sie alle Gleitflächen sowie die Nocken mit Molybdän/Motoröl-Gemisch.

**27** Legen Sie zuerst die Auslassnockenwelle mit der neben der Schraube sitzenden Körnermarkierung nach oben und den Linien parallel zur Zylinderkopf-Dichtfläche in ihren (vorderen) Sitz, und heben Sie dabei die Steuerkette so darum, dass sie vorn stramm ist (siehe Abbildungen).

**28** Legen Sie dann die Einlassnockenwelle hinten in den Zylinderkopf – nach dem Auflegen der Steuerkette (sämtlicher Durchhang muss im hinteren Trum liegen und später vom Steuerkettenspanner aufgenommen werden) muss die Markierung neben dem »I« parallel zur Zylinderkopf-Dichtfläche nach hinten zeigen (siehe Abbildungen). Wenn beide Nockenwellen und die Rotormarkierung korrekt zueinander ausgerichtet sind (Abbildung 8.3c und b), muss die Kette mit einem Kabelbinder am Ritzel der Einlassnockenwelle gesichert werden (Abbildung 7.3).

**29** Stecken Sie ggf. die Passhülsen in die Nockenwellenhalter (Abbildung 8.5b und 8.6). Setzen Sie die Halter auf die Nockenwellen – der Halter der Auslassnockenwelle hat oben eine gewölbte Oberfläche, während derjenige der Einlassnockenwelle glatter ist (siehe Abbildung). Schmieren Sie die Gewinde der Halterschrauben mit frischem Motoröl, und installieren Sie sie zunächst handfest. Beginnen Sie mit dem Halter der Auslassnockenwelle, und ziehen Sie die Schrauben schrittweise von innen nach außen an – dabei muss sich der Halter senkrecht auf den Zylinderkopf absenken. Ziehen Sie die Schrauben dann in der gleichen Reihenfolge mit 10 Nm an. Montieren Sie den Einlassnockenwellen-Halter auf die gleiche Weise.

***Achtung: Nockenwellenhalter können leicht verkanten und brechen, wenn ihre Schrauben nicht gleichmäßig angezogen werden!***

**30** Drücken Sie mit einem Stück Holz durch den Sitz des Steuerkettenspanners gegen die

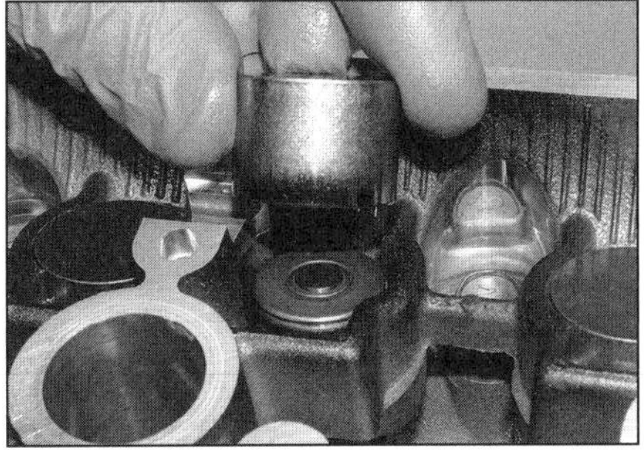
**8.24b … und schieben Sie den Tassenstößel darüber.**

Spannerschiene, und prüfen Sie, ob alle Steuerzeitenmarkierungen wie in Schritt 3 beschrieben zueinander ausgerichtet sind. Falls die Kurbelwelle etwas verdreht werden muss, ist die Steuerkette mit dem Holz stramm gehalten werden.

***Achtung: Überprüfen Sie exakt die Steuerzeiten – eine um nur einen Zahn versetzt aufgelegte Kette kann bei laufendem Motor schwere Schäden anrichten!***

**31** Falls die Steuerzeitenmarkierungen nicht korrekt zueinander ausgerichtet sind, muss die Steuerkette entspannt und der Kabelbinder am Einlass-Ritzel geöffnet werden (Abb.7.8). Legen Sie die Kette dann vorsichtig von Hand über das/die Ritzel, und drehen Sie die entsprechende(n) Welle(n). Sichern Sie die

**8.27a Legen Sie die Auslassnockenwelle ein, …**

Steuerkette anschließend wieder am Einlass-Ritzel.

**32** Sobald alles korrekt zueinander ausgerichtet ist, wird der Steuerkettenspanner installiert (siehe Sektion 7).

**33** Entfernen Sie den Kabelbinder (Abbildung 7.8). Drehen Sie die Kurbelwelle zwei volle Umdrehungen (720°) gegen den Uhrzeigersinn – der Spannerkolben muss auslösen und die Kette straffen. Kontrollieren Sie erneut die Steuerzeiten (siehe Schritt 3).

**34** Kontrollieren Sie das Ventilspiel (siehe Kapitel 1).

**35** Montieren Sie den Ventildeckel (siehe Sektion 6).

**36** Installieren Sie die Steuerzeiten-Kontrollschraube mit einer neuen Dichtscheibe, und ziehen Sie sie mit 15 Nm an. Fetten Sie den (ggf. neuen) O-Ring des Kurbelwellenstopfens

**8.27b … sodass die Körnermarkierung oben steht und die Linien parallel zur Dichtfläche liegen.**

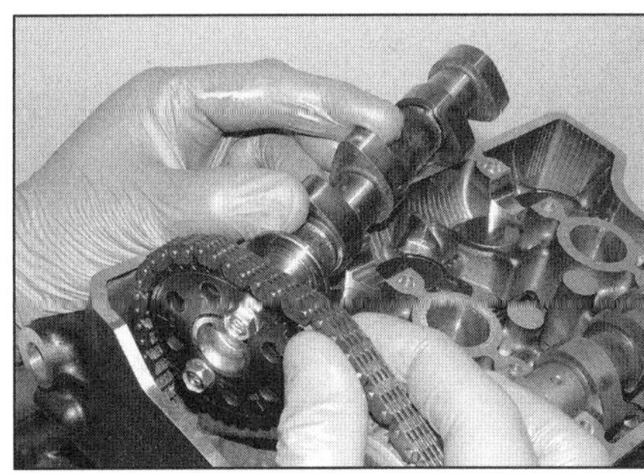
**8.28a Installieren Sie die Einlassnockenwelle, …**

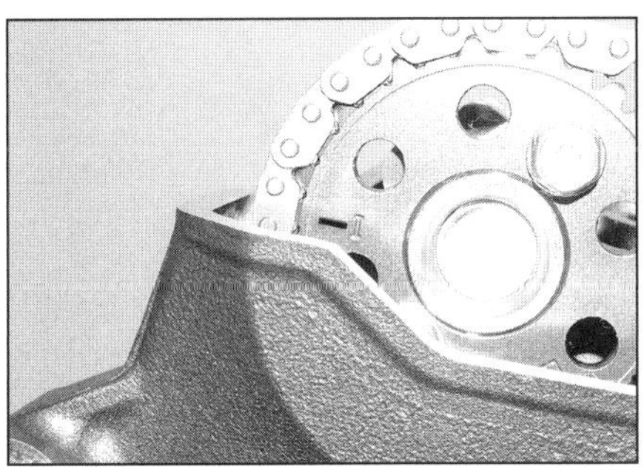
**8.28b … sodass die Linie neben dem »I« parallel zur Dichtfläche steht.**

**8.29 Auslassnockenwellen-Halter mit gewölbter Oberseite**

2

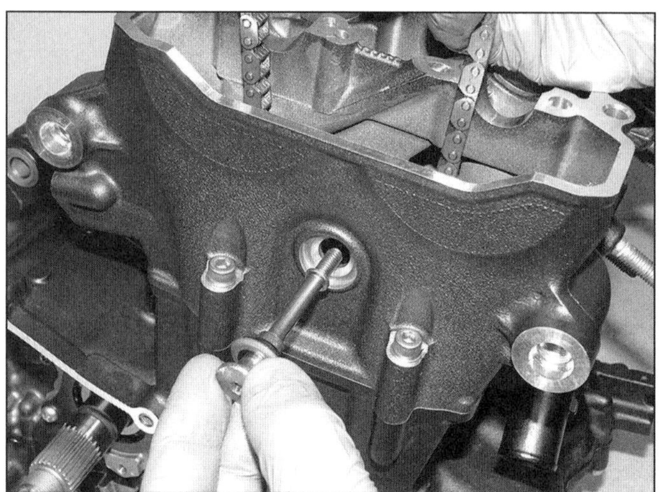

**9.3a Lösen Sie die Schraube, …**

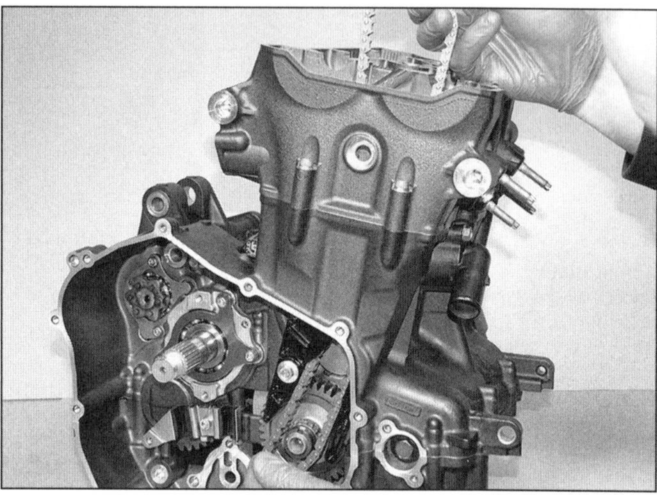

**9.3b … und befreien Sie die Steuerkette.**

ein, und ziehen Sie den Stopfen mit 10 Nm an (Abbildung 8.2).

**37** Montieren Sie alle entfernten Bauteile in der umgekehrten Ausbaureihenfolge. Kontrollieren Sie zum Schluss den Motorölpegel (siehe *Tägliche Kontrollen*).

## 9 Steuerkette, Spannerschiene und Führungen

### Ausbau

**Steuerkette und Spannerschiene**

**1** Demontieren Sie den Kupplungsdeckel (siehe Sektion 13).

**2** Demontieren Sie die Nockenwellen (siehe Sektion 8).

**3** Lösen Sie die seitlich im Kettenschacht sitzende Steuerketten-Halteschraube, befreien Sie die Kette vom Kurbelwellenritzel, und befreien Sie sie aus dem Motor (siehe Abbildungen). Das untere Steuerkettenritzel ist in die Kurbelwelle integriert.

**4** Lösen Sie den Gelenkbolzen der Spannerschiene, und ziehen Sie diese heraus – merken Sie sich die Einbaulage (siehe Abbildung).

**Vordere Führungsschiene**

**5** Demontieren Sie den Zylinderkopf (siehe Sektion 10).

**6** Die vordere Führungsschiene kann jetzt aus dem Kettenschacht gehoben werden – sie liegt mit Zapfen in Ausschnitten des Motorgehäuses (siehe Abbildung).

### Kontrolle

**7** Außer bei Ölmangel verschleißt die Steuerkette nur unwesentlich. Falls Glieder klemmen oder locker sind, muss die Kette erneuert werden. Inspizieren Sie die Ritzel auf Verschleiß und ausgebrochene Zähne – diejenigen der Nockenwellen können ausgetauscht werden, das Antriebsritzel ist jedoch in die Kurbelwelle integriert, sodass diese bei einem Schaden komplett ersetzt werden muss.

**8** Kontrollieren Sie die Gleitfläche und die Ränder der Schienen auf übermäßigen Verschleiß, tiefe Nuten, Risse oder andere Beschädigungen, und ersetzten Sie sie nötigenfalls.

### Einbau

**9** Der Einbau entspricht der umgekehrten Ausbaureihenfolge – beachten Sie dabei folgende Punkte:

- Die Zapfen der vorderen Führungsschiene müssen korrekt in den Ausschnitten des Motorgehäuses liegen (siehe Abbildung).
- Schmieren Sie das Gummi der Steuerketten-Halteschraube mit Silikonpaste, und ziehen Sie die Schraube mit 10 Nm an.
- Reinigen Sie das Gewinde des Spannerschienen-Lagerbolzens, tragen Sie Sicherungspaste auf, und ziehen Sie ihn mit 10 Nm an.
- Montieren Sie den Kupplungsdeckel (siehe Sektion 13).

## 10 Zylinderkopf
Ausbau und Einbau

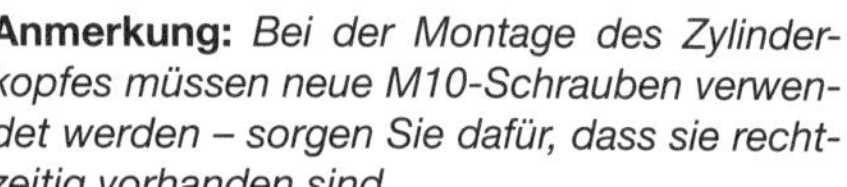

**Anmerkung:** *Bei der Montage des Zylinderkopfes müssen neue M10-Schrauben verwendet werden – sorgen Sie dafür, dass sie rechtzeitig vorhanden sind.*

### Ausbau

**1** Demontieren Sie den Tank, die Drosselklappengehäuse, die Zündspulen und die Auspuffanlage (siehe Kapitel 4).

**9.4 Lösen Sie die Schraube, und entfernen Sie die Spannerschiene.**

**9.6 Heben Sie die vordere Führungsschiene aus der oberen Motorgehäusehälfte.**

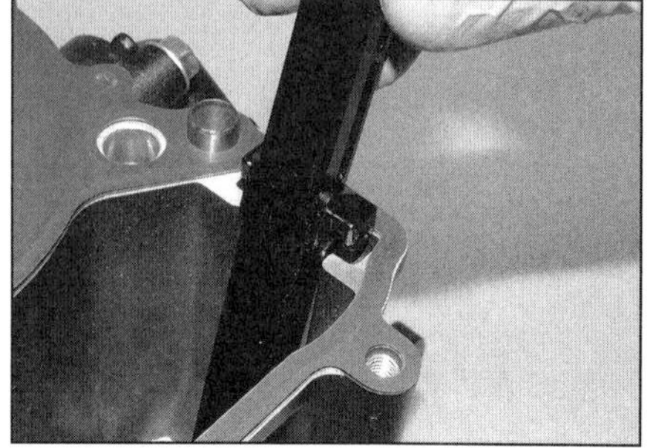

**9.9 Legen Sie die Zapfen in die Ausschnitte des Motorgehäuses.**

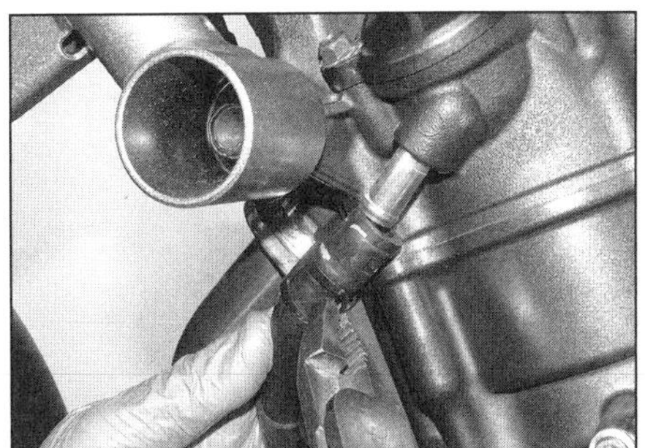

**10.2 Lösen Sie die Schelle, und ziehen Sie den Schlauch ab.**

**10.5a Lösen Sie zuerst rechts die zwei M6-Schrauben.**

**10.5b Positionen der sechs M10-Schrauben**

**10.6 Heben Sie den Zylinderkopf vom Motorblock – gezeigt im ausgebauten Zustand.**

**10.15 Installieren Sie die Passhülsen (Pfeile), und legen Sie die neue Zylinderkopfdichtung darüber.**

**2** Demontieren Sie den Kühler (siehe Kapitel 3). Lösen Sie den Ölkühler-Zulaufschlauch von seinem Stutzen links am Zylinderkopf (siehe Abbildung).

**3** Entfernen Sie den Ventildeckel (siehe Sektion 6) und die Nockenwellen (siehe Sektion 8). Lösen Sie die Steuerketten-Halteschraube, und lassen Sie die Steuerkette in den Kettenschacht hinabgleiten (Abbildung 9.3a).

**4** Platzieren Sie eine Abstützung unter dem Motor, die dessen Gewicht aufnimmt, ihn aber nicht hoch drückt. Lösen und entfernen Sie die Schrauben der Motorhalterungen und die oberen Motorbolzen (Abbildung 4.25a und b). Lösen und entfernen Sie an beiden Seiten die vorderen Motorbolzen samt ihrer Scheiben (Abbildung 4.26a und b).

**5** Der Zylinderkopf ist mit acht Schrauben gesichert. Lösen und entfernen Sie zuerst die zwei M6-Schrauben außen am Steuerkettenschacht (siehe Abbildung). Lockern Sie dann schrittweise – nicht mehr als eine halbe Umdrehung zurzeit – die zehn M10-Schrauben in der **umgekehrten** Anzugsreihenfolge (siehe Abbildung und Abbildung 10.17b). Entfernen Sie die Schrauben anschließend.

**6** Ziehen Sie den Zylinderkopf vom Motorgehäuse (siehe Abbildung) – falls er sich nicht löst, muss er mit einem weichen Hammer oder Holz rundherum leicht abgeklopft werden. Versuchen Sie nicht, den Zylinderkopf abzuhebeln – Sie würden dabei die Dichtflächen zerstören.

**7** Entfernen Sie die Zylinderkopfdichtung, und stellen Sie nötigenfalls die zwei Passhülsen sicher (Abbildung 10.15). Die Zylinderkopfdichtung muss später durch ein Neuteil ersetzt werden.

**8** Modellen, wo direkt hinter der rechten vorderen Motorhalterung eine »1« eingeschlagen ist, findet sich ein Distanzblech, dass nötigenfalls entnommen werden sollte, falls es locker ist – merken Sie sich, wie seine Vorsprünge in die Nuten greifen.

**9** Kontrollieren Sie die Zylinderkopfdichtung sowie die Dichtflächen des Zylinderkopfes und des Zylinders auf Anzeichen von Undichtigkeiten, die einen Verzug anzeigen können. Wechseln Sie nach Sektion 11, Schritt 14, und überprüfen Sie den Verzug des Zylinderkopfes.

***Hinweise zum Entfernen von alten Dichtungen finden sich in Sektion 7 der*** **Werkzeug- und Werkstatt-Tipps** ***im Anhang.***

**10** Legen Sie ein sauberes Tuch über den Zylinderblock, um keinen Schmutz eindringen zu lassen.

**11** Entfernen Sie nötigenfalls den Kühltemperatursensor (siehe Kapitel 3).

## Einbau

**12** Reinigen Sie die Dichtflächen des Kopfes und des Zylinders mit einem geeigneten Lösungsmittel. Entfernen Sie sämtliche Dichtungsreste. Wird ein Schaber eingesetzt, muss aufgepasst werden, dass nicht das relativ weiche Aluminium abgetragen wird. Dichtungsreste dürfen nicht ins Motorgehäuse, die Zylinderbohrung oder Öl- und Wasserkanäle geraten.

**13** Montieren Sie ggf. den Kühltemperatursensor (siehe Kapitel 3).

**14** Bei Modellen, wo direkt hinter der rechten vorderen Motorhalterung eine »1« eingeschlagen ist, muss darauf geachtet werden, dass die Vorsprünge des Distanzblech in die Nuten greifen.

**15** Stecken Sie ggf. die Passhülsen in ihre Sitze, und legen Sie die neue Kopfdichtung darüber (siehe Abbildung).

**16** Setzen Sie den Zylinderkopf vorsichtig über die Passhülsen auf das Motorgehäuse (Abbildung 10.6).

**17** Schmieren Sie die Gewinde, Scheiben und Kopf-Unterseiten der **neuen** M10-Schrauben mit Motoröl. Installieren Sie die Schrauben zunächst handfest (siehe Abbildung), und ziehen Sie sie dann in der gezeigten Reihenfolge zunächst mit 10 Nm an; ziehen Sie sie dann in der gleichen Reihenfolge mit 40 Nm an (siehe Abbildung). Lockern Sie die die Schrauben an-

**10.17a Schmieren Sie die neuen Schrauben an den Gewinden und unter den Köpfen sowie die Scheiben.**

**10.17b Anzugsreihenfolge der M10-Zylinderkofschrauben**

2

**10.17c Der endgültige Anzug muss nötigenfalls mit einer Gradscheibe erfolgen.**

schließend in der Anzugsreihenfolge, und ziehen Sie sie diesmal in der vorgegebenen Reihenfolge mit 20 Nm an und dann in der gleichen Reihenfolge (nötigenfalls mithilfe einer Gradscheibe) um 90° weiter.

**Anmerkung:** *Markieren Sie die Schrauben anschließend mit Farbe, um sicherzustellen, dass keine vergessen oder doppelt angezogen wird.*

**18** Installieren Sie die zwei M6-Schrauben, und ziehen Sie sie mit 10 Nm an (Abbildung 10.5a).
**19** Heben Sie mithilfe eines Drahts oder Magneten die Steuerkette aus dem Kettenschacht, und führen Sie eine Stange (z. B. einen Schraubendreher) hindurch, um sie zu sichern. Schmieren Sie das Gummi der Steuerketten-Halteschraube mit Silikonpaste, drehen Sie die Schraube zwischen den Kettentrums ein, und ziehen Sie sie mit 10 Nm an (Abbildung 9.3a). Legen Sie die Kette darüber.
**20** Wechseln Sie zu Sektion 4, und montieren Sie die vorderen und oberen Motorbolzen und Motorhalterungen
**21** Montieren Sie alle anderen entfernten Teile in der entgegengesetzten Ausbaureihenfolge.

## 11 Zylinderkopf und Ventile
Überholen

**Spezialwerkzeug:** *Für diese Arbeit ist eine für Motorradmotoren geeignete Ventilfederpresse unerlässlich.*

**1** Aufgrund der Komplexität dieser Arbeit und der notwendigen Werkzeuge und Ausrüstungen müssen die meisten Motorradbesitzer Arbeiten an den Ventilen, Ventilsitzen und Ventilführungen einer professionellen Werkstatt überlassen. Allerdings kann man eine Abschätzung über die Dichtigkeit der Ventile und Sitze erhalten, indem eine kleine Menge Lösungsmittel in jeden Ventilkanal gefüllt und dabei beobachtet wird, ob diese am Ventil vorbei in den Brennraum sickert (was ein nicht korrekt sitzendes und abdichtendes Ventil anzeigt).
**2** Der Heimwerker kann mithilfe einer geeigneten Ventilfederpresse die Ventile ausbauen, die Bauteile reinigen und auf Verschleiß kontrollieren. Solange die Ventilsitze nicht nachgeschnitten werden müssen, können die Ventile zudem eingeschliffen und wieder installiert werden.
**3** Die Werkstatt kann zudem die Ventile und Ventilsitze überarbeiten oder austauschen und die Ventilführungen erneuern.
**4** Nach erfolgter Ventilüberholung ist der Zylinderkopf in einem neuwertigen Zustand. Wenn Sie den Kopf zurückerhalten, sollten Sie ihn vor dem Einbau sorgfältig reinigen und von Metallspänen und Schleifmittelresten befreien, die von der Überholung stammen können. Wenn möglich, sollten alle Löcher und Kanäle mit Druckluft ausgeblasen werden.

### Zerlegen

**5** Vor Arbeitsbeginn muss sichergestellt sein, dass die Ventile und ihre zugehörigen Bauteile so gelagert werden können, dass später jedes Teil wieder genau an seinen Platz im Zylinderkopf gebaut werden kann (siehe Abbildung). Verwenden Sie entweder den in Sektion 8 für die Tassenstößel und Shims verwendeten Behälter oder beschaffen Sie neue, um die 16 Ventile samt Kleinteile unterbringen und später wieder korrekt zuordnen zu können. Alternativ können beschriftete Plastikbeutel benutzt werden.
**6** Richten Sie die Federpresse zu den beiden Enden des ersten Ventils aus – achten Sie auf ihren korrekten Sitz (siehe Abbildung). An der Oberseite muss der Adapter etwa die gleiche Größe haben wie der Federteller – falls er zu klein ist, wird es schwierig, die Ventilschaft-Keile aus- und einzubauen (siehe Abbildung). An der Unterseite (im Brennraum) muss darauf

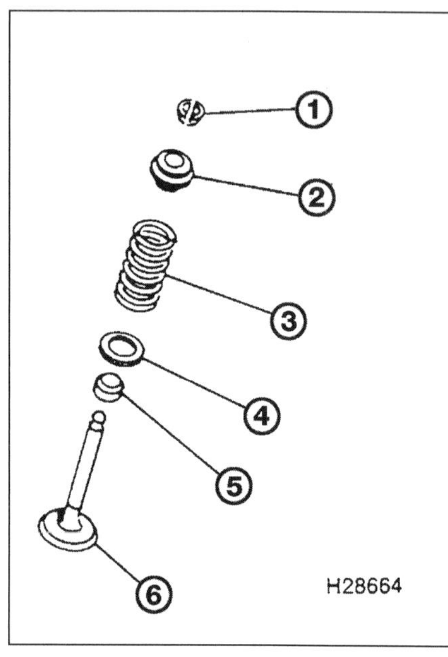


**11.5 Ventil-Bauteile**

| | |
|---|---|
| *1 Keile* | *4 Federsitz* |
| *2 Federteller* | *5 Ventilschaftdichtung* |
| *3 Ventilfeder* | *6 Ventil* |

geachtet werden, dass die Presse nur auf das Ventil drückt – und nicht gegen das Aluminium des Kopfes (siehe Abbildung) – verwenden Sie nötigenfalls eine Distanzhülse. Komprimieren Sie die Feder nicht stärker als nötig.

***Achtung: Passen Sie besonders auf, die Tassenstößel-Bohrungen nicht mit der Federpresse zu beschädigen!***

**7** Entfernen Sie mit einer Zange, einer Pinzette, einem Magneten oder einem mit Fett bestrichenen Schraubendreher die Keile (siehe Abbildung). Lösen sie vorsichtig die Federpresse, und entfernen Sie den Federteller und die Feder – merken Sie sich die Einbaulagen (siehe Abbildungen). Ziehen Sie das Ventil nach unten aus dem Kopf – falls es in der Führung klemmt und sich nicht hindurch ziehen lässt, muss es zurück gedrückt und im Bereich um die Keilnut mit einer sehr feinen Feile oder

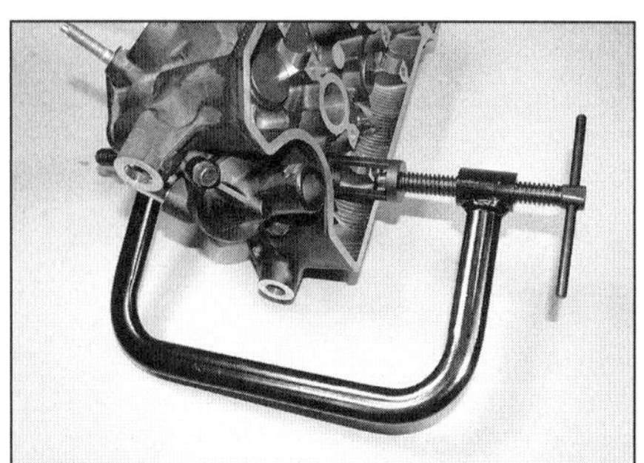

**11.6a Drücken Sie die Ventilfeder mithilfe der Federpresse zusammen ...**

**11.6b ... – achten Sie darauf, dass die Presse korrekt gegen den Federteller ...**

**11.6c ... und den Ventilteller drückt.**

**11.7a Entfernen Sie die Keile wie beschrieben.**

**11.7b Entfernen Sie den Federteller und die Ventilfeder, ...**

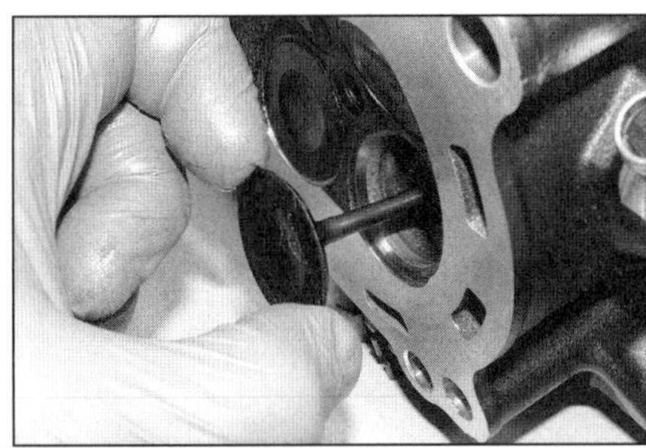

**11.7c ... drücken Sie dann das Ventil herunter, und ziehen Sie es heraus.**

einem Nassschleifstein entgratet werden (siehe Abbildung).

**8** Ziehen Sie mit einer Zange die Ventilschaftdichtung von der Ventilführung und entsorgen sie (alte Dichtungen dürfen NIEMALS wiederverwendet werden). Jetzt kann der Federsitz unter Beachtung seiner Einbaulage von der Ventilführung befreit werden (siehe Abbildungen).

**9** Wiederholen Sie die Prozedur an den anderen Ventilen, und achten Sie darauf, dass die Einzelteile genau wieder dem entsprechenden Kanal im Zylinderkopf zugeordnet werden.

**10** Als Nächstes wird der Zylinderkopf mit Lösungsmittel gereinigt und sorgfältig getrocknet. Druckluft beschleunigt das Trocknen und sorgt dafür, dass alle Löcher und Ecken sauber werden.

**Anmerkung:** *Der Brennraum darf nicht mit einem rotierenden Drahtbürstenaufsatz gereinigt werden, da hierbei Aluminium abgetragen würde.*

**11** Reinigen Sie alle Ventil-Bauteile mit Lösungsmittel, und trocknen Sie sie sorgfältig. Reinigen Sie zurzeit immer nur die Teile eines Ventils, um Verwechslung zu vermeiden.

**12** Schaben Sie alle Kohleablagerungen von den Ventilen. Reinigen Sie Ventilteller und Schaft anschließend mit einem Drahtbürstenaufsatz für die Bohrmaschine. Achten Sie darauf, dass die Ventile nicht durcheinandergeraten.

## Kontrolle

**13** Inspizieren Sie den Zylinderkopf sorgfältig auf Risse und andere Beschädigungen. Wenn Risse festgestellt werden, muss der Zylinderkopf ausgetauscht werden. Kontrollieren Sie die Gleitflächen der Nockenwellenlager auf Verschleiß und Klemmspuren, begutachten Sie ebenso die Nockenwellen und Lagerschilde auf Verschleiß (siehe Sektion 8).

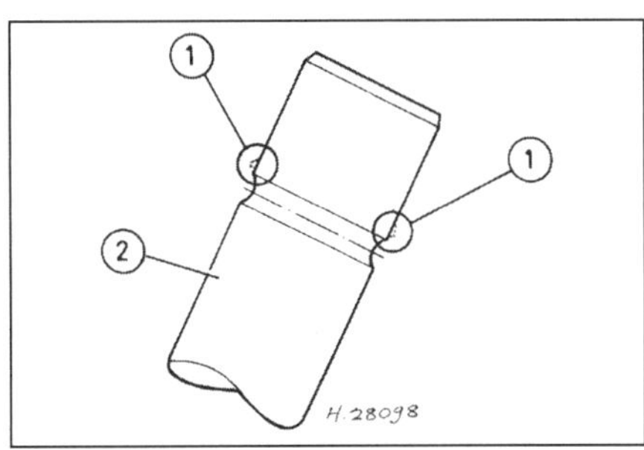


**11.7d Falls das Ventil klemmt, müssen alle Grate (1) an den Keilnuten des Ventilschaftes (2) geglättet werden.**

**14** Mithilfe einem Präzisions-Richtwinkel und einer 0,05-mm-Fühlerlehre (der Wert des maximalen Verzugs) wird die Dichtfläche des Zylinderkopfes vermessen. Wechseln Sie zu Sektion 3 in den *Werkzeug- und Werkstatt-Tipps* im Anhang, um genaue Angaben zur Messung des Zylinderkopf-Verzugs zu erhalten. Wenn der Zylinderkopf verzogen ist, kann er ggf. geplant werden – konsultieren Sie hierzu eine Yamaha-Werkstatt oder einen Motoren-Spezialisten. Bei zu großem Verzug ist er durch einen neuen zu ersetzen.

**15** Begutachten Sie die Ventilsitze im Brennraum. Falls sie Ausbrüche, Risse oder Verbrennungen zeigen, übersteigt dies die notwendige Arbeit die Möglichkeiten eines Hobbyschraubers. Messen Sie die Breite der Ventilsitze (siehe Abbildung) – falls sie irgendwo dünner als 0,9 mm oder breiter als 1,1 mm sind oder ungleichmäßig verlaufen, ist eine Überholung in einer Fachwerkstatt notwendig.

**11.8a Ziehen Sie die Ventilschaftdichtung von der Ventilführung, ...**

**16** Inspizieren Sie sorgfältig den Ventilteller, den Schaft und die Keilnute auf Risse, Löcher sowie verbrannte Stellen (siehe Abbildung).

**Anmerkung:** *Kleine Unvollkommenheiten zwischen den Dichtflächen des Ventils und des Sitzes können durch Läppen beseitigt werden (siehe Schritte 23 bis 26).*

**17** Drehen Sie das Ventil, und prüfen Sie dabei, ob es verzogen sein könnte. Prüfen Sie ggf. mithilfe von Prismenböcken und einer Messuhr, wie stark das Ventil verzogen ist (siehe Abbildung) – wenn mehr als 0,01 mm festgestellt werden, ist das Ventil zu ersetzen, da es nicht mehr korrekt abdichten wird.

**18** Messen Sie den Ventilschaft-Durchmesser (siehe Abbildung). Befreien Sie die Ventilfüh-

2

**11.8b ... und entfernen Sie den Federsitz.**

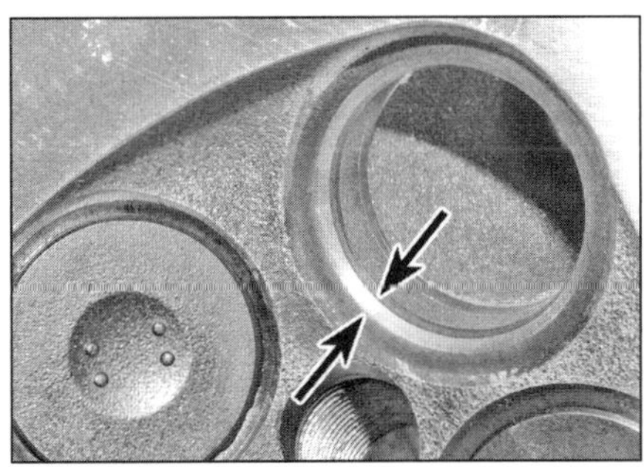

**11.15 Messen Sie die Breite des Ventilsitzes.**

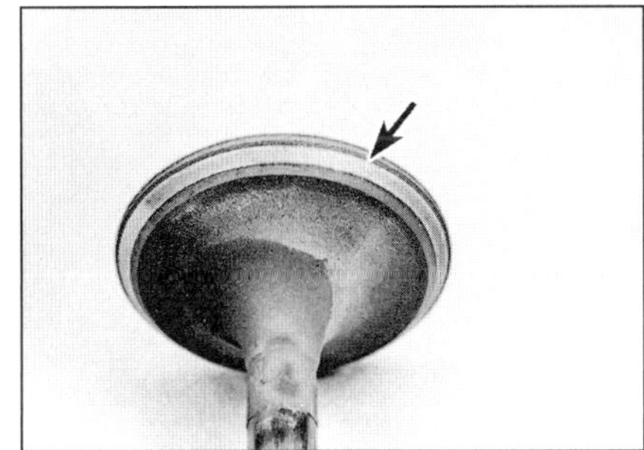

**11.16 Kontrollieren Sie den Tellerrand auf Verschleiß und Beschädigungen.**

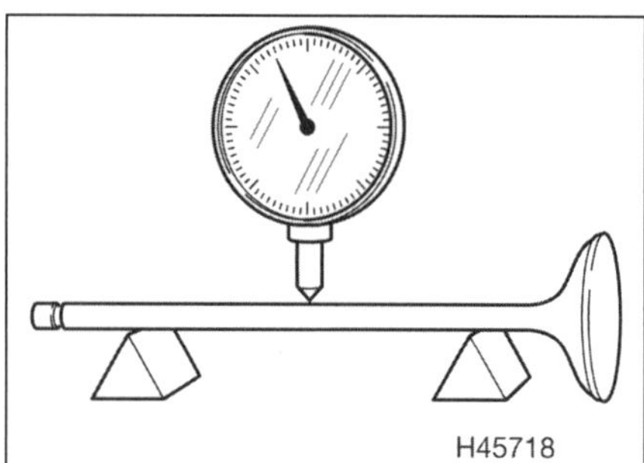


**11.17 Messen Sie den Verzug des Ventilschafts.**

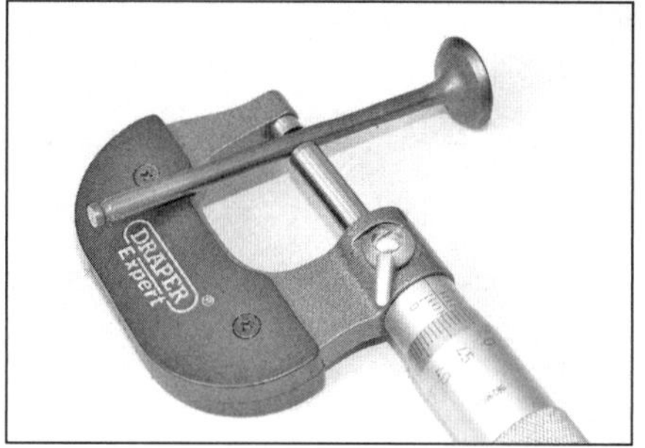


**11.18a Messen Sie den Ventilschaft-Durchmesser ...**

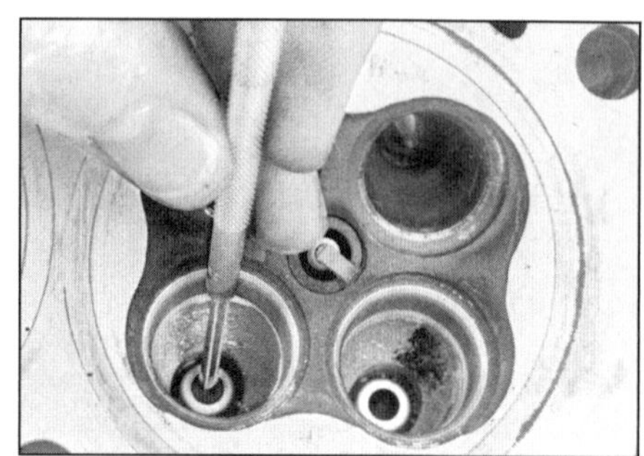

**11.18b ... und den Innendurchmesser der Ventilführung.**

rungen von sämtlichen Kohleablagerungen. Ermitteln Sie auch den Innendurchmesser der Ventilführung an beiden Enden und in der Mitte, um ungleichmäßigen Verschleiß festzustellen (siehe Abbildung). Vergleichen Sie die Messwerte mit den Angaben in den technischen Daten, und ersetzen Sie alle übermäßig verschlissenen Komponenten. Falls eine Ventilführung innerhalb der Toleranzwerte liegt aber ungleichmäßig verschlissen ist, muss sie dennoch ersetzt werden. Der Austausch von Ventilführungen muss von einer Fachwerkstatt durchgeführt werden. Subtrahieren Sie den Schaft-Durchmesser vom Führungs-Durchmesser – falls das Spiel über dem Wert in den technischen Daten liegt, muss die verschlissene Komponente ersetzt werden.

**Anmerkung:** *Yamaha empfiehlt, beim Einbau neuer Ventile auch deren Führungen zu ersetzen.*

**19** Kontrollieren Sie das Ende des Ventilschafts und die Keilnuten auf Ausbrüche und übermäßigen Verschleiß (siehe Abbildung) – ersetzen Sie das Ventil nötigenfalls.
**20** Kontrollieren Sie die Enden der Ventilfedern auf Verschleiß und Ausbrüche. Messen Sie die freie Länge der Federn (siehe Abbildung) – ist eine Feder kürzer als in den technischen Daten angegeben, so ist sie erlahmt und alle Federn müssen als Set ausgetauscht werden.

**Anmerkung:** *Wenn eine Feder ermüdet ist, werden auch die anderen Federn bald verschlissen sein. Ermüdete Federn können die Ventile bei hohen Drehzahlen keine vorschriftsmäßig schließenden Ventile sicherstellen, sodass die Gefahr bestünde, dass Ventile und Kolben sich berühren. Dies würde schwere Motorschäden nach sich ziehen! Ermitteln Sie mithilfe eines Richtwinkels, ob eine Feder mehr als 1,8 mm verbogen ist – in diesem Fall ist sie ebenfalls zu ersetzen.*

**21** Kontrollieren Sie die Federsitze, Federteller und Keile auf sichtbaren Verschleiß und Brüche.
**22** Wenn die Inspektion erkennen lässt, dass keine Überholung notwendig ist, können die Bauteile des Ventiltriebs wieder in den Zylinderkopf installiert werden. Alle fragwürdigen Teile dürfen nicht wiederverwendet werden, da bei ihrem Ausfall im Motorbetrieb sehr großer Schaden entstehen kann.

## Zusammenbau

**23** Wenn keine Ventilüberholung durchgeführt wurde, sollten die Ventile vor dem Einbau in den Kopf eingeschliffen (»geläppt«) werden, um die Dichtigkeit an den Ventilsitzen sicherzustellen.

**Anmerkung:** *Nachdem die Ventilsitze nachgeschnitten wurden, dürfen die Ventile nicht geläppt werden. Der Ventilsitz muss weich und unpoliert sein, damit sich das Ventil bei laufendem Motor korrekt setzen kann. Für das Läppen benötigt man feine Ventilschleifpaste sowie einen Ventildreher. Wenn dieses Werkzeug nicht zur Hand ist, kann auch ein Stück Gummi- oder Plastikschlauch über den Ventilschaft geschoben (nachdem das Ventil in die Führung gesteckt wurde) und das Ventil damit gedreht werden.*

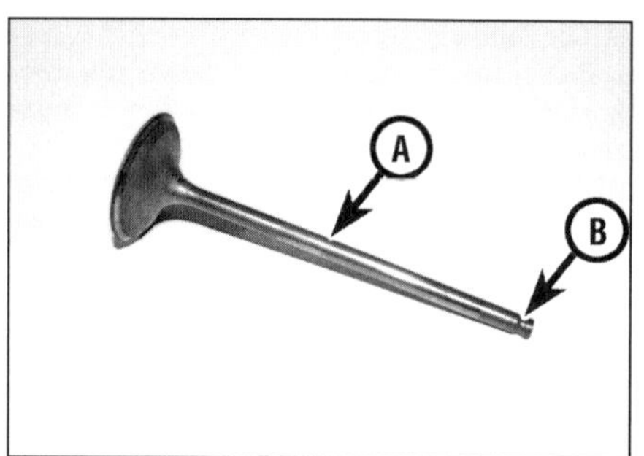


**11.19 Kontrollieren Sie am Ventil den Schaft (A) und die Keilnuten (B).**

**24** Geben Sie etwas von der Schleifpaste auf die Ventildichtfläche (siehe Abbildung) sowie etwas von einem Gemisch aus Molybdänfett und Motoröl an den Ventilschaft, und stecken Sie das Ventil in die Führung (Abbildung 11.7c).

**Anmerkung:** *Gehen Sie sicher, dass das Ventil in der richtigen Führung steckt und das keine Schleifpaste an den Ventilschaft gerät.*

**25** Befestigen Sie den Ventildreher (oder den Schlauch) am Ventil, und drehen sie ihn zwischen den Handflächen. Hin- und herdrehen ist dem Drehen in eine Richtung vorzuziehen (siehe Abbildung). Heben Sie das Ventil regelmäßig vom Sitz, und verteilen Sie die Paste ordentlich. Setzen Sie das Schleifen so-

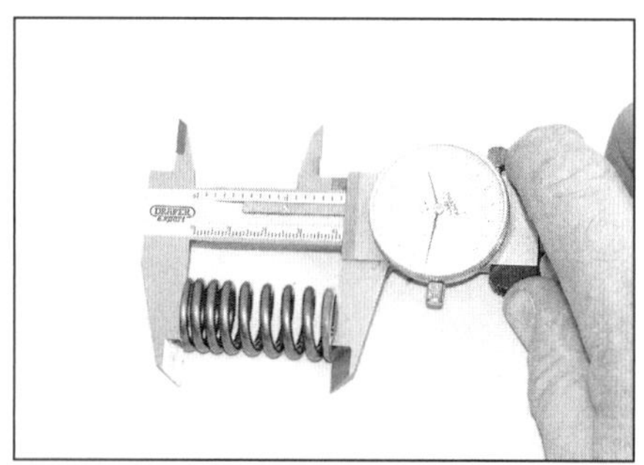

**11.20a Messen Sie die freie Länge aller Ventilfedern, ...**

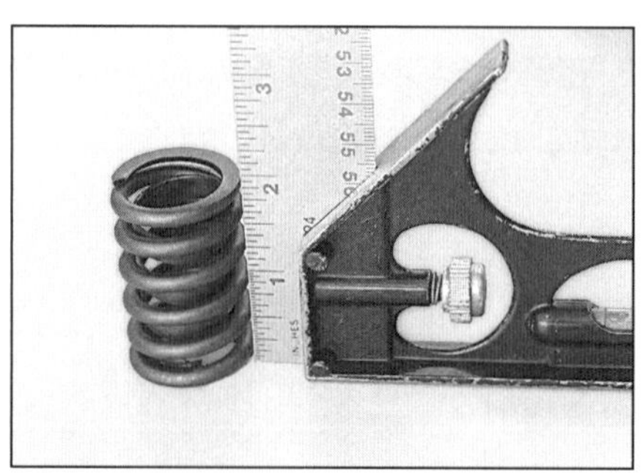

**11.20b ... und kontrollieren Sie sie auf Verzug.**

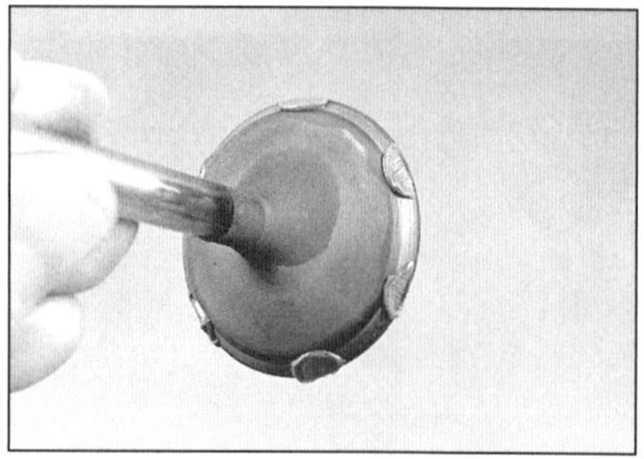

**11.24 Geben Sie sparsam und gut verteilt Schleifpaste auf die Dichtflächen – nicht auf den Schaft.**

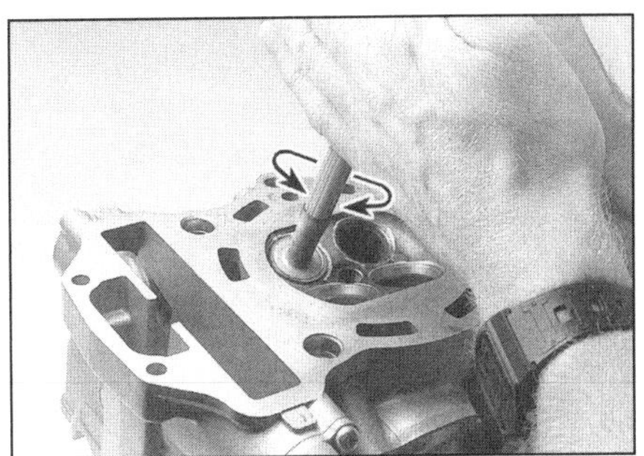

**11.25 Bewegen Sie den Ventildreher zwischen den Handflächen hin und her.**

**11.28a Legen Sie den Federsitz über die Ventilführung.**

**11.28b Installieren Sie die neue Ventilschaftdichtung mit einer Stange als Führung, ...**

lange fort, bis die Dichtflächen am Ventil und am Sitz eine gleichmäßige Breite und am ganzen Umfang keine Unterbrechungen haben.

**26** Ziehen Sie vorsichtig das Ventil aus der Führung, und wischen Sie alle Schleifpasten-Reste ab. Reinigen Sie das Ventil mit Lösungsmittel, und wischen Sie es sorgfältig mit einem mit Lösungsmittel getränkten Tuch ab.

**27** Wiederholen Sie den Arbeitsgang mit den anderen Ventilen. Reinigen Sie anschließend das Ventil und seine Führung sorgfältig mit Lösungsmittel. Blasen Sie alle Kanäle mit Druckluft aus – vor der Montage müssen alle Schleifmittel-Reste entfernt sein.

**28** Zurzeit immer nur an einem Ventil arbeitend, wird der Federsitz an seinen Platz im Zylinderkopf gelegt – der Bund muss nach oben zeigen und in die Feder greifen können (siehe Abbildung). Stecken Sie die neue Ventilschaftdichtung auf die Ventilführung. Drücken Sie sie mit dem Daumen oder einem geeigneten Steckschlüssel auf die Führung, bis sie fühlbar eingerastet ist (siehe Abbildungen). Auf keinen Fall darf die Dichtung verkantet, gedreht oder wieder abgezogen werden, da sie dann das Ventil nicht mehr korrekt abdichtet.

**29** Schmieren Sie den Ventilschaft mit einem Gemisch aus Molybdänfett und Motoröl, und stecken Sie das Ventil drehend in die Führung, um die Dichtung nicht zu beschädigen (Abbildung 11.7c). Kontrollieren Sie, ob es sich frei auf und ab bewegen lässt. Jetzt werden die Ventilfeder mit den engeren Wicklungen voran und der Federteller mit dem Bund nach unten in die Feder installiert (siehe Abbildungen).

**30** Geben Sie etwas Fett innen an die Keile, um sie an das Ventil »kleben« zu können (siehe Abbildung). Drücken Sie die Feder mit der korrekt sitzenden Federpresse nur soweit wie nötig zusammen, um die Keile montieren zu können (siehe Schritt 6) (Abbildung 11.6a, b und c). Bringen Sie die Keile nacheinander mithilfe eines gefetteten Schraubendrehers in Position (siehe Abbildung). Achten Sie darauf, dass die Keile korrekt in den Nuten sitzen, und lösen Sie vorsichtig die Presse.

**31** Wiederholen Sie die Prozedur an den anderen Ventilen. Denken Sie daran, die Bauteile einer Ventilbaugruppe zusammenzuhalten, damit sie in die alten Positionen montiert werden können.

**32** Stützen Sie den Zylinderkopf so auf Holzblöcken, dass die sich öffnenden Ventile nicht die Werkbank berühren können, und schlagen Sie sanft mit einem Hammer und einem Messingdorn (oder anderem weichen Material) oben auf die Ventilschäfte, damit die Keile sich besser in die Nuten setzen können.

***Kontrollieren Sie die Dichtigkeit der Ventile durch das Einfüllen von Lösungsmittel in den jeweiligen Kanal. Wenn die Flüssigkeit am Ventil vorbei in den Brennraum läuft, muss die Ventilbaugruppe wieder zerlegt und ggf. von einem Fachbetrieb begutachtet werden.***

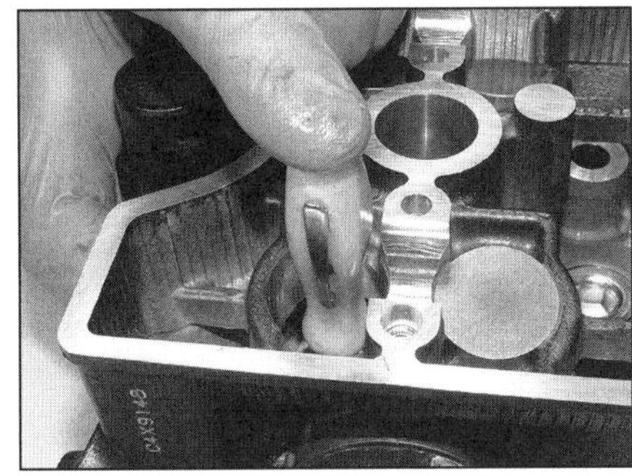

**11.28c ... und drücken Sie sie vorsichtig auf den Schaft, bis sie einrastet.**

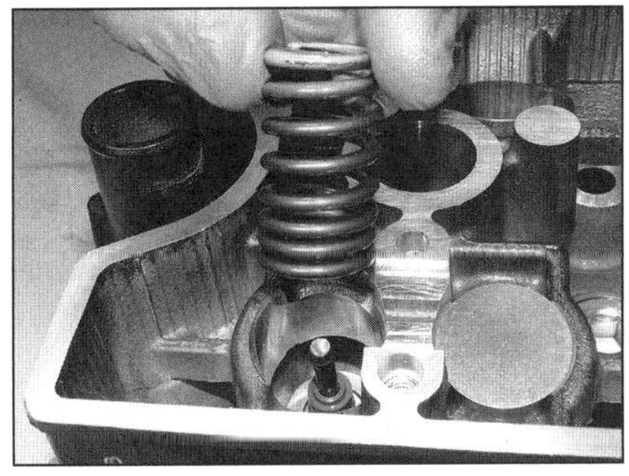

**11.29a Installieren Sie die Feder mit den engeren Wicklungen nach unten, ...**

2

**33** Nach der Montage des Zylinderkopfes und der Nockenwellen muss das Ventilspiel kont-

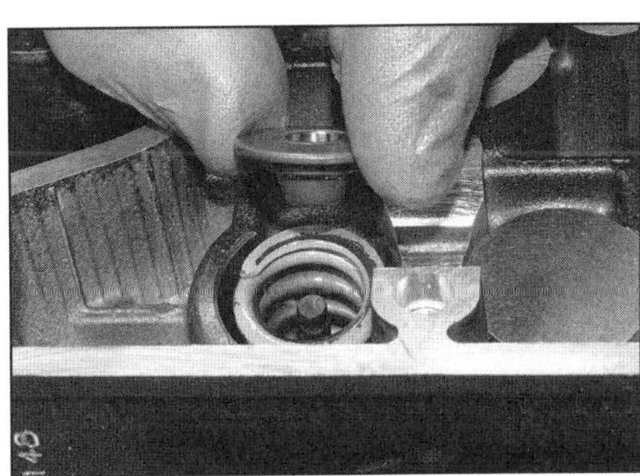

**11.29b ... und legen Sie den Federteller auf.**

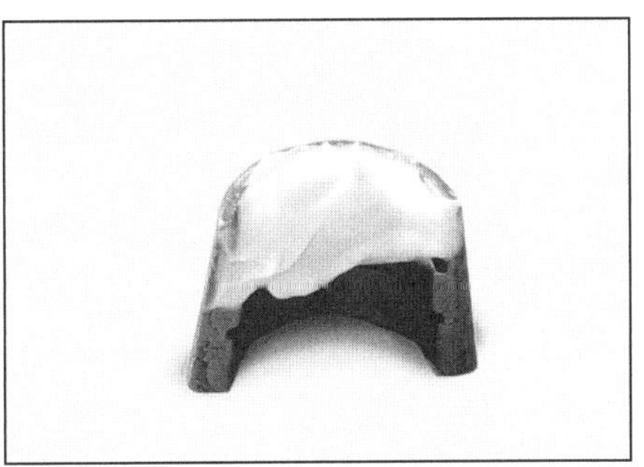

**11.30a Geben Sie Fett an die Ventilkeile, ...**

**11.30b ... um sie über der Nut an den Ventilschaft zu »kleben«.**

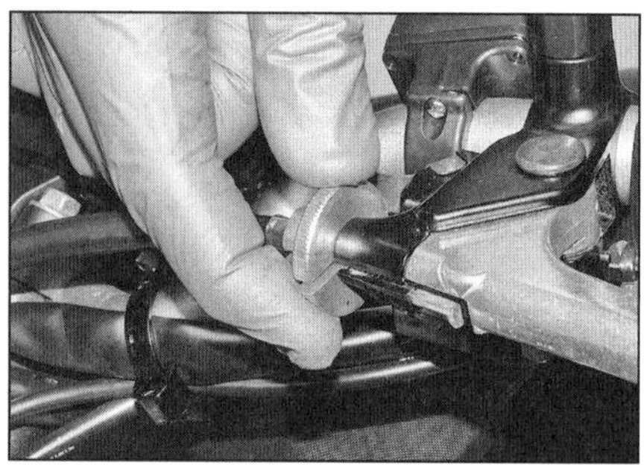
**12.2 Richten Sie bei eingedrehtem Einsteller alle Nuten zueinander aus.**

**12.3a Halten Sie die Einstellmutter (vorn), und lösen Sie die Kontermutter (hinten), ...**

**12.3b ... um den Kupplungszug aus dem Halter zu befreien.**

rolliert und eventuell eingestellt werden (siehe Kapitel 1).

## 12 Kupplungszug

### Ausbau

**1** Entfernen Sie bei der TRACER die Verkleidungsseitenteile und Innenverkleidungen. Entfernen Sie bei der XSR 700 die Abdeckungen vorn unter dem Tank (siehe Kapitel 7).

**2** Drehen Sie am Kupplungshebel den Einsteller vollständig in den Halter und dann soweit zurück, bis seine Nut zu derjenigen des Halters fluchtet (siehe Abbildung).

**3** Lockern Sie an der Kupplungszug-Aufnahme am Motor die Kontermutter, und drücken Sie den Bowdenzug nach vorn, bis die Einstellmutter aus der Lasche befreit werden kann (siehe Abbildungen). Biegen Sie an der Ausrückhebel-Aufnahme die Lasche zurück, und befreien Sie den Zug (siehe Abbildungen).

**4** Ziehen Sie nun auch oben die Bowdenzughülle aus dem Einsteller, befreien Sie das Stahlseil aus den Nuten des Einstellers, des Hebelhalters und des Hebels, und ziehen Sie den Nippel nach unten ab (siehe Abbildungen).

**5** Befreien Sie den Kupplungszug aus allen Befestigungen und Führungen, merken Sie sich seine Verlegung, und entnehmen Sie ihn aus dem Motorrad.

***Um einen Bowdenzug sicher in der ursprünglichen Position verlegen zu können, wird das untere Ende des neuen Zuges mit Draht am oberen Ende des alten Zuges befestigt – und der neue Zug beim Herausziehen des alten Zuges in seine korrekte Einbaulage gezogen..***

### Einbau

**6** Der Einbau entspricht der umgekehrten Ausbaureihenfolge. Schmieren Sie die Enden des Kupplungszugs mit Fett. Ziehen Sie den neuen Zug korrekt ein (siehe Praxis-Tipp). Nachdem der Seilzug-Nippel am Ausrückhebel eingehängt ist, wird der untere Einsteller nach vorn gezogen, um einen Großteil des Freigangs aufzunehmen. Drehen Sie dann die Einstellmutter herunter, führen Sie sie hinter der Lasche ein, und drehen Sie die Kontermutter hinten gegen den Halter (Abbildung 12.3d, b und a). Biegen Sie die Lasche des Ausrückhebels zurück, um den Nippel zu sichern (siehe Abbildung).

**7** Stellen Sie das Spiel des Kupplungshebels ein (siehe Kapitel 1).

**8** Prüfen Sie, ob sich der Ausrückmechanismus sanft bewegen lässt. Wenn sich Hinweise auf Verschleiß oder Beschädigungen finden, müssen der Hebel und die Welle ausgebaut, gereinigt und geschmiert werden (siehe Sektion 13).

**12.3c Biegen Sie die Lasche an der Kupplungszug-Aufnahme hoch, ...**

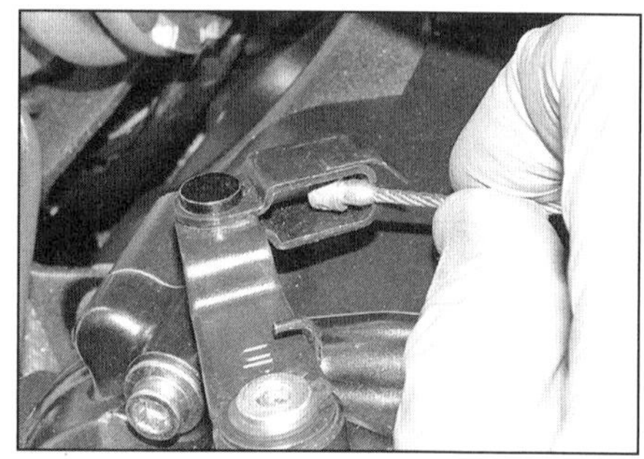
**12.3d ... und befreien Sie den Seilzugnippel.**

**9** Montieren Sie ggf. entfernte Verkleidungsteile (siehe Kapitel 7).

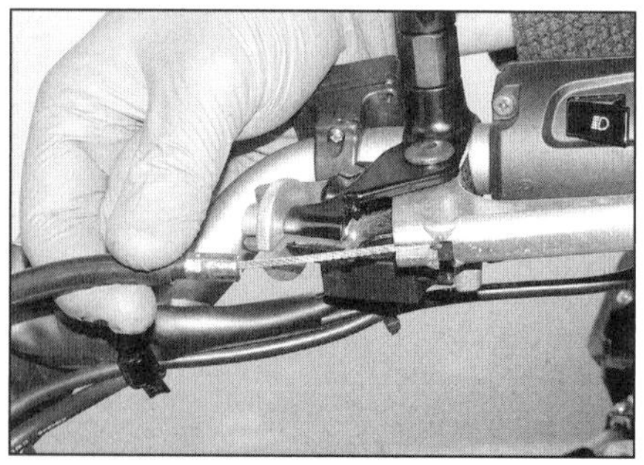
**12.4a Befreien Sie den Kupplungszug aus dem oberen Einsteller ...**

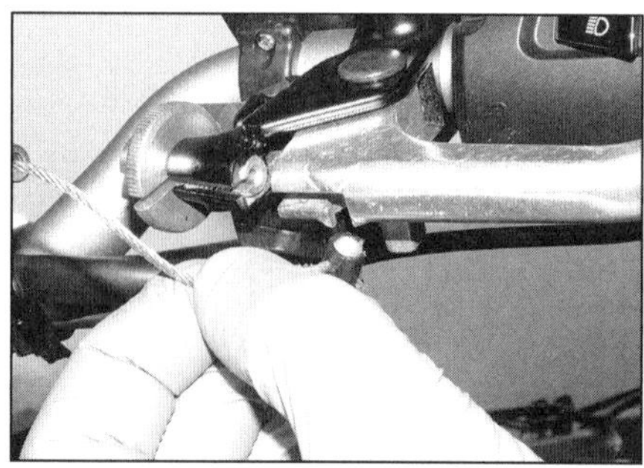
**12.4b ... und dem Kupplungshebel.**

**12.6 Biegen Sie die Sicherungslasche herunter.**

**13.3a Lösen Sie die fünf Schrauben, und befreien Sie den Wasserpumpendeckel samt der Kühlmittelrohre.**

**13.3b Pumpendeckel-Arretierstift**

**13.5 Lösen Sie die zwölf Kupplungsdeckelschrauben.**

## 13 Kupplung

**Spezialwerkzeug:** *Ein Kupplungs-Zentrierwerkzeug kann hilfreich sein, wird aber nicht zwingend benötigt.*

### Ausbau

**1** Falls das Motorrad aufrecht abgestützt wird, muss das Motoröl abgelassen werden (siehe Kapitel 1); bei auf dem Seitenständer stehender Maschine ist dies nicht nötig.

**2** Entleeren Sie das Kühlsystem (siehe Kapitel 1).

**3** Lösen Sie die vier Schrauben des Wasserpumpendeckels und die Schraube, mit der die Kühlmittelrohre am Kupplungsdeckel gesichert sind. Sichern Sie den Deckel samt Rohren abseits des Kupplungsdeckels (z.B. mit einem Kabelbinder an den Krümmerrohren) (siehe Abbildung). Entfernen Sie den O-Ring (Abbildung 13.38) – später muss ein Neuteil beschafft werden. Falls der Arretierstift locker ist, muss er sichergestellt werden (siehe Abbildung).

**4** Lösen Sie den Kupplungszug vom Ausrückhebel (siehe Sektion 12, Schritt 3).

**5** Lockern Sie schrittweise und über Kreuz die Kupplungsdeckel-Schrauben, beachten Sie dabei die Positionen des Kupplungszughalters und der Klemme für das Lambdasondenkabel (siehe Abbildung).

**6** Seien Sie auf austretendes Öl vorbereitet, und entnehmen Sie den Deckel (siehe Abbildung). Falls sich der Deckel nicht abnehmen lässt, muss er rundherum vorsichtig mit einem Kunststoffhammer oder Holz abgeklopft werden, damit er sich von der Dichtung trennt.

**7** Entfernen Sie die Dichtung – später muss eine neue verwendet werden. Stellen Sie ggf. die zwei Passhülsen aus dem Deckel oder dem Motorgehäuse sicher (Abbildung 13.35a).

**8** Kontern Sie die Kupplung mithilfe eines Lappens, und lösen Sie schrittweise und über Kreuz die Kupplungsfeder-Schrauben, bis alle locker sind (siehe Abbildung). Entfernen Sie die Schrauben und die Federn.

**9** Nehmen Sie die Druckplatte ab (siehe Abbildung), und befreien Sie die Zugstange aus dem Ausrücklager.

**10** Entfernen Sie die Kupplungsscheiben (siehe Schritt 32) – solange sie nicht durch Neuteile ersetzt werden, müssen sie in ihrer ursprünglichen Reihenfolge verbleiben. Die Laschen der äußeren Belagscheibe (Typ 1) greifen in die versetzt zu den anderen angeordneten Nuten des Kupplungskorbes; die äußeren und inneren Belagscheiben sind zudem mit anderem Belagmaterial ausgerüstet als die anderen fünf Scheiben vom Typ 2.

**11** Klopfen Sie mithilfe eines geeigneten Dorns oder kleinen Meißels den Sicherungsbund der Kupplungsmutter aus der Vertiefung der Getriebewelle zurück (siehe Abbildung).

**12** Zum Lösen der Kupplungsmutter muss die Getriebeeingangswelle blockiert werden – bei eingebautem Motor kann sich ein Assistent auf die Sitzbank setzen, einen Gang einlegen und die Fußbremse betätigen. Alternativ wird das Yamaha-Werkzeug 90890-04086 oder einem im Fachhandel erhältlichen Haltewerkzeug verwendet, das gut in die Nuten des

**13.6 Nehmen Sie den Deckel ab.**

**13.8 Lösen Sie die Kupplungsschrauben, und entnehmen Sie die Federn ...**

**13.9 ... sowie die Druckplatte.**

**13.11 Befreien Sie den Bund der Kupplungsmutter aus der Wellennut, ...**

**13.12 ... und lösen Sie diese wie beschrieben.**

2

**13.15 Ziehen Sie die Lagerhülse und das Nadellager heraus.**

**13.16 Befreien Sie die Kette von der Ölpumpe, und entnehmen Sie den Kupplungskorb.**

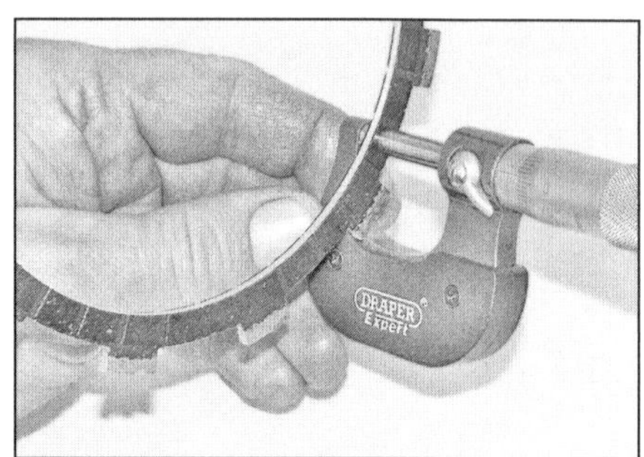

**13.18 Messen Sie die Stärke der Belagscheiben – je nach Typ gelten unterschiedliche Verschleißgrenzen.**

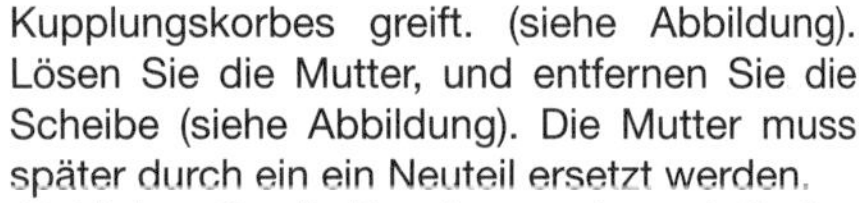
Kupplungskorbes greift. (siehe Abbildung). Lösen Sie die Mutter, und entfernen Sie die Scheibe (siehe Abbildung). Die Mutter muss später durch ein ein Neuteil ersetzt werden.

**13** Ziehen Sie die Kupplungsnabe und die Anlaufscheibe von der Getriebeeingangswelle (Abbildung 13.31a und 13.30).

**14** Beachten Sie, wie die Primärtriebräder hinten am Kupplungskorb und an der Kurbelwelle ineinandergreifen. Beachten Sie auch die Ölpumpenkette und deren Führung – die Kette liegt auf dem hinten im Kupplungskorb integrierten Ritzel.

**15** Befreien Sie die Lagerhülse und das Nadellager zwischen Kupplungskorb und Eingangswelle heraus – hierbei kann ein Magnet oder das Verschieben des Kupplungskorbes auf der Getriebewelle helfen (siehe Abbildung).

**16** Heben Sie die Kette vom Ölpumpenritzel, und entnehmen Sie den Kupplungskorb (siehe Abbildung).

**17** Ziehen Sie die Anlaufscheibe von der Getriebewelle (Abbildung 13.28).

## Kontrolle

**18** Nach einer großen Laufleistung ist es normal, dass die Kupplungsscheiben verschleißen und zu rutschen beginnen. Messen Sie mithilfe eines Messschiebers die Stärke der Belagscheiben (siehe Abbildung). Wenn irgendeine Scheibe unter den in den technischen Daten angegebenen Verschleißgrenzen liegt, müssen alle Belagscheiben als Satz ausgewechselt werden. Dies gilt ebenfalls, wenn Scheiben verbrannt oder verglast sind.

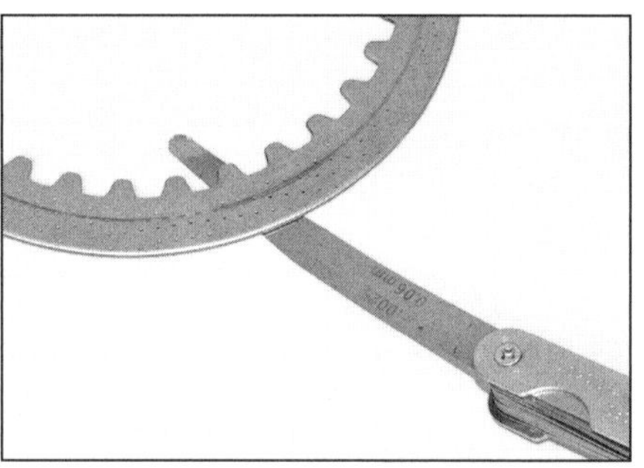

**13.19 Kontrollieren Sie die Stahlscheiben auf Verzug.**

**13.20 Messen Sie die Länge aller Kupplungsfedern.**

**19** Die Stahlscheiben dürfen keine Anzeichen starker Erwärmung (Blaufärbung) aufweisen. Kontrollieren sie mithilfe einer Fühlerlehre den Verzug der Scheiben, indem Sie sie auf eine ebene Oberfläche legen (siehe Abbildung). Wenn eine der Scheiben 0,1 mm oder mehr verzogen oder angelaufen ist, müssen alle Stahlscheiben als Satz ausgewechselt werden.

**20** Messen Sie die freien Längen aller Kupplungsfedern (siehe Abbildung) – falls eine Feder kürzer als 47,5 mm ist, müssen alle Federn als Set ausgetauscht werden.

**21** Kontrollieren Sie die Belagscheiben-Laschen und deren Führungen am Kupplungskorb auf Riefen und Abdrücke (siehe Abbildung). Überprüfen Sie ebenso den Verschleiß an den Zungen der Stahlscheiben und der Kupplungsnabe (siehe Abbildung). Ein solcher Verschleiß äußert sich in Kupplungsrutschen und langsamem Einrücken beim Schalten, da die Scheiben haken, wenn die Druckplatte ausgerückt wird. Minimaler Verschleiß kann mit einer feinen Feile geschlichtet werden – ist er zu groß, müssen die entsprechenden Bauteile ausgetauscht werden.

**22** Begutachten Sie das Nadellager und dessen Laufflächen im Kupplungskorb und auf der Lagerhülse (siehe Abbildung). Bei Hinweisen auf Verschleiß, Ausbrüchen und andere Schäden müssen entsprechende Teile ersetzt werden.

**23** Inspizieren Sie die Zähne der beiden Primärtriebräder hinten am Kupplungskorb und an der Kurbelwelle (siehe Abbildung). Beide Zahnräder sind in die jeweiligen Bauteile integriert, sodass diese nötigenfalls ersetzt wer-

**13.21a Kontrollieren Sie die Laschen der Belagscheiben und die Nuten im Kupplungskorb.**

**13.21b Kontrollieren Sie die Zungen der Stahlscheiben und die Nuten in der Kupplungsnabe.**

**13.22 Kontrollieren Sie das Nadellager und die Laufflächen der Lagerhülse und des Kupplungskorbes auf Verschleiß.**

**13.23 Kontrollieren Sie das Ölpumpen-Antriebsritzel und das Primär-Zahnrad am Kupplungskorb.**

**13.25a Kontrollieren Sie die Druckplatte samt Ausrücklager.**

**13.25b Inspizieren Sie die Zähne der Zugstange und der Welle.**

**13.26a Entfernen Sie die Sicherungsscheibe und die Scheibe, …**

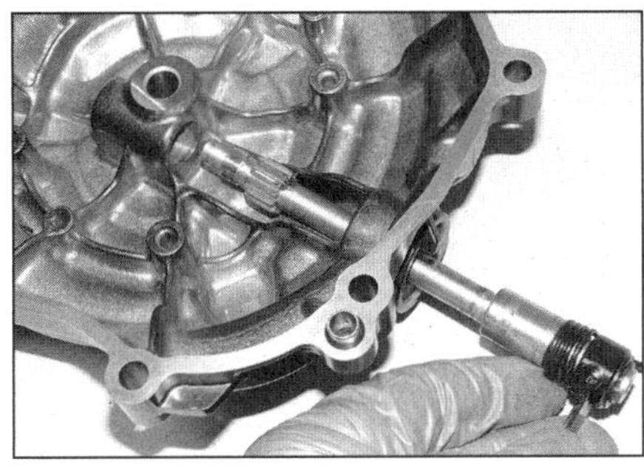

**13.26b … und ziehen Sie die Ausrückwelle heraus.**

**13.26c Hebeln Sie den Dichtring heraus, …**

den müssen (beachten Sie die Sektion 24 für den Ausbau der Kurbelwelle).

**24** Kontrollieren Sie das Ritzel für die Ölpumpenkette hinten am Kupplungskorb (Abbildung 13.23). Bei Beschädigungen muss der Kupplungskorb ersetzt werden; überprüfen Sie in diesem Fall auch die Ölpumpe und ihre Kette (siehe Sektion 18).

**25** Inspizieren Sie die Druckplatte und das Ausrücklager auf Verschleiß und Schäden sowie rauen Lauf (siehe Abbildung). Kontrollieren Sie die Zugstangen-Zähne und ihre Gegenstücke an der Ausrückwelle im Deckel auf Verschleiß und Beschädigungen (siehe Abbildung). Ersetzen Sie nötigenfalls alle schadhaften Teile (siehe auch Schritt 26). Das Ausrücklager kann von der Außenseite der Druckplatte ausgetrieben werden; treiben Sie das neue Lager von innen mit einem Steckschlüssel ein, der nur seinen Außenring berührt.

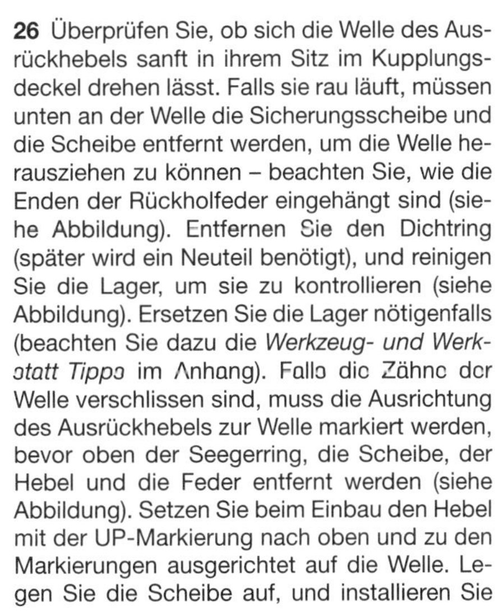

**26** Überprüfen Sie, ob sich die Welle des Ausrückhebels sanft in ihrem Sitz im Kupplungsdeckel drehen lässt. Falls sie rau läuft, müssen unten an der Welle die Sicherungsscheibe und die Scheibe entfernt werden, um die Welle herausziehen zu können – beachten Sie, wie die Enden der Rückholfeder eingehängt sind (siehe Abbildung). Entfernen Sie den Dichtring (später wird ein Neuteil benötigt), und reinigen Sie die Lager, um sie zu kontrollieren (siehe Abbildung). Ersetzen Sie die Lager nötigenfalls (beachten Sie dazu die *Werkzeug- und Werkstatt Tipps* im Anhang). Falls die Zähne der Welle verschlissen sind, muss die Ausrichtung des Ausrückhebels zur Welle markiert werden, bevor oben der Seegerring, die Scheibe, der Hebel und die Feder entfernt werden (siehe Abbildung). Setzen Sie beim Einbau den Hebel mit der UP-Markierung nach oben und zu den Markierungen ausgerichtet auf die Welle. Legen Sie die Scheibe auf, und installieren Sie

**13.26d … und kontrollieren Sie die zwei Lager.**

2

ggf. einen neuen Seegerring. Schmieren Sie die Lager mit Motoröl. Installieren Sie einen neuen Dichtring mit der Beschriftung nach außen, und fetten Sie seine Dichtlippe (siehe Abbildung). Schieben Sie die Welle in ihren Sitz,

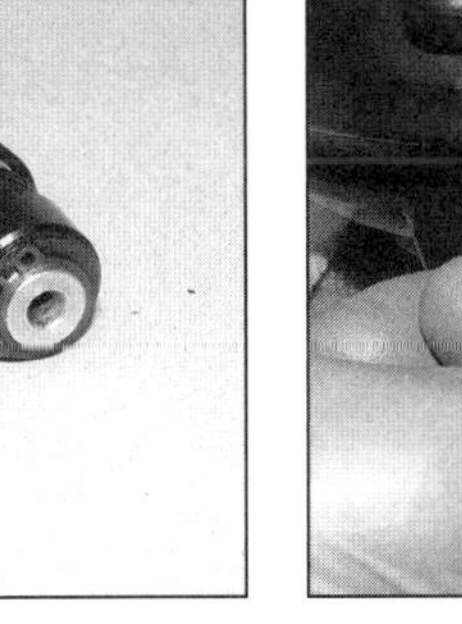

**13.26e Der Hebel ist mit diesem Seegerring auf der Welle gesichert.**

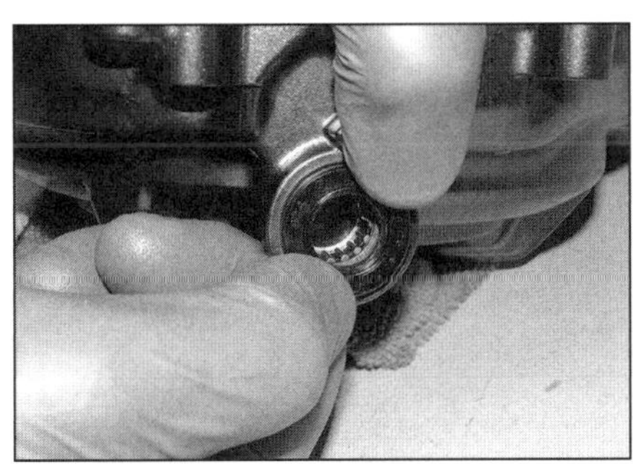

**13.26f Drücken Sie den Dichtring bündig in seinen Sitz.**

**13.26g Legen Sie die Scheibe auf, und installieren Sie die Sicherungsscheibe in ihre Nut.**

**13.28 Schieben Sie die Anlaufscheibe auf.**

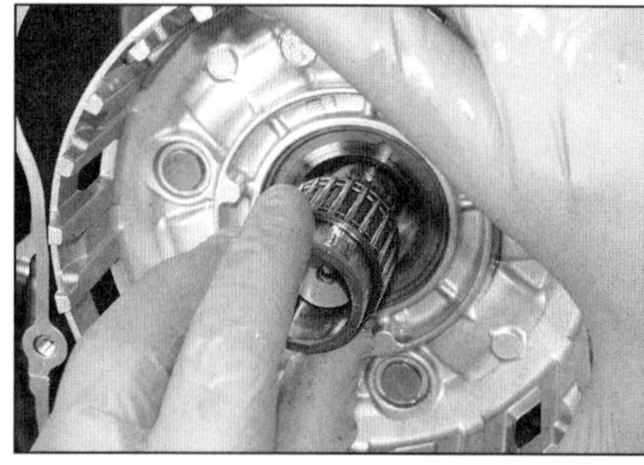

**13.29 Zentrieren Sie den Kupplungskorn, und installieren Sie das Lager samt Hülse.**

**13.30 Schieben Sie die Anlaufscheibe auf.**

**13.31a Installieren Sie die Kupplungsnabe, ...**

**13.31b ... die Scheiben ...**

**13.31c ... und die neue Kupplungsmutter.**

und sichern Sie sie unten mit der Scheibe und der Sicherungsscheibe . Die Enden der Feder müssen korrekt sitzen.

## Einbau

**27** Reinigen Sie die Dichtflächen des Motorgehäuses und des Kupplungsdeckels.

**28** Schieben Sie die Anlaufscheibe auf die Getriebeeingangswelle (siehe Abbildungen). Legen Sie die Kette um das Ölpumpen-Antriebsritzel hinten am Kupplungskorb, schieben Sie diesen auf die Welle, und legen Sie die Kette um das Ölpumpenritzel; beide Kettentrums müssen in ihren Führungen liegen (Abbildung 13.16).

**29** Schmieren Sie das Nadellager und die Hülse mit frischem Motoröl. Halten Sie den Kupplungskorb, lassen Sie die Primärräder ineinander greifen, und schieben Sie das Lager und seine Hülse in den Kupplungskorb und auf die Welle (siehe Abbildung).

**30** Schmieren Sie die Anlaufscheibe mit Motoröl, und schieben Sie sie auf die Getriebewelle (siehe Abbildung).

**31** Schieben Sie die Kupplungsnabe über die Getriebewelle (siehe Abbildung). Legen Sie die Anlaufscheibe auf, schmieren Sie die Federscheibe mit frischem Motoröl, und installieren Sie sie mit »OUT« nach außen (siehe Abbildung). Schmieren Sie das Gewinde der neuen Kupplungsmutter mit Motoröl, und drehen Sie sie mit dem dünnen Bund nach außen auf. Blockieren Sie die Eingangswelle (Schritt 12), und ziehen Sie die Mutter mit 95 Nm an (siehe Abbildung). Prüfen Sie nach dem Anziehen, ob sich die Kupplungsnabe frei drehen lässt. Stemmen Sie den Kupplungsmutter-Bund in die Vertiefung der Welle (siehe Abbildung).

**32** Falls neue Kupplungsscheiben verwendet werden oder die alten durcheinander geraten sind, müssen zuerst die zwei Belagscheiben des Typs 1 identifiziert werden, deren Belagmaterial sich von den anderen fünf Scheiben des Typs 2 unterscheidet (siehe Abbildung) – Typ-1-Scheiben werden ganz innen und ganz außen eingesetzt. Schmieren Sie alle Scheiben vor dem Einbau mit Motoröl. Beginnen Sie mit einer Belagscheibe des Typs 1, und richten Sie

**13.31d Ziehen Sie die Kupplungsmutter mit 95 Nm an.**

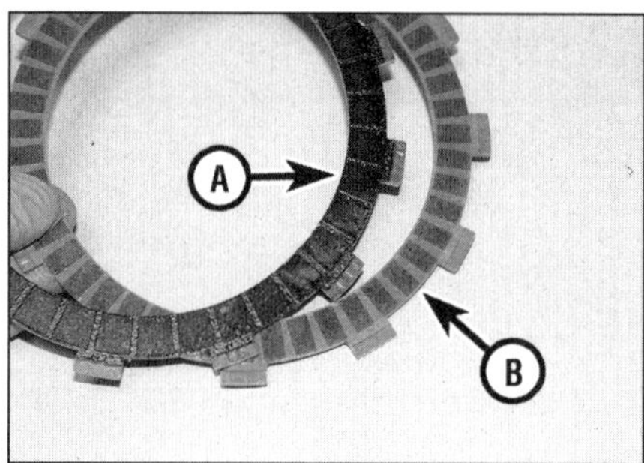


**13.32a Belagscheiben des Typs 1 (A) und des Typs 2 (B)**

**13.31e Verstemmen Sie den Bund der Mutter in der Nut der Welle.**

**13.32b Legen Sie eine Belagscheibe des Typs 1 ...**

**13.32c ... gefolgt von einer Stahlscheibe ein.**

**13.32d Es folgen abwechselnd Belagscheiben des Typs 2 und Stahlscheiben ...**

**13.32e ... und die versetzt ausgerichtete letzte Belagscheibe des Typs 1.**

**13.35a Legen Sie eine neue Kupplungsdeckel-Dichtung über die Passhülsen.**

**13.35b Richten Sie die Zugstange wie gezeigt aus.**

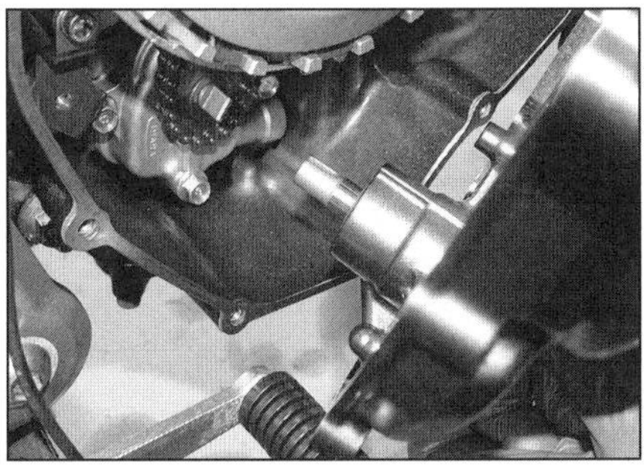

**13.36a Richten Sie den Wasserpumpenantrieb aus, ...**

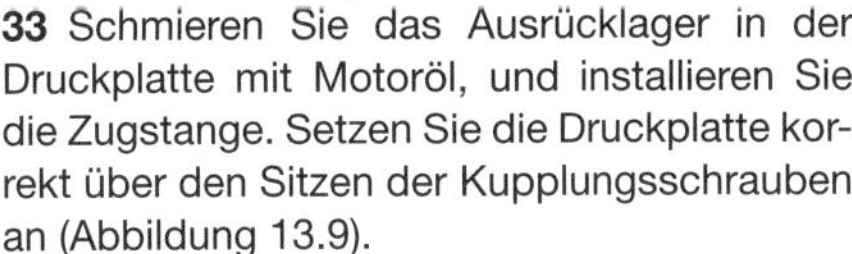

ihre Laschen in den tiefen Nuten des Kupplungskorbes aus. Legen Sie dann abwechselnd alle Stahlscheiben und Belagscheiben des Typs 2 ein. Zum Schluss kommt die Belagscheibe des Typs 1 in die flache Kupplungskorb-Nut, sodass ihre Laschen versetzt zu denen der anderen Scheiben liegen (siehe Abbildungen).

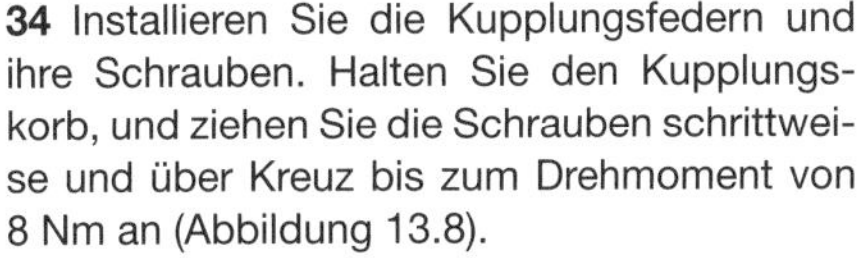

**33** Schmieren Sie das Ausrücklager in der Druckplatte mit Motoröl, und installieren Sie die Zugstange. Setzen Sie die Druckplatte korrekt über den Sitzen der Kupplungsschrauben an (Abbildung 13.9).

**34** Installieren Sie die Kupplungsfedern und ihre Schrauben. Halten Sie den Kupplungskorb, und ziehen Sie die Schrauben schrittweise und über Kreuz bis zum Drehmoment von 8 Nm an (Abbildung 13.8).

**35** Falls entfernt, werden die Passhülsen ins Motorgehäuse gesteckt. Legen Sie die neue Kupplungsdeckel-Dichtung darüber (siehe Abbildung). Richten Sie die Zugstange so aus, dass ihre Zähne nach hinten zeigen (siehe Abbildung).

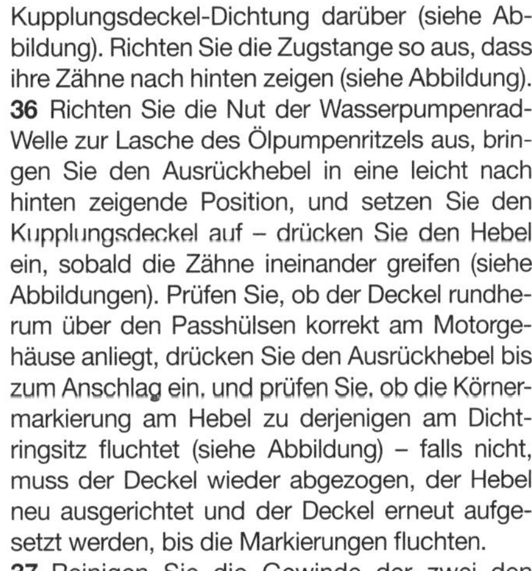

**36** Richten Sie die Nut der Wasserpumpenrad-Welle zur Lasche des Ölpumpenritzels aus, bringen Sie den Ausrückhebel in eine leicht nach hinten zeigende Position, und setzen Sie den Kupplungsdeckel auf – drücken Sie den Hebel ein, sobald die Zähne ineinander greifen (siehe Abbildungen). Prüfen Sie, ob der Deckel rundherum über den Passhülsen korrekt am Motorgehäuse anliegt, drücken Sie den Ausrückhebel bis zum Anschlag ein, und prüfen Sie, ob die Körnermarkierung am Hebel zu derjenigen am Dichtringsitz fluchtet (siehe Abbildung) – falls nicht, muss der Deckel wieder abgezogen, der Hebel neu ausgerichtet und der Deckel erneut aufgesetzt werden, bis die Markierungen fluchten.

**37** Reinigen Sie die Gewinde der zwei den Kupplungszughalter sichernden Deckelschrauben, und tragen Sie frische Sicherungspaste auf. Installieren Sie alle Kupplungsdeckelschrauben – sichern Sie damit auch die Klemmen des Lambdasondenkabels –, und ziehen

**13.36b ... positionieren Sie den Ausrückhebel wie gezeigt, und setzen Sie den Deckel an.**

2

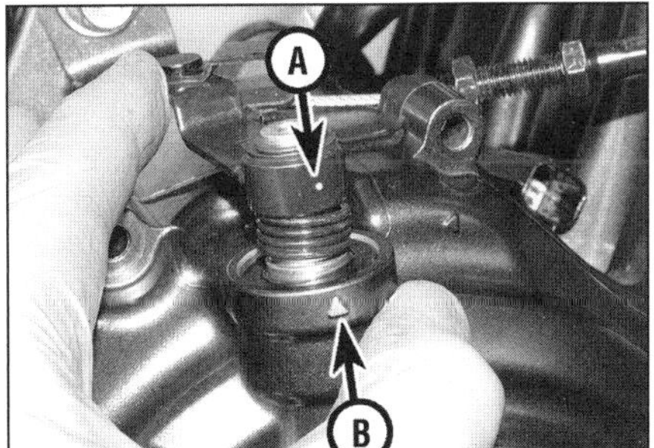


**13.36c Drücken Sie den Hebel ein, und prüfen Sie, ob die Körnermarkierung (A) zum Dreieck am Deckel (B) fluchtet.**

**13.37a Lambdasonden-Kabelklemmen**

**13.37b Kupplungszughalter**

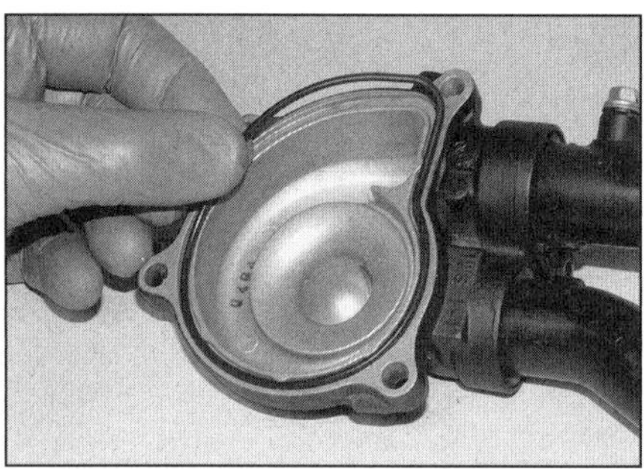

**13.38 Rüsten Sie den Wasserpumpendeckel mit einer neuen Dichtung aus.**

**14.1 Das Freilaufrad muss sich nach rechts drehen lassen und beim Versuch, es nach links zu drehen, blockieren.**

**14.3 Entfernen Sie den Drehmomentbegrenzer …**

**14.4 … und das Untersetzungsrad.**

**14.6 Das Freilaufrad muss sich nach links drehen lassen und beim Versuch, es nach rechts zu drehen, blockieren.**

**14.7 Begutachten Sie die Spreizrollen im Freilauf und die Gleitfläche der Zahnradnabe.**

Sie schrittweise und über Kreuz bis zum Drehmoment von 12 Nm an (siehe Abbildungen).

**38** Installieren Sie ggf. den Arretierstift für den Wasserpumpendeckel (Abbildung 13.3b), und rüsten Sie diesen mit einer neuen Dichtung aus (siehe Abbildung). Reinigen Sie die Gewinde der vier Deckelschrauben, und tragen Sie frische Sicherungspaste auf. Setzen Sie den Deckel an, und ziehen Sie die Schrauben über Kreuz mit 10 Nm an (Abbildung 13.3a). Installieren Sie die Rohr-Befestigungsschraube.

**39** Verbinden Sie den Kupplungszug mit dem Ausrückhebel (siehe Sektion 12), und stellen Sie die Kupplung ein (siehe Kapitel 1).

**40** Füllen Sie ggf. den Motor mit Motoröl auf. Füllen Sie Kühlmittel auf (siehe Kapitel 1).

## 14 Anlasserfreilauf und Untersetzung

### Test

**1** Die Funktion des Anlasserfreilaufs kann im eingebauten Zustand überprüft werden: Demontieren Sie den Lichtmaschinendeckel (siehe Kapitel 8), ziehen Sie die Untersetzungsrad-Welle heraus, und entnehmen Sie das Zahnrad (Abbildung 14.4). Prüfen Sie nun, ob sich das an der Rückseite des Lichtmaschinenrotors sitzende Zahnrad (von links betrachtet) im Uhrzeigersinn drehen lässt und gegen den Uhrzeigersinn blockiert (siehe Abbildung). Bei anderen Ergebnissen kann der Freilauf defekt sein und muss zur Inspektion demontiert werden.

### Ausbau

**2** Demontieren Sie den Lichtmaschinendeckel (siehe Kapitel 8)

**3** Demontieren Sie den Anlasser-Drehmomentbegrenzer (siehe Abbildung).

**4** Ziehen Sie die Zwischen/Untersetzungsradwelle heraus, und entfernen Sie das Zahnradpaar (siehe Abbildung).

**5** Demontieren Sie den Lichtmaschinenrotor (siehe Kapitel 8) – das Freilaufrad sitzt an dessen Rückseite.

### Kontrolle

**6** Während der Lichtmaschinenrotor nach unten auf der Werkbank liegt, wird geprüft, ob sich das Freilauf-Zahnrad frei gegen Uhrzeigersinn drehen lässt – im Uhrzeigersinn muss es blockieren (siehe Abbildung). Ist dies nicht der Fall, muss der Freilauf zerlegt werden.

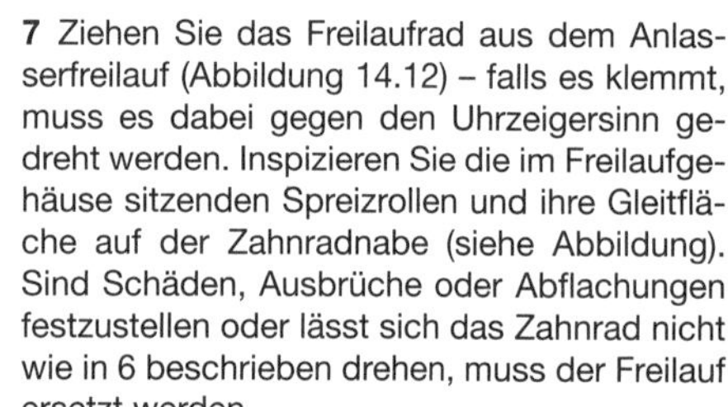

**7** Ziehen Sie das Freilaufrad aus dem Anlasserfreilauf (Abbildung 14.12) – falls es klemmt, muss es dabei gegen den Uhrzeigersinn gedreht werden. Inspizieren Sie die im Freilaufgehäuse sitzenden Spreizrollen und ihre Gleitfläche auf der Zahnradnabe (siehe Abbildung). Sind Schäden, Ausbrüche oder Abflachungen festzustellen oder lässt sich das Zahnrad nicht wie in 6 beschrieben drehen, muss der Freilauf ersetzt werden.

**8** Um den Anlasserfreilauf vom Lichtmaschinenrotor trennen zu können, muss dieser beim Lösen der Schrauben mit einem Bandschlüssel gehalten werden (siehe Abbildung).

**9** Kontrollieren Sie die Buchse im Freilaufrad sowie ihre Gleitfläche auf der Kurbelwelle (siehe Abbildung). Falls die Buchse so weit verschlissen ist, dass die Ölnuten nur noch sehr flach oder kaum noch sichtbar sind, muss das Freilaufrad ersetzt werden.

**14.8 Schrauben des Anlasserfreilaufs**

**14.9 Kontrollieren Sie die Buchse auf Verschleiß.**

**14.10 Kugellager der Drehmomentbegrenzer-Welle im Lichtmaschinendeckel**

**10** Kontrollieren Sie die Zähne der Anlasserwelle, des Drehmomentbegrenzers, des Zwischen/Untersetzungsrad-Paars und des Freilaufrads auf Verschleiß und Beschädigungen. Inspizieren Sie die Welle des Zahnradpaars und ihre Bohrungen, die Enden der Drehmomentbegrenzer-Welle sowie ihr Nadellager im Gehäuse (Abbildung 14.3) und das Kugellager im Deckel (siehe Abbildung). Ersetzen Sie alle schadhaften Teile.

## Einbau

**11** Reinigen Sie die Gewinde der Freilaufschrauben, und tragen Sie Sicherungspaste auf. Setzen Sie den Freilauf hinten an den Lichtmaschinenrotor, halten Sie diesen wie bei der Demontage, und ziehen Sie die Schrauben mit 32 Nm an (Abbildung 14.8).
**12** Schmieren Sie die Freilaufrad-Buchse mit frischem Motoröl, und drehen Sie sie beim Einsetzen gegen den Uhrzeigersinn, um die Rollen zu spreizen (siehe Abbildung). Prüfen Sie die Funktion des Freilaufs (siehe Schritt 6).
**13** Montieren Sie die Lichtmaschine (siehe Kapitel 8).
**14** Schmieren Sie die Zwischen/Untersetzungsrad-Welle mit Motoröl. Richten Sie das Zahnradpaar korrekt aus (das innere kleinere Rad muss ins Freilaufrad greifen, das äußere größere greift in das Anlasserrad), und schieben Sie die Welle ein (Abbildung 14.4).
**15** Schmieren Sie die Lager des Drehmomentbegrenzers im Motorgehäuse und Lichtmaschinendeckel mit Motoröl, und installieren Sie das Bauteil, sodass seine Zähne in das Zwischenrad und den Anlasser greifen (Abbildung 14.3).
**16** Montieren Sie den Lichtmaschinendeckel (siehe Kapitel 8).

**14.12 Setzen Sie das Zahnrad gegen den Uhrzeigersinn drehend in den Freilauf.**

## 15 Schaltmechanismus

## Schaltwellen-Dichtring

**1** Falls links am Motor Öl im Bereich der Schaltwelle Motoröl austritt, kann der Dichtring ohne den Ausbau der Welle ausgetauscht werden – beachten Sie dazu die Schritte 3 und 4, und befreien Sie den Schaltgestängehebel sowie die Sicherungsscheibe und die Scheibe. Hebeln Sie dann mit einem kleinen Schraubendreher den alten Dichtring heraus (siehe Abbildung). Fetten Sie die Dichtlippe des neuen Dichtrings, schieben Sie ihn mit der markierten Seite nach außen über die Schaltwelle in seinen Sitz, bis er rundherum 0,6 bis 1,1 mm heraus ragt (siehe Abbildung).

## Ausbau

**2** Demontieren Sie die Kupplung (siehe Sektion 13). Falls im Getriebe zum Lockern der Kupplungsmutter ein Gang eingelegt war, muss das Getriebe wieder in den Leerlauf geschaltet werden.
**3** Beachten Sie die Ausrichtung der Linie auf der Schaltwelle zur Klemmnut des Schaltgestängehebels, und lösen Sie die Klemmschraube, um den Hebel abzuziehen (siehe Abbildung).
**4** Hebeln Sie die Sicherungsscheibe von der Schaltwelle, und ziehen Sie die Scheibe ab (siehe Abbildung).
**5** Beachten Sie, wie die Enden der Schalthebel-Rückholfeder um den Arretierstift im Motorgehäuse liegen, wie die Schaltklauen auf die Schaltstern-Stifte greifen, wie die Arretierhebel-Feder ausgerichtet ist und wie die Arretierhebel-Rolle im Leerlauf-Ausschnitt des Schaltsterns liegt (Abbildung 15.15b).
**6** Hängen Sie die Arretierhebelfeder am Gehäuse aus, und ziehen Sie die Schalthebel-Baugruppe heraus (siehe Abbildungen) – die

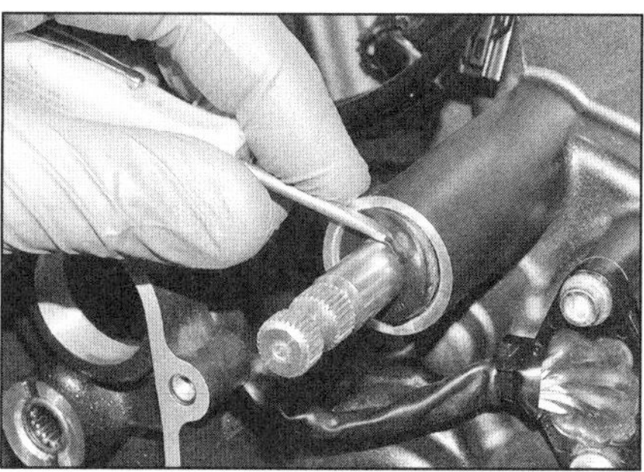
**15.1a Hebeln Sie den alten Dichtring heraus, ...**

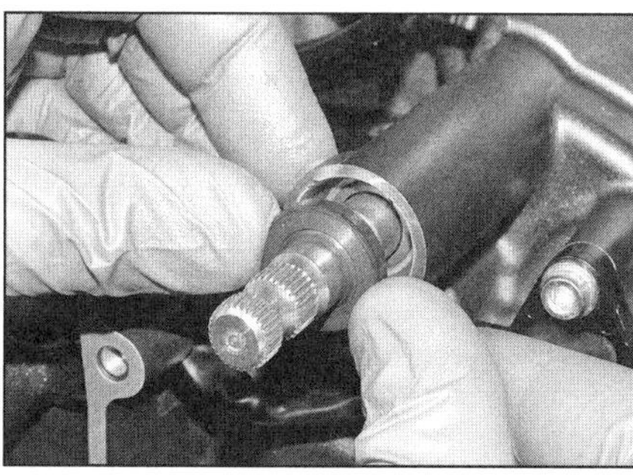
**15.1b ... und drücken Sie den neuen in seinen Sitz.**

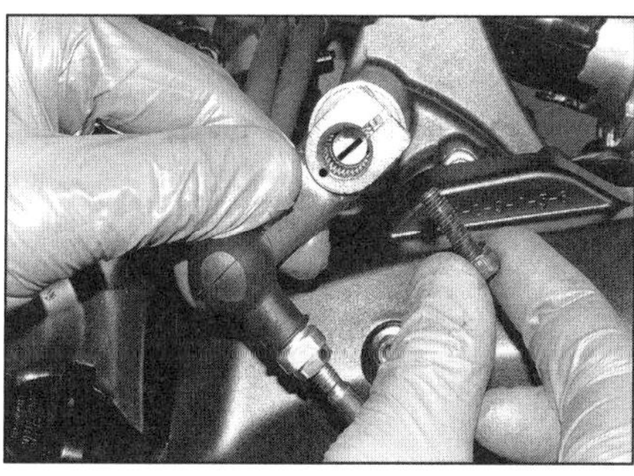
**15.3 Beachten Sie die Ausrichtung, lösen Sie die Klemmschraube, und ziehen Sie den Hebel ab.**

2

**15.4 Entfernen Sie die Sicherungsscheibe und die darunter liegende Scheibe.**

**15.6a Hängen Sie die Feder aus, ...**

**15.6b ... und ziehen Sie die Welle heraus.**

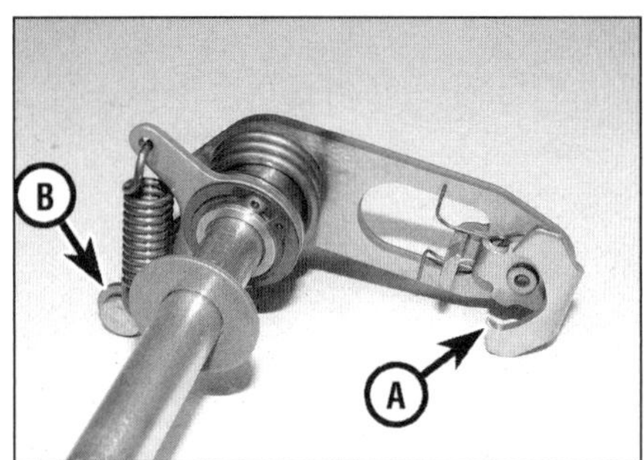


**15.8a Schaltklauen (A), Arretierhebel-Rolle (B)**

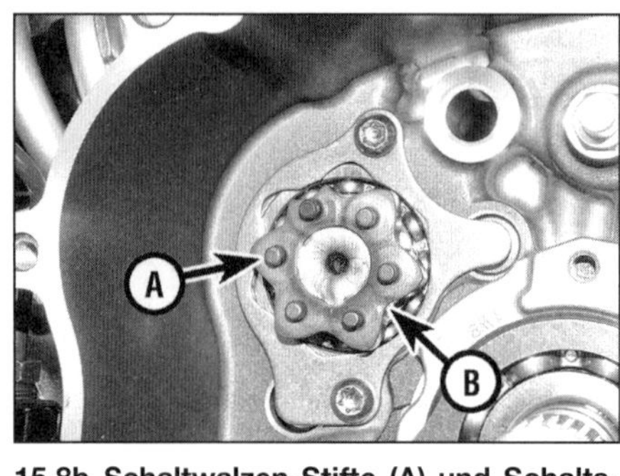


**15.8b Schaltwalzen-Stifte (A) und Schaltstern-Vertiefungen (B)**

**15.9a Rückholfeder (A), Arretierhebel-Feder (B)**

Scheibe am inneren Ende kann am Motorgehäuse kleben und muss nötigenfalls wieder auf die Welle geschoben werden.

## Kontrolle

**7** Kontrollieren Sie die Schaltwelle auf Krümmung und Beschädigung der Verzahnung. Wenn die Welle verbogen ist, kann sie vielleicht gerichtet werden – bei einer beschädigten Kerbverzahnung muss sie ausgewechselt werden.

**8** Begutachten Sie die Schaltklauen und die Schaltstern-Stifte auf Verschleiß, und ersetzen Sie schadhafte Teile (siehe Abbildungen). Überprüfen Sie die Arretierhebel-Rolle und die Ausschnitte des Schaltsterns auf Anzeichen von Verschleiß oder Beschädigungen, und kontrollieren Sie, ob sich die Rolle frei drehen lässt – ersetzen Sie alle schadhaften Teile.

**9** Inspizieren Sie die Rückholfeder, die Schaltklauenfeder und die Arretierhebelfeder auf Ermüdung, Verschleiß und Beschädigungen. Die Schaltklauen müssen sich frei drehen lassen und selbstständig wieder in die Ausgangsposition zurückkehren (siehe Abbildungen). Defekte oder verschlissene Komponenten müssen ersetzt werden. Beachten Sie, wie die Schaltklauenfeder eingehängt ist.

**10** Zum Zerlegen der Welle muss zunächst die Scheibe abgezogen und dann der Seegerring, die zweite Scheibe und der Arretierhebel entfernt werden (siehe Abbildung). Ziehen Sie die Hülse ab, dann die Arretierfeder. Achten Sie beim Zusammenbau darauf, dass die Schaltklauenfeder an beiden Seiten um die Laschen greift, und richten Sie das lange Ende der Hülse zwischen der Feder und der Welle aus. Der Arretierhebel muss richtig herum sitzen. Es ist ratsam, einen neuen Seegerring zu verwenden, der korrekt in seiner Nut sitzen muss.

**11** Prüfen Sie, ob der Rückholfeder-Arretierstift fest ins Gehäuse geschraubt ist (siehe Abbildung). Falls er locker ist, muss er ausgebaut, sein Gewinde gereinigt und mit Sicherungspaste bestrichen werden und der Stift mit 22 Nm angezogen werden.

**12** Kontrollieren Sie den Schaltwellen-Dichtring und das Lager im Motorgehäuse – der Austausch des Dichtrings ist in Schritt 1 beschrieben. Falls das Lager rau läuft oder Spiel aufweist, muss es ersetzt werden – der Aus- und Einbau ist in den Werkstatt- und Werkzeugtipps im Anhang beschrieben. Achten Sie beim Einbau darauf, dass es vollständig in seinen Sitz gedrückt ist und nicht in den Dichtringsitz ragt. Schmieren Sie das Lager mit Motoröl. Installieren Sie den Dichtring (siehe Schritt 1).

## Einbau

**13** Sie die Schaltwelle mit frischem Motoröl. Schieben Sie ggf. die Scheibe auf, und hängen Sie am Arretierhebel die Feder ein (Abbildung 15.8a).

**14** Schieben Sie die Schaltwellen-Baugruppe ins Motorgehäuse; heben Sie dabei den Arretierhebel über den Leerlaufausschnitt oben an der Schaltwalze. Die Enden der Rückholfeder müssen an beiden Seiten des Arretierstifts liegen und die Schaltarm-Klauen müssen in die Stifte der Schaltwalze greifen (Abbildung 15.6b).

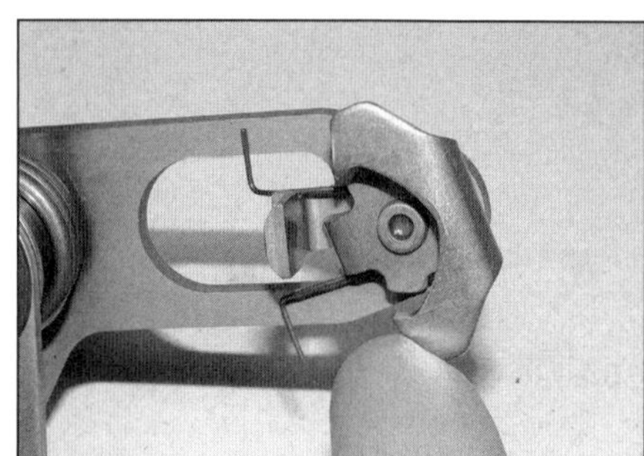

**15.9b Prüfen Sie die Funktion der Schaltklauen.**

**15.10 Entfernen Sie den Seegerring (Pfeil), um die Schaltwelle zu zerlegen.**

**15** Hängen Sie die Arretierhebelfeder am Stift des Gehäuses ein (siehe Abbildung). Prüfen Sie, ob alles korrekt positioniert ist (siehe Abbildung).

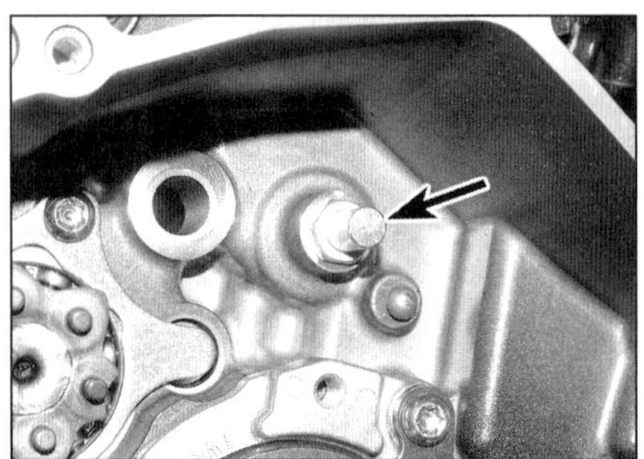

**15.11 Prüfen Sie die Festigkeit des Rückholfeder-Arretierstifts.**

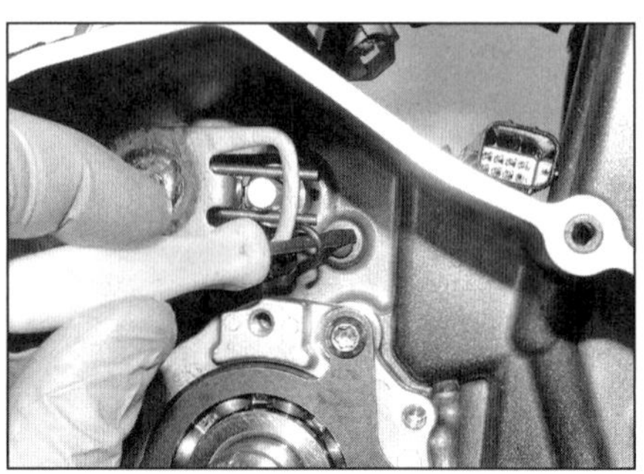

**15.15a Hängen Sie die Feder mithilfe eines Schraubendrehers über den Stift.**

**15.15b Alles muss wie gezeigt zusammengesetzt sein.**

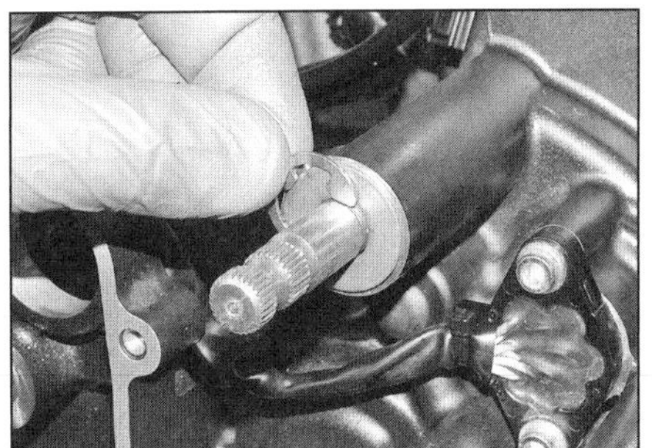

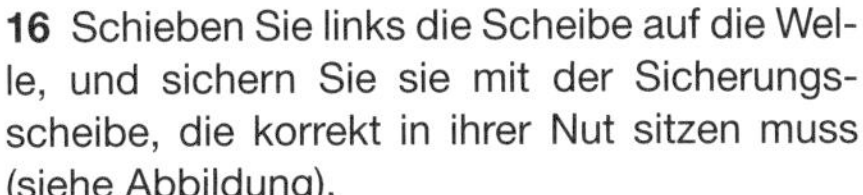

**15.16 Installieren Sie die Scheibe und die Sicherungsscheibe.**

**16.2a Lösen Sie die Schellen, ...**

**16.2b ... und ziehen Sie die Schläuche ab.**

**16** Schieben Sie links die Scheibe auf die Welle, und sichern Sie sie mit der Sicherungsscheibe, die korrekt in ihrer Nut sitzen muss (siehe Abbildung).

**17** Schieben Sie den korrekt zur Körnermarkierung ausgerichteten Schaltgestängehebel auf die Welle, und ziehen Sie die Klemmschraube an (Abbildung 15.3).

**18** Prüfen Sie, ob der Schaltmechanismus korrekt arbeitet, indem Sie das Hinterrad vorwärts drehen und dabei alle Gänge durchschalten und wieder in den Leerlauf zurückkehren.

**19** Bauen Sie die Kupplung ein (siehe Sektion 13).

## 16 Ölkühler

***Warnung: Lassen Sie den Motor vor Arbeitsbeginn komplett abkühlen.***

## Ausbau

**1** Der vom Kühlmittel umspülte Ölkühler sitzt vorn am Motorgehäuse. Lassen Sie das Motoröl und das Kühlmittel ab (siehe Kapitel 1); der Kühlmittel-Ausgleichsbehälter darf nicht wieder montiert werden. Belassen Sie den Sammelbehälter unter dem Ölkühler, um Öl- und Kühlwasser-Reste aufzunehmen.

**2** Lockern Sie die Schellen der Kühlerschläuche am Ölkühler, und ziehen Sie sie von den Stutzen ab (siehe Abbildungen).

**3** Lösen Sie den Ölkühlerbolzen, und nehmen Sie den Kühler ab (siehe Abbildung).

**4** Entfernen Sie den O-Ring vom Ölkühlergehäuse – beim Einbau muss ein Neuteil verwendet werden.

**5** Inspizieren Sie das Ölkühlergehäuse auf Risse und Ausbrüche sowie Hinweise auf Undichtigkeit. Kontrollieren Sie ebenfalls die Schläuche auf Risse, Verhärtung und Versprödung. Schadhafte Teile müssen erneuert werden.

## Einbau

**6** Der Einbau entspricht der umgekehrten Ausbaureihenfolge – beachten Sie dabei folgende Punkte:

- Die Dichtflächen des Motorgehäuses und des Ölkühlers müssen sauber und trocken sein.
- Rüsten Sie das Ölkühlergehäuse mit einem neuen gefetteten O-Ring aus – er muss korrekt in seiner Nut liegen (Abbildung 16.4).
- Schmieren Sie das Gewinde des Ölkühlerbolzens mit Öl, richten Sie die Lasche des Ölkühlers zum Ausschnitt im Motorgehäuse aus, und ziehen Sie den Bolzen mit 40 Nm an (Abbildung 16.3).
- Die Kühlerschläuche müssen vollständig auf ihre Stutzen geschoben und mit Schellen gesichert werden (Abbildung 16.2b und a).
- Montieren Sie den Kühlmittel-Ausgleichsbehälter (siehe Kapitel 3).
- Drehen Sie einen neuen Ölfilter auf den Ölkühlerbolzen. Füllen Sie den Motor mit dem vorgeschriebenen Motoröl auf (siehe Kapitel 1).
- Füllen Sie das Kühlsystem mit dem vorgeschriebenen Kühlmittel auf (siehe Kapitel 1).
- Starten Sie den Motor, und prüfen Sie vor der ersten Fahrt den Bereich um den Ölkühler auf Undichtigkeiten.

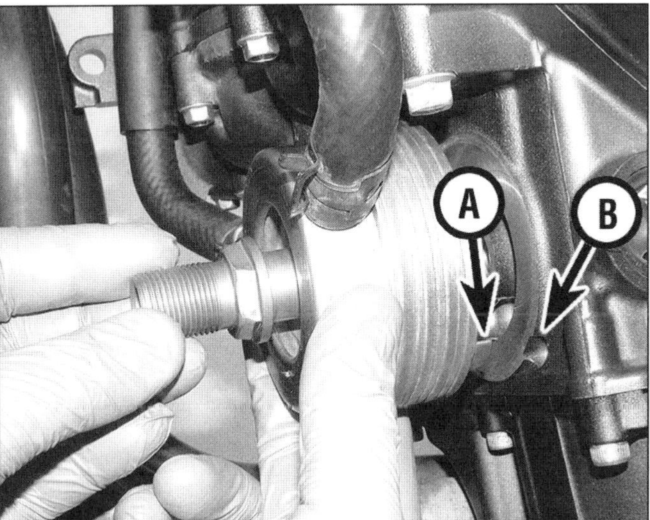


**16.3 Lösen Sie den Bolzen, und entnehmen Sie den Ölkühler. Beachten Sie, wie die Lasche (A) und die Vertiefung (B) greift.**

**16.4 Entfernen Sie den O-Ring des Ölkühlers.**

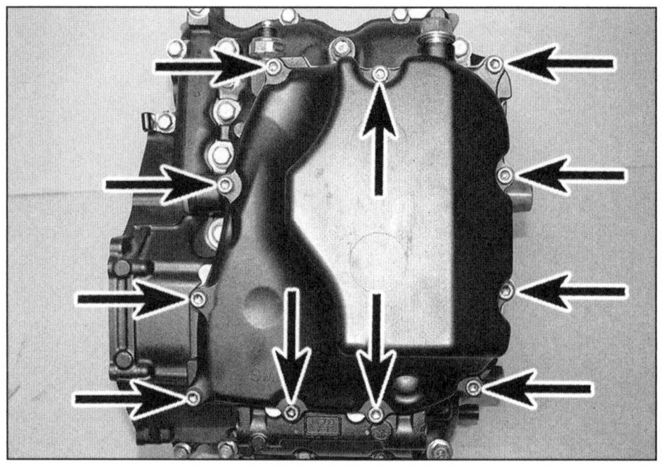

17.2 Lösen Sie die elf Ölwannenschrauben.

17.3 Lösen Sie die Schrauben des Ansaugsiebs.

## 17 Ölwanne und Ansaugsieb

### Ausbau

**1** Lassen Sie das Motoröl ab (siehe Kapitel 1). Demontieren Sie die Auspuffanlage (siehe Kapitel 4).

**2** Lösen Sie die elf Ölwannenschrauben schrittweise und über Kreuz, und nehmen sie die Ölwanne ab (siehe Abbildung) – klopfen Sie sie nötigenfalls rundherum ab, um ihre Dichtung zu lösen; hebeln Sie sie nicht ab, da hierbei Dichtflächen beschädigt würden! Entfernen Sie die Dichtung – sie muss später erneuert werden.

**3** Lösen Sie die Schrauben des Ansaugsiebs, und entfernen Sie dies (siehe Abbildung) – beim Einbau wird ein neuer O-Ring benötigt (Abbildung 17.6a). Beachten Sie die Hülse in der Gummiöse (Abbildung 17.6b).

### Kontrolle

**4** Entfernen Sie Dichtungsreste von den Dichtflächen des Motorgehäuses und der Ölwanne. Reinigen Sie die Ölwanne innen mit geeignetem Lösungsmittel.

**5** Reinigen Sie das Ansaugsieb mit Lösungsmittel, spülen Sie es von der Innenseite her aus, und entfernen Sie alle Ablagerungen aus den Maschen (siehe Abbildung). Falls Maschen beschädigt sind, muss das Ansaugsieb ersetzt werden. Kontrollieren Sie die Gummiöse, und ersetzen Sie sie nötigenfalls (Abbildung 17.6b).

### Einbau

**6** Schmieren Sie den neue Ansaugsieb-O-Ring mit Fett, und legen Sie ihn um den Stutzen (siehe Abbildung). Reinigen Sie die Gewinde der Ansaugsieb-Schrauben, und versehen Sie sie mit Sicherungspaste. Die Hülse muss in der Gummiöse stecken (siehe Abbildung). Installieren Sie das Ansaugsieb, und ziehen Sie seine Schrauben mit 10 Nm an (Abbildung 17.3).

**7** Legen Sie je nach Position des Motors eine neue Dichtung auf das Motorgehäuse oder die Ölwanne (siehe Abbildung) – ihre Löcher müssen mit den Gewindebohrungen fluchten; falls der Motor eingebaut ist, sollte die Ölwanne mit zwei Schrauben in Position gehalten werden.

**8** Positionieren Sie die Ölwanne korrekt am Motor, und drehen Sie alle Schrauben zunächst handfest ein (siehe Abbildung). Ziehen Sie sie dann schrittweise und über Kreuz bis zum Drehmoment von 10 Nm an (Abbildung 17.2).

**9** Montieren Sie die Auspuffanlage (siehe Kapitel 4).

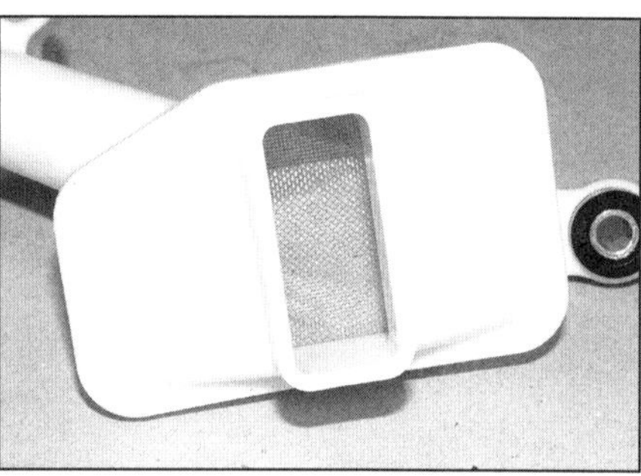

17.5 Reinigen und kontrollieren Sie das Ansaugsieb.

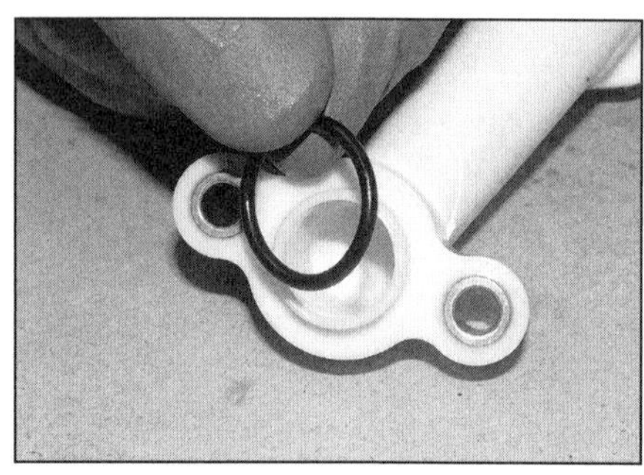

17.6a Schmieren Sie den neuen O-Ring, und legen Sie ihn um den Bund des Stutzens.

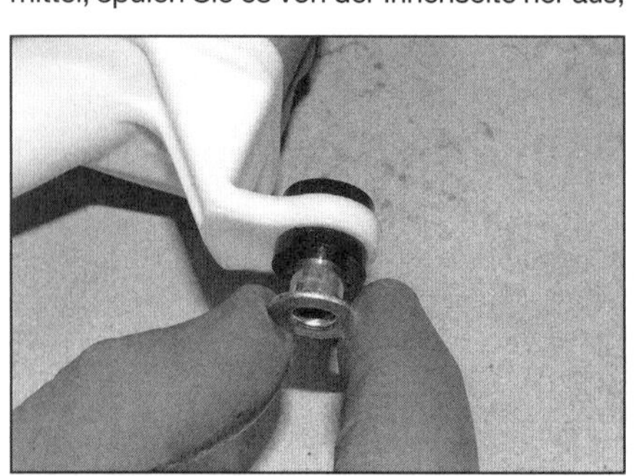

17.6b Die Hülse muss in der Gummiöse stecken.

17.7 Legen Sie eine neue Ölwannendichtung auf.

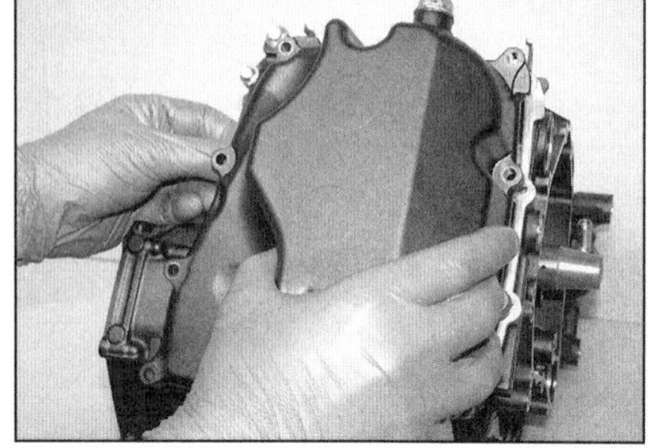

17.8 Achten Sie beim Auf- oder Ansetzen der Ölwanne darauf, dass die Dichtung nicht verrutscht.

**18.2a Lösen Sie die Schraube, entfernen Sie den Halter, …**

**18.2b … und befreien Sie die Ölpumpe.**

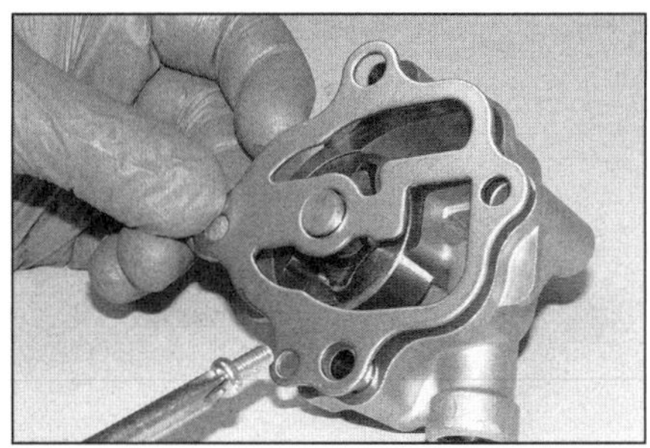

**18.3 Lösen Sie die Schrauben des Ölpumpendeckels – beachten Sie dessen Passhülsen.**

**10** Füllen Sie Motoröl auf (siehe Kapitel 1).

**11** Starten Sie den Motor, und prüfen Sie vor der ersten Fahrt den Bereich um die Ölwanne auf Undichtigkeiten.

## 18 Ölpumpe

### Ausbau

**1** Entfernen Sie die Kupplung (siehe Sektion 13).

**2** Lösen Sie die Schraube der Pumpenhalterung und die Ölpumpenschrauben, entfernen Sie dann die Pumpe samt Halter (siehe Abbildungen).

### Kontrolle

**3** Lösen Sie die Schrauben des rückseitigen Ölpumpendeckels, und heben Sie diesen vom Rotorgehäuse (siehe Abbildung). Falls die Passhülsen locker sind, müssen sie sichergestellt werden.

**4** Ziehen Sie den Außen- und den Innenrotor aus dem Gehäuse – merken Sie sich die Einbaurichtung (siehe Abbildungen).

**5** Entfernen Sie den Mitnehmerstift und die Anlaufscheibe aus bzw. von der Pumpenwelle, ziehen Sie diese dann mit dem Ritzel aus dem Gehäuse (siehe Abbildungen).

**6** Reinigen Sie alle Teile mit Lösungsmittel. Die Ölkanäle müssen frei sein – blasen Sie sie mit Druckluft durch.

**7** Kontrollieren Sie alle Teile auf Riefen und andere Beschädigungen. Werden Schäden oder hoher Verschleiß festgestellt, muss die Pumpe erneuert werden – Einzelteile sind nicht erhältlich.

**8** Installieren Sie die Welle, die Scheibe, den Mitnehmerstift und die Rotoren wieder in das Gehäuse (siehe Schritt 11, aber schmieren Sie die Teile noch nicht), und messen Sie mit einer Fühlerlehre das Spiel zwischen dem Außenrotor und dem Gehäuse (siehe Abbildung) – falls mehr als 0,22 mm festgestellt werden, muss die Ölpumpe ersetzt werden.

**9** Positionieren Sie den Innenrotor wie gezeigt, und messen Sie das Spiel zwischen den Rotorspitzen und dem Außenrotor (siehe Abbildung) – falls mehr als 0,20 mm festgestellt werden, muss die Ölpumpe ersetzt werden.

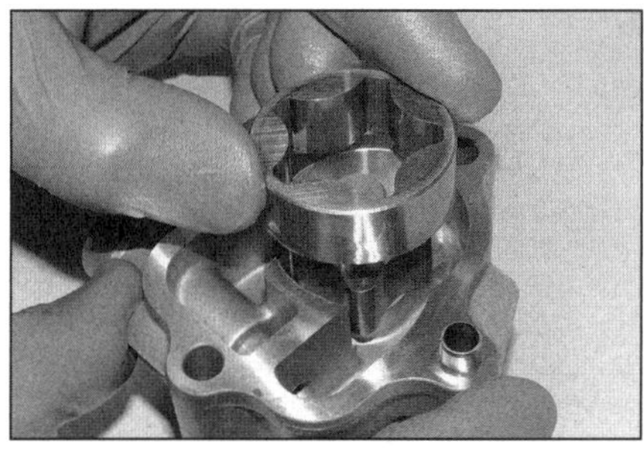

**18.4a Befreien Sie den Außenrotor …**

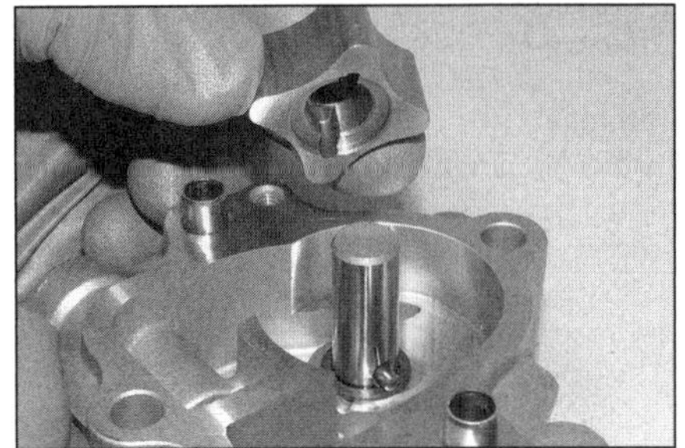

**18.4b … und den Innenrotor aus dem Gehäuse.**

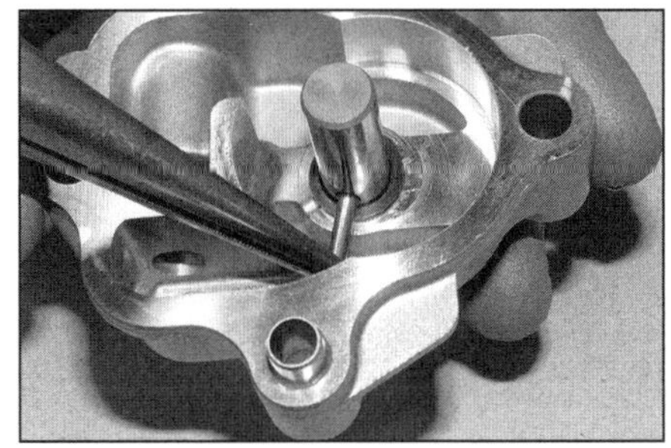

**18.5a Entfernen Sie den Mitnehmerstift …**

**18.5b … und die Scheibe, …**

2

**18.5c … und ziehen Sie die Welle aus dem Pumpengehäuse.**

**18.8 Messen Sie das Spiel zwischen dem Außenrotor und dem Gehäuse.**

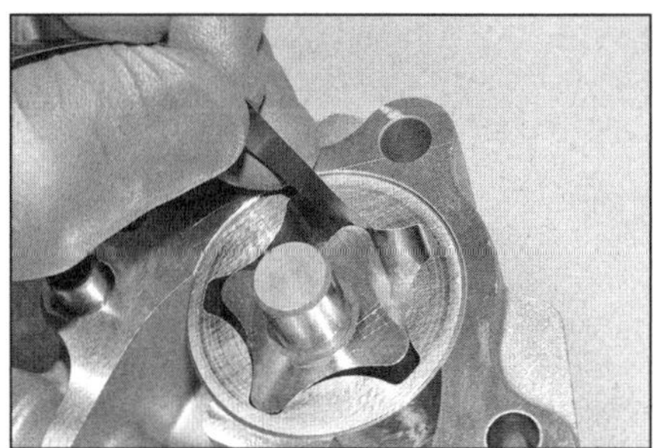

**18.9 Messen Sie das Spiel zwischen den Innenrotor-Spitzen und dem Außenrotor.**

**18.14a Entfernen Sie den Seegerring, ...**

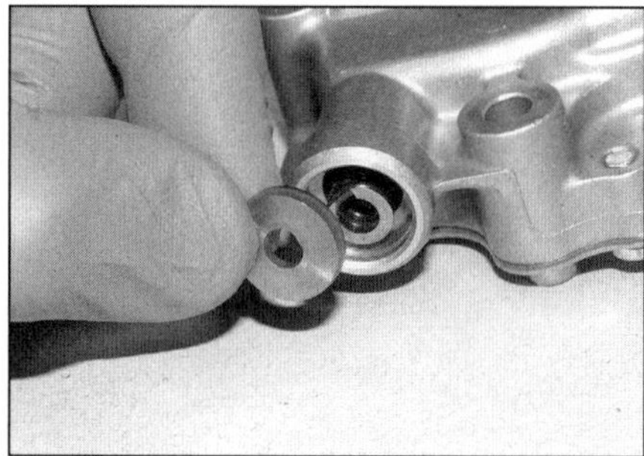

**18.14b ... und entnehmen Sie den Federsitz, ...**

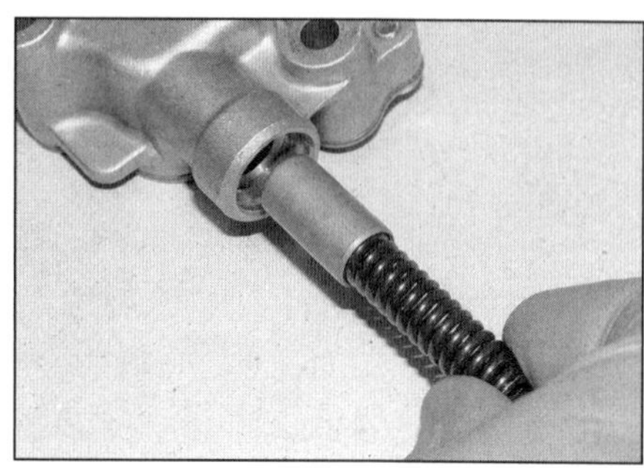

**18.14c ... die Feder und den Kolben des Überdruckventils.**

**10** Inspizieren Sie das Pumpenritzel und die Kette auf Verschleiß und Schäden, und ersetzen Sie entsprechende Teile.

**Anmerkung:** *Falls hier Schäden festgestellt wurden, muss auch das hinten am Kupplungskorb sitzende Antriebsritzel überprüft werden (siehe Sektion 13).*

**11** Ist die Pumpe in Ordnung, müssen alle Bauteile gereinigt, getrocknet und anschließend mit frischem Motoröl geschmiert werden. Schieben Sie die Antriebswelle in das Gehäuse, legen Sie die Scheibe auf, und installieren Sie den Mitnehmerstift (Abbildung 18.5c, b und a). Schieben Sie den Innenrotor mit den Ausschnitten über den Mitnehmerstift, installieren Sie dann den Außenroto4 (Abbildung 18.7b und a).
**12** Installieren Sie ggf. die Passstifte, setzen Sie den Deckel auf, und ziehen Sie die Schrauben mit 4 Nm an (Abbildung 18.3).
**13** Drehen Sie die Pumpenwelle von Hand durch, um ihre Freigängigkeit sicherzustellen. Lässt sich die Pumpe nur schwer drehen, muss sie erneut zerlegt und wieder zusammengebaut werden.
**14** Entfernen Sie den Seegerring des Überdruckventils (er steht unter Federdruck!), und entnehmen Sie den Federsitz, die Feder und den Kolben (siehe Abbildungen). Reinigen Sie alle Komponenten in Lösungsmittel, und kontrollieren Sie sie auf Riefen, Verschleiß und Beschädigungen – ersetzen Sie die Ölpumpe nötigenfalls, da keine Einzelteile erhältlich sind. Wenn die Teile in Ordnung sind, werden die Innenseite des Pumpengehäuses und der Kolben mit frischem Motoröl geschmiert und der Kolben sowie die Feder installiert. Es folgen der Federsitz (mit der flachen Seite nach außen) und ein neuer Seegerring, der rundherum korrekt in seiner Nut sitzen muss.

## Einbau

**15** Füllen Sie die Ölpumpe vor dem Einbau mit Motoröl.
**16** Reinigen Sie das Gewinde der Pumpenhalterungs-Schraube, und versehen Sie es mit Sicherungspaste. Bringen Sie die Ölpumpe und ihren Halter in Position, und ziehen Sie die Pumpenschrauben mit 12 Nm sowie die Halter-Schraube mit 10 Nm an (Abbildung 18.2b und a).
**17** Montieren Sie die Kupplung (siehe Sektion 13).
**18** Füllen Sie ggf. Motoröl auf (siehe Kapitel 1).

## 19 Motorgehäuse
### Trennen und Zusammenbauen

**Anmerkung:** *Die M8-Gehäuseschrauben Nr. 1 bis 8 müssen beim Zusammenbau des Motorgehäuses durch Neuteile ersetzt werden. Beschaffen Sie diese Schrauben, bevor Sie mit der Arbeit beginnen.*

**Spezialwerkzeug:** *Zum Anziehen einiger Schrauben wird eine Gradscheibe benötigt, allerdings lässt sich ein Winkel von 60° auch ohne sie bestimmen.*

## Trennen

**1** Um zu den Pleuelstangen, den Kolben samt Ringen, der Kurbelwelle, der Ausgleichswelle, den Getriebewellen und der Schaltwalze samt Gabeln sowie allen dazugehörigen Lagern Zugang zu erhalten, muss das Motorgehäuse getrennt werden.
**2** Bauen Sie den Motor zunächst aus (siehe Sektion 4).
**3** Bevor die Gehäusehälften für eine komplette Motorüberholung getrennt werden können, sind folgende Baugruppen zu entfernen:

**Anmerkung:** *Um Zugang zum Getriebe und der Schaltwalzen-Baugruppe zu erhalten, müssen nicht alle Komponenten demontiert werden – siehe Sektion 26 und 28.*

- Nockenwellen und Steuerkettenspanner (Sektionen 7 und 8)
- Zylinderkopf (Sektion 10)
- Lichtmaschinenrotor (siehe Kapitel 8)
- Anlasser (siehe Kapitel 8)
- Steuerkette und Schienen (Sektion 9)
- Kupplung (Sektion 13)
- Schaltmechanismus (Sektion 15)
- Ölfilter (Kapitel 1) und Ölkühler (Sektion 16)
- Ölwanne und Ansaugsieb (Sektion 17)
- Ölpumpe (Sektion 18)

**4** Entfernen Sie den Ausgleichswellen-Deckel (Abbildung 19.21) – beim Einbau muss eine neue Dichtung verwendet werden.
**5** Stellen Sie den Motor auf den Kopf. Die Gehäusehälften sind mit sechs M9-Schrauben (Nr. 1 bis 6), acht M8-Schrauben (Nr. 7 bis 14) und dreizehn M6-Schrauben (Nr. 15 bis 27) verbunden (Abbildung 19.18a). Die Nummern der Schrauben 1 bis 16 sind neben den Schraubenköpfen ins Gehäuse eingegossen (siehe Abbildung). Lösen Sie zuerst die M6-Schrauben ohne eingegossene Nummer schrittweise und über Kreuz um jeweils eine Viertelumdrehung, bis alle locker sind. Lösen Sie dann die verbliebenen Schrauben schritt-

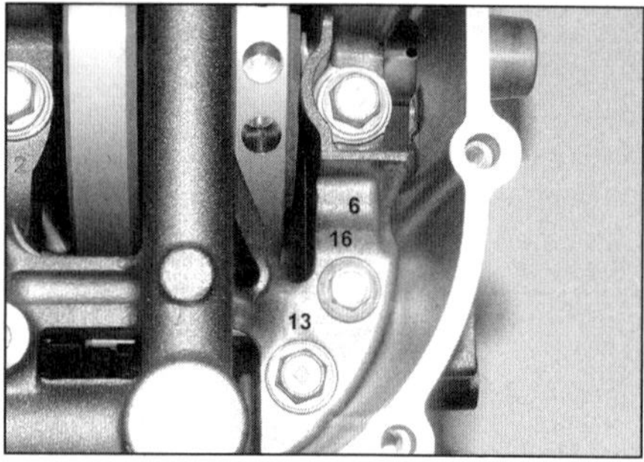


**19.5a Die Motorgehäuseschrauben 1 bis 16 sind im Gehäuse entsprechend markiert.**

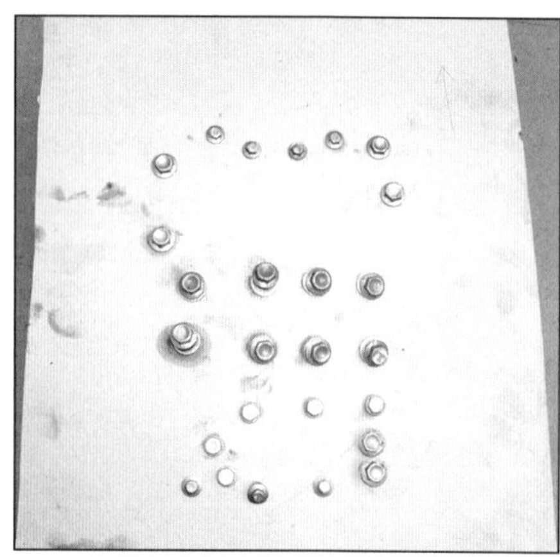

**19.5b Lagern Sie die Gehäuseschrauben entsprechend ihrer Positionen in einer Pappe – hier ein Beispiel.**

**19.6 Heben Sie die untere Gehäusehälfte von der oberen.**

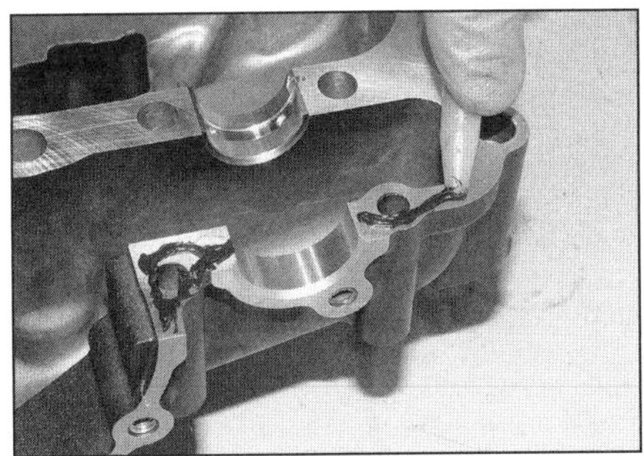

**19.12a Tragen Sie Dichtmasse ...**

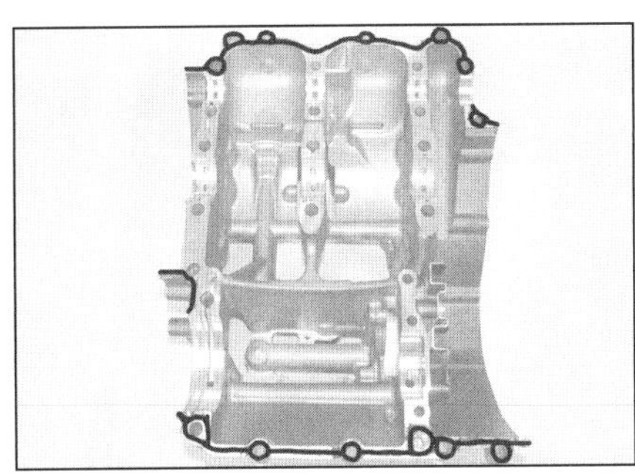

**19.12b ... in den gezeigten Bereichen auf.**

weise (jeweils eine Viertelumdrehung) **entgegen** der auch ins Gehäuse eingegossenen Anzugsreihenfolge. Wenn alle nur noch handfest sitzen, können sie entfernt werden. Weil es sich um unterschiedliche Schrauben mit verschiedenen Längen handelt, kann es hilfreich sein, sie entsprechend ihrer Einbaupositionen in eine entsprechend skizzierten Pappe zu stecken (siehe Abbildung). Beachten Sie die Scheiben an den Schrauben 1 bis 6 – diese müssen später durch Neuteile ersetzt werden.

**6** Heben Sie vorsichtig die untere Gehäusehälfte ab - klopfen Sie nötigenfalls mit einem Kunststoffhammer oder Holzstück um die Dichtfläche herum das Gehäuse ab, um die Dichtung zu lockern (siehe Abbildung).

**Anmerkung:** *Wenn die Hälften sich nicht leicht trennen lassen, stellen Sie sicher, dass wirklich alle Befestigungen gelöst sind. Keinesfalls darf ein Hebel angesetzt werden, da damit die Dichtflächen zerstört würden.*

**7** Entfernen Sie die drei Passhülsen – sie können in der unteren oder der oberen Gehäusehälfte stecken (Abbildung 19.13).

**8** Wechseln Sie zu den Sektionen 20 bis 28, um die im Gehäuse sitzenden Baugruppen aus- und einzubauen und zu kontrollieren.

## Zusammenbau

**9** Entfernen Sie sämtliche Dichtungsreste von den Kontaktflächen der Gehäusehälften.

**10** Prüfen Sie, ob alle Komponenten und ihre Lager in den jeweiligen Gehäusehälften installiert sind. Falls die Getriebewellen nicht ausgebaut wurden, muss der links auf der Ausgangswelle sitzende Simmerring entfernt und durch ein Neuteil ersetzt werden, dessen Dichtlippe mit Fett geschmiert ist (Abbildung 26.10). Die Schaltwalze muss in der Leerlaufposition stehen.

**11** Schmieren Sie die Getriebewellen, die Schaltwalze samt Gabeln, die Kurbelwelle, die Ausgleichswelle und vor allem alle Lager großzügig mit frischem Motoröl. Reinigen Sie dann mit Lösungsmittel die Gehäuse-Dichtflächen, um sie absolut ölfrei zu bekommen.

**12** Verteilen Sie geeignetes Dichtmittel (z. B. *Yamaha Bond 1215*) dünn auf den markierten Bereichen einer der Gehäusehälften (siehe Abbildungen).

***Achtung: Zu dick aufgetragenes Dichtmittel würde sich beim Zusammenbau des Motorgehäuses herausdrücken und kann möglicherweise Ölkanäle verstopfen. Das Dichtmittel darf nicht zu nahe (2 bis 3 mm) an Lagerschalen oder Gleitflächen aufgebracht werden.***

**13** Stecken Sie (falls entfernt) die drei Passhülsen in die obere Gehäusehälfte (siehe Abbildung).

**14** Prüfen Sie erneut, ob alle Bauteile korrekt positioniert sind – achten Sie besonders darauf, dass die Lagerschalen korrekt in der unteren Gehäusehälfte sitzen. Setzen Sie die untere Gehäusehälfte über die Passhülsen auf die obere Hälfte (Abbildung 19.6).

**15** Prüfen Sie, ob die Gehäusehälften rundherum Kontakt haben.

***Achtung: Die Gehäusehälften müssen sich ohne Kraftaufwand verbinden lassen. Wenn sie nicht richtig passen, muss die untere Hälfte abgehoben und das Problem untersucht werden. Versuchen Sie nicht, das Gehäuse mit den Gehäuseschrauben zusammenzuziehen – dies würde zu Brüchen und zur Zerstörung des Gehäuses führen!***

**16** Reinigen Sie die Gewinde der Gehäuseschrauben, und versehen Sie alle Schrauben an den Gewinden und unter den Köpfen mit Motoröl; schmieren Sie ebenfalls die Scheiben der **neuen** Schrauben Nr. 1 bis Nr. 6 und die **neuen** O-Ringe der Schrauben 7 bis 12 mit Motoröl (siehe Abbildung).

**17** Installieren Sie die Schrauben zunächst handfest in ihre ursprünglichen Bohrungen.

**19.13 Positionen der Passhülsen**

2

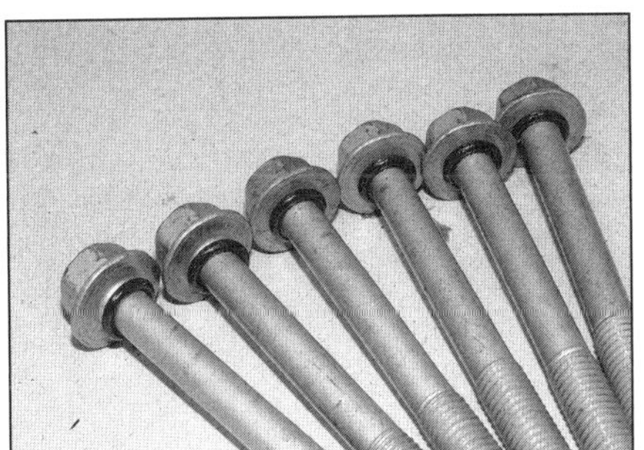

**19.16 Rüsten Sie die Schrauben 7 bis 12 mit neuen O-Ringen aus.**

**19.17a Vergessen Sie bei den NEUEN M9-Schrauben nicht die Scheiben.**

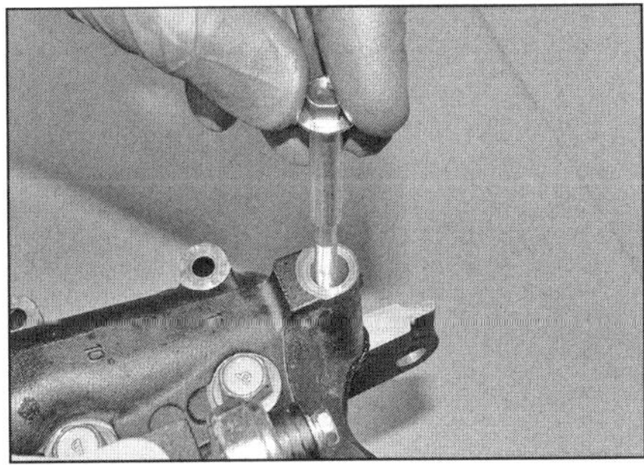

**19.17b Installieren Sie die M6-Schrauben mit den dicken Schäften in die größeren Bohrungen Nr. 15 ...**

**19.17c ... und Nr. 16.**

Falls keine Schablone angefertigt wurde, müssen sie wie folgt eingesetzt werden:

- M9-Schrauben – installieren Sie die sechs **neuen** Schrauben samt Scheiben in die Positionen 1 bis 6 (Abbildung 19.18a).

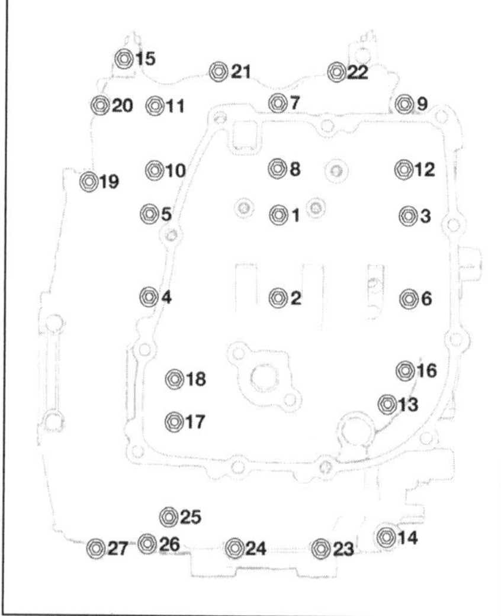


**19.18a Die Motorgehäuseschrauben-Nummerierung steht für die Anzugsreihenfolge.**

- M8-Schrauben – installieren Sie die sechs 70 mm langen Schrauben samt ihrer O-Ringe in die Positionen 7 bis 12; die zwei 65 mm langen Schrauben kommen in die Positionen 13 und 14 (Abbildung 19.18a).
- M6-Schrauben – installieren Sie die zwei 65 mm langen Schrauben mit den dickeren Schäften in die Positionen 15 und 16 (siehe Abbildungen); die acht 40 mm langen Schrauben kommen in die Positionen 17, 18, 21 bis 24, 26 und 27; die drei 60 mm langen Schrauben kommen in die Positionen 19, 20 und 25 (Abbildung 19.18a).

**18** Ziehen Sie zuerst die Schrauben 1 bis 6 nach und nach mit 24 Nm an (siehe Abbildung). Lockern Sie die Schrauben in der gleichen Reihenfolge wieder, und ziehen Sie sie dann mit 17 Nm an. Setzen Sie anschließend eine Gradscheibe auf, und ziehen Sie die Schrauben in der richtigen Reihenfolge um 60° weiter (siehe Abbildung) – alternativ kann die Schraube auch exakt um eine Flanke weitergedreht werden – diese liegen exakt um 60° auseinander.

**Anmerkung:** *Markieren Sie die Schrauben anschließend mit Farbe, um sicherzustellen, dass keine vergessen oder doppelt angezogen wird. Eine einmal zu stark angezogene Schraube muss unbedingt durch ein Neuteil ersetzt werden.*

**19** Ziehen Sie jetzt die M8-Schrauben Nr. 7 bis 14 in der korrekten Reihenfolge schrittweise mit 24 Nm an (Abbildung 19.18a). Ziehen Sie dann die M6-Schrauben Nr. 15 und 16 mit 10 Nm an. Ziehen Sie anschließend die verbliebenen M6-Schrauben Nr. 17 bis 27 über Kreuz ebenfalls mit 10 Nm an.

**20** Nachdem alle Gehäuseschrauben korrekt angezogen sind, wird geprüft, ob sich die Kurbelwelle, die Ausgleichswelle und Getriebewellen sanft und leichtgängig drehen lassen. Schalten Sie im Getriebe nacheinander die Gänge durch, und prüfen Sie, ob sich die Wellen im Leerlauf unabhängig voneinander drehen lassen. Bei irgendwelchen Hinweisen und Schwergängigkeit, rauen Lauf oder andere Probleme müssen diese vor dem weiteren Zusammenbau behoben werden.

**21** Reinigen Sie die Gewinde der Ausgleichswellendeckel-Schrauben, und tragen Sie frische Sicherungspaste auf. Setzen Sie den Deckel mit einer neuen Dichtung auf, und ziehen Sie die Schrauben mit 12 Nm an (siehe Abbildung).

**22** Installieren Sie alle entfernten Komponenten in der umgekehrten Ausbaureihenfolge.

## 20 Kurbelwellen- und Pleuelfußlager
### Allgemeine Information

**1** Auch wenn die Haupt- und Pleuellager normalerweise bei einer Motorüberholung ersetzt werden, sollten die alten Bauteile für eine genaue Begutachtung aufbewahrt werden, um aus Ihnen wertvolle Informationen über den Zustand des Motors zu ziehen.

**2** Lagerschäden beruhen zumeist auf Ölmängel, Schmutz oder Fremdkörper im Motor, Motorüberlastung und/oder Korrosion. Ungeachtet des Grundes für die Lagerschäden muss dieser vor der Motormontage korrigiert werden, um eine Wiederholung auszuschließen.

**3** Zu einer Begutachtung der Lager werden alle Lagerschalen entsprechend ihrer Positionen an der Kurbelwelle auf eine saubere Oberfläche gelegt. Dieses erlaubt Ihnen, ein erkanntes Lagerproblem dem entsprechenden Kurbelzapfen zuzuordnen.

**4** Schmutz und andere Fremdkörper können auf unterschiedliche Weise in den Motor gelangen. Sie können beim Zusammenbau zurückgelassen werden oder durch den Filter bzw. die Motorentlüftung eindringen. Die Partikel gelangen mit dem Öl in die Lager. Oftmals finden sich Metallsplitter als Bearbeitungsrückstände oder Verschleißspuren. Ablagerungen verbleiben auch nach Überho-

**19.18b Für den letzten Anzugsschritt der M9-Schrauben kann eine Gradscheibe verwendet werden.**

**19.21 Rüsten Sie den Ausgleichswellendeckel mit einer neuen Dichtung aus, und versehen Sie die Schrauben mit Sicherungspaste.**

**21.4a Lösen Sie die Schrauben, ...**

**21.4b ... und ziehen Sie die untere Pleuelfußhälfte ab.**

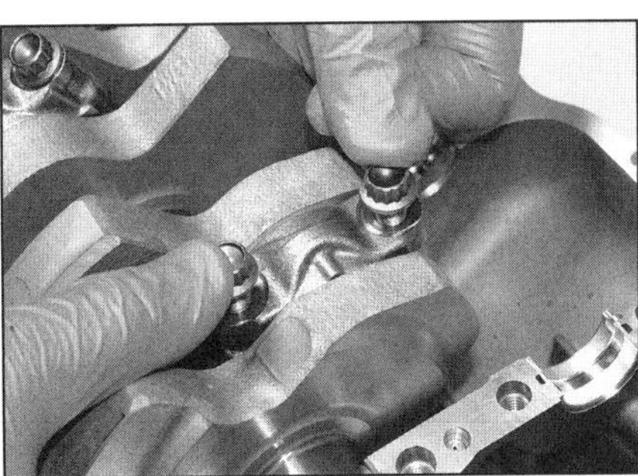

**21.4c Nutzen Sie ggf. die Schrauben, um das Pleuel herunterzuklopfen.**

lungen in Motorkomponenten, besonders wenn die Teile nicht sorgfältig gereinigt wurden. Solche Teilchen arbeiten sich auf jeden Fall in das weiche Lagermaterial ein und können leicht erkannt werden. Große Partikel werden jedoch nicht in das Lager eingebettet, sondern kerben und zerkratzen die Lager und Zapfen. Der beste Schutz gegen diese Lager-Ausfälle ist sorgfältiges Reinigen und absolute Sauberkeit bei der Motormontage. Ebenso müssen natürlich regelmäßig das Öl und der Ölfilter gewechselt werden.

**5** Ölmangel und eine Unterbrechung der Schmierung haben eine Reihe von zusammenhängenden Gründen: Extreme Hitze verdünnt das Öl, Überlastung drückt das Öl aus den Lagern und überhöhtes Lagerspiel oder eine verschlissene Ölpumpe lässt den nötigen Druck des Schmiersystems zusammenbrechen. Blockierte Ölleitungen lassen ein Lager trocken laufen und schnell zerstören. Lagerschalen besitzen zwar so genannte »Notlaufeigenschaften«, aber nur für die jeweils ersten Sekunden nach dem Anlassen – wird jedoch bei hohen Drehzahlen einmal die Schmierung für Zehntelsekunden unterbrochen, können Schalen und Zapfen bereits schrottreif sein. Das Lagermaterial wird vom Schild abgetragen und die durch die Reibung entstehende starke Hitze zerstört den Wellenzapfen.

***Beachten Sie zur Fehlersuche bei Lagern die Hinweise in Sektion 5 der* Werkzeug- und Werkstatt-Tipps *im Anhang..***

**6** Auch die Fahrweise hat einen direkten Einfluss auf die Laufzeiten von Lagern. Vollgas bei niedrigen Drehzahlen und hohe Belastung beanspruchen die Lager stark, da diese dazu neigen, den Ölfilm abzuquetschen. Diese Zustände belasten die Lager stark und erzeugen feine Ermüdungsbrüche in der Oberfläche. Eventuell kann das Lagermaterial ausbrechen und selbst weitere Schäden erzeugen. Kurzstreckenbetrieb führt zu Korrosion der Lager, da der Motor keine ausreichende Betriebstemperatur erreicht, um Kondenswasser und aggressive Gase zu vertreiben. Diese Produkte sammeln sich im Motoröl und bilden Säure und Schlamm. Wenn dieses Öl in die Lager gelangt, greift die Säure die Lager an und lässt das Material korrodieren.

**7** Eine nachlässige Lagermontage während des Motorzusammenbaus kann ebenso zu Problemen führen. Fest sitzende Lager führen zu geringem Lagerspiel und einem unzureichenden Schmierfilm. Hinter einer Lagerschale verbleibender Schmutz oder Fremdteile verbiegen die Schale und sorgen für punktuellen Verschleiß.

**8** Um Lagerprobleme zu vermeiden, müssen alle Teile vor dem Einbau sorgfältig gereinigt, mehrmals überprüft, genau vermessen und anschließend mit frischem Motoröl geschmiert werden.

## 21 Pleuel und Pleuelfußlager

**Anmerkung:** *Die Pleuelfüße werden mithilfe von Dehnschrauben zusammengehalten, die nach dem Anziehen nicht wiederverwendet werden dürfen. Beschaffen Sie Neuteile, bevor Sie mit der Arbeit beginnen.*

**Spezialwerkzeug:** *Zum Anziehen der Schrauben wird eine Gradscheibe benötigt, allerdings lässt sich ein Winkel von 180° auch ohne sie bestimmen.*

### Ausbau

**1** Bauen Sie den Motor aus (siehe Sektion 4), und trennen Sie die Gehäusehälften (siehe Sektion 19).

**2** Bauen Sie die Ausgleichswelle (siehe Sektion 25) und die Getriebeausgangswelle aus (siehe Sektion 26).

**3** Markieren Sie mit Farbe oder einem Filzstift die Zugehörigkeit des jeweiligen Pleuels zu seinem Zylinder – einmal oben auf dem Kolben und einmal vorn über die Pleuelfußhälften. Die Zylinder sind von oben betrachtet links mit 1 und rechts mit 2 nummeriert. Die bereits hinten am Pleuelfuß eingeätzten Zahlen und Buchstaben stehen für die Lagersitzgröße bzw. die Gewichtsangabe – nicht für die Zylinderidentifikation.

**21.5 Schieben Sie die Pleuel herunter, um die Kurbelwelle zu befreien.**

**4** Lösen Sie die Pleuelschrauben, und trennen Sie dann die untere Pleuelfußhälfte samt Lagerschale von der Pleuelstange (siehe Abbildung). Falls sich der Pleuelfuß nicht trennen lässt, können die Schrauben einige Umdrehungen eingeschraubt und dann mit leichten Schlägen auf die Köpfe die Pleuelstange herunter geklopft werden (siehe Abbildung). Beim Einbau müssen unbedingt neue Schrauben verwendet werden.

**5** Befreien Sie die Pleuelstangen von den Hubzapfen, und drücken Sie sie in die Zylinderbohrung, bis sie frei sind (siehe Abbildung). Heben Sie die Kurbelwelle heraus – die Hauptlagerschalen dürfen dabei nicht aus ihren Sitzen fallen (Abbildung 24.3).



**6** Legen Sie die obere Motorgehäusehälfte auf die Seite. Drücken Sie die Kolben/Pleuel-Baugruppen nach oben aus den Zylinderbohrungen – achten Sie darauf, dass die Pleuelfüße

**21.6 Schieben Sie die Kolben samt Pleuel nach oben aus den Zylinderbohrungen.**

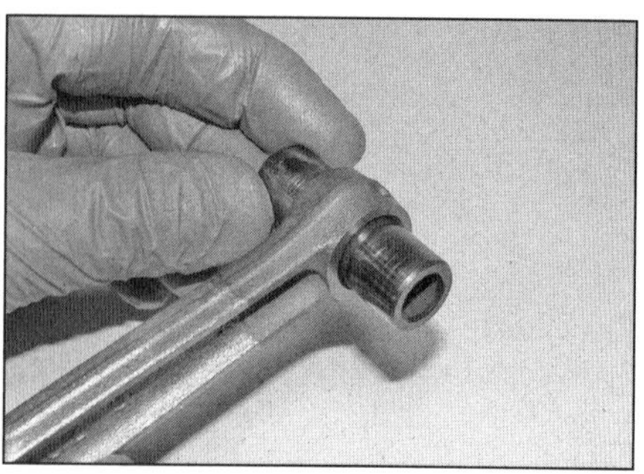

**21.10 Prüfen Sie, ob der Kolbenbolzen Spiel im oberen Pleuelauge hat.**

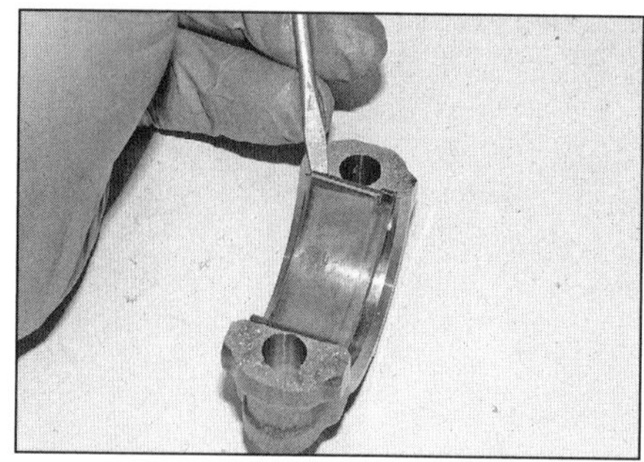

**21.14 Befreien Sie die Lagerschalen aus beiden Pleuelfußhälften.**

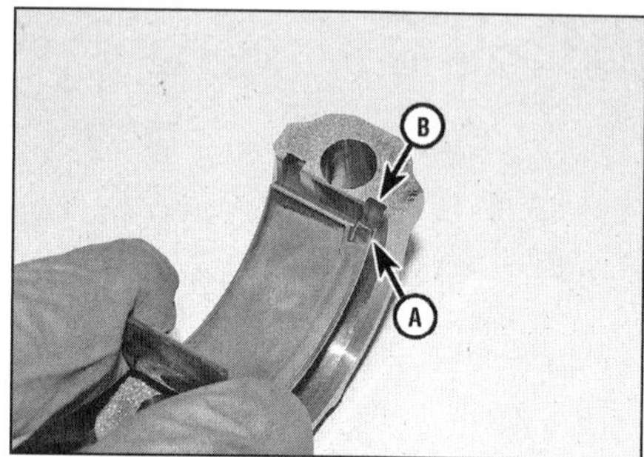


**21.15 Richten Sie die Lasche (A) zur Nut (B) aus.**

nicht die Zylinderwandung beschädigt (siehe Abbildung). Das »Y« an jedem Pleuel muss zur linken Motorseite zeigen, während die Kreise auf den Kolbenböden nach vorn zum Auslass weisen müssen. Falls kein Kreis sichtbar ist, muss eine Markierung angebracht werden, um den Kolben später wieder richtig herum montieren zu können.

***Achtung: Versuchen Sie nicht, die Kolben/Pleuel-Baugruppen nach unten aus den Zylinderbohrungen zu ziehen – die Kolben passen nicht zwischen den Hauptlagersitzen hindurch. Falls ein Kolben bis zum Lagersitz heruntergezogen wird, befreit sich der Ölabstreifring aus der Bohrung und verhindert ein Zurückschieben. Versuche, ihn wieder in die Bohrung einzuführen, würden wahrscheinlich zu seiner Zerstörung führen!***

**7** Halten Sie die Pleuelstange, den Pleuelfuß, die Schrauben und die Lagerschalen (falls sie wiederverwendet werden sollen) mit dem Kolben in ihrer korrekten Einbaulage zusammen, damit später alles richtig montiert werden kann.

**Anmerkung:** *Die Pleuelschrauben dürfen nicht wiederverwendet werden. Die alten Schrauben können allerdings für die Lagerspiel-Kontrolle verwendet werden – so müssen keine zwei neuen Schraubensätze beschafft werden.*

**8** Befreien Sie nötigenfalls die Kolben von den Pleuelstangen (siehe Sektion 22).

## Kontrolle

**9** Begutachten Sie die Pleuelstangen auf Risse und andere sichtbare Beschädigungen.

**10** Schmieren Sie den Kolbenbolzen von Zylinder Nr. 1 mit frischem Motoröl, schieben Sie ihn in das obere Pleuelauge, und kontrollieren Sie das Spiel zwischen den Teilen (siehe Abbildung). Falls Spiel fühlbar ist, muss in der Mitte des Kolbenbolzens der Außendurchmesser gemessen werden – wenn er dünner als 17,97 mm ist, muss er ersetzt werden. Liegt das Ergebnis über 17,99 mm, wird das Pleuel verschlissen sein und muss ersetzt werden. Messen Sie nötigenfalls dessen Innendurchmesser, und vergleichen Sie das Ergebnis mit den Angaben in den technischen Daten. Wiederholen Sie die Kontrollen mit dem anderen Kolbenbolzen und Pleuelauge.

**11** Wechseln Sie nach Sektion 20, und begutachten Sie die Pleuelfuß-Lagerschalen – falls sie riefig sind oder Fress- oder Klemmspuren zeigen, sind sie durch neu ausgewählte Lagerschalen zu ersetzen – immer bei allen Pleuel. Wenn sie stark beschädigt sind, muss die Gleitfläche des Hubzapfens untersucht werden. Verfärbungen sind Hinweise auf starke Hitze, die durch Schmiermangel entsteht. Stellen Sie sicher, dass die Ölpumpe und der Öldruckregler sowie die Ölkanäle und -Bohrungen in Ordnung sind, bevor der Motor wieder zusammengebaut wird.

**12** Lassen Sie die Pleuelstangen von einer Yamaha-Werkstatt auf Verzug und Verbiegung kontrollieren, wenn über ihren Zustand Zweifel besteht.

## Kontrolle des Lagerspiels

**Anmerkung:** *Bei dieser Arbeit darf das Pleuel nicht auf der Kurbelwelle gedreht werden. Falls die Kontrolle auf der Werkbank durchgeführt wird, müssen die Kurbelwelle und das Pleuel irgendwie eingeklemmt werden, damit sie sich nicht bewegen. Alternativ können der Kolben und das Pleuel in den Zylinder eingeführt und die Kurbelwelle in ihre Lager gelegt werden.*

**13** Unabhängig davon, ob die alten Lagerschalen wiederverwendet oder Neuteile verwendet werden, sollte vor dem Zusammenbau das Lagerspiel kontrolliert werden. Zu diesem Zweck gibt es im Fachhandel Quetschmessstreifen namens »Plastigauge«.

**14** Befreien Sie die Lagerschalen aus den Pleuelfußhälften – beachten Sie ihre Einbaupositionen (siehe Abbildung). Reinigen Sie die Rückseiten der Lagerschalen und die Sitze in beiden Pleuel-Hälften mit Lösungsmittel.

**15** Drücken Sie die Lagerschalen in ihre Positionen, die Laschen an jeder Schale müssen in die Nuten des Sitzes einrasten (siehe Abbildung). Gehen Sie sicher, dass die Lager korrekt sitzen, und achten Sie darauf, dass die Lageroberflächen nicht mit den Fingern berührt werden dürfen.

**16** Arbeiten Sie zurzeit an einem Pleuellager. Schneiden Sie von den Quetschmessstreifen ein Stück ab, das etwas kürzer als die Lagerbreite des Hubzapfens sein muss, und legen Sie ihn auf den gereinigten Hubzapfen (Abbildung 24.13) – achten Sie darauf, ihn nicht über eine Ölbohrung zu legen.

**17** Schmieren Sie an den **alten** Pleuelschrauben die Gewinde und Kopf-Unterseiten mit Molybdänfett. Setzen Sie die Pleuelfußhälften korrekt ausgerichtet an den Hubzapfen (siehe Schritt 3) – das »Y« am Pleuel muss zur linken Motorseite zeigen (siehe Schritt 6). Installieren Sie die Schrauben zunächst handfest.

**Anmerkung:** *Bei dieser Prozedur kann nur ein brauchbares Ergebnis erzielt werden, wenn das Pleuel nicht auf der Kurbelwelle gedreht wird.*

**18** Ziehen Sie die Schrauben zunächst mit 20 Nm an. Ziehen Sie sie dann ggf. mithilfe einer Gradscheibe in einem Zug um 180° weiter (Abbildung 21.34).

**19** Lockern Sie die Pleuelschrauben, und entfernen Sie die Pleuel-Bauteile vom Hubzapfen – ohne dabei das Pleuel zu drehen.

**20** Vergleichen Sie die gequetschten Streifen mit der Skala auf der Packung, um das Lagerspiel zu ermitteln (Abbildung 24.17). Liegt der Wert zwischen 0,027 und 0,051 mm und sind die Lagerschalen in Ordnung, können sie wiederverwendet werden.

**21** Falls das Spiel nahe oder über 0,06 mm liegt, müssen die Lagerschalen durch Neuteile ersetzt (siehe Schritte 25 und 26) und die Messung wiederholt werden. Ersetzen Sie immer alle Lagerschalen als Satz.

**22** Falls das Spiel auch mit neuen Lagerschalen zu groß ist, wird der Hubzapfen verschlissen sein und die Kurbelwelle muss ausgetauscht werden – sie kann höchstens noch von einem Spezialbetrieb durch Aufschweißen und Schleifen gerettet werden – erkundigen Sie sich vor dem Kauf einer neuen Welle nach dieser Möglichkeit.

**23** Nach Beendigung der Messung muss der gequetschte Plastikstreifen vorsichtig aus dem Lager entfernt werden. Hierzu reicht normalerweise ein Fingernagel.

**24** Wiederholen Sie die Kontrolle mit dem anderen Pleuel, und entsorgen Sie alle Pleuelschrauben.

21.25a Angaben für die Hubzapfen-Größe

21.25b Code für die Pleuelfuß-Größe

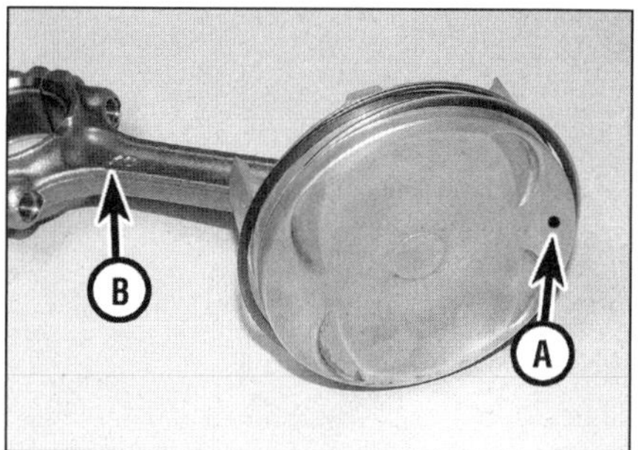


**21.29 Kreis auf dem Kolbenboden (A), »Y« am Pleuel (B)**

## Auswahl der Lagerschalen

**25** Neue Lagerschalen für die Pleuelfußlager gibt es in verschiedenen Größen. Die Code-Nummern für die Hubzapfen sind sind in die linke Kurbelwange eingeschlagen (siehe Abbildung) – die linken zwei Ziffern stehen für die Hubzapfen-Größe, während die drei Ziffern rechts für die Größen der Kurbelwellen-Hauptlagerzapfen stehen. Die erste Ziffern steht für den Hubzapfen von Zylinder Nr. 1 (links). Die Größe des Pleuels ist als Ziffer an der abgeflachten Verbindung zwischen den beiden Pleuelfußhälften eingeätzt (siehe Abbildung).

**26** Lagerschalen werden in verschiedenen Größen angeboten. Um die korrekte Schale zu finden, muss die Ziffer an der Kurbelwelle von derjenigen am Pleuel subtrahiert werden, um anhand des Ergebnisses mithilfe der unten stehenden Tabelle die Farbcodierung für die Ersatz-Lagerschalen herauszufinden. Die Farben sind seitlich an den Lagerschalen angebracht (siehe Abbildung). Ein Beispiel: Pleuelfuß 5 minus Hubzapfen 2 = 3 = braun markierte Lagerschalen. Die Farbcodes sind seitlich an den Lagerschalen angebracht (Abbildung 24.23).

| Nummer | Farbe |
|---|---|
| 1 | blau |
| 2 | schwarz |
| 3 | braun |
| 4 | grün |

## Einbau

**Anmerkung:** *Für den endgültigen Zusammenbau werden neue Pleuelschrauben benötigt.*

**27** Falls entfernt, werden die Kolben mit den Pleuelstangen verbunden (siehe Sektion 22) – die Öffnungen der Kolbenringe müssen korrekt ausgerichtet sein (siehe Sektion 23).

**28** Die Rückseiten der Lagerschalen, die Sitze in beiden Pleuel-Hälften und die Hubzapfen müssen absolut sauber sein. Falls neue Lagerschalen verwendet werden, müssen diese mit Petroleum von sämtlichem Schutzfett befreit werden. Trocknen Sie die Schalen und beide Pleuelfußhälften mit einem sauberen fusselfreien Lappen. Drücken Sie die Lagerschalen in ihre Positionen, die Laschen an jeder Schale müssen in die Nuten des Sitzes einrasten (Abbildung 21.15). Falls die alten Lagerschalen verwendet werden, muss sichergestellt werden, dass sie in ihre ursprünglichen Positionen gelangen. Achten Sie darauf, die Gleitflächen nicht mit den Fingern zu berühren.

**29** Schmieren Sie die Kolben, ihre Ringe und die Zylinderbohrungen mit frischem Motoröl. Achten Sie beim Einbau der Kolben/Pleuel-Baugruppe darauf, dass der Kreis auf dem Kolbenboden nach vorn und das Y am Pleuel zur linken Motorseite zeigt (siehe Schritt 6) und jeder Kolben in seinen ursprünglichen Zylinder gelangt (siehe Abbildung).

**30** Führen Sie den Kolben Nr. 1 samt Pleuel von oben in den linken Zylinder ein – beschädigen Sie nicht mit dem Pleuel die Zylinderwandung (siehe Abbildung). Drücken Sie die Kolbenringe vorsichtig zusammen, und senken Sie den Kolben dabei ab, bis er bündig im Zylinder steckt (siehe Abbildung). Falls vorhanden, sollte zum Einführen der Kolben ein passendes Kolbenring-Spannband verwendet werden (siehe Abbildungen). Legen Sie das Werkzeug um den Kolben, ziehen Sie es zusammen, um die Kolbenringe in ihre Nuten zu drücken, und führen Sie den Kolben zusammen

**21.30a Senken Sie den Kolben in seiner Bohrung ab, ...**

**21.30b ... und drücken Sie vorsichtig die Kolbenringe zusammen, um sie einzuführen.**

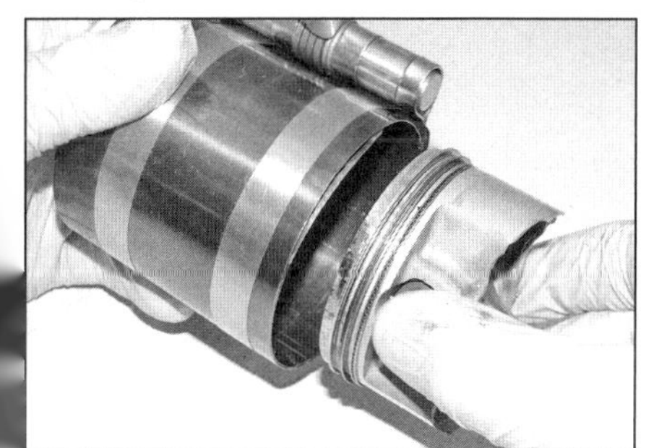

**21.30c Alternativ kann ein Kolbenring-Spannband um den Kolben gelegt ...**

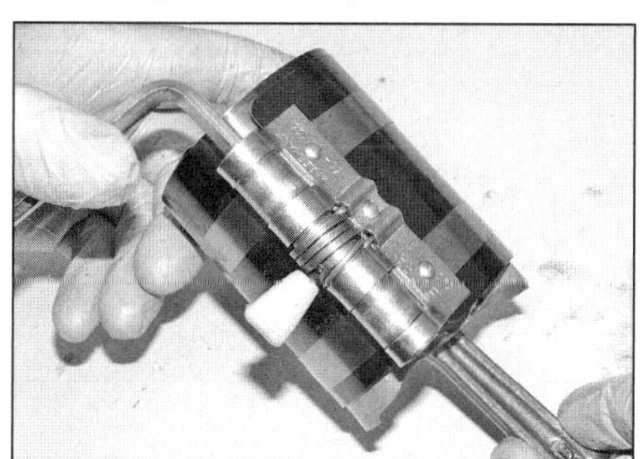

**21.30d ... und angezogen werden.**

**21.30e Führen Sie den Kolben samt Spannband in die Zylinderbohrung ein, ...**

**21.30f ... und drücken Sie ihn vorsichtig aus dem Spannband in den Zylinder.**

**21.32a Ziehen Sie das Pleuel gegen den Hubzapfen.**

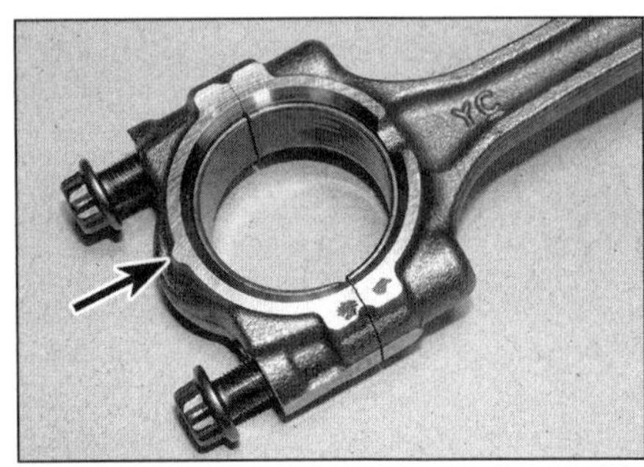

**21.32b Der Vorsprung muss zur linken Motorseite zeigen.**

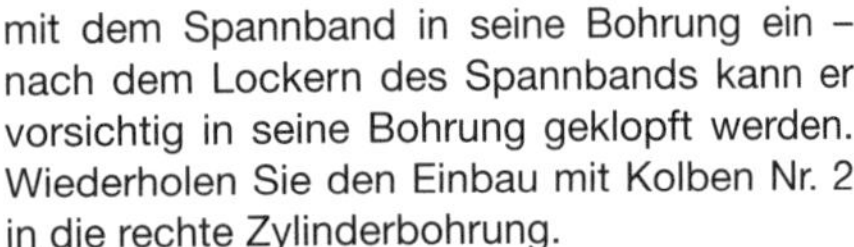

mit dem Spannband in seine Bohrung ein – nach dem Lockern des Spannbands kann er vorsichtig in seine Bohrung geklopft werden. Wiederholen Sie den Einbau mit Kolben Nr. 2 in die rechte Zylinderbohrung.

**31** Drehen Sie das Motorgehäuse um. Sichergehend, dass alle Hauptlagerschalen korrekt positioniert sind, wird die Kurbelwelle darin abgelegt (Abbildung 24.3).

**32** Arbeiten Sie zurzeit an einem Pleuel, und schmieren Sie den Hubzapfen sowie die Lagerschalen in den Pleuelfußhälften mit frischem Motoröl. Ziehen Sie das Pleuel gegen den Hubzapfen (siehe Abbildung), und setzen Sie die untere Pleuelfußhälfte richtig herum auf (siehe Schritt 3) (Abbildung 21.4b). Der Vorsprung an der unteren Hälfte muss wie das Y an der Stange nach links zeigen (siehe Abbildung).

**33** Schmieren Sie an den **neuen** Pleuelschrauben die Gewinde und Kopf-Unterseiten mit Molybdänfett. Installieren Sie die Schrauben zunächst handfest (Abbildung 21.4a). Prüfen Sie erneut, ob alle Bauteile korrekt ausgerichtet sind.

**34** Ziehen Sie die Schrauben zunächst mit 20 Nm an. Ziehen Sie sie dann ggf. mithilfe einer Gradscheibe in einem Zug um 180° (eine halbe Umdrehung) weiter (siehe Abbildung). Montieren Sie die anderen Pleuel auf die gleiche Weise an die Kurbelwelle.

**35** Prüfen Sie, ob sich die Kurbelwelle sanft und frei drehen lässt – bei irgendwelchen Hinweisen auf Schwergängigkeit müssen die Pleuel demontiert und erneut das Lagerspiel kontrolliert werden. Natürlich werden bei der anschließenden Montage wieder neue Pleuelschrauben benötigt. Manchmal reichen sanfte Schläge gegen den Pleuelfuß, um das Pleuel zu lockern.

**36** Montieren Sie die Ausgleichswelle (siehe Sektion 25) und die Getriebeausgangswelle (siehe Sektion 26).

**37** Verbinden Sie die Motorgehäusehälften (siehe Sektion 19).

## 22 Kolben

### Ausbau

**1** Bauen Sie den Motor aus (siehe Sektion 4), trennen Sie die Gehäusehälften (siehe Sektion 19), und befreien Sie die Kolben/Pleuel-Baugruppen nach oben aus den Zylinderbohrungen (siehe Sektion 21).

**2** Bevor der Kolben vom Pleuel getrennt wird, muss sichergestellt sein, dass beide Teile entsprechend ihres Zylinders markiert sind. Beide Komponenten müssen später unbedingt wieder in ihrer alten Konstellation zusammengesetzt werden.

**3** Hebeln Sie vorsichtig mit einer Spitzzange oder einem kleinen Schraubenzieher, den Sie in die Nut einführen, auf einer Seite des Kolbens den Sicherungsring aus (siehe Abbildung) – diese müssen später stets durch Neuteile ersetzt werden. Falls sich an den Nuten Grate gebildet haben, müssen sie mit einer sehr feinen Feile oder einer Messerklinge entfernt werden. Drücken Sie dann von der anderen Seite den Kolbenbolzen heraus, und befreien Sie den Kolben vom Pleuel (siehe Abbildung). Entfernen Sie auch den anderen Sicherungsring. Wenn der Kolben demontiert ist, sollte der Bolzen hineingesteckt werden, um ein Vertauschen zu vermeiden.

**4** Mithilfe der Daumen oder einer Kolbenringzange werden die Ringe eines Kolbens vorsichtig abgenommen (siehe Sektion 23). Sie dürfen hierbei nicht geknickt oder verkantet werden. Beachten Sie die Einbaulage der einzelnen Ringe, wenn Sie wiederverwendet werden sollen. Die Oberseite der beiden oberen Ringe (Kompressionsringe) sollten mit einer Markierung versehen sein (Abbildung 23.1).

**5** Schaben Sie die Ölkohle vom Kolbenboden. Eine weiche Drahtbürste oder feines Schmirgelleinen kann zur Nacharbeit verwendet werden. Benutzen Sie keinesfalls einen Drahtbürstenaufsatz auf einer Bohrmaschine, das Kolbenmaterial ist sehr weich und würde abgetragen werden.

**6** Die Kolbenring-Nuten können mit einem Spezialwerkzeug, aber auch mit einem abgebrochenen Stück eines alten Kolbenringes von Kohleresten befreit werden. Seien Sie vorsichtig, dass kein Kolben-Metall entfernt wird oder die Seiten der Nut gequetscht oder eingekerbt werden.

**7** Wenn die Kohleablagerungen entfernt sind, wird jeder Kolben mit Lösungsmittel gereinigt

**21.34 Die Pleuelschrauben müssen im zweiten Durchgang um 180° angezogen werden.**

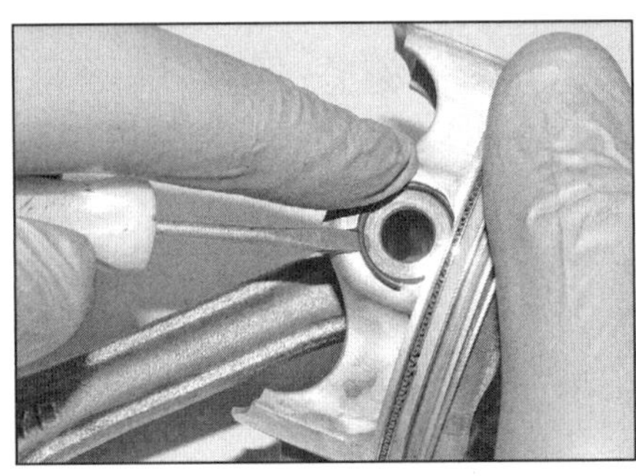

**22.3a Hebeln Sie einen Sicherungsring aus dem Kolben.**

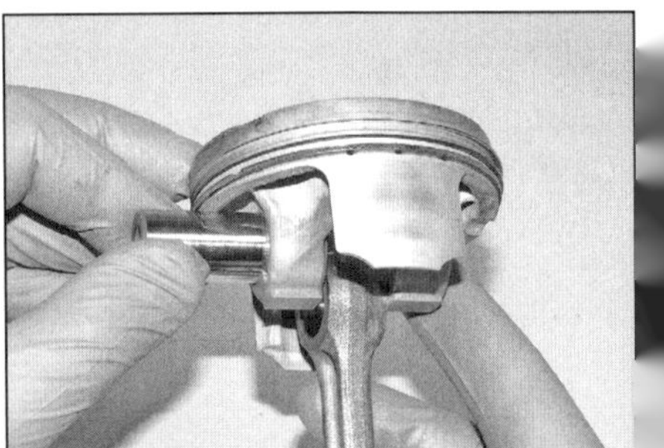

**22.3b Drücken Sie den Kolbenbolzen von der anderen Seite heraus, und entnehmen Sie den Kolben.**

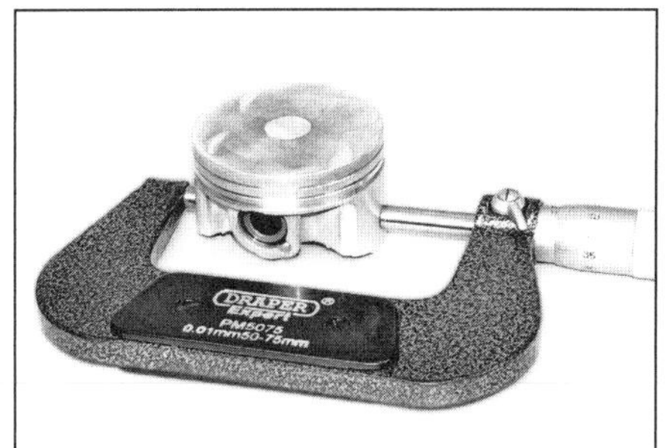


**22.10 Messen Sie den Durchmesser des Kolbens an der beschriebenen Stelle.**

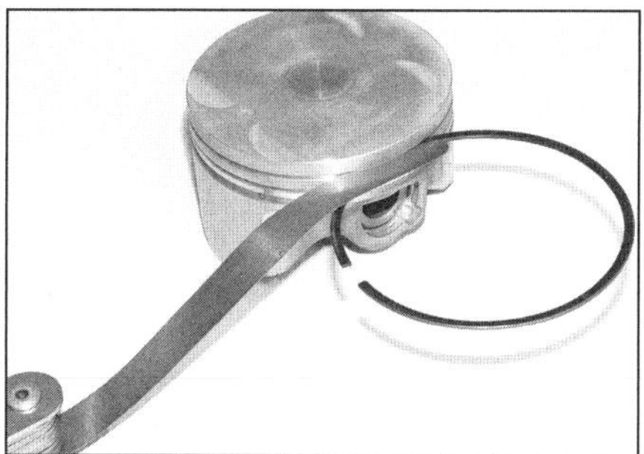

**22.11 Messen Sie das Spiel der Kompressionsringe in ihren Nuten mit einer Fühlerlehre.**

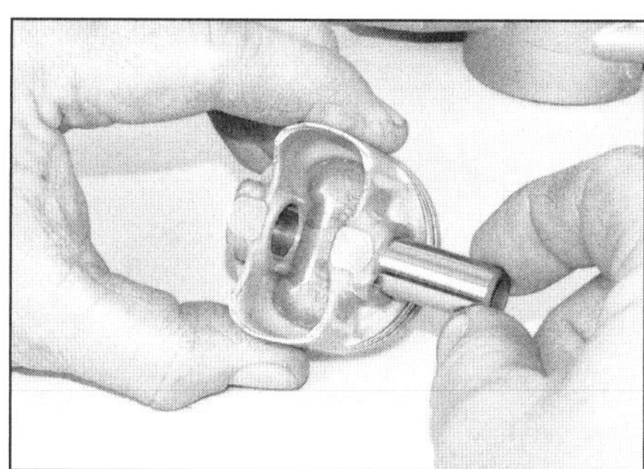

**22.12a Stecken Sie den Bolzen in den Kolben, und prüfen Sie, ob Spiel fühlbar ist.**

und anschließend getrocknet. Gehen Sie sicher, dass die Ölrücklaufbohrungen in der Nut des Ölabstreifrings sauber sind. Wenn die angebrachten Markierungen nicht mehr lesbar sind, müssen Sie erneuert werden.

## Kontrolle

**8** Begutachten Sie jeden Kolben sorgfältig auf Brüche am Hemd, an den Bolzenaugen und um die Kolbenringnuten. Normaler Kolbenverschleiß zeigt sich in gleichmäßige senkrechte Spuren auf der Lauffläche und leichtem Spiel des oberen Kolbenringes in seiner Nut. Wenn das Hemd Riefen oder Klemmspuren zeigt, kann der Motor an Überhitzung gelitten haben und/oder eine abnormale Verbrennung sorgte für extrem hohe Arbeitstemperatur.

**9** Ein Loch im Kolbenboden ist ein Zeichen für abnormale Verbrennung (durch Frühzündung). Verbrannte Stellen am Rand des Bodens weisen auf Klingeln oder Klopfen hin. Wenn eines dieser Probleme existiert, müssen die Gründe beseitigt werden, damit die Schäden sich nicht fortsetzen (siehe Fehlersuche im Anhang).

**10** Kontrollieren Sie das Spiel zwischen Kolben und Zylinder durch Messen der Zylinderbohrung (siehe Sektion 29) und des Kolbendurchmessers. Messen Sie den zugehörigen Kolben 8 mm oberhalb des unteren Endes des Hemds und 90° zum Kolbenbolzen (siehe Abbildung). Subtrahieren Sie den Kolbendurchmesser vom Zylinderdurchmesser, und errechnen Sie das Spiel. Wenn es über 0,04 mm liegt, muss herausgefunden werden, ob der Kolben oder die Bohrung (oder beides) verschlissen ist. Bei einer verschlissenen Bohrung müssen das gesamte Motorgehäuse, die Kolben und die Kolbenringe ersetzt werden – lassen Sie sich vor dem Neukauf Rat von einem Motorenspezialisten beraten.

**11** Messen Sie das Spiel zwischen den Kompressionsringen und deren Nuten im Kolben durch Einlegen eines Ringes und Erfühlen des Spiels mittels einer Fühlerlehre (siehe Abbildung) – gehen Sie sicher, dass Sie den passenden Ring verwenden. Kontrollieren Sie an drei oder vier Stellen rundherum. Wenn das Spiel über der Verschleißgrenze liegt, muss der Kolben samt Ringen ersetzt werden. Wenn neue Ringe verwendet werden sollen, muss das Spiel mit den neuen Ringen gemessen werden. Falls das Spiel über der Toleranzgrenze liegt, ist der Kolben verschlissen und muss ersetzt werden.

**12** Geben Sie frisches Motoröl auf den Kolbenbolzen, schieben Sie ihn in den Kolben, und fühlen Sie, ob Spiel vorhanden ist (siehe Abbildung). Messen Sie den Außendurchmesser des Kolbenbolzens (an den Rändern) sowie den Innendurchmesser seiner Bohrungen im Kolben, und vergleichen Sie das Ergebnis mit den technischen Daten (siehe Abbildung). Wiederholen Sie die Messung im oberen Pleuelauge (siehe Sektion 21). Ersetzen Sie alle Bauteile, die außerhalb der Verschleißgrenzen liegen.

## Einbau

**13** Inspizieren und installieren Sie die Kolbenringe (siehe Sektion 23).

**14** Setzen Sie einen **neuen** Sicherungsring in ein Kolbenbolzenauge ein (benutzen Sie nie gebrauchte!). Schmieren Sie den Kolbenbolzen, seine Bohrung im Kolben und das obere Pleuelauge mit frischem Motoröl.

**15** Richten Sie den Kolben so zum Pleuel aus, dass die Markierung nach vorn zum Auslass und das Y am Pleuel zur linken Seite des Motorgehäuses zeigen (Abbildung 21.29). Schieben Sie den Kolbenbolzen von der Seite ohne Sicherungsring hindurch (Abbildung 22.3b).

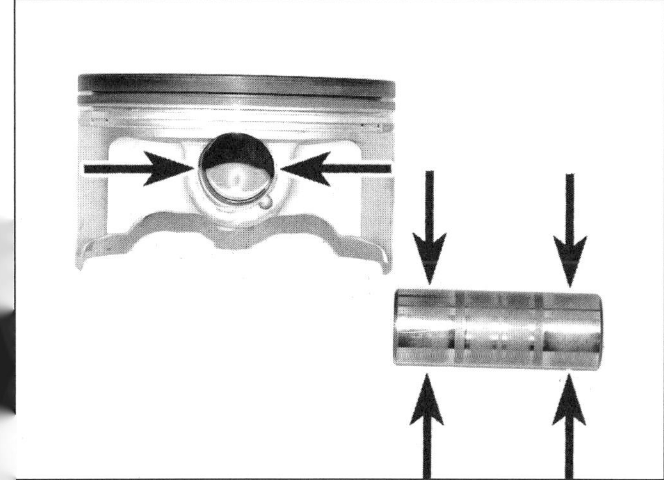

**22.12b Messen Sie den Außendurchmesser des Kolbenbolzens und den Innendurchmesser der Bohrung im Kolben.**

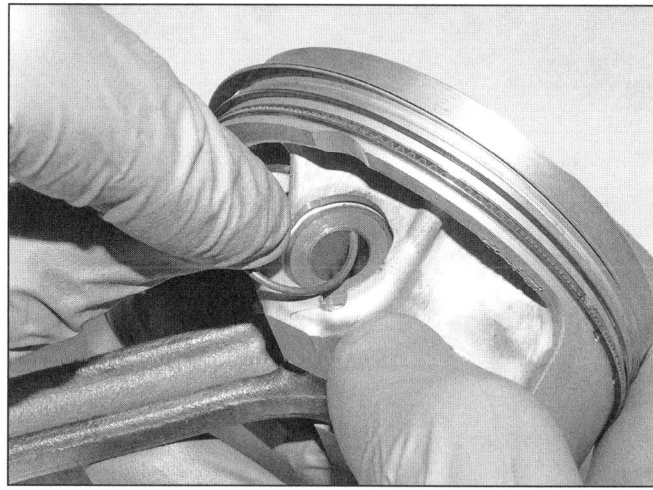

**22.15 Installieren Sie den Sicherungsring mit der Öffnung von der Ausbaunut entfernt.**

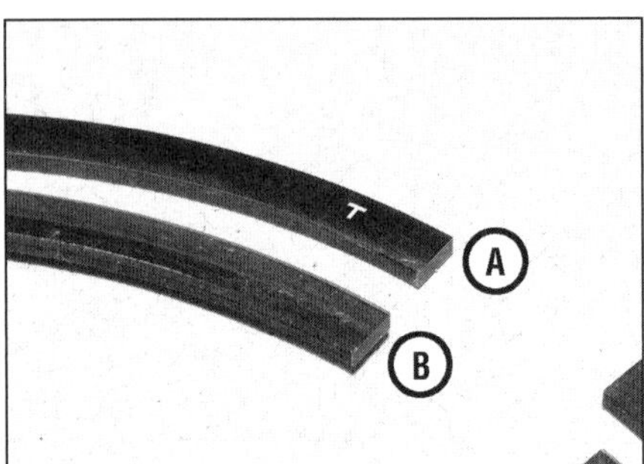


**23.1 Oberer Kompressionsring (A), zweiter Kompressionsring (B)**

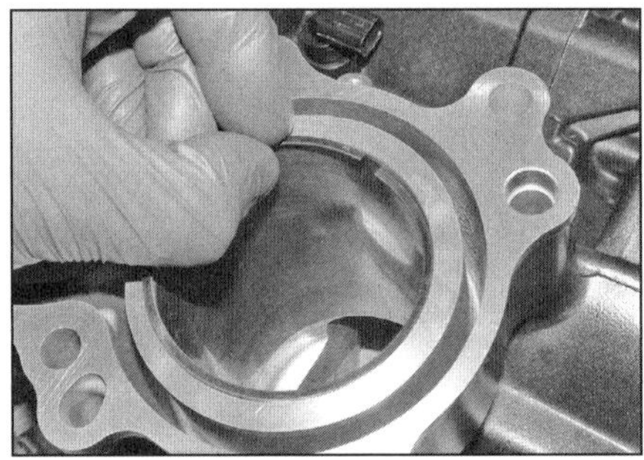

**23.2a Führen Sie den Ring in seine Zylinderbohrung ein, ...**

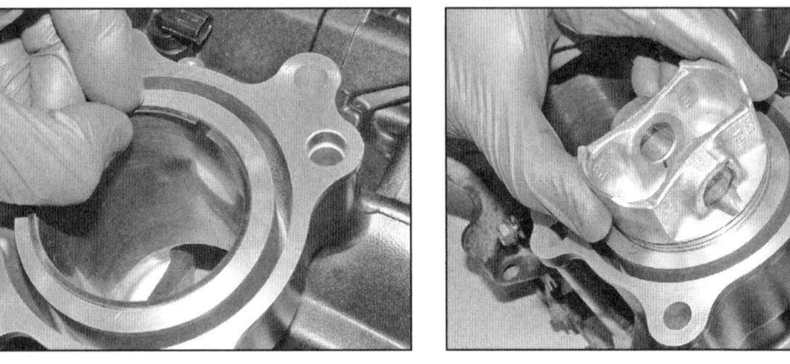

**23.2b ... und drücken Sie ihn mit dem Kolben senkrecht herunter.**

Sichern Sie den Bolzen mit dem zweiten **neuen** Ring (siehe Abbildung). Beim Einbau der neuen Ringe ist darauf zu achten, dass sie nicht stärker zusammengepresst werden als nötig ist, dass sie sauber in ihrem Sitz liegen und die Öffnung nicht über der Ausbaunut sitzt (siehe Abbildung).

**16** Montieren Sie die Pleuel (siehe Sektion 21).

## 23 Kolbenringe

**Anmerkung:** *Es ist ratsam, die Kolbenringe bei jeder Motorüberholung zu erneuern.*

### Kontrolle

**1** Sortieren Sie zum Messen den Kolben samt Ringen dem korrekten Zylinder zu. Die Oberseite der beiden oberen Ringe (Kompressionsringe) sollten mit einer Markierung versehen sein (siehe Abbildung); falls sich die Markierungen unterscheiden, muss notiert werden, welche Markierung an welchem Ring ist.

**2** Außer bei dem Expander des Ölabstreifrings sollte bei allen Kolbenringen das Stoßspiel ermittelt werden. Schieben Sie den jeweiligen Ring von oben in den Zylinder, und richten Sie ihn mithilfe des Kolbens kurz vor dem unteren Totpunkt der Kolbenringe im Zylinder (wo der Verschleiß am geringsten ist) senkrecht aus, sodass er sich noch in seinem Arbeitsbereich befindet (siehe Abbildungen). Messen Sie nun mit einer Fühlerlehre das Stoßspiel der Ring-Enden, und vergleichen Sie den Wert mit dem der technischen Daten (siehe Abbildung).

**3** Übermäßiges Stoßspiel bis zur Verschleißgrenze ist nicht kritisch. Prüfen Sie, ob die Zylinderbohrung verschlissen ist (siehe Sektion 29).

**4** Wiederholen Sie die Messung mit allen Kolbenringen in ihren jeweiligen Zylinderbohrungen – das Stoßspiel der beiden Kompressionsringe und der Ölabstreifringe unterscheidet sich. Beim Ölabstreifring werden nur die schmalen oberen und unteren Ringe kontrolliert – die Enden des Expanders müssen sich im eingebauten Zustand berühren.

### Einbau

**5** Der Ölabstreifring muss als unterer zuerst an den Kolben installiert werden. Er besteht aus drei Teilen: dem Expander und zwei dünnen Ringen. Zuerst wird der Expander in die Nut gesetzt, ohne dass sich seine Enden überlappen (siehe Abbildung). Installieren Sie dann den unteren Ölring (siehe Abbildung). Diese Arbeit darf nicht mit einer Kolbenringzange ausgeführt werden, da hiermit die Gefahr einer Beschädigung besteht. Setzen Sie stattdessen ein Ende des Ringes in die Nut zwischen Expander und Kolben. Halten Sie es fest, und schieben Sie den Ring nach und nach in die

**23.2c Ermitteln Sie das Stoßspiel mit einer Fühlerlehre.**

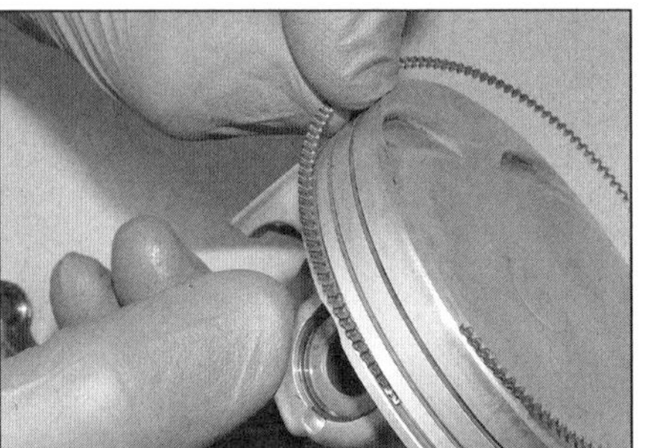

**23.5a Installieren Sie den Ölring-Expander in die untere Nut, ...**

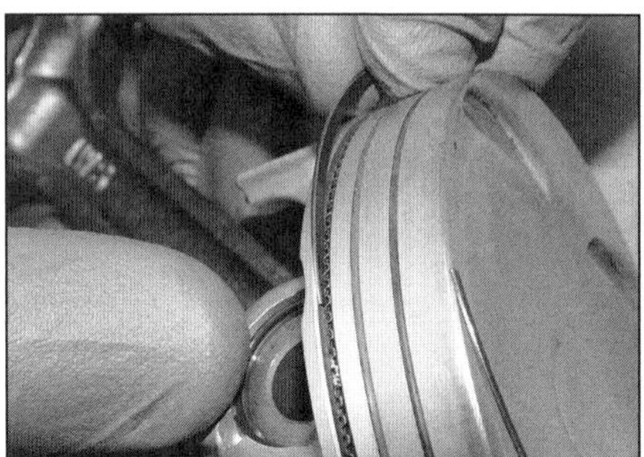

**23.5b ... und bringen Sie dann den unteren ...**

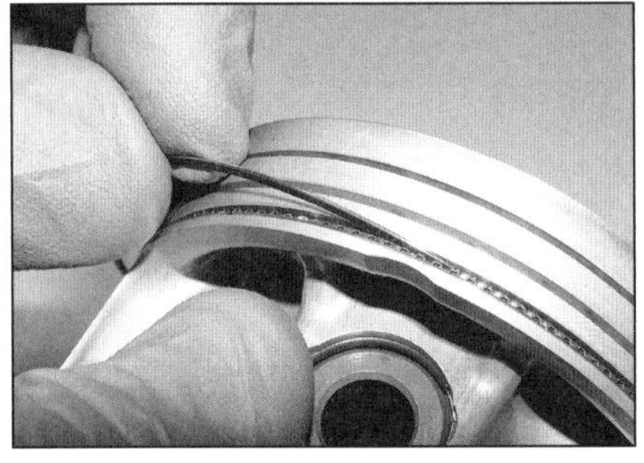

**23.5c ... und den oberen Ölabstreifring in Position.**

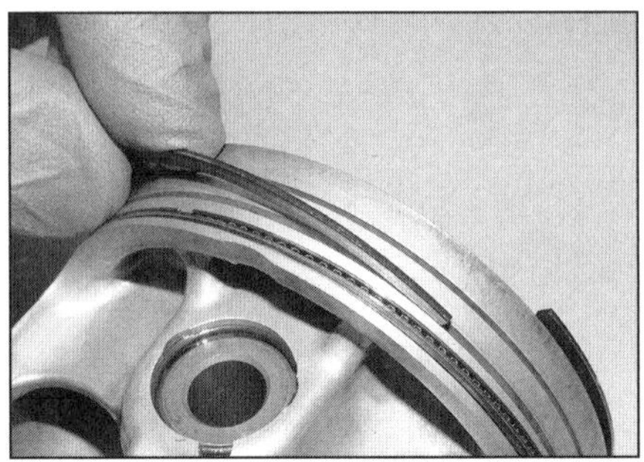

**23.7a Installieren Sie vorsichtig den zweiten Kompressionsring, ...**

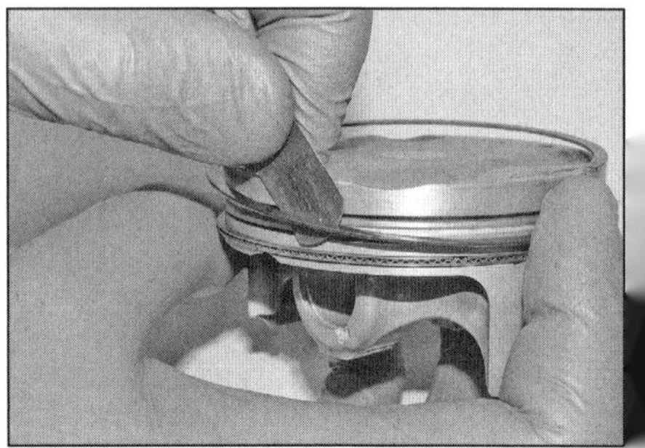

**23.7b ... verwenden Sie dazu nötigenfalls ein Fühlerlehrenblatt.**

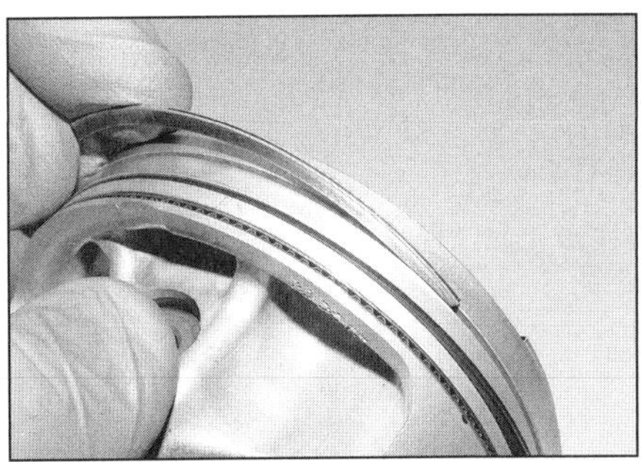

**23.8 Installieren Sie zum Schluss den oberen Kompressionsring.**

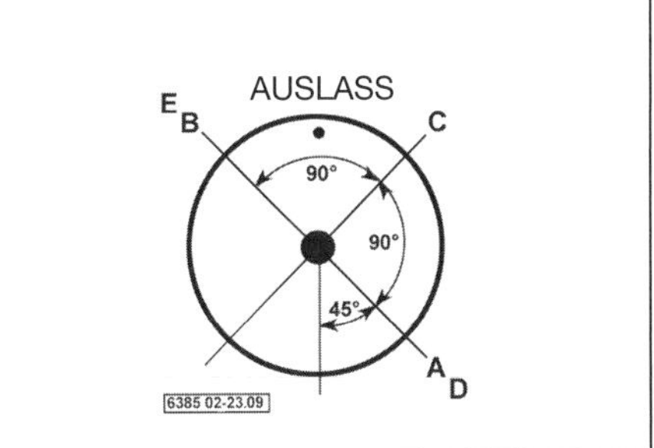


**23.9 Die Öffnungen der Kolbenringe müssen wie gezeigt ausgerichtet sein.**

*A* *Oberer Kompressionsring*
*B* *Zweiter Kompressionsring*
*C* *Oberer Ölabstreifring*
*D* *Ölabstreifring-Expander*
*E* *Unterer Ölabstreifring*

Nut. Installieren Sie danach den oberen Ring auf die gleiche Weise (siehe Abbildung). Prüfen Sie anschließend erneut, ob sich die Enden des Expanders berühren, aber nicht überlappen.

**6** Nachdem alle drei Ölringbauteile installiert sind, muss kontrolliert werden, ob sich die beiden dünnen Ringe in ihrer Nut sanft drehen lassen.

**7** Bauen Sie als Nächstes den zweiten Kompressionsring ein, der anhand seines Profils identifiziert werden kann (siehe Abbildungen). Seine Beschriftung muss auf jeden Fall nach oben zeigen. Drücken Sie den Ring nicht weiter auseinander als nötig, und installieren Sie ihn in die mittlere Kolbennut. Am sichersten geht der Einbau mit einer Kolbenringzange oder alten Fühlerlehrenblättern.

**8** Setzen sie schließlich den oberen Ring in gleicher Weise in die obere Nut des Kolbens ein (siehe Abbildung).

**9** Wenn die Ringe korrekt installiert sind, müssen sie sich frei und ohne zu haken bewegen lassen. Verdrehen Sie die Ringstöße anschließend wie gezeigt (siehe Abbildung).

## 24 Kurbelwelle und Hauptlager

### Ausbau

**1** Bauen Sie den Motor aus (siehe Sektion 4), trennen Sie die Gehäusehälften (siehe Sektion 19), und befreien Sie die Kolben/Pleuel-Baugruppen von der Kurbelwelle (siehe Sektion 21). Es ist nicht nötig, die Kolben/Pleuel-Baugruppen aus den Zylindern zu entfernen; sie sollten aber so weit in die Zylinderbohrungen geschoben werden, dass die Pleuelfüße ausreichend weit von den Hubzapfen entfernt sind – umwickeln Sie sie mit Lappen, um Schäden an den Zylinderwandungen zu vermeiden (Abbildung 21.5).

**Anmerkung:** *Für den Zusammenbau werden neue Pleuelschrauben benötigt.*

2 Demontieren Sie die Ausgleichswelle (siehe Sektion 25).

**3** Heben Sie die Kurbelwelle aus der oberen Gehäusehälfte – die Lagerschalen müssen zunächst an ihren Positionen verbleiben (siehe Abbildung).

**4** Demontieren Sie nötigenfalls die Hauptlagerschalen aus den Motorgehäusehälften (siehe Abbildung) – lagern Sie sie so, dass sie für die Lagerspiel-Kontrolle und ggf. beim Einbau wieder an ihre ursprünglichen Positionen gelangen.

### Kontrolle

**5** Reinigen Sie die Kurbelwelle mit Lösungsmittel, besondere Beachtung muss das Durchspülen der Ölbohrungen finden. Wenn möglich, sollten Welle und Bohrungen mit Druckluft getrocknet und durchgeblasen werden. Kontrollieren Sie das Primärtriebrad auf Verschleiß und Beschädigungen. Falls Zähne extrem verschlissen, gesplittert oder gebrochen sind, muss die Kurbelwelle ersetzt werden. Inspizieren Sie die Gegenstücke an der Rückseite des Kupplungskorbes (Abbildung 13.23) und der Ausgleichswelle (Abbildung 5.4). Kontrollieren Sie ebenso das Steuerkettenritzel (sowie die Steuerkette und die Nockenwellenritzel) – auch dies ist in die Kurbelwelle integriert, sodass bei Schäden die Welle ersetzt werden muss.

**6** Wechseln Sie zu Sektion 20 und begutachten Sie die Hauptlagerschalen. Wenn sie riefig sind oder Fress- bzw. Klemmspuren zeigen, müssen alle als Set ersetzt werden. Wenn sie stark beschädigt sind, muss auch die Lagerfläche der Kurbelwelle untersucht werden. Verfärbungen sind Hinweise auf starke Hitze, die durch Schmiermangel entsteht. Stellen Sie sicher, dass die Ölpumpe und der Öldruckregler sowie die Ölkanäle und -Bohrungen in Ordnung sind, bevor der Motor wieder zusammengebaut wird.

**7** Die Lagerflächen der Kurbelwelle sollten einer ausführlichen Begutachtung unterzogen werden – besonders wenn sie in beschädigten Lagerschalen liefen. Wenn die Welle Riefen oder Ausbrüche aufweist, muss die Kurbelwelle ausgetauscht werden. Untermaß-Lagerschalen sind nicht erhältlich, sodass die Kurbelwelle höchstens von einem Spezialbetrieb durch Aufschweißen und Schleifen gerettet werden kann – erkundigen Sie sich vor dem Kauf einer neuen Welle nach dieser Möglichkeit.

**8** Kontrollieren sie den Rundlauf der Kurbelwelle in Prismenböcken mit einer Messuhr – beachten Sie dazu die *Werkzeug- und Werkstatt-Tipps* im Anhang. Wenn die Welle stärker als 0,03 mm verzogen ist, muss sie ersetzt werden.

### Kontrolle des Lagerspiels

**9** Unabhängig davon, ob die Lagerschalen wiederverwendet oder durch Neuteile ersetzt werden, sollte vor dem Zusammenbau des Motors das Lagerspiel gemessen werden. Zu diesem Zweck gibt es im Fachhandel Quetschmessstreifen namens »Plastigauge«.

**24.3 Heben Sie die Kurbelwelle aus der oberen Motorgehäusehälfte.**

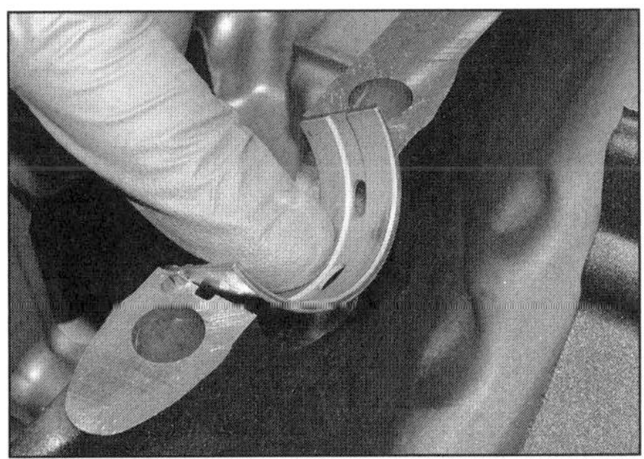

**24.4 Befreien Sie die Hauptlagerschalen aus ihren Sitzen.**

**24.5 Kontrollieren Sie das Primärtrieb/Ausgleichswellen-Antriebsrad und das Steuerkettenritzel.**

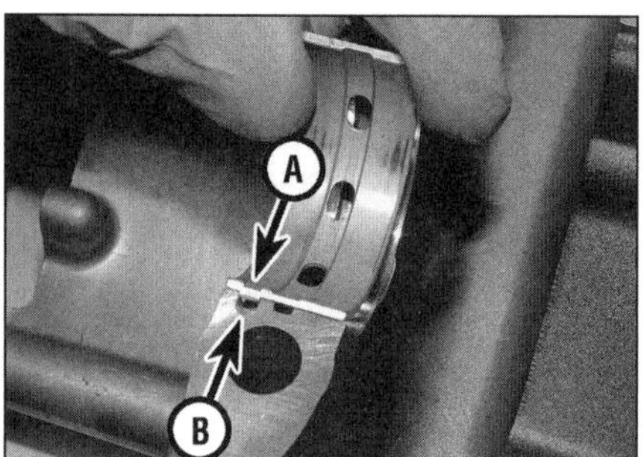


**24.11 Richten Sie die Lasche (A) in der Nut (B) des Lagerschalensitzes aus.**

**24.13 Legen Sie einen Quetschmessstreifen längs auf den Lagerzapfen.**

**24.17 Vergleichen Sie die Breite des gequetschten Messstreifens mit der beigefügten Skala.**

**10** Falls noch nicht geschehen, müssen die Lagerschalen aus den Motorgehäusehälften entfernt werden (siehe Schritt 4 und Sektion 25). Reinigen Sie die Rücken der Lagerschalen und die Sitze in beiden Gehäusehälften sowie die Lagerzapfen der Kurbelwelle mit Lösungsmittel.

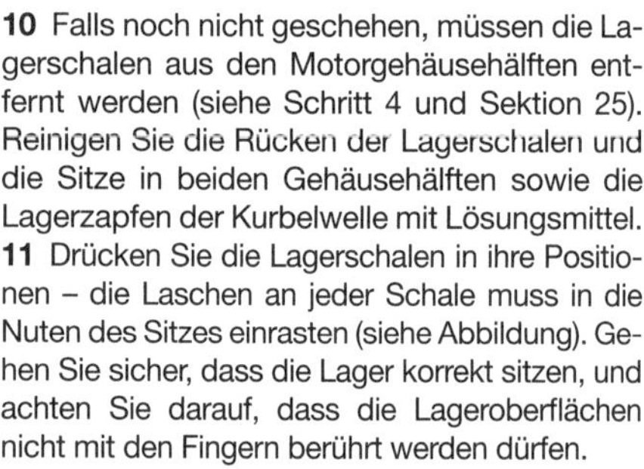

**11** Drücken Sie die Lagerschalen in ihre Positionen – die Laschen an jeder Schale muss in die Nuten des Sitzes einrasten (siehe Abbildung). Gehen Sie sicher, dass die Lager korrekt sitzen, und achten Sie darauf, dass die Lageroberflächen nicht mit den Fingern berührt werden dürfen.

**12** Sichergehend, dass die Lagerschalen und Lagerzapfen sauber sind, werden die Kurbelwelle und die Ausgleichswelle in das obere Gehäuseteil gelegt.

**13** Schneiden Sie von den Quetschmessstreifen für alle Lager entsprechende Stücke ab, die etwas kürzer als die Lagerbreite sein müssen. Legen Sie auf jeden Lagerzapfen einen Streifen (siehe Abbildung) – sie dürfen nicht über Ölbohrungen liegen.

**Anmerkung:** *Entscheidend für eine exakte Messung ist, dass die Kurbelwelle nicht gedreht wird.*

**14** Falls entfernt, werden die Passhülsen in das Motorgehäuse gesteckt (Abbildung 19.13). Setzen Sie vorsichtig das untere Gehäuseteil auf die obere Hälfte (Abbildung 19.6). Die Passhülsen müssen korrekt greifen und das Gehäuse sich leicht zusammenfügen lassen.

**Anmerkung:** *Ziehen Sie die Gehäuseschrauben nicht an, wenn die Gehäusehälften nicht korrekt sitzen!*

**15** Installieren Sie die **alten** Motorgehäuseschrauben Nr. 1 bis 12 (siehe Sektion 19, Schritte 16 bis 19) – verwenden Sie hierfür auch keine neuen O-Ringe. Achten Sie darauf, dass sich die Kurbelwelle und die Ausgleichswelle nicht drehen.

**16** Lockern Sie die Schrauben wie in Sektion 19, Schritt 5 beschrieben, und entfernen Sie sie, sobald alle locker sind. Heben Sie vorsichtig die untere Gehäusehälfte ab, und passen Sie auf, dass die Messstreifen nicht beschädigt werden.

**17** Vergleichen Sie alle gequetschten Streifen mit der Skala auf der Packung, um das Lagerspiel zu ermitteln (siehe Abbildung). Vergleichen Sie die Ergebnisse mit den Angaben in den technischen Daten – das Radialspiel der Kurbelwelle unterscheidet sich von dem der Ausgleichswelle. Wenn das Lagerspiel innerhalb des Toleranzbereichs liegt und alle Lagerschalen in gutem Zustand sind, braucht keine von ihnen ersetzt zu werden.

**18** Nach Beendigung der Messung muss der gequetschte Plastikstreifen vorsichtig aus dem Lager entfernt werden. Hierzu reicht normalerweise ein Fingernagel.

**19** Falls das Spiel über den Vorgaben liegt, müssen die Lagerschalen durch Neuteile ersetzt (siehe Schritte 21 bis 23 für die Hauptlager und Sektion 25 für die Ausgleichswelle) und die Messung wiederholt werden. Ersetzen Sie immer alle Lagerschalen einer Welle als Satz.

**20** Falls das Spiel trotz neuer Lagerschalen größer als vorgegeben ist, sind die Lagerzapfen der Welle verschlissen und sie muss durch ein Neuteil ersetzt werden, für die auch neue Lagerschalen ausgewählt werden müssen.

**Anmerkung:** *Vielleicht kann die Welle noch von einem Spezialbetrieb durch Aufschweißen und Schleifen gerettet werden – erkundigen Sie sich vor dem Kauf einer neuen Welle nach dieser Möglichkeit.*

## Auswahl der Lagerschalen

**Anmerkung:** *Beachten Sie für die Auswahl der Ausgleichsewellen-Lagerschalen die Hinweise in Sektion 25.*

**21** Neue Lagerschalen für die Hauptlager gibt es in verschiedenen Paarungsgrößen zu den Wellenzapfen und den Lagersitzen. Zur Identifizierung der korrekten Ersatz-Lagerschalen werden die in die Welle und das Motorgehäuse eingeschlagenen Ziffern herangezogen – diejenigen für die Lagerzapfen-Größen sind als Dreierblock links außen an der Kurbelwelle eingeschlagen (siehe Abbildung) (der Zweierblock links daneben gibt die Hubzapfen-Größen an). Die erste Ziffer steht für die Größe des linken Lagerzapfens.

**22** Die Lagersitz-Größen sind hinten in der unteren Motorgehäusehälfte eingeschlagen – der linke Dreierblock steht für die Lagersitze der Kurbelwelle, der rechte Block für diejenigen der Ausgleichswelle (siehe Abbildung) – die erste Ziffer steht für die Größe des linken Lagersitzes.

**23** Lagerschalen werden in verschiedenen Größen angeboten. Um die korrekte Schale zu finden, muss die Lagerzapfen-Größe von der

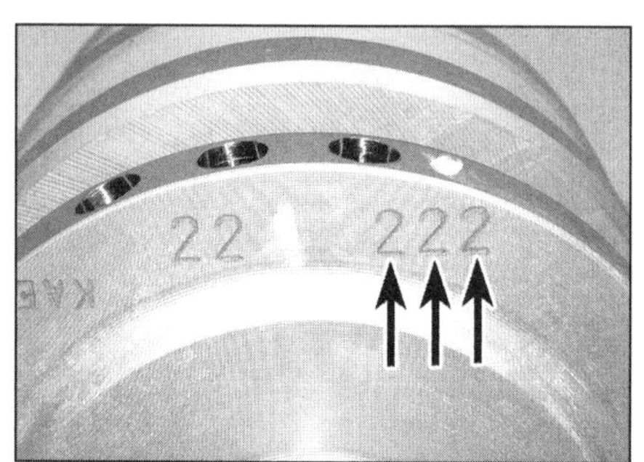


**24.21 Größen-Code für die Kurbelwellen-Lagerzapfen**

**24.22 Größen-Code für die Hauptlagersitze**

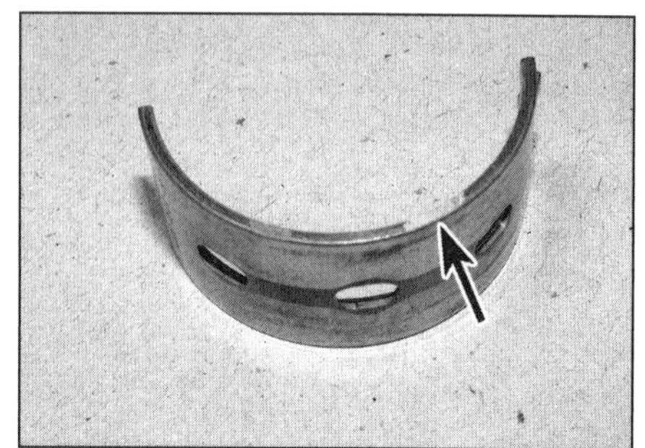

**24.23 Farbmarkierung an einer Lagerschale**

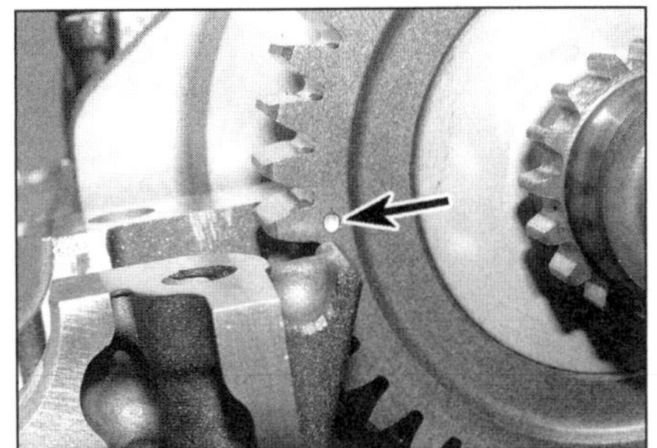

**24.28 Die Markierung am Zahnrad muss vorn zur Dichtfläche ausgerichtet sein.**

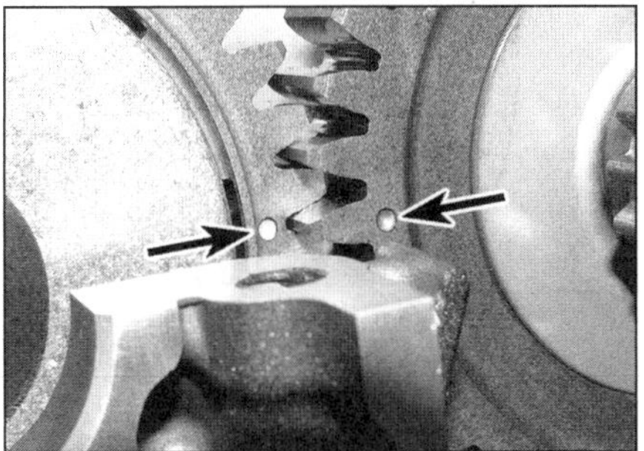

**25.2a Richten Sie die Markierungen der Ausgleichswelle und der Kurbelwelle zueinander aus.**

**25.2b Heben Sie die Ausgleichswelle aus der oberen Motorgehäusehälfte.**

Lagersitz-Größe subtrahiert werden, dann wird noch einmal 2 subtrahiert. Vergleichen Sie anschließend das Ergebnis mit der Tabelle, um die Farbcodierung für die Ersatz-Lagerschalen herauszufinden. In dem von uns gezeigten Beispiel gelten für das linke Hauptlager: 5 – 2 – 2 = 1 = blau. Die Farben sind seitlich an den Lagerschalen angebracht (siehe Abbildung).

| Nummer | Farbe |
|---|---|
| -1 | lila |
| 0 | weiß |
| 1 | blau |
| 2 | schwarz |
| 3 | braun |
| 4 | grün |

### Einbau

**24** Die Rückseiten der Lagerschalen, die Lagersitze in beiden Gehäusehälften und die Lagerzapfen der Kurbelwelle müssen absolut sauber sein. Wenn neue Lagerschalen verwendet werden, muss sämtliches Schutzfett mit Petroleum entfernt werden. Trocknen Sie die Schalen, Sitze und Zapfen mit einem fusselfreien Lappen. Blasen Sie Ölkanäle möglichst mit Druckluft aus.

**25** Drücken Sie die Lagerschalen in ihre Sitze, und gehen Sie sicher, dass die Laschen in die Sitznuten greifen (Abbildung 24.11). Achten Sie darauf, dass alle Schalen im richtigen Sitz liegen – die Lagerflächen dürfen nicht mit den Fingern berührt werden. Schmieren Sie die Lagerschalen mit frischem Motoröl.

**26** Senken Sie die Kurbelwelle in die obere Gehäusehälfte ab – alle Lagerschalen müssen an ihren Positionen verbleiben (Abbildung 24.3).

**27** Montieren Sie die Pleuel an die Hubzapfen (siehe Sektion 21) – verwenden Sie dabei unbedingt neue Schrauben.

**28** Drehen Sie die Kurbelwelle, bis die Körnermarkierung am Primärtrieb/Ausgleichswellen-Antriebsrad nach vorn zeigt und auf Höhe der Gehäuse-Dichtfläche steht (siehe Abbildung).

**29** Installieren Sie die Ausgleichswelle (siehe Sektion 25).

**30** Setzen Sie das Motorgehäuse zusammen (siehe Sektion 19).

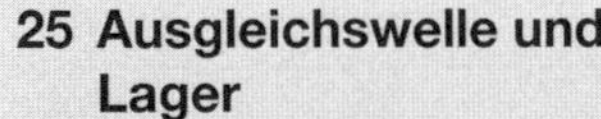

## 25 Ausgleichswelle und Lager

### Ausbau

**1** Bauen Sie den Motor aus (siehe Sektion 4), und trennen Sie die Gehäusehälften (siehe Sektion 19).

**2** Drehen Sie die Kurbelwelle und die Ausgleichswelle, bis die Körnermarkierungen an ihren Zahnrädern zueinander ausgerichtet sind (siehe Abbildung) – in dieser Position müssen sie auch nach dem Einbau liegen. Heben Sie die Ausgleichswelle aus der oberen Gehäusehälfte – die Lagerschalen müssen zunächst an ihren Positionen verbleiben (siehe Abbildung).

**3** Demontieren Sie nötigenfalls die Ausgleichswellen-Lagerschalen aus den Motorgehäusehälften (siehe Abbildung) – lagern Sie sie so, dass sie für die Lagerspiel-Kontrolle und ggf. beim Einbau wieder an ihre ursprünglichen Positionen gelangen.

### Kontrolle

**4** Reinigen Sie die Ausgleichswelle mit Lösungsmittel. Kontrollieren Sie das Zahnrad auf Verschleiß und Beschädigungen (siehe Abbildung) – falls Zähne extrem verschlissen, gesplittert oder gebrochen sind, muss die Ausgleichswelle ersetzt werden. Inspizieren Sie das Gegenstücke an der Kurbelwelle (Abbildung 24.5).

**5** Wechseln Sie zu Sektion 20, und begutachten Sie die Lagerschalen. Wenn sie riefig sind oder Fress- bzw. Klemmspuren zeigen, müssen alle als Set ersetzt werden. Wenn sie stark beschädigt sind, muss auch die Lagerfläche der Kurbelwelle untersucht werden. Verfärbungen sind Hinweise auf starke Hitze, die durch Schmiermangel entsteht. Stellen Sie sicher, dass die Ölpumpe und der Öldruckregler sowie die Ölkanäle und -Bohrungen in Ordnung sind, bevor der Motor wieder zusammengebaut wird.

**6** Die Lagerflächen der Ausgleichswelle sollten einer ausführlichen Begutachtung unterzogen werden – besonders wenn sie in beschädigten Lagerschalen liefen. Wenn die Welle Riefen oder Ausbrüche aufweist, muss die Ausgleichswelle ausgetauscht werden. Untermaß-Lagerschalen sind nicht erhältlich, sodass die Ausgleichswelle höchstens von einem Spezialbetrieb durch Aufschweißen und Schleifen gerettet werden kann – erkundigen Sie sich vor dem Kauf einer neuen Welle nach dieser Möglichkeit.

**7** Kontrollieren sie den Rundlauf der Ausgleichswelle in Prismenböcken mit einer Messuhr – beachten Sie dazu die *Werkzeug- und Werkstatt-Tipps* im Anhang. Wenn die Welle stärker als 0,03 mm verzogen ist, muss sie ersetzt werden.

### Kontrolle des Lagerspiels

2

**8** Unabhängig davon, ob die Lagerschalen wiederverwendet oder durch Neuteile ersetzt werden, sollte vor dem Zusammenbau des Motors das Lagerspiel gemessen werden. De-

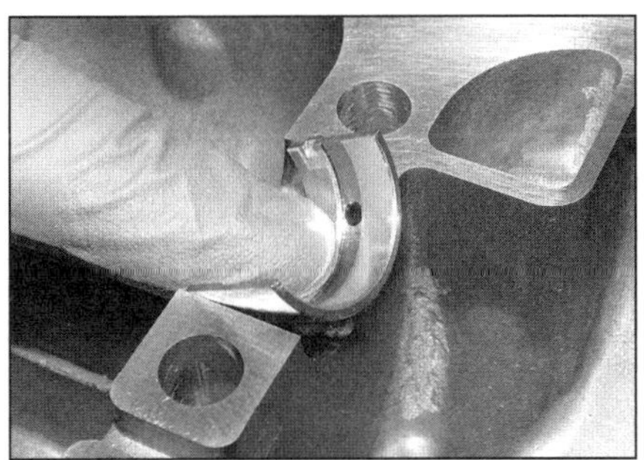

**25.3 Befreien Sie die Hauptlagerschalen aus ihren Sitzen.**

**25.4 Kontrollieren Sie das Ausgleichswellen-Zahnrad.**

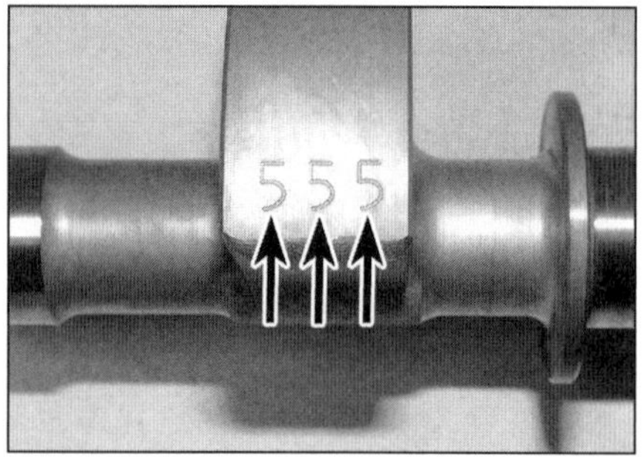


25.9 **Größen-Code für die Ausgleichswellen-Lagerzapfen**

25.10 **Größen-Code für die Ausgleichswellen-Lagersitze**

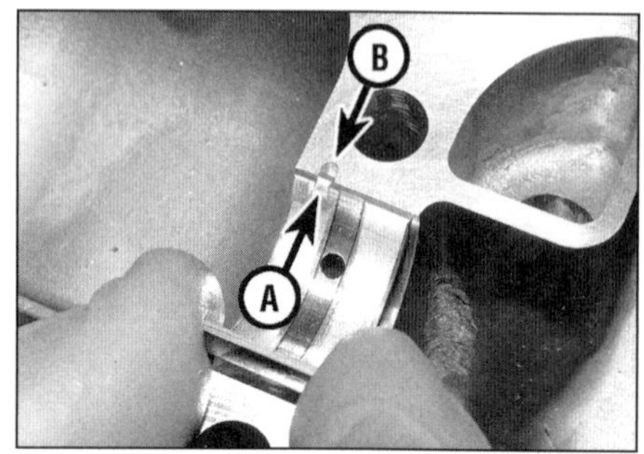


25.13 **Richten Sie die Lasche der Lagerschale zur Nut im Gehäuse aus.**

tails hierzu finden sich in Sektion 24 (Schritte 9 bis 20) – das Lagerspiel der Ausgleichswelle kann parallel zu dem der Kurbelwelle überprüft werden; beachten Sie jedoch, dass beide Wellen unterschiedliche Werte aufweisen (siehe *technische Daten*). Falls die Kontrolle ergibt, dass neue Lagerschalen verwendet werden müssen, ist mit Schritt 9 fortzufahren – nicht mit Schritt 21 in Sektion 24!

## Auswahl der Lagerschalen

**9** Neue Lagerschalen für die Ausgleichswelle gibt es in verschiedenen Paarungsgrößen zu den Wellenzapfen und den Lagersitzen. Zur Identifizierung der korrekten Ersatz-Lagerschalen werden die am rechten Gewicht eingeschlagenen Ziffern verwendet (siehe Abbildung) - die erste Ziffer steht für die Größe des linken Lagerzapfens.

**10** Die Lagersitz-Größen sind hinten in der unteren Motorgehäusehälfte eingeschlagen – der linke Dreierblock steht für die Lagersitze der Kurbelwelle, der rechte Block für diejenigen der Ausgleichswelle (siehe Abbildung) – die erste Ziffer steht für die Größe des linken Lagersitzes.

**11** Lagerschalen werden in verschiedenen Größen angeboten. Um die korrekte Schale zu finden, muss die Lagerzapfen-Größe von der Lagersitz-Größe subtrahiert werden. Vergleichen Sie anschließend das Ergebnis mit der Tabelle, um die Farbcodierung für die Ersatz-Lagerschalen herauszufinden. In dem von uns gezeigten Beispiel gelten für das linke und das mittlere Ausgleichswellenlager: 8 – 5 = 3 = braun. Die Farben sind seitlich an den Lagerschalen angebracht (Abbildung 24.23).

| Nummer | Farbe |
|---|---|
| 1 | blau |
| 2 | schwarz |
| 3 | braun |
| 4 | grün |
| 5 | gelb |

## Einbau

**12** Die Rückseiten der Lagerschalen, die Lagersitze in beiden Gehäusehälften und die Lagerzapfen der Ausgleichswelle müssen absolut sauber sein. Wenn neue Lagerschalen verwendet werden, muss sämtliches Schutzfett mit Petroleum entfernt werden. Trocknen Sie die Schalen, Sitze und Zapfen mit einem fusselfreien Lappen. Blasen Sie Ölkanäle möglichst mit Druckluft aus.

**13** Drücken Sie die Lagerschalen in ihre Sitze, und gehen Sie sicher, dass die Laschen in die Sitznuten greifen (siehe Abbildung). Achten Sie darauf, dass alle Schalen im richtigen Sitz liegen – die Lagerflächen dürfen nicht mit den Fingern berührt werden. Schmieren Sie die Lagerschalen mit frischem Motoröl.

**14** Sorgen Sie dafür, dass die Markierung am Kurbelwellen-Zahnrad bündig zur Dichtfläche nach vorn zeigt (Abbildung 24.28). Senken Sie die Ausgleichswelle mit der Zahnradmarkierung nach hinten zeigend in die obere Gehäusehälfte ab – alle Lagerschalen müssen an ihren Positionen verbleiben. Die Markierungen der Zahnräder müssen zueinander fluchten (siehe Abbildung).

**15** Setzen Sie das Motorgehäuse zusammen (siehe Sektion 19).

## 26 Getriebewellen
Ausbau und Einbau

## Ausbau

**1** Bauen Sie den Motor aus (siehe Sektion 4). Demontieren Sie den Schaltmechanismus (siehe Sektion 15), und trennen Sie die Motorgehäusehälften (siehe Sektion 19) – es ist nicht nötig, die Nockenwellen, den Zylinderkopf oder den Lichtmaschinenrotor zu demontieren, allerdings muss der Lichtmaschinendeckel entfernt werden (siehe Kapitel 8).

**2** Beachten Sie, wie am Ausgangswellenlager der Stift des im Ausschnitt der oberen Gehäu-

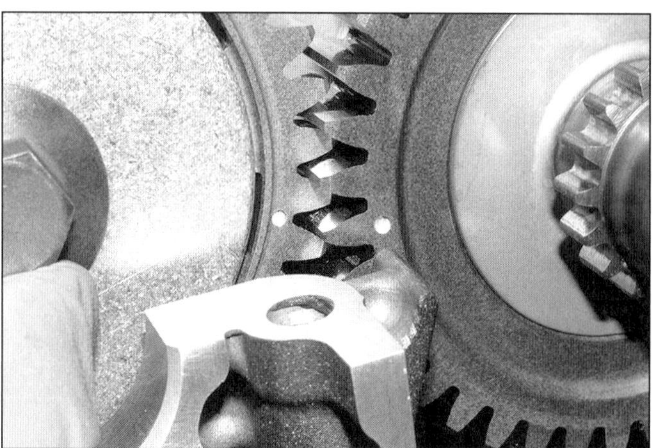

25.14 **Die Markierungen der Zahnräder müssen exakt zueinander ausgerichtet sein.**

26.2 **Heben Sie die Ausgangswelle aus dem oberen Motorgehäuseteil.**

**26.5a Lösen Sie die drei Schrauben der Lagersitz-Halteplatte, und entfernen Sie diese.**

**26.5b Drehen Sie zwei der Schrauben in die Gewindebohrungen oben und unten ins Gehäuse, um dies abzuziehen.**

**26.5c Ziehen Sie die Eingangswelle aus dem Motorgehäuse.**

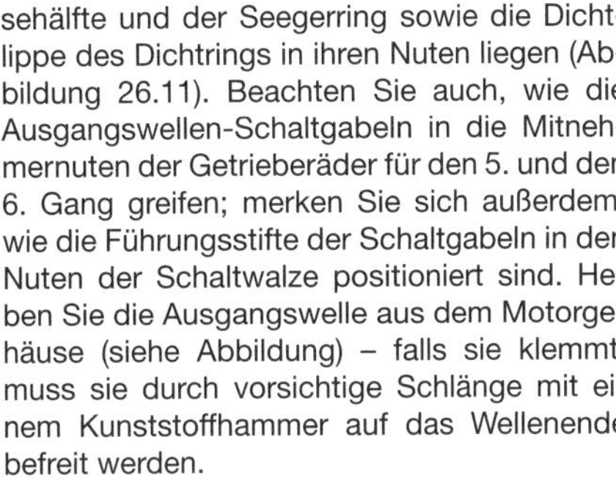

sehälfte und der Seegerring sowie die Dichtlippe des Dichtrings in ihren Nuten liegen (Abbildung 26.11). Beachten Sie auch, wie die Ausgangswellen-Schaltgabeln in die Mitnehmernuten der Getrieberäder für den 5. und den 6. Gang greifen; merken Sie sich außerdem, wie die Führungsstifte der Schaltgabeln in den Nuten der Schaltwalze positioniert sind. Heben Sie die Ausgangswelle aus dem Motorgehäuse (siehe Abbildung) – falls sie klemmt, muss sie durch vorsichtige Schläge mit einem Kunststoffhammer auf das Wellenende befreit werden.

**3** Entfernen Sie den Simmerring vom linken Wellenende – später muss ein Neuteil verwendet werden (Abbildung 26.10b).

**4** Demontieren Sie die Schaltwalze und die Schaltgabeln (siehe Sektion 28).

**5** Lösen Sie am Eingangswellen-Lagergehäuse die Torxschrauben (siehe Abbildung), und entfernen Sie die Halteplatte. Drehen Sie zwei der drei Schrauben in die Gewindebohrungen, bis sie am Motorgehäuse anliegen; drehen Sie sie dann schrittweise und gleichmäßig ein, um den Lagersitz abzuziehen. Ziehen Sie dann die Eingangswelle aus dem Motorgehäuse (siehe Abbildungen).

**6** Für den Ausbau des linken Eingangswellenlagers müssen die Werkstatt- und Werkzeugtipps im Anhang beachtet werden (siehe Abbildung).

## Einbau

**7** Reinigen Sie die Gewinde der Lagergehäuse-Schrauben, und tragen Sie frische Sicherungspaste auf.

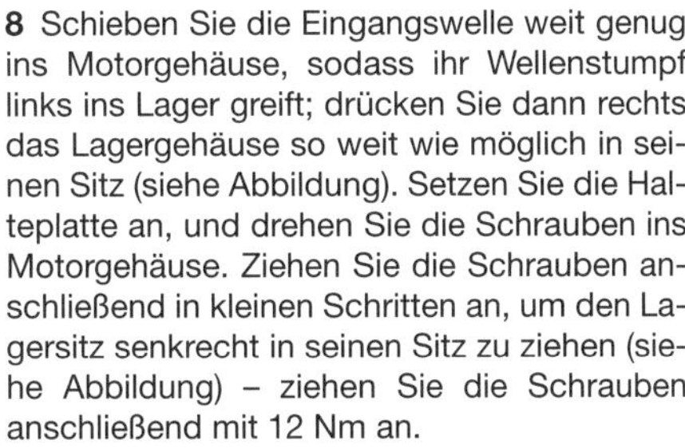

**8** Schieben Sie die Eingangswelle weit genug ins Motorgehäuse, sodass ihr Wellenstumpf links ins Lager greift; drücken Sie dann rechts das Lagergehäuse so weit wie möglich in seinen Sitz (siehe Abbildung). Setzen Sie die Halteplatte an, und drehen Sie die Schrauben ins Motorgehäuse. Ziehen Sie die Schrauben anschließend in kleinen Schritten an, um den Lagersitz senkrecht in seinen Sitz zu ziehen (siehe Abbildung) – ziehen Sie die Schrauben anschließend mit 12 Nm an.

**9** Installieren Sie die Schaltwalze und die Schaltgabeln (siehe Sektion 28).

**10** Schmieren Sie die Dichtlippen des neuen Ausgangswellen-Dichtrings mit Fett, und schieben Sie ihn links auf die Welle (siehe Abbildung). Stellen Sie sicher, dass der Sicherungsring rundherum in der Nut des Lagers sitzt.

**11** Senken Sie die Ausgangswelle in ihren Sitz in der oberen Gehäusehälfte (Abbildung 26.2) – die Schaltgabeln müssen korrekt in die Mitnehmernuten der Getrieberäder und die Führungsnuten der Schaltwalze greifen; der Lagerring und der Dichtring müssen in den Nuten und der Stift in seinem Ausschnitt liegen (siehe Abbildung).

***Achtung: Bei nicht korrekt positioniertem Ring und/oder Stift lassen sich die Gehäusehälften nicht zusammensetzen!***

**12** Prüfen Sie erneut, ob die Ausgangswelle korrekt im Gehäuse sitzt und die Schaltgabeln richtig positioniert sind (siehe Sektion 28).

**13** Während die Schaltwalze in der Leerlaufposition steht, wird geprüft, ob sich beide Getriebewellen unabhängig voneinander drehen

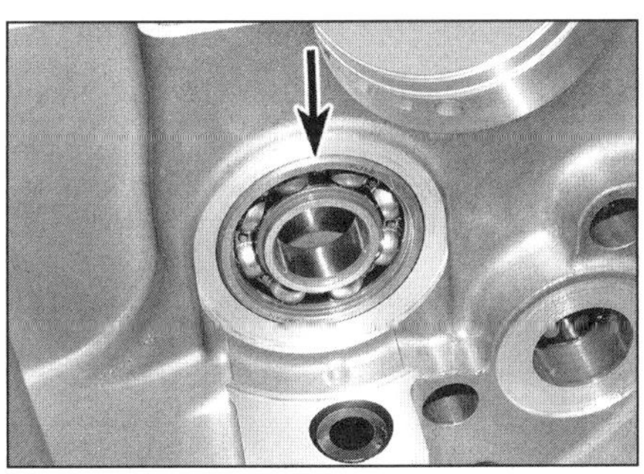

**26.6 Das links sitzende Kugellager der Getriebeeingangswelle**

**26.8a Schieben Sie das Lagergehäuse mit ausgerichteten Schraubenbohrungen ins Motorgehäuse.**

2

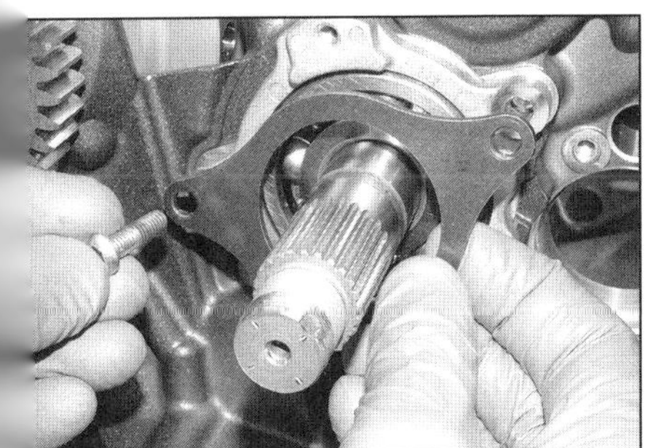

**26.8b Setzen Sie die Platte an, und ziehen Sie das Lagergehäuse mit den schrittweise angezogenen Schrauben in seinen Sitz.**

**26.10 Installieren Sie einen neuen Dichtring, und prüfen Sie den Sitz des Sicherungsrings.**

**26.11 Die Dichtlippe (A), der Sicherungsring (B) und der Stift (C) müssen korrekt in den Nuten und dem Ausschnitt liegen.**

**27.8 Das 1.-Gangrad ist fest in die Eingangswelle integriert.**

lassen. Prüfen Sie auch, ob sich die Gänge einlegen lassen, während mit einer Hand schrittweise die Schaltwalze und von der anderen Hand die Eingangswelle gedreht wird.

**14** Bauen Sie die Motorgehäusehälften wieder zusammen (siehe Sektion 19).

## 27 Getriebewellen
Überholen

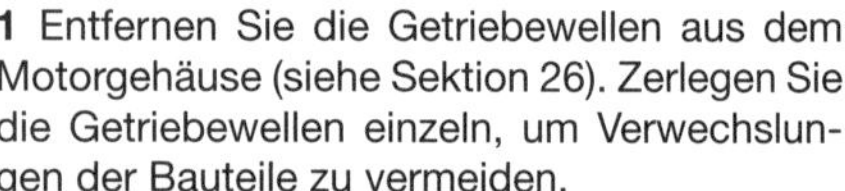

**1** Entfernen Sie die Getriebewellen aus dem Motorgehäuse (siehe Sektion 26). Zerlegen Sie die Getriebewellen einzeln, um Verwechslungen der Bauteile zu vermeiden.

Praxis TiPP

***Beim Zerlegen der Getriebewellen sollten die Teile auf eine Stange gesteckt oder ein Draht durch sie hindurch gezogen werden, um die richtige Reihenfolge und Einbaulage zu garantieren.***

### Eingangswelle – Zerlegen

**2** Ziehen Sie das links auf der Welle sitzende 2.-Gangrad ab – merken Sie sich seine Einbaurichtung (Abbildung 27.26).

**3** Beachten Sie, wie die Laschen der Sicherungsscheibe in die Nutenscheibe greifen, und ziehen Sie sie ab (Abbildung 27.25).

**4** Drehen Sie die Nutenscheibe, um sie zu den Keilnuten der Welle auszurichten, und ziehen Sie sie ab (Abbildung 27.24a).

**5** Ziehen Sie das 6.-Gangrad und seine Buchse gefolgt von der Scheibe von der Welle (Abbildung 27.23c, b und a).

**6** Entfernen Sie den Seegerring, und ziehen Sie das kombinierte 3./4.-Gangradpaar von der Welle – merken Sie sich seine Einbaurichtung (Abbildung 27.22b und a). Der Seegerring muss später erneuert werden.

**7** Entfernen Sie den Seegerring, und ziehen Sie die Scheibe sowie das 5.-Gangrad samt Lagerbuchse von der Welle (Abbildung 27.21b und a sowie 27.20b und a). Der Seegerring muss später erneuert werden.

**8** Das 1.-Gangrad ist in die Welle integriert (siehe Abbildung).

**9** Das rechte Kugellager und sein Gehäuse sind fest in die Welle integriert (Abbildung 27.8).

### Eingangswelle – Kontrolle

**10** Waschen Sie alle Bauteile in sauberem Lösungsmittel, und trocknen Sie sie ab.

**11** Kontrollieren Sie alle Zähne auf Ausbrüche, Lochbildung und andere augenfällige Beschädigungen oder Verschleiß. Alle beschädigten Zahnräder müssen ausgetauscht werden.

**12** Inspizieren Sie die Mitnehmer und Mitnehmernuten der Zahnräder auf Brüche, Absplitterungen und exzessiven Verschleiß, besonders auch auf abgerundete Ecken. Gehen Sie sicher, dass Zahnradpaare sauber ineinandergreifen. Falls Ersatz nötig wird, ist immer paarweise auszutauschen.

**13** Kontrollieren Sie alle Räder, Buchsen und die Welle auf Riefen und blaue Verfärbung, die auf Überhitzung durch mangelhafte Schmierung zurückzuführen ist. Kontrollieren Sie ob alle Ölbohrungen und Kanäle sauber sind. Ersetzen Sie alle beschädigten Komponenten.

**14** Prüfen Sie, ob alle Räder sich frei aber ohne Spiel auf der Welle oder Buchse drehen und gegebenenfalls verschieben lassen. Kontrollieren Sie, ob sich die Buchsen frei aber ohne übermäßiges Spiel auf der Welle drehen.

**15** Eine Beschädigung der Welle ist sehr unwahrscheinlich, es sei denn, der Motor ist trocken gelaufen und hat gefressen, das Getriebe wurde unter sehr hoher Last gefahren, oder es liegt eine extrem hohe Laufleistung vor. Kontrollieren Sie die Oberfläche der Welle, besonders die Laufflächen der Zahnräder, und tauschen Sie die Welle aus, wenn Kerben oder Ausbrüche zu sehen sind oder anderer Verschleiß vorliegt. Legen Sie die Welle in Prismenböcke, um ihren Rundlauf zu überprüfen – falls mehr als 0,08 mm ermittelt werden, muss die Welle ersetzt werden.

**16** Kontrollieren Sie alle Scheiben und Sicherungsringe, und ersetzen Sie schadhafte Teile. Seegerringe sollten beim Zusammenbau auf jeden Fall durch Neuteile ersetzt werden.

**17** Kontrollieren Sie die Getriebewellenlager (beachten Sie dafür die *Werkzeug- und Werkstatt-Tipps* im Anhang). Das linke Eingangswellenlager sitzt im Motorgehäuse und ist separat erhältlich; das rechte Lager ist in die Welle integriert, sodass diese bei einem Ausfall komplett ersetzt werden muss. Die Lager der Ausgangswelle sind separat erhältlich.

### Eingangswelle – Zusammenbau

**18** Schmieren Sie während der Montage alle belasteten Teile der Welle, der Buchsen und der Zahnräder mit einem Gemisch aus gleichen Teilen Molybdänfett und Motoröl.

**19** Spannen Sie die **neuen** Sicherungsringe nicht mehr als nötig, und setzen Sie ausgestanzte Ringe und Scheiben mit der abgerundeten Seite zum Zahnrad und der flachen Seite zur Druckbelastung ein. Die Öffnungen der Seegerringe müssen zwischen erhabenen Bereichen der Welle liegen – beachten Sie dafür die Sektion 2 der *Werkzeug- und Werkstatt-Tipps* im Anhang.

**20** Schieben Sie links die 5.-Gang-Buchse auf die Welle. Es folgt das 5.-Gangrad, dessen Mitnehmer vom integrierten 1.-Gangrad weg zeigen müssen (siehe Abbildungen).

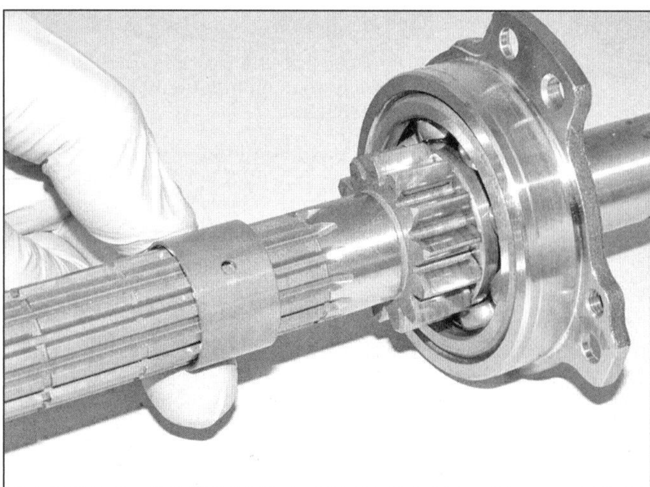

**27.20a Schieben Sie die 5.-Gangbuchse, ...**

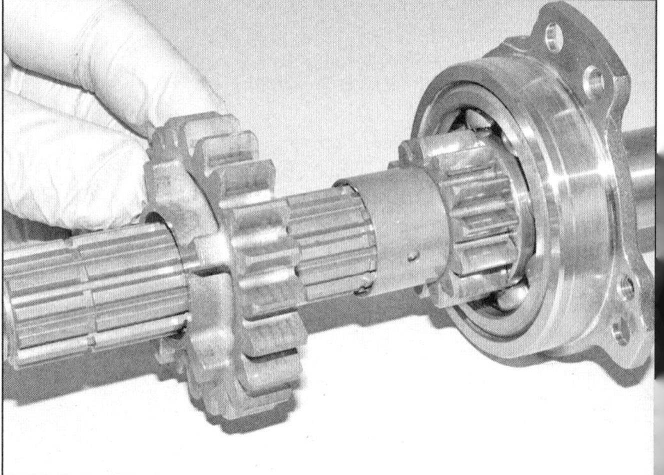

**27.20b ... das 5.-Gangrad ...**

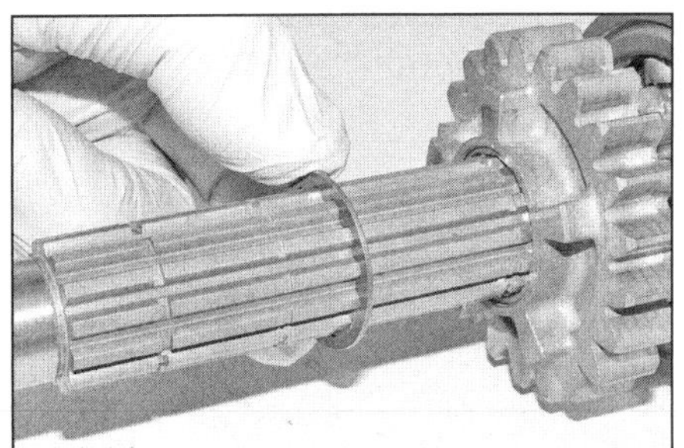

27.21a ... und die Scheibe auf.

27.21b Sichern Sie alles mit dem Seegerring, ...

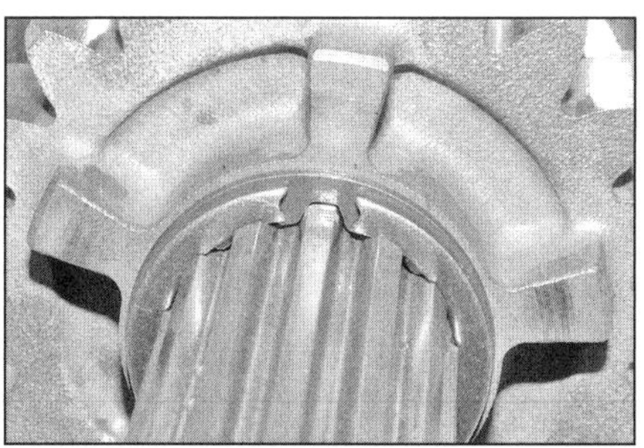

27.21c ... der korrekt in seiner Nut positioniert sein muss.

**21** Schieben Sie die Scheibe auf, und sichern Sie sie mit dem neuen Seegerring, der korrekt in seiner Nut sitzen muss (siehe Abbildungen).

**22** Schieben Sie das kombinierte 3./4.-Gangradpaar so auf, dass das kleinere 3.-Gangrad zum 5.-Gangrad zeigt und die Ölbohrungen fluchten (siehe Abbildung). Es folgt der neue Seegerring, der korrekt in seiner Nut sitzen muss (siehe Abbildungen).

**23** Schieben Sie die Scheibe und die Buchse des 6.-Gangrades auf – dessen Ölbohrung muss mit derjenigen der Welle fluchten (siehe Abbildungen). Es folgt das 6.-Gangrad mit den Mitnehmern zum 4.-Gangrad zeigend (siehe Abbildung).

**24** Schieben Sie die Nutenscheibe auf, und verdrehen Sie sie in ihrer Nut (siehe Abbildungen).

**25** Schieben Sie die Laschenscheibe auf, sodass ihre Laschen in die Nutenscheibe greifen und diese gegen Verdrehen in der Wellennut sichern (siehe Abbildung).

27.22a Schieben Sie das kombinierte 3./4.-Gangrad mit dem kleineren Rad voran auf, ...

27.22b ... und sichern Sie es mit dem Seegerring, ...

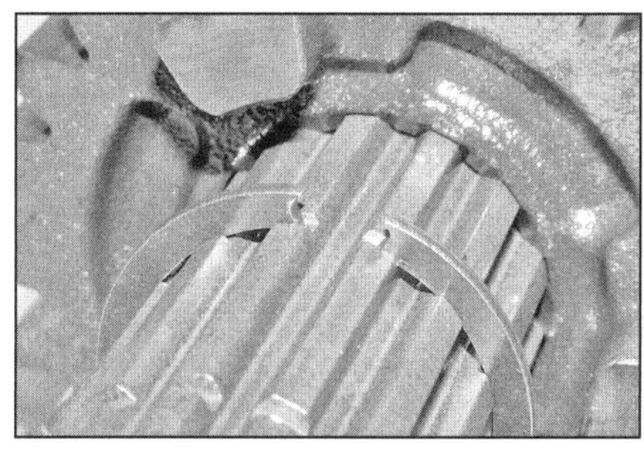

27.22c ... der korrekt in seiner Nut positioniert sein muss.

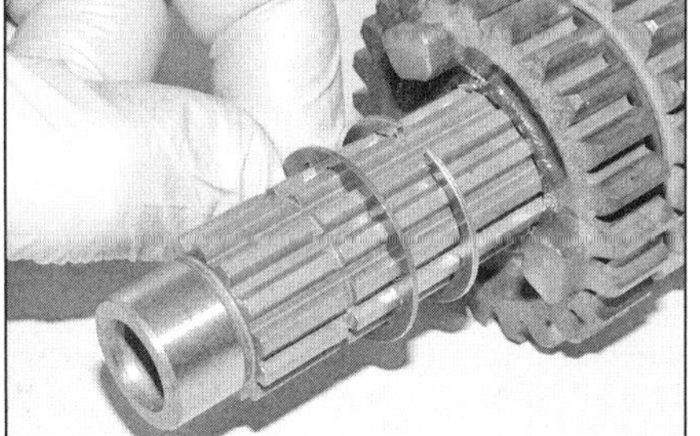

27.23a Schieben Sie die Scheibe ...

27.23b ... und die mit der Bohrung zur Öldüse in der Welle ausgerichtete 6.-Gangbuchse auf ...

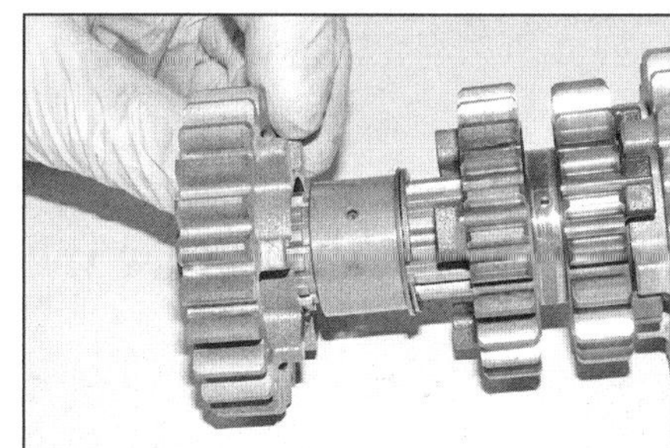

27.23c ... und das 6.-Gangrad darüber.

2

27.24a Schieben Sie die Nutenscheibe auf, ...

27.24b ... verdrehen Sie sie in ihrer Nut, ...

27.25 ... und schieben Sie die Laschenscheibe dagegen, um sie zu sichern.

**27.26 Schieben Sie das 2.-Gangrad auf.**

**27.27 Die komplette Eingangswelle muss so aussehen.**

**27.37 Ziehen Sie nötigenfalls die Hülse und das Lager ab.**

**26** Schieben Sie das 2.-Gangrad wie beim Ausbau notiert vor die Laschenscheibe (siehe Abbildung).

**27** Überprüfen Sie, ob alle Bauteile korrekt installiert sind. Die komplettierte Eingangswelle muss wie gezeigt aussehen (siehe Abbildung).

## Ausgangswelle – Zerlegung

**28** Ziehen Sie rechts das Lager von der Welle (Abbildung 27.49).

**29** Ziehen Sie die Anlaufscheibe sowie das 1.-Gangrad samt Lagerbuchse von der Welle (Abbildung 27.48c, b und a).

**30** Ziehen Sie das 5.-Gangrad von der Welle (Abbildung 27.47)

**31** Entfernen Sie den Seegerring, und ziehen Sie die Scheibe sowie das 3.-Gangrad und seine Buchse von der Welle (Abbildung 27.46 d, c, b und a). Der Seegerring muss später erneuert werden.

**32** Beachten Sie, wie die Laschen der Sicherungsscheibe in die Nutenscheibe greifen, und ziehen Sie sie ab (Abbildung 27.45).

**33** Drehen Sie die Nutenscheibe, um sie zu den Keilnuten der Welle auszurichten, und ziehen Sie sie ab (Abbildung 27.44).

**34** Ziehen Sie das 4.-Gangrad und seine Buchse gefolgt von der Scheibe von der Welle (Abbildung 27.43c, b und a).

**35** Entfernen Sie den Seegerring und ziehen Sie das 6.-Gangrad von der Welle (Abbildung 27.42b und a). Der Seegerring muss später erneuert werden.

**36** Entfernen Sie den Seegerring, und ziehen Sie die Scheibe sowie das 2.-Gangrad samt Lagerbuchse von der Welle (Abbildung 27.41d, c, b und a). Der Seegerring muss später erneuert werden.

**37** Ziehen Sie nötigenfalls die Hülse und das Lager vom linken Wellenende – beachten Sie dafür die Sektion 5 der *Werkzeug- und Werkstatt-Tipps* im Anhang (siehe Abbildung). Ein einmal demontiertes Lager darf nicht wiederverwendet und muss wie sein Sicherungsring durch ein Neuteil ersetzt werden.

## Ausgangswelle – Kontrolle

**38** Wechseln Sie hierfür zu den Schritten 10 bis 17.

## Ausgangswelle – Zusammenbau

**39** Schmieren Sie während der Montage alle belasteten Teile der Welle, der Buchsen und der Zahnräder mit einem Gemisch aus gleichen Teilen Molybdänfett und Motoröl. Spannen Sie die Sicherungsringe nicht mehr als nötig, und setzen Sie ausgestanzte Ringe und Scheiben mit der abgerundeten Seite zum Zahnrad und der flachen Seite zur Druckbelastung ein. Die Öffnungen der Seegerringe müssen zwischen erhabenen Bereichen der Welle liegen – beachten Sie dafür die Sektion 2 der *Werkzeug- und Werkstatt-Tipps* im Anhang.

**40** Falls entfernt, werden das Lager und die Hülse links auf die Welle gepresst – beachten Sie dazu die Sektion 5 der *Werkzeug- und Werkstatt-Tipps* im Anhang (Abbildung 27.37).

**41** Schieben Sie die 2.-Gangbuchse gefolgt vom 2.-Gangrad auf – dessen Vertiefungen müssen vom Lager weg zeigen (siehe Abbildungen). Es folgt der Seegerring, der korrekt in seiner Nut liegen muss (siehe Abbildungen).

**42** Richten Sie die Ölbohrung des 6.-Gangrades zu derjenigen der Welle aus, und schieben

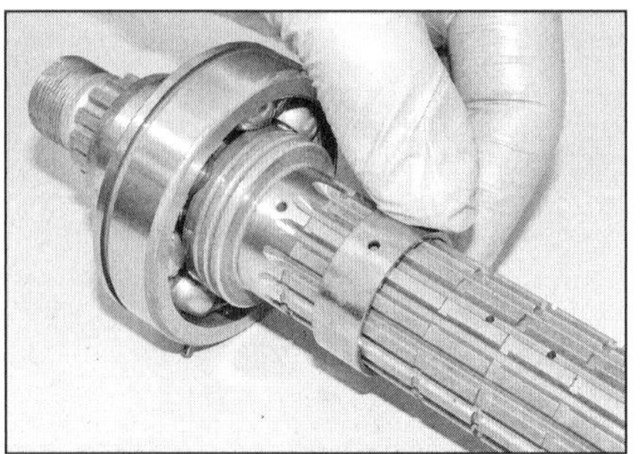

**27.41a Schieben Sie die 2.-Gangbuchse, ...**

**27.41b ... das 2.-Gangrad ...**

**27.41c ... und die Scheibe auf.**

**27.41d Sichern Sie alles mit dem Seegerring, ...**

**27.41e ... der korrekt in seiner Nut positioniert sein muss.**

**27.42a Richten Sie die Ölbohrungen des 6.-Gangrades beim Aufschieben zu denjenigen der Welle aus, ...**

**27.42b ... und sichern Sie es mit dem Seegerring, ...**

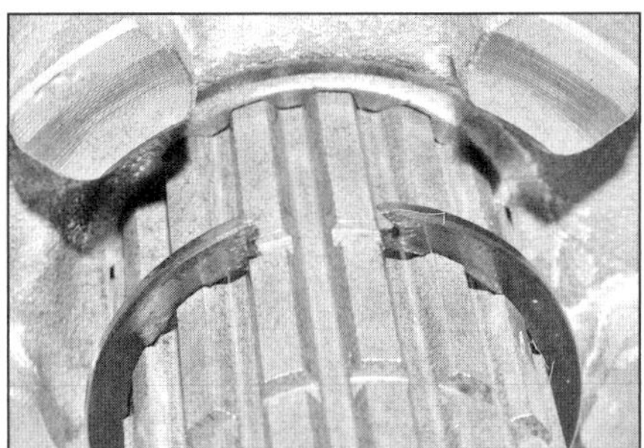

**27.42c ... der korrekt in seiner Nut positioniert sein muss.**

**27.43a Schieben Sie die Scheibe ...**

**27.43b ... und die mit der Bohrung zur Öldüse in der Welle ausgerichtete 4.-Gangbuchse auf, ...**

**27.43c ... und schieben Sie das 4.-Gangrad darüber.**

das Zahnrad mit der Schaltgabelnut vom 2.-Gangrad weg zeigend auf. Es folgt der Seegerring, der korrekt in seiner Nut liegen muss (siehe Abbildungen).

**43** Schieben Sie die Scheibe und die Buchse des 4.-Gangrades auf – dessen Ölbohrung muss mit derjenigen der Welle fluchten. Es folgt das 4.-Gangrad mit den Vertiefungen zum 6.-Gangrad zeigend (siehe Abbildungen).

**44** Schieben Sie die Nutenscheibe auf, und verdrehen Sie sie in ihrer Nut (siehe Abbildungen).

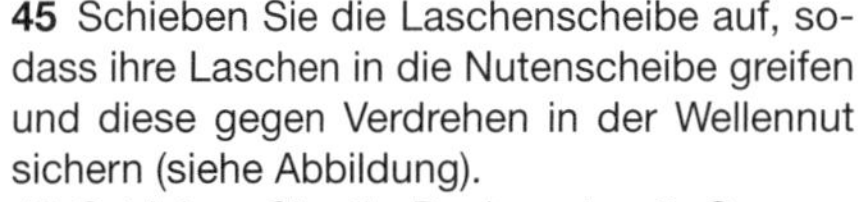

**45** Schieben Sie die Laschenscheibe auf, sodass ihre Laschen in die Nutenscheibe greifen und diese gegen Verdrehen in der Wellennut sichern (siehe Abbildung).

**46** Schieben Sie die Buchse des 3.-Gangrades auf – ihre Ölbohrung muss mit derjenigen

**27.44a Schieben Sie die Nutenscheibe auf, ...**

**27.44b ... verdrehen Sie sie in ihrer Nut, ...**

**26.45 ... und schieben Sie die Laschenscheibe dagegen, um sie zu sichern.**

2

**27.46a Schieben Sie die mit der Bohrung zur Öldüse in der Welle ausgerichtete 3.-Gangbuchse auf ...**

**27.46b ... schieben Sie das 3.-Gangrad darüber ...**

**27.46c ... und die Scheibe davor.**

**27.46d Sichern Sie alles mit dem Seegerring, ...**

**27.46e ... der korrekt in seiner Nut positioniert sein muss.**

**27.47 Richten Sie die Ölbohrungen des 5.-Gangrades beim Aufschieben zu denjenigen der Welle aus.**

**27.48a Schieben Sie die 1.-Gangbuchse, ...**

**27.48b ... das 1.-Gangrad ...**

**27.48c ... und die Anlaufscheibe auf die Welle.**

der Welle fluchten. Es folgt das 3.-Gangrad mit der flachen Seite zum 4.-Gangrad zeigend (siehe Abbildungen). Es folgt der Seegerring, der korrekt in seiner Nut liegen muss (siehe Abbildungen).

**47** Richten Sie die Ölbohrung des 5.-Gangrades zu derjenigen der Welle aus, und schieben das Zahnrad mit der Schaltgabelnut zum 3.-Gangrad zeigend auf (siehe Abbildung).

**48** Schieben Sie die 1.-Gangbuchse gefolgt vom 1.-Gangrad auf – dessen Mitnehmer müssen zum 5.-Gangrad zeigen. Es folgt die Anlaufscheibe (siehe Abbildungen).

**49** Schieben Sie das Lager mit der abgedichteten Seite nach außen auf die Welle (siehe Abbildung).

**50** Überprüfen Sie, ob alle Bauteile korrekt installiert sind. Die komplettierte Ausgangswelle muss wie gezeigt aussehen (siehe Abbildung).

## 28 Schaltwalze und Schaltgabeln

### Ausbau

**1** Bauen Sie den Motor aus (siehe Sektion 4). Demontieren Sie den Schaltmechanismus (siehe Sektion 15), und trennen Sie die Motorgehäusehälften (siehe Sektion 19) – es ist nicht nötig, die Nockenwellen, den Zylinderkopf oder den Lichtmaschinenrotor zu demontieren, allerdings müssen der Lichtmaschinendeckel und der Getriebeschalter samt Kontaktstift und Feder entfernt werden (siehe Kapitel 8).

**2** Die Schaltgabeln sind entsprechend ihrer Einbaupositionen markiert – die linke mit einem L, die mittlere mit einem C und die rechte mit einem R. Alle Buchstaben müssen nach rechts (zur Kupplung) zeigen. Falls keine Markierungen sichtbar sind, müssen mithilfe eines Filzstifts welche angebracht werden.

**3** Beachten Sie, wie wie die (äußeren) Ausgangswellen-Schaltgabeln in die Mitnehmernuten der Getrieberäder für den 5. und den 6. Gang greifen; merken Sie sich außerdem, wie die Führungsstifte der Schaltgabeln in den Nuten der Schaltwalze positioniert sind. Heben Sie die Ausgangswelle aus dem Motorgehäuse (siehe Sektion 26).

**4** Beachten Sie, wie die (mittlere) Eingangswellen-Schaltgabel in die Mitnehmernut des kombinierten 3.-/4.-Gangradpaares greift; merken Sie sich außerdem, wie ihr Führungsstift in der Nut der Schaltwalze positioniert ist.

**5** Lösen Sie die Schrauben des Schaltwalzen-Halteblechs, und entnehmen Sie dies (siehe Abbildung).

**27.49 Schieben Sie zum Schluss das Kugellager mit der Abdichtung nach außen auf.**

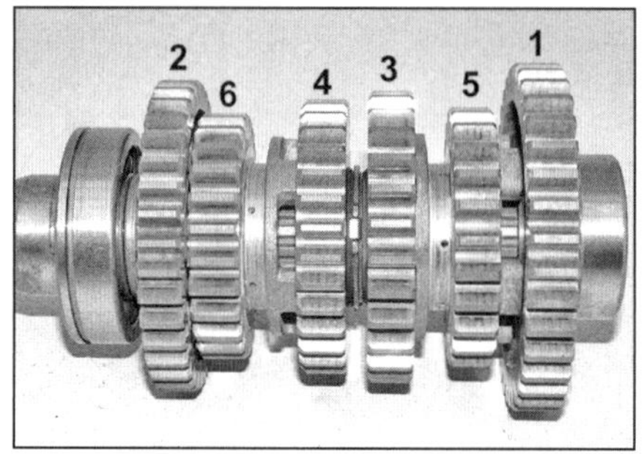


**27.50 Die komplette Ausgangswelle muss so aussehen.**

**28.5 Schrauben des Schaltwalzen-Halteblechs**

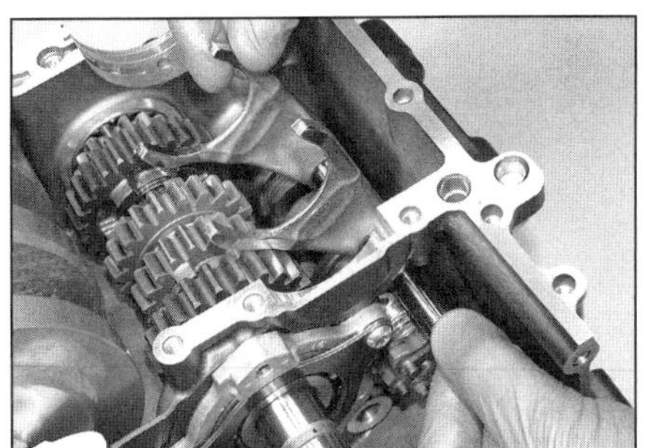

**28.6 Ziehen Sie die Achse heraus, und entnehmen Sie die Schaltgabeln.**

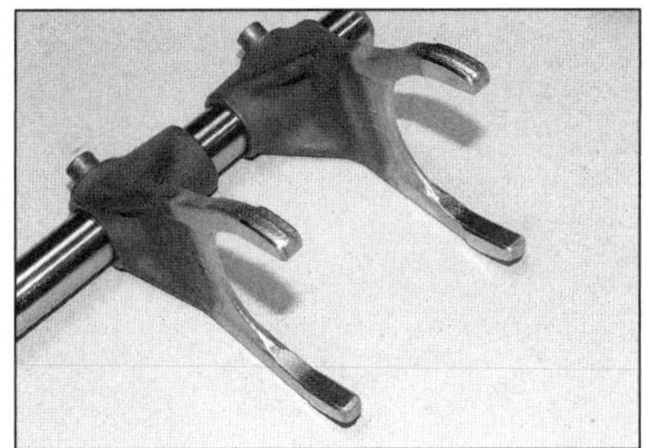

**28.9 Kontrollieren und vermessen Sie die Enden der Schaltgabeln.**

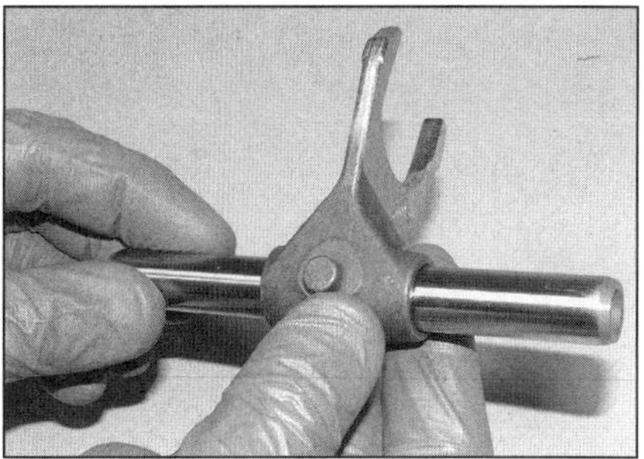

**28.10 Prüfen Sie den Sitz der Schaltgabeln auf ihren Achsen.**

**28.12 Kontrollieren Sie die Schaltwalzen-Nuten und die Schaltgabel-Führungsstifte.**

**28.15 Installieren Sie die mittlere Schaltgabel wie beschrieben.**

**28.16 Schieben Sie die Schaltwalze ins Motorgehäuse.**

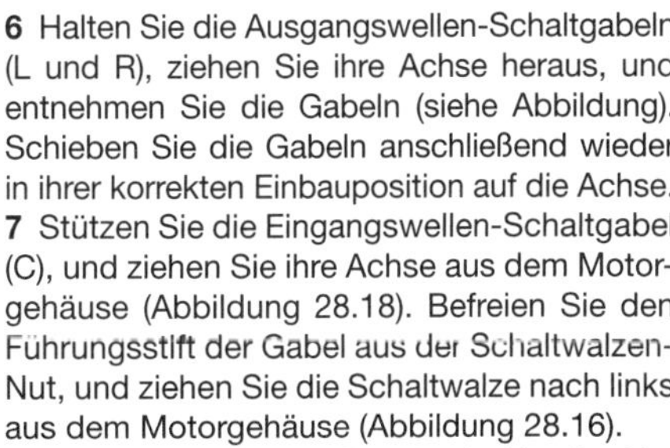

**6** Halten Sie die Ausgangswellen-Schaltgabeln (L und R), ziehen Sie ihre Achse heraus, und entnehmen Sie die Gabeln (siehe Abbildung). Schieben Sie die Gabeln anschließend wieder in ihrer korrekten Einbauposition auf die Achse.
**7** Stützen Sie die Eingangswellen-Schaltgabel (C), und ziehen Sie ihre Achse aus dem Motorgehäuse (Abbildung 28.18). Befreien Sie den Führungsstift der Gabel aus der Schaltwalzen-Nut, und ziehen Sie die Schaltwalze nach links aus dem Motorgehäuse (Abbildung 28.16).
**8** Schwenken Sie die Schaltgabel in der Nut zwischen dem 3.- und dem 4.-Gang herum,

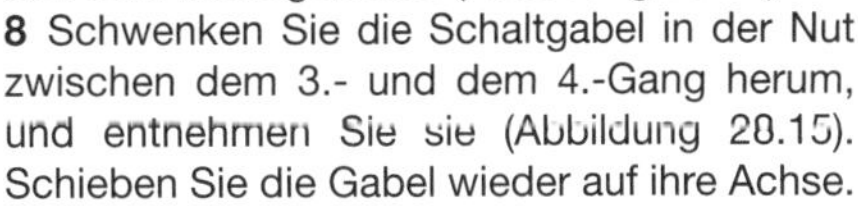

und entnehmen Sie sie (Abbildung 28.15). Schieben Sie die Gabel wieder auf ihre Achse.

**28.18 Richten Sie die mittlere Schaltgabel mit dem Führungsstift zur Schaltwalzennut aus, und schieben Sie die Achse ein.**

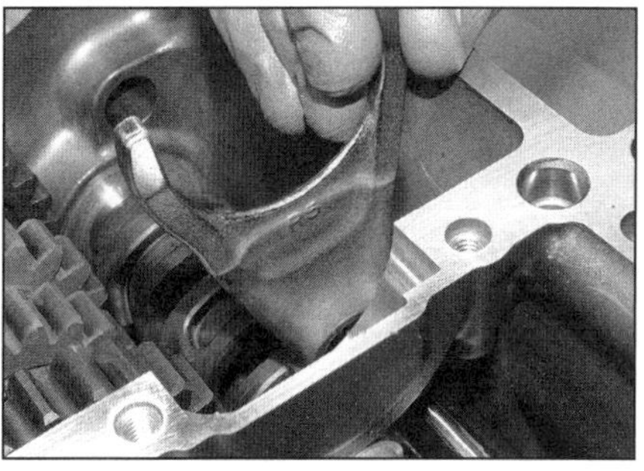

**28.19a Installieren Sie die rechte Ausgangswellen-Schaltgabel, ...**

## Kontrolle

**9** Begutachten Sie die Schaltgabeln auf Anzeichen von Verschleiß und Beschädigung – dies gilt besonders an den Enden, womit sie in die Nuten der Getrieberäder greifen (siehe Abbildung). Messen Sie die Breite der Gabel-Enden. Kontrollieren Sie, ob jede Gabel korrekt in die Nuten eingreift (Abbildung 28.15), und prüfen Sie schließlich genau, ob die Gabeln verbogen sind. Sind die Gabeln auf irgendeine Weise beschädigt oder ihre Enden dünner als 5,5 mm, müssen sie erneuert werden.
**10** Kontrollieren Sie, ob die Gabeln korrekt auf ihrer Welle sitzen (siehe Abbildung). Sie sollen sich frei und mit leichtem Schlupf bewegen, aber kein spürbares Lagerspiel aufweisen. Ersetzen Sie verschlissene Teile. Überprüfen Sie, ob die Gabelwellenbohrungen im Motorgehäuse weder verschlissen noch beschädigt sind.
**11** Jede Schaltgabel-Welle sollte durch Rollen auf einer ebenen Oberfläche auf Biegung überprüft werden. Messen Sie nötigenfalls den Verzug nach - eine mehr als 0,05 mm verbogene Welle verursacht schwergängiges Schalten und muss ersetzt werden.
**12** Inspizieren Sie die Nuten der Schaltwalze und die Führungen der Schaltgabeln auf Verschleiß und Schäden (siehe Abbildung) – ersetzen Sie schadhafte Teile.
**13** Kontrollieren Sie das Schaltwalzen-Lager (beachten Sie dazu die *Werkzeug- und Werkstatt-Tipps* im Anhang) (siehe Abbildung). Falls das Lager verschlissen ist, muss die gesamte Schaltwalze ersetzt werden, da es nicht separat erhältlich ist. Kontrollieren Sie auch, ob der Getriebeschalter-Kontakt nicht beschädigt oder stark verschlissen ist – der Kontakt und seine Feder können nötigenfalls ersetzt werden.

## Einbau

**14** Schmieren Sie vor dem Einbau die Kontaktflächen aller Komponenten mit Motoröl.
**15** Richten Sie die mittlere Schaltgabel (C) in der Nut zwischen dem 3.- und dem 4.-Gang aus – das C muss nach rechts zeigen. Schwenken Sie die Gabel unter die Eingangswelle, um Platz für die Schaltwalze zu erhalten (siehe Abbildung).
**16** Schieben Sie die Schaltwalze ins Motorgehäuse (siehe Abbildung), und richten Sie sie so aus, dass die Leerlauf-Vertiefung am Schaltstern zur Motor-Oberseite zeigt (Abbildung 15.8b).
**17** Schmieren Sie die Schaltgabel-Achsen mit Motoröl.
**18** Schwenken Sie die Eingangswellen-Schaltgabel um die Getrieberad-Nut herum, und richten Sie ihren Führungsstift in der Schaltwalzennut aus. Schieben Sie dann die Achse ins Motorgehäuse und durch die Schaltgabel (siehe Abbildung).
**19** Positionieren Sie die mit R markierte Ausgangswellen-Schaltgabel (Buchstabe nach rechts zur Kupplung zeigend) in der Schaltwalzen-Nut, und schieben Sie die Achse durch

**28.19b ... schieben Sie die Achse hindurch, ...**

**28.19c positionieren Sie die linke Gabel, und schieben Sie die Achse komplett ein.**

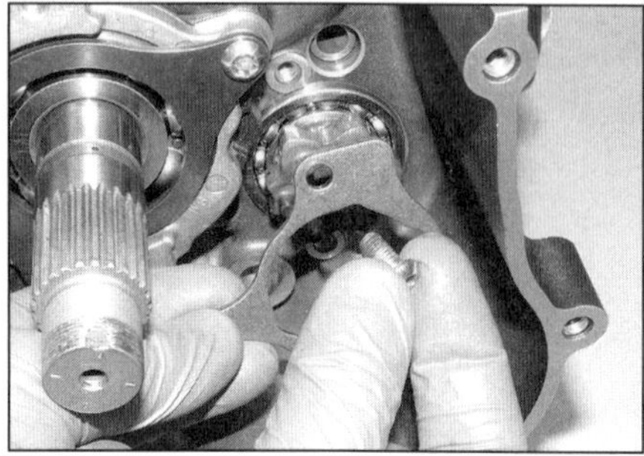

**28.20 Installieren Sie die mit Sicherungspaste versehenen Sicherungsblech-Schrauben.**

das Motorgehäuse ein. Wiederholen Sie dies mit der L-Schaltgabe (siehe Abbildungen).

**20** Reinigen Sie die Gewinde der Sicherungsblech-Schrauben, und tragen Sie mittelfeste Sicherungspaste auf. Setzen Sie das Blech an, und ziehen Sie die Schrauben mit 10 Nm an (siehe Abbildung).

**21** Montieren Sie die Getriebe-Ausgangswelle (siehe Sektion 26).

**22** Installieren Sie die Feder und den Kontaktstift in die Schaltwalze, montieren Sie dann den Getriebeschalter (siehe Kapitel 8).

**23** Bauen Sie das Motorgehäuse zusammen (siehe Sektion 19).

## 29 Motorgehäusehälften und Zylinderbohrungen

### Motorgehäusehälften

**1** Nachdem das Motorgehäuse getrennt worden ist, werden die Ausgleichswelle und die Kurbelwelle samt ihrer Lagerschalen, die Pleuel samt Kolben, die Hauptlager, die Getriebewellen und die Schaltwalze samt Gabeln entfernt (beachten Sie dazu die entsprechenden Sektionen dieses und anderer Kapitel (siehe Sektion 19, Schritt 3).

**2** Befreien Sie die drei Öldüsen aus der oberen Gehäusehälfte – ihre O-Ringe müssen beim Einbau durch Neuteile ersetzt werde (siehe Abbildungen).

**3** Schrauben Sie nötigenfalls an beiden Seiten der unteren Gehäusehälften die Hauptölkanal-Stopfen heraus – beim Einbau müssen neue O-Ringe verwendet werden.

**4** Die Motorgehäusehälften müssen sorgfältig mit Lösungsmittel gereinigt und mit Druckluft ausgeblasen werden – besondere Beachtung müssen hierbei die Ölkanäle und Rohre finden.

**5** Befreien Sie die Dichtflächen von altem Dichtungsmaterial. Kleinste Beschädigungen der Dichtflächen können mit einem feinen Schleifstein geschlichtet werden.

***Achtung: Seien Sie sehr vorsichtig, die Dichtflächen nicht einzukerben oder abzutragen, da der Motor dadurch nicht mehr öldicht sein wird. Kontrollieren Sie die Motorgehäuseteile sorgfältig auf Brüche und andere Beschädigungen.***

**6** Kontrollieren Sie jetzt die Zylinderbohrungen (Schritte 14 bis 17).

**7** Kontrollieren Sie die Lagersitze auf Verschleiß, Beschädigungen und Hinweise auf Überhitzung (siehe Sektion 20). Falls eine Lagerschale oder ein Kugellager nicht korrekt in seinen Sitz positioniert ist, muss ein Motoreneinstandsetzer zu Rate gezogen werden – dieser kann das Lager eventuell mit speziellem Kleber sichern; nötigenfalls muss das gesamte Motorgehäuse ersetzt werden.

**8** Kleine Brüche oder Löcher in Leichtmetallgehäusen können provisorisch mit Epoxyd-Harz repariert werden. Permanente Reparaturen können nur mit speziellen Schweißverfahren ausgeführt werden und nur ein Spezialist ist in der Lage, wirtschaftliche und praktische Aspekte abzuwägen. Wenn eine irreparable Beschädigung vorliegt, müssen die Gehäuseteile als Satz ausgetauscht werden.

**9** Beschädigte Gewinde können kostengünstig wiederhergestellt werden, wenn man nach entsprechendem Aufbohren einen Gewindeeinsatz (z. B. *Heli-Coil*) einschraubt.

**10** Abgerissene Schrauben und Bolzen können normalerweise mit Linksausdrehern demontiert werden, deren kegelförmiges Linksgewinde sich in ein vorsichtig vorgebohrtes Loch in der Schraube einfrisst und die Schraube herauszieht. Wenn Sie befürchten, hierbei an die Grenzen ihrer Fähigkeiten zu gelangen, sollten Sie lieber eine Fachwerkstatt aufsuchen, bevor Sie das sehr teure Gehäuse zerstören.

***Wechseln Sie zu Sektion 2 in den Werkzeug- und Werkstatt-Tipps im Anhang, um Details über Gewindeeinsätze, Stehbolzen- und Linksausdreher zu erfahren.***

**11** Fetten Sie die neuen O-Ringe der Ölkanalstopfen etwas ein, bevor die Stopfen sorgfältig angezogen werden.

**12** Fetten Sie die O-Ringe der Öldüsen etwas ein, und schieben Sie sie auf die Düsen (Abbildung 29.2b). Drücken Sie die Düsen in ihre Sitze in der oberen Motorgehäusehälfte (siehe Abbildung).

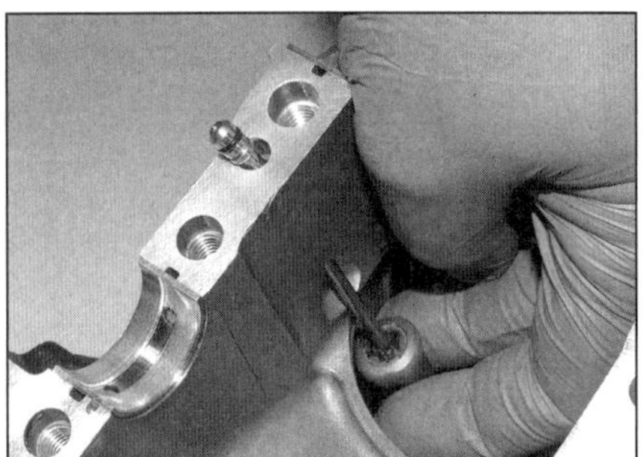

**29.2a Drücken Sie die Öldüsen mithilfe eines kleinen Schraubendrehers heraus, ...**

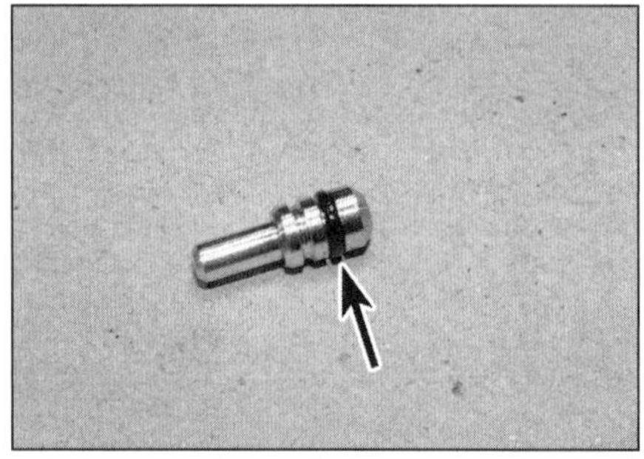

**29.2b ... und ersetzen Sie ihren O-Ring.**

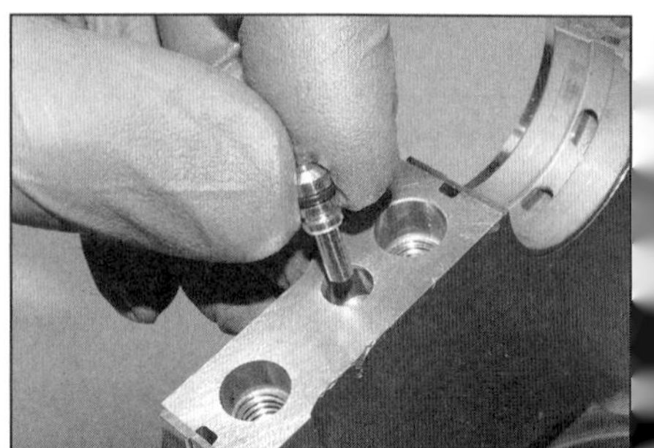

**29.12 Drücken Sie die Öldüsen vollständig in ihre Sitze.**

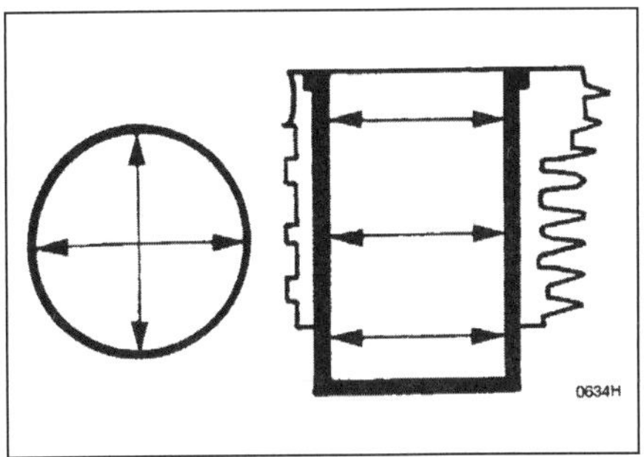

29.15a Vermessen Sie die Zylinderbohrungen an insgesamt sechs Stellen ...

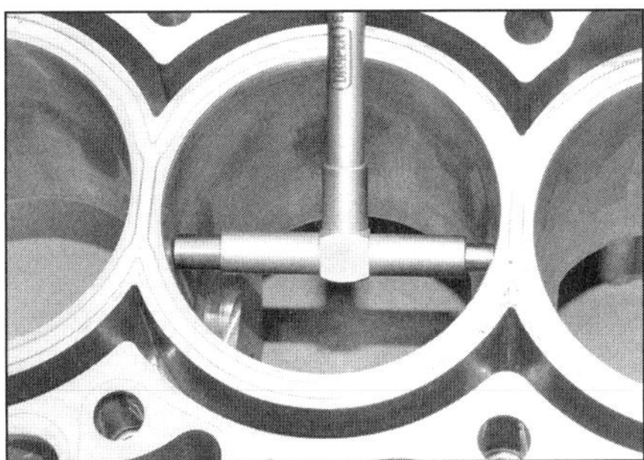

29.15b ... mit einem speziellen Innen-Messgerät.

13 Installieren Sie die verbliebenen Komponenten in der umgekehrten Ausbaureihenfolge.

## Zylinderbohrungen

14 Inspizieren Sie die Zylinderwandungen sorgfältig auf Kratzer und Riefen.
15 Mit Präzisionsmessgeräten kann der Verschleiß, die Kegel- und Ovalförmigkeit der Zylinderbohrungen überprüft werden. Messen Sie dazu im oberen Bereich (aber noch unterhalb der Position des oberen Kolbenrings im OT) in der Mitte und unten (aber noch oberhalb der Position des Ölabstreifrings im UT) – je einmal in Fahrtrichtung und einmal parallel zur Kurbelwelle (siehe Abbildungen). Errechnen Sie anhand der Differenzen zwischen diesen sechs Ergebnissen und mithilfe der Angaben in den technischen Daten den Verschleiß.
16 Sind keine Präzisionsmessgeräte zur Hand, kann das Motorgehäuse zur Vermessung in eine Yamaha-Werkstatt gebracht werden.
17 Wurde Verschleiß oder Verzug festgestellt, wird der Austausch der Gehäusehälften und Kolben wahrscheinlich unerlässlich. Es gibt jedoch Motorenspezialisten, die beschichtete Zylinderbohrungen wieder aufarbeiten können – holen Sie sich angesichts des Preises für ein neues Motorgehäuse zunächst dort Rat.

## 30 Einfahrhinweise

1 Stellen Sie sicher, dass die Motoröl- und Kühlmittel-Pegel korrekt sind (siehe *Tägliche Kontrollen*).
2 Sorgen Sie dafür, dass sich im Tank Benzin befindet.
3 Schalten Sie die Zündung ein und den Killschalter auf ON. Die Motorwarnleuchte, die Kühlmittel-Kontrolllampe und die Wegfahrsperren-Lampe (falls vorhanden) müssen einige Sekunden aufleuchten und dann erlöschen. Die Öldruck-Warnleuchte muss bis zum Anspringen des Motors aufleuchten. Bringen Sie das Getriebe in den Leerlauf.
4 Starten Sie den Motor, und lasen Sie ihn mit leicht erhöhter Leerlaufdrehzahl Betriebstemperatur erreichen. Die Öldruck-Warnleuchte muss kurz nach dem Motorstart erlöschen.
5 Falls sich mangelnde Schmierung andeutet, muss der Motor sofort gestoppt werden und die Ursache gefunden werden. Wenn ein Motor auch nur sehr kurze Zeit ohne Öl gefahren wird, entstehen Schäden größter Ausmaße. Wechseln Sie nach einer Motorüberholung das Öl und den Filter nach 1000 km aus.
6 Kontrollieren Sie sorgfältig alles auf Öl- und Kühlmittel-Undichtigkeiten. Überprüfen Sie vor der ersten Probefahrt besonders die Bremsen, die Kupplung und der Antrieb, aber auch die Instrumente ordentlich funktionieren.
7 Behandeln Sie die Maschine auf den ersten Kilometern vorsichtig, um sicherzugehen, dass überall im Motor Öl angekommen ist und sich alle neuen Teile zu setzen begonnen haben.
8 Große Sorgfalt ist geboten, wenn neue Kolben, Kolbenringe oder Lagerschalen eingebaut wurden. Im Falle neuer Kolben oder Kolbenringe muss die Maschine behandelt werden, als wäre sie neu. Das bedeutet, dass öfter geschaltet werden muss, um immer im optimalen Drehzahlbereich zu fahren und das Gas auf den ersten 1 000 km nur bis zur Hälfte geöffnet werden sollte. Eine Geschwindigkeitsbegrenzung wird nicht vorgeschrieben, hauptsächlich sollen die Teile des Motors sich »einschleifen« und die Leistung langsam auf den ersten 1 600 km gesteigert werden. Hat man bereits Erfahrungen mit der Maschine, wird man merken, wann der Motor sich frei dreht. Die folgenden Empfehlungen von Yamaha für Neumaschinen können als Hinweis genutzt werden:

**Bis 1 000 km:** Nicht längere Zeit über 5 000/min drehen.
**1 000 bis 1 600 km:** Wechselnde Drehzahlen und Last, nicht über 6000/min drehen.
**Über 1 600 km:** Nicht in den roten Bereich des Drehzahlmessers drehen.

9 Lassen Sie den Motor nach der Probefahrt abkühlen, und prüfen Sie das Ventilspiel (siehe Kapitel 1). Kontrollieren Sie den Öl- und Kühlmittelpegel (siehe *Tägliche Kontrollen*).

# Kapitel 3
# Kühlsystem

## Inhalt (in alphabetischer Reihenfolge, die Zahlen geben die Nummerierung in den grauen Feldern wieder)



## Schwierigkeitsgrade

| | | | | |
|---|---|---|---|---|
| **Leicht.** Für Anfänger mit wenig Erfahrung geeignet. | **Relativ leicht.** Für Anfänger mit etwas Erfahrung geeignet. | **Relativ schwierig.** Für geübte Selbstschrauber geeignet. | **Schwer.** Für Selbstschrauber mit viel Erfahrung geeignet. | **Sehr schwer.** Für Experten und Profis geeignet.  |

## Technische Daten

### Kühlmittel

Kühlflüssigkeit-Typ ........ 50% destilliertes Wasser und 50% Ethylen-Glykol mit Korrosionsschutz für Aluminium-Motoren. Im Notfall darf auch Regenwasser oder weiches Leitungswasser verwendet werden.

### Kühlflüssigkeit-Füllmenge

Kühler, Schläuche und Motor ........ 1,6 Liter
Ausgleichsbehälter ........ 0,25 Liter

### Wasserkühler

Druckventil öffnet bei ........ 1,08 bis 1,37 bar

### Kühltemperatursensor

Widerstand bei 20 °C ........ 2,51 bis 2,78 K-Ohm
Widerstand bei 100 °C ........ 210 bis 221 Ohm

### Thermostat

Öffnungs-Temperatur ........ 80 bis 84 °C
Vollständig geöffnet ........ 95 °C
Ventilhub (min.) ........ 8 mm

### Anzugsdrehmomente

Kühlmittel-Einlassstutzen-Schrauben ........ 10 Nm
Kühltemperatursensor ........ 16 Nm
Thermostatdeckel-Schrauben ........ 12 Nm
Wasserpumpendeckel-Schrauben ........ 10 Nm

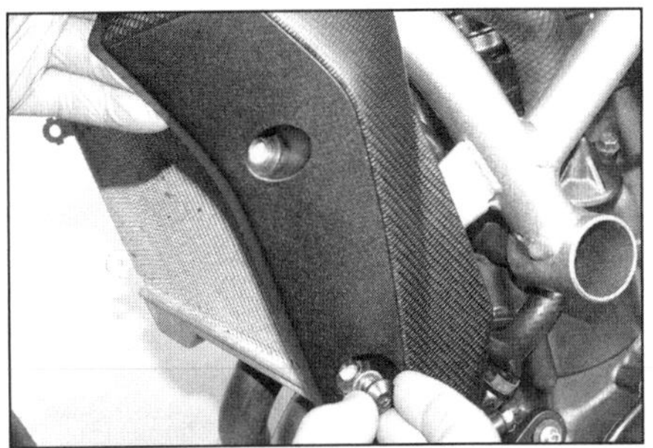

**2.2a Bei der MT-07 ist jede Kühlerabdeckung mit zwei Schrauben samt Hülsen gesichert.**

**2.2b Bei der XSR 700 ist jede Kühlerabdeckung mit zwei Schrauben am inneren Halter gesichert; dieser ist wiederum mit zwei Schrauben am Kühler befestigt.**

**2.2c Bei der TRACER ist jede Kühlerabdeckung mit zwei Clips am Kühler gesichert.**

## 1 Allgemeine Informationen

**1** Das Kühlsystem arbeitet mit einem Wasser/Frostschutz-Gemisch, welches die Aufgabe hat, die beim Verbrennungsvorgang entstehende Wärme abzuleiten und die Temperatur im Motor möglichst konstant zu halten. Dazu werden die Zylinder von Kühlmittel umspült.

**2** Das heiße Kühlmittel wird mit Unterstützung der durch die Ölpumpe angetriebenen Wasserpumpe durch den Thermostaten in den Kühler gepumpt. Nachdem es dessen Lamellen passiert hat und abgekühlt wurde, gelangt es zur rechts unten am Motor montierten Wasserpumpe und wird wieder in den Motor gedrückt. Bei kaltem Motor wird der Kühlkreislauf durch den Thermostaten verkürzt – das Kühlmittel gelangt also nicht durch den Kühler. Nachdem die Betriebstemperatur im so genannten inneren Kühlkreislauf erreicht ist, öffnet der Thermostat sein Ventil und das Kühlmittel durchströmt den Kühler. Durch diese Maßnahme gelangt der Motor schneller auf Betriebstemperatur.

**3** Ein hinten am Zylinderkopf sitzender Temperatursensor gibt Informationen an die Temperaturanzeige im Cockpit sowie an das Motorsteuergerät weiter.

**4** An der Rückseite des Kühlers sitzt der vom Motorsteuergerät über ein Relais aktivierte Ventilator, der bei extremer Kühlmitteltemperatur Luft durch den Kühler saugt.

**5** Ein Teil des Kühlwassers wird durch den Ölkühler vorn am Motor geleitet.

**6** Das Kühlsystem ist teilweise abgedichtet und arbeitet bei Betrieb unter Druck. Der durch ein federunterstütztes Überdruckventil im Einfülldeckel regulierte höhere Druck setzt den Siedepunkt herauf, damit das Kühlmittel unter widrigen Umständen nicht überkocht. Der Überlaufschlauch des Kühlers mündet in einen Ausgleichsbehälter (vorn am Motor), beim Abkühlen des Motors fließt das Kühlmittel automatisch wieder in den Kühler zurück.

***Warnung: Entfernen Sie nicht den Kühlerdeckel, wenn der Motor heiß ist. Das unter Druck stehende Kühlmittel kann bei Druckverlust plötzlich aufkochen, sodass heißer Dampf austritt und ernsthafte Verbrennungen verursacht. Wenn der Motor ausreichend abgekühlt ist, muss ein dicker Lappen oder ein Handtuch um den Deckel gelegt werden. Entfernen Sie den Kühlerdeckel durch vorsichtiges Drehen nach links bis zum Anschlag. Wenn ein zischendes Geräusch hörbar wird, muss gewartet werden, bis es aufhört. Jetzt wird der Deckel heruntergedrückt und weiter nach links gedreht, bis er abgenommen werden kann.***

**7** Frostschutzmittel darf nicht mit der Haut oder Lackoberflächen in Berührung kommen. Wischen Sie Spritzer unverzüglich mit reichlich Wasser ab. Frostschutz kann giftige und explosive Gase produzieren, wenn es in offenen Behältern gelagert oder auf den Boden verschüttet wird. Kinder und Tiere können durch den süßen Geschmack irritiert werden und das Mittel trinken. Fragen Sie Ihren Fachhändler, wo Sie altes Frostschutzmittel entsorgen können.

***Achtung: Benutzen Sie immer das vorgeschriebene Frostschutzmittel und mixen Sie im korrekten Verhältnis mit destilliertem Wasser. Der Frostschutz enthält Korrosionsschutzmittel, um das Kühlsystem zu schützen. Fehlt dieses, kann Rost entstehen und die feinen Leitungen des Kühlsystems blockieren. Durch den Einsatz von destilliertem Wasser wird die Bildung von Kalkablagerungen verhindert, welche ebenfalls die Kühlwirkung beeinträchtigen können.***

**8** Lesen Sie die Sektion »Sicherheit geht vor!« auf Seite 12, bevor Sie mit der Arbeit beginnen.

## 2 Wasserkühler

### Ausbau

***Warnung: Der Motor muss vollständig abgekühlt sein, bevor diese Arbeit durchgeführt werden darf.***

**1** Demontieren Sie bei der MT-07 die linke Tankverkleidung, bei der TRACER die Verkleidungsseitenteile sowie die Innenverkleidung und bei der XSR 700 die Verkleidung links vorn unter dem Tank (siehe Kapitel 7).

**2** Entfernen Sie bei der MT-07 und der XSR 700 die rechte Kühlerabdeckung, um Zugang zur Kühler-Befestigungsschraube zu erhalten. Entfernen Sie nötigenfalls auch die rechts Kühlerabdeckung (siehe Abbildungen). Entfernen Sie bei der TRACER nötigenfalls die seitlichen Kühlerabdeckungen (siehe Abbildung).

**3** Lassen Sie das Kühlmittel ab (siehe Kapitel 1).

**4** Trennen Sie die Hupenstecker, und demontieren Sie nötigenfalls die Hupe (siehe Abbildung). Befreien Sie die Kabel und den Schlauch aus dem Clip am Ventilatorhalter (siehe Abbildung).

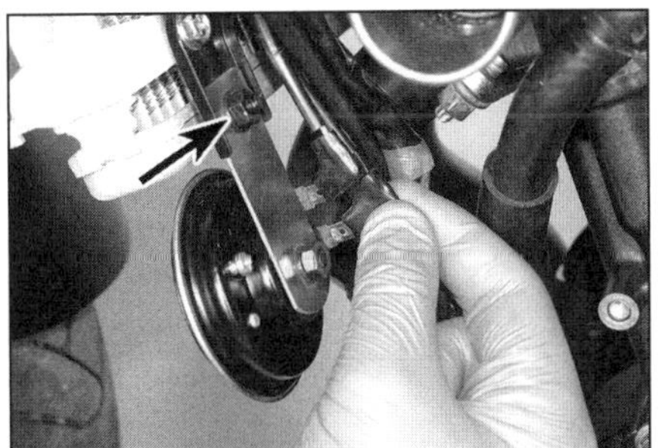

**2.4a Trennen Sie die Hupenstecker, und lösen Sie nötigenfalls die Mutter der Hupe.**

**2.4b Öffnen Sie den Clip, und befreien Sie die Kabel und den Schlauch.**

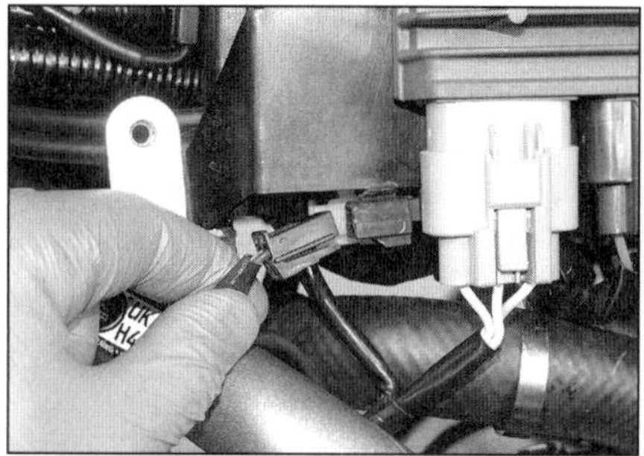

2.5 Stecker des Kühlerventilators

2.6a Ziehen Sie den Überlaufschlauch ab.

2.6b Lockern Sie die Schelle des Rücklaufschlauchs , indem Sie ihre Enden mit einer Zange zusammendrücken.

2.6c Lockern Sie die am Thermostatgehäuse die Schraubschelle, ...

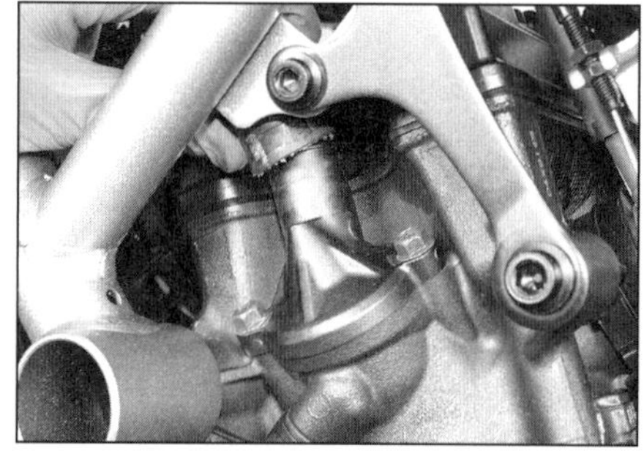

2.6d ... und ziehen Sie den Zulaufschlauch ab.

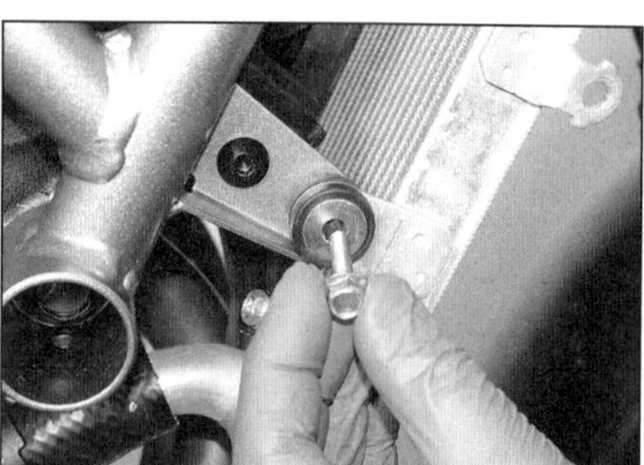

2.7 Lösen Sie die Kühlerschraube.

**5** Trennen Sie den Ventilatorstecker, und führen Sie das Kabel zum Kühler zurück – merken Sie sich seine Verlegung (siehe Abbildung).

**6** Ziehen Sie am Einfüllstutzen den Überlaufschlauch ab (siehe Abbildung). Lockern Sie rechts unten am Kühler die Schelle des Rücklaufschlauchs, und ziehen Sie über den Schlauch (siehe Abbildung). Trennen Sie links am Zylinderkopf den Zulaufschlauch vom Thermostatgehäuse (siehe Abbildungen).

**7** Lösen Sie rechts die Kühler-Befestigungsschraube (siehe Abbildung).

**8** Schwenken Sie die reche Seite des Kühlers nach vorn, und ziehen Sie den Rücklaufschlauch ab. Ziehen Sie den Kühler dann nach rechts, um links die Gummiösen von den Zapfen zu befreien. Entnehmen Sie den Kühler samt Zulaufschlauch – merken Sie sich seine Verlegung (siehe Abbildungen).

**9** Demontieren Sie nötigenfalls den Ventilator vom Kühler (siehe Sektion 4).

**10** Kontrollieren Sie den Kühler auf Beschädigungen, und entfernen Sie sämtlichen Schmutz, der die Kühlwirkung behindern kann. Falls die Lamellen verbogen sind, können sie eventuell mit einem kleinen Schraubendreher wieder gerichtet werden; wenn sie stark beschädigt oder abgebrochen sind, muss der Kühler ersetzt werden. Entfernen Sie die zwei Hülsen von den Befestigungsschrauben, und kontrollieren Sie die drei Haltegummis – ersetzen Sie sie nötigenfalls (siehe Abbildung).

## Einbau

**11** Der Einbau entspricht der umgekehrten Ausbaureihenfolge – beachten Sie dabei folgende Punkte:

- Die Kühlerschläuche müssen sich in einem guten Zustand befinden (siehe Kapitel 1).
- Die Hülse der Befestigungsschraube muss in der Gummiösen stecken (Abbildung 2.10).
- Führen Sie den Zulaufschlauch bei der Montage des Kühlers zum Thermostaten, verlegen Sie ihn dabei über der Verkabelung, und achten Sie darauf, dass die Gummiösen korrekt auf den Zapfen sitzen (Abbildung 2.8b).
- Die Kühlerschläuche müssen korrekt mit ihren Schellen gesichert sein – verwenden Sie nötigenfalls Neuteile (siehe Schritt 6).
- Das Ventilatorkabel muss korrekt verlegt und sicher verbunden sein (Abbildung 2.5)
- Das Kühlsystem muss aufgefüllt (siehe Kapitel 1) und anschließend auf Undichtigkeiten überprüft werden.

## Kühlerdeckel-Prüfung

**12** Wenn Probleme wie Überhitzung und Flüssigkeitsverlust auftreten, muss das Kühlsystem wie in Kapitel 1 beschrieben überprüft werden. Der Öffnungsdruck des Kühlerdeckels muss von einer entsprechend

2.8a Ziehen Sie den Rücklaufschlauch ab, ...

2.8b ... und ziehen Sie den Kühler links von den Zapfen (Pfeile).

2.10 Die Gummiösen dürfen nicht spröde oder verformt sein.

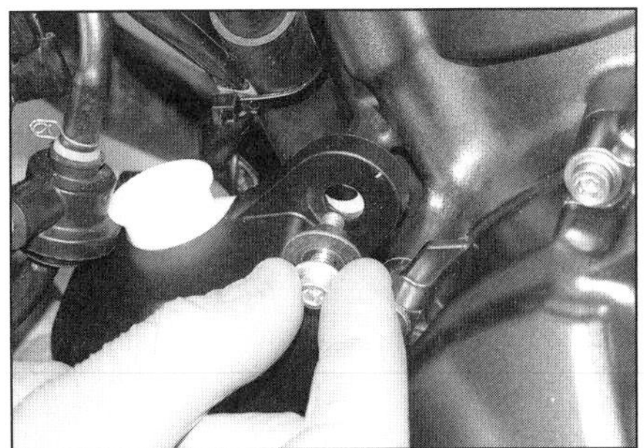

3.1a **Beachten Sie die Hülse an der Ausgleichsbehälter-Schraube.**

3.1b **Der Zapfen des Behälters muss aus der Gummiöse gezogen werden.**

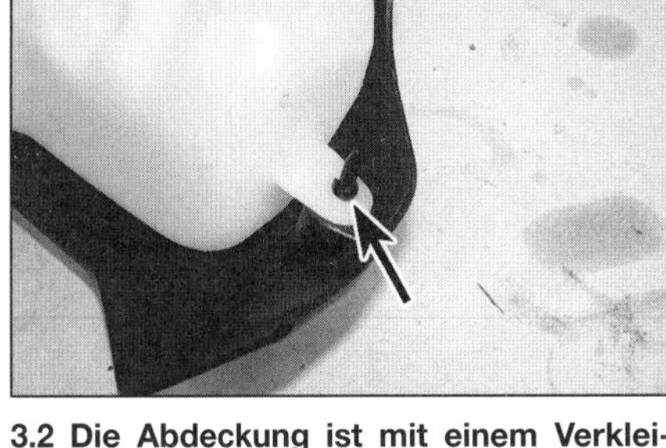

3.2 **Die Abdeckung ist mit einem Verkleidungsstift am Behälters gesichert.**

ausgerüsteten Yamaha-Werkstatt getestet werden. Ist das Ventil defekt, muss es ersetzt werden.

## 3 Ausgleichsbehälter

### Ausbau

**1** Lösen Sie die Schraube des Behälters, und ziehen Sie dessen Zapfen aus der Öse, um ihn zu befreien (siehe Abbildungen).

**2** Lösen Sie nötigenfalls die Clips, um die Abdeckung des Behälters zu entfernen (siehe Abbildung).

### Einbau

Der Einbau entspricht der umgekehrten Ausbaureihenfolge – beachten Sie dabei folgende Punkte:

- Der Belüftungsschlauch und der Überlaufschlauch muss korrekt verlegt und gesichert sein.
- Füllen Sie den Ausgleichsbehälter mit dem vorgeschriebenen Kühlmittel auf (siehe *Tägliche Kontrollen*).

## 4 Ventilator und Relais

## Ventilator

### Kontrolle

**1** Falls der Motor überhitzt und in der Kühltemperaturanzeige im Cockpit »HI« blinkt, der Ventilator jedoch nicht einschaltet, muss zuerst dessen Sicherung überprüft werden (siehe Kapitel 8).

**2** Wenn die Sicherung in Ordnung ist, muss bei der MT-07 die linke Tankverkleidung, bei der TRACER die Verkleidungsseitenteile sowie die Innenverkleidung und bei der XSR 700 die Verkleidung links vorn unter dem Tank entfernt werden (siehe Kapitel 7). Trennen Sie den Ventilatorstecker (Abbildung 2.5). Verbinden Sie den Pluspol einer vollständig geladenen 12-Volt-Batterie mithilfe eines Überbrückungskabels mit dem Ventilatorstecker-Kontakt des blauen Kabels und den Minuspol mit dem Kontakt des schwarzen Kabels – jetzt sollte der Ventilator laufen. Arbeitet er nicht (und sind die Kabel und Stecker zum Motor in Ordnung), ist der Ventilatormotor defekt.

**3** Wenn der Ventilator bei diesem Test arbeitet, muss sein Relais kontrolliert werden (siehe unten). Funktioniert auch dies, müssen die Kabel des Ventilator-Stromkreises überprüft werden – beachten Sie dazu die Hinweise in Kapitel 8, Sektion 2 sowie die Schaltpläne am Ende von Kapitel 8.

### Ausbau und Einbau

***Warnung: Der Motor muss vollständig abgekühlt sein, bevor diese Arbeit ausgeführt werden kann.***

**4** Demontieren Sie den Kühler (siehe Sektion 2).

**5** Demontieren Sie die Hupe (Abbildung 4.6).

**6** Lösen Sie die Schrauben des Ventilators, und entfernen Sie diesen (siehe Abbildung).

**7** Der Einbau entspricht der umgekehrten Ausbaureihenfolge.

## Ventilator-Relais

**8** Entfernen Sie bei der MT-07 die linke Tankverkleidung, bei der TRACER die Verkleidungsseitenteile sowie die Innenverkleidung und bei der XSR 700 die Verkleidung links vorn unter dem Tank (siehe Kapitel 7).

**9** Befreien Sie die Relais-Baugruppe, um Zugang zum Ventilatorrelais zu erlangen, und trennen Sie dessen Stecker (siehe Abbildung). Schalten Sie ein Multimeter auf den Messbe-

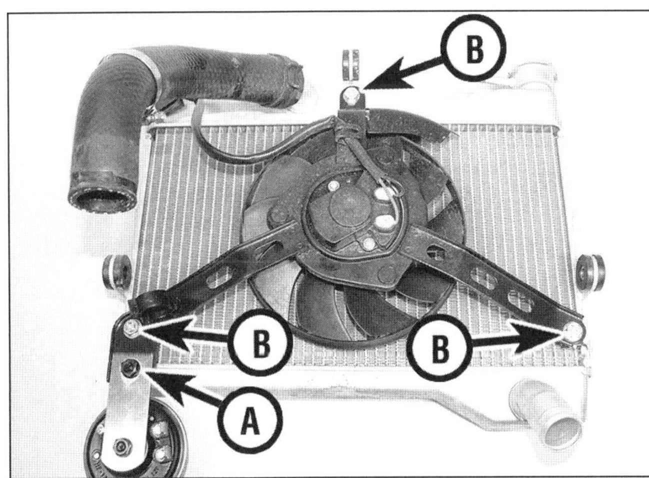


4.6 **Hupen-Mutter (A), Schrauben des Ventilatorträgers (B)**

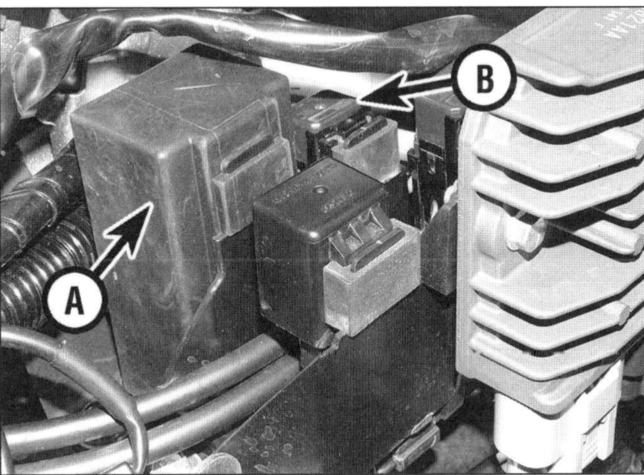


4.9 **Befreien Sie die Relais-Einheit (A), um Zugang zum Ventilatorrelais (B) zu erhalten.**

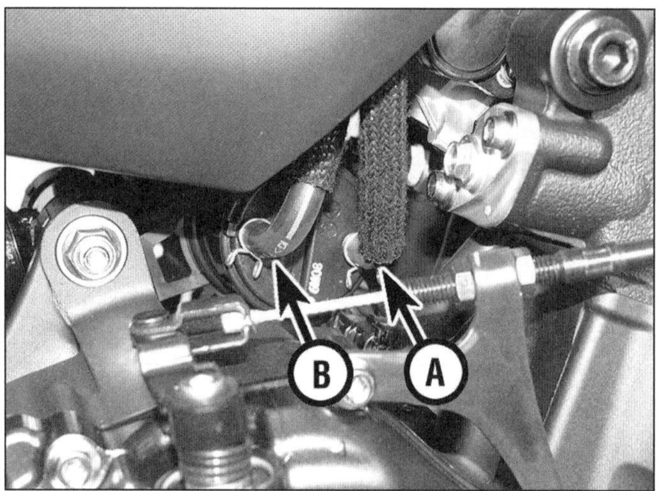


**5.8a Ziehen Sie rechts den Tankbelüftungsschlauch (A) und den zum Drosselklappengehäuse führenden Schlauch (B) ab.**

**5.8b Ziehen Sie den Belüftungsschlauch (Pfeil) ab, und befreien Sie den Behälter aus seinem Halter.**

reich Ohm x 1, und verbinden Sie seine Plusklemme mit dem Relaiskontakt des roten Kabels; die Minusklemme wird mit dem Kontakt des blauen Kabels verbunden – es darf kein Durchgang festgestellt werden (»1«)

**10** Verbinden Sie eine geladene Batterie mithilfe von Überbrückungskabeln den Relais-Anschlüssen des rot/weißen Kabels (+) und des grün/gelben Kabels (–). Jetzt muss aus dem Relais ein deutliches Klicken vernehmbar sein und der Widerstand auf 0 Ohm (voller Durchgang) fallen.

**11** In diesem Fall ist das Relais in Ordnung. Wurde am Relais ständig Durchgang festgestellt oder hat es auch bei angeschlossener Batterie den Durchgang nicht freigeschaltet, ist es defekt und muss ersetzt werden.

**12** Ist das Relais in Ordnung, müssen der Ventilatormotor (Schritte 3 und 4) und der Kühltemperatursensor (siehe Sektion 5) überprüft werden. Kontrollieren Sie anschließend nötigenfalls die Kabel und Stecker zwischen dem Relais, dem Ventilator und dem Motorsteuergerät.

## 5 Kühltemperaturanzeige und Sensor

# Temperaturanzeige

## Kontrolle

**1** Der Stromkreis besteht aus dem hinten am Zylinderkopf sitzenden Kühltemperatursensor sowie der Temperaturanzeige und der Warnlampe im Cockpit.

**2** Bei kaltem Motor (unter 40 °C) wird »LO« angezeigt. Zwischen 40 und 116 °C wird die tatsächliche Temperatur angezeigt. Zwischen 117 und 134 °C wird die aktuelle Temperatur blinkend angezeigt und die Warnlampe leuchtet. Oberhalb von 134 °C wird »HI« blinkend angezeigt.

**3** Falls der Motor überhitzt, muss er unverzüglich abgeschaltet werden. Nachdem der Motor abgekühlt ist, muss zunächst der Kühlmittelpegel überprüft werden (siehe *Tägliche Kontrollen*). Ist der Pegel zu niedrig, muss das Kühlsystem auf Undichtigkeiten untersucht werden (siehe Kapitel 1, Sektion 12). Falls keine Lecks festgestellt werden, muss geprüft werden, ob ein neuer Kühlerdeckel das Problem löst, andernfalls muss ein neuer Thermostat installiert werden (siehe Sektion 6).

**4** Falls die Temperaturanzeige nicht funktioniert, muss die Funktion des Sensors wie unten beschrieben überprüft werden.

**5** Falls keine Probleme gefunden wurden, muss die Instrumenten-Baugruppe ausgebaut (siehe Kapitel 8, Sektion 16) und von einer Yamaha-Werkstatt überprüft werden. Falls ein Defekt festgestellt wird, muss die gesamte Baugruppe ersetzt werden – Einzelteile sind nicht erhältlich.

## Ausbau und Einbau

**6** Details hierzu finden sich in Kapitel 8, Sektion 16.

# Kühltemperatursensor

## Kontrolle

**7** Der Sensor sitzt hinten links am Zylinderkopf (Abbildung 5.9). Der Widerstand des Sensors ändert sich temperaturabhängig (siehe *technische Daten*). Während es theoretisch möglich ist, den Sensor bei den Prüftemperaturen zu messen, lässt sich dieser Test in der Praxis nur schwierig ausführen. Allerdings lässt sich der Widerstand des eingebauten Sensors bei kaltem, warmem und heißem Motor ermitteln.

**8** Ziehen Sie bei Modellen mit Benzingas-Sammelbehälter die Schläuche an dessen Enden ab (merken Sie sich, welcher wo rechts sitzt), und ziehen Sie den Behälter aus seinem Halter (siehe Abbildungen).

**9** Trennen Sie den Sensorstecker (siehe Abbildung). Verbinden Sie bei kaltem Motor die Klemmen eines auf den Ohm-Bereich geschalteten Multimeters mit den Sensorkontakten, und notieren Sie den Widerstand.

**10** Verbinden Sie den Sensorstecker, starten Sie den Motor, und wärmen Sie ihn etwas auf. Schalten Sie den Motor ab, trennen Sie den Stecker, und führen Sie eine erneute Messung durch. Wiederholen Sie die Messung bei heißem Motor. Der Widerstand muss bei steigender Temperatur absinken. Bei defektem Sensor wird wahrscheinlich voller Durchgang (»0«) oder unendlicher Widerstand (»1«) festgestellt; auch ein unveränderter Widerstand trotz unterschiedlichen Temperaturen ist möglich.

**11** Falls die gemessenen Werte stark von den Vorgaben abweichen, ist der Sensor defekt und muss ersetzt werden.

## Ausbau und Einbau

***Warnung: Der Motor muss vollständig abgekühlt sein, bevor diese Arbeit ausgeführt werden kann.***

**12** Entleeren Sie das Kühlsystem (siehe Kapitel 1).

**13** Demontieren Sie ggf. den Benzingas-Sammelbehälter (Schritt 8).

**14** Trennen Sie den Sensorstecker, und schrauben Sie den Sensor mit einem langen

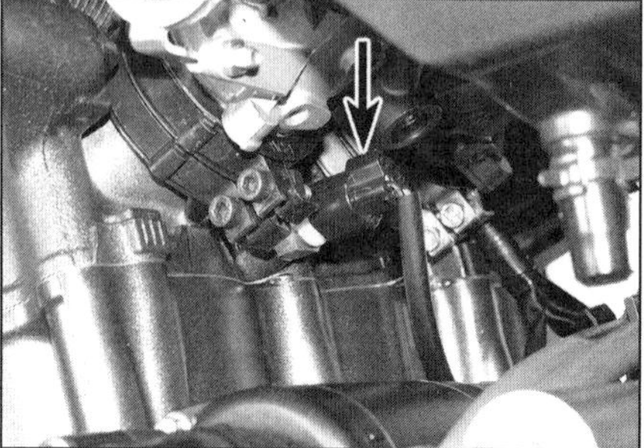

**5.9 Stecker des Kühltemperatursensors**

17er-Steckschlüssel aus dem Zylinderkopf (Abbildung 5.9) – die Dichtscheibe muss später erneuert werden.
**15** Rüsten Sie den Sensor mit einer neuen Dichtscheibe aus, schrauben Sie ihn in den Zylinderkopf, und ziehen Sie ihn mit 16 Nm an. Verbinden Sie den Kabelstecker.
**16** Füllen Sie das Kühlsystem auf (siehe Kapitel 1).

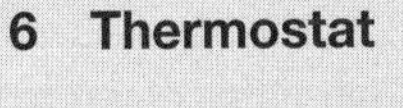

## 6 Thermostat

***Warnung: Der Motor muss vollständig abgekühlt sein, bevor diese Arbeit durchgeführt werden darf.***

**1** Der Thermostat arbeitet automatisch und normalerweise jahrelang zuverlässig. Im Falle eines Defektes kann das Ventil im offenen Zustand blockieren – dann dauert es wesentlich länger, bis der Motor Betriebstemperatur erreicht. Andererseits kann das Ventil auch im geschlossenen Zustand blockieren, dann fließt die Kühlflüssigkeit nicht durch den Kühler, und der Motor kann überhitzen. Keiner dieser Zustände ist akzeptabel und der Defekt muss unverzüglich behoben werden.

### Ausbau

**2** Lassen Sie das Kühlmittel ab (siehe Kapitel 1).
**3** Lösen Sie die Schrauben des Thermostatdeckels, verlagern Sie diesen beiseite, und heben Sie den Thermostat heraus (siehe Abbildungen).

### Kontrolle

**4** Führen Sie vor dem Test eine Sichtkontrolle durch. Wenn der Thermostat bei Raumtemperatur offen steht, ist er defekt und muss ersetzt werden.
**5** Um die Funktion des Thermostaten prüfen zu können, werden ein mit kaltem Wasser gefüllten Kochtopf und ein Herd benötigt. Hängen Sie den Thermostaten mit einem Stück Draht in das kalte Wasser, und halten Sie ein Thermometer (Messbereich bis über 100 °C) in die Nähe des Thermostaten (siehe Abbildung). Erwärmen Sie jetzt das Wasser. Weder das Thermometer noch der Thermostat dürfen den Topfboden berühren. Prüfen Sie, ob sich der Thermostat zwischen 80 und 84 °C zu öffnen beginnt. Kontrollieren Sie ebenfalls, ob der Thermostat einige Minuten nach dem Erreichen der Temperatur von 95 °C mindestens 8 mm geöffnet ist. Bei anderen Ergebnissen ist der Thermostat defekt und muss ersetzt werden.
**6** Falls der Thermostat nicht öffnet, kann er **im Notfall** – und nach dem Abkühlen des Motors – ausgebaut, der Deckel wieder angeschraubt und dann weitergefahren werden (dies ist besser, als den Motor überhitzen zu

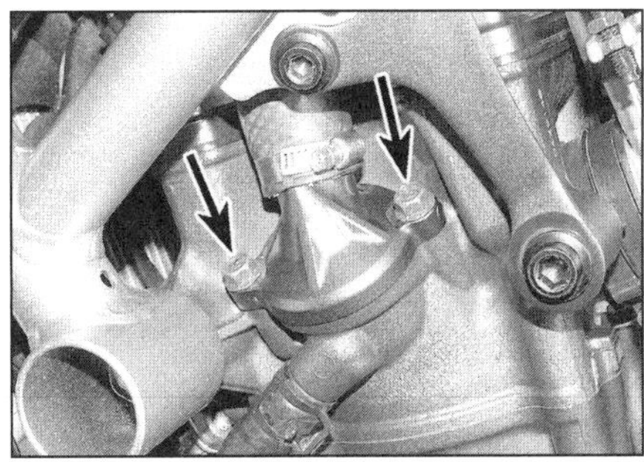

**6.3a Lösen Sie die Schrauben, ...**

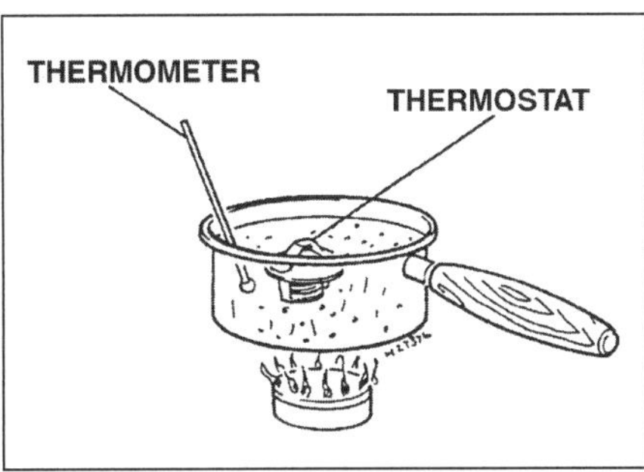


**6.5 Aufbau für den Test des Thermostaten**

lassen). Klemmt das Ventil im offenen Zustand, sollte der Thermostat eingebaut bleiben. In beiden Fällen muss beachtet werden, dass die Warmlaufzeit des Motors erheblich länger als üblich ist. Bauen Sie so schnell wie möglich einen neuen Thermostaten ein.
**7** Kontrollieren Sie seine Dichtung – falls sie beschädigt oder spröde ist oder am Deckel Undichtigkeiten festgestellt werden, muss der Thermostat ersetzt werden, da die Dichtung nicht separat erhältlich ist.

### Einbau

**8** Die Dichtung muss rundherum um den Thermostat anliegen (siehe Abbildung).
**9** Installieren Sie den Thermostaten mit der Belüftungsbohrung nach oben in den Zylinderkopf (Abbildung 6.3b). Setzen Sie den Deckel auf, und ziehen Sie die Schrauben mit 12 Nm an (Abbildung 6.3a).

**7.3a Entfernen Sie innerhalb des Kupplungsdeckels den Seegerring, ...**

**6.3b ... verlagern Sie den Deckel beiseite, und heben Sie den Thermostat heraus.**

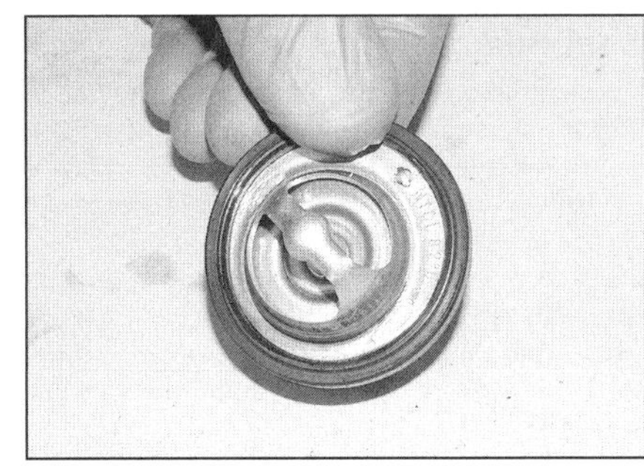

**6.8 Die Dichtung muss sich in einem guten Zustand befinden.**

**10** Füllen Sie das Kühlsystem auf (siehe Kapitel 1).

## 7 Wasserpumpe

### Ausbau

**1** Lassen Sie Motoröl und das Kühlmittel ab (siehe Kapitel 1).
**2** Entfernen Sie den Kupplungsdeckel (siehe Kapitel 2, Sektion 13).
**3** Befreien Sie den Seegerring, der die Pumpenradwelle im Kupplungsdeckel sichert, und ziehen Sie die Welle heraus (siehe Abbildungen).

**7.3b ... und ziehen Sie die Pumpenradwelle nach außen heraus.**

**7.6a Befreien Sie den Gummidämpfer mit einem Schraubendreher, ...**

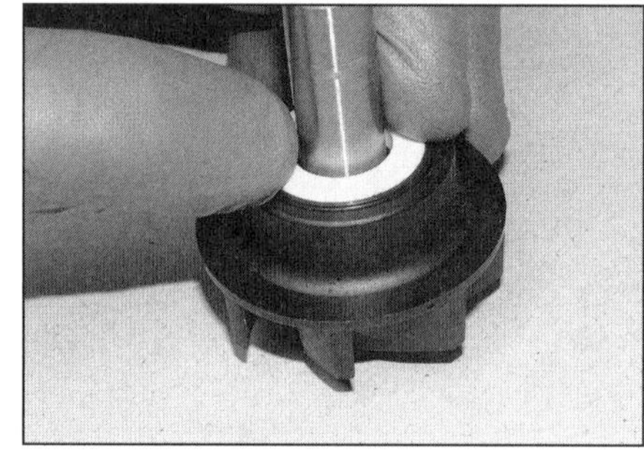

**7.6b ... und drücken Sie das Neuteil von Hand in seinen Sitz.**

**7.10a Treiben Sie die Gleitringdichtung mit einem Dorn aus, ...**

## Kontrolle

**4** Kontrollieren Sie das innen im Kupplungsdeckel sitzende Pumpenradlager, indem Sie das Pumpenrad hin und her wackeln und daran drehen – falls es Spiel hat oder rau läuft, muss es ersetzt werden (siehe unten).

**5** Falls an der Welle oder dem Pumpenrad Hinweise auf Verschleiß oder Beschädigungen festgestellt werden, muss die Baugruppe ersetzt werden. Prüfen Sie die Welle auch auf Verzug.

**6** Kontrollieren Sie den Gummidämpfer an der Innenseite des Pumpenrades auf Beschädigungen oder Porosität (siehe Abbildungen). Das Teil ist nur zusammen mit der Gleitringdichtung erhältlich. Befeuchten Sie den Außenrand des Dämpfers vor dem Einbau mit Wasser oder Kühlmittel.

**7** Begutachten Sie den Pumpendeckel auf Korrosion und Ablagerungen. Reinigen Sie ihn nötigenfalls mit Stahlwolle, und spülen Sie ihn mit Leitungswasser durch.

**8** Kontrollieren Sie die Gleitringdichtung und den Simmerring – falls Undichtigkeiten festgestellt wurden (siehe Kapitel 1), müssen neue Dichtungen installiert werden (siehe unten).

## Dichtringe und Lager – Ersetzen

**Anmerkung:** *Einmal ausgebaut dürfen weder die Dichtungen noch das Lager wiederverwendet werden. Beschaffen Sie sich rechtzeitig Neuteile.*

**9** Befreien Sie die Pumpenwelle aus dem Kupplungsdeckel (Schritte 1 bis 3).

**10** Die Gleitringdichtung kann mit einem durch das Lager und den Simmerring eingeführten Dorn ausgetrieben werden. Zuerst wird wahrscheinlich der gefederte Teil der

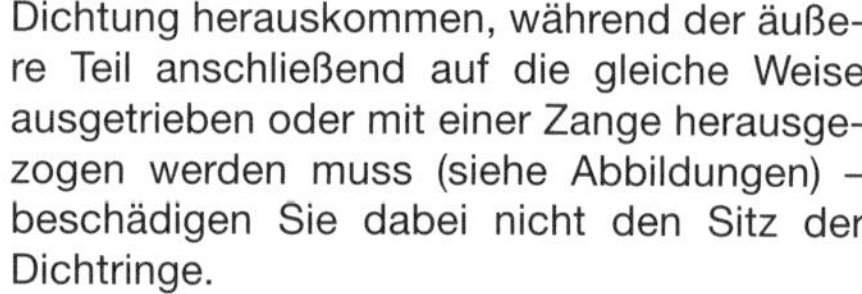

Dichtung herauskommen, während der äußere Teil anschließend auf die gleiche Weise ausgetrieben oder mit einer Zange herausgezogen werden muss (siehe Abbildungen) – beschädigen Sie dabei nicht den Sitz der Dichtringe.

**11** Um den Simmerring ausbauen zu können, muss zunächst die Gleitringdichtung entfernt werden (Schritt 10). Hebeln Sie dann mit einem Schraubendreher den Dichtring heraus – beachten Sie seine Einbaurichtung (siehe Abbildung).

**12** Um das Lager ausbauen zu können, müssen zuerst die Gleitringdichtung und der Simmerring entfernt werden (Schritte 10 und 11). Stützen Sie die Innenseite des Kupplungsdeckels mit Hölzern ab, sodass der Lagersitz nicht auf der Werkbank aufliegt. Treiben Sie dann das Lager mit einem13er- Steckschlüssel aus, der auf dessen Innenring aufliegt (siehe Abbildung).

**13** Befreien Sie den Sitz der Gleitringdichtung mit Lösungsmittel von alten Dichtungsresten.

**14** Treiben Sie das neue Lager mithilfe eines Holzes, das auf dem Außenring aufliegt, bündig in seinen Sitz (siehe Abbildung).

**15** Drücken oder treiben Sie den neuen Simmerring mit der markierten Seite vom Lager weg zeigend mit einem 14er-Seckschlüssel ins Gehäuse, bis zwischen seinem Innenrand und dem Lager ein Abstand von 0,5 bis 1,0 mm besteht (siehe Abbildung). Schmieren Sie die Dichtlippe des Simmerrings mit Fett.

**7.10b ... und entfernen Sie verbliebene Teile nötigenfalls mit einer Zange.**

**7.11 Hebeln Sie den Simmerring mit einem Schraubendreher heraus.**

**7.12 Stützen Sie den Deckel wie gezeigt ab, und treiben Sie das Lager mit einem 13er-Steckschlüssel aus.**

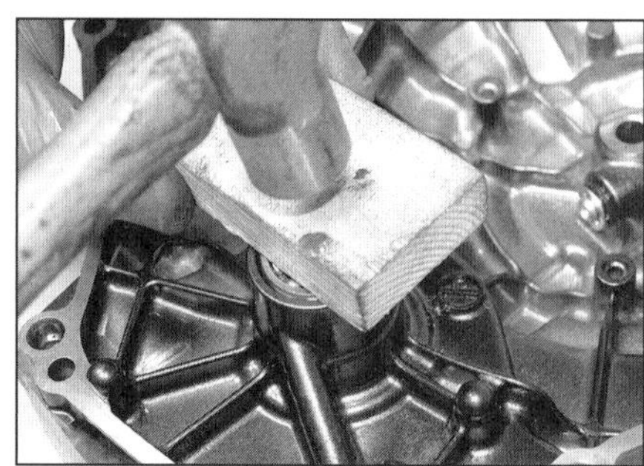

**7.14 Treiben Sie das neue Lager bündig in seinen Sitz.**

**7.15 Drücken Sie den neuen Simmerring in seinen Sitz.**

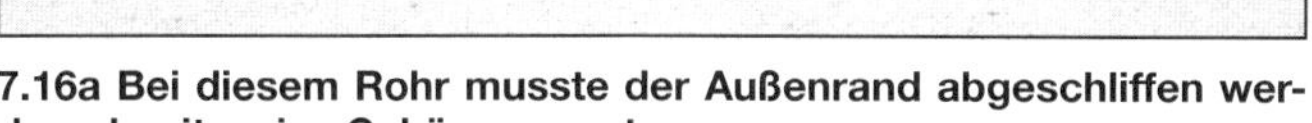

**7.16a Bei diesem Rohr musste der Außenrand abgeschliffen werden, damit es ins Gehäuse passt.**

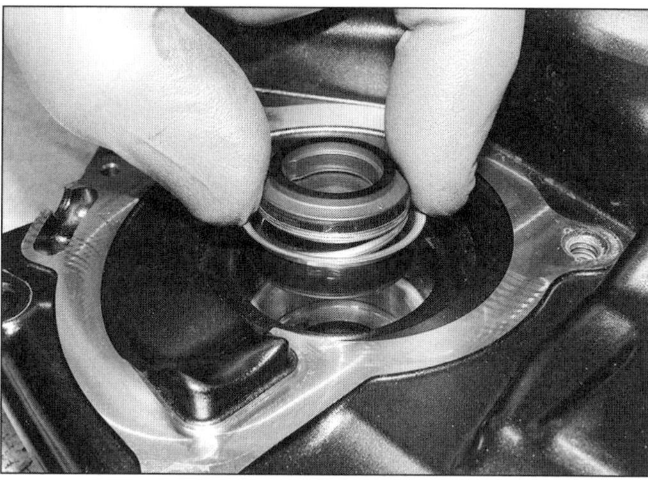

**7.16b Positionieren Sie die neue Gleitringdichtung in der Pumpe, ...**

**16** Drücken oder treiben Sie die neue Gleitringdichtung ins Pumpengehäuse – verwenden Sie dazu ein Rohr mit einem Innendurchmesser von 28 mm und einem Außendurchmesser von 31.5 mm, sodass es nur auf dem Außenrand aufliegt und noch ins Gehäuse passt (siehe Abbildungen). Alternativ kann das Yamaha-Werkzeug mit der Teilenummer 90890-04132 verwendet werden.
**17** Installieren Sie einen neuen Gummidämpfer an die Rückseite des Pumpenrades (Schritt 6), und installieren Sie dies wie folgt:

## Einbau

**18** Schmieren Sie die Pumpenradwelle und den Dämpfer mit Kühlmittel und schieben Sie die Welle in den Kupplungsdeckel (Abbildung 7.3b). Legen Sie den Kupplungsdeckel mit dem Pumpenrad nach unten auf die Werkbank, und drücken Sie ihn herunter, sodass das Pumpenrad die Gleitringdichtung komprimiert und der neue Seegerring mit der abgerundeten Seite zum Lager zeigend in seine Nut installiert werden kann (Abbildung 7.3a).
**19** Montieren Sie den Kupplungsdeckel (siehe Kapitel 2, Sektion 13).
**20** Füllen Sie Motoröl und Kühlmittel auf (siehe Kapitel 1).

# 8 Schläuche, Rohre und Anschlüsse

***Warnung: Der Motor muss vollständig abgekühlt sein, bevor irgendein Kühlerschlauch abgezogen wird.***

## Ausbau

**1** Lassen Sie zunächst das Kühlmittel ab (siehe Kapitel 1).

**Anmerkung:** *Seien Sie beim Entfernen von Kühlsystem-Komponenten auf austretende Kühlmittelreste vorbereitet.*

**2** Lockern Sie mit Schrauben versehene Schlauchschellen mit einem Schraubendreher, und ziehen Sie sie über den Stutzen zurück (Abbildung 2.6b und c). Andere Schläuche sind mit Federklemmen gesichert, zu deren Entspannung die Enden mit einer Zange zusammengedrückt werden müssen.

***Achtung: Die Kühler-Anschlüsse sind empfindlich. Ziehen Sie die Schläuche nicht mit zu viel Kraft ab.***

**3** Wenn ein Schlauch sich nicht lösen lässt, muss versucht werden, ihn drehend abzuziehen. Wenn das auch nicht klappt, muss mit einem scharfen Messer ein Längsschnitt über dem Flansch gezogen werden, sodass der Schlauch abgeschält werden kann. Es ist immer besser, nur einen neuen Schlauch zu beschaffen als den ganzen Kühler zu ersetzen.
**4** Die Ein- und Auslassrohre der Wasserpumpe können nach dem Abziehen der Schläuche und dem Lösen der Schrauben entfernt wer-

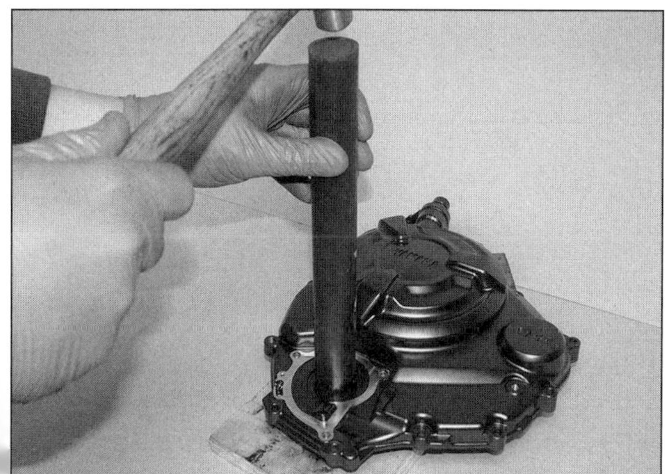

**7.16c ... und treiben Sie sie mit dem Rohr in ihren Sitz.**

**8.4a Lösen Sie die zwei Schrauben, ...**

8.4b ... und ziehen Sie die Rohre aus der Wasserpumpe.

8.5 Schrauben des Motorblock-Kühlerstutzens

den (siehe Abbildungen) – bei der Montage müssen neue O-Ringe verwendet werden.

**5** Der Stutzen vorn am Motorblock kann nach dem Abziehen des Schlauchs und dem Lösen der Schrauben entfernt werden (siehe Abbildung) – der O-Ring muss später erneuert werden.

## Einbau

**6** Falls der Stutzen vorn am Motorblock entfernt wurde, muss ein neuer O-Ring in dessen Nut installiert und mit Fett geschmiert werden. Ziehen Sie die Stutzen-Schrauben mit 10 Nm an.

**7** Sie die Wasserpumpenrohre mit neuen gefetteten O-Ringen aus (siehe Abbildung). Installieren Sie die Rohre, und ziehen Sie ihre Schrauben mit 10 Nm an (Abbildung 8.4b und a).

**8** Schieben Sie die Schelle über den Schlauch, und stecken Sie diesen ggf. bis zur Begrenzung auf den entsprechenden Anschluss-Stutzen.

**9** Drehen Sie den Schlauch in Position, bevor Sie die Schelle über den Stutzen schieben und ihn sichern.

***Wenn ein Schlauch schwer aufzuschieben ist, kann er zum Erweichen in heißes Wasser gehalten werden. Alternativ hilft die Verwendung von Seifenwasser als Schmiermittel.***

8.7 Rüsten Sie die Rohre vor der Montage mit neuen O-Ringen aus.

# Kapitel 4
# Motorsteuerung

## Inhalt (in alphabetischer Reihenfolge, die Zahlen geben die Nummerierung in den grauen Feldern wieder)



## Schwierigkeitsgrade

**Leicht.** Für Anfänger mit wenig Erfahrung geeignet.

**Relativ leicht.** Für Anfänger mit etwas Erfahrung geeignet.

**Relativ schwierig.** Für geübte Selbstschrauber geeignet.
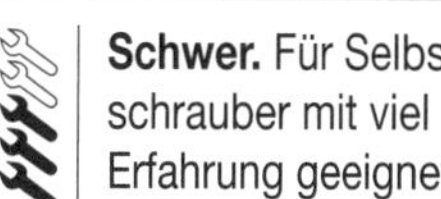
**Schwer.** Für Selbstschrauber mit viel Erfahrung geeignet.

**Sehr schwer.** Für Experten und Profis geeignet.

## Technische Daten

### Allgemeine Informationen

| | |
|---|---|
| Zylindernummerierung | links: 1; rechts: 2 |
| Zündzeitpunkt | 105° vor OT bei 1200/min |
| Zündkerzen | |
| Typ | NGK LMAR 8A-9 |
| Elektroden-Kontaktabstand | 0,8 bis 0,9 mm |

### Prüfdaten

| | |
|---|---|
| Ansaugluftdrucksensor (IAP-Sensor) – Ausgangsspannung | 3,57 bis 3,71 Volt |
| Ansaugluftklappen-Magnetventil – Widerstand | ca. 46 Ohm |
| Ansauglufttemperatursensor (IAT-Sensor) | |
| Widerstand bei 0 °C | 5,4 bis 6,6 K-Ohm |
| Widerstand bei 80 °C | 290 bis 390 Ohm |
| Benzinpumpen-Druck (bei Standgas) | 3,0 bis 3,9 bar |
| Drosselklappensensor (TP-Sensor) | |
| Widerstand (max.) | 2,64 bis 6,16 Ohm |
| Ausgangsspannung (bei Standgas) | |
| MT-07 bis 2016, TRACER und XSR 700 | 0,63 bis 0,73 Volt |
| MT-07 ab 2017 | 0,21 bis 0,22 Volt |
| Geschwindigkeitssensor – Ausgangsspannung (Modelle ohne ABS) | |
| An | 4,8 Volt |
| Aus | 0,6 Volt |
| Kühltemperatursensor (ETC-Sensor) | |
| Widerstand bei 20 °C | 2,51 bis 2,78 K-Ohm |
| Widerstand bei 100 °C | 210 bis 221 Ohm |

| | |
|---|---|
| Kurbelwellensensor (CKP-Sensor) – Widerstand | 228 bis 342 Ohm |
| Lambdasonde | |
| Neigungswinkelsensor (TO-Sensor) - Ausgangsspannung | |
| Sensor aufrecht | 0,4 bis 1,4 Volt |
| Sensor mehr als 65° geneigt | 3,7 bis 4,4 Volt |
| Tankanzeige-Geber – Widerstand | |
| MT-07 bis 2016, TRACER und XSR 700 | |
| Tank voll | 9 bis 11 Ohm |
| Tank leer | 213 bis 219 Ohm |
| MT-07 ab 2017 | |
| Tank voll | 19 bis 21 Ohm |
| Tank leer | 429 bis 435 Ohm |

## Kraftstoff

| | |
|---|---|
| Typ | Super bleifrei (min. 95 Oktan) |
| Tankinhalt (inkl. Reserve) | |
| MT-07 und XSR 700 | 14 Liter |
| TRACER | 17 Liter |
| Reserve | |
| MT-07 und XSR 700 | 2,7 Liter |
| TRACER | 3,5 Liter |

## Drosselklappengehäuse

| | |
|---|---|
| Typ | Mikuni EHDW 38 |

## Einspritzdüsen

| | |
|---|---|
| Typ/Anzahl | 297500-2310 / 4 |

## Zündspulen

| | |
|---|---|
| Primärwicklungs-Widerstand | 1,19 bis 1,61 Ohm |
| Sekundärwicklungs-Widerstand | 8,5 bis 11,5 K-Ohm |
| Minimale Zündfunkenstrecke | 6 mm |

## Anzugsdrehmomente

| | |
|---|---|
| Auspuff-Befestigungsschrauben | 20 Nm |
| Auspuffhalter-Schrauben | 10 Nm |
| Benzinpumpenschrauben | 4 Nm |
| Druckspeicher-Schrauben | 3,5 Nm |
| Fußrastenträger-Schrauben | 30 Nm |
| Krümmerflanschmuttern | 20 Nm |
| Lambdasonde | 25 Nm |
| Tank-Befestigungsschrauben | |
| vorn | 30 Nm |
| hinten | 10 Nm |

## 1 Allgemeine Informationen und Warnhinweise

### Allgemeine Informationen

**1** Alle Modelle sind mit einer vollelektronischen Motorsteuerung (ECU) ausgerüstet, die sowohl die Einspritzanlage als auch das Zündsystem überwacht.

## Kraftstoffsystem

**2** Das Kraftstoffsystem besteht aus dem Benzintank, der darin sitzenden Benzinpumpe (samt Filter und Tankanzeige-Geber), der Kraftstoffleitung zum Druckspeicher samt Einspritzdüsen, den Drosselklappengehäusen und den Gaszügen. Die für die Verbrennung benötigte Luft wird durch ein unter dem Tank sitzendes Luftfiltergehäuse angesaugt.

**3** Die Benzinpumpe wird zunächst vom Zündschloss aktiviert, während der Kraftstoffdruck innerhalb der Pumpe vom Druckregler konstant gehalten wird.

**4** Falls das Motorrad umkippt, schaltet der Neigungswinkelsensor die Stromversorgung der Einspritzanlage und der Zündung ab.

**5** Das gesamte Kraftstoffsystem wird vom Motorsteuergerät (ECU) überwacht, das sowohl die Kraftstoffversorgung als auch den Zündzeitpunkt anhand der von den verschiedenen Sensoren erhaltenen Daten entsprechend reguliert. Das Steuergerät hat seine eigene Fehlerdiagnosefunktion und kann im Cockpit-LCD sowohl Fehler- als auch Diagnose-Codes anzeigen.

**6** Die vorwiegend unter dem Motor angeordnete Zwei-in-Eins-Auspuffanlage beinhaltet einen Katalysator und eine Lambdasonde.

## Zündsystem

**7** Die elektronische Transistorzündung ist mit der Einspritzanlage kombiniert und beide werden mit dem Steuergerät (ECU) geregelt. Die Zündanlage besteht aus dem Zündauslöser, dem Kurbelwellensensor (CKP), dem Steuergerät, den in die Kerzenstecker integrierten Zündspulen und den Zündkerzen.

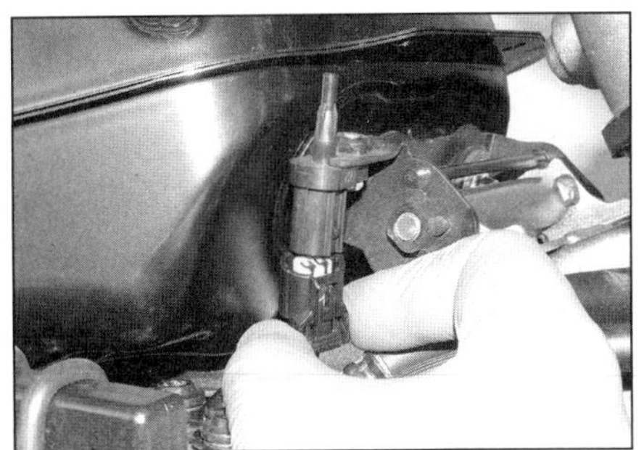
**2.5 Stecker des IAT-Sensors**

**2.6 Ziehen Sie die Schläuche ab – merken Sie sich ihre Positionen.**

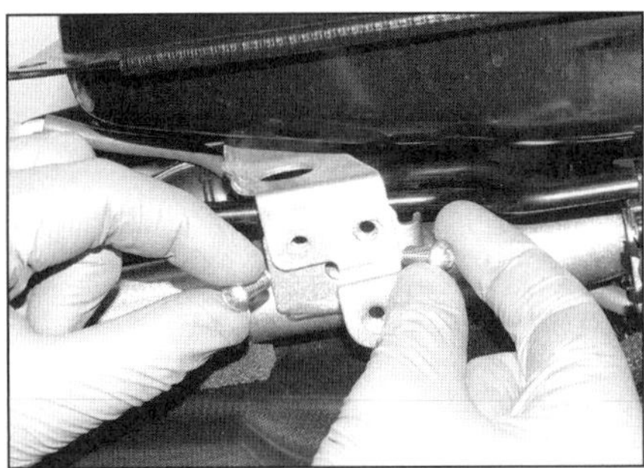
**2.7a Lösen Sie an beiden Seiten die hinteren Tankschrauben.**

**8** Die am Lichtmaschinenrotor (links auf der Kurbelwelle) sitzenden Auslöser aktivieren bei sich drehendem Motor magnetisch den Kurbelwellensensor. Dieser sendet ein Signal an das Steuergerät, welches die Zündspule mit dem zur Bildung eines Zündfunken benötigten Stroms versorgt. Der Zündzeitpunkt ist nicht einstellbar.
**9** Das Zündsystem ist mit einem Sicherheitsstromkreis ausgerüstet, der bei laufendem Motor die Zündung unterbricht, falls bei eingelegtem Gang der Seitenständer ausgeklappt ist. Der Stromkreis verhindert auch das Starten des Motors, falls ein Gang eingelegt ist und (bei eingeklappten Seitenständer) nicht die Kupplung gezogen wird.
**10** Manche Modelle sind mit einer Wegfahrsperre ausgerüstet, die das Starten des Motors nur mit dem richtigen Schlüssel ermöglicht. Dieses System hat seine eigene Fehlerdiagnosefunktion.

**Anmerkung:** *Bauartbedingt können die Teile der Motorsteuerung zwar kontrolliert, aber nicht repariert werden. Wenn im Einspritz- oder Zündsystem Probleme auftreten, kann die fehlerhafte Komponente isoliert und durch ein Austauschteil ersetzt werden. Elektronikteile können oftmals nach dem Kauf nicht umgetauscht werden. Um unnötige Kosten zu vermeiden, sollten Sie absolut sicher gehen, dass das fehlerhafte Teil richtig identifiziert worden ist, bevor Sie ein Neuteil kaufen.*

## Vorsichtsmaßnahmen

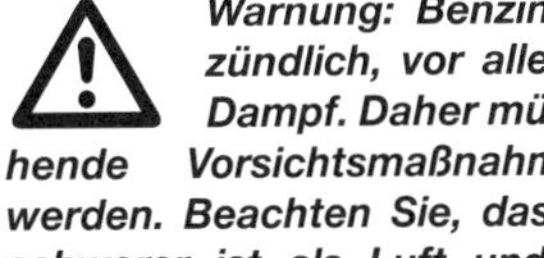

***Warnung: Benzin ist leicht entzündlich, vor allem in Form von Dampf. Daher müssen unten stehende Vorsichtsmaßnahmen getroffen werden. Beachten Sie, dass Benzindampf schwerer ist als Luft und sich daher in schlecht belüfteten Ecken sammeln kann. Vermeiden Sie Hautkontakt, und suchen Sie einen Arzt auf, wenn Benzin in die Augen gelangt ist oder verschluckt wurde. Tragen Sie immer eine Sicherheitsbrille, und haben Sie einen geeigneten Feuerlöscher zur Hand.***

- Führen Sie Arbeiten am Kraftstoffsystem nur in gut belüfteten Räumen durch.
- Stellen Sie sicher, dass sich keine offenen Flammen oder Funken (z. B. Zündanlage) in der Nähe befinden, wenn Sie mit Benzin hantieren.
- Beachten Sie absolutes Rauchverbot für jedermann bei Arbeiten am Kraftstoffsystem. Denken Sie an die Gefahr, die von brennenden Zigaretten ausgeht, und entfernen Sie sich zum Rauchen weit genug vom Arbeitsplatz.
- Denken Sie daran, dass elektrische Geräte wie Schalter, Bohrmaschinen, Schleifböcke u.a. Funken produzieren. Vermeiden Sie daher den Betrieb solcher Geräte bei Arbeiten am Kraftstoffsystem, und lüften Sie den Raum gründlich aus, bevor Sie damit beginnen.
- Wischen Sie grundsätzlich verschüttetes Benzin auf, und entsorgen Sie benzingetränkte Lappen und Tücher in einem feuersicheren Behälter (z. B. Stahlfass).
- Benzin darf nur in dafür geprüften und luftdicht verschlossenen und beschrifteten Behältern gelagert werden. Die Menge der Vorratshaltung in Wohnhäusern ist gesetzlich begrenzt. Bewahren Sie auch demontierte Benzintanks mit geschlossenem Tankdeckel sicher auf.
- Lesen Sie sorgfältig die »Sicherheit Zuerst!«-Sektion auf Seite 12, bevor Sie mit der Arbeit beginnen.

## 2 Tank

***Warnung: Lesen Sie zunächst die Warnhinweise in Sektion 1.***

### Demontage

**Anmerkung:** *Um das Gewicht des Tanks zu reduzieren, sollte er demontiert werden, wenn er fast leer ist. Pumpen Sie einen gefüllten Tank nötigenfalls ab.*

**1** Die Zündung muss ausgeschaltet und der Tankdeckel sicher verschlossen sein.
**2** Entfernen Sie bei der MT-07 die Sitze und die Tankverkleidungen (siehe Kapitel 7).
**3** Entfernen Sie bei der TRACER die Verkleidungsseitenteile, die Innenverkleidung und die Tankabdeckung (siehe Kapitel 7).
**4** Entfernen Sie bei der XSR 700 die Sitzbank, die Tankverkleidungen und die Verkleidungen rechts vorn unter dem Tank.
**5** Trennen Sie den Stecker des Ansauglufttemperatursensors (siehe Abbildung).
**6** Ziehen Sie den Belüftungs- und den Überlaufschlauch ab (siehe Abbildung).
**7** Lösen Sie die hinteren Tank-Befestigungsschrauben (siehe Abbildung). Lockern Sie die vordere Tankschraube, aber entfernen Sie sie nicht (Abbildung 2.10). Heben Sie den Tank hinten an, und stützen Sie ihn z. B. mit einem Stück Holz ab (siehe Abbildung).
**8** Legen Sie reichlich Lappen unter die Benzinpumpe. Schieben Sie am Benzinschlauchanschluss die Sicherungskappe beiseite, um

**2.7b Heben Sie den Tank hinten an, und stützen Sie ihn wie gezeigt ab.**

**2.8a Schieben Sie die Abdeckung beiseite, um die Laschen freizulegen.**

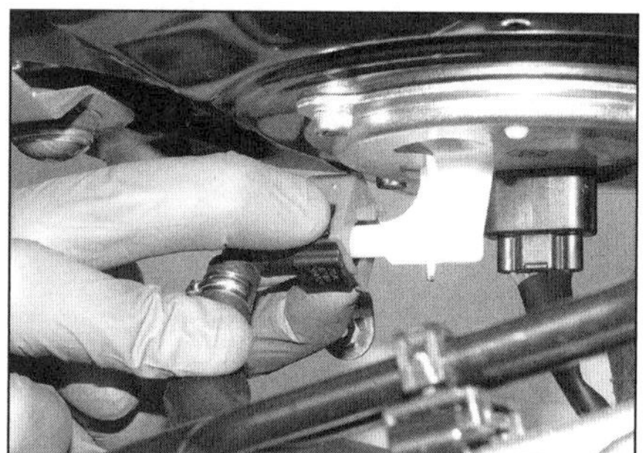

**2.8b Drücken Sie die Laschen ein, ...**

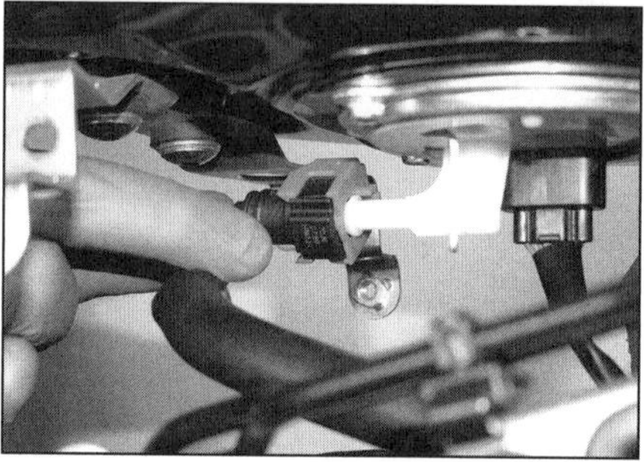

**2.8c ... und ziehen Sie den Benzinschlauchanschluss vom Stutzen.**

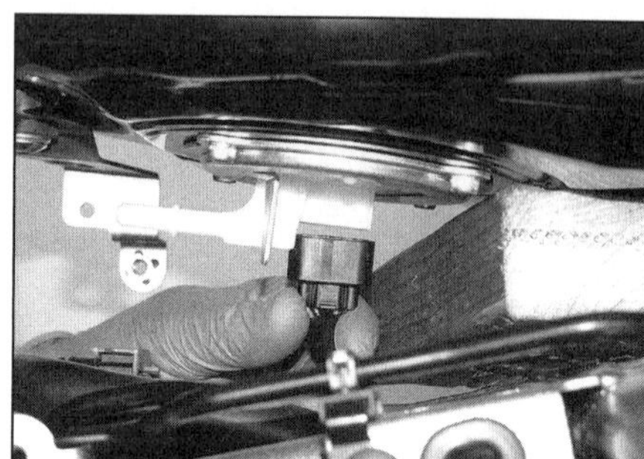

**2.9 Ziehen Sie den Benzinpumpenstecker ab.**

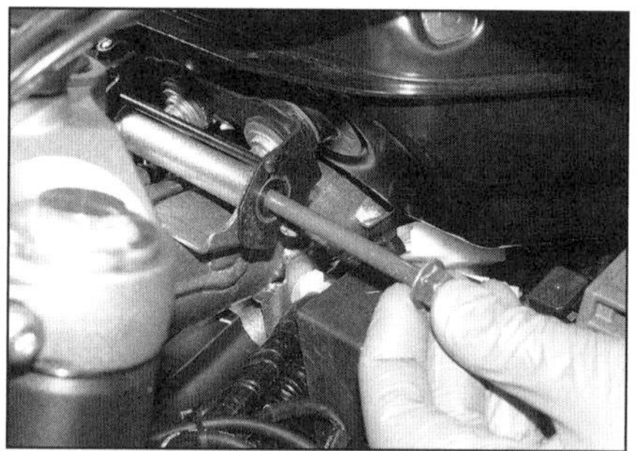

**2.10 Entfernen Sie die vordere Tankschraube, und heben Sie den Tank ab.**

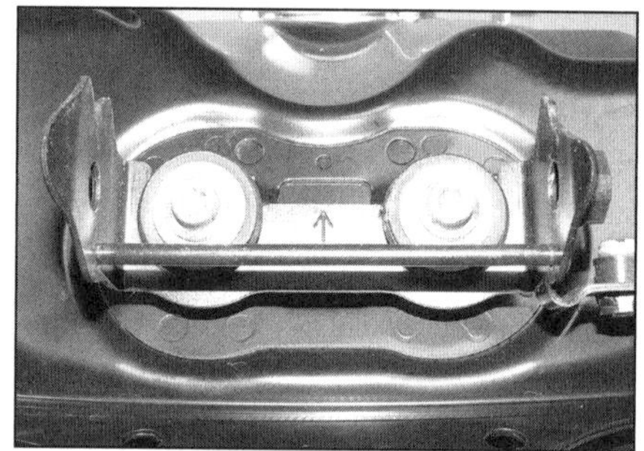

**2.11a Vordere Tankhalterung**

**2.11b Hintere Tankhalterung**

die zwei Arretierlaschen freizulegen. Drücken Sie die Laschen ein, und ziehen Sie den Anschluss vom Stutzen (siehe Abbildungen).

**9** Trennen Sie den Benzinpumpen-Kabelstecker (siehe Abbildung).

**10** Entfernen Sie die Abstützung, und senken Sie den Tank ab. Drehen Sie die vordere Tankschraube vollständig heraus, und heben Sie den Tank vorsichtig vom Rahmen (siehe Abbildung). Legen Sie den Tank so auf Hölzern ab, dass er nicht auf den Anschlüssen der Benzinpumpe liegt.

**11** Begutachten Sie die Tankhalterungen und ihre Gummiösen auf Beschädigungen und Alterungserscheinungen, und ersetzen Sie schadhafte Teile (siehe Abbildungen). Beachten Sie die Hülsen in den Ösen. Achten Sie bei der Montage der Halterungen auf die eingeschlagenen Pfeile – der an der vorderen Halterung muss zur Tankunterseite zeigen; der am hinteren Halter muss nach hinten zeigen.

## Einbau

**12** Die Montage des Tanks entspricht der umgekehrten Ausbaureihenfolge – beachten Sie dabei folgende Punkte:

- Alle Schläuche müssen korrekt angeschlossen und gesichert sein. Drücken Sie den Benzinschlauchanschluss auf, bis er einrastet; schieben Sie anschließend die Sicherungskappe über die Anschlüsse (siehe Abbildung). Der Benzinpumpenstecker muss korrekt verbunden sein.
- Der Schlauch mit dem blauen Punkt kommt auf den hinteren Tankstutzen; der mit dem weißen Punkt auf den vorderen Stutzen (Abbildung 2.6).
- Ziehen Sie hinteren Tankschrauben mit 10 Nm und die vordere Schraube mit 30 Nm an.
- Falls der Tank entleert wurde, muss er vor dem Einschalten der Zündung mit Benzin befüllt werden. Starten Sie den Motor, und prüfen Sie, ob nirgends Kraftstoff austritt.

## Reparatur

**13** Reparaturarbeiten am Benzintank sollten von Fachbetrieben ausgeführt werden, da sie sehr schwierig und gefährlich sind. Auch nach dem Reinigen und Ausspülen des Tanks können explosive Gase zurückbleiben, die sich im Zuge der Arbeiten entzünden können.

**14** Nach der Demontage des Tanks sollte er so gelagert werden, dass die ausströmenden Gase nicht durch Funken und Flammen entzündet werden können. Besondere Vorsicht ist in Räumen mit Gasheizungen geboten, da deren Zündflamme eine Explosion verursachen kann.

# 3 Benzinpumpe und Druckregler

***Warnung: Lesen Sie vor Arbeitsbeginn die Warnhinweise in Sektion 1.***

## Kontrolle

**1** Die Benzinpumpe sitzt innerhalb des Tanks. Nach dem Einschalten der Zündung (Killschalter auf RUN) muss die Pumpe einige Sekunden hörbar laufen, bis das Kraftstoffsystem unter

**2.12 Der Benzinschlauchanschluss muss vollständig auf den Stutzen geschoben werden, damit die Laschen einrasten. Schieben Sie dann die Kappe darüber.**

Druck gesetzt ist, dann schaltet sie sich bis zum Starten des Motors ab. Falls von der Pumpe nichts zu hören ist, muss geprüft werden, ob die Batterie in Ordnung ist. Kontrollieren Sie anschließend die Haupt-, Zündungs- und Einspritzanlagen-Sicherungen (siehe Kapitel 8).

**2** Überprüfen Sie anschließend das Benzinpumpen-Relais (siehe Sektion 8). Wenn die Sicherungen und das Relais in Ordnung sind, muss geprüft werden, ob alle Kabel und Stecker in Ordnung und fest angeschlossen sind – beachten Sie dazu die Schaltpläne am Ende von Kapitel 8.

**3** Läuft die Pumpe immer noch nicht, muss die Zündung abgeschaltet und der Tank angehoben werden. Trennen Sie den Stecker der Benzinpumpe (siehe Sektion 2). Verbinden Sie die Plusklemme einer geladenen Batterie mit dem pumpenseitigen Steckerkontakt des rot/blauen Kabels und die Minusklemme mit dem Kontakt des schwarzen Kabels – arbeitet die

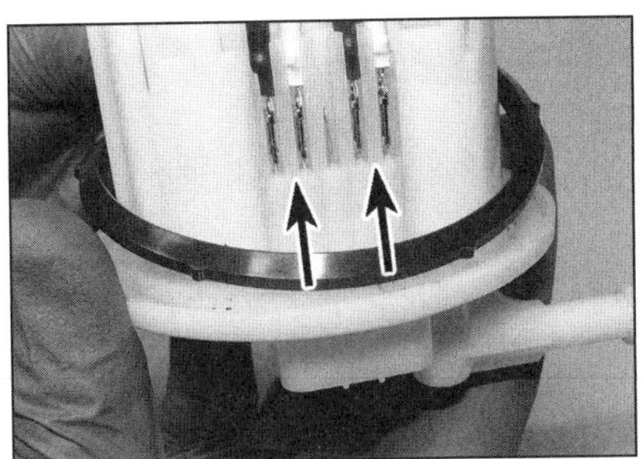
3.3 Kontrollieren Sie nötigenfalls die internen Kabelanschlüsse der Benzinpumpe.

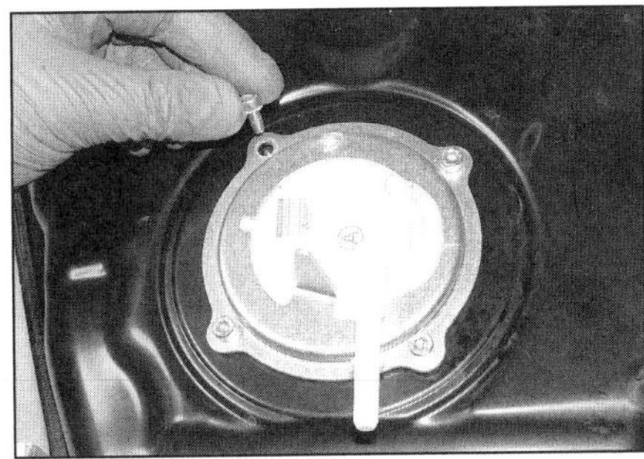
3.10 Lösen Sie die vier Benzinpumpenschrauben, und entnehmen Sie das Halteblech.

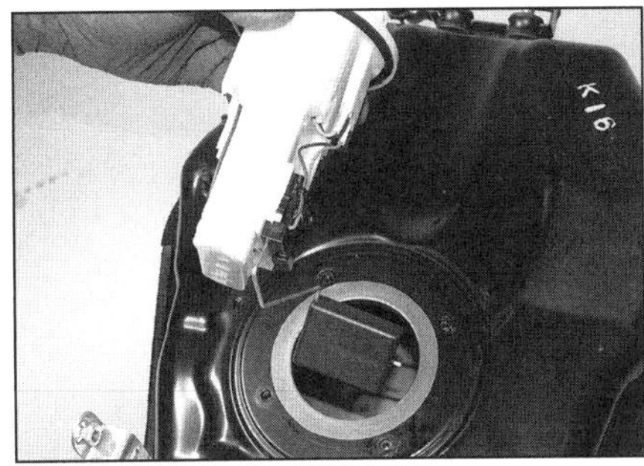

3.11 Heben Sie die Pumpe vorsichtig heraus.

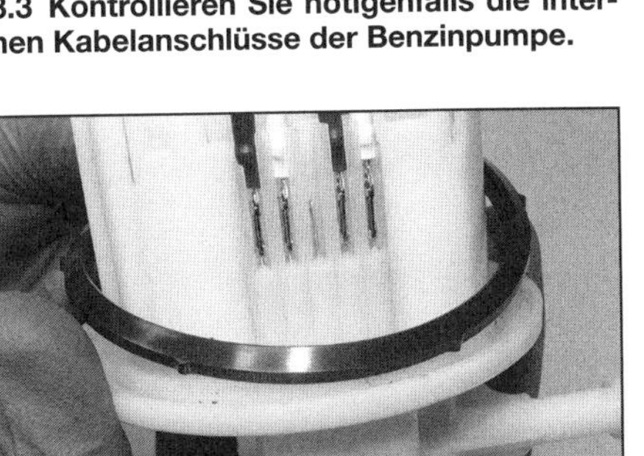
3.13 Die Dichtung muss richtig herum über die Pumpe geschoben werden.

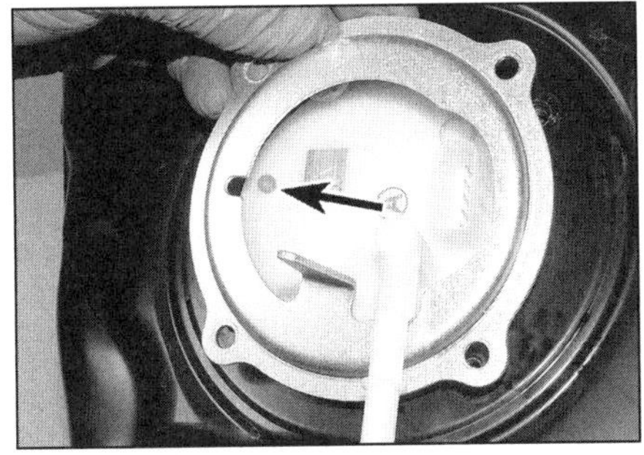
3.15 Richten Sie die Pumpe und das Halteblech wie gezeigt aus. Der Ausschnitt im Blech muss über dem Zapfen (Pfeil) liegen.

Pumpe jetzt, liegt in der Verkabelung zur Pumpe ein Defekt vor; läuft sie nicht, muss die Pumpe ausgebaut werden, um ihre innere Verkabelung zu überprüfen (siehe Abbildung) – ist diese in Ordnung, muss die Benzinpumpe durch ein Neuteil ersetzt werden.

## Kraftstoffdruckprüfung

**Spezialwerkzeug:** *Für diese Arbeit wird ein geeigneter Druckprüfer samt Adapter benötigt. Bei Yamaha sind diese Teile unter den Nummern 90890-03153 und 90890-03176 erhältlich.*

**4** Der korrekte Kraftstoffdruck wird von einem innerhalb der Benzinpumpe sitzenden Druckregler gewährleistet.

**5** Heben Sie den Tank an, und trennen Sie den Benzinschlauchanschluss (siehe Sektion 2). Schließen Sie den Adapter und den Druckprüfer zwischen Tank und Schlauch an.

**6** Starten Sie den Motor, und beobachten Sie den Druckprüfer – er muss zwischen 3,0 und 3,9 bar anzeigen. Schalten Sie den Motor ab.

**7** Bei stark abweichendem Druck muss geprüft werden, ob der Schlauch nicht geknickt ist, andernfalls muss eine neue Benzinpumpe installiert werden – Einzelteile sind nicht erhältlich. Beachten Sie, dass auch der Benzinfilter in die Pumpe integriert ist.

## Ausbau

**8** Entleeren Sie den Tank so weit wie möglich mit einer geeigneten Absaugpumpe, und demontieren Sie ihn (siehe Sektion 2).

**9** Legen Sie den Tank vorsichtig kopfüber auf einige schützende Lappen.

**10** Lösen Sie die Schrauben des Halteblechs, und entnehmen Sie diesen (siehe Abbildung).

**11** Heben Sie die Benzinpumpe vorsichtig aus dem Tank, ohne dabei den Schwimmer des Tankanzeige-Gebers zu beschädigen (siehe Abbildung).

**12** Entfernen Sie die Dichtung (Abbildung 3.13) – beim Einbau muss eine neue verwendet werden.

## Einbau

**13** Legen Sie den neuen Dichtring mit der flachen Seite auf den Bund des Pumpengehäuses (siehe Abbildung).

**14** Manövrieren Sie die Benzinpumpe vorsichtig in den Tank (Abbildung 3.11).

**15** Richten Sie die Pumpe so aus, dass der Benzinschlauchstutzen nach hinten zeigt. Richten Sie den Ausschnitt im Halteblech zum Stutzen an der Pumpe aus (siehe Abbildung). Ziehen Sie die Schrauben zunächst handfest und dann schrittweise und über Kreuz bis zum Drehmoment von 4 Nm an.

# 4 Tankanzeige und Geber

## Tankanzeige

### Kontrolle

**1** Der Stromkreis besteht aus dem im Tank sitzenden Geber und der in die Multifunktionsanzeige im Cockpit integrierte Tankanzeige.

**2** Die Tankanzeige funktioniert folgendermaßen: Nach dem Einschalten der Zündung werden während eines Stromkreis-Tests nacheinander alle Segmente aktiviert. Anschließend zeigen die zwischen E (empty = leer) und F (full = voll) aktivierten Elemente den Füllstand des Tanks an.

**3** Sobald die Benzinmenge im Tank unter ca. 2,7 Liter (MT-07 und XSR 700) bzw. 3,5 Liter (TRACER) abfällt, beginnt das »E«-Segment der Anzeige zu blinken und der Kilometerzähler wechselt automatisch auf den Reserve-Reichweiten-Modus.

**4** Der Tageskilometer kann nötigenfalls mithilfe des linken (MT-07 und TRACER) bzw. des unteren Knopfes (XSR 700) zurückgesetzt werden (beachten Sie die Bedienungsanleitung). Nachdem der Tank aufgefüllt wurde, setzt sich das Zählwerk automatisch zurück, sobald ca. 5 km gefahren wurden.

**5** Die Tankanzeige hat ihre eigene Selbstdiagnosefunktion. Falls ein Defekt festgestellt wurde, beginnen die Anzeige und das Kraftstoff-Symbol wiederholt achtmal zu blinken und geht dann für drei Sekunden aus. Kontrollieren Sie zuerst den Kabelstecker unten am Tank (siehe Sektion 2) und dann das Kabel vom Geber zur Mulitifunktionsanzeige – beachten Sie dazu in Kapitel 8 die Sektion 2 und die Schaltpläne am Ende. Wenn hier alles in Ordnung ist, muss der Geber selbst kontrolliert werden (siehe unten).

**6** Wenn auch der Geber in Ordnung ist, muss das Anzeigeinstrument von einer Yamaha-Werkstatt überprüft werden – der Hersteller gibt hierfür keine Prüfdaten heraus. Nötigenfalls muss das Instrument ausgetauscht werden.

### Ausbau und Einbau

**7** Details hierzu finden sich in Kapitel 8, Sektion 16.

## Tankanzeige-Geber

**8** Befreien Sie den Benzinpumpe aus dem Tank (siehe Sektion 3).

**9** Verbinden Sie die Klemmen eines Multimeters mit den Geber-Kontakten, und messen Sie den Widerstand bei abgesenktem Schwim-

4

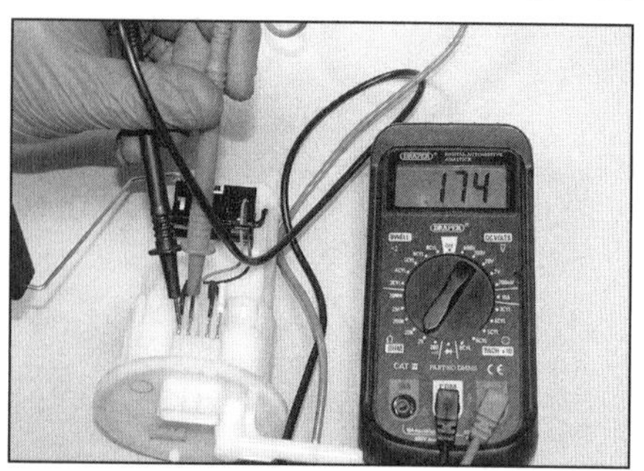

**4.9a Messen Sie den Widerstand mit abgesenktem Schwimmer (Tank leer) ...**

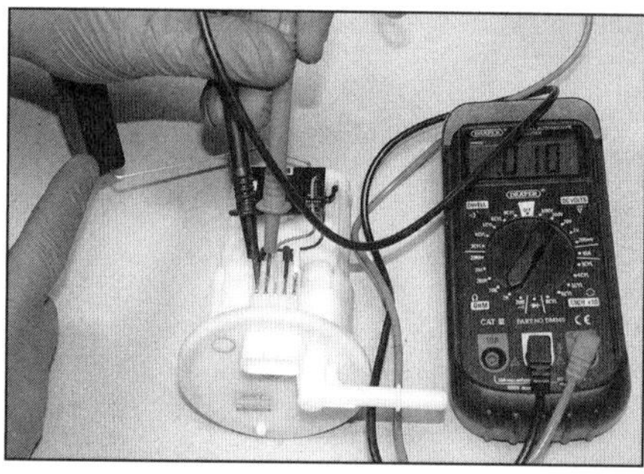

**4.9b ... und bei angehobenem Schwimmer (Tank voll).**

**5.4 Schraube der Schlauchklemme (Pfeil). Befreien Sie das Luftfiltergehäuse nach links aus dem Rahmen.**

mer (Tank leer) und bei angehobenem Schwimmer (Tank voll) (siehe Abbildungen).

**10** Wenn nicht die in den technischen Daten angegebenen Werte ermittelt werden, muss die komplette Benzinpumpe ausgetauscht werden (siehe Sektion 3) – der Geber ist nicht separat erhältlich.

## 5 Luftfiltergehäuse

### Ausbau

**1** Entfernen Sie das Luftfilterelement (siehe Kapitel 1).

**2** Demontieren Sie die Drosselklappengehäuse (siehe Sektion 9).

**3** Demontieren Sie bei Modellen ohne Verdunstungssystem vorn am Gehäuse die Klemmschraube des Überlauf- und Belüftungsschlauchs, und schwenken Sie die Schläuche beiseite (Abbildung 5.4).

**4** Befreien Sie das Luftfiltergehäuse nach links aus dem Rahmen (siehe Abbildung).

### Einbau

**5** Der Einbau entspricht der umgekehrten Ausbaureihenfolge – beachten Sie dabei folgende Punkte:

- Prüfen Sie den Zustand aller Haltegummis am Rahmen, und ersetzen Sie sie nötigenfalls. Die Hülsen müssen innen in den Gummiösen stecken.
- Die Schellen müssen korrekt positioniert sein.

## 6 Einspritzanlage Beschreibung

**1** Die Einspritzanlage besteht aus zwei wesentlichen Komponenten – der Kraftstoffversorgung und der elektronischen Steuerung.

**2** Die Kraftstoffversorgung besteht aus dem Tank, der darin sitzenden Benzinpumpe samt Filter und Druckregler sowie den Drosselklappengehäusen und den Einspritzdüsen. Das Benzin gelangt unter Druck zum Druckspeicher (*Fuel Rail*) und von dort zu den einzelnen Einspritzdüsen. Der Kraftstoffdruck wird durch den Druckregler der Pumpe überwacht. Die Einspritzdüsen versprühen das Benzin in den Drosselklappengehäusen, von wo aus es zusammen mit der angesaugten Luft als zündfähiges Gemisch in den Brennraum gelangt, verdichtet und gezündet wird.

**3** Die Steuerelektronik besteht aus dem Motorsteuergerät (ECU), das sowohl für die Kraftstoffversorgung als auch die Zündung verantwortlich ist, sowie diversen Sensoren, die es mit Informationen über den Betriebszustand des Motors versorgen.

**4** Das Motorsteuergerät (ECM) überwacht und koordiniert Signale der folgenden Sensoren:

- Ansauglufttemperatursensor (IAT-Sensor)
- Ansaugluftdrucksensor (IAP-Sensor)
- Drosselklappensensor (TP-Sensor)
- Kurbelwellensensor (CKP-Sensor
- Kühltemperatursensor (ECT-Sensor)
- Lambdasonde ($\lambda$-Sonde)
- Geschwindigkeitssensor (Speed-Sensor)
- Neigungswinkelsensor (TO-Sensor)

**5** Anhand der erhaltenen Informationen berechnet das Steuergerät den besten Zünd- und Einspritz-Zeitpunkt sowie die erforderliche Kraftstoffmenge – Letzteres geschieht durch verschieden lange elektronische Impulse an die Einspritzdüsen, also die Einspritzdauer. Diese Menge hängt davon ab, ob der Motor gestartet oder warm gefahren wird, im Standgas läuft, im Schiebebetrieb rollt oder unter Last arbeitet.

**6** Im Falle eines abnormalen Sensor-Signals legt das Steuergerät fest, ob der Motor weiterhin sicher am Laufen gehalten werden kann – falls ja, ersetzt ein Sicherungsmodus die Sensorsignale durch einen festen Wert, sodass das Motorrad mit reduzierter Leistung nach Hause oder in eine Werkstatt gefahren werden kann. Wenn dies passiert, beginnt im Cockpit die Motor-Warnlampe zu leuchten. Bei einem schwerwiegenden Defekt wird die Einspritzanlage abgeschaltet und der Motor geht aus – in diesem Fall beginnt die Motor-Warnlampe zu blinken, wenn bei eingeschalteter Zündung auf den Startknopf gedrückt wird.

**Anmerkung:** *Die Warnlampe leuchtet nach dem Einschalten der Zündung für etwa zwei Sekunden auf – leuchtet sie nicht, muss der LED-Stromkreis des Anzeigeinstruments überprüft werden (siehe Kapitel 8).*

**7** Nachdem der Motor abgeschaltet ist, wird bei der MT-07 bis 2016 im Anzeigeinstrument der entsprechende Selbstdiagnose-Fehlercode angezeigt; bei allen anderen Modellen ist der Fehlercode nur mit einem Yamaha-Diagnosewerkzeug oder einem anderen Diagnosegerät zugänglich. Falls mehr als ein Fehler aufgetreten ist, wird die niedrigste Codenummer angezeigt. Die Fehlerdiagnose ist in Sektion 7 beschrieben.

## 7 Einspritzanlage Fehlerdiagnose

### MT-07 bis 2016

**1** Das Motorsteuergerät verfügt über eine Selbstdiagnosefunktion, bei der die meisten Fehler gespeichert und nach dem Abschalten des Motors im Cockpit angezeigt werden. Die Fehler werden im ECU gespeichert, bis sie gelöscht werden. Bei einem kleinen Fehler im System leuchtet die Warnlampe dauerhaft, der Motor läuft weiter und kann auch wieder gestartet werden – allerdings läuft er möglicherweise mit deutlich geringerer Leistung. Bei einem schwerwiegenden Defekt wird die Einspritzanlage abgeschaltet und der Motor geht aus – in diesem Fall beginnt die Motor-Warnlampe zu blinken, wenn bei eingeschalteter Zündung auf den Startknopf gedrückt wird. Manche Fehler aktivieren weder die Warnlampe noch werden als Fehlercode angezeigt, allerdings werden sie als Diagnose-Code gespeichert (und können nur von einem Yamaha-Diagnosegerät ausgelesen werden).

**2** Vergleichen Sie den angezeigten Fehlercode mit der folgenden Tabelle, um die fehlerhafte Komponente zu ermitteln. Wechseln Sie dann zu Sektion 8, um Informationen über die Komponente und ihre Verkabelung zu erhalten und sie zu überprüfen.

**3** Sobald ein Fehler korrigiert ist, muss durch das Ein- und Abschalten der Zündung bestätigt werden, dass der Fehlercode nicht mehr angezeigt wird und die Reparatur abgeschlossen ist.

**4** Falls der Fehlercode weiter angezeigt wird oder aus dem ECU-Speicher gelöscht werden soll, muss das Motorrad zu einer Yamaha-Werkstatt gebracht werden.

## Einspritzanlagen-Fehlercodes – MT-07 bis 2016

| Angezeigter Fehlercode | Fehlerhafte Komponente – Symptome | Mögliche Ursachen |
|---|---|---|
| 12 | Kurbelwellensensor – Motor stoppt und lässt sich nicht wieder starten | Schadhafte Kabel oder Stecker. Beschädigter oder falsch montierter Sensor oder Zündrotor. Defektes Motorsteuergerät |
| 13 | Ansaugluftdrucksensor – Motor läuft | Schadhafte Kabel oder Stecker. Beschädigter oder schadhafter Sensor. Defektes Motorsteuergerät |
| 14 | Ansaugluftdrucksensor-Schläuche – Motor läuft | Geknickter, verstopfter oder abgezogener Schlauch. Defektes Motorsteuergerät |
| 15 | Drosselklappensensor – Motor läuft | Schadhafte Kabel oder Stecker. Beschädigter oder falsch montierter Sensor Defektes Motorsteuergerät |
| 19 | Seitenständerschalter – Motor stoppt | Schadhafte Kabel oder Stecker. Defektes Motorsteuergerät |
| 21 | Kühltemperatursensor – Motor läuft | Schadhafte Kabel oder Stecker. Beschädigter oder falsch montierter Sensor Defektes Motorsteuergerät |
| 22 | Ansauglufttemperatursensor – Motor läuft | Schadhafte Kabel oder Stecker. Beschädigter oder falsch montierter Sensor Defektes Motorsteuergerät |
| 24 | Lambdasonde – Motor läuft | Schadhafte Kabel oder Stecker. Beschädigter oder falsch montierte Sonde Defektes Motorsteuergerät |
| 30 | Neigungswinkelsensor – Motor stoppt, Kraftstoffsystem wird abgeschaltet | Motorrad umgekippt. Beschädigter oder falsch montierter Sensor. Defektes Motorsteuergerät |
| 33 | Zündspule Zylinder 1 | Schadhaftes Primärkabel oder -stecker. Zündspule sitzt nicht richtig auf Zündkerze. Beschädigte Zündspule. Fehlerhafte Komponente im Sicherheits-Abschaltstromkreis. Defektes Motorsteuergerät |
| 34 | Zündspule Zylinder 2 | Schadhaftes Primärkabel oder -stecker. Zündspule sitzt nicht richtig auf Zündkerze. Beschädigte Zündspule. Fehlerhafte Komponente im Sicherheits-Abschaltstromkreis. Defektes Motorsteuergerät |
| 37 | Standgas-Regelventil – Motor läuft | Schadhafte Kabel oder Stecker. Beschädigter oder falsch montiertes Ventil Defektes Motorsteuergerät. Defekter Geschwindigkeitssensor (Modelle ohne ABS) oder Hinterradsensor (Modelle mit ABS). Schadhafte Drosselklappengehäuse |
| 39 | Einspritzdüse | Schadhafte Kabel oder Stecker |
| 41 | Neigungswinkelsensor – Motor stoppt | Schadhafte Kabel oder Stecker. Beschädigter Sensor. Defektes Motorsteuergerät |
| 42 | Geschwindigkeitssensor (Modelle ohne ABS) oder Hinterradsensor (Modelle mit ABS) / Getriebesensor / Kupplungsschalter – Motor läuft | Defekter Sensor. Schadhafte Kabel oder Stecker. Defektes Motorsteuergerät |
| 43 | Stromversorgung der Einspritzanlage – Motor läuft | Schadhafte Kabel oder Stecker. Defektes Motorsteuergerät |
| 44 | CO-Gehalt: Lese- oder Schreibfehler – Motor läuft | Fehlerhafter CO-Einstellungswert auf EEPROM. Defektes Motorsteuergerät |
| 46 | Stromversorgung der Einspritzanlage – Motor läuft | Defekt im Ladesystem |
| 50 | Motorsteuergerät Fehlfunktion, Fehlercode wird evtl. nicht angezeigt – Motor stoppt | Fehlfunktion des Steuergerät-Speichers |
| 51 bis 56 | Wegfahrsperre – siehe Sektion 19 | |
| 89 (im Yamaha-Diagnosegerät); ERR im Cockpit | Instrumenten-Baugruppe, keine Verbindung zum Motorsteuergerät – Motor läuft | Schadhafte Kabel oder Stecker. Defekte Instrumenten-Baugruppe. Defektes Motorsteuergerät |
| Warnung: Start unmöglich | Motor-Warnlampe blinkt bei eingeschalteter Zündung und gedrücktem Startknopf | Fehler entdeckt – Fehlercode 12,19, 30, 41 oder 50 beachten |

## MT-07 ab 2017, TRACER und XSR 700

**5** Das Motorsteuergerät verfügt über eine Selbstdiagnosefunktion, bei der die meisten Fehler gespeichert und mit einem originalen Yamaha-Diagnosegerät ausgelesen werden können. Es kann auch ein anderes On-Board-Diagnosegerät (OBD) verwendet werden, doch wird für den Anschluss ein entsprechendes Adapterkabel (Yamaha-Teilenummer 90890-03249) für den Diagnosestecker der Maschine benötigt (siehe Abbildungen). Um Zugang zu diesem Stecker zu erhalten, muss der Rücksitz (MT-07) bzw. die Sitzbank (TRACER, XSR 700) entfernt werden (siehe Kapitel 7). Ohne Zugang zu einem Diagnosegerät muss das Motorrad zu einer Yamaha-Werkstatt gebracht werden, um die Fehler dort auslesen zu können. Die Fehler werden im ECU gespeichert, bis sie gelöscht werden. Bei einem kleinen Fehler im System leuchtet die Warnlampe dauerhaft, der Motor läuft weiter und kann auch wieder gestartet werden – allerdings läuft

**Tabelle 1: Einspritzanlagen-Fehlercodes – MT-07 ab 2017, TRACER und XSR 700**

| Angezeigter Fehlercode | Fehlerhafte Komponente – Symptome | Mögliche Ursachen | Diagnose-Code |
|---|---|---|---|
| P0335 | Kurbelwellensensor – Motor stoppt und lässt sich nicht wieder starten | Schadhafte Kabel oder Stecker. Beschädigter oder falsch montierter Sensor oder Zündrotor. Defektes Motorsteuergerät | - |
| P0107, P0108 | Ansaugluftdrucksensor – Motor läuft | Schadhafte Kabel oder Stecker. Beschädigter oder schadhafter Sensor. Defektes Motorsteuergerät | 03 |
| P0122, P0123 | Drosselklappensensor – Motor läuft | Schadhafte Kabel oder Stecker. Beschädigter oder falsch montierter Sensor. Defektes Motorsteuergerät | 01 |
| P1601 | Seitenständerschalter – Motor stoppt | Schadhafte Kabel oder Stecker. Defektes Motorsteuergerät | 20 |
| P0117, P0118 | Kühltemperatursensor – Motor läuft | Schadhafte Kabel oder Stecker. Beschädigter oder falsch montierter Sensor. Defektes Motorsteuergerät | 06 |
| P0112, P0113 | Ansauglufttemperatursensor – Motor läuft | Schadhafte Kabel oder Stecker. Beschädigter oder falsch montierter Sensor. Defektes Motorsteuergerät | 05 |
| P0030, P0132, P2195 | Lambdasonde – Motor läuft | Schadhafte Kabel oder Stecker. Beschädigter oder falsch montierte Sonde. Defektes Motorsteuergerät | - |
| P0351 | Zündspule Zylinder 1 | Schadhaftes Primärkabel oder -stecker. Zündspule sitzt nicht richtig auf Zündkerze. Beschädigte Zündspule. Fehlerhafte Komponente im Sicherheits-Abschaltstromkreis. Defektes Motorsteuergerät | 30 |
| P0352 | Zündspule Zylinder 2 | Schadhaftes Primärkabel oder -stecker. Zündspule sitzt nicht richtig auf Zündkerze. Beschädigte Zündspule. Fehlerhafte Komponente im Sicherheits-Abschaltstromkreis. Defektes Motorsteuergerät | 31 |
| P0201 oder P0202 | Einspritzdüse Nr. 1 oder 2 | Schadhafte Kabel oder Stecker | 36 oder 37 |
| P0507 | Standgas-Regelventil – Motor läuft | Schadhafte Kabel oder Stecker. Beschädigter oder falsch montiertes Ventil. Defektes Motorsteuergerät. Defekter Hinterradsensor. Schadhafte Drosselklappengehäuse | 54 |
| P0511 | Standgas-Regelventil – Motor läuft | Schadhafte Kabel oder Stecker. Beschädigter oder falsch montiertes Ventil. Defektes Motorsteuergerät | - |
| P1604, P1605 | Neigungswinkelsensor – Motor stoppt | Schadhafte Kabel oder Stecker. Beschädigter Sensor. Defektes Motorsteuergerät | 08 |
| P0500 | Hinterradsensor / Getriebesensor / Kupplungsschalter – Motor läuft | Defekter Sensor. Schadhafte Kabel oder Stecker. Defektes Motorsteuergerät | 07/21 |
| P0657 | Stromversorgung der Einspritzanlage – Motor läuft | Schadhafte Kabel oder Stecker. Defektes Motorsteuergerät | 09/50 |
| P062F | CO-Gehalt: Lese- oder Schreibfehler – Motor läuft | Fehlerhafter CO-Einstellungswert auf EEPROM. Defektes Motorsteuergerät | 60 |
| P0560 | Stromversorgung der Einspritzanlage – Motor läuft | Defekt im Ladesystem | - |
| P0601, P1602 | Motorsteuergerät Fehlfunktion, Fehlercode wird evtl. nicht angezeigt – Motor stoppt | Fehlfunktion des Steuergerät-Speichers | - |
| U0155 (im Yamaha-Diagnosegerät); ERR im Cockpit | Instrumenten-Baugruppe, keine Verbindung zum Motorsteuergerät – Motor läuft | Schadhafte Kabel oder Stecker. Defekte Instrumenten-Baugruppe. Defektes Motorsteuergerät | - |
| Warnung: Start unmöglich | Motor-Warnlampe blinkt bei eingeschalteter Zündung und gedrücktem Startknopf | Fehler im Kurbelwellensensor, Neigungswinkelsensor oder Motorsteuergerät entdeckt | - |

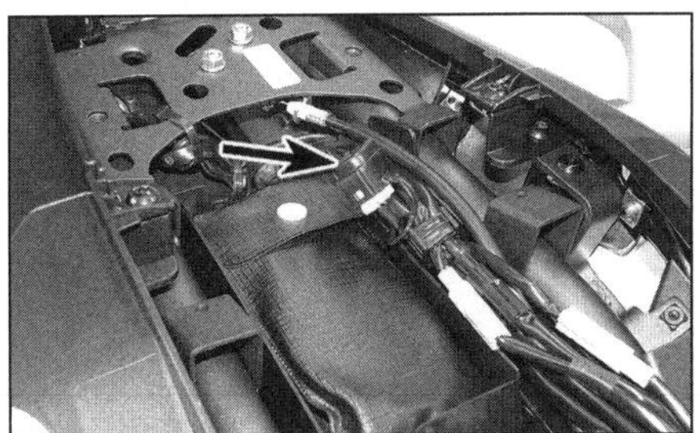

**7.5a Diagnosestecker – MT-07 und TRACER (gezeigt an der TRACER)**

**7.5b Diagnosestecker – XSR 700**

er möglicherweise mit deutlich geringerer Leistung. Bei einem schwerwiegenden Defekt wird die Einspritzanlage abgeschaltet und der Motor geht aus – in diesem Fall beginnt die Motor-Warnlampe zu blinken, wenn bei eingeschalteter Zündung auf den Startknopf gedrückt wird. Manche Fehler aktivieren weder die Warnlampe noch werden als Fehlercode angezeigt, allerdings werden sie als Diagnose-Code gespeichert.

**6** Folgen Sie den Hinweisen in der Anleitung des Diagnosegeräts, und vergleichen Sie die angezeigten Fehlercodes mit denen in Tabelle 1,

**Tabelle 2: Einspritzanlagen-Fehlercodes und Daten – MT-07 ab 2017, TRACER und XSR 700**

| Diagnose-Code | Erforderliche Aktion | Angezeigte Daten |
|---|---|---|
| 01 | Prüfung der bei vollständig geschlossenen Drosselklappen angezeigten Winkel. Prüfung der bei vollständig geöffneten Drosselklappen angezeigten Winkel | Geschlossen: 11 bis 21 Geöffnet: 96 bis 106 |
| 03 | Notausschalter auf ON, Gasgriff vollständig öffnen | Wert muss sich beim Öffnen des Gasgriffs ändern |
| 05 | Ermitteln der Temperatur* im Drosselklappengehäuse und Vergleich mit angezeigtem Wert | - |
| 06 | Ermitteln der Kühlmittel-Temperatur** und Vergleich mit angezeigtem Wert – siehe Kapitel 3 zur Funktion des Sensors | - |
| 07 | Beim Drehen des Hinterrades in normale Drehrichtung werden die angezeigten Impulse beachtet. Kontrolle des Hinterradsensor-Steckers und des Abstands des Sensors zum Ring (siehe Kapitel 6) | 0 bis 999 |
| 08 | Funktionsprüfung des Neigungswinkelsensors | Sensor aufrecht: 0,4 bis 1,4 V Sensor mehr als 65° geneigt: 3,7 bis 4,4 V |
| 09 | Notausschalter auf ON, Batteriespannung prüfen Kontrolle des Einspritzanlagen-Relais | Mindestens 12 V |
| 20 | Kontrolle des Seitenständerschalters bei eingelegtem Gang | Ständer eingeklappt: ON Ständer ausgeklappt: OFF |
| 21 | Kontrolle des Getriebeschalters und des Kupplungsschalters | Getriebe im Leerlauf: ON; Gang eingelegt oder Kupplungshebel gelöst: OFF; Gang eingelegt und Kupplungshebel gezogen sowie Ständer ausgeklappt: OFF |
| 30 und 31 | Kontrolle der jeweiligen Zündspule (siehe Sektion 16) – Aktivierung erzeugt fünf Zündfunken im entsprechenden Kerzenstecker und die Motor-Warnleuchte leuchtet auf | - |
| 36 und 37 | Kontrolle der jeweiligen Einspritzdüse (siehe Sektion 10) – Aktivierung erzeugt fünf Einspritz-Impulse in der entsprechenden Düse (leise hörbar) und die Motor-Warnleuchte leuchtet auf. | - |
| 50 | Funktionsprüfung der Einspritzanlage (Sicherheits-Abschaltrelais) – Aktivierung schließt das Relais fünfmal hörbar. Siehe Kapitel 8 für den Zugang und weitere Kontrollen. | - |
| 51 | Funktionsprüfung des Ventilatorrelais – Aktivierung schließt das Relais fünfmal hörbar. Siehe Kapitel 3 für den Zugang und weitere Kontrollen. | - |
| 52 | Funktionsprüfung des Scheinwerferrelais – Aktivierung schließt das Relais fünfmal hörbar. Siehe Kapitel 8 für den Zugang und weitere Kontrollen. | - |
| 54 | Funktionsprüfung des Standgas-Regelungsventils – Aktivierung öffnet und schließt das Relais dreimal hörbar (zwischen dem Öffnen und Schließen vergehen ca. 6 Sekunden).Siehe Kapitel 8 für den Zugang und weitere Kontrollen. | - |
| 60 | EEPROM-Fehlercode / Kontrolle des CO-Gehalts im Abgas | 00: kein Fehler; 01: Fehler in Zylinder 1; 02: Fehler in Zylinder 2; 11: Datenfehler für Standgasregelventil; 12: Datenfehler für Lambdasonde; 13: Diagnosegerät-Speicherwert |
| 67 | Standgasregelungs-Daten wurden gelöscht / müssen nicht gelöscht werden / müssen gelöscht werden | 00, 01, 02; Zum Löschen wird Notausschalter dreimal innerhalb von fünf Sekunden von OFF auf ON geschaltet |
| 87 | Lambdasonden-Daten wurden gelöscht / wurden nicht gelöscht | 00, 01; Zum Löschen wird Notausschalter dreimal innerhalb von fünf Sekunden von OFF auf ON geschaltet |

** Prüfen Sie die Temperatur möglichst nahe am Sensor; verwenden Sie ansonsten die Umgebungstemperatur.*

*** Prüfen Sie die Kühlmitteltemperatur möglichst nahe am Sensor.*

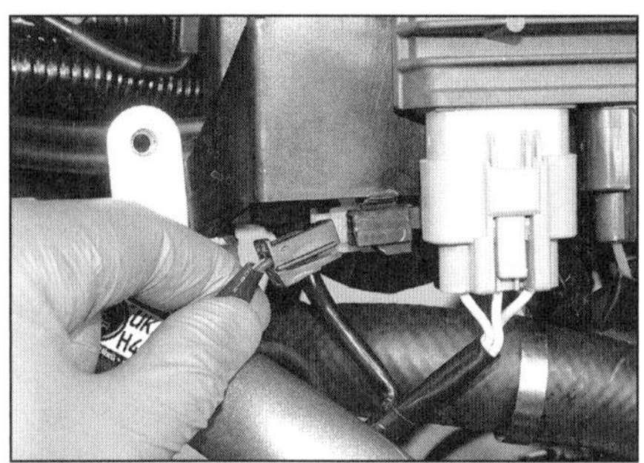

**8.5a Trennen Sie zunächst den Ventilatorstecker (schwarz), ...**

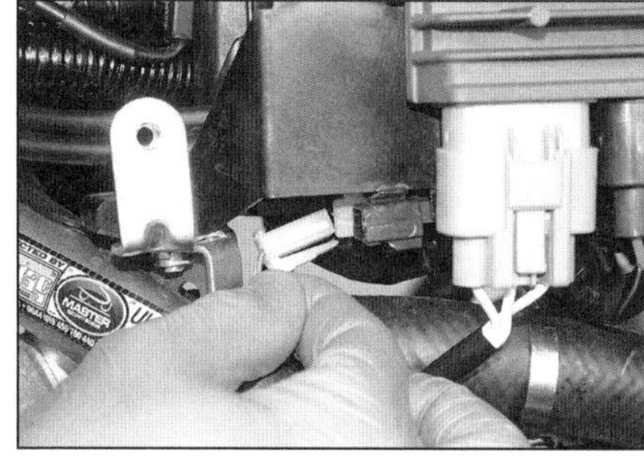

**8.5b ... um besser an den weißen Zweistiftstecker des Kurbelwellensensors zu gelangen.**

**8.7 Ansaugluftdrucksensor**

um die fehlerhafte Komponente und den entsprechenden Diagnosecode (Tabelle 2) zu identifizieren. Wechseln Sie nötigenfalls auch zu Sektion 8, um Informationen über die Komponente und ihre Verkabelung zu erhalten.

**7** Sobald ein Fehler korrigiert ist, muss geprüft werden, ob der Fehlercode nicht mehr angezeigt wird, dann muss er gelöscht werden.

## 8 Einspritzanlage
Komponenten

***Achtung: Bevor irgendwelche elektrischen Leitungen der Motorsteuerung getrennt oder verbunden werden, muss die Zündung abgeschaltet werden – andernfalls kann das Steuergerät beschädigt werden!***

**1** Falls bei irgendeiner Komponente ein Fehler attestiert wird, müssen zuerst alle Kabel und Stecker zwischen dem entsprechenden Bauteil und dem Motorsteuergerät überprüft werden – beachten Sie dazu die Hinweise in Sektion 2 von Kapitel 8 sowie die Schaltpläne an dessen Ende. Eine Durchgangsprüfung aller Kabel deckt in jedem Stromkreis eine Unterbrechung oder einen Kurzschluss auf. Begutachten Sie die Kontakte innerhalb jedes Steckers, um sicherzugehen, dass sie nicht locker oder korrodiert sind. Sprühen Sie die Stecker innen mit Kontaktspray ein, bevor Sie sie wieder verbinden.

**8.8 Unterdruckschlauch-Anschluss an den Drosselklappengehäusen**

**2** Einige Komponenten können mithilfe eines Multimeters kontrolliert werden, um die Messergebnisse mit den Angaben in den technischen Daten zu vergleichen.

**Anmerkung:** *Mit verschiedenen Messgeräten können auch etwas unterschiedliche Messergebnisse erzielt werden. Erst wenn mit zwei Messgeräten herausgefunden wurde, dass bei einer gemessenen Komponente deutlich andere Werte ermittelt werden, kann das Bauteil als defekt bezeichnet werden. Manche Fehler lassen sich nur mithilfe spezieller Messinstrumente ermitteln, über die zumeist nur eine Fachwerkstatt verfügt.*

**3** Falls auch nach sorgfältigen Kontrollen keine Fehlerquelle lokalisiert werden konnte, kann es sein, dass das Motorsteuergerät (ECU) selbst defekt ist. Yamaha gibt hierfür keinerlei Prüfdaten heraus. Um sicherzugehen, dass der Schaden im Steuergerät liegt, muss es durch ein erwiesenermaßen funktionsfähiges Teil ausgetauscht werden – ist das Problem dadurch beseitigt, kann das Originalteil als defekt bezeichnet werden.

## Kurbelwellensensor (CKP-Sensor)

**4** Die Zündung muss ausgeschaltet sein. Entfernen Sie bei der MT-07 die linke Tankverkleidung, bei der TRACER die Verkleidungsseitenteile sowie die Innenverkleidung und bei der XSR 700 die Verkleidung links vorn unter dem Tank (siehe Kapitel 7).

**5** Der Kurbelwellensensor sitzt innerhalb des Lichtmaschinendeckels links am Motor. Verfolgen Sie das aus dem Deckel kommende Kabel, und trennen Sie seinen Zweistiftstecker – für einen besseren Zugang kann zunächst der Ventilatorstecker getrennt werden (siehe Abbildungen).

**6** Verbinden Sie ein auf den Ohm-Messbereich geschaltetes Multimeter mit den sensorseitigen Steckerkontakten – Plus mit dem grauen Kabel, Minus mit dem schwarz/blauen Kabel. Liegt der Wert wie vorgeschrieben zwischen 228 und 342 Ohm, muss der gesamte Lichtmaschinenstator durch ein Neuteil ersetzt werden (siehe Kapitel 8) – der Sensor ist nicht separat erhältlich.

## Ansaugluftdrucksensor (IAP-Sensor)

### Kontrolle

**Anmerkung:** *Damit der Sensor für den Test mit dem Motorsteuergerät verbunden bleiben kann, muss das Yamaha-Kabel mit der Teilenummer 90890-03207 zwischen ihn und seinen Stecker installiert werden.*

**7** Die Zündung muss ausgeschaltet sein. Entfernen Sie den Tank (siehe Sektion 2) – der Sensor sitzt links am Rahmen (siehe Abbildung).

**8** Überprüfen Sie den Unterdruckschlauch zwischen der Unterseite des Sensors und den Drosselklappengehäusen (siehe Abbildung). Falls der Schlauch rissig oder spröde ist, muss er ersetzt werden. Der Schlauch muss fest am Sensor und den Drosselklappengehäuse sitzen.

**9** Trennen Sie den Sensorstecker, und installieren Sie den Prüf-Kabelbaum zwischen Stecker und Sensor. Ermitteln Sie mit einem auf Volt DC geschalteten Messgerät wie folgt die Ausgangsspannung: Verbinden Sie die Plusklemme des Messgeräts mit dem offenen Stecker des rosa/weißen Kabels des Prüfkabels; die Minusklemme wird mit dem schwarz/blauen Kabel verbunden. Schalten Sie die Zündung ein, notieren Sie die Ausgangsspannung, und schalten Sie die Zündung wieder aus.

**10** Wurden nicht zwischen 3,57 und 3,71 Volt festgestellt, muss der Sensor ausgetauscht werden.

### Ausbau und Einbau

**11** Folgen Sie Schritt 7, trennen Sie den Sensorstecker, und lösen Sie die Sensorschraube (Abbildung 8.7). Heben Sie den Sensor an, und trennen Sie den Unterdruckschlauch.

**12** Kontrollieren Sie vor dem Einbau den Unterdruckschlauch (Schritt 8). Achten Sie darauf, dass der Schlauch fest auf dem Sensorstutzen steckt und die Steckerkontakte sauber sind.

**8.15 Lösen Sie die Schraube (Pfeil), um den IAT-Sensor für einen Test zu demontieren.**

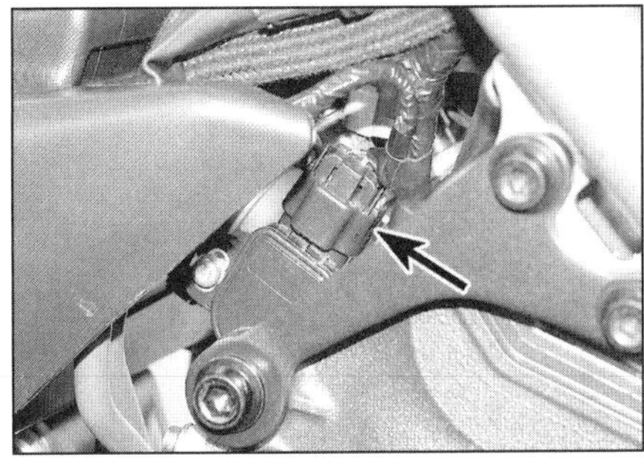
**8.18 Stecker des Drosselklappensensors**

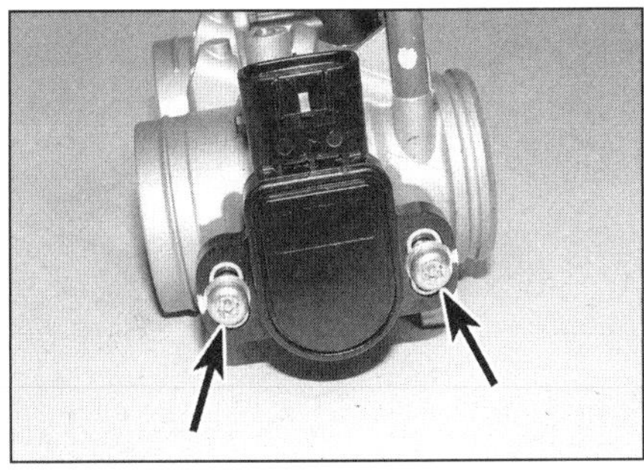
**8.22 Schrauben des Drosselklappensensors**

## Ansauglufttemperatursensor (IAT-Sensor)

**13** Die Zündung muss ausgeschaltet sein.
**14** Entfernen Sie bei der MT-07 die vordere Tankverkleidung, bei der TRACER die Tankabdeckung und bei der XSR 700 die Verkleidung rechts vorn unter dem Tank (siehe Kapitel 7).
**15** Trennen Sie den Sensorstecker (Abbildung 2.5). Inspizieren Sie die Steckerverkabelung und die Sensor-Kontaktstifte. Lösen Sie die Schraube, und befreien Sie den Sensor vom Tankhalter (siehe Abbildung).
**16** Verbinden Sie am befreiten Sensor ein auf den K-Ohm-Messbereich geschaltetes Messgerät mit den Kontakten, und ermitteln Sie den Widerstand. Erwärmen Sie bei angeschlossenem Messgerät den Sensor mit einem Haartrockner oder Heißluftgebläse. Halten Sie ein Thermometer an die Sensorspitze, um zu ermitteln, wann sie 80 °C erreicht hat. Laut Yamaha müssen bei 0 °C zwischen 5,4 und 6,6 K-Ohm festgestellt werden (bei normaler Umgebungstemperatur also etwas weniger); bei 80 °C müssen 290 bis 390 Ohm festgestellt werden. Falls die Ergebnisse deutlich von diesen Vorgaben abweichen, ist der Sensor defekt und muss erneuert werden.

## Drosselklappensensor (TP-Sensor)

### Kontrolle

**17** Die Zündung muss ausgeschaltet sein.
**18** Der Sensor sitzt rechts an den Drosselklappengehäusen. Trennen Sie seinen Stecker (siehe Abbildung). Der Zugang ist von der Seite sehr begrenzt – bei der XSR 700 muss der rechte Seitendeckel und der innere Deckel entfernt werden (siehe Kapitel 7). Für einen besseren Zugang muss der Tank demontiert werden (siehe Sektion 2), dann wird der Belüftungsschlauch vorn am Luftfiltergehäuse abgezogen (Abbildung 10.5a).
**19** Ermitteln Sie mit einem auf K-Ohm geschalteten Messgerät den maximalen Sensorwiderstand, indem Sie dessen Plusklemme mit dem blauen Kabel und dessen Minusklemme mit dem schwarz/blauen Kabel verbinden.
**20** Liegt der maximale Widerstand nicht zwischen 2,64 und 6,16 K-Ohm, muss der Sensor ersetzt werden.

### Ausbau und Einbau

**Anmerkung:** *Bei der Montage des Sensors muss er mithilfe eines Yamaha-Diagnosegeräts exakt positioniert werden.*

**21** Demontieren Sie die Drosselklappengehäuse, um Zugang zu den Sensorschrauben zu erhalten (siehe Sektion 9). Falls noch nicht geschehen, muss der Sensorstecker getrennt werden (Abbildung 8.18).
**22** Markieren Sie die Positionen der Schrauben in den Langlöchern, um den Sensor später wieder auszurichten (siehe Abbildung). Lösen Sie die Schrauben, und ziehen Sie den Sensor ab – beachten Sie, wie er auf der Drosselklappenwelle sitzt.
**23** Für die Montage des Sensors müssen die Drosselklappen vollständig geschlossen sein. Richten Sie die Nut des Sensors zur Drosselklappenwelle aus. Installieren Sie die Schrauben in den markierten Positionen (oder mittig bei neuem Sensor), und ziehen Sie sie sorgfältig an.
**24** Montieren Sie die Drosselklappen-Baugruppe (siehe Sektion 9). Lassen Sie die exakte Position des Sensors von einer Yamaha-Werkstatt einstellen.

## Lambdasonde

**25** Die Zündung muss ausgeschaltet sein. Die Sonde sitzt rechts in der Auspuffanlage (siehe Abbildung) – kontrollieren Sie sie auf Beschädigungen.
**26** Demontieren Sie ggf. die recht Rahmenabdeckung (siehe Kapitel 7). Verfolgen Sie das

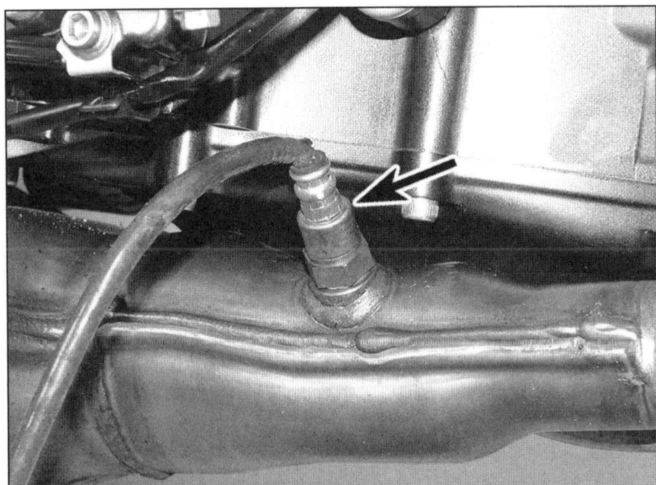
**8.25 Lambdasonde**

**8.26 Lambdasonden-Stecker**

8.30a Lösen Sie die Lasche, und heben Sie die Sicherungsbox aus ihrer Halterung.

8.30b Demontieren Sie die Sitzbankhalterung, um Zugang zu den Sensorschrauben zu erhalten.

Sondenkabel zum Stecker, und prüfen Sie, ob es nicht beschädigt oder eingeklemmt ist; der Stecker muss fest verbunden sein (siehe Abbildung).

**27** Prüfen Sie den festen Sitz der Sonde (Falls geeignetes Werkzeug vorhanden ist, muss ermittelt werden, ob sie mit 25 Nm angezogen ist).

**28** Für die Lambdasonde sind keine Prüfdaten erhältlich – lassen Sie sie nötigenfalls von einer Yamaha-Werkstatt testen. Falls sichtbare Beschädigungen festgestellt werden, wird die Sonde defekt sein und muss ersetzt werden.

## Neigungswinkelsensor (TO-Sensor)

### Kontrolle

**Anmerkung:** *Damit der Sensor für den Test mit dem Motorsteuergerät verbunden bleiben kann, muss das Yamaha-Kabel mit der Teilenummer 90890-03209 zwischen ihn und seinen Stecker installiert werden.*

**29** Die Zündung muss ausgeschaltet sein. Entfernen Sie bei der MT-07 beide Sitze und die Heckabdeckung; entfernen Sie bei der TRACER und der XSR 700 die Sitzbank (siehe Kapitel 7).

**30** Befreien Sie bei der MT-07 die hintere Sicherungsbox aus ihrer Halterung. Entfernen Sie bei der XSR 700 die Sitzbankhalterung (siehe Abbildungen).

**31** Lösen Sie die Schrauben, heben Sie den Sensor ab, und trennen Sie seinen Stecker (siehe Abbildungen).

**32** Verbinden Sie das Prüfkabel zwischen Stecker und Sensor. Verbinden Sie die Plusklemme eines auf Volt DC geschalteten Messgerätes mit dem offenen Stecker des grün/gelben Kabels und die Minusklemme mit dem schwarz/blauen Kabel.

**33** Halten Sie den Sensor in der normalen Position – UP nach oben zeigend –, und schalten Sie die Zündung ein Es müssen 0,4 bis 1,4 Volt ermittelt werden. Neigen Sie nun den Sensor um mindestens 65° in beide Richtungen, und messen Sie erneut die Spannung – es müssen jeweils 3,7 bis 4,4 Volt festgestellt werden. Schalten Sie die Zündung wieder aus.

**34** Bei anderen Ergebnissen ist der Sensor defekt und muss ersetzt werden – achten Sie beim Einbau darauf, dass »UP« oben steht.

## Geschwindigkeitssensor (Modelle ohne ABS)

**Anmerkung:** *Beachten Sie bei Modellen mit ABS die Hinweise in Kapitel 6, Sektion 17 – hier wird die Geschwindigkeit vom Hinterradsensor ermittelt.*

### Kontrolle

**Anmerkung:** *Damit der Sensor für den Test mit dem Motorsteuergerät verbunden bleiben kann, muss das Yamaha-Kabel mit der Teilenummer 90890-03208 zwischen ihn und seinen Stecker installiert werden.*

8.31a Lösen Sie die Schrauben des TO-Sensors, befreien Sie ihn, ...

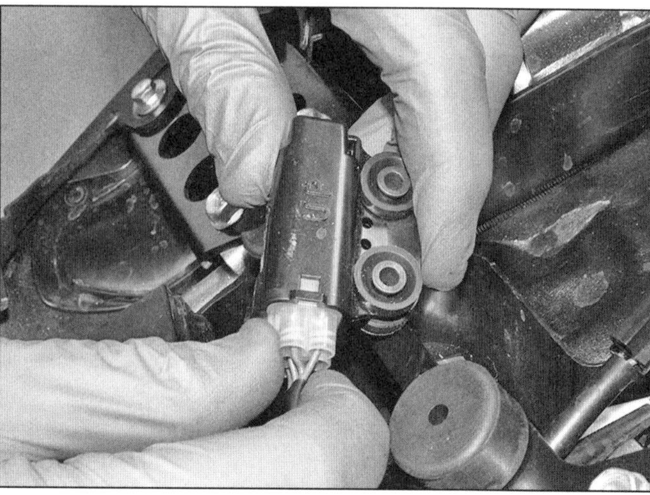
8.31b ... und trennen Sie seinen Stecker.

8.43a Befreien Sie die Relaiseinheit, ...

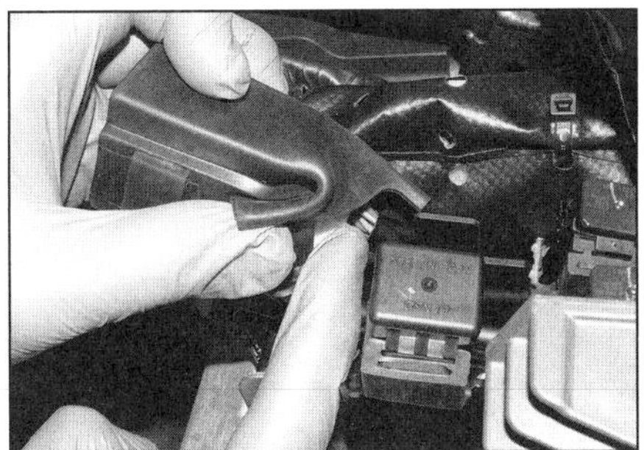
8.43b ... lösen Sie die Lasche, und ziehen Sie den Stecker ab.

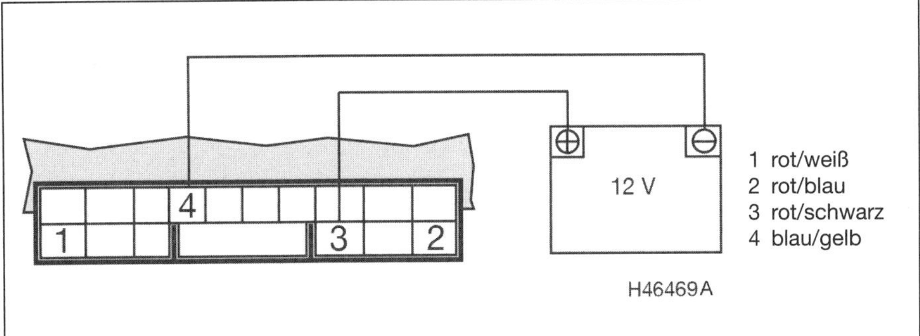

**8.44 Prüfverbindungen für das Benzinpumpenrelais**

**35** Stützen Sie das Motorrad so ab, dass das Hinterrad nicht den Boden berührt. Die Zündung muss ausgeschaltet sein.
**36** Der Geschwindigkeitssensor sitzt hinter dem Anlasser oben auf dem Motorgehäuse (siehe Abbildung). Demontieren Sie den Tank (siehe Sektion 2), um Zugang zum Kabelstecker zu erhalten.
**37** Trennen Sie den Stecker vom Sensor, und verbinden Sie das Prüfkabel zwischen Stecker und Sensor. Verbinden Sie die Plusklemme eines auf Volt DC geschalteten Messgerätes mit dem offenen Stecker des weiß/gelben Kabels und die Minusklemme mit dem schwarz/blauen Kabel.
**38** Schalten Sie die Zündung ein, und drehen Sie das Hinterrad von Hand vorwärts – die Spannung muss zwischen 0,6 und 4,8 Volt wechseln. Schalten Sie die Zündung wieder aus.
**39** Bei anderen Ergebnissen ist der Sensor defekt und muss ersetzt werden.

### Ausbau und Einbau

**40** Demontieren Sie den Tank (siehe Sektion 2). Trennen Sie den Sensorstecker. Lösen Sie die Schraube des Sensors, und entfernen Sie diesen – sein O-Ring muss später durch ein Neuteil ersetzt werden.
**41** Installieren Sie den Sensor mit einem neuen O-Ring. Achten Sie darauf, dass die Steckerkontakte sauber und unbeschädigt sind.

## Benzinpumpenrelais

**42** Das Benzinpumpenrelais ist in die Relais-Einheit integriert (Abbildung 8.43a). Entfernen Sie für den Zugang bei der MT-07 die vordere Tankabdeckung, bei der TRACER die Tankabdeckung und bei der XSR 700 die linke Tankverkleidung und die Gleichrichterverkleidung (siehe Kapitel 7). In der Relaiseinheit sitzen auch das Sicherheitsstromkreis-Abschaltrelais und die Dioden.
**43** Heben Sie die Relaiseinheit aus ihrem Halter, und trennen Sie ihren Stecker (siehe Abbildungen).
**44** Ermitteln Sie mit einem auf den Ohm-Bereich geschalteten Messgerät oder einem Durchgangsprüfer den Widerstand, indem Sie dessen Plusklemme mit dem Relais-Kontakt des rot/weißen Kabels und dessen Minusklemme mit dem Kontakt des rot/blauen Kabels verbinden (siehe Abbildung) – es darf kein Durchgang festgestellt werden (»1«)
**45** Verbinden Sie den Pluspol einer vollständig geladenen 12-Volt-Batterie mithilfe eines Überbrückungskabels mit dem Kontakt des rot/schwarzen Kabels und den Minuspol mit dem Kontakt des blau/gelben Kabels (Abbildung 8.44) – jetzt muss zwischen den Kontakten des roten und dem rot/blauen Kabels Durchgang bestehen (»0«).
**46** Arbeitet das Relais nicht wie beschrieben, muss die Relais-Einheit durch ein Neuteil ersetzt werden.

## Kühltemperatursensor (ECT-Sensor)

**47** Beachten Sie die Hinweise in Kapitel 3, Sektion 5.

## Sauerstoffgehalt im Abgas

**48** Lassen Sie die Abgase von einer entsprechend ausgerüsteten Werkstatt analysieren.

## 9 Drosselklappengehäuse

***Warnung: Lesen Sie vor Arbeitsbeginn die Warnhinweise in Sektion 1.***

### Ausbau

**1** Demontieren Sie den Tank (siehe Sektion 2).
**2** Entfernen Sie bei der MT-07 und der TRACER die Rahmenabdeckungen und bei der XSR 700 die Seitendeckel und die Innenverkleidungen (siehe Kapitel 7).
**3** Entfernen Sie den Druckspeicher und die Einspritzdüsen (siehe Sektion 10).
**4** Trennen Sie die Stecker des Drosselklappensensors (Abbildung 8.18), des Standgas-Regelventils und des Kühltemperatursensors (siehe Abbildungen).

4

**9.4a Stecker des Standgas-Regelventils**

**9.4b Stecker des Kühltemperatursensors**

**9.6a Schlauch des Luftansaug-Membranventils (MT-07 bis 2016)**

**9.6b Verdunstungssystem-Schläuche (MT-07 bis 2016)**

**9.6c Schlauch des Ansaugluftdrucksensors**

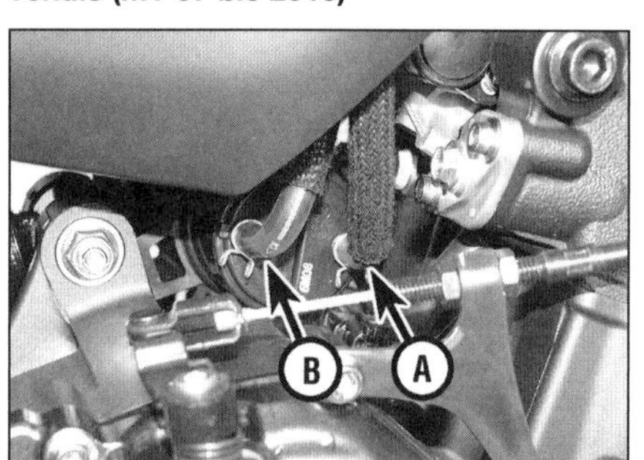


**9.7a Ziehen Sie rechts am Behälter den Tank-Belüftungsschlauch (A) und den zum Drosselklappengehäuse führenden Schlauch (B) ab.**

**9.7b Ziehen Sie den Belüftungsschlauch (Pfeil) ab, und befreien Sie den Behälter aus seinem Halter.**

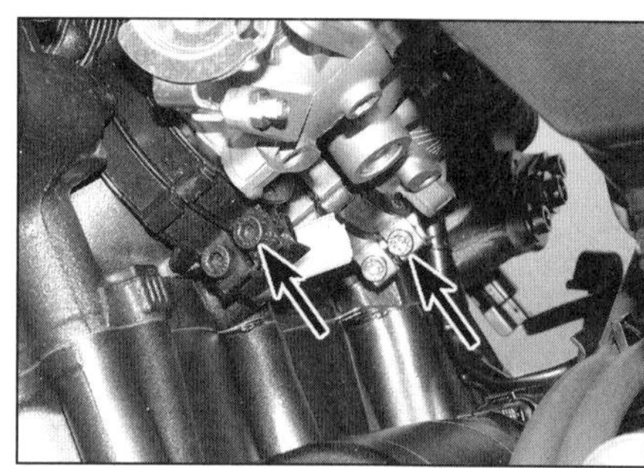

**9.8 Lockern Sie die hinteren Schellen der Ansaugstutzen.**

**5** Befreien Sie die Gaszüge von der Betätigung (siehe Sektion 12).

**6** Ziehen Sie bei der MT-07 bis 2016 den Schlauch des Luftansaug-Membranventils und ggf. die Verdunstungssystem-Schläuche ab. Ziehen Sie bei allen Modellen den Schlauch des Ansaugluftdrucksensors ab (siehe Abbildungen).

**7** Lösen Sie bei Modellen mit Benzingas-Behälter die Schläuche an dessen Enden (merken Sie sich rechts ihre Positionen!), und ziehen Sie den Behälter aus seinem Halter (siehe Abbildungen).

**8** Lockern Sie die Schellen, mit denen die Drosselklappengehäuse an den Zylinderkopf-Stutzen gesichert sind (siehe Abbildung).

**9** Ziehen Sie die Drosselklappengehäuse aus den Stutzen, und befreien Sie sie nach links aus dem Motorrad (siehe Abbildungen).

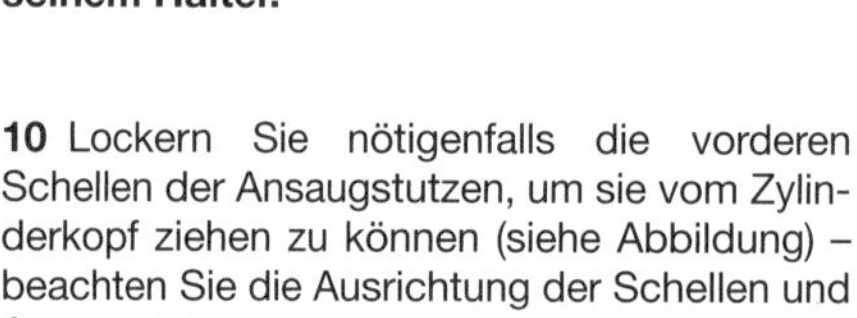

**10** Lockern Sie nötigenfalls die vorderen Schellen der Ansaugstutzen, um sie vom Zylinderkopf ziehen zu können (siehe Abbildung) – beachten Sie die Ausrichtung der Schellen und Ansaugstutzen.

***Achtung: Bedecken oder verstopfen Sie die Einlasskanäle des Zylinderkopfes, damit nichts in den Motor fallen kann.***

## Zerlegen

**11** Von den Drosselklappengehäuse können lediglich das Standgas-Regelventil (siehe Sektion 11) und der Drosselklappensensor (siehe Sektion 8) demontiert werden.

## Reinigung

***Achtung: Die Drosselklappengehäuse sollten nur gereinigt werden, falls eine Synchronisation fehlgeschlagen ist und wenn alle anderen in Kapitel 1, Sektion 7 erwähnten Punkte überprüft wurden.***

**9.9a Ziehen Sie die Drosselklappengehäuse aus den Stutzen, ...**

**9.9b manövrieren Sie sie etwas nach links, ...**

**9.9c ... und drehen und schwenken Sie sie wie gezeigt, um sie nach links aus dem Motorrad zu befreien.**

**9.10 Lockern Sie ggf. die vorderen Schellen der Ansaugstutzen, um sie zu entfernen.**

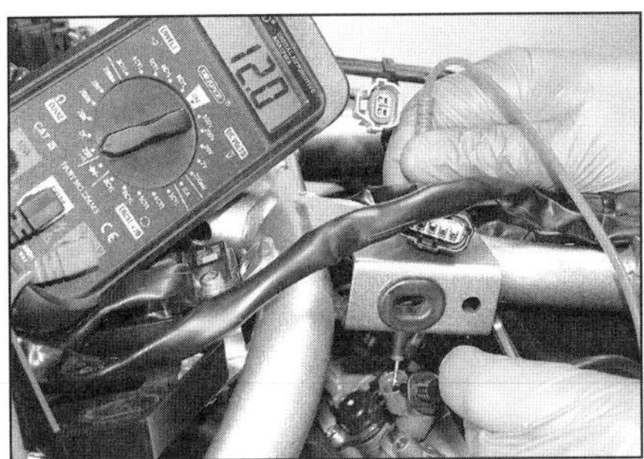

**10.2 Kontrolle des Einspritzdüsen-Widerstands**

**10.5a Lockern Sie die Schellen, und ziehen Sie den Motorentlüftungsschlauch vorn vom Luftfiltergehäuse ...**

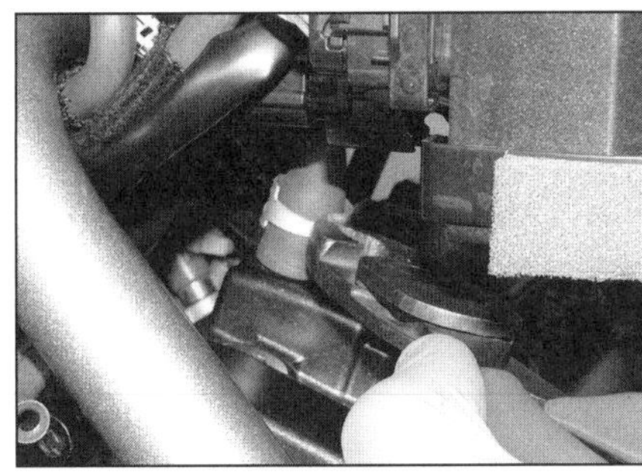

**10.5b ... und vom Ventildeckel ab.**

***Achtung: Verwenden Sie nur Reinigungsmittel auf Petroleumbasis – aber keinesfalls ätzende Mittel!***

**12** Lagern Sie die Drosselklappengehäuse auf einer ebenen Oberfläche, und behandeln Sie sie mit großer Vorsicht. Stecken Sie Kappen auf alle Schlauchanschlüsse. Falls noch nicht geschehen, müssen die Einspritzdüsen entfernt werden (siehe Sektion 10).

**13** Stellen Sie sicher, dass nur Metallteile in Kontakt mit dem Reinigungsmittel kommen, und beachten Sie bezüglich der Reinigungszeit die Hinweise des Herstellers. Verdrehen Sie beim Reinigen nicht die Bypass-Luftschrauben (Synchronisationsschrauben).

**14** Nachdem an den Drosselklappen das empfohlene Reinigungsmittel aufgetragen wurde, müssen sie durch Drehen der Gaszugbetätigung geöffnet werden, um den Innenbereich reinigen zu können – drücken Sie keinesfalls gegen die Drosselklappen, um sie zu öffnen. Entfernen Sie hartnäckige Ablagerungen mit einer Nylonbürste, und achten Sie darauf, dass kein Schmutz in irgendwelche Bohrungen gelangt. Spülen Sie die Drosselklappengehäuse aus, und trocknen Sie sie mit Druckluft.

## Kontrolle

**15** Kontrollieren Sie die gesamte Drosselklappen-Baugruppe auf Risse, verzogene Dichtflächen und andere Schäden – werden irgendwelche Defekte festgestellt, muss die gesamte Baugruppe ersetzt werden.

**16** Betätigen Sie die Drosselklappenbetätigung – die Klappen müssen sich sanft öffnen und vom Federdruck wieder schließen lassen. Reinigen Sie nötigenfalls die Betätigung, und kontrollieren Sie die Drosselklappen-Anschläge in den Gehäusen auf Verschleiß.

**17** Prüfen Sie alle getrennten Schläuche (Schritt 4) auf Schäden und Alterung, und ersetzen Sie sie nötigenfalls durch Neuteile.

## Zusammenbau

**18** Montieren Sie ggf. das Standgas-Regelventil (siehe Sektion 11) und der Drosselklappensensor (siehe Sektion 8).

## Einbau

**19** Der Einbau entspricht der umgekehrten Ausbaureihenfolge – beachten Sie dabei folgende Punkte:

- Kontrollieren Sie die Ansaugstutzen auf Risse oder Alterungserscheinungen, und ersetzen Sie sie nötigenfalls.
- Die Schellen müssen zu den Laschen der Stutzen ausgerichtet sein (Abbildung 9.10 und 10.7).
- Schmieren Sie die Ansaugstutzen innen mit etwas WD40 oder Fett, um das Aufschieben auf die Drosselklappengehäuse zu erleichtern.
- Wenn die Baugruppe korrekt ausgerichtet ist, muss sie fest eingedrückt werden, bevor die Schellen angezogen werden (Abbildung 9.9a und 9.8).
- Verbinden Sie die Gaszüge (siehe Sektion 12).
- Alle Steckerkontakte müssen sauber sein. Die Stecker müssen fest verbunden sein.
- Die Kraftstoffleitung muss korrekt mit dem Druckspeicher verbunden sein.
- Alle Schläuche müssen korrekt verlegt und angeschlossen sein.
- Kontrollieren Sie die Drosselklappensynchronisation (siehe Kapitel 1, Sektion 7).

# 10 Druckspeicher und Einspritzdüsen

***Warnung: Lesen Sie vor Arbeitsbeginn die Warnhinweise in Sektion 1.***

## Kontrolle

**1** Soweit der Motor auf einem Zylinder läuft, kann mit einer Hörprobe ermittelt werden, ob das Problem auf eine Einspritzdüse oder ihre Verkabelung zurückzuführen ist. Über die an die jeweilige Düse gehaltene Metallstange sollten bei einer funktionierenden Einspritzdüse Klickgeräusche beim Öffnen und Schließen wahrgenommen werden.

**2** Falls der Motor nicht läuft, muss zunächst der Tank entfernt werden (siehe Sektion 2). Trennen Sie dann die Stecker der Einspritzdüsen (Abbildung 10.7), und prüfen Sie den Durchgang der Verkabelung (siehe Kapitel 8, Sektion 2 sowie die Schaltpläne des entsprechenden Modells). Zur Kontrolle der Einspritzdüsen muss der Widerstand zwischen ihren Anschlüssen ermittelt werden (siehe Abbildung) – liegt er nicht bei 12 Ohm, wird die Einspritzdüse defekt sein.

**10.6 Trennen Sie den Schnellverschluss des Benzinschlauchs vom Druckspeicher.**

**10.7 Ziehen Sie den/die Einspritzdüsenstecker ab.**

## Ausbau

**3** Demontieren Sie den Tank (siehe Sektion 2).

**4** Entfernen Sie bei der TRACER die Seitendeckel (siehe Kapitel 7).

**5** Ziehen Sie den Motorentlüftungsschlauch vorn vom Luftfiltergehäuse und vom Ventildeckel ab (siehe Abbildungen).

**6** Befreien Sie die Kraftstoffleitung vom Druckspeicher (siehe Abbildung) – auf die gleiche Weise wie von der Benzinpumpe (siehe Sektion 2).

**7** Trennen Sie die Kabelstecker der Einspritzdüsen (siehe Abbildung).

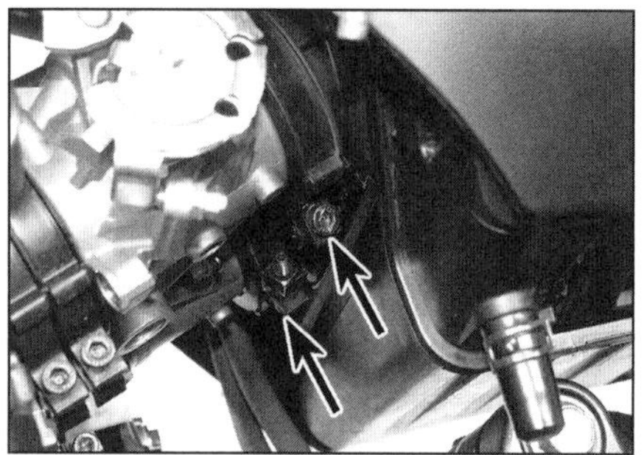
10.8a Lockern Sie die Schellen, ...

10.8b ... lösen Sie an beiden Seiten die Schrauben, ...

10.8c ... und ziehen Sie das Luftfiltergehäuse nach hinten von den Drosselklappengehäusen ab.

10.9a Lösen Sie die Schrauben, ...

10.9b ... und stellen Sie die die unter dem Druckspeicher liegenden Scheiben sicher.

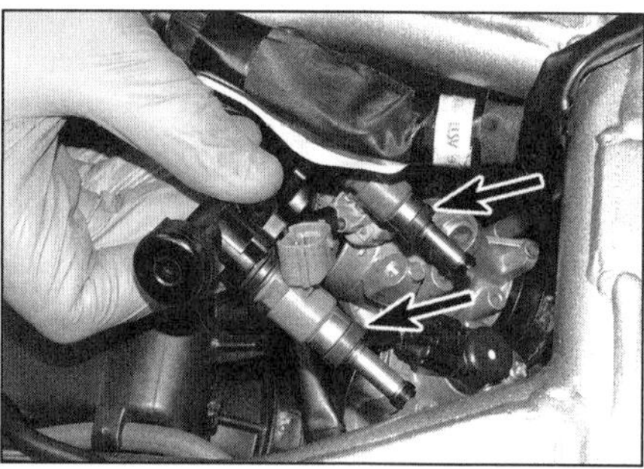
10.9c Ziehen Sie den Druckspeicher samt Einspritzdüsen heraus.

**8** Lockern Sie hinten an den Drosselklappengehäusen die Schellen der Luftfilterstutzen (siehe Abbildung). Lösen Sie die Schrauben des Luftfiltergehäuses (beachten Sie die Scheibe an der linken Schraube), und ziehen Sie das Gehäuse nach hinten ab (siehe Abbildungen).

**9** Lösen Sie die Schrauben des Druckspeichers. Stellen Sie beim Befreien des Druckspeichers – z. B. mithilfe eines Magneten – die zwischen ihm und den Drosselklappengehäusen sitzenden Distanzscheiben sicher (siehe Abbildungen). Die Scheiben unter den Schraubenköpfen müssen später durch Neuteile ersetzt werden. Befreien Sie den Druckspeicher samt Einspritzdüsen vorsichtig von/aus den Drosselklappengehäusen (siehe Abbildung). Entfernen Sie die Dichtringe aus den Einspritzdüsen-Sitzen oder von den Düsen (siehe Abbildung) – sie müssen später erneuert werden.

**10** Ziehen Sie nötigenfalls die Einspritzdüse(n) aus dem Druckspeicher (siehe Abbildung). Entfernen Sie den O-Ring vom oberen Ende der Einspritzdüse (siehe Abbildung) – er muss später erneuert werden.

**11** Moderne Kraftstoffe enthalten Zusätze, die Einspritzdüsen sauber und frei von Ablagerungen halten sollen. Falls eine Einspritzdüse verstopft zu sein scheint, muss sie sorgfältig mit speziellem Reinigungsmittel behandelt werden – beachten Sie die dessen Gebrauchsanweisung.

## Einbau

**12** Installieren Sie einen neuen O-Ring in die obere Nut jeder ausgebauten Einspritzdüse (Abbildung 10.10b). Richten Sie die Einspritzdüsen so aus, dass die Steckeranschlüsse nach vorn zeigen, und drücken Sie sie vorsichtig in den Druckspeicher (Abbildung 10.10a).

10.9d Falls der Dichtring nicht am Einspritzdüsen-Sitz zu finden ist, ...

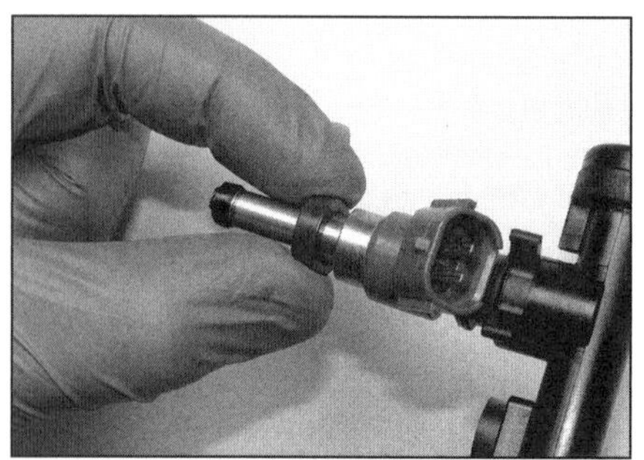
10.9e ... muss er von der Düse abgezogen werden.

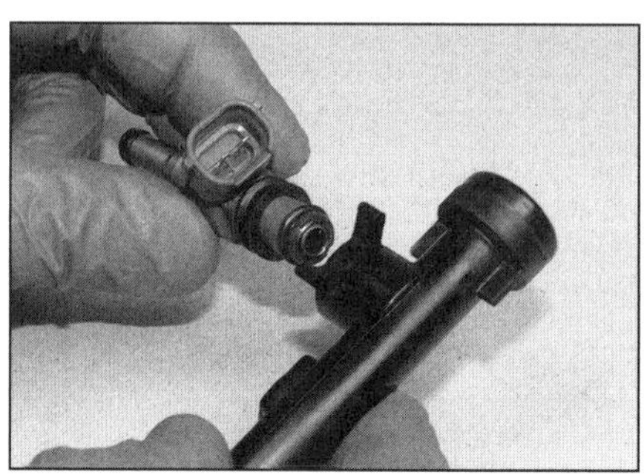
10.10a Ziehen Sie die Einspritzdüse vorsichtig aus dem Druckspeicher, ...

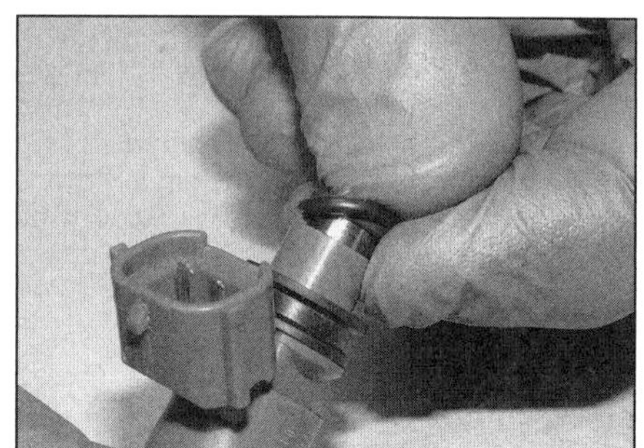
10.10b ... und entfernen Sie den O-Ring.

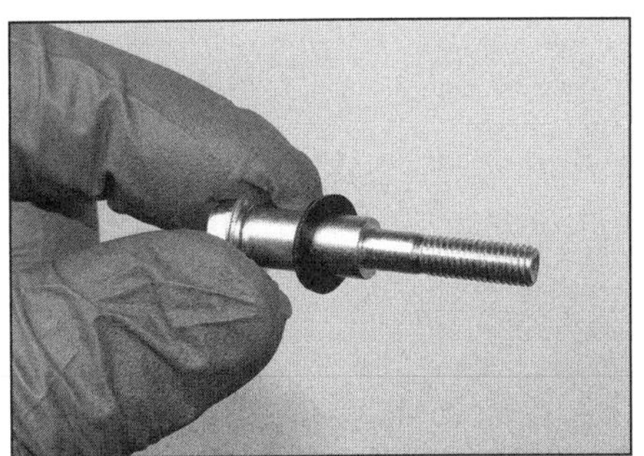

**10.13 Rüsten Sie die Schrauben mit neuen Scheiben aus.**

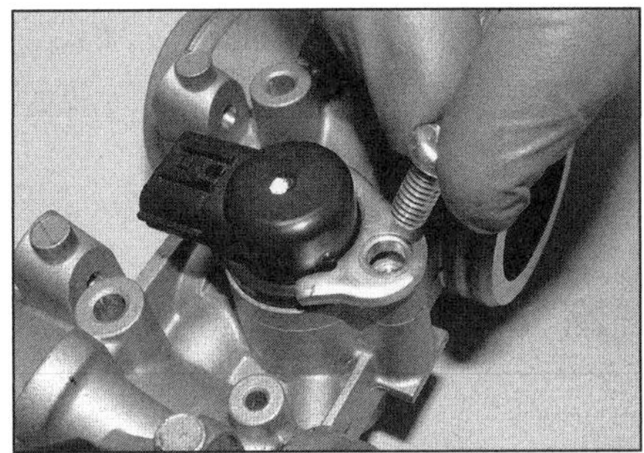

**11.4a Lösen Sie die Schraube, entnehmen Sie das Halteblech, ...**

**11.4b ... und ziehen Sie das Ventil heraus.**

**Anmerkung:** *Vermeiden Sie es, die Einspritzdüsen zu verdrehen, da hierdurch die Dichtungen beschädigt werden können.*

**13** Legen Sie einen neuen Dichtring in den Einspritzdüsen-Sitz (Abbildung 10.9e). Rüsten Sie die Druckspeicher-Schrauben mit neuen Scheiben aus (siehe Abbildung). Richten Sie die Einspritzdüsen zu ihren Sitzen aus, und drücken Sie den Druckspeicher in seine Position (Abbildung 10.9c). Schieben Sie die Distanzscheiben zwischen dem Druckspeicher und den Drosselklappengehäusen ein, sichern Sie sie dort mit einem Magneten (Abbildung 10.9b, und installieren Sie die Schrauben. Wenn alles korrekt sitzt, werden die Schrauben mit 3,5 Nm angezogen.

**14** Drücken Sie das Luftfiltergehäuse nach vorn, um seine Stutzen auf die Drosselklappengehäuse zu schieben (Abbildung 10.8c). Wenn die Stutzen richtig sitzen, werden sie mit den Schellen gesichert und die Luftfiltergehäuseschrauben installiert (Abbildung 10.8a und b).

**15** Verbinden Sie die Einspritzdüsen-Stecker (Abbildung 10.7).

**16** Schieben Sie den Benzinschlauch-Anschluss auf, bis er einrastet. Sichern Sie ihn mit der aufgeschobenen Abdeckung (Abbildung 10.6).

**17** Schieben Sie den Motorentlüftungsschlauch auf seine Stutzen am Luftfiltergehäuse und am Ventildeckel, und sichern Sie ihn mit den Schellen (Abbildung 10.5b und a).

**18** Montieren Sie bei der TRACER die Seitendeckel (siehe Kapitel 7).

**19** Montieren Sie den Tank (siehe Sektion 2). Starten Sie den Motor, und prüfen Sie vor der ersten Fahrt, ob das Kraftstoffsystem korrekt funktioniert und alles dicht ist.

## 11 Standgasanhebungs-Regelventil

### Kontrolle

**1** Falls ein das Standgasanhebungs-Regelventil betreffender Fehlercode angezeigt wird, muss es ausgebaut (siehe unten) werden, um das Ventil und seinen Sitz auf Sauberkeit zu überprüfen.

**2** Falls das Ventil defekt ist, muss es durch ein Neuteil ersetzt werden. Bringen Sie das Motorrad in eine Yamaha-Werkstatt, wo mithilfe eines Diagnosewerkzeugs die Werte des neuen Ventils ans Motorsteuergerät angepasst werden können.

### Ausbau und Einbau

**3** Demontieren Sie die Drosselklappengehäuse (siehe Sektion 9).

**4** Lösen Sie die Schraube, entnehmen Sie das Halteblech, und ziehen Sie das Ventil heraus (siehe Abbildungen) – beim Einbau wird ein neuer O-Ring benötigt (siehe Abbildung).

**5** Rüsten Sie das Ventil mit einem neuen O-Ring aus (Abbildung 11.4c), drücken Sie es in seinen Sitz, legen Sie das korrekt ausgerichtete Halteblech auf, und ziehen Sie die Schraube sorgfältig an (Abbildung 11.4c, b und a).

**6** Montieren Sie die Drosselklappengehäuse (siehe Sektion 9).

## 12 Gaszüge

***Warnung: Lesen Sie vor Arbeitsbeginn die Warnhinweise in Sektion 1.***

### Ausbau

**1** Entfernen Sie bei der MT-07 die linke Tankverkleidung, bei der TRACER das linke Verkleidungsseitenteile sowie die Innenverkleidung und bei der XSR 700 die linke Tankverkleidung sowie Verkleidung links vorn unter dem Tank (siehe Kapitel 7).

**2** Beachten Sie links an der Drosselklappengehäuse-Baugruppe die Unterschiede zwischen dem (vorderen) Öffnerzug und dem (hinteren) Schließerzug, außerdem ihre Sitze im Halter. Beachten Sie am Gasgriffgehäuse die Unterschiede zwischen dem oberen Öffnerzug und dem unteren Schließerzug; markieren Sie nötigenfalls die Gaszüge an beiden Enden entsprechend ihrer Einbaulagen. Falls neue Gaszüge verwendet werden, müssen sie den alten Zügen zugeordnet werden, um korrekt eingebaut werden zu können.

**3** Lockern Sie an der Drosselklappenbetätigung die obere Mutter des vorderen Gaszugs,



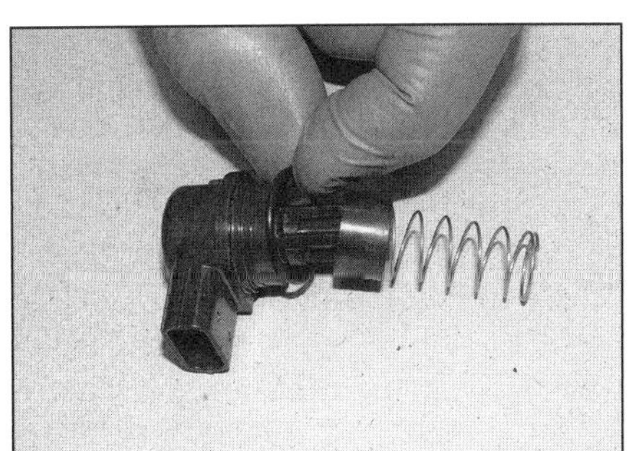

**11.4c Ersetzen Sie den O-Ring des Ventils.**

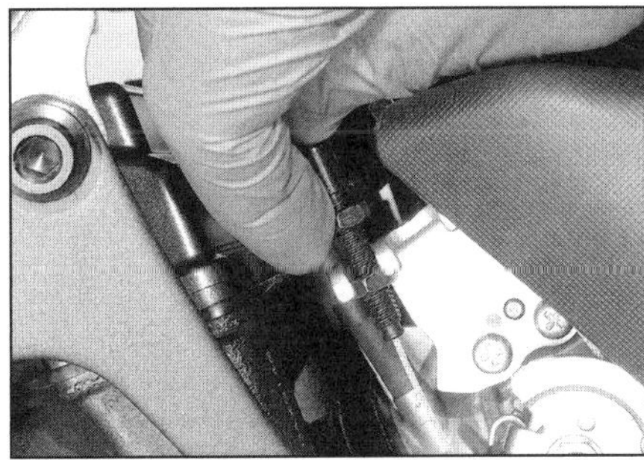

**12.3a Lockern Sie die Mutter, ...**

**12.3b ... und befreien Sie den Öffnerzug aus der Halterung ...**

12.3c … sowie dessen Nippel aus der Betätigung.

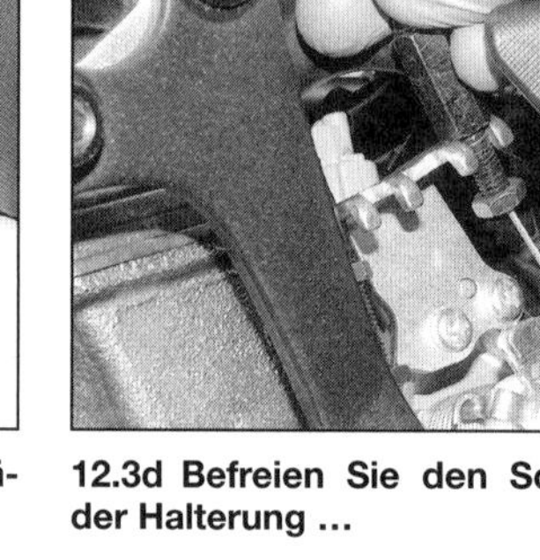

12.3d Befreien Sie den Schließerzug aus der Halterung …

12.3e … und dessen Nippel aus der Betätigung.

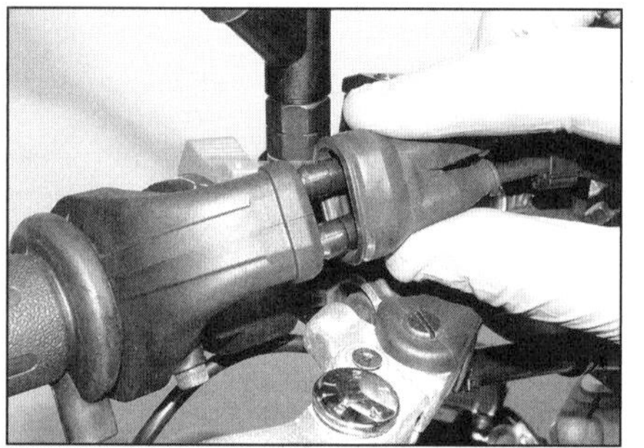

12.4a Ziehen Sie die Gummikappe vom Gasgriffgehäuse, …

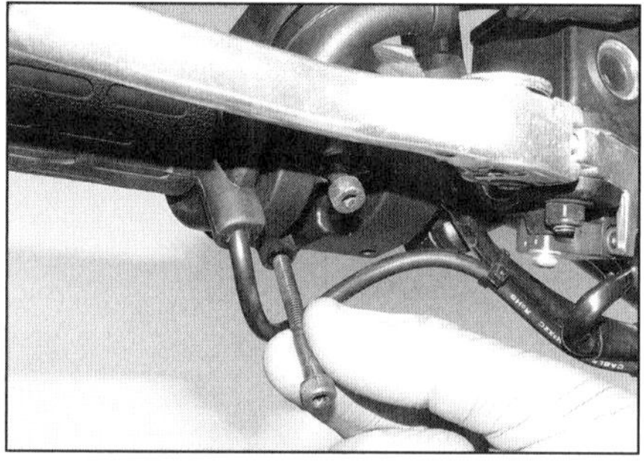

12.4b … lösen Sie die Schrauben, …

bis die untere Mutter aus dem Halter befreit ist und der Einsteller des Öffnerzug aus dem Halter und der Seilzugnippel aus der Betätigung befreit werden können (siehe Abbildungen). Lockern Sie den Sechskant des Schließerzugs, und befreien Sie auch diesen samt Nippel aus der Halterung und der Betätigung (siehe Abbildungen).

**4** Ziehen Sie am Gasgriff-Ende die Gummikappe ab, lösen Sie die Gehäuseschrauben, und trennen Sie die Gehäusehälften – merken Sie sich die Positionen der Rohrbögen (siehe Abbildungen).

**5** Befreien Sie die Gaszugnippel aus der Gasgriffrolle (siehe Abbildung).

**6** Befreien Sie die Gaszüge aus dem Motorrad – merken Sie sich ihre Verlegung.

## Einbau

**7** Führen Sie die Gaszüge korrekt vom Gasgriff zu den Drosselklappengehäusen – sie dürfen nicht an anderen Komponenten scheuern oder scharf geknickt werden.

**8** Schmieren Sie die oberen Seilzug-Enden mit Mehrzweckfett. Stecken Sie den Schließerzug-Rohrbogen hinten ins Gasgriffgehäuse, und führen Sie das Seil unten an der Rolle entlang, um den Nippel in seinem Sitz einzulegen. Verlegen Sie den Öffnerzug vorn im Gasgriffgehäuse (Abbildung 12.5).

**9** Stecken Sie die Rohrbögen ins Gasgriffgehäuse, und verbinden Sie die Gehäusehälften am Lenker – der Stift an der Unterseite muss in die Bohrung des Lenkers greifen (siehe Abbildung). Installieren Sie die Gehäuseschrauben, und schieben Sie die Gummikappe auf (Abbildung 12.4b und a).

**10** Schmieren Sie die unteren Seilzug-Enden mit Mehrzweckfett. Installieren Sie den Nippel des Schließerzugs in die hintere Aufnahme der Drosselklappenbetätigung und seinen Einsteller hinten in den Halter. Installieren Sie den Öffnerzug entsprechend in die vorderen Aufnahmen (Abbildung 12.3e, d, c und b). Richten Sie die jeweiligen unteren Muttern gegen die Laschen des Halters aus, und ziehen Sie die Mutter (des vorderen Zuges) bzw. den Sechskant des hinteren Zuges gegen den Halter an (Abbildung 12.3a).

**11** Stellen Sie das Gaszugspiel ein (siehe Kapitel 1). Bewegen Sie den Lenker von Anschlag zu Anschlag, und kontrollieren Sie, ob die Bowdenzüge nicht die Lenkung behindern. Starten Sie den Motor, und überprüfen Sie, dass die Leerlaufdrehzahl nicht steigt, wenn der Lenker bewegt wird – falls dies der Fall ist, sind die Bowdenzüge falsch verlegt und müssen korrekt eingebaut werden, bevor mit dem Motorrad gefahren wird.

**12** Montieren Sie alle entfernten Verkleidungsteile (siehe Kapitel 7).

## 13 Auspuffanlage

***Warnung: Wenn der Motor in Betrieb war, ist der Auspuff sehr heiß. Lassen Sie ihn einige Zeit abkühlen, bevor Sie mit der Arbeit beginnen.***

**Praxis TiPP** ***Auspuffbefestigungen neigen zum Korrodieren, sodass ihre Schrauben oder Muttern fest gehen. Es ist ratsam, sie einige Stunden vor dem Lösen mit Kriechöl einzusprühen.***

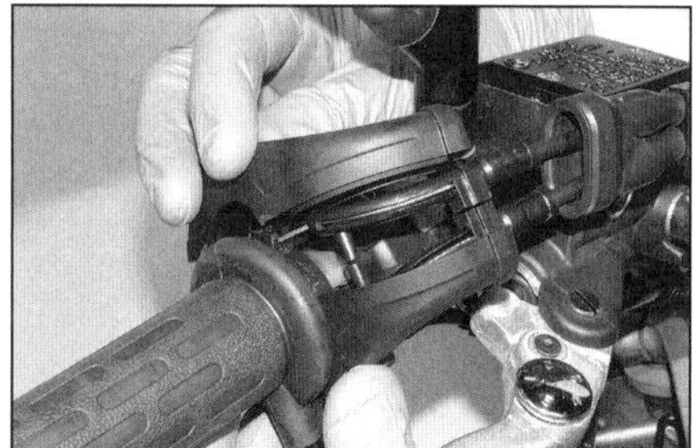

12.4c … und trennen Sie die Gehäusehälften.

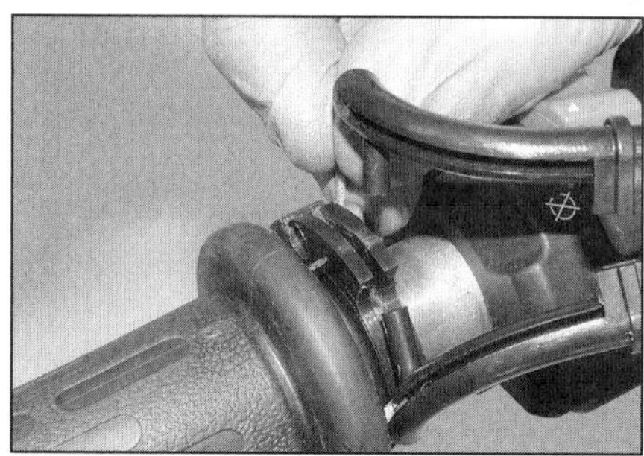

12.5 Befreien Sie die Gaszugnippel.

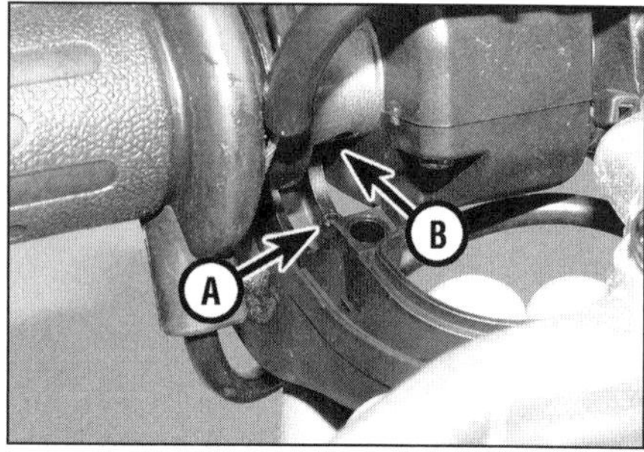


12.9 Richten Sie den Stift (A) der unteren Gehäusehälfte zur Bohrung (B) im Lenker aus.

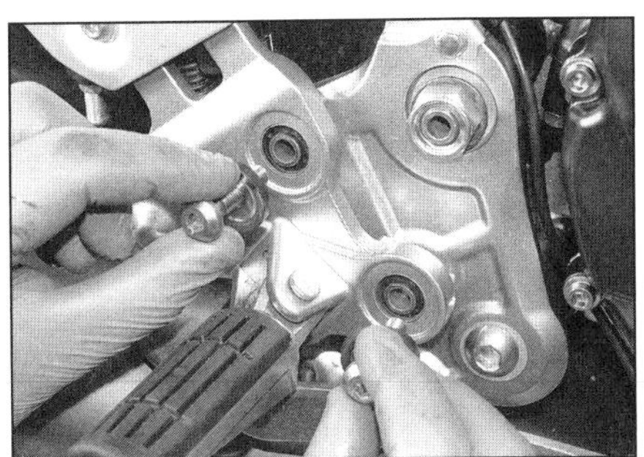

**13.3 Lösen Sie die Schrauben samt Scheiben, und nehmen Sie den rechten Fußrastenträger ab.**

**13.4 Lösen Sie die vier Krümmerflanschmuttern.**

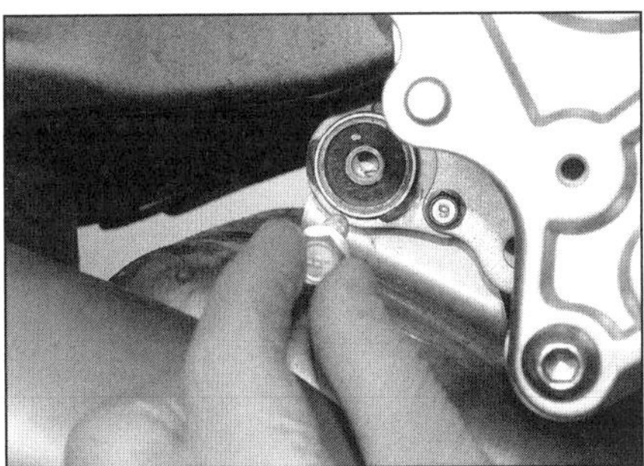

**13.5 Lösen Sie an beiden Seiten die Schalldämpfer-Schrauben.**

**Anmerkung:** *Die Krümmerflanschmuttern können dermaßen fest sitzen, dass sie nicht mit Kriechöl zu lösen sind und erst der Einsatz einer extrem heißen Schneidbrennerflamme Erfolg bringt. Wer nicht über einen Schneidbrenner verfügt, kann es mit einer Lötlampe versuchen. Zu harte mechanische Beanspruchung kann zum Abreißen der Stehbolzen führen. Zu viel Hitze kann hingegen das Leichtmetall des Zylinderkopfes zum Schmelzen bringen. Im Zweifelsfall sollte die Arbeit einer Fachwerkstatt überlassen werden.*

## Ausbau

**1** Entfernen Sie die rechte Rahmenabdeckung (siehe Kapitel 7). Demontieren Sie beim MT-07-Sondermodell Moto Cage den Ölwannenschutz.
**2** Trennen Sie den Lambdasondenstecker (Abbildung 8.26). Führen Sie das Kabel zur Sonde zurück – merken Sie sich seine Verlegung.
**3** Lösen Sie die Schrauben des rechten Fahrerfußrastenträgers, entfernen Sie die Scheiben, und entnehmen Sie den Träger (siehe Abbildung).
**4** Lösen Sie die vier Krümmerflanschmuttern, und ziehen Sie die Flansche von den Stehbolzen (siehe Abbildung).
**5** Stützen Sie den Schalldämpfer, und lösen Sie an beiden Seiten die Befestigungsschrauben (siehe Abbildungen).
**6** Ziehen Sie die Krümmerrohre aus dem Zylinderkopf, und befreien Sie die Auspuffanlage nach unten vom Motorrad (siehe Abbildung).

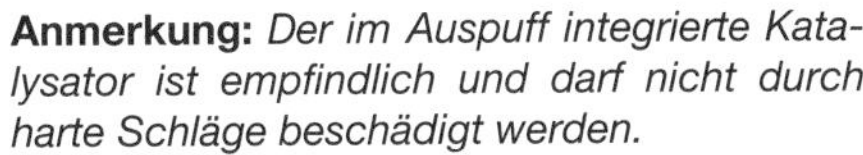

**Anmerkung:** *Der im Auspuff integrierte Katalysator ist empfindlich und darf nicht durch harte Schläge beschädigt werden.*

**7** Entfernen Sie am Zylinderkopf die Krümmerflanschdichtungen – sie müssen später erneuert werden (siehe Abbildung).
**8** Kontrollieren Sie die Gummibuchsen in den Schalldämpferhalterungen – nötigenfalls müssen die Halter nach dem Lösen ihrer beiden Schrauben ersetzt werden. Ersetzen Sie auch stark korrodierte Krümmerflanschmuttern.

## Einbau

**9** Reinigen und entrosten Sie die Stehbolzen im Zylinderkopf sowie die Schalldämpferschrauben. Schmieren Sie alle Gewinde zum Schutz vor weiterer Korrosion mit Kupferpaste.
**10** Montieren Sie ggf. die Schalldämpferhalterungen, und ziehen Sie die Schrauben mit 10 Nm an.
**11** Die neuen Krümmerflanschdichtungen können mit Fett in den Zylinderkopf »geklebt« werden (siehe Abbildung).
**12** Manövrieren Sie die Auspuffanlage in Position, sodass die Krümmerrohre in den Zylinderkopf greifen (Abbildung 13.6). Drehen Sie die Schalldämpferschrauben handfest ein (Abbildung 13.5).
**13** Richten Sie die Krümmerflansche über den Stehbolzen aus, drehen Sie die Muttern auf, und ziehen Sie sie schrittweise mit 20 Nm an (Abbildung 13.4).

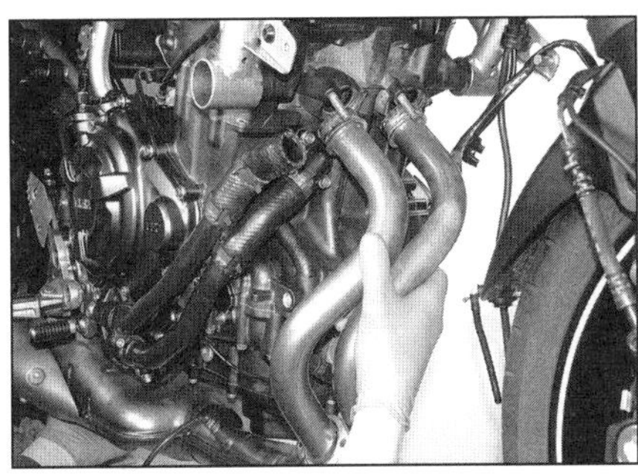

**13.6 Manövrieren Sie die Auspuffanlage nach unten weg.**

**14** Ziehen Sie die Schalldämpferschrauben mit 20 Nm an.
**15** Verlegen Sie das Lambdasondenkabel, und verbinden Sie den Stecker (Abbildung 8.26).
**16** Montieren Sie den Fußrastenträger, indem Sie seine Gummiöse über dem Zapfen des inneren Halters ausrichten, die Schrauben samt Scheiben installieren und sie mit 30 Nm anziehen (siehe Abbildung). Montieren Sie die Rahmenabdeckung.
**17** Starten Sie den Motor, und prüfen Sie die Auspuffanlage auf Undichtigkeit.

4

**13.7 Hebeln Sie die alten Krümmerflanschdichtungen aus dem Zylinderkopf.**

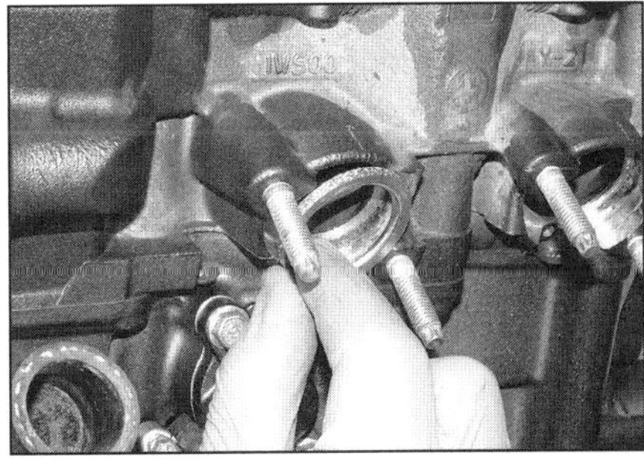

**13.11 Installieren Sie neue Krümmerflanschdichtungen.**

**13.16 Richten Sie das Gummi über dem Zapfen aus.**

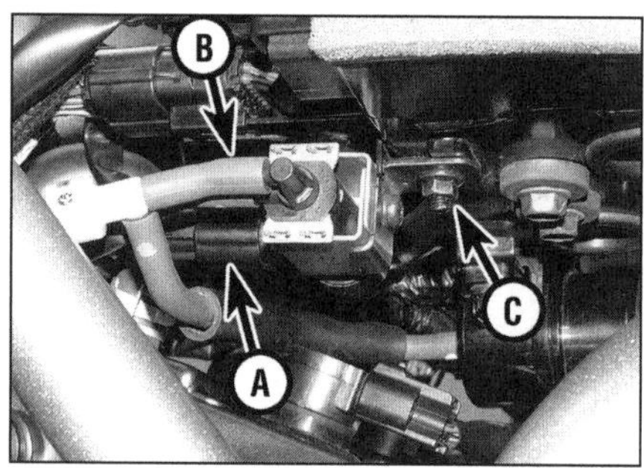


**14.3 Magnetventil-Stecker (A), Schläuche (B) und Befestigungsmutter (C)**

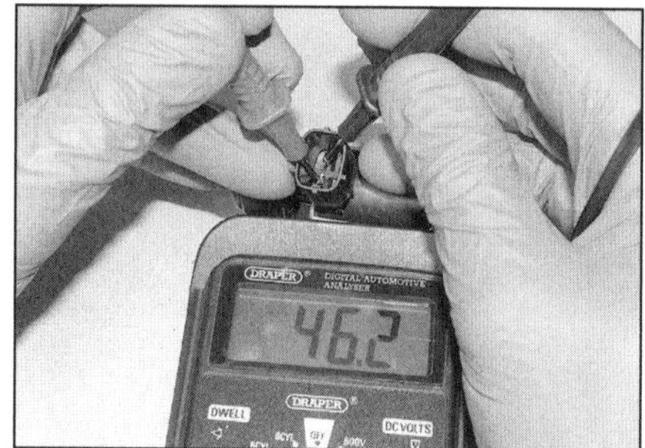


**14.5 Messen Sie den Widerstand des Magnetventils.**

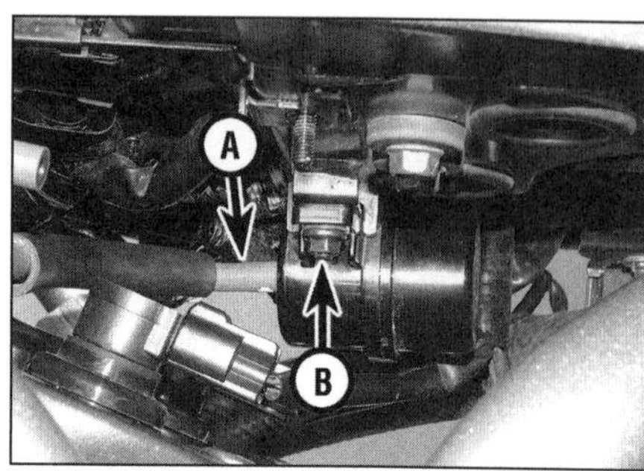


**14.7 Ausgleichsbehälter-Schlauch (A) und Befestigungsmutter (B)**

## 14 Ansaug-Luftklappe (MT-07 bis 2016)

### Funktion

**1** Das System nutzt den beim Schließen der Drosselklappe im rechten Drosselklappengehäuse steigenden Unterdruck, um eine Klappe hinten im Luftfiltergehäuse zu schließen und so die Luftzufuhr zu verringern. Der Unterdruck wird von einem Magnetventil überwacht, das ein Signal vom Motorsteuergerät erhält. Zwischen dem Drosselklappengehäuse und dem Magnetventil sitzen ein Rückschlagventil und ein Ausgleichsbehälter.

## Magnetventil

### Ausbau und Einbau

**2** Entfernen Sie die rechte Tankverkleidung (siehe Kapitel 7).

**3** Trennen Sie den Kabelstecker und die Schläuche vom Ventil, lösen Sie dessen Mutter, und entfernen Sie es (siehe Abbildung).

**4** Stecken Sie bei der Montage den Membranventil-Schlauch auf den inneren Anschluss und den Rückschlagventil-Schlauch auf den äußeren Stutzen.

### Kontrolle

**5** Demontieren Sie das Magnetventil. Messen Sie zwischen seinen Kontakten den Widerstand (siehe Abbildung) – falls er nicht bei 46 Ohm liegt, ist das Ventil defekt und muss ersetzt werden.

## Ausgleichsbehälter

### Ausbau und Einbau

**6** Entfernen Sie die rechte Tankverkleidung (siehe Kapitel 7).

**7** Ziehen Sie den Schlauch ab, lösen Sie die Mutter, und entnehmen Sie den Behälter (siehe Abbildung).

**8** Installieren Sie den Behälter so, dass sein Schlauchstutzen hinten liegt.

### Kontrolle

**9** Inspizieren Sie den Behälter auf Beulen und Risse, und ersetzen Sie ihn nötigenfalls.

## Rückschlagventil

### Ausbau und Einbau

**10** Entfernen Sie die rechte Tankverkleidung (siehe Kapitel 7).

**11** Ziehen Sie die Schläuche vom Ventil – merken Sie sich ihre Positionen (siehe Abbildung).

**12** Montieren Sie das Ventil so, dass sein breiterer (blauer) Stutzen hinten liegt, und schieben Sie den Drosselklappengehäuse-Schlauch auf. Verbinden Sie den Ausgleichsbehälter-Schlauch mit dem seitlichen Stutzen und den Magnetventil-Schlauch mit dem vorderen Stutzen.

### Kontrolle

**13** Demontieren Sie das Ventil, und blasen Sie in den blauen Stutzen – es darf keine Luft durch das Ventil strömen. Verstopfen Sie den Ausgleichsbehälter-Schlauchstutzen, und blasen Sie in den vorderen Magnetventil-Stutzen – Luft muss durch das Ventil und aus dem blauen Stutzen heraus strömen (siehe Abbildung). Verstopfen Sie den Magnetventil-Schlauchstutzen, und blasen Sie in den seitlichen Ausgleichsbehälter Magnetventil-Stutzen – Luft muss durch das Ventil und aus dem blauen Stutzen heraus strömen.

## Membranventil

### Kontrolle

**14** Entfernen Sie den Fahrersitz (siehe Kapitel 7).

**15** Ziehen Sie am Ventil den Schlauch ab (siehe Abbildung). Schließen Sie z. B. mithilfe eines Mityvac-Bremsenentlüfters Unterdruck am Schlauchstutzen an, und prüfen Sie, ob sich die Klappe im hinteren Einlasstrakt schließt – falls nicht, muss das Ventil ausgebaut und durch ein Neuteil ersetzt werden.

### Ausbau und Einbau

**16** Entfernen Sie den Fahrersitz (siehe Kapitel 7).

**17** Ziehen Sie am Ventil den Schlauch ab (Abbildung 14.15). Hängen Sie das Ventilgestänge an der Luftklappe aus, drehen Sie das Ventil eine Viertelumdrehung nach links, und befreien Sie es aus dem Gehäuse.

**18** Installieren Sie das Ventil mit dem Schlauchstutzen nach links zeigend, drehen Sie es eine Viertelumdrehung nach rechts (sodass der Schlauchstutzen nach vorn zeigt), um es zu sichern, und hängen Sie das Gestänge ein.

**14.11 Rückschlagventil**

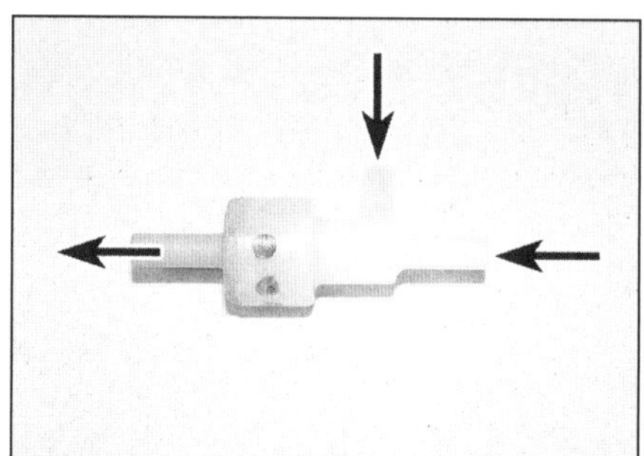

**14.13 Luft darf nur in den gezeigten Richtungen durch das Rückschlagventil strömen.**

**14.15 Ziehen Sie am Membranventil den Schlauch ab.**

## 15 Katalysator

### Allgemeine Informationen

**1** In der Auspuffanlage ist ein Katalysator integriert, der die im Motor entstehenden giftigen Abgase in relativ harmlose Gase umwandeln soll, bevor sie aus dem Auspuff entlassen werden.

**2** Durch eine auf feinen Gittermaschen angebrachte spezielle Metallbeschichtung wandelt der Katalysator Stickoxide in Stickstoff und Sauerstoff sowie unverbrannte Kohlenwasserstoffe und Kohlenmonoxide in Wasser und Kohlendioxide um. Die Wirksamkeit des Katalysators wird durch Ablagerungen von Ölkohle, Öl oder Blei beeinträchtigt.

**3** Damit der Katalysator lange Zeit wirkungsvoll arbeiten kann, müssen die aus dem Motor kommenden Abgase eine bestimmte Zusammensetzung haben – diese wird stark vom darin enthaltenen Rest-Sauerstoff bestimmt. Die Lambdasonde misst den Gehalt des Sauerstoffs und gibt diese Informationen an das Motorsteuergerät weiter, das entsprechend das Einspritzgemisch und die Zündung reguliert.

**4** Wechseln Sie für den Aus- und Einbau der Auspuffanlage nach Sektion 13. Details zur Lambdasonde finden sich in Sektion 8.

### Vorsichtsmaßnahmen

**5** Der Katalysator arbeitet automatisch und erfordert praktisch keine Wartung. Trotzdem sollten folgende Hinweise beachtet werden:

- Tanken Sie immer bleifreien Kraftstoff, und verwenden Sie keine entsprechenden Zusätze – bereits kleine Mengen verbleiten Benzins zerstören den Katalysator.
- Halten Sie das Kraftstoff- und Zündsystem in einem guten Zustand. Wird ein unkorrektes Benzin/Luft-Gemisch vermutet, muss das System mithilfe eines Abgas-Analysegerätes untersucht werden.
- Wenn der Motor Fehlzündungen produziert, muss dies unverzüglich behoben werden, da der Katalysator dadurch zerstört wird.
- Benutzen Sie keine Kraftstoff- oder Öl-Zusätze (Additive) – diese können Substanzen enthalten, die den Katalysator beschädigen.
- Wenn der Motor Öl verbrennt und blaue Abgaswolken produziert, muss er unverzüglich repariert werden, da der Katalysator dadurch zerstört wird.
- Behandeln Sie die ausgebaute Auspuffanlage vorsichtig – der Katalysator und die Lambdasonde vertragen keine Schläge oder Stürze.

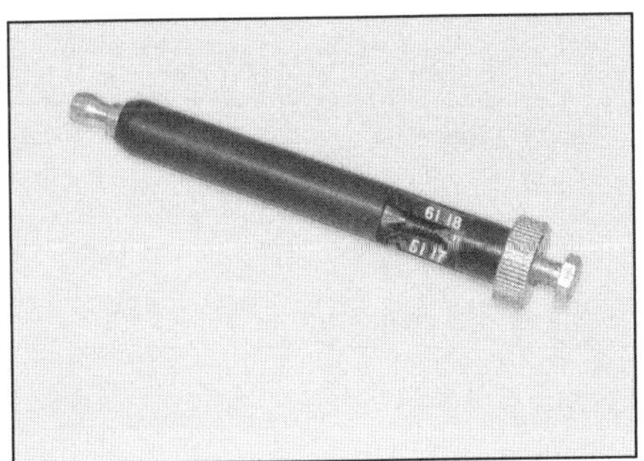

**16.6 Ein typisches Zündfunken-Messgerät**

## 16 Zündsystem
Kontrolle

***Warnung: Die Energie in elektronischen Zündsystemen kann sehr hoch sein. Daher darf niemals die Zündung angeschaltet werden, während Kerzenstecker oder Zündkerzen in der Hand gehalten werden. Hochspannungs-Stromschläge können sehr unangenehm sein.***
***Bei getrennten Zündspulen oder ausgebauten Zündkerzen darf der Motor niemals durchgedreht werden oder laufen, ohne dass ein guter Masseschluss sichergestellt ist (z. B. für einen Zündfunkentest). Zündsystem-Komponenten können ernsthafte Schäden erleiden, falls der Hochspannungs-Stromkreis isoliert wird!***

**1** Da das Zündsystem völlig wartungsfrei ist und nicht eingestellt werden kann, können Fehlfunktionen nur auf Defekte in den einzelnen Komponenten oder in der Verkabelung zurückgeführt werden. Wahrscheinlicher ist die zweite Ursache. Bei Fehlfunktionen müssen die Zündungsbauteile in systematischer Reihenfolge wie folgt überprüft werden:

**2** Prüfen Sie zuerst, ob die Zündkerzen einen Funken erzeugen können – verwenden Sie hierzu neue Zündkerzen, und testen Sie immer nur eine Zündkerze zur Zeit. Demontieren Sie den Tank (siehe Sektion 2).

**3** Trennen Sie den Stecker an der Zündspule des zu überprüfenden Zylinders, ziehen Sie diese von der Zündkerze, und verbinden Sie den Stecker wieder (Abbildung 17.9a und b). Stecken Sie eine neue Zündkerze in die Zündspule.

**4** Halten Sie die Zündspule, und legen Sie das Zündkerzengewinde an einem schattigen Platz am Rahmen an, dass der Zündfunke gut sichtbar ist.

***Warnung: Nehmen Sie für diese Kontrolle nie die Kerzen aus dem Motor, da austretendes Luft/Benzin-Gemisch sich entzünden und zu Verletzungen führen kann! Stellen Sie außerdem sicher, dass beim Zündfunkentest die Kerze gründlichen Kontakt zu Masse hat, da sonst das Motorsteuergerät beschädigt werden kann.***

**5** Schalten Sie den Killschalter auf RUN und die Zündung ein, legen Sie den Leerlauf ein, und drehen den Motor mit dem Anlasser durch. Ist die Zündung in Ordnung, werden an den Zündkerzen-Elektroden dicke blaue Funken überspringen. Ist der Funken schwach, geht ins Gelbe oder bleibt ganz aus, so muss die Ursache gefunden werden. Schalten Sie vor weiterer Arbeit die Zündung wieder aus, und wiederholen Sie den Test mit den anderen Kerzensteckern.

**6** Die Zündung muss einen Funken erzeugen, der in der Lage ist, eine Strecke von mindestens 6 mm zu überspringen. Für eine solche Kontrolle sind im Fachhandel sogenannte Funkenstrecken-Tester erhältlich (siehe Abbildung) – folgen Sie der beigefügten Anleitung.

**7** Wenn die Testergebnisse in Ordnung sind, kann das Zündsystem als funktionsfähig betrachtet werden. Bei schwachen Funken sind weitere Untersuchungen nötig.

**8** Fehlfunktionen der Zündanlage können in zwei Kategorien eingeteilt werden: ein vollständiger Ausfall oder gelegentliche Fehlfunktion. Die wahrscheinlichsten Ursachen sind unten aufgeführt, beginnend mit der häufigsten. Arbeiten Sie sich systematisch durch diese Liste, wobei in den jeweiligen Unterpunkten dieses Kapitels für Details nachgeschaut werden muss.

**Anmerkung:** *Bevor Sie beginnen, muss sichergestellt sein, dass die Batterie vollständig geladen ist und alle Sicherungen in Ordnung sind.*

- Schadhafte Zündkerze, verschlissene oder korrodierte Kerzenelektroden (siehe Kapitel 1)
- Lockere, korrodierte oder beschädigte elektrische Steckverbindungen, gebrochene Kabel im Zündsystem.
- Fehlerhafter Getriebe-, Kupplungs- oder Seitenständer-Schalter (siehe Kapitel 8)
- Defekte Zündspule(n) (siehe Sektion 17).
- Defekter Kill- oder Zündschalter (siehe Kapitel 8).
- Defekter Kurbelwellensensor (siehe Sektion 8) oder beschädigter Auslöser am Lichtmaschinenrotor (siehe Kapitel 8).
- Defekter Neigungswinkelsensor oder Anlasserstromkreis-Abschaltrelais (siehe Sektion 8 und Kapitel 8).
- Defektes Motorsteuergerät (siehe Sektion 15).

**9** Wenn alle oben beschriebenen Möglichkeiten keinen Grund des Problems erkennen lassen, sollte sie Zündanlage von einer Yamaha-Werkstatt getestet werden – diese verfügt über ein Testgerät, das eine Diagnose der Zündanlage erstellen kann.

4

## 17 Zündspulen

### Kontrolle

**1** Entfernen Sie die Zündspule(n) (siehe unten).

**2** Unterziehen Sie die Zündspule(n) einer Sichtkontrolle auf lockere, beschädigte oder

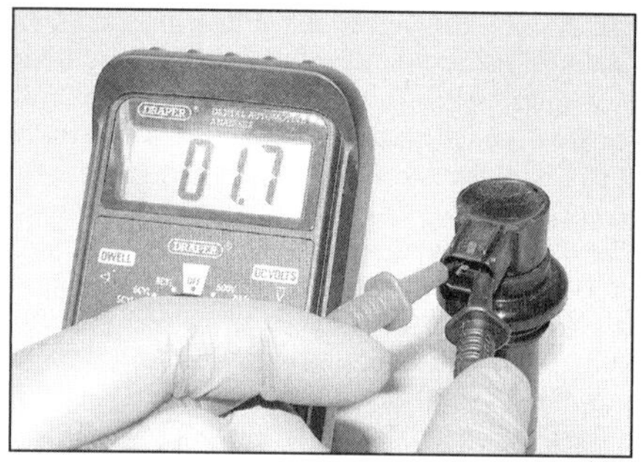

17.3 Ermitteln Sie an den Steckerkontakten den Primärwicklungs-Widerstand der Zündspule.

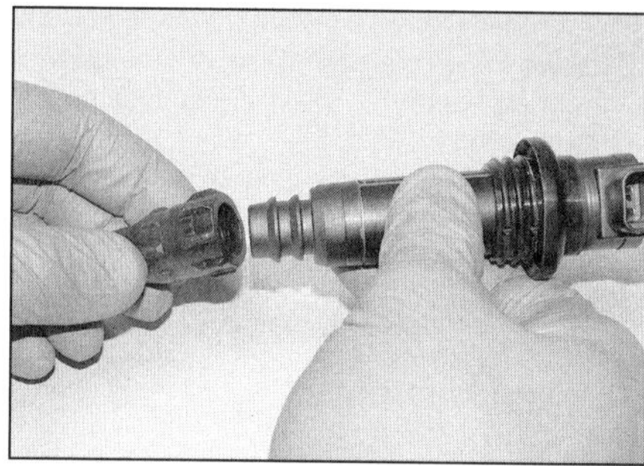

17.4 Ziehen Sie die Kappe ab, ...

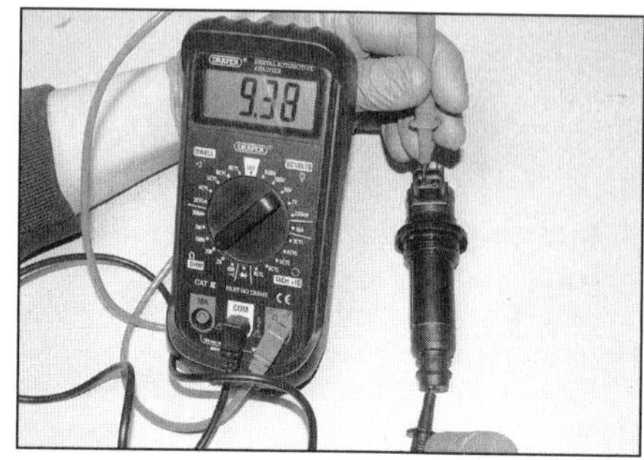

17.4b ... und ermitteln Sie an den gezeigten Kontakten den Sekundärwicklungs-Widerstand der Zündspule.

17.9a Zündspulen-Stecker

verschmutzte Anschlüsse, Risse und andere Beschädigungen.

**3** Messen Sie wie folgt den Primärwicklungs-Widerstand der Zündspule: Verbinden Sie das Pluskabel eines auf den Ohm-Bereich geschalteten Messgeräts mit dem Kontakt des rot/schwarzen Kabels und das Minuskabel mit dem Kontakt des orangen (Zylinder Nr. 1) oder grau/roten Kabels (Zylinder Nr. 2) (siehe Abbildung) – falls nicht zwischen 1,19 und 1,61 Ohm festgestellt werden, wird die Zündspule wahrscheinlich defekt sein.

**4** Messen Sie wie folgt den Sekundärwicklungs-Widerstand der Zündspule: Ziehen Sie zunächst die Gummikappe unten an der Zündspule ab (siehe Abbildung). Schalten Sie das Messgerät auf den K-Ohm-Messbereich, und verbinden Sie das Pluskabel mit dem Kontakt des rot/schwarzen Kabels; das Minuskabel muss mit dem Zündkerzen-Kontakt unten an der Spule verbunden werden (siehe Abbildung) – falls nicht zwischen 8,5 und 11,5 K-Ohm festgestellt werden, wird die Zündspule wahrscheinlich defekt sein.

**5** Falls eine Zündspule stark abweichende Widerstände, gar keinen oder vollen Durchgang zeigt, muss sie ersetzt werden – Reparaturen sind nicht möglich.

## Ausbau und Einbau

**6** Demontieren Sie den Tank (siehe Sektion 2).

**7** Entfernen Sie bei der MT-07 bis 2016 das Ansaugluftklappen-Magnetventil und den Ausgleichsbehälter (siehe Sektion 14).

**8** Reinigen Sie die Dichtfläche der Zündspule, damit kein Schmutz in den Zündkerzenschacht fallen kann.

**9** Trennen Sie den Stecker der Zündspule, und ziehen Sie diese von der Zündkerze (siehe Abbildungen).

**10** Der Einbau entspricht der umgekehrten Ausbaureihenfolge. Die Zündspulen müssen vollständig auf die Zündkerzen gedrückt werden und die Kabelstecker müssen fest verbunden sein.

## 18 Motorsteuergerät (ECU)

### Kontrolle

**1** Falls sich mit den in den vorherigen Sektionen beschriebenen Tests keine Fehlerursache eingrenzen ließ und alle Sicherungen, Relais und Kabel samt Steckern der Motorsteuerung in Ordnung sind, kann das Motorsteuergerät selbst defekt sein. Prüfdaten für das Gerät sind nicht erhältlich, sodass das Motorrad nötigenfalls von einer entsprechend ausgerüsteten Yamaha-Werkstatt untersucht werden muss.

**2** Bei Motorrädern ohne Wegfahrsperre besteht die Möglichkeit, das Steuergerät (nach einer Kontrolle aller anderen Zündsystem-Komponenten) durch ein erwiesenermaßen

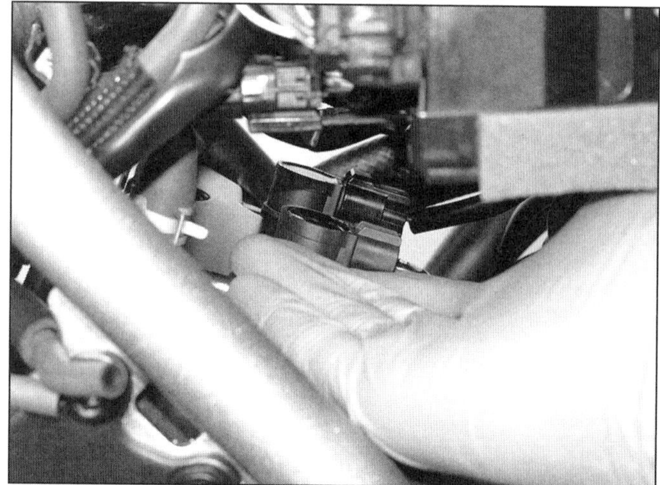

17.9b Ziehen Sie die Zündspule von der Zündkerze – die Dichtung kann für einen festen Sitz sorgen, ...

17.9c ... und heben Sie sie nach oben ab.

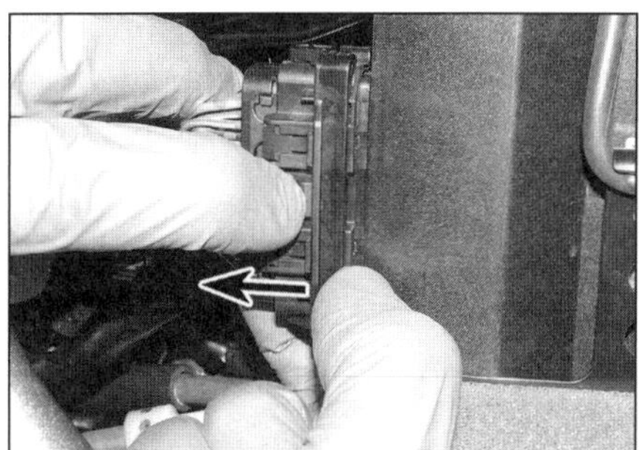

**18.3a Drücken Sie die Lasche ein, und drücken Sie den Hebel nach hinten, ...**

**18.4 Motorsteuergerät – XSR 700**

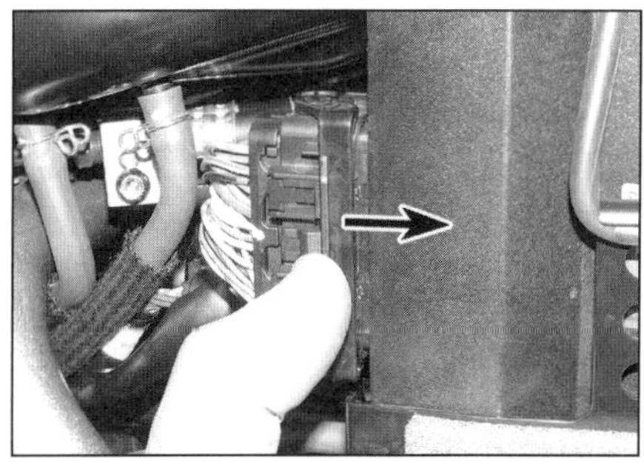

**18.5 Richten Sie den Stecker aus, und drücken Sie den Hebel nach vorn, um den Stecker hinter den Laschen einrasten zu lassen.**

funktionsfähiges Teil auszutauschen. Wenn eine Wegfahrsperre vorhanden ist, kommt nur der Austausch gegen ein neues Steuergerät in Betracht. Nach dem Einbau eines neuen Motorsteuergeräts muss der rote Nachregistrierungs-Zündschlüssel für die Wegfahrsperre registriert werden (siehe Sektion 19).

## Ausbau und Einbau

**3** Entfernen Sie bei der MT-07 die rechte Tankverkleidung und bei der TRACER die Tankabdeckung (siehe Kapitel 7). Trennen Sie den Kabelstecker, hängen Sie das Gummiband aus, und heben Sie das Steuergerät heraus (siehe Abbildungen).

**4** Entfernen Sie bei der XSR 700 rechts unter dem Tank die vordere Abdeckung (siehe Kapitel 7). Befreien Sie das Haltegummi aus den Laschen (siehe Abbildung), und trennen Sie den Stecker (Abbildung 18.3a und b). Ziehen Sie das Steuergerät aus seinem Halter.

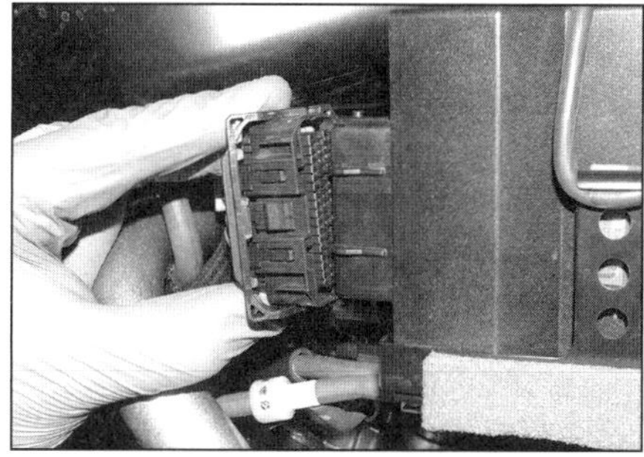

**18.3b ... um den Stecker zu befreien.**

**5** Der Einbau entspricht der umgekehrten Ausbaureihenfolge. Alle Steckerkontakte müssen sauber und fest verbunden sein. Drücken Sie den korrekt ausgerichteten Stecker in seinen Sitz, bis er eingerastet ist (siehe Abbildung).

## 19 Wegfahrsperre

## Allgemeine Informationen

**1** Die Wegfahrsperre ermöglicht den Start des Motorrades nur, wenn der korrekt registrierte Schlüssel im Zündschloss steckt. Das System besteht aus einem im Zündschlüssel sitzenden Transponder (Antwortsender), einem vor dem Zündschloss sitzenden Empfänger und dem Motorsteuergerät.

**2** Beim Einschalten der Zündung sendet das Steuergerät durch den Empfänger Energie an den Transponder. Dieser sendet ein Code-Signal durch den Empfänger zurück an das Steuergerät. Wenn dieses Signal mit dem im Steuergerät gespeicherten Signal übereinstimmt, beginnt die Wegfahrsperren-Lampe im Cockpit für etwa eine Sekunde zu leuchten und nach dem Erlöschen erlaubt das Steuergerät den Start des Motors.

**3** Falls der Schlüssel-Code nicht erkannt wird oder im System ein Fehler auftritt, blinkt die Wegfahrsperren-Lampe – wechseln Sie in diesem Fall zur Fehlerdiagnose und Fehlerbehebung (siehe unten); das Gleiche gilt, wenn die Lampe gar nicht aufleuchtet.

**4** Das Steuergerät kann die Codierungen von bis zu drei registrierten Schlüsseln speichern – zwei von ihnen sind Standardschlüssel (schwarz) und einer der Master-Schlüssel (rot), der das Nachregistrieren weiterer Schlüssel erlaubt. Diese Schlüssel müssen separat gehalten werden (also nicht an einem Schlüsselbund), da die Nähe eines anderen Schlüssels zu dem im Zündschloss zu vermischten Signalen führen kann, die das Starten des Motors verhindern.

**5** Jeder Schlüssel hat einen eingebauten Transponder, der beschädigt werden kann, wenn der Schlüssel fallen gelassen, zu heiß, zu nahe an ein Magnetfeld gehalten oder zu lange unter Wasser getaucht wird. Falls die geschieht, kann beim Yamaha-Händler ein neuer Schlüssel beschafft und mithilfe des roten Nachregistrierungsschlüssels registriert werden. Aus diesem Grund sollte der rote Zündschlüssel möglichst nicht zum Fahren benutzt, sondern an einem sicheren Ort verwahrt werden.

**18.3c Hängen Sie das Gummiband aus, und entfernen Sie das Steuergerät.**

**6** Sorgen Sie dafür, dass immer ein Standard-Ersatzschlüssel vorhanden ist. Falls ein Schlüssel beschädigt ist oder verloren geht, muss ein neuer Schlüssel beschafft und sobald wie möglich registriert werden.

**7** Falls alle Schlüssel verloren gehen oder das Zündschloss defekt ist, müssen alle Bauteile der Wegfahrsperre einschließlich des Motorsteuergeräts ersetzt werden.

***Falls ein Schlüssel verloren gegangen ist oder möglicherweise gestohlen wurde, müssen der Master-Schlüssel und der verbleibende Standardschlüssel möglichst bald nachregistriert werden, damit der verloren gegangene (oder gestohlene) Schlüssel nicht wieder eingesetzt werden kann. Falls alle drei Schlüssel verloren gegangen sind oder das Zündschloss defekt ist, müssen ein neues Steuergerät, eine neue Wegfahrsperren-Baugruppe und ein neues Zündschloss samt Schlüsselsystem beschafft und installiert werden. Falls die Wegfahrsperre oder das Motorsteuergerät defekt ist, können diese Teile einzeln ersetzt werden.***

## Registrierung eines Standardschlüssels

**Anmerkung:** *Die Registrierung wird nötig, wenn ein Schlüssel verloren gegangen ist (und nicht wieder benutzt werden soll) und ein neuer Schlüssel beschafft wurde. Hierdurch wird der verlorene Schlüssel automatisch unbrauchbar gemacht. Selbst wenn der verlorene Schlüssel nicht durch ein Neuteil ersetzt wird und man mit nur einem Standardschlüssel zufrieden ist, sorgt diese Prozedur dafür, dass der verbliebene Standardschlüssel nachregistriert und der verlorene Schlüssel gelöscht wird.*

4

**8** Beschaffen Sie beim Yamaha-Händler einen neuen Schlüssel, und lassen Sie ihn entsprechend des Originalschlüssels feilen.
**9** Halten Sie alle drei Schlüssel bereit – wenn ein neuer Standardschlüssel registriert wird, löscht das System den Code des verbliebenen Standardschlüssels, sodass dieser ebenfalls wieder neu registriert werden muss.
**10** Schalten Sie mit dem roten Schlüssel die Zündung ein. Schalten Sie dann die Zündung wieder aus, und ziehen Sie den Schlüssel ab. Stecken Sie jetzt innerhalb von 5 Sekunden den zu registrierenden Schlüssel ins Zündschloss, und schalten Sie damit die Zündung ein – wenn die Wegfahrsperren-Lampe jetzt in 0,5-Sekunden-Intervallen blinkt, ist das System im Registrierungsmodus. Falls das Blinken aufhört, wurde der 5-Sekunden-Zeitraum überschritten und der Registrierungsmodus muss neu gestartet werden.
**11** Während die Wegfahrsperren-Lampe weiter blinkt, wird die Zündung ausgeschaltet und der neue Schlüssel abgezogen, um ihn weit genug vom Empfänger entfernt abzulegen. Stecken Sie jetzt innerhalb von 5 Sekunden den zweiten Schlüssel ins Zündschloss, und schalten Sie die Zündung ein – wenn die Wegfahrsperren-Lampe jetzt nicht mehr blinkt, ist der zweite Schlüssel registriert und der Registrierungsmodus abgeschlossen. Schalten Sie zum Schluss die Zündung aus, und ziehen Sie den Schlüssel ab.
**12** Prüfen Sie, ob das Motorrad mit allen registrierten Schlüsseln gestartet werden kann.

## Registrierung eines roten Nachregistrierungsschlüssels

**Anmerkung:** *Die Registrierung wird nötig, wenn ein neues Motorsteuergerät oder ein neuer Wegfahrsperren-Empfänger montiert wurde.*
**13** Schalten Sie mit dem roten Schlüssel die Zündung ein – die Wegfahrsperren-Lampe leuchtet einige Sekunden auf und erlischt dann, um anzuzeigen, dass der neue Schlüssel registriert ist.
**14** Prüfen Sie, ob das Motorrad mit dem neuen Schlüssel gestartet werden kann.
**15** Registrieren Sie jetzt die Standardschlüssel (siehe Schritte 8 bis 12).

## Registrierung eines neuen Motorsteuergeräts

**16** Montieren Sie das neue Steuergerät (siehe Sektion 18).
**17** Schalten Sie mit dem roten Schlüssel die Zündung ein – hierdurch wird der Schlüssel zum neuen Steuergerät registriert.
**18** Prüfen Sie, ob das Motorrad mit dem neuen Schlüssel gestartet werden kann.
**19** Registrieren Sie jetzt die Standardschlüssel (siehe Schritte 8 bis 12).

## Registrierung eines neuen Wegfahrsperren-Empfängers

**20** Demontieren Sie das Zündschloss, und entfernen Sie den daran sitzenden alten Wegfahrsperren-Empfänger, um ihn durch ein Neuteil zu ersetzen (siehe Kapitel 8).
**21** Schalten Sie mit dem roten Schlüssel die Zündung ein – hierdurch wird der Schlüssel zum neuen Wegfahrsperren-Empfänger registriert
**22** Prüfen Sie, ob das Motorrad mit dem neuen Schlüssel gestartet werden kann.
**23** Registrieren Sie jetzt die Standardschlüssel (siehe Schritte 8 bis 12).

## Fehlerdiagnose

**24** Falls im Wegfahrsperren-System ein Fehler auftritt, blinkt die mit einem Schlüsselsymbol versehene Warnlampe im Drehzahlmesser und im Display wird ein Fehlercode angezeigt (siehe Tabelle).

## Fehlerbehebung

**25** Wenn die Fehlercodes 51 oder 52 angezeigt werden, muss zunächst kontrolliert werden, ob nicht einer der anderen registrierten Schlüssel dem Empfänger zu nahe gekommen ist – entfernen Sie ihn gegebenenfalls, und versuchen Sie erneut, die Zündung einzuschalten. Der Defekt kann im Transponder des Schlüssels liegen – versuchen Sie, das Motorrad mit einem anderen Schlüssel zu starten.
**26** Wenn irgendein Fehlercode angezeigt wird, müssen zuerst die Sicherungen sowie die Stecker und Kabel zwischen dem Empfänger, dem Zündschloss und dem Motorsteuergerät überprüft werden (beachten Sie dazu die Hinweise unten, die Sektion 2 in Kapitel 8 und die Schaltpläne am Ende von Kapitel 8). Durchgangsprüfungen decken Unterbrechungen im Stromkreis auf. Überprüfen Sie alle Stecker-Kontakte – sie dürfen nicht locker, verbogen oder korrodiert sein. Sprühen Sie die Stecker vor dem Anschließen mit Kontaktreiniger ein. Stellen Sie auch sicher, dass die Batterie in Ordnung ist und das Zündschloss keine Defekte aufweist (siehe Kapitel 8).
**27** Falls die Wegfahrsperren-LED oder die LCD-Anzeige im Cockpit keine Funktion hat, muss die Instrumentenbaugruppe kontrolliert werden (siehe Kapitel 8).
**28** Wenn alles darauf hinweist, dass entweder die Wegfahrsperre oder das Motorsteuergerät defekt ist, sollte das Motorrad von einer Yamaha-Werkstatt untersucht werden, bevor Ersatzteile gekauft werden.

| Fehler-code | Symptome | Mögliche Ursachen |
|---|---|---|
| 51 | Signal vom Schlüssel wird nicht vom Wegfahrsperren-Empfänger empfangen. | Störungen durch andere Schlüssel oder Magneten<br>Defekter Zündschlüssel-Transponder<br>Defekter Wegfahrsperren-Empfänger |
| 52 | Code vom Schlüssel wird nicht vom Wegfahrsperren-Empfänger erkannt. | Störungen durch andere Schlüssel<br>Schlüssel ist nicht registriert |
| 53 | Signal vom Wegfahrsperren-Empfänger wird nicht an Motorsteuergerät übertragen | Beschädigte Kabel oder Stecker<br>Defekter Wegfahrsperren-Empfänger<br>Defektes Motorsteuergerät |
| 54 | Codes zwischen Wegfahrsperre und Motorsteuergerät passen nicht zusammen | Nachregistrierungsschlüssel ist nicht registriert<br>Beschädigte Kabel oder Stecker<br>Defekter Wegfahrsperren-Empfänger<br>Defektes Motorsteuergerät |
| 55 | Schlüssel-Registrierungsfehler | Gleicher Schlüssel wurde zweimal registriert |
| 56 | Code wird nicht vom Motorsteuergerät erkannt | Störquellen<br>Beschädigte Kabel oder Stecker<br>Defekter Wegfahrsperren-Empfänger<br>Defektes Motorsteuergerät |

# Kapitel 5
# Rahmen und Federung

## Inhalt (in alphabetischer Reihenfolge, die Zahlen geben die Nummerierung in den grauen Feldern wieder)



## Schwierigkeitsgrade

**Leicht.** Für Anfänger mit wenig Erfahrung geeignet.

**Relativ leicht.** Für Anfänger mit etwas Erfahrung geeignet.

**Relativ schwierig.** Für geübte Selbstschrauber geeignet.

**Schwer.** Für Selbstschrauber mit viel Erfahrung geeignet.

**Sehr schwer.** Für Experten und Profis geeignet.

## Technische Daten

### Gabel

| | |
|---|---|
| Gabelöl-Typ | Yamaha-Gabelöl G10 oder vergleichbares 10W-Gabelöl |
| Gabelöl-Füllmenge (je Gabelholm) | 403 ml |
| Gabelöl-Pegel* | 162 ml |
| Freie Federlänge | |
| Standard | 345,4 mm |
| Verschleißgrenze (min.) | 331,6 mm |
| Standrohr-Verzug (max.) | 0,2 mm |

** Der Ölpegel wird bei ausgebauter Feder und zusammengedrückter Gabel vom Standrohr-Rand aus gemessen.*

### Anzugsdrehmomente

| | |
|---|---|
| Bremspedal-Gelenkbolzen | 22 Nm |
| Fußrastenträger-Schrauben | 30 Nm |
| Fußrasten-Innenträger-Schrauben | 45 Nm |
| Gabel – Dämpferschraube | 23 Nm |
| Gabel-Verschlussschraube | 26 Nm |
| Gabelbrücken-Klemmschrauben | |
| obere Brücke | 26 Nm |
| untere Brücke | 23 Nm |
| Handbremshebel-Gelenkbolzen | 1 Nm |
| Handbremshebel-Gelenkbolzenmutter | 6 Nm |
| Handbremszylinder-Klemmschrauben | 10 Nm |
| Kupplungshebel-Gelenkbolzen | 7 Nm |
| Kupplungshebelhalter-Klemmschraube | 11 Nm |
| Lenker-Klemmschrauben | 28 Nm |
| Lenkerhalter-Muttern | 32 Nm |
| Lenkkopflagereinstellring-Klemmschraube | |
| MT-07 und XSR 700 | 21 Nm |
| TRACER | 35 Nm |
| Schwingenbolzenmutter | 110 Nm |
| Seitenständerträger-Bolzen | 63 Nm |
| Stoßdämpferanlenkung | siehe Sektion 12 |
| Stoßdämpfer-Befestigungen | |
| hintere Mutter | 40 Nm |
| vordere Mutter | 44 Nm |

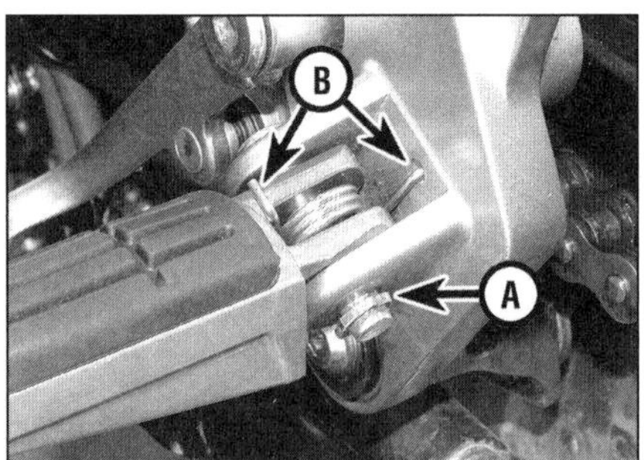


**3.1 Entfernen Sie den Splint (A), und ziehen Sie den Lagerzapfen heraus – beachten Sie die Positionierung der Feder-Enden (B).**

**3.2 Beachten Sie die Positionen der Arretierkugel, der Feder und der Platte.**

**3.4 Fußrastengummi-Schrauben**

## 1 Allgemeine Informationen

**1** Alle Modelle basieren auf einem Brückenrahmen aus Stahlrohr, der den Motor als tragendes Teil aufnimmt. Bei der XSR 700 ist das Rahmenheck demontierbar.
**2** Das Vorderrad steckt in einer konventionellen nicht einstellbaren Teleskopgabel mit 41 mm Standrohrdurchmesser. Die Gabel ist nicht einstellbar.
**3** Das Hinterrad wird in einer Schwinge aus Stahlprofilen (MT-07 und XSR 700) bzw. aus Aluminium (TRACER) geführt, die sich über ein progressiv angelenktes Zentralfederbein mit einstellbarer Federvorspannung gegen den Rahmen abstützt.

## 2 Rahmen

**1** Dem Rahmen braucht normalerweise keine Aufmerksamkeit beigemessen zu werden – solange er nicht bei einem Unfall beschädigt wurde. Nur wenige Spezialisten sind in der Lage, einen verzogenen Rahmen zu reparieren und wieder zu richten.
**2** Nachdem eine Maschine sehr viele Kilometer zurückgelegt hat, sollte der gesamte Rahmen auf Anzeichen von Brüchen oder Rissen an den Schweißnähten begutachtet werden. Lockere Motorhaltebolzen können ihre Aufnahmen ausgeschlagen oder verbogen haben. Kleine Beschädigungen können je nach Ausmaß und Art eventuell von Spezialisten geschweißt werden.
**3** Beachten Sie, dass ein verbogener Rahmen Fahrwerksprobleme hervorruft. Wenn ein Verzug infolge eines Unfalls festgestellt wird, muss der Rahmen von sämtlichen Anbauteilen befreit werden, um ihn komplett kontrollieren und vermessen zu können (siehe Kapitel 6).

## 3 Fußrasten, Bremspedal und Schalthebel

### Fußrasten

**1** Um eine Fahrerfußraste zu demontieren, muss der Splint aus den Lagerzapfen befreit werden, dann wird der Zapfen unter Beachtung der Ausrichtung der Feder herausgezogen (siehe Abbildung).
**2** Die Beifahrerfußrasten der MT-07 und der XSR 700 werden die Fahrerfußrasten demontiert (siehe Schritt 1) – beachten Sie jedoch die federbelastete Kugel samt Platte zwischen der Fußraste und dem Träger, die die Raste in der eingeklappten Position sichert (siehe Abbildung). Lassen Sie die Kugel und die Feder bei der Demontage nicht wegspringen.
**3** Um bei der TRACER die Beifahrerfußrasten entfernen zu können, muss die Mutter gelöst, die Schraube entfernt und die Fußraste entnommen werden – beachten Sie jedoch die federbelastete Kugel samt Platte zwischen der Fußraste und dem Träger, die die Raste in der eingeklappten Position sichert; beachten Sie auch die Hülse am Gelenkbolzen. Lassen Sie die Kugel und die Feder bei der Demontage nicht wegspringen.
**4** Die Fußrastengummis können nötigenfalls ersetzt werden, nachdem die Schrauben an der Unterseite gelöst wurden (siehe Abbildung).
**5** Der Einbau entspricht der umgekehrten Ausbaureihenfolge. Verwenden Sie zum Sichern der Lagerzapfen neue Splinte.

### Schalthebel und Gestänge

#### Ausbau

**6** Falls der Schalthebel vom Schaltgestänge getrennt werden soll, muss an beiden Enden des Gestänges gemessen werden, wie viel Gewinde aus den Kugelgelenken ragt – hierdurch wird die Höhe des Schalthebels zur Fußraste festgelegt. Notieren Sie die Werte und lockern Sie die Kontermuttern – unten befindet sich ein Linksgewinde, sodass die Mutter im Uhrzeigersinn gelöst werden muss (siehe Abbildung). Drehen Sie die Stange aus den Gelenken des Getriebehebels und des Schalthebels – sie löst sich im Uhrzeigersinn gedreht durch das untere Linksgewinde gleichzeitig aus beiden heraus (siehe Abbildung).
**7** Lösen Sie den Schalthebel-Lagerbolzen, und entnehmen Sie die Scheiben und den Hebel (siehe Abbildung).

**3.6a Halten Sie mit einem Schlüssel das Gelenk, und lockern Sie mit dem anderen die Kontermutter.**

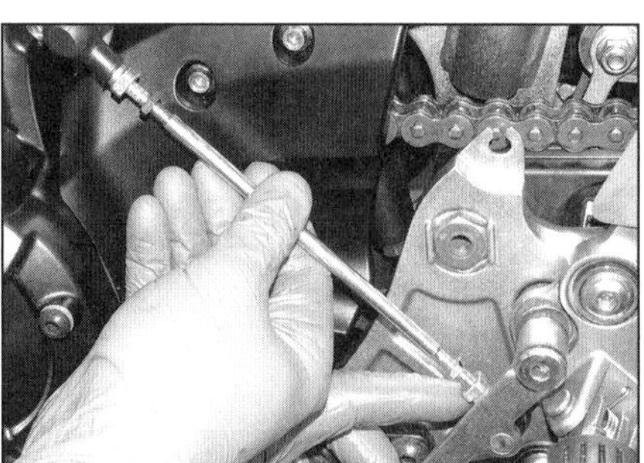

**3.6b Drehen Sie die Stange aus beiden Gelenken.**

**3.7 Beachten Sie die Positionen der Scheiben am Schalthebel.**

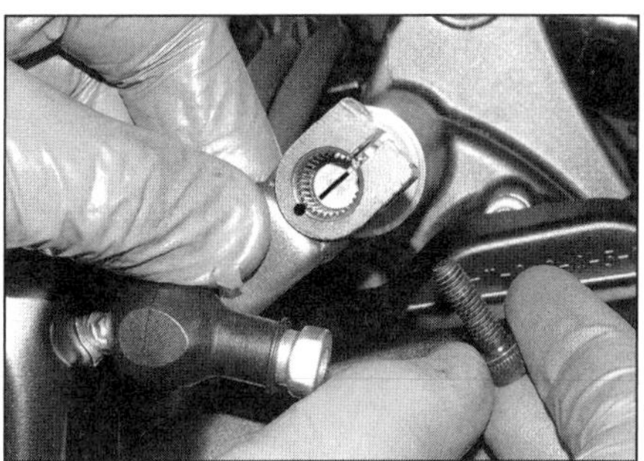

**3.8 Ausrichtung des Schaltwellenhebels auf der Schaltwelle**

8 Beachten Sie die Ausrichtung der Linie an der Schaltwelle zur Körnermarkierung und Klemmöffnung des Schaltwellenhebels, lockern Sie die Klemmschraube, und ziehen Sie den Hebel ab (siehe Abbildung).
9 Falls das Schalthebel-Gummi verschlissen ist, kann es abgezogen und durch ein Neuteil ersetzt werden.

## Einbau

10 Der Einbau entspricht der umgekehrten Ausbaureihenfolge – beachten Sie dabei folgende Punkte:

- Richten Sie die Markierung am Schaltwellenhebel zur Linie auf der Welle aus (Abbildung 3.8).
- Reinigen und fetten Sie die Gleitfläche des Lagerbolzens
- Installieren Sie die größere Anlaufscheibe zwischen den Schalthebel und den Fußrastenträger; die Federscheibe kommt zwischen die äußere Anlaufscheibe und den Lagerbolzen-Kopf (Abbildung 3.7).
- Stellen Sie die gewünschte Höhe des Schalthebels durch Drehen der Verbindungsstange ein (Abbildung 3.6b). Ziehen Sie die Kontermuttern sorgfältig an (Abbildung 3.6a).

# Bremspedal

11 Lösen Sie die Schrauben des rechten Fahrer-Fußrastenträgers, um ihn zu befreien (siehe Abbildung).
12 Hängen Sie die Bremslichtschalter- und die Pedal-Rückholfeder aus (siehe Abbildung).

**3.11 Lösen Sie die Schrauben und befreien Sie den rechten Fußrastenträgers.**

13 Entfernen Sie am Druckstangengelenk den Splint und die Scheibe, und ziehen Sie den Gelenkzapfen heraus (siehe Abbildung) – der Splint muss später durch ein Neuteil ersetzt werden.
14 Lösen Sie den Bremspedal-Lagerbolzen und entnehmen Sie die Scheiben und das Pedal (Abbildung 3.13).
15 Der Einbau entspricht der umgekehrten Ausbaureihenfolge – beachten Sie dabei folgende Punkte:

- Reinigen und fetten Sie die Gleitfläche des Lagerbolzens. Reinigen Sie auch das Gewinde des Bolzens und tragen Sie frische Sicherungspaste auf.
- Installieren Sie die größere Anlaufscheibe zwischen das Pedal und den Fußrastenträger; die Federscheibe kommt zwischen die äußere Anlaufscheibe und den Lagerbolzen-Kopf (Abbildung 3.7).
- Ziehen Sie den Lagerbolzen mit 22 Nm an.
- Alle Federn müssen korrekt eingehängt sein (Abbildung 3.12).
- Sichern Sie den Gelenkzapfen mit einem neuen Splint, dessen Enden um ihn herum gebogen werden müssen (Abbildung 3.13).
- Montieren Sie den Fußrastenträger, indem Sie die Gummiöse an seiner Innenseite über den Zapfen des inneren Halters ausrichten. Installieren Sie dann die Schrauben samt Scheiben, und ziehen Sie sie mit 30 Nm an (siehe Abbildung).

16 Folgen Sie nötigenfalls den Hinweisen in Kapitel 1, Sektion 11, um den Bremslichtschalter und die Pedalhöhe einzustellen.

**3.12 Hängen Sie die Federn aus.**

## 4 Seitenständer

1 Stützen Sie das Motorrad mit einer geeigneten Vorrichtung sicher ab. Binden Sie den Bremshebel gegen den Lenker, um das Vorderrad zu blockieren. Klappen Sie den Seitenständer ein.
2 Hängen Sie vorsichtig die Ständerfedern aus und entfernen Sie sie samt der Verbindungsplatte (siehe Abbildung).
3 Kontern Sie den Kopf des Lagerbolzens, lösen Sie die Mutter, und entfernen Sie die Scheibe. Ziehen Sie dann den Bolzen heraus (Abbildung 4.2). Drücken Sie die Lagerhülse heraus und ziehen Sie den Ständer vom Halter; entfernen Sie die Scheiben, die an beiden Seiten des Halters sitzen.
4 Der Einbau entspricht der umgekehrten Ausbaureihenfolge – beachten Sie dabei folgende Punkte:

- Schmieren Sie die Gleitflächen /Hülsen / Scheiben des Ständers und des Bolzens mit Lithiumfett.
- Hängen Sie die Federn ein (Abbildung 4.2a) – sie müssen den Ständer sicher in der eingeklappten Position halten – ein während der Fahrt ausklappender Ständer kann zu schweren Unfällen führen.
- Prüfen Sie die Funktion des Seitenständerschalters und des dazugehörigen Sicherheitsstromkreises (siehe Kapitel 1, Sektion 18).

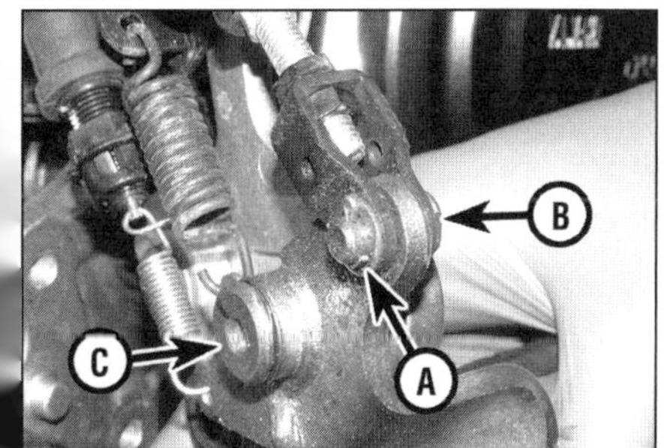


**3.13 Biegen Sie den Splint (A) gerade, um ihn zu entfernen. Ziehen Sie dann den Gelenkzapfen (B) heraus. Bremspedal-Lagerbolzen (C)**

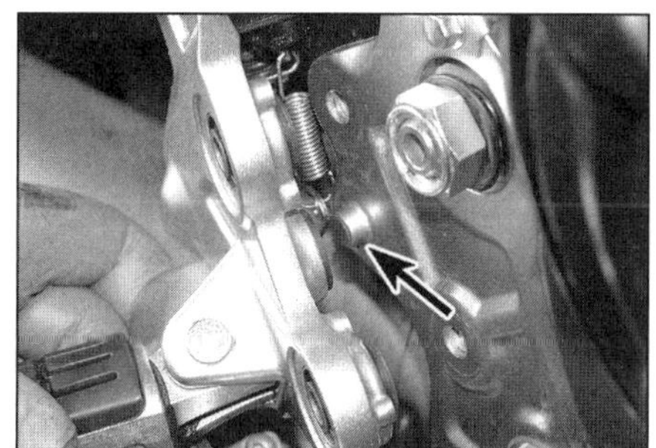

**3.15 Richten Sie das Gummi innen am Fußrastenträger über dem Zapfen des inneren Trägers aus.**

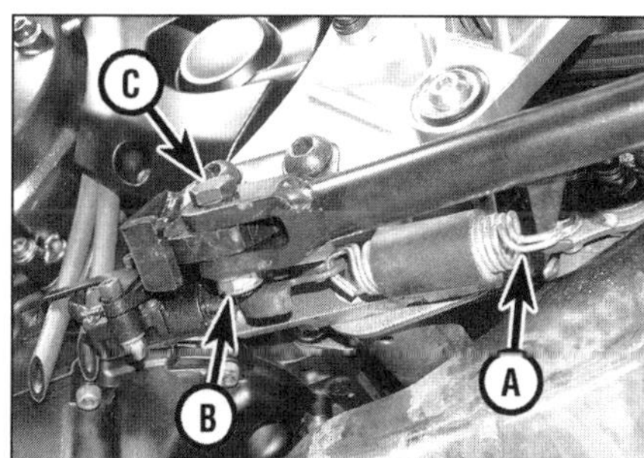


**4.2 Hängen Sie mit einem geeigneten Haken die Ständerfedern (A) aus. Seitenständerbolzen (C) mit Mutter (B)**

5

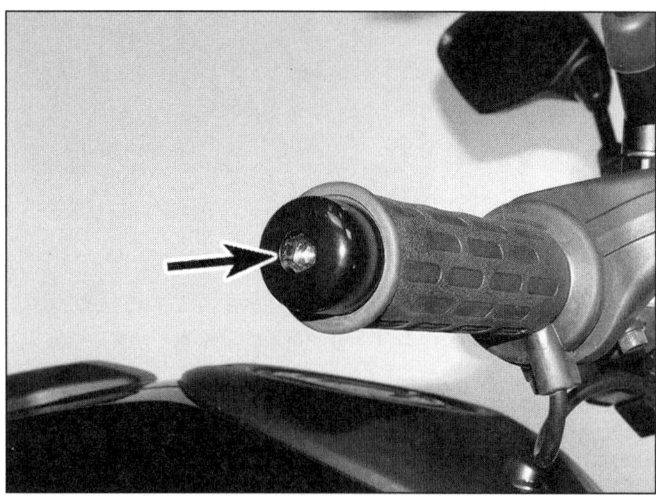

5.4a Bei der MT-07 und der XSR 700 wird das Lenkergewicht direkt mit einem Inbusschlüssel herausgedreht.

5.4b Bei der TRACER muss die Schraube des Lenkergewichts gelöst werden, um dies herausziehen zu können.

## 5 Lenker und Hebel

# Lenker

## Demontage

**Anmerkung:** *Der Lenker kann von der oberen Gabelbrücke demontiert werden, ohne dass irgendwelche Bauteile von ihm getrennt werden müssen – siehe Schritt 11. Achten Sie darauf, keine Kabel unter Last zu setzen. Lagern Sie den demontierten Lenker auf Lappen. Bedecken Sie auch den Ausgleichsbehälter der Handbremse mit Lappen.*

**1** Demontieren Sie die Rückspiegel und bei der TRACER sowie dem MT-07-Sondermodell Moto Cage die Handprotektoren (siehe Kapitel 7).
**2** Demontieren Sie bei der MT-07 und der XSR 700 die Instrumente (siehe Kapitel 8).
**3** Befreien Sie die Gaszüge vom Gasgriff (siehe Kapitel 4).
**4** Lösen Sie die Lenkergewichte aus dem Lenker (siehe Abbildungen).
**5** Ziehen Sie den Gasgriff vom Lenker.
**6** Lösen Sie die zwei Klemmschrauben des Handbremszylinders und nehmen Sie die Baugruppe ab (siehe Kapitel 6). Halten Sie den Ausgleichsbehälter aufrecht, um das Auslaufen von Bremsflüssigkeit zu vermeiden und keine Luft in die Hydraulik eindringen zu lassen. Setzen Sie den Hydraulikschlauch nicht unter Last.
**7** Demontieren Sie die Lenkerschalter (siehe Kapitel 8).
**8** Ziehen Sie das Griffgummi ab – falls es aufgeklebt ist und sich nicht mit einem eingeschobenen Werkzeug lösen lässt, kann Schmiermittel eingesprüht oder Druckluft angesetzt werden, um es entfernen zu können. Nötigenfalls muss es längs aufgeschnitten werden.

***Achtung: Tragen Sie beim Einsatz von Sprühöl oder Druckluft eine Schutzbrille!***

**9** Befreien Sie den Kupplungszug vom Lenkerhebel (siehe Kapitel 2, Sektion 12).
**10** Lockern Sie die Klemmschraube des Kupplungshebelhalters, und ziehen Sie ihn vom Lenker (siehe Abbildung).
**11** Stützen Sie den Lenker und lösen Sie seine Klemmschrauben. Entfernen Sie die Klemmstücke, und entnehmen Sie den Lenker (siehe Abbildung).
**12** Um den Lenkerhalter entfernen zu können, müssen die Muttern an der Unterseite der oberen Gabelbrücke gelöst und samt Scheiben entfernt werden. Ziehen Sie dann den Lenkerhalter nach oben aus der Gabelbrücke, und entnehmen Sie auch hier die Scheiben (siehe Abbildung).

## Einbau

**13** Falls der Lenkerhalter demontiert wurde, muss er mit den Scheiben in die obere Gabelbrücke gesteckt werden. Installieren Sie von unten die Scheiben und die Muttern, und ziehen Sie diese mit 32 Nm an (Abbildung 5.12).
**14** Positionieren Sie den Lenker so, dass die Körnermarkierung hinten links bündig zur Oberseite des Halters liegt (siehe Abbildung).

5.10 Kupplungshalter-Klemmschraube

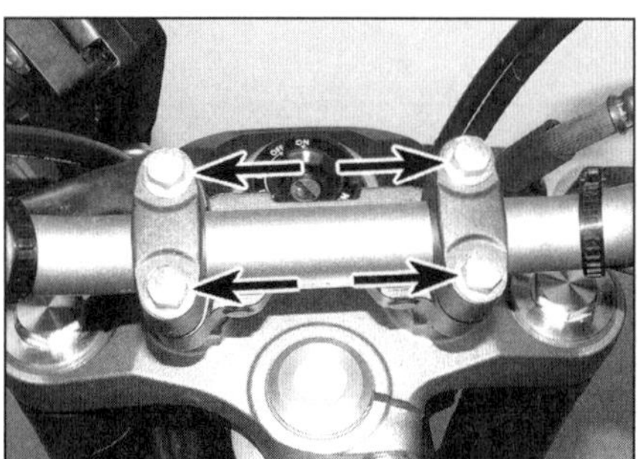

5.11 Lösen Sie die vier Lenkerschrauben.

5.12 Linke Mutter des Lenkerhalters

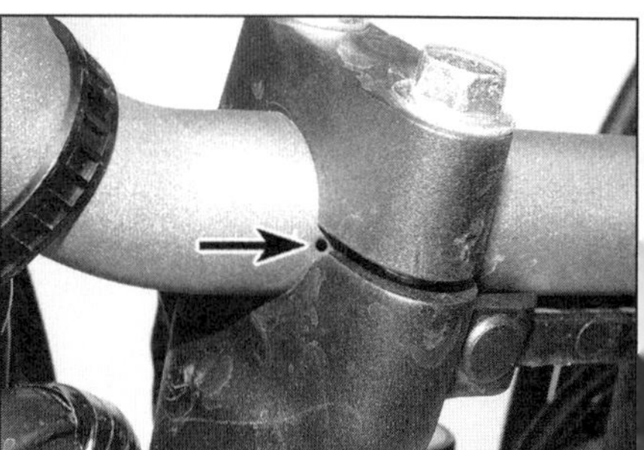

5.14 Richten Sie die Markierung hinten innen zur Kontaktfläche des Lenkerhalters aus.

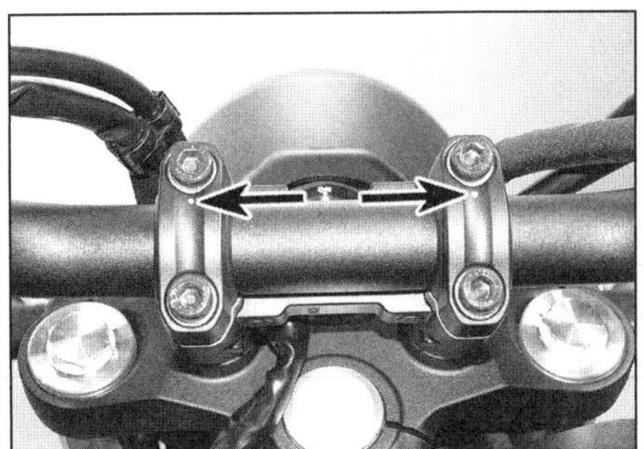

**5.15 Richten Sie die Markierungen der Klemmstücke nach vorn aus (gezeigt an der XSR 700 – andere Modelle haben andere Markierungen).**

**5.16a Richten Sie die Klemmöffnung des Kupplungshebelhalter unten zur Körnermarkierung aus.**

**5.16b Richten Sie die Kontaktfläche des Bremszylinderhalters oben zur Körnermarkierung aus.**

**15** Setzen Sie die Klemmstücke mit den Markierungen nach vorn zeigend auf (siehe Abbildung). Installieren Sie die Schrauben und ziehen Sie zuerst die vorderen und dann die hinteren mit 28 Nm an.

**16** Installierenden Sie die verbliebenen Komponenten in der umgekehrten Demontagereihenfolge – beachten Sie dabei Folgendes:

- Richten Sie die Klemmöffnung des Kupplungshebelhalters zur Körnermarkierung unten am Lenker aus (Abbildung 5.16a), und ziehen Sie die Klemmschraube mit 11 Nm an.
- Richten Sie die Kontaktflächen der Handbremszylinder-Klemmung zur Körnermarkierung oben am Lenker aus. Setzen Sie das Klemmstück mit »UP« nach oben zeigend an (Abbildung 5.16b), und ziehen Sie die Schrauben – die obere zuerst – mit 10 Nm an.
- Die Stifte in der unteren Schaltergehäusehälfte (rechts) oder vorderen Hälfte (links) muss in die jeweilige Bohrung des Lenkers greifen.
- Schmieren Sie vor dem Aufschieben des Gasgriffs das rechte Lenkerende mit Mehrzweckfett.
- Verbinden Sie die Gaszüge mit der Drehgriffrolle (siehe Kapitel 4).
- Kontrollieren Sie das Spiel des Kupplungszugs und der Gaszüge (siehe Kapitel 1).
- Vergessen Sie nicht, die Stecker des Kupplungs- und des Bremslichtschalters anzuschließen.
- Prüfen Sie vor der ersten Fahrt die Funktion des Gasgriffs, der Handbremse und der Kupplung sowie aller Schalter.

## Kupplungshebel

**17** Demontieren Sie bei der TRACER sowie dem MT-07-Sondermodell Moto Cage die Handprotektoren und die Rückspiegel (siehe Kapitel 7). Erzeugen Sie bei allen Modellen ausreichend Spiel im Kupplungszug, indem Sie den Einsteller in den Hebelhalter drehen (siehe Kapitel 1, Sektion 10).

**18** Lösen Sie die unten am Halter sitzende Lagerbolzenmutter, drücken Sie den Bolzen heraus, und entnehmen Sie den Hebel, um den Kupplungszug zu befreien (siehe Abbildungen) – achten Sie darauf, dass die Hülse nicht verloren geht.

**19** Der Einbau entspricht der umgekehrten Ausbaureihenfolge. Versehen Sie den Lagerbolzen-Schaft und die Kontaktflächen zwischen dem Hebel und dem Halter mit frischem Fett. Richten Sie die Abflachung an der Unterseite des Lagerbolzen-Kopfes zu denen im Bolzensitz aus (siehe Abbildung). Ziehen Sie die Mutter mit 7 Nm an. Kontrollieren Sie das Spiel des Kupplungszugs (siehe Kapitel 1).

## Handbremshebel

**20** Demontieren Sie bei der TRACER sowie dem MT-07-Sondermodell Moto Cage die Handprotektoren und die Rückspiegel (siehe Kapitel 7).

**21** Kontern Sie den Lagerbolzen mit einem Schraubendreher, und lösen Sie an seiner Unterseite die Kontermutter (siehe Abbildung). Drehen Sie den Bolzen heraus und entnehmen Sie den Hebel – achten Sie darauf, wie er an der Druckstange anliegt.

**22** Der Einbau entspricht der umgekehrten Ausbaureihenfolge. Geben Sie etwas Silikonpaste auf die Gleit- und Kontaktflächen zwischen der Bremszylinder-Druckstange und

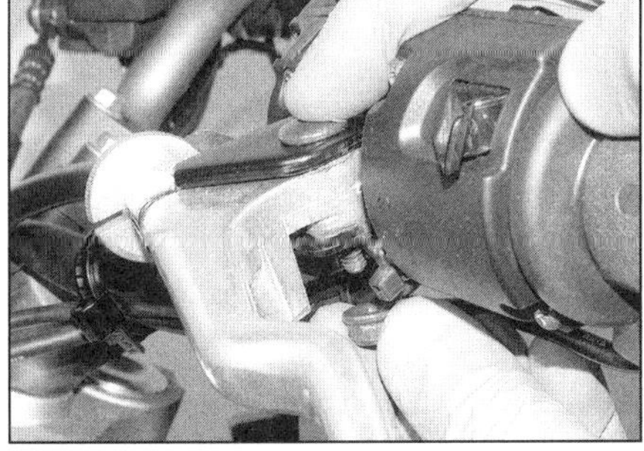

**5.18a Lösen Sie die Mutter, ...**

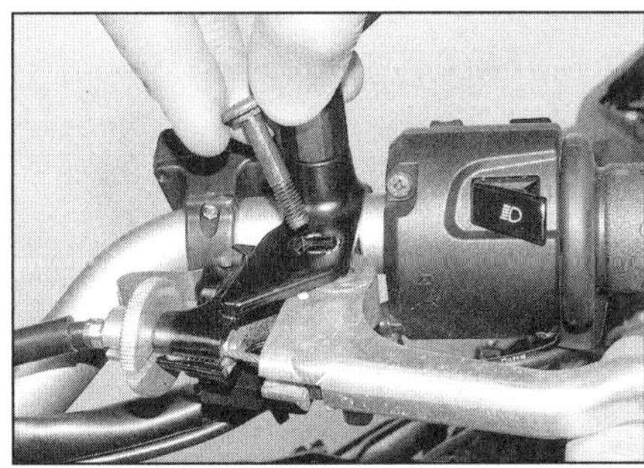

**5.18b ... und ziehen Sie den Lagerbolzen heraus.**

**5.18c Befreien Sie den Kupplungszug aus dem Hebel.**

**5.19 Richten Sie die Abflachung an der Unterseite des Lagerbolzen-Kopfes zu denen im Bolzensitz aus.**

**5.21 Kontern Sie den Bolzen, und lösen Sie seine Mutter.**

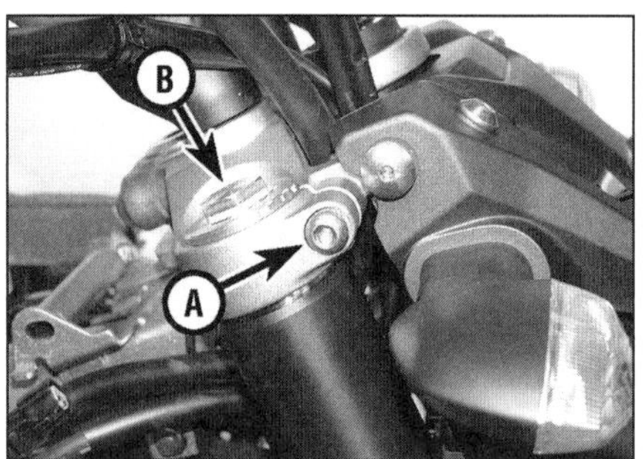


**6.5 Lockern Sie die Klemmschraube (A) der oberen Gabelbrücke; lockern Sie dann ggf. die Verschlussschraube (B).**

**6.6a Lockern Sie die Standrohr-Klemmschrauben der unteren Gabelbrücke, und ziehen Sie den Holm heraus.**

**6.6b Entfernen Sie bei der MT-07 die Gabelhülse und den O-Ring aus der unteren Gabelbrücke.**

dem Hebel sowie die Gleitflächen des Lagerbolzens. Ziehen Sie den Lagerbolzen handfest (1 Nm) an, kontern Sie ihn, und ziehen Sie die Mutter mit 6 Nm an (Abbildung 5.21).

## 6 Gabel
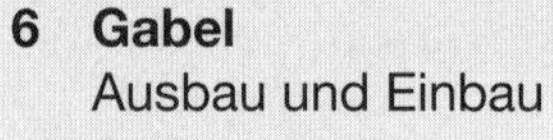

Ausbau und Einbau

### Ausbau

**1** Stützen Sie das Motorrad senkrecht ab, sodass das Vorderrad nicht den Boden berührt. Entfernen Sie zum Schutz vor Beschädigungen bei der TRACER die Verkleidungsseitenteile und die Innenverkleidung (siehe Kapitel 7).
**2** Bauen Sie das Vorderrad aus (siehe Kapitel 6). Sichern Sie die an den Leitungen angeschlossenen Bremssättel außerhalb des Arbeitsbereichs.
**3** Demontieren Sie das Vorderradschutzblech (siehe Kapitel 7).
**4** Arbeiten Sie immer nur an einem Gabelholm. Notieren Sie die Verlegung aller durch die Gabel führenden Bowdenzüge, Bremsleitungen und Kabel.
**5** Notieren Sie, wie weit das Standrohr aus der oberen Gabelbrücke ragt, und lockern Sie hier die Klemmschraube (siehe Abbildung). Falls das Gabelöl gewechselt oder die Gabel zerlegt werden soll, empfiehlt es sich jetzt, die Verschlussschraube zu lockern (siehe Abbildung).
**6** Halten Sie den Gabelholm fest, lockern Sie die Klemmschrauben der unteren Gabelbrücke, und ziehen Sie den Holm nach unten aus der Brücke – drehen Sie ihn dabei nötigenfalls (siehe Abbildung). Falls beide Holme ausgebaut werden, müssen sie markiert werden, um später wieder an ihre ursprüngliche Positionen zu gelangen. Heben Sie bei der MT-07 die Gabelhülsen aus der unteren Brücke, um den Stift aus der Bohrung zu befreien und den O-Ring entfernen zu können (siehe Abbildung) – ersetzen Sie die O-Ringe nötigenfalls.

***Wenn die Standrohre fest in den Gabelbrücken klemmen, müssen die Bereiche mit Kriechöl eingesprüht werden, bevor nach einer gewissen Einwirkzeit ein weiterer Demontageversuch gestartet wird.***

### Einbau

**7** Entfernen Sie alle Rostspuren vom Standrohr und den Gabelbrücken.
**8** Schmieren Sie bei der MT-07 die O-Ringe der Gabelhülsen mit Öl.
**9** Schieben Sie den Gabelholm durch die untere Gabelbrücke. Installieren Sie bei der MT-07 den O-Ring und die Gabelhülse – drücken Sie deren Stift in die Bohrung der unteren Brücke, und achten Sie darauf, dass sich der O-Ring nicht innerhalb der Hülse nach oben schiebt (siehe Abbildungen). Achten Sie bei allen Modellen darauf, dass alle Kabel, Züge und Schläuche wie beim Ausbau notiert verlegt sind. Richten Sie das Standrohr bündig zur oberen Brücke aus, sodass nur die Verschlussschraube darüber hinaus ragt (siehe Abbildung).
**10** Ziehen Sie die unteren Klemmschraube mit 23 Nm an (Abbildung 6.6a). Falls das Gabelöl gewechselt oder die Gabelholme zerlegt wurden, wird jetzt die Verschlussschraube mit 23 Nm angezogen. Ziehen Sie jetzt die Klemmschrauben der oberen Gabelbrücke mit 26 Nm an (Abbildung 6.5).
**11** Montieren Sie alle verbliebenen Komponenten in der umgekehrten Ausbaureihenfolge.
**12** Prüfen Sie vor der ersten Fahrt die Funktion der Gabel und der Vorderradbremse.

## 7 Gabel
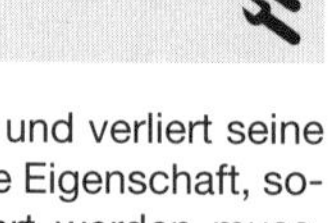

Ölwechsel

**1** Gabelöl altert mit der Zeit und verliert seine dämpfende und schmierende Eigenschaft, sodass es gelegentlich erneuert werden muss. Wechseln Sie immer das Gabelöl beider Gabelholme gleichzeitig.
**2** Bauen Sie einen Gabelholm aus – lockern Sie vor dem Lösen der unteren Gabelbrücken-Klemmschrauben die Verschlussschraube (siehe Sektion 6).
**3** Drehen Sie die Verschlussschraube aus dem Standrohr – sie steht unter Federdruck durch die Gabelfeder, sodass sich der Ausbau mit einer Ratsche empfiehlt, über die permanent Druck auf den Verschluss ausge-

**6.9a Installieren Sie bei der MT-07 den O-Ring über das Standrohr, ...**

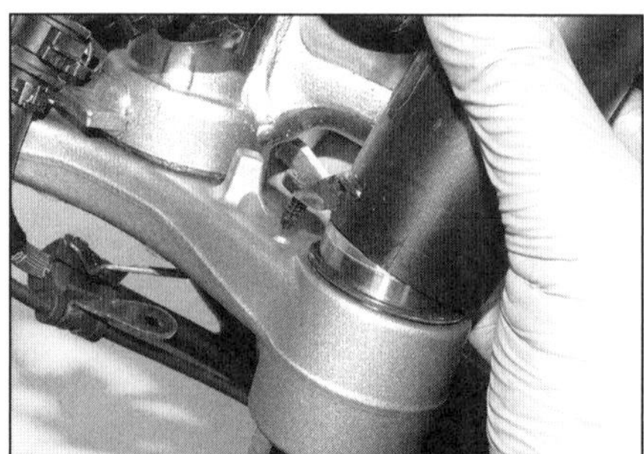

**6.9b ... und drücken Sie den Stift der Gabelhülse in die Bohrung der unteren Brücke.**

**6.9c Das Standrohr muss bündig zur oberen Brücke sitzen, sodass nur die Verschlussschraube heraus ragt.**

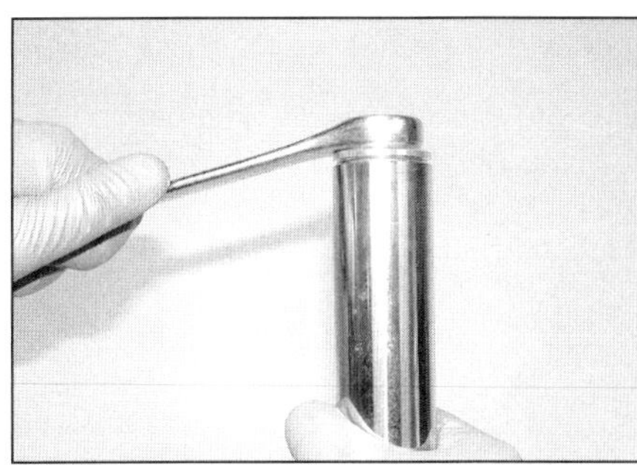

7.3 **Drehen Sie die Verschlussschraube aus dem Standrohr – sie steht unter Federdruck!**

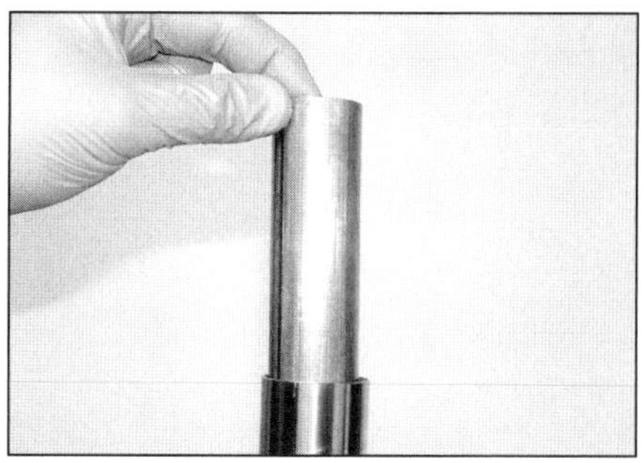

7.4a **Entfernen Sie das Distanzrohr, ...**

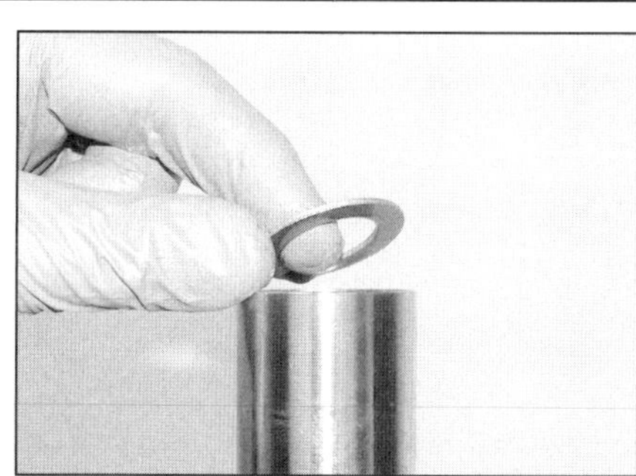

7.4b **... die Scheibe ...**

übt wird, damit sie nicht wegspringt (siehe Abbildung).

**4** Ziehen Sie das Distanzrohr heraus und schieben Sie das Standrohr ins Tauchrohr, um die Scheibe und die Gabelfeder zu entfernen (siehe Abbildungen).

**5** Gießen Sie das Gabelöl in einen Sammelbehälter – pumpen Sie mit dem Standrohr einige Male, um möglichst viel Öl herauszubekommen (siehe Abbildungen). Stellen Sie den Gabelholm eine Zeit lang verkehrt herum in den Behälter, um das Öl abtropfen zu lassen und pumpen Sie anschließend erneut.

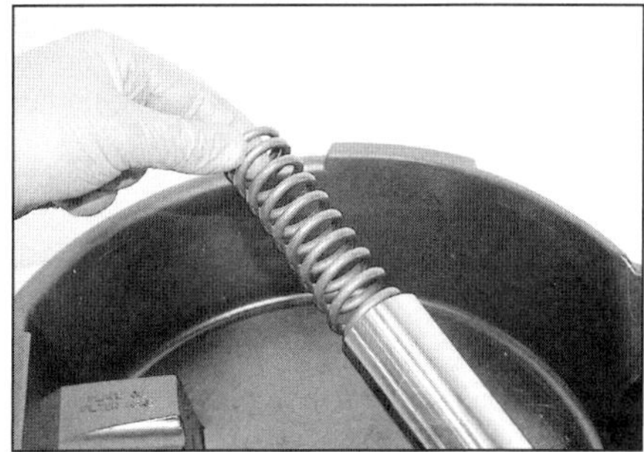

7.4c **... und die Gabelfeder.**

**Anmerkung:** *Falls das Gabelöl Metallpartikel enthält, müssen die Gleitbuchsen auf Verschleiß überprüft werden (siehe Sektion 8). Wischen Sie die Distanzhülse und die Feder sauber.*

**6** Stellen Sie den zusammengeschobenen Gabelholm aufrecht hin und füllen Sie langsam die vorgeschriebene Menge des empfohlenen Gabelöls ein (siehe Abbildung). Pumpen Sie mindestens zehnmal langsam mit dem Standrohr, um Luftblasen aufsteigen zu lassen. Warten Sie etwa zehn Minuten, damit das Öl überall hinfließt und alle Luftblasen aufsteigen können. Schieben Sie das Standrohr bis zum Anschlag ins Tauchrohr, und messen Sie vom oberen Rand die Höhe des Ölpegels – es müssen 162 mm ermittelt werden (siehe Abbildung). Füllen Sie nötigenfalls Öl nach oder gießen Sie etwas aus, bis der Pegel korrekt ist.

**7** Ziehen Sie das Standrohr aus dem Tauchrohr, und installieren Sie die Feder, die Scheibe und das Distanzrohr (siehe Abbildung sowie Abbildung 7.4b und a).

**8** Falls der O-Ring der Verschlussschraube beschädigt ist oder Alterungserscheinungen zeigt, muss er ersetzt werden (siehe Abbildung). Schmieren Sie den O-Ring mit Gabelöl und drehen Sie die Verschlussschraube ins vollständig herausgezogene Standrohr – drehen Sie sie möglichst weit von Hand gegen den Federdruck ins Standrohr – sie darf dabei nicht verkanten.

**Anmerkung:** *Die Verschlussschraube kann mit dem korrekten Drehmoment angezogen werden, wenn der Gabelholm montiert und mit der unteren Gabelbrückenklemmschraube gesichert ist – die obere Klemmschraube darf erst danach angezogen werden.*

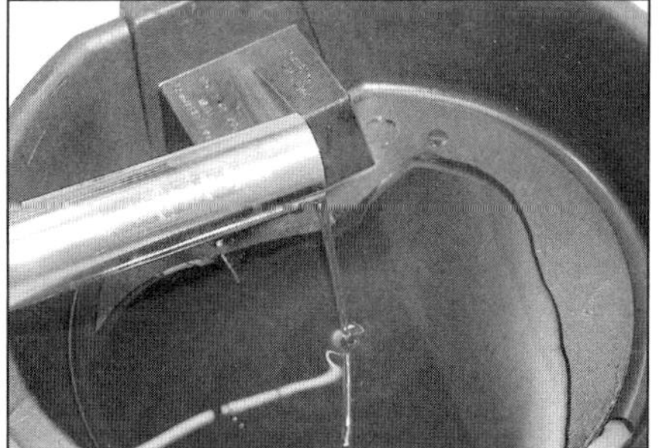

7.5a **Gießen Sie das Gabelöl aus, ...**

7.5b **... und pumpen Sie Reste heraus.**

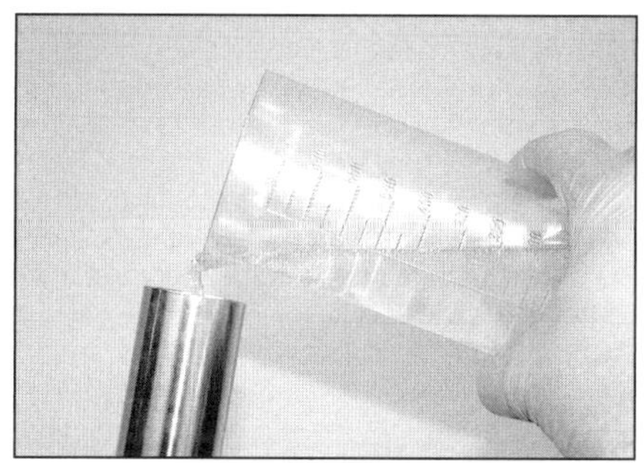

7.6a **Füllen Sie langsam frisches Gabelöl ein, damit möglichst wenige Luftblasen entstehen.**

7.6b **Messen Sie den Pegel bei senkrecht stehendem Gabelholm.**

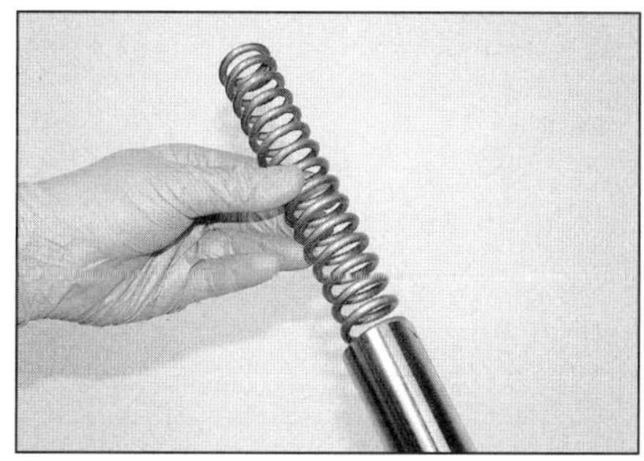

7.7 **Installieren Sie die Feder ins Standrohr.**

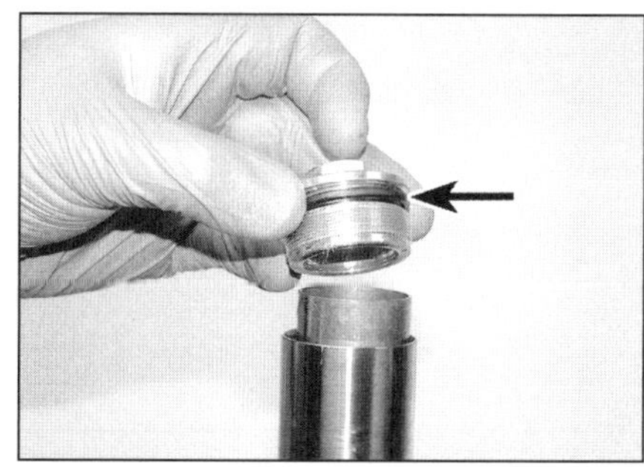

7.8 **Kontrollieren Sie den O-Ring**

**8.2a Klopfen Sie mit einem Hammer und einem Stück Holz den Gabelprotektor ab.**

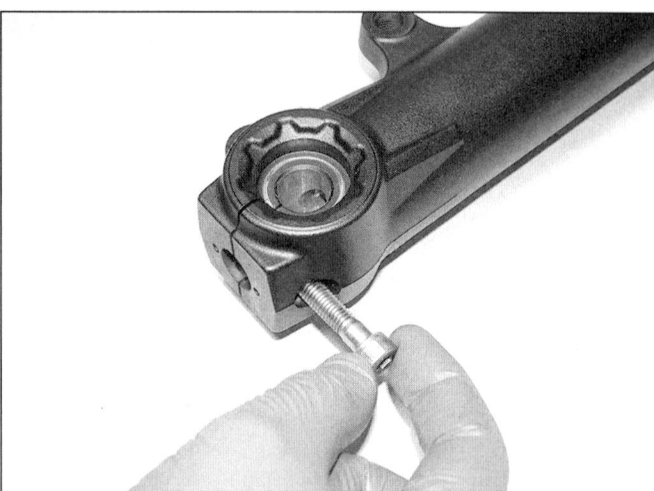

**8.2b Drehen Sie die Klemmschraube unten aus dem rechten Tauchrohr.**

**9** Montieren Sie den Gabelholm (siehe Sektion 6).

## 8 Gabel
Überholen

**Spezialwerkzeug:** *Zum Halten des Dämpfers und für den Einbau der oberen Gleitbuchse und des Dichtrings sind bei Yamaha Spezialwerkzeuge erhältlich – wir zeigen, wie die Arbeit mit Alternativen durchgeführt werden kann.*

**1** Bauen Sie einen Gabelholm aus. Lockern Sie vor dem Lösen der unteren Gabelbrücken-Klemmschraube die Verschlussschraube (siehe Sektion 6). Zerlegen Sie die Gabelholme immer einzeln, um Verwechslungen von Teilen zu vermeiden, was nach der Montage zu einem erhöhten Verschleiß führen würde. Lagern Sie alle Komponenten in getrennten und markierten Behältern.

### Zerlegen

**2** Entfernen Sie den Gabel-Protektor, indem Sie ihn vom Tauchrohr klopfen (siehe Abbildung). Entfernen Sie am rechten Gabelholm die Achsen-Klemmschraube (siehe Abbildung).

**3** Lockern Sie die unten im Tauchrohr sitzende Dämpferstangenschraube (siehe Abbildung). Falls sich die Dämpferstange dabei mitdreht, muss der auf dem Kopf stehende Holm soweit komprimiert werden, bis die Feder genügend Druck ausübt, um den Dämpfer zu halten und die Schraube gelöst werden kann. Nötigenfalls kann nach dem Ausbau der Feder das Yamaha-Spezialwerkzeug 90890-01460 samt T-Griff (Teilenummer 90890-01326) angesetzt werden – das Werkzeug hat einen konischen Kopf, der in den Dämpfer greift und ihn beim Lösen der Schraube hält. Unser Versuch, die Arbeit mit einem zurechtgefeilten Besenstiel zu erledigen, hat den Dämpfer nicht blockiert; stattdessen haben wir eine Metallstange am Ende angeschliffen (siehe Abbildung), das andere Ende auf den Boden gestellt und den Gabelholm darüber gestülpt, um ihn beim Anziehen der Schraube aufzupressen. Alternativ kann ein Luftdruck-Schrauber verwendet werden.

**4** Wechseln Sie zu Sektion 7, um den Verschluss, das Distanzrohr, die Scheibe und die Feder zu entfernen und das Gabelöl auszugießen.

**5** Entfernen Sie die zuvor gelockerte Dämpferstangenschraube und ihre Dichtscheibe unten aus dem Tauchrohr (Abbildung 8.3a) – die Scheibe muss später erneuert werden. Hindern Sie nötigenfalls den Dämpfer am Mitdrehen (siehe Schritt 3). Kippen Sie die Dämpferstange und ihre Feder aus dem Standrohr (siehe Abbildung).

**6** Hebeln Sie vorsichtig die Staubdichtung oben aus dem Tauchrohr (siehe Abbildung) – später muss eine neue verwendet werden.

**7** Komprimieren Sie den Gabelholm, um Schäden an den Gleitflächen zu vermeiden. Hebeln Sie dann mit einem kleinen Schraubendreher vorsichtig den Sicherungsdraht des

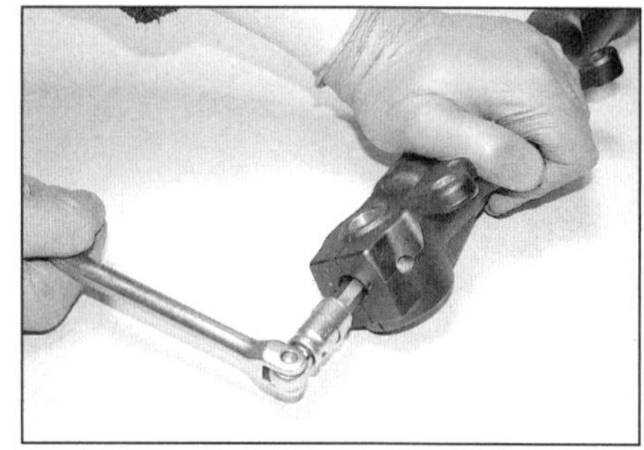

**8.3a Lockern Sie die Dämpferstangenschraube wie beschrieben.**

**8.3b Eine entsprechend angeschliffene Eisenstange kann zum Blockieren des Dämpfers verwendet werden.**

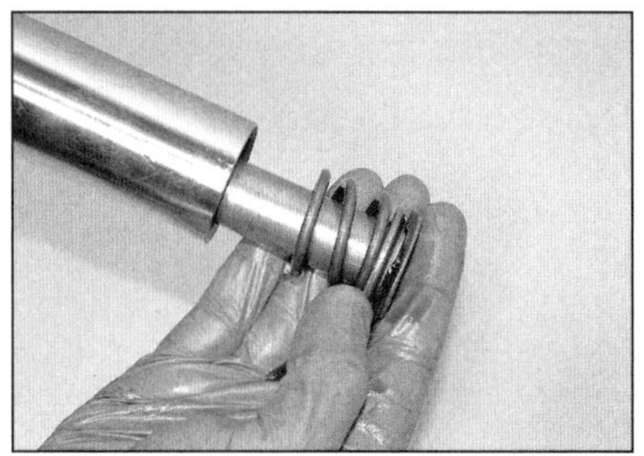

**8.5 Kippen Sie die Dämpferstange samt Anschlagfeder heraus.**

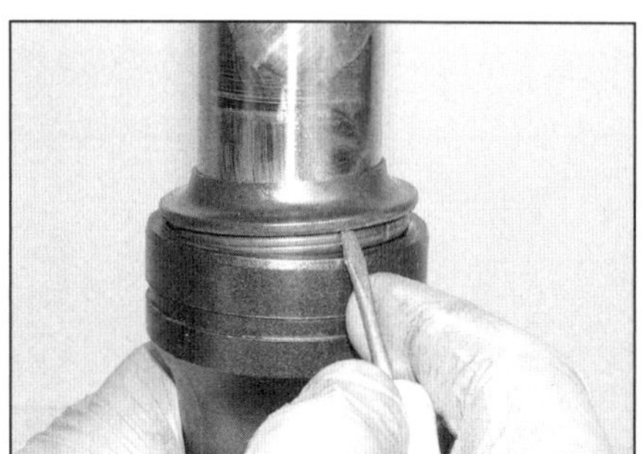

**8.6 Hebeln Sie mit einem Schraubendreher die Staubdichtung ab.**

**8.7 Hebeln Sie die Drahtsicherung vorsichtig mit einem Schraubendreher heraus.**

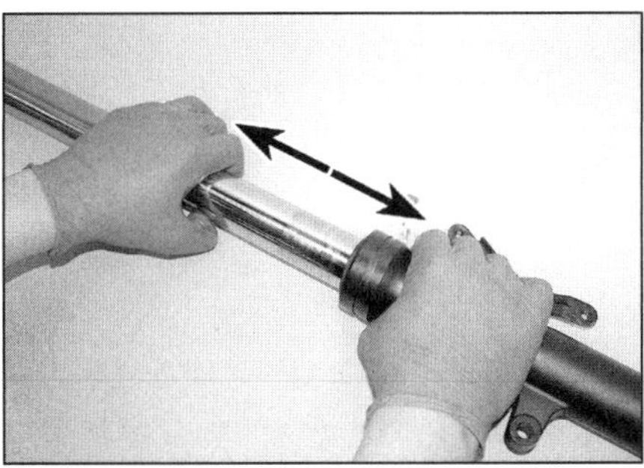

**8.8a Ziehen Sie die beiden Rohre zum Trennen mehrmals kräftig auseinander, ...**

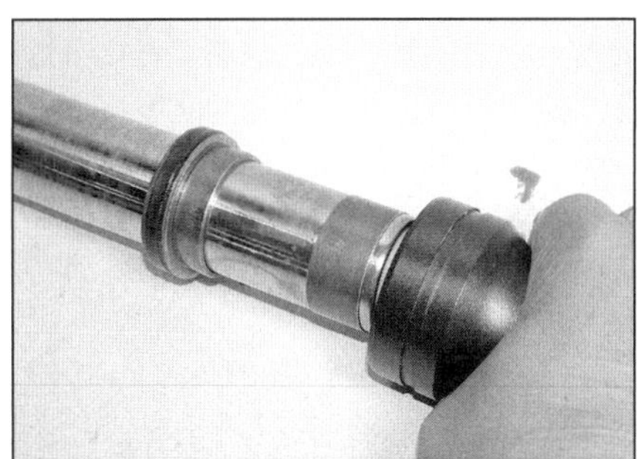

**8.8b ... um den Dichtring und die obere Buchse aus dem Tauchrohr zu ziehen.**

Dichtrings aus dem Tauchrohr – zerkratzen Sie dabei nicht die Oberfläche des Standrohrs (siehe Abbildung).

**8** Um das Standrohr aus dem Tauchrohr zu trennen, müssen der Dichtring und die obere Gleitbuchse hieraus befreit werden. Weil die am Standrohr sitzende untere Buchse nicht durch die ins Tauchrohr gepresste untere Buchse passt, kann sie als Auszieh-Werkzeug benutzt werden. Greifen Sie das Standrohr mit der einen Hand und das Tauchrohr mit der anderen und schieben Sie die Teile zusammen; ziehen Sie sie dann kräftig auseinander, sodass die untere Buchse die obere und den Dichtring herausdrückt. Wiederholen Sie dies, bis die Rohre getrennt sind (siehe Abbildungen).

**9** Ziehen Sie den Dichtring, seine Scheibe und die obere Gleitbuchse vom Standrohr – beachten Sie ihre Einbaupositionen. Der Gabeldichtring muss beim Einbau durch Neuteile ersetzt werden – soweit kein spezielles Dichtring-Einbauwerkzeug vorhanden ist, wird der alte Ring beim Einbau des neuen benötigt.

**10** Der Dämpferstangensitz kann aus dem Tauchrohr gekippt werden – merken Sie sich seine Einbaurichtung und die darin sitzende Feder (siehe Abbildungen).

## Kontrolle

**11** Reinigen Sie alle Teile in Lösungsmittel, und blasen Sie sie möglichst mit Druckluft aus. Begutachten Sie das Standrohr auf Kerben, Kratzer, abblätternde Beschichtung und extremen oder abnormalen Verschleiß. Finden sich an Ausbrüche durch Steinschlag, muss das Standrohr mit einer neuen Hartchromschicht versehen oder erneuert werden – Yamaha empfiehlt, immer beide Standrohre auszutauschen. Begutachten Sie den Dichtring-Sitz im Tauchrohr auf Kerben, Beulen und Riefen – solche Schäden können zu Undichtigkeit führen.

**12** Kontrollieren Sie das Standrohr mithilfe von Prismenböcken und einer Messuhr auf Verzug (siehe Abbildung). Wenn das Rohr mehr als 0,2 mm verbogen ist, muss es ersetzt werden.

***Warnung: Wenn ein Standrohr verbogen ist, darf es nicht wieder gerichtet, sondern muss ersetzt werden.***

**13** Überprüfen Sie die Gleitflächen der Buchsen (also die äußere Fläche der unteren und die Innenfläche der oberen Buchse) (siehe Abbildung) – sie müssen überall mit Teflon beschichtet sein. Falls die Gleitschicht verschwunden ist oder Riefen erkennbar sind, müssen die Buchsen ersetzt werden.

**Anmerkung:** *Yamaha empfiehlt, die Buchsen nach jedem Zerlegen des Gabelholms auszutauschen – sie sind nicht teuer. Die untere Buchse (am Standrohr) kann entfernt werden, indem sie mithilfe eines großen Schraubendrehers am Schlitz auseinandergedrückt und abgezogen wird (siehe Abbildung) – die neue Buchse wird auf die gleiche Weise montiert.*

**14** Kontrollieren Sie die Feder auf Brüche und andere Beschädigungen. Messen Sie ihre freie Länge, und vergleichen Sie den Wert mit den technischen Daten (siehe Abbildung). Wenn

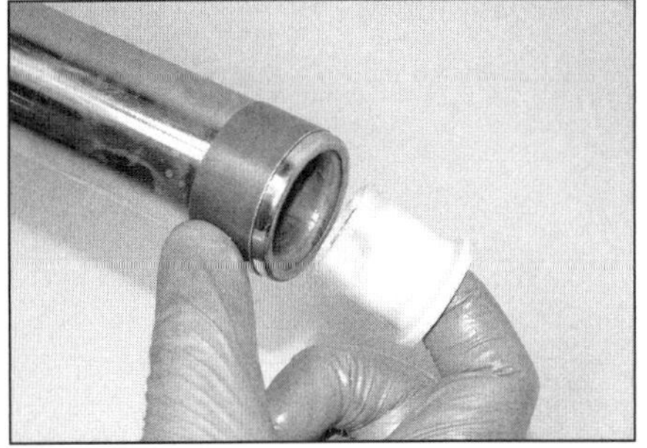

**8.10a Entfernen Sie den Dämpfersitz, ...**

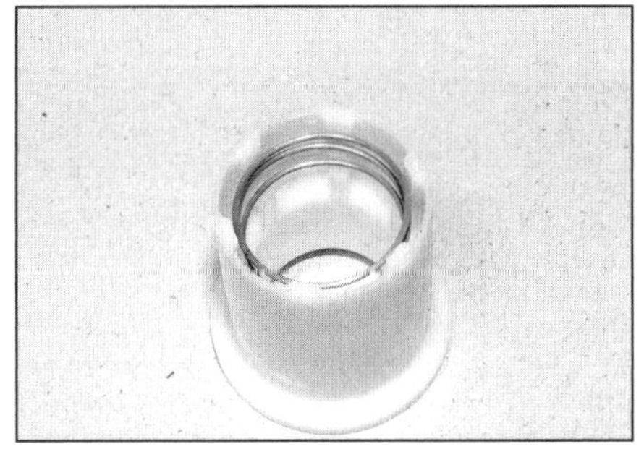

**8.10b ... und beachten Sie die darin sitzende Feder.**

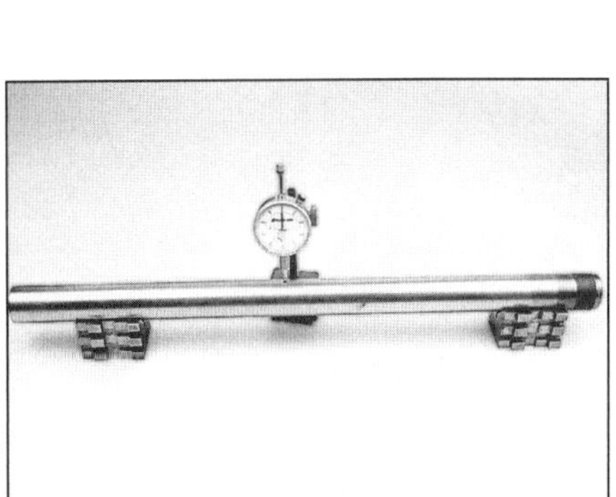

**8.12 Kontrollieren Sie das Standrohr auf Verzug.**

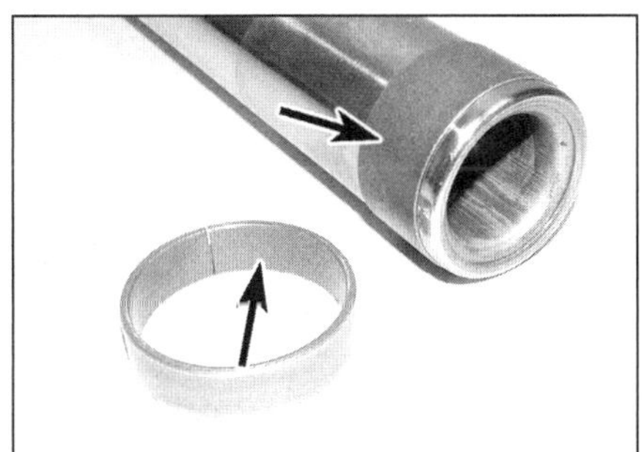

**8.13a Kontrollieren Sie die Gleitflächen der Gleitbuchsen auf Verschleiß.**

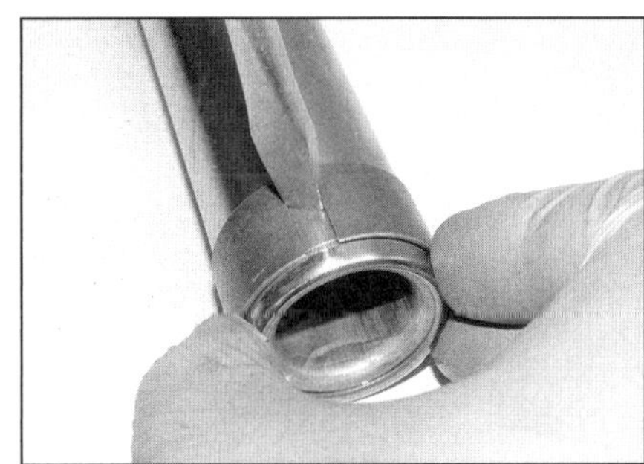

**8.13b Hebeln Sie die Enden der unteren Buchse so weit auf, bis sie abgezogen werden kann.**

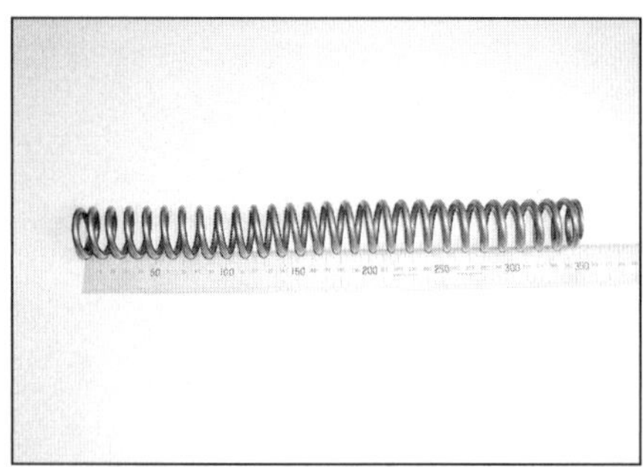

**8.14 Messen Sie die freie Länge der Gabelfeder.**

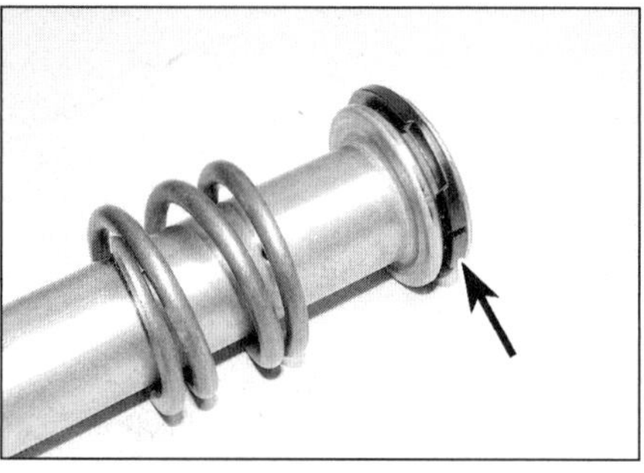

**8.15 Kontrollieren Sie den Dämpferstangen-Kolbenring (Pfeil) und die Anschlagfeder.**

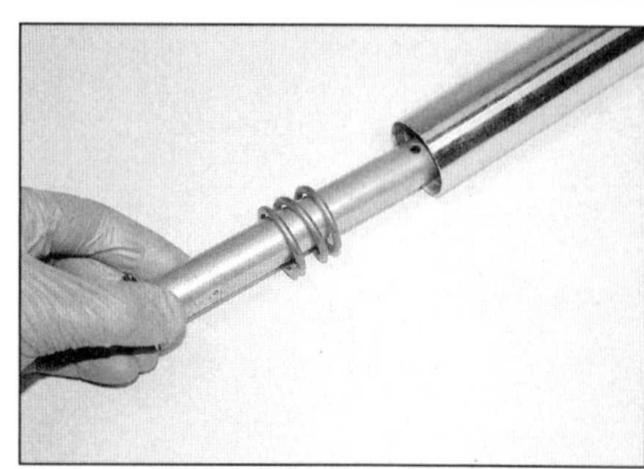

**8.17a Schieben Sie die Dämpferstange von oben ins Standrohr, ...**

eine Gabelfeder gebrochen oder ermüdet und kürzer als 331,6 mm ist, müssen immer die Federn beider Gabelholme ersetzt werden – niemals eine einzelne!

**15** Kontrollieren Sie die Dämpferstange, den an ihrem Kopf sitzenden Kolbenring und die daran sitzende Anschlagfeder auf Schäden und Verschleiß und ersetzen Sie schadhafte Teile (siehe Abbildung). Begutachten Sie den Dämpfersitz – falls er verschlissen oder beschädigt ist, muss er ersetzt werden.

## Zusammenbau

**16** Installieren Sie nötigenfalls eine neue untere Gleitbuchse in die Vertiefung unten am Standrohr (siehe Schritt 13) (Abbildung 8.13b).

**17** Schieben Sie die Anschlagfeder auf die Dämpferstange (Abbildung 8.15). Der Kolbenring muss korrekt in seiner Nut sitzen – seine Ausschnitte also nach oben zeigen. Stecken Sie die Stange von oben ins Standrohr, bis sie unten wider herausragt (siehe Abbildung). Setzen Sie unten den mit der Feder ausgerüsteten Sitz auf (Abbildung 8.10b), und schieben Sie die Stange zurück ins Rohr (siehe Abbildungen).

**18** Schmieren Sie das Standrohr und die untere Gleitbuchse mit Gabelöl, und schieben Sie das Standrohr vollständig ins Tauchrohr, sodass der Dämpfersitz unten im Tauchrohr aufliegt (siehe Abbildung).

**19** Legen Sie den Gabelholm flach auf die Werkbank. Reinigen Sie das Gewinde der Dämpferschraube. Legen Sie eine neue Dichtscheibe auf, und tragen Sie am Gewinde einige Tropfen Sicherungspaste auf, bevor die Schraube von unten in die Dämpferstange gedreht wird (siehe Abbildung). Halten Sie den Dämpferkopf mit dem beim Lösen der Schraube verwendeten Werkzeug (siehe Schritt 3), und ziehen Sie die Dämpferschraube mit 30 Nm an.

**20** Drücken Sie das Standrohr vollständig ins Tauchrohr. Schmieren Sie die obere Gleitbuchse innen mit Gabelöl und schieben Sie sie über das Standrohr herunter. Drücken Sie die Buchse senkrecht in ihren Sitz im Tauchrohr (siehe Abbildung). Legen Sie die Scheibe über die Buchse. Treiben Sie die Buchse mithilfe der Yamaha-Spezialwerkzeuge oder eines geeigneten Rohres ins Tauchrohr. Nötigenfalls kann die Buchse mithilfe eines geeigneten Treibdorns eingetrieben werden – die Dichtring-Scheibe schützt dabei den Rand der Buchse (siehe Abbildung). Umwickeln Sie beim Einsatz des Dorns das komplett eingeschobene Standrohr möglichst mit Klebeband, um es

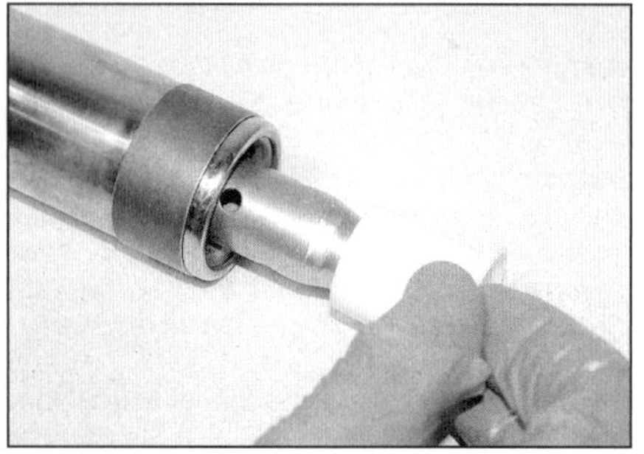

**8.17b ...bis sie unten heraus ragt. Stecken Sie unten den Dämpfersitz auf, ...**

**8.17c ... und drücken Sie ihn ins Standrohr.**

**8.18 Schieben Sie das Standrohr ins Tauchrohr.**

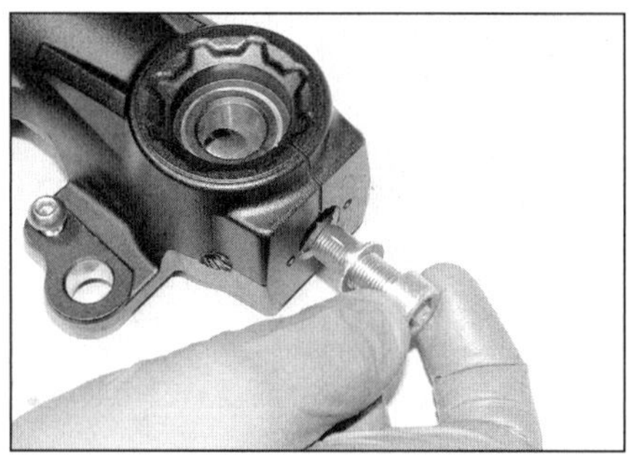

**8.19 Rüsten Sie die Dämpferstangenschraube mit Sicherungspaste und einer neuen Dichtscheibe aus.**

**8.20a Schieben Sie die Buchse auf ...**

**8.20b ... und die Scheibe darüber.**

8.20c Das korrekte Einbauwerkzeug wird über der Scheibe angesetzt ...

8.20d ... und die Buchse mit einem Gleithammer eingetrieben.

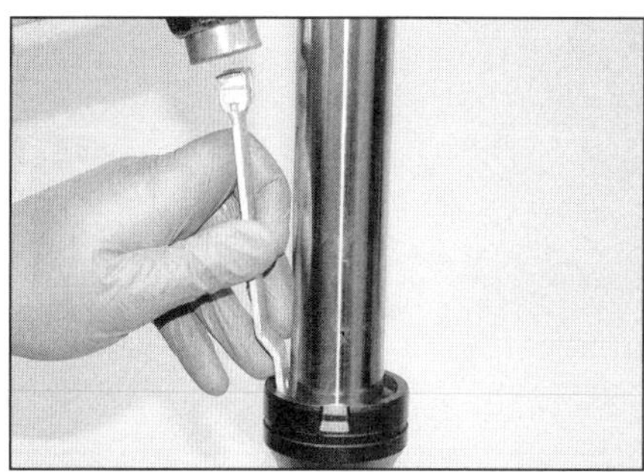
8.20e Die Buchse kann auch mit einem geeigneten Dorn eingetrieben werden – dieser ist besonders geformt.

nicht zu zerkratzen. Klopfen Sie die Buchse gleichmäßig rundherum ein, damit sie nicht verkantet. Sobald die Buchse korrekt sitzt, ändern sich die Geräusche beim Einklopfen. Heben Sie die Scheibe an, um den korrekten Sitz zu überprüfen (siehe Abbildung).

**21** Schmieren Sie die Dichtlippen des neuen Dichtrings mit Gabelöl und schieben Sie ihn mit den Markierungen nach oben zeigend über das Standrohr ins Tauchrohr (siehe Abbildung) – falls vorhanden, kann das Yamaha-Spezialwerkzeug verwendet werden (Abbildung 8.20d und e). Schieben Sie bei der Verwendung eines Treibdorns den alten Dichtring zum Schutz darüber, und treiben Sie den Dichtring ein, bis die Nut der Drahtsicherung rundherum freiliegt (siehe Abbildung). Hebeln Sie den alten Dichtring mit einem Schraubendreher wieder ab.

**22** Installieren Sie die Drahtsicherung rundherum in ihre Nut (siehe Abbildung).

**23** Schieben Sie die innen gefettete Staubdichtung über das Standrohr, und drücken Sie sie ins Tauchrohr (siehe Abbildung).

**24** Wechseln Sie zu Sektion 7, Schritte 6 bis 8, um Gabelöl aufzufüllen und den Zusammenbau abzuschließen.

**25** Falls die Dämpferstangenschraube noch angezogen werden muss (siehe Schritt 19), muss der Gabelholm über Kopf auf den Boden gestellt (unterlegen Sie ihn mit Lappen). Lassen Sie einen Assistenten den Holm komprimieren, damit der Dämpferstangenkopf unter maximalem Federdruck steht, während die Schraube mit 30 Nm angezogen wird.

**26** Installieren Sie rechts die Achsen-Klemmschraube locker in ihr Gewinde (Abbildung 8.2b). Installieren Sie den Gabelprotektor – richten Sie seine Lasche zum Ausschnitt aus (siehe Abbildung).

**27** Montieren Sie den Gabelholm (siehe Sektion 6).

## 9 Lenkschaft

### Ausbau

**1** Stützen Sie das Motorrad senkrecht ab, sodass das Vorderrad nicht den Boden berührt. Demontieren Sie die Tankverkleidung(en) (siehe Kapitel 7) oder sicherheitshalber auch den Tank (siehe Kapitel 4).

8.20f Heben Sie die Scheibe an, um die korrekte Einbautiefe der Buchse zu überprüfen.

8.21a Schieben Sie den Dichtring auf, ...

8.21b ... und treiben Sie ihn in seinen Sitz, bis die Sicherungsring-Nut rundherum freiliegt.

8.22 Installieren Sie den Sicherungsdraht in seine Nut, ...

8.23 ... und drücken Sie die Staubdichtung in ihren Sitz.

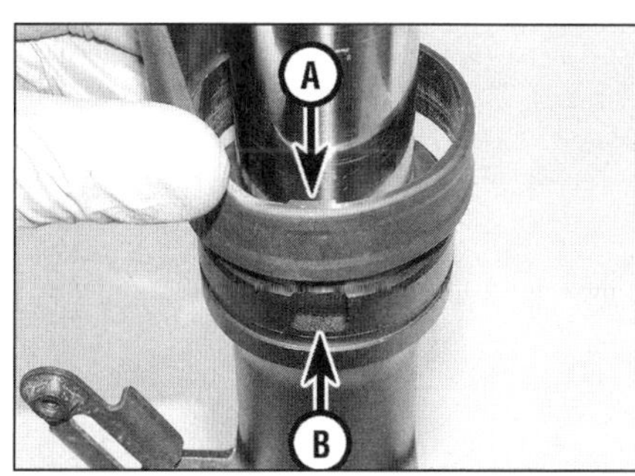

8.26 Richten Sie die Lasche (A) zum Ausschnitt (B) aus.

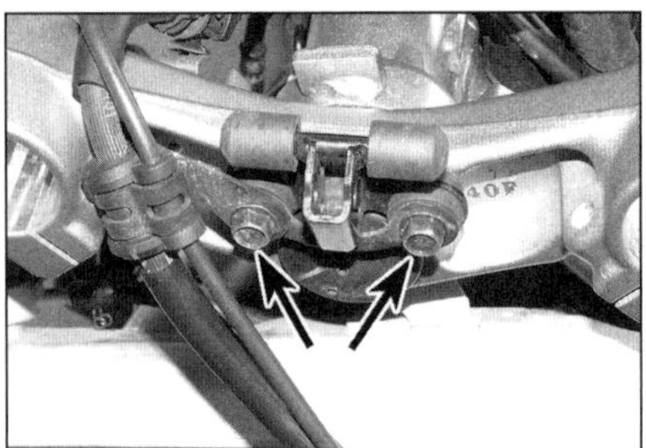
9.4a Lösen Sie unten die Schrauben ...

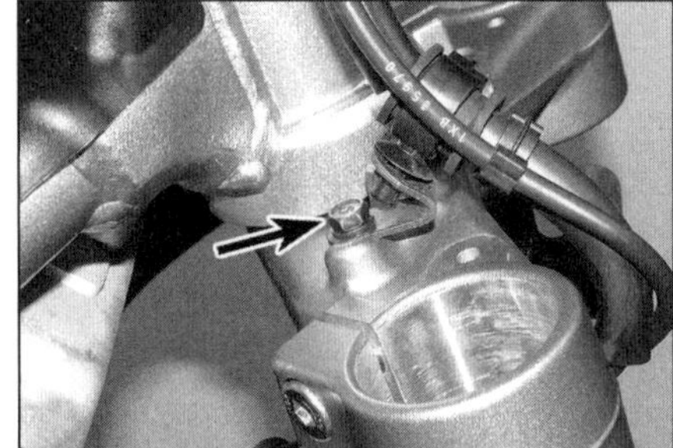
9.4b ... und oben die Schraube des Bremsleitungshalters.

9.5a Lockern Sie die Klemmschraube.

**2** Demontieren Sie bei der MT-07 und der XSR 700 den Scheinwerfer (siehe Kapitel 8).
**3** Demontieren Sie die Gabel (siehe Sektion 6).
**4** Lösen Sie an der unteren Gabelbrücke die Schrauben der verschiedenen Leitungshalter (siehe Abbildung).
**5** Lockern Sie die mittige Klemmschraube der oberen Gabelbrücke (siehe Abbildung). Heben Sie die obere Gabelbrücke samt Lenker vom Lenkschaft und stützen Sie die Baugruppe wie gezeigt ab – legen Sie nötigenfalls Lappen dazwischen (siehe Abbildungen).
**6** Stützen Sie die untere Gabelbrücke, lockern Sie den Einstellring mithilfe eines Hakenschlüssels, drehen Sie ihn ab, und senken sie vorsichtig die untere Gabelbrücke mit dem Lenkschaft aus dem Lenkkopf ab (siehe Abbildungen).
**7** Entfernen Sie die Lager-Abdeckung und den Lager-Innenring samt Lager oben aus dem Lenkkopf (siehe Abbildungen).
**8** Entfernen Sie das Lager und die Staubdichtung vom Lenkschaft (siehe Abbildungen) – die Dichtung sollte später durch ein Neuteil ersetzt werden.
**9** Befreien Sie die Lager mit Lösungsmittel von alten Fettresten, und kontrollieren Sie sie auf Verschleiß (siehe Sektion 10).

**Anmerkung:** *Demontieren sie die oben und unten im Lenkkopf sitzenden äußeren Lagerschalen und die unten auf dem Lenkschaft sitzende innere Lagerschale nur, wenn sie ausgetauscht werden müssen (siehe Sektion 10).*

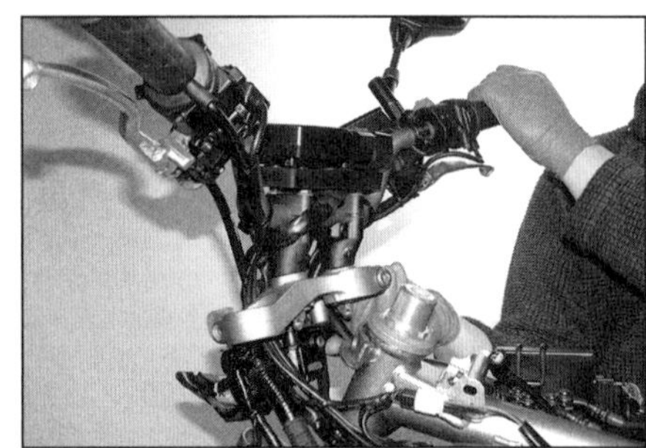
9.5b Heben Sie die Gabelbrücke samt Lenker ab, ...

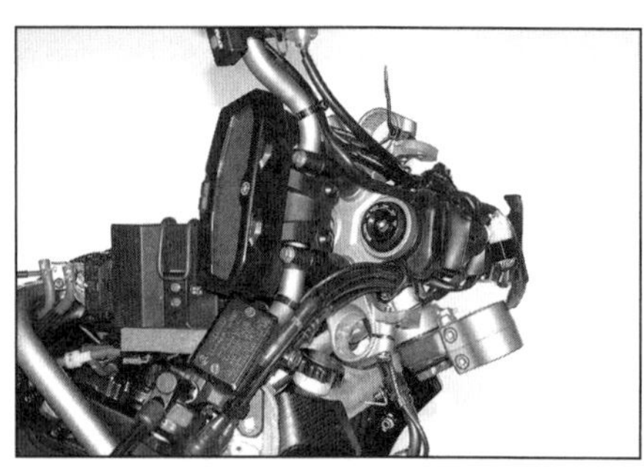
9.5c ... und sichern Sie die Baugruppe wie gezeigt.

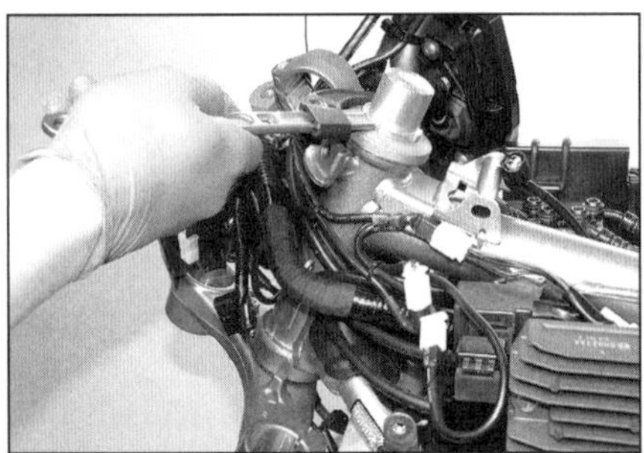
9.6a Lockern Sie den Einstellring mit einem Hakenschlüssel, ...

9.6b ... drehen Sie ihn ab, und befreien Sie die untere Gabelbrücke samt Lenkschaft und unterem Lager aus dem Lenkkopf.

9.7a Entfernen Sie die Abdeckung, ...

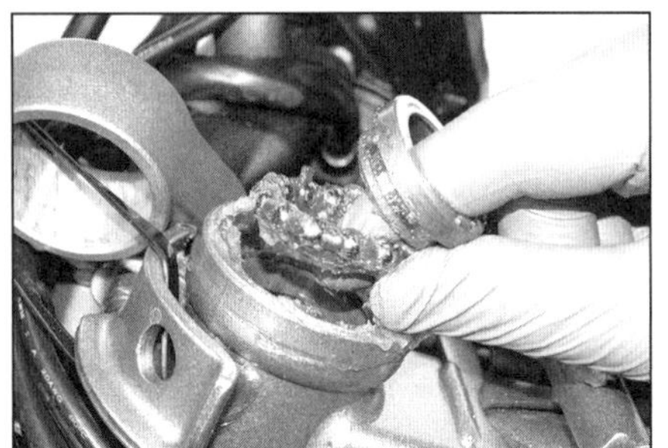
9.7b ... den Lager-Innenring und das obere Lager.

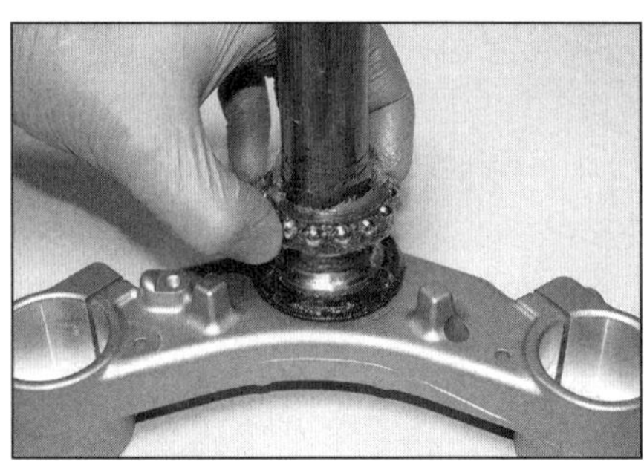
9.8a Entfernen Sie das Lager ...

9.8b ... und die Dichtung vom Lenkschaft.

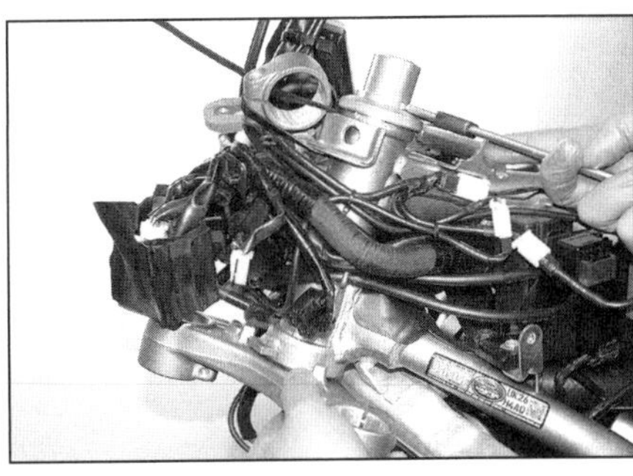
9.12 Drehen Sie den Einstellring wie beschrieben auf.

9.13 Schieben Sie die obere Gabelbrücke über den Lenkschaft.

10.2 Kontrollieren Sie die inneren und äußeren Lagerschalen auf Verschleiß und Schäden.

## Einbau

**10** Verteilen Sie eine ausreichende Menge Lithium-Mehrzweckfett auf den Lagerschalen, und arbeiten Sie es gut in beide Lagerkäfige ein. Legen Sie eine neue Staubdichtung über die unten am Lenkschaft sitzende Innenlagerschale, und legen Sie den unteren Kugelkäfig auf (Abbildung 9.8b und a).

**11** Legen Sie den oberen Kugelkäfig und die Innenlagerschale in den Lenkkopf. Legen Sie die Abdeckung darüber (Abbildung 9.7b und a).

**12** Heben Sie vorsichtig die untere Gabelbrücke mit dem Lenkschaft in den Lenkkopf und stützen Sie sie dort ab (Abbildung 9.6b). Drehen Sie den Einstellring so weit auf den Lenkschaft, dass er diesen spielfrei im Lenkkopf hält (siehe Abbildung).

**13** Setzen Sie die obere Gabelbrücke über den Lenkschaft, und drücken Sie sie auf (siehe Abbildung). Sichern Sie die Bremsleitung an der unteren Gabelbrücke (Abbildung 9.4a und b). Montieren Sie die Gabel, das Schutzblech und das Vorderrad, da das Gewicht und die Trägheit dieser Teile wichtig für eine korrekte Einstellung der Lager ist; stellen Sie die Lenkkopflager wie in Kapitel 1, Sektion 17 beschrieben ein. Falls neue Lager montiert wurden, muss die Einstellung mehrmals wiederholt werden, bis sich alles gesetzt hat.

**14** Ziehen Sie die mittlere Klemmschraube der oberen Gabelbrücke mit 21 Nm (MT-07 und XSR 700) bzw. mit 35 Nm (TRACER) an. Ziehen Sie die Standrohr-Klemmschrauben der oberen Brücke mit 26 Nm an.

**15** Montieren Sie alle verbliebenen Teile in der entgegengesetzten Ausbaureihenfolge. Führen Sie zum Schluss eine erneute Kontrolle des Lenkkopflagerspiels durch (siehe Kapitel 1).

# 10 Lenkkopflager

## Kontrolle

**1** Demontieren Sie den Lenkschaft (siehe Sektion 9). Entfernen Sie alte Fettreste aus den Lagern und Schalen.

**2** Kontrollieren Sie alles auf Verschleiß und Beschädigung. Die äußeren Lagerschalen oben und unten im Lenkkopf müssen glatt und ohne Eindrücke sein (siehe Abbildung). Inspizieren Sie die Kugeln auf Verschleiß, Schäden und Verfärbung, und überprüfen Sie ihren Käfig auf Brüche oder Risse. Wenn irgendwelche Anzeichen von Verschleiß an einem Teil festgestellt werden, müssen beide Lenkkopflager als Satz ausgewechselt werden. Entfernen Sie die äußeren Lagerschalen oben und unten im Lenkkopf sowie den auf den Lenkschaft gepressten unteren Innenring nur, wenn die Teile ersetzt werden sollen – einmal entfernt, müssen sie erneuert werden.

## Ausbau und Einbau

**3** Die äußeren Lagerschalen sind in den Lenkkopf eingepresst und können mit einem geeigneten Treibdorn herausgeschlagen werden (siehe Abbildungen). Klopfen Sie kräftig und kreisförmig die Lager heraus, ohne sie dabei zu verkanten – es kann vorteilhaft sein, das Ende des Dorns zu krümmen, um die Ringe besser ausschlagen zu können.

**4** Alternativ können die Lagerschalen mit einem geeigneten Zughammer demontiert werden – die lässt sich ggf. bei einer Werkstatt ausleihen.

**5** Die neuen äußeren Lagerschalen können mit einer Einziehvorrichtung in den Lenkkopf gepresst (siehe Abbildung) oder mit einem ent-

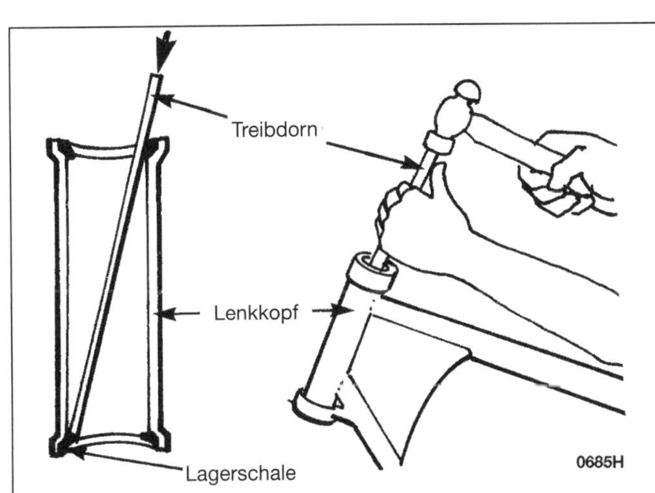

10.3a Treiben Sie die äußeren Lagerschalen von der Gegenseite mit einem Messingdorn aus, ...

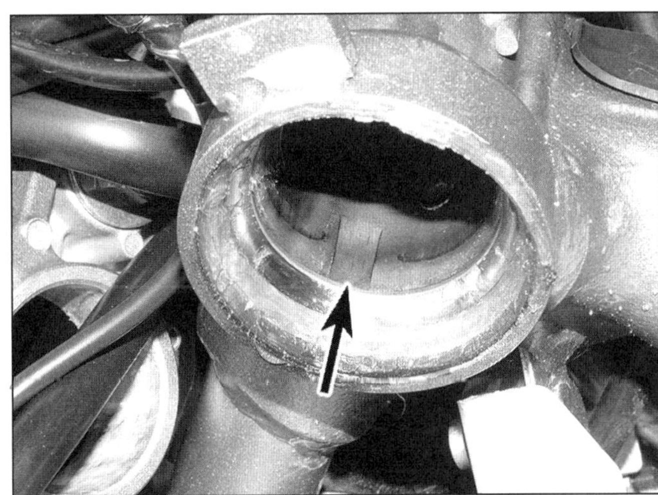
10.3b ... der in den Ausschnitten angesetzt werden kann.

5

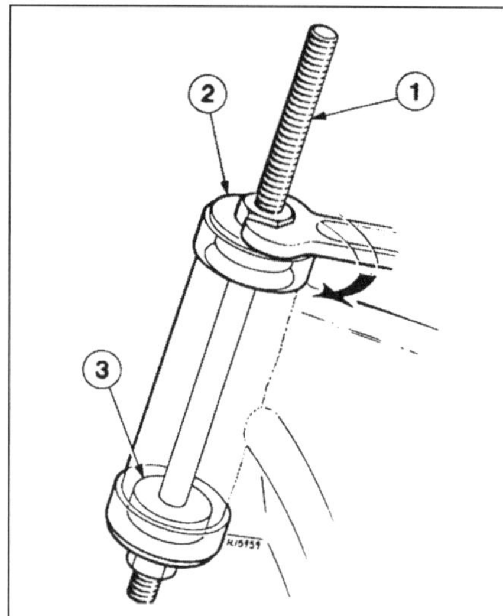


**10.5 Lenkkopflager-Einziehvorrichtung**
*1 Lange Schraube oder Gewindestange*
*2 Dicke Scheibe*
*3 Führung für unteren Lagerring*

sprechend großen Rohr oder Steckschlüssel eingetrieben werden. Achten Sie darauf, dass die Scheibe des Einziehers oder der Rand des Treibers nur den äußeren Rand des Lagers und niemals die Lagerlauffläche berührt.

***Der Einbau neuer Lagerschalen kann vereinfacht werden, wenn man sie über Nacht in die Kühltruhe legt. Sie schrumpfen dadurch und lassen sich leichter einbauen. Alternativ kann Kältespray verwendet werden.***

**6** Der untere Lagerinnenring darf nur demontiert werden, wenn er ausgetauscht werden soll. Drehen Sie zum Schutz des Gewindes die Lenkschaftmutter auf, legen Sie die Gabelbrücke auf ihre Vorderseite und klopfen Sie den Ring mithilfe eines Meißels ab (siehe Abbildung) – erwärmen Sie ihn zuvor mit einem Heißluftgebläse. Eventuell kann er auch vorsichtig mit zwei gegenüberliegenden Schraubenziehern abgehebelt werden. Zum Schutz der Gabelbrücke und zur Verbesserung der Hebelwirkung sollten Hölzer unterlegt werden (siehe Abbildung). Wenn der Ring fest sitzt, ist es nötig, einen Abzieher anzusetzen. Eine Yamaha-Werkstatt hat für diese Arbeit ein spezielles Abziehwerkzeug.

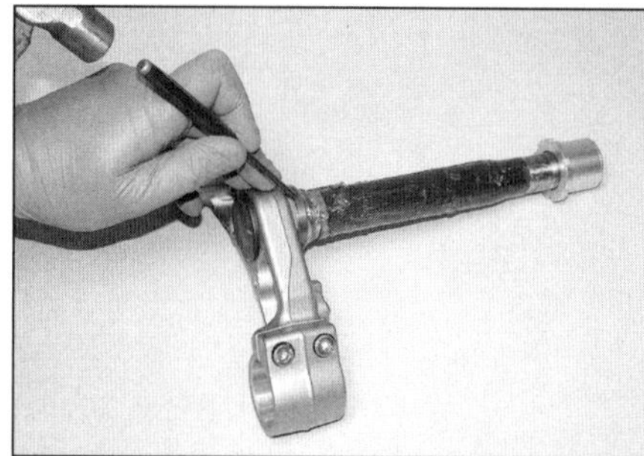

**10.6a Demontieren Sie den unteren Lager-Innenring ...**

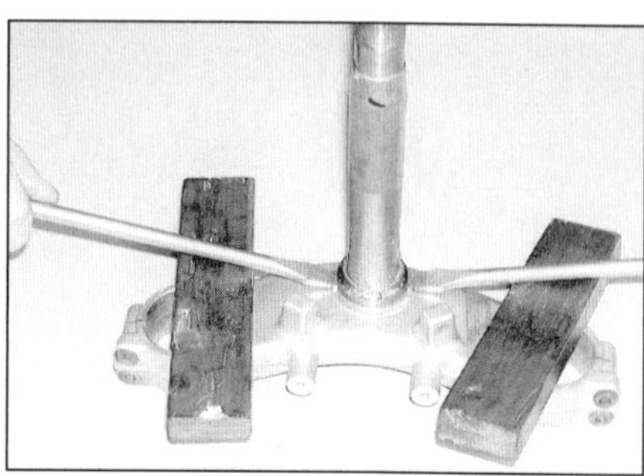

**10.6b ... mit einer der beschriebenen Methoden**

**7** Installieren Sie einen neuen unteren Lager-Innenring über den Lenkschaft. Klopfen Sie den Ring mit einem Rohr, das nicht die Lager-Gleitflächen berührt, in seine Position (siehe Abbildung); durch Erhitzen des Rings und Abkühlen des Lenkschaftes wird die Arbeit erleichtert. Benützen Sie nötigenfalls eine hydraulische Presse.

**8** Montieren Sie den Lenkschaft (siehe Sektion 9).

## 11 Stoßdämpfer

***Warnung: Versuchen Sie nicht, den Stoßdämpfer zu zerlegen. Er enthält eine Stickstoff-Füllung, die unter hohem Druck steht. Unsachgemäßes Zerlegen kann zu ernsthaften Verletzungen führen. Bringen Sie den Stoßdämpfer nötigenfalls zu einer Yamaha-Werkstatt oder zu einem Fahrwerk-Spezialisten.***

### Einstellung

**1** Der Stoßdämpfer ist in der Federvorspannung verstellbar.

**2** Drehen Sie den Einstellring vorn am Stoßdämpfer mit dem im Bordwerkzeug vorhandenen Hakenschlüssel samt Verlängerung (siehe Abbildung).

**3** Der Einstellring hat 9 Positionen – 1 ist die weichste, 3 ist die Standardeinstellung und 9 ist die härteste Position. Richten Sie die entsprechende Einstellung zum Anschlag aus. Drehen Sie den Einsteller (von vorn betrachtet) gegen Uhrzeigersinn, um die Federvorspannung zu erhöhen.

### Ausbau

**4** Stützen Sie das Motorrad mit einer anderen geeigneten Vorrichtung (nicht unter der Schwinge!) senkrecht ab, sodass das Hinterrad komplett entlastet ist (siehe Abbildung) – es darf nach dem Lösen der Stoßdämpferbefestigungen aber auch nicht herunterfallen. Falls das Motorrad unter dem Schalldämpfer mit Hölzern abgestützt wird, sollte es zum Schutz gegen Umkippen mit Bändern gesichert werden (siehe Abbildung). Auch kann eine mit Lappen umwickelte stabile Stange durch die Beifahrer-Fußrastenträger geschoben werden, um sie beidseitig mit Stützböcken zu halten. Positionieren Sie Hölzer unter dem Hinterrad, damit es nicht herunterfällt. Ziehen Sie den Bremshebel mit Gummibändern gegen den Lenker, damit das Motorrad nicht nach vorn rollen kann.

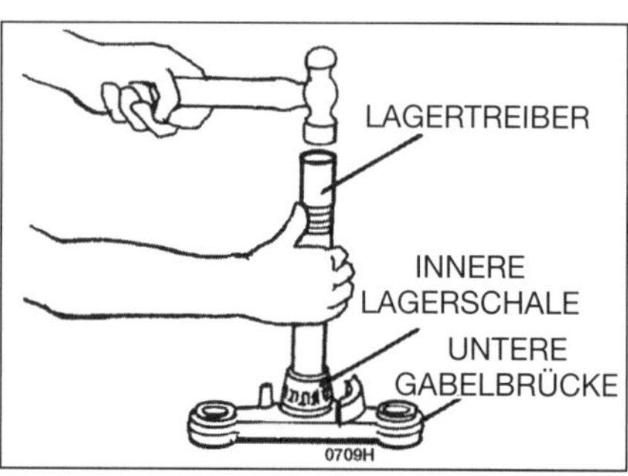


**10.7 Treiben Sie das neue Lager mit einem geeigneten Treiber oder Rohr auf.**

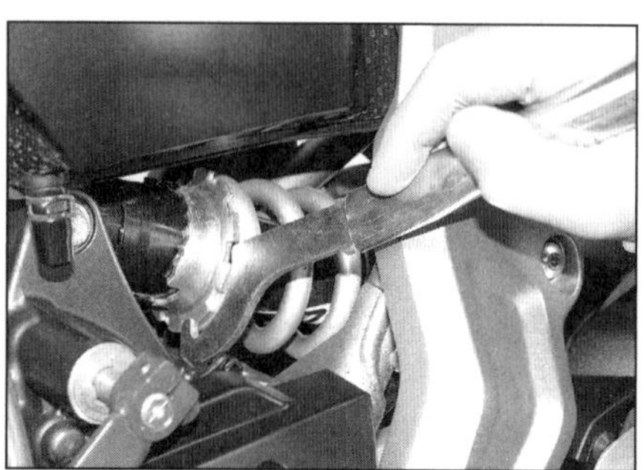

**11.2 Einstellen der Federvorspannung**

**11.4 Auf einer Hebebühne kann das Vorderrad eingeklemmt und das Motorrad mit Bändern gegen Umkippen gesichert werden.**

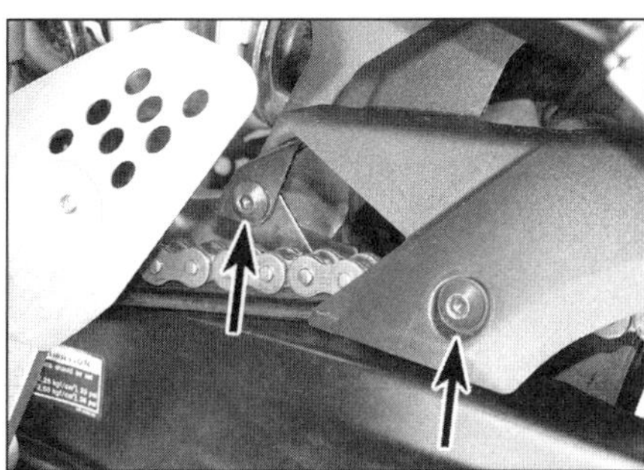

11.5a Kettenschutz-Schrauben

11.5b Vorderer Clip

11.5c Heben Sie den Kettenschutz an, um den inneren Clip zu erreichen.

11.6a Lösen Sie die Mutter, ...

11.6b ... und ziehen Sie den Bolzen samt Hülse (Pfeil) aus der vorderen Stoßdämpferaufnahme.

11.7a Lösen Sie die Mutter, ziehen Sie den Bolzen heraus, ...

**5** Entfernen Sie den Kettenschutz, indem Sie zuerst die zwei Schrauben lösen – beachten Sie die Hülsen –, dann den vorderen Clip befreien und den Schutz soweit anheben, bis links der innere Clip befreit werden kann (siehe Abbildungen).

**6** Lösen Sie die Muttern des vorderen Stoßdämpferbolzens, und ziehen Sie diesen samt Hülse heraus (siehe Abbildungen).

**7** Lösen Sie die Muttern des hinteren Stoßdämpferbolzens, ziehen Sie diesen heraus, und entnehmen Sie den Stoßdämpfer aus dem Fahrzeugheck (siehe Abbildungen).

## Kontrolle

**8** Inspizieren Sie das Stoßdämpfergehäuse auf sichtbare Beschädigungen, und kontrollieren Sie die Feder auf lockeren Sitz, Risse und Anzeichen von Ermüdung.

**9** Kontrollieren Sie die Dämpferstange auf Verzug, Ausbrüche und ausgetretenes Öl.

**10** Kontrollieren Sie die im vorderen Stoßdämpferauge sitzende Lagerbuchse auf Verschleiß und Beschädigung (siehe Abbildung).

**11** Yamaha bietet für den Stoßdämpfer keine Einzelteile an, sodass er bei Verschleiß oder Schäden ersetzt werden muss. Bevor jedoch ein neuer Stoßdämpfer gekauft wird, sollte ein Fachbetrieb konsultiert werden, ob nicht doch eine Reparatur möglich ist.

## Einbau

**12** Der Einbau entspricht der umgekehrten Ausbaureihenfolge – beachten Sie dabei folgende Punkte:

- Installieren Sie den Stoßdämpfer mit dem Einstellring nach vorn.
- Schieben Sie den hinteren Bolzen von rechts und den vorderen Bolzen samt Hülse von links ein (Abbildung 11.7a und 11.6b).
- Kontern Sie jeweils die Bolzen und ziehen Sie ihre Muttern mit 40 Nm (hinten) bzw. 44 Nm (vorn) an.

## 12 Stoßdämpferanlenkung

### Ausbau

**1** Stützen Sie das Motorrad sicher ab, und demontieren Sie den Kettenschutz (siehe Sektion 11, Schritte 4 und 5).

**2** Lösen Sie die Mutter des hinteren Stoßdämpferbolzens, ziehen Sie diesen heraus,

11.10 Vordere Stoßdämpferbuchse

11.7b ... und befreien Sie den Stoßdämpfer.

und sichern Sie den hoch geschwenkten Stoßdämpfer mit einem Kabelbinder außerhalb des Arbeitsbereichs (Abbildung 11.7a).

**3** Lösen Sie an der Verbindung der Anlenkstangen oben am Anlenkhebel die Mutter, und ziehen Sie den Bolzen heraus (siehe Abbildung).

12.3 Lösen Sie die Mutter, und ziehen Sie den Bolzen heraus – bei der TRACER ist er von links eingeschoben.

**12.4 Entfernen Sie die Mutter samt Scheibe, ziehen Sie den Bolzen heraus und entnehmen Sie den Hebel – bei der TRACER ist der Bolzen von links eingeschoben.**

**12.5a Öffnen Sie den Kabelbinder, …**

**12.5b … und befreien Sie das Kabel aus der Klemme.**

**4** Lösen Sie an der Verbindung des Anlenkhebels zur Schwinge die Mutter, entfernen Sie sie samt Scheibe, ziehen Sie den Bolzen heraus, und entnehmen Sie den Hebel (siehe Abbildung).

**5** Um die Anlenkstangen entfernen zu können, müssen die Rahmenabdeckungen und der Motorritzeldeckel demontiert werden (siehe Kapitel 7 und 6). Befreien Sie das Kabel des Seitenständerschalters aus seinem Kabelbinder und der Klemme (siehe Abbildungen). Ziehen Sie die beiden vom Tank kommenden Schläuche aus der Führung an der Seitenständer-Aufnahme, lösen Sie dessen Schrauben, und entfernen Sie die Ständer-Baugruppe (siehe Abbildungen). Lösen Sie die Schwingenbolzenmutter, und entfernen Sie die Scheibe (Abbildung 13.8b). Lösen Sie die Schrauben des linken inneren Trägers, und ziehen Sie diesen zusammen mit dem Schwingenbolzen soweit vom Motorrad ab, bis zwischen dem Träger und der Schwinge genug Platz ist, bis der Träger soweit nach links geschwenkt werden kann, dass der Anlenkstangenbolzen zugänglich ist (siehe Abbildungen) – legen Sie Lappen zwischen den Träger und die Schwinge, und sichern Sie den Träger mit einem durch eine Schraubenbohrung geführten Kabelbinder. Lösen Sie die Schrauben des rechten inneren Trägers, und schützen Sie diesen ebenfalls mit Lappen und einem Kabelbinder abseits des Arbeitsbereichs, um Zugang zur Mutter des Anlenkstangenbolzens zu erhalten (siehe Abbildungen).

**12.5c Ziehen Sie die Schläuche aus der Führung.**

**6** Lösen Sie die Mutter, entfernen Sie ggf. die Scheibe, ziehen Sie den Bolzen heraus, und

**12.5d Demontieren Sie die Seitenständer-Baugruppe.**

**12.5e Lösen Sie die zwei Schrauben des linken inneren Trägers, …**

**12.5f … ziehen Sie ihn heraus, …**

**12.5g … und schwenken Sie ihn hoch, um an die Anlenkstangenschraube (Pfeil) zu gelangen.**

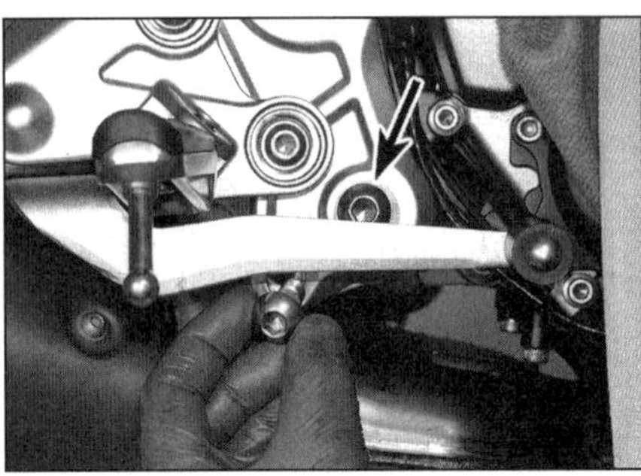

**12.5h Lösen Sie die zwei Schrauben des rechten inneren Trägers, …**

**12.5i … und sichern Sie ihn abseits, um an die Mutter der Anlenkstangenschraube zu gelangen.**

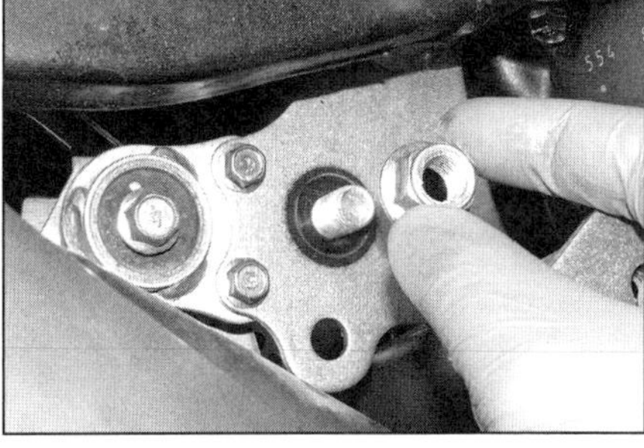

**12.6a Lösen Sie die Mutter, ...**

**12.6b ... ziehen Sie den Bolzen heraus, und entnehmen Sie die Anlenkstangen-Baugruppe.**

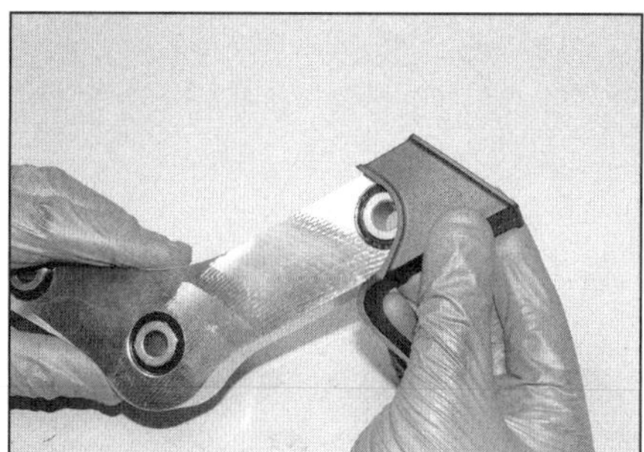

**12.7a Entfernen Sie die Abdeckung.**

entnehmen Sie die Anlenkstangen-Baugruppe (siehe Abbildungen).

## Kontrolle

**7** Entfernen Sie die Gummiabdeckung vom Anlenkhebel (siehe Abbildung). Ziehen Sie die Hülsen aus dem Hebel und der Anlenkstangen-Baugruppe heraus (siehe Abbildungen). Reinigen Sie alle Teile mit Lösungsmittel, und beseitigen Sie Schmutz, Korrosion und altes Fett.

**8** Begutachten Sie alle Komponenten auf Verschleiß (Riefen) und Beschädigungen (Risse, Verformungen). Die Schraubenbohrungen an den Enden der Anlenkstangen dürfen nicht ausgeschlagen sein.

**9** Kontrollieren Sie die Nadellager im Anlenkhebel und den Anlenkstangen – beachten Sie die Hinweise in Sektion 5 der *Werkzeug- und Werkstatt-Tipps* im Anhang. Schieben Sie die Hülsen in die Lager, und prüfen Sie, ob sie kein übermäßiges Spiel aufweisen.

**10** Falls die Dichtringe beschädigt oder gealtert sind oder neue Lager installiert werden sollen, müssen die Dichtringe herausgehebelt werden (siehe Abbildung).

**11** Verschlissene Lager können aus ihren Bohrungen getrieben oder gezogen werden – einmal ausgebaut dürfen sie nicht wieder installiert werden. Die neuen Lager müssen in ihre Sitze gepresst oder gezogen werden – Eintreiben würde sie beschädigen. Falls keine Presse vorhanden ist, kann eine in Sektion 5 der *Werkzeug- und Werkstatt-Tipps* im Anhang beschriebene Einziehvorrichtung verwendet werden. Achten Sie beim Einbau der Lager darauf, dass sie mittig in ihren Bohrungen sitzen.

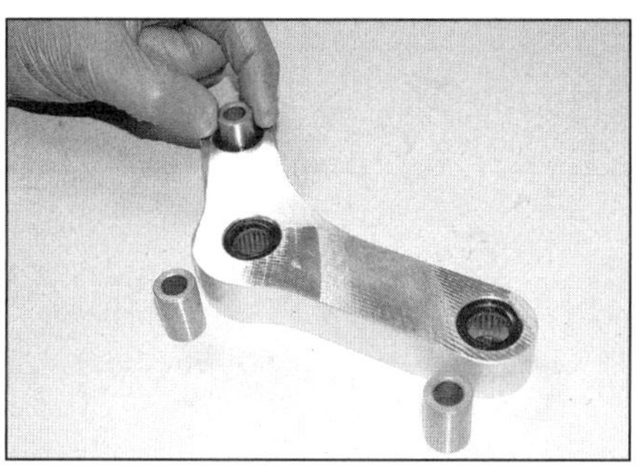

**12.7b Ziehen Sie die Hülsen aus dem Anlenkhebel ...**

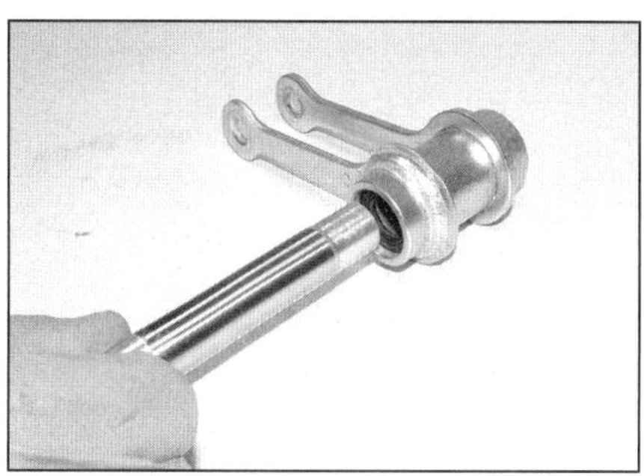

**12.7c ... und der Anlenkstangen-Baugruppe.**

**12** Schmieren Sie die Lager, die Hülsen und die Dichtringlippen mit Lithium-Mehrzweckfett.

**13** Pressen oder treiben Sie die neuen Dichtringe mit den Markierungen nach außen senkrecht in ihre Sitze (siehe Abbildung).

## Einbau

**14** Der Einbau entspricht der umgekehrten Ausbaureihenfolge – beachten Sie dabei folgende Punkte:

- Falls noch nicht geschehen, muss die Gummiabdeckung vom Anlenkhebel gezogen werden, um die Hülsen aus den Lagern des Hebels und der Stangen zu ziehen, sie mitsamt der Dichtringe und Lager zu reinigen und mit frischem Lithium-Mehrzweckfett zu versehen (Abbildung 12.7a, b und c). Installieren Sie die Hülsen und die Abdeckung.
- Installieren Sie den Anlenkstangenbolzen von links (Abbildung 12.6b), und richten Sie zwei seiner Abflachungen zu den Vorsprüngen am Rahmen aus, um ihn am Mitdrehen zu hindern (siehe Abbildung). Ziehen Sie rechts die Mutter mit 52 Nm (MT-07 und XSR 700) bzw. 62 Nm (TRACER) an (Abbildung 12.6a). Reinigen Sie die Gewinde der Schrauben der inneren Träger, und tragen Sie frische Sicherungspaste auf. Positionieren Sie die Träger, drücken Sie beim linken den Schwingenbolzen ein, und richten Sie seinen Kopf zu den Abflachungen am Träger aus, um ihn am Mitdrehen zu hindern. Drehen Sie die Schrauben zunächst handfest ein (Abbildung 12.5e und h). Installieren Sie rechts am Schwingenbolzen die Scheibe und die Mutter, und ziehen Sie diese mit 110 Nm an (Abbildung 13.8b). Ziehen Sie jetzt die Schrauben der inneren Träger mit 45 Nm an. Reinigen Sie die Gewinde der Ständeraufnahme-Schrauben, und tragen Sie frische Sicherungspaste auf. Setzen Sie

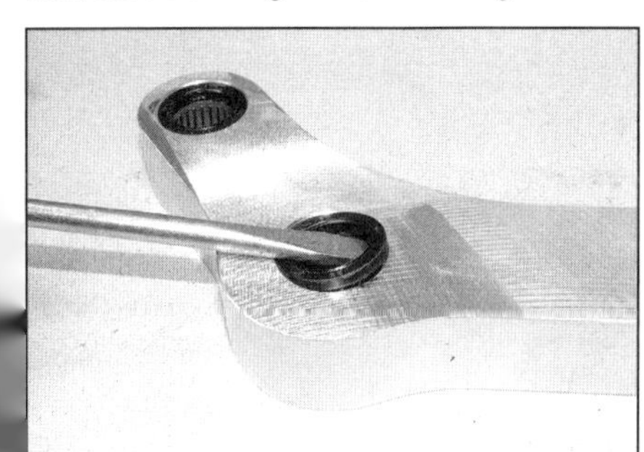

**12.10 Hebeln Sie den Dichtring heraus.**

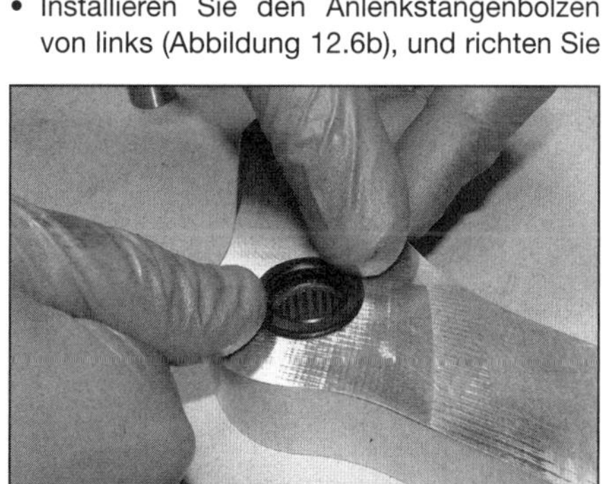

**12.13 Die Dichtringe sollten sich per Daumen in ihre Sitze drücken lassen.**

**12.14 Der Anlenkstangen-Bolzenkopf muss zu seinem Sitz im Rahmen ausgerichtet werden.**

13.2 Lösen Sie die Schrauben der Schlauchführungen.

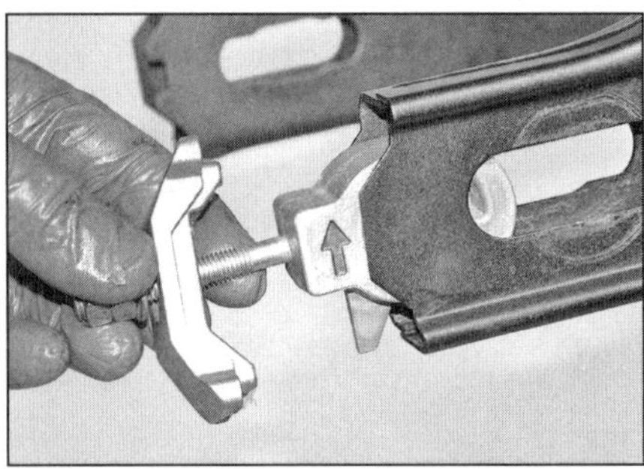
13.4 Entfernen Sie die Kettenspanner – MT-07 und XSR 700

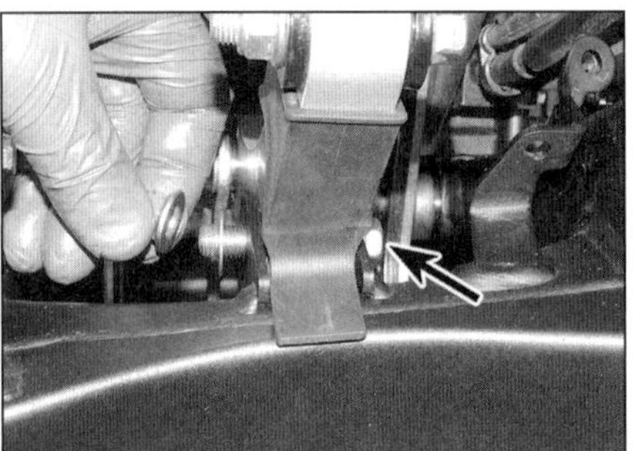
13.7 Entfernen Sie die Mutter samt Scheibe, ziehen Sie den Bolzen heraus und entnehmen Sie den Hebel – bei der TRACER ist der Bolzen von links eingeschoben.

13.8a Lockern Sie die zwei Schrauben des inneren rechten Trägers.

den Träger an, und ziehen Sie die Schrauben mit 63 Nm an (Abbildung 12.5d). Verbinden und sichern Sie das Seitenständerschalter-Kabel zusammen mit dem Schlauch mit dem blauen Punkt in der Klemme sowie im Kabelbinder, und stecken Sie beide Schläuche durch die Führung (Abbildung 12.5a, b und c).

- Installieren Sie den Anlenkhebel an die Schwinge und den Anlenkstangenbolzen durch die Schwinge und die Anlenkstangen – bei der MT-07 und der XSR 700 von links; bei der TRACER von rechts (Abbildung 12.4 und 12.3). Legen Sie am Schwingen-Bolzen die Scheibe auf (Abbildung 12.4), und ziehen Sie die Muttern an – bei der MT-07 und der XSR 700 mit 40 Nm; bei der TRACER an der Schwinge mit 50 Nm und an den Anlenkstangen mit 60 Nm.

## 13 Schwinge

### Ausbau

1 Stützen Sie das Motorrad sicher ab, und demontieren Sie den Kettenschutz (siehe Sektion 11, Schritte 4 und 5).

2 Befreien Sie den Bremsschlauch und ggf. das ABS-Sensorkabel von der Schwinge (siehe Abbildung).

3 Bauen Sie das Hinterrad aus (siehe Kapitel 6). Legen Sie den Bremssattel über den rechten Hackenschutz, um ihn aus dem Arbeitsbereich herauszuhalten. Legen Sie die Antriebskette über den mit Lappen geschützten linken Hackenschutz.

4 Ziehen Sie bei der MT-07 und der XSR 700 die Kettenspanner aus der Schwinge – beachten Sie ihre Einbaurichtung (siehe Abbildungen). Markieren Sie die Kettenspanner entsprechend ihrer Positionen im linken oder rechten Schwingenholm.

5 Demontieren Sie den Motorritzeldeckel (siehe Kapitel 6).

6 Entfernen Sie die Rahmanabdeckungen (siehe Kapitel 7).

7 Lösen Sie an der Verbindung des Anlenkhebels zur Schwinge die Mutter, entfernen Sie sie samt Scheibe, ziehen Sie den Bolzen heraus, und entnehmen Sie den Hebel (siehe Abbildung).

8 Lockern Sie die Schrauben des inneren rechten Trägers (siehe Abbildung). Lösen Sie rechts am Schwingenbolzen die Mutter und entfernen Sie die Scheibe (siehe Abbildung). Drücken Sie den Schwingenbolzen etwas nach links, bis der Bolzenkopf zugänglich ist – beachten Sie, wie er mit seinen Abflachungen im linken inneren Träger gesichert ist.

9 Stützen Sie die Schwinge, ziehen Sie den Bolzen heraus, und entnehmen Sie die Schwinge aus dem Motorrad (siehe Abbildungen).

**Anmerkung:** *Es kann nötig sein, den Schwingenbolzen von rechts durchtreiben zu müssen – hierbei darf sein Gewinde nicht beschädigt werden.*

### Kontrolle

10 Demontieren Sie nötigenfalls die Ketten-Gleitschiene (siehe Abbildung) – falls sie stark verschlissen oder beschädigt ist, muss sie durch ein Neuteil ersetzt werden.

13.8b Entfernen Sie die Mutter und die Scheibe des Schwingenbolzens.

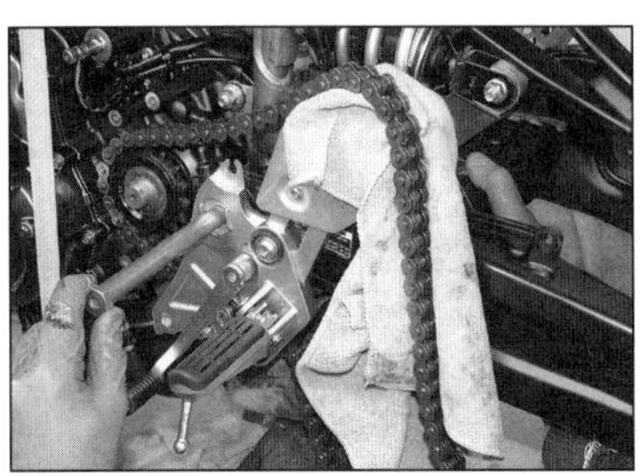
13.9a Ziehen Sie den Bolzen heraus, ...

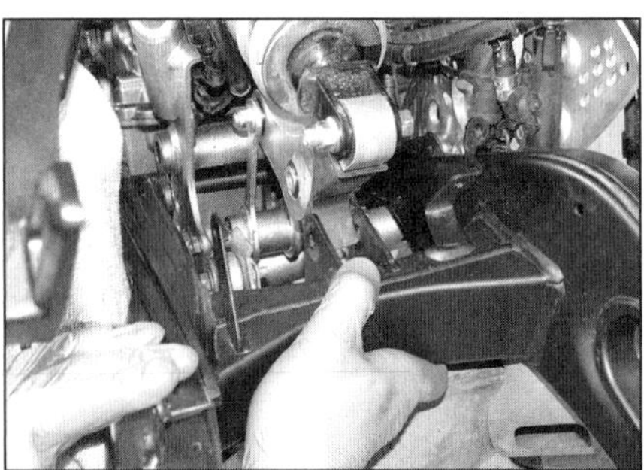
13.9b ... und entnehmen Sie die Schwinge.

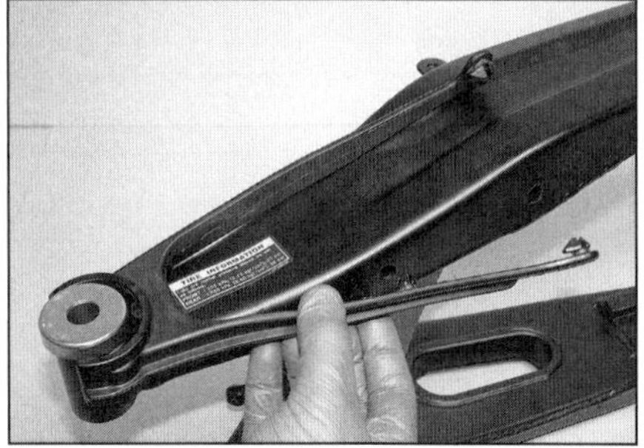
13.10 Ziehen Sie die Stifte der Gleitschiene heraus, um sie zu entfernen.

13.12a **Entfernen Sie die Abdeckungen ...**

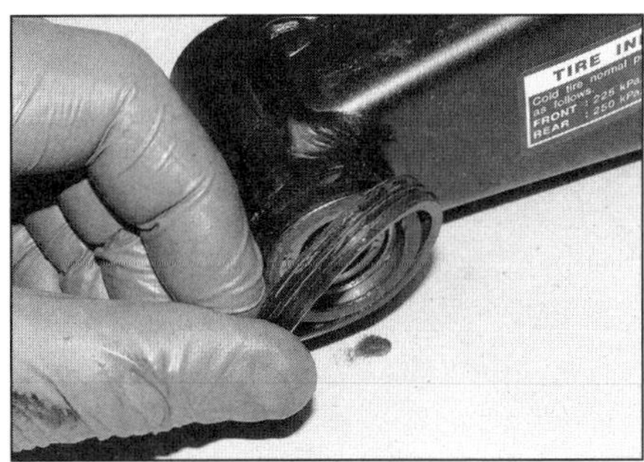

13.12b **... und die Dichtringe.**

13.13 **Ziehen Sie die Hülsen heraus, um die Lager zu überprüfen.**

13.14 **Kontrollieren Sie an beiden Seiten das/die Schwingenlager.**

13.17a **Setzen Sie den Auszieher hinter dem Lager an und spreizen Sie ihn, ...**

**11** Reinigen Sie sorgfältig die Schwinge und alle Schwingenlager-Komponenten und entfernen Sie Korrosion und Fettreste. Inspizieren Sie die Schwinge penibel auf tiefe Riefen, Risse oder andere Beschädigungen.

**12** Nehmen Sie an beiden Seiten die Lagerabdeckungen ab (siehe Abbildung), reinigen Sie diese und kontrollieren Sie die darin sitzenden Dichtringe (diese können auch an der Schwinge verblieben sein) (siehe Abbildung) Kontrollieren Sie auch die Dichtringe innerhalb der Lagersitze. Ersetzen Sie alle schadhaften Dichtringe.

**13** Ziehen Sie die Hülsen aus den Nadellagern (siehe Abbildung), und befreien Sie alles von Fettresten.

**14** Begutachten Sie die Schwingenlager auf Verschleiß, Ausbrüche und Riefen (siehe Abbildung), und ersetzen Sie sie nötigenfalls (siehe unten).

**15** Reinigen Sie den Schwingenbolzen und die Lagerhülsen von Korrosion und Fettresten. Rollen Sie den Bolzen auf einer ebenen Fläche (z. B. einem Spiegel), um ihn auf Verzug zu prüfen.

## Dichtringe und Schwingenlager ersetzen

**16** Falls noch nicht geschehen, werden die Lagerabdeckungen samt ihrer Dichtringe abgenommen (Schritt 12). Ziehen Sie die Hülsen aus den Lagern (Abbildung 13.13).

**17** Die Schwinge wird mit drei identischen Nadellagern geführt – zwei sitzen links, eins rechts (Abbildung 13.14). Auch an den Innenseiten der Lager befinden sich Dichtringe; sie haben einen tiefen Rand und sind nur sehr schwierig auf konventionelle Weise herauszuhebeln. Ziehen Sie zunächst das rechte und das äußere linke Lager heraus – beachten Sie die in Sektion 5 der *Werkzeug- und Werkstatt-Tipps* im Anhang beschriebene Ausziehvorrichtung, und verwenden Sie einen Innenauszieher (siehe Abbildungen). Einmal ausgebaute Lager dürfen nicht wiederverwendet werden. Treiben oder pressen Sie jetzt rechts den inneren Dichtring und links das innere Lager samt Dichtring heraus – verwenden Sie dazu einen Steckschlüssel oder ein Rohr mit einem Außendurchmesser von 27,5 bis 27,7 mm – manche 21er-Standard-Steckschlüssel oder 19er-Schlagschrauber-Einsätze passen.

**18** Kontrollieren Sie die Lagersitze. Riefen und Korrosion können mit Stahlwolle oder einem geeigneten Schaber entfernt werden.

**19** Die neuen Lager müssen in ihre Sitze gepresst oder gezogen werden – Eintreiben würde sie beschädigen. Falls keine Presse vorhanden ist, kann eine in Sektion 5 der

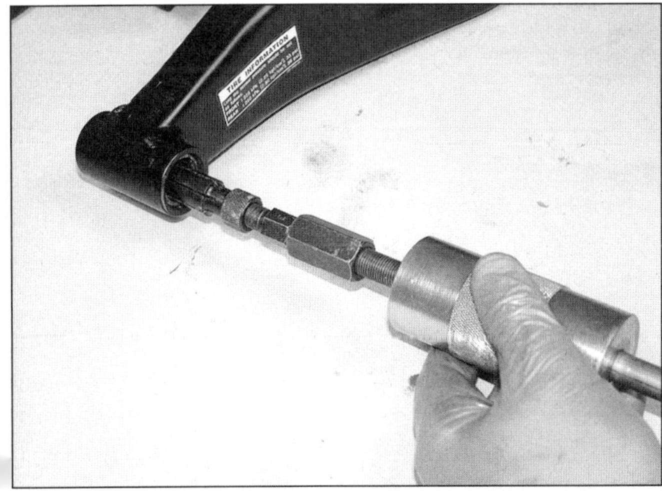

13.17b **... ziehen Sie das Lager dann mit einem Zughammer heraus.**

13.19 **Alle Lager müssen in der vorgeschriebenen Einbautiefe sitzen.**

**13.20a Drücken Sie den Dichtring so tief wie möglich von Hand ein, ...**

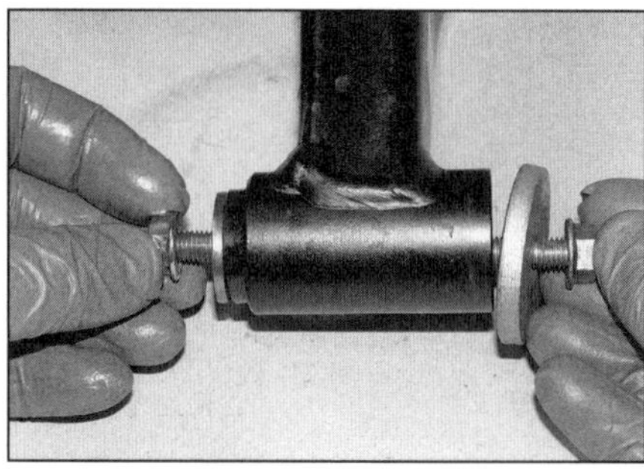

**13.20b ... setzen Sie die Einziehvorrichtung an, ...**

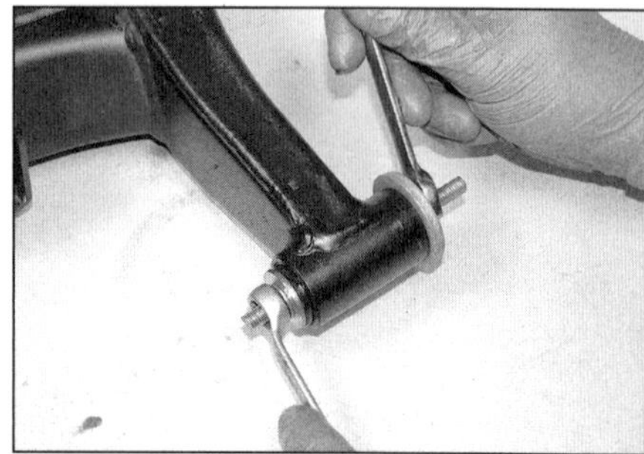

**13.20c ... und ziehen Sie ihn ein, ...**

**13.20d ... bis er 1 mm tief sitzt.**

**13.22a Installieren Sie den Dichtring mit der schrägen Seite voran in den Deckel, ...**

**13.22b ... und setzen Sie diesen außen an der Schwinge an.**

*Werkzeug- und Werkstatt-Tipps* im Anhang beschriebene Einziehvorrichtung verwendet werden. Hier kann erneut der Steckschlüssel oder das Rohr mit einem Außendurchmesser von 27,5 bis 27,7 mm oder eine entsprechend geschliffene stabile Scheibe zum Einsatz kommen (Abbildung 13.20b und c). Das rechte Lager muss von außen gemessen 15 mm tief eingepresst werden, das äußere linke Lager muss 3 mm tief sitzen, das innere linke Lager 9 mm tief (von innen gemessen) (siehe Abbildung) Schmieren Sie die Lager mit Lithium-Mehrzweckfett.

**20** Pressen oder treiben Sie mit der gleichen Technik neue Dichtringe mit den Markierungen nach außen innen vor die Lager – der Außenrand muss 1 mm tief sitzen (siehe Abbildungen).

## Einbau

**21** Falls entfernt, wird die Kettengleitschiene montiert (Abbildung 13.10).

**22** Schmieren Sie die Lagerhülsen, die Innenseiten der Lagerabdeckungen und die Dichtlippen mit Lithiumfett. Schieben Sie die Hülsen in die Lager (Abbildung 13.13). Installieren Sie ggf. die Dichtringe mit den angeschrägten Seiten voran in die Deckel, und setzen Sie diese auf (siehe Abbildungen).

**23** Schmieren Sie den Schwingenbolzen mit Lithiumfett.

**24** Manövrieren Sie die Schwinge in Position (Abbildung 13.9b), und schieben Sie den Schwingenbolzen von links vollständig ein (Abbildung 13.9b) – die Abflachungen am Kopf müssen zum Sitz im inneren Träger ausgerichtet sein (siehe Abbildung).

**25** Installieren Sie die Scheibe und die Mutter, und ziehen Sie diese mit 110 Nm an (Abbildung 13.8b). Ziehen Sie die Schrauben des inneren Halters mit 45 Nm an (Abbildung 13.8a). Prüfen Sie anschließend, ob sich die Schwinge frei auf und ab schwenken lässt.

**26** Richten Sie den Anlenkhebel aus und schieben Sie den Bolzen durch die Schwinge und den Hebel – bei der MT-07 und der XSR 700 von links; bei der TRACER von rechts (Abbildung 13.7). Legen Sie die Scheibe auf, und ziehen Sie die Mutter an – bei der MT-07 und der XSR 700 mit 40 Nm; bei der TRACER mit 50 Nm.

**27** Schieben Sie bei der MT-07 und der XSR 700 die Kettenspanner ein – beachten Sie die ursprünglichen Positionen und die Einbaurichtung (die Pfeile an der Seite des Einstellers und der Innenseite der Platte müssen nach oben zeigen (Abbildung 13.4).

**13.24 Richten Sie den Bolzenkopf korrekt zu seinem Sitz aus.**

**28** Montieren Sie die verbliebenen Komponenten in der umgekehrten Ausbaureihenfolge. Kontrollieren Sie vor der ersten Fahrt den Kettendurchhang (siehe Kapitel 1), und prüfen Sie die Funktion der Hinterradfederung und der Bremse.

# Kapitel 6
# Bremsen, Räder und Endantrieb

## Inhalt (in alphabetischer Reihenfolge, die Zahlen geben die Nummerierung in den grauen Feldern wieder)



## Schwierigkeitsgrade

**Leicht.** Für Anfänger mit wenig Erfahrung geeignet. 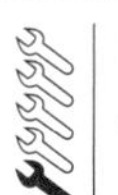

**Relativ leicht.** Für Anfänger mit etwas Erfahrung geeignet. 

**Relativ schwierig.** Für geübte Selbstschrauber geeignet. 

**Schwer.** Für Selbstschrauber mit viel Erfahrung geeignet. 

**Sehr schwer.** Für Experten und Profis geeignet. 

## Technische Daten

### Bremsen

| | |
|---|---|
| Bremsflüssigkeit | DOT 4 |
| Vorderradbremse | |
| Bremsbelagstärke (min.) | 0,5 mm (neu: 4,5 mm) |
| Bremsscheiben-Durchmesser | 282 mm |
| Bremsscheibenstärke | |
| Standard | 4,5 mm |
| Verschleißgrenze (min.) | 4,0 mm |
| Bremsscheiben-Verzug (max.) | 0,1 mm |
| Bremssattelbohrung-Durchmesser | 30,23 mm und 27,0 mm |
| Handbremszylinderbohrung-Durchmesser | 15,0 mm |
| Hinterradbremse | |
| Bremsbelagstärke (min.) | 1,0 mm (neu: 6,0 mm) |
| Bremsscheiben-Durchmesser | 245 mm |
| Bremsscheibenstärke | |
| Standard | 5,0 mm |
| Verschleißgrenze (min.) | 4,5 mm |
| Bremsscheiben-Verzug (max.) | 0,15 mm |
| Bremssattelbohrung-Durchmesser | 38,18 mm |
| Fußbremszylinderbohrung-Durchmesser | 12,7 mm |

## Räder

| | |
|---|---|
| Felgengrößen | |
| Vorderrad | 17 x MT 3.50 |
| Hinterrad | 17 x MT 5.50 |
| Seitenschlag (axial) (max.) | 0,5 mm |
| Höhenschlag (radial) (max.) | 1,0 mm |

## Reifen

| | |
|---|---|
| Luftdruck | |
| Vorderrad | 2,25 bar |
| Hinterrad | 2,5 bar |
| Reifengrößen MT-07 und TRACER* | |
| Vorderrad | 120/70-ZR 17 (58W) TL |
| Hinterrad | 180/55-ZR 17 (73W) TL |
| Reifengrößen XSR 700* | |
| Vorderrad | 120/70-R 17 (58V) TL |
| Hinterrad | 180/55-R 17 (73V) TL |

** Beachten Sie die Eintragungen in Ihren Fahrzeugpapieren und der Bedienungsanleitung, wenden Sie sich im Zweifel an einen Yamaha-Händler, einen Reifenhändler, den TÜV oder die DEKRA.*

## Endantrieb

| | |
|---|---|
| Ketten-Typ | DAIDO 525 VZ (endlos) |
| Kettenglieder – Anzahl | |
| MT-07 und XSR 700 | 108 |
| TRACER | 114 |
| Durchhang | siehe Kapitel 1 |
| Streckgrenze (siehe Text) | 239,3 mm |
| Kettenrad-Größen (Anzahl der Zähne) | vorn 16, hinten 43 Zähne |

## Anzugsdrehmomente

| | |
|---|---|
| ABS-Modulatorschrauben | 7 Nm |
| ABS-Sensorschraube | 7 Nm |
| ABS-Sensorring-Schrauben | 8 Nm |
| Bremsbelagstift (Hinterrad) | 17 Nm |
| Bremssattel-Entlüftungsventile | 5 Nm |
| Bremsscheiben-Schrauben | |
| Vorderrad | 18 Nm |
| Hinterrad | 30 Nm |
| Bremsschlauch-Anschlussschrauben | 30 Nm |
| Fußbremszylinder-Schrauben | 23 Nm |
| Fußrastenträger-Schrauben | 30 Nm |
| Handbremszylinder-Klemmschrauben | 10 Nm |
| Hinterachsmutter | |
| MT-07 und XSR 700 | 105 Nm |
| TRACER | 150 Nm |
| Hinterradbremssattel | |
| hinterer Gleitbolzen | 22 Nm |
| vorderer Gleitbolzen | 27 Nm |
| Innerer Träger – Schrauben | 45 Nm |
| Kettenblatt-Muttern | 80 Nm |
| Motorritzel-Mutter | 95 Nm |
| Schwingenbolzenmutter | 110 Nm |
| Seitenständer-Aufnahme-Schrauben | 63 Nm |
| Vorderachse | 65 Nm |
| Vorderachs-Klemmschraube | 23 Nm |
| Vorderradbremssattelhalter-Schrauben | 40 Nm |

2.1a Lösen Sie die Schrauben, ...

2.1b ... und befreien Sie den Bremssattel.

2.2a Entfernen Sie die Splinte, ...

2.2b ... den Stift, ...

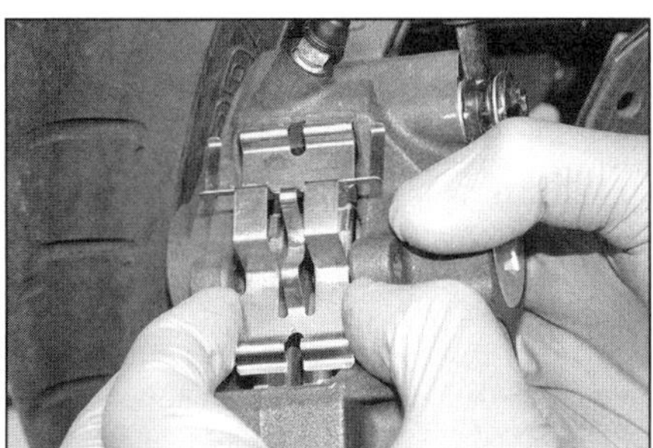

2.2c ... die Feder ...

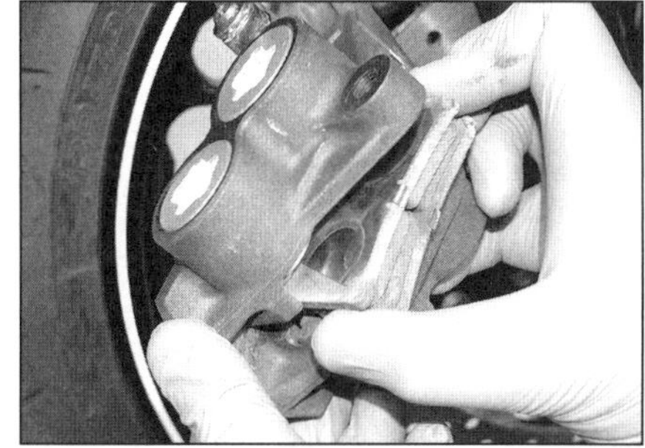

2.2d ... und die Beläge.

## 1 Allgemeine Informationen

**1** Alle Modelle sind mit Gussrädern ausgerüstet, die mit schlauchlosen Reifen bestückt werden müssen. Der Antrieb des Hinterrades erfolgt über eine Dichtringkette, im Hinterrad sitzt ein Ruckdämpfer.

**2** Vorn und hinten verzögern hydraulisch betätigte Scheibenbremsen die Motorräder. vorn wirken zwei Vierkolben-Festsättel auf zwei schwimmend gelagerte Bremsscheiben, während die fest verschraubte hintere Bremsscheibe von einem Einkolben-Schwimmsattel umgriffen wird.

**3** Ein Anti-Blockier-System (ABS) war bei der MT-07 bis 2016 optional erhältlich, alle anderen Modelle sind serienmäßig damit ausgerüstet.

***Achtung: Scheibenbremsen-Bauteile erzwingen selten eine Demontage. Zerlegen Sie keine Komponenten, wenn es nicht unbedingt nötig ist. Wenn die Wirkung einer Hydraulik-Bremsanlage schwach wird, muss das betreffende System demontiert, entleert, gereinigt und dann sorgfältig gefüllt und entlüftet werden. Innereien der Bremsen dürfen keinesfalls mit Lösungsmitteln gereinigt werden, da hierdurch die Dichtungen quellen und zerstört werden. Verwenden Sie zum Reinigen nur frische DOT-4-Bremsflüssigkeit. Passen Sie beim Arbeiten mit Bremsflüssigkeit besonders auf, sie nicht in die Augen zu bekommen. Auch Lack und Plastikteile sind gefährdet.***

## 2 Vorderrad-Bremsbeläge

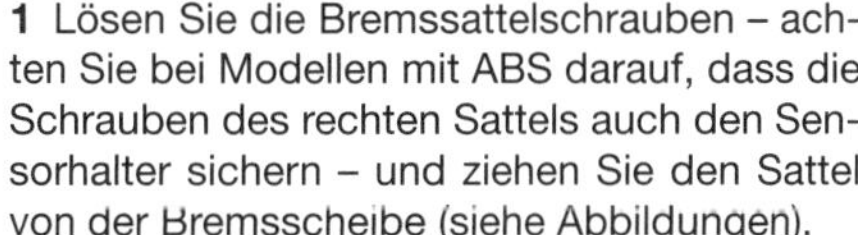

**1** Lösen Sie die Bremssattelschrauben – achten Sie bei Modellen mit ABS darauf, dass die Schrauben des rechten Sattels auch den Sensorhalter sichern – und ziehen Sie den Sattel von der Bremsscheibe (siehe Abbildungen).

**Anmerkung:** *Betätigen Sie nicht die Bremse, solange der Bremssattel von der Bremsscheibe befreit ist.*

**2** Ziehen Sie die Belagstift-Splinte heraus, drücken Sie den Stift heraus, entnehmen Sie die Belagfeder und ziehen Sie die Beläge heraus (siehe Abbildungen).

**3** Kontrollieren Sie die Oberflächen der Beläge auf Verunreinigungen, und prüfen Sie, ob das Belagmaterial noch nicht unter der Verschleißgrenze ist (siehe Kapitel 1, Sektion 14). Ersetzen Sie alle Beläge der gesamten Vorderradbremse immer als Satz, auch wenn nur einer nahe oder unterhalb der Verschleißgrenze liegt. Außerdem müssen die Bremsbeläge ersetzt werden, wenn sie mit Öl oder Fett verschmutzt, stark eingekerbt oder durch Schmutz oder Sand beschädigt wurden.

**Anmerkung:** *Es ist kaum möglich, Bremsbeläge vollständig zu entfetten – wenn sie in irgendeiner Weise verunreinigt sind, müssen sie ersetzt werden.*

**4** Ungleichmäßig verschlissene Bremsbeläge weisen darauf hin, dass ein Kolben klemmt oder festgegangen ist; in diesem Fall muss der Bremssattel überholt werden (siehe Sektion 3).

**5** Wenn die Bremsbeläge in gutem Zustand sind, werden Sie mit einer vollkommen fett- und ölfreien feinen Drahtbürste sorgfältig gereinigt. Arbeiten Sie mit einem spitzen Werkzeug eingearbeitete Partikel aus dem Material und schleifen Sie verglaste Stellen mit Schmirgelleinen ab. Leichte Verunreinigungen können mit Bremsenreiniger-Spray behandelt werden.

**6** Sprühen Sie den Bremssattel innen mit Bremsenreiniger ein – beachten Sie dabei besonders die Gleitflächen der Kolben, damit keine Ablagerungen die Dichtringe beschädigen. Entfernen Sie nötigenfalls die Belagfeder – beachten Sie ihre Einbaulage –, und reinigen Sie sie. Entfernen Sie jegliche Korrosion, die zu einer schwergängigen Funktion der Bremse führen kann.

**7** Falls neue Bremsbeläge installiert werden sollen, müssen die Kolben vollständig in den Sattel

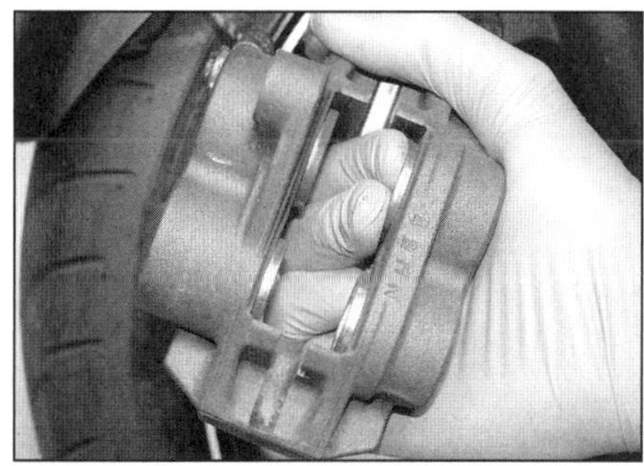

2.7 Die Kolben sollten sich mit Handkraft eindrücken lassen.

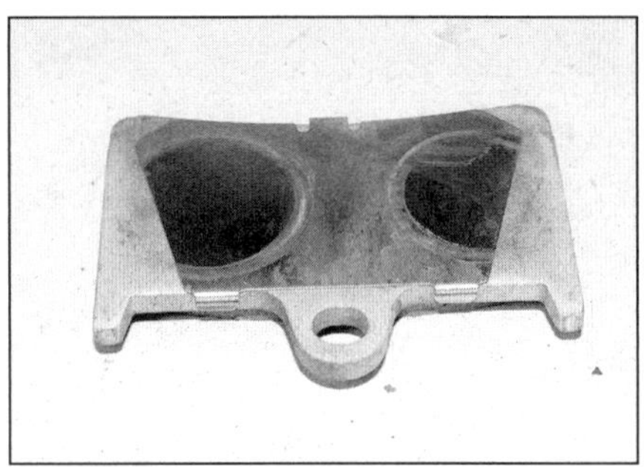

**2.13 Kontrollieren und reinigen Sie die Bleche.**

gedrückt werden, um ausreichend Platz zu schaffen – beachten Sie bei ABS-Modellen zuvor die Hinweise in Schritt 9 (siehe Abbildung). Drücken Sie die Kolben von Hand oder mithilfe eines Holzstücks ein; nötigenfalls können die alten Bremsbeläge im Sattel positioniert und mit einem Schraubendreher auseinandergedrückt werden. Alternativ kann ein spezielle Bremskolben-Rückstellwerkzeug eingesetzt werden.

**8** Durch das Drücken der Kolben in den Sattel wird bei Modellen ohne ABS Bremsflüssigkeit in den Ausgleichsbehälter gepumpt, sodass es daher nötig sein kann, dass der Deckel, die Abdeckung und die Manschette des Ausgleichsbehälters entfernt und etwas überschüssige Bremsflüssigkeit abgeschöpft werden müssen (siehe *Tägliche Kontrollen*).

**9** Bei Modellen mit ABS muss das Entlüftungsventil des Bremssattels geöffnet werden, um die Kolben zurück drücken zu können: Entfernen Sie die Staubkappe, stecken Sie einen passenden transparenten Schlauch auf das Ventil und halten Sie dessen anderes Ende in einen geeigneten Behälter (Abbildung 11.6a und b). Öffnen Sie das Ventil, und drücken Sie die Kolben wie in Schritt 7 beschrieben ein. Achten Sie darauf, keine Luft ins System zu saugen – im Zweifelsfall muss die Bremse anschließend entlüftet werden (siehe Sektion 11). Sobald die Kolben vollständig eingedrückt sind, wird das Ventil geschlossen, der Schlauch abgezogen und die Kappe aufgesteckt.

**10** Falls einer der Kolben festzusitzen scheint, muss der Bremssattel zerlegt und überholt werden (siehe Sektion 3).

**11** Kontrollieren Sie den Zustand der Bremsscheiben (siehe Sektion 4).

**12** Reinigen Sie den Belagstift, und entfernen Sie sämtliche Korrosion – falls er stark korrodiert ist, muss er ersetzt werden. Kontrollieren Sie die Splinte und ersetzen Sie sie nötigenfalls.

**13** Reinigen Sie die Bleche an den Rückseiten der Bremsbeläge, und prüfen Sie, ob sie korrekt sitzen (siehe Abbildung).

**14** Schmieren Sie den Belagstift dünn mit Kupferpaste ein.

**15** Schieben Sie die Beläge mit dem Belagmaterial zueinander zeigend in den Sattel, installieren Sie die Feder mit dem Pfeil in die normale Drehrichtung des Rades zeigend, und schieben Sie den Belagstift mit den Splintlöchern nach oben zeigend ein – er muss korrekt über der Feder und durch die Belaglöcher geführt sein (Abbildung 2.2d, c und b). Installieren Sie die Splinte (Abbildung 2.2a).

**16** Schieben Sie den Bremssattel auf die Bremsscheibe (Abbildung 2.1b). Installieren Sie die Schrauben (vergessen Sie am rechten Sattel ggf. nicht den ABS-Sensorhalter), und ziehen Sie sie mit 40 Nm an (Abbildung 2.1a).

**17** Betätigen Sie mehrmals den Bremshebel, um die Beläge an die Scheibe zu drücken.

**18** Kontrollieren Sie den Bremsflüssigkeitsstand, und füllen Sie nötigenfalls auf (siehe *Tägliche Kontrollen*).

**19** Prüfen Sie vor der ersten Fahrt die Funktion der Bremse.

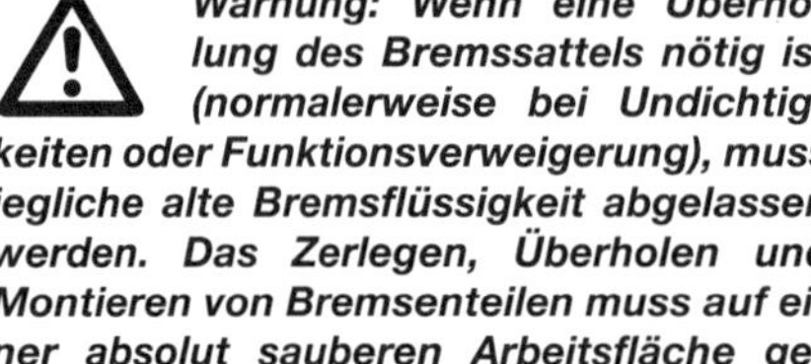

## 3 Vorderradbremssättel

***Warnung: Wenn eine Überholung des Bremssattels nötig ist (normalerweise bei Undichtigkeiten oder Funktionsverweigerung), muss jegliche alte Bremsflüssigkeit abgelassen werden. Das Zerlegen, Überholen und Montieren von Bremsenteilen muss auf einer absolut sauberen Arbeitsfläche geschehen, damit keine Fremdkörper in die Bremse gelangen und sie während der Fahrt ausfallen lassen. Verwenden Sie zum Reinigen von Bremsenteilen auf keinen Fall Lösungsmittel auf Petroleumbasis. Benutzen Sie saubere DOT 4-Bremsflüssigkeit, Bremsenreiniger oder Spiritus. Seien Sie bei der Arbeit mit Bremsflüssigkeit äußerst vorsichtig – sie kann ihren Augen schaden und greift Lack und Kunststoff an.***

**Anmerkung:** *Falls ein Bremssattel (z. B. wegen eines klemmenden Kolbens oder Undichtigkeiten) überholt werden soll, muss zunächst die gesamte Sektion durchgelesen und sichergestellt werden, dass alle erforderlichen Ersatzteile sowie frische Bremsflüssigkeit (DOT 4) vorhanden sind.*

## Ausbau

**1** Wenn ein Bremssattel nur abgenommen werden soll (um z. B. das Vorderrad auszubauen), müssen seine Befestigungsschrauben gelöst werden – achten Sie bei Modellen mit ABS darauf, dass die Schrauben des rechten Sattels auch den Sensorhalter sichern – und der Sattel von der Bremsscheibe gezogen werden (Abbildung 2.1a und b). Sichern Sie die Bremssättel außerhalb des Arbeitsbereichs, sodass die Schläuche nicht unter Last stehen. Betätigen Sie nicht die Bremse, solange ein Bremssattel demontiert ist!

**2** Falls der Bremssattel überholt werden soll (beachten Sie hierzu Schritt 3!), muss die Ausrichtung der Bremsleitung(en) beachtet und die Anschlussschraube gelöst werden – beachten Sie die Positionen aller Dichtscheiben (siehe Abbildung), und seien Sie mit Lappen auf austretende Bremsflüssigkeit vorbereitet. Verschließen Sie die Leitungsanschlüsse mit einer passenden Schraube samt Mutter und den alten Dichtscheiben (siehe Abbildung) – beim Anschließen müssen neue Scheiben verwendet werden. Lösen Sie die Bremssattelschrauben – achten Sie bei Modellen mit ABS darauf, dass die Schrauben des rechten Sattels auch den Sensorhalter sichern – und der Sattel von der Bremsscheibe gezogen werden (Abbildung 2.1a und b). Entfernen Sie nötigenfalls die Bremsbeläge (siehe Sektion 2).

**3.2a Bremsleitungs-Anschlussschraube (rechte Seite)**

**3.2b Dichten Sie den Anschluss mit einer Schraube samt Mutter und den alten Dichtscheiben ab, ...**

**3.2c ... oder verwenden Sie ein geeignetes Abdichtwerkzeug.**

**3.3 Halten Sie die Kolben einer Seite eingedrückt, und pumpen Sie die anderen Kolben wie beschrieben heraus.**

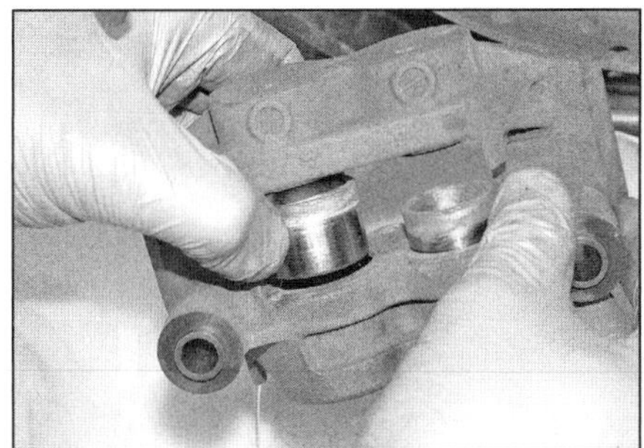
**3.4 Entfernen Sie die Kolben.**

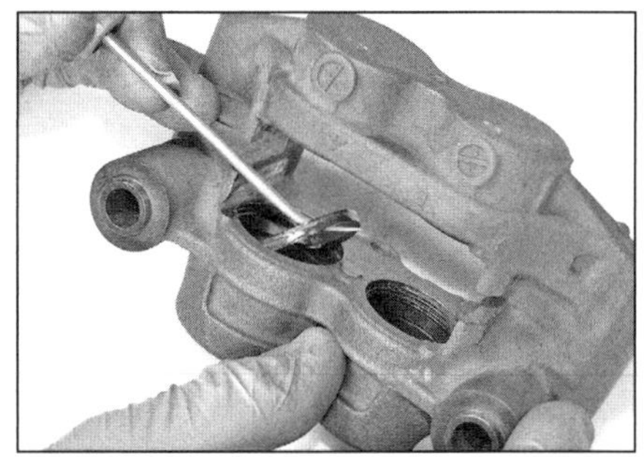
**3.5 Hebeln Sie die Dichtungen vorsichtig heraus.**

**3** Eine Bremssattel-Überholung muss in zwei Schritten erfolgen – zuerst an einer Seite des Sattels, dann an der anderen. Entfernen Sie zunächst die Bremsbeläge (siehe Sektion 2). Drücken Sie die Kolben einer Seite ein, und halten Sie sie dort fest; drücken Sie die anderen Kolben dann mithilfe des Handbremshebels etwa bis zur Position der Bremsscheibe – aber nicht vollständig – heraus (siehe Abbildung). Montieren Sie den Bremssattel an das Tauchrohr, und drehen Sie die Schrauben so weit ein, dass er gehalten wird, um die Bremsleitung(en) zu lösen (Schritt 2).

## Überholen

**Anmerkung:** *Falls ein Kolben in seiner Bohrung klemmt und nicht ausgebaut werden kann, muss der Bremssattel durch ein Neuteil ersetzt werden.*

**4** Befreien Sie die herausgedrückten Kolben aus ihren Bohrungen, und gießen Sie die Bremsflüssigkeit in einen Sammelbehälter (siehe Abbildung). Reinigen Sie den Sattel äußerlich mit Bremsenreiniger oder Spiritus.
**5** Entfernen Sie mit einem Holz- oder Plastikwerkzeug die Staubdichtungen und die Kolbendichtungen aus den Sattelbohrungen, um diese nicht zu beschädigen (siehe Abbildung). Die Dichtungen müssen auf jeden Fall ersetzt werden. Beachten Sie, dass die Kolben und Dichtringe unterschiedliche Größen haben.
**6** Reinigen Sie Bohrungen und Kolben mit Spiritus, Bremsenreiniger oder sauberer Bremsflüssigkeit. Ist (gefilterte und ölfreie) Druckluft vorhanden, werden die Kanäle damit durchgeblasen.

***Achtung: Benutzen Sie zum Reinigen von Bremsenteilen auf keinen Fall Lösungsmittel auf Petroleumbasis!***

**7** Inspizieren Sie die Sattelbohrungen und Kolben auf Anzeichen von Korrosion, Kerben, Riefen und Abplatzungen (siehe Abbildung). Falls schadhafte Oberflächen vorhanden sind, müssen der Bremssattel und/oder die Kolben ersetzt werden. Wenn ein Bremssattel in schlechtem Zustand ist, muss auch der andere Sattel sowie der Handbremszylinder kontrolliert werden.

**8** Ordnen Sie die neuen Dichtringe der passenden Bohrung zu – die unterschiedlichen Größen sollten offensichtlich sein.
**9** Schmieren Sie die neuen Kolbendichtungen mit sauberer Bremsflüssigkeit, und setzen Sie sie in die inneren Nuten der Sattelbohrungen (siehe Abbildungen).
**10** Schmieren Sie die neuen Staubdichtungen mit Silikonpaste, und setzen Sie sie in die äußeren Nuten der entsprechenden Bohrung (siehe Abbildungen).
**11** Schmieren Sie die Kolben mit Bremsflüssigkeit, und setzen Sie sie mit der geschlossenen Seite voran in die Sattelbohrungen, ohne die Dichtungen aus den Nuten zu drücken (siehe Abbildung). Drücken Sie sie mit den Daumen senkrecht bis auf den Boden

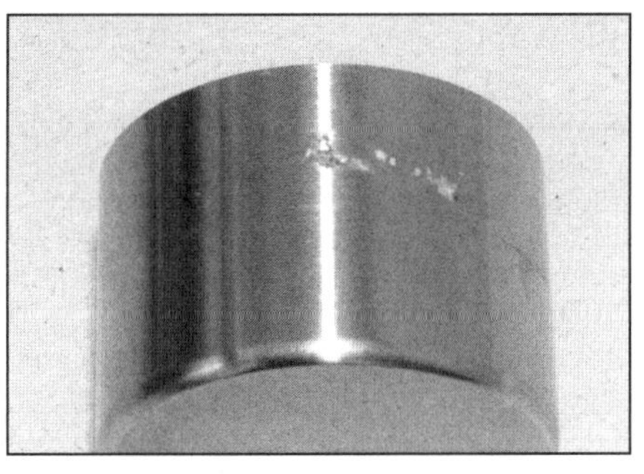
**3.7 Kontrollieren Sie die Oberflächen der Kolben und ihrer Bohrungen – die Beschichtung dieses Kolbens ist abgeplatzt.**

**3.9a Schmieren Sie die neue Kolbendichtung mit Bremsflüssigkeit, ...**

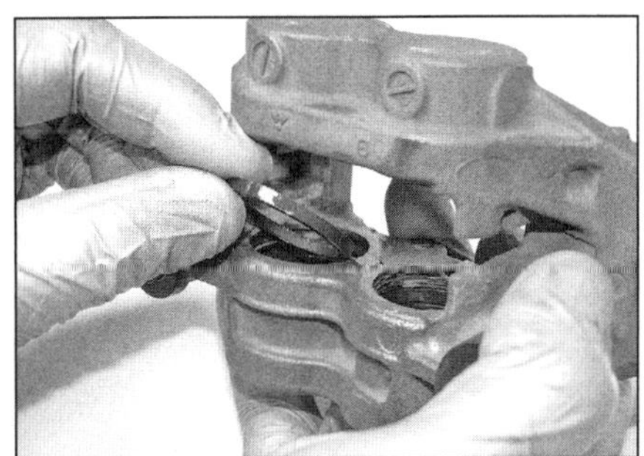
**3.9b ... und installieren Sie sie in die hintere Nut.**

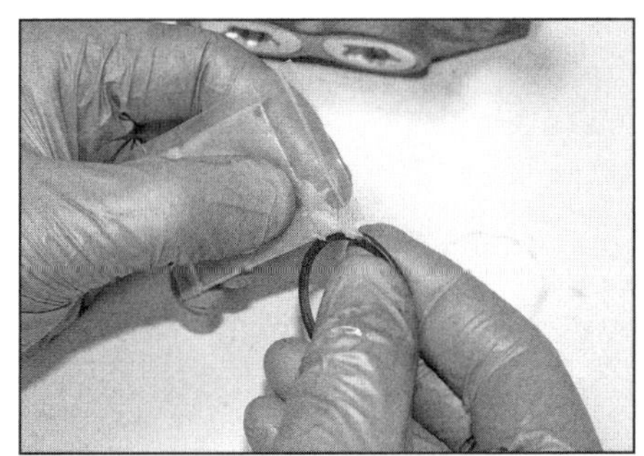
**3.10a Schmieren Sie die neue Staubdichtung mit Silikonpaste, ...**

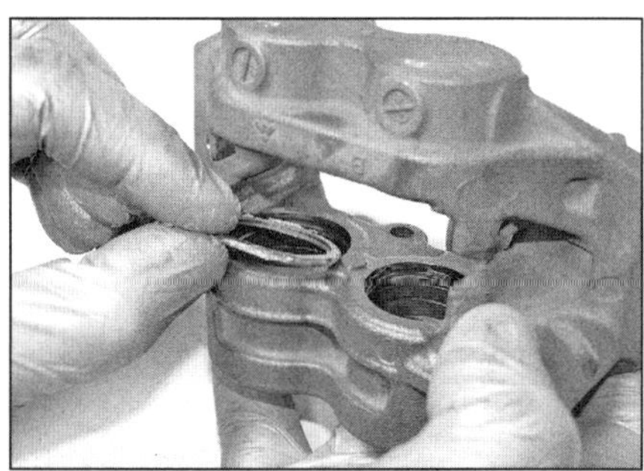
**3.10b ... und installieren Sie sie in die vordere Nut.**

6

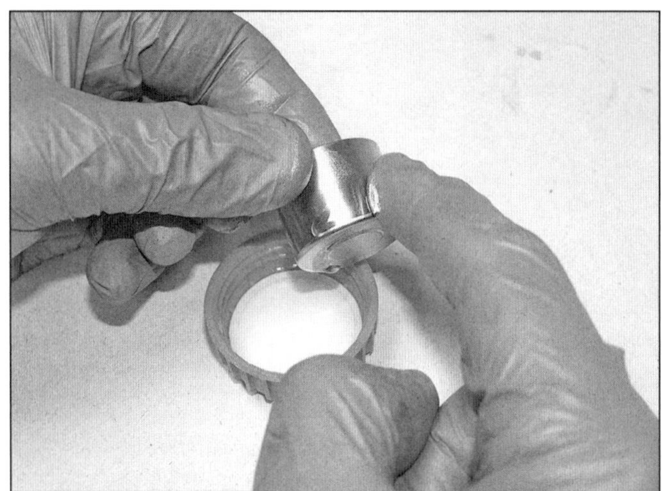

**3.11a Schmieren Sie den Kolben mit Bremsflüssigkeit, ...**

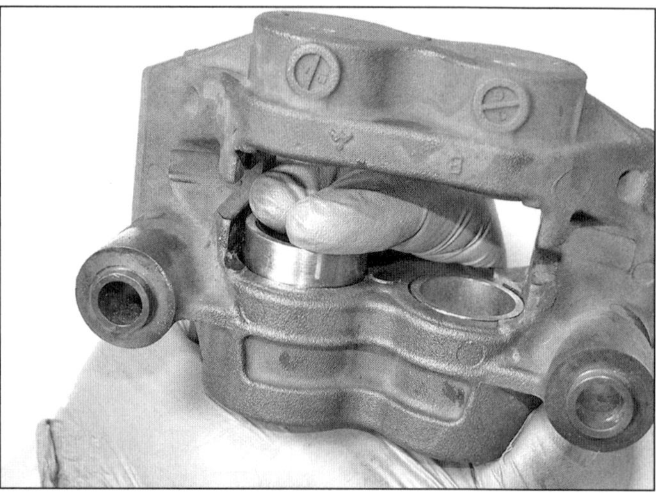

**3.11b ... und drücken Sie ihn vollständig in den Bremssattel.**

(siehe Abbildung). Wischen Sie überschüssige Bremsflüssigkeit ab, da sie Schmutz binden würde.

**12** Schließen Sie die Bremsleitung an, halten Sie die Kolben der soeben überholten Seite in ihren Bohrungen, und drücken Sie mit dem Bremshebel die Kolben der anderen Seite heraus, um hier die Überholprozedur zu wiederholen.

## Einbau

**13** Falls der Bremssattel nur abgenommen wurde, muss er wieder auf die Bremsscheibe geschoben werden (Abbildung 2.1b) – drücken Sie die Beläge nötigenfalls mit einem großen Schraubendreher oder Ähnlichem auseinander, um Platz für die Bremsscheibe zu schaffen – beschädigen Sie dabei nicht das Belagmaterial. Installieren Sie die Schrauben (vergessen Sie am rechten Sattel ggf. nicht den ABS-Sensorhalter), und ziehen Sie sie mit 40 Nm an (Abbildung 2.1a). Betätigen Sie mehrmals den Bremshebel, um die Beläge an die Scheibe zu drücken.

**14** Installieren Sie andernfalls die Bremsbeläge (siehe Sektion 2), und montieren Sie den Bremssattel.

**15** Falls getrennt, müssen alle Bremsleitungen angeschlossen werden – verwenden Sie dabei unbedingt neue Dichtscheiben (siehe Abbildung). Wo mit einer Schraube zwei Leitungen gesichert werden, müssen drei Dichtscheiben verwendet werden – eine zwischen den Ringanschlüssen und je eine außen. Richten Sie die Leitung(en) wie beim Trennen notiert aus (Abbildung 3.2a), und ziehen Sie die Anschlussschraube mit 30 Nm an.

**16** Füllen Sie ggf. Bremsflüssigkeit auf und entlüften Sie das System (siehe Sektion 11).

**17** Prüfen Sie vor der ersten Fahrt die Dichtigkeit und die Funktion der Bremse.

## 4 Vorderrad-Bremsscheiben

### Kontrolle

**1** Begutachten Sie den Zustand der Bremsscheiben-Oberfläche auf Kerben und andere Beschädigungen. Leichte Kratzer sind nach Gebrauch normal und behindern nicht die Funktion der Bremse, tiefe Kerben und starker Abrieb reduzieren jedoch die Bremswirkung und erhöhen den Belagverschleiß. Wenn eine Scheibe stark riefig ist, muss sie ersetzt werden.

**2** Die Scheibe darf nicht dünner verschlissen sein, als in den technischen Daten und auf der Scheibe selbst als minimaler Toleranzwert angegeben ist. Die Stärke kann in der Mitte des Bremsbelag-Kontaktbereichs mit einer Bügelmessschraube gemessen werden (siehe Abbildung) – messen Sie nicht am Außenrand, wo kein Verschleiß stattfindet. Ersetzen Sie die Bremsscheibe nötigenfalls.

**3** Um den Scheibenverzug zu kontrollieren, muss das Motorrad so abgestützt werden, dass das Rad nicht den Boden berührt. Befestigen Sie eine Messuhr so an der Gabel, dass der Messdorn die Scheibe etwa 10 mm unter ihrem Außenrand abtasten kann (siehe Abbildung). Drehen Sie das Rad langsam, und beobachten Sie die Messuhr-Nadel. Wenn der Schlag größer als 0,1 mm ist, müssen zunächst die Radlager auf erhöhtes Spiel kontrolliert werden (siehe Kapitel 1) – falls sie verschlissen sind, müssen sie ersetzt (siehe Sektion 16) und diese Kontrolle wiederholt werden. Wenn immer noch starker Verzug vorliegt, muss die Scheibe demontiert (Schritte 4 und 5) und ihr Sitz an der Radnabe auf Korrosion überprüft und diese ggf. entfernt werden. Auch kann es helfen, die Brems-

**3.15 Rüsten Sie die Bremsleitung an beiden Seiten mit neuen Dichtscheiben aus.**

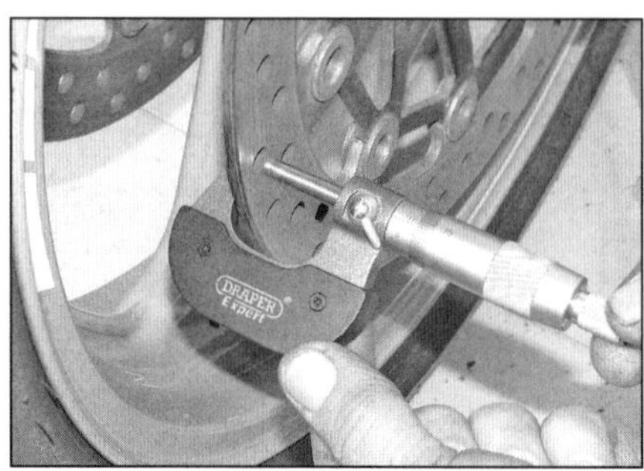


**4.2 Messen Sie die Stärke der Bremsscheibe.**

**4.3 Prüfen Sie den Scheibenverzug mit einer Messuhr.**

scheibe um ein Loch zu versetzen und nach dem Anziehen der Schrauben erneut auf Verzug zu kontrollieren. In den meisten Fällen muss die Bremsscheibe jedoch ersetzt werden – fragen Sie bei einem Fachbetrieb nach, ob es möglich ist, sie überarbeiten zu lassen.

## Ausbau

**4** Bauen Sie das Rad aus (siehe Sektion 14).

***Achtung: Legen Sie das Rad nicht auf eine Bremsscheibe, da sie sich verziehen kann. Legen Sie es so auf Holzblöcke, dass es auf der Felge aufliegt.***

**5** Wenn die alte Scheibe wiederverwendet werden soll, muss ihre Einbaulage am Rad markiert werden, sodass sie in der ursprünglichen Position und an der gleichen Seite wieder montiert werden kann. Lösen Sie die Bremsscheibenschrauben schrittweise über Kreuz, um ein Verziehen der Bremsscheibe zu vermeiden. Heben Sie die Scheibe vom Rad (siehe Abbildung). Yamaha schreibt bei der Montage der Bremsscheibe die Verwendung neuer Schrauben vor.

## Einbau

**6** Stellen Sie vor der Montage der Bremsscheibe sicher, dass sich auf ihrem Sitz weder Korrosion noch Schmutz abgelagert haben, da hierdurch die Scheibe nicht flach aufliegt und beim Bremsen ein Rubbeln verursacht und/oder verzieht.

**7** Bauen Sie die Scheibe so an das Rad, dass die eingeschlagenen Beschriftungen außen liegen und – falls Sie die originale Bremsscheibe installieren – die zuvor angebrachten Markierungen zur Radnabe ausgerichtet sind. Der eingeschlagene Pfeil muss in die normale Drehrichtung des Rades zeigen.

**8** Reinigen Sie ggf. die Gewinde der alten Bremsscheiben-Schrauben, und tragen Sie mittelfeste Sicherungspaste auf, bevor sie schrittweise und über Kreuz bis zum Drehmoment von 18 angezogen werden. Reinigen Sie die Bremsscheiben mit Aceton oder Bremsenreiniger. Wenn eine neue Bremsscheibe verwendet wird, muss deren Schutzüberzug entfernt werden – zudem sind neue Bremsbeläge zu montieren.

**9** Bauen Sie das Rad ein (siehe Sektion 14).

**10** Betätigen Sie mehrmals den Bremshebel, um die Beläge an die Scheibe zu drücken. Kontrollieren Sie den Bremsflüssigkeitsstand, und füllen Sie nötigenfalls auf (siehe *Tägliche Kontrollen*). Prüfen Sie vor der ersten Fahrt die Funktion der Bremse.

## 5 Handbremszylinder

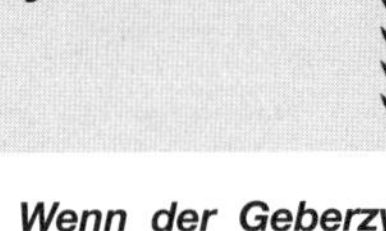

***Warnung: Wenn der Geberzylinder überholt werden soll, muss die gesamte Bremsflüssigkeit aus dem System gepumpt – und später neue aufgefüllt werden (siehe Sektion 11). Das Überholen von Bremsenteilen muss auf einer absolut sauberen Arbeitsfläche geschehen, damit keine Fremdkörper in die Bremse gelangen und sie während der Fahrt ausfallen lassen. Verwenden Sie zum Reinigen von Bremsenteilen auf keinen Fall Lösungsmittel auf Petroleumbasis. Benutzen Sie saubere Bremsflüssigkeit, Bremsenreiniger oder Spiritus. Seien Sie bei der Arbeit mit Bremsflüssigkeit äußerst vorsichtig – sie kann ihren Augen schaden und greift Lack und Kunststoff an. Decken Sie gefährdete Teile mit Lappen ab und wischen Sie Spritzer unverzüglich mit Seife und Wasser ab.***

**Anmerkung:** *Wenn der Geberzylinder (üblicherweise aufgrund schwacher Bremswirkung, Klemmneigung oder Lecks) überholt werden soll, müssen die gesamte Prozedur durchgelesen und alle erforderlichen Ersatzteile einschließlich frischer DOT-4-Bremsflüssigkeit beschafft werden.*

## Ausbau

**1** Demontieren Sie den rechten Rückspiegel. Demontieren Sie bei der TRACER sowie dem MT-07-Sondermodell Moto Cage den rechten Handprotektor (siehe Kapitel 7).

**2** Trennen Sie die Stecker des Bremslichtschalters (siehe Abbildung).

**3** Falls der Handbremszylinder komplett demontiert oder überholt werden soll, müssen die Schrauben des Ausgleichsbehälterdeckels etwas gelockert und wieder leicht angezogen werden (Abbildung 11.5a). Merken Sie sich die Ausrichtung der Bremsleitung, lösen Sie die Anschlussschraube, und trennen die Leitung vom Handbremszylinder – beachten Sie die Positionen der Dichtscheiben (siehe Abbildung). Seien Sie mit Lappen auf austretende Bremsflüssigkeit vorbereitet. Verschließen Sie die Leitungsanschlüsse mit einer passenden Schraube samt Mutter und den alten Dichtscheiben (Abbildung 3.2b oder c) – beim Anschließen müssen neue Scheiben verwendet werden.

**4** Demontieren Sie den Bremshebel (siehe Kapitel 5).

**5** Beachten Sie die Ausrichtung der Bremszylinder-Klemmung zur Körnermarkierung am Lenker, lösen Sie dann die Klemmschrauben, und entnehmen Sie das Klemmstück, um den Handbremszylinder vom Lenker zu befreien (siehe Abbildung). Falls der Handbremszylinder nur vom Lenker getrennt werden soll, muss er jetzt z. B. mit Kabelbindern gesichert werden, dass die Bremsleitung nicht unter Last steht.

**6** Falls der Bremszylinder überholt werden soll, müssen die Deckelschrauben gelöst und der Deckel, die Platte und die Manschette abgenommen werden. Gießen Sie die Bremsflüssigkeit in einen geeigneten Sammelbehälter. Wischen Sie Flüssigkeitsreste mit einem sauberen Lappen aus dem Ausgleichsbehälter.

**7** Lösen Sie nötigenfalls die Schraube des Bremslichtschalters und befreien Sie diesen (Abbildung 5.2).

**4.5 Vorderrad-Bremsscheiben sind mit fünf Schrauben gesichert.**

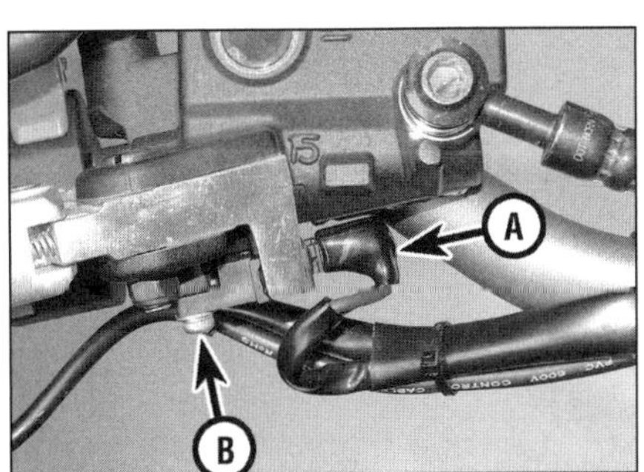


**5.2 Bremslichtschalter-Stecker (A) und Schraube (B)**

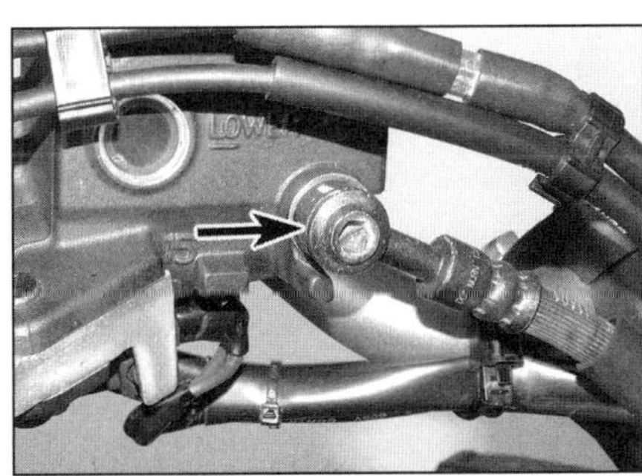

**5.3 Bremsleitungs-Anschlussschraube**

**5.5 Handbremszylinder-Klemmschrauben**

**5.8 Entfernen Sie die Druckstange und die Staubkappe vom Kolben, ...**

**5.9a ... drücken Sie diesen ein, entfernen Sie den Seegerring, ...**

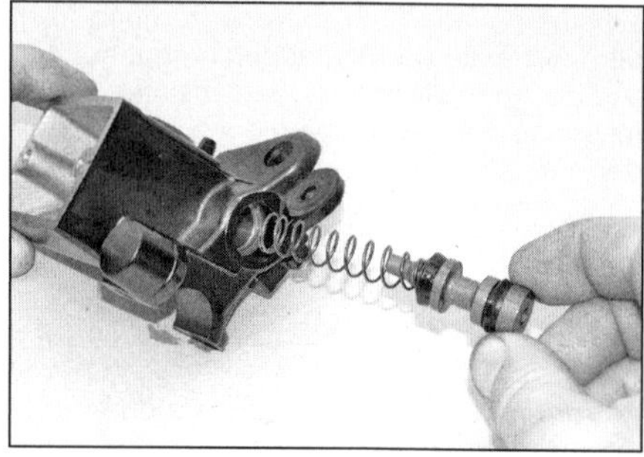
**5.9b ... und ziehen Sie den Kolben samt Feder heraus.**

## Überholen

**8** Entfernen Sie die Druckstange und die Staubkappe aus der Zylinderbohrung (siehe Abbildung).

**9** Der Kolben ist mit einem Seegerring gesichert - drücken Sie ihn ein, um den Seegerring mit einer entsprechenden Zange zu entfernen. Ziehen Sie dann den Kolben samt Feder heraus (siehe Abbildungen).

**10** Reinigen Sie den Bremszylinder und den Ausgleichsbehälter mit frischer Bremsflüssigkeit. Falls gefilterte und ölfreie Druckluft vorhanden ist, sollten damit alle Kanäle durchgeblasen werden.

***Achtung: Benutzen Sie zum Reinigen von Bremsenteilen unter keinen Umständen Lösungsmittel auf Petroleumbasis!***

**11** Inspizieren Sie die Bremszylinderbohrung auf Korrosion, Kerben oder Riefen. Falls defekte Oberflächen vorhanden sind, muss der Handbremszylinder ersetzt werden. Falls der Handbremszylinder verschlissen oder beschädigt ist, müssen auch die Bremssättel kontrolliert werden.

**12** Die Druckstange, die Staubkappe, der Seegerring, der Kolben samt Dichtungen sowie die Feder sind im Reparaturset enthalten, alle anderen Bauteile sind separat erhältlich. Benutzen Sie ungeachtet ihres Zustands immer alle Teile des Reparatursets.

**13** Stecken Sie die Feder mit dem dünneren Ende auf den Kolben (siehe Abbildung). Schmieren Sie den Kolben und die Dichtungen mit frischer Bremsflüssigkeit und stecken Sie die Baugruppe mit der Feder voran in die Bohrung (Abbildung 5.9b).

**14** Drücken Sie den Kolben gegen die Feder in den Zylinder – auch seine Dichtung darf nicht umklappen –, und installieren Sie den neuen Seegerring in seine Nut (siehe Abbildung).

**15** Falls noch nicht geschehen, wird die Gummikappe so auf die Druckstange geschoben, dass ihre äußere (dünnere) Lippe in der Nut sitzt (Abbildung 5.8). Richten Sie die Druckstange zum Außenrand des Kolbens aus, und drücken Sie die innere (breitere) Dichtlippe der Gummikappe in ihren Sitz.

**16** Kontrollieren Sie die Ausgleichsbehälter-Manschette – falls sie beschädigt oder spröde ist, muss sie ersetzt werden.

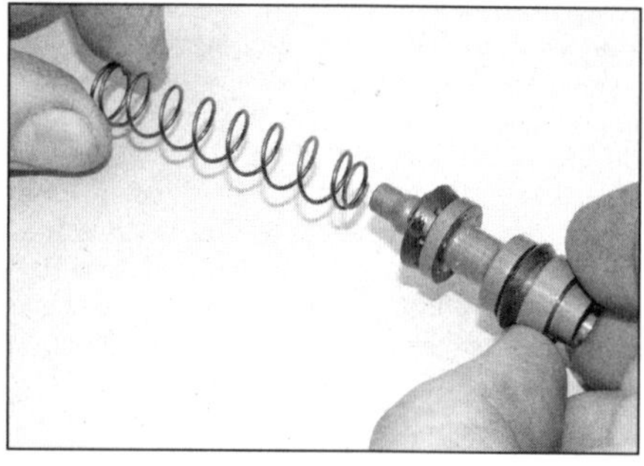
**5.13 Stecken Sie die Feder auf den Kolben.**

## Einbau

**17** Falls entfernt, wird der Bremslichtschalter unten an den Handbremszylinder montiert – der Stift muss in die Bohrung greifen – und mit der Schraube gesichert (Abbildung 5.2).

**18** Richten sie den Handbremszylinder mit der Klemmung zur Körnermarkierung oben am Lenker aus; der Abstand zwischen dem Klemmstück und dem Schaltergehäuse darf nicht mehr als 11 mm betragen (siehe Abbildung). Setzen Sie das Klemmstück mit der »UP«-Markierung nach oben ausgerichtet an und ziehen Sie zuerst die obere Schraube und dann die untere mit 10 Nm an (Abbildung 5.5).

**19** Schließen Sie ggf. das an beiden Seiten mit neuen Dichtscheiben versehene und kor-

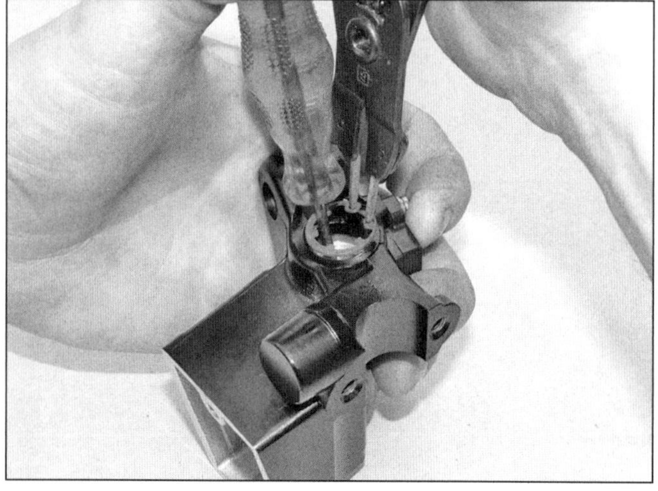
**5.14 Drücken Sie den Kolben in seine Bohrung, und sichern Sie ihn mit dem Seegerring.**

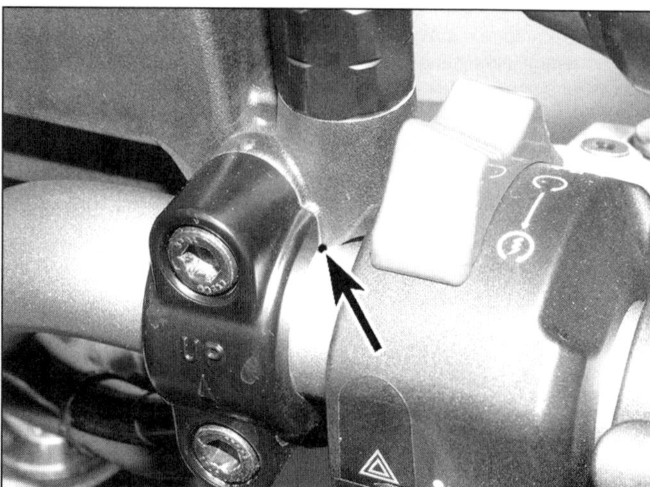

**5.18 Richten Sie die Klemmöffnung zur Körnermarkierung am Lenker aus.**

6.1 Lösen Sie den Clip.

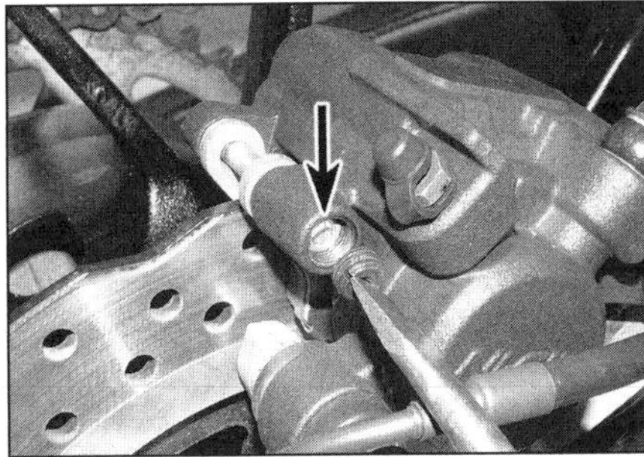

6.2 Entfernen Sie den Stopfen und den Stift.

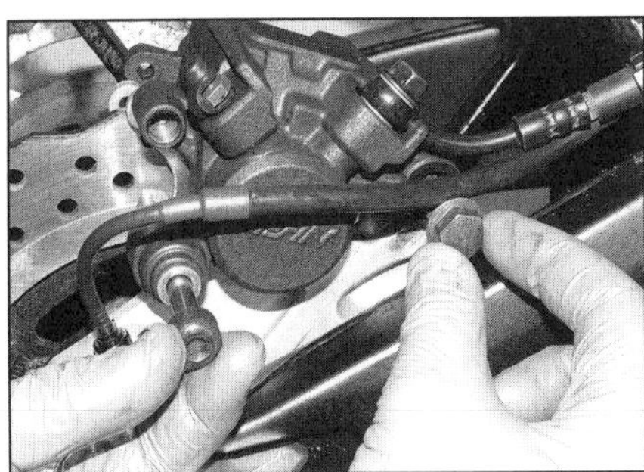

6.3 Lösen Sie die Gleitbolzen.

rekt ausgerichtete Bremsleitungsauge an (Abbildung 5.3), und ziehen Sie die Anschlussschraube mit 30 Nm an (Abbildung 5.3).

**20** Montieren Sie den Bremshebel (siehe Kapitel 5).

**21** Verbinden Sie den Bremslichtschalter-Stecker (Abbildung 5.2).

**22** Montieren Sie ggf. den Handprotektor und bei allen Modellen den Rückspiegel (siehe Kapitel 7).

**23** Füllen Sie ggf. Bremsflüssigkeit auf und/oder entlüften Sie die Bremse (siehe Sektion 11).

**24** Kontrollieren Sie das System auf Undichtigkeiten und prüfen Sie vor der ersten Fahrt die Funktion der Bremse.

## 6 Hinterrad-Bremsbeläge

**1** Lösen Sie bei Modellen mit ABS den Clip, der die Bremsleitung mit dem ABS-Sensorkabel verbindet (siehe Abbildung).

**2** Lösen Sie den vor dem Belagstift sitzenden Stopfen, und schrauben Sie den Stift heraus (siehe Abbildung).

**3** Schrauben Sie die Gleitbolzen heraus (siehe Abbildung).

**4** Heben Sie den Bremssattel von der Bremsscheibe, und entfernen Sie die Bremsbeläge (siehe Abbildungen) – betätigen Sie nicht die Bremse, solange der Bremssattel nicht über der Bremsscheibe sitzt.

**5** Die Bremsbeläge sind an den Rückseiten mit zweiteiligen Blechen ausgerüstet, die nötigenfalls samt ihrer Isolierstücke zum Reinigen entfernt werden können (siehe Abbildung).

**Anmerkung:** *Ersatz-Bremsbeläge von Yamaha sind mit diesen Blechen ausgerüstet; für Zubehör-Bremsbeläge können sie nötigenfalls separat beschafft werden. Je nach Zustand können auch die alten Bleche wiederverwendet werden.*

**6** Kontrollieren Sie die Oberflächen der Beläge auf Verunreinigungen und prüfen Sie, ob das Belagmaterial noch nicht unter der Verschleißgrenze ist (siehe Kapitel 1, Sektion 14). Ersetzen Sie alle Beläge der Hinterradbremse immer als Satz, auch wenn nur einer nahe oder unterhalb der Verschleißgrenze liegt. Außerdem müssen die Bremsbeläge ersetzt werden, wenn sie mit Öl oder Fett verschmutzt, stark eingekerbt oder durch Schmutz oder Sand beschädigt wurden.

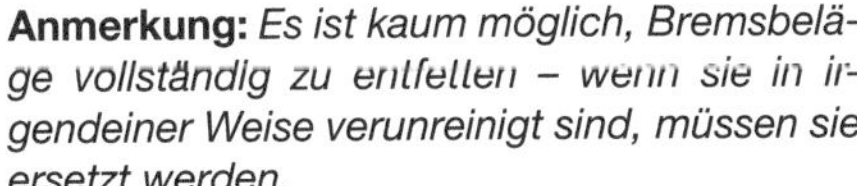

**Anmerkung:** *Es ist kaum möglich, Bremsbeläge vollständig zu entfetten – wenn sie in irgendeiner Weise verunreinigt sind, müssen sie ersetzt werden.*

**7** Wenn sich die Bremsbeläge in einem guten Zustand befinden, können sie mit einer absolut fettfreien feinen Drahtbürste von Straßenschmutz und Korrosion befreit werden. Arbeiten Sie eingedrungene Partikel nötigenfalls mit einer Nadel o.ä. heraus. Sprühen Sie die Beläge mit Bremsenreiniger ein.

**8** Sprühen Sie den Bremssattel innen mit Bremsenreiniger ein, damit keine Ablagerungen die Dichtringe beschädigen – beachten Sie dabei besonders die sichtbaren Gleitflächen der Kolben.

6.4a Heben Sie den Bremssattel ab, ...

**9** Falls neue Bremsbeläge installiert werden sollen, muss der Kolben vollständig in den Sattel gedrückt werden, um ausreichend Platz zu schaffen – beachten Sie bei ABS-Modellen zuvor die Hinweise in Schritt 11. Drücken Sie den Kolben von Hand oder mithilfe eines Holzstücks ein; nötigenfalls können die alten Bremsbeläge im Sattel positioniert und mit einem Schraubendreher auseinandergedrückt werden (siehe Abbildung). Alternativ kann ein spezielle Bremskolben-Rückstellwerkzeug eingesetzt werden.

**10** Durch das Drücken des Kolbens in den Sattel wird bei Modellen ohne ABS Bremsflüssigkeit in den Ausgleichsbehälter gepumpt, sodass es daher nötig sein kann, dass der Deckel, die Abdeckung und die Manschette des Ausgleichsbehälters entfernt und etwas überschüssige Bremsflüssigkeit abgeschöpft werden müssen (siehe *Tägliche Kontrollen*).

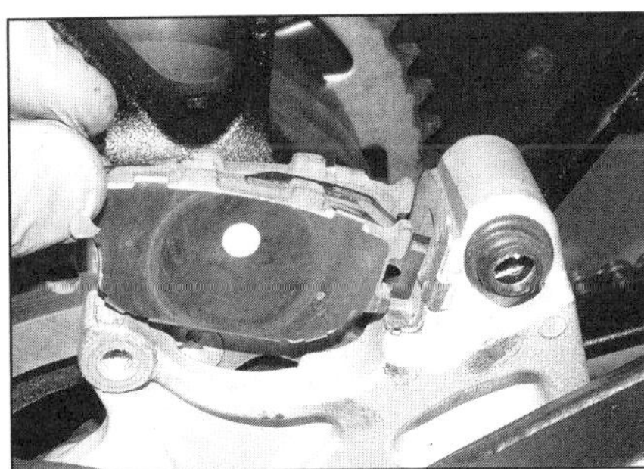

6.4b ... und entfernen Sie die Bremsbeläge.

6.5 Entfernen Sie die Bleche samt ihrer Isolierstücke von den Bremsbelägen.

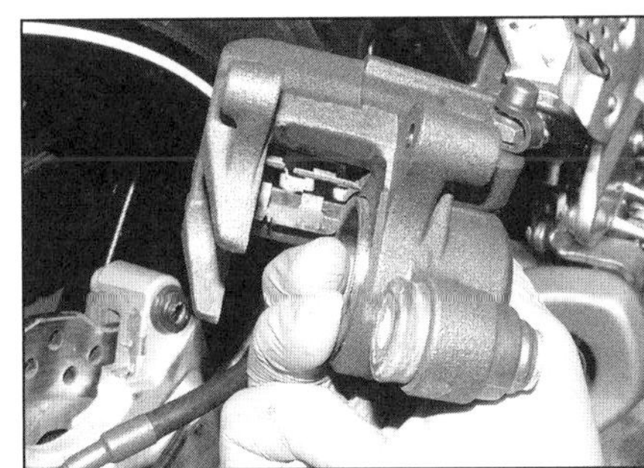

6.9 Der Kolben sollte sich von Hand in den Bremssattel drücken lassen.

6.14a Reinigen und kontrollieren Sie die Hülse und die Manschette im Bremssattel ...

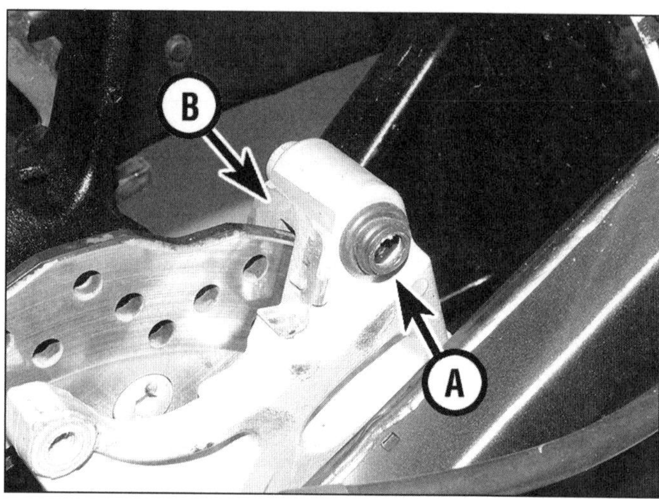


6.14b ... sowie die Manschette (A) und die Führungsplatte (B) am Halter.

**11** Bei Modellen mit ABS muss das Entlüftungsventil des Bremssattels geöffnet werden, um den Kolben zurückdrücken zu können: Entfernen Sie die Staubkappe, stecken Sie einen passenden transparenten Schlauch auf das Ventil und halten Sie dessen anderes Ende in einen geeigneten Behälter (Abbildung 11.17a und b). Öffnen Sie das Ventil und drücken Sie den Kolben wie in Schritt 9 beschrieben ein. Achten Sie darauf, keine Luft ins System zu saugen – im Zweifelsfall muss die Bremse anschließend entlüftet werden (siehe Sektion 11). Sobald der Kolben vollständig eingedrückt ist, wird das Ventil geschlossen, der Schlauch abgezogen und die Kappe aufgesteckt.

**12** Falls der Kolben festzusitzen scheint, muss der Bremssattel zerlegt und überholt werden (siehe Sektion 7).

**13** Kontrollieren Sie den Zustand der Bremsscheibe (siehe Sektion 8).

**14** Reinigen und kontrollieren Sie die Gummimanschette und ersetzen Sie sie nötigenfalls – die Hülse in der hinteren Manschette muss in die neue umgesetzt werden (siehe Abbildungen). Reinigen Sie die Führungsplatte im Halter – sie muss korrekt positioniert sein. Reinigen Sie den Gleitbolzen und beseitigen Sie jegliche Korrosion.

**15** Klemmen Sie ggf. die Belagbleche an die Rückseiten der Beläge, schmieren Sie Silikonpaste zwischen das innere Isolierstück und das Blech, und sorgen Sie dafür, dass ihre Außenseiten sauber sind (Abbildung 6.5). Installieren Sie ggf. die Belagfeder (siehe Abbildung).

**16** Reinigen Sie das Gewinde des hinteren Gleitbolzens, und tragen Sie frische Sicherungspaste auf. Tragen an den Gleitflächen und den Manschetten Silikonpaste auf. Schieben Sie den Bremssattel auf den Halter (Abbildung 6.4b). Positionieren Sie die Bremsbeläge so im Halter, dass sie an der Bremsscheibe anliegen und die Führungsränder gegen die Belagplatte drücken (Abbildung 6.4b); schwenken Sie dann den Sattel über die Beläge auf den Halter (Abbildung 6.4a). Installieren Sie die Gleitbolzen und ziehen Sie den vorderen mit 27 Nm und den hinteren mit 22 Nm an (Abbildung 6.3).

**17** Tragen Sie am Belagstift etwas Kupferpaste auf. Drücken Sie die Beläge gegen die Feder nach oben, um die Bohrungen auszurichten, schieben Sie den Stift ein und ziehen Sie ihn mit 17 Nm an (siehe Abbildung). Installieren Sie den Belagstift-Stopfen (Abbildung 6.2).

**18** Sichern Sie bei Modellen mit ABS das Sensorkabel mit der hinteren Bremsschlauch-Klemme (Abbildung 6.1).

**19** Betätigen Sie mehrmals das Bremspedal, um die Beläge an die Scheibe zu drücken.

**20** Kontrollieren Sie den Bremsflüssigkeitsstand und füllen Sie nötigenfalls auf (siehe *Tägliche Kontrollen*).

**21** Prüfen Sie vor der ersten Fahrt die Funktion der Bremse.

6.15 Die Belagfeder muss korrekt sitzen.

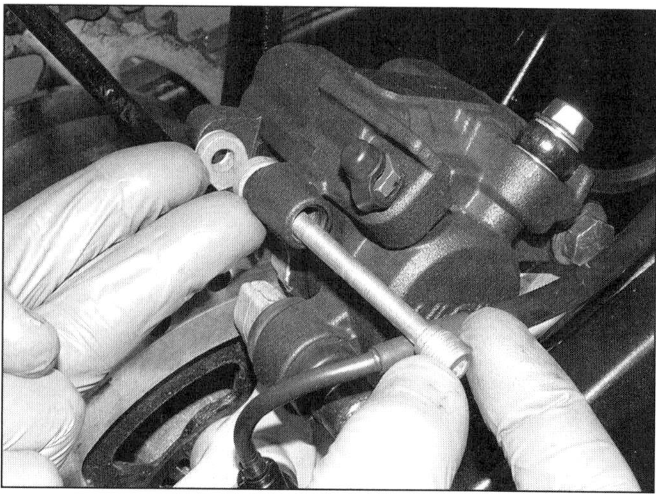

6.17 Drücken Sie die Beläge hoch, um die Löcher auszurichten.

7.2 Bremsleitungs-Anschlussschraube

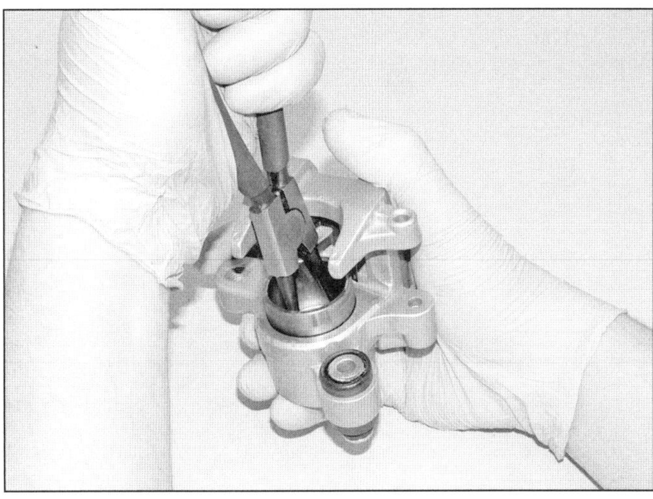

7.7 Der Kolben kann mit einer Außenseegerringzange ausgebaut werden.

## 7 Hinterradbremssattel

***Warnung: Wenn eine Überholung des Bremssattels nötig ist (normalerweise bei Undichtigkeiten oder Funktionsverweigerung), muss jegliche alte Bremsflüssigkeit abgelassen – und später neue aufgefüllt werden (siehe Sektion 11). Das Überholen von Bremsenteilen muss auf einer absolut sauberen Arbeitsfläche geschehen, damit keine Fremdkörper in die Bremse gelangen und sie während der Fahrt ausfallen lassen. Verwenden Sie zum Reinigen von Bremsenteilen auf keinen Fall Lösungsmittel auf Petroleumbasis. Benutzen Sie saubere Bremsflüssigkeit, Bremsenreiniger oder Spiritus. Seien Sie bei der Arbeit mit Bremsflüssigkeit äußerst vorsichtig – sie kann ihren Augen schaden und greift Lack und Kunststoff an. Decken Sie gefährdete Teile mit Lappen ab und wischen Sie Spritzer unverzüglich mit Seife und Wasser ab.***

**Anmerkung:** *Falls der Bremssattel (z. B. wegen eines klemmenden Kolbens oder Undichtigkeiten) überholt werden soll, muss zunächst die gesamte Sektion durchgelesen und sichergestellt werden, dass alle erforderlichen Ersatzteile sowie frische Bremsflüssigkeit (DOT 4) vorhanden sind.*

### Ausbau

**1** Befreien Sie ggf. das ABS-Sensorkabel aus der hinteren Bremsleitungsklemme (Abbildung 6.1).

**2** Falls der Bremssattel (z. B. für eine Überholung) komplett demontiert werden soll, muss die Ausrichtung der Bremsleitung beachtet und die Anschlussschraube gelöst werden – beachten Sie die Positionen aller Dichtscheiben (siehe Abbildung), und seien Sie mit einem Lappen auf austretende Bremsflüssigkeit vorbereitet. Verschließen Sie die Leitungsanschlüsse z. B. mit einer passenden Schraube samt Mutter und den alten Dichtscheiben (Abbildung 3.2b und c) – beim Anschließen müssen neue Scheiben verwendet werden.

**3** Entfernen Sie die Bremsbeläge (siehe Sektion 6) – dies erfordert den Ausbau des Bremssattels.

**4** Bauen Sie nötigenfalls das Hinterrad aus (siehe Sektion 15), und entfernen Sie den Bremssattelhalter.

### Überholen

**5** Reinigen Sie den Sattel äußerlich mit Bremsenreiniger oder Spiritus. Halten Sie Lappen bereit, um austretende Bremsflüssigkeit aufzusaugen.

**6** Zum Ausbau des Kolbens wird Druckluft oder ein spezielles Bremskolben-Ausbauwerkzeug benötigt – alternativ hilft auch eine hochwertige Außenseegerringzange.

***Warnung: Halten Sie beim Einsatz von Druckluft niemals eine Hand vor den Kolben, um ihn aufzufangen – er kann mit großer Wucht herausspringen und schwere Verletzungen hervorrufen!***

**7** Beim Einsatz des speziellen Ausbauwerkzeugs oder der Außenseegerringzange muss der Kolben von innen gegriffen und drehend senkrecht aus seiner Bohrung gezogen werden (siehe Abbildung). Versuchen Sie nicht, den Kolben mit außen angesetzten Zangen oder anderen Werkzeugen herauszuziehen, da hierbei seine Gleitfläche beschädigt wird und ggf. der Kolben und/oder der gesamte Bremssattel ersetzt werden muss.

**8** Beim Einsatz von Druckluft müssen zunächst einige Lappen oder ein Stück Holz zwischen den Kolben und die Innenseite des Sattels gelegt werden. Sichergehend, dass das Entlüftungsventil gut verschlossen ist, wird am Bremsleitungsanschluss vorsichtig Druckluft angesetzt, damit sich der Kolben aus seiner Bohrung schiebt (siehe Abbildung).

**9** Falls der Kolben aufgrund von Korrosion in seiner Bohrung klemmt, muss der komplette Bremssattel durch ein Neuteil ersetzt werden.

**10** Entfernen Sie mit einem Holz- oder Plastikwerkzeug die Staubdichtung und die Kolbendichtung aus der Sattelbohrung, um diese nicht zu beschädigen (siehe Abbildung). Die Dichtungen müssen auf jeden Fall ersetzt werden.

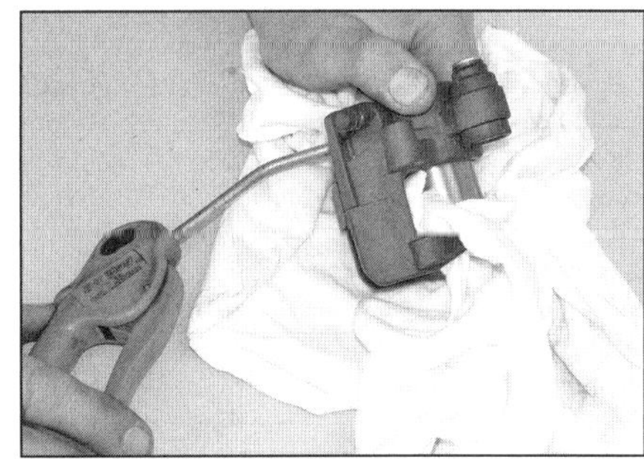

7.8 Schützen Sie den Sattel mit einem Holz oder Lappen und drücken Sie den Kolben mit Druckluft heraus.

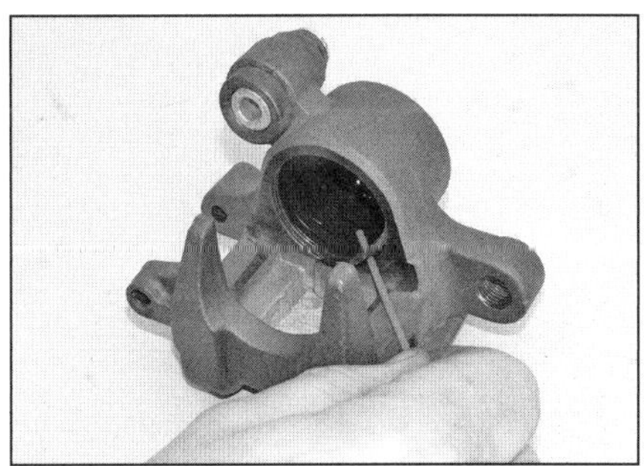

7.10 Entfernen Sie die Dichtungen.

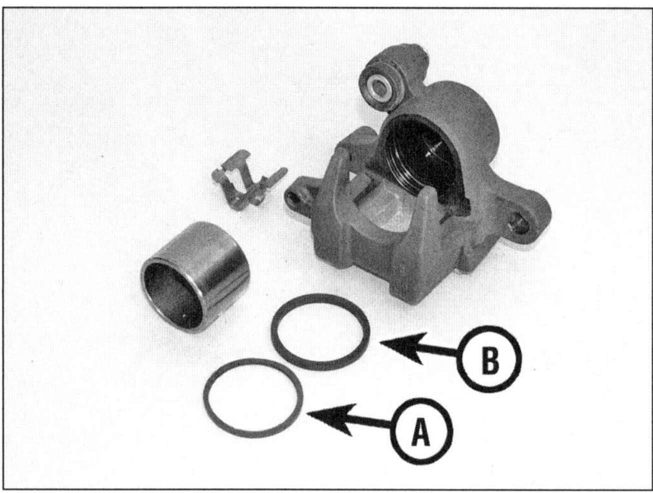


**7.13 Staubdichtung (A), Kolbendichtung (B)**

**7.14 Installieren Sie die neue Kolbendichtung in die untere Nut.**

**11** Reinigen Sie Bohrung und den Kolben mit Spiritus, Bremsenreiniger oder sauberer Bremsflüssigkeit. Ist (gefilterte und ölfreie) Druckluft vorhanden, werden die Kanäle damit durchgeblasen.

***Achtung: Benutzen Sie zum Reinigen von Bremsenteilen auf keinen Fall Lösungsmittel auf Petroleumbasis.***

**12** Inspizieren Sie die Sattelbohrung und den Kolben auf Anzeichen von Korrosion, Kerben, Riefen und Abplatzungen. Wenn schadhafte Oberflächen vorhanden sind, muss der Bremssattel und/oder der Kolben ersetzt werden. Wenn der Bremssattel in schlechtem Zustand ist, muss auch der Fußbremszylinder kontrolliert werden.
**13** Vergleichen Sie die neuen Dichtringe, um sie korrekt zu montieren – die äußere Staubdichtung ist dünner als die innere Kolbendichtung (siehe Abbildung).
**14** Schmieren Sie die neue Kolbendichtung mit sauberer Bremsflüssigkeit, und setzen Sie sie in die innere Nut der Sattelbohrung (siehe Abbildung).
**15** Schmieren Sie die neue Staubdichtung mit Silikonpaste, und setzen Sie sie in die äußere Nut der Bohrung (siehe Abbildung).
**16** Schmieren Sie den Kolben mit sauberer Bremsflüssigkeit, und setzen Sie ihn mit der geschlossenen Seite voran in die Sattelbohrung, ohne die Dichtungen aus den Nuten zu drücken. Drücken Sie ihn mit den Daumen senkrecht bis auf den Boden (siehe Abbildung). Wischen Sie überschüssige Bremsflüssigkeit ab, da sie Schmutz binden würde.

## Einbau

**17** Falls entfernt, werden der Bremssattelhalter an die Schwinge gesetzt und das Hinterrad montiert (siehe Sektion 15).
**18** Reinigen und kontrollieren Sie alle Komponenten und montieren Sie die Bremsbeläge (siehe Sektion 6, Schritte 6 ff.) - ignorieren Sie alle Schritte, die nach einer Überholung nicht zutreffen.
**19** Falls getrennt, muss die Bremsleitung angeschlossen werden – verwenden Sie dabei unbedingt neue Dichtscheiben (Abbildung 3.15). Richten Sie die Leitung wie beim Trennen notiert aus (Abbildung 7.2), und ziehen Sie die Anschlussschraube mit 30 Nm an.
**20** Sichern Sie bei Modellen mit ABS das Sensorkabel mit der hinteren Bremsschlauch-Klemme (Abbildung 6.1).
**21** Füllen Sie ggf. Bremsflüssigkeit auf und entlüften Sie das System (siehe Sektion 11).
**22** Prüfen Sie vor der ersten Fahrt die Dichtigkeit und die Funktion der Bremse.

# 8 Hinterrad-Bremsscheibe

## Kontrolle

**1** Wechseln Sie hierfür nach Sektion 4 – die Messuhr muss in diesem Fall an der Schwinge angebracht werden.

## Ausbau

**2** Bauen Sie das Hinterrad aus (siehe Sektion 15).

***Achtung: Legen Sie das Rad nicht auf die Bremsscheibe oder das Kettenblatt, da sie sich verziehen können. Legen Sie es so auf Holzblöcke, dass es auf der Felge aufliegt.***

**3** Wenn die alte Scheibe wiederverwendet werden soll, markieren Sie die Einbaulage der Bremsscheibe am Rad, sodass sie in derselben Position wieder montiert werden kann. Lösen Sie die Bremsscheibenschrauben schrittweise über Kreuz, um ein Verziehen der Bremsscheibe zu vermeiden, und heben Sie diese vom Rad (siehe Abbildung). Yamaha empfiehlt, die Bremsscheiben-Schrauben nach jeder Demontage durch Neuteile zu ersetzen.

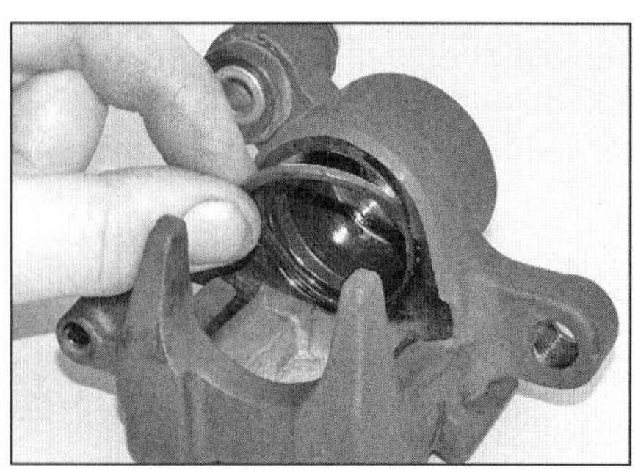

**7.15 Installieren Sie die neue Staubdichtung in die obere Nut.**

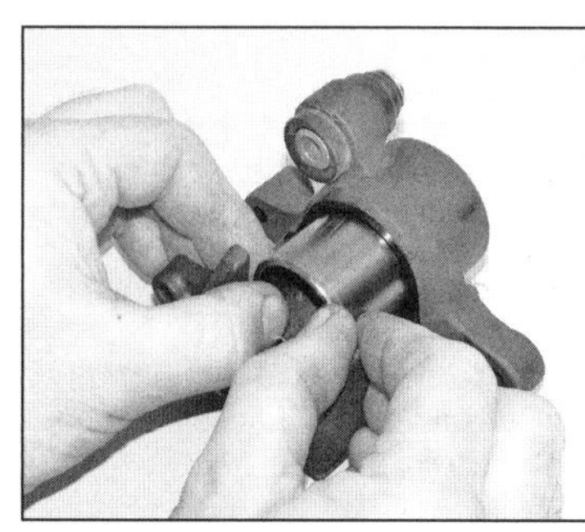

**7.16 Installieren Sie den Kolben und drücken Sie ihn vollständig in seine Bohrung.**

**8.3 Die Hinterrad-Bremsscheibe ist mit fünf Schrauben gesichert.**

**9.2 Bremsleitungs-Anschlussschraube**

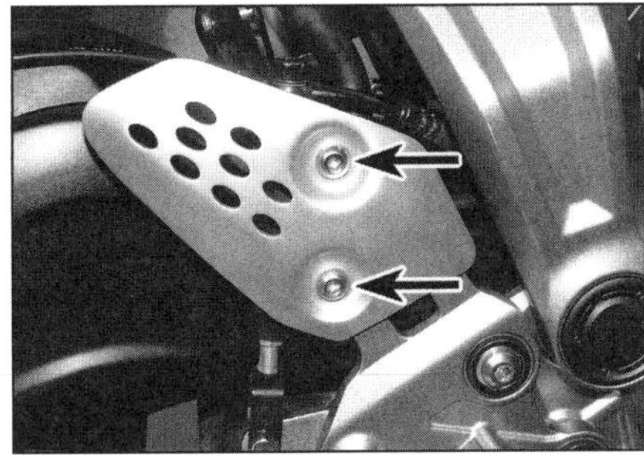

**9.3a Bremszylinder-Schrauben**

**9.3b Lösen Sie die Schrauben des Fußrastenträgers, und nehmen Sie diesen ab.**

## Einbau

**4** Stellen Sie vor der Montage der Bremsscheibe sicher, dass sich auf ihrem Sitz weder Korrosion noch Schmutz abgelagert haben, da hierdurch die Scheibe nicht flach aufliegt und beim Bremsen ein Rubbeln verursacht und/oder verzieht. Wird eine nicht korrekt aufliegende Bremsscheibe festgeschraubt, kann sie dauerhaft verziehen.

**5** Setzen Sie die Bremsscheibe so an das Rad, dass die Beschriftung außen liegt und die ggf. zuvor angebrachten Markierungen zueinander ausgerichtet sind.

**6** Reinigen Sie die Gewinde der Bremsscheiben-Schrauben und tragen Sie mittelfeste Sicherungspaste auf, bevor sie schrittweise und über Kreuz bis zum Drehmoment von 30 angezogen werden. Reinigen Sie die Bremsscheibe mit Aceton oder Bremsenreiniger. Wenn eine neue Bremsscheibe verwendet wird, muss deren Schutzüberzug entfernt werden – zudem sind neue Bremsbeläge zu montieren.

**7** Bauen Sie das Hinterrad ein (siehe Sektion 15).

**8** Betätigen Sie mehrmals die Fußbremse, um die Beläge an die Scheibe zu drücken. Kontrollieren Sie den Bremsflüssigkeitsstand, und füllen Sie nötigenfalls auf (siehe *Tägliche Kontrollen*). Prüfen Sie vor der ersten Fahrt die Funktion der Bremse.

## 9 Fußbremszylinder

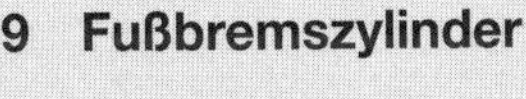

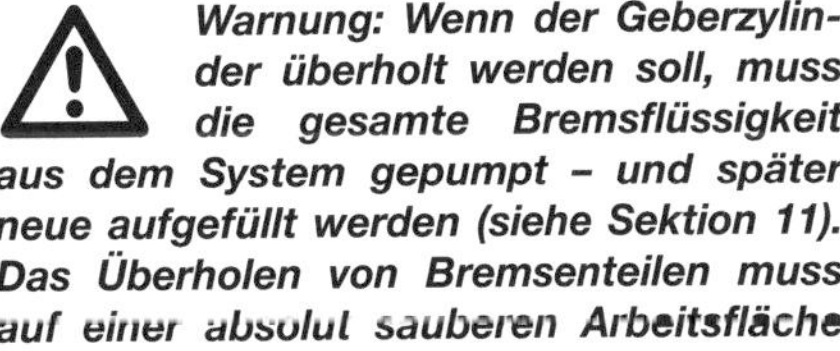

***Warnung: Wenn der Geberzylinder überholt werden soll, muss die gesamte Bremsflüssigkeit aus dem System gepumpt – und später neue aufgefüllt werden (siehe Sektion 11). Das Überholen von Bremsenteilen muss auf einer absolut sauberen Arbeitsfläche geschehen, damit keine Fremdkörper in die Bremse gelangen und sie während der Fahrt ausfallen lassen. Verwenden Sie zum Reinigen von Bremsenteilen auf keinen Fall Lösungsmittel auf Petroleumbasis. Benutzen Sie saubere Bremsflüssigkeit, Bremsenreiniger oder Spiritus. Seien Sie bei der Arbeit mit Bremsflüssigkeit äußerst vorsichtig – sie kann ihren Augen schaden und greift Lack und Kunststoff an. Decken Sie gefährdete Teile mit Lappen ab und wischen Sie Spritzer unverzüglich mit Seife und Wasser ab.***

**Anmerkung:** *Wenn der Geberzylinder (üblicherweise aufgrund schwacher Bremswirkung, Klemmneigung oder Lecks) überholt werden soll, müssen die gesamte Prozedur durchgelesen und alle erforderlichen Ersatzteile einschließlich frischer DOT-4-Bremsflüssigkeit beschafft werden.*

## Ausbau

**1** Entfernen Sie bei der XSR 700 die rechte Rahmenabdeckung (siehe Kapitel 7).

**2** Beachten Sie die Ausrichtung der Bremsleitung (siehe Abbildung). Lösen Sie die Anschlussschraube und fangen Sie austretende Bremsflüssigkeit auf. Dichten Sie den Schlauchanschluss ab – z. B. mit einer Schraube samt Mutter und den alten Dichtscheiben (Abbildung 3.2b oder c) – später werden neue Dichtscheiben benötigt.

**3** Lockern Sie die Bremszylinder-Schrauben (siehe Abbildung). Lösen Sie die Schrauben des Fußrastenträgers, entfernen Sie die Scheiben, und nehmen Sie den Träger ab, um Zugang zu seiner Innenseite zu erhalten (siehe Abbildung).

**4** Entfernen Sie am Gelenkzapfen der Druckstange zum Bremspedal den Splint und die Scheibe, und ziehen Sie den Zapfen heraus (siehe Abbildung) – der Splint muss durch ein Neuteil ersetzt werden.

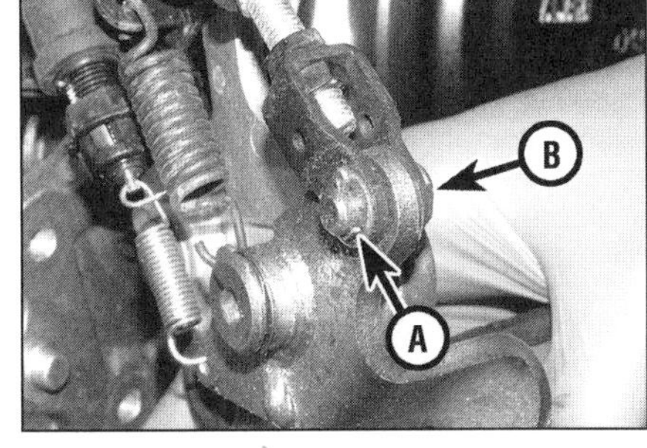


**9.4 Entfernen Sie den Splint samt Scheibe (A), und ziehen Sie den Gelenkzapfen (B) heraus.**

**5** Lösen Sie die Mutter oder Schraube des Ausgleichsbehälters, entfernen Sie bei der MT-07 und der TRACER den Halter, und befreien Sie den Ausgleichsbehälterschlauch aus der Klemme (siehe Abbildungen).

**6** Drehen Sie die Bremszylinderschrauben heraus, beachten Sie, wie sie auch den Halter der Bremslichtschalter- und Pedalfeder innen am Fußrastenträger sichern, und entfernen Sie den Bremszylinder samt Ausgleichsbehälter.

## Überholen

**7** Lösen Sie den Ausgleichsbehälterdeckel samt Platte und Manschette, um die Bremsflüssigkeit in einen geeigneten Sammelbe-

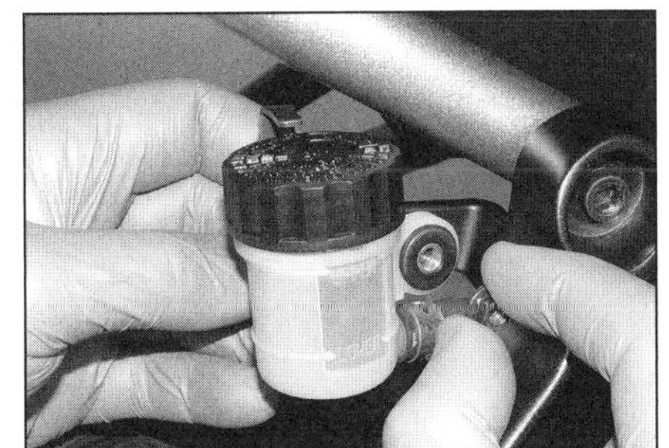

**9.5a Lösen Sie bei der MT-07 und der TRACER die Mutter des Halters, und entfernen Sie diesen.**

**9.5b Lösen Sie bei der XSR 700 die Schraube des Ausgleichsbehälters.**

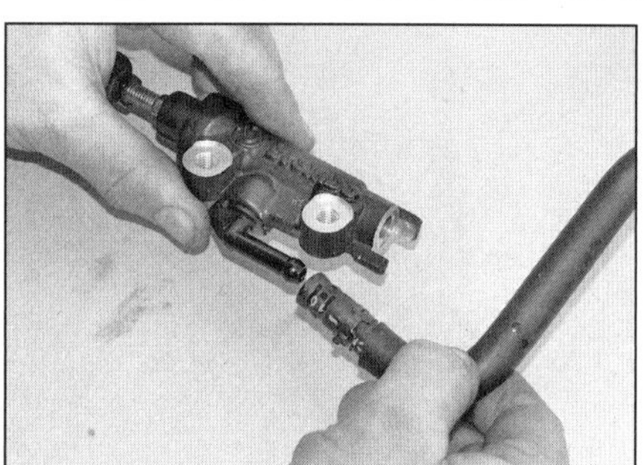

**9.8 Lösen Sie die Schelle und ziehen Sie den Schlauch vom Stutzen.**

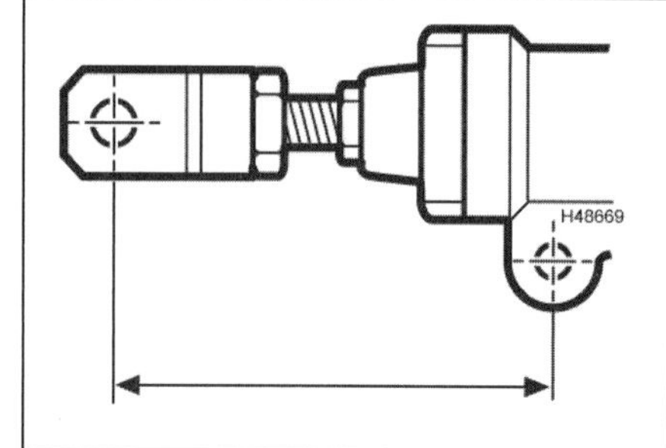


**9.10a Messen Sie vor der Demontage des Gelenks den Abstand zwischen der Gelenkzapfen-Bohrung und der unteren Schraubenbohrung.**

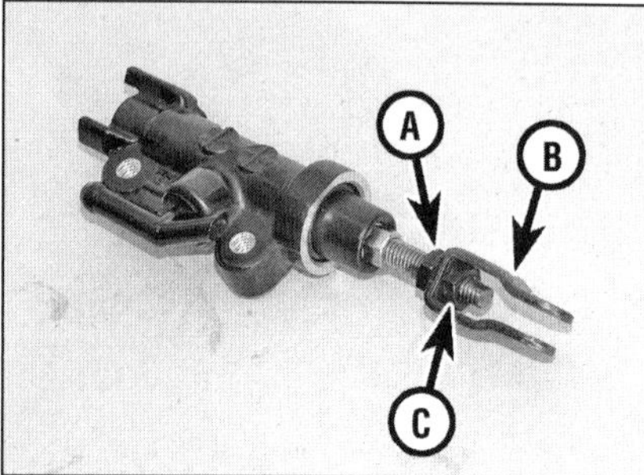


**9.10b Lockern Sie die Kontermutter (A) und drehen Sie das Gelenk (B) und sein Mutter (C) von der Druckstange.**

hälter auszugießen – sie darf keinesfalls wiederverwendet werden. Wischen Sie mit einem sauberen Lappen Reste aus dem Behälter.

**8** Lösen Sie den Clip, der den Behälterschlauch am Stutzen des Bremszylinders sichern, und ziehen Sie ihn ab (siehe Abbildung).

**9** Der Ausgleichsbehälterschlauch-Stutzen ist fest in den Bremszylinder gepresst – solange keine Undichtigkeiten festgestellt werden, sollte er nicht getrennt werden. Nötigenfalls muss der Stutzen herausgehebelt werden, ohne dass dabei die Dichtfläche des Bremszylinders beschädigt wird. Sollte der Stutzen dabei abbrechen, können sowohl die Dichtung als auch der Stutzen separat beschafft werden; der Dichtring muss auf jeden Fall erneuert werden.

**10** Markieren Sie die Position der Kontermutter am Druckstangengelenk, und lockern Sie sie (siehe Abbildungen).

**11** Ziehen Sie die Gummikappe aus dem Bremszylinder, um den Seegerring freizulegen (siehe Abbildung). Drücken Sie die Druckstange ein, und entfernen Sie den Ring mit einer Seegerringzange. Ziehen Sie anschließend die Druckstange, den Kolben und die Feder heraus (siehe Abbildungen) – beachten Sie, wie die Feder am Kolben klemmt. Drehen Sie die Gelenkmutter, das Gelenk und die Kontermutter von der Druckstange – sie müssen ggf. an die neue Druckstange montiert werden.

**12** Reinigen Sie den Bremszylinder innen mit frischer Bremsflüssigkeit. Falls gefilterte und ölfreie Druckluft vorhanden ist, sollten damit alle Kanäle durchgeblasen werden.

***Achtung: Benutzen Sie zum Reinigen von Bremsenteilen unter keinen Umständen Lösungsmittel auf Petroleumbasis!***

**13** Inspizieren Sie die Bremszylinderbohrung auf Korrosion, Kerben oder Riefen. Falls defekte Oberflächen vorhanden sind, muss der Fußbremszylinder ersetzt werden. Falls der Bremszylinder verschlissen oder beschädigt ist, muss auch der Hinterrad-Bremssattel kontrolliert werden.

**14** Die Druckstange, die Gummimanschette, der Seegerring, der Kolben samt Dichtungen sowie die Feder sind zusammen als Reparaturset erhältlich. Benutzen Sie unabhängig vom Zustand der alten Teile immer alle Neuteile.

**15** Verbinden Sie ein Ende der Feder mit dem inneren Kolben-Ende, indem Sie sie über die Metalllaschen klemmen (siehe Abbildung). Schmieren Sie den Kolben und seine Dichtungen mit frischer Bremsflüssigkeit und installieren Sie die Bautruppe in den Bremszylinder (Abbildung 9.11d).

**16** Drehen Sie die Kontermutter, das Gelenk und die Mutter auf die Druckstange, und drücken Sie diese gegen den Federdruck in den Bremszylinder, um den Seegerring in seine Nut zu installieren (Abbildung 9.11a und b).

**17** Drücken Sie die Gummikappe mit dem breiteren Rand in die Nut des Bremszylinders (Abbildung 9.11a).

**18** Positionieren Sie das Gelenk wie beim Ausbau notiert (siehe Schritt 10), und ziehen Sie die Kontermutter an (Abbildung 9.10b).

**Anmerkung:** *Die Position des Gelenks legt die Höhe des Bremspedals fest – eine endgültige Einstellung kann nach nach dessen Montage erfolgen (siehe Kapitel 1, Sektion 14).*

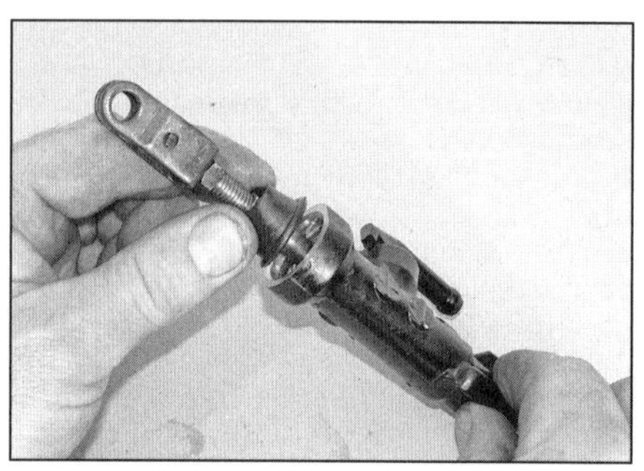

**9.11a Befreien Sie die Staubkappe, ...**

**9.11b ... entfernen Sie den Seegerring, ...**

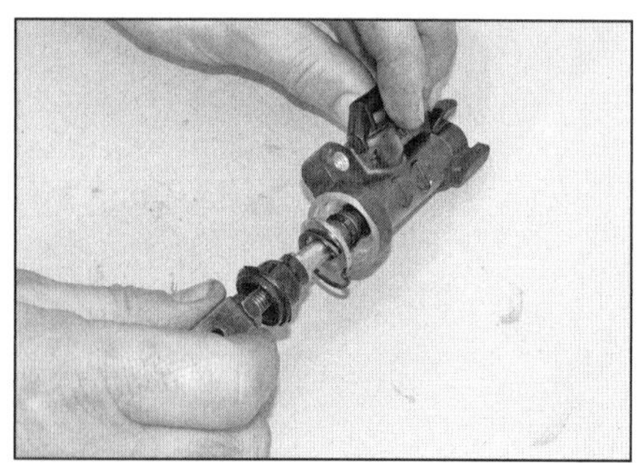

**9.11c ... und ziehen Sie die Druckstange ...**

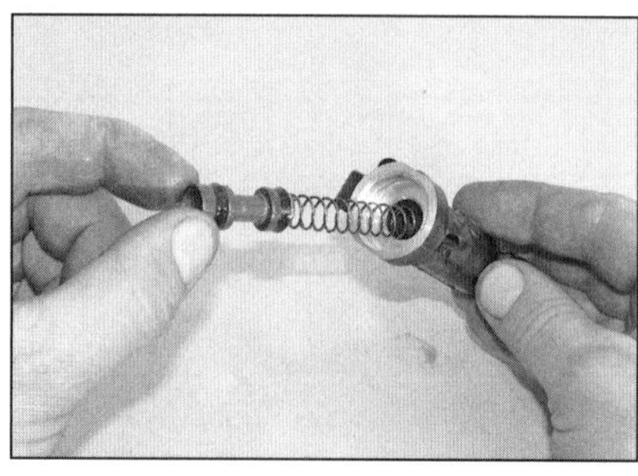

**9.11d ... sowie den Kolben und die Feder heraus.**

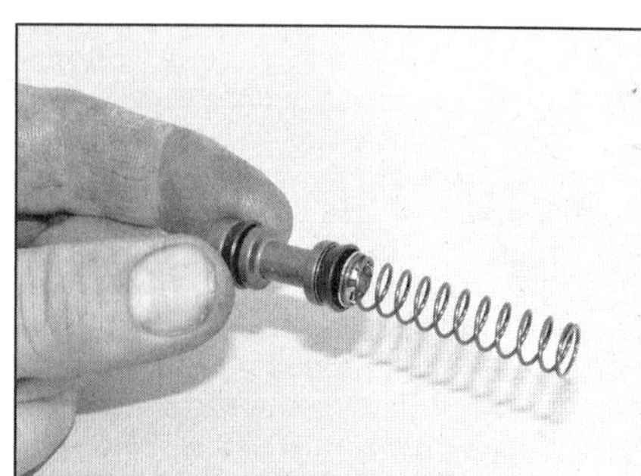

**9.15 Die Feder muss korrekt am Kolben sitzen.**

**19** Falls entfernt, wird eine neue Ausgleichsbehälterschlauchstutzen-Dichtung mit frischer Bremsflüssigkeit geschmiert und in den Bremszylinder gedrückt. Pressen Sie anschließend den nach oben zeigenden Stutzen fest in den Bremszylinder (Abbildung 9.8).
**20** Kontrollieren Sie den Deckel, die Platte und die Manschette des Ausgleichsbehälters, und ersetzten Sie schadhafte Teile. Falls der Schlauch spröde oder rissig ist, muss er ebenfalls ersetzt werden. Ersetzen Sie auch eine ermüdete oder korrodierte Schelle. Drücken Sie den Schlauch vollständig auf den Stutzen und sichern Sie ihn mit der Schelle (Abbildung 9.8).

## Einbau

**21** Positionieren Sie den Bremszylinder so an den Fußrastenträger, dass der Halter der Bremslichtschalter- und der Pedalfeder zwischen ihnen liegt; richten Sie die Schraubenbohrungen aus, und drehen Sie die Schrauben handfest ein. Sichern Sie den Ausgleichsbehälter locker am Rahmen (Abbildung 9.5a oder b).
**22** Richten Sie das Gelenk zum Bremspedal aus, schieben Sie den Zapfen ein, legen Sie die Scheibe auf, und installieren Sie den Splint – biegen Sie seine Enden wie gezeigt um (Abbildung 9.4).
**23** Setzen Sie den Fußrastenträger so an, dass sein Gummistopfen an der Innenseite über den Zapfen greift, installieren Sie die Schrauben samt Scheiben, und ziehen Sie sie mit 30 Nm an (siehe Abbildung). Ziehen Sie die Bremszylinderschrauben mit 23 Nm an.
**24** Schließen Sie das an beiden Seiten mit neuen Dichtscheiben versehene und korrekt ausgerichtete Bremsleitungsauge an (Abbildung 3.15), und ziehen Sie die Anschlussschraube mit 30 Nm an (Abbildung 9.2).
**25** Montieren Sie bei der XSR 700 die rechte Rahmenabdeckung (siehe Kapitel 7).
**26** Füllen Sie Bremsflüssigkeit auf und/oder entlüften Sie die Bremse (siehe Sektion 11).
**27** Kontrollieren Sie das System auf Undichtigkeiten, und prüfen Sie vor der ersten Fahrt sorgfältig die Funktion der Bremse.

## 10 Bremsschläuche und Anschlüsse

### Kontrolle

**1** Der Zustand aller Bremsleitungen muss regelmäßig kontrolliert werden. Die Schläuche müssen bei den ersten Alterungsanzeichen von Riss- oder Beulen-Bildung ersetzt werden – spätestens nach vier Jahren (siehe Kapitel 1).
**2** Drehen und ziehen Sie die Gummischläuche, um Risse, Beulen und durchsickernde Flüssigkeit zu entdecken. Begutachten Sie besonders die Verbindungen der Schläuche zu den Anschlussaugen, da hier die meisten Probleme auftreten.

**Praxis TiPP** ***Der regelmäßige Austausch der Leitungen lässt sich umgehen, indem man im Zubehörhandel erhältliche Stahlflex-Leitungen montiert. Diese Leitungen halten – solange sie nicht mechanisch beschädigt werden – ewig. Viele Fahrer behaupten zudem, sie verbessern auch den Druckpunkt.***

**3** Kontrollieren Sie alle Bremsleitungs-Anschlüsse auf Undichtigkeiten und Beschädigungen, Rost, Kratzer und Risse, und ersetzen Sie entsprechende Leitungen.

### Ausbau und Einbau

**4** Die Bremsschläuche von Modellen ohne ABS haben alle an den Enden Ring-Anschlüsse (Abbildung 3.2a, 5.3, 7.2 und 9.2). Bei Modellen mit ABS sind Rohrleitungen mit Überwurfmuttern und Ringanschlüssen verschraubt (Abbildung 10.6 und 17.29) – für den Zugang müssen die rechte Rahmenabdeckung (siehe Kapitel 7) und der Tank (siehe Kapitel 4) demontiert werden. Weitere Details zum ABS finden sich in Sektion 17.
**5** Entleeren Sie die entsprechende Bremse (siehe Sektion 11).
**6** Bedecken Sie umliegende Flächen mit Lappen, um Bremsflüssigkeits-Spritzer aufzunehmen. Beachten Sie die Ausrichtung der Ringanschlüsse an Geberzylinder und Bremssattel sowie ggf. dem Modulator. Befreien Sie die Leitung(en) und Rohre vom Vorderradkotflügel, der unteren Gabelbrücke und der Schwinge sowie aus allen anderen Clips und Führungen – merken Sie sich ihre Verlegung. Lösen Sie die Anschlussschraube an jeder Seite des Schlauchs. Lösen Sie bei ABS-Modellen auch die Schraube des hinteren Anschlussblocks – lösen Sie nicht die Muttern der Schlauchanschlüsse an den Rohren, da die Leitungen als komplette Baugruppe ausgetauscht werden muss (siehe Abbildung).
**7** Positionieren Sie die neue Bremsleitung so, dass sie korrekt ausgerichtet und nicht verdreht oder anderweitig unter Last gesetzt ist. Achten Sie auf eine korrekte Verlegung und sichern Sie sie mit allen Befestigungen und Führungen. Achten Sie darauf, dass die Leitungen keine beweglichen Teile berühren.
**8** Wenn die Anschlüsse korrekt ausgerichtet sind (Abbildung 3.2a, 5.3, 7.2 und 9.2 sowie 17.29), werden die mit neuen Dichtscheiben ausgerüsteten Anschlussschrauben installiert. Wo mit einer Schraube zwei Leitungen gesichert werden, müssen drei Dichtscheiben verwendet werden – eine zwischen den Ringanschlüssen und je eine außen.
**9** Ziehen Sie die Anschlussschraube mit 30 Nm an.
**10** Füllen Sie die Anlage mit frischer DOT-4-Bremsflüssigkeit auf (siehe *Tägliche Kontrollen*), und entlüften Sie sie (siehe Sektion 11). Prüfen Sie vor der ersten Fahrt sorgfältig die Funktion der Bremse.

## 11 Bremsanlage Entlüften und Bremsflüssigkeitswechsel

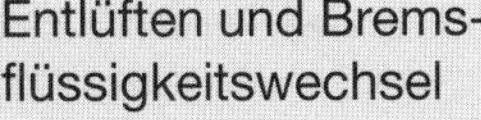

**Spezialwerkzeug:** *Zum Entlüften der Bremse (Schritt 3) wird eine relativ preiswert erhältliche Vakuumpumpe benötigt. Das Antiblockiersystem muss nach jeder Arbeit (einschließlich Entlüften) einem Impulstest unterzogen werden – dazu muss es mit einem Yamaha-Diagnosegerät verbunden werden.*

### Entlüftung

**1** Entlüften der Bremse besagt, dass alle Luftblasen aus dem Bremsflüssigkeitsbehälter, den Leitungen und den Bremssätteln entfernt werden. Entlüften ist immer notwendig, wenn eine Hydraulik-Verbindung gelöst wurde, wenn eine Komponente oder Leitung gewechselt wurde, oder wenn ein Geberzylinder oder Sattel überholt wurde. Sind ein schwammiges Gefühl in der Bremse oder mangelhafte Bremsleistung nicht auf mechanische Defekte (z. B. klemmender Kolben im Bremssattel oder durch Korrosion klemmende Bremsbeläge) zurückzuführen, weist dies ebenfalls auf notwendiges Entlüften hin. Lecks im System können ebenfalls das Eindringen von Luft ermöglichen, aber sie zeigen auch durch auslaufende Flüssigkeit das Problem an und weisen auf eine dringend notwendige Reparatur hin.
**2** Selbst erfahrene Profischrauber betrachten das Entlüften von Bremsen oft als »Schwarze

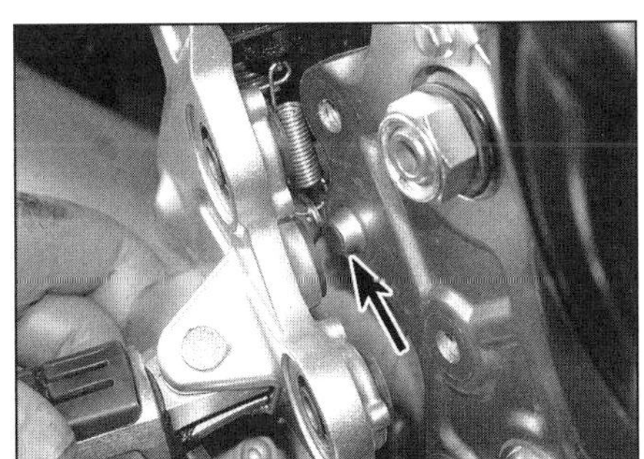

**9.23 Richten Sie den Gummistopfen am Fußrastenträger zum Zapfen (Pfeil) aus.**

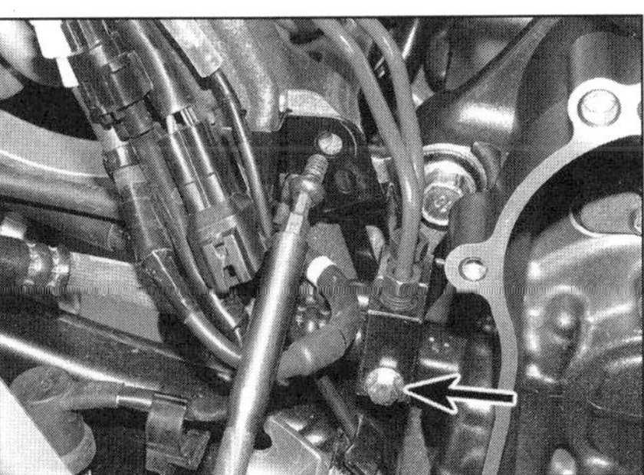

**10.6 Schlauch/Rohr-Anschlussblock**

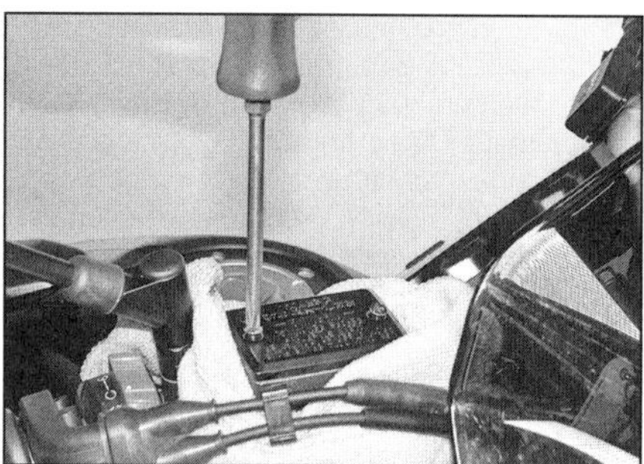

**11.5a Lösen Sie die Schrauben, ...**

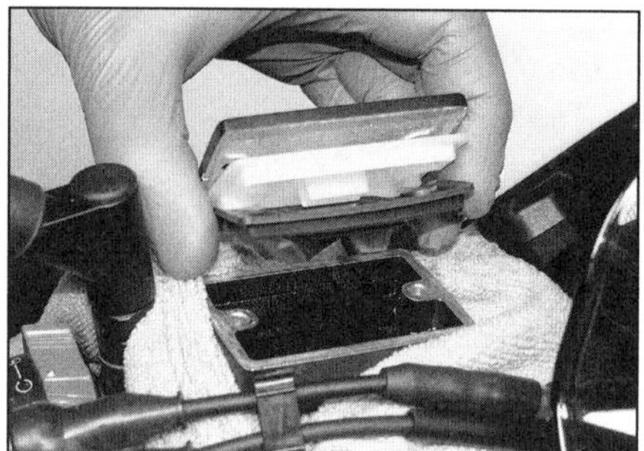

**11.5b ... und heben Sie den Deckel, die Platte und die Manschette ab.**

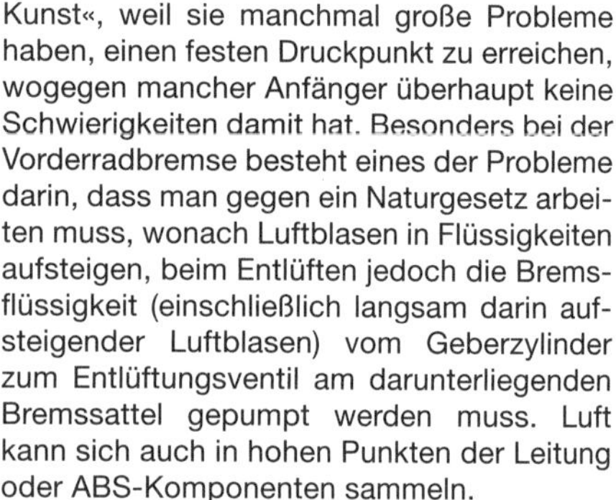

**11.6a Ziehen Sie die Kappe vom Entlüftungsventil.**

Kunst«, weil sie manchmal große Probleme haben, einen festen Druckpunkt zu erreichen, wogegen mancher Anfänger überhaupt keine Schwierigkeiten damit hat. Besonders bei der Vorderradbremse besteht eines der Probleme darin, dass man gegen ein Naturgesetz arbeiten muss, wonach Luftblasen in Flüssigkeiten aufsteigen, beim Entlüften jedoch die Bremsflüssigkeit (einschließlich langsam darin aufsteigender Luftblasen) vom Geberzylinder zum Entlüftungsventil am darunterliegenden Bremssattel gepumpt werden muss. Luft kann sich auch in hohen Punkten der Leitung oder ABS-Komponenten sammeln.

**3** Zum Entlüften der Bremsen mit der konventionellen Methode werden frische DOT-4-Bremsflüssigkeit, ein durchsichtiger Vinyl- oder Plastikschlauch und ein zum Teil mit sauberer Bremsflüssigkeit gefüllter Behälter benötigt, dazu Lappen und ein 8-mm-Ringschlüssel für das Entlüftungsventil. Im Fachhandel sind relativ preiswerte Entlüftungskits erhältlich, die aus dem Schlauch und einem Einwegventil bestehen – und die Arbeit beträchtlich erleichtern. Der Sammelbehälter muss z. B. mit einem Holzblock abgestützt werden (Abbildung 11.19).

**4** Decken Sie gefährdete Lackteile ab, die Bremsflüssigkeitsspritzer abbekommen könnten.

***Achtung: Bremsflüssigkeit greift Lack und Kunststoff an! Decken Sie gefährdete Bereiche mit Lappen ab und waschen Sie Spritzer mit reichlich Seifenwasser ab.***

## Handbremse

**5** Drehen Sie den Lenker so, dass der Ausgleichsbehälter möglichst geradesteht. Lösen Sie die Schrauben des Deckels und entfernen Sie diesen samt Platte und Manschette (siehe Abbildungen). Pumpen Sie langsam einige Male mit dem Hebel, bis keine aus der kleinen Bohrung am Boden des Behälters aufsteigenden Blasen mehr zu sehen sind. Halten Sie den Bremshebel jetzt gezogen, um größere Luftblasen aus der größeren Bohrung zu drücken – der Hebel kann auch eine Zeit lang gegen den Lenker gebunden werden, dann wird er gelöst, einige Male damit gepumpt und wieder gegen den Lenker gebunden. Es kann eine Weile dauern, bis auf diese Weise alle Luftblasen aufgestiegen sind – besonders, wenn der Bremszylinder am Lenker sitzend überholt wurde, aber die Methode ist immer noch besser, als sämtliche Luft durch das Bremssystem zu pumpen. Wenn sämtliche Luft aus der großen Bohrung ausgetreten ist, erscheint diese vollständig dunkel, wogegen darin steckende Luftblasen durch einen silbern schimmernden Rand erkennbar sind.

**6** Ziehen Sie am Bremssattel die Gummikappe vom Entlüftungsventil (siehe Abbildung). Setzen Sie möglichst einen Ringschlüssel an, schieben Sie das eine Ende des durchsichtigen Schlauchs auf das Ventil und stecken Sie das andere Ende in die Bremsflüssigkeit des Sammelbehälters (siehe Abbildung).

**Praxis TiPP**

***Um Schäden am Entlüftungsventil zu vermeiden, sollte es vor dem Anschließen des Schlauchs mit einem Ringschlüssel gelockert und später wieder angezogen werden. Während des Entlüftens kann entweder der weiterhin am Ventil sitzende Ringschlüssel oder ein Maulschlüssel verwendet werden.***

**7** Kontrollieren Sie den Pegel im Ausgleichsbehälter und lassen Sie ihn während des Prozesses nicht unter den unteren Schauglas-Rand sinken (siehe Abbildung).

**8** Pumpen Sie vorsichtig drei- oder viermal mit dem Hebel und halten Sie ihn gezogen, während das Bremssattelventil eine Viertelumdrehung geöffnet wird (siehe Abbildung) und (ggf. mit Luftblasen versetzte) Bremsflüssigkeit aus dem Sattel durch den Schlauch in den Behälter fließt – der Bremshebel kann jetzt an den Lenker gezogen werden.

**9** Ziehen Sie das Entlüftungsventil leicht an und lösen Sie langsam die Bremse. Wiederholen Sie diesen Prozess, bis in der ausfließenden Bremsflüssigkeit keine Blasen mehr zu sehen sind und am Hebel oder Pedal ein Druckpunkt zu spüren ist. Zum Schluss wird der Entlüftungsschlauch abgenommen, das Ventil mit 5 Nm angezogen und die Staubkappe aufgesetzt.

**10** Entlüften Sie auf die gleiche Weise den anderen Bremssattel.

**11.6b Setzen Sie den Ringschlüssel an und stecken Sie den Schlauch auf das Ventil.**

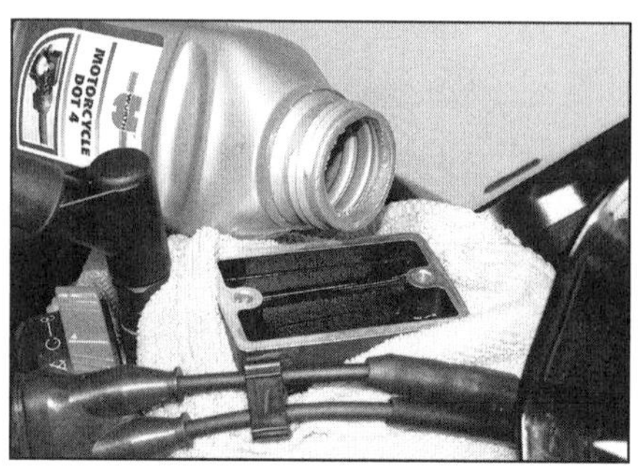


**11.7 Halten Sie den Pegel im Ausgleichsbehälter stets über der unteren Markierung.**

**11.8 Entlüften der Vorderradbremse**

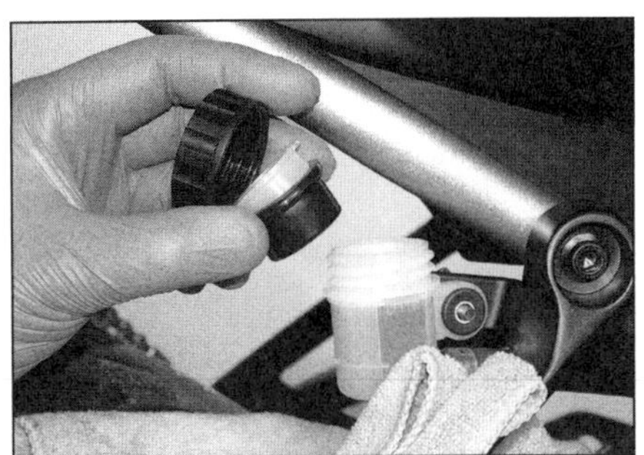
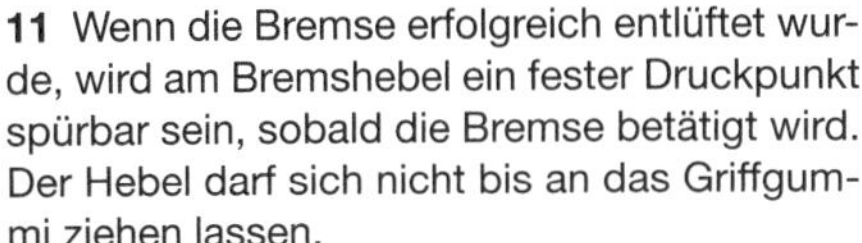

**11.15 Lösen Sie den Deckel, und heben Sie die Platte und die Manschette ab.**

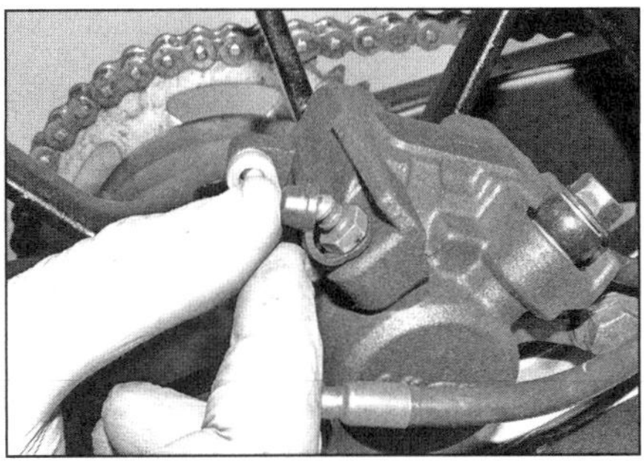

**11.17a Ziehen Sie die Kappe vom Entlüftungsventil.**

**11.17b Setzen Sie den Ringschlüssel an und stecken Sie den Schlauch auf das Ventil.**

**11** Wenn die Bremse erfolgreich entlüftet wurde, wird am Bremshebel ein fester Druckpunkt spürbar sein, sobald die Bremse betätigt wird. Der Hebel darf sich nicht bis an das Griffgummi ziehen lassen.

**12** Füllen Sie nach dem Entlüften den Ausgleichsbehälter bis zur darin eingegossenen Linie auf, und montieren Sie die Manschette, die Platte und den Deckel (Abbildung 11.7 sowie 11.5b und a). Kontrollieren Sie alles auf Spritzer, und wischen Sie diese nötigenfalls ab.

**13** Kontrollieren sie das ganze System auf Undichtigkeiten und prüfen Sie vor der ersten Fahrt die Funktion der Bremse.

**14** Bringen Sie ABS-Modelle anschließend zu einer Yamaha-Werkstatt, damit diese einen Impulstest durchführen kann.

## Fußbremse

**15** Lösen Sie die Mutter oder Schraube des Ausgleichsbehälters, und entfernen Sie bei der MT-07 sowie der TRACER den Halter (Abbildung 9.5a). Schrauben Sie den Deckel ab, und entfernen Sie die Platte sowie die Manschette (siehe Abbildung).

**16** Betätigen Sie einige Male langsam das Bremspedal, um die im Fußbremszylinder steckenden Luftblasen zu befreien.

**17** Ziehen Sie am Bremssattel die Gummikappe vom Entlüftungsventil (siehe Abbildung). Setzen Sie den Ringschlüssen an (siehe *Praxis-Tipp* oben) (Abbildung 11.6b), schieben Sie das eine Ende des durchsichtigen Schlauchs auf das Ventil und stecken Sie das andere Ende in die Bremsflüssigkeit des Sammelbehälters (siehe Abbildung).

**18** Kontrollieren Sie den Flüssigkeitsstand im Ausgleichsbehälter. Lassen Sie den Pegel während des Prozesses nicht unter die untere Markierung sinken (siehe Abbildung).

**19** Pumpen Sie vorsichtig einige Male mit dem Pedal, und halten Sie es gedrückt, während das Bremssattelventil eine Viertelumdrehung geöffnet wird (siehe Abbildung) und (ggf. mit Luftblasen versetzte) Bremsflüssigkeit aus dem Sattel durch den Schlauch in den Behälter fließt.

**20** Ziehen Sie das Entlüftungsventil wieder an, und lösen Sie das Bremspedal. Wiederholen Sie die Prozedur, bis keine Luftblasen mehr austreten und ein Druckpunkt spürbar ist. Füllen Sie nötigenfalls den Ausgleichsbehälter auf.

**21** Wenn die Bremse erfolgreich entlüftet wurde, wird am Bremspedal ein fester Druckpunkt spürbar sein, sobald die Bremse betätigt wird. Das Pedal darf sich nicht bis an den Anschlag drücken lassen.

**22** Ziehen Sie das Entlüftungsventil mit 5 Nm an, und stecken Sie die Staubkappe auf. Füllen Sie nach dem Entlüften den Ausgleichsbehälter auf und montieren Sie die Manschette, die Platte und den Deckel (Abbildung 11.18, 11.15 und 11.9b). Wischen Sie Bremsflüssigkeits-Spritzer weg.

**23** Kontrollieren sie das ganze System auf Undichtigkeiten und prüfen Sie vor der ersten Fahrt die Funktion der Bremse.

**24** Bringen Sie ABS-Modelle anschließend zu einer Yamaha-Werkstatt, damit diese einen Impulstest durchführen kann.

## Beide Bremsen

**25** Wenn es nicht möglich ist, im Hebel oder Pedal einen Druckpunkt zu finden, kann die Flüssigkeit aufgeschäumt sein. Zur Abhilfe kann die Bremse unter Druck gesetzt werden, indem der Bremshebel an den Lenker gebunden und das Pedal belastet wird. Achtung: Zu viel Druck kann die Dichtungen der Bremszylinder und Bremssättel beschädigen. Lassen Sie die Bremsflüssigkeit für einige Stunden in Ruhe, damit die kleinen Blasen entweder aufsteigen oder sich zu größeren Blasen verbinden, die sich beim erneuten Entlüften leichter herausspülen lassen.

**26** Falls weiterhin Probleme bestehen, muss nach hohen Punkten im Bremssystem gesucht werden, in denen sich Luft sammeln kann. Befreien Sie entsprechende Leitungen und klopfen Sie sie ab, damit sich Blasen lösen können (aber verbiegen Sie dabei keine Rohre). Demontieren Sie nötigenfalls den Geberzylinder und/oder den/die Bremssättel und bewegen Sie die Teile so, dass mögliche Luftblasen zum Entlüftungsventil aufsteigen – beachten Sie zur Demontage die entsprechenden Sektionen. Bei ABS-Modellen ist es nicht möglich, den Modulator oder das Verteilerventil zu befreien, da hierfür Bremsleitungen getrennt werden müssen, was zu noch mehr Luft im System sorgt – bringen Sie das Motorrad nötigenfalls zu einer Yamaha-Werkstatt.

**27** Falls das Entlüften der Bremse mit herkömmlichen Werkzeugen und Methoden nicht zu befriedigenden Ergebnissen führt, kann auch ein im Fachhandel erhältliches Vakuum-

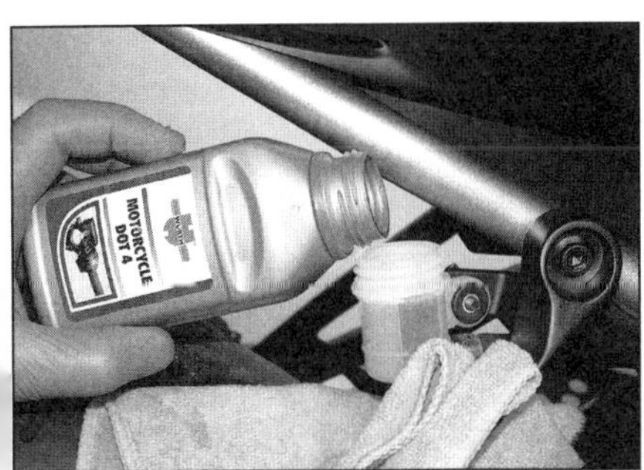


**11.18 Der Pegel im Ausgleichsbehälter darf nie unter die untere Markierung absinken.**

**11.19 Entlüften der Hinterradbremse**

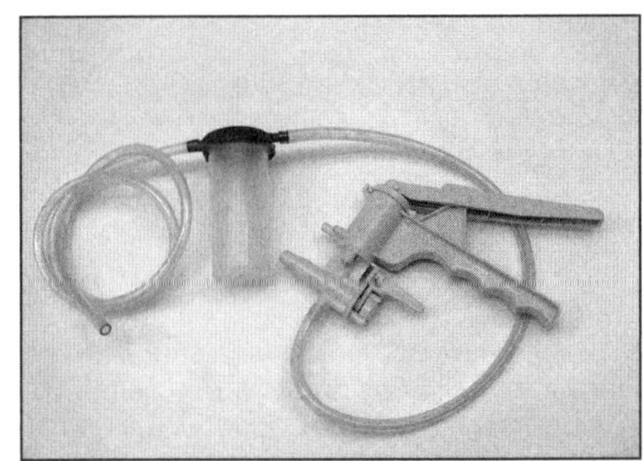

**11.27 Ein Vakuum-Entlüftungsgerät**

Entlüftungswerkzeug (z.B. die »Mityvac«) benutzt werden – beachten Sie die beigefügte Anleitung (siehe Abbildung). Diese Pumpe saugt die Bremsflüssigkeit am Entlüftungsventil ab, und viele Anwender sind von der in der Bremsflüssigkeit auftretenden Luftmenge verwirrt. Doch oft wird diese erst durch das Gewinde des Entlüftungsventils gesogen (Luft bietet dem Vakuum weniger Widerstand als Bremsflüssigkeit) und ist ein Hinweis darauf, dass mit zu viel Unterdruck gearbeitet wird oder das Entlüftungsventil zu locker ist. Eine Möglichkeit, dies Problem zu umgehen, besteht darin, das Entlüftungsventil herauszudrehen und sein Gewinde mit PTFE-Band zu umwickeln – die hierbei austretende Bremsflüssigkeit muss mit Lappen aufgesaugt werden.

## Bremsflüssigkeitswechsel

**28** Der Wechsel der Bremsflüssigkeit ist ein ähnlicher Prozess wie das Entlüften der Bremse und erfordert das gleiche Material, außerdem ggf. eine Pumpe zum Entleeren der Ausgleichsbehälter. Stellen Sie sicher, dass der Sammelbehälter groß genug ist, die gesamte alte Bremsflüssigkeit aufnehmen zu können.
**29** Decken Sie gefährdete Lackteile ab, die Bremsflüssigkeitsspritzer abbekommen könnten. Verbinden Sie die zur Entlüftung verwendete Ausrüstung mit dem entsprechenden Bremssattel. Entfernen Sie den Behälterdeckel, die Platte und die Manschette (Schritte 5 oder 15). Saugen Sie die Bremsflüssigkeit aus dem Behälter oder pumpen Sie solange, bis die alte Bremsflüssigkeit bis zum Behälterboden abgesunken ist. Dabei sollte keine Luft in das System gelangen, da es ansonsten entlüftet werden muss. Wischen Sie den Ausgleichsbehälter mit Haushaltstüchern sauber und füllen Sie frische Bremsflüssigkeit auf (Abbildung 11.7 oder 11.18). Betätigen Sie die Bremse und öffnen Sie das Entlüftungsventil (Abbildung 11.8 und 11.19) – Bremsflüssigkeit wird durch den Entlüftungsschlauch austreten und der Hebel oder das Pedal wird sich bis zum Griffgummi bzw. Anschlag bewegen lassen.
**30** Ziehen Sie das Entlüftungsventil wieder leicht an und lösen Sie langsam wieder die Bremse. Halten Sie den Ausgleichsbehälter immer gut gefüllt, damit keine Luft eintritt und die Aufgabe deutlich in die Länge zieht. Wiederholen Sie die Prozedur, bis am Entlüftungsventil frische Bremsflüssigkeit austritt.

***Alte Bremsflüssigkeit ist deutlich dunkler als frische, sodass leicht erkannt werden kann, wann die Bremse mit frischer Flüssigkeit gefüllt ist.***

**31** Entfernen Sie zum Schluss die verwendete Ausrüstung vom Entlüftungsventil, ziehen Sie es möglichst mit 5 Nm an, und stecken Sie die Gummikappe auf. Füllen Sie den Ausgleichsbehälter auf, und installieren Sie die Manschette, die Abdeckung und den Deckel. Wischen Sie verschüttete Bremsflüssigkeit unverzüglich mit einem nassen Lappen ab und kontrollieren sie das ganze System auf Undichtigkeiten.
**32** Kontrollieren Sie die Bremse auf Undichtigkeiten und prüfen Sie vor der ersten Fahrt ihre Funktion.
**33** Bringen Sie ABS-Modelle anschließend zu einer Yamaha-Werkstatt, damit diese einen Impulstest durchführen kann.

## Ablassen der Bremsflüssigkeit (für eine Überholung)

**34** Das Ablassen der Bremsflüssigkeit ist ein ähnlicher Prozess wie das Entlüften der Bremse. Am schnellsten und einfachsten geht dies mit einer im Handel erhältlichen Vakuumpumpe (siehe Schritt 27) – folgen Sie den beiliegenden Herstellerangaben. Ist keine solche Pumpe zugänglich, müssen Sie der oben gegebenen Prozedur für den Wechsel der Flüssigkeit folgen, dürfen dabei aber den Ausgleichsbehälter nicht auffüllen.
**35** Das Auffüllen ist wieder mit der Vakuumpumpe am einfachsten – jetzt muss darauf geachtet werden, dass immer genügend Bremsflüssigkeit im Ausgleichsbehälter steht. Ohne die Pumpe muss der Behälter anfangs aufgefüllt und dann den Hinweisen zum Entlüften gefolgt werden, bis am Entlüftungsschlauch keine Luftblasen mehr austreten.

## 12 Räder
## Inspektion und Reparatur

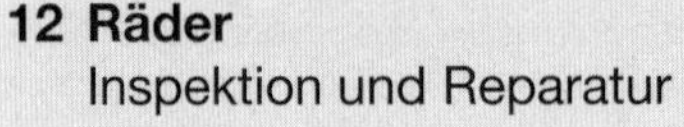

**1** Um eine vernünftige Inspektion der Räder durchführen zu können, ist das Motorrad so aufzustellen, dass das zu kontrollierende Rad frei drehbar ist. Stützen Sie die Maschine mit einer geeigneten Vorrichtung sicher ab und reinigen Sie die Räder sorgfältig, da Matsch und Schmutz die Inspektion stören und Schäden verdecken können. Führen Sie eine allgemeine Kontrolle der Räder (siehe Kapitel 1) und Reifen (siehe *Tägliche Kontrollen*) durch.
**2** Befestigen Sie eine Messuhr an der Gabel oder der Schwinge und richten Sie den Messdorn seitlich gegen die Felge. Drehen sie das Rad langsam und kontrollieren Sie das Axial- (Seiten-) Spiel (siehe Abbildung) – es dürfen nicht mehr als 0,5 mm Spiel mm festgestellt werden.
**3** Um das Radial- (Höhen-) Spiel akkurat messen zu können, muss das Rad ausgebaut und der Reifen demontiert werden. Bei im Schraubstock eingespannter Achse und einer Messuhr kann dann der Höhenschlag ermittelt werden (Abbildung 15.3) – es dürfen nicht mehr als 1,0 mm Spiel festgestellt werden.
**4** Eine einfachere jedoch auch ungenauere Methode zum Ermitteln des Radialspiels ist durch das Befestigen eines festen Drahtes an der Gabel oder Schwinge zu erreichen, dessen Ende nahe an den Außenrand der Felge, wo

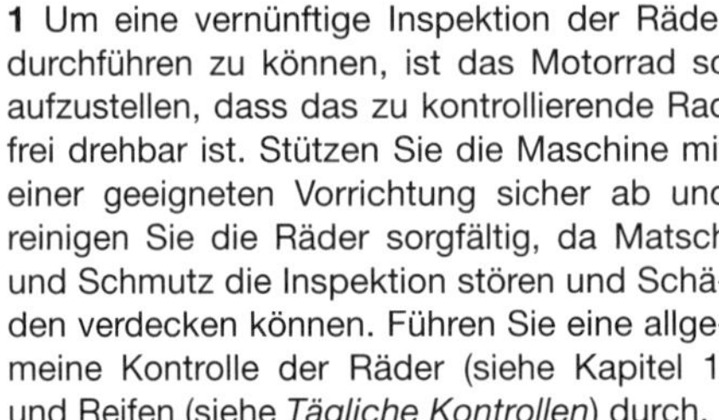

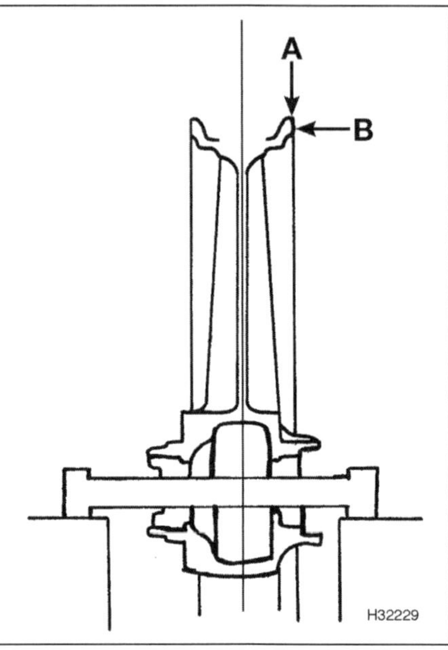


**12.2 Kontrollieren Sie das Rad auf Höhenschlag (A) und Seitenschlag (B).**

der Reifen aufliegt, gebogen wird. Wenn das Rad in Ordnung ist, wird sich der Abstand zum Draht beim Drehen des Rades nicht verändern.

**Anmerkung:** *Bei übermäßigem Spiel muss vor dem Austausch der Felgen kontrolliert werden, ob die Ursache nicht in verschlissenen Radlagern zu suchen ist.*

**5** Begutachten Sie die Räder auf Risse, Ausbrüche an der Felge und andere Beschädigungen. Achten Sie besonders auf Beulen in dem Gebiet, wo die Reifenflanken an der Felge liegen, da hier Undichtigkeiten auftreten können. Wenn nötigenfalls einen Spezialisten zurate.
**6** Bei irgendwelchen Schäden oder übermäßigem Schlag muss das Rad durch ein Neuteil ersetzt werden – Leichtmetall-Gussräder können nicht repariert werden.

## 13 Räder
## Spurkontrolle

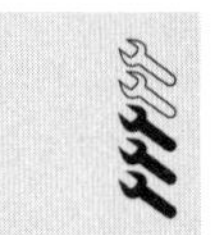

**1** Falls die Räder aufgrund eines schräg eingebauten Hinterrades, eines verzogenen Rahmens oder einer verbogenen Gabel nicht in Flucht laufen, können hierin die Ursachen für ein schlechtes und auch gefährliches Fahrverhalten der Maschine liegen. Wenn der Rahmen oder die Gabelbrücken verzogen sind, kann nur ein Rahmenricht-Spezialist weiterhelfen, oder die Baugruppen müssen getauscht werden.
**2** Um die Spur kontrollieren zu können, wird neben einem Assistenten ein Seil oder eine absolut gerade Holzlatte und ein Lineal benötigt. Ebenfalls braucht man ein Lot.

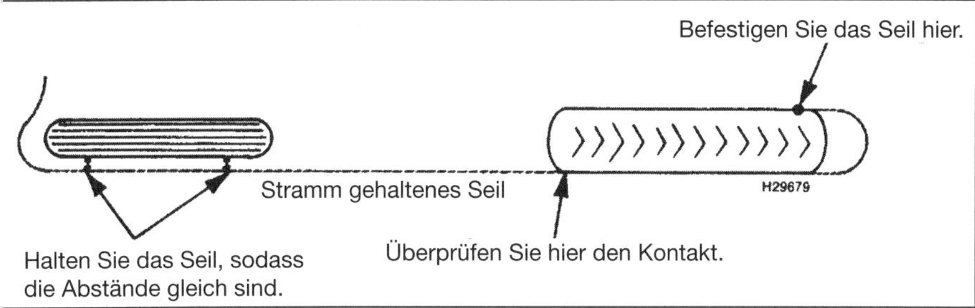


13.5 Spurkontrolle des Rades mithilfe eines Seils (v.l.n.r.)

3 Zur ordentlichen Kontrolle muss das Motorrad auf dem Hauptständer gerade ausgerichtet sein. Sorgen Sie zunächst dafür, dass die Kettenspanner auf beiden Seiten exakt gleich eingestellt sind (siehe Kapitel 1, Sektion 1). Messen Sie dann die Breite beider Räder an der dicksten Stelle. Ziehen Sie den Wert des Vorderrades von dem des Hinterrads ab und teilen Sie den Wert durch zwei. Das Ergebnis ist der Wert, der bei den folgenden Messungen auf beiden Seiten der Räder herauskommen sollte.
4 Wenn ein Seil verwendet wird, muss der Assistent das eine Ende auf halber Höhe zwischen Boden und Hinterradachse halten, sodass es die hintere Seitenfläche des Reifens berührt.
5 Halten Sie das andere Ende des Seils am Vorderrad in die gleiche Höhe und bringen Sie es stramm gespannt in Berührung mit der vorderen Seitenfläche des Hinterrads. Drehen Sie das Vorderrad, bis es parallel mit dem Seil steht. Messen Sie den Abstand der Reifenflanken zum Seil (siehe Abbildung).
6 Wiederholen Sie die Prozedur auf der anderen Seite der Maschine. Der Abstand zwischen Vorderrad und Seil muss auf beiden Seiten gleich sein.
7 Wie erwähnt, kann man die Messung auch mit einer absolut geraden Holzlatte durchführen (siehe Abbildung). Die Ausführung bleibt die gleiche.
8 Wenn der Abstand zwischen Reifen und Seil auf beiden Seiten variiert oder das Hinterrad nicht fluchtet, muss eine Yamaha-Werkstatt oder ein Rahmen-Spezialist konsultiert werden.
9 Wenn die Spur stimmt, können die Räder immer noch vertikal nicht in Flucht stehen.
10 Mit einem Lot oder einem entsprechenden Gewicht und einer Schnur wird am Hinterrad gemessen, ob es senkrecht steht. Hierfür wird die Schnur an der oberen Seitenfläche des Reifens angelegt und das Lot herabgelassen. Wenn die Schnur beide Reifenflanken gleichzeitig berührt, steht das Rad gerade. Wenn nicht, muss der Ständer unterlegt werden, bis das Rad senkrecht steht.

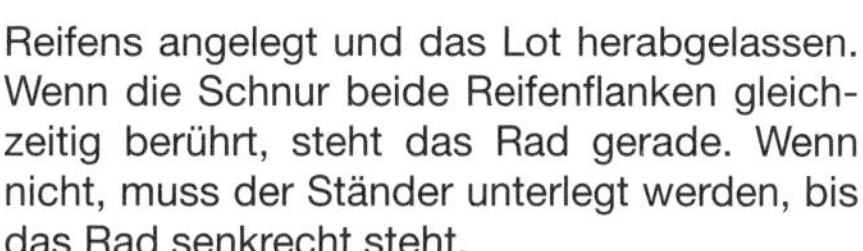

11 Wenn das Hinterrad senkrecht steht, wird das Vorderrad in gleicher Weise kontrolliert. Wenn beide Räder nicht vertikal gleich stehen, ist der Rahmen und/oder ein wesentlicher Teil der Federelemente verzogen.

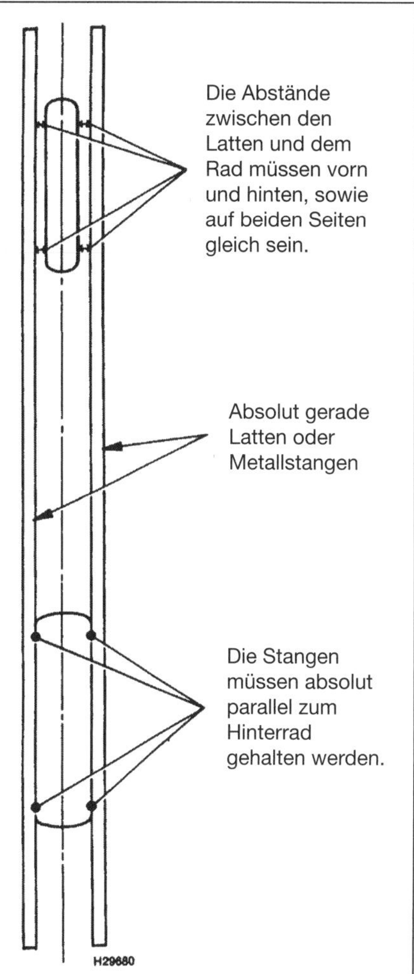


13.7 Spurkontrolle des Rades mithilfe von Holzlatten

## 14 Vorderrad

### Ausbau

1 Stützen Sie das Motorrad mithilfe einer geeigneten Stütze so ab, dass das Vorderrad nicht den Boden berührt. Achten Sie immer auf einen sicheren Stand.
2 Demontieren Sie die Vorderrad-Bremssättel (siehe Sektion 3). Sichern Sie die Sättel so, dass die Bremsleitungen nicht unter Last stehen. Es ist nicht nötig, die Bremsleitungen zu trennen.

**Anmerkung:** *Betätigen Sie nicht die Bremse, wenn die Bremssättel demontiert sind.*

3 Lockern Sie unten am rechten Tauchrohr die Achsen-Klemmschraube, drehen Sie dann die Achse heraus (siehe Abbildung).
4 Halten Sie das Rad, ziehen Sie die Achse heraus, senken Sie das Rad vorsichtig ab und manövrieren Sie es nach vorn aus der Gabel (siehe Abbildungen).
5 Entfernen Sie die Hülse(n) aus der Radnabe – achten Sie darauf, wie sie in den Lager-Dichtringen stecken (siehe Abbildung).

***Achtung: Legen Sie das Rad nicht auf eine der Bremsscheiben, da sie dadurch verziehen kann. Legen Sie das Rad auf Blöcke, sodass die Felge das Gewicht des Rades stützt.***

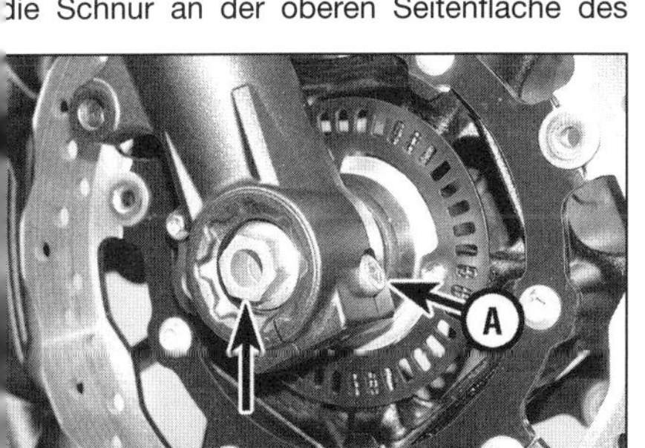


14.3 Lockern Sie die Klemmschraube, und lösen Sie die Achse.

14.4 Ziehen Sie die Achse heraus, und befreien Sie das Rad aus der Gabel.

14.5 Ziehen Sie die Hülse aus dem Dichtring – bei ABS-Modellen nur links, bei anderen an beiden Seiten.

**15.3a Entfernen Sie die Achsmutter und die Scheibe ...**

**15.3b ... sowie die Kettenspanner-Platte.**

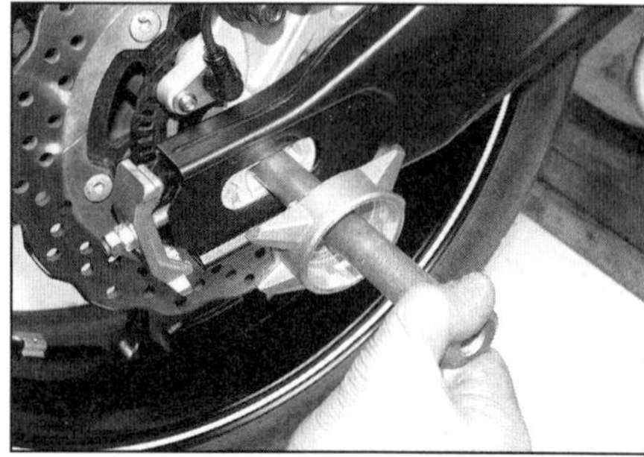
**15.4 Ziehen Sie die Achse samt Kettenspanner-Platte heraus, und senken Sie das Rad ab.**

**6** Säubern Sie die Dichtringe und die Radlager und kontrollieren Sie sie (siehe Sektion 16).

**7** Säubern Sie die Achse und befreien Sie sie ggf. mithilfe von Stahlwolle von Korrosion. Kontrollieren Sie die Achse durch Rollen auf einer ebenen Oberfläche (z. B. einer Glasscheibe) auf Verzug. Wenn die Ausrüstung vorhanden ist, wird die Achse in Prismenböcke gelegt und ihr Verzug gemessen – wenn die Achse verbogen ist, muss sie ersetzt werden.

**8** Befreien Sie die Hülse(n) ggf. mithilfe von Stahlwolle von Korrosion. Im Bereich der Dichtring-Kontaktflächen müssen sie absolut glatt sein.

## Einbau

**9** Schmieren Sie die Dichtringe innen mit Lithiumfett. Stecken Sie bei Modellen ohne ABS die Hülsen in beide Dichtringe; installieren Sie bei ABS-Modellen die Hülse in den linken Dichtring (Abbildung 14.5).

**10** Schmieren Sie die Achse dünn mit Lithiumfett ein. Heben Sie das Rad in Position – die Pfeile an den Bremsscheiben und am Reifen müssen in die normale Drehrichtung zeigen. Alle Hülsen müssen in ihren Positionen verbleiben.

**11** Schieben Sie bei in Position gehaltenem Rad die Achse von rechts ein und drehen Sie sie ins linke Tauchrohr (Abbildung 14.4). Drehen Sie die Achse zunächst nur handfest ein und installieren Sie auch die Klemmschraube handfest ins rechte Tauchrohr (Abbildung 14.3).

**12** Montieren Sie die Bremssättel – die Bremsbeläge müssen jeweils an beiden Seiten der Bremsscheiben anliegen (siehe Sektion 3). Bringen Sie durch mehrmaliges Betätigen des Bremshebels die Bremsbeläge in Kontakt mit den Bremsscheiben. Nehmen Sie das Motorrad von der Abstützung, betätigen Sie die Handbremse und komprimieren Sie mehrmals die Gabel, damit sich das Rad und die Gabel ausrichten.

**13** Ziehen Sie die Achse mit 65 Nm und die Klemmschraube unten am rechten Tauchrohr mit 23 Nm an.

**14** Prüfen Sie vor der ersten Fahrt sorgfältig die Funktion der Bremsen.

## 15 Hinterrad und Kettenblatt-Mitnehmer

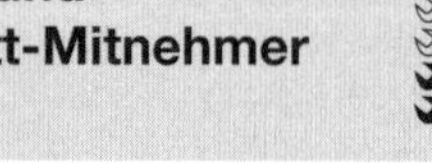

### Ausbau

**1** Stützen Sie das Motorrad mithilfe einer geeigneten Stütze so ab, dass das Hinterrad nicht den Boden berührt. Achten Sie immer auf einen sicheren Stand. Binden Sie den Bremshebel gegen den Lenker.

**2** Vergrößern Sie den Kettendurchhang (siehe Kapitel 1).

**3** Lösen Sie die Achsmutter und entfernen sie die Scheibe sowie die linke Kettenspanner-Platte (siehe Abbildungen).

**4** Stützen Sie das Rad ab, und ziehen Sie die Achse samt der rechten Kettenspanner-Platte

**15.5 Heben Sie die Kette vom Kettenblatt.**

heraus. Senken Sie das Rad ab (siehe Abbildung). Die Kettenspanner-Platten unterscheiden sich und dürfen nicht vertauscht werden.

**5** Heben Sie die Kette vom Kettenblatt, und legen Sie sie über die Schwinge (siehe Abbildung).

**6** Ziehen Sie das Rad nach hinten, bis der Bremssattelhalter aus seiner Führung innerhalb der Schwinge befreit und zwischen Schwinge und Rad herausgehoben werden kann (siehe Abbildung).

**7** Entfernen Sie links und rechts die Hülsen aus den Dichtringen (siehe Abbildungen) – merken Sie sich ihre Einbaupositionen.

***Achtung: Legen Sie das Rad nicht auf die Bremsscheibe oder das Kettenblatt, da sie dadurch verziehen können. Legen Sie das Rad auf Blöcke, sodass die Felge das Gewicht des Rades stützt. Betätigen Sie nicht das Bremspedal, wenn der Bremssattel demontiert ist.***

**15.6 Ziehen Sie das Rad etwas nach hinten, um den Bremssattelhalter vom Anguss der Schwinge zu befreien.**

**15.7a Entnehmen Sie rechts die kleine Hülse ...**

**15.7b ... und links die größere Hülse.**

**15.8a Heben Sie den Kettenradmitnehmer aus dem Hinterrad, ...**

**15.8b ... und entnehmen Sie die Dämpfergummis.**

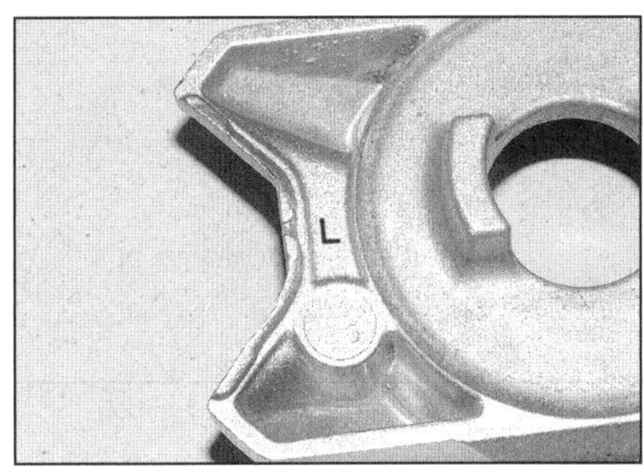


**15.16 Die Kettenspanner-Platten sind entsprechend ihrer Einbaulage mit L oder R markiert – MT-07 und XSR 700**

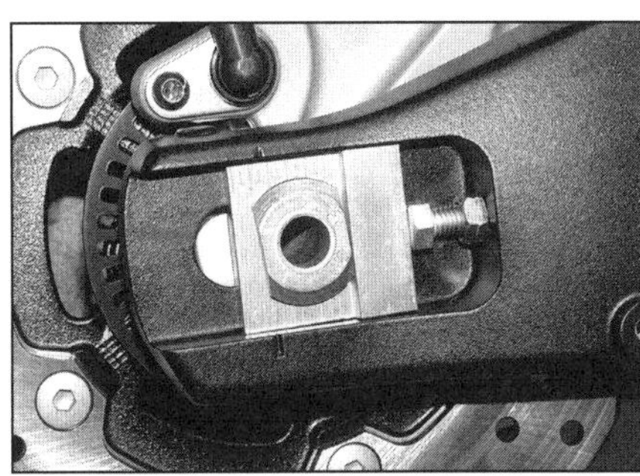

**15.17 Kettenspanner-Platte und Achsenkopf – TRACER**

**8** Kontrollieren Sie, ob der Kettenblattmitnehmer Dreh-Spiel in der Radnabe hat – dies würde auf verschlissene Dämpfergummis hinweisen, die ggf. als Set ersetzt werden müssen. Heben Sie nötigenfalls den Mitnehmer aus der Radnabe und befreien Sie die Dämpfer (siehe Abbildungen). Inspizieren Sie den Mitnehmer auf Risse oder andere Schäden. Kontrollieren Sie ebenfalls die Kettenblatt-Stehbolzen auf Verschleiß oder Schäden und festen Sitz.

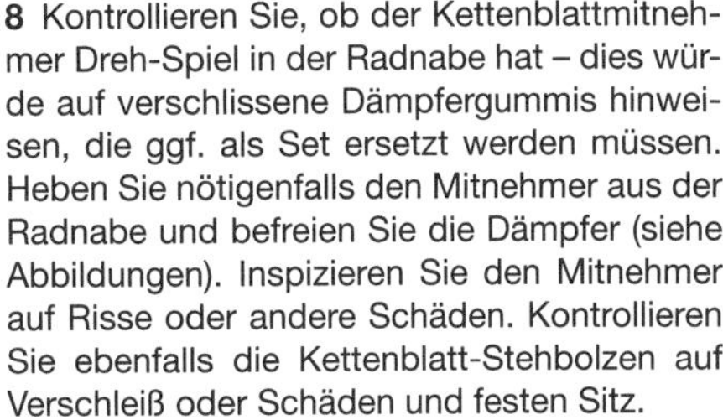

**9** Entfernen Sie altes Fett aus den Dichtringen und kontrollieren Sie diese sowie die Lager in der Radnabe und im Mitnehmer (siehe Sektion 16).

**10** Säubern Sie die Achse und befreien Sie sie ggf. mithilfe von Stahlwolle von Korrosion. Kontrollieren Sie die Achse durch Rollen auf einer ebenen Oberfläche (z.B. einer Glasscheibe) auf Verzug. Wenn die Ausrüstung vorhanden ist, wird die Achse in Prismenböcke gelegt und ihr Verzug gemessen – wenn die Achse verbogen ist, muss sie ersetzt werden.

**11** Reinigen Sie die Distanzhülsen und entfernen Sie ggf. Korrosion mit Stahlwolle. Im Bereich der Dichtring-Kontaktflächen müssen sie absolut glatt sein.

## Einbau

**12** Installieren Sie ggf. neue Gummidämpfer (Abbildung 15.8b). Sichergehend, dass die Hülse im Mitnehmerlager steckt, wird der Mitnehmer in die Radnabe gesteckt (Abbildung 15.8a).

**13** Schmieren Sie die Dichtringe innen mit Lithiumfett. Stecken Sie die kleinere Hülse rechts und die größere Hülse links in den Lager-Dichtring (Abbildung 15.7a und b).

**14** Bringen Sie das Rad und den Bremssattelträger innerhalb der Schwinge in Position – die Nut im Halter muss über dem Zapfen der Schwinge liegen (Abbildung 15.6).

**15** Legen Sie die Kette auf das Kettenblatt (Abbildung 15.5).

**16** Schieben Sie bei der MT-07 und der XSR 700 die mit einem »R« markierte Kettenspanner-Platte so auf die Achse, dass die kleinere Rippe an der Innenseite vorn (und die größere hinten) liegt und in der entsprechenden Nut des Einstellers liegt (siehe Abbildung). Die Rippen der linken (mit »L« markierten) Einstellplatte haben die gleiche Größe.

**17** Schieben Sie bei der TRACER die Kettenspanner-Platte mit dem breiteren vorderen Bereich auf die Achse, sodass der Achsenkopf zwischen ihren Erhebungen liegt (siehe Abbildung).

**18** Schmieren Sie die Achse dünn mit Lithiumfett ein. Heben Sie das Rad in Position – die Hülsen, ggf. die Sensorplatte und der Bremssattel müssen in Position bleiben. Schieben Sie die Achse von rechts ein (Abbildung 15.4) – die Kettenspanner-Platte und der Achsenkopf müssen korrekt sitzen (siehe Abbildungen oder Abbildung 15.17).

**19** Schieben Sie bei der MT-07 und der XSR 700 die mit einem »L« markierte linke Kettenspanner-Platte über das Ende der Achse, sodass die Rippen an ihrer Innenseite in den Nuten des Einstellers liegen. Legen Sie dann die Scheibe auf und drehen Sie die Mutter locker auf (Abbildung 15.3b und a).

**20** Legen Sie bei der TRACER die linke Kettenspannerplatte so über das Ende der Achse, dass der erhabene Bereich außen Richtung Einstellschraube liegt. Legen Sie dann die Scheibe auf und drehen Sie die Mutter locker auf (siehe Abbildung).

**21** Stellen Sie den Kettendurchhang ein (siehe Kapitel 1, Sektion 3). Ziehen Sie dann die Achsmutter mit 105 Nm (MT-07 und XSR 700) bzw. 150 Nm (TRACER) an.

**22** Reinigen Sie die Bremsscheibe mit Bremsenreiniger. Bringen Sie durch mehrmaliges Betätigen des Bremspedals die Bremsbeläge in Kontakt mit der Bremsscheibe und prüfen Sie vor der ersten Fahrt sorgfältig die Funktion der Bremse.

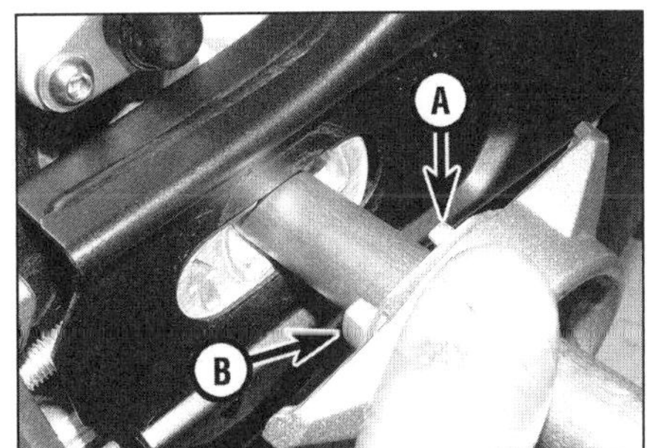


**15.18a Richten Sie bei der MT-07 und der XSR 700 die Platte mit der kleinen Rippe (A) nach vorn und der größeren Rippe (B) nach hinten aus, ...**

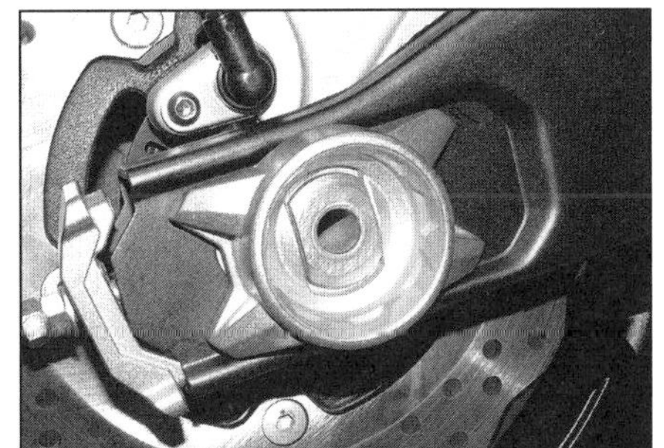

**15.18b ... die Platte und der Achsenkopf müssen wie gezeigt sitzen.**

**15.20 Legen Sie bei der TRACER die linke Kettenspannerplatte wie gezeigt über die Achse.**

16.4 Hebeln Sie die Dichtringe aus der Radnabe.

16.5a Drücken Sie die Distanzhülse zur Seite, um den Lagerinnenring freizulegen, ...

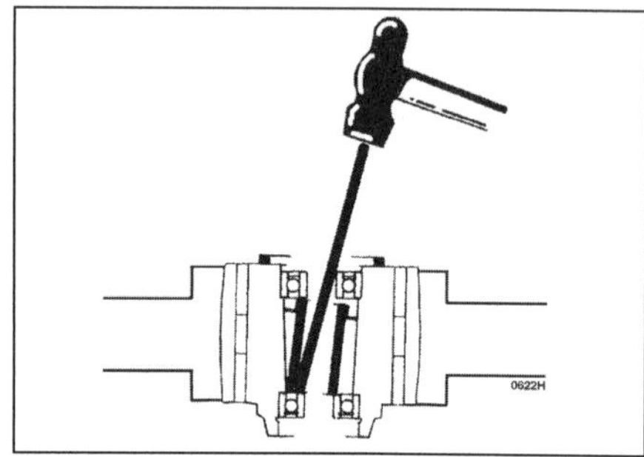

16.5b ... und treiben Sie das Lager wie gezeigt aus.

## 16 Radlager/ Mitnehmerlager

**Anmerkung:** *Ersetzen Sie Radlager immer als Set – niemals einzeln. Der Austausch von Lagern geht einfacher, wenn die Lagersitze mit einem Heißluftgebläse erwärmt und die neuen Lager vor dem Einbau im Eisfach gekühlt werden.*

### Vorderradlager

**1** Bauen Sie das Rad aus (siehe Sektion 14). Stützen Sie das Rad mit der Felge auf Hölzern, um die Bremsscheiben nicht zu beschädigen. Auf jeder Seite der Radnabe sitzt ein Käfig-Kugellager.

**2** Inspizieren Sie die Dichtringe und Lager – deren Innenringe müssen sich sanft drehen lassen und der Außenring muss fest in der Nabe sitzen; beachten Sie hierzu die Sektion 5 der *Werkzeug- und Werkstatt-Tipps* im Anhang.

**Anmerkung:** *Die Radlager dürfen nur ausgebaut werden, wenn sie erneuert werden sollen.*

**3** Falls neue Lager montiert werden müssen, sollte ggf. der ABS-Sensorring demontiert werden (siehe Sektion 17), damit er nicht beschädigt wird.

**4** Hebeln Sie beide Dichtringe mit einem Schlitzschraubendreher heraus (siehe Abbildung) – beschädigen Sie dabei nicht die Nabe. Die Dichtringe müssen später durch Neuteile ersetzt werden.

**5** Drücken Sie die zwischen den Lagern sitzenden Distanzhülse zur Seite, um den Innenring des unteren Lagers freizulegen und von oben einen Treibdorn anzusetzen (siehe Abbildungen). Falls sich die Distanzhülse nicht bewegen lässt oder der Treibdorn nicht richtig angesetzt werden kann, müssen die Lager mit einem Ausziehwerkzeug ausgebaut werden, dessen Spreizvorrichtung zwischen dem Lager-Innenring und dem Distanzrohr verklemmt werden kann (siehe Abbildung). Ziehen Sie entweder den Ausziehbolzen an oder treiben Sie bei fest heruntergedrücktem Rad das Lager mithilfe eines Zughammers heraus (siehe Abbildung). Nachdem das erste Lager entfernt ist, wird die zwischen den Lagern sitzende Distanzhülse entnommen. Legen Sie das Rad auf die andere Seite und demontieren Sie das andere Lager auf die gleiche Weise oder treiben Sie es mit einem geeigneten Steckschlüssel von der anderen Seite aus.

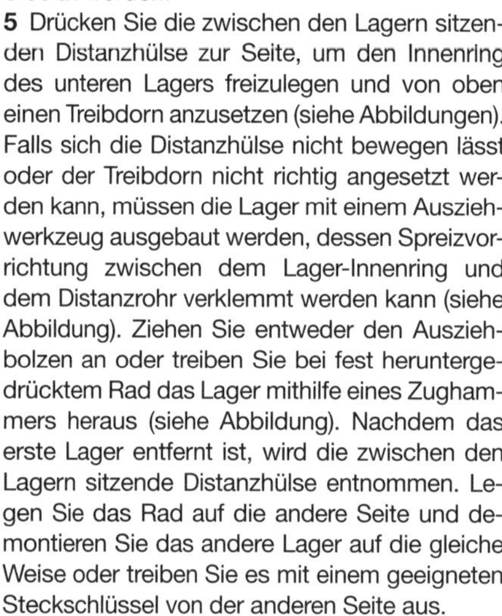

**6** Reinigen Sie die Radnabe mit Lösungsmittel, und begutachten Sie die Lagersitze auf Riefen und Verschleiß. Sind die Sitze beschädigt, muss das Rad von einer Fachwerkstatt untersucht werden.

**7** Installieren Sie die neuen Lager mit den abgedichteten Seiten nach außen. Benutzen Sie entweder ein altes Lager, einen Eintreiber oder eine geeignete Steckschlüssel-Nuss, die groß genug ist, nur den Außenring zu berühren, um das erste Lager senkrecht in seinen Sitz zu treiben (siehe Abbildung). Alternativ kann eine selbstgebaute Einziehvorrichtung eingesetzt werden – beachten Sie hierzu die Sektion 5 der *Werkzeug- und Werkstatt-Tipps* im Anhang.

16.5c Verklemmen Sie den Abzieher unter dem Lager, ...

**8** Drehen Sie das Rad um und stecken Sie die Distanzhülse in die Nabe. Treiben Sie das andere neue Radlager genauso in seinen Sitz, bis es an der Distanzhülse anliegt.

**9** Installieren Sie die neuen Dichtringe von Hand oder mit einem Werkzeug, das nur den Außenrand berührt, bündig zur Radnabe (siehe Abbildung). Schmieren Sie die Dichtlippen mit Fett.

**10** Montieren Sie ggf. den Sensorring (siehe Sektion 17).

**11** Reinigen Sie die Bremsscheiben mit Aceton oder Bremsenreiniger, und bauen Sie das Rad ein (siehe Sektion 14).

16.5d ... montieren Sie den Zughammer und treiben Sie das Lager heraus.

16.7 Treiben Sie das neue Lager mit einem passenden Steckschlüssel ein.

16.9 Drücken Sie den Dichtring bündig ein, und fetten Sie seine Dichtlippe.

16.26 **Hebeln Sie den Dichtring heraus.**

16.27 **Treiben Sie die Distanzhülse aus dem inneren Lagerring**

## Hinterradlager

**12** Bauen Sie das Rad aus (siehe Sektion 15). Stützen Sie das Rad mit der Felge auf Hölzern, um die Bremsscheibe nicht zu beschädigen. Entfernen Sie den Kettenblatt-Mitnehmer und die Gummidämpfer aus der Nabe (Abbildung 15.8a und b). Auf jeder Seite der Radnabe sitzt ein Käfig-Kugellager.

**13** Inspizieren Sie die Dichtringe und Lager – die Innenringe der Kugellager müssen sich sanft drehen lassen und die Außenringe müssen fest in der Nabe sitzen; beachten Sie hierzu die Sektion 5 der *Werkzeug- und Werkstatt-Tipps* im Anhang.

**Anmerkung:** *Die Radlager dürfen nur ausgebaut werden, wenn sie erneuert werden sollen.*

**14** Falls neue Lager montiert werden müssen, sollte ggf. der ABS-Sensorring demontiert werden (siehe Sektion 17), damit ihn nicht beschädigt werden.

**15** Hebeln Sie mit einem Schlitzschraubendreher rechts den Dichtring heraus (Abbildung 16.4) – beschädigen Sie dabei nicht die Nabe. Der Dichtring muss später durch ein Neuteil ersetzt werden.

**16** Drücken Sie die zwischen den Lagern sitzenden Distanzhülse zur Seite, um den Innenring des unteren Lagers freizulegen und von oben einen Treibdorn anzusetzen (Abbildung 16.5a und b). Falls sich die Distanzhülse nicht bewegen lässt oder der Treibdorn nicht richtig angesetzt werden kann, müssen die Lager mit einem Ausziehwerkzeug ausgebaut werden, dessen Spreizvorrichtung zwischen dem Lager-Innenring und dem Distanzrohr verklemmt werden kann (Abbildung 16.5c). Ziehen Sie entweder den Ausziehbolzen an oder treiben Sie bei fest heruntergedrücktem Rad das Lager mithilfe eines Zughammers heraus (Abbildung 16.5d). Nachdem das erste Lager entfernt ist, wird die zwischen den Lagern sitzende Distanzhülse entnommen. Legen Sie das Rad auf die andere Seite und demontieren Sie das andere Lager auf die gleiche Weise oder treiben Sie es mit einem geeigneten Steckschlüssel von der anderen Seite aus.

**17** Reinigen Sie die Radnabe mit Lösungsmittel, und begutachten Sie die Lagersitze auf Riefen und Verschleiß. Sind die Sitze beschädigt, muss das Rad von einer Fachwerkstatt untersucht werden.

**18** Installieren Sie die neuen Lager mit den markierten Seiten nach außen. Benutzen Sie entweder ein altes Lager, einen Eintreiber oder eine geeignete Steckschlüssel-Nuss, die groß genug ist, nur den Außenring zu berühren, um das erste Lager senkrecht in seinen Sitz zu treiben (Abbildung 16.7).Alternativ kann eine selbstgebaute Einziehvorrichtung eingesetzt werden – beachten Sie hierzu die Sektion 5 der *Werkzeug- und Werkstatt-Tipps* im Anhang.

**19** Drehen Sie das Rad um, und stecken Sie die Distanzhülse in die Nabe. Treiben Sie das andere neue Radlager genauso in seinen Sitz, bis es an der Distanzhülse anliegt.

**20** Installieren Sie rechts den neuen Dichtring von Hand oder mit einem Werkzeug, das nur seinen Außenrand berührt, bündig in die Nabe (Abbildung 16.9). Schmieren Sie die Dichtlippen mit Fett.

**21** Installieren Sie die Gummidämpfer. Sichergehend, dass die Hülse im Mitnehmerlager steckt, wird der Mitnehmer in die Radnabe gesteckt (Abbildung 15.8a).

**22** Montieren Sie ggf. den Sensorring (siehe Sektion 17).

**23** Reinigen Sie die Bremsscheibe mit Aceton oder Bremsenreiniger, und bauen Sie das Rad ein (siehe Sektion 15).

## Mitnehmer-Lager

**24** Bauen Sie das Hinterrad aus (siehe Sektion 15), und befreien Sie den Kettenradmitnehmer und seine Dämpferelemente aus der Radnabe (Abbildung 15.8a und b).

**25** Inspizieren Sie den Dichtring und das Lager – der Innenring des Kugellagers muss sich sanft drehen lassen und der Außenring muss fest im Mitnehmer sitzen; beachten Sie hierzu die Sektion 5 der *Werkzeug- und Werkstatt-Tipps* im Anhang.

**Anmerkung:** *Das Lager darf nur ausgebaut werden, wenn es erneuert werden soll.*

**26** Falls ein neues Lager montiert werden soll, muss der Dichtring herausgehebelt werden (siehe Abbildung) – beschädigen Sie dabei nicht die Nabe. Der Dichtring muss später durch ein Neuteil ersetzt werden.

**27** Treiben Sie die Hülse mit einem geeigneten Steckschlüssel aus dem Lager, das nicht den Lager-Innenring berührt (siehe Abbildung).

**28** Legen Sie den Mitnehmer mit dem Kettenblatt nach unten auf Hölzer und treiben Sie das Lager von innen mit einem passenden Steckschlüssel aus (siehe Abbildung).

**29** Reinigen Sie den Mitnehmer mit Lösungsmittel und begutachten Sie den Lagersitz auf Riefen und Verschleiß. Falls der Sitze beschädigt ist, muss eine Fachwerkstatt konsultiert werden, bevor das Rad zusammengesetzt wird.

**30** Installieren Sie das neue Lager mit der markierten Seite nach außen, und treiben Sie es mithilfe eines Werkzeugs, das nur seinen Außenring berührt, senkrecht in den Mitnehmer (siehe Abbildung).

**31** Stützen Sie das Lager über seinen Innenring ab und treiben Sie die Hülse von innen ein (siehe Abbildung); falls sie sich nicht vollständig eindrücken lässt, muss die Außenseite des Lagers auf einem Steckschlüssel abgestützt werden, der nur den Innenring berührt, und treiben Sie die Hülse von innen ins Lager.

16.28 **Treiben Sie das alte Lager von innen aus.**

16.30 **Treiben Sie das neue Lager mit einem passenden Steckschlüssel von außen ein.**

16.31 **Stützen Sie das Lager beim Eintreiben der Hülse nötigenfalls auf dem Innenring ab.**

**16.32 Drücken Sie den Dichtring bündig in den Mitnehmer.**

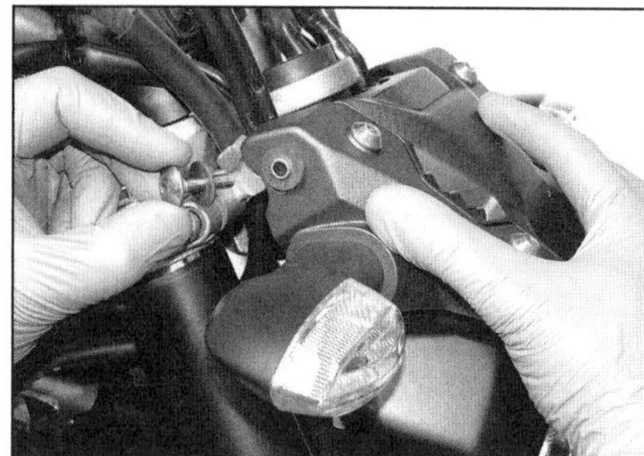

**17.5a Lösen Sie die oberen Schrauben, um den Scheinwerfer herunter zu schwenken.**

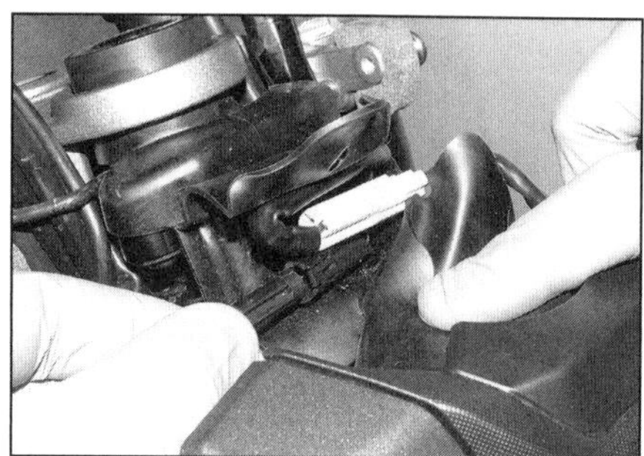

**17.5b Öffnen Sie die obere Gummikappe, um die Blinkerstecker …**

**32** Installieren Sie den neuen Dichtring von Hand oder mit einem Werkzeug, das nur seinen Außenrand berührt, bündig in den Mitnehmer (siehe Abbildung). Schmieren Sie die Dichtlippen mit Fett.
**33** Installieren Sie die Gummidämpfer (Abbildung 15.8b). Sichergehend, dass die Hülse im Mitnehmerlager steckt, wird der Mitnehmer in die Radnabe gesteckt (Abbildung 15.8a).
**34** Reinigen Sie die Bremsscheibe mit Aceton oder Bremsenreiniger, und bauen Sie das Rad ein (siehe Sektion 15).

## 17 Antiblockiersystem (ABS)

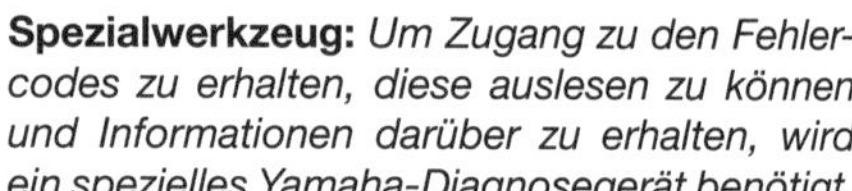

**Spezialwerkzeug:** *Um Zugang zu den Fehlercodes zu erhalten, diese auslesen zu können und Informationen darüber zu erhalten, wird ein spezielles Yamaha-Diagnosegerät benötigt.*

### Funktion

**1** Das Antiblockiersystem (ABS) verhindert, dass die Räder beim Bremsen blockieren, was meist unweigerlich zu einem Sturz führen würde. An beiden Rädern sitzen Sensoren, die Informationen über deren Umdrehungsgeschwindigkeit an das ABS-Steuergerät senden. Falls das Steuergerät erkennt, dass ein Rad langsamer wird als das andere und zu blockieren droht, verringert es den Bremsdruck ein Stück weit, um das Rad am Drehen zu halten.
**2** Das ABS wird beim Einschalten der Zündung aktiviert und führt eine Selbstkontrolle durch – hierbei ist ein Klicken zu hören und im Bremshebel oder dem Pedal ein Impuls zu spüren. Die ABS-Lampe im Cockpit leuchtet zunächst auf und erlischt bei einem funktionsfähigen System, sobald eine Geschwindigkeit von 10 km/h erreicht wurde. Falls die ABS-Lampe beim Einschalten der Zündung nicht aufleuchtet, liegt im System ein Fehler vor – siehe unten.
**3** Falls die ABS-Lampe weiter leuchtet oder blinkt oder während der Fahrt aufzuleuchten beginnt, liegt im System ein Fehler vor und das ABS wird abgeschaltet – die Bremsen funktionieren weiter normal wie bei einer Maschine ohne ABS. Der Fehler wird im Steuergerät gespeichert. Falls ein Fehler angezeigt wird, kann angehalten und die Zündung aus und wieder eingeschaltet werden – wenn die Lampe jetzt erlischt, war der Fehler nur kurzzeitig oder wurde beseitigt. Falls die Lampe weiter leuchtet, müssen die ABS-Sicherungen überprüft werden (siehe Kapitel 8) – sind diese in Ordnung, müssen die Kabel und Anschlüsse zu den Radsensoren und dem Modulator überprüft werden (Abbildung 17.6, 17.16 sowie 17.27a und b). Kontrollieren Sie alle Kabel und Stecker auf Unterbrechungen, Beschädigungen und mögliche Korrosion – beachten Sie die Hinweise und Schaltpläne in Kapitel 8. Prüfen Sie auch, ob die Radsensor-Köpfe und die Sensorringe sauber, frei von Rost und Ablagerungen und nicht beschädigt sind – der Aus- und Einbau ist unten beschrieben. Falls keine Defekte festgestellt werden, müssen die Fehlercodes gelöscht werden.
**4** Um Fehlercodes auszulesen, wird ein spezielles Yamaha-Diagnosegerät benötigt – beachten Sie die beigefügten Hinweise, falls dies zu Hand ist. In der Tabelle können anhand des Fehlercodes die betroffene Komponente und mögliche Ursachen abgelesen werden. Bringen Sie das Motorrad ansonsten zu einer Yamaha-Werkstatt, wo eine Diagnose und Reparatur durchgeführt werden kann.

**Anmerkung:** *Das ABS-Steuergerät kann auch Fehler diagnostizieren, falls an einem Rad der Luftdruck nicht korrekt ist oder eine nicht von Yamaha freigegebene Reifengröße montiert wurde. Auch wenn man längere Zeit auf unebener Fahrbahn unterwegs war, das Vorderrad bei einem Wheelie vom Boden gehoben wurde oder bei aufgebocktem Motorrad mit Motorkraft das Hinterrad gedreht wurde, können Fehler gespeichert werden.*

## ABS-Komponenten

**Anmerkung:** *Achten Sie darauf, den Sensorring und die Sensorspitze nicht zu beschädigen, keine magnetisierten Werkzeuge in ihre Nähe zu bringen und ihnen keinen Stöße zuzufügen. Einmal entfernte Schrauben müssen durch Neuteile ersetzt werden.*

## Vorderradsensor

**5** Lösen Sie bei der MT-07 links und rechts die oberen Scheinwerfer-Schrauben, und schwenken Sie den Scheinwerfer über die untere Halterung nach vorn (siehe Abbildung). Öffnen Sie den oberen Teil der Gummi-Steckerabdeckung, und trennen Sie die Blinkerstecker (siehe Abbildung). Schwenken Sie den Scheinwerfer weiter herunter, und trennen Sie den Standlicht-Stecker (siehe Abbildung) – der

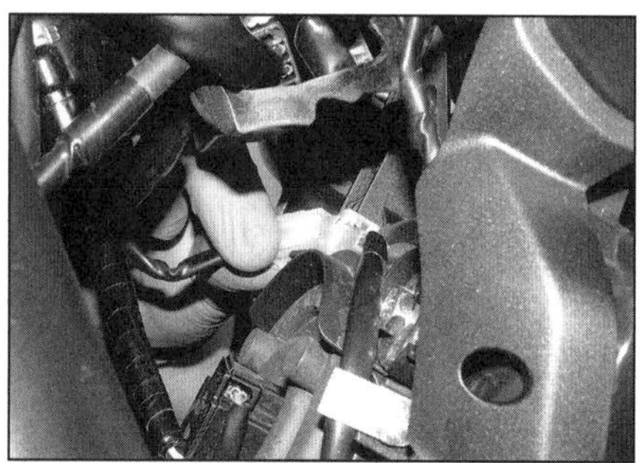

**17.5c … und den Standlichtstecker zu trennen.**

**17.5d Öffnen Sie die untere Gummikappe, …**

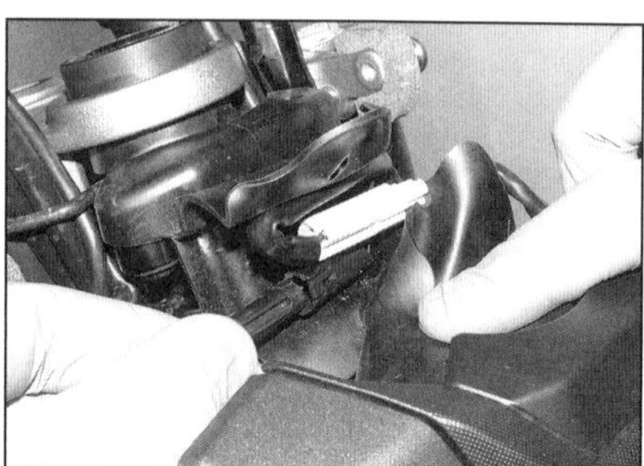

**17.5e … um den Radsensor-Stecker zu trennen - MT-07.**

## Fehlercode-Tabelle

| Fehlercodes (gefolgt von »ABS« | Defekte Komponente oder System | Mögliche Gründe |
|---|---|---|
| 11, 13, 15, 17, 25, 26, 45 | Vorderradsensor-Stromkreis<br>Vorderradsensor<br>Vorderrad-Sensorring | Kabel oder Stecker defekt<br>Sensor defekt<br>Sensorring defekt |
| 12, 14, 16, 18, 27, 46 | Hinterradsensor-Stromkreis<br>Hinterradsensor<br>Hinterrad-Sensorring | Kabel oder Stecker defekt<br>Sensor defekt<br>Sensorring defekt |
| 21 | Steuergerät / Modulator-Magnetschalter | Steuergerät / Modulator-Magnetschalter defekt<br>Kabel oder Stecker defekt |
| 24 | Bremslichtschalter-Stromkreis | Kabel oder Stecker defekt<br>LED defekt<br>Schalter defekt<br>Relais defekt |
| 31, 32 | Steuergerät / Modulator-Relais | ABS-Magnetschalter-Sicherung<br>Kabel oder Stecker defekt<br>Relais defekt<br>Steuergerät / Modulator defekt |
| 33, 34 | Steuergerät / Modulator-Motor | ABS-Motor-Sicherung<br>Kabel oder Stecker defekt<br>Relais defekt<br>Steuergerät / Modulator defekt |
| 41 | Vorderrad kann blockieren | Bremse schleift<br>Bremsleitung defekt, Flüssigkeitsaustritt<br>Impulstest-Ergebnisse unkorrekt<br>Steuergerät / Modulator defekt |
| 42, 47 | Hinterrad kann blockieren | Bremse schleift<br>Bremsleitung defekt, Flüssigkeitsaustritt<br>Impulstest-Ergebnisse unkorrekt<br>Steuergerät / Modulator defekt |
| 43 | Vorderradsensor-Signal | Sensor falsch installiert<br>Kabel oder Stecker defekt<br>Sensorring defekt |
| 44 | Hinterradsensor-Signal | Sensor falsch installiert<br>Kabel oder Stecker defekt<br>Sensorring defekt |
| 51, 52 | Versorgungsspannung zu hoch | Batterie<br>Ladesystem |
| 53, 54 | Versorgungsspannung zu niedrig | Batterie<br>Ladesystem<br>Kabel oder Stecker defekt |
| 55,56 | Stromversorgung Steuergerät / Modulator | Steuergerät / Modulator defekt |
| 63 | Stromversorgung Vorderradsensor | Kabel oder Stecker defekt<br>Steuergerät / Modulator defekt |
| 64 | Stromversorgung Hinterradsensor | Kabel oder Stecker defekt<br>Steuergerät / Modulator defekt |

Scheinwerfer kann in dieser Position mit angeschlossenem Scheinwerferstecker verbleiben. Öffnen Sie den unteren Teil der Gummi-Steckerabdeckung, um Zugang zum Stecker des Radsensors zu erhalten (siehe Abbildungen).

**6** Entfernen Sie bei der TRACER das rechte Verkleidungsseitenteil und die Innenverkleidung; entfernen Sie bei der XSR 700 rechts vorn die Abdeckung unterhalb des Tanks sowie die Tankverkleidung (siehe Kapitel 7). Trennen Sie den Radsensor-Stecker (siehe Abbildung).

**7** Befreien Sie das Sensorkabel aus allen Befestigungen, und führen Sie es zum Sensor zurück – merken Sie sich seine Verlegung.

**8** Lösen Sie die Sensorschraube, und befreien Sie den Sensor (siehe Abbildung).

**17.6 Radsensor-Stecker – TRACER und XSR 700**

**17.8 Lösen Sie die Schraube und befreien Sie den Sensor.**

17.11 **Die verschlossene Gummikappe muss so aussehen.**

17.13 **Schrauben des Vorderrad-Sensorrings**

**9** Sorgen Sie dafür, dass die Sensorspitze, sein Sitz und der Sensorring sauber und nicht beschädigt sind. Montieren Sie den Sensor und ziehen Sie die Schraube mit 7 Nm an.

**10** Verlegen Sie das Kabel wie beim Ausbau notiert zum Stecker, verbinden Sie es und sichern Sie es mit allen Befestigungen.

**11** Montieren Sie entfernte Bauteile in der umgekehrten Ausbaureihenfolge. Ziehen Sie bei der MT-07 den zentralen Zapfen der Gummiabdeckung nach oben durch die Löcher in den Klappen (Abbildung 17.5d), sodass sein unterer Bund die Klappen verschlossen sichert (siehe Abbildung).

## Vorderrad-Sensorring

**12** Bauen Sie das Vorderrad aus (siehe Sektion 14).

**13** Lösen Sie die Schrauben des Sensorrings und heben Sie diesen ab (siehe Abbildung) – Yamaha schreibt vor, beim Einbau neue Schrauben zu verwenden.

**14** Der Sitz des Rings an der Radnabe muss von Schmutz und Korrosion befreit sein, damit der Ring senkrecht sitzt und der Sensor keine falschen Signale übermittelt. Der Sensorring darf nicht verschmutzt, beschädigt oder verzogen sein. Installieren Sie neue mit Sicherungspaste versehene Schrauben und ziehen Sie sie mit 8 Nm an.

**15** Bauen Sie das Vorderrad ein (siehe Sektion 14).

## Hinterradsensor

**16** Entfernen Sie die rechte Rahmenabdeckung (siehe Kapitel 7).

**17** Trennen Sie den Stecker des Sensorkabels (siehe Abbildung), befreien Sie dies aus allen Führungen, und führen Sie es zum Sensor zurück – merken Sie sich seine Verlegung.

**18** Lösen Sie die Sensorschraube, und befreien Sie den Sensor (siehe Abbildung).

**19** Sorgen Sie dafür, dass die Sensorspitze, sein Sitz und der Sensorring sauber und nicht beschädigt sind. Montieren Sie den Sensor und ziehen Sie die Schraube mit 7 Nm an. Verlegen Sie das Kabel wie beim Ausbau notiert zum Stecker, verbinden Sie es und sichern Sie es mit allen Befestigungen.

**20** Montieren Sie die Rahmenabdeckung (siehe Kapitel 7).

## Hinterrad-Sensorring

**21** Bauen Sie das Hinterrad aus (siehe Sektion 15).

**22** Lösen Sie die Schrauben des Sensorrings und heben Sie diesen ab (Abbildung 17.13) – Yamaha schreibt vor, beim Einbau neue Schrauben zu verwenden.

**23** Der Sitz des Rings an der Radnabe muss von Schmutz und Korrosion befreit sein, damit der Ring senkrecht sitzt und der Sensor keine falschen Signale übermittelt. Der Sensorring darf nicht verschmutzt, beschädigt oder verzogen sein. Installieren Sie neue mit Sicherungspaste versehene Schrauben und ziehen Sie sie mit 8 Nm an.

**24** Bauen Sie das Hinterrad ein (siehe Sektion 15).

17.17 **Stecker des Hinterradsensors**

17.18 **Lösen Sie die Schraube, und befreien Sie den Sensor.**

**17.27a Drücken Sie die Lasche ein, ...**

**17.27b ... drücken Sie den Arretierhebel, ...**

**17.27c ... und ziehen Sie den Stecker vom Steuergerät ab.**

**17.29 Bremsleitungs-Anschlüsse am Modulator**

**17.30a Lösen Sie hintere ...**

## ABS-Steuergerät/Modulator

**Anmerkung:** *Bevor der Modulator aus dem Motorrad demontiert werden kann, muss die gesamte Bremsflüssigkeit abgelassen werden (siehe Sektion 11). Der Modulator kann nicht zerlegt werden und es sind keine Ersatzteile erhältlich – bei einem Ausfall muss er ausgetauscht werden.*

**25** Der Modulator sitzt rechts unterhalb des Tanks.

**26** Um lediglich den Kabelstecker erreichen zu können, muss bei der MT-07 die vordere Tankabdeckung, bei der TRACER die Tankabdeckung und bei der XSR 700 die vordere Abdeckung unterhalb des Tanks entfernt werden (siehe Kapitel 7). Um den Modulator ausbauen zu können, muss der Tank demontiert werden (siehe Kapitel 4).

**27** Drücken Sie Lasche hinter dem Stecker-Aretierhebel ein, und drücken Sie den Hebel, um den Stecker zu trennen (siehe Abbildungen).

**28** Bedecken Sie die Umgebung des Modulators mit Lappen, um keine Bremsflüssigkeitsspritzer auf Lackteile geraten zu lassen.

**29** Markieren Sie oben am Modulator alle Bremsleitungen entsprechend ihrer Position. Lösen Sie die Bremsleitungs-Anschlussschrauben und befreien Sie die Leitungen – beachten Sie die Positionen der Dichtscheiben (siehe Abbildung). Saugen Sie austretende Bremsflüssigkeit mit Lappen auf. Beim Zusammenbau müssen neue Dichtscheiben verwendet werden.

**30** Lösen Sie die drei Schrauben des Modulators (siehe Abbildungen), und heben Sie den Modulator vorsichtig heraus. Kontrollieren Sie seine Gummihalterungen und die darin sitzenden Hülsen.

**31** Dichten Sie die Enden aller Bremsleitungen ab und verstopfen Sie die Bohrungen des Modulators mit Gummistopfen; auch können neue (und saubere) M10 x 1-Schrauben locker eingedreht werden, um keinen Schmutz eindringen zu lassen.

**32** Der Einbau entspricht der umgekehrten Ausbaureihenfolge – beachten Sie dabei folgende Punkte:

- Die Gummis des Modulatorhalters müssen mit den Hülsen ausgerüstet sein. Ziehen Sie die Befestigungsschrauben mit 7 Nm an.
- Alle Bremsleitungen müssen korrekt ausgerichtet sein. Verwenden Sie neue Dichtscheiben, und ziehen Sie die Anschlussschrauben mit 30 Nm an (Abbildung 17.29).
- Richten Sie den Modulatorstecker korrekt aus, und drücken Sie den Hebel, um ihn korrekt einrasten zu lassen (siehe Abbildung).

**17.30b ... und die beiden unteren Schrauben.**

**17.32 Drücken Sie den Hebel, bis er über der Lasche einrastet.**

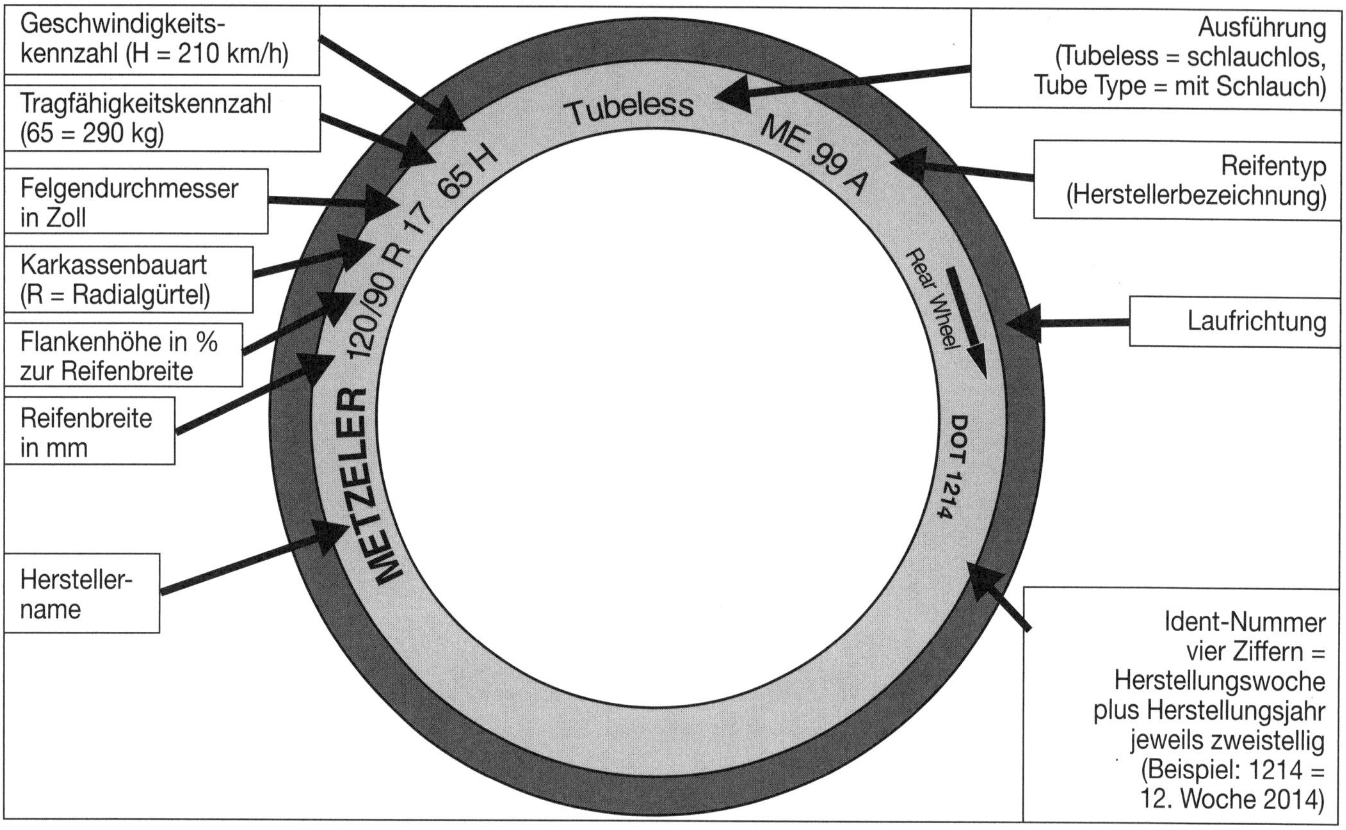

Geschwindigkeitskennzahl (H = 210 km/h)
Tragfähigkeitskennzahl (65 = 290 kg)
Felgendurchmesser in Zoll
Karkassenbauart (R = Radialgürtel)
Flankenhöhe in % zur Reifenbreite
Reifenbreite in mm
Hersteller-name
Tubeless
120/90 R 17 65 H
METZELER
ME 99 A
Rear Wheel
DOT 1214
Ausführung (Tubeless = schlauchlos, Tube Type = mit Schlauch)
Reifentyp (Herstellerbezeichnung)
Laufrichtung
Ident-Nummer vier Ziffern = Herstellungswoche plus Herstellungsjahr jeweils zweistellig (Beispiel: 1214 = 12. Woche 2014)

**18.3 Übliche Reifen-Markierungen**

- Füllen Sie das Bremssystem auf und entlüften Sie es (siehe Sektion 11). Kontrollieren Sie das Bremssystem auf Dichtigkeit und prüfen Sie vor der ersten Fahrt die Funktion der Bremsen.
- Bringen Sie das Motorrad anschließend zu einer Yamaha-Werkstatt, damit diese einen Impulstest durchführen kann.

## 18 Reifen

### Allgemeine Informationen

**1** Auf die an allen Modellen verwendeten Räder müssen schlauchlose Reifen gezogen werden. Die Reifengrößen finden sich in den technischen Daten dieses Kapitels sowie auf einem Aufkleber am Kettenschutz, im Fahrerhandbuch und in den Fahrzeugpapieren.

**2** Wechseln Sie zu den *Täglichen Kontrollen* am Anfang dieses Handbuches, um Räder und Reifen zu warten.

### Montage neuer Reifen

**3** Die Auswahl neuer Reifen wird von den Eintragungen in den Fahrzeugpapieren bestimmt. Achten Sie darauf, dass Vorder- und Hinterreifen zusammenpassen, die Größe und Geschwindigkeitsangabe stimmen. Lassen Sie sich von einem Yamaha- oder Reifenhändler beraten (siehe Abbildung).

**4** Es empfiehlt sich, Reifen bei einem Spezialisten wechseln zu lassen. Der Heimwerker ist mit seinen Montiereisen oft überfordert und beschädigt eventuell die Dichtflächen an Reifen und Felgen. Eine Werkstatt ist zusätzlich in der Lage, neue Reifen auszuwuchten.

**5** Beachten Sie, dass beschädigte Schlauchlos-Reifen in manchen Fällen repariert werden können. Von außen vorgenommene Reparaturen mit einem Pannenset sind nur eine Übergangslösung, um zum nächsten Reifenhändler zu kommen – das Fahren mit hohen Geschwindigkeiten und/oder hoher Beladung sollte unterbleiben. Von innen vorgenommene Reparaturen sollten nur von einem Fachbetrieb ausgeführt werden. Ein Rad mit einem reparierten Reifen muss vor dem Einbau ausgewuchtet werden. Berücksichtigen Sie bei reparierten Reifen Ratschläge zur Höchstgeschwindigkeit und zur Beladung.

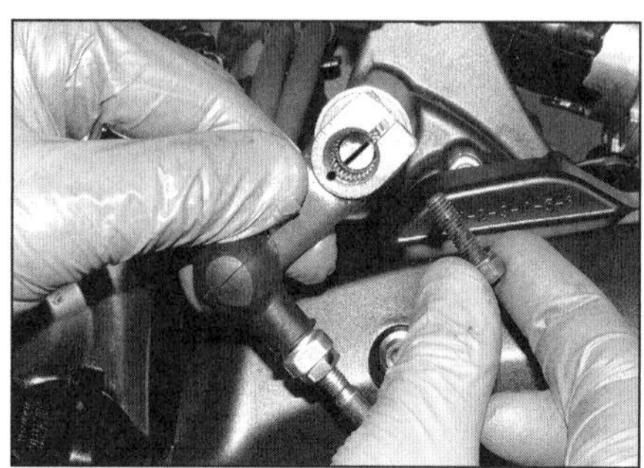

**19.1 Beachten Sie die Ausrichtung, lösen Sie die Schraube, und ziehen Sie den Schaltwellenhebel ab.**

## 19 Motorritzeldeckel

### Ausbau

**1** Beachten Sie die Ausrichtung der Linie an der Schaltwelle zur Körnermarkierung und der Klemmöffnung am Schaltwellenhebel (siehe Abbildung) – bringen Sie nötigenfalls eigene an. Lösen Sie die Klemmschraube, und ziehen Sie den Hebel ab.

**2** Lösen Sie die drei Schrauben des Deckels, und befreien Sie die Schläuche aus ihren Führungen (siehe Abbildungen). Entfernen Sie die vordere Kettenführung (siehe Abbildung) Befreien Sie den Deckel, die Führung und das Mo-

**19.2a Lösen Sie die Schrauben des Motorritzeldeckels.**

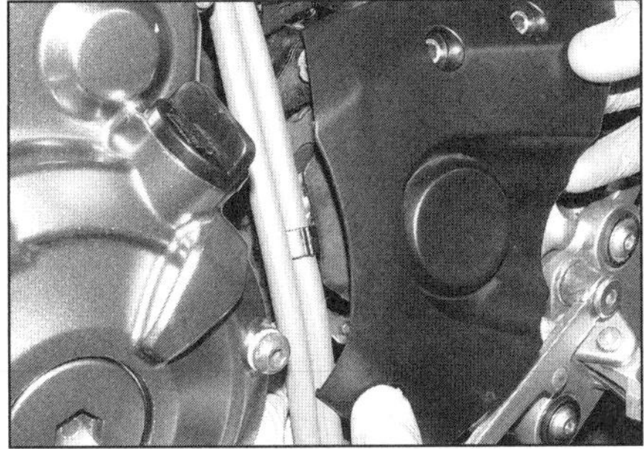

**19.2b Befreien Sie beim Abnehmen des Deckels die Schläuche.**

**19.2c Beachten Sie die Position der Kettenführung.**

torgehäuse von altem Kettenfett und Schmutzablagerungen.

## Einbau

**3** Der Einbau entspricht der umgekehrten Ausbaureihenfolge. Die Kettenführung muss korrekt sitzen (Abbildung 19.2c), die Schläuche korrekt in ihrer Führung positioniert sein (Abbildung 19.2b) und die Markierung am Schaltwellenhebel korrekt zur Linie an der Welle ausgerichtet sein (Abbildung 19.1).

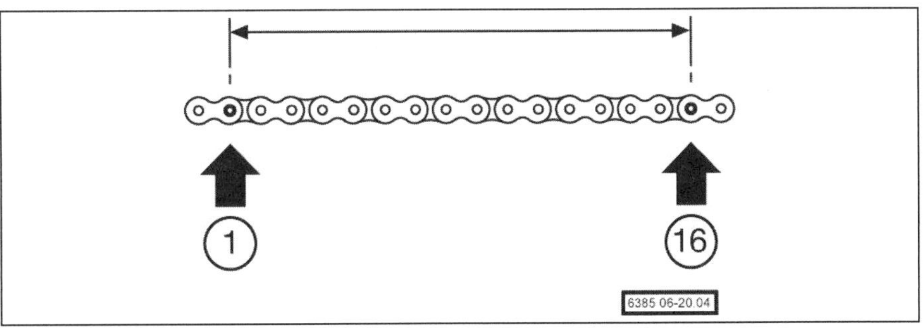


**20.4 Messen Sie den Abstand zwischen den Mittelpunkten des ersten und des sechzehnten Bolzens.**

## 20 Antriebskette und Kettenräder

**Anmerkung 1:** *Die Kette und die Kettenräder sollten stets als Set ausgetauscht werden – eine neue Kette auf alten Kettenrädern oder eine alte Kette auf neuen Kettenrädern sorgen für rapiden Verschleiß. Beachten Sie die Hinweise in Kapitel 1, um Details zur Wartung und Überprüfung des Antriebsstrangs zu erhalten.*

**Anmerkung 2:** *Die an diesen Modellen verwendeten Originalketten sind rundherum vernietete Endlosketten, die über kein Kettenschloss verfügen. Als Ersatz sollte eine Endloskette des gleichen Typs verwendet werden. Falls eine offene Kette aus dem Zubehörmarkt verwendet werden soll, muss auf den korrekten Typ und die korrekte Anzahl der Kettenglieder geachtet werden (siehe* technische Daten*). Verwenden Sie zum Vernieten der Kette ein hochwertiges Werkzeug, wie es unter der Teilenummer 90890-01550 auch von Yamaha angeboten wird. Beachten Sie hierzu auch die Hinweise in Sektion 8* der Werkzeug- und Werkstatt-Tipps *im Anhang.*

## Ketten-Reinigung

**1** Beachten Sie die Hinweise in Kapitel 1, Sektion 3, um die eingebaute Kette zu reinigen.

**2** Falls die Kette stark verschmutzt ist, muss sie ausgebaut werden (siehe unten). Lassen Sie die Kette etwa fünf Minuten in Kerosin oder Heizöl einweichen, und reinigen Sie sie mit einer weichen Bürste.

***Achtung: Verwenden Sie zum Reinigen kein Benzin, Lösungsmittel oder andere Stoffe, die Dichtringe angreifen können. Benutzen Sie keinen Hochdruckreiniger. Nachdem Kette gewaschen und abgewischt ist, muss sie unverzüglich mit Druckluft getrocknet werden. Der gesamte Prozess sollte nicht länger als zehn Minuten dauern, damit die O-Ringe zwischen den Laschen nicht beschädigt werden.***

## Streckgrenzen-Kontrolle

**3** Der Zustand einer Kette kann ermittelt werden, indem gemessen wird, wie weit sie sich gelängt hat. Für einen guten Zugang zur Kette sollte sie ausgebaut (siehe unten) und gereinigt werden (siehe oben). Vor der Kontrolle muss sichergestellt sein, dass sich alle Kettenglieder sanft bewegen lassen.

**4** Legen Sie die Kette auf eine ebene Fläche und ziehen Sie sie stramm. Messen Sie dann den Abstand zwischen 16 Bolzen (siehe Abbildung).

**5** Wiederholen Sie die Messung an mehreren Stellen, um ungleichmäßigen Verschleiß zu ermitteln. Falls an irgendeiner Stelle mehr als 239,3 mm festgestellt werden, muss die Kette ersetzt werden.

## Ausbau

**6** Demontieren Sie den Motorritzeldeckel (siehe Sektion 19).

**7** Befreien Sie den in der Nut der Getriebewelle verstemmten Bund der Ritzelmutter (siehe Abbildung). Legen Sie einen hohen Gang ein, und lassen Sie einen Assistenten die Fußbremse betätigen. Lösen Sie die Ritzelmutter und entfernen Sie sie samt Scheibe (siehe Abbildung) – die Mutter muss beim Einbau erneuert werden.

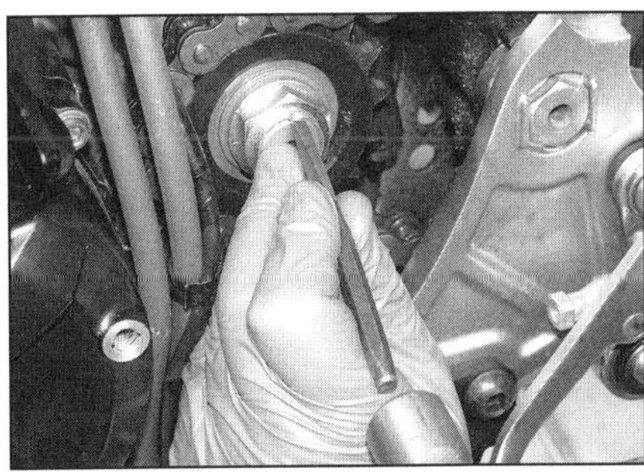

**20.7a Befreien Sie den Bund der Ritzelmutter aus der Getriebewellen-Nut.**

**20.7b Lösen Sie die Mutter und entfernen Sie sie samt Scheibe.**

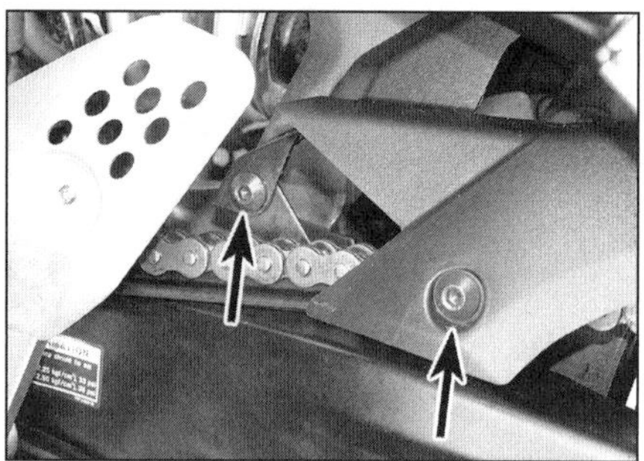
20.8a Lösen Sie die zwei Schrauben, beachten Sie die Hülsen, ...

20.8b ... und befreien Sie den vorderen ...

20.8c ... sowie den inneren Clip.

20.9a Öffnen Sie den Kabelbinder, trennen Sie den Stecker, ...

20.9b ... und befreien Sie das Kabel aus der Klemme.

20.9c Ziehen Sie die Schläuche aus der Führung.

20.9d Entfernen Sie die Seitenständer-Baugruppe.

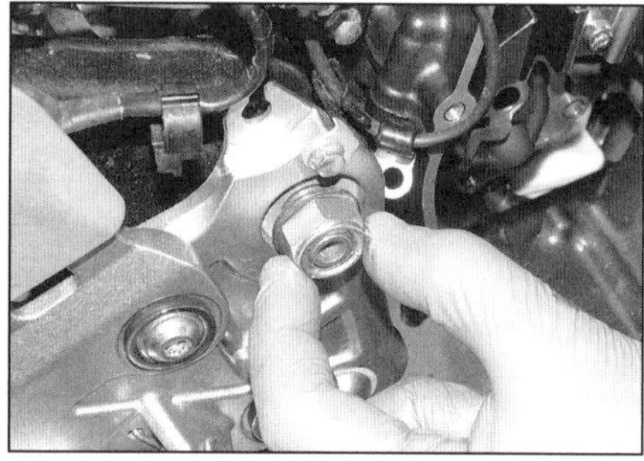
20.9e Drehen Sie die Mutter fast vollständig vom Schwingenbolzen.

20.9f Lösen Sie die zwei Schrauben des inneren Trägers, ...

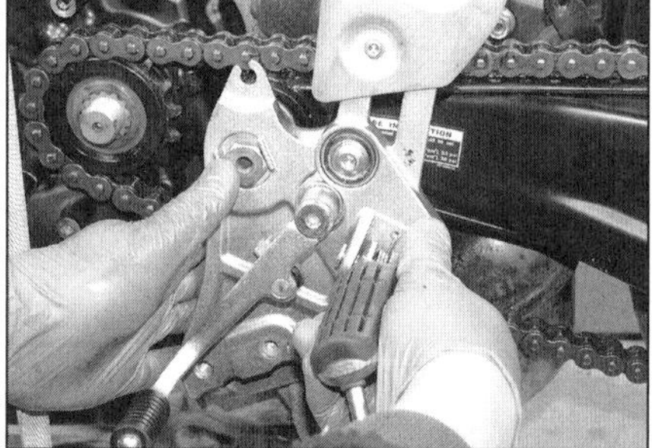
20.9g ... und ziehen Sie ihn vom Rahmen ab, um Platz für den Ausbau der Kette zu erhalten.

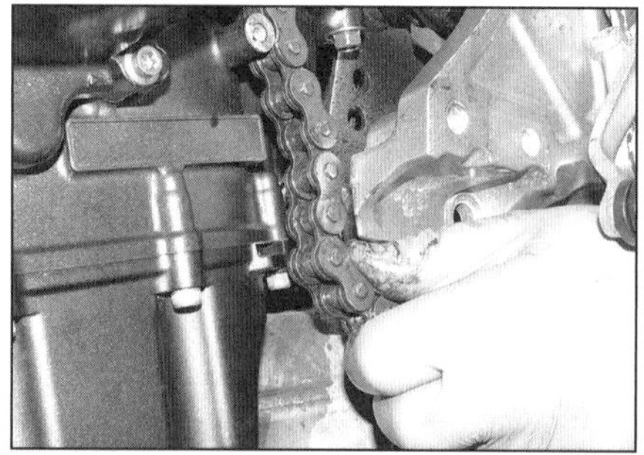
20.10a Befreien Sie die Kette vorn zwischen Träger und Rahmen, heben Sie sie vom Ritzel, ...

**8** Bauen Sie das Hinterrad aus (siehe Sektion 15), und entfernen Sie den Kettenschutz (siehe Abbildungen).

**9** Entfernen Sie die Rahmenabdeckungen (siehe Kapitel 7). Öffnen Sie den Kabelbinder, trennen Sie den Stecker des Seitenständerschalters, und befreien Sie die Kabel aus der Klemme (siehe Abbildungen). Ziehen Sie die beiden vom Tank kommenden Schläuche aus der Führung an der Seitenständer-Aufnahme, lösen Sie dessen Schrauben, und entfernen Sie die Ständer-Baugruppe (siehe Abbildungen). Lockern Sie die Schwingenbolzenmutter, und drehen Sie sie so weit vom Bolzen, bis sie mit nur noch wenigen Gewindegängen gehalten wird (siehe Abbildung). Lösen Sie die Schrauben des linken inneren Trägers, und ziehen Sie diesen zusammen mit dem Schwingenbolzen soweit vom Motorrad ab, bis zwischen dem Träger und dem Rahmen so viel Platz besteht, dass die Kette entfernt werden kann (siehe Abbildungen).

**10** Ziehen Sie den unteren Kettentrum zwischen dem inneren Halter und dem Rahmen heraus, befreien Sie ihn vom Ritzel, und ziehen

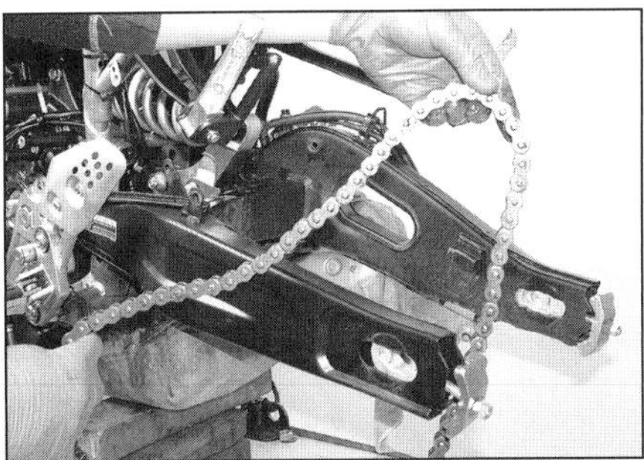
**20.10b ... und entnehmen Sie sie nach hinten von der Schwinge.**

**20.11 Ziehen Sie das Motorritzel ab.**

**20.12 Das Kettenblatt ist mit sechs Muttern gesichert.**

**20.16 Führen Sie die Kette zwischen dem Halter und dem Rahmen hindurch.**

**20.18a Legen Sie die Scheibe mit »OUT« nach außen auf.**

**20.18b Sichern Sie die Mutter, indem Sie den Bund gegen die Welle verstemmen.**

Sie die Kette über die Schwinge ab (siehe Abbildungen).

**11** Ziehen Sie das Motorritzel von der Getriebeausgangswelle (siehe Abbildung).

**12** Legen Sie das Hinterrad mit dem Kettenblatt nach oben so auf Hölzer, dass die Bremsscheibe nicht beschädigt wird. Lösen Sie die Kettenblatt-Muttern, entfernen Sie die Scheiben, und nehmen Sie das Kettenblatt samt Haltering von den Stehbolzen (siehe Abbildung).

## Einbau

***Warnung: Yamaha empfiehlt, immer eine Endloskette zu verwenden. Benutzen Sie NIEMALS eine Kette mit einem Federclip-Schloss! Falls eine Kette mit Nietschloss verwendet wird, muss sie mit dem exakt dafür vorgesehenen Werkzeug vernietet werden – lassen Sie diese Arbeit nötigenfalls von einer Fachwerkstatt durchführen.***

**13** Legen Sie das Kettenblatt mit der markierten Seite nach außen über die Stehbolzen der Radnabe (Abbildung 20.12). Legen Sie den Haltering und die Scheiben auf, und ziehen Sie die Muttern schrittweise und über Kreuz bis zum Drehmoment von 80 Nm an.

**14** Schieben Sie das Motorritzel mit der markierten Seite nach außen auf die Getriebewelle (Abbildung 20.11).

**15** Verlegen Sie die Kette über die Schwinge, um das Motorritzel und zwischen dem Träger und dem Rahmen hindurch (Abbildung 20.10b und a).

**16** Reinigen Sie die Gewinde der Schrauben der inneren Träger, und tragen Sie frische Sicherungspaste auf. Positionieren Sie die Träger, drücken Sie beim linken den Schwingenbolzen ein, und richten Sie seinen Kopf zu den Abflachungen am Träger aus, um ihn am Mitdrehen zu hindern. Drehen Sie die Schrauben zunächst handfest ein (siehe Abbildung sowie Abbildung 20.9f). Ziehen Sie die Schwingenbolzen-Mutter mit 110 Nm an (Abbildung 20.9e). Ziehen Sie jetzt die Schrauben der inneren Träger mit 45 Nm an. Reinigen Sie die Gewinde der Ständeraufnahme-Schrauben, und tragen Sie frische Sicherungspaste auf. Setzen Sie den Träger an, und ziehen Sie die Schrauben mit 63 Nm an (Abbildung 20.9d). Verbinden und sichern Sie das Seitenständerschalter-Kabel zusammen mit dem Schlauch mit dem blauen Punkt in der Klemme sowie im Kabelbinder, und stecken Sie beide Schläuche durch die Führung (Abbildung 20.9a, b und c).

**17** Bauen Sie das Hinterrad ein (siehe Sektion 15). Ziehen Sie die Kettenspanner etwas an, aber drehen Sie die Achsmutter zunächst nur handfest auf.

**18** Legen Sie die Motorritzel-Scheibe mit der OUT-Markierung nach außen über die Getriebewelle (siehe Abbildung). Installieren Sie eine neue Ritzelmutter, blockieren Sie das Hinterrad, und ziehen Sie die Mutter mit 95 Nm an. Verstemmen Sie den Bund der Mutter mithilfe eines Dorns in der Nut der Welle (siehe Abbildung).

**19** Montieren Sie den Motorritzeldeckel (siehe Sektion 19).

**20** Schmieren Sie die Kette und stellen Sie den korrekten Durchhang ein (siehe Kapitel 1).

# Kapitel 7
# Anbauteile

## Inhalt (in alphabetischer Reihenfolge, die Zahlen geben die Nummerierung in den grauen Feldern wieder)



## Schwierigkeitsgrade

**Leicht.** Für Anfänger mit wenig Erfahrung geeignet. 

**Relativ leicht.** Für Anfänger mit etwas Erfahrung geeignet. 

**Relativ schwierig.** Für geübte Selbstschrauber geeignet. 

**Schwer.** Für Selbstschrauber mit viel Erfahrung geeignet. 

**Sehr schwer.** Für Experten und Profis geeignet. 

### 1 Allgemeine Informationen

**1** In diesem Kapitel sind die nötigen Arbeitsschritte beschrieben, die zum Entfernen und Montieren der Anbau- und Verkleidungsteile am Motorrad nötig sind. Da bei vielen Wartungsarbeiten und Reparaturen Anbauteile entfernt werden müssen, sind die Arbeitsschritte hier zusammengefasst und werden in anderen Kapiteln erwähnt.

**2** Im Falle einer Beschädigung der Teile ist es normalerweise üblich, diese Komponenten durch Neu- oder Gebrauchtteile zu ersetzen. Das Material, aus dem die Verkleidungsteile sind, lässt sich mit konventioneller Technik nicht reparieren. Es gibt jedoch einige Spezialisten, die Kunststoff wieder »schweißen« können. Es lohnt sich, hier Angebote einzuholen, bevor teure Neuteile verbaut werden.

**3** Wenn die Demontage eines Verkleidungsteils ansteht, sollte es zunächst genau studiert und alle Befestigungen und Anschlüsse beachtet werden, um beim Einbau alles wieder korrekt an seinen Platz zu bekommen. Wenn alle sichtbaren Befestigungen entfernt worden sind, muss versucht werden, das Teil wie beschrieben abzuziehen – **aber nicht mit Gewalt**. Wenn es sich nicht entfernen lässt, muss vor einem erneuten Versuch überprüft werden, ob alle Befestigungen gelöst sind.

**4** Beim Anbau von Verkleidungsteilen muss zuvor genau studiert werden, ob alle Befestigungen und angeschlossenen Teile wieder an ihren korrekten Platz gelangen. Achten Sie darauf, dass alle Befestigungen, wie auch alle Klemmen und Blindsteckmuttern in gutem Zustand sind. Alle verschlissenen oder beschädigten Teile müssen ersetzt werden, bevor die Komponente installiert wird. Prüfen Sie auch, ob alle Halterungen gerade sind und reparieren oder ersetzen Sie, bevor versucht wird, das Anbauteil zu montieren.

**5** Ziehen Sie alle Befestigungen sorgfältig an, aber seien Sie vorsichtig, nichts zu überdrehen, da – nicht immer sofort – Belastungsbrüche oder Risse auftreten können.

### 2 Anbauteile – MT-07

**Anmerkung:** *Die hier beschriebenen Prozeduren treffen auch für das MT-07-Sondermodell »Moto Cage« zu; beachten Sie für dessen Handprotektoren die Hinweise in Sektion 3, Schritte 27 bis 30.*

## Verkleidungsstifte

**1** Drücken Sie für den Ausbau eines Verkleidungsstifts dessen Mittelteil hinein, ziehen Sie den Stift heraus, und entfernen Sie sein Gehäuse (siehe Abbildungen).

**2** Vor dem Einbau wird das Mittelteil nach oben herausgedrückt (siehe Abbildung). Installieren Sie den Verkleidungsstift in seine Bohrung, und drücken Sie den Stift wieder bündig ein, um ihn zu sichern.

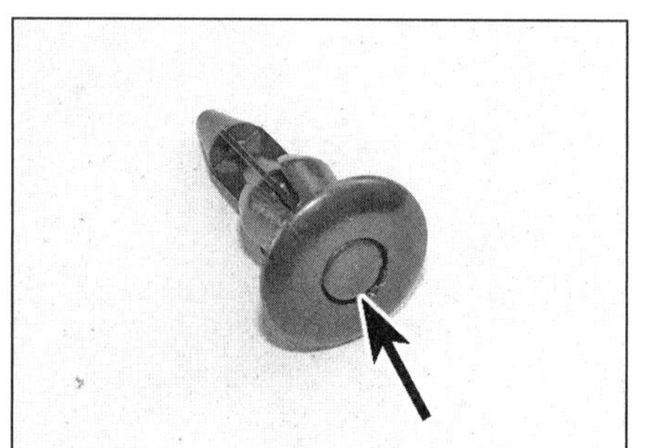

**2.1a Drücken Sie den Mittelstift in das Gehäuse, ...**

**2.1b ... um den Verkleidungsstift zu befreien.**

**2.2 Drücken Sie den Stift vor dem Einbau nach oben heraus, um ihn nach dem Einbau bündig einzudrücken.**

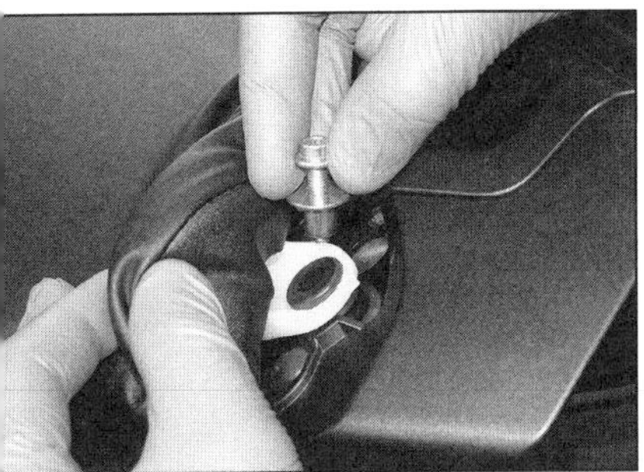

**2.3 Lösen Sie die zwei Schraube und entfernen Sie die Hülsen.**

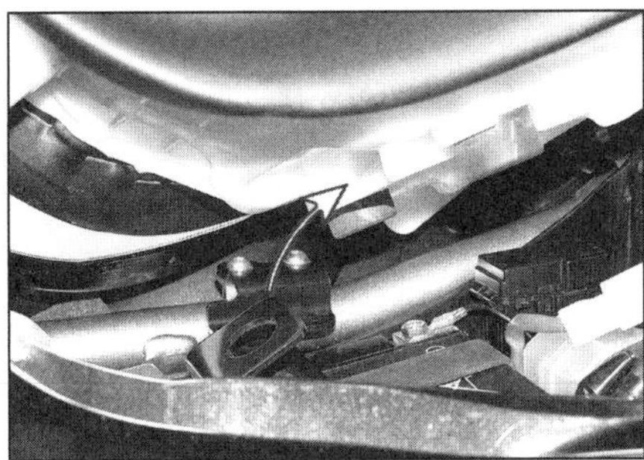

**2.5 Die Rahmen-Lasche muss in die Sitzschalen-Nut greifen.**

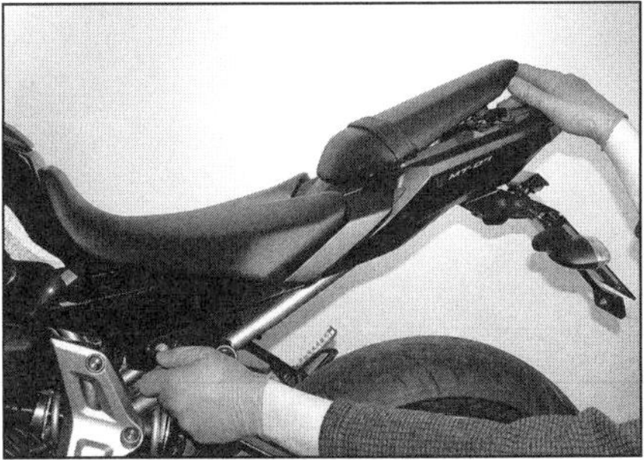

**2.6 Entriegeln Sie den Beifahrersitz, heben Sie ihn hinten an, und entfernen Sie ihn.**

**2.8 Hängen Sie die Haken unter den Brücken am Rahmen ein.**

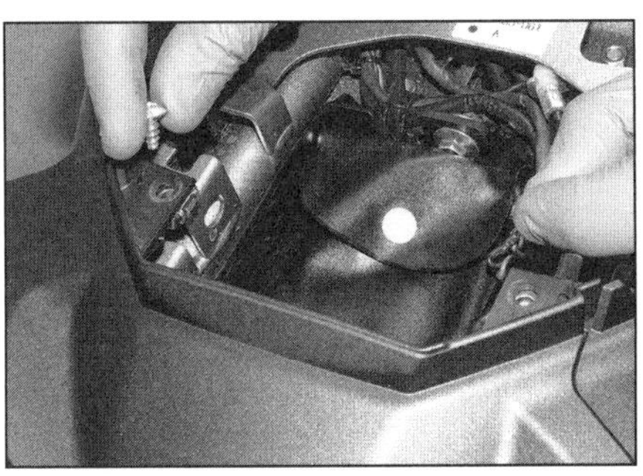

**2.10a Lösen Sie die Schrauben, ...**

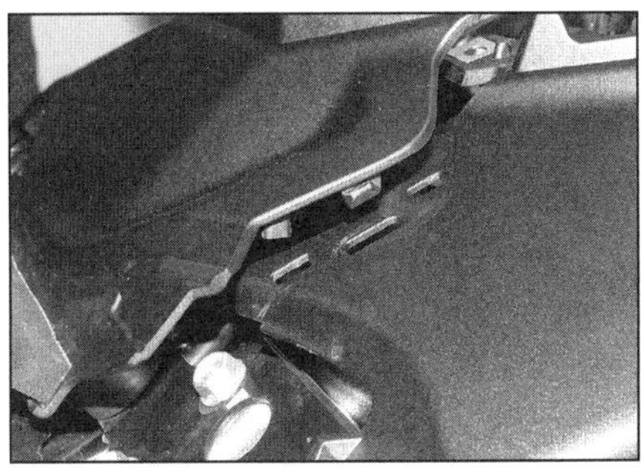

**2.10b ... und befreien Sie die Laschen.**

## Sitze

### Fahrersitz

**3** Heben Sie die hinteren Ecken des Sitzes an, lösen Sie die Schrauben, und entfernen Sie die Hülsen (siehe Abbildung).

**4** Ziehen Sie den Sitz zurück, und beachten Sie, wie die Lasche des quer am Rahmen sitzenden Halters in die Nut an der Unterseite des Sitzes greift.

**5** Der Einbau entspricht der umgekehrten Ausbaureihenfolge – die Lasche des Halters muss korrekt in die Nut der Sitzschale greifen (siehe Abbildung).

### Beifahrersitz

**6** Öffnen Sie mit dem Zündschlüssel das Sitzbankschloss links unter dem Fahrersitz nach links (siehe Abbildung).

**7** Heben Sie die Sitzbank hinten an und ziehen Sie sie nach hinten ab – beachten Sie, wie die vorderen Haken in die Halter am Rahmen greifen.

**8** Der Einbau entspricht der umgekehrten Ausbaureihenfolge. Die vorderen Haken müssen korrekt unter die Halter am Rahmen greifen (siehe Abbildung). Drücken Sie den Sitz hinten herunter, damit die Arretierung einrastet.

## Heckverkleidung

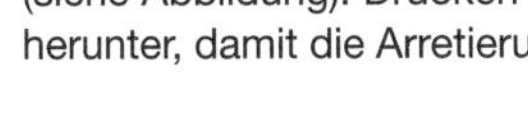

**9** Entfernen Sie beide Sitze (siehe oben).

**10** Lösen Sie die zwei Schrauben der mittleren Heckabdeckung, befreien Sie an beiden Seiten die Laschen, und entfernen Sie die Abdeckung (siehe Abbildungen).

**11** Lösen Sie die zwei Schrauben der hinteren Heckabdeckung, ziehen Sie diese nach hinten, um an beiden Seiten die Laschen zu befreien – beachten Sie, wie der Schutz am Rücklicht hinten in die Abdeckung greift (siehe Abbildungen).

**12** Befreien Sie an jedem Seitenteil die drei Verkleidungsstifte (siehe Abbildungen) – jedes Seitenteil wird separat entfernt.

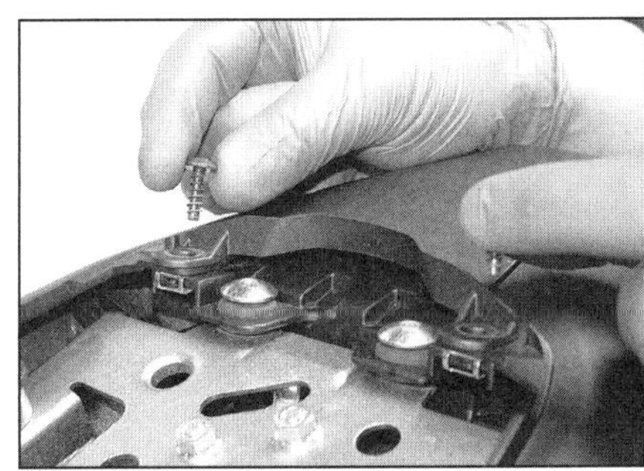

**2.11a Lösen Sie die Schrauben, ...**

**2.11b ... und entfernen Sie die Heckabdeckung wie beschrieben.**

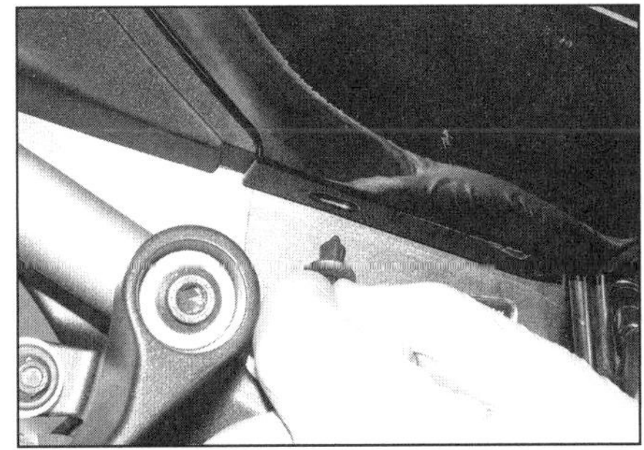

**2.12a Befreien Sie den vorderen Verkleidungsstift des zu entfernenden Seitenteils ...**

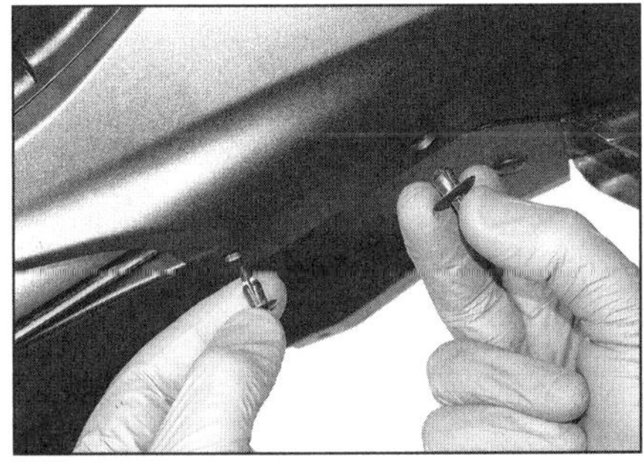

**2.12b ... sowie die zwei hinteren Verkleidungsstifte (gezeigt am linken Seitenteil).**

7

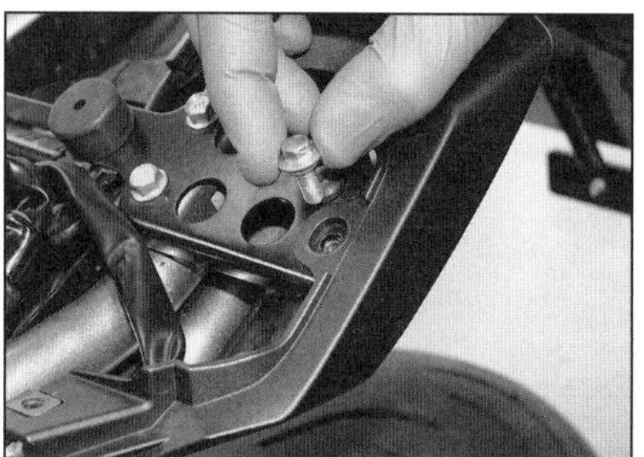

**2.13a Lösen Sie die vordere Schraube, ...**

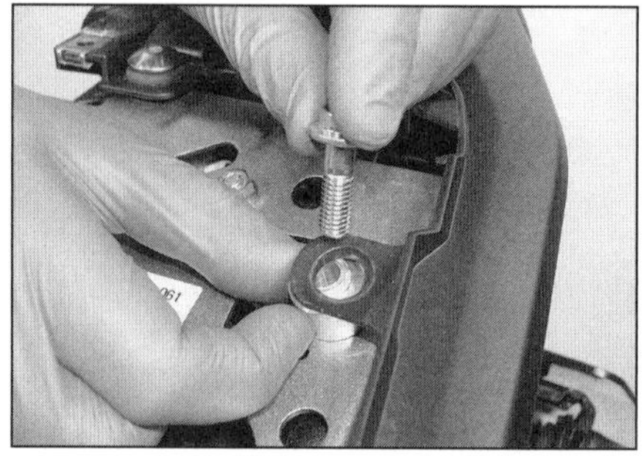

**2.13b ... und entfernen Sie die hintere Schraube samt Distanzhülse.**

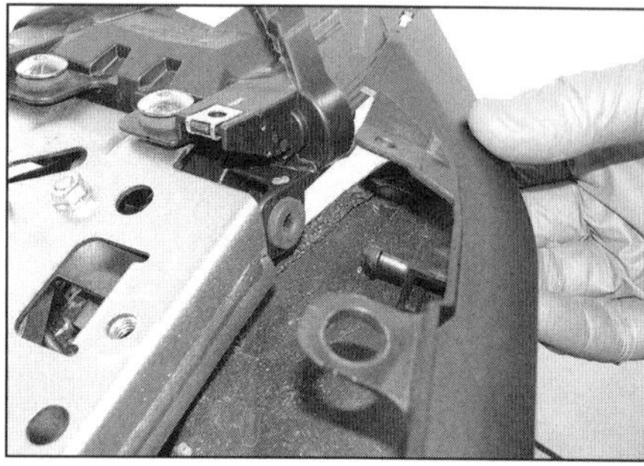

**2.14 Ziehen Sie hinten den Zapfen aus der Gummiöse.**

**2.16 Lösen Sie die Schrauben der Rahmenabdeckung.**

**2.17 Ziehen Sie die Abdeckung vom Zapfen.**

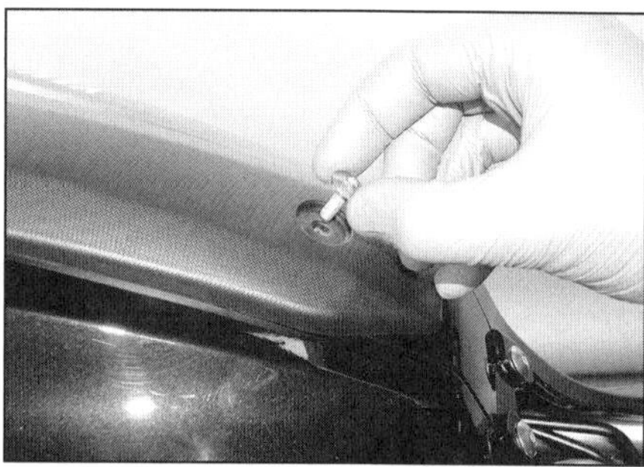

**2.19a Lösen Sie die Schraube, ...**

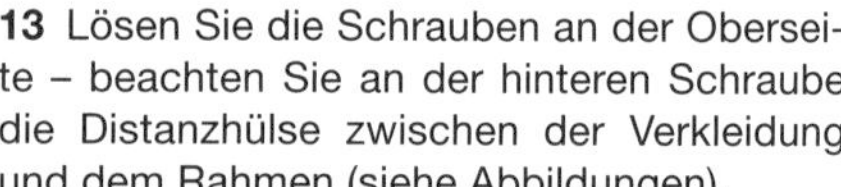

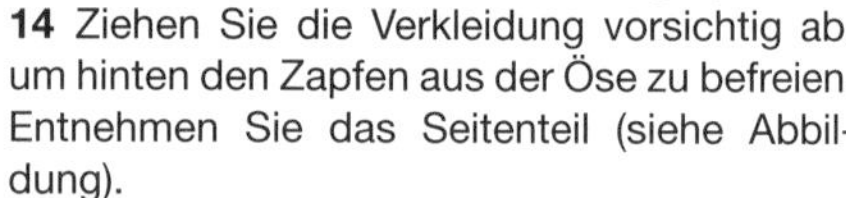

**13** Lösen Sie die Schrauben an der Oberseite – beachten Sie an der hinteren Schraube die Distanzhülse zwischen der Verkleidung und dem Rahmen (siehe Abbildungen).
**14** Ziehen Sie die Verkleidung vorsichtig ab, um hinten den Zapfen aus der Öse zu befreien. Entnehmen Sie das Seitenteil (siehe Abbildung).
**15** Der Einbau entspricht der umgekehrten Ausbaureihenfolge.

## Rahmenabdeckungen

**16** Lösen Sie die zwei Schrauben der Abdeckung (siehe Abbildung).
**17** Ziehen Sie die Abdeckung unten vorsichtig ab, um die Gummiöse vom Zapfen oben am hinteren Träger zu befreien (siehe Abbildung).
**18** Der Einbau entspricht der umgekehrten Ausbaureihenfolge – die Gummiösen in den Schraubenlöchern müssen in Ordnung sein und die Hülsen korrekt darin sitzen.

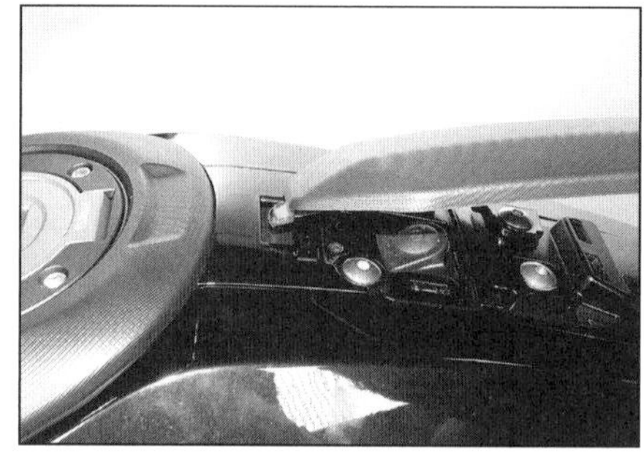

**2.19b ... und befreien Sie die Lasche.**

## Tankverkleidungen

**19** Lösen Sie für die Demontage der oberen Abdeckung die Schraube, und ziehen Sie die Abdeckung nach hinten, um ihre Lasche zu befreien (siehe Abbildungen).
**20** Um die Seitenteile entfernen zu können, muss zunächst die obere Abdeckung befreit

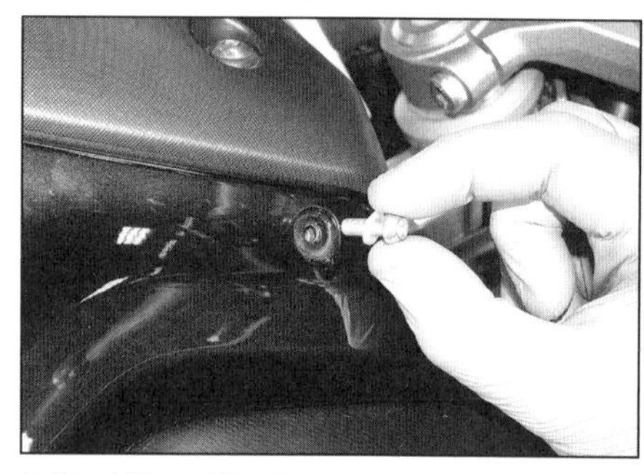

**2.20a Lösen Sie die vordere Schraube, ...**

werden (siehe oben). Befreien Sie den Verkleidungsstift hinten an der Unterseite des Seitenteils (Abbildung 2.12a). Lösen Sie vorn die Schraube (beachten Sie die Scheibe), die seitliche Schraube in der Mitte und die vier Schrauben an der Oberseite (siehe Abbildungen). Ziehen Sie den unteren Rand vorsichtig ab, bis die zwei Zapfen vorn und in der Mitte

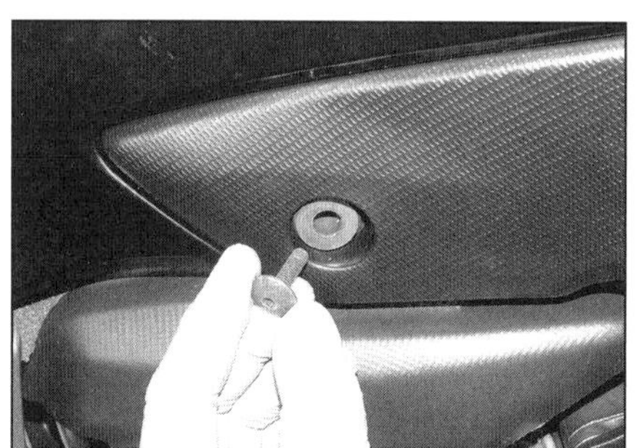

**2.20b ... die mittlere Schraube ...**

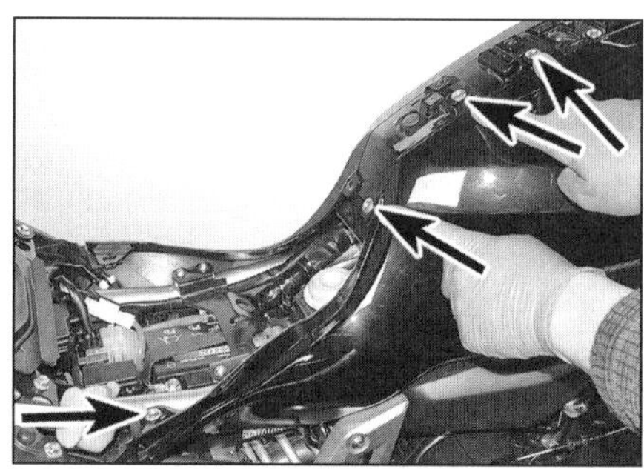

**2.20c ... und die vier oberen Schrauben.**

**2.20d Ziehen Sie den vorderen ...**

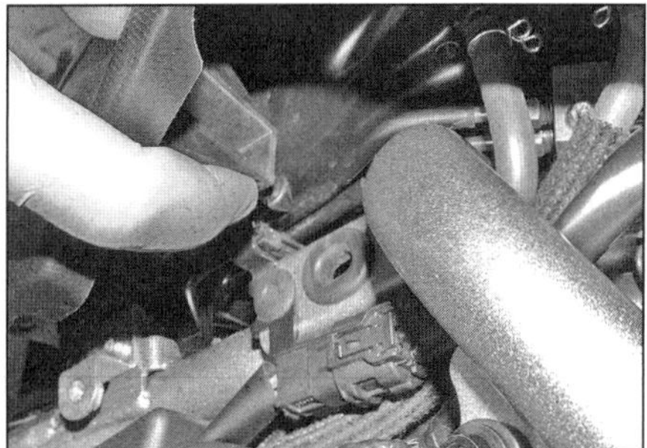
2.20e ... und den mittleren Zapfen heraus.

2.20f Ziehen Sie hinten die Öse vom Zapfen.

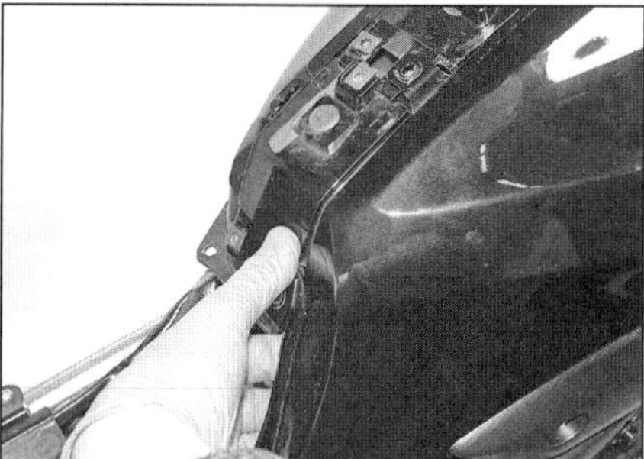
2.20g Befreien Sie die Laschen hinten, ...

2.20h ... in der Mitte ...

2.20i ... und vorn.

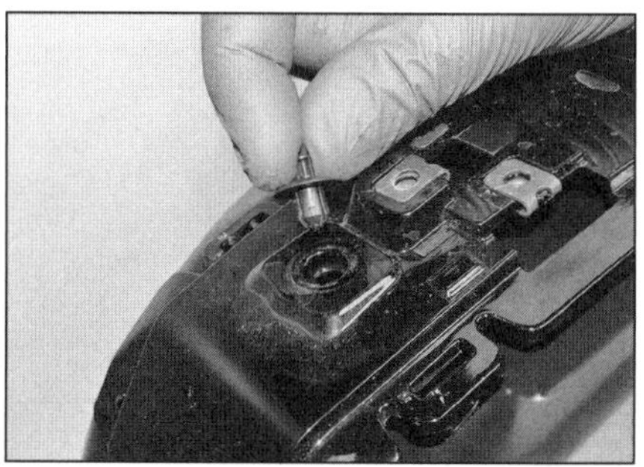
2.21a Befreien Sie den Verkleidungsstift, ...

aus den Ösen sowie hinten die Öse vom Zapfen befreit sind. Drücken Sie dann auf die mittlere Abdeckung, um vorn die Laschen zu befreien – beginnen Sie hinten und arbeiten Sie sich nach vorn vor (siehe Abbildungen). Die Abdeckungen können nach dem Lösen der inneren Schrauben nötigenfalls in ihre Einzelteile zerlegt werden.

**21** Um die mittlere Abdeckung entfernen zu können, müssen zunächst die obere Abdeckung und die Seitenteile befreit werden (siehe oben). Befreien Sie hinten den Verkleidungsstift und lösen Sie vorn die Schrauben (siehe Abbildungen). Befreien Sie vorn die Laschen aus den Nuten der Tankdeckel-Abdeckung, und entfernen Sie die Abdeckung (siehe Abbildung).

**22** Um die vordere Abdeckung entfernen zu können, müssen zunächst die obere Abdeckung, die Seitenteile und die mittlere Abdeckung befreit werden (siehe oben). Befreien Sie hinten den Verkleidungsstift (siehe Abbildung). Lösen Sie oben und an der Seite die Schrauben, und entfernen Sie die Abdeckung (siehe Abbildung) – beachten Sie die Buchsen in den oberen Gummiösen und die Hülsen in den seitlichen Ösen (siehe Abbildung).

**23** Der Einbau entspricht der umgekehrten Ausbaureihenfolge; lediglich bei den seitlichen Abdeckungen müssen zuerst die Zapfen in die Ösen gedrückt und dann die Laschen in den oberen und seitlichen Abdeckungen eingehakt werden.

## Vorderradschutzblech

**24** Bauen Sie das Vorderrad aus (siehe Kapitel 6).

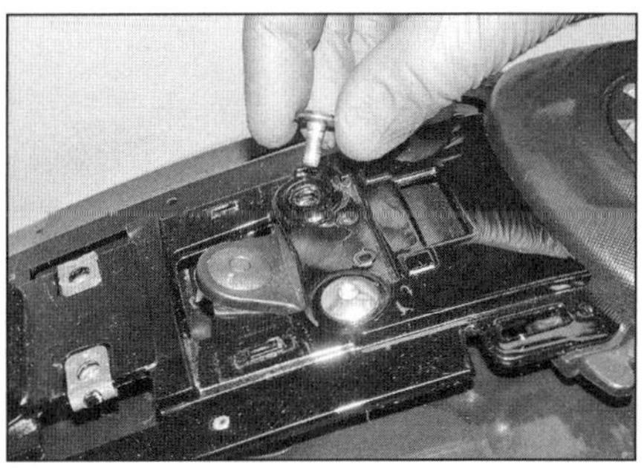
2.21b ... und lösen Sie die Schrauben.

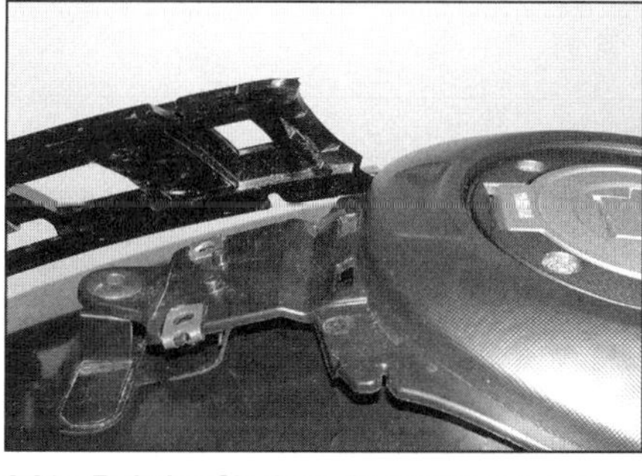
2.21c Befreien Sie dann die vorderen Laschen.

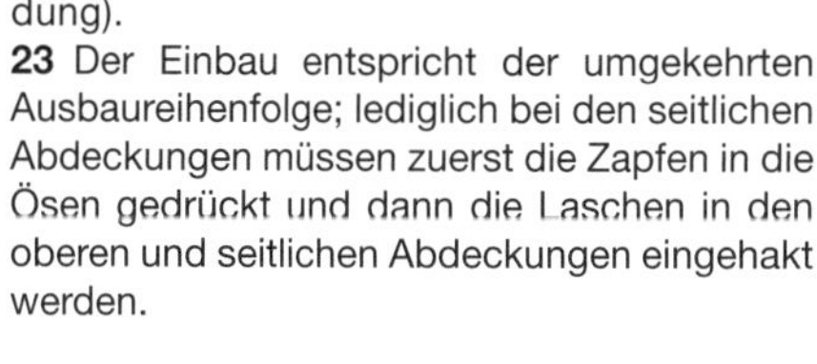

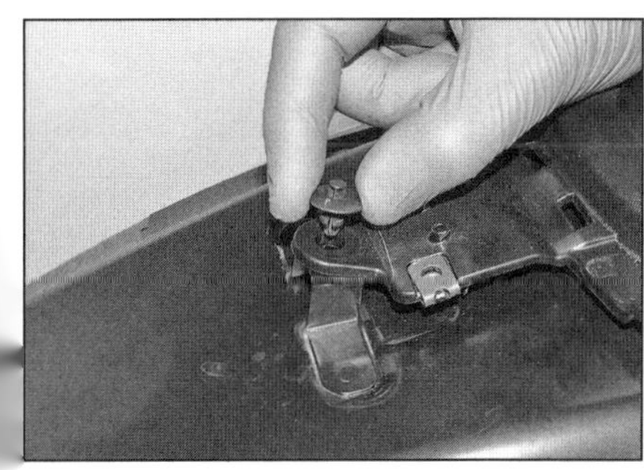
2.22a Befreien Sie den Verkleidungsstift, ...

2.22b ... und lösen Sie die Schrauben.

2.22c In den seitlichen Gummiösen stecken Hülsen.

**2.25a Lösen Sie die Schraube, ...**

**2.25b ... ziehen Sie den Zapfen aus der Öse, ...**

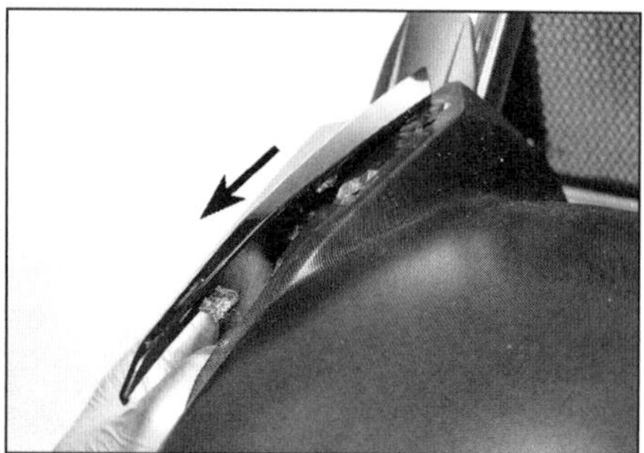
**2.25c ... und befreien Sie die Laschen.**

**2.25d Beachten Sie die Hülse.**

**2.26a Befreien Sie die Bremsleitungen und Kabel.**

**2.26b Lösen Sie an beiden Seiten die Schrauben, ...**

**2.26c ... und manövrieren Sie das Schutzblech aus der Gabel heraus.**

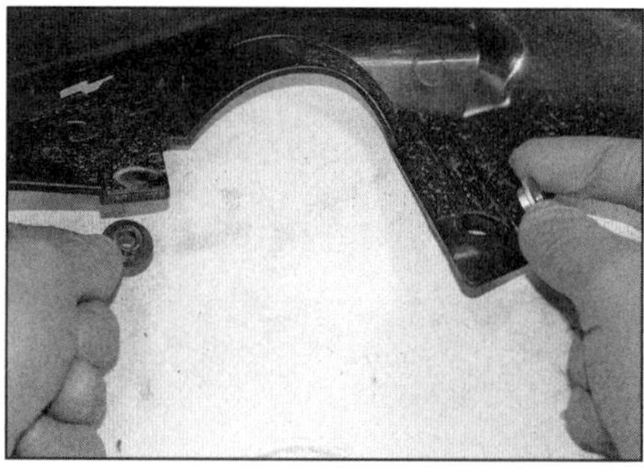
**2.26d Beachten Sie die Einbaurichtungen der Hülsen.**

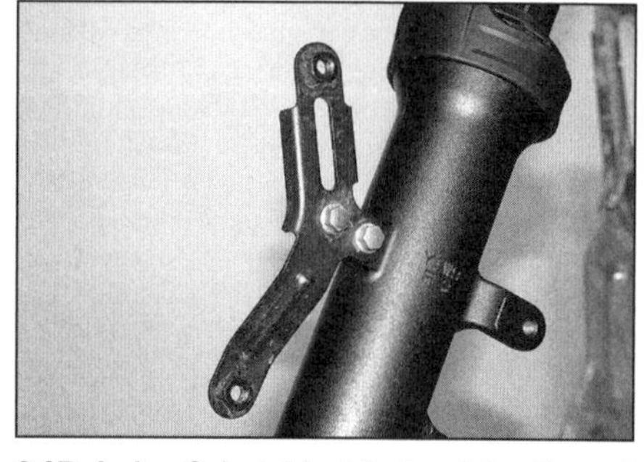
**2.27 Jeder Schutzblechhalter ist mit zwei Schrauben am Tauchrohr gesichert.**

**25** Entfernen Sie die Seitenteile, indem Sie die Schraube lösen, dann den Zapfen aus der Gummiöse ziehen und das Teil nach vorn schieben, um oben die Laschen aus dem mittleren Segment zu befreien (siehe Abbildungen).

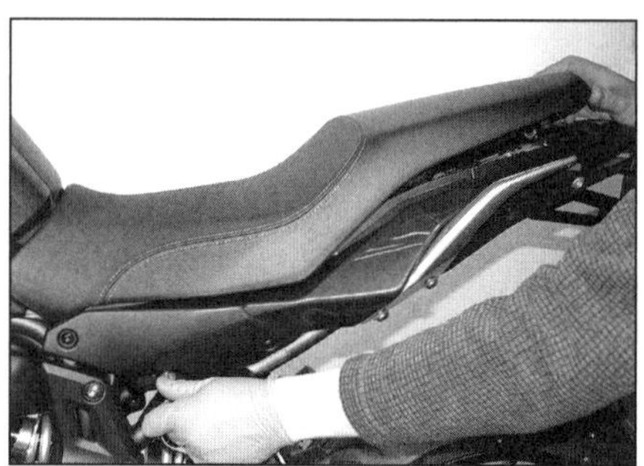
**3.2 Entriegeln Sie die Sitzbank, und ziehen Sie sie nach hinten ab.**

Beachten Sie die von innen in die Schraubenbohrung eingesetzte Hülse (siehe Abbildung).

**26** Um das mittlere Segment entfernen zu können, müssen zunächst die Seitenteile demontiert werden (siehe oben). Befreien Sie die Bremsleitungen und Kabel aus dem Clip an der Schutzblech-Oberseite (siehe Abbildung). Lösen Sie an beiden Seiten die vordere und die hintere Schraube – beachten Sie, wie die linke Schraube auch den Bremsleitungshalter sichert –, und manövrieren Sie das Schutzblech aus der Gabel heraus (siehe Abbildungen). Beachten Sie, dass die Hülsen der vorderen Schrauben von außen und der hinteren Schrauben von innen eingesetzt sind (siehe Abbildung).

**27** Demontieren Sie nötigenfalls die Halter von den Tauchrohren (siehe Abbildung).

**28** Der Einbau entspricht der umgekehrten Ausbaureihenfolge. Drücken Sie die Halter beim Anschrauben gegen die Tauchrohre. Achten Sie auf die korrekt positionierten Hülsen (Abbildung 2.26d und 2.25d).

## Rückspiegel

**29** Siehe Sektion 3.

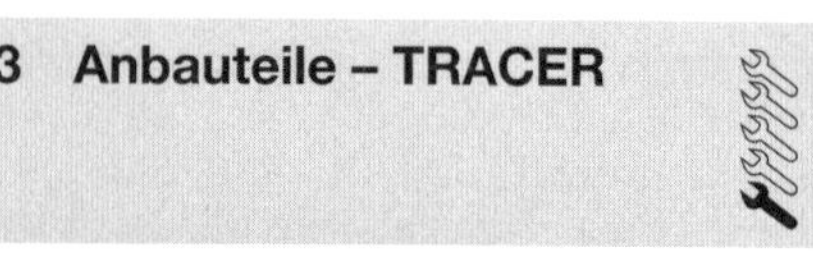
## 3 Anbauteile – TRACER

## Verkleidungsstifte

**1** siehe Sektion 2.

## Sitzbank

**2** Öffnen Sie mit dem Zündschlüssel das Sitzbankschloss links unter dem Fahrersitz nach

**3.3a Die Rahmen-Lasche muss in die Sitzschalen-Nut greifen.**

**3.3b Hängen Sie die Haken unter den Brücken am Rahmen ein.**

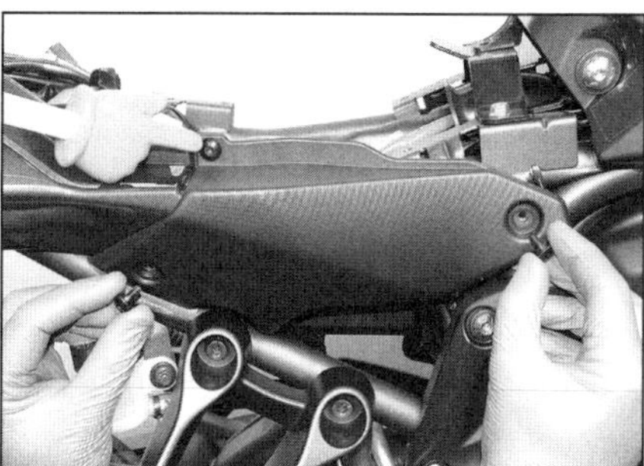

**3.5a Lösen Sie die Schrauben, ...**

**3.5b ... und ziehen Sie den Deckel vom Zapfen.**

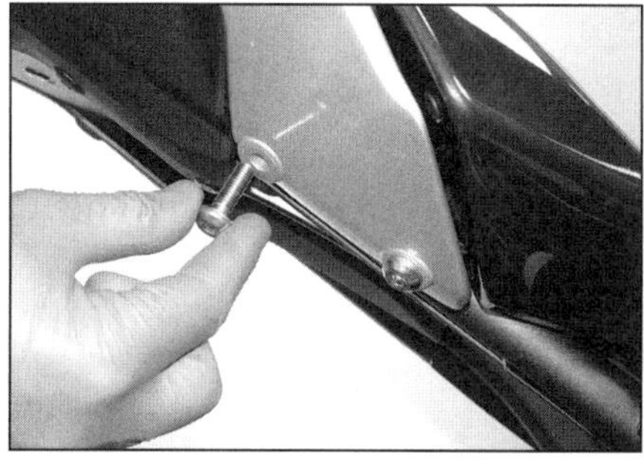

**3.6a Jeder Beifahrergriff ist mit zwei Schrauben gesichert.**

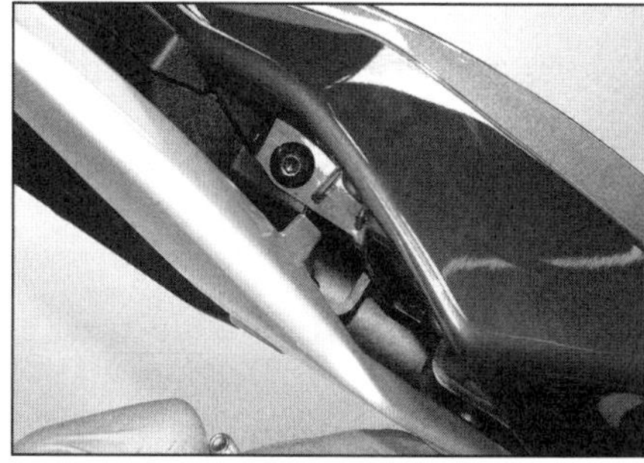

**3.6b Beachten Sie die Position der Beifahrergriff-Lasche.**

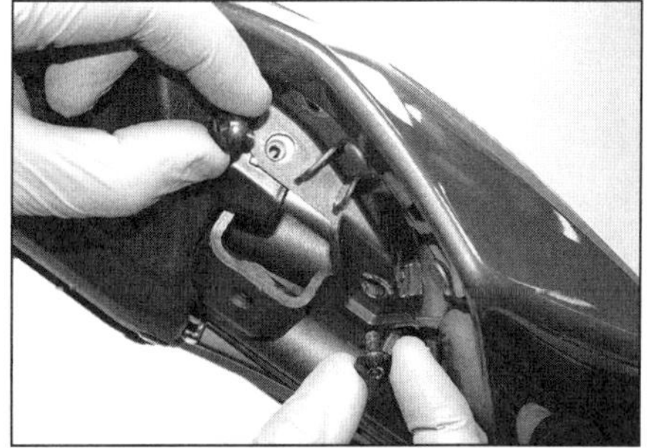

**3.7a Lösen Sie die seitlichen Schrauben ...**

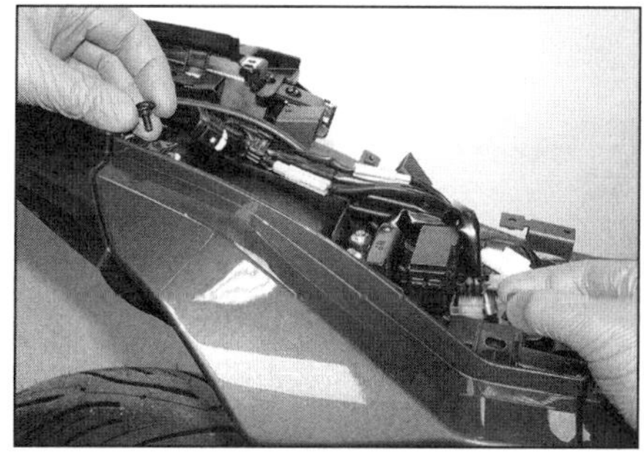

**3.7b ... und die oberen Schrauben.**

**3.7c Ziehen Sie den Zapfen von der Öse.**

links (siehe Abbildung). Heben Sie die Sitzbank hinten an, und ziehen Sie sie nach hinten ab – beachten Sie, wie die Haken in der Mitte unter die Halter am Rahmen greifen und die Lasche des quer am Rahmen sitzenden Halters in die Nut vorn an der Unterseite der Sitzbank greift.

**3** Der Einbau entspricht der umgekehrten Ausbaureihenfolge – die Lasche des Halters muss korrekt in die Nut der Sitzschale und die Haken müssen korrekt unter die Halter am Rahmen greifen (siehe Abbildungen). Drücken Sie die Sitzbank hinten herunter, damit die Arretierung einrastet.

## Seitendeckel, Beifahrergriffe und Heckverkleidung

**4** Entfernen Sie die Sitzbank (siehe oben).

**5** Lösen Sie zur Demontage des Seitendeckels die drei Schrauben und ziehen Sie den Deckel vorsichtig ab, um die Gummiöse vom Zapfen zu befreien – beachten Sie, wie der hintere Stift in die Bohrung der Heckverkleidung greift (siehe Abbildungen).

**6** Lösen Sie zur Demontage jedes Beifahrergriffs dessen zwei Schrauben – beachten Sie die Position seiner Lasche (siehe Abbildungen).

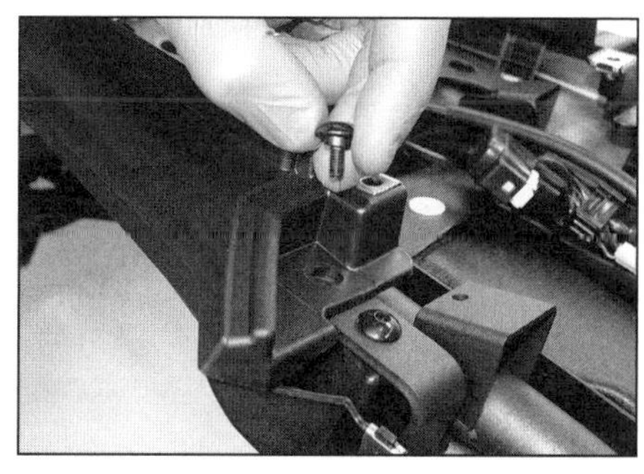

**3.7d Lösen Sie an beiden Seiten die vordere ...**

**7** Um die Heckverkleidung entfernen zu können, müssen zunächst die Seitendeckel und die Beifahrergriffe demontiert werden (siehe oben). Lösen Sie die vier Schrauben jedes Seitenteils, und ziehen Sie dies vorsichtig vorn ab, um den Zapfen aus der Öse zu befreien (siehe Abbildungen). Lösen Sie die sechs Schrauben der

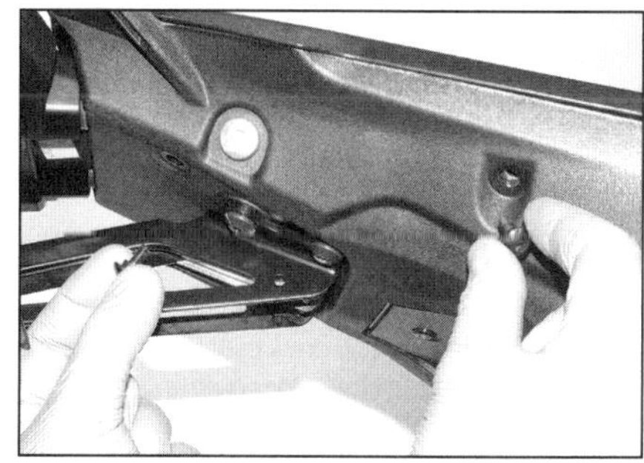

**3.7e ... und die hintere Schraube, ...**

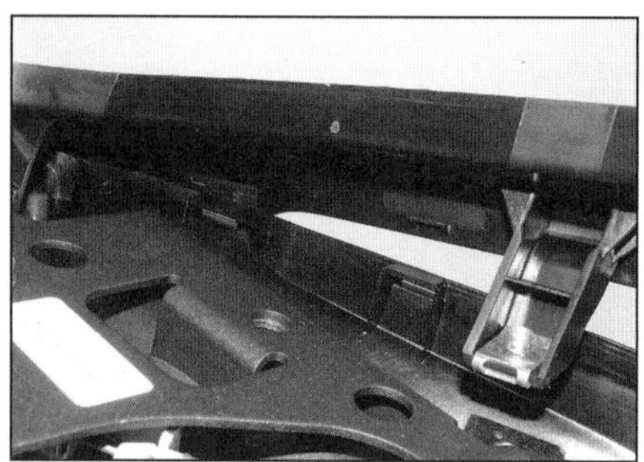
**3.7f ... befreien Sie dann die Laschen ...**

**3.7g ... und die Arretierung.**

**3.10a Schrauben des Verkleidungsseitenteils**

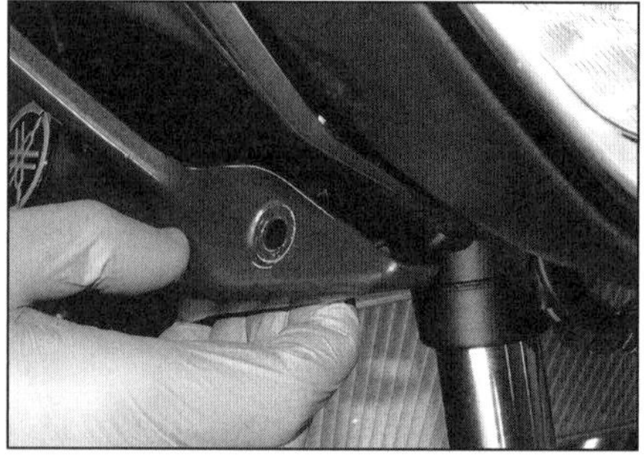
**3.10b Befreien Sie die untere vordere Lasche ...**

**3.10c ... und die obere vordere Lasche.**

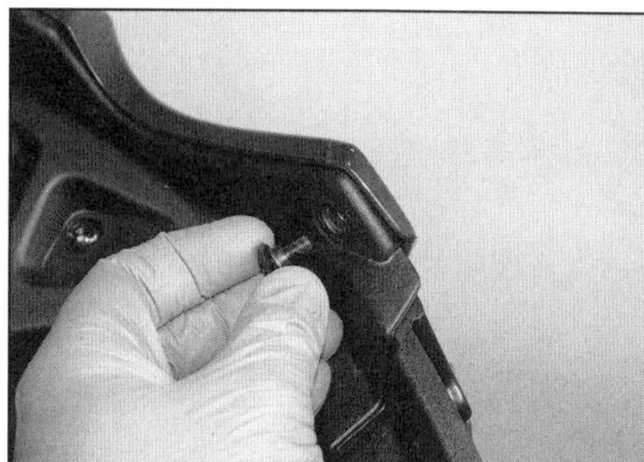
**3.11a Lösen Sie die Schraube, ...**

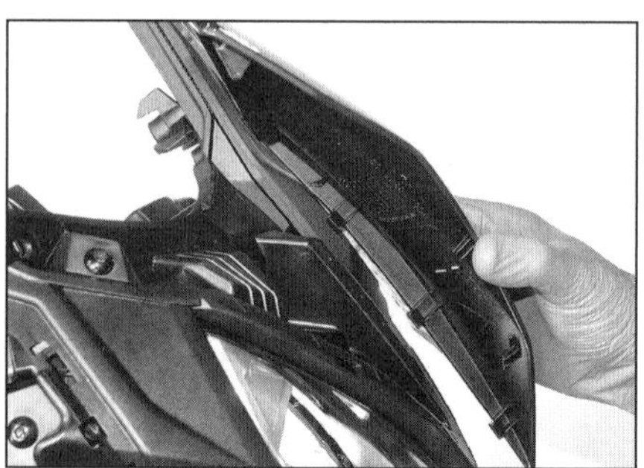
**3.11b ... und befreien Sie die Laschen.**

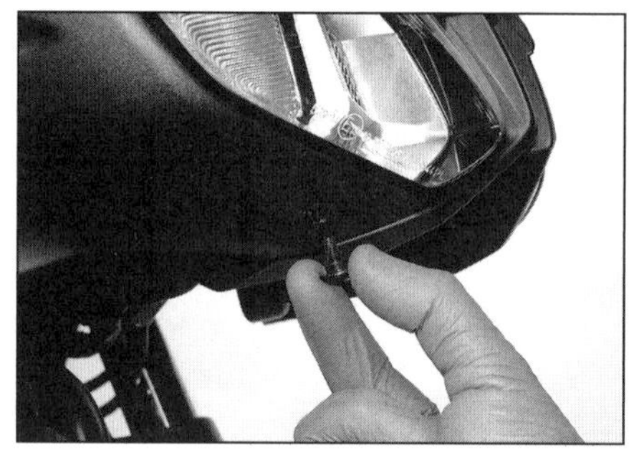
**3.12a Lösen Sie die vordere Schraube, ...**

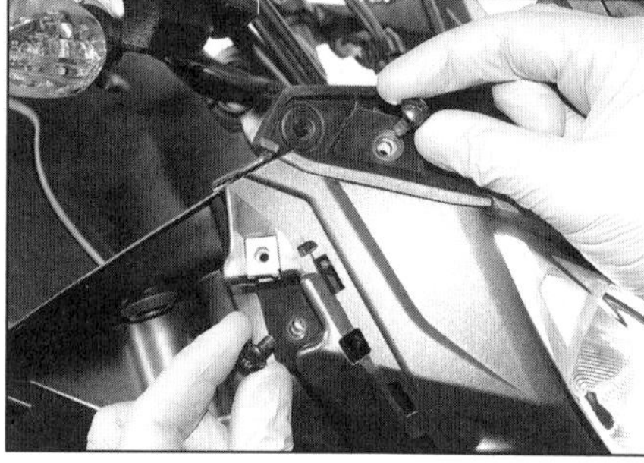
**3.12b ... die oberen Schrauben ...**

Heckabdeckung, und befreien Sie an beiden Seiten die Laschen; ziehen Sie dann hinten die Arretierung aus dem Schlitz (siehe Abbildungen).

**8** Der Einbau entspricht der umgekehrten Ausbaureihenfolge.

## Rahmenabdeckungen

**9** siehe Sektion 2.

## Verkleidungsseitenteile und Innenverkleidungen

**10** Lösen Sie die fünf Schrauben des Verkleidungsseitenteils – beachten Sie ihre Scheiben (siehe Abbildung). Ziehen Sie die Verkleidung vorsichtig ab, um vorn die Laschen aus der Innenverkleidung zu befreien (siehe Abbildungen).

**11** Stellen Sie die Windschutzscheibe in die höchste Position. Lösen Sie die Schraube der Frontverkleidung, befreien Sie seine Laschen, und entfernen Sie die Verkleidung (siehe Abbildungen).

**12** Lösen Sie die fünf Schrauben der Innenverkleidung, ziehen Sie diese hinten vorsichtig ab, um den Zapfen aus der Öse zu befreien, und lösen Sie vorn die Lasche aus der Scheinwerferverkleidung (siehe Abbildungen).

**13** Der Einbau entspricht der umgekehrten Ausbaureihenfolge. Alle Gummiösen müssen in Ordnung sein.

**3.12c ... und die unteren Schrauben.**

**3.12d Ziehen Sie den Zapfen aus der Gummiöse.**

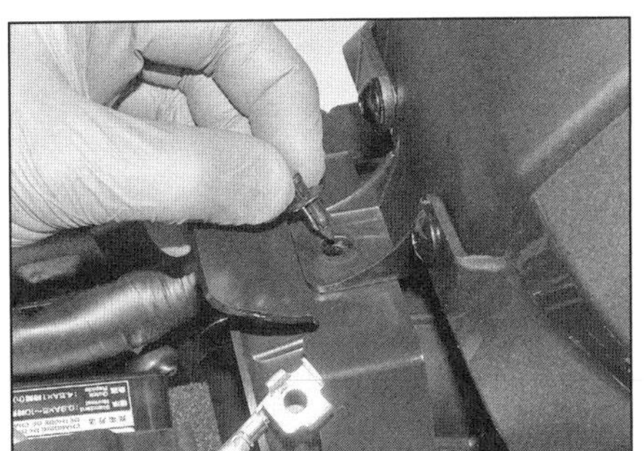

**3.15 Befreien Sie den hinteren Verkleidungsstift.**

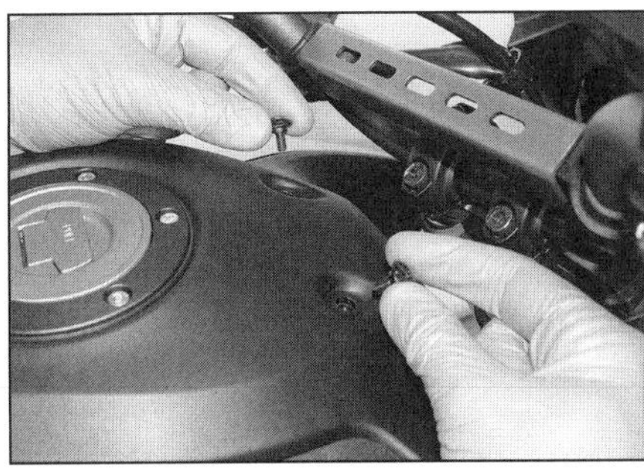

**3.16a Lösen Sie die oberen Schrauben ...**

**3.16b ... und die zwei Schrauben an jeder Seite.**

**3.16c Heben Sie die Abdeckung vom Tank.**

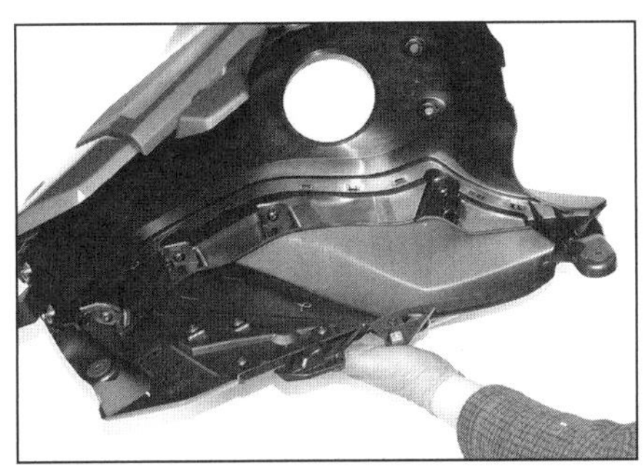

**3.17 Schrauben an der Innenseite halten die Tankabdeckung zusammen.**

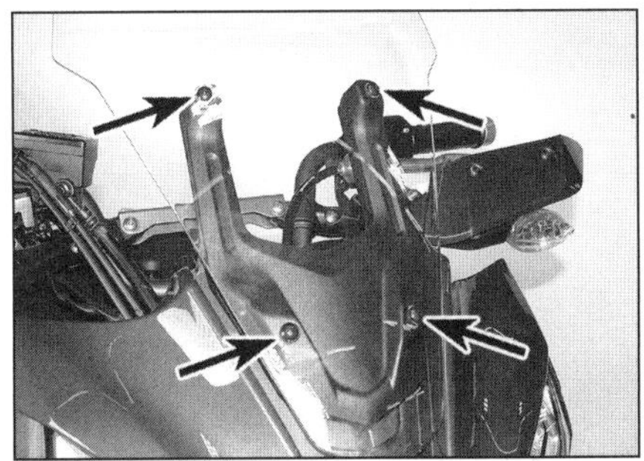

**3.19 Windschutzscheiben-Schrauben**

**3.25a Lockern Sie unten den Sechskant, ...**

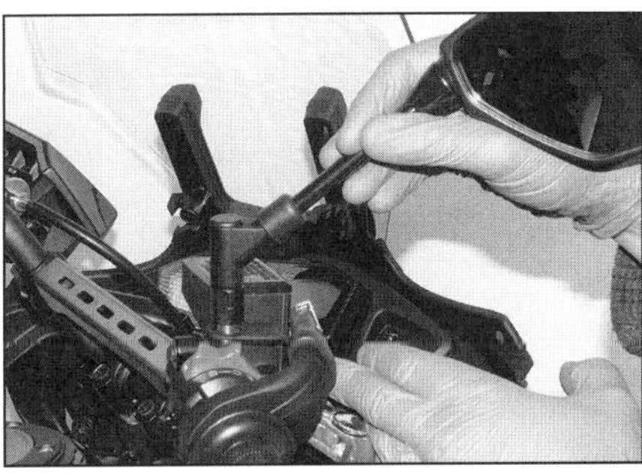

**3.25b ... und drehen Sie den Rückspiegel aus dem Halter.**

**3.28 Schrauben des Handprotektor-Halters**

## Tankabdeckung

**14** Entfernen Sie die Sitzbank, die Verkleidungsseitenteile und die Innenverkleidungen (siehe oben).
**15** Befreien Sie hinten den Verkleidungsstift (siehe Abbildung).
**16** Lösen Sie oben und an jeder Seite die zwei Schrauben – beachten Sie die Hülsen in den Gummiösen (siehe Abbildungen). Heben Sie vorsichtig die Tankabdeckung ab (siehe Abbildung).
**17** Die Tankabdeckung kann nach dem Lösen der Schrauben an der Innenseite nötigenfalls zerlegt werden (siehe Abbildung).
**18** Der Einbau entspricht der umgekehrten Ausbaureihenfolge.

## Windschutzscheibe

**19** Lösen Sie die vier Schrauben, und heben Sie die Windschutzscheibe ab (siehe Abbildung).
**20** Um den Windschutzscheibenträger entfernen zu können, müssen die Verkleidungsseitenteile und Innenverkleidungen entfernt werden (siehe oben). Demontieren Sie dann die Scheinwerferabdeckung (siehe Kapitel 8, Sektion 8). Schrauben Sie die Windschutzscheiben-Höhenversteller ab, und schieben Sie den Träger nach unten aus dem Schlitz.
**21** Der Einbau entspricht der umgekehrten Ausbaureihenfolge. Die Gummis der Windschutzscheiben-Muttern müssen in Ordnung sein und korrekt sitzen.

## Vorderradschutzblech

**22** Bauen Sie das Vorderrad aus (siehe Kapitel 6).
**23** Befreien Sie die Bremsleitungen und Kabel aus dem Clip an der Schutzblech-Oberseite (Abbildung 2.26a). Lösen Sie an jeder Seite die zwei Schrauben – beachten Sie, wie die linke hintere Schraube auch den Bremsleitungshalter sichert. Manövrieren Sie das Schutzblech aus der Gabel heraus. Beachten Sie die von innen in die Schraubenbohrungen eingesetzten Hülsen.
**24** Der Einbau entspricht der umgekehrten Ausbaureihenfolge.

## Rückspiegel

**25** Lockern Sie unten an der Spiegel-Aufnahme den Sechskant, und schrauben Sie den Rückspiegel heraus (siehe Abbildungen) – der rechte Spiegel hat ein Linksgewinde, sodass er im Uhrzeigersinn gelöst werden muss.
**26** Der Einbau entspricht der umgekehrten Ausbaureihenfolge. Positionieren Sie den Rückspiegel, und kontern Sie ihn mit dem Sechskant.

## Handprotektoren

**27** Demontieren Sie die Rückspiegel (siehe oben)
**28** Lösen Sie zur Demontage der Halter die zwei Schrauben – beachten Sie die Hülsen (siehe Abbildung).

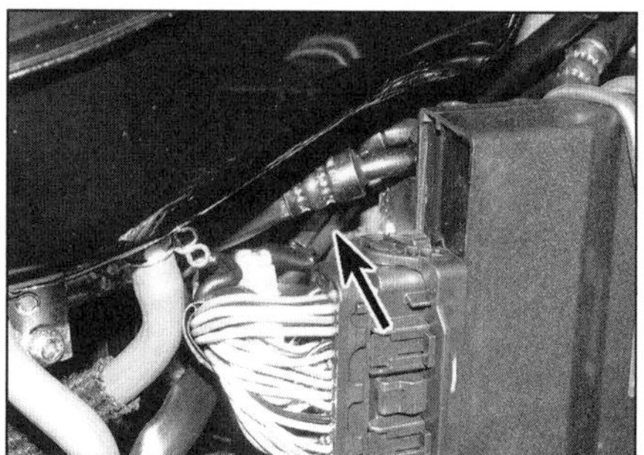

3.29a Rechter Blinkerstecker

3.29b Der linke Blinkerstecker sitzt innerhalb der Abdeckung (Pfeil) – öffnen Sie für den Zugang den Kabelbinder.

3.29c Schrauben der Lenkerstrebe

3.29d Lösen Sie die Schraube, und entfernen Sie die Klemme sowie die Führung, …

3.29e … merken Sie sich die Verlegung der Kabel.

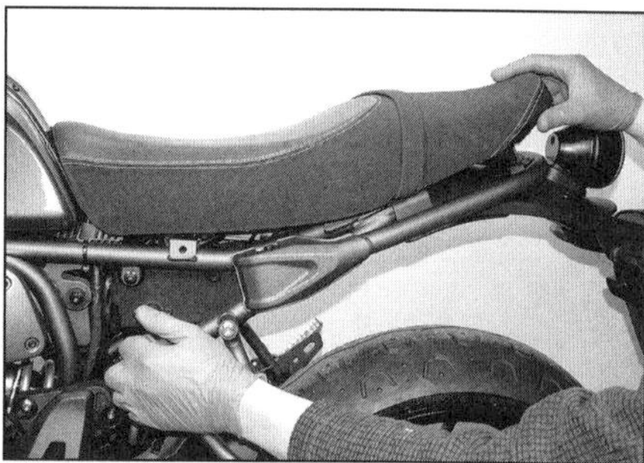

4.2 Entriegeln Sie die Sitzbank, und ziehen Sie sie nach hinten ab.

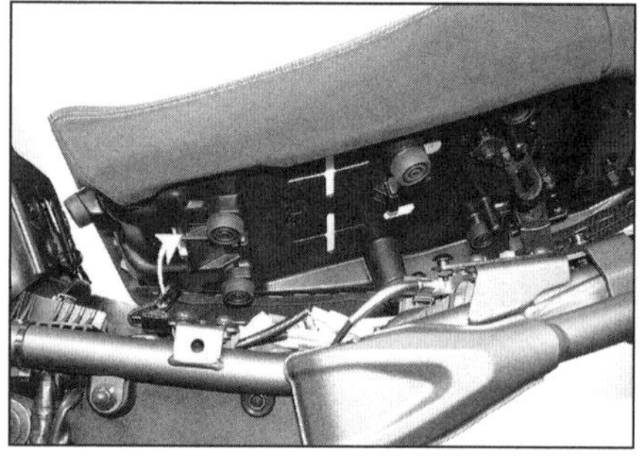

4.3 Die Rahmen-Lasche muss in die Sitzschalen-Nut greifen.

4.4 Der Seitendeckel ist mit vier Schrauben gesichert.

**29** Um den rechten Handprotektor entfernen zu können, muss zunächst der Tank demontiert werden (siehe Kapitel 4); um den linken Handprotektor entfernen zu können, muss die Tankabdeckung demontiert werden (siehe oben). Trennen Sie den vorderen Blinkerstecker, befreien Sie das Kabel aus allen Befestigungen und Führungen, und führen Sie es zum Blinker zurück – merken Sie sich seine Verlegung (siehe Abbildungen). Lösen Sie die Schrauben der Lenkerstrebe und entfernen Sie diese. Lösen Sie die Schraube der Handprotektor-Klemmung, beachten Sie, wie diese als Kabelführung wirkt, und entfernen Sie sie (siehe Abbildungen).

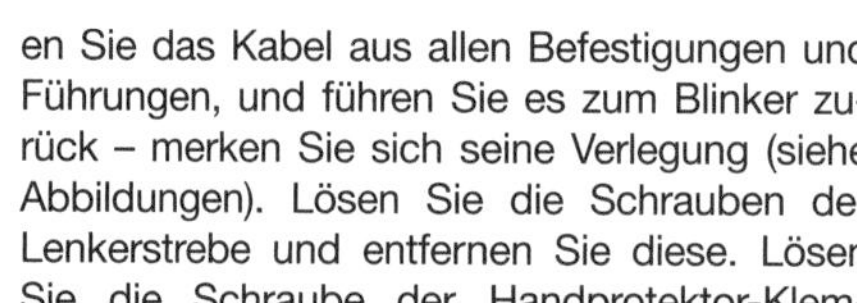

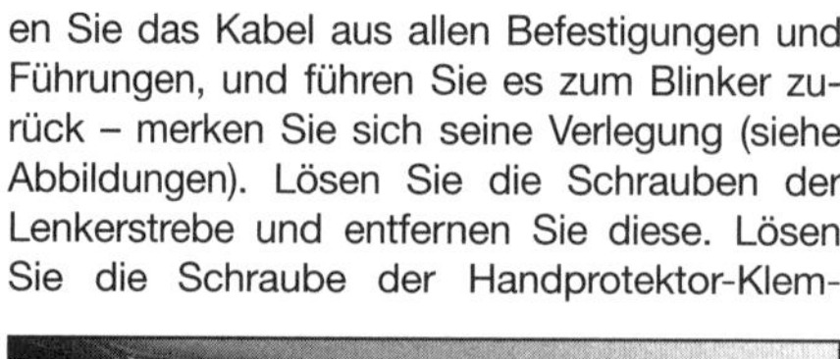

**30** Der Einbau entspricht der umgekehrten Ausbaureihenfolge.

## 4 Anbauteile – XSR 700

### Verkleidungsstifte

**1** siehe Sektion 2.

### Sitzbank

**2** Öffnen Sie mit dem Zündschlüssel das Sitzbankschloss links unter dem Fahrersitz nach links (siehe Abbildung). Heben Sie die Sitzbank hinten an, und ziehen Sie sie nach hinten ab – beachten Sie, wie die Lasche des quer am Rahmen sitzenden Halters in die Nut vorn an der Unterseite der Sitzbank greift.

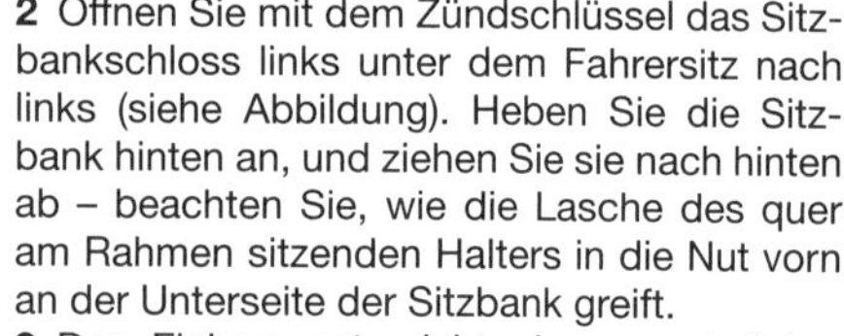

**3** Der Einbau entspricht der umgekehrten Ausbaureihenfolge – die Lasche des Halters muss korrekt in die Nut der Sitzschale greifen (siehe Abbildung). Drücken Sie die Sitzbank hinten herunter, damit die Arretierung einrastet.

### Seitendeckel und Innenabdeckungen

**4** Lösen Sie die vier Schrauben des Seitendeckels und entfernen Sie ihn (siehe Abbildung).

**5** Lösen Sie die Schrauben der Innenabdeckung, und ziehen Sie diese vorn oben vor-

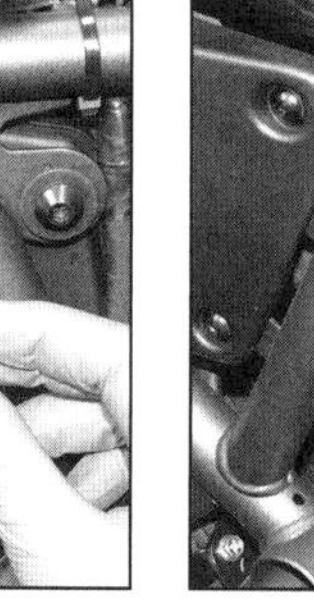

4.5a Lösen Sie die Schrauben, …

4.5b … und ziehen Sie den Zapfen aus der Gummiöse.

**4.7 Lösen Sie die Schrauben der Rahmenabdeckung.**

**4.12b Schlagen Sie den Lenker nach links ein, um die obere Tankabdeckung nicht mit den Instrumentenknöpfen kollidieren zu lassen ...**

sichtig ab, um den Zapfen aus der Gummiöse zu befreien (siehe Abbildungen).

**6** Der Einbau entspricht der umgekehrten Ausbaureihenfolge.

**4.12c ... und entfernen zu können.**

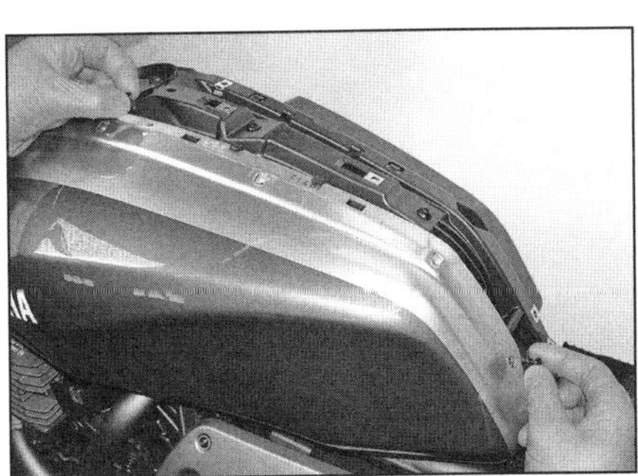

**4.13b Lösen Sie die zwei Schrauben, ...**

**4.10 Lösen Sie die Schrauben der vorderen Abdeckung unterhalb des Tanks.**

## Rahmenabdeckungen

**7** Lösen Sie die zwei Schrauben der Abdeckung (siehe Abbildung).

**8** Ziehen Sie die Abdeckung unten vorsichtig ab, um die Gummiöse vom Zapfen oben am hinteren Träger zu befreien (Abbildung 2.17).

**9** Der Einbau entspricht der umgekehrten Ausbaureihenfolge – die Gummiösen in den Schraubenlöchern müssen in Ordnung sein und die Hülsen korrekt darin sitzen.

## Vorderer Abdeckung unterhalb des Tanks

**10** Lösen Sie die drei Schrauben der Abdeckung, und entfernen Sie sie (siehe Abbildung).

**11** Der Einbau entspricht der umgekehrten Ausbaureihenfolge.

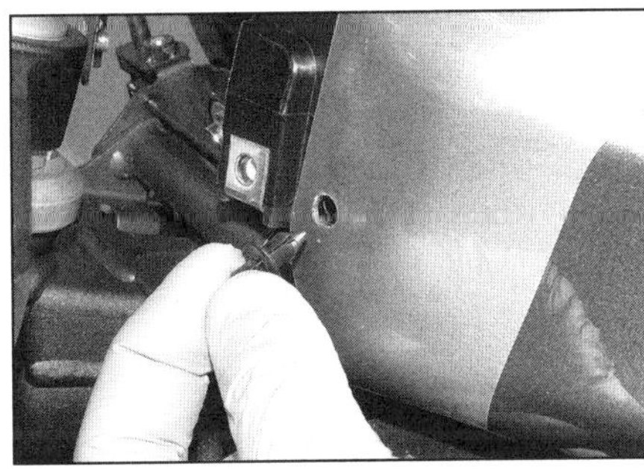

**4.13a Entfernen Sie den Verkleidungsstift.**

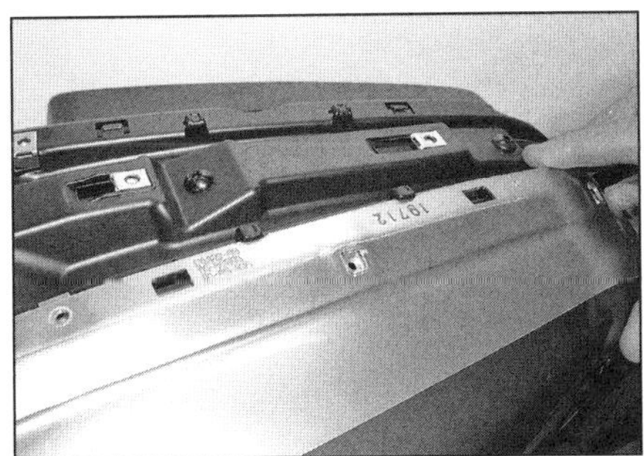

**4.13c ... und schieben Sie die Abdeckung unter den Laschen heraus.**

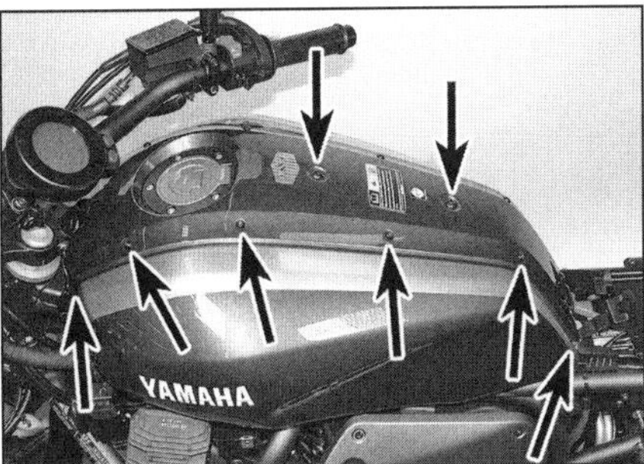


**4.12a Lösen Sie die sechs Schrauben an jeder Seite sowie die zwei mittleren Schrauben – merken Sie sich ihre Positionen.**

## Tankverkleidungen

**12** Lösen Sie für die Demontage der oberen Abdeckung die Schrauben (siehe Abbildung). Schlagen Sie den Lenker nach links ein, um die Instrumentenknöpfe aus dem Arbeitsbereich herauszuhalten, und heben Sie die Abdeckung ab – beachten Sie, wie die zwei Zapfen an der Unterseite in das mittlere Verkleidungsteil greifen (siehe Abbildungen).

**13** Um die Seitenteile entfernen zu können, muss zunächst die obere Abdeckung befreit werden (siehe oben). Befreien Sie den vorderen Verkleidungsstift (siehe Abbildung). Lösen sie die zwei oberen Schrauben (siehe Abbildung). Befreien Sie die Abdeckung von den Laschen der mittleren Abdeckung (siehe Abbildung).

**14** Um die mittlere Abdeckung entfernen zu können, müssen zunächst die obere Abdeckung und die Seitenteile befreit werden (siehe oben). Lösen Sie die vier Schrauben, und entfernen Sie die mittlere Abdeckung (siehe Abbildung).

**15** Der Einbau entspricht der umgekehrten Ausbaureihenfolge.

## Vorderradschutzblech

**16** Bauen Sie das Vorderrad aus (siehe Kapitel 6).

**17** Befreien Sie die Bremsleitungen und Kabel aus dem Clip an der Schutzblech-Oberseite (siehe Abbildung). Lösen Sie an der Unterseite die vier Muttern, entfernen Sie die Scheiben

**4.14 Schrauben der mittleren Abdeckung**

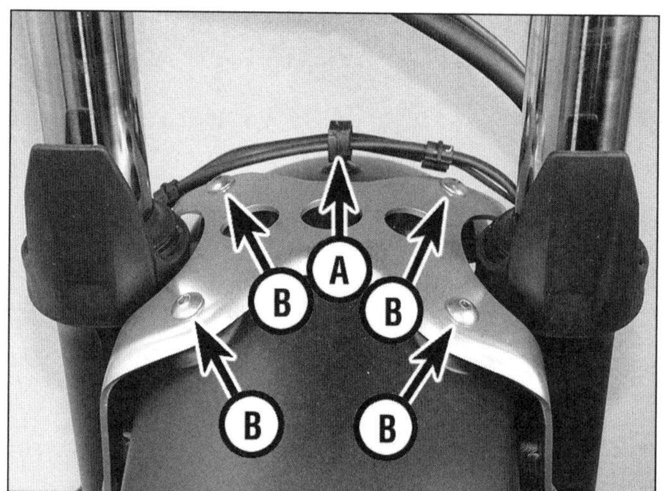


**4.17 Öffnen Sie den Bremsleitungs-Clip (A), lösen Sie die Muttern an der Unterseite der vier Schrauben (B), und entfernen Sie diese samt Scheiben.**

**4.18 Lösen Sie an beiden Seiten die zwei Schrauben – beachten Sie hinten links den Bremsleitungshalter.**

und Schrauben, und befreien Sie das Schutzblech von der Verbindungsstrebe – beachten Sie die Hülsen in den Schraubenbohrungen.

**18** Lösen Sie an beiden Seiten die zwei Schrauben, beachten Sie den Bremsleitungshalter an der hinteren linken Schraube, und manövrieren Sie die Verbindungsstrebe aus der Gabel heraus (siehe Abbildung).

## Rückspiegel

**19** siehe Sektion 3.

# Kapitel 8
# Elektrik

## Inhalt (in alphabetischer Reihenfolge, die Zahlen geben die Nummerierung in den grauen Feldern wieder)



## Schwierigkeitsgrade

| | | | | |
|---|---|---|---|---|
| **Leicht.** Für Anfänger mit wenig Erfahrung geeignet.  | **Relativ leicht.** Für Anfänger mit etwas Erfahrung geeignet.  | **Relativ schwierig.** Für geübte Selbstschrauber geeignet.  | **Schwer.** Für Selbstschrauber mit viel Erfahrung geeignet.  | **Sehr schwer.** Für Experten und Profis geeignet.  |

## Technische Daten

### Batterie

| | |
|---|---|
| Typ | Yuasa YTZ 10S |
| Kapazität | 12 V, 8,6 Ah |
| Spannung | |
| Vollständig geladen | 12,8 Volt |
| halbvoll geladen | 12,4 Volt |
| Entladen | unter 12,0 Volt |
| Ladezeit | bis 12,8 V erreicht ist (siehe Sektion 4) |

### Ladesystem

| | |
|---|---|
| Nominelle Ausgangsleistung | 14 V, 410 W bei 5000/min |
| Statorspulen-Widerstand | 0,128 bis 0,192 Ohm |
| Kriechstrom | 1 mA (max.) |
| Geregelte Ausgangsspannung (ohne Last) | 14,1 bis 14,9 V |

### Anlasserrelais

| | |
|---|---|
| Widerstand | 4,18 bis 4,62 Ohm bei 20 °C |

### Anlasser

| | |
|---|---|
| Bürstenlänge | |
| Neu | 12 mm |
| Verschleißgrenze (min.) | 6,5 mm |
| Glimmer-Tiefe | 0,7 mm |

## Sicherungen

| | |
|---|---|
| Hauptsicherung (MAIN) | 30 A |
| Zündung (IGNITION) | 10 A |
| Einspritzanlage (EFI) | 10 A |
| Scheinwerfer (HEAD) | 15 A |
| Hupe, Bremslicht, Rücklicht, Standlicht, Kennz.--Bel. (SIGNAL) | 10 A |
| Blinker, Warnblinker ( PARKING/LIGHNING) | 7,5 A |
| Ventilator (FAN) | 10 A |
| Km-Zähler, Uhr, Wegfahrsperre (BACK-UP) | 7,5 A |
| Zubehör (AUX) | 2 A |
| ABS-Steuergerät (ABS) | 7,5 A |
| ABS-Motor (ABS MTR) | 30 A |
| ABS-Magnetschalter (ABS SOL) | 15 A |

## Lampen

| | |
|---|---|
| Scheinwerfer | |
| MT-07 und XSR 700 | 60/55 W (H4) |
| TRACER | 2 x 55 W (H7) |
| Standlicht | |
| MT-07 und XSR 700 | 5 W |
| TRACER | LED |
| Bremslicht/Rücklicht | LED |
| Kennzeichenbeleuchtung | 5 W |
| Blinker | 10 W (orange) |
| Instrumentenbeleuchtung | LED |
| Kontrolllampen | LED |

## Anzugsdrehmomente

| | |
|---|---|
| Anlasser-Befestigungsschrauben | 10 Nm |
| Anlassergehäuseschrauben | 5 Nm |
| Fußrastenträger-Schrauben | 30 Nm |
| Kurbelwellensensor-Schrauben | 10 Nm |
| Lichtmaschinendeckel-Schrauben | 12 Nm |
| Lichtmaschinenrotor-Bolzen | 70 Nm |
| Lichtmaschinenstator-Schrauben | 10 Nm |
| Öldruckschalter | 15 Nm |

## 1 Allgemeine Informationen

**1** Alle Modelle sind mit einer 12-Volt-Elektrik ausgerüstet. Die Baugruppe beinhaltet eine Dreiphasen-Wechselstromlichtmaschine und eine separate Regler/Gleichrichter-Einheit.

**2** Der Regler begrenzt den Ladestrom, um die Anlage nicht zu überlasten, der Gleichrichter wandelt den in der Lichtmaschine produzierten Wechselstrom (AC) in Gleichstrom (DC) um, den die Verbraucher und die Batterie benötigen. Der Lichtmaschinenrotor sitzt links auf der Kurbelwelle, der Stator befindet sich im Lichtmaschinendeckel.

**3** Der Anlasser sitzt hinter den Zylindern oben am Motorgehäuse. Das Startersystem besteht aus dem Anlassermotor, der Batterie, dem Relais sowie verschiedenen Kabeln und Schaltern. Wenn der Killschalter auf RUN und das Zündschloss auf ON steht, schaltet das Anlasserrelais den Strom zum Anlasser nur frei, wenn im Getriebe der Leerlauf eingelegt ist (Neutral-Lampe leuchtet) oder die Kupplung gezogen und der Seitenständer eingeklappt ist.

**Anmerkung:** *Beachten Sie, dass Elektroteile – einmal gekauft – normalerweise nicht mehr vom Händler umgetauscht werden. Um unnötige Kosten zu vermeiden, sollte ganz sicher gegangen werden, das fehlerhafte Teil genau identifiziert zu haben, bevor ein Ersatzteil gekauft wird.*

## 2 Elektrik
Fehlersuche

***Warnung: Um das Risiko von Kurzschlüssen zu verhindern, muss die Zündung stets ausgeschaltet und das Massekabel (–) der Batterie getrennt sein, bevor an irgendwelchen elektrischen Komponenten gearbeitet wird. Vergessen Sie nicht nach der Beendigung der Arbeit oder der Durchführung des Tests, die Anschlüsse wieder anzuschließen.***

**1** Ein typischer Stromkreis besteht aus einem Verbraucher, entsprechenden Schaltern und Relais sowie Kabeln und Steckern, die das Bauteil mit der Batterie und dem Rahmen (Masse) verbinden. Zur Lokalisierung eines Problems und als Hilfe bei den Kabelfarben können die Schaltpläne am Ende des Kapitels beachtet werden.

**2** Bevor Sie einen defekten Stromkreis untersuchen, müssen Sie den Schaltplan studieren, um ein vollständiges Bild über die Bestandteile des Stromkreises zu erhalten. Probleme können beispielsweise dadurch eingekreist werden, indem man andere zum Stromkreis gehörende Komponenten auf ihre Funktion überprüft. Wenn mehrere Komponenten eines Stromkreises gleichzeitig ausfallen, ist es sehr wahrscheinlich, dass der Fehler in der Sicherung oder einem defekten Masseanschluss liegt, da mehrere Stromkreise oftmals an derselben Sicherung oder Masse angeschlossen sind. Masseanschlüsse lassen sich daran er-

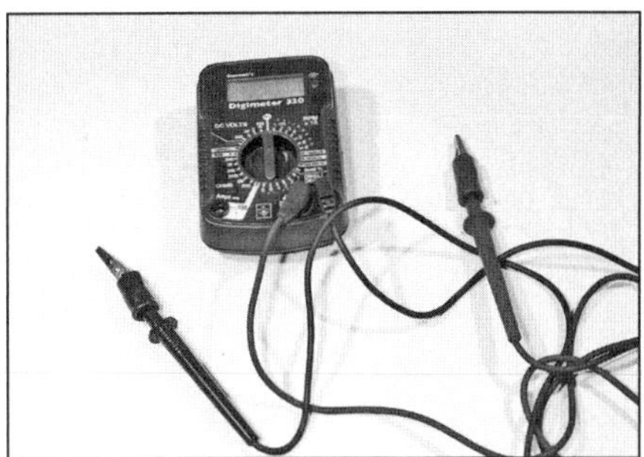

**2.4a Ein digitales Multimeter eignet sich für alle elektrischen Prüfungen.**

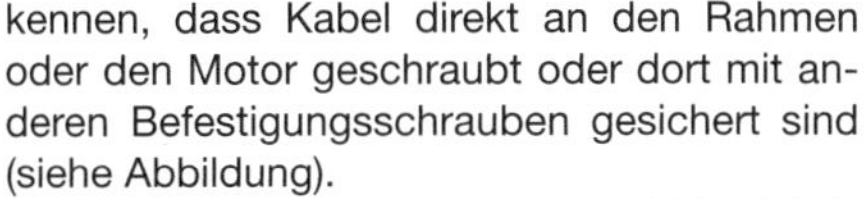

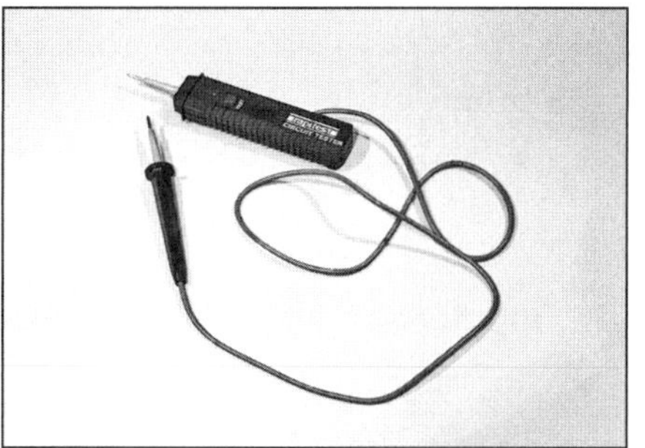

**2.4b Ein batteriebetriebener Durchgangstester**

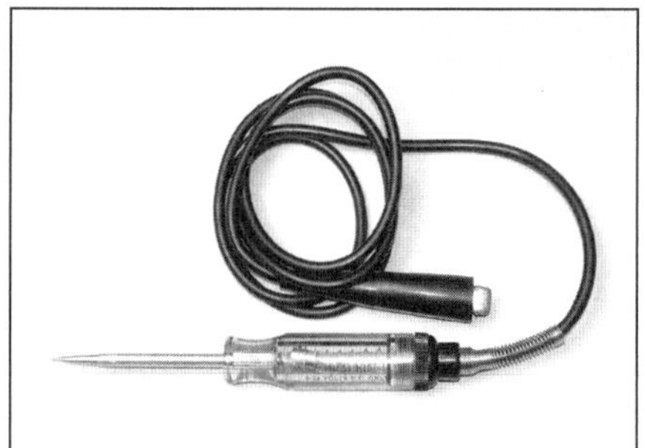

**2.4c Eine einfache Prüflampe eignet sich für Spannungsprüfungen.**

kennen, dass Kabel direkt an den Rahmen oder den Motor geschraubt oder dort mit anderen Befestigungsschrauben gesichert sind (siehe Abbildung).

**3** Elektrikprobleme sind oftmals auf Kleinigkeiten wie lockere oder korrodierte Stecker oder eine durchgebrannte Sicherung zurückzuführen. Bevor Sie sich auf die Fehlersuche begeben, sollten Sie stets die Sicherungen, Kabel und Stecker des betroffenen Stromkreises einer Sichtkontrolle unterziehen. Wackelkontakte können besonders frustrierend sein, da der Defekt niemals auftritt, wenn man ihn untersuchen will. In solchen Situationen macht es sich gut, alle Verbindungen des betreffenden Stromkreises unabhängig ihres optischen Zustandes zu reinigen. Wackeln Sie an allen Verbindungen und Kabeln, um lockere Stellen zu finden, die Wackelkontakte hervorrufen können.

**4** Für Kontrollen am elektrischen System empfiehlt sich ein Multimeter – ein Mehrfachmessgerät, mit dem sich Spannungs-, Stromstärken- und Widerstandsmessungen durchführen lassen (siehe Abbildung). Leicht ablesbare digitale Ausführungen sind nicht teuer. Für einfache Prüfungen reicht auch ein Durchgangstester oder eine Prüflampe, doch können hiermit keine Messungen vorgenommen werden (siehe Abbildungen). Für manche Messungen werden zudem Überbrückungskabel benötigt, mit denen Verbraucher direkt an die Batterie geklemmt werden können.

## Durchgangsprüfungen

**5** Bei diesem Test wird ermittelt, ob der Strom durch einen Stromkreis fließen kann. Zum Testen eignen sich ein Durchgangsprüfer (der bei geschlossenem Stromkreis piept) oder das auf den Ohm-Messbereich geschaltete Multimeter. Beide Geräte arbeiten mit einer eigenen Stromversorgung, sodass die Zündung abgeschaltet sein muss. Zur Sicherheit sollte auch der Masseanschluss (–) der Batterie getrennt werden – ganz besonders, wenn das Zündsystem überprüft wird.

**6** Schalten Sie das Multimeter auf die Durchgangs-Funktion (falls vorhanden) oder den Ohm-Messbereich. Halten Sie die beiden Spitzen der Prüfkabel zusammen – das Gerät sollte jetzt durch Piepen oder eine angezeigte Null Durchgang erkennen lassen. Schalten Sie nach dem Prüfen das Gerät aus, damit sich die Batterie nicht entlädt.

**7** Ein Durchgangsprüfer kann auf die gleiche Weise benutzt werden – entweder piept er oder eine Lampe leuchtet auf, wenn Durchgang besteht.

**8** Bei normalen Durchgangsprüfungen ist die Polarität des Messgerätes egal, allerdings muss beim Prüfen von Dioden oder Magnetschaltern darauf geachtet werden, den genauen Hinweisen über das Verbinden des Plus- und des Minus-Kabels zu folgen.

## Durchgangsprüfung am Schalter

**9** Scheint ein Schalter defekt zu sein, müssen seine Kabel bis zum Stecker verfolgt werden. Trennen Sie den Stecker und überprüfen Sie, ob seine Kontakte in Ordnung sind. Verschmutzte oder korrodierte Kontakte können Gründe für das Problem sein – reinigen Sie sie und versehen Sie sie mit etwas wasserverdrängendem Lösungsmittel wie WD40 oder Kontaktreiniger und geeignetem Schutzspray.

**10** Wird ein Multimeter verwendet, muss es entweder auf die Durchgangs-Funktion (falls vorhanden) oder den Ohm-Messbereich geschaltet werden, dann werden die Prüfkabel-Spitzen mit den Stecker-Kontakten verbunden (siehe Abbildung). Einfache An/Aus-Schalter wie Bremslichtschalter haben nur zwei Kontakte, während kombinierte Schalter wie die Lenkerschalter über mehrere Kabelkontakte verfügen. Studieren Sie den entsprechenden Schaltplan (am Ende dieses Kapitels), um sicherzustellen, dass an den korrekten Kabelkontakten geprüft wird. Bei eingeschaltetem Schalter muss Durchgang bestehen, bei ausgeschaltetem Schalter darf kein Durchgang bestehen.

## Durchgangsprüfung bei Kabeln

**11** Viele elektrische Probleme sind auf beschädigte Kabel zurückzuführen, was oft an einer falschen Verlegung, Quetschung bei falscher Montage von Teilen sowie lockere oder korrodierte Stecker liegt.

**12** Eine Durchgangsprüfung kann an einem einzelnen Kabel durchgeführt werden, nachdem man es an beiden Enden getrennt und hier die Prüfklemmen angeschlossen hat (siehe Abbildung). Ist ein Kabel in Ordnung, wird Durchgang angezeigt – besteht dieser nicht, wird das Kabel irgendwo gebrochen sein.

**13** Um den Durchgang eines Massekabels zu Masse zu prüfen, wird eine Prüfklemme an den Massekontakt des Steckers und die andere an den Rahmen, den Motor oder (bei angeschlossenem Massekabel) an den Minuspol der Batterie gehalten. Ist das Kabel und sein Massekontakt in Ordnung, wird Durchgang angezeigt. Wird kein Durchgang festgestellt, wird ein Kabel gebrochen sein oder einen schlechten Massekontakt haben (siehe unten).

## Spannungs-Prüfungen

**14** Eine Spannungsprüfung kann belegen, ob der Strom einen Verbraucher erreicht. Schalten Sie das Multimeter auf den Volt-Messbereich für Gleichstrom (DC), um die Spannung hinter der Batterie oder des Gleichrichters zu

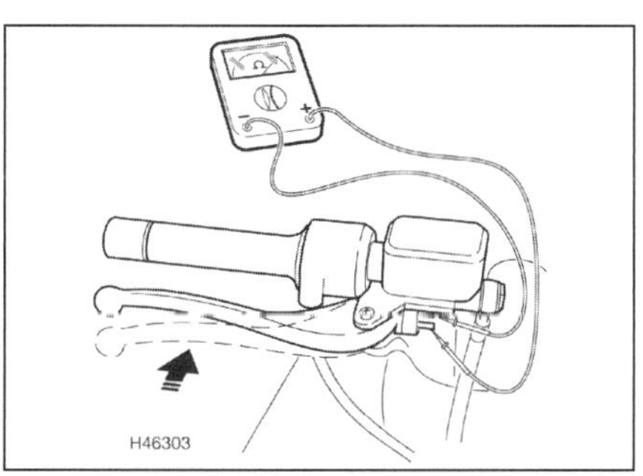


**2.10 Prüfung eines Bremslichtschalters – bei betätigter Bremse muss Durchgang bestehen.**

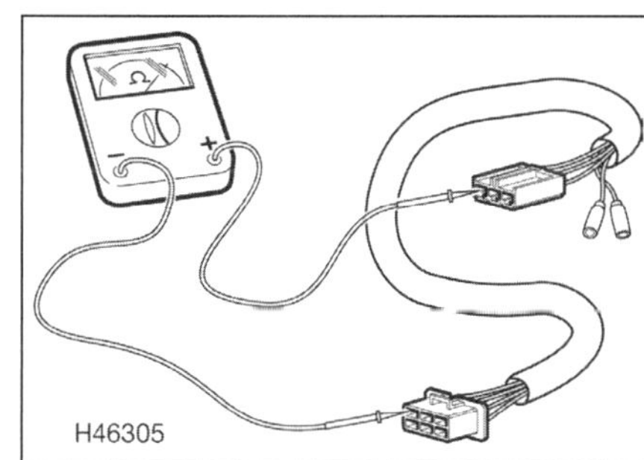


**2.12 Prüfung eines Kabelbaums auf Durchgang**

8

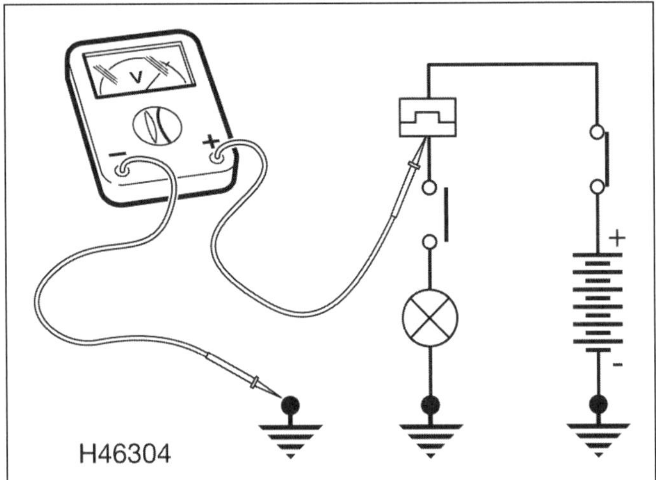


**2.15 Schließen Sie bei der Spannungsprüfung das Messgerät parallel zum Stromfluss an.**

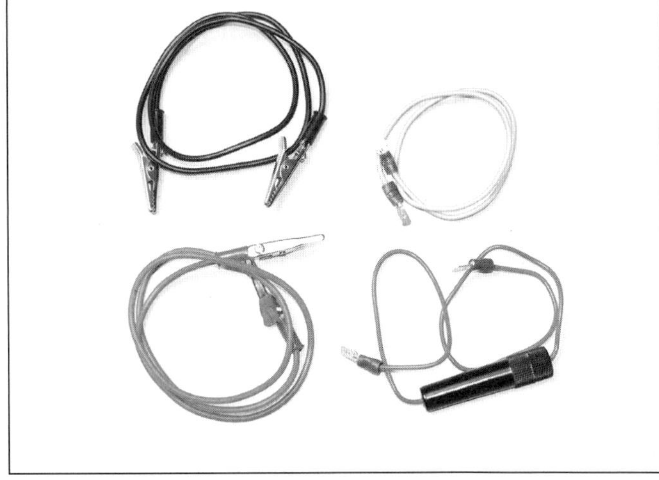

**2.23 Verschiedene Überbrückungskabel (z.B. für Masse-Tests)**

prüfen, schalten sie es auf AC (Wechselstrom), um die Spannung der Lichtmaschine zu messen. Für den Gleichstrom-Bereich kann auch eine einfache Prüflampe verwendet werden, doch das Messgerät hat den Vorteil, den Wert der Spannung anzuzeigen.

**15** Verbinden Sie die Prüfklemmen parallel zur vorhandenen Verkabelung (siehe Abbildung).

**16** Identifizieren Sie zuerst den entsprechenden Stromkreis mithilfe des Schaltplans am Ende dieses Kapitels.

**17** Wird ein Messgerät eingesetzt, muss zunächst sichergestellt sein, dass die Prüfklemmen korrekt daran angeschlossen sind – rot an Plus (+), schwarz an Minus (–). Schalten Sie das Messgerät auf den gewünschten Bereich (z.B. 0 bis 20 Volt DC). Verbinden Sie die rote Plusklemme mit dem stromführenden Kabel und die schwarze Minusklemme mit Masse am Motor oder Rahmen oder dem Minuspol der Batterie. Bei eingeschalteten Schaltern muss beispielsweise Batteriespannung oder ein anderer in den technischen Daten angegebener Wert angezeigt werden.

**18** Wird eine Prüflampe eingesetzt (Abbildung 2.4c), muss die Plusklemme mit dem stromführenden Kabel und die Minusklemme mit Masse am Motor oder Rahmen oder dem Minuspol der Batterie verbunden werden – bei eingeschaltetem Stromkreis muss die Lampe leuchten.

**19** Liegt keine Spannung an, muss man sich zur Stromquelle (z.B. der Batterie) vorarbeiten, um herauszufinden, wo das Problem liegt.

## Masse-Prüfung

**20** Masseverbindungen gibt es entweder direkt zur Befestigung am Rahmen oder Motor (wie z.B. den Anlasser oder Zündspulen, die nur einen Steckerkontakt für Plus haben) oder über Kabel zum Massekabel an der Batterie. Auch kann ein kurzes Kabel vom Verbraucher direkt zum Rahmen verlegt sein.

**21** Korrosion ist genauso ein verbreiteter Grund für eine schlechte Masseverbindung, wie es lockere Anschlüsse sind.

**22** Fallen alle oder mehrere Verbraucher gleichzeitig aus, muss die Festigkeit des Haupt-Massekabels (–) an der Batterie überprüft werden, außerdem sind das an den Motor geschraubte Massekabel sowie der/die Haupt-Massepunkt(e) am Rahmen zu kontrollieren (Abbildung 2.2). Bei Korrosion muss der Anschluss freigelegt und gereinigt werden, bis wieder blankes Metall zum Vorschein kommt. Verbinden Sie den Anschluss und tragen Sie etwas Polfett auf, um weiterem Rost vorzubeugen.

**23** Um einen Verbraucher auf guten Masseschluss zu prüfen, muss sein Massekontakt oder sein Gehäuse übergangsweise mithilfe eines Überbrückungskabels (siehe Abbildung) mit dem Rahmen verbunden werden – arbeitet der Verbraucher jetzt, ist sein Masseschluss defekt.

**24** Prüfen Sie bei einem Massekabel zunächst seine Anschlüsse auf Korrosion und lockere Kontakte, kontrollieren Sie dann das Kabel auf Durchgang (siehe Schritt 13).

**Praxis TiPP** ***Bedenken Sie immer: Ein elektrischer Stromkreis soll Strom von der Quelle (der Batterie) durch Kabel, Schalter, Relais usw. zum Verbraucher (Lampe, Anlasser etc.) leiten, von dort aus geht es über die Masseverbindung zurück zur Batterie. Elektrische Probleme sind im Wesentlichen Unterbrechungen dieses Stromflusses.***

## 3 Batterie

***Achtung: Seien Sie extrem vorsichtig, wenn Sie an der Batterie arbeiten. Die Batteriesäure ist stark ätzend und bei der Ladung entstehen explosive Gase. Lösen Sie immer zuerst die Schraube des Minus-Anschlusses (–) an der Batterie –, und schließen Sie diesen als Letztes wieder an.***

### Ausbau und Einbau

**1** Die Zündung muss ausgeschaltet sein. Entfernen Sie den Fahrersitz bzw. die Sitzbank (siehe Kapitel 7).

**2** Entfernen Sie bei der MT-07 und der XSR 700 die Sitz(bank)-Halterung (siehe Abbildung). Befreien Sie bei der XSR 700 den Diagnose-Anschluss aus dem Batteriedeckel, und lösen Sie dessen zwei Schrauben, um ihn zu entfernen.

**3** Lösen Sie zuerst am Minuspol (–) die Schraube des Massekabels, und trennen Sie dies von

**3.2 Lösen Sie die vier Schrauben, und entfernen Sie die Sitzhalterung.**

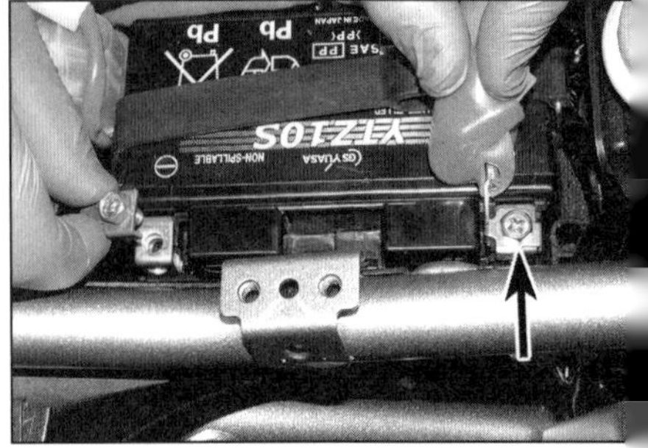

**3.3 Trennen Sie immer zuerst den Masseanschluss (–), dann den Plus-Anschluss (Pfeil)**

3.4a Hängen Sie das Gummiband aus, ...

3.4b ... und heben Sie die Batterie heraus – sie ist relativ schwer.

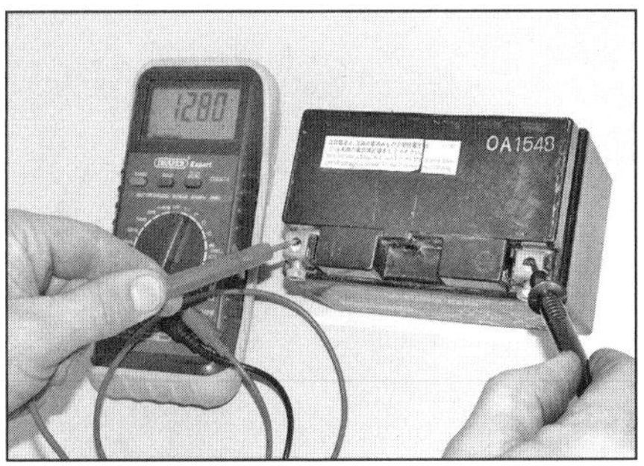

3.7 Prüfen Sie wie gezeigt die Batteriespannung.

der Batterie (siehe Abbildung). Heben Sie die rote Abdeckung ab, um Zugang zum Pluspol (+) zu erhalten und dort die Schraube des Stromkabels zu trennen.

**4** Lösen Sie das Gummiband – beachten Sie die Verlegung des Pluskabels –, und heben Sie die Batterie heraus (siehe Abbildungen).

**5** Der Einbau entspricht der umgekehrten Ausbaureihenfolge. Reinigen Sie die Batteriepole mit einer Drahtbürste, feinem Sandpapier oder Stahlwolle. Verbinden Sie zuerst das rote Stromkabel mit dem Pluspol (+) und dann das Massekabel mit dem Minuspol (–).

**Praxis TiPP**

***Korrosion der Batteriepole kann auf ein Minimum reduziert werden, wenn man sie nach dem Anschließen der Kabel mit Polfett oder Vaseline versieht. Für diesen Zweck sind auch Sprays erhältlich. Verwenden Sie kein Fett auf Mineral-Basis.***

## Kontrolle und Wartung

**6** Die serienmäßig an diesen Modellen verwendeten VRLA-Batterien sind sogenannte »wartungsfreie« (geschlossene) Ausführungen, die keinerlei Wartung erfordern. Allerdings können die folgenden Kontrollen durchgeführt werden.

**Anmerkung:** *Versuchen Sie nicht, die Batterie zu öffnen, um den Pegel oder die Dichte der Säure zu ermitteln – dies zerstört die Batterie!*

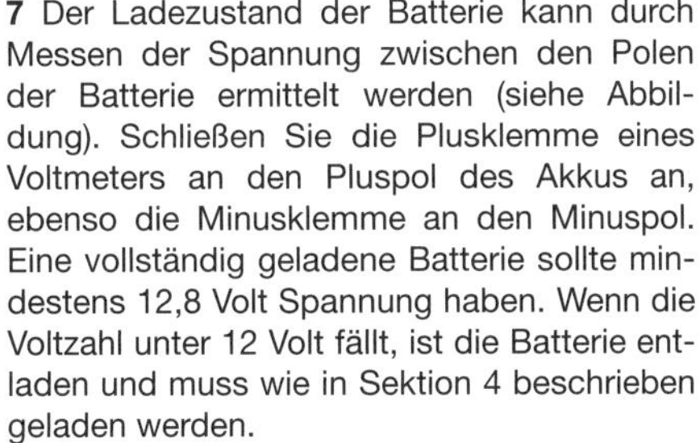

**7** Der Ladezustand der Batterie kann durch Messen der Spannung zwischen den Polen der Batterie ermittelt werden (siehe Abbildung). Schließen Sie die Plusklemme eines Voltmeters an den Pluspol des Akkus an, ebenso die Minusklemme an den Minuspol. Eine vollständig geladene Batterie sollte mindestens 12,8 Volt Spannung haben. Wenn die Voltzahl unter 12 Volt fällt, ist die Batterie entladen und muss wie in Sektion 4 beschrieben geladen werden.

**8** Kontrollieren Sie die Batteriepole und Anschlüsse auf Korrosion und Festigkeit. Ist Korrosion vorhanden, müssen die Batteriepole wie oben beschrieben gereinigt und dann vor weiterer Korrosion geschützt werden (siehe *Praxis-Tipp*).

**9** Das Batteriegehäuse muss sauber gehalten werden, damit keine Kriechströme durch den Schmutz fließen und den Akku über längere Zeit entladen. Waschen Sie die Außenseite des Gehäuses mit einer Lösung aus Wasser und Soda. Spülen Sie die Batterie ordentlich ab und trocknen Sie sie.

**10** Achten Sie auf Risse im Gehäuse und wechseln Sie die Batterie sofort aus, wenn welche entdeckt werden. Wenn Säure auf den Rahmen oder den Batteriehalter gespritzt ist, muss sie sofort mit Sodalauge neutralisiert werden. Trocknen Sie alles ab und bessern Sie Lackschäden aus.

**11** Falls das Motorrad für längere Zeit nicht benutzt wird, sollten die Batterieanschlüsse gelöst werden – Masse (–) zuerst. Wechseln Sie zu Sektion 4 und laden Sie die Batterie alle vier bis sechs Wochen nach.

## 4 Batterie
Laden

***Achtung: Seien Sie bei Arbeiten an der Batterie extrem vorsichtig! Die Batteriesäure ist stark ätzend und beim Aufladen entstehen explosive Gase. Batteriesäure ist extrem korrosiv und löst nach kürzester Zeit Lack und Metall an.***

**1** Beschaffen Sie ein für 12-Volt-Batterien geeignetes Ladegerät.

**2** Bauen Sie die Batterie aus (siehe Sektion 3). Falls noch nicht erledigt, muss die »Leerlaufspannung« der Batterie gemessen werden (siehe Sektion 3, Schritt 7). Ermitteln Sie mithilfe der Tabelle die benötigte Ladezeit (siehe Abbildungen).

**3** Verbinden Sie das Ladegerät mit der Batterie, BEVOR Sie es einschalten – gehen Sie dabei sicher, dass die Anschlüsse nicht verwechselt werden – die Plusklemme gehört an den Pluspol und die Minusklemme an den Minuspol.

**4** Yamaha empfiehlt, die Batterie mit 0,8 bis 1,0 Ampere über bis zu zwölf Stunden zu laden, falls sie vollständig entladen war – oder bis die Spannung 12,8 Volt erreicht, nachdem das Ladegerät entfernt und der Batterie eine halbe Stunde Pause gegönnt wurde. Die tatsächliche Ladezeit hängt von der noch vorhandenen Ladung der Batterie ab; ein Überschreiten dieser Vorgaben kann dazu führen, dass die Batterie überhitzt und sich ihre Platten verziehen, sodass sie durch Kurzschlüsse zerstört wird. Am

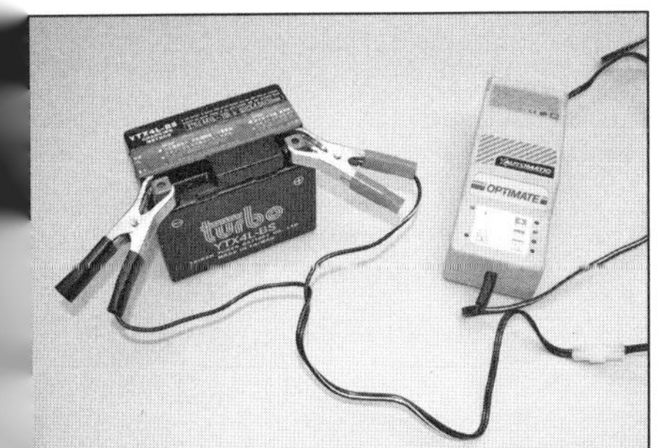

4.2a Eine mit einem Motorradladegerät geladene Batterie

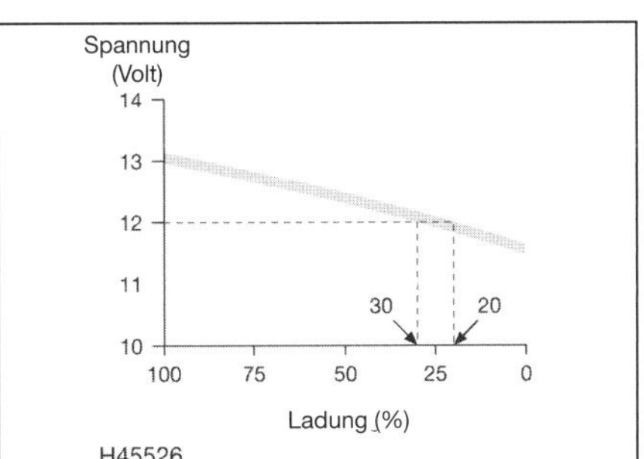


4.2b Mit der »Leerlaufspannung« wird die Ladung (in Prozent) ...

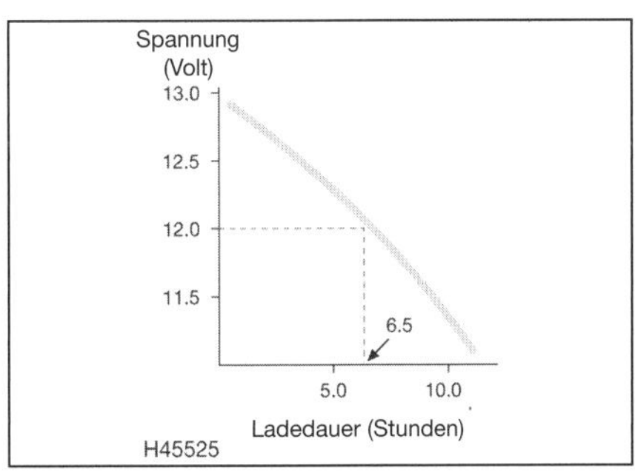


4.2c ... und die Ladezeit ermittelt

8

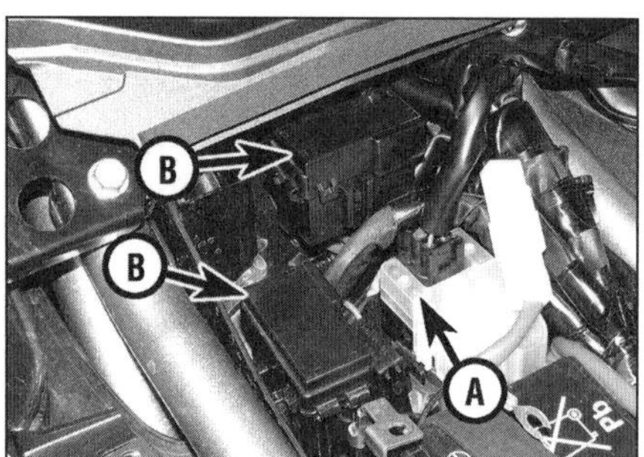


5.1 Hauptsicherung (A), Sicherungsboxen (B)

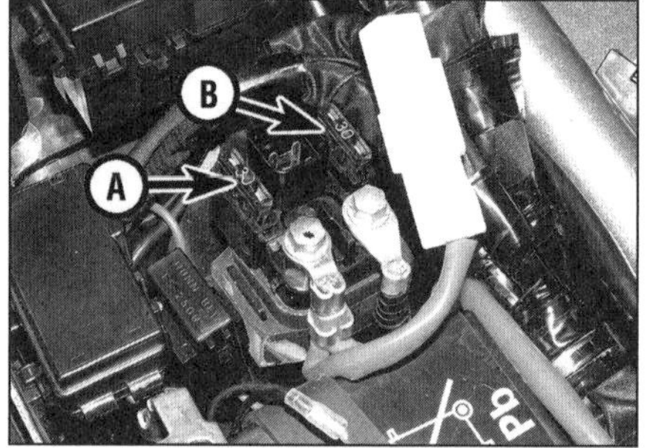


5.3c Hauptsicherung (A), Ersatzsicherung (B)

besten eignet sich ein »intelligentes« Ladegerät, das die Ladung ständig überwacht und seine Leistung entsprechend anpasst. Normale einfache Ladegeräte sollten nach einem möglicherweise stärkeren Anfangsladestrom auf ein niedriges sicheres Level absinken. Stoppen Sie sofort die Ladung, wenn die Batterie warm wird – weiteres Laden wird zu Beschädigungen führen. Im gut sortierten Fachhandel gibt es spezielle Ladegeräte für Motorradbatterien, die sich oft besonders gut für stark entladene MF-Batterien eignen – besonders bei nur gelegentlich genutzten Motorrädern stellen diese gar nicht teuren Geräte eine wertvolle Investition dar. Folgen Sie zum Laden den Hinweisen des Ladegerät-Herstellers.

**5** Falls sich eine geladene Batterie über kurze Zeit wieder entlädt, wird ein innerer Kurzschluss durch physikalische Beschädigung oder starke Sulfatierung vorliegen und es muss eine neue Batterie beschafft werden. Eine gesunde Batterie verliert etwa 1 % ihrer Ladung pro Tag.

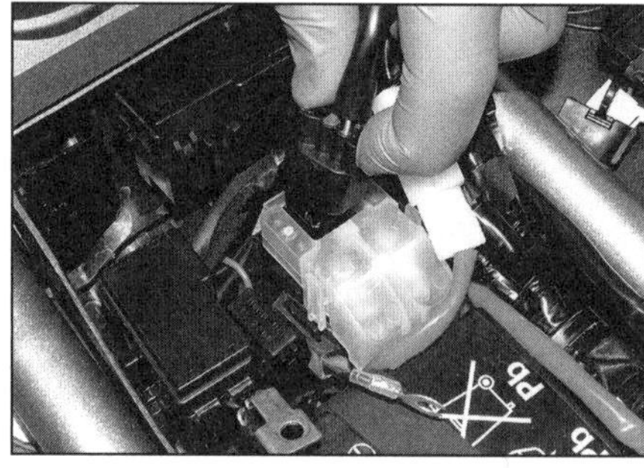

5.3a Trennen Sie den Stecker, ...

**6** Installieren Sie die Batterie (siehe Sektion 3).

**7** Wenn das Motorrad für längere Zeit nicht benutzt wird, sollte die Batterie alle vier bis sechs Wochen geladen werden. Manche Ladegeräte können dauerhaft an der Batterie angeschlossen bleiben, um sie stets in einem optimalen Ladezustand zu halten.

## 5 Sicherungen

**1** Die Bordelektrik als Ganzes ist mit einer Hauptsicherung geschützt, während die verschiedenen Verbraucher mit Sicherung unterschiedlicher Stärken geschützt sind (siehe *technische Daten*). Die Hauptsicherung sitzt am Anlasserrelais (unter dem Fahrersitz). Alle anderen Sicherungen befinden sich in zwei Sicherungsboxen, die ebenfalls unter der Sitzbank zu finden sind (siehe Abbildung).

**2** Entfernen Sie bei der MT-07 den Fahrersitz, um Zugang zur Hauptsicherung und den Sicherungen der vorderen Sicherungsbox zu erhalten. Entfernen Sie den Beifahrersitz und die mittlere Heckverkleidung, um Zugang zu den Sicherungen der hinteren Sicherungsbox zu erhalten (siehe Kapitel 7). Bei der TRACER und der XSR 700 muss die Sitzbank entfernt werden, um Zugang zu allen Sicherungen zu erhalten (siehe Kapitel 7).

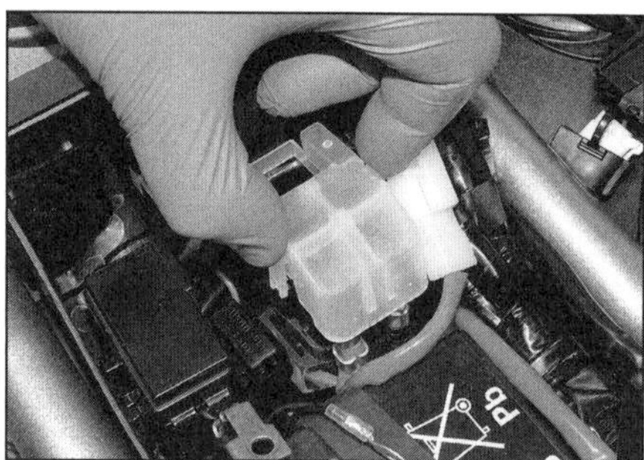

5.3b ... und entfernen Sie die Abdeckung.

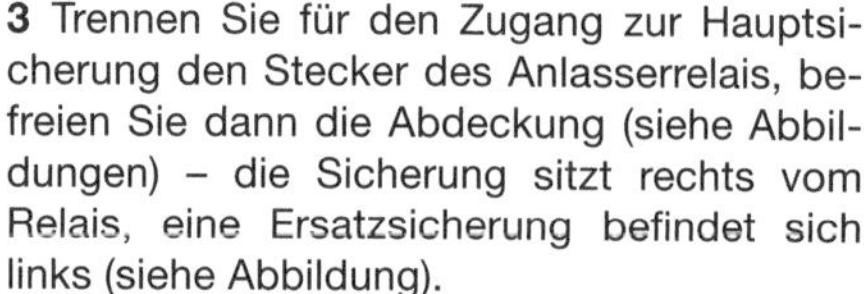

**3** Trennen Sie für den Zugang zur Hauptsicherung den Stecker des Anlasserrelais, befreien Sie dann die Abdeckung (siehe Abbildungen) – die Sicherung sitzt rechts vom Relais, eine Ersatzsicherung befindet sich links (siehe Abbildung).

**4** Um Zugang zu den einzelnen Stromkreis-Sicherungen zu erhalten, muss der Deckel der entsprechenden Box geöffnet werden – an seiner Innenseite ist die Lage, Zuordnung und Absicherungsrate der einzelnen Sicherungen angegeben (siehe Abbildung). Von jeder Absicherungsrate ist eine Ersatzsicherung vorhanden – diese sitzen ebenfalls in der Sicherungsbox.

**5** Die Sicherungen können ausgebaut und einer Sichtkontrolle unterzogen werden. Ziehen Sie die Sicherung mit den Fingern oder einer geeigneten Zange heraus (siehe Abbildung). Eine durchgebrannte Sicherung ist leicht an der Unterbrechung in der Drahtverbindung zwischen den beiden Kontakten zu erkennen (siehe Abbildung) – im Zweifelsfall muss sie mit einem Durchgangsprüfer oder Ohmmeter geprüft werden (siehe Sektion 2). Jede Sicherung ist deutlich mit dem Wert der maximalen Stromstärke markiert und darf nur durch eine gleich starke ersetzt werden.

***Warnung: Setzen Sie niemals eine stärkere Sicherung ein und überbrücken Sie die Anschlüsse niemals mit Draht oder Ähnlichem, für wie kurz auch immer. Die elektrische Anlage kann stark beschädigt werden oder in Brand geraten.***

5.4 Öffnen Sie die Deckel, um Zugang zu den Sicherungen zu erhalten.

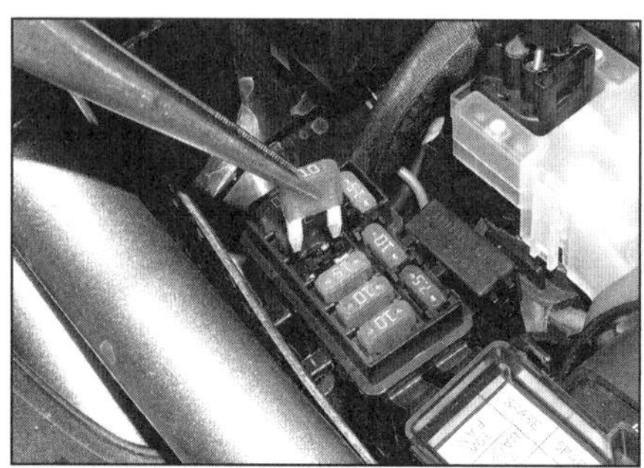

5.5a Ziehen Sie die Sicherung ggf. mit einer Zange heraus.

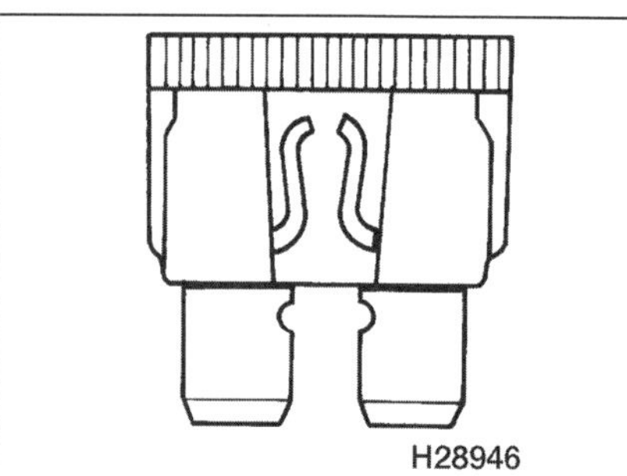


5.5b Eine durchgebrannte Sicherung kann am unterbrochenen Metallstreifen erkannt werden.

6.5a **Lösen Sie die zwei Schrauben der Regler/Gleichrichter-Einheit und befreien Sie sie aus dem Arbeitsbereich.**

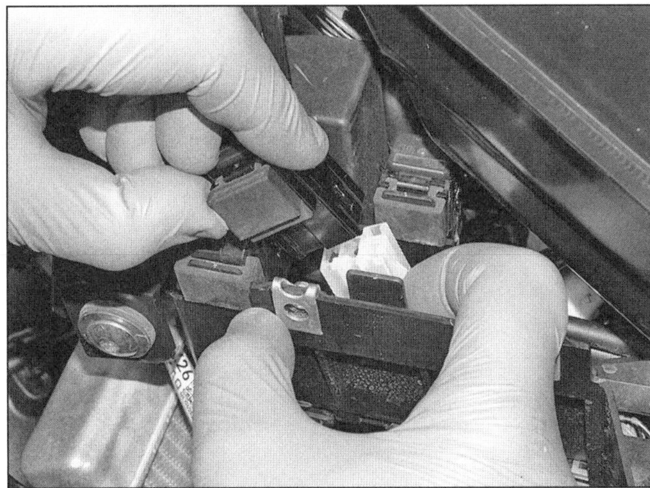

6.5b **Befreien Sie das Relais.**

**6** Falls eine neue Sicherung sofort wieder durchbrennt, muss der Kabelbaum sorgfältig auf den Grund des Kurzschlusses überprüft werden. Achten Sie auf blanke Leitungen und abgeriebene, geschmolzene oder verbrannte Isolationen.

**7** Gelegentlich wird eine Sicherung ohne offensichtlichen Grund durchbrennen oder den Stromkreis unterbrechen. Der Grund hierfür liegt in korrodierten Kontakten der Sicherung oder ihrer Halterung. Entfernen Sie diese Kontaktschwächen mit einer Drahtbürste oder Schleifpapier, und sprühen Sie die Anschlüsse mit Kontaktspray ein.

## 6 Lichtanlage
Kontrolle

**Anmerkung:** *Wenn die Zündung für eine Kontrolle eingeschaltet werden muss, darf nicht vergessen werden, sie anschließend – und vor allem vor dem Ausbau irgendwelcher Komponenten – wieder auszuschalten.*

**Anmerkung:** *Beachten Sie die Hinweise zur Fehlersuche in Sektion 2 sowie die Schaltpläne am Ende des Kapitels.*

**1** Wenn eine einzelne Lampe nicht mehr funktioniert, müssen zuerst die Lampe und ihre Anschlüsse überprüft werden – beachten Sie die entsprechende Sektion. Kontrollieren Sie auch die Sicherungen (siehe Sektion 5). Falls keine einzige Lampe leuchtet, muss zuerst die Batterie kontrolliert werden – eine schwache Batterie kann entweder einen eigenen Schaden oder einen Fehler im Ladesystem bedeuten – wechseln Sie für die Batteriekontrolle zu Sektion 3 und wegen eines Tests des Ladesystems zu Sektion 29. Falls gleichzeitig mehrere Probleme auftreten, wird der Defekt wahrscheinlich in einer Multifunktions-Komponente wie der für mehrere Stromkreise zuständigen Sicherung oder dem Zündschloss liegen. Bei der Kontrolle eines Lampen-Glühdrahtes sollte eine Sichtkontrolle von einem Durchgangstest bestätigt werden, da die Drahtwendel nicht immer erkennen lässt, dass die Lampe durchgebrannt ist. Beachten Sie beim Durchgangstest einer Lampe mit einem Kontakt, dass der Metallsockel den Masseanschluss bildet.

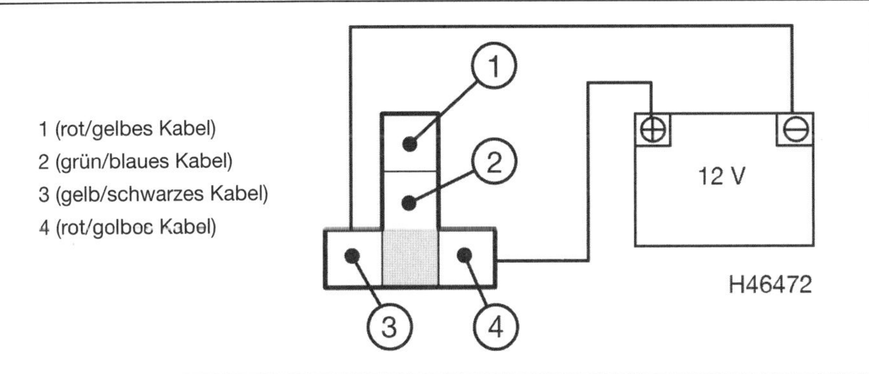


**6.6 Scheinwerferrelais – Anschluss-Identifikation für Prüfung**

## Scheinwerfer

**2** Falls ein Licht (Fernlicht oder Abblendlicht) ausfällt, müssen die Lampe, ihr Stecker und die darin angeschlossenen Kabel kontrolliert werden (siehe Sektion 7), außerdem sind die HEAD-Sicherung (siehe Sektion 5) und das Relais (siehe unten) zu überprüfen. Prüfen Sie an der Kabelbaumseite des Steckers, ob Batteriespannung anliegt – die Minusklemme des Messgeräts muss mit dem schwarzen Kabel und die Plusklemme mit dem gelben (HI = Fernlicht) oder grünen Kabel (LO = Abblendlicht) verbunden werden. Während dieses Tests muss der Abblendschalter in die entsprechende Position gebracht werden.

**3** Falls an den Steckerkontakten gar keine Spannung festgestellt wurde, liegt das Problem im Relais, in der Verkabelung, den Steckern, dem Zündschloss oder dem Abblendschalter. Kontrollieren Sie die Verkabelung (siehe Sektion 2 sowie die Schaltpläne am Ende des Kapitels) und die Schalter selbst.

**4** Falls Spannung ermittelt wurde, muss der Durchgang zwischen dem Kontakt des schwarzen Kabels und Masse geprüft und ggf. sichergestellt werden.

**5** Für die Kontrolle des Scheinwerferrelais muss bei der MT-07 und der XSR 700 zunächst die linke Tankverkleidung, bei der TRACER die Tankabdeckung und bei der XSR 700 auch der vordere linke Deckel unterhalb des Tanks entfernt werden (siehe Kapitel 7). Befreien Sie die Regler/Gleichrichter-Einheit (siehe Abbildung). Heben Sie das Relais aus seiner Halterung, und trennen Sie seinen Stecker (siehe Abbildung).

**6** Ermitteln Sie mit einem auf den Ohm-Messbereich geschalteten Prüfgerät den Durchgang zwischen den Relaiskontakten 1 (Plusklemme rot/gelb) und 2 (Minusklemme grün/blau) (siehe Abbildung) – es muss unendlicher Widerstand (»1«) festgestellt werden. Verbinden Sie nun eine geladene 12-Volt-Batterie mit den Relaiskontakten 3 (–) und 4 (+) – jetzt muss Durchgang (0 Ohm) angezeigt werden.

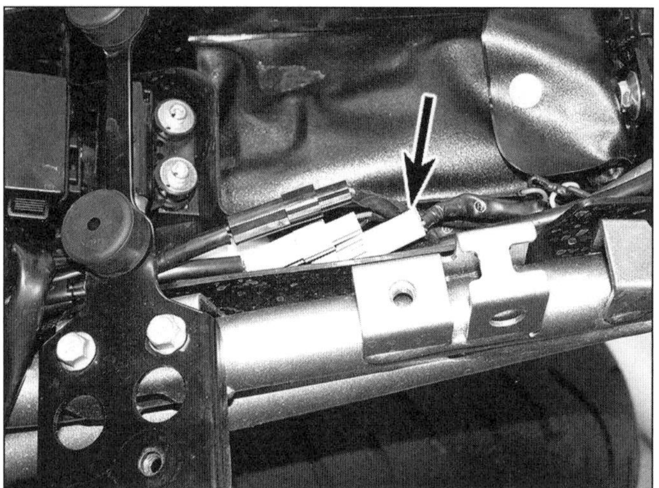

6.21a Kennzeichenbeleuchtungs-Stecker – MT-07

6.21b Kennzeichenbeleuchtungs-Stecker – TRACER

**7** Falls das Relais nicht wie beschrieben arbeitet, muss es ersetzt werden.

## Standlicht

## MT-07 und XSR 700

**8** Falls das Standlicht weder bei eingeschalteter Zündung noch in der Park-Position funktioniert, müssen die Lampe und ihr Anschluss sowie dessen Verkabelung kontrolliert werden (siehe Sektion 7). Kontrollieren Sie auch die SIGNAL-Sicherung (siehe Sektion 5).
**9** Prüfen Sie bei eingeschalteter Zündung, ob am blau/roten Kabel des Standlicht-Steckers Batteriespannung anliegt.
**10** Wurde keine Spannung ermittelt, müssen die Kabel zwischen dem Standlicht und der Sicherungsbox überprüft werden (siehe Sektion 18).
**11** Wurde Spannung festgestellt, muss der Durchgang zwischen den Steckerkontakten der Lampenseite und den entsprechenden Kontakten des Lampenhalters kontrolliert werden – kein Durchgang weist auf eine Unterbrechung im Stromkreis hin. Wenn Durchgang ermittelt wird, muss der Durchgang zwischen dem Kontakt des schwarzen Kabels und Masse geprüft werden – wird keiner ermittelt, muss der Massestromkreis auf eine gebrochene oder schwache Verbindung überprüft werden.

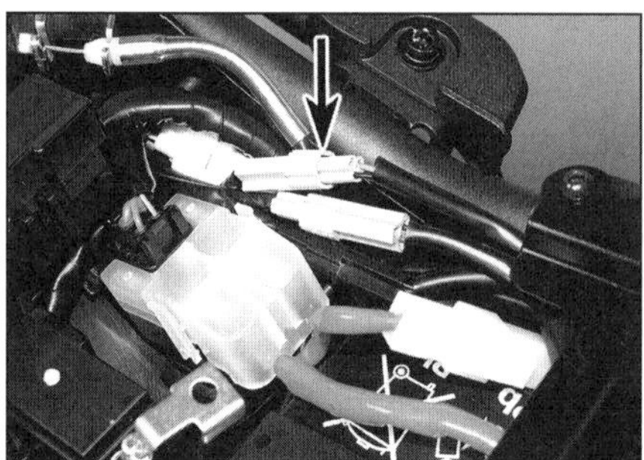

6.21c Kennzeichenbeleuchtungs-Stecker – XSR 700

## TRACER

**12** Das Standlicht ist als LED-Einheit ausgeführt. Falls es ausfällt, müssen zuerst die SIGNAL-Sicherung (siehe Sektion 5) und der Kabelstecker kontrolliert werden (siehe Sektion 8). Bei einem defekten Standlicht muss die komplette Scheinwerfer-Baugruppe ersetzt werden.

## Rücklicht

**13** Das Rücklicht ist als LED-Einheit ausgeführt. Falls bei den folgenden Kontrollen kein Fehler festgestellt wird, muss die komplette Rücklicht-Baugruppe ersetzt werden.
**14** Falls das Rücklicht ausfällt, muss zuerst die SIGNAL-Sicherung (siehe Sektion 5) kontrolliert werden. Beachten Sie anschließend die Hinweise in Sektion 10, und trennen Sie den Rücklichtstecker. Prüfen Sie bei eingeschalteter Zündung, ob am kabelbaumseitigen Kontakt des blau/roten Kabels Batteriespannung anliegt.
**15** Wurde keine Spannung ermittelt, müssen alle Kabel und Stecker zwischen dem Rücklicht und der Sicherungsbox kontrolliert werden.
**16** Wurde Spannung festgestellt, muss das schwarze Kabel auf guten Massekontakt überprüft werden; kontrollieren Sie ggf. den Masse-Stromkreis auf gebrochene Kabel und schlechten Kontakt.

## Bremslicht

**17** Das Bremslicht ist als LED-Einheit ausgeführt. Falls bei den folgenden Kontrollen kein Fehler festgestellt wird, muss die komplette Rücklicht-Baugruppe ersetzt werden.
**18** Falls das Rücklicht ausfällt, muss zuerst die SIGNAL-Sicherung (siehe Sektion 5) kontrolliert werden. Beachten Sie anschließend die Hinweise in Sektion 10, und trennen Sie den Rücklichtstecker. Prüfen Sie bei eingeschalteter Zündung und betätigter Bremse, ob am kabelbaumseitigen Kontakt des gelben Kabels Batteriespannung anliegt.
**19** Wurde bei einer Bremse keine Spannung ermittelt, muss der entsprechende Bremslichtschalter kontrolliert werden (siehe Sektion 14), außerdem die Verkabelung zwischen dem Bremslicht und dem Schalter.
**20** Wurde Spannung festgestellt, muss das schwarze Kabel auf guten Massekontakt überprüft werden; kontrollieren Sie ggf. den Masse-Stromkreis auf gebrochene Kabel und schlechten Kontakt.

## Kennzeichenbeleuchtung

**21** Falls die Kennzeichenbeleuchtung ausfällt, müssen die Lampe, ihr Stecker und dessen Verkabelung kontrolliert werden (siehe Sektion 9); außerdem ist die SIGNAL-Sicherung zu kontrollieren (siehe Sektion 5). Demontieren Sie als nächstes den Beifahrersitz bzw. die Sitzbank sowie bei der MT-07 die mittlere Heckverkleidung (siehe Kapitel 7), um den Kennzeichenbeleuchtungs-Stecker zu trennen (siehe Abbildungen). Prüfen Sie bei eingeschalteter Zündung, ob am blauen oder blau/roten Kabel des Lampenhalters Spannung anliegt.
**22** Wurde keine Spannung ermittelt, müssen alle Kabel und Stecker zwischen der Kennzeichenbeleuchtung und der Sicherungsbox kontrolliert werden.
**23** Wurde Spannung festgestellt, muss das schwarze Kabel auf guten Massekontakt überprüft werden; kontrollieren Sie ggf. den Masse-Stromkreis auf gebrochene Kabel und schlechten Kontakt.

## Blinker

**24** Falls eine Blinkerlampe ausfällt, müssen die Lampe, ihr Stecker und dessen Verkabelung kontrolliert werden (siehe Sektion 12); Falls alle Blinker ausfallen, ist die PARKING/LIGHNING-Sicherung zu kontrollieren (siehe Sektion 5).
**25** Wenn die Sicherung in Ordnung ist, muss das Blinkrelais überprüft werden (siehe Sektion 11).

7.2 **Entfernen Sie die Gummikappe.**

7.3a **Lösen Sie den Drahtbügel, ...**

## Instrumenten- und Kontrolllampen

**26** Beachten Sie hierfür die Hinweise in Sektion 17.

## 7 Scheinwerfer- und Standlichtlampen

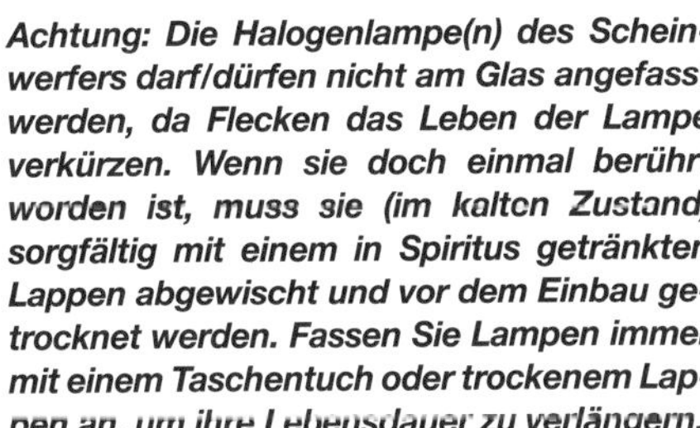

***Achtung: Die Halogenlampe(n) des Scheinwerfers darf/dürfen nicht am Glas angefasst werden, da Flecken das Leben der Lampe verkürzen. Wenn sie doch einmal berührt worden ist, muss sie (im kalten Zustand) sorgfältig mit einem in Spiritus getränkten Lappen abgewischt und vor dem Einbau getrocknet werden. Fassen Sie Lampen immer mit einem Taschentuch oder trockenem Lappen an, um ihre Lebensdauer zu verlängern.***

## MT-07

### Scheinwerferlampe

**1** Demontieren Sie den Scheinwerfer (siehe Sektion 8).

**2** Ziehen Sie an der Rückseite des Scheinwerfers die Gummikappe ab (siehe Abbildung).

**3** Lösen Sie den Sicherungsbügel, und entnehmen Sie die Lampe (siehe Abbildungen).

**4** Installieren Sie die korrekt ausgerichtete neue Lampe – beachten Sie die Anmerkung oben –, und sichern Sie sie mit dem Sicherungsdraht.

**5** Stecken Sie die Gummikappe auf.

**6** Montieren Sie den Scheinwerfer (siehe Sektion 8), und prüfen Sie seine Funktion.

### Standlichtlampe

**7** Demontieren Sie den Scheinwerfer (siehe Sektion 8).

**8** Befreien Sie das Kabel aus der Führung, drehen Sie den Lampenhalter gegen den Uhrzeigersinn, und ziehen Sie ihn aus dem Scheinwerfer (siehe Abbildungen).

**9** Ziehen Sie vorsichtig die Lampe aus dem Halter (siehe Abbildung).

**10** Stecken Sie die korrekt ausgerichtete neue Lampe in den Halter und installieren Sie diesen in den Reflektor – drehen Sie ihn zum Schluss nach rechts, um ihn zu sichern.

**11** Montieren Sie den Scheinwerfer und prüfen Sie die Funktion der Lampe.

## TRACER

### Scheinwerferlampen

**12** Lösen Sie den Deckel an der Rückseite des entsprechenden Scheinwerfers, indem Sie ihn gegen den Uhrzeigersinn drehen (siehe Abbildung).

7.3b **... und befreien Sie die Lampe.**

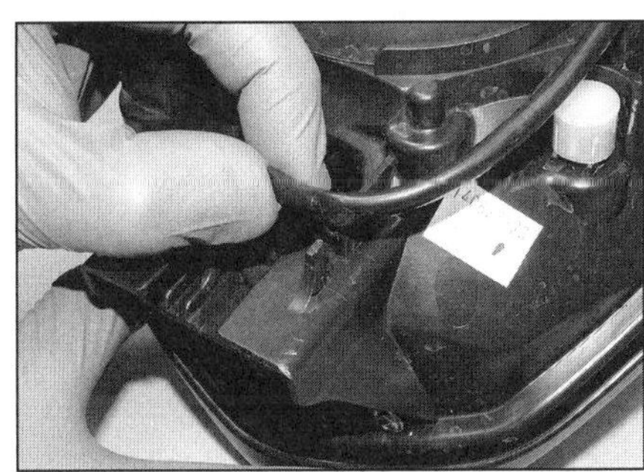

7.8a **Befreien Sie das Kabel ...**

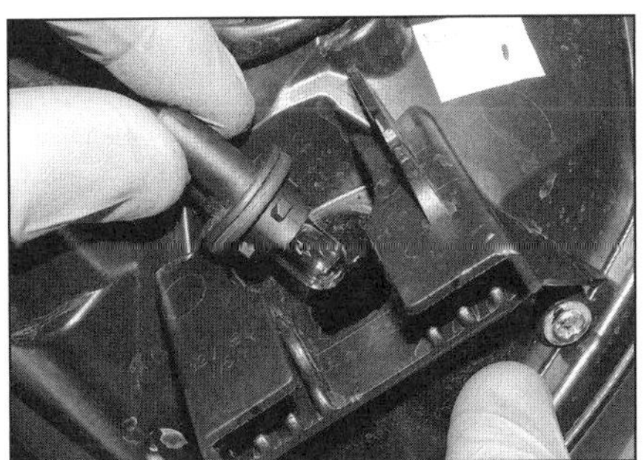

7.8b **... und den Lampenhalter.**

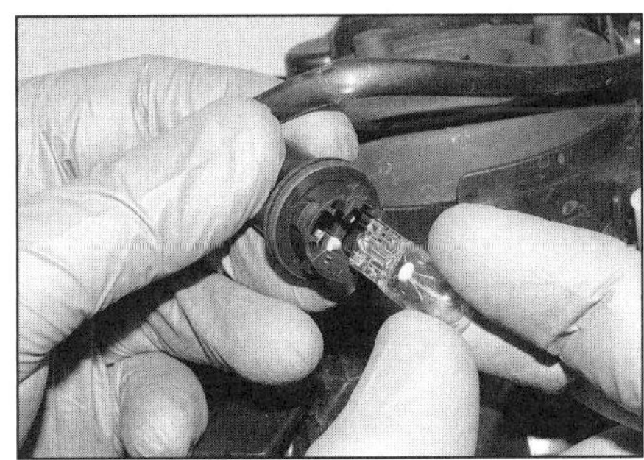

7.9 **Ziehen Sie die Lampe aus dem Halter.**

7.12 **Entfernen Sie die Abdeckung.**

**7.13 Ziehen Sie den Lampenstecker ab.**

**7.14a Lösen Sie den Drahtbügel, ...**

**7.14b ... und befreien Sie die Lampe.**

**13** Trennen Sie den Lampenstecker (siehe Abbildung).
**14** Lösen Sie den Sicherungsbügel, und entnehmen Sie die Lampe (siehe Abbildungen).
**15** Installieren Sie die korrekt ausgerichtete neue Lampe – beachten Sie die Anmerkung oben –, und sichern Sie sie mit dem Sicherungsdraht.

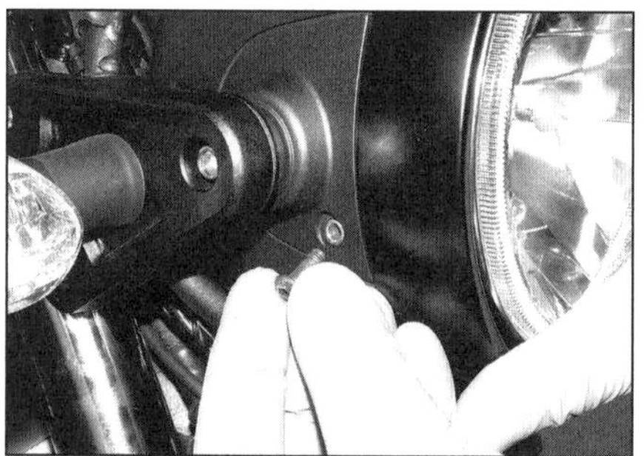

**7.20a Lösen Sie an beiden Seiten der Lampenschale die Schrauben.**

**16** Verbinden Sie den Lampenstecker.
**17** Richten Sie die Laschen des Deckels zu den Nuten im Scheinwerfergehäuse aus, und verdrehen Sie ihn nach rechts, um ihn zu sichern.
**18** Prüfen Sie die Funktion des Scheinwerfers.

## Standlicht

**19** Das Standlicht ist als LED-Einheit ausgeführt. Falls es defekt ist, muss die komplette Scheinwerfer-Baugruppe ersetzt werden (siehe Sektion 8).

# XSR 700

## Scheinwerferlampe

**20** Lösen Sie an beiden Seiten des Scheinwerfergehäuses die Schrauben, und befreien Sie den Scheinwerfer. Trennen Sie alle Stecker, um den Scheinwerfer entnehmen zu können (siehe Abbildungen).
**21** Entfernen Sie die Gummikappe an der Rückseite des Scheinwerfers (siehe Abbildung).
**22** Lösen Sie den Sicherungsbügel, und entnehmen Sie die Lampe (siehe Abbildungen).
**23** Installieren Sie die korrekt ausgerichtete neue Lampe – beachten Sie die Anmerkung oben –, und sichern Sie sie mit dem Sicherungsdraht.
**24** Stecken Sie die Gummikappe auf - »TOP« muss nach oben zeigen (Abbildung 7.21).
**25** Verbinden Sie die Lampenstecker, montieren Sie den Scheinwerfer in die Lampenschale, richten Sie die Lasche an seiner Oberseite hinter der Rippe der Schale (siehe Abbildung), und installieren Sie die Schrauben. Prüfen Sie die Funktion des Scheinwerfers.

## Standlichtlampe

**26** Lösen Sie an beiden Seiten des Scheinwerfergehäuses die Schrauben, und befreien Sie den Scheinwerfer. Trennen Sie alle Stecker, um den Scheinwerfer entnehmen zu können (Abbildung 7.20a, b und c).

**7.20b Trennen Sie den Stecker der Scheinwerferlampe ...**

**7.20c ... und der Standlichtlampe.**

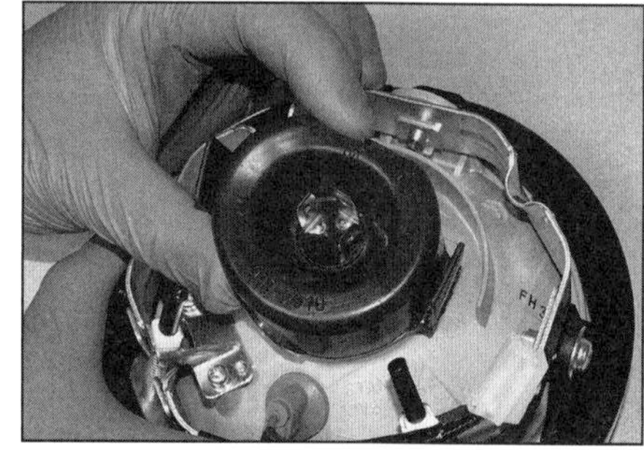

**7.21 Entfernen Sie die Gummikappe.**

**7.22a** Lösen Sie den Drahtbügel, ...

**7.22b ... und befreien Sie die Lampe.**

**7.25 Die Lasche des Lampenrings muss hinter die Rippe der Lampenschale greifen.**

**7.27a Ziehen Sie den Lampenhalter heraus, ...**

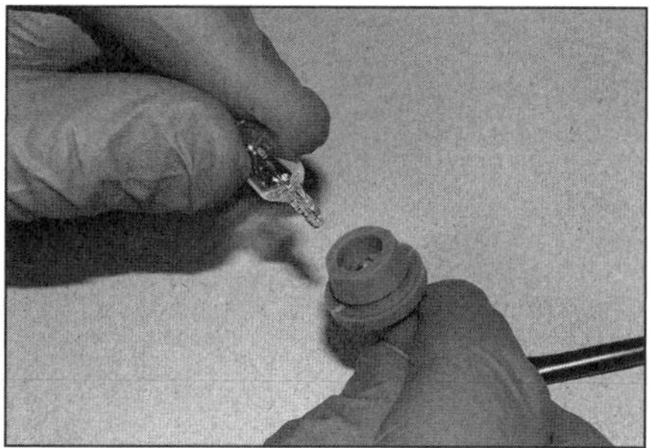

**7.27b ... und befreien Sie die Lampe aus dem Halter.**

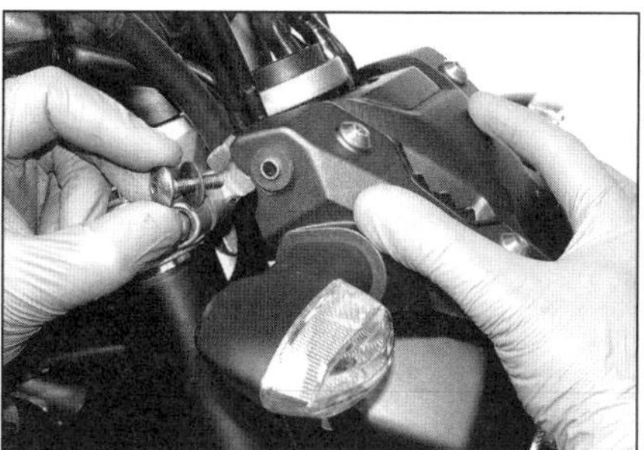

**8.1a Lösen Sie die oberen Schrauben, um den Scheinwerfer herunter zu schwenken.**

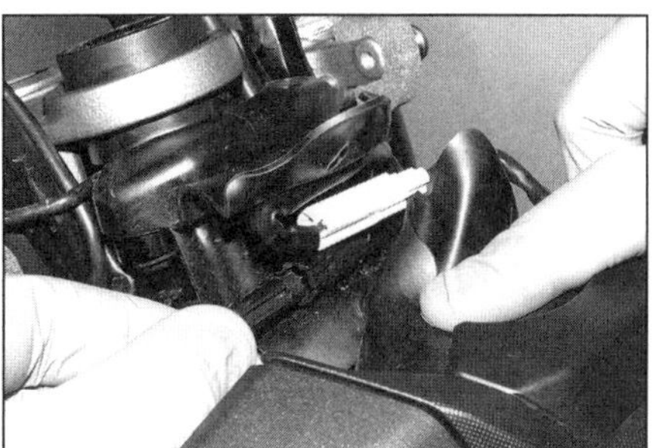

**8.1b Öffnen Sie die obere Gummikappe, um die Blinkerstecker, ...**

**8.1c ... den Standlichtstecker ...**

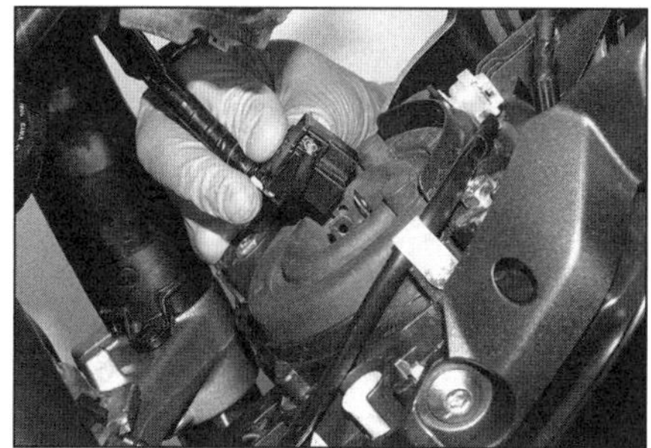

**8.1d ... und den Scheinwerferstecker zu trennen.**

**8.1e Ziehen Sie den Scheinwerfer dann von der unteren Halterung.**

**27** Ziehen Sie den Lampenhalter aus dem Scheinwerfer, und befreien Sie die Lampe aus dem Halter (siehe Abbildungen).

**28** Richten Sie die neue Lampe zum Halter aus und drücken Sie sie ein. Stecken Sie den Halter in den Scheinwerfer.

**29** Verbinden Sie die Lampenstecker (Abbildung 7.20c und b), montieren Sie den Scheinwerfer in die Lampenschale, richten Sie die Lasche an seiner Oberseite hinter der Rippe der Schale (Abbildung 7.25), und installieren Sie die Schrauben (Abbildung 7.20a). Prüfen Sie die Funktion des Standlichts.

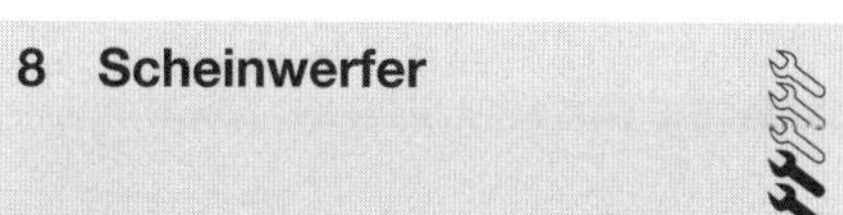

## 8 Scheinwerfer

### Ausbau und Einbau

### MT-07

**1** Lösen Sie die Schrauben an beiden Seiten des Scheinwerfers, und schwenken Sie ihn über seine untere Halterung herunter (siehe Abbildung). Öffnen Sie den oberen Teil der Gummi-Steckerabdeckung, und trennen Sie die Blinkerstecker (siehe Abbildung). Schwenken Sie den Scheinwerfer weiter herunter, und trennen Sie den Standlicht- und den Scheinwerfer-Stecker. Heben Sie den Scheinwerfer jetzt von der unteren Halterung ab – beachten Sie seinen Sitz auf den Gummis (siehe Abbildungen).

**2** Entfernen Sie nötigenfalls die Blinkerhalter, demontieren Sie dann die mittlere Abdeckung (siehe Abbildungen).

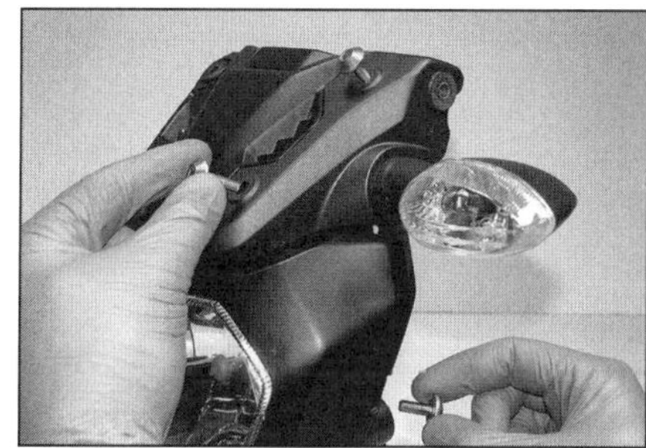

**8.2a Lösen Sie die drei Schrauben, ...**

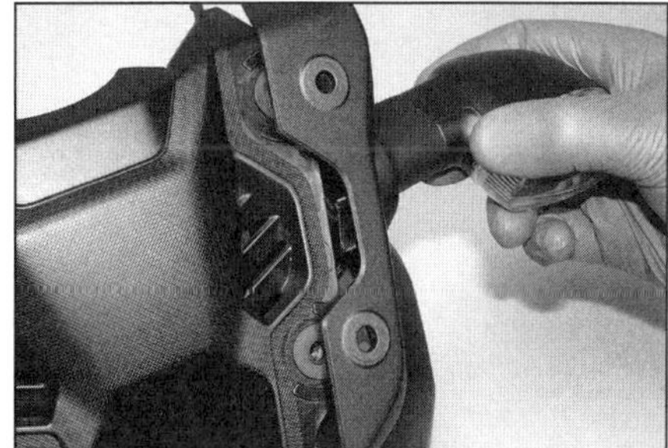

**8.2b ... um die Blinkerhalter zu entfernen – beachten Sie die Hülsen in den seitlichen Gummiösen.**

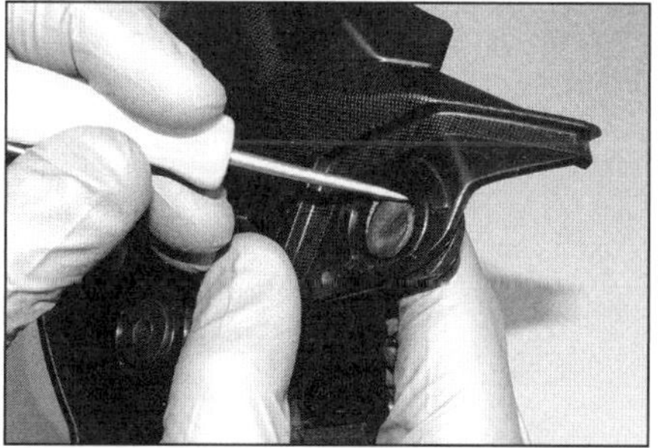

**8.2c Führen Sie vorsichtig den Bund der oberen Gewinde-Gummiösen hindurch, ...**

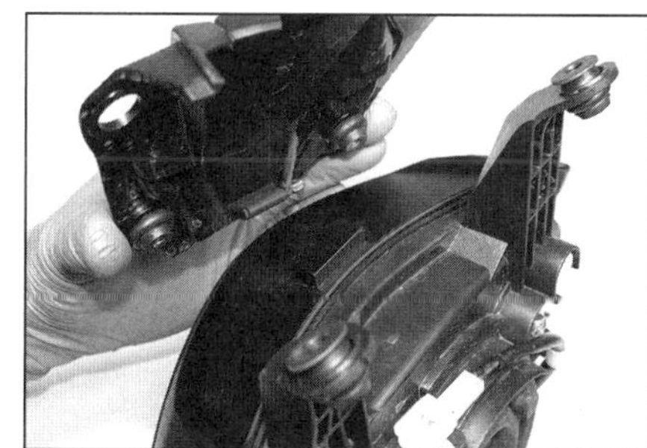

**8.2d ... um die mittlere Abdeckung zu befreien.**

8

8.3 Die verschlossene Gummikappe muss so aussehen.

8.5 Trennen Sie hinten an den Instrumenten den Scheinwerferstecker.

8.6a Lösen Sie die Schraube an der Unterseite ...

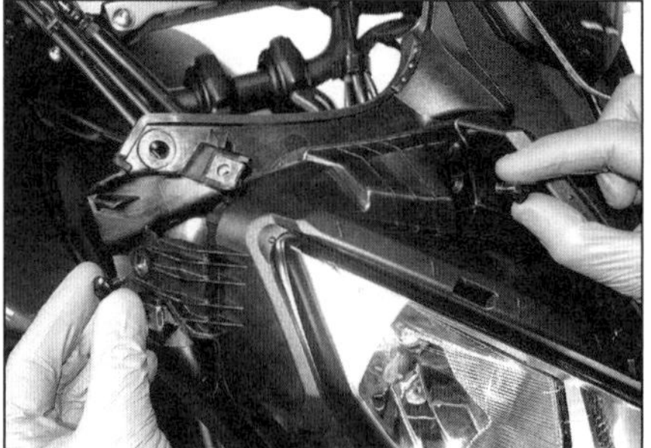
8.6b ... und die Schrauben an beiden Seiten.

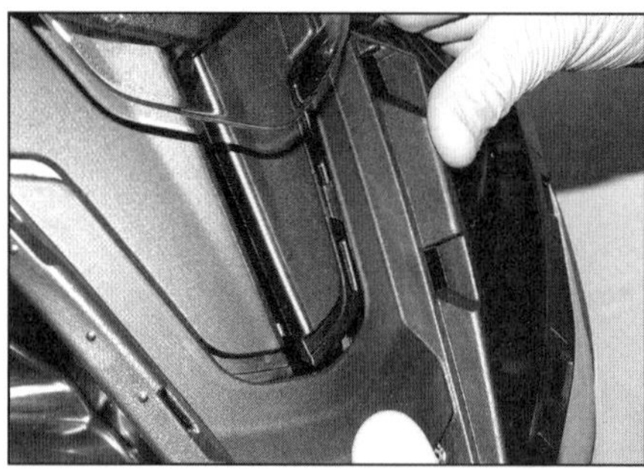
8.6c Befreien Sie die Laschen, ...

8.6d ... und entfernen Sie die Scheinwerferabdeckung.

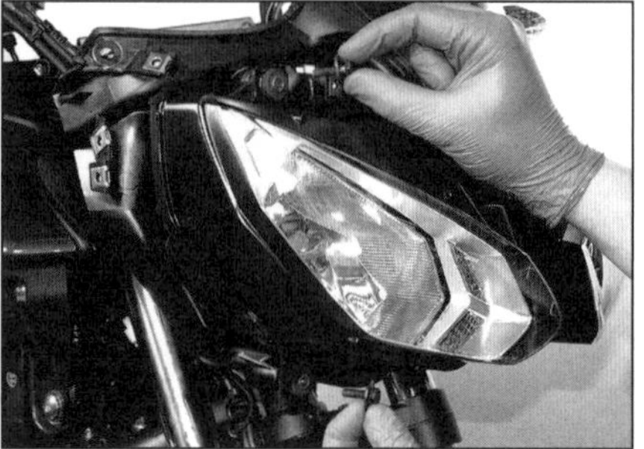
8.7a Die Scheinwerfer-Baugruppe ist an jeder Seite mit zwei Schrauben gesichert.

3 Der Einbau entspricht der umgekehrten Ausbaureihenfolge. Die Gummihalterungen dürfen nicht spröde oder beschädigt sein und müssen korrekt sitzen (Abbildung 8.1e). Alle Stecker müssen sicher verbunden sein. Ziehen Sie den zentralen Zapfen der Gummiabdeckung nach oben durch die Löcher in den Klappen, sodass sein unterer Bund die Klappen verschlossen sichert (siehe Abbildung). Prüfen Sie die Funktion der Lampen, und stellen Sie die Leuchtweite ein (siehe unten).

## TRACER

4 Entfernen Sie die Verkleidungsseitenteile und die Innenverkleidungen (siehe Kapitel 7).
5 Befreien Sie die Instrumente aus ihrer Position, um an ihrer Rückseite den Scheinwerferstecker trennen zu können (siehe Abbildung).
6 Lösen Sie die Schrauben der Scheinwerferabdeckung, und entfernen Sie diese (siehe Abbildungen).
7 Lösen Sie die Scheinwerferschrauben und entnehmen Sie die Scheinwerfer-Baugruppe (siehe Abbildungen).
8 Der Einbau entspricht der umgekehrten Ausbaureihenfolge. Alle Stecker müssen sicher verbunden sein. Prüfen Sie die Funktion der Lampen und stellen Sie die Leuchtweite ein (siehe unten).

## XSR 700

### Ausbau der kompletten Scheinwerfer-Baugruppe

9 Lösen Sie die drei Schrauben des Scheinwerferträgers an der oberen und unteren Ga-

8.7b Führen Sie die Kabel beim Abnehmen des Scheinwerfers durch – merken Sie sich ihre Verlegung.

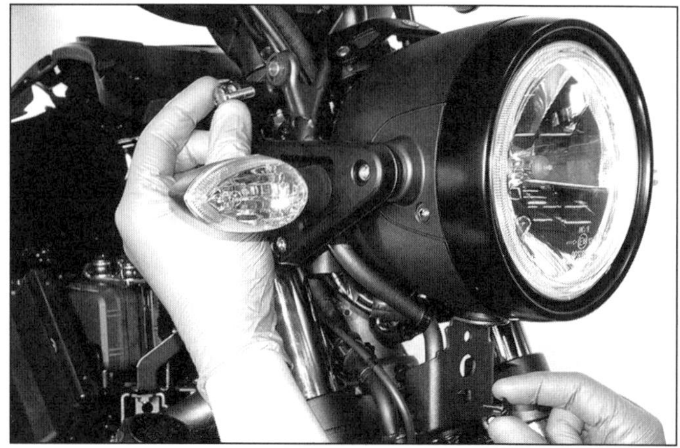
8.9 Lösen Sie die Schraube unten und die Schrauben oben an beiden Seiten.

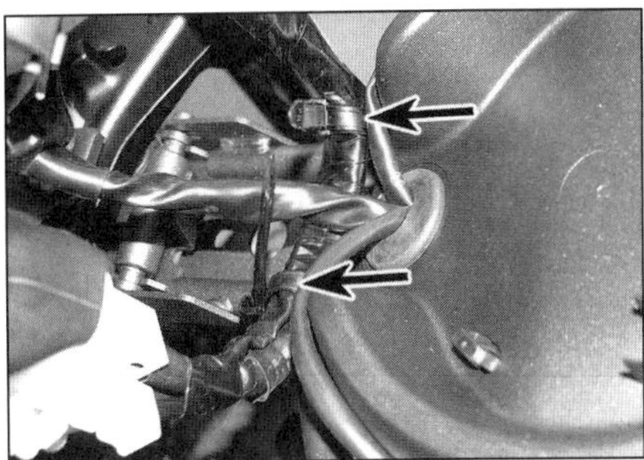

**8.10a Öffnen Sie die Kabelbinder (Pfeile), ...**

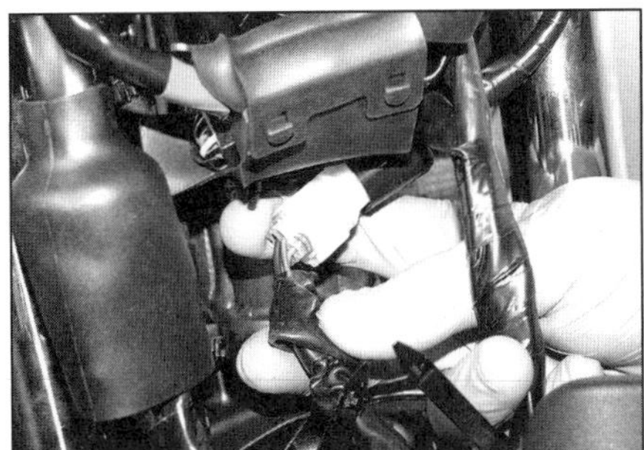

**8.10b ... trennen Sie den Stecker, ...**

**8.10c ... und heben Sie die Scheinwerfer-Baugruppe von der unteren Halterung.**

**8.12 Blinkerstecker**

**8.13a Lösen Sie an beiden Seiten die Schraube, ...**

**8.13b ... heben Sie die Lampenschale vom Zapfen, ...**

belbrücke, und schwenken Sie den Scheinwerfer herunter (siehe Abbildung).

**10** Befreien Sie die Kabelbinder der Zündschlosskabel von der Halterung, trennen Sie den Stecker des Scheinwerfer-Kabelbaums, und heben Sie die Scheinwerfer-Baugruppe von der unteren Halterung – beachten Sie seine Einbauposition (siehe Abbildungen).

## Ausbau des Scheinwerfers und der Lampenschale

**11** Lösen Sie an beiden Seiten des Scheinwerfergehäuses die Schrauben, und befreien Sie den Scheinwerfer. Trennen Sie alle Stecker, um den Scheinwerfer entnehmen zu können (Abbildung 7.20a, b und c).

**12** Trennen Sie die Blinkerstecker (siehe Abbildung).

**13** Lösen Sie an beiden Seiten der Lampenschale die Schraube (siehe Abbildung). Heben Sie die Schale vom Zapfen des Halters, und ziehen Sie die Blinkerkabel durch die Löcher an der Rückseite der Schale heraus (siehe Abbildung). Trennen Sie den Stecker des Scheinwerfer/Blinker-Subkabelbaums, und entnehmen Sie die Lampenschale (Abbildung 8.10b) – beachten Sie die Buchsen in den Gummiösen. Befreien Sie nötigenfalls den Subkabelbaum aus dem Clip innerhalb der Schale, und entfernen Sie ihn (Abbildung 8.12).

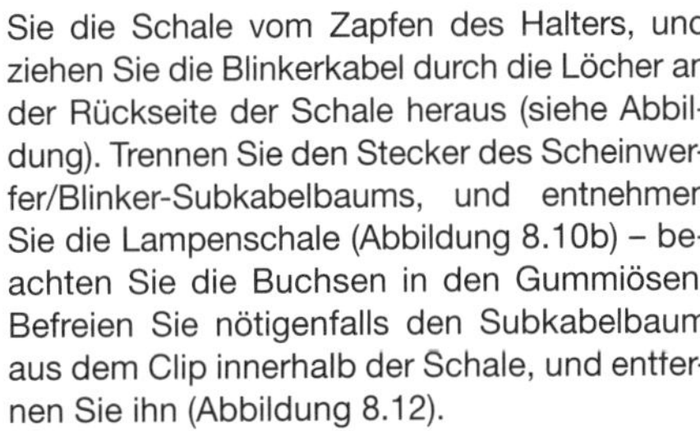

**14** Entfernen Sie nötigenfalls die Scheinwerfer-/Blinkerhalter vom Scheinwerferträger (siehe Abbildung).

## Einbau

**15** Der Einbau entspricht der umgekehrten Ausbaureihenfolge. Alle Stecker müssen sicher verbunden sein. Prüfen Sie die Funktion der Lampen und Blinker, und stellen Sie die Leuchtweite ein (siehe unten).

## Scheinwerfer-Einstellung

**Anmerkung:** *Ein schlecht eingestellter Scheinwerfer blendet den Gegenverkehr und/oder leuchtet die Fahrbahn nicht korrekt aus. Bei der Hauptuntersuchung wird die Einstellung der Leuchtweite kontrolliert.*

**16** Der Lichtstrahl des Scheinwerfers kann sowohl horizontal als auch vertikal eingestellt werden. Vor Beginn müssen der Reifendruck und die Einstellung des Stoßdämpfers geprüft werden. Einstellungen sollten möglichst mit halb gefülltem Tank und einem auf der Maschine sitzenden Assistenten auf einer ebenen Fläche vorgenommen werden. Wird vorzugsweise zu zweit gefahren, muss eine zweite Person auf dem Rücksitz platz nehmen.

## MT-07

**17** Die Einsteller sitzen hinten am Scheinwerfer – der Höhenversteller links unten und der

**8.13c ... und ziehen Sie die Blinkerkabel heraus.**

**8.14 Schrauben der rechten Scheinwerfer-/Blinkerhalter**

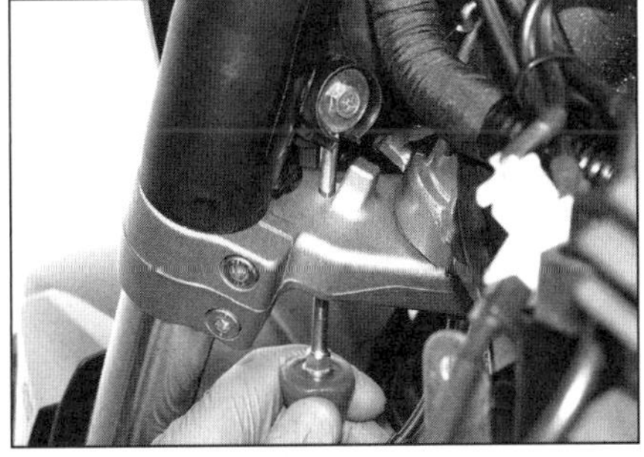

**8.17a Scheinwerfer-Höhenversteller - MT-07**

8.17b Scheinwerfer-Seitenversteller - MT-07

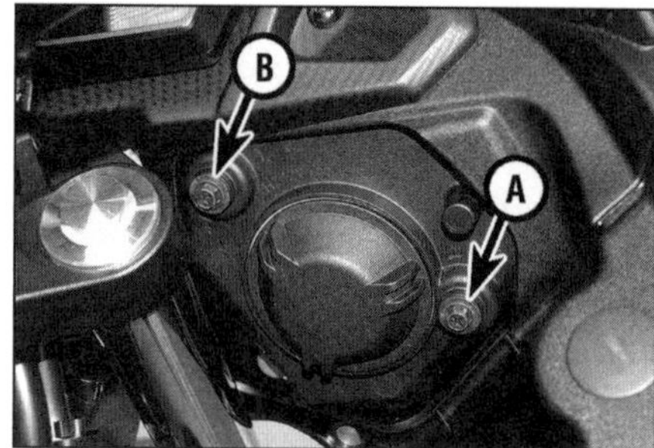

8.20 Höhenversteller (A) und Seitenversteller (B) des rechten TRACER-Scheinwerfers

8.23a Scheinwerfer-Höhenversteller - XSR 700

8.23b Scheinwerfer-Seitenversteller - XSR 700

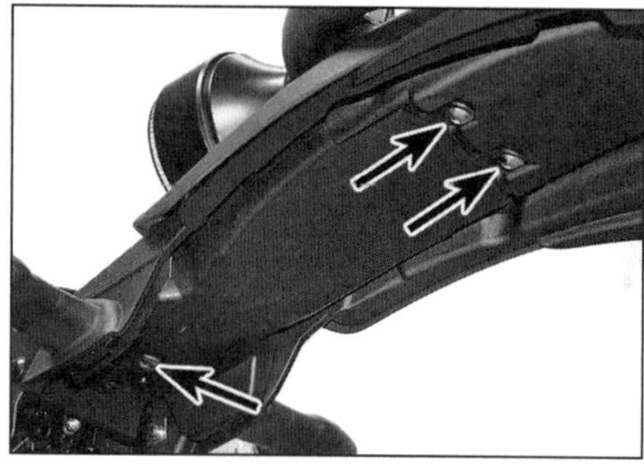
9.1a Lösen Sie die drei Schrauben, ...

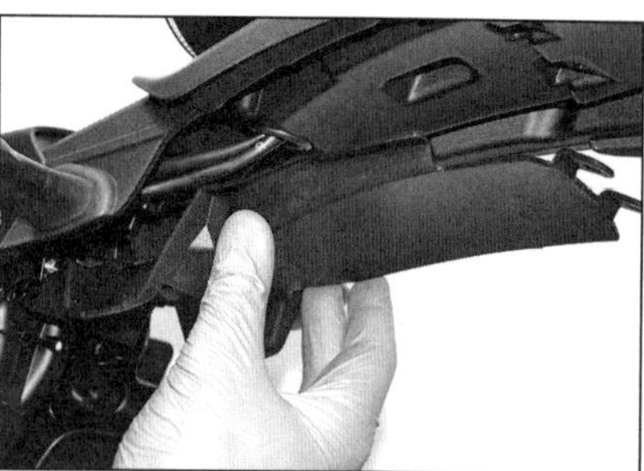
9.1b ... und entnehmen Sie die Abdeckung.

Seitenversteller rechts oben (siehe Abbildungen). Die Einsteller lassen sich ggf. mit einem durch den Kanal eingeführten Kreuzschlitz-Schraubendreher verstellen, der in seine Verzahnung greift – so lässt sich der Scheinwerfer besser in der Geradeaus-Position justieren.

**18** Drehen Sie den Höhenversteller im Uhrzeigersinn, um den Lichtstrahl abzusenken, und links herum, um ihn anzuheben.

**19** Drehen Sie den Seitenversteller im Uhrzeigersinn, um den Lichtstrahl nach rechts zu lenken, und links herum, um ihn nach links zu leiten.

## TRACER

**20** Die Einsteller sitzen hinten am jeweiligen Scheinwerfer – jeder kann individuell eingestellt werden (siehe Abbildung). Die Einsteller lassen sich mit einem Kreuzschlitz-Schraubendreher verstellen.

**21** Drehen Sie den Höhenversteller im Uhrzeigersinn, um den Lichtstrahl abzusenken, und links herum, um ihn anzuheben.

**22** Drehen Sie den Seitenversteller im Uhrzeigersinn, um den Lichtstrahl nach rechts zu lenken, und links herum, um ihn nach links zu leiten.

## XSR 700

**23** Die Scheinwerfer-Einsteller sitzen seitliche im Lampenring – der Höhenversteller rechts unten und der Seitenversteller links unten (siehe Abbildung). Die Einsteller lassen sich mit einem Kreuzschlitz-Schraubendreher verstellen.

**24** Drehen Sie den Höhenversteller im Uhrzeigersinn, um den Lichtstrahl anzuheben, und links herum, um ihn abzusenken.

**25** Drehen Sie den Seitenversteller im Uhrzeigersinn, um den Lichtstrahl nach rechts zu lenken, und links herum, um ihn nach links zu leiten.

## 9 Kennzeichenbeleuchtungs-Lampe

**1** Entfernen Sie bei der XSR 700 die Abdeckung unterhalb des Hinterradkotflügels (siehe Abbildungen).

**2** Lösen Sie bei allen Modellen die Muttern der Kennzeichenbeleuchtung, entfernen Sie bei der MT-07 und der XSR 700 die Scheiben, und entnehmen Sie die Lampen-Baugruppe (siehe Abbildungen).

9.2a Lösen Sie die Muttern, ...

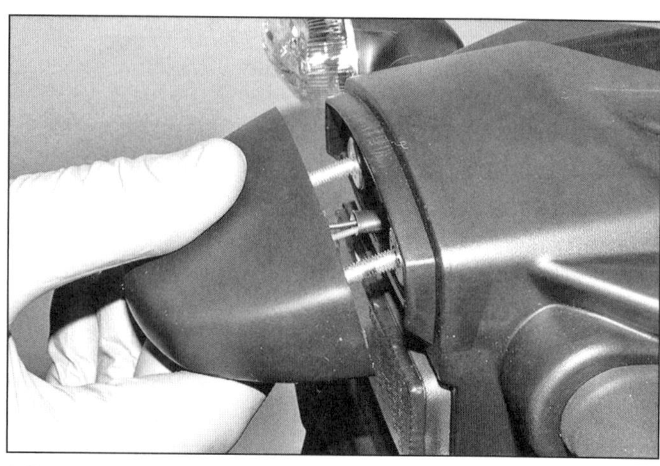
9.2b ... und befreien Sie die Kennzeichenbeleuchtung.

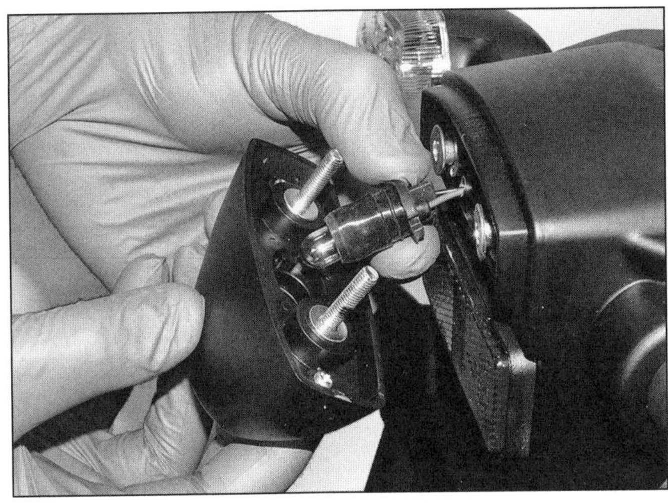
9.3a Ziehen Sie den Lampenhalter heraus, ...

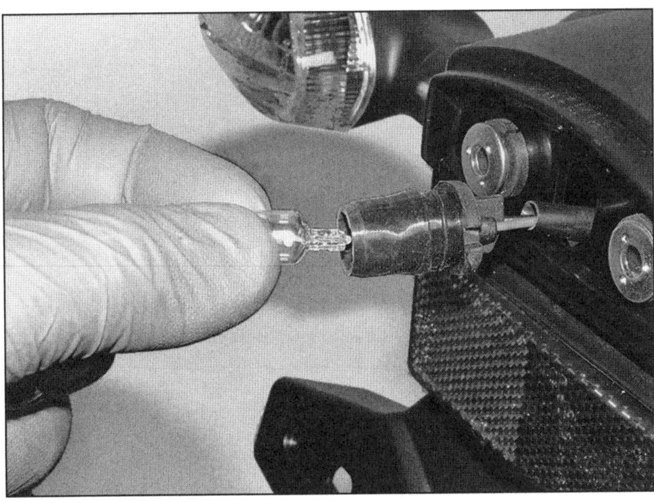
9.3b ... und befreien Sie die Lampe aus dem Halter.

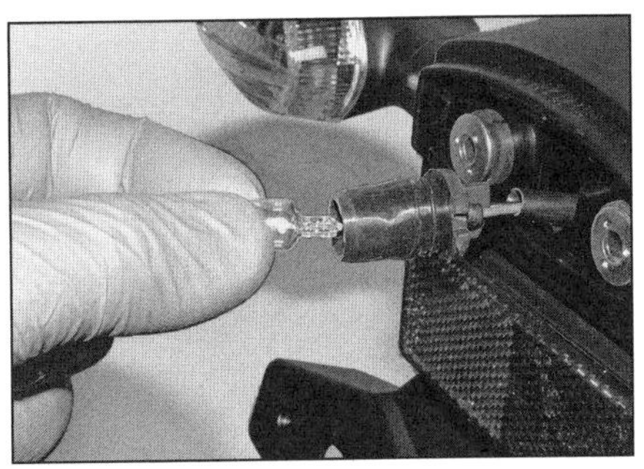
9.5 Die Hülsen müssen in den Gummiösen stecken.

3 Ziehen Sie den Lampenhalter aus dem Gehäuse und die Lampe aus dem Halter (siehe Abbildungen).
4 Richten Sie die neue Lampe zum Halter aus, drücken Sie sie ein, und installieren Sie diesen in die Kennzeichenbeleuchtung.
5 Prüfen Sie, ob die Hülsen in den Gummiösen stecken (siehe Abbildung). Installieren Sie die Lampe, legen Sie bei der MT-07 und der XSR 700 die Scheiben auf, und installieren Sie die Muttern. Prüfen Sie die Funktion der Lampe.
6 Montieren Sie bei der XSR 700 die Abdeckung unterhalb des Kotflügels (Abbildung 9.1b und a).

## 10 Rücklicht

### MT-07

1 Demontieren Sie die Heckverkleidung (siehe Kapitel 7).
2 Trennen Sie den Rücklichtstecker und befreien Sie die Verkabelung (siehe Abbildung).
3 Lösen Sie die zwei Schrauben, und entfernen Sie das Rücklicht (siehe Abbildung) – beachten Sie die Hülsen in den Gummiösen.
4 Der Einbau entspricht der umgekehrten Ausbaureihenfolge. Die Gummiösen dürfen nicht rissig oder beschädigt sein, und die Hülsen müssen darin stecken. Prüfen Sie die Funktion des Rücklichts und des Bremslichts.

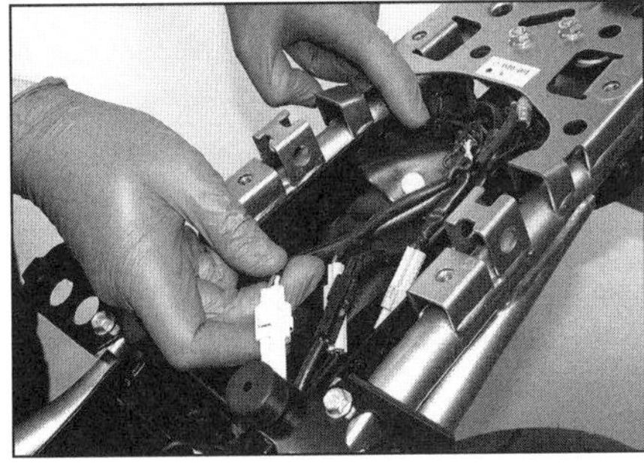
10.2 Trennen und befreien Sie das Rücklichtkabel - MT-07.

### TRACER

5 Demontieren Sie die Heckverkleidung (siehe Kapitel 7).
6 Trennen Sie den Rücklichtstecker (siehe Abbildung).

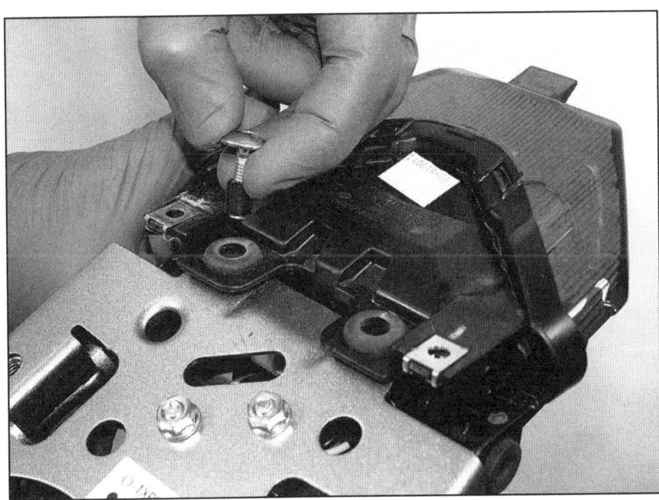
10.3 Lösen Sie die zwei Rücklichtschrauben, beachten Sie die Hülsen.

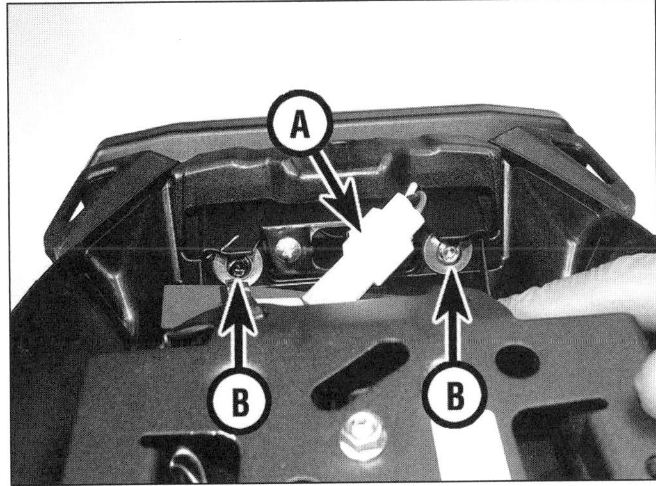

10.6 Rücklichtstecker (A), Rücklichtschrauben (B) – TRACER

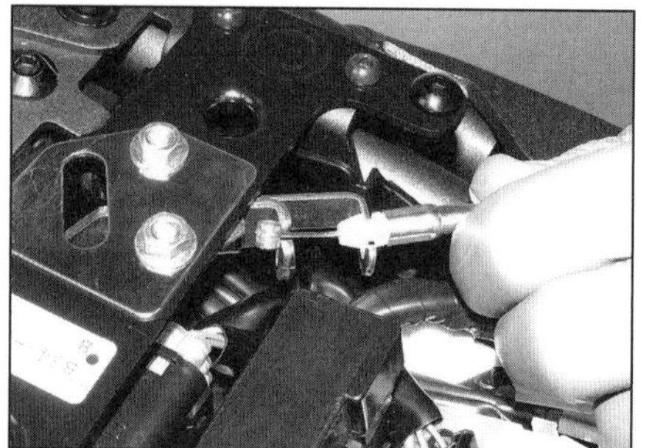

**10.10a Befreien Sie die Bowdenzughülle aus dem Halter und das Zugseil aus dem Hebel.**

**10.10b Lösen Sie die Arretierung, und heben Sie die Sicherungsbox ab.**

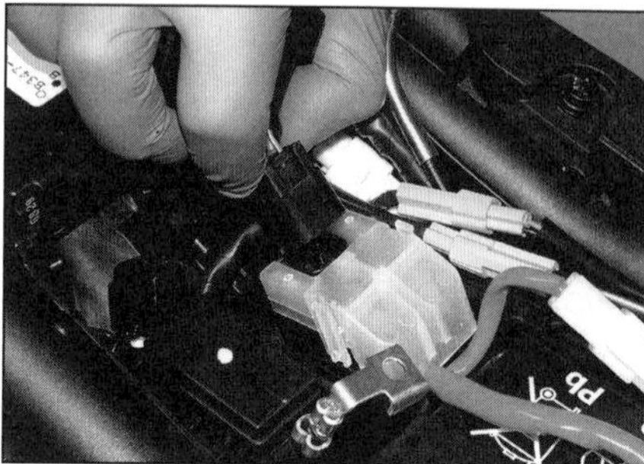

**10.10c Trennen Sie den Relaisstecker, ...**

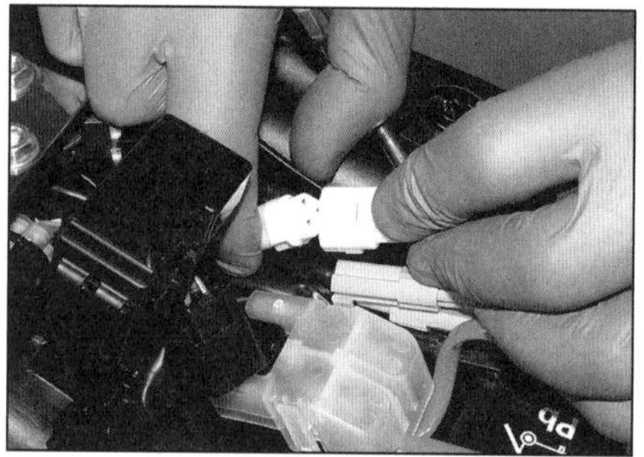

**10.10d ... und heben Sie den Rücklichtstecker heraus, um auch ihn zu trennen.**

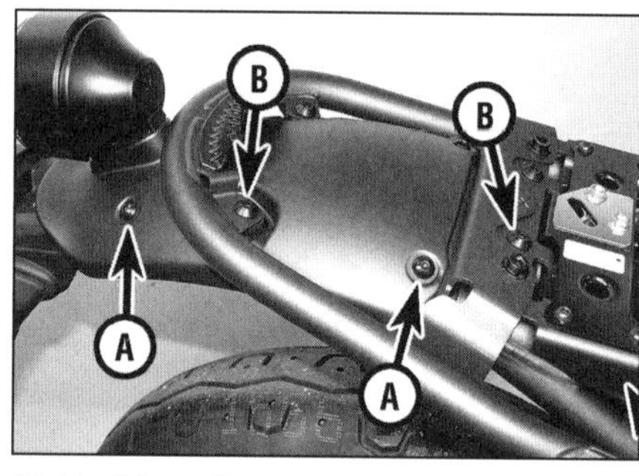


**10.11a Lösen Sie an jeder Seite die Kotflügelschrauben (A) und die Halteschrauben (B) ...**

**10.11b ... sowie die mittlere Schraube.**

**7** Lösen Sie die zwei Schrauben, und entfernen Sie das Rücklicht (Abbildung 10.6) – beachten Sie die Buchsen in den Gummiösen.

**8** Der Einbau entspricht der umgekehrten Ausbaureihenfolge. Die Gummiösen dürfen nicht rissig oder beschädigt sein, und die Buchsen müssen darin stecken. Prüfen Sie die Funktion des Rücklichts und des Bremslichts.

## XSR 700

**9** Demontieren Sie die Sitzbank (siehe Kapitel 7).

**10** Befreien Sie den Bowdenzug des Sitzbankschlosses und die Sicherungsbox (siehe Abbildungen). Trennen Sie den Stecker des Anlasserrelais und dann den Rücklichtstecker (siehe Abbildungen).

**11** Lösen Sie die die vier Schrauben außen aus dem Hinterradkotflügel sowie dessen Halteschrauben. Senken Sie den Kotflügel ab, um die fünfte mittige Schraube zu lösen und den äußeren Kotflügel abzuheben – merken Sie sich die Verlegung des Rücklichtkabels. Der Innenkotflügel kann auf dem Hinterrad abgelegt werden (siehe Abbildungen).

**12** Befreien Sie das Rücklichtkabel, lösen Sie die zwei Muttern, und entfernen Sie das Rücklicht vom Außenkotflügel (siehe Abbildung) – beachten Sie die Buchsen im Gummidämpfer.

**13** Der Einbau entspricht der umgekehrten Ausbaureihenfolge. Die Buchsen müssen im Gummidämpfer stecken. Prüfen Sie die Funktion des Rücklichts und des Bremslichts.

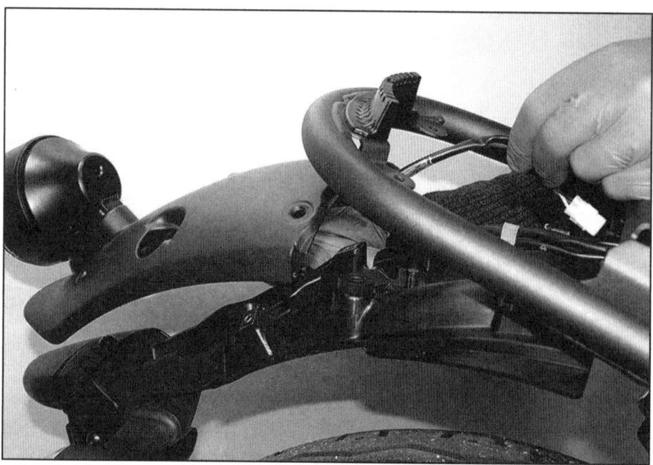

**10.11c Trennen Sie den Außenkotflügel samt Rücklicht vom Innenkotflügel.**

**10.12 Befreien Sie das Kabel aus seinen Klemmen, und lösen Sie die Rücklichtmuttern (Pfeile).**

11.3 Blinkrelais

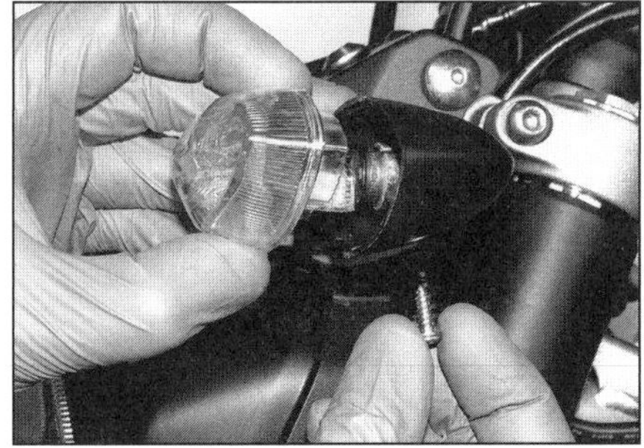

**12.1 Lösen Sie die Schraube und befreien Sie das Blinkerglas.**

**12.2 Drücken Sie die Lampe hinein, drehen Sie sie nach links und ziehen Sie sie heraus.**

## 11 Blinker Stromkreiskontrolle

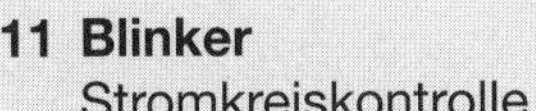

**1** Die meisten Blinkerprobleme sind das Resultat einer durchgebrannten Lampe oder korrodierten Fassung, besonders wenn die Anlage auf einer Seite noch funktioniert (möglicherweise zu schnell) und auf der anderen nicht. Kontrollieren Sie zunächst die Lampen, Fassungen und Kabelstecker (siehe Sektion 12 und 13). Wenn alle Blinker ausgefallen sind, müssen zunächst die PARKING/LIGHTNING-Sicherung (siehe Sektion 5) und der Blinkerschalter kontrolliert werden (siehe Sektion 19).

**2** Wenn hier alles in Ordnung ist, muss bei der MT-07 die linke Tankverkleidung, bei der TRACER die Tankabdeckung und bei der XSR 700 der Deckel links vorn unter dem Tank demontiert werden (siehe Kapitel 7), um das Blinkrelais wie folgt zu untersuchen:

**3** Ziehen Sie das Relais von seinem Halter, und trennen Sie seinen Stecker (siehe Abbildung).

**4** Prüfen Sie, ob bei eingeschalteter Zündung zwischen dem kabelbaumseitigen Kontakt des blau/roten Kabels und Masse Batteriespannung anliegt. Wird keine Spannung festgestellt, muss das Kabel zwischen dem Relais und der Sicherungsbox auf Durchgang kontrolliert werden (beachten Sie dazu die Hinweise in Sektion 2 und die Schaltpläne am Ende des Kapitels).

**5** Lag Spannung an, wird der Relaisstecker wieder verbunden. Prüfen Sie bei eingeschalteter Zündung und nach links oder rechts aktiviertem Blinkerschalter, ob zwischen dem braun/weißen Kabel und Masse fluktuierende Spannung anliegt.

**6** Wird keine Spannung festgestellt, muss das Blinkrelais ersetzt werden.

**7** Wurde Spannung ermittelt, müssen die Kabel zwischen dem Relais, dem Blinkerschalter und den Blinkerlampen auf Durchgang überprüft werden.

## 12 Blinkerlampen

**1** Lösen Sie die Schraube des Blinkerglases und befreien Sie es vom Gehäuse (siehe Abbildung).

**2** Drücken Sie die Lampe vorsichtig in ihre Fassung und drehen Sie sie nach links, um sie zu entfernen (siehe Abbildung).

**3** Kontrollieren Sie die Kontakte des Sockels – wenn sie korrodiert sind, müssen sie gereinigt werden.

**4** Richten Sie die Stifte der neuen Lampe zu den Schlitzen des Sockels aus, drücken Sie die Lampe hinein und drehen Sie sie im Uhrzeigersinn, um sie zu arretieren – beachten Sie, dass die orangen Lampen versetzt angeordnete Stifte haben, damit sie nicht durch Klarglas-Lampen ersetzt werden können; daher können sie nur in einer Position in den Sockel installiert werden.

**5** Montieren Sie das Blinkerglas und sichern Sie es mit der Schraube – ziehen Sie diese nicht zu fest, da das Glas leicht zerbricht. Prüfen Sie die Funktion des Blinkers.

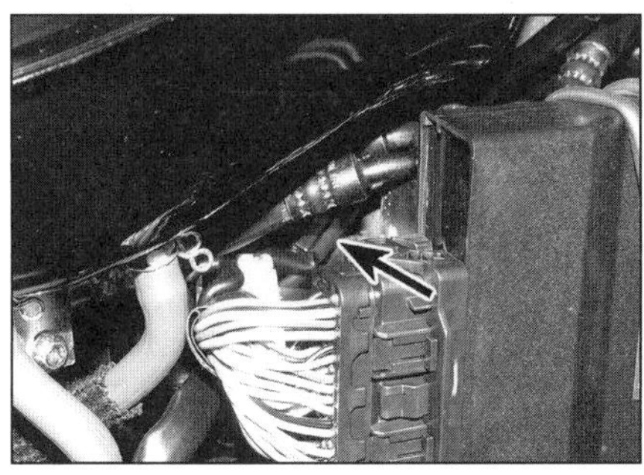

**13.2a Stecker des rechten Blinkers**

## 13 Blinker-Baugruppen

### Vorn

**1** Lösen Sie bei der MT-07 die Schrauben an beiden Seiten des Scheinwerfers, und schwenken Sie ihn über seine untere Halterung herunter (Abbildung 8.1a). Öffnen Sie den oberen Teil der Gummi-Steckerabdeckung, und trennen Sie die Blinkerstecker (Abbildung 8.1b). Lösen Sie die Schrauben des Blinkerhalters und entfernen Sie diesen (Abbildung 8.2a) – beachten Sie die seitlich in den Gummiösen steckenden Hülsen.

**2** Demontieren Sie bei der TRACER den Tank (siehe Kapitel 4), um Zugang zum Stecker des rechten Blinkers zu erhalten (siehe Abbildung). Der Stecker des linken Blinkers ist nach der

**13.2b Der linke Blinkerstecker sitzt unter der Abdeckung – schneiden Sie die Kabelbinder auf.**

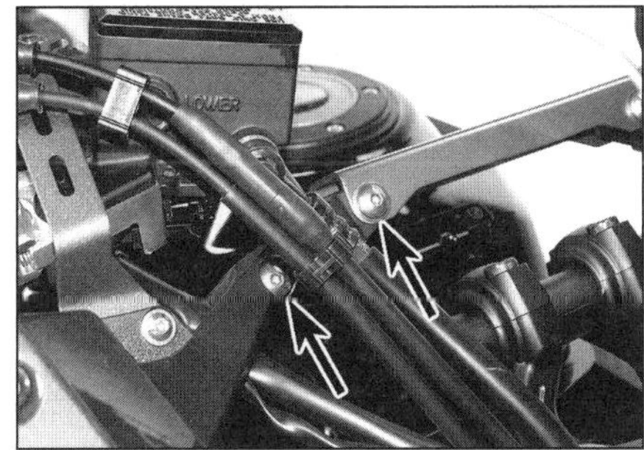

**13.2c Lockern Sie die Klemmschrauben, ...**

**13.2d ... und befreien Sie die Verkabelung.**

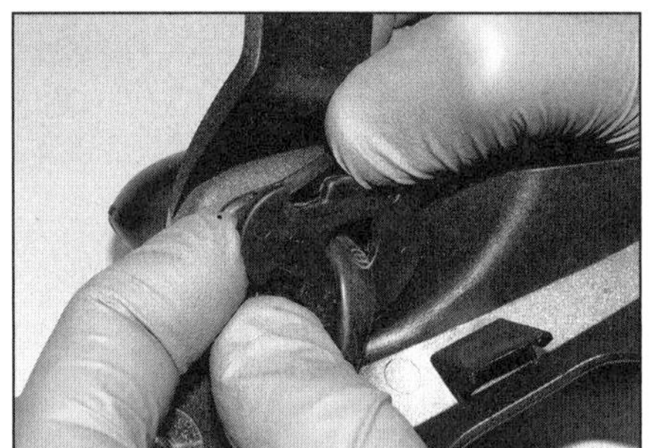

**13.4a Entfernen Sie die Platte, ...**

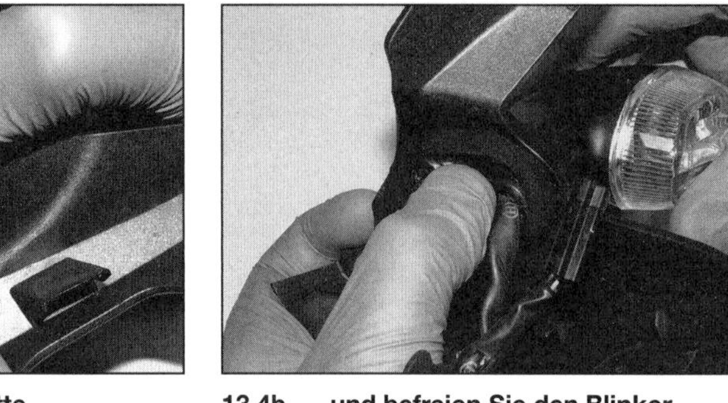

**13.4b ... und befreien Sie den Blinker.**

**13.6 Hintere Blinkerstecker der MT-07**

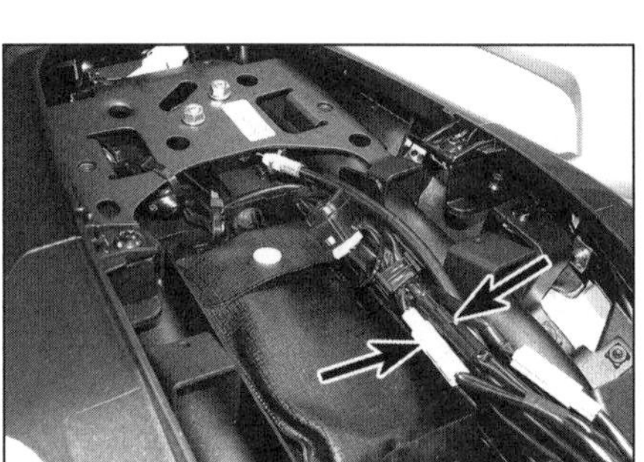

**13.7a Hintere Blinkerstecker der TRACER**

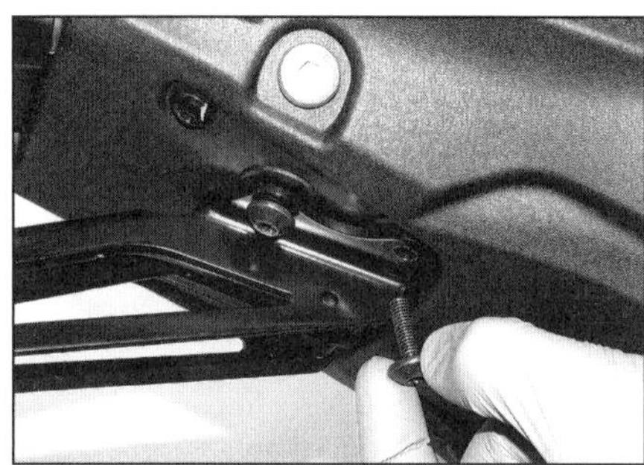

**13.7b Lösen Sie die vorderen Schrauben und lockern Sie die hinteren.**

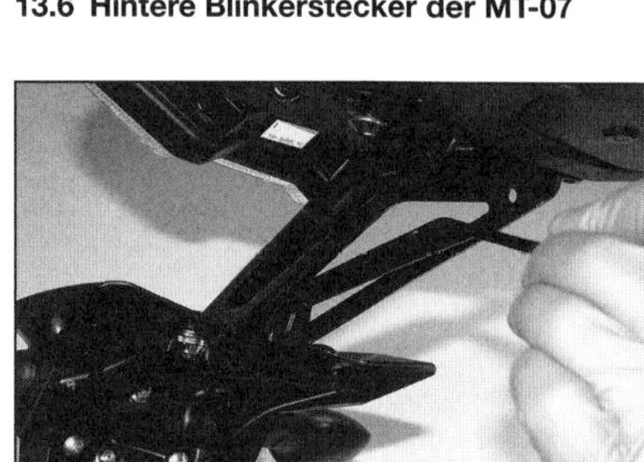

**13.7c Entfernen Sie die Abdeckung, um Zugang zu den Kabeln zu erhalten.**

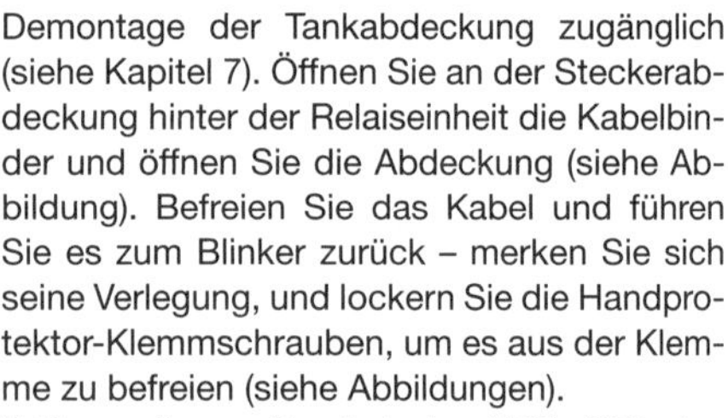

Demontage der Tankabdeckung zugänglich (siehe Kapitel 7). Öffnen Sie an der Steckerabdeckung hinter der Relaiseinheit die Kabelbinder und öffnen Sie die Abdeckung (siehe Abbildung). Befreien Sie das Kabel und führen Sie es zum Blinker zurück – merken Sie sich seine Verlegung, und lockern Sie die Handprotektor-Klemmschrauben, um es aus der Klemme zu befreien (siehe Abbildungen).

**3** Demontieren Sie bei der XSR 700 den Scheinwerfer und die Lampenschale (siehe Sektion 8).

**4** Befreien Sie innen am Blinkerschaft die Halteplatte, und ziehen Sie den Blinker samt Kabel aus seinem Halter – beachten Sie seine Einbauposition (siehe Abbildungen).

**5** Der Einbau entspricht der umgekehrten Ausbaureihenfolge. Die Halteplatte muss gut gesichert sein. Das Kabel müssen korrekt verbunden sein. Prüfen Sie die Funktion des Blinkers.

## Hinten

**6** Entfernen Sie bei der MT-07 das mittlere Segment der Heckverkleidung (siehe Kapitel 7). Trennen und befreien Sie die Blinkerkabel. Lösen Sie unten am Heckrahmen die Schrauben des Blinker- und Kennzeichenträgers, ziehen Sie die Kabel nach unten heraus, und merken Sie sich ihre Verlegung. Lösen Sie die Schrauben des Blinker/Kennzeichenplatten-Halters, und entfernen Sie diesen vom Träger.

**7** Demontieren Sie bei der TRACER die Sitzbank (siehe Kapitel 7). Trennen und befreien Sie die Blinkerkabel. Lösen Sie unten am Heckrahmen die vorderen Schrauben des Blinker- und Kennzeichenträgers, und lockern Sie die hinteren. Befreien Sie dann die Kunststoffabdeckung, um die Kabel nach unten zu führen – beachten Sie deren Verlegung (siehe Abbildungen). Lösen Sie die acht Schrauben des Blinker/Kennzeichenplatten-Halters, und entfernen Sie diesen vom Träger (siehe Abbildungen).

**8** Entfernen Sie bei der XSR 700 die Abdeckung unterhalb des Hinterradkotflügels (Abbildung 9.1a und b) sowie die Sitzbank (siehe Kapitel 7). Befreien Sie den Bowdenzug des Sitzbankschlosses und die Sicherungsbox (Abbildung 10.10a und b). Trennen Sie den Stecker des Anlasserrelais (Abbildung 10.10c) und dann die Blinkerstecker (siehe Abbildung). Lösen Sie die die vier Schrauben außen aus dem Hinterradkotflügel sowie dessen Halteschrauben. Senken Sie den Kotflügel ab, um die fünfte mittige Schraube zu lösen und den äußeren Kotflügel abzuheben – merken Sie sich die Verlegung des Rücklichtkabels (Abbildung 10.11a, b und c). Lösen Sie die Blinkerkabel-Klemmen, und ziehen Sie die Kabel durch das

**13.7d Lösen Sie an beiden Seiten die äußeren Schrauben ...**

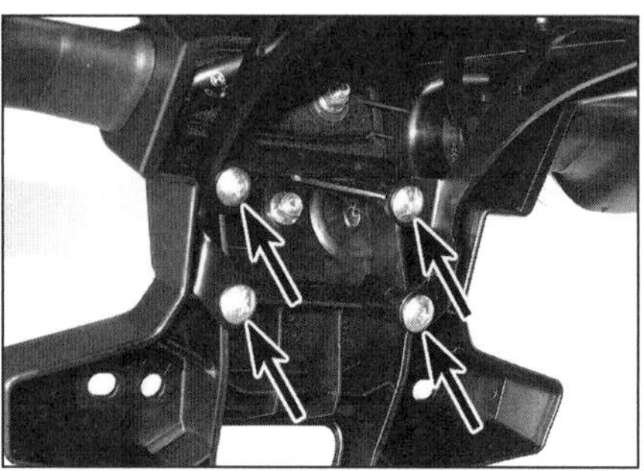

**13.7e ... und die inneren Schrauben.**

**13.8a Hintere Blinkerstecker der XSR 700**

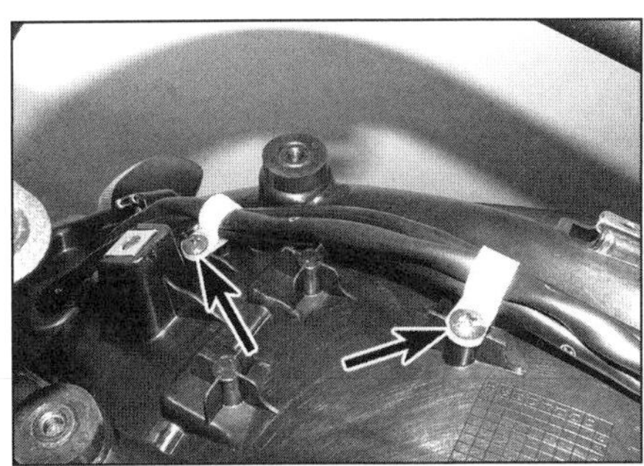

**13.8b Lösen Sie die Schrauben der Kabelklemmen.**

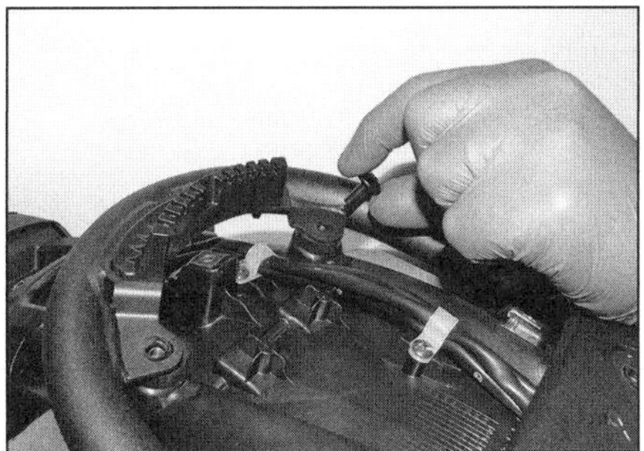

**13.8c Sichern Sie die Hecksektion am Rahmenheck.**

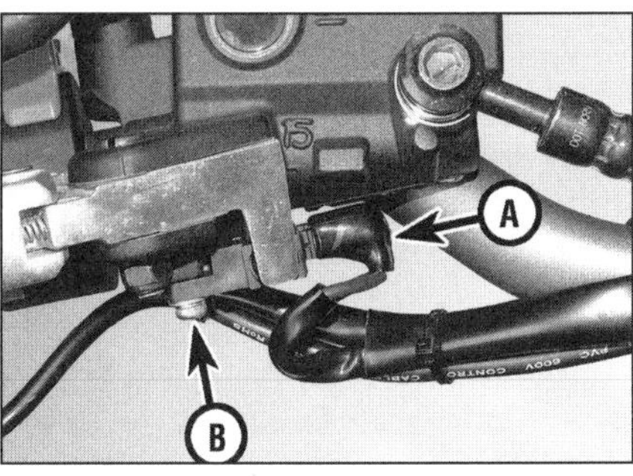


**14.2 Stecker (A) und Schraube (B) des vorderen Bremslichtschalters**

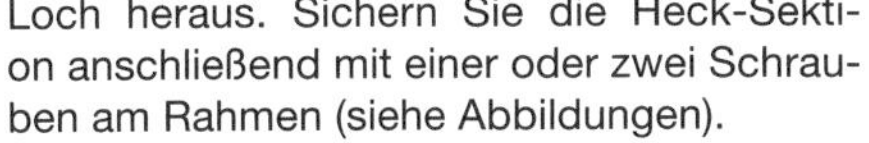

Loch heraus. Sichern Sie die Heck-Sektion anschließend mit einer oder zwei Schrauben am Rahmen (siehe Abbildungen).

**9** Befreien Sie innen am Blinkerschaft die Halteplatte, und ziehen Sie den Blinker samt Kabel aus seinem Halter – beachten Sie seine Einbauposition (Abbildung 13.4a und b).

**10** Der Einbau entspricht der umgekehrten Ausbaureihenfolge. Die Halteplatte muss gut gesichert sein. Das Kabel müssen korrekt verbunden sein. Prüfen Sie die Funktion des Blinkers.

## 14 Bremslichtschalter

### Stromkreis-Kontrolle

**1** Vor der Kontrolle der Schalter sollte – falls noch nicht geschehen – der Bremslicht-Stromkreis kontrolliert werden (siehe Sektion 6).

**2** Der vordere Bremslichtschalter sitzt unten am Handbremszylinder. Trennen Sie die Kabelstecker vom Schalter (siehe Abbildung).

**3** Verbinden Sie die Klemmen eines Durchgangsprüfers mit den Kontakten des Bremslichtschalters (Abbildung 2.10). Bei nicht betätigter Bremse darf kein Durchgang bestehen; bei gezogenem Hebel muss Durchgang bestehen – bei anderen Ergebnissen muss der Schalter demontiert und ersetzt werden.

**4** Der hintere Bremslichtschalter sitzt innen am rechten Fußrastenträger (siehe Abbildung). Um Zugang zum Kabelstecker zu erhalten, muss die rechte Rahmenabdeckung entfernt werden (siehe Kapitel 7). Verfolgen Sie das vom Schalter kommende Kabel und trennen Sie seinen Zweistift-Stecker (siehe Abbildung).

**5** Verbinden Sie die Klemmen eines Durchgangsprüfers mit den Kontakten des Bremslichtschalter-Steckers. Bei nicht betätigter Bremse darf kein Durchgang bestehen; bei gedrücktem Pedal muss Durchgang bestehen – bei anderen Ergebnissen muss die Einstellung des Schalters (siehe Kapitel 1) und ggf. die Feder auf Ermüdung kontrolliert werden. Ein defekter Schalter muss ersetzt werden.

### Ausbau und Einbau

## Vorderrad-Bremslichtschalter

**6** Trennen Sie den Kabelstecker vom Schalter (Abbildung 14.2).

**7** Lösen Sie die einzelne Schraube, die den Schalter am Bremszylinder sichert, und entfernen Sie ihn.

**8** Der Einbau entspricht der umgekehrten Ausbaureihenfolge. Prüfen Sie die Funktion des Schalters.

## Hinterrad-Bremslichtschalter

**9** Entfernen Sie die rechte Rahmenabdeckung (siehe Kapitel 7).

**10** Trennen Sie den Zweistiftstecker (Abbildung 14.4b), und führen Sie das Kabel zum Schalter zurück – merken Sie sich seine Verlegung.

**11** Lösen Sie die Schrauben des rechten Fußrastenträgers, entnehmen Sie die Scheiben, und nehmen Sie den Träger soweit ab, bis Zugang zu seiner Rückseite besteht (siehe Abbildung).

**12** Hängen Sie das untere Ende der Schalterfeder am Bremspedal aus, lösen Sie an der Unterseite des Halters die Einstellmutter-Laschen, und ziehen Sie den Schalter aus seinem Halter (siehe Abbildung).

**13** Der Einbau entspricht der umgekehrten Ausbaureihenfolge. Richten Sie die Gummiöse des Fußrastenträgers über dem Zapfen des inneren Halters aus, installieren Sie die Schrauben samt Scheiben, und ziehen Sie mit 30 Nm an (siehe Abbildung). Stellen Sie

**14.4a Der hintere Bremslichtschalter ...**

**14.4b ... und sein Stecker**

**14.11 Lösen Sie die Schrauben des rechten Fußrastenträgers und entnehmen Sie die Scheiben.**

**14.12 Hängen Sie die Bremslichtschalterfeder (A) aus, drücken Sie die Laschen (B) ein, und befreien Sie den Schalter.**

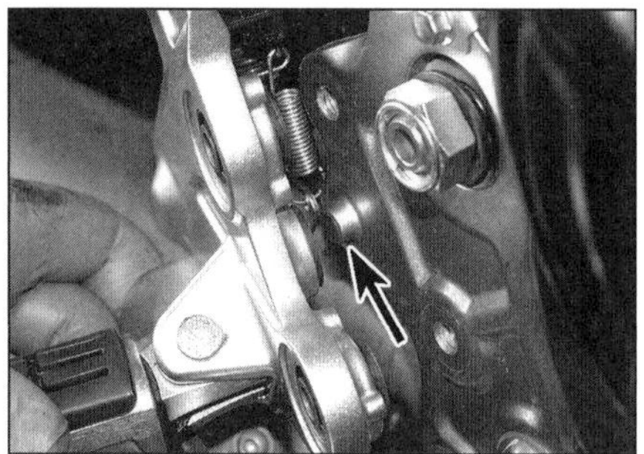

**14.13 Richten Sie den Gummistopfen über dem Zapfen (Pfeil) aus.**

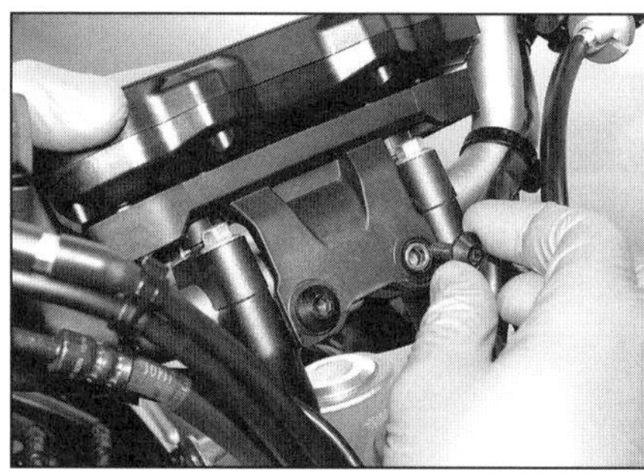

**15.1a Lösen Sie bei der MT-07 die Schrauben, …**

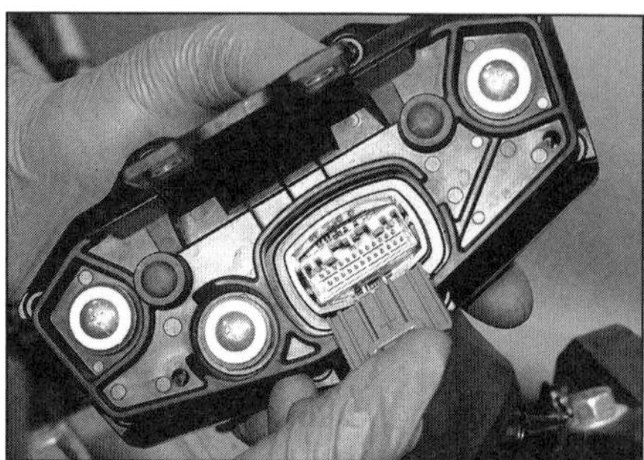

**15.1b … befreien Sie die Instrumentenbaugruppe, und trennen Sie den Kabelstecker.**

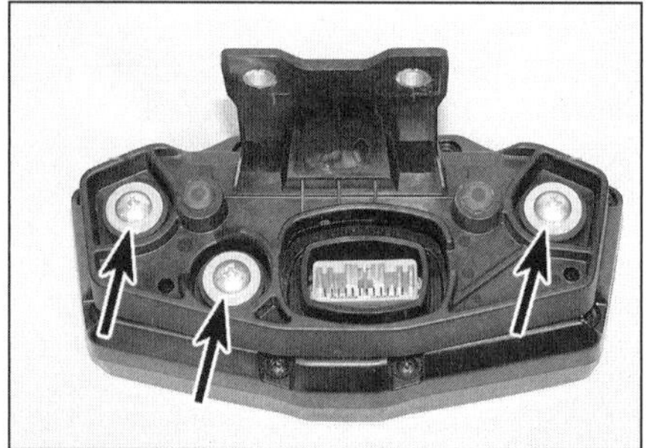

**15.2 Instrumenten-Schrauben**

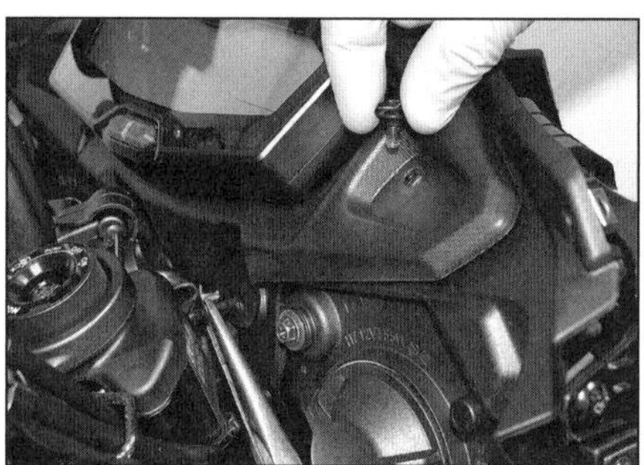

**15.4 Die Instrumentenverkleidung der TRACER ist an jeder Seite mit einem Verkleidungsstift und einer Schraube gesichert.**

**15.5a Trennen Sie den Scheinwerferstecker …**

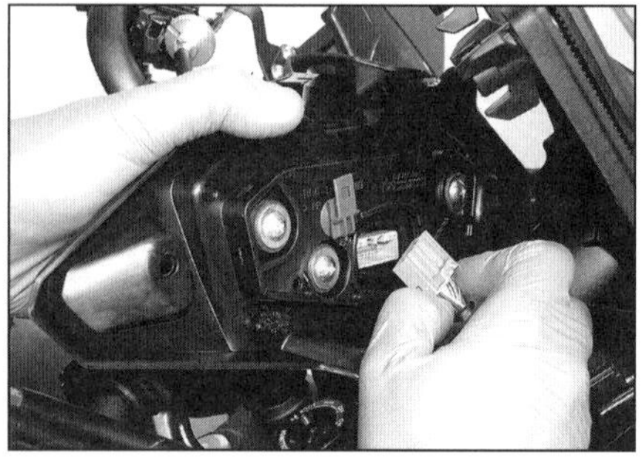

**15.5b … und den Instrumentenstecker.**

den Bremslichtschalter so ein, dass er das Bremslicht kurz vor dem Einsetzen der Bremswirkung einschaltet – wechseln Sie für die Einstellung ggf. nach Kapitel 1, Sektion 14.

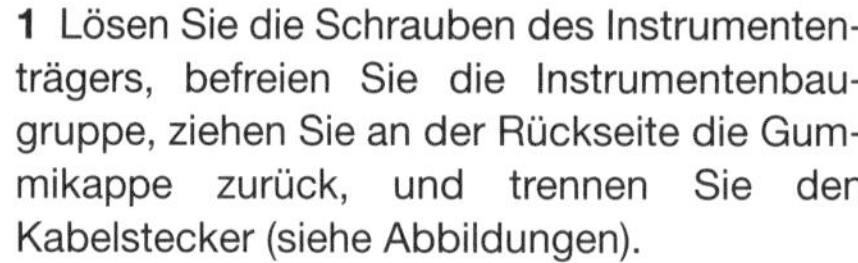

## 15 Instrumente
Ausbau und Einbau

### MT-07

**1** Lösen Sie die Schrauben des Instrumententrägers, befreien Sie die Instrumentenbaugruppe, ziehen Sie an der Rückseite die Gummikappe zurück, und trennen Sie den Kabelstecker (siehe Abbildungen).

**2** Lösen Sie nötigenfalls die drei Schrauben an der Unterseite, um die Instrumentenbaugruppe vom Träger zu befreien (siehe Abbildung).

**3** Der Einbau entspricht der umgekehrten Ausbaureihenfolge. Der Instrumentenstecker muss korrekt verbunden sein. Prüfen Sie vor der ersten Fahrt die Funktionen der Instrumente.

### TRACER

**4** Befreien Sie die zwei Verkleidungsstifte und die zwei Schrauben aus der Instrumentenverkleidung (siehe Abbildung).

**5** Befreien Sie die Instrumentenbaugruppe und trennen Sie an seiner Rückseite den Scheinwerfer- und den Instrumenten-Stecker (siehe Abbildungen).

**6** Lösen Sie nötigenfalls die drei Schrauben an der Unterseite, um die Instrumentenbaugruppe vom Träger zu befreien (siehe Abbildung).

**7** Der Einbau entspricht der umgekehrten Ausbaureihenfolge. Die Stecker müssen korrekt verbunden sein. Prüfen Sie vor der ersten Fahrt die Funktionen der Instrumente und des Scheinwerfers.

### XSR 700

**8** Lösen Sie die Instrumententräger-Schrauben, befreien Sie das Instrument, ziehen Sie

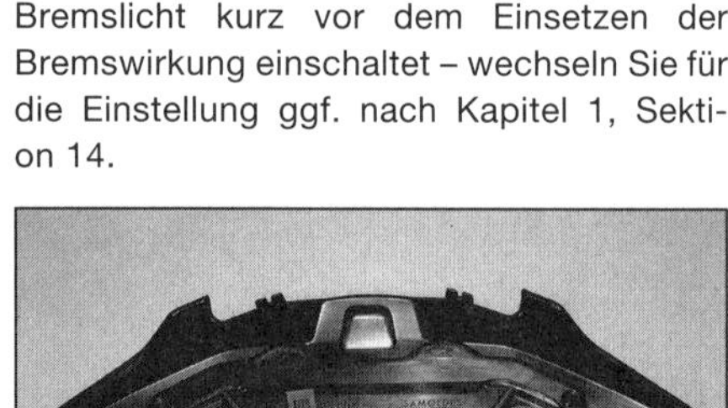

**15.6 Instrumenten-Schrauben**

**15.8a Lösen Sie bei der XSR 700 die Schrauben, …**

**15.8b … befreien Sie das Instrument, und trennen Sie den Kabelstecker.**

**15.9 Instrumenten-Schrauben**

**18.1 Zündschlosssstecker und Wegfahrsperrenstecker - MT-07**

**18.3 Zündschlosssstecker und Wegfahrsperrenstecker - XSR 700**

die Gummikappe ab, und trennen Sie den Stecker (siehe Abbildungen).

**9** Lösen Sie nötigenfalls die zwei Schrauben an der Unterseite, um das Instrument vom Träger zu befreien (siehe Abbildung).

**10** Der Einbau entspricht der umgekehrten Ausbaureihenfolge. Der Instrumentenstecker muss korrekt verbunden sein. Prüfen Sie vor der ersten Fahrt die Funktionen des Instruments.

## 16 Instrumente
Kontrolle

**1** Wenn keines der Instrumente oder Anzeigen funktioniert, müssen zunächst die IGNITION-Sicherung und alle relevanten Kabel und Stecker kontrolliert werden (beachten Sie dazu die Hinweise in Sektion 2 und 15 sowie die Schaltpläne am Ende des Kapitels).

**2** Bei den Warn- und Anzeigefunktionen (Öldruck, Tank-Reserve, Ganganzeige, Motor-Warnlampe, Leerlauf, Fernlicht, Blinker) handelt es sich jeweils um LEDs (siehe Sektion 17).

**3** Der Öldruck, der Kraftstoffpegel, die Kühltemperatur und die Geschwindigkeits-Anzeige werden von entsprechenden Gebern und Sensoren gesteuert. Falls eine Anzeige ausfällt oder falsche Daten anzeigt, müssen die entsprechenden Geber oder Sensoren kontrolliert werden:

- Öldruckschalter – Details finden sich in Sektion 25.
- Getriebesensor – Details finden sich in Sektion 20.
- Kühltemperatursensor – Prüfdaten finden sich in Kapitel 3, Sektion 5.
- Tankanzeige-Geber – Prüfdaten finden sich in Kapitel 4, Sektion 4.
- Geschwindigkeitssensor – Prüfdaten finden sich in Kapitel 4, Sektion 8 (Modelle ohne ABS) oder Kapitel 6, Sektion 17 (Modelle mit ABS).

**4** Falls sich ein Instrument als defekt erweist, muss die Instrumentenbaugruppe ersetzt werden (siehe Sektion 15) – Reparaturen sind nicht möglich.

**5** Für den Drehzahlmesser sind keine Prüfdaten erhältlich.

## 17 Kontrolllampen

**1** Die Warn- und Kontrollfunktionen der Instrumentenbaugruppe werden von LEDs übernommen.

**2** Die LEDs leuchten auf, wenn dies vom entsprechenden Schalter oder Sensor ausgewählt wurden. Falls eine LED nicht leuchtet, muss zuerst der Schalter oder Sensor überprüft werden, dann wird die LED wie unten beschrieben getestet.

**3** Die Öldruck-Warnleuchte muss nach dem Einschalten der Zündung aufleuchten und dann kurzzeitig erlöschen, um auf ihre Funktion hinzuweisen, anschließend leuchtet sie bis zum Starten des Motors wieder auf. Falls die Lampe nach dem Starten des Motors nicht erlischt oder im laufenden Betrieb aufleuchtet, muss der Motor unverzüglich abgeschaltet und der Ölpegel kontrolliert werden (siehe *Tägliche Kontrollen*). Ist der Ölstand korrekt, muss der Schalter kontrolliert werden (siehe Sektion 25) – ist er in Ordnung, muss eine Öldruckprüfung durchgeführt werden (siehe Kapitel 2, Sektion 3).

**4** Die Motor-Warnleuchte und die Kühltemperaturleuchte müssen nach dem Einschalten der Zündung für einige Sekunden aufleuchten, um auf ihre Funktion hinzuweisen, und dann erlöschen. Das Gleiche gilt ggf. für die Wegfahrsperren-Leuchte.

**5** Bei Modellen mit ABS muss die ABS-Warnleuchte nach dem Einschalten der Zündung für einige Sekunden aufleuchten, um auf ihre Funktion hinzuweisen; sobald schneller als 10 km/h gefahren wird, muss die LED erlöschen. Falls die LED nicht aufleuchtet, nicht wieder erlischt oder zu blinken beginnt, müssen die Hinweise in Kapitel 6, Sektion 17 beachtet werden.

**6** Falls (nach der Kontrolle des entsprechenden Sensors oder Gebers sowie der Verkabelung) ein Defekt in der LED vermutet wird, muss die Instrumentenbaugruppe von einer Yamaha-Werkstatt überprüft werden.

**7** Falls eine LED ausgefallen ist, muss die Instrumentenbaugruppe ersetzt werden – Reparaturen sind nicht möglich und Einzelteile nicht erhältlich (siehe Sektion 15).

## 18 Zündschloss

***Warnung: Um das Risiko eines Kurzschlusses zu vermeiden, muss vor jeder Kontrolle des Zündschlosses der Masseanschluss (–) von der Batterie getrennt werden.***

### Kontrolle

**1** Entfernen Sie bei der MT-07 den Tank (siehe Kapitel 4) – der Zündschlossstecker sitzt ggf. zusammen mit dem Wegfahrsperrenstecker unter dem oberen Rahmenrohr (siehe Abbildung).

**2** Entfernen Sie bei der TRACER die Tankabdeckung (siehe Kapitel 7), und schneiden Sie hinter der Relaiseinheit den Kabelbinder der Steckerabdeckung auf, um diese zu öffnen (Abbildung 13.2b) – der Zündschlossstecker sitzt ggf. zusammen mit dem Wegfahrsperrenstecker unter der Abdeckung.

**3** Lösen Sie bei der XSR 700 die drei Schrauben des Scheinwerferträgers, und schwenken Sie diesen nach vorn (Abbildung 8.9) – der Zündschlossstecker sitzt ggf. zusammen mit dem Wegfahrsperrenstecker unter der Gummikappe rechts an der Gabel (siehe Abbildung).

**4** Trennen Sie die Zündschlossstecker, und kontrollieren Sie mithilfe eines Multimeters oder Durchgangsprüfers am Zündschloss-Stecker den Durchgang zwischen den Kontaktpaaren (beachten Sie dazu die Schaltpläne am Ende dieses Kapitels) – Durchgang muss je nach Zündschloss-Stellung zwischen den im Schaltplan mit einer Linie verbundenen Anschlüssen bestehen.

**5** Falls bei einem der Tests andere Ergebnisse festgestellt werden, ist das Zündschloss defekt und muss ersetzt werden.

### Ausbau

**Anmerkung:** *Das Zündschloss wird von Yamaha nur zusammen mit einem neuen Sitzbankschloss und einem neuen Tankdeckel sowie ggf. auch einer neuen Wegfahrsperre samt Empfängerteil und Motorsteuergerät ausgelie-*

**18.11a Lockern Sie die Klemmschrauben an beiden Standrohren ...**

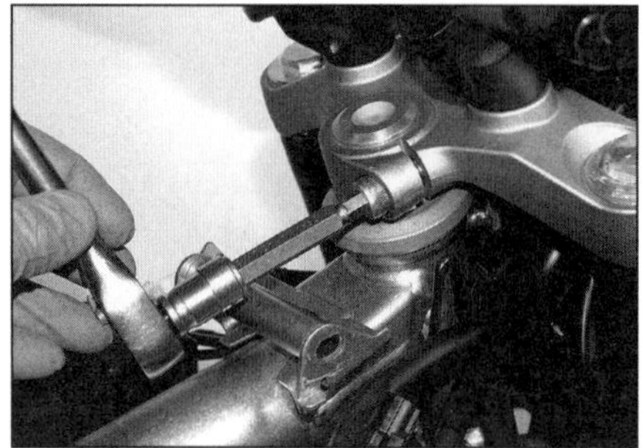

**18.11b ... und am Lenkschaft.**

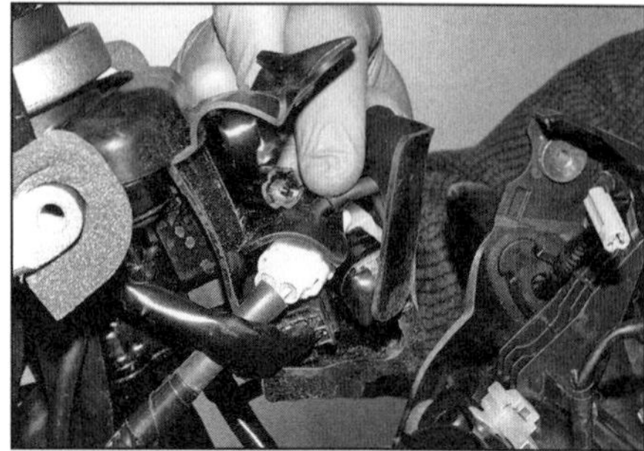

**19.2a Öffnen Sie die untere Gummiabdeckung, ...**

*fert (der Empfänger und das Steuergerät sind auch separat erhältlich) – dies sorgt für beträchtliche Kosten!*

**6** Trennen Sie auf jeden Fall den Masseanschluss (–) der Batterie, um keinen Kurzschluss zu verursachen (siehe Sektion 3).
**7** Demontieren Sie alle Tankverkleidungen (siehe Kapitel 7) und nötigenfalls auch den Tank (siehe Kapitel 4), um Zugang zum Zündschlossstecker zu erhalten (siehe Kapitel 4).
**8** Beachten Sie je nach Modell den Schritt 1, 2 oder 3 oben, um den Zündschlossstecker und ggf. den Wegfahrsperrenstecker zu trennen. Führen Sie die Verkabelung zum Zündschloss zurück, merken Sie sich seine Verlegung.
**9** Demontieren Sie bei der MT-07 und der XSR 700 die Instrumente und die komplette Scheinwerfer-Baugruppe (siehe Sektionen 15 und 8).
**10** Befreien Sie alle Bowdenzüge, Kabel und Schläuche aus den Führungen der oberen Gabelbrücke – merken Sie sich ihre Verlegung. Demontieren Sie den Lenker (siehe Kapitel 5, Sektion 5).
**11** Lockern Sie alle drei Klemmschrauben der oberen Gabelbrücke (siehe Abbildung), und heben Sie diese von den Standrohren und dem Lenkschaft.
**12** Das Zündschloss ist von unten mit speziellen Schrauben gesichert, deren Köpfe beim Anziehen abscheren. Um diese Schrauben wieder lösen zu können, müssen ihre Köpfe ausgebohrt oder die Schrauben mithilfe eines Meißels schrittweise herausgedreht werden. Klemmen Sie dazu die Gabelbrücke in einen mit weichen Backen oder Hölzern ausgerüsteten Schraubstock. Entfernen Sie die Schrauben – beachten Sie, wie die Führung gehalten wird, und befreien Sie das Zündschloss aus der Gabelbrücke. Zum Einbau müssen neue Schrauben verwendet werden.
**13** Falls vorhanden, muss der Wegfahrsperren-Empfänger entfernt werden.

## Einbau

**14** Der Einbau entspricht der umgekehrten Ausbaureihenfolge – beachten Sie dabei folgende Punkte:

- Beschaffen Sie beim Yamaha-Händler neue Zündschloss-Schrauben – verwenden Sie keine normalen Schrauben. Ziehen Sie diese Schrauben an, bis ihr Kopf abgeschert ist.
- Alle Kabel müssen korrekt verlegt und sicher verbunden sein.
- Die Lenker- und Standrohr-Klemmschrauben müssen mit den in Kapitel 5 angegebenen Drehmomenten angezogen werden.

## 19 Lenkerschalter

## Kontrolle

**1** Im Allgemeinen funktionieren die Schalter zuverlässig und problemlos. Wenn Probleme auftreten, liegt es oft an Schmutz und korrodierten Kontakten, aber auch Verschleiß und Brüche innerer Teile sind Möglichkeiten, die nicht übersehen werden dürfen. Wenn irgendeine Unterbrechung auftritt, muss der entsprechende Schalter samt angeschlossener Kabel ersetzt werden, da Einzelteile nicht erhältlich sind. Die Schalter können mit einem Ohmmeter oder einer Prüflampe auf Durchgang kontrolliert werden.
**2** Lösen Sie bei der MT-07 die Schrauben an beiden Seiten des Scheinwerfers, und schwenken Sie ihn über seine untere Halterung herunter (Abb. 8.1a). Öffnen Sie den oberen Teil der Gummi-Steckerabdeckung, und trennen Sie die Blinkerstecker (Abb. 8.1b). Schwenken Sie den Scheinwerfer weiter herunter, und trennen Sie den Standlichtstecker (Abb. 8.1c). Der Scheinwerfer kann mit angeschlossenem Scheinwerferstecker auf dem unteren Zapfen verbleiben. Öffnen Sie den unteren Teil der Gummi-Steckerabdeckung, um Zugang zu den Schaltersteckern zu erhalten (siehe Abbildungen).
**3** Demontieren Sie bei der TRACER den Tank (siehe Kapitel 4), um Zugang zum Stecker des rechten Lenkerschalters zu erhalten (siehe Abbildung). Für den Zugang zum Stecker des linken Lenkerschalters muss die Tankabdeckung entfernt werden (siehe Kapitel 7). Schneiden Sie dann den Kabelbinder der hinter den Relais sitzenden Steckerabdeckung auf, und öffnen Sie diese (Abb. 13.2b).
**4** Lösen Sie bei der XSR 700 die drei Schrauben des Scheinwerferträgers, und schwenken Sie diesen nach vorn (Abb. 8.9) – die Lenkerschalterstecker sitzen unter der Gummikappe unterhalb des Zündschlosses (siehe Abbildung).

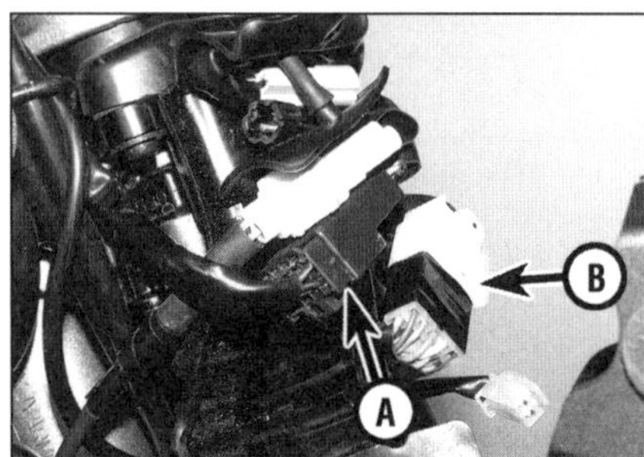


**19.2b ... und trennen Sie die Stecker des rechten (A) und des linken Lenkerschalters (B) - MT-07**

**19.3 Stecker des rechten Lenkerschalters – TRACER mit montiertem Tank**

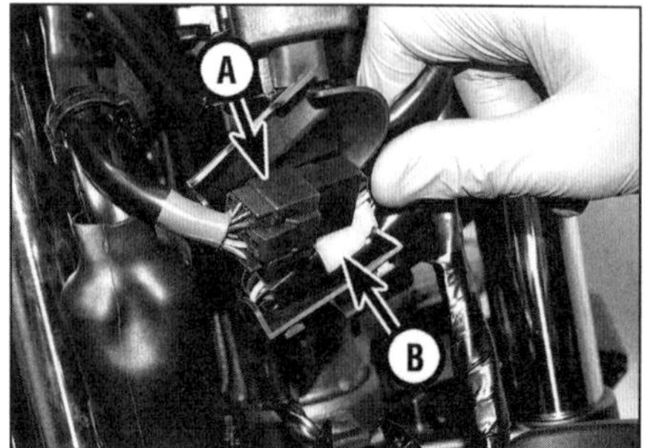


**19.4 Stecker des rechten (A) und des linken Lenkerschalters (B) unter der Gummikappe - XSR 700**

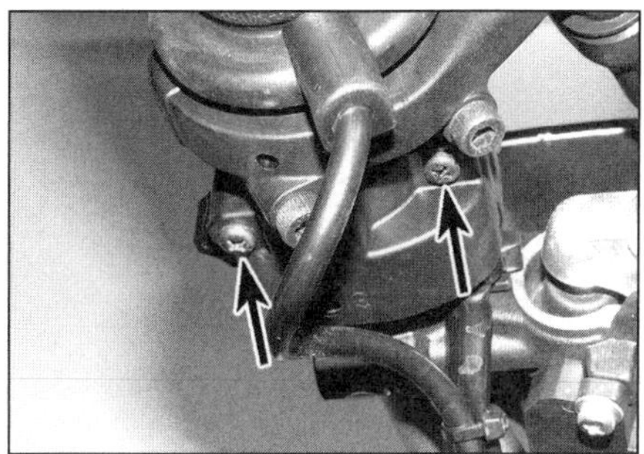

**19.10a Gehäuseschrauben des rechten Lenkerschalters**

**19.10b Gehäuseschrauben des linken Lenkerschalters**

**20.1 Stecker des Getriebeschalters**

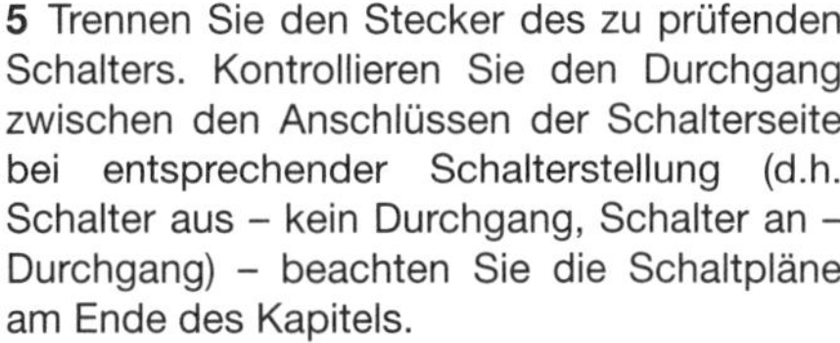

**5** Trennen Sie den Stecker des zu prüfenden Schalters. Kontrollieren Sie den Durchgang zwischen den Anschlüssen der Schalterseite bei entsprechender Schalterstellung (d.h. Schalter aus – kein Durchgang, Schalter an – Durchgang) – beachten Sie die Schaltpläne am Ende des Kapitels.

**6** Wenn die Durchgangsprüfung ein Problem bestätigt, muss das entsprechende Schaltergehäuse vom Lenker befreit (siehe unten) und seine Kontakte mit Kontaktspray eingesprüht werden (es ist nicht nötig, die Schalter dazu vollständig zu entfernen).

**7** Falls sie zugänglich sind, können die Kontakte mit einem Messer sauber gekratzt oder feinem Sandpapier aufpoliert werden. Wenn Schalterelemente beschädigt oder zerstört sind, wird dieses bei der Demontage offensichtlich. Lockere oder gelöste Kabel können möglicherweise wieder angelötet werden.

## Ausbau

**8** Falls der Schalter nicht nur vom Lenker befreit, sondern vollständig getrennt werden soll, muss der entsprechende Stecker getrennt werden (siehe Schritt 1, 2 oder 3). Führen Sie die Kabel zum Schalter zurück und befreien Sie es dabei aus allen Befestigungen – merken Sie sich die Verlegung. Lockern Sie bei der TRACER die Klemmschrauben der Handprotektoren, um die Kabel zu befreien (Abb. 13.2c und d).

**9** Um den rechten Lenkerschalter demontieren zu können, müssen zunächst die Stecker des Bremslichtschalters getrennt werden (Abb. 14.2). Um den linken Lenkerschalter demontieren zu können, muss zunächst der Stecker des Kupplungsschalters getrennt werden (Abb. 22.2).

**10** Lösen Sie die Schaltergehäuse-Schrauben – beachten Sie ihre Einbaulage, da sie sich unterscheiden (siehe Abbildungen).

**11** Trennen Sie die Schalterhälften und befreien Sie sie vom Lenker – beachten Sie, wie der Stift der unteren oder vorderen Hälfte in die Bohrung des Lenkers greift.

## Einbau

**12** Der Einbau entspricht der umgekehrten Ausbaureihenfolge. Die Arretierstifte der Schalter müssen in den Lenkerbohrungen stecken, bevor die Gehäuseschrauben – nicht zu fest – angezogen werden. Alle Kabel müssen korrekt verlegt, gesichert und verbunden sein. Verbinden Sie den/die Stecker des Bremslichtschalters und des Kupplungsschalters. Prüfen Sie vor der ersten Fahrt alle Schalter-Funktionen.

# 20 Getriebeschalter

## Kontrolle

**1** Der Getriebeschalter sitzt links am Motor. Der Kabelstecker befindet sich neben dem Anlasser oben am Motorgehäuse (siehe Abbildung) – er ist von rechts zugänglich (nötigenfalls muss dazu der Kupplungszughalter demontiert und der Kupplungszug aus der Betätigung befreit werden (siehe Kapitel 2, Sektion 12).

**2** Trennen Sie den Stecker, und prüfen Sie an seiner Schalter-Seite beim Durchschalten des Getriebes, ob die Kontakte der folgenden Kabel Durchgang zum Motorgehäuse haben:

Leerlauf: hellblaues Kabel
1. Gang: rosa Kabel
2. Gang: weißes Kabel
3. Gang: graues Kabel
4. Gang: oranges Kabel
5. Gang: weiß/rotes Kabel
6. Gang: gelb/weißes Kabel

Ist dies nicht der Fall, muss der Halter befreit (aber nicht von seinem Halter getrennt) und geprüft werden, ob der unter Federdruck stehende Kontaktkolben und die Kontakte an der Innenseite des Schalters weder beschädigt noch verschlissen sind (siehe Abbildung), zudem darf der Kolben nicht in der Schaltwalze festgegangen sein (Abbildung 20.7).

**3** Wenn der Schalter in Ordnung ist, muss die Verkabelung zwischen seinem Stecker, dem Anlasserstromkreis-Abschaltrelais und der Instrumentenbaugruppe auf Durchgang getestet werden – beachten Sie dazu die Schaltpläne am Ende dieses Kapitels und Sektion 23 für die Prüfung der Diode im Relais.

**4** Wenn die Verkabelung in Ordnung ist, müssen das Abschaltrelais (siehe Sektion 23) und alle anderen Komponenten des Anlasserstromkreises kontrolliert werden – beachten Sie die entsprechenden Sektionen dieses Kapitels. Wenn alle Teile in Ordnung sind, müssen alle Kabel zwischen ihnen überprüft werden (beachten Sie dazu die Schaltpläne am Ende dieses Kapitels).

## Ausbau und Einbau

**5** Der Getriebeschalter sitzt links am Motorgehäuse. Demontieren Sie für den Zugang den Motorritzeldeckel (siehe Kapitel 6, Sektion 19). Ziehen Sie bei Modellen mit Verdunstungsregelung an beiden Seiten des Behälters die Schläuche ab (merken Sie sich rechts ihre Positionen), und ziehen Sie den Behälter aus seinem Halter (Abbildung 27.3a und b). Befreien Sie die Verkabelung und den Stecker aus der Halterung, und ziehen Sie ihn aus dem Schalter – merken Sie sich die Verlegung des Kabels (Abbildung 20.1).

**6** Lösen Sie die Schrauben, und entfernen Sie den Schalter (siehe Abbildung) – der O-Ring muss später erneuert werden.

**20.2 Kontrollieren Sie die Schalterkontakte auf Verschleiß.**

**20.6 Ausbau des Getriebeschalters**

20.7 Befreien Sie den Stift und die Feder.

20.8 Installieren Sie den gefetteten O-Ring in die Nut des Schalters.

21.2 Öffnen Sie den Kabelbinder und trennen Sie den Stecker des Seitenständerschalters.

7 Ziehen Sie den Kontaktstift und seine Feder aus der Schaltwalze (siehe Abbildung).
8 Der Einbau entspricht der umgekehrten Ausbaureihenfolge – verwenden Sie einen neuen O-Ringe und fetten Sie ihn ein (siehe Abbildung). Reinigen Sie die Gewinde der Schrauben und tragen Sie Sicherungspaste auf, bevor Sie sie sorgfältig anziehen. Achten Sie darauf, dass die Verkabelung korrekt verlegt und der Stecker sicher verbunden ist. Prüfen Sie die Funktion des Schalters.

## 21 Seitenständerschalter

### Kontrolle

1 Der Seitenständerschalter sitzt innen am Halter des Ständers und ist Teil des Sicherheitsstromkreises, der dafür sorgt, dass der Motor bei ausgeklapptem Seitenständer und eingelegtem Gang ausgeht bzw. nicht gestartet werden kann, solange dabei nicht die Kupplung gezogen wird.
2 Um Zugang zum Kabelstecker zu erhalten, muss der Motorritzeldeckel entfernt werden (siehe Kapitel 6, Sektion 19). Verfolgen Sie das Sensorkabel, öffnen Sie den Kabelbinder, und trennen Sie es am Stecker (siehe Abbildung).
3 Prüfen Sie mithilfe eines Ohmmeters oder Durchgangstesters die Funktion des Schalters. Verbinden Sie die Prüfgerät-Klemmen mit den Kontakten der Schalter-Seite. Bei eingeklapptem Ständer muss Durchgang (»0«) oder nur sehr geringer Widerstand bestehen, bei ausgeklapptem Ständer darf kein Durchgang bestehen (»1«).
4 Wenn der Schalter in Ordnung ist, müssen das Anlasserstromkreis-Abschaltrelais (siehe Sektion 23) und die anderen Komponenten des Stromkreises kontrolliert werden – beachten Sie entsprechende Sektionen dieses Kapitels.
5 Wenn alle Komponenten in Ordnung sind, müssen die Kabel zwischen allen Bauteilen überprüft werden – beachten Sie dazu die Hinweise in Sektion 2 und die Schaltpläne am Ende dieses Kapitels.

### Ausbau und Einbau

6 Der Seitenständerschalter sitzt am Halter des Ständers.
7 Trennen Sie den hinter dem Motorritzeldeckel sitzenden Stecker (Schritt 2), und führen Sie das Kabel zum Schalter zurück – merken Sie sich seine Verlegung.
8 Lösen Sie die Muttern und entfernen Sie die Schrauben, um den Schalter samt Schlauch/Kabelführung zu entnehmen (siehe Abbildung) – merken Sie sich die Verlegung aller Schläuche und Kabel.
9 Der Einbau entspricht der umgekehrten Ausbaureihenfolge. Prüfen Sie die Funktion des Schalters (siehe Schritt 1).

## 22 Kupplungsschalter

### Kontrolle

1 Der Kupplungsschalter sitzt unten am Kupplungshebelhalter und ist Teil des Sicherheits-Stromkreises, der dafür sorgt, dass der Motor bei ausgeklapptem Seitenständer und eingelegtem Gang ausgeht bzw. nicht gestartet werden kann, solange dabei nicht die Kupplung gezogen wird. Der Schalter ist nicht einstellbar.
2 Trennen Sie den Stecker vom Schalter (siehe Abbildung). Verbinden Sie die Klemmen des Ohmmeters oder Durchgangsprüfers mit den beiden Schalterkontakten. Bei gezogenem Kupplungshebel muss Durchgang (»0«), nach dem Lösen muss Unterbrechung (»1«) festgestellt werden.
3 Wenn der Schalter in Ordnung ist, müssen das Anlasserstromkreis-Abschaltrelais (siehe Sektion 23) und die anderen Komponenten des Anlasserstromkreises kontrolliert werden. Wenn alle Komponenten in Ordnung sind, müssen die Kabel zwischen allen Bauteilen überprüft werden – beachten Sie dazu die Hinweise in Sektion 2 und die Schaltpläne am Ende dieses Kapitels.

### Ausbau und Einbau

4 Trennen Sie den Stecker vom Schalter (Abbildung 22.2). Lösen Sie die Schraube und entfernen Sie den Schalter (siehe Abbildung).

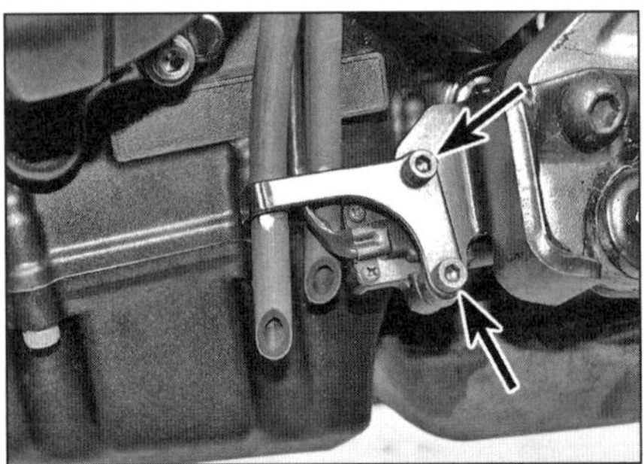
21.8 Die Schrauben des Seitenständerschalters sichern auch die Schlauch- und Kabelführung.

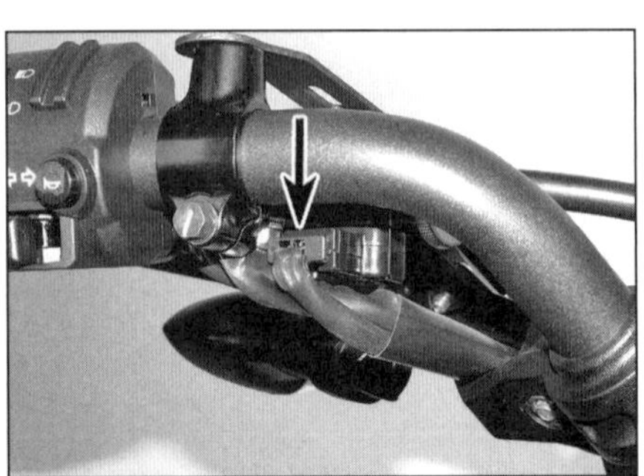
22.2 Stecker des Kupplungsschalters

22.4 Kupplungsschalter-Schraube

**23.1 Relaiseinheit**

**23.3a Heben Sie das Relais aus seiner Halterung, ...**

**23.3b ... und heben Sie die Gummikappe an, um Zugang zum Stecker zu erhalten.**

**5** Der Einbau entspricht der umgekehrten Ausbaureihenfolge.

## 23 Anlasserstromkreis-Abschaltrelais

**1** Das Anlasserstromkreis-Abschaltrelais und seine Dioden sitzen innerhalb der Relais-Einheit (siehe Abbildung), und bilden einen Teil des Sicherheitsstromkreises, der dafür sorgt, dass der Motor nicht gestartet werden kann bzw. abgeschaltet wird, wenn bei eingelegtem Gang der Seitenständer ausgeklappt wird und nicht die Kupplung gezogen wird. Die Relaiseinheit beinhaltet außerdem das Einspritzanlagen-Relais, welches die Benzinpumpe und die Einspritzdüsen steuert (Details finden sich in Kapitel 4, Sektion 8).

**2** Um das Relais zu prüfen, müssen bei der MT-07 die vordere Tankverkleidung, bei der TRACER die Tankabdeckung und bei der XSR 700 die linke Tankverkleidung sowie der Deckel links vorn unter dem Tank entfernt werden (siehe Kapitel 7).

**3** Trennen Sie das Massekabel (–) von der Batterie (siehe Sektion 3). Befreien Sie das Relais, und trennen Sie seinen Stecker (siehe Abbildungen). Prüfen Sie das Relais und seine Dioden auf der Werkbank.

**4** Prüfen Sie mithilfe eines Ohmmeters oder Durchgangstesters den Durchgang zwischen den Relais-Kontakten 1 (Plusklemme) und 2 (Minusklemme) (siehe Abbildung) – es darf kein Durchgang bestehen (»1«). Verbinden Sie jetzt eine geladene 12-Volt-Batterie mithilfe von Überbrückungskabeln mit den Kontakten 3 (+) und 4 (–) – jetzt muss am Messgerät Durchgang (»0«) festgestellt werden.

**5** Bei anderen Ergebnissen ist das Relais defekt und muss ersetzt werden.

**6** Die innerhalb des Relais befindlichen Dioden können mit einer Durchgangsprüfung getestet werden (siehe Sektion 2) – sie müssen in einer Richtung Durchgang (»0«) aufweisen, in der anderen jedoch vollen Widerstand (»1«) haben. Verbinden Sie das auf den Ohm-Messbereich geschaltete Multimeter mit den Kontakten der zu testenden Diode und führen Sie die Tests durch (siehe Abbildung). Falls eine der Dioden in beide Richtungen Durchgang aufweist, ist sie defekt und die gesamte Relaiseinheit muss ersetzt werden.

| Prüfgerät-Plus-klemme (+) | Prüfgerät-Minus-klemme (–) | Ergebnis |
|---|---|---|
| 1 | 2 | Durchgang (»0«) |
| 2 | 1 | Kein Durchgang (»1«) |
| 1 | 3 | Durchgang (»0«) |
| 3 | 1 | Kein Durchgang (»1«) |
| 1 | 4 | Durchgang (»0«) |
| 4 | 1 | Kein Durchgang (»1«) |
| 5 | 3 | Durchgang (»0«) |
| 3 | 5 | Kein Durchgang (»1«) |

**7** Wenn sich das Relais und die Dioden als funktionstüchtig erwiesen haben, der Anlasserstromkreis aber weiterhin defekt ist, müssen alle anderen Komponenten überprüft werden (Getriebeschalter, Seitenständerschalter, Kupplungsschalter, Startknopf, Killschalter, Anlasserrelais – beachten Sie die entsprechenden Sektionen dieses Kapitels). Wenn alle Bauteile in Ordnung sind, muss ihre Verkabelung überprüft werden – beachten Sie dazu die Hinweise in Sektion 2 und die Schaltpläne am Ende dieses Kapitels.

**8** Der Einbau entspricht der umgekehrten Ausbaureihenfolge.

## 24 Hupe

**1** Die Hupe sitzt links unten am Wasserkühler.

### Kontrolle

**2** Wenn die Hupe ausfällt, muss zunächst die SIGNAL-Sicherung kontrolliert werden (siehe Sektion 5).

**3** Ziehen Sie die Stecker von den Hupen-Kontakten (siehe Abbildung). Verbinden Sie die Hupe mithilfe zweier Überbrückungskabel direkt mit der Batterie. Funktioniert die Hupe jetzt, müssen der Hupenknopf (siehe Sektion 19) und die Verkabelung kontrolliert werden – beachten Sie dazu Hinweise in Sektion und die Schaltpläne am Ende dieses Kapitels.

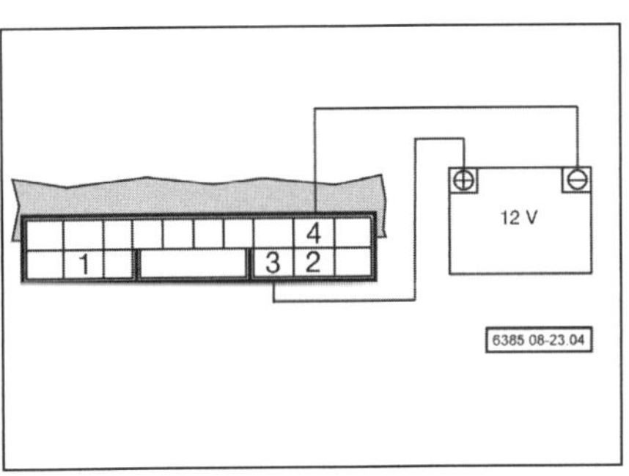


**23.4 Anschluss-Identifikationen des Anlasserstromkreis-Abschaltrelais**

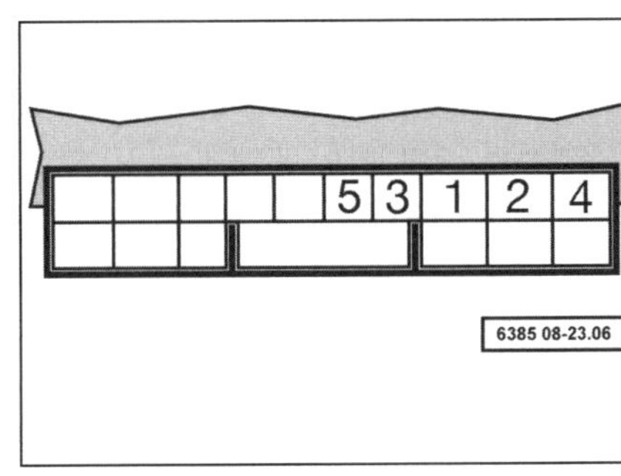


**23.6 Anschluss-Identifikationen des Anlasserstromkreis-Abschaltrelais-Diode**

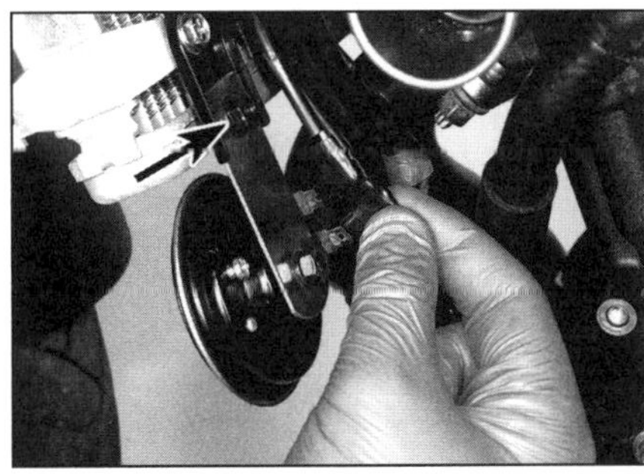

**24.3 Hupenstecker (Pfeil) und Befestigungsmutter**

8

25.1 Öldruckschalter

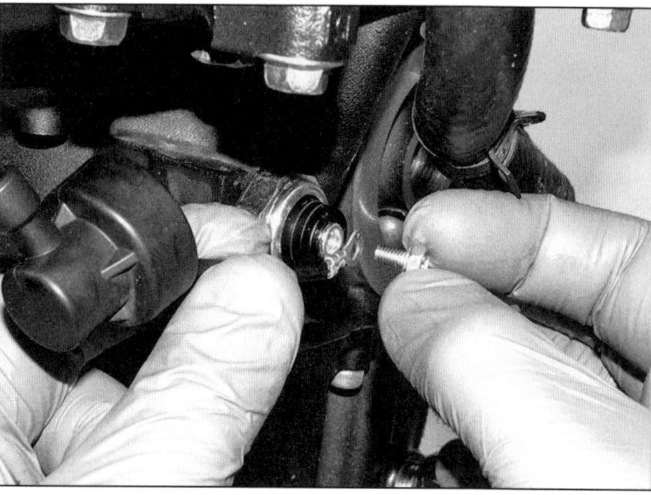

25.3 Lösen Sie die Schraube, um das Kabel vom Öldruckschalter zu befreien.

4 Klingt die Hupe nur schwach oder verzerrt, kann der Ton eventuell mit der Schraube an der Rückseite der Hupe eingestellt werden.
5 Arbeitet die Hupe gar nicht oder lässt sich nicht einstellen, muss sie ersetzt werden.

## Ausbau und Einbau

6 Trennen Sie die Stecker von der Hupe, lösen Sie die Mutter und entnehmen Sie die Hupe (Abbildung 25.3).
7 Bauen Sie die Hupe an und ziehen Sie die Mutter sorgfältig an. Verbinden Sie die Kabelstecker und prüfen Sie die Funktion der Hupe.

## 25 Öldruckschalter

1 Der Öldruckschalter sitzt rechts vorn am Motor (siehe Abbildung).

### Kontrolle

2 Die Öldruck-Warnleuchte muss nach dem Einschalten der Zündung aufleuchten, und dann kurzzeitig erlöschen, um auf ihre Funktion hinzuweisen, anschließend leuchtet sie bis zum Starten des Motors wieder auf. Falls die Lampe nach dem Starten des Motors nicht erlischt oder im laufenden Betrieb aufleuchtet, muss der Motor unverzüglich abgeschaltet und der Ölpegel kontrolliert werden (siehe *Tägliche Kontrollen*). Ist der Ölstand korrekt, muss der Schalter kontrolliert werden (siehe unten) – ist er in Ordnung, muss eine Öldruckprüfung durchgeführt werden (siehe Kapitel 2, Sektion 3).
3 Falls die LED nach dem Einschalten der Zündung nicht aufleuchtet, aber alle anderen Instrumente funktionieren, muss am Öldruckschalter die Gummikappe abgezogen und die Schraube des Kabelanschlusses gelöst werden (siehe Abbildung). Verbinden Sie bei eingeschalteter Zündung das Kabel mit Masse am Motorgehäuse, und beobachten Sie die Öldruck-LED – wenn sie leuchtet, ist der Öldruckschalter defekt. Um einen Defekt des Schalters zu bestätigen, muss der Durchgang zwischen dem Anschluss und dem Motorgehäuse geprüft werden – bei abgeschalteten Motor muss Durchgang bestehen, bei laufendem Motor darf kein Durchgang bestehen.
4 Leuchtet die LED auch bei diesem Test nicht, muss bei eingeschalteter Zündung geprüft werden, ob am Kabel Spannung anliegt – ist dies nicht der Fall, muss ermittelt werden, ob das Kabel zwischen dem Schalter und dem Instrumentenstecker Durchgang hat – der Zugang hierzu ist in Sektion 15 beschrieben. Reparieren Sie das Kabel nötigenfalls. Wenn das Kabel und der Schalter in Ordnung sind, kann an der Instrumenten-Leiterplatte ein Defekt vorliegen.
5 Falls die Öldruck-LED nach dem Start des Motors nicht erlischt oder im Betrieb aufleuchtet, obwohl der Öldruck in Ordnung ist (siehe Kapitel 2, Sektion 3), muss das Kabel vom Öldruckschalter befreit werden (siehe oben) – bei eingeschalteter Zündung muss die LED erlöschen, andernfalls hat das Kabel irgendwo zwischen dem Schalter und dem Instrument einen Masseschluss. Wenn das Kabel in Ordnung ist, kann von einem Defekt am Öldruckschalter ausgegangen werden, sodass dieser ausgetauscht werden muss.

### Ausbau

6 Lassen Sie das Motoröl ab (siehe Kapitel 1).
7 Ziehen Sie am Öldruckschalter die Gummikappe ab, und lösen Sie die Schraube des Kabelanschlusses (Abbildung 25.3).
8 Schrauben Sie den Schalter aus dem Motor – seien Sie mit Lappen auf etwas austretendes Öl vorbereitet.

### Einbau

9 Tragen Sie im oberen Bereich des Schaltergewindes ein geeignetes Dichtmittel wie Three Bond 1215 auf, aber belassen Sie die unteren 3 bis 4 mm des Gewindes sauber. Drehen Sie den Schalter ins Motorgehäuse und ziehen Sie ihn mit 15 Nm an.
10 Verbinden Sie das Schalterkabel, und sichern Sie es mit der Schraube, schieben Sie dann die Gummikappe auf (Abbildung 25.3).
11 Füllen Sie Motoröl auf (siehe Kapitel 1), starten Sie den Motor, und prüfen Sie die Funktion des Schalters. Kontrollieren Sie nach der ersten Fahrt den Bereich um den Schalter auf Dichtigkeit.

## 26 Anlasserrelais

### Kontrolle

1 Falls der Anlasser-Stromkreis fehlerhaft ist, müssen zuerst die Hauptsicherung und die IGNITION-Sicherung kontrolliert werden (siehe Sektion 5).
2 Demontieren Sie die Sitzbank/Sitze (siehe Kapitel 7), um Zugang zum hinter der Batterie sitzenden Anlasserrelais zu erhalten (siehe Abbildung).

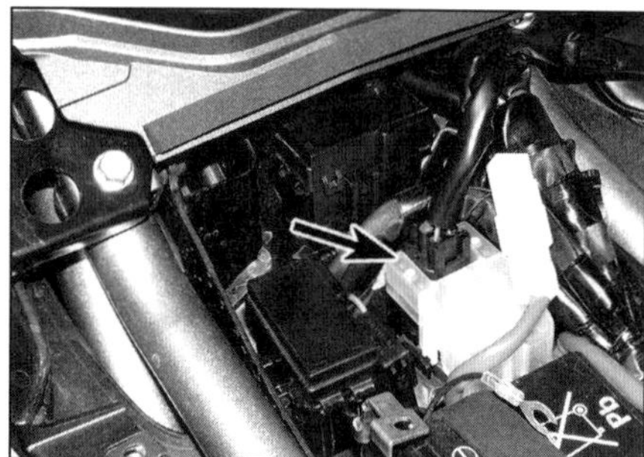

26.2 Anlasserrelais

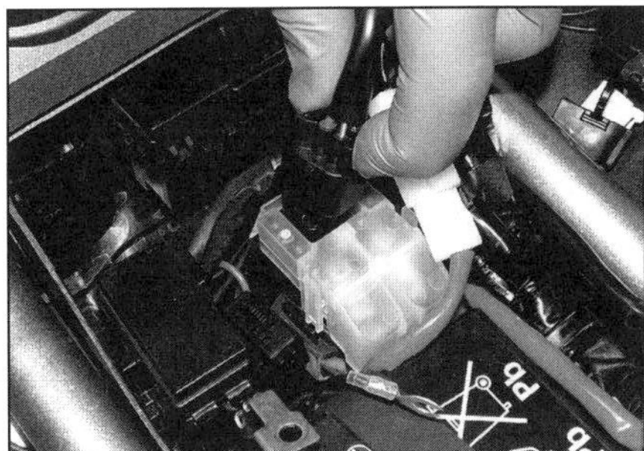

26.3a Trennen Sie den Relaisstecker, ...

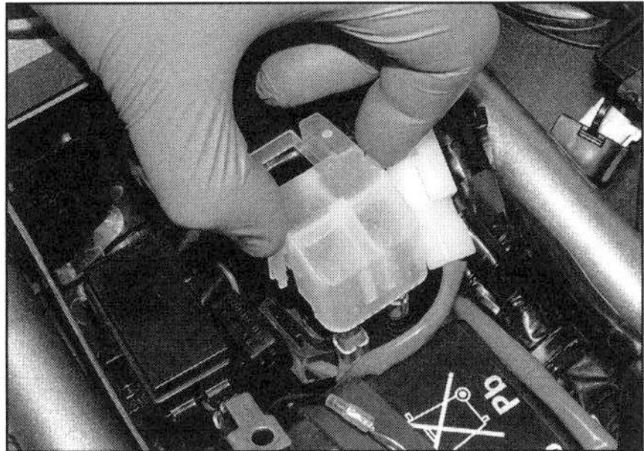

26.3b ... befreien Sie die Abdeckung, und verbinden Sie den Stecker wieder.

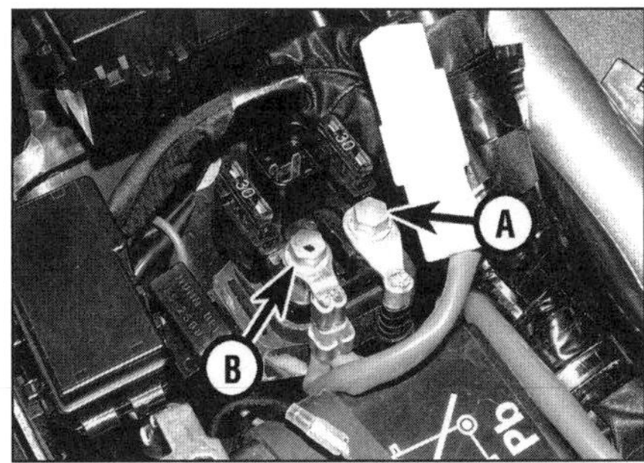


26.3c Anschlüsse des Anlasserkabels (A) und des Batteriekabels (B)

**3** Trennen Sie den Relaisstecker, entfernen Sie die Relaisabdeckung, und verbinden Sie den Stecker wieder (siehe Abbildungen). Lösen Sie die Schraube des schwarzen Anlasserkabels (siehe Abbildung), und positionieren Sie dies weit weg vom Relaisanschluss.

**4** Drücken Sie bei eingeklapptem Seitenständer, eingeschalteter Zündung, Killschalter auf RUN und im Getriebe eingelegtem Leerlauf den Startknopf – im Relais muss es klicken.

**5** Falls das Relais nicht klickt, muss die Zündung ausgeschaltet und das Relais ausgebaut (siehe Schritte 10 bis 12), um wie folgt getestet zu werden:

**6** Prüfen Sie den Durchgang zwischen den Relais-Anschlüssen des schwarzen Anlasserkabels und des roten Batteriekabels (Abbildung 26.3c) – es muss unendlicher Widerstand festgestellt werden (»1«). Jetzt wird der Pluspol einer vollständig geladene 12-Volt-Batterie mit einem Überbrückungskabel an den Kontakt des rot/weißen Kabels geklemmt, der Minuspol kommt an den Kontakt des blau/weißen Kabels (siehe Abbildung). Zu diesem Zeitpunkt sollte im Relais ein Klicken zu hören sein und das Multimeter 0 Ohm (vollen Durchgang) anzeigen.

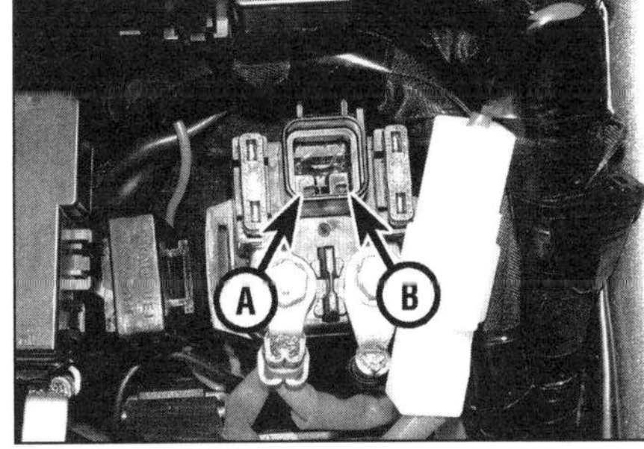


26.6 Kontakte des rot/weißen Kabels (A) und des blau/weißen Kabels (B)

**7** Falls das Relais bei angelegter Batteriespannung nicht klickt und kein Durchgang angezeigt wird, muss es ersetzt werden.

**8** Der Relaisspulen-Widerstand kann ermittelt werden, indem das Messgerät mit den Kontakt des rot/weißen Kabels und des blau/weißen Kabels verbunden wird – es müssen zwischen 4,18 und 4,62 Ohm festgestellt werden.

**9** Wenn das Relais in Ordnung ist, muss bei eingeschalteter Zündung und gedrücktem Startknopf festgestellt werden, ob am rot/weißen Kabel Batteriespannung anliegt – ist dies der Fall, müssen die anderen Komponenten des Anlasser-Stromkreises überprüft werden. Liegt keine Spannung an, müssen die Kabel zwischen den verschiedenen Komponenten überprüft werden – beachten Sie die Hinweise in Sektion 2 und die Schaltpläne am Ende dieses Kapitels.

## Ausbau

**10** Demontieren Sie die Sitzbank/Sitze (siehe Kapitel 7). Trennen Sie den Masseanschluss (–) der Batterie.

**11** Trennen Sie den Relaisstecker und entfernen Sie die Abdeckung (Abbildung 26.3a und b). Lösen Sie die Schrauben des schwarzen Anlasserkabels und des roten Batteriekabels (Abbildung 26.3c).

**12** Befreien Sie das Relais; falls es ersetzt werden soll, müssen die Hauptsicherung und ihre Ersatzsicherung vom Relais entfernt werden, um sie ans neue Relais zu installieren oder – falls dies bereits mit Sicherungen ausgerüstet ist – als Ersatzsicherungen zu behalten.

**13** Der Einbau entspricht der umgekehrten Ausbaureihenfolge. Ziehen Sie die Anschlussschrauben sorgfältig an. Verbinden Sie zum Schluss zuerst den Stromanschluss (+) und dann den Masseanschluss (–) mit der Batterie.

# 27 Anlasser
## Ausbau und Einbau

## Ausbau

**1** Der Anlasser sitzt hinter den Zylindern oben am Motorgehäuse.

**2** Trennen Sie den Masseanschluss (–) der Batterie (siehe Sektion 3). Entleeren Sie das Kühlsystem (siehe Kapitel 1). Demontieren Sie für einen besseren Zugang die Drosselklappengehäuse (siehe Kapitel 4).

**3** Ziehen Sie bei Modellen mit Verdunstungsregelung an beiden Seiten des Behälters die Schläuche ab (merken Sie sich rechts ihre Positionen), und ziehen Sie den Behälter aus seinem Halter (siehe Abbildungen).

**4** Befreien Sie bei Modellen ohne Verdunstungsregelung den Belüftungs- und den Über-

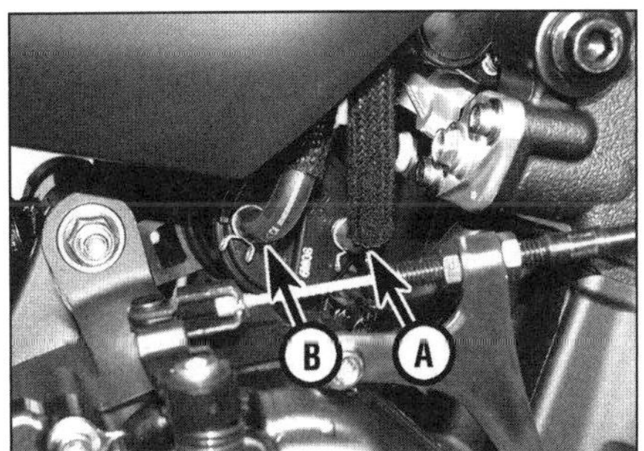


27.3a Ziehen Sie rechts am Benzingas-Behälter den Tank-Entlüftungsschlauch (A) und den zum Drosselklappengehäuse führenden Schlauch (B) ab.

27.3b Ziehen Sie den Belüftungsschlauch (Pfeil) ab und befreien Sie den Behälter aus seinem Halter.

27.4 Befreien Sie die Schläuche.

27.5 Schraube des Stecker/Schlauch-Halters

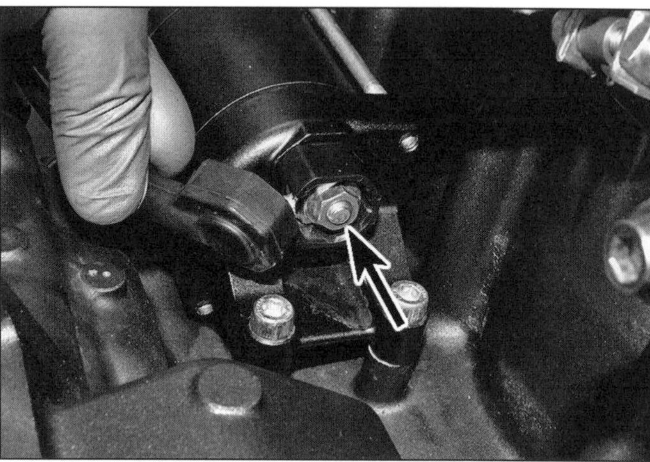

27.6 Lösen Sie die Mutter, und befreien Sie das Anlasserkabel.

laufschlauch des Tanks aus den Klemmen (siehe Abbildung).

5 Trennen Sie den Stecker des Getriebesensors (Abbildung 20.1). Lösen Sie die Schraube des Stecker/Schlauch-Halters, und verlagern Sie die Verkabelung aus dem Arbeitsbereich heraus (siehe Abbildung).

6 Ziehen Sie die Gummiabdeckung vom Anlasser zurück. Lösen Sie die Mutter des Anlasserkabels, und befreien Sie dies (siehe Abbildung).

7 Lösen Sie die zwei Schrauben, die den Anlasser am Motorgehäuse halten (siehe Abbildung). Ziehen Sie den Anlasser aus dem Motorgehäuse (Abbildung 27.11) – hebeln Sie ihn nötigenfalls mit einem Schraubendreher heraus. Befreien Sie bei Modellen mit Verdunstungsregelung den Halter des Behälters vom Anlasser – beachten Sie seine Ausrichtung.

8 Entfernen Sie den O-Ring vom Ende des Anlassers – beim Einbau wird auf jeden Fall ein neuer benötigt.

## Einbau

9 Legen Sie einen neuen eingefetteten O-Ring um das Ende des Anlassers und gehen Sie sicher, dass er in seiner Nut sitzt (siehe Abbildung).

10 Setzen Sie ggf. den Benzingas-Behälterhalter am Anlasser an und richten Sie ihn wie notiert aus.

11 Bringen Sie den Anlasser in Position, und schieben Sie ihn in das Motorgehäuse (siehe Abbildung), sodass die Anlasserverzahnung in das Untersetzungszahnrad greift.

12 Installieren Sie die Befestigungsschrauben und ziehen Sie sie mit 10 Nm an (Abbildung 27.7).

13 Verbinden Sie das Anlasserkabel mit dem Anlasser, und sichern Sie es mit der Mutter (Abbildung 27.6). Schieben Sie die Gummiabdeckung über den Anschluss.

14 Montieren Sie alle entfernten Komponenten in der umgekehrten Ausbaureihenfolge.

15 Verbinden Sie zum Schluss zuerst den Stromanschluss (+) und dann den Masseanschluss (–) mit der Batterie.

# 28 Anlasser
Überholen

## Test

1 Bauen Sie den Anlasser aus (siehe Sektion 27), umwickeln Sie ihn mit Lappen und klemmen Sie ihn in einen mit weichen Backen ausgerüsteten Schraubstock – ziehen Sie diesen nicht zu fest an.

2 Verbinden Sie eine geladenen Batterie mithilfe von Überbrückungskabeln mit dem Anlasser - den Pluspol (+) mit dem Gewindestutzen des Kabelanschlusses und den Minuspol (–) mit einer der Befestigungslaschen. Wenn sich der Anlasser zu diesem Zeitpunkt zu drehen beginnt, wird er in Ordnung sein; falls er nicht arbeitet oder der Verdacht besteht, dass er unter Last nicht richtig arbeitet, kann er für weitere Kontrollen zerlegt werden.

27.7 Lösen Sie die zwei Anlasser-Befestigungsschrauben.

## Zerlegen

3 Bauen Sie den Anlasser aus (siehe Sektion 27).

4 Beachten Sie die Markierungen an den Übergängen zwischen dem Hauptgehäuse und den vorderen und hinteren Gehäuseteilen – diese müssen bei der Montage wieder

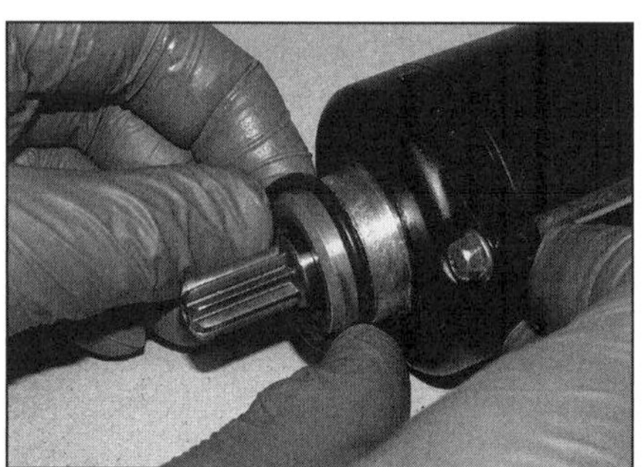

27.9 Der neue gefettete O-Ring muss vollständig in der Nut sitzen.

27.11 Positionieren Sie den Anlasser wie gezeigt an seinem Platz.

28.4 Beachten Sie die Ausrichtmarkierungen zwischen den Gehäuseteilen.

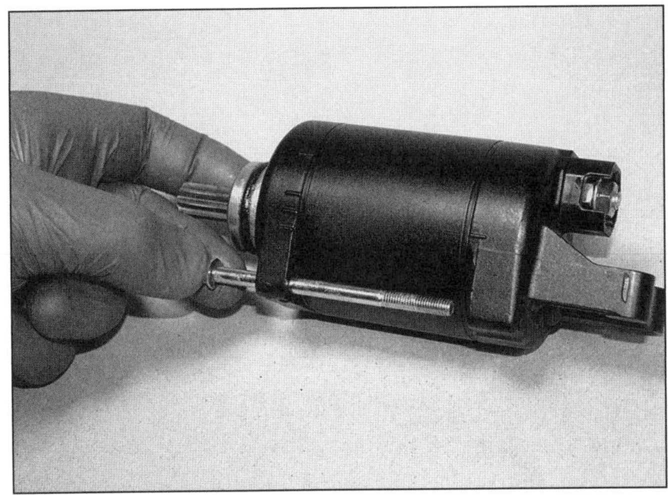

28.5a Lösen und entfernen Sie die zwei langen Schrauben, ...

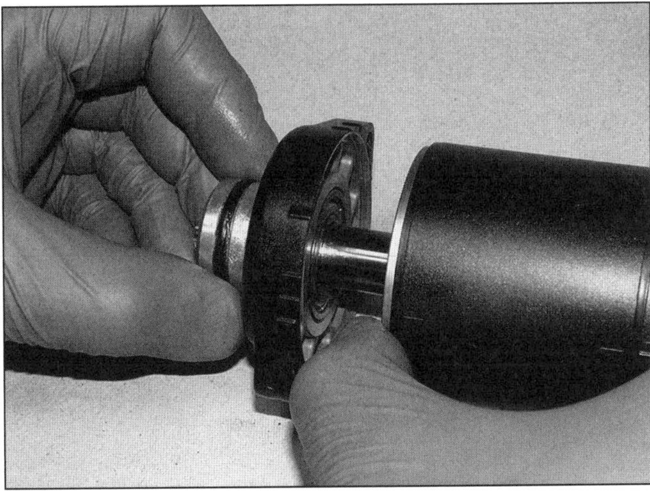

28.5b ... und entfernen Sie das vordere Gehäuseteil ...

fluchten. Falls die Markierungen schwierig zu erkennen sind, müssen welche angebracht werden (siehe Abbildung).

**5** Lösen Sie die zwei langen Schrauben, und entfernen Sie den vorderen Gehäusedeckel (siehe Abbildung).

**6** Entfernen Sie das hintere Gehäuseteil (siehe Abbildung).

**7** Ziehen Sie die Ankerwelle aus dem Hauptgehäuse (siehe Abbildung) – sie wird vom Magnetismus etwas zurückgehalten.

## Kontrolle

**8** Kontrollieren Sie zunächst den Durchgang zwischen der Anschlussschraube und der Plus-Kohlebürste im hinteren Gehäuseteil – es darf kein Widerstand festgestellt werden (»0«). Prüfen Sie dann, ob zwischen der Anschlussschraube und dem Gehäuse Durchgang besteht – dies darf nicht der Fall sein (»1«). Auch zwischen der Minus- und der Plus-Kohlebürste darf kein Durchgang festgestellt werden (»1«). Bei anderen Ergebnissen muss eine neue Bürsten-Baugruppe installiert werden (Schritt 10) – diese enthält die Kohlebürsten samt Federn, den Halter, die Anschlussschraube, den O-Ring und die Schraube.

**9** Diejenigen Teile, denen am meisten Aufmerksamkeit geschenkt werden muss, sind die Kohlebürsten (siehe Abbildung). Messen Sie die Länge der Bürsten – falls eine von ihnen die Verschleißgrenze von 6,5 mm erreicht oder überschritten hat, muss die gesamte Bürsten-Baugruppe ersetzt werden (Schritt 10). Wenn nur geringer Verschleiß, keine Ausbrüche oder anderen Schäden vorliegen, können die Bürsten wiederverwendet werden.

**10** Zum Austausch der Bürsten-Baugruppe muss die Schraube der Minus-Kohlebürste gelöst und diese samt Feder entfernt werden (siehe Abbildung). Lösen Sie die Mutter der

28.6 ... sowie das hintere Gehäuseteil.

Anschlussschraube, und entfernen Sie die Stahlscheibe, die Isolierscheibe und den Anschluss-Schild (siehe Abbildungen). Entfernen Sie den Bürstenhalter, und ziehen Sie den O-Ring von der Anschlussschraube, entnehmen Sie dann die diese samt Plus-Kohlebürste und Feder (siehe Abbildungen).

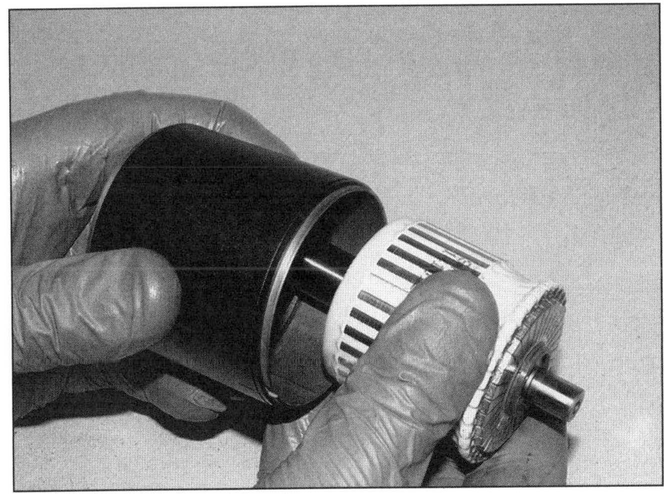

28.7 Ziehen Sie die Ankerwelle heraus.

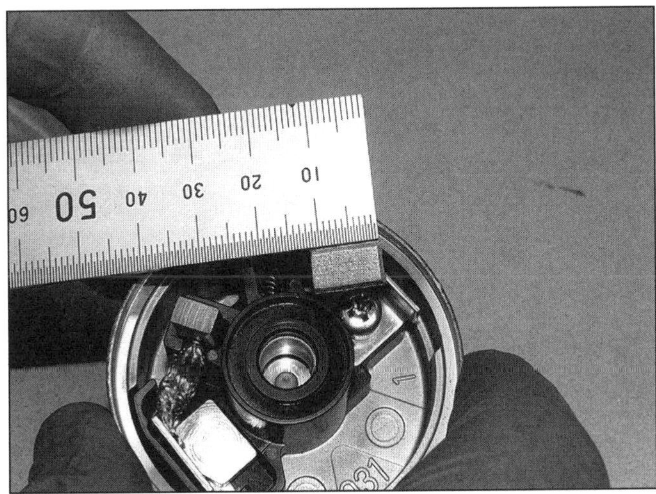

28.9 Messen Sie die Länge der Kohlebürsten – neu sind sie 12 mm lang.

**28.10a Lösen Sie die Schraube, und entfernen Sie die Minus-Kohlebürste ...**

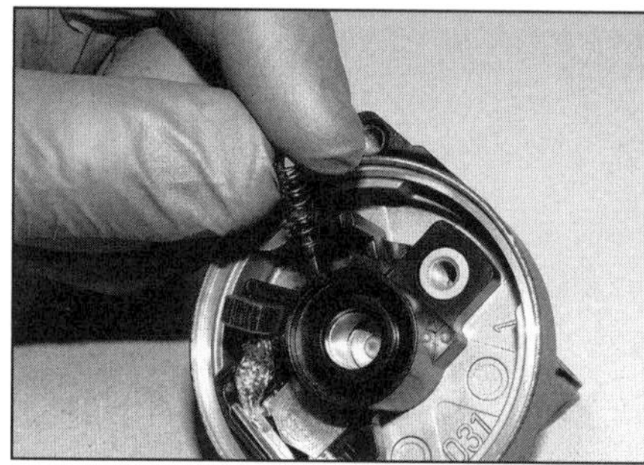

**28.10b ... samt Feder.**

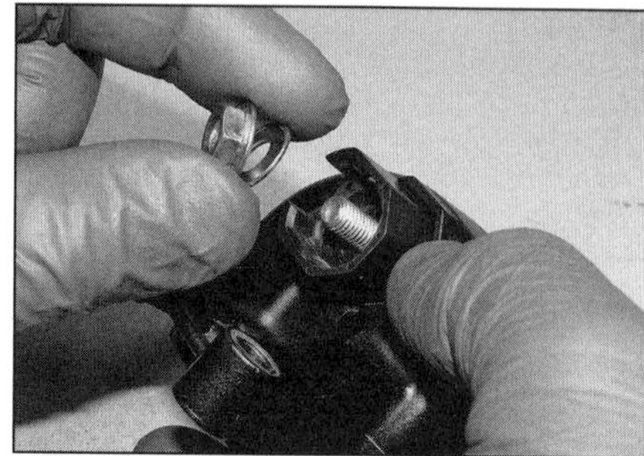

**28.10c Lösen Sie die Mutter, und entfernen Sie die Scheibe, ...**

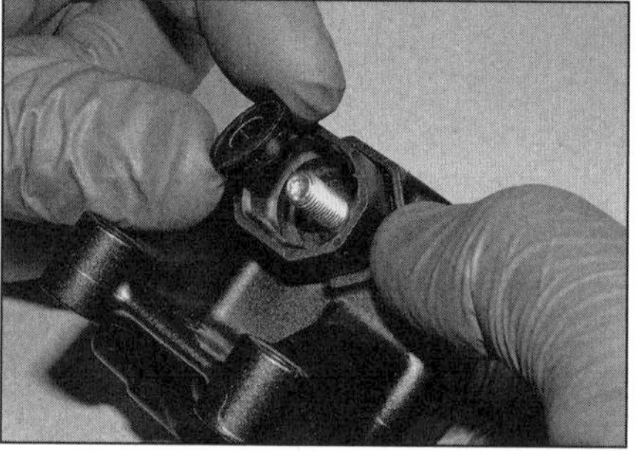

**28.10d ... den Isolator ...**

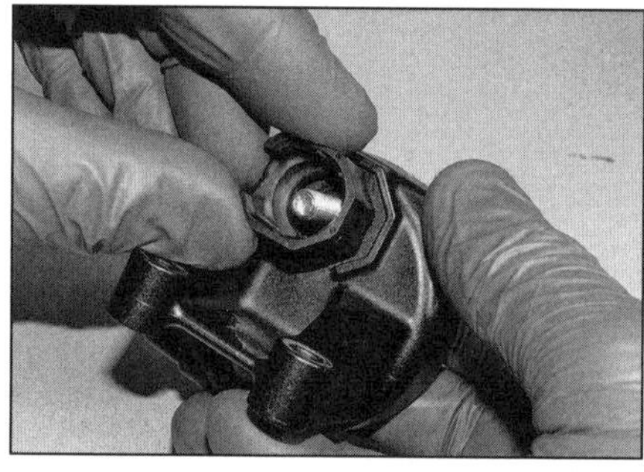

**28.10e ... und den Anschluss-Schild.**

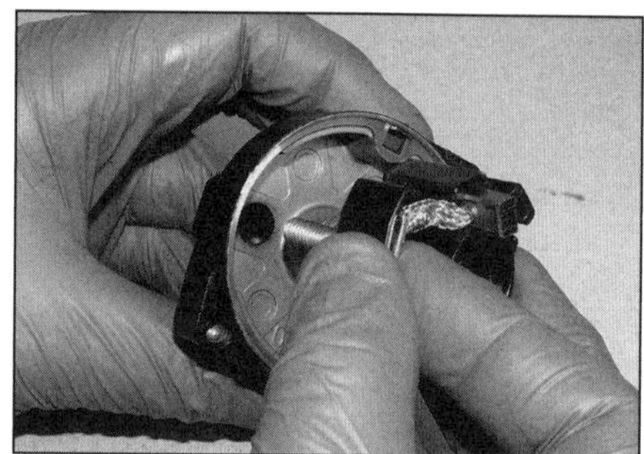

**28.10f Entfernen Sie den Bürstenhalter aus dem hinteren Gehäuseteil.**

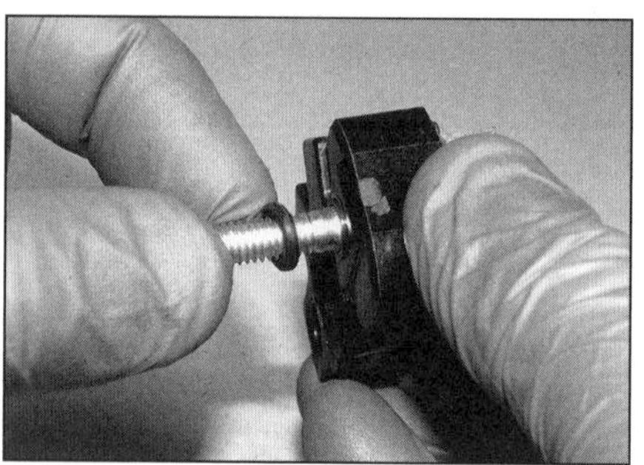

**28.10g Ziehen Sie den O-Ring von der Schraube, ...**

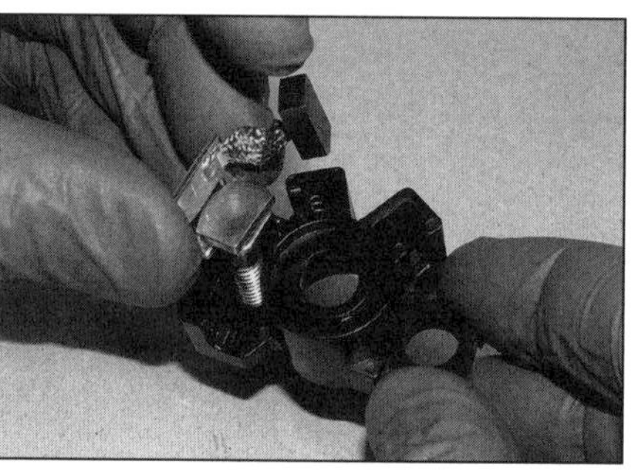

**28.10h ... und entfernen Sie die aus der Schraube und der Bürste bestehende Baugruppe...**

**28.10i ... samt Feder aus dem Halter.**

**11** Inspizieren Sie die Kollektor-Lamellen der Ankerwelle auf Kerben, Kratzer und Verfärbung. Der Kollektor kann vorsichtig mit Schmirgelleinen gereinigt werden, darf aber nicht mit Schleifpapier bearbeitet werden. Wischen Sie alle Rückstände mit einem mit Spiritus getränkten Lappen ab, sodass die Nuten zwischen den Lamellen sauber sind. Der in den Nuten sitzende Glimmer muss mindestens 0,7 mm unterhalb der Lamellen liegen – notfalls muss er mithilfe einer kleinen Feile oder einem Sägeblatt entsprechend abgetragen werden.

**12** Mithilfe eines Ohmmeters oder eines Durchgangsprüfers wird zwischen den Kollektorlamellen der Widerstand gemessen (siehe Abbildung) – innerhalb des Kollektors muss Durchgang bestehen. Messen Sie den Widerstand zwischen den Lamellen und der Ankerwelle (siehe Abbildung) – hier darf kein Durchgang bestehen (unendlicher Widerstand). Bei anderen Ergebnissen ist die Ankerwelle defekt und der Anlasser muss ersetzt werden – die Welle ist nicht separat erhältlich.

**13** Kontrollieren Sie das Anlasser-Zahnrad. Wenn ausgebrochene Zähne oder übermäßiger Verschleiß festgestellt wird, muss der Anlasser ersetzt werden – das Zahnrad sitzt fest auf der Welle, die nicht separat erhältlich ist. Kontrollieren Sie in diesem Fall auch das Zwischenrad im Motorgehäuse.

**28.12a Zwischen den Lamellen muss Durchgang bestehen.**

**28.12b Zwischen den Lamellen und der Ankerwelle darf kein Durchgang bestehen.**

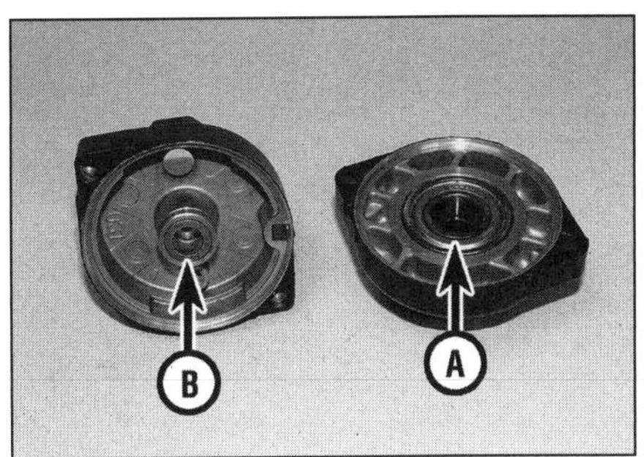


**28.14 Dichtring und Nadellager im vorderen Gehäuseteil (A), Buchse im hinteren Gehäuseteil (B)**

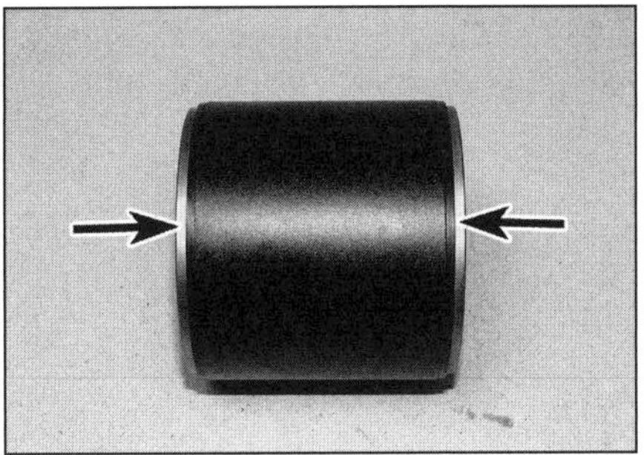

**28.16 Positionen der Gehäuse-Dichtringe**

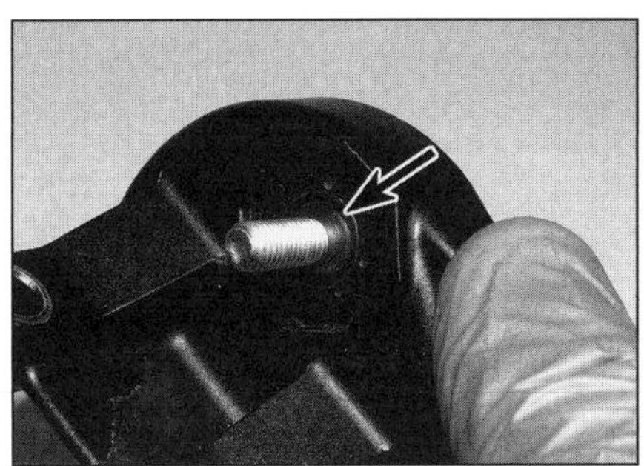

**28.17 Der O-Ring muss zwischen der Schraube und dem Gehäuseteil liegen.**

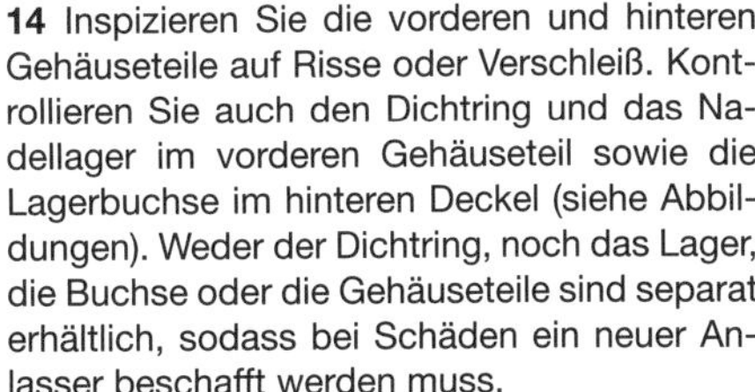

**14** Inspizieren Sie die vorderen und hinteren Gehäuseteile auf Risse oder Verschleiß. Kontrollieren Sie auch den Dichtring und das Nadellager im vorderen Gehäuseteil sowie die Lagerbuchse im hinteren Deckel (siehe Abbildungen). Weder der Dichtring, noch das Lager, die Buchse oder die Gehäuseteile sind separat erhältlich, sodass bei Schäden ein neuer Anlasser beschafft werden muss.

**15** Kontrollieren Sie die Magnete im Hauptgehäuse und das Gehäuse selbst auf Risse.

**16** Kontrollieren Sie die Gehäuse-Dichtringe auf Beschädigungen, Verformung oder Alterungserscheinungen (siehe Abbildung) – beschaffen Sie nötigenfalls Neuteile.

## Zusammenbau

**17** Falls die Bürsten-Baugruppe zerlegt wurde, muss die Feder der Plus-Kohlebürste in den Halter gesteckt und die Anschlussschraube mit der Bürste installiert werden, sodass der Bürstendraht in der Nut liegt (Abbildung 28.10i und h). Schieben Sie den O-Ring vollständig auf die Schraube (Abbildung 28.10g). Führen Sie beim Einsetzen des Halters die Anschlussschraube durch die Bohrung des hinteren Gehäuseteils (Abbildung 28.10f) – der O-Ring muss zwischen der Schraube und dem Gehäuse sitzen, sodass die Schraube isoliert ist (siehe Abbildung). Installieren Sie den Anschlussschild mit dem Ausschnitt für das Anlasserkabel nach links, schieben Sie den Isolator und die Scheibe auf, und sichern Sie alles mit der Mutter (Abbildung 28.10e, d und c). Installieren Sie Feder und die Minus-Bürste, und sichern Sie sie mit der Schraube (Abbildung 28.10b und a).

**18** Führen Sie die in Schritt 8 beschriebenen Durchgangstests durch, um den korrekten Zusammenbau zu überprüfen.

**19** Rüsten Sie das Hauptgehäuses mit den – ggf. neuen O-Ringen aus (Abbildung 28.16).

**20** Führen Sie vorsichtig die mit dem Kollektor zum Ausschnitt des Gehäuses ausgerichtete Ankerwelle ins Gehäuse ein (Abbildung 28.7) – sie wird von den Magnetkräften hineingezogen.

**21** Versehen Sie das kurze Ende der Ankerwelle mit Fett, und setzen Sie das zum Ausschnitt des Hauptgehäuses ausgerichtete hintere Gehäuseteil auf – die Bürsten müssen senkrecht am Kollektor anliegen (siehe Abbildung).

**22** Fetten Sie die Lippe des vorderen Dichtrings, schieben Sie das vordere Gehäuseteil auf, und richten Sie die Gehäusemarkierungen aus (Abbildung 28.5b).

**23** Prüfen Sie, ob alle Markierungen ausgerichtet sind (Abbildung 28.4), installieren Sie die langen Schrauben, und ziehen Sie sie mit 5 Nm an (Abbildung 28.5a).

**24** Bauen Sie den Anlasser ein (siehe Sektion 27).

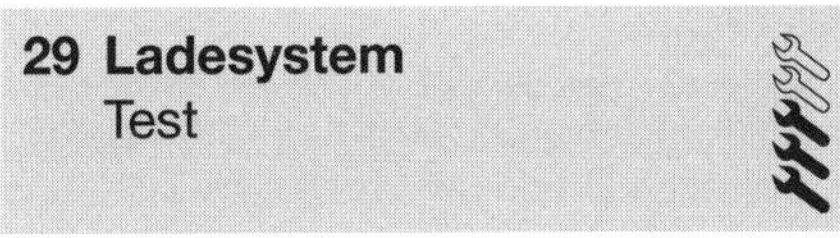

## 29 Ladesystem
Test

**1** Falls an der Funktion des Ladesystems Zweifel bestehen, sollte zunächst das System als Ganzes kontrolliert werden, danach die einzelnen Komponenten.

**Anmerkung:** *Vor dem Beginn der Kontrolle muss sichergestellt werden, dass die Batterie vollständig geladen ist und alle elektrischen Verbindungen sauber sind und fest sitzen.*

**2** Zur Kontrolle der Ausgangsleistung des Ladesystems und der Funktion der Komponenten des Ladesystems wird ein Multimeter (mit Stromspannungs-, Stromstärken- und Widerstands-Messmöglichkeiten) benötigt. Ist ein solches Gerät nicht zur Hand, sollte die Kontrolle einer Fachwerkstatt überlassen werden.

**3** Folgen Sie bei der Kontrolle sorgfältig den Hinweisen, um falsche Anschlüsse oder Kurzschlüsse zu vermeiden, die zu irreparablen Schäden an elektrischen Bauteilen führen können.

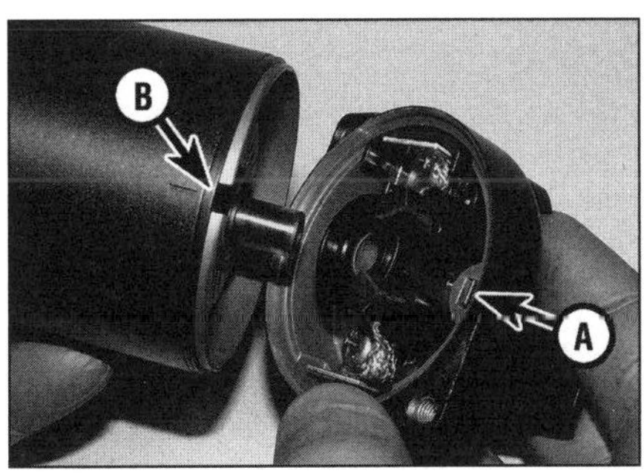


**28.21 Fetten Sie den Wellenstumpf, und richten Sie die Lasche (A) zum Ausschnitt (B) aus.**

### Ausgangsleistungs-Test

**4** Starten Sie den Motor und bringen Sie ihn auf Betriebstemperatur. Entfernen Sie die Sitzbank/Sitze (siehe Kapitel 7), um Zugang zu den Batteriepolen zu erhalten.

**5** Schließen Sie für eine Kontrolle der geregelten (Gleichstrom-) Ausgangsleistung bei im Standgas laufendem Motor das Multimeter mit dem auf 0 - 20 Volt Gleichstrom (DC) eingestellten Messbereich an die beiden Pole der Batterie an – Plus an Plus, Minus an Minus (siehe Abbildung). Erhöhen Sie langsam die Drehzahl des Motors auf 5000/min und beobachten Sie die Messgerät-Anzeige.

**6** Die geregelte Spannung muss dabei von normaler Batteriespannung auf 14 Volt ansteigen. Liegt die geregelte Ausgangsspannung abseits dieser Vorgabe, müssen die Lichtmaschine und die Regler/Gleichrichter-Einheit überprüft werden (siehe Sektionen 30 und 31).

**7** Schalten Sie den Motor und die Zündung aus und entfernen Sie das Messgerät.

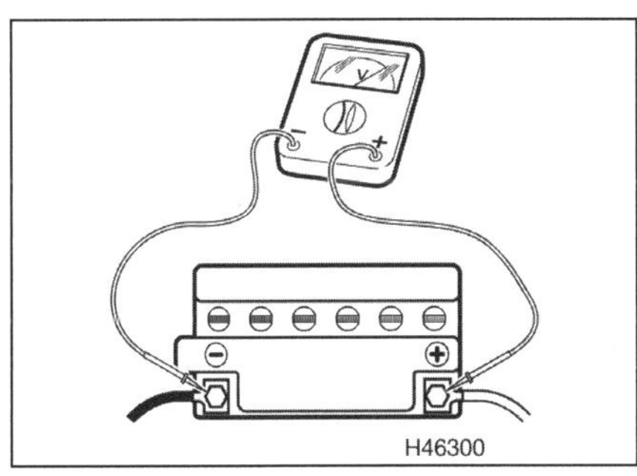


**29.5 Verbinden Sie das Messgerät für den Ausgangsspannungs-Test wie gezeigt.**

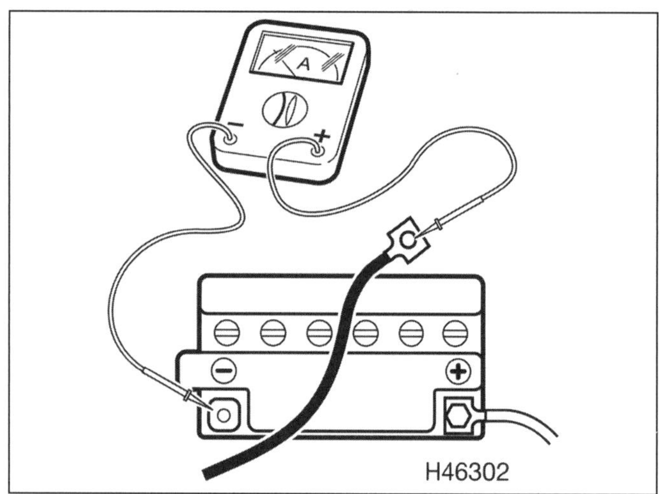


29.9 **Kriechstrom-Kontrolle – verbinden Sie das Amperemeter wie gezeigt.**

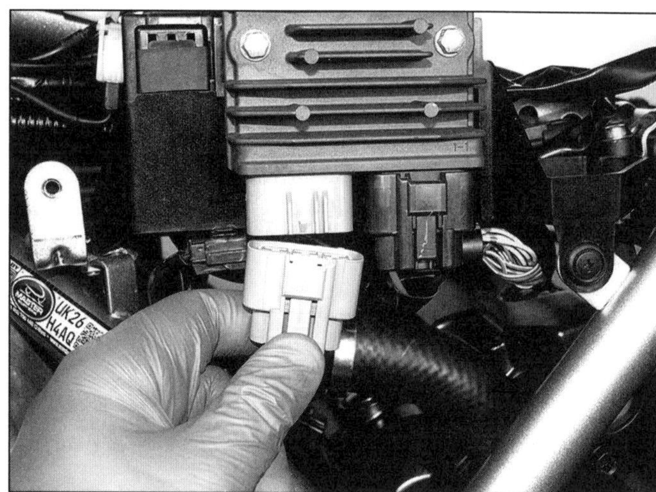

30.2 **Ziehen Sie den weißen Dreistiftstecker von der Regler/Gleichrichter-Einheit ab.**

***Hinweise auf einen defekten Regler sind Lampen mit drehzahlabhängiger Leuchtstärke, die ständig durchbrennen und eine überhitzende Batterie.***

## Kriechstrom-Test

***Achtung: Schließen Sie das Amperemeter (Multimeter auf A-Messbereich) immer in Reihe, niemals parallel zur Batterie an, da es dabei beschädigt wird. Schalten Sie nicht die Zündung an und betätigen Sie niemals den Startknopf, wenn das Messgerät angeschlossen ist – der plötzliche fließende Strom würde das Gerät zerstören.***

**8** Schalten Sie die Zündung aus. Trennen Sie den Minus-Anschluss (–) von der Batterie (siehe Sektion 3).

**9** Schalten Sie das Multimeter auf den Ampere-Messbereich und verbinden Sie die Minusklemme mit dem Minus-Pol (–) der Batterie sowie die Plusklemme (+) mit dem getrennten Masse-Anschlusskabel (siehe Abbildung). Schalten Sie das Messgerät immer zunächst auf den höchsten Messbereich und dann schrittweise herunter auf den Milliampere-Bereich (mA), um ein Durchbrennen der Geräte-Sicherung zu verhindern.

**10** Bei dieser Messung sollte nicht mehr als 1 mA Stromstärke abzulesen sein. Wenn das Ergebnis höher (aber nicht auf Verbraucher wie eine Alarmanlage zurückzuführen) ist, liegt irgendwo im elektrischen System ein Kurzschluss vor. Trennen Sie das Messgerät und schließen Sie den Masseanschluss (–) der Batterie wieder an.

**11** Wenn Kriechströme festgestellt werden, müssen unter Verwendung der Schaltpläne am Ende des Kapitels systematisch einzelne elektrische Bauteile getrennt und der Test wiederholt werden, bis die Kriechstromquelle identifiziert ist.

**12** Verbinden Sie anschließend den Minus-Anschluss (–) mit der Batterie.

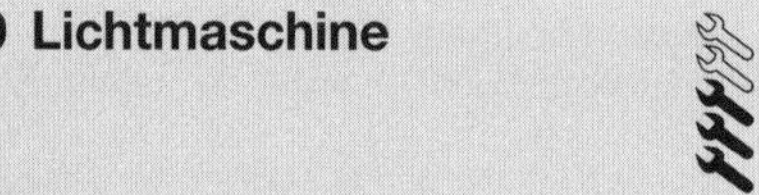

# 30 Lichtmaschine

## Kontrolle

**1** Entfernen Sie bei der MT-07 die linke Tankverkleidung, bei der TRACER das linke Verkleidungsseitenteil und die linke Innenverkleidung und bei der XSR 700 den Deckel vorn unterhalb des Tanks (siehe Kapitel 7).

**2** Trennen Sie den weißen Dreistiftstecker von der Regler/Gleichrichter-Einheit (siehe Abbildung).

**3** Zum Test des Statorspulen-Widerstands werden die Klemmen eines auf den Messbereich Ohm x 1 gestellten Multimeters mit je zwei der drei von der Lichtmaschine kommenden Kabel verbunden, sodass drei Messergebnisse vorliegen (siehe Abbildung). Dann wird überprüft, ob zwischen dem jeweiligen Anschluss und Masse Durchgang besteht. Sind die Spulen in Ordnung, müssen die Widerstände zwischen 0,128 und 0,192 Ohm liegen; zu Masse darf kein Durchgang bestehen (unendlicher Widerstand). Bei anderen Ergebnissen ist die Statorspulen-Baugruppe defekt und muss ersetzt werden.

**Anmerkung:** *Prüfen Sie zunächst, ob der Defekt nicht in der Verkabelung zwischen den Spulen und dem Stecker liegt.*

## Ausbau – Lichtmaschinendeckel

**4** Entfernen Sie bei der MT-07 die linke Tankverkleidung, bei der TRACER das linke Verkleidungsseitenteil und die linke Innenverkleidung und bei der XSR 700 den Deckel vorn unterhalb des Tanks (siehe Kapitel 7).

**5** Lassen Sie das Motoröl ab (siehe Kapitel 1).

**6** Demontieren Sie den Kühlmittel-Ausgleichsbehälter (siehe Kapitel 3).

**7** Entfernen Sie den Motorritzeldeckel (siehe Kapitel 6, Sektion 19).

**8** Trennen Sie den Lichtmaschinenstecker (Abbildung 30.2) und den Stecker des Kurbelwellensensors – für einen besseren Zugang hierzu kann zunächst der Ventilatorstecker getrennt werden (siehe Abbildungen). Führen Sie die Lichtmaschinenkabel zum Lichtmaschinendeckel zurück – merken Sie sich ihre Verlegung.

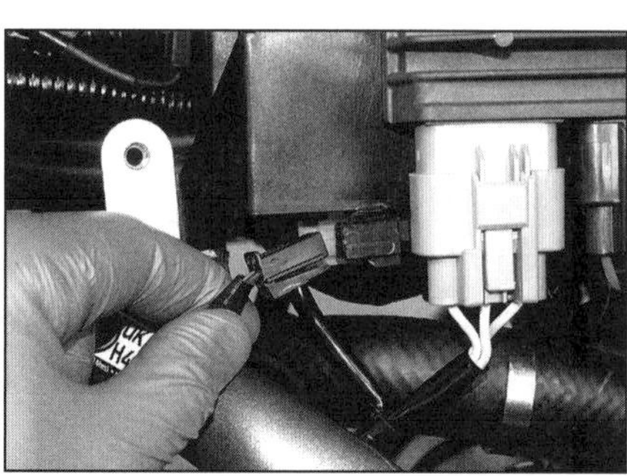

30.8a **Trennen Sie den Ventilatorstecker ...**

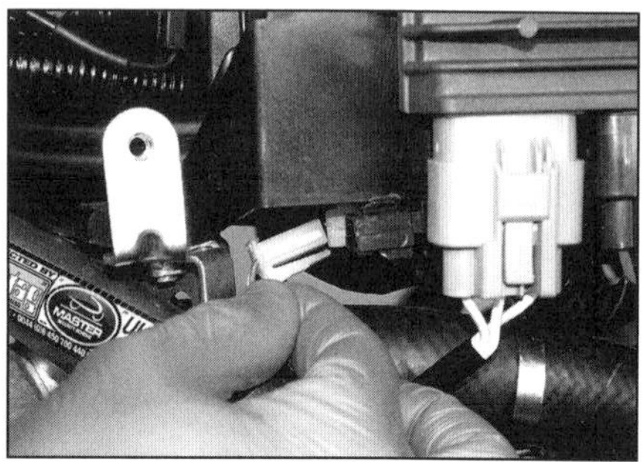

30.8b **... und dann den Stecker des Kurbelwellensensors.**

**30.9 Der Lichtmaschinendeckel ist mit zehn Schrauben gesichert.**

**30.10a Entfernen Sie den Drehmomentbegrenzer ...**

**30.10b ... und das Zwischen/Untersetzungsrad-Paar.**

**30.11 Kontern Sie den Rotor, während sein Bolzen gelöst wird.**

**30.12a Setzen Sie den Abzieher an den Rotor, ...**

**30.12b ... kontern Sie diesen und ziehen Sie den Abzieherbolzen an.**

**9** Lösen Sie die zehn Schrauben des Lichtmaschinendeckels, und ziehen Sie diesen ab (siehe Abbildung) – seien Sie auf etwas austretendes Öl vorbereitet, und berücksichtigen Sie die vom Rotor ausgeübten Magnetkräfte auf den im Deckel sitzenden Stator (Abbildung 30.21b). Klopfen Sie den Deckel nötigenfalls rundherum mit einem weichen Hammer oder Holz ab, um die Dichtung zu lösen, aber versuchen Sie nicht, zwischen dem Deckel und dem Motorgehäuse einen Schraubendreher als Hebel anzusetzen, da hierbei die Dichtfläche beschädigt wird. Entfernen Sie die Dichtung – sie muss später durch ein Neuteil ersetzt werden. Stellen Sie nötigenfalls die Passhülsen aus dem Deckel oder dem Gehäuse sicher (Abbildung 30.21a).

## Ausbau – Lichtmaschinenrotor und Stator

**Spezialwerkzeug:** *Um den Lichtmaschinenrotor von der Kurbelwelle lösen zu können, wird ein Abzieher benötigt, wie ihn u. a. Yamaha unter den Teilenummern 90890-01362 anbietet.*

**10** Entfernen Sie den Anlasser-Drehmomentbegrenzer (siehe Abbildung). Ziehen Sie die Untersetzungsrad-Welle heraus und entnehmen Sie das Zahnradpaar (siehe Abbildung).

**11** Um den Rotorbolzen zu lösen, muss der Rotor am Mitdrehen gehindert werden – dies kann mithilfe des Yamaha-Werkzeugs 90890-04166 oder eines anderen Haltewerkzeugs erfolgen – beschädigen Sie damit nicht die erhabenen Segmente des Rotors. Falls der Motor nicht ausgebaut ist, kann auch ein Gang eingelegt und von einem Assistenten die Fuß-

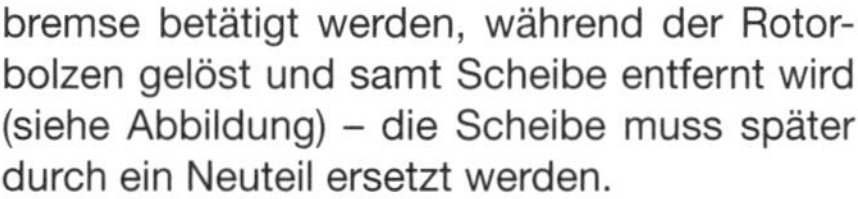

bremse betätigt werden, während der Rotorbolzen gelöst und samt Scheibe entfernt wird (siehe Abbildung) – die Scheibe muss später durch ein Neuteil ersetzt werden.

**12** Um den Lichtmaschinenrotor von der Kurbelwelle lösen zu können, wird ein Abzieher benötigt, wie ihn Yamaha unter den Teilenummern 90890-01362 anbietet (siehe Abbildung). Der Rotor ist mit drei Gewindebohrungen ausgerüstet, welche die Schrauben des Abziehers aufnehmen sollen. Setzen Sie den Abzieher wie gezeigt an den Rotor, blockieren Sie diesen wie beim Lösen des Bolzens und ziehen Sie den Abzieher-Bolzen an, bis sich der Rotor von der Welle löst (siehe Abbildung) – entfernen Sie das Anlasserrad zusammen mit dem Rotor (Abbildung 30.18).

**13** Entfernen Sie nötigenfalls den Keil aus dem Kurbelwellenstumpf, falls er locker sitzt (siehe Abbildung). Befreien Sie nötigenfalls das Anlasserrad und den Anlasserfreilauf vom Rotor (siehe Kapitel 2, Sektion 14).

**30.13 Keil im Konus der Kurbelwelle**

**14** Um den Stator aus dem Lichtmaschinendeckel zu befreien, müssen die zwei Schraube des Kurbelwellensensors und die drei Statorschrauben gelöst und der Stator befreit werden – beachten Sie die Einbaulage des Dichtstopfens (siehe Abbildung).

## Einbau – Lichtmaschinenrotor und Stator

**15** Installieren Sie den Stator in den Lichtmaschinendeckel, richten Sie den Kabelstopfen zur Nut des Deckels aus (Abbildung 30.14). Reinigen Sie die Gewinde der Sensor- und Statorschrauben, und tragen Sie mittelfeste Sicherungspaste auf, bevor Sie sie mit 10 Nm anziehen.

**16** Befreien Sie die Kabel-Durchführung und den Gummistopfen von Dichtungsresten und tragen Sie frische Dichtmasse auf. Drücken Sie den Gummistopfen in seinen Sitz.

**17** Installieren Sie ggf. den Anlasserfreilauf und das Anlasserrad an den Rotor (siehe Kapitel 2, Sektion 14).

**30.14 Lösen Sie die zwei Sensorschrauben und die drei Statorschrauben.**

30.18 Schieben Sie den Rotor auf die Kurbelwelle.

30.19a Installieren Sie den Rotorbolzen samt Scheibe, ...

30.19b ... kontern Sie den Rotor und ziehen Sie den Bolzen mit 70 Nm an.

30.21a Legen Sie die neue Dichtung über die zwei Passhülsen (Pfeile).

30.21b Setzen Sie den Deckel über die Passhülsen auf.

**18** Schmieren Sie den inneren Bereich der Kurbelwelle, auf dem sich das Anlasserrad dreht, mit Motoröl. Reinigen Sie das konische Ende der Kurbelwelle und das Gegenstück im Rotor mit Lösungsmittel. Installieren Sie ggf. den Keil (Abbildung 30.13). Achten Sie darauf, dass keine Metallteile an den Rotormagneten haften, und schieben Sie den Rotor mit der Nut über den Keil ausgerichtet auf die Kurbelwelle (siehe Abbildung).
**19** Schmieren Sie das Gewinde des Rotorbolzens und die neue Scheibe mit frischem Motoröl (siehe Abbildung), installieren Sie beides und blockieren Sie den Rotor wie beim Ausbau. Ziehen Sie den Bolzen mit 70 Nm an (siehe Abbildung).
**20** Schmieren Sie die Welle der Anlasser-Zwischenräder mit Motoröl. Positionieren Sie das Zahnradpaar so, dass das kleinere Rad innen in das Anlasserrad am Rotor greift, und schieben Sie die Welle ein (Abbildung 30.10b). Schmieren Sie im Motorgehäuse und im Lichtmaschinendeckel die Lager des Anlasser- Drehmomentbegrenzers mit Motoröl, und installieren Sie ihn – richten Sie seine Zähne zum Untersetzungsrad und zur Anlasserwelle aus (Abbildung 30.10a).

## Einbau – Lichtmaschinendeckel

**21** Stecken Sie ggf. die Passhülsen in das Motorgehäuse, und legen Sie eine neue Dichtung auf (siehe Abbildung). Setzen Sie den Deckel auf – er wird durch die Magnetwirkung des Rotors angezogen; achten Sie darauf, dass er rundherum korrekt aufliegt (siehe Abbildung). Reinigen Sie die Gewinde von zwei Deckelschrauben, und tragen Sie Sicherungspaste auf, installieren Sie die beiden Schrauben unten in den Deckel, drehen Sie die anderen Schrauben ein, und ziehen Sie sie schrittweise bis zum Drehmoment von 12 Nm an (siehe Abbildung).
**22** Führen Sie die aus dem Lichtmaschinendeckel kommenden Kabel zu den Steckern und verbinden Sie diese (Abbildung 30.8b und a sowie 30.2).

30.21c Installieren Sie die zwei mit Sicherungspaste versehenen Schrauben unten in den Deckel.

31.4 Trennen Sie den Stecker und lösen Sie die Schrauben (Pfeile) der Regler/Gleichrichter-Einheit.

**23** Montieren Sie den Motorritzeldeckel (siehe Kapitel 6, Sektion 19), den Kühlmittel-Ausgleichsbehälter (siehe Kapitel 3, Sektion 3) und alle entfernten Verkleidungsteile (siehe Kapitel 7).
**24** Füllen Sie Motoröl auf (siehe *Tägliche Kontrollen*).

# 31 Regler/Gleichrichter-Einheit

## Kontrolle

**1** Yamaha gibt keine Vorgaben für eine Kontrolle der Regler/Gleichrichter-Einheit. Falls der Ausgangsleistungs-Test in Sektion 29 vermuten lässt, dass die Einheit defekt ist, müssen zuerst alle anderen Komponenten, Anschlüsse und Kabel des Ladestromkreises überprüft werden – beachten Sie entsprechende Sektionen und die Schaltpläne am Ende dieses Kapitels.
**2** Wenn alle anderen Komponenten, Anschlüsse und Kabel des Ladestromkreises in Ordnung sind, muss die Regler/Gleichrichter-Einheit demontiert (siehe unten) und von einer Yamaha-Werkstatt getestet werden. Alternativ kann sie durch eine erwiesenermaßen funktionsfähige Einheit ersetzt werden, um zu prüfen, ob der Defekt dadurch verschwindet.

***Hinweise auf einen defekten Regler sind Lampen mit drehzahlabhängiger Leuchtstärke, die ständig durchbrennen und eine überhitzende Batterie.***

## Ausbau und Einbau

**3** Die Regler/Gleichrichter-Einheit sitzt links unter dem Tank. Entfernen Sie bei der MT-07 die linke Tankverkleidung, bei der TRACER das linke Verkleidungsseitenteil und die linke Innenverkleidung sowie nötigenfalls die Tankabdeckung, und entfernen Sie bei der XSR 700 den Deckel vorn unterhalb des Tanks (siehe Kapitel 7).
**4** Trennen Sie den weißen Dreistiftstecker von der Regler/Gleichrichter-Einheit, und lösen Sie dessen zwei Schrauben (siehe Abbildung).
**5** Der Einbau entspricht der umgekehrten Ausbaureihenfolge.

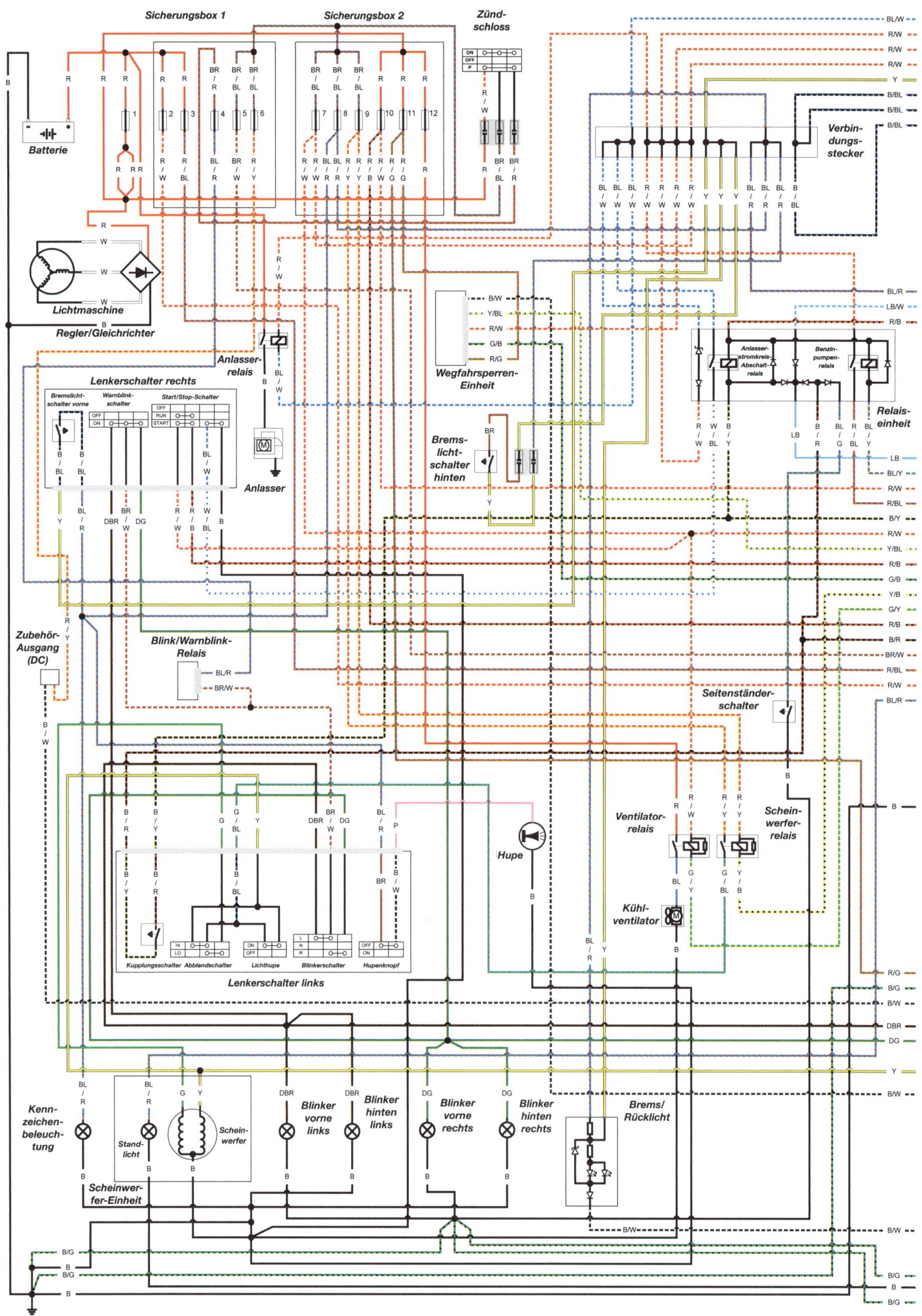


Yamaha MT-07 (ABS)

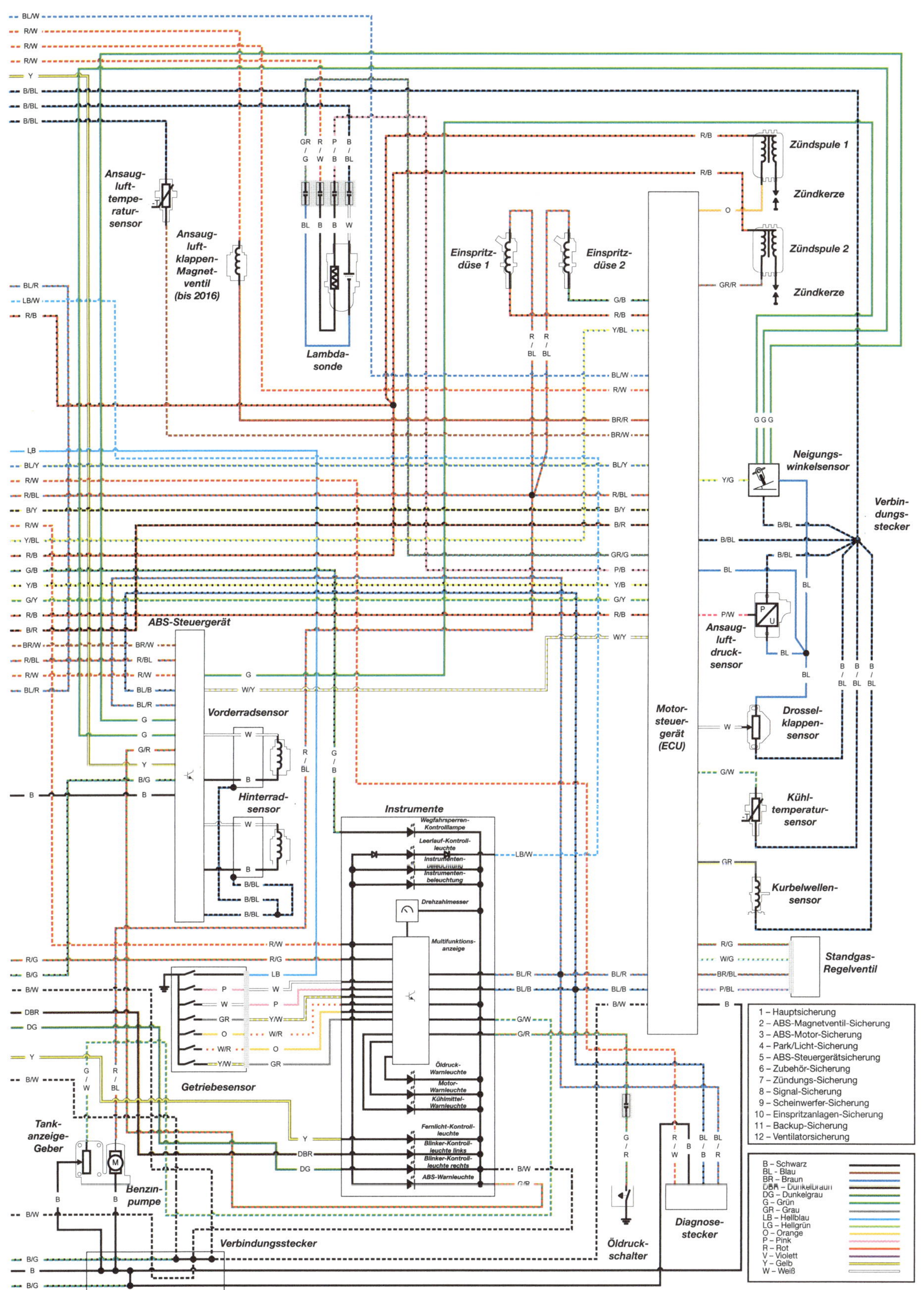


Yamaha MT-07 (ABS)

8

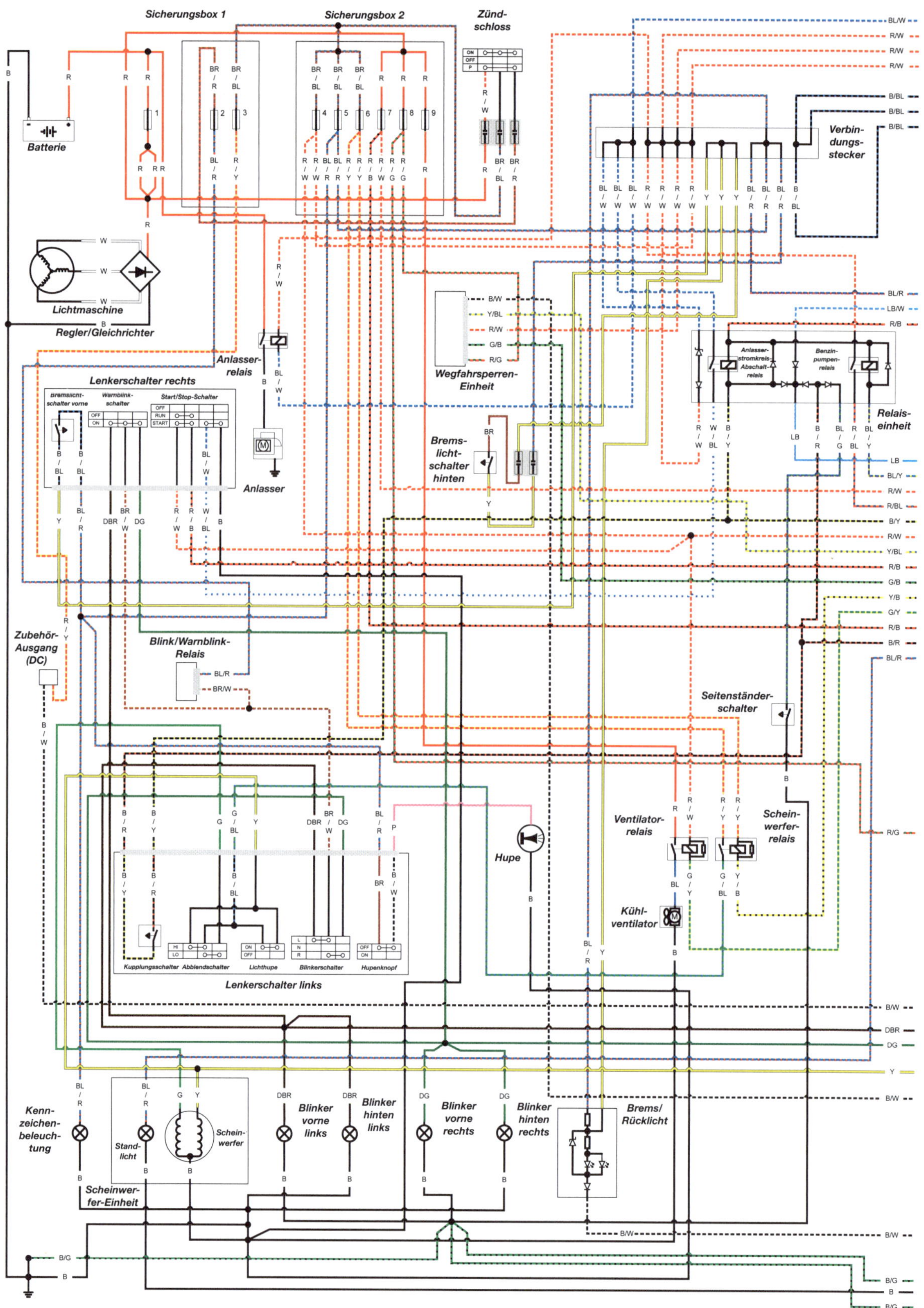


Yamaha MT-07 (ohne ABS)

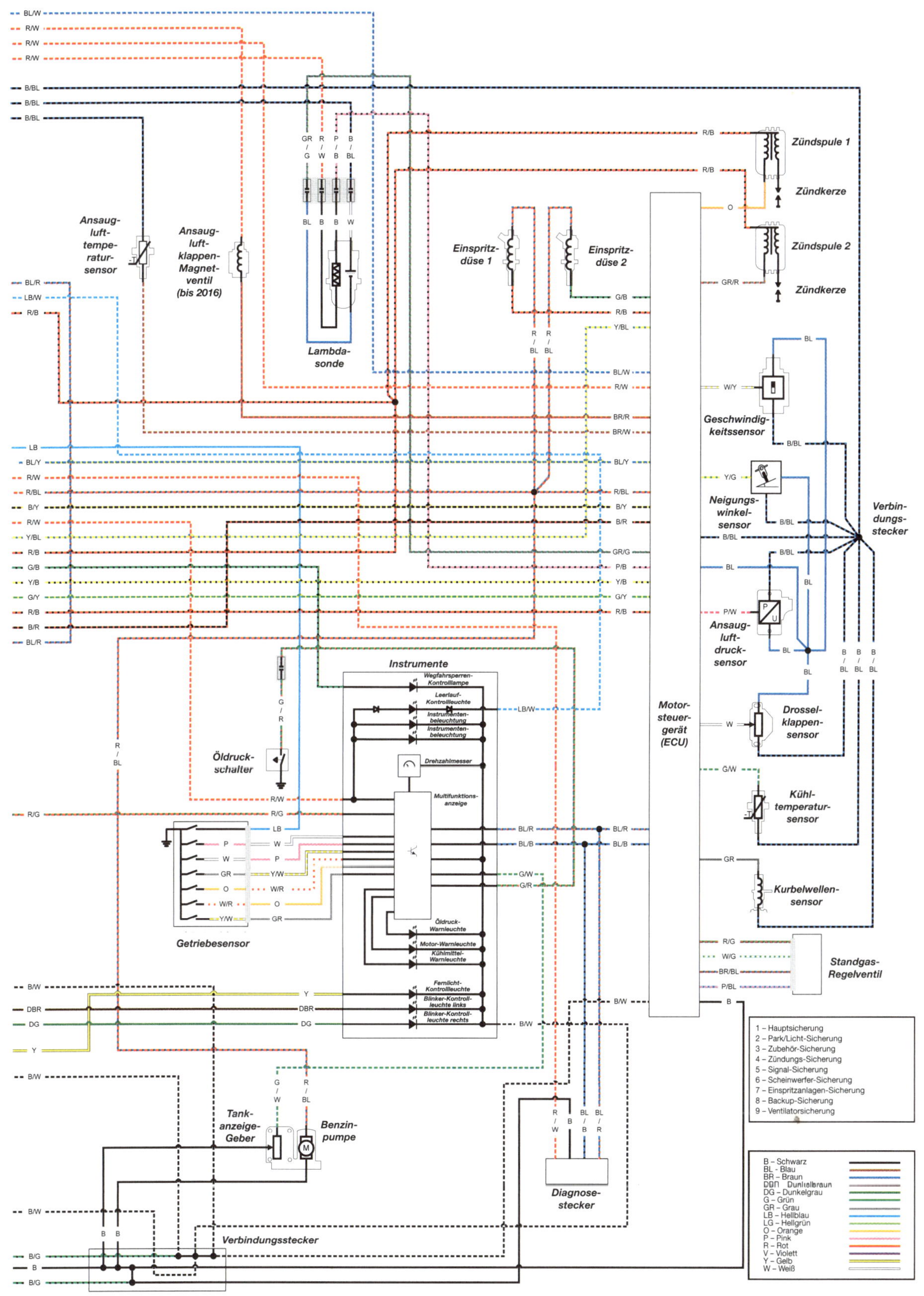


Yamaha MT-07 (ohne ABS)

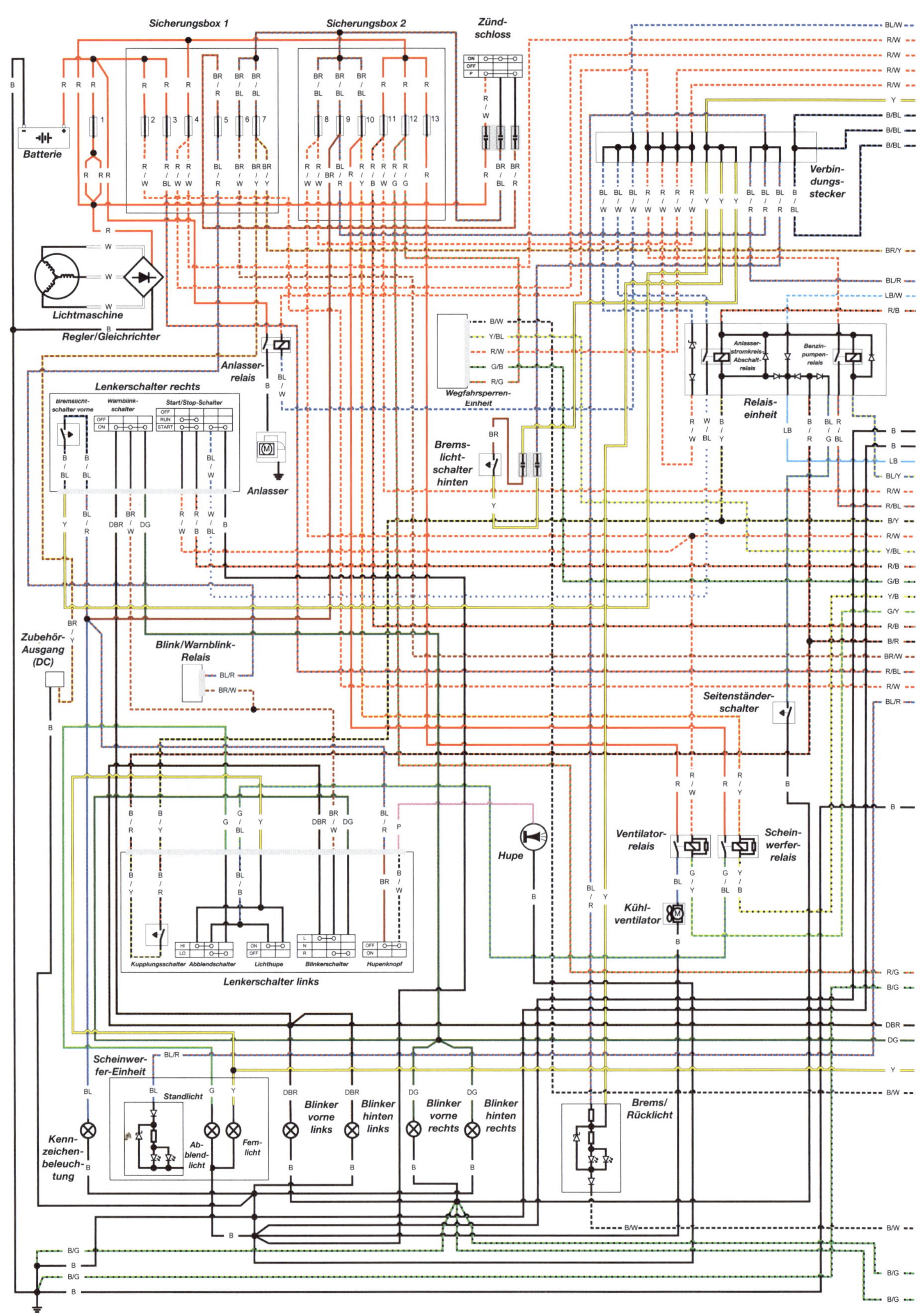


Yamaha MT-07TR TRACER

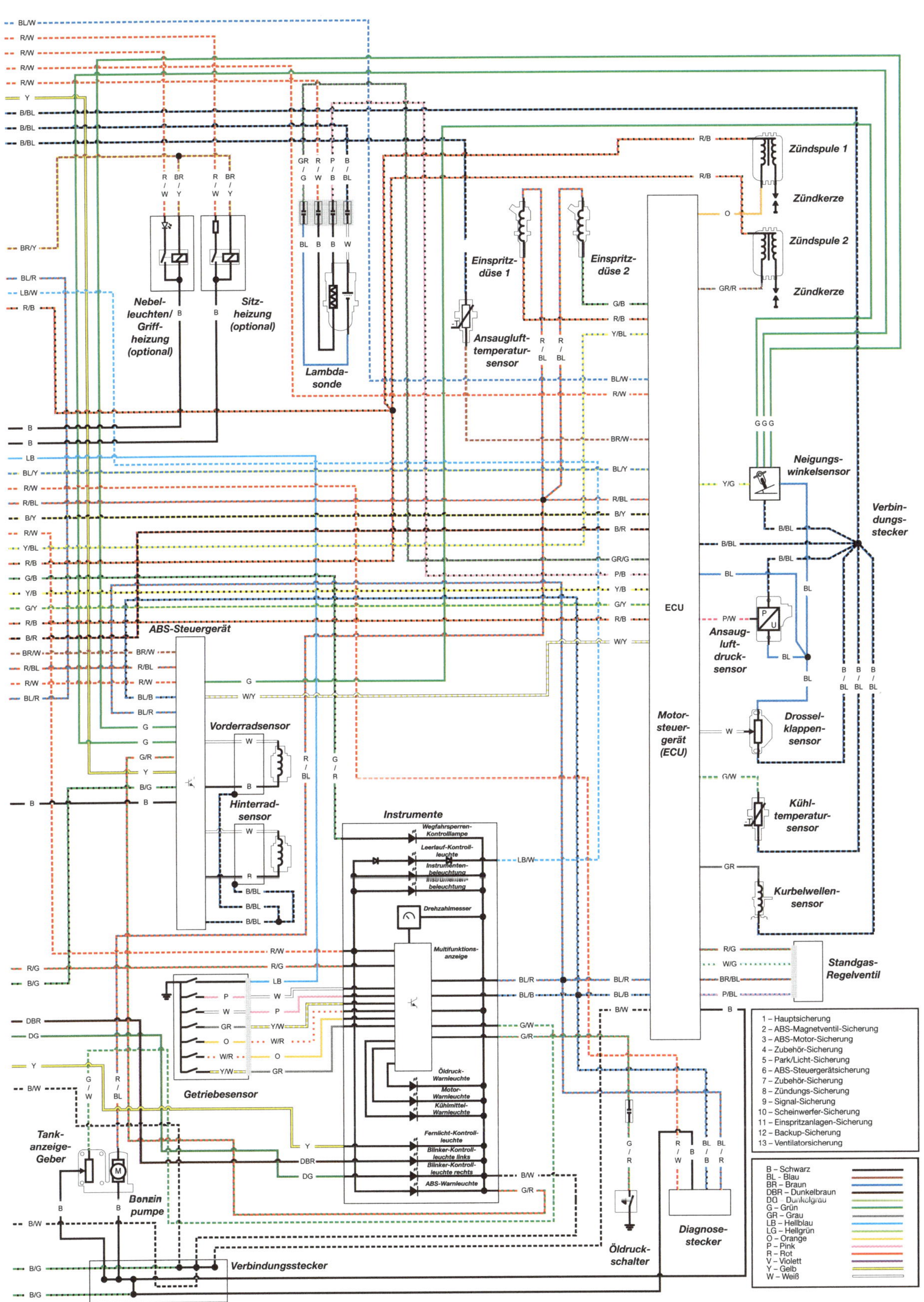


Yamaha MT-07TR TRACER

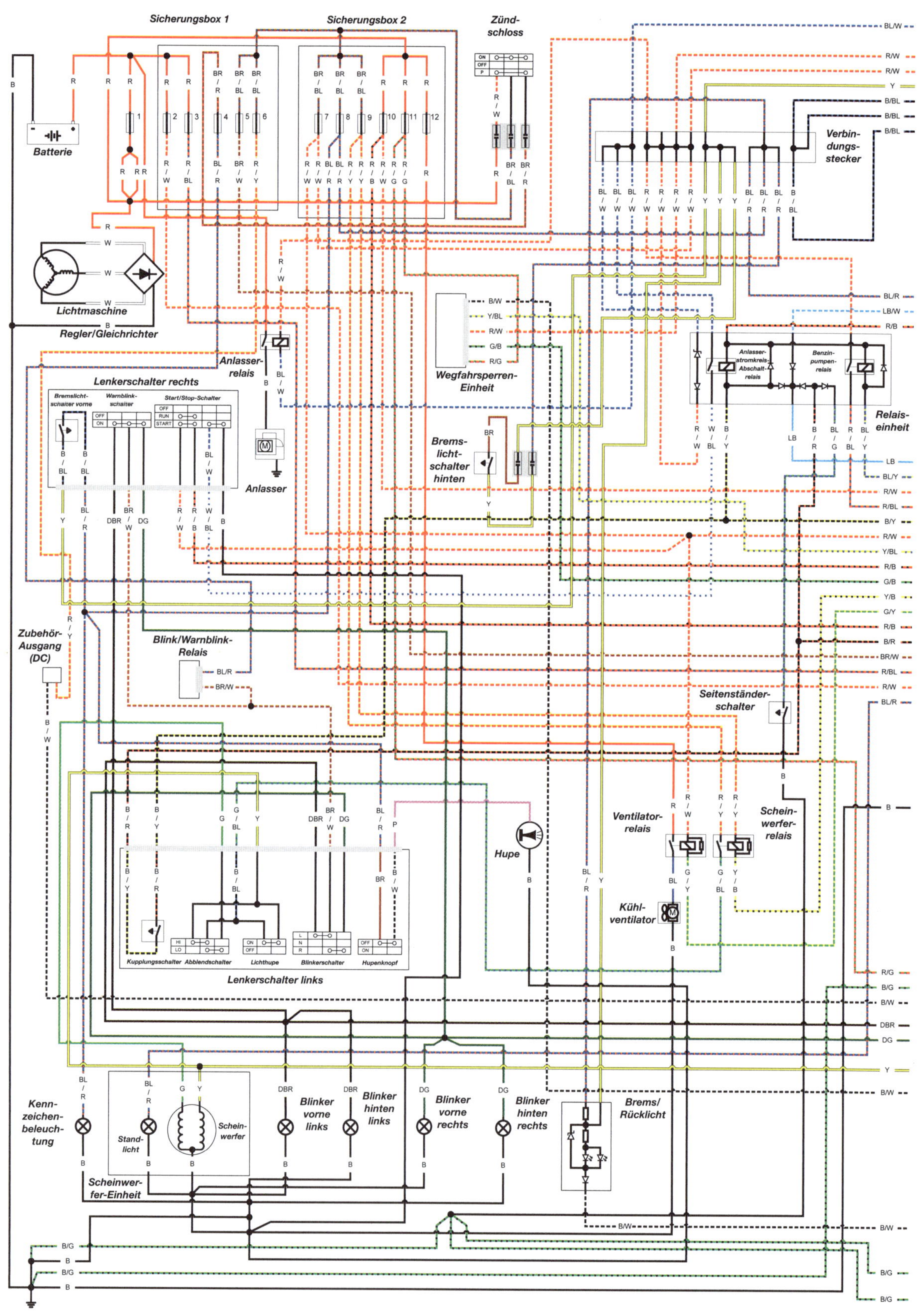


Yamaha XSR 700

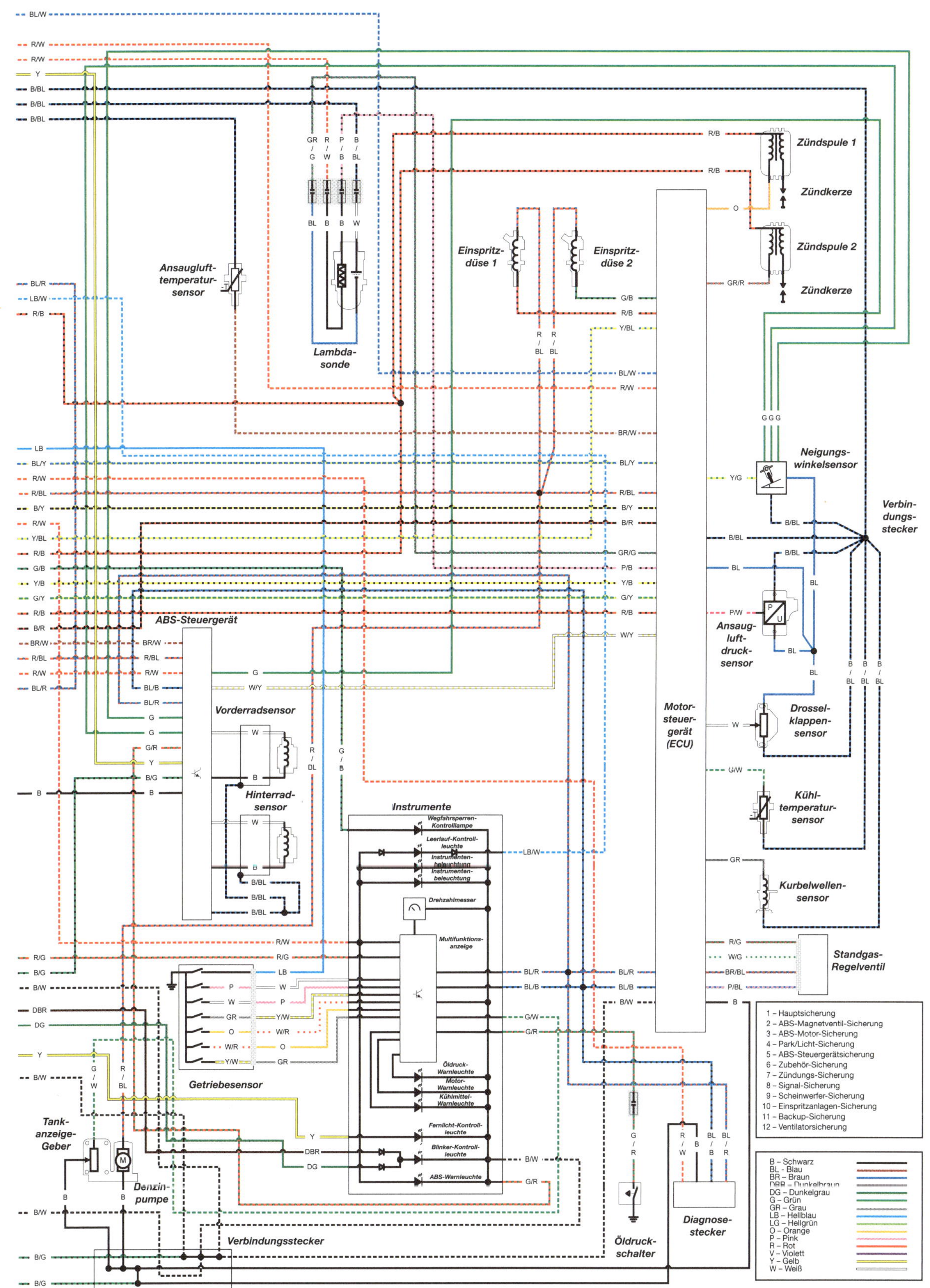


Yamaha XSR 700

*Notizen*

# Werkzeug- und Werkstatt-Tipps

## Werkzeug-Kauf

Zur Wartung und Reparatur ist unbedingt ein Werkzeugsatz nötig. Obwohl die Anschaffung einer geeigneten Grundausrüstung zunächst etwas Geld kostet, macht sie sich schnell bezahlt, da man durch Eigenleistung Werkstattkosten spart. Bei steigender Erfahrung und Zutrauen kann zusätzliches Werkzeug beschafft werden, um große Reparaturen und Motorüberholungen durchführen zu können. Viele Spezialwerkzeuge sind teuer und werden nur selten benutzt, hierbei kann sich das Mieten lohnen bzw. der gemeinsame Kauf mit Freunden oder einem Club.

Eine Regel ist, besser gutes teures Qualitätswerkzeug zu kaufen, als billiges, welches schnell verschleißt und öfter erneuert werden muss – und dadurch die anfänglichen Ersparnisse schnell aufhebt.

***Warnung: Um das Risiko zu vermindern, durch das Brechen schlechten Werkzeugs verletzt zu werden oder Bauteile zu beschädigen, muss immer auf stabile Qualität und die Erfüllung von Sicherheitsnormen geachtet werden.***

Die folgende Werkzeugliste entspricht nicht den Wartungs- und Reparaturwerkzeugen des Herstellers und der Werkstätten, sondern stellt eine Empfehlung dar, welche Werkzeuge für einfache Arbeiten benötigt werden. Zusätzlich werden solche Dinge wie eine elektrische Bohrmaschine, eine Eisensäge, Feilen, Hämmer, ein Lötkolben und eine mit einem Schraubstock ausgerüstete Werkbank empfohlen. Obwohl nicht als Werkzeug klassifiziert, ist eine Sammlung von Schrauben, Muttern, Scheiben und Rohrstücken immer sehr nützlich.

## Werks-Spezialwerkzeug

In unvermeidlichen Fällen ist die Benutzung von Spezialwerkzeug empfohlen. Wenn die Möglichkeit einer alternativen Verwendung besteht, ist diese beschrieben. Jedoch ist manchmal das Risiko einer Verletzung oder Beschädigung zu groß, sodass ein Spezialwerkzeug des Herstellers benutzt werden muss. Spezialwerkzeug ist normalerweise nur über den Motorradhandel zu bekommen und mit einer Werksnummer versehen. Einige der oft benutzten Werkzeuge, wie z. B. Rotorabzieher sind auch über den Zubehörhandel erhältlich.

# Grundausstattung Wartungs- und Reparatur-Werkzeug

1 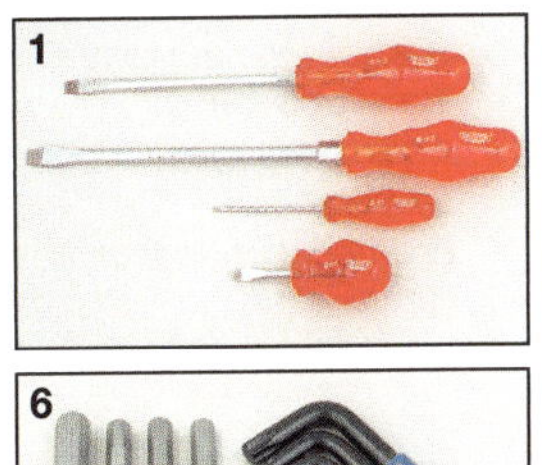

2 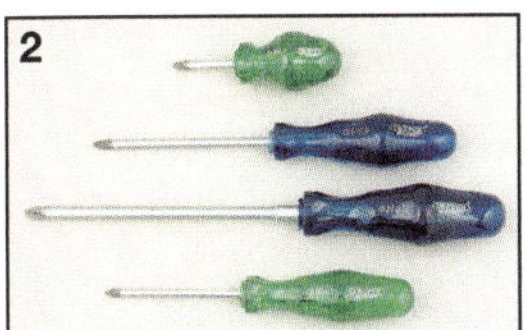

3 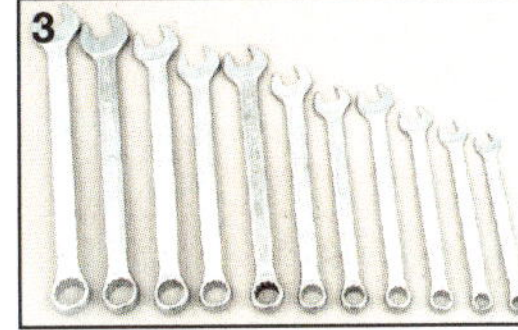

4 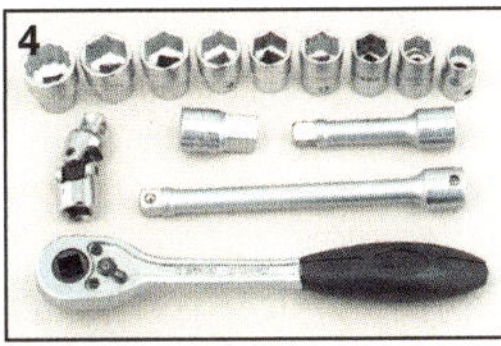

5 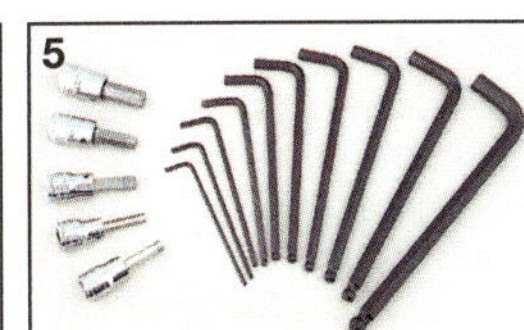

6 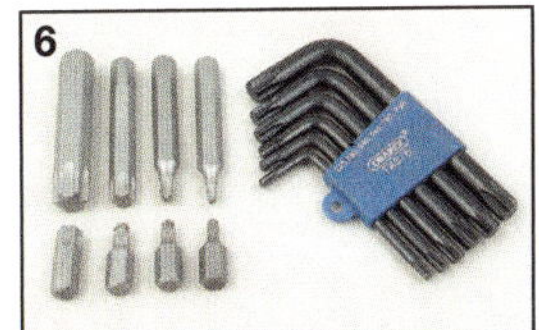

7 

8 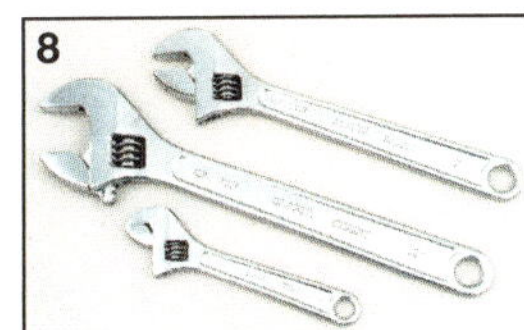

9 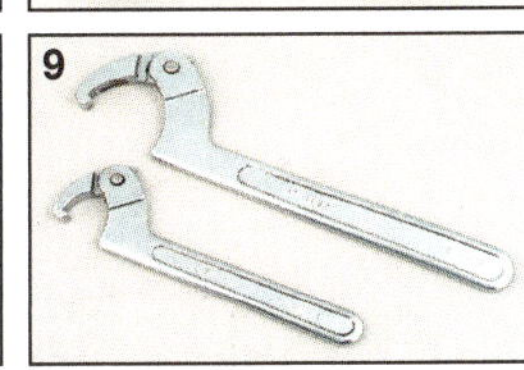

10 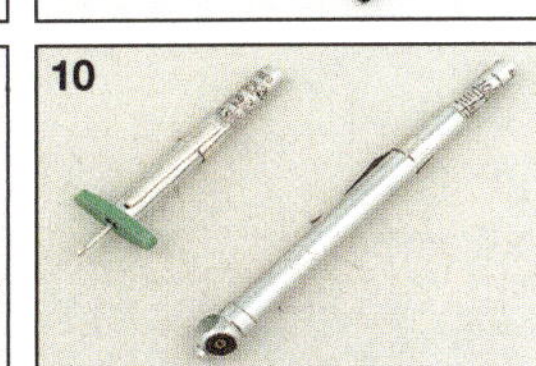

11 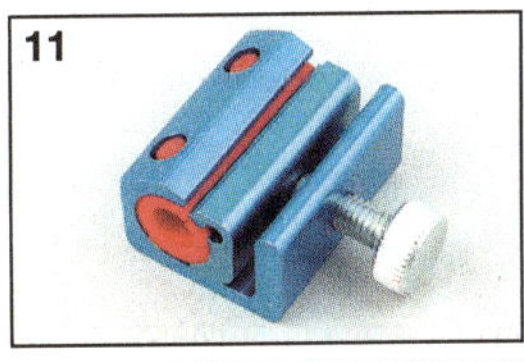

12 

13 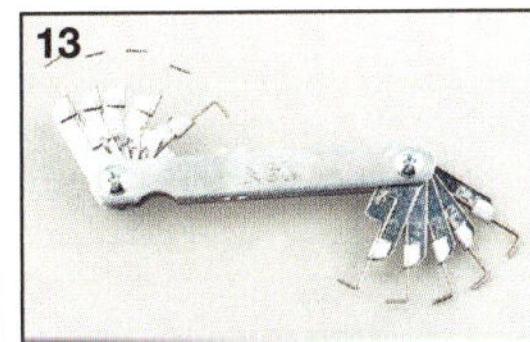

14 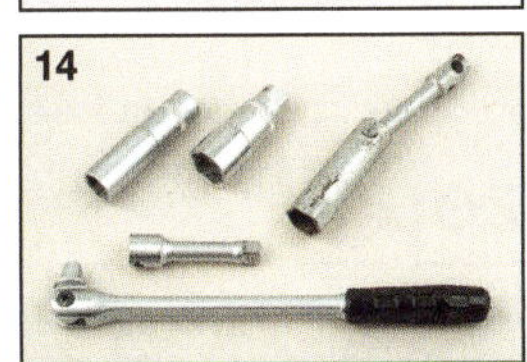

15 

16 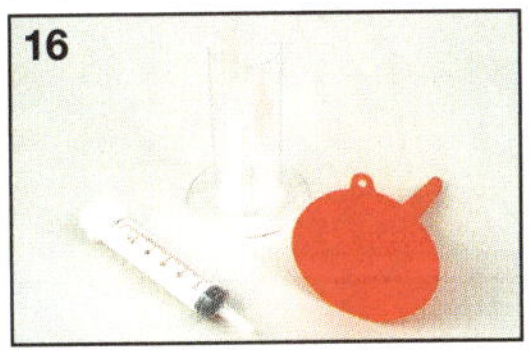

17 

18 

19 

20 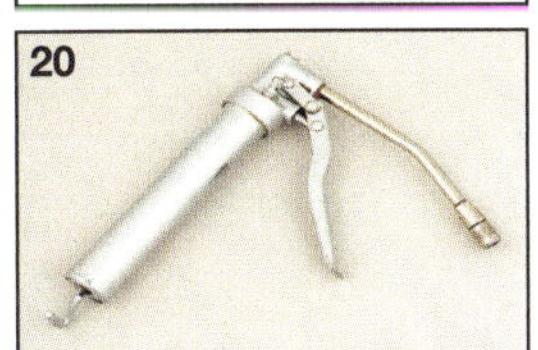

21 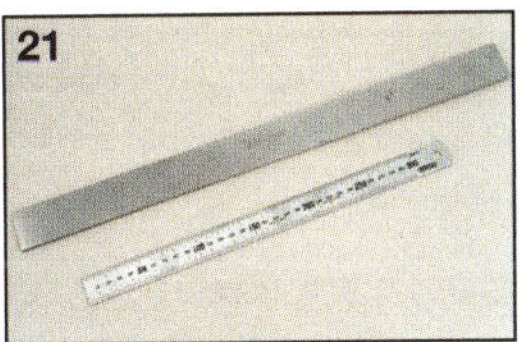

22

23

24

25 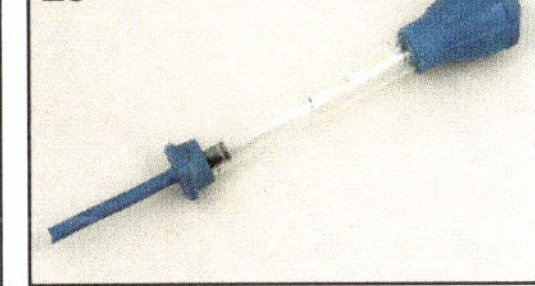

*1 Schlitzschraubendrehersatz*
*6 Torxschlüsselsatz oder -bits*
*11 Bowdenzug-Öler*
*16 Trichter und Messbecher*
*21 Stahllineal und Winkel*

*2 Kreuzschraubendrehersatz*
*7 verschiedene Zangen, Gripzangen*
*12 Fühlerlehre*
*17 Bandschlüssel*
*22 Durchgangsprüfer*

*3 Gabel-/Ringschlüsselsatz*
*8 einstellbarer Rollgabelschlüssel*
*13 Mess- und Einstellgerät für Zündkerzenelektroden*
*18 Öl-Auffangbehälter*
*23 Batterieladegerät*

*4 Steckschlüsselsatz mit 3/8 oder ½ Zollantrieb (Knarrenkasten)*
*9 Hakenschlüssel (am besten einstellbar)*
*14 Zündkerzenschlüssel oder tiefer Knarreneinsatz*
*19 Ölkanne mit Pumpe*
*24 Hydrometer (zur Bestimmung der Batteriesäuredichte)*

*5 Inbus-Schlüsselsatz oder Steckeinsätze*
*10 Profiltiefenmesser, Luftdruckprüfgerät*
*15 Drahtbürste und Schleifpapier*
*20 Fettpresse*
*25 Frostschutztester (für wassergekühlte Motoren)*

# Werkzeug für Reparatur und Überholung

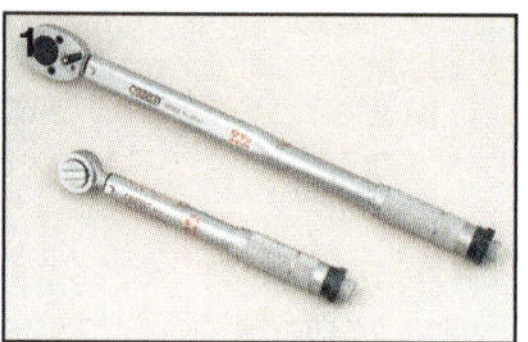

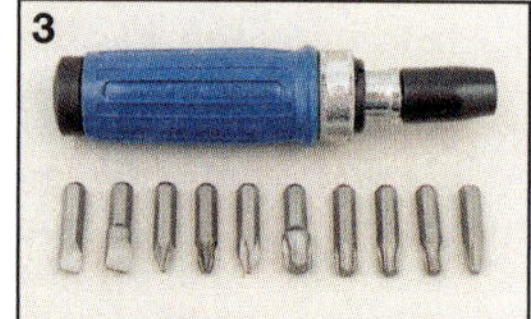

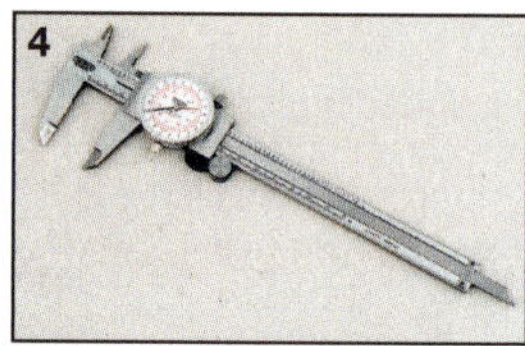

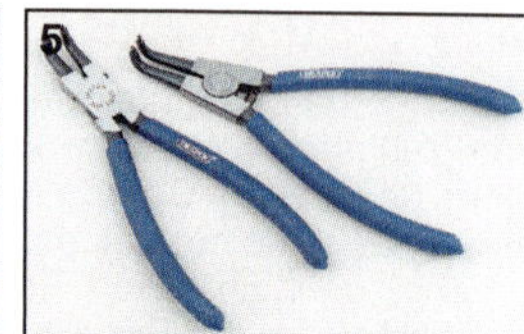

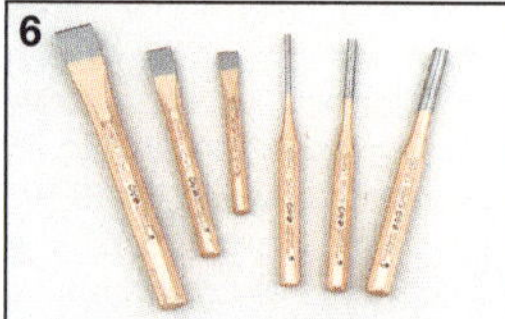

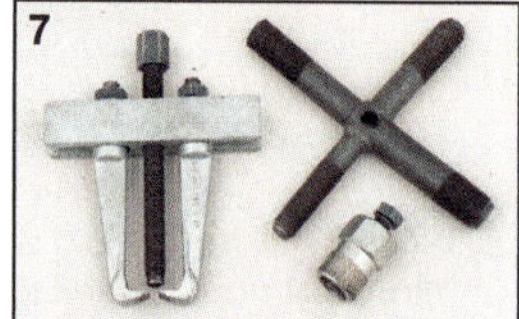

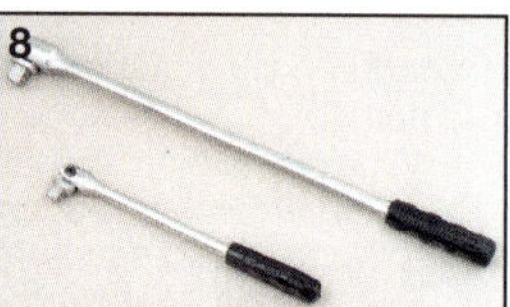

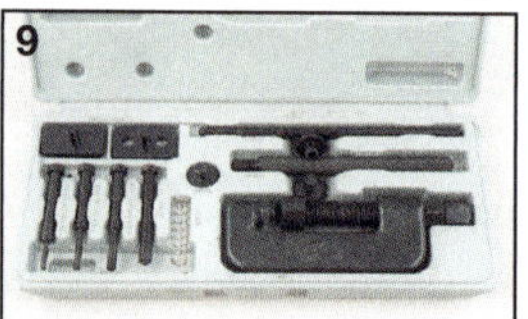

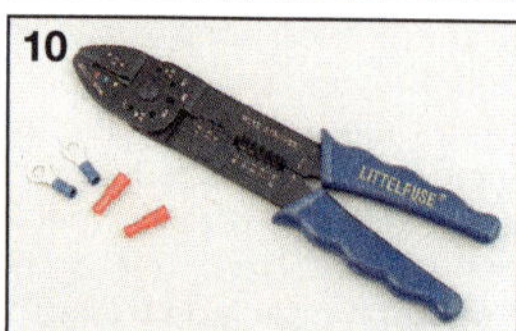

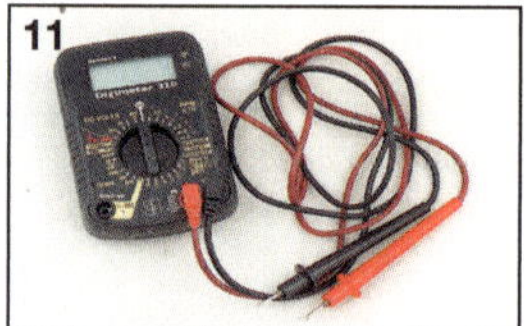

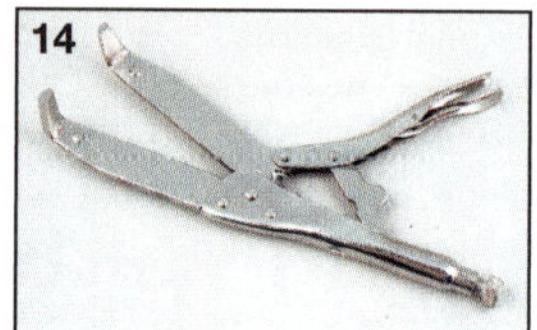

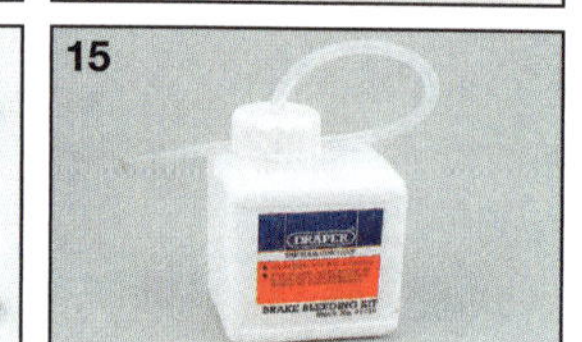


*1 Drehmomentschlüssel (kleine und mittlere Ausführung)*
*6 Dorne und Meißel*
*11 Multimeter (für Volt, Ampere, Ohm)*
*2 Stahl-, Plastik- und Gummihammer*
*7 verschiedene Abzieher*
*12 Stroboskoplampe (für dynamische Zündungskontrolle)*
*3 Schlagschraubersatz*
*8 Gelenkgriff und Rohrverlängerung*
*13 Schlauchklemme*
*4 Schieblehre*
*9 Ketten-Trenn- und Montierwerkzeug*
*14 Kupplungs-haltewerkzeug*
*5 Seegerringzangen (für innen und außen)*
*10 Abisolierzange*
*15 Einpersonen-Bremsentlüftungssatz*

# Spezialwerkzeug

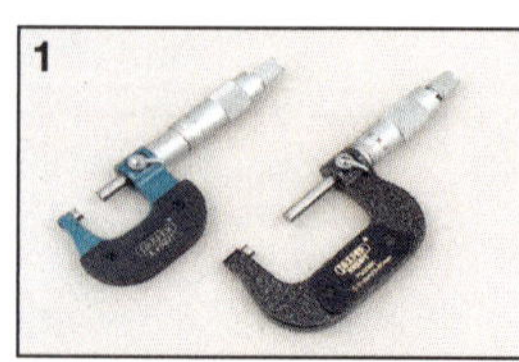

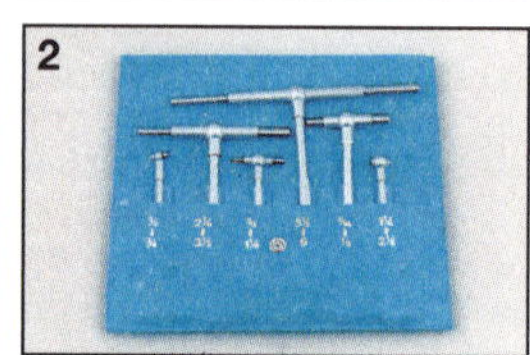

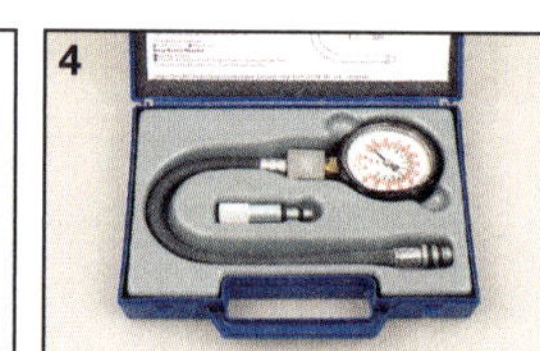

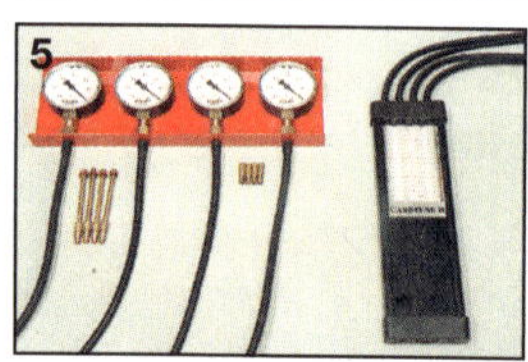

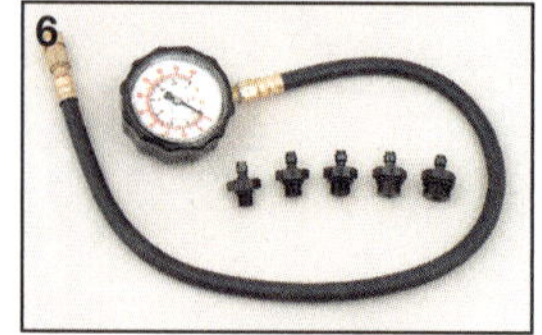

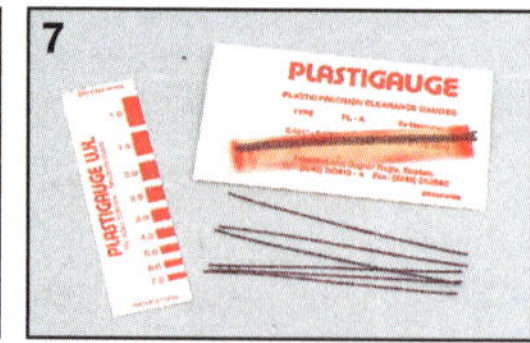

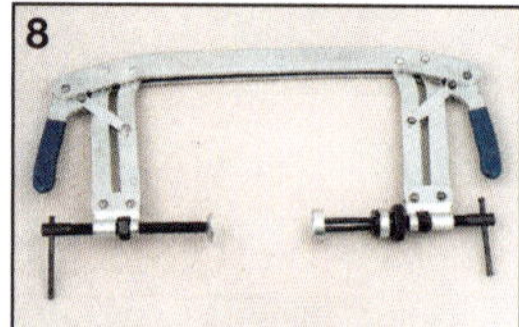

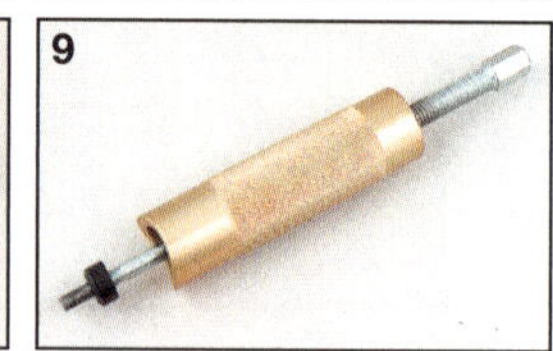

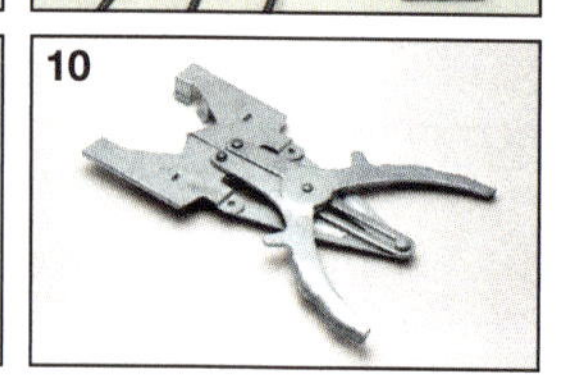

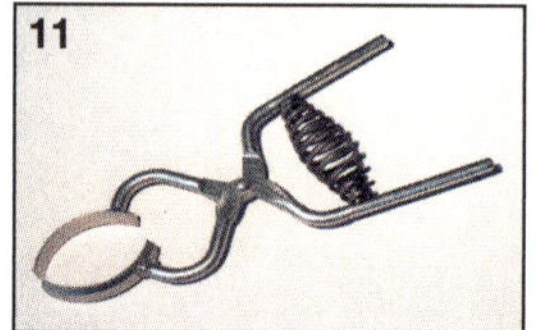

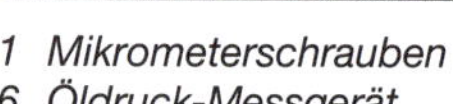
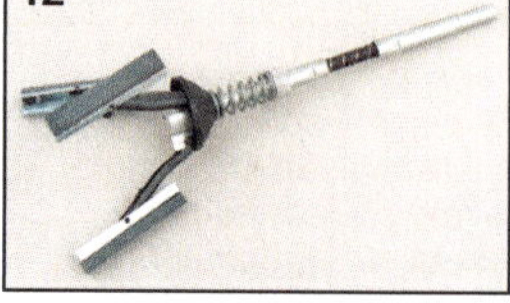

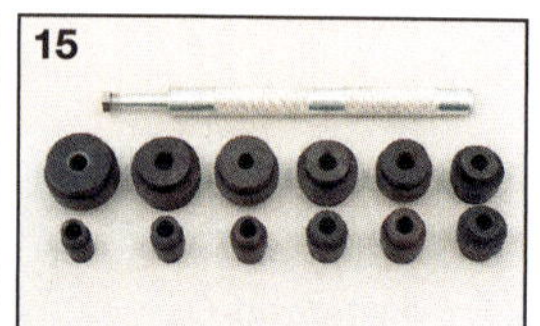


*1 Mikrometerschrauben*
*6 Öldruck-Messgerät*
*11 Kolbenringklemme*
*2 Innenmessgeräte*
*7 Quetschmessstreifen für Lagerspielmessung*
*12 Zylinderhonsteine*
*3 Messuhr mit Halter*
*8 Ventilfederpresse*
*13 Bolzenausdreher*
*4 Zylinderkompressions-Messgerät*
*9 Kolbenbolzenauszieher*
*14 Linksausdrehersatz*
*5 Synchronisationsgerät*
*10 Kolbenringzange*
*15 Lagertreibersatz*

# 1 Werkstatt
Ausrüstung und Einrichtung

## Die Hebebühne

• Man kann sich die Arbeit an vielen Bauteilen des Motorrades erheblich erleichtern, wenn die Maschine mithilfe einer Hebebühne in eine günstige Arbeitshöhe gebracht wird. Die teuren hydraulischen oder pneumatischen Hebebühnen, wie man sie aus professionellen Werkstätten kennt, sind eine lohnenswerte Anschaffung, wenn man viele Reparaturen und Überholungen zu erledigen hat (siehe Abbildung 1.1).

**1.1 Hydraulische Motorrad-Hebebühne**

• Wenn das Motorrad angehoben wird, muss darauf geachtet werden, dass es gegen Herunterfallen gesichert wird. Die meisten Bühnen haben dazu eine einstellbare Vorderrad-Klemmung. Beim Einklemmen des Rades darf der Reifen oder die Felge nicht beschädigt werden, den besten Schutz bieten hier zwischengelegte Holzblöcke.

• Sichern Sie das Motorrad mit Spannriemen an der Bühne (siehe Abbildung 1.2). Wenn die Maschine nur einen Seitenständer besitzt und kippgefährdet ist, sollte sie auf einer passenden Stütze positioniert werden.

**1.2 Mit z. B. an den Beifahrerfußrasten befestigten Spannriemen wird die Maschine vor dem Umfallen gesichert.**

• Passende Stützen sind in unterschiedlichen Formen und Ausführungen im Fachhandel erhältlich. Zumeist wird die Maschine damit an der Hinterrad- oder Schwingenachse angehoben (siehe Abbildung 1.3). Um beide Räder zu entlasten, kann ein Wagenheber unter den Motor positioniert und das Vorderteil angehoben werden (siehe Abbildung 1.4).

**1.3 Diese Stütze hebt das Motorrad an der Schwingenachse an.**

**1.4 Um Beschädigungen zu vermeiden, muss immer ein Stück Holz zwischen Wagenheber und Motor oder Rahmen liegen.**

## Rauch und Feuer

• Beachten Sie genau das Kapitel »Sicherheit geht vor!« am Anfang des Buches. Gehen Sie sicher, dass ein Feuerlöscher zur Hand ist, der für brennbare Flüssigkeiten geeignet ist – versuchen Sie auf gar keinen Fall, brennendes Benzin oder Öl mit Wasser zu löschen!

• Sorgen Sie dafür, dass immer ausreichende Belüftung sichergestellt ist. Wenn keine Abgas-Absauganlage vorhanden ist, darf der Motor nur außerhalb der Werkstatt gestartet werden.

• Wenn Sie mit Kraftstoff hantieren, muss durch gutes Lüften dafür gesorgt werden, dass sich keine zündfähigen Gasgemische bilden können. Das Gleiche gilt beim Aufladen von Batterien. Rauchen Sie nicht, und verbieten Sie auch anderen Personen, in der Werkstatt zu rauchen.

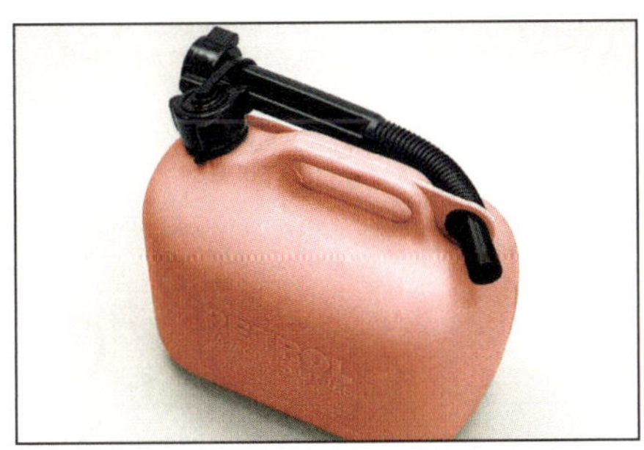

**1.5 Benutzen Sie zum Lagern von Kraftstoff nur vorgeschriebene Kanister.**

## Flüssigkeiten

• Wenn Sie den Tank entleeren müssen, darf der Kraftstoff nur in geeigneten und verschließbaren Behältern und Kanistern gelagert werden (siehe Abbildung 1.5). Lagern Sie Benzin niemals in Gläsern oder Flaschen.

• Benutzen Sie entsprechende Motoren-Entfetter oder schwer entflammbare Lösungsmittel, wie z. B. Petroleum, um Öl, Fett und Schmutz zu entfernen – benutzen Sie niemals Benzin! Tragen Sie bei diesen Arbeiten Gummihandschuhe, und benutzen Sie diese Reinigungsmittel nur draußen oder in sehr gut belüfteten Räumen.

## Staub-, Augen- und Handschutz

• Schützen Sie Atemwege und Lunge mit Staubmasken vor dem Eindringen von Staubpartikeln. Manche älteren Brems- oder Kupplungsbeläge enthalten Krebs erregendes Asbest – hantieren Sie auf jeden Fall sehr vorsichtig mit solchem Material. Schützen Sie Ihre Augen mit einer Schutzbrille vor Spritzern und Spänen (siehe Abbildung 1.6).

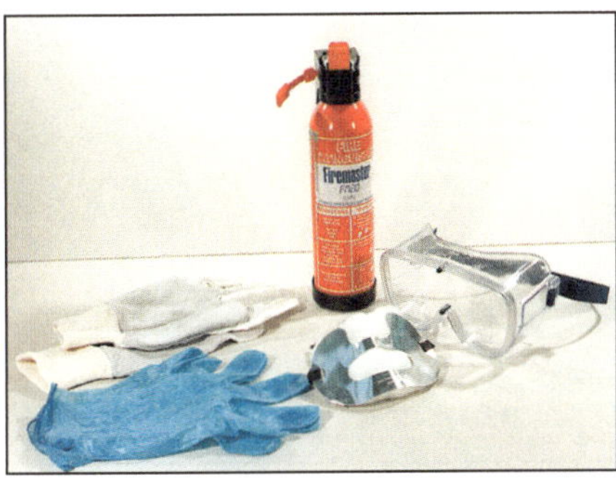

**1.6 Ein Feuerlöscher, eine Schutzbrille, Staubmaske und Schutzhandschuhe sollten in der Werkstatt immer zur Hand sein.**

• Schützen Sie Ihre Hände mit Gummihandschuhen vor dem Kontakt mit Lösungsmitteln, Benzin und Öl. Alternativ kann vor Arbeitsbeginn eine spezielle Schutzcreme auf die Hände aufgetragen werden. Wenn Sie mit heißen Teilen oder Flüssigkeiten hantieren, müssen hierfür geeignete Handschuhe getragen werden.

## Die Entsorgung alter Flüssigkeiten

• Alte Reinigungs- und Bremsflüssigkeit, Kraftstoff und Öl dürfen nicht ins Erdreich oder in Wasserabflüsse gelangen. Füllen Sie die entsprechenden Flüssigkeiten in geeignete Behälter, und bringen Sie sie zu dem Händler, von dem Sie sie erworben haben. Unter Vorlage einer Quittung sind Händler verpflichtet, altes Öl und Bremsflüssigkeit wieder zurückzunehmen. Schütten Sie unterschiedliche Flüssigkeiten nicht zusammen in einen Behälter, da sie nur getrennt wieder aufbereitet werden können. Öliger und fettiger Schmutz kann zusammen mit dem Altöl abgegeben werden, alte Ölfilter können ebenfalls beim Händler entsorgt werden.

## 2 Befestigungen
Schrauben und Muttern

## Typen und Anwendungen

### Schrauben

- Köpfe von Maschinenschrauben gibt es in den Ausführungen Sechskant, Torx und Vielzahn – alle in Innen- und Außenversionen (siehe Abbildungen 2.1 und 2.2). Vielzahn-Schrauben werden im Motorradbau sehr selten verwendet. Schlitz- und Kreuzschlitzköpfe werden nur bei kleinen Schrauben verwendet, die keiner großen Belastung ausgesetzt sind. Längenangaben bei Schrauben werden von unterhalb des Kopfes bis zum Ende gemessen (siehe Abbildung 2.11).

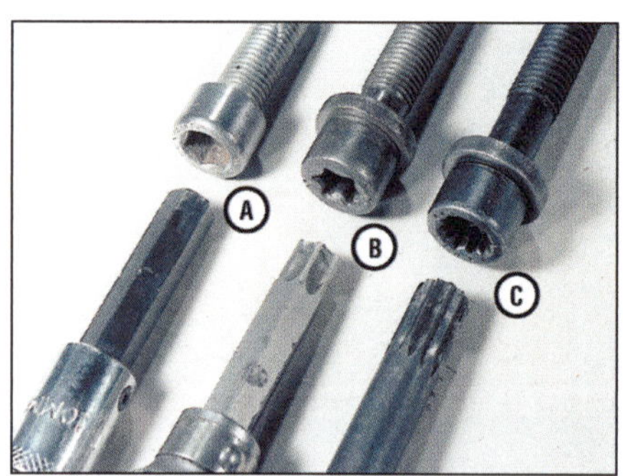


**2.1 Innen-Sechskant (»Inbus«) (A), Torx (B) und Vielzahnschraubenköpfe (C) mit entsprechenden Werkzeugen**

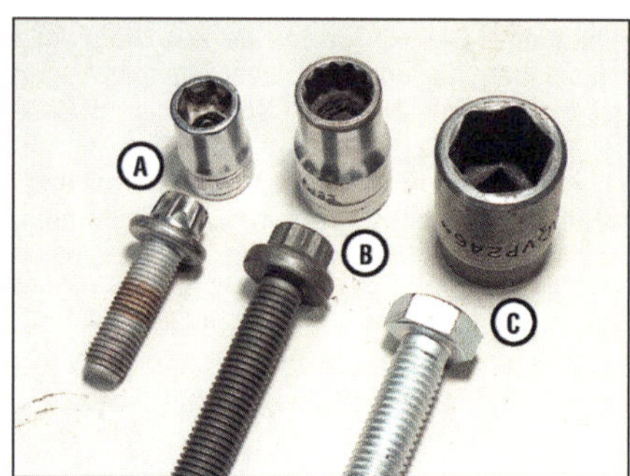


**2.2 Außen-Torx (A), Zwölfkant- (B) und Sechskantschrauben (C) mit entsprechenden Steckschlüsseleinsätzen (»Nüssen«)**

- Verschiedene Schrauben haben Zugfestigkeitsangaben auf ihren Köpfen. Je höher die Zahl, desto stabiler die Schraube. Hochfeste Schrauben tragen eine 10 oder höhere Zahl. Ersetzen Sie eine hochfeste Schraube niemals durch eine minderfeste.

### Scheiben (siehe Abbildung 2.3)

- Unterlegscheiben werden zwischen Schraubenkopf und Bauteil gelegt, um Beschädigungen des Teils zu vermeiden und um die Last des Anzugsmoments zu verteilen. Spezielle Unterlegscheiben werden bei verschiedenen Gelegenheiten als Abstandhalter und Einstellscheibe eingesetzt. Kupfer- oder Aluminiumscheiben fungieren als Dichtungsringe, z. B. bei Ablassschrauben.

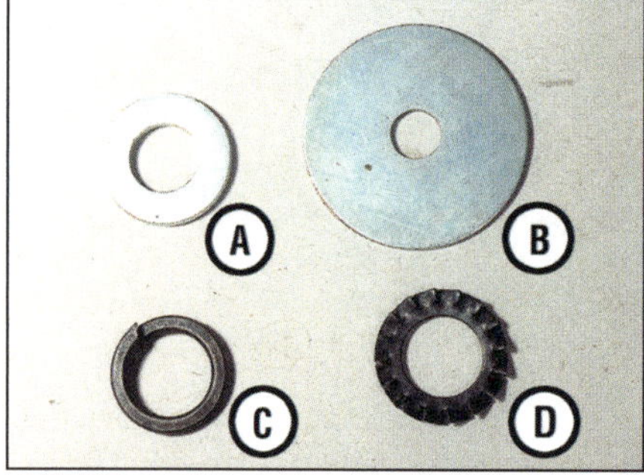


**2.3 Unterlegscheibe (A), Kotflügelscheibe (B), Federring (C) und Sicherungsscheibe (D)**

- Der offene Federring übt zwischen Schraube und Bauteil axialen Druck aus. Nach einmaligem Gebrauch muss er ersetzt werden. Wenn der Federring zusammen mit einer Unterlegscheibe verwendet wird, muss er zwischen diese und die Schraube gelegt werden.
- Sternförmige Sicherungsscheiben schneiden sich beim Linksherumdrehen in die Schraube und das Bauteil ein, um das Lösen der Schraube zu verhindern. Sie werden oft bei elektrischen Masseverbindungen am Rahmen verwendet.
- Konus- oder Fächerscheiben üben zwischen Schraube und Bauteil axialen Druck aus. Sie werden mit der flachen Seite auf das Bauteil gelegt, wenn sie abgeflacht sind, sind sie ermüdet und müssen ausgewechselt werden.
- Sicherungsbleche werden unter glatte Wellenmuttern gelegt, das Blech wird an einer oder mehreren Seiten der Mutter hochgebogen und gegen deren Sechskant gepresst, um ein Lösen zu verhindern. Ist das Blech nach mehrmaligem Gebrauch verschlissen, muss es ersetzt werden.
- Wellenscheiben werden eingesetzt, um Spiel auf Achsen aufzunehmen. Sie üben leichten Federdruck aus und verhindern das Hin- und Herschieben von Baugruppen, z. B. Kipphebeln auf ihren Wellen.

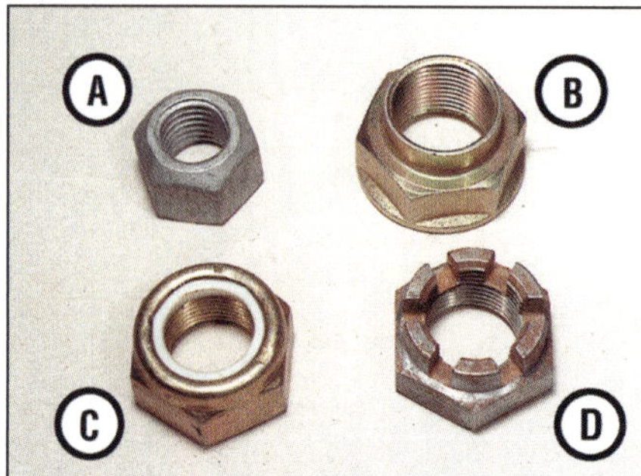


**2.4 Sechskantmutter (A), Mutter mit Bund (B), selbstsichernde Mutter mit Nylon-Einsatz (C), Kronenmutter (D)**

## Muttern und Splinte

- Herkömmliche Muttern sind sechskantig (siehe Abbildung 2.4). Ihre Größenbezeichnungen richten sich nach dem Gewindedurchmesser und dessen Steigung. Hochfeste Muttern tragen auf einer Seite eine Zahl, die ihre Festigkeit angibt.
- Selbstsichernde Muttern haben entweder Nylon-Einsätze oder zwei Federstreifen, außerdem gibt es Muttern mit Bund, die sich mit einer Verzahnung sichern. Ihr aller Vorzug liegt darin, dass sie nicht durch Vibrationen zu lösen sind. Die Nylon- und Federausführungen können mehrmals universell eingesetzt werden und müssen erst ersetzt werden, wenn sie leichtgängig oder verschlissen sind. Die Bundausführungen müssen nach jedem Lösen ausgewechselt werden.
- Splinte werden zum Sichern von Kronenmuttern auf Achsen, aber auch gegen das Lösen normaler Sechskantmuttern eingesetzt, besonders an Radachsen und Bremsankern. Normale Splinte müssen wegen der Bruchgefahr nach jedem Gebrauch erneuert werden (siehe Abbildungen 2.5 und 2.6).

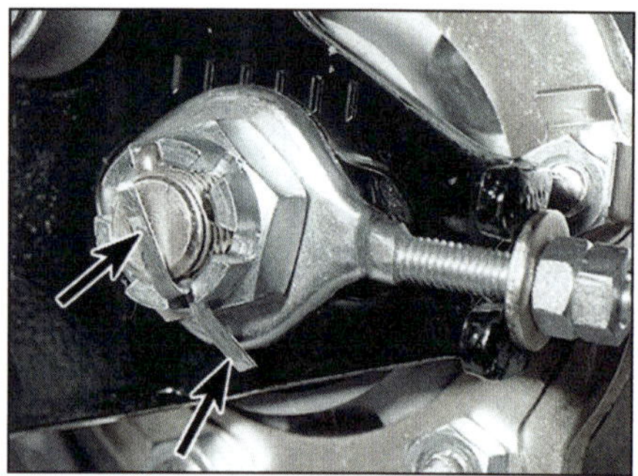

**2.5 Biegen Sie Einwegsplinte bei Kronenmuttern wie gezeigt auseinander.**

**2.6 Biegen Sie Einwegsplinte bei normalen Muttern wie gezeigt auseinander.**

***Achtung: Wenn die Schlitze der Kronenmutter nach dem vorschriftsmäßigen Anziehen nicht mit der Splintbohrung in der Achse fluchten, muss sie so weit fester angezogen werden, bis der Splint durchgeführt werden kann – sie darf niemals gelockert werden.***

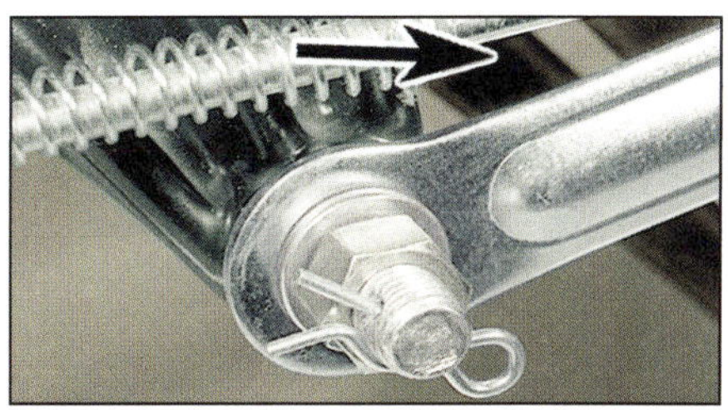

**2.7 Federsplinte werden mit dem geschlossenen Ende in Fahrtrichtung (Pfeil) montiert.**

- Federsplinte können öfter verwendet werden, solange sie nicht beschädigt sind. Installieren Sie Federsplinte immer mit dem geschlossenen Ende nach vorne (siehe Abbildung 2.7).

## Sicherungsringe (siehe Abbildung 2.8)

- Sicherungsringe, die mit »Augen« zum besseren Aus- und Einbau versehen sind, werden auch Seegerringe genannt. Je nach Einsatzzweck auf Wellen oder in Bohrungen sitzen die Augen innen oder außen. Geschliffene Ringe können beidseitig verwendet werden, bei gestanzten Ringen (mit einer flachen und einer abgerundeten Seite) muss die flache Seite entstehenden Druck auf die Nut übertragen (siehe Abbildung 2.9).
- Benutzen Sie immer eine Seegerringzange zur Montage und Demontage, spannen Sie damit die Ringe nicht mehr als nötig. Drehen Sie die Ringe nach der Montage in ihrer Nut, um sicherzugehen, dass sie richtig sitzen. Wenn ein Sicherungsring auf eine Nutenwelle montiert wurde, muss die Öffnung mit einer Nut fluchten. So wird sichergestellt, dass die Enden gut gehalten werden (siehe Abbildung 2.10).
- Sicherungsringe können durch den Druck von Bauteilen verschleißen und dadurch locker in ihren Nuten sitzen. Da hierdurch die Gefahr des Herausspringens steigt, sollten Sie regelmäßig nach jedem Ausbau ersetzt werden.
- Drahtsicherungsringe werden normalerweise zur Sicherung des Kolbenbolzens in die Nuten des Kolbens gesetzt. Sie können mit einer Spitzzange oder einem kleinen Schraubendreher ausgebaut werden. Kolbenbolzen-Sicherungsringe dürfen auf keinen Fall mehrmals verwendet werden.

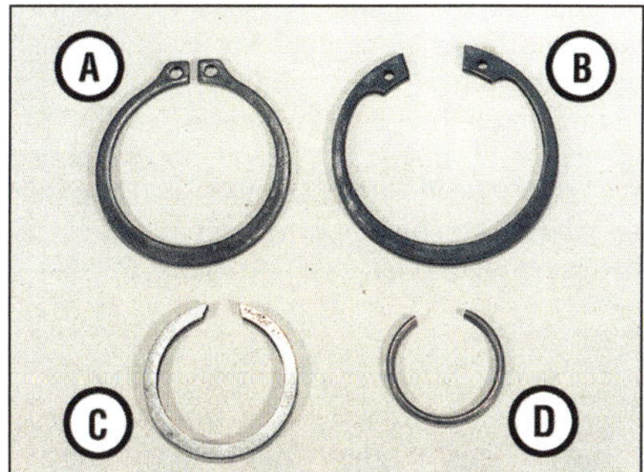


**2.8 Wellen-Seegerring (A), Bohrungs-Seegerring (B), geschliffener Sicherungsring (C), Draht-Sicherungsring (D)**

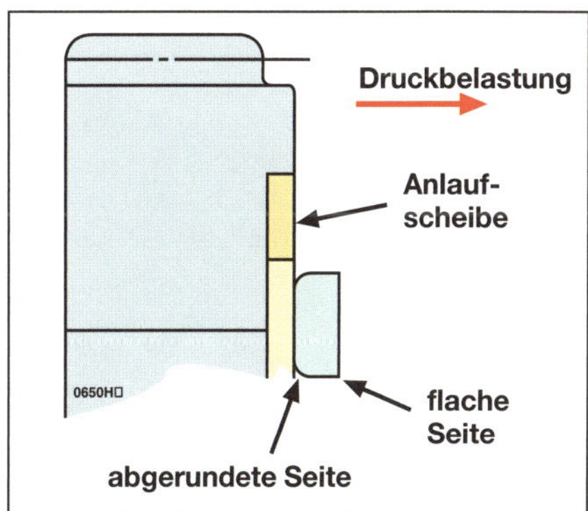


**2.9 Korrekte Einbaulage eines gestanzten Sicherungsrings**

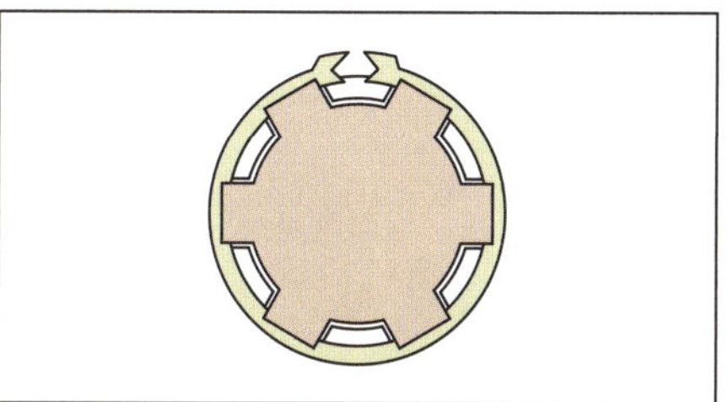

**2.10 Die Öffnung des Sicherungsrings muss in einer Nut der Welle liegen.**

## Gewindedurchmesser und Gewindesteigung

- Der Durchmesser eines Gewindes wird außen an der Schraube oder des Bolzens gemessen. Fast alle Fahrzeughersteller benutzen heute metrische Gewinde nach ISO-Norm, eine M-6-Schraube hat einen Gewindedurchmesser von 6 mm. Diese Bezeichnung gilt auch für die entsprechende Mutter, hier muss der Durchmesser in den »Tälern« des Gewindes gemessen werden.
- Die Gewindesteigung bezeichnet den Abstand zwischen zwei Gewindegängen (siehe Abbildung 2.11). Sie wird in Millimetern angegeben, jedoch nur extra erwähnt, wenn sie von der Norm abweicht, d. h. eine M8-Schraube nicht wie üblich eine Steigung von 1,25 mm, sondern z. B. ein Feingewinde mit 1,0 mm Steigung hat – sie heißt dann M8 x 1,0. Mit zunehmendem Gewindedurchmesser wird auch die Steigung größer.

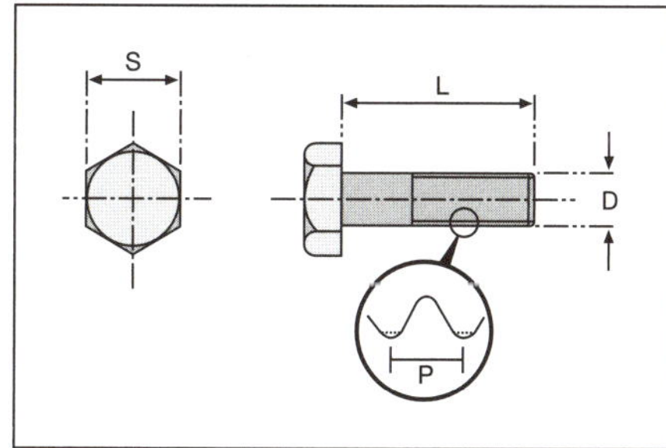


**2.11 Schraubenlänge (L), Gewindedurchmesser (D), Gewindesteigung (P), Schlüsselweite (S)**

**2.12 Mit einer Gewindelehre kann die Steigung bestimmt werden.**

- Zu bestimmten Gewindedurchmessern, -steigungen und -festigkeiten gehören entsprechende Schraubenköpfe mit Schlüsselweiten in Millimetern (siehe Abbildung 2.11). Bei Unsicherheit können Gewindesteigungen mit Gewindelehren gemessen werden (siehe Abbildung 2.12).

| Schlüsselweite | ∅ Gewinde x Steigung |
|---|---|
| 8 mm | M 5 x 0,8 mm |
| 8 mm | M 6 x 1,0 mm |
| 10 mm | M 6 x 1,0 mm |
| 12 mm | M 8 x 1,25 mm |
| 14 mm | M10 x 1,25 mm |
| 17 mm | M12 x 1,25 mm |

- Die meisten Schrauben und Bolzen haben Rechtsgewinde, d. h. die Schraube oder Mutter wird im Uhrzeigersinn festgezogen. Linksgewinde finden sich ganz selten an Stellen, wo die Drehrichtung des Bauteils die Verbindung lösen könnte, z. B. bei einigen Ritzelmuttern.

## Standard-Anzugsdrehmomente

| | |
|---|---|
| M5 (Schraube oder Mutter) | 5 Nm |
| M6 (Schraube oder Mutter) | 10 Nm |
| M8 (Schraube oder Mutter) | 21 Nm |
| M10 (Schraube oder Mutter) | 35 Nm |
| M12 (Schraube oder Mutter) | 55 Nm |
| M6 (Schraube oder Mutter mit Bund) | 12 Nm |
| M8 (Schraube oder Mutter mit Bund) | 27 Nm |
| M10 (Schraube oder Mutter mit Bund) | 40 Nm |

## Festsitzende Gewinde

- Durch Feuchtigkeit, Salz und elektro-chemische Korrosion zwischen unterschiedlichen Metallen können freiliegende Schrauben im Laufe

**2.13 Bereits ein leichter Schlag auf den Schraubenkopf reicht oft aus, ein korrodiertes Gewinde zu lösen.**

2.14 Ein Schlagschrauber setzt die Wucht des Hammers in eine Drehbewegung um.

der Zeit schwer zu lösen sein. Mit normalen Methoden wird man in diesen Fällen wahrscheinlich den Schraubenkopf zerstören. Wenn man merkt, dass sich eine Schraube oder Mutter nicht wie üblich durch ein Knacken löst und dann leicht ausbauen lässt, sollte die übliche Demontage sofort gestoppt werden, bevor etwas zerstört wird.

- Bereits ein leichter Schlag auf den Schraubenkopf kann Korrosion und Spannungen im Gewinde lösen (siehe Abbildung 2.13).
- Kriechöl (z. B. *Caramba* oder *WD40*) kann als Rostlöser an die Verbindung gesprüht werden und über Nacht einsickern. Formt man mit Plastilin eine »Wanne« um die Schraube oder Mutter, kann die Verbindung sogar geflutet werden.
- Aufgrund der öligen Umgebung haben innerhalb des Motorgehäuses befindliche Schraubverbindungen kaum Korrosionsprobleme. Doch kann auch hier ein Schlagschrauber die Arbeit erleichtern, wenn festsitzende Schrauben gelöst werden sollen (siehe Abbildung 2.14).
- Korrosion zwischen Metallen (z. B. Stahl und Aluminium) kann durch Erwärmung gelockert werden. Da sich Aluminium stärker ausdehnt als Stahl, reißt die Verbindung auf und die Bohrung (im Aluminium) erweitert sich. Hitzeempfindliche Teile wie Dichtringe und Gummistopfen müssen zunächst entfernt werden, dann kann man z. B. mit einem Heißluftgebläse den Bereich um die Schraube erwärmen (siehe Abbildung 2.15). Alternativ kann man das Bauteil auf einer elektrischen Herdplatte, in einem Backofen, in kochendem Wasser oder mit einem Bügeleisen erwärmen. Benutzen Sie keine offene Flamme! Tragen Sie Handschuhe, um Hautverbrennungen zu vermeiden.

2.15 Erwärmen Sie den Bereich um die Schraubverbindung gleichmäßig.

2.16 Mit einem am Rand angesetzten Meißel wird die Schraube oder Mutter gelockert.

***Achtung: Beachten Sie immer, dass das Gehäuseteil, in dem die Schraube sitzt, viel empfindlicher und teurer ist als die Schraube selbst. Wenn die Schraube gelockert ist, sollte sie nicht mit Gewalt herausgedreht werden. Um das Gewinde zu schonen, muss die Schraube bei starkem Widerstand vorsichtig vor- und zurückgedreht werden, bis sie locker ist.***

- Als nächste Möglichkeit kann man die Schraube mit Hammer und Meißel losklopfen (siehe Abbildung 2.16). Hierdurch wird die Schraube oder Mutter zerstört, doch wichtiger ist, dass man das Bauteil nicht beschädigt.

## Abgebrochene Schrauben und Stehbolzen

- Wenn das Gewinde zugänglich ist, kann man versuchen, es mit einer selbstsichernden Gripzange zu drehen. Mit einem Stehbolzendreher, der normalerweise bei Zylinderstehbolzen verwendet wird, lassen sich meist bessere Ergebnisse erzielen (siehe Abbildung 2.17). Stehbolzen lassen sich auch mit zwei verkonterten Muttern lösen (siehe Abbildung 2.18).

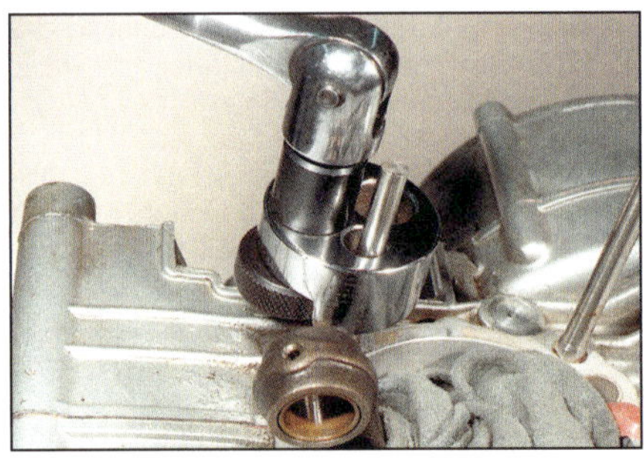

2.17 Mit einem Stehbolzendreher können auch festsitzende Schraubengewinde gelöst werden.

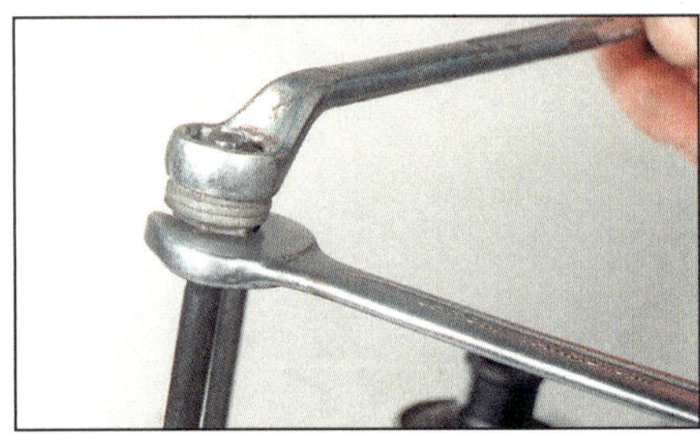

2.18 Nach dem Verdrehen zweier Muttern gegeneinander kann hiermit der Bolzen herausgeschraubt werden.

2.19 Achtung beim Vorbohren: nicht das weichere Gehäusematerial beschädigen.

- Eine bündig am Gehäuse abgerissene Schraube kann, wenn sie nicht allzu fest sitzt, nur mit einem Linksausdreher entfernt werden. Zunächst wird mit dem Körner in der Mitte des Gewindes eine Markierung geschlagen, aus der ein Bohrer nicht mehr abrutschen kann (siehe Abbildung 2.19). Wählen Sie den Bohrer etwa halb bis dreiviertel so groß wie der Innendurchmesser der Schraube, und bohren Sie ein dem Linksausdreher entsprechend tiefes Loch. Wählen Sie den größtmöglichen Linksausdreher, aber achten Sie darauf, die Wandung der Schraube oben nicht auseinanderzudrücken, da dadurch das Gewinde im Gehäuse beschädigt und das Herausdrehen erschwert wird.
- Drehen Sie den Linksausdreher links herum (gegen den Uhrzeigersinn) in die abgebrochene Schraube. Wenn er sich festgefressen hat, wird er automatisch den Gewinderest aus dem Gehäuse herausdrehen (siehe Abbildung 2.20).

***Warnung: Linksausdreher sind sehr hart und können bei unvorsichtigem Umgang und in extrem festsitzenden Schraubenresten abbrechen. In diesem Fall sollte eine professionelle Werkstatt konsultiert werden.***

2.20 Drehen Sie den Linksausdreher links herum in das Bohrloch, bis das Gewindestück herausgeschraubt ist.

**2.21 Besonders bei abgerundeten Köpfen sind Flächendruckschlüssel solchen mit Zwölfkant vorzuziehen.**

- Alternativ, oder wenn das Gehäusegewinde zu stark beschädigt ist, kann die Schraube ganz herausgebohrt werden. Hierbei muss darauf geachtet werden, dass die Bohrung exakt zentriert und gerade sitzt und genau die vorgegebene Tiefe erreicht wird. Dann kann ein Übermaßgewinde eingebohrt oder ein Gewindeeinsatz (z. B. *Heli Coil*) hineingeschraubt werden. Bei Zweifel über die eigenen Fähigkeiten und in Anbetracht des Preises für ein neues Gehäuse sollte diese Arbeit gegebenenfalls einer Werkstatt überlassen werden.
- Schrauben und Muttern mit abgerundeten Sechskantköpfen sollten sehr vorsichtig mit exakten Ring- oder Steckschlüsseln gelöst werden. Diese sollten besser sechs als zwölf Kanten aufweisen. Als sehr gut haben sich auch Schlüssel erwiesen, die nicht die Kanten, sondern die Flächen der Köpfe belasten – sie werden u. a. unter dem Handelsnamen »Metrinch« vertrieben (siehe Abbildung 2.21)
- Schlitz- oder Kreuzschlitzschrauben werden häufig durch falsche Schraubendrehergrößen beschädigt, zudem können die Dreher auch verschlissen (abgerundet) sein. Inbus- und Torx-Schrauben sind dagegen kaum zu zerstören. Wenn die Schraube zugänglich ist, kann mann mit einer Eisensäge einen Schlitz in den Kopf sägen und sie mit einem passenden Schlitzschraubendreher lösen. Alternativ kann die Schraube mit Hammer und Meißel vorsichtig losgeklopft werden. Beschädigte Schrauben dürfen auf keinen Fall wieder eingesetzt und festgezogen werden.

**Ein Klecks Ventileinschleifpaste auf der Schraube kann für den Schraubendreher das letzte Quäntchen Haftung bringen.**

**2.22 Zum Reinigen und Reparieren von Innengewinden muss ein passender (!) Gewindebohrer senkrecht (!) eingeschraubt werden.**

**2.23 Zum Nacharbeiten von Außengewinden wird ein Schneideisen aufgedreht.**

## Gewindereparatur

- Besonders in Aluminium kann ein Gewinde durch viel zu festes Anziehen, eingearbeiteten Schmutz oder auch Vibrationen lockerer Schrauben schnell zerstört werden. Das Gewinde kann komplett mit der Schraube herausfallen.
- Wenn ein Gewinde nur leicht beschädigt oder mit alter Schraubensicherungspaste verschmutz ist, kann es mit einem passenden Gewindebohrer repariert/gereinigt werden (siehe Abbildungen 2.22 und 2.23). Für Zündkerzengewinde gibt es spezielle Größen. Achten Sie darauf, dass der Bohrer den korrekten Durchmesser und die richtige Steigung hat, sonst wird das Gewinde zerstört. Das Gleiche gilt für Außengewinde. Hier kann mit einer passenden Gewindefeile oder einem Schneideisen nachgearbeitet werden (siehe Abbildung 2.24).
- Wenn um das beschädigte Innengewinde genügend Material vorhanden ist und eine größere Schraube eingesetzt werden kann, ist es möglich, das Loch passend zu vergrößern und ein größeres Gewinde einzuschneiden. Manchmal, z. B. bei Zündkerzen oder Ablassschrauben und bei wenig »Fleisch« um das Loch, ist dieser Schritt jedoch nicht möglich.
- Man muss dann auf Gewindeeinsätze zurückgreifen, die in das aufgebohrte defekte Gewinde eingesetzt werden und in die anschließend wieder Originalschrauben oder Zündkerzen einge-

**2.24 Mit einer Gewindefeile können Außengewinde nachgebessert werden.**

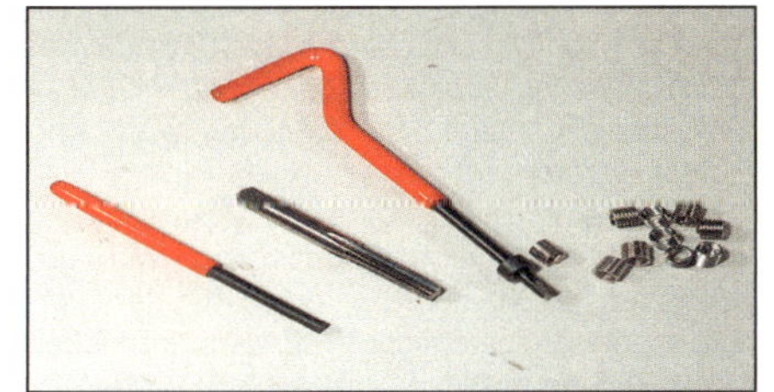

**2.25 Dem Grund-Kit sind neben Gewindeeinsätzen auch die nötigen Spezialwerkzeuge beigefügt.**

**2.26 Bohren Sie zunächst das alte Gewinde auf (Lager und Dichtungen sollten besser abgedeckt sein).**

**2.27 Drehen Sie sorgfältig den Gewindeschneider hinein, . . .**

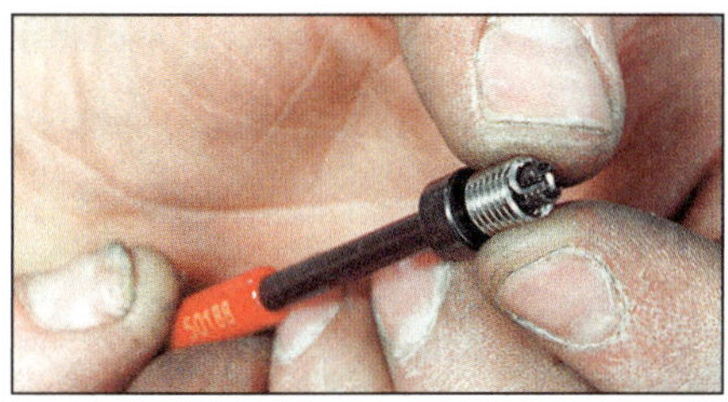

**2.28 . . . setzen Sie den Einsatz in das Eindrehwerkzeug, . . .**

**2.29 . . . und schrauben Sie ihn in die Bohrung.**

**2.30 Brechen Sie zum Schluss die Lasche ab.**

dreht werden können. Neben vielen anderen Einsätzen heißt das bekannteste Produkt »Heli Coil«. Eine Packung enthält einen Gewindebohrer, Einbauwerkzeuge und mehrere Einsätze (siehe Abbildung 2.25). Vergrößern Sie das Loch mit einem passenden Bohrer (siehe Abbildung 2.26), schneiden Sie vorsichtig das Gewinde ein (siehe Abbildung 2.27), und drehen Sie vorsichtig und mit leichtem Druck den Einsatz hinein (siehe Abbildungen 2.28 und 2.29). Wenn er viertel bis halbe Umdrehung vor dem Grund sitzt, wird das Werkzeug herausgezogen und mit der Stange die Eindrehlasche abgebrochen (siehe Abbildung 2.30).

- Es gibt Gewinde-Reparaturmittel auf Epoxidharzbasis. Sie sollten jedoch nur bei wenig belasteten Verbindungen eingesetzt werden.

## Sicherungspaste und Dichtmasse

- Schraubensicherungspaste (bekannt unter dem Namen *Loctite*) wird an Verbindungen eingesetzt, wo durch Vibrationen Gefahr der Lockerung besteht, oder besonders sicherheitsrelevante Teile verloren gehen können. Außerdem wird sie verwendet, wo andere Schraubensicherungen, wie Bleche oder Splinte, nicht eingesetzt werden können.
- Vor dem Auftragen von Sicherungspaste müssen beide Gewinde sorgfältig von alten Resten gereinigt, entfettet und getrocknet werden. Es gibt zwei Arten von Schraubensicherungspasten: dauerfeste und lösbare (mittelfeste). Normalerweise wird mittelfeste Schraubensicherung verwendet, nur Zylinderstehbolzen werden oft mit dauerhafter Paste eingesetzt. Geben Sie einen oder zwei Tropfen auf die ersten Gewindegänge der einzusetzenden Schraube, setzen Sie sie ein, und ziehen Sie sie mit dem vorgeschriebenen Drehmoment fest. Geben Sie nicht zu viel Sicherungspaste auf das Gewinde, da sonst beim Ausbau ein Alugewinde mit herausgezogen werden kann.
- Es gibt Schrauben und Muttern, die mit einem trockenen Sicherungsmaterial überzogen sind. Diese Verbindungsteile müssen nach jeder Demontage ersetzt werden.
- Um Gewinde vor dem Korrodieren zu schützen, können sie mit Kupferpaste eingesetzt werden. Dieses empfiehlt sich besonders bei stark hitzebelasteten Teilen wie Zündkerzen, Krümmerflanschmuttern und Auspuffschrauben.

**3.1 Fühlerlehren werden zum Ermitteln kleiner Spaltmaße benötigt. Ihr Maß ist auf einer Seite eingeätzt.**

# 3 Messwerkzeuge und Messuhren

## Fühlerlehren

- Fühlerlehren werden zum Ermitteln kleiner Spaltmaße und Spiele (z. B. Ventilspiel) benutzt (siehe Abbildung 3.1). Wo der Einsatz einer Messuhr unmöglich ist, kann man mit ihnen auch Seitenspiel von Wellen messen.
- Fühlerlehrensätze müssen vorsichtig behandelt und dürfen nicht verbogen oder beschädigt werden. In jedes Blatt ist auf einer Seite das entsprechende Maß eingeätzt. (Messen Sie das bei besonders billigen Fühlerlehren einmal nach!) Die Blätter sollten gegen Korrosion immer leicht eingeölt sein, damit sie nicht – im wahrsten Sinne – »aufblühen«.
- Wenn Sie irgendwo Spiel ermitteln wollen, gilt immer der Wert, bei dem das Blatt sich mit leichtem Druck durch die beiden Komponenten ziehen lässt. Es kann passieren, dass man manchmal zwei Fühlerlehren benötigt.

## Bügelmessschrauben (Mikrometerschrauben)

- Mit einer Präzisionsmessschraube lassen sich Messgenauigkeiten von bis zu einem tausendstel Millimeter erzielen. Das empfindliche Gerät sollte immer in seinem Etui und nie lose im Werkzeugkasten aufbewahrt werden, da defekte Geräte falsche Messergebnisse zeigen, die eventuell teure Motorschäden nach sich ziehen können.
- Bügelmessschrauben werden zum Ermitteln von Außendurchmessern eingesetzt, es gibt sie in verschiedenen Messbereichen, normalerweise von 0 bis 25 mm, 25 bis 50 mm usw., immer in 25-mm-Schritten steigend. Zu großen Bügelmessschrauben gibt es austauschbare Zwischenstücke, um verschiedene Messungen durchführen zu können. Allgemein ist das größte benötigte Maß das des Kolbendurchmessers.
- Kleine Innendurchmesser können mit Innenmesslehren oder Dreipunkt-Innenmessschrauben ermittelt werden. Große Durchmesser, wie Zylinderbohrungen, lassen sich mit Messuhren oder Schnabelmessschrauben ermitteln. Alle diese Geräte sind sehr teuer, und es stellt sich die Frage, ob sich die Anschaffung für den Hobbyschrauber lohnt.

## Bügelmessschrauben

**Anmerkung:** *Hier wird eine konventionelle mechanische Messschraube beschrieben. Einfacher abzulesen, aber auch erheblich teurer sind digitale Geräte.*

- Vor Beginn muss immer die Kalibrierung kontrolliert werden, d. h. das Gerät wird geschlossen (bei 0–25 mm) oder mit den entsprechenden (gereinigten!) Zwischenstücken versehen und auf Null-Maß gestellt (siehe Abbildung 3.2).

Beachten Sie hierzu die Bedienungsanleitung der Messschraube. Denken Sie immer daran,

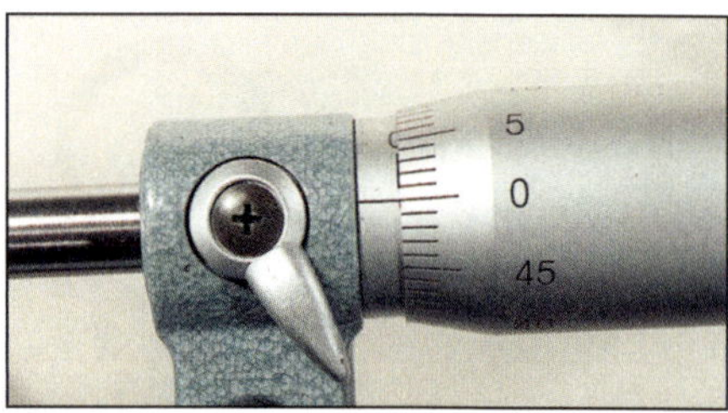


**3.2 Kontrollieren Sie vor dem Gebrauch, ob die Messschraube auf Null kalibriert ist.**

dass es sich hierbei um ein Präzisionsmessgerät handelt, das schonend behandelt werden muss.

- Achten Sie darauf, dass das zu messende Teil sauber ist. Drücken Sie den Amboss (1) gegen das Teil und drehen Sie die Trommel (2), bis die Spindel (3) das Teil an der gegenüberliegenden Seite leicht berührt (siehe Abbildung 3.3). Drehen Sie jetzt die Spindel mit der Ratsche (4) ein, bis sie überrutscht, schrauben Sie sie auf gar keinen Fall mit der Trommel fester – hierdurch kann das Instrument zerstört werden.
- Jetzt kann die Spindel mit dem Klemmhebel arretiert und die Bügelmessschraube vom zu messenden Teil genommen werden, dann wird das Ergebnis abgelesen. Zuerst wird die Grundmessung auf dem Schaft abgelesen, dann wird die Feinmessung auf der Trommel hinzugezählt. Anhand der Teilstriche auf dem Schaft werden in unserem Fall die ganzen und halben Millimeter abgelesen. Auf der Trommel sind die Hundertstelmillimeter-Markierungen zu sehen (je nach der Beschriftung auf dem Bügel und Genauigkeit der Messschraube können auch andere Werte abgelesen werden). Jede ganze Umdrehung bedeutet eine Veränderung um einen halben Millimeter. Der Teilstrich, der (direkt von oben betrachtet!) über der Linie liegt, zeigt einen Hundertstelmillimeter (0,01 mm) an. Zählen Sie das abgelesene Ergebnis zu der Schaftmessung hinzu.

In unserem Beispiel wird folgendes Messergebnis abgelesen (siehe Abbildung 3.4):

| | |
|---|---|
| obere Schaft-Skala | 2,00 mm |
| untere Schaft-Skala | 0,50 mm |
| Trommel-Skala | 0,45 mm |
| Messergebnis | **2,95 mm** |

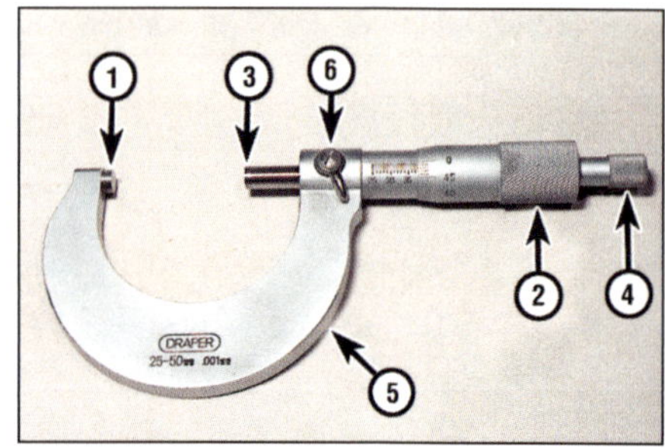


**3.3 Bügelmessschrauben-Bauteile**
*1 Amboss, 2 Trommel, 3 Spindel, 4 Ratsche, 5 Bügel, 6 Feststellhebel*

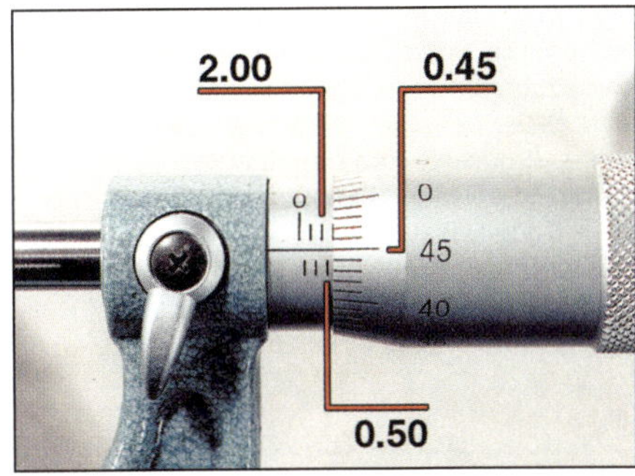

3.4 **Das Messergebnis beträgt 2,95 mm.**

- Einige Messgeräte haben eine Nonius-Skala auf ihrem Schaft, mit der es ermöglicht wird, auf tausendstel Millimeter genau zu messen. Zählen Sie zu dem oben abgelesenen Ergebnis den Wert hinzu, der mit einem Teilstrich auf der Trommel fluchtet. Anmerkung: Beim Ablesen des Nonius der 0,001-mm-Teilstriche muss genauestens von oben abgelesen werden. Drehen Sie die Messschraube gegebenenfalls zu sich hin. In unserem Beispiel wird folgendes Messergebnis abgelesen (siehe Abbildungen 3.5 und 3.6):

| | |
|---|---|
| untere Schaft-Skala (große Striche) | 46,000 mm |
| untere Schaft-Skala (kleine Striche) | 0,500 mm |
| Trommel-Skala | 0,490 mm |
| fluchtende Linie (Nonius) | 0,004 mm |
| Messergebnis | **46,994 mm** |

## Innenmessgeräte

- Für das Ausmessen von Bohrungen benötigt man Innenmessgeräte. Da Messschrauben sehr teuer sind, kann man auf einen Satz verstellbarer Innenfühler zurückgreifen, die mit einer Bügelmessschraube vermessen werden.
- Mit Teleskop-Messlehren können z. B. Pleuelaugen und Kolbenbolzenbohrungen vermessen werden. Schieben Sie die saubere Lehre ein, spannen Sie sie auseinander, sichern Sie sie, und ziehen Sie sie aus der Bohrung (siehe Abbildung 3.7). Messen Sie das Ergebnis mit einer Bügelmessschraube (siehe Abbildung 3.8).
- Sehr kleine Bohrungen, wie Ventilführungen, können mit Bohrungsfühlern vermessen werden. Schieben Sie die saubere Lehre ein, spannen Sie sie so weit auseinander, bis sie leicht gleitet, sichern Sie sie, und ziehen Sie sie aus der Bohrung (siehe Abbildung 3.9). Messen Sie das Ergebnis mit einer Bügelmessschraube (siehe Abbildung 3.10).

## Messschieber

**Anmerkung:** *Beschrieben werden hier konventionelle Nonius- und Uhren-Messschieber, Digital-Messschieber sind leichter abzulesen und kosten inzwischen nicht mehr viel.*

- Ein Messschieber arbeitet nicht so genau wie eine Bügelmessschraube, dafür ist er leichter

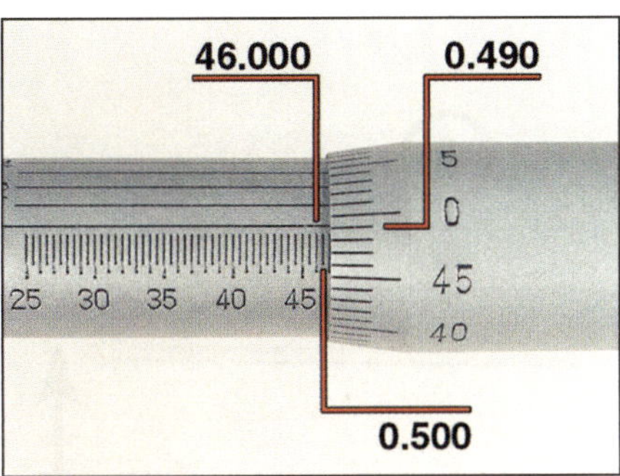

3.5 **Auf dem Schaft und der Trommel werden 46,99 mm abgelesen, . . .**

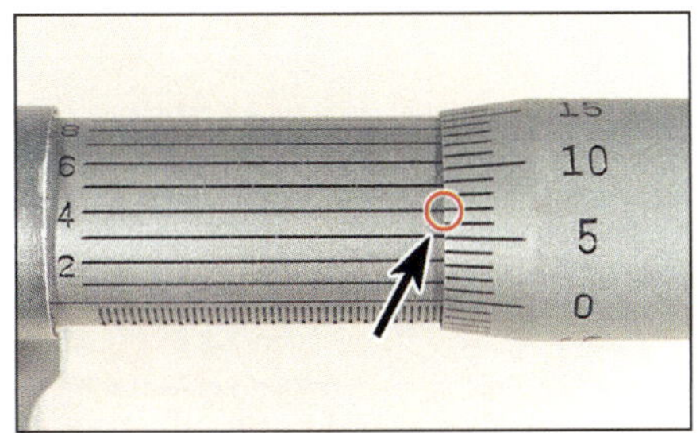
3.6 **. . . dazu kommen 0,004 mm aufgrund der fluchtenden Linien.**

zu bedienen und vielseitig für Außen-, Innen- und Tiefenmessungen einsetzbar. Für viele Messungen, wie z. B. Kupplungsbeläge oder Ventilfedern, reicht er völlig aus.
- Lösen Sie zunächst die Klemmschraube (1), und schieben Sie das Gerät soweit auseinander, dass die Schnäbel (2) über bzw. die Kreuzspitzen (3) in das zu messende Teil passen (siehe Abbildung 3.11). Schieben Sie das Gerät, eventuell mit der Feineinstellung (4), bis auf beiden Seiten leichter Kontakt entsteht, und ziehen Sie die Klemmschraube wieder an. Jetzt werden auf der festen Skala (6) als Grundmessung die ganzen Millimeter abgelesen, die links der Null auf der Schieberskala (5) liegen. Als Nächstes wird auf der Schieberskala der Strich identifiziert, der genau mit einem Strich auf der festen Skala fluchtet, jeder Strich steht normalerweise für 0,02 oder sogar 0,01 Millimeter. Addieren Sie den abgelesenen Wert zu der Grundmessung hinzu, und Sie haben das Messergebnis. In unserem Beispiel wird folgendes Messergebnis abgelesen (siehe Abbildung 3.12):

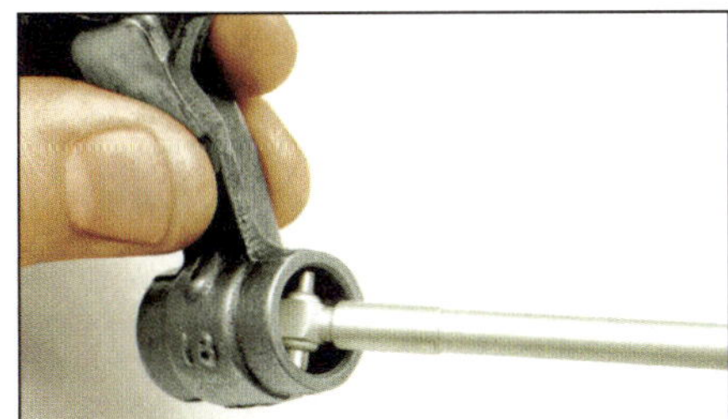
3.7 **Spannen Sie die Teleskop-Messlehre in der Bohrung auseinander, arretieren Sie sie, . . .**

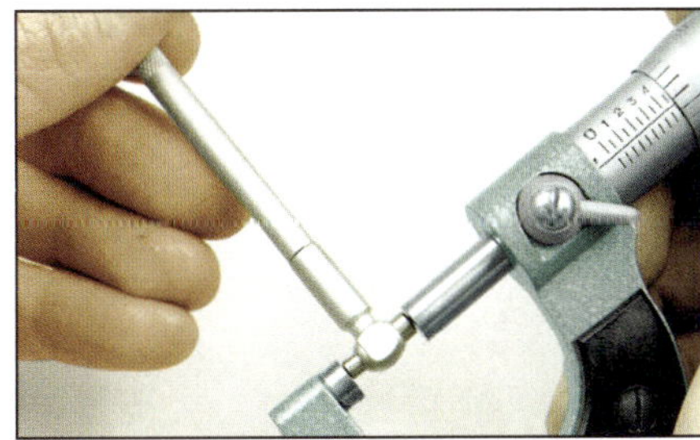
3.8 **. . . und messen Sie das Ergebnis mit der Bügelmessschraube.**

3.9 **Spannen Sie den Bohrungsfühler in das Loch, und arretieren Sie ihn, . . .**

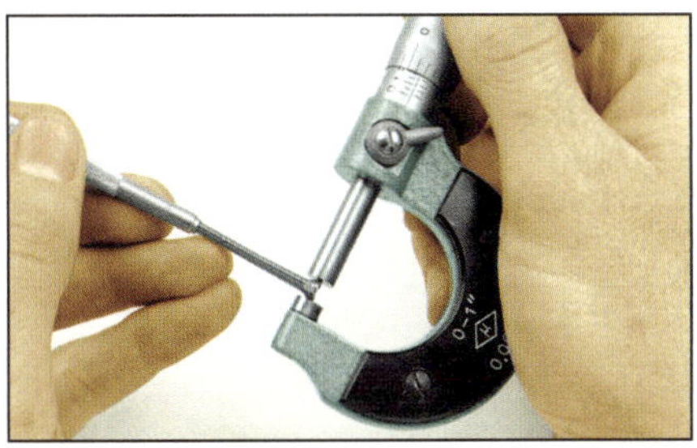
3.10 **. . . messen Sie das Gerät dann mit einer Bügelmessschraube.**

| | |
|---|---|
| Grundmessung | 55,00 mm |
| Feinmessung | 0,92 mm |
| Messergebnis | **55,92 mm** |

- Einige Messschieber sind zur Feinmessung mit einer Messuhr ausgerüstet. Achten Sie darauf, dass der Messschieber sauber sein muss. Schieben Sie ihn zuerst zusammen und kontrollieren Sie, ob die Messuhr auf Null steht, gegebenenfalls muss am Außenring nachgestellt werden. Lösen Sie zunächst die Klemmschraube (1), und schieben Sie das Gerät soweit auseinander, dass die Schnäbel (2) über bzw. die Kreuzspitzen (3) in das zu messende Teil passen (siehe Abbildung 3.13). Schieben Sie das Gerät, eventuell mit der Feineinstellung (4), bis auf beiden Seiten leichter Kontakt entsteht, und ziehen Sie die Klemmschraube wieder an. Jetzt werden auf der festen Skala (5) als Grundmessung die ganzen Millimeter abgelesen, die links der Schieberskala (6) erscheinen. Als Nächstes wird die Position der Nadel in der Uhr (7) ermittelt, jeder Teilstrich

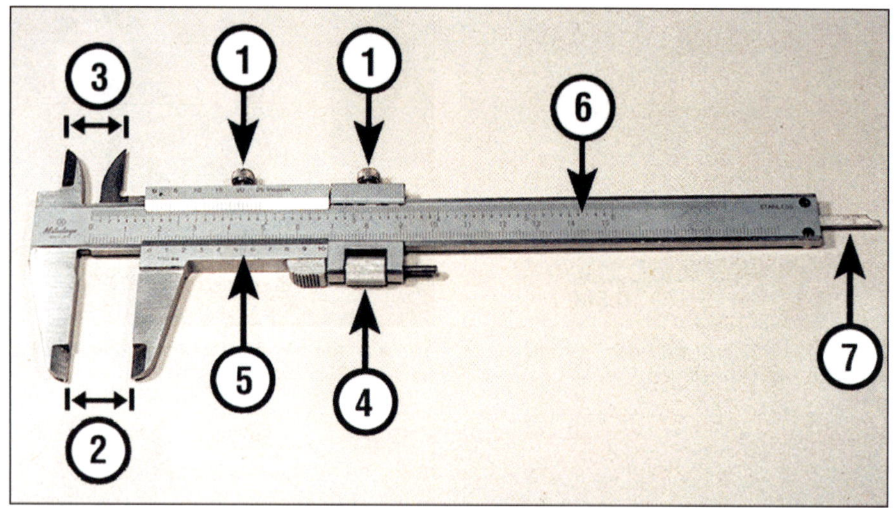


**3.11 Bauteile eines Messschiebers (Nonius-Ablesung)**
*1 Klemmschraube*
*2 Außenmess-Schnäbel*
*3 Innenmess-Kreuzspitzen*
*4 Feineinstellung*
*5 Schieberskala*
*6 feste Skala*
*7 Tiefenmessdorn*

entspricht hier 0,05 mm. Addieren Sie diesen Wert zu der Grundmessung, um das Messergebnis zu erhalten.

**3.12 Das Messergebnis beträgt 55,92 mm.**

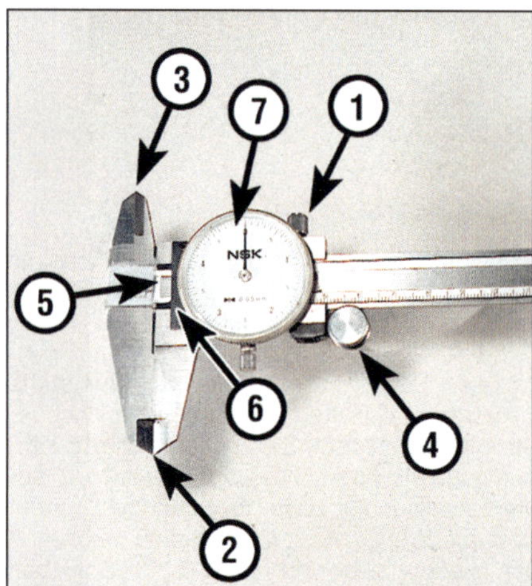


**3.13 Bauteile eines Messschiebers (Uhr-Ablesung)**

*1 Klemmschraube*
*2 Außenmess-Schnäbel*
*3 Innenmess-Kreuzspitzen*
*4 Feineinstellung*
*5 feste Skala*
*6 Schieberskala*
*7 Messuhr*

In unserem Beispiel wird folgendes Messergebnis abgelesen (siehe Abbildung 3.14):

| | |
|---|---|
| Grundmessung | 55,00 mm |
| Feinmessung | 0,95 mm |
| Messergebnis | **55,95 mm** |

## Quetschmessstreifen

- Die unter dem Markennamen Plastigauge bekannten Kunststoffstreifen werden zwischen zwei Oberflächen gepresst. Anschließend wird anhand ihrer Quetschbreite mit einer Skala das Spiel zwischen den Oberflächen ermittelt.
- Üblicherweise wird mit Quetschmessstreifen das Radialspiel in Gleitlagern von Kurbel- und Nockenwellenlagern sowie zwischen Hubzapfen und Pleuellagern ermittelt. Im Folgenden wird Letzteres als Beispiel beschrieben.
- Gehen Sie vorsichtig mit den Quetschmessstreifen um, damit sich keine verzerrten Messergebnisse zeigen. Schneiden Sie mit einem scharfen Messer einen Streifen davon ab, der etwas kürzer ist als die Breite der Lagerschale, und legen Sie ihn parallel zur Welle in das Lager oder auf die Welle (siehe Abbildung 3.15). Montieren Sie vorsichtig beide Lagerschalen, und setzen Sie das Pleuel zusammen. Ziehen Sie, ohne das Pleuel auf der Kurbelwelle zu drehen, die Schrauben oder Muttern mit dem vorgeschriebenen Drehmoment fest. Dann wird alles vorsichtig wieder gelockert und der Quetschmessstreifen begutachtet.
- Der Streifen wird mit der an der Packung befindlichen Skala verglichen und das entsprechende Lagerspiel abgelesen (siehe Abbildung 3.16). Entfernen Sie anschließend alle Messstreifenreste mit dem Fingernagel.

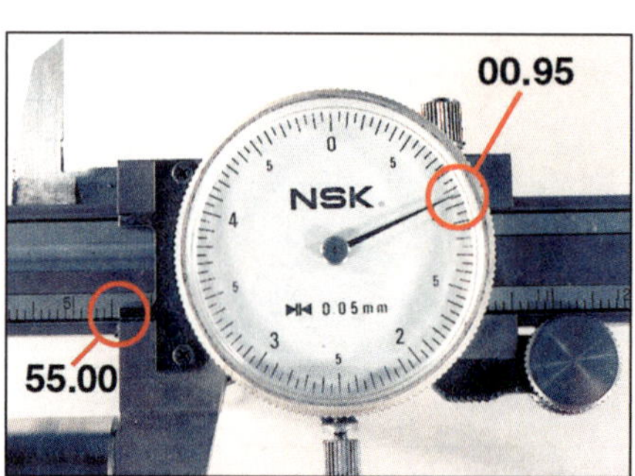


**3.14 Das Messergebnis beträgt 55,95 mm.**

***Achtung: Um ein korrektes Messergebnis zu erhalten, müssen alle vom Motorradhersteller vorgeschriebenen Anzugs-Drehmomente und -Reihenfolgen genauestens eingehalten werden.***

## Messuhren und Verzugsmessung

- Mithilfe einer Messuhr können kleinste Bewegungen ermittelt werden. Typische Einsatzzwecke sind Messungen von Unrundlauf, Seitenspiel oder Kolbenpositionen zur Zündeinstellung bei Zweitaktmotoren. Zu einem Messuhr-Set gehört eine Vielzahl von Tastern, Adaptern und Befestigungsmöglichkeiten.

**3.15 Der Plastigauge-Streifen wird längs auf die Lageroberfläche gelegt.**

- Im Ruhezustand der Uhr muss die Nadel auf Null stehen, gegebenenfalls muss am Ring nachjustiert werden.
- Prüfen Sie, ob der Messbereich der Uhr für die zu erwartende Bewegung ausreicht. Die meisten Uhren haben neben der großen Feinmessanzeige mit 0,01- oder 0,001-mm-Einteilung einen kleinen Zeiger, der ganze Millimeter misst. Zählen Sie zuerst die ganzen Millimeter und dann die Hundertstel oder Tausendstel dazu.

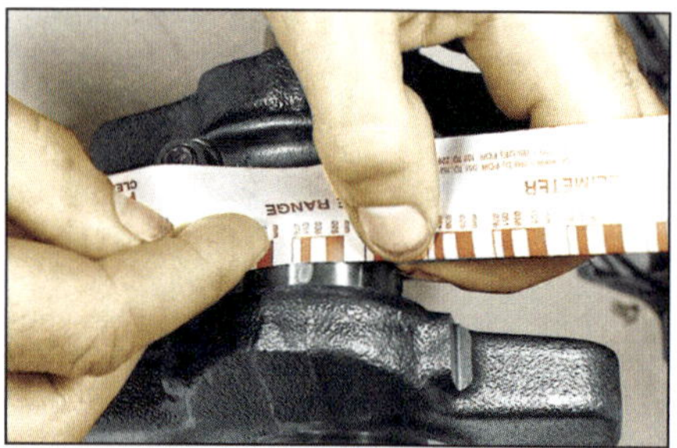

**3.16 Messen Sie die Breite der gequetschten Messstreifen.**

3.17 Das Messergebnis beträgt 1,48 mm.

In unserem Beispiel wird folgendes Messergebnis abgelesen (siehe Abbildung 3.17):

| | |
|---|---|
| Grundmessung | 1,00 mm |
| Feinmessung | 0,48 mm |
| Messergebnis | **1,48 mm** |

- Wenn der Unrundlauf von Wellen ermittelt werden soll, muss die Welle in den V-förmigen Ausschnitten von stabilen Prismenblöcken liegen und die Messuhr an einem Stativ rechtwinkelig zur Welle montiert werden. Lassen Sie den Taster in der Wellenmitte aufliegen, und drehen Sie langsam die Welle. Beobachten Sie dabei die Anzeige (siehe Abbildung 3.18). Führen Sie ggf. an verschiedenen Stellen der Welle Messungen durch, und merken Sie sich den maximalen Schlag.

**Anmerkung:** *Das abgelesene Ergebnis stellt den totalen Unrundlauf der Welle dar. Einige Hersteller geben in ihren* Technischen Daten *den maximalen Wert zu einer Seite an, sodass das Ergebnis halbiert werden muss.*

- Das Seitenspiel (Axialspiel) einer Welle kann nach dem sicheren Befestigen der Messuhr am Gehäuse gemessen werden, der Taster wird dabei auf das Wellenende gesetzt. Dann wird die Welle mit der Hand hin- und hergedrückt und anhand der Bewegung des Zeigers das Spiel abgelesen (siehe Abbildung 3.19).
- Zur exakten Zündzeitpunktbestimmung bei mehrzylindrigen Zweitakt-Motoren wird eine Messuhr so platziert, dass der Taster durch das Zündkerzengewinde auf den Kolben zum Liegen kommt. Justieren Sie die Uhr im oberen Totpunkt des Kolbens auf Null, und beachten Sie die Betriebsanleitung.

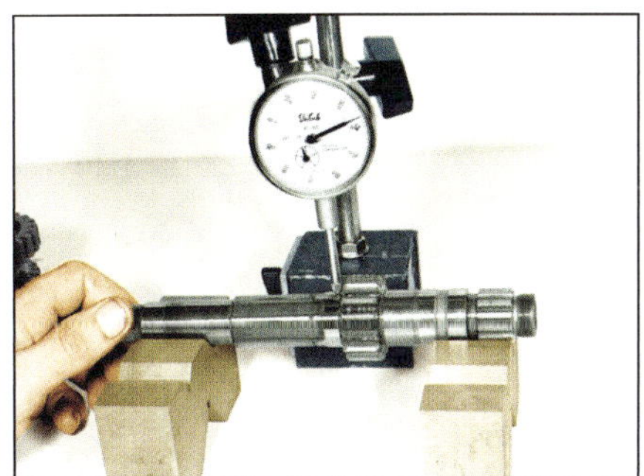

3.18 Messen Sie den Unrundlauf der Welle mit einer Messuhr.

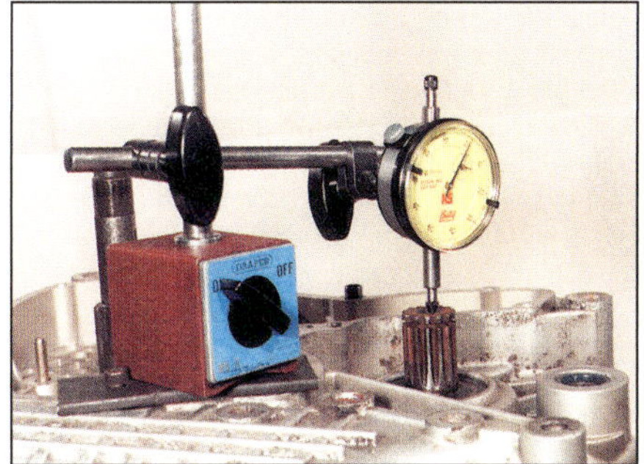

3.19 Hier wird das Axialspiel einer Welle vermessen.

## Zylinder-Kompressionsmessgerät

- Kompressionsuhren gibt es mit verschiedenen Anschlüssen: Entweder mit einem konusförmigen Gummi, das in die Kerzenbohrung gedrückt werden muss, oder mit passendem Gewinde zum Einschrauben – Letztere ist zu empfehlen. Der Messbereich der Uhr sollte bei Benzinmotoren bis 20 bar gehen.
- Nach dem Entfernen der Zündkerzen wird die Kompression bei drehendem, aber nicht laufendem Motor gemessen (siehe Abbildung 3.20). Führen Sie den Kompressionstest so durch, wie es in »Ausrüstung zur Fehlersuche« beschrieben wird. Das Messgerät wird den Druck so lange halten, bis das Ventil per Hand geöffnet wird.

## Öldruck-Messgerät

- Um den Öldruck des Motors zu ermitteln, wird ein Öldruck-Messgerät benötigt, die meisten von ihnen sind mit verschiedenen Adaptern ausgerüstet, sodass sie in alle Anschlussgewinde geschraubt werden können (siehe Abbildung 3.21). Wenn der vom Hersteller vorgesehene Anschluss an einer externen Öldruckleitung liegt, muss eine spezielle Ersatz-Ölleitung verwendet werden, um Ölmangel an verschiedenen Komponenten auszuschließen.

3.20 Ein Kompressionstester mit Gummi-Konus muss kräftig in die Bohrung gedrückt werden.

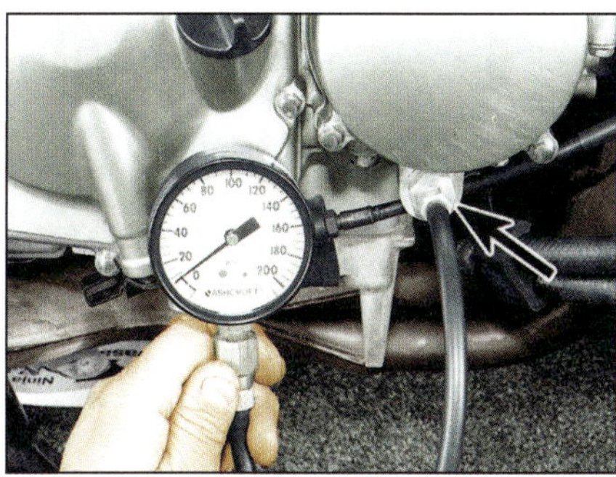

3.21 Öldruck-Messuhr und Anschluss-Adapter (Pfeil)

- Der Öldruck wird bei mit einer bestimmten Drehzahl laufendem Motor gemessen. Oftmals sind die vorgeschriebenen Werte sowohl bei kaltem als auch bei warmem Motor angegeben.

## Haarlineale und Verzug

- Zur Kontrolle einer ebenen Dichtfläche auf Verzug muss ein Haarlineal oder ein Präzisions-Stahllineal über die Fläche gelegt und vorhandene Spalte mit einer Fühlerlehre vermessen werden (siehe Abbildung 3.22). Messen Sie diagonal zum Bauteil und zwischen Befestigungsbohrungen (siehe Abbildung 3.23).
- Kontrollieren Sie verschiedene Bauteile, wie Kupplungsreibscheiben auf einer ebenen Fläche (z. B. einem Spiegel), auf Verzug.

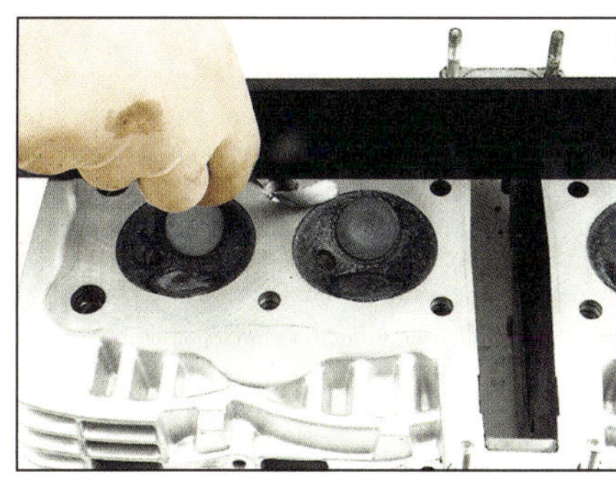

3.22 Messen Sie mit einem Präzisionslineal und einer Fühlerlehre den Verzug der Dichtfläche.

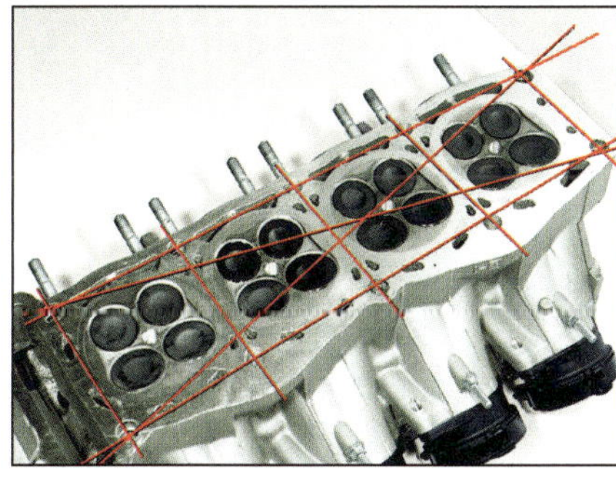

3.23 Kontrollieren Sie die Dichtflächen in diesen Richtungen auf Verzug.

## 4 Drehmoment und Hebel

### Was ist das Drehmoment?

• Mit Drehmoment ist die Drehkraft gemeint, die auf eine Welle wirkt. Das Drehmoment wird bestimmt durch die Länge des Hebels und die auf dessen Ende wirkende Kraft. Die Maßeinheit 1 Nm (Newton pro Meter) bedeutet eine Kraft von einem Newton (ca. 100 g) auf einen ein Meter langen Hebel, ist der Hebel nur 10 cm lang, muss er schon mit 1000 g belastet werden.

• Die vom Hersteller angegebenen Drehmomente sollen sicherstellen, dass sich eine Verbindung weder lockert noch durch zu festes Anziehen Bauteile beschädigt werden. Sie beziehen sich auf die Belastung, die Zugfähigkeit und Größe des Gewindes und das Material, in dem es halten soll.

• Bei einem zu geringen Drehmoment besteht die Gefahr, dass die Verbindung sich im Betrieb löst, zu starkes Drehmoment kann die Verbindungsteile überlasten und beschädigen, sodass sie ab- oder ausreißen. Beachten Sie daher immer die Anzugsdrehmomente in den *Technischen Daten* des jeweiligen Kapitels oder die in diesen *Werkzeug- und Werkstatt-Tipps* angegebenen Standardanzugsdrehmomente.

### Der automatische Drehmoment-Schlüssel

• Kontrollieren Sie die Kalibrierung und Funktionsfähigkeit des Drehmomentschlüssels (der für das verlangte Drehmoment ausgelegt sein muss). Oftmals sind auf dem Drehmomentschlüssel mehrere Maßeinheiten angegeben (Nm, kpm oder lbf/in und lbf/ft), verwechseln Sie die Maßeinheiten nicht!

• Stellen Sie den Schlüssel auf das verlangte Drehmoment ein (siehe Abbildung 4.1). Wenn Ihr Drehmomentschlüssel nicht die angegebene Maßeinheit aufweist, muss anhand von Tabellen umgerechnet werden. Wenn Hersteller eine Empfehlung aussprechen (8–10 Nm), sollte die Verbindung mit dem mittleren Wert angezogen werden. Genauso hätte man 9 Nm ± 1 Nm angeben können. Viele Drehmomentschlüssel können nach Einstellen des Wertes arretiert werden, sodass beim Anziehen der Wert nicht verändert werden kann.

• Setzen Sie die Schraube oder Mutter an, und ziehen Sie sie leicht fest. Das Gewinde muss sauber und frei von alten Sicherungskomponenten sein. Wenn nicht anders erwähnt, müssen die Gewinde trocken sein – unter bestimmten Umständen sind eingeölte oder mit Schraubensicherung versehene Gewinde nötig, dann sind entsprechende Drehmomente berücksichtigt.

• Ziehen Sie die Verbindung fest, bis der Drehmomentschlüssel mit einem Klicken automatisch auslöst und damit anzeigt, dass das gewünschte Drehmoment erreicht ist. Kontrollieren Sie ein zweites Mal die Festigkeit der Verbindung. Wird ein Bauteil mit unterschiedlichen Gewindedurchmessern befestigt, müssen immer zuerst die größeren Verbindungen mit den höheren Drehmomenten festgezogen werden.

• Nachdem die Arbeit mit dem Drehmomentschlüssel beendet ist, muss die vorhandene Arretierung gelöst und die Einstellung auf Null gestellt werden – legen Sie den Schlüssel nicht vorgespannt beiseite. Benutzen Sie keinen Drehmomentschlüssel zum Lösen von Verbindungen.

**4.1 Stellen Sie den Drehmomentschlüssel auf das gewünschte Anzugsmoment ein, in diesem Fall auf 12 Nm.**

### Anziehen mit Winkelmessscheibe

• Manche Hersteller schreiben vor, Schraubverbindungen nach dem Anziehen mit einem vorgegebenen Drehmoment noch um einen bestimmten Winkel nachzuziehen.

**4.2 Die aufsetzbare Winkelscheibe wird auf Null arretiert, bevor die Verbindung entsprechend nachgezogen wird.**

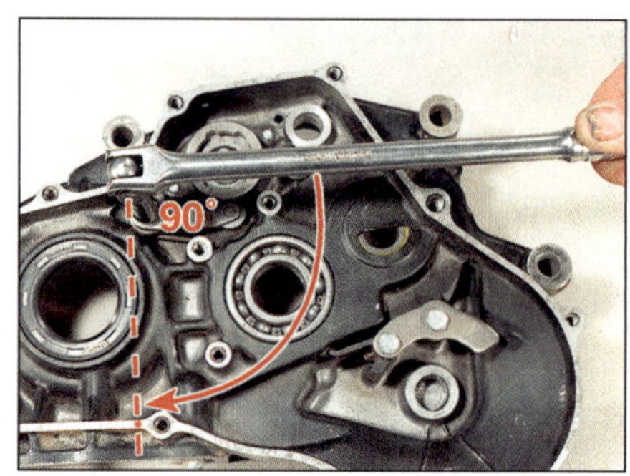


**4.3 Man kann den Winkel auch per Auge oder Geodreieck bestimmen.**

• Mit einer Winkelmessscheibe (siehe Abbildung 4.2) oder einem Winkelmesser kann der gewünschte Winkel bestimmt und entsprechend nachgezogen werden (siehe Abbildung 4.3).

### Lockerungsreihenfolge

• Wenn mehrere Schrauben oder Muttern eine Komponente sichern, sollten sie alle gleichmäßig Schritt für Schritt gelöst werden, sodass nicht zum Schluss die gesamte Last auf einer Verbindung liegt und das Bauteil verbiegen oder verziehen kann.

• Wenn vom Hersteller eine Anzugsreihenfolge vorgegeben ist, müssen die Verbindungen entgegengesetzt gelöst werden. Ansonsten werden Verbindungen schrittweise von außen nach innen gelockert (siehe Abbildung 4.4).

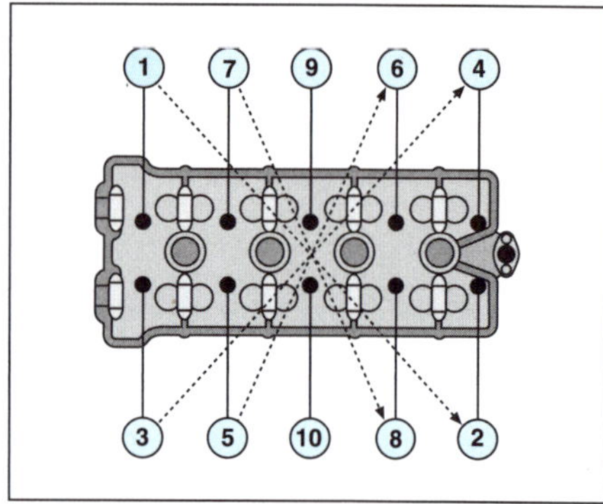


**4.4 Beim Lösen von Schraubverbindungen muss Sie von außen nach innen arbeiten.**

### Anzugsreihenfolge

• Wenn mehrere Schrauben oder Muttern eine Komponente sichern, sollten alle gleichmäßig Schritt für Schritt angezogen werden, sodass nicht zu Anfang die gesamte Last auf einer Verbindung liegt und Dichtungen zerstört werden oder das Bauteil verbiegen oder verziehen kann. Besonders wichtig ist ein gleichmäßiges Anziehen bei großflächigen und festen Verbindungen wie Zylinderköpfen oder Motorgehäusen.

• Normalerweise wird vom Hersteller eine Anzugsreihenfolge entweder als Zeichnung oder auch direkt am Bauteil markiert, angegeben. Wenn nicht, wird in der Mitte begonnen und schritt- und kreuzweise nach außen gearbeitet

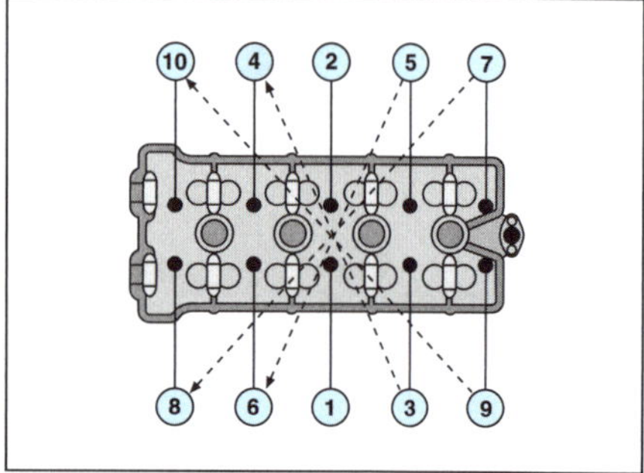


**4.5 Typische Anzugsreihenfolge von Schrauben oder Muttern einer großflächigen Verbindung**

(siehe Abbildung 4.5). Beginnen Sie mit handfestem Anziehen aller Verbindungen, setzen Sie dann den Drehmomentschlüssel an, und ziehen Sie alles schrittweise und über Kreuz fester, bis alle Anzugsdrehmomente stimmen. Nur so ist gewährleistet, dass die Verbindung hält und nichts beschädigt wird. Wichtige Verbindungen wie Zylinderköpfe haben oftmals zwei oder drei Anzugsschritte, bis alles endgültig festgezogen wird.

## Der richtige Hebel

• Verwenden Sie Werkzeuge im richtigen Winkel. Ziehen Sie Schlüssel wenn möglich immer zu sich hin, wenn Verbindungen gelöst werden sollen. Wenn das nicht möglich ist, darf das Werkzeug nicht von der Hand umschlungen sein (siehe Abbildung 4.6) – der Schlüssel kann abrutschen oder die Verbindung sich plötzlich lösen, und Ihre Finger an scharfen Kanten gequetscht oder aufgerissen werden.

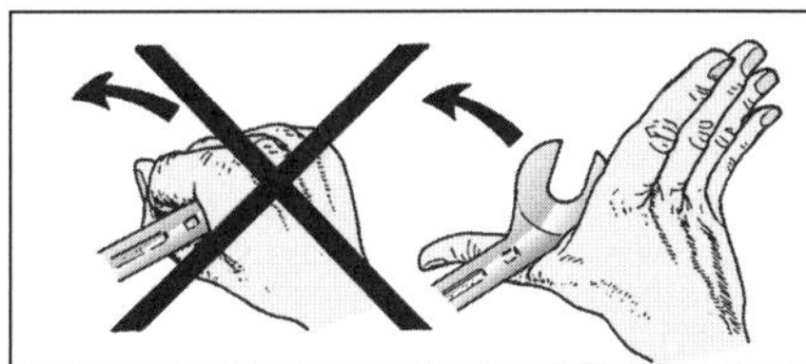

**4.6 Wenn Sie den Schlüssel nicht zu sich ziehen können, drücken Sie ihn mit geöffneter Hand.**

• Bei sehr festen Verbindungen kann eine Hebelverlängerung durch ein Rohr oder Stange helfen, sie zu lösen. Normalerweise sind Werkzeuge jedoch so ausgelegt, dass mit ihnen alle entsprechenden Verbindungen gelöst werden können. Wie Sie festgegangene Verbindungen lösen können, ist unter Punkt 2 beschrieben. Inbusschrauben und deren Gewinde können sehr leicht zerstört werden, wenn man einen Inbusschlüssel mit einem Rohr verlängert. Beim Anziehen sollten Verlängerungen generell nie benutzt werden, da man sich mit der eingesetzten Kraft leicht verschätzen kann.

## 5 Lager

## Wälzlager – Aus- und Einbau

### Treiber und Steckschlüsselnüsse

• Bevor man mit dem Ausbau eines Lagers beginnt, muss man sich vergewissern, in welche Richtung es demontiert wird. Einige Gehäuse haben angegossene Nuten oder Halteplatten. Überprüfen Sie Identifikations-Markierungen an den Lagern, und messen Sie ggf. ihre Einbautiefe im Gehäuse. Merken Sie sich die Einbaurichtung, wenn das Lager auf einer Seite abgedichtet ist.

**5.1 Mit einem Lagertreiber, der nur den äußeren Ring berührt, wird das Lager eingetrieben.**

**5.2 Auch eine passende Nuss kann hierfür verwendet werden. Verkanten Sie das Lager nicht!**

• Wälzlager können mit einem passenden Austreib-Werkzeug oder einer Steckschlüsselnuss, deren Durchmesser etwas kleiner als der Außendurchmesser des Lagers ist, aus dem Gehäuse geschlagen werden. Stützen Sie das Gehäuse rund um das Lager mit Holzblöcken ab, um es vor Verzug zu schützen. Nach ein paar Schlägen mit einem schweren Hammer auf den Treiber sollte das Lager aus dem Gehäuse fallen. Wenn der Zugang, z. B. bei Radlagern, erschwert ist, muss das Lager mit einem Treibdorn im Kreis herum ausgeschlagen werden, damit es nicht im Sitz verkantet.

• Mit der gleichen Ausrüstung können auch neue Lager eingetrieben werden. Stützen Sie auch hier das Gehäuse mit Holzblöcken ab. Setzen Sie das Lager senkrecht – und bei einseitiger Abdichtung richtig herum, die Beschriftung zeigt normalerweise immer nach außen – in die Bohrung, und treiben Sie es ein. Wird hierbei der Käfig, Dichtring oder innerer Lagerring berührt, ist das Lager zerstört (siehe Abbildungen 5.1 und 5.2).

• Kontrollieren Sie, ob der Innenring sich nach der Montage frei drehen lässt.

**5.3 Dieser Lagerabzieher ist mit einer Trennvorrichtung versehen, die unter das Lager geklemmt wird.**

### Abzieher und Zughammer

• Wenn ein Lager auf eine Welle gepresst ist, kann man es meist nur mit einem Abzieher wieder herunterbekommen (siehe Abbildung 5.3). Gehen Sie sicher, dass die Abzieher-Arme sicher hinter das Lager greifen und nicht abrutschen können. Wenn kein Platz zum Abziehen ist, kann es manchmal nötig sein, das dahinter liegende Zahnrad zusammen mit dem Lager abzuziehen (siehe Abbildung 5.4).

**5.4 Wenn hinter dem Lager kein Platz für die Abzieherarme ist, kann z. B. das dahinter liegende Zahnrad mit abgezogen werden.**

***Achtung: Gehen Sie sicher, dass sich die Spindel des Abziehers immer in der Mitte der Welle befindet und beim Anziehen nicht abrutscht. Achten Sie darauf, dass die Welle nicht beschädigt wird.***

• Setzen Sie den Abzieher so an, dass die Spindel sich in der Mitte der Welle abdrückt und nicht abrutscht, wenn das Lager abgezogen wird.

• Wenn das Lager auf die Welle getrieben wird, darf der äußere Ring und der Käfig oder Dichtring nicht berührt werden. Mithilfe eines Steck-

**5.5 Benutzen Sie zum Auftreiben des Lagers ein Rohr, das etwas größer ist als die Welle und nur den inneren Lagerring berührt.**

**5.6 Nach dem Einführen wird der Auszieher aufgespreizt, sodass er hinter den Innenring greift.**

**5.7 Dann kann ein Zughammer aufgeschraubt und durch dessen nach oben geschlagenes Gewicht das Lager ausgetrieben werden.**

schlüssels oder passenden Rohrs, das nur den inneren Lagerring berührt, kann das Lager bis auf seinen Sitz geschlagen werden (siehe Abbildung 5.5).

- Lager, die in Sacklöchern stecken, können nicht ausgeschlagen werden. Hier wird ein Innenauszieher benötigt, der in das Lager gesteckt und dann aufgespreizt wird (siehe Abbildung 5.6). Dieser Auszieher wird zusammen mit dem Lager entweder mit einem Abzieher herausgezogen oder mit einem Zughammer herausgetrieben (siehe Abbildung 5.7).
- Es kann auch möglich sein, dass das Lager durch sein Eigengewicht aus dem Gehäuse fällt, nachdem dieses wie unten beschrieben erhitzt worden ist. Legen Sie das Gehäuse, um die Dichtfläche nicht zu beschädigen, so auf eine nicht zu harte Oberfläche, dass das Lager

**5.8 Schlagen Sie das erwärmte Gehäuse mehrmals auf Holzblöcke, um das Lager herausfallen zu lassen.**

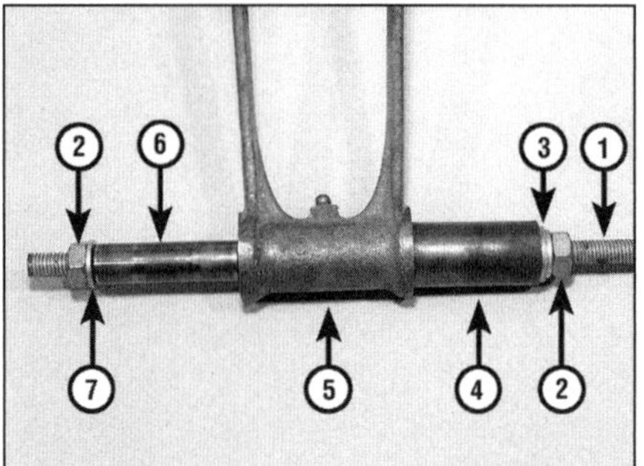


**5.9 Hier soll eine Lagerbuchse gewechselt werden.**

*1 lange Schraube oder Gewindestange*
*2 Muttern*
*3 Scheiben mit größerem Außendurchmesser als Rohr-Innendurchmesser*
*4 Rohr mit zur Buchse passendem Durchmesser*
*5 Hebelarm mit Lagerbuchse*
*6 Rohr mit etwas kleinerem Durchmesser als Lagerbuchse*
*7 Scheibe mit etwas kleinerem Außendurchmesser als Lagerbuchse*

nach unten herausfallen kann. Tragen Sie beim Erwärmen Handschuhe, und klopfen Sie dabei das Gehäuse regelmäßig auf die Oberfläche, um das Lager leichter herausfallen zu lassen (siehe Abbildung 5.8).

- Lager können genauso in Sacklöcher montiert werden, wie es oben beschrieben ist.

## Einziehvorrichtungen

- Lager oder Buchsen, die z. B. in obere Pleuelaugen oder andere Hebel eingepresst sind, können nicht ohne Beschädigung des Bauteils aus-

**5.10 Hier wird die Lagerbuchse aus dem Hebel gezogen.**

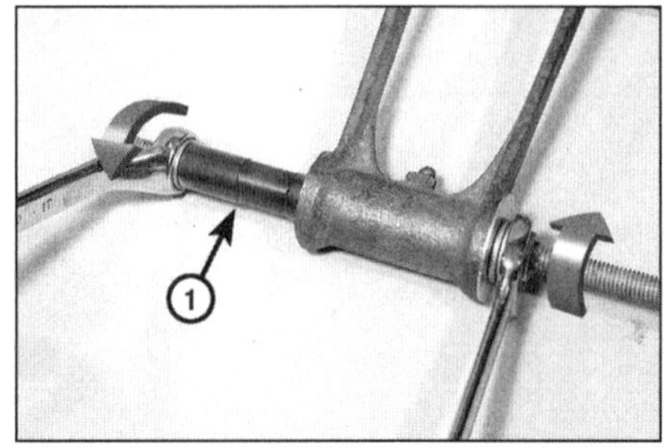


**5.11 Die neue Lagerbuchse (1) wird in das Bauteil gezogen.**

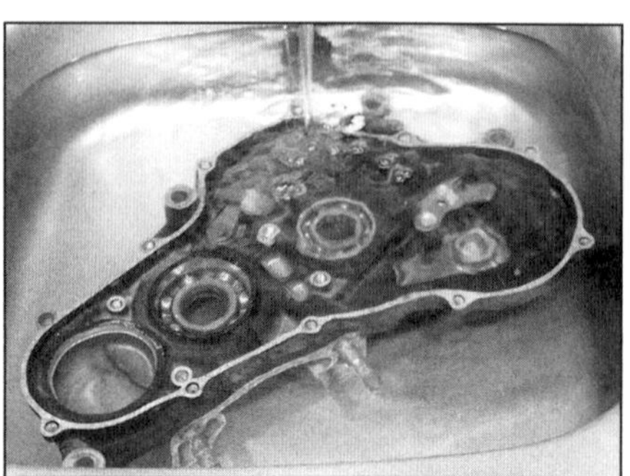

**5.12 Passt das Teil in einen Topf, kann es in kochendem Wasser erwärmt werden. Schützen Sie danach die Stahlteile vor Rost!**

geschlagen werden. Auch Gummibuchsen lassen sich schlecht durch Schläge aus- und eintreiben. Wenn man Zugang zu einer maschinellen Presse hat, kann man hiermit arbeiten, falls nicht, muss zum Aus- und Einziehen von Buchsen ein Werkzeug angefertigt werden.

- Man benötigt eine lange Schraube mit Mutter (oder eine Gewindestange mit zwei Muttern), ein Stück Rohr, das einen größeren Innendurchmesser als die Buchse hat, ein weiteres Stück Rohr mit einem kleineren Außendurchmesser als die Buchse und eine Reihe verschiedener Scheiben (siehe Abbildungen 5.9 und 5.10). Die Rohre müssen länger sein als die Buchse.
- Das gleiche Werkzeug, ohne Rohre, kann man zum Einziehen der Buchse benutzen (siehe Abbildung 5.11).

## Ausdehnung durch Erwärmung

- Wenn der Lageraußenring fest im Leichtmetallgehäuse steckt, kann dieses erwärmt werden, um das Lager zu lockern. Aluminium dehnt sich bei Erwärmung mehr aus als Stahl, also darf auch das Lager warm werden. Es gibt verschiedene Möglichkeiten der Erwärmung, doch sollte man auf offene Brennerflammen verzichten, da das Material sich verziehen oder sogar schmelzen kann.
- Man kann das Teil in einem auf nicht mehr als 100 °C erwärmten Backofen oder in kochendem Wasser erwärmen (siehe Abbildung 5.12). Eine gezielte Erhitzung ist mit einem Heißluftgebläse, wie es zum Abbeizen verwendet wird, oder einem Bügeleisen zu erreichen (siehe Abbildung 5.13).

**5.13 Die Umgebung des Lagers kann mit einem Heißluftgebläse erwärmt werden. Schützen Sie Dichtungen vor direkter Hitze!**

***Warnung: Bei all diesen Methoden müssen zur Vermeidung von Verbrennungen Handschuhe getragen werden.***

- Beim Erhitzen des ganzen Gehäuses muss darauf geachtet werden, dass Kunststoffteile, wie Leerlaufschalter, beschädigt werden könnten – bauen Sie sie vorher aus.
- Bauen Sie unverzüglich nach dem Erhitzen das Lager aus. Sie werden merken, dass es sehr leicht auszutreiben ist oder gar von allein herausfallen wird.
- Auch zur Erleichterung des Einbaus neuer Lager kann das Gehäuse erhitzt werden. Die Motorradhersteller haben oft die Gehäuse entsprechend konstruiert und benutzen diese Methode bei der Motormontage.
- Zur leichteren Montage kann man das Lager auch über Nacht in die Kühltruhe legen, damit sie sich zusammenziehen. Empfohlen wird diese Methode z. B. bei den Lagerschalen, die in den Lenkkopf getrieben werden.

## Lagertypen und Markierungen

- An Motorrädern findet man Gleitlagerschalen und Wälzlager (Nadellager, Kegellager und Kugellager) in verschiedenen Größen (siehe Abbildungen 5.14 und 5.15). Die Rollen (Kugeln, Kegel oder Nadeln) der Wälzlager sitzen meistens in Käfigen, doch gibt es auch offene Lager.
- Gleitlager werden normalerweise bei Kurbelwellen und Pleuelfüßen verwendet, da sie hohe Druckbelastung aushalten, auch die Fertigung des Kurbeltriebs wird dadurch erheblich erleichtert. Sie benötigen konstanten Öldruck, da sie sonst schnell fressen. Sie sind zumeist aus gesinterter (selbstschmierender) Phosphor-Bronze, um beim Motorstart, wenn erst Öldruck aufgebaut wird, Notlaufeigenschaften zu besitzen.

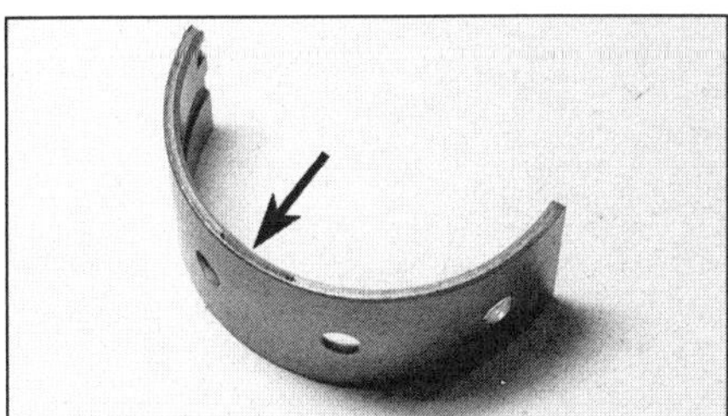

**5.14 Gleitlager-Schalen gibt es glatt oder mit Nuten. Normalerweise sind sie mit Farb-Codes markiert.**

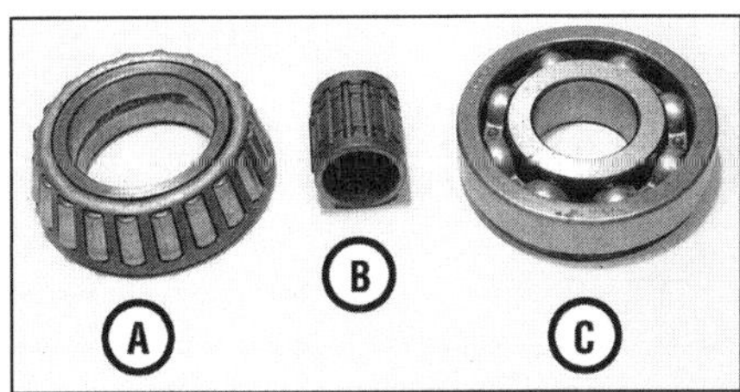



**5.15 Kegelrollenlager (A), Nadellager (B) und Kugellager (C), alle mit Käfig**

**5.16 Typische Markierung eines Kugellagers**

- Wälzlager besitzen einen inneren und einen äußeren Ring, zwischen denen Rollen oder Kugeln laufen. Sie benötigen konstante Schmierung mit Öl oder Fett, aber keinen Öldruck, und halten axiale Belastungen aus. Kugellager sind nur komplett als Bauteil zu montieren, die meisten Nadellager und Kegellager bestehen aus getrennt zu montierenden Innen- und Außenringen. Letztere halten hohe axiale Belastungen aus und werden deshalb oft in Lenkköpfen eingesetzt.
- Wälzlager sind im Gegensatz zu Gleitlagern Normteile, die bei bekannter Markierung (anhand derer das Maß, die Belastbarkeit und der Typ bestimmt werden können) im Fachhandel besorgt werden können (siehe Abbildung 5.16).
- Metallbuchsen bestehen üblicherweise aus Phosphorbronze, in Stoßdämpferaugen werden Gummibuchsen verwendet, in billigen Schwingenlagerungen fristen Plastikbuchsen ein kurzes Dasein.

## Fehlersuche bei Lagern

- Wenn sich ein Lageraußenring im Lagersitz gedreht hat, ist das Gehäuse beschädigt. Wenn noch nicht allzu viel Material abgetragen ist, kann man das Lager mit Spezialkleber einsetzen.

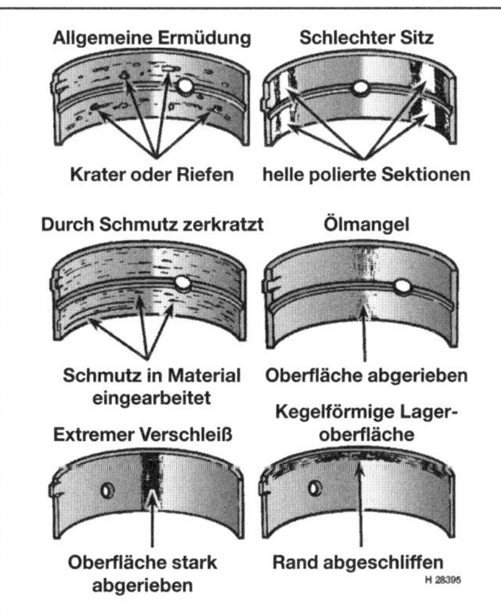



**5.17 Typische Lager-Schäden**

**5.18 Diese Kugeln haben deutliche Abdrücke – das Lager ist defekt.**

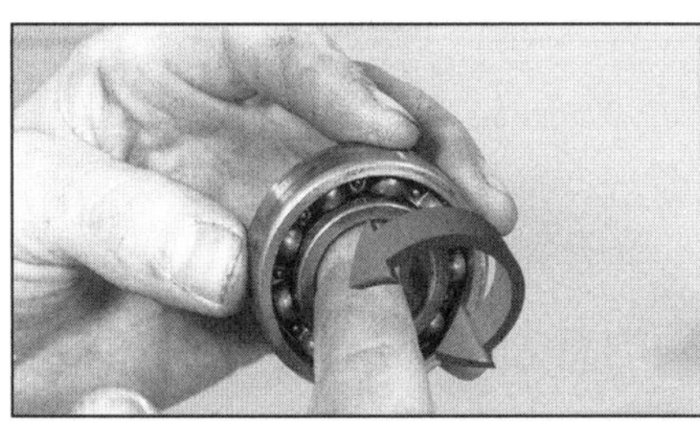

**5.19 Halten Sie den äußeren Ring, und drehen Sie den inneren Ring dicht am Ohr.**

- Gleitlagerschalen können durch Ölmangel, Korrosion oder Fremdteilchen im Öl beschädigt werden (siehe Abbildung 5.17). Kleine Teilchen werden in die Lageroberfläche eingearbeitet, während große Teile die Schale und die Welle zerkratzen. Wird das Motorrad viel auf Kurzstrecken eingesetzt, kann sich der Motor nur ungenügend erwärmen, und dadurch entstehendes Kondenswasser sorgt für mangelnde Schmierung und kann das Lager korrodieren lassen.
- Kugel- und Rollenlager können durch Überhitzung (bei Ölmangel) und eindringenden Schmutz zerstört werden, Kegelrollenlager drücken sich bei zu hoher Last ein. Wälzlager unterliegen auch bei vorschriftsmäßiger Benutzung einem gewissen Verschleiß. Wenn ein Wälzlager nicht auf beiden Seiten abgedichtet ist, kann es in Petroleum von alten Fettresten befreit und anschließend getrocknet werden, sodass bei einer Sichtinspektion schadhafte Kugeln, Käfige und Laufflächen entdeckt werden können (siehe Abbildung 5.18).
- Ein Kugellager kann auf Verschleiß kontrolliert werden, wenn man sich seinen Rundlauf genau anhört. Geben Sie dünnes Öl in das Lager, und drehen Sie den Innenring dicht am Ohr (siehe Abbildung 5.19). Es sollten keine Laufgeräusche festzustellen sein. Wenn es hakt oder rau läuft, ist es verschlissen.

**6.1 Dichtringe werden beim Aushebeln zerstört – verwenden Sie sie niemals wieder!**

**6.2 Diese Dichtring-Markierungen geben die Innengröße, die Außengröße und die Breite an.**

## 6 Dichtringe

### Aus- und Einbau

- Wellen-Dichtringe (auch »Simmerringe« genannt) sollten bei jeder Demontage der entsprechenden Baugruppe erneuert werden, da die Dichtlippen mit der Zeit verschleißen und das Material altert.
- Dichtringe können mit einem großen Schlitzschraubendreher aus ihrem Sitz gehebelt werden (siehe Abbildung 6.1). Achten Sie beim Ausbau darauf, dass der Dichtring nicht durch Seegerringe oder Draht gesichert ist.
- Neue Dichtringe werden normalerweise mit den markierten Seiten nach außen und der Federseite gegen die Flüssigkeit eingebaut. Sonderformen dichten z. B. Kurbelgehäuse von Zweitaktmotoren in beide Richtungen ab.
- Mit einem nur außen am Ring anliegenden Lagertreiber oder Steckschlüssel wird der neue Dichtring senkrecht an seinen Platz getrieben – Schläge auf die Dichtfläche zerstören den Ring.

### Dichtringtypen und Markierungen

- Dichtringe sind normalerweise mit einfachen Dichtlippen ausgerüstet. Doppeldichtungen werden verwendet, wenn beidseitig Flüssigkeit oder Gas gegeneinander abgedichtet werden müssen.
- Dichtringe härten nach langer Zeit aus. Wenn das Motorrad lange gestanden hat, hilft nur ein Auswechseln aller Dichtringe.
- Dichtringe sind meistens Normteile. Doch außer den angegebenen Maßen (siehe Abbildung 6.2) sind sie aus für ihre Einsatzzwecke entsprechendem Material konstruiert.

## 7 Dichtungen und Dichtmasse

### Dichtungs- und Dichtmassentypen

- Um das Austreten von Flüssigkeiten und Überdruck zu verhindern, werden Komponenten gegeneinander abgedichtet. Aluminium- oder Kupferdichtungen findet man häufig an Zylinderköpfen, die meisten Dichtungen sind aus Papier. Wenn die Dichtflächen der Gehäuse nicht beschädigt sind, können die Dichtungen trocken angesetzt werden, mit etwas Fett oder Dichtmasse können sie eventuell für die Montage in Position gehalten werden.
- Mit Silikondichtmasse können kleine Löcher oder Unregelmäßigkeiten ausgeglichen werden. Durch Zusammenziehen der Gehäuseteile wird Silikon zur Seite herausgepresst. Man kann zwar damit Papierdichtungen ersetzen, doch muss zuvor kontrolliert werden, ob die Dicke des Papiers nicht für bestimmte Bauteile wichtig ist. Silikon sollte nicht bei hohen Temperaturen oder Benzinberührung eingesetzt werden.
- Dauerelastische, anhärtende oder aushärtende Dichtmasse kann zusammen mit Dichtungen oder direkt zwischen Metall-Dichtflächen eingesetzt werden. Für bestimmte Zwecke werden bestimmte Dichtmassen benötigt: Dauerelastische Dichtmasse kann an fast allen Verbindungen eingesetzt werden, anhärtende Masse an rauen oder beschädigten Dichtungen, und aushärtende Dichtmasse wird an immer bestehenden Verbindungen oder bei hohen Temperaturen und hohem Druck verwendet.

**Anmerkung:** *Kontrollieren Sie zunächst, ob die verwendeten Papierdichtungen mit Dichtmasse imprägniert sind, bevor Sie zusätzliche Dichtmasse auftragen.*

- Überprüfen Sie, ob die ausgewählte Dichtmasse den Ansprüchen der Dichtung genügt, d. h. hohe Temperaturen oder Benzin aushalten. Einige Anbieter verkaufen Dichtmassen in verschiedenen Farben, sodass man für seinen Motor die unauffälligste aussuchen sollte.
- Geben Sie nicht zu viel Dichtmasse auf die Flächen, da sie sich nicht nur nach außen, wo sie abgewischt werden kann, sondern auch nach innen drücken kann, wo abgefallenes Material im Extremfall Ölkanäle verstopfen kann.

**7.1 Wenn Hebellaschen vorhanden sind, kann hier vorsichtig mit einem Schraubendreher auseinander gehebelt werden.**

**7.2 Klopfen Sie mit einem weichen Hammer die Dichtungs-Umgebung ab – zerstören Sie keine Kühlrippen.**

***Viele Bauteile werden mit einer oder zwei Passhülsen zwischen den Dichtflächen zusammengefügt. Wenn eine Passhülse sich nicht entfernen lässt, darf sie nicht mit Zangen gegriffen werden, da sie dabei verbogen und zerstört wird. Legen Sie zur Stabilisierung eine eng sitzende Steckschlüsselnuss oder einen passenden Kreuzschlitzschraubendreher hinein, und greifen Sie die Hülse dann mit der Zange.***

### Öffnen einer Dichtverbindung

- Alter, Hitze, Druck und die Verwendung aushärtender Dichtmasse können dafür sorgen, dass zwei zusammenhängende Bauteile alleine mit Fingerkraft kaum wieder auseinander zu bekommen sind. Doch dürfen keine Hebel

**7.3 Dichtungsreste können mit einem Dichtungsschaber, . . .**

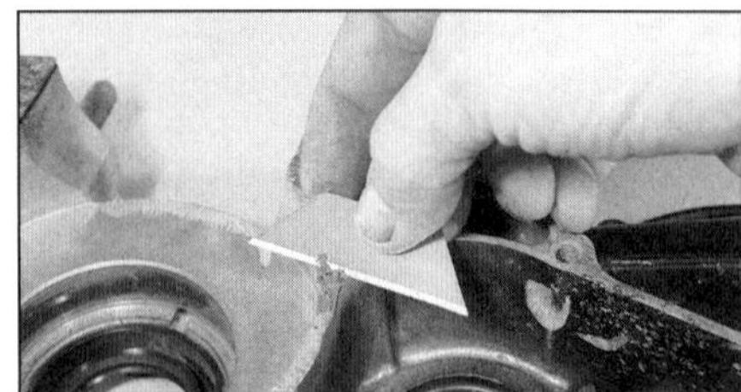

**7.4 . . . einer Messerklinge . . .**

**7.5 . . . oder einem Spachtel entfernt werden.**

**7.6 Mit um eine Flachfeile gewickeltem feinen Schleifpapier wird die Dichtfläche gereinigt.**

benutzt werden, wenn hierfür keine Hebelstellen vorgesehen sind (siehe Abbildung 7.1), da sonst die Dichtflächen beschädigt werden.

- Mithilfe eines Gummi- oder Kunststoffhammers (siehe Abbildung 7.2) oder aber eines Stahlhammers mit Holzstück wird in der Nähe der Dichtflächen gegen die Bauteile geklopft. Schlagen Sie nicht gegen filigrane Gussteile wie Kühlrippen, da sie abbrechen können. Zeigt diese Methode Erfolg, können die Gehäusehälften mit einem dazwischen geschobenen Holzstück auseinandergedrückt werden.

***Achtung: Wenn die Verbindung sich gar nicht lösen lässt, kontrollieren Sie, ob wirklich alle Schrauben gelöst sind.***

## Entfernen alter Dichtungen

- Papierdichtungen lassen sich zumeist relativ rückstandsfrei entfernen. Übrig gebliebene Reste müssen vor dem Auflegen einer neuen Dichtung gründlich entfernt werden.
- Kratzen Sie alle Dichtungsreste sorgfältig und vorsichtig ab, hobeln Sie dabei kein Aluminium ab, und kerben Sie es nicht ein (siehe Abbildungen 7.3, 7.4 und 7.5). Hartnäckige Rückstände können mit Dichtungsentferner aus der Sprühdose entfernt werden. Zum Schluss der Reinigung müssen die Dichtflächen mit sehr feinem Schleifpapier (siehe Abbildung 7.6) oder einem Topfschwamm gereinigt werden.
- Alte Dichtmasse kann je nach Typ abgekratzt oder abgepult werden. Beachten Sie, dass es chemische Dichtungsentferner gibt, die die Arbeit erleichtern, doch müssen sie für die vorhandene Dichtungsmasse ausgelegt sein.

# 8 Ketten

## Trennen und Verbinden von Antriebsketten

- Antriebsketten für größere Motorräder sind endlos, d. h. sie haben kein Schloss zum Öffnen. Soll die Kette gewechselt werden, muss die alte mit einem Kettentrenner geöffnet, und die neue nach dem Aufziehen ordentlich ver-

**8.1 Drücken Sie mit dem Kettentrenner den Bolzen durch die Kette, . . .**

**8.2 . . . entfernen Sie den Bolzen, nehmen Sie das Werkzeug ab, . . .**

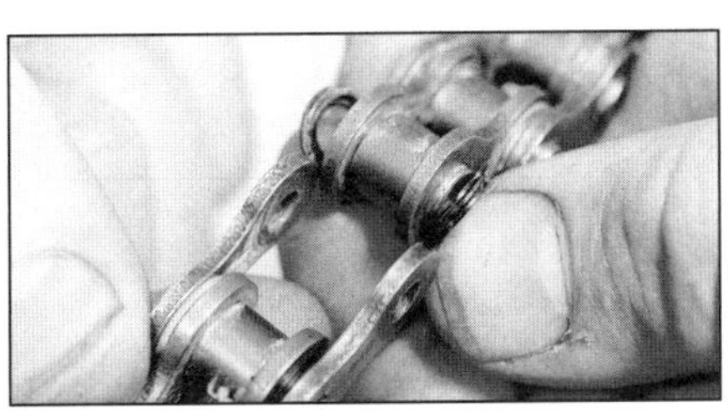

**8.3 . . . und öffnen Sie die Kette.**

nietet werden. Federclip-Schlösser dürfen nur im Notfall verwendet werden. Zum Trennen und Vernieten gibt es neben den gezeigten Werkzeugen eine Vielzahl anderer – lesen Sie vor dem Arbeiten deren Gebrauchsanweisungen.

- Drehen Sie die Kette, und suchen Sie das Nietschloss. Im Gegensatz zu den anderen Bolzen, die am Rand abgeplattet sind, sind seine Bolzen durch zentrale Schläge aufgespreizt

***Warnung: Eine Antriebskette ist über lange Zeit und unter widrigen Umständen einer sehr hohen Belastung ausgesetzt. Nur mit einer korrekten Vernietung kann sie die gewünschte Lebensdauer erreichen. Eine abreißende Kette stellt für Mensch und Maschine eine große Gefahr dar!***

(siehe Abbildung 8.9). Positionieren Sie das Schloss zwischen die Ritzel, und setzen Sie an einen Bolzen die Trennvorrichtung an (siehe Abbildung 8.1). Drücken Sie den Bolzen durch die Kette (siehe Abbildung 8.2). Achten Sie bei einer O-Ringkette auf die entsprechenden Dichtungen (siehe Abbildung 8.3). Führen Sie die Prozedur am anderen Bolzen durch.

**8.4 Drücken Sie das neue mit O-Ringen bestückte Schloss durch die Enden der Kette, . . .**

**8.5 . . . legen Sie neue O-Ringe über die Bolzenenden, . . .**

**8.6 . . . und legen Sie die neue Lasche auf.**

***Achtung: Bei großen und sehr harten Ketten kann es nötig sein, die Vernietung der Bolzen abzufeilen oder abzuschleifen, bevor sie sich durch die Kette drücken lassen.***

- Überprüfen Sie, ob das neue Schloss in der Größe und Stärke der Kette entspricht – verwenden Sie niemals das alte Schloss wieder. Die Größen und Ausführungen der Ketten sind auf den Gliedern eingestanzt (siehe Abbildung 8.10).
- Legen Sie die Enden der Kette über das hintere Kettenrad. Legen Sie bei einer O-Ringkette je einen neuen O-Ring auf die Bolzen des Schlosses, und schieben Sie das Schloss

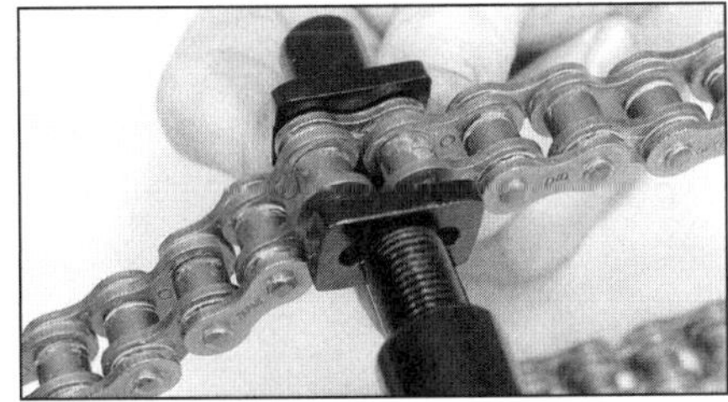

**8.7 Mit einer solchen Klemme lässt sich die Lasche leicht in ihre Position schieben.**

**8.8 Mit dem Ketten-Verniet-Werkzeug wird pro Arbeitsgang ein Bolzen vollständig vernietet.**

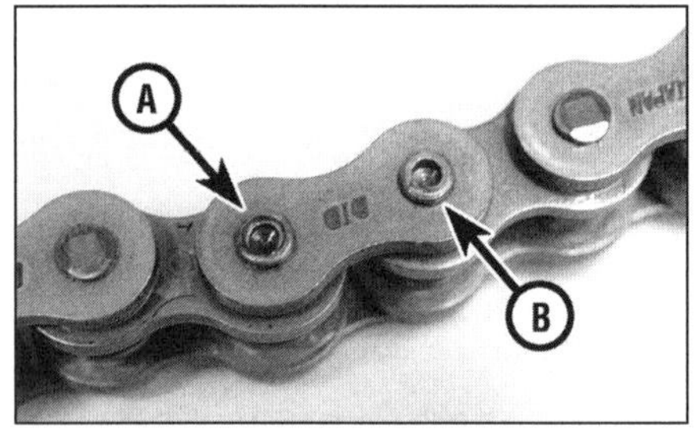


**8.9 Korrekt vernieteter Bolzen (A), Bolzen noch nicht vernietet (B)**

durch die beiden Kettenenden (siehe Abbildung 8.4). Legen Sie auf jedes Bolzenende einen neuen O-Ring und darüber die neue Lasche (siehe Abbildungen 8.5 und 8.6).

- Die Lasche lässt sich nicht mit der Hand aufschieben. Benutzen Sie entweder ein spezielles Werkzeug (siehe Abbildung 8.7), eine Zange oder Klemme, mit der Sie die Lasche über die Bolzen drücken können.
- Positionieren Sie das Verniet-Werkzeug der Anleitung entsprechend über dem Bolzen, und spreizen Sie ihn durch Einschrauben der Spindel auseinander (siehe Abbildungen 8.8 und 8.9). Wiederholen Sie die Prozedur am anderen Bolzen.

***Warnung: Kontrollieren Sie genau die Vernietung der Bolzen, und vergewissern Sie sich, dass die Lasche sich nicht lösen kann. Wenn die Bolzenenden reißen, muss ein neues Schloss verwendet werden.***

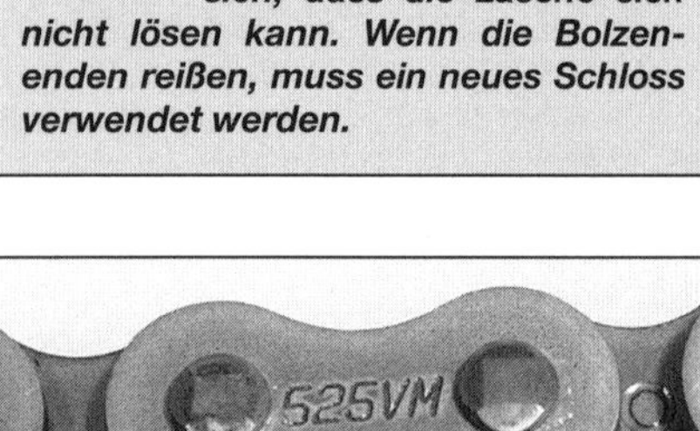


**8.10 Typische Kettengröße und Typenmarkierung**

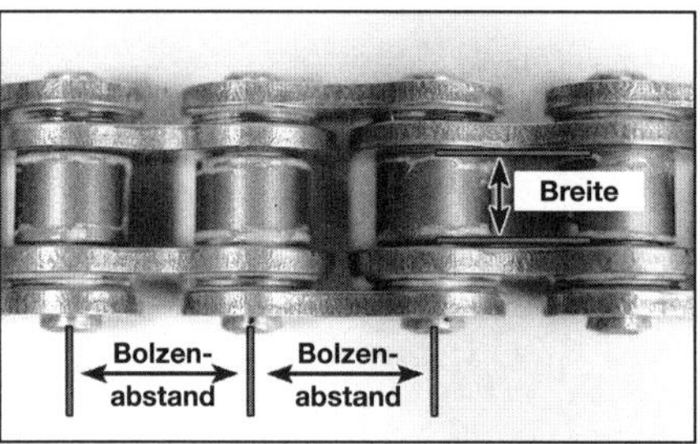


**8.11 Maße zur Bestimmung der Kettengröße**

## Antriebsketten-Größen

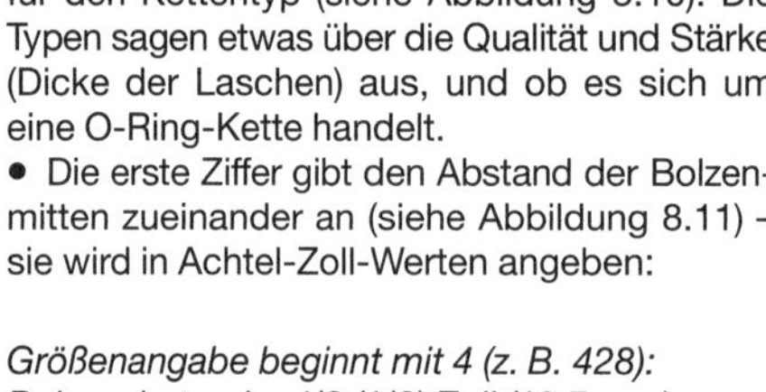

- Die Kettengröße wird durch eine dreistellige Zahl angegeben, folgende Buchstaben stehen für den Kettentyp (siehe Abbildung 8.10). Die Typen sagen etwas über die Qualität und Stärke (Dicke der Laschen) aus, und ob es sich um eine O-Ring-Kette handelt.
- Die erste Ziffer gibt den Abstand der Bolzenmitten zueinander an (siehe Abbildung 8.11) – sie wird in Achtel-Zoll-Werten angeben:

*Größenangabe beginnt mit 4 (z. B. 428): Bolzenabstand = 4/8 (1/2) Zoll (12,7 mm)*

*Größenangabe beginnt mit 5 (z. B. 520): Bolzenabstand = 5/8 Zoll (15,5 mm)*

*Größenangabe beginnt mit 6 (z.B. 630): Bolzenabstand = 6/8 (3/4) Zoll (19,1 mm)*

- Anhand der zweiten und dritten Ziffer kann die Breite der Rollen bestimmt werden, die ebenfalls in englischen Maßen angegeben ist, z. B. hat eine 525er Kette Rollen mit einer Breite von 5/16 Zoll (7,94 mm) (siehe Abbildung 8.11).

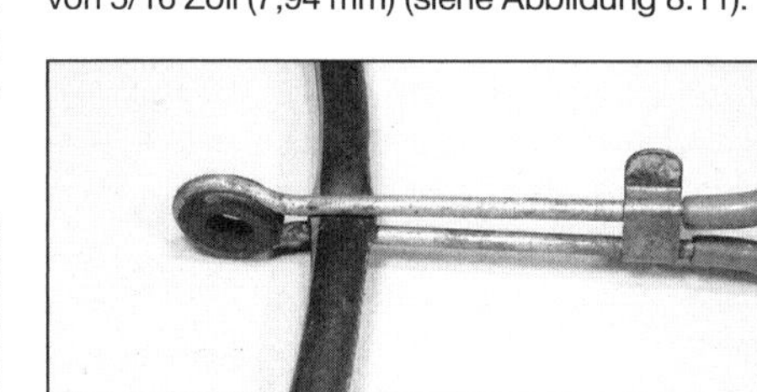

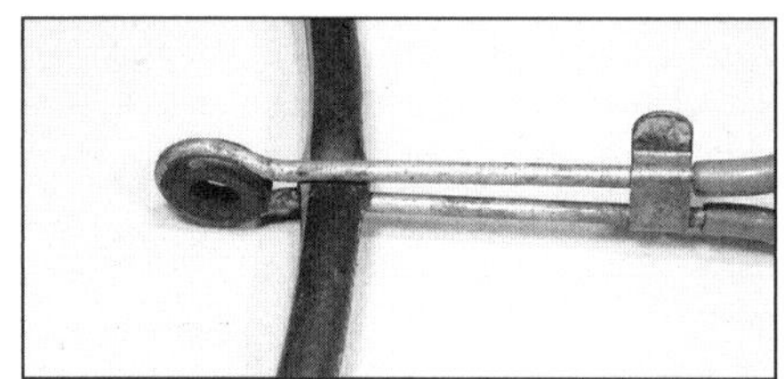

**9.1 Schläuche können mit einer Bremsleitungsklemme, . . .**

**9.2 . . . einer Flügelmutter-Klemme, . . .**

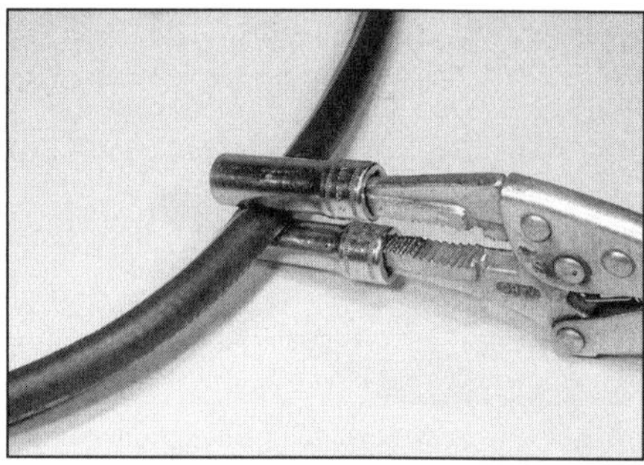

**9.3 . . . auf einer Gripzange steckenden Nüssen . . .**

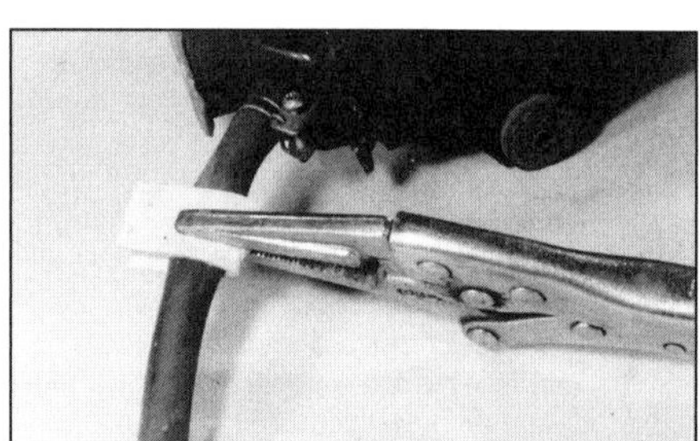

**9.4 . . . oder unterlegter Pappe abgeklemmt werden.**

# 9 Schläuche

## Abklemmen zur Durchflussunterbrechung

- Dünne flexible Schläuche können abgeklemmt werden, damit man an bestimmten Bauteilen arbeiten kann. Welche Methode auch immer gewählt wird, das Schlauchmaterial darf nicht dauerhaft verbogen oder durch die Klemme beschädigt werden (vgl. Abb. 9.1–9.4).

## Lösen und Aufschieben von Schläuchen

- Gehen Sie sicher, dass alle Klemmen und Schellen entfernt sind. Greifen Sie den Schlauch, und ziehen Sie ihn drehend vom Stutzen. Wenn der Schlauch im Laufe der Zeit ausgehärtet ist und sich nicht bewegt, schlitzen Sie ihn am Stutzen mit einem scharfen Messer längs auf, und ziehen Sie ihn dann ab.
- Widerstehen Sie der Versuchung, zur Erleichterung der Schlauchmontage die Anschlüsse mit Fett oder Seife einzuschmieren; es hilft zwar, doch kann dann am Stutzen auch Flüssigkeit leichter austreten. Besser ist es, das Schlauchende ggf. in heißem Wasser oder anderen Flüssigkeiten zu erwärmen und damit geschmeidig zu machen.

# Diebstahlschutz

## Einleitung

Ihr Fahrzeug kann eher gestohlen sein, als Sie zum Lesen diese Einleitung benötigen. Und es gibt kaum ein schlimmeres Gefühl, als zu der Stelle zurückzukehren, wo einmal Ihr Fahrzeug stand. Selbst wenn Sie ihre Maschine gegen Diebstahl versichert hatten, werden Sie nach dem ersten Schock noch die Unannehmlichkeiten bei der Polizei und der Versicherung zu spüren bekommen.

Fahrzeugdiebe unterscheiden sich in zwei Kategorien: Professionelle Auftrags- und Gelegenheitsdiebe. Profis sind auf bestimmte Marken und Modelle spezialisiert und suchen dann manchmal landesweit, um dieses Fahrzeug zu beschaffen. Gelegenheitsdiebe schauen dagegen nach leichten Zielen, die mit minimalem Aufwand und Risiko geknackt werden können. Während es unmöglich ist, die Maschine hundertprozentig gegen Profis zu sichern, kann man gegen die Gelegenheitsdiebe, die etwa die Hälfte aller Maschinen stehlen, einiges unternehmen.

Denken Sie daran, dass diese immer nach Gelegenheiten schauen – wenn also zwei ähnliche Fahrzeuge Seite an Seite parken, werden sie den Blick auf dasjenige richten, welches am wenigsten gesichert ist. Mit etwas Vorsorge kann man hier schon das Risiko eines Diebstahls deutlich reduzieren.

# Ausrüstung

Es gibt für Motorräder reichlich spezielle Vorrichtungen zu kaufen, und die folgenden Texte fassen ihre Anwendungen und Plus- sowie Minuspunkte zusammen.

Wenn Sie sich für den für Ihre Zwecke optimalen Typ eines Sicherheitssystems entschieden haben, empfehlen wir Ihnen, einen oder mehrere der regelmäßig in der Motorradpresse durchgeführten Vergleichstests dieser Teile durchzulesen. In diesen Tests werden aktuelle Modelle verschiedener Hersteller in ihrer Sicherheit, ihre Bedienbarkeit und auf ihr Preis-/Leistungsverhältnis verglichen.

Keines dieser Sicherheitssysteme kann einen vollständigen Schutz gewährleisten. Es wird empfohlen, mit zwei oder mehr der unten beschriebenen Vorrichtungen die Sicherheit Ihrer Maschine zu erhöhen (ein Schloss, eine Kette plus eine Alarmanlage sind nahezu ideal). Je mehr Sicherheitsmaßnahmen am Motorrad vorhanden sind, desto geringer ist die Wahrscheinlichkeit, dass es gestohlen wird.

**Die Kette und das Schloss müssen von guter Qualität und ausreichender Länge sein, um Ihr Motorrad an einen stabilen Gegenstand anschließen zu können.**

### Schloss und Kette

**Plus:** *Sehr flexibel einzusetzen; das Motorrad kann an nahezu alle immobilen Objekte angeschlossen werden. Bei manchen Ausführungen kann das Schloss einzeln als Bremsscheibenschloss eingesetzt werden (siehe unten).*

**Minus:** *Kann sehr schwer und unhandlich auf dem Motorrad zu transportieren sein, doch werden einige Typen mit Transportbeuteln geliefert, die man auf dem Rücksitz festschnallen kann.*

- Schwere Ketten und Schlösser sind eine ideale Sicherheitsvorrichtung (siehe Abbildung 1). Wenn das Motorrad geparkt wird, schließt man es mit der Kette an eine stabile und nicht zu entfernende Vorrichtung wie einen Laternenpfahl oder ein Geländer an. Hierdurch lässt sich die Maschine weder wegfahren noch mit einem Lieferwagen abtransportieren.
- Achten Sie beim Anlegen der Kette darauf, dass sie um den Rahmen oder die Schwinge verläuft (siehe Abbildungen 2 und 3). Legen Sie die Kette niemals nur um ein Rad; ein Dieb kann das Rad lösen und den Rest der Maschine abtransportieren. Versuchen Sie, die Kette so kurz wie möglich zu verlegen, um das Ansetzen von Werkzeugen zu erschweren, und halten Sie sie vom Boden fern, um das Auftrennen mit einem Meißel oder einem Beil zu verhindern. Positionieren Sie das Schloss so, dass der Schließzylinder nach unten zeigt, da es hierdurch für den Dieb schwierig wird, ihn zu erreichen.

**Führen Sie die Kette durch den Rahmen und nicht nur durch ein Rad . . .**

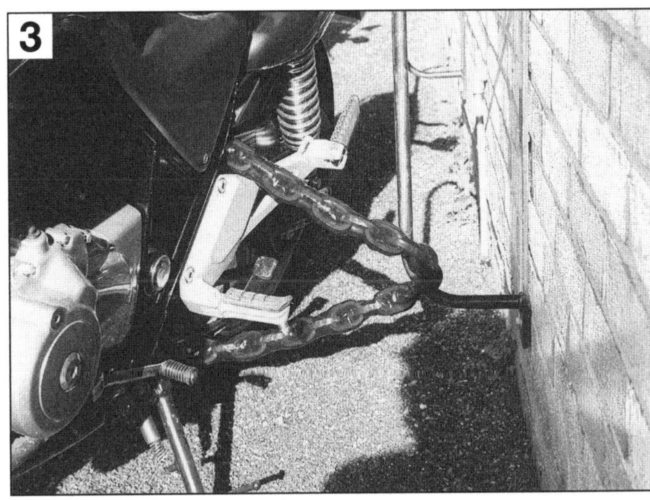


**. . . und um einen stabilen Gegenstand.**

## Bügelschlösser

**Plus:** *Eine sehr effektive Abschreckung, mit der die Maschine an einem Mast oder Geländer gesichert werden kann. Die meisten Bügelschlösser werden mit einem Halter geliefert, der einen einfachen Transport ermöglicht.*

**Minus:** *Nicht so flexibel wie ein Kettenschloss.*

- Diese stabilen Schlösser werden ähnlich eingesetzt wie Kettenschlösser. Sie sind leichter als eine Kette samt Schloss, aber nicht so flexibel einzusetzen. Die Länge und die Form des Bügelschlosses beschränken das Einsatzgebiet (siehe Abbildung 4).

**Wenn das Bügelschloss lang genug ist, kann die Maschine auch damit an einem festen Gegenstand gesichert werden.**

## Bremsscheibenschlösser

**Plus:** *Klein, leicht und sehr leicht zu transportieren. Die meisten Modelle sind im Werkzeugfach unterzubringen.*

**Ein typisches Bremsscheibenschloss wird durch eines der Löcher in der Scheibe gesteckt.**

**Minus:** *Schützt nicht vor dem Abtransport des Motorrades mit einem Lieferwagen. Das Vergessen des Schlosses kann beim Losfahren sehr unangenehm werden.*

- Diese Schlösser sind dazu konstruiert, in ein Loch in der Bremsscheibe gesteckt zu werden und das Rad beim Drehen zu blockieren (siehe Abbildung 5). Einige Ausführungen sind mit einer Alarmanlage ausgerüstet, die im abgeschlossenen Zustand durch Bewegung aktiviert wird. Diese wirkt nicht nur als Abschreckung gegen Diebe, sondern auch als Erinnerung an den Fahrer, das Schloss vor dem Losfahren herauszunehmen.
- Die Kombination aus einem Bremsscheibenschloss und einem Stück Drahtseil, das um einen Masten oder ein Geländer gelegt wird, bietet ein weiteres Sicherheitsplus (s. Abb. 6).

## Alarmanlagen und Wegfahrsperren

**Plus:** *Einmal installiert, ist sie absolut mühelos zu bedienen. Manche Versicherungen bieten bei bestimmten Anlagen (und Auflagen) Rabatte.*

**Minus:** *Kann teuer und schwierig zu installieren sein. Kein System hindert den Dieb daran, das Motorrad mit einem Lieferwagen abzutransportieren.*

- Elektronische Alarmanlagen und Wegfahrsperren gibt es in unterschiedlichen Preisklassen. Es sind drei unterschiedliche Systeme erhältlich: reine Alarmanlagen, reine Wegfahrsperren und etwas teurere kombinierte Geräte (siehe Abb. 7).
- Eine Alarmanlage ist so konstruiert, dass sie ein Warngeräusch erzeugt, sobald am Motorrad herummanipuliert wird.
- Eine Wegfahrsperre schützt davor, dass das Motorrad ohne Schlüssel und/oder Codierung gestartet werden kann, indem sie die elektrische Anlage blockiert.
- Haben Sie sich für eine Anlage entschieden, sollten Sie die Einbaukosten beachten, wenn Sie die Montage nicht selbst erledigen können. Wenn das Motorrad nicht regelmäßig eingesetzt wird, muss auch der Stromverbrauch berücksichtigt werden, der bei allen Systemen über die Bordbatterie erfolgt. Eine von einer viel Strom verbrauchenden Anlage leer gesogene Batterie sorgt sowohl dafür, dass das Motorrad nicht gestartet werden kann, als auch dafür, dass die Alarmanlage nach einer gewissen Zeit nicht mehr funktioniert.

**Ein mit einem Drahtseil kombiniertes Bremsscheibenschloss bietet zusätzlichen Schutz.**

**Ein typisches Alarm-/Wegfahrsperrensystem**

8

**Unverwechselbare Markierungen können überall angebracht werden – stets an einen gut sichtbaren Warnhinweis denken, der sehr abschreckend wirken kann.**

9

**Verkleidungsteile können mit eingeätzten Markierungen versehen werden . . .**

10

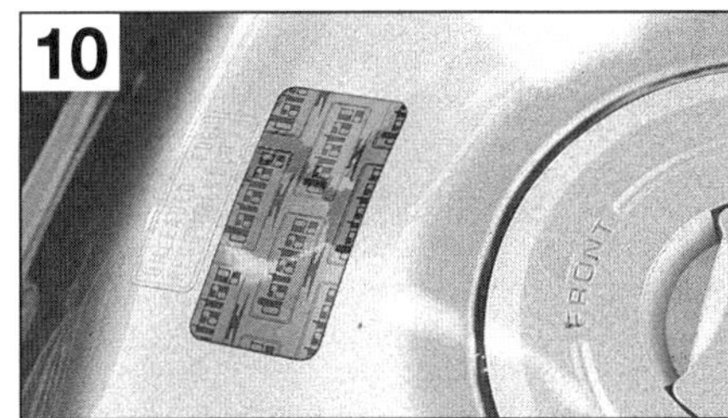

**. . . auch hier stets den Warnhinweis des Herstellers des Diebstahlschutzes gut sichtbar anbringen.**

### Sicherungsmarkierungen

**Plus:** *Sehr billige und effektive Abschreckung. Manche Versicherungen bieten bei Sicherungsmarkierungen Rabatte im Teilkaskobereich.*

**Minus:** *Schützen nicht vor Gelegenheitsdieben, die einen Ausflug machen wollen.*

- Es gibt viele verschiedene Ausführungen an Sicherungsmarkierungen. Ideal ist es, so viele Teile am Motorrad wie möglich mit einer einzigen Nummer zu markieren (siehe Abbildungen 8, 9 und 10). Mit dem Satz wird ein Formular geliefert, auf dem Ihre persönlichen Daten und die Details des Motorrades eingetragen und in einem Register gespeichert werden. Dieses Register ermöglicht der Polizei, jeden rechtmäßigen Besitzer eines Motorrades oder Bauteils zu identifizieren, auch wenn alle anderen Formen der Identifikation entfernt sind. Bringen Sie immer einen gut sichtbaren Warnaufkleber zur Abschreckung am Motorrad an.

### Bodenverankerungen, Radklemmen und Sicherungspfosten

**Plus:** *Eine exzellente Form der Sicherheit, die auch die entschlossensten Diebe abschrecken wird.*

**Minus:** *Schwierig zu installieren und evtl. teuer.*

- Während das Motorrad sich zu Hause befindet, ist es eine gute Idee, es sicher am Boden oder an der Wand zu verankern, selbst wenn es in einer gut gesicherten Garage steht. Zu diesem Zwecke werden eine Reihe verschiedener Bodenverankerungen, Radklemmen und Sicherungspfosten angeboten (siehe Abbildung 11). Diese Vorrichtungen werden entweder im Beton oder Stein verankert oder erhalten ein eigenes Fundament.

11

**Zuhause bietet eine solide Bodenverankerung ein hohes Maß an Sicherheit.**

# Diebstahlschutz zu Hause

Ein großer Anteil der Motorräder wird beim Besitzer zu Hause gestohlen. Einige Dinge sollten beachtet werden, wenn die Maschine an ihrem Heimatstandort steht:

✓ Wenn möglich, sollte das Motorrad immer in der sicheren Garage stehen. Vertrauen Sie niemals dem serienmäßigen Garagenschloss. Bringen Sie am Tor einen zusätzlichen Schließmechanismus an, und denken Sie über eine Alarmanlage nach. Ein von einem Bewegungsmelder aktivierter Scheinwerfer ist auch für den eigenen Nutzen eine gute Investition.

✓ Sichern Sie das Motorrad immer am Boden oder an der Wand, auch wenn es in einer gut gesicherten Garage steht.

✓ Lassen Sie Ihr Motorrad nicht regelmäßig an der Straße stehen, versuchen Sie, es möglichst außer Sichtweite der Straße zu parken, wenn Sie keine Garage besitzen. Decken Sie ein frei stehendes Motorrad mit einer Plane ab, um seine Identität nicht sofort preiszugeben.

✓ Es ist nicht ungewöhnlich, dass ein Dieb einem Motorradfahrer nach Hause folgt, um herauszufinden, wo die Maschine abgestellt wird. Er wird dann später zurückkehren. Wenn Sie vermuten, dass Ihnen jemand folgt, sollten Sie zunächst zu einer Tankstelle, Eisdiele oder sonstigem fahren.

✓ Wenn Sie ein Motorrad verkaufen wollen, sollten Sie in der Anzeige nicht Ihre Adresse oder den Standplatz der Maschine angeben. Vereinbaren Sie mit Interessenten einen Treffpunkt abseits Ihrer Wohnung. Es ist bekannt, dass Diebe als potenzielle Käufer auftreten, um herauszufinden, wo die Maschine steht, und sie dann später »kostenlos« abholen.

# Diebstahlschutz unterwegs

Genauso wichtig wie die Sicherheitsausrüstung an Ihrem Motorrad sind einige allgemeine Regeln, die beachtet werden sollten, wenn das Motorrad irgendwo geparkt werden soll.

✓ Parken Sie an einem belebten Platz.

✓ Benutzen Sie einen bewachten Autoparkplatz.

✓ Parken Sie nachts in einem beleuchteten Bereich, vorzugsweise direkt unterhalb einer Straßenlaterne.

✓ Lassen Sie das Lenkschloss einrasten – es bewirkt zwar nicht viel, sorgt aber dafür, dass die Versicherung zahlt.

✓ Sichern Sie das Motorrad mit einem zusätzlichen Schloss an einem stabilen unbeweglichen Gegenstand wie einer Laterne oder einem Geländer. Wenn dieses nicht möglich ist, sollten Motorräder »zusammengebunden« werden.

✓ Belassen Sie niemals Ihren Helm oder Gepäck auf dem Motorrad.

# Schmiermittel und Flüssigkeiten

Speziell für den Einsatz an und in Motorrädern ist ein weiter Bereich an Schmiermitteln, Flüssigkeiten und Reinigungsmitteln entwickelt worden. Hier soll gezeigt werden, was es gibt, wofür es eingesetzt wird und welche Eigenschaften es hat.

## Viertakt-Motoröl

- Motoröl ist zweifellos die wichtigste Komponente eines Viertaktmotors. Moderne Motorradmotoren stellen große Anforderungen an das Öl, weswegen dessen Auswahl sehr wichtig ist. Die Verwendung eines ungeeigneten Öls führt zu erhöhtem Motorverschleiß und kann mit einem ernsthaften Motorschaden enden. Bevor Sie Motoröl kaufen, müssen Sie beachten, welche Anforderungen der Motorradhersteller stellt. Hierbei wird sowohl eine Klassifikation als auch ein bestimmter Viskositätsbereich angegeben.
- Die Öl-Klassifikation wird durch die API-Rate (festgelegt durch das »**A**merican **P**etroleum **I**nstitute«) angegeben. Sie erscheint in Form von zwei Buchstaben, so z. B. als »SG«. Das S steht für »Spark«, d. h. fremdgezündete Motoren (die mit Benzin laufen). Der zweite Buchstabe liegt im Alphabet zwischen A und M und steht für die Leistungsfähigkeit des Öls. Je früher der Buchstabe, desto höher sind die Anforderungen an das Öl. Ein SG-Öl übersteigt also die Anforderungen eines SF-Öls.

**Anmerkung:** *Bei manchen Ölen ist eine zweite mit einem C beginnende Klassifikation angegeben, die für die Verwendung in Dieselmotoren (Compression Ignition = Selbstentzündung) steht und daher für den Einsatz in Motorrädern irrelevant ist.*

- Die »Viskosität« des Öls wird durch die SAE-Rate identifiziert (festgelegt durch die **S**ociety of **A**utomotive **E**ngineers). Alle modernen Motoren erfordern Mehrbereichsöle, und dort besteht die SAE-Rate aus zwei Nummern, hinter der ersten steht ein W, also z. B. 10W/40. Die erste Zahl steht für die Viskositätsrate des Öls bei niedrigen Temperaturen (W steht für Winter = getestet bei – 20 °C), die zweite Zahl steht für die Viskositätsrate des Öls bei hohen Temperaturen (getestet bei 100 °C). Je niedriger die Zahl, desto dünner das Öl. So steht ein 10W/40-Öl für einen besseren Kaltlauf als ein 15W/50-Öl.
- Neben dem Typ und der Viskosität gibt es drei unterschiedliche chemische Aufbauten des Motoröls. Man kann Öl auf mineralischer Basis, synthetisches Öl und ein Gemisch aus beiden Sorten – teilsynthetisch genannt – kaufen. Obwohl alle Öle eine ähnliche Viskosität und Klassifizierung haben, sind die Preise sehr unterschiedlich. Mineralöle sind die billigsten, Synthetiköle die teuersten Öle, teilsynthetische Öle liegen entsprechend dazwischen. Die Entscheidung liegt im Wesentlichen beim Besitzer, doch sollte bedacht werden, dass moderne Synthetiköle bessere Schmier- und Reinigungseigenschaften haben als traditionelle Mineralöle, und diese Eigenschaften auch länger behalten. Bedenken Sie, dass die Arbeitsumgebungen in einem modernen hochdrehenden Motorradmotor für ein Öl höchste Anforderungen bedeuten, und deswegen ein Synthetiköl empfehlenswert ist. Die Mehrkosten bei jedem Ölwechsel können langfristig viel Geld sparen, indem der Motorverschleiß verringert wird.
- Schließlich muss immer sichergestellt werden, dass das Öl für Ihr Motorrad geeignet ist. Motoröl ist normalerweise für Autos entwickelt worden und kann deswegen Additive oder Schmierstoffe enthalten, die in einem Motorradmotor mit Nasskupplung Kupplungsrutschen verursachen können.

## Zweitakt-Motoröl

- Moderne Hochleistungszweitaktmotoren stellen hohe Anforderungen an ihr Öl. Um Klemmen oder Fressen im Motor zu vermeiden, ist es entscheidend, Qualitätsöle zu verwenden. Zweitaktöl unterscheidet sich stark von Viertaktöl. Das Öl schmiert ausschließlich die Kurbelwelle und den/die Kolben (Primärtrieb und Getriebe haben ihr eigenes Öl), dann muss es während der Verbrennung rückstandslos verschwinden.
- Die Japaner haben kürzlich ein Klassifizierungssystem für Zweitaktöle eingeführt, die JASO-Rate. Diese wird in Form von zwei Buchstaben, entweder FA, FB oder FC, angegeben. FA ist die niedrigste und FC die höchste Klassifikation. Stellen Sie sicher, dass das zu verwendende Öl den Empfehlungen des Herstellers entspricht.
- Neben dem Typ und der Viskosität gibt es drei unterschiedliche chemische Aufbauten des Zweitaktöls. Man kann Öl auf mineralischer Basis, synthetisches Öl und ein Gemisch aus beiden Sorten – teilsynthetisch genannt – kaufen. Die Preise sind sehr unterschiedlich. Mineralöle sind die billigsten, Synthetiköle die teuersten Öle, teilsynthetische Öle liegen entsprechend dazwischen. Die Entscheidung liegt im Wesentlichen beim Besitzer, doch sollte bedacht werden, dass moderne Synthetiköle bessere Schmiereigenschaften besitzen und sauberer verbrennen als traditionelle Mineralöle. Die Mehrkosten können langfristig viel Geld sparen, indem der Motorverschleiß verringert wird, die Leistung erhalten bleibt und Ablagerungen weitgehend vermieden werden.
- Wenn Sie einen Zweitaktmotor mit Getrenntschmierung besitzen, muss darauf geachtet werden, dass das Öl für den Betrieb in Pumpen geeignet ist. Viele Hochleistungszweitaktöle sind für Rennmaschinen konzipiert, bei denen sie direkt im Tank dem Benzin beigemischt werden. Diese Öle haben eine hohe Viskosität und sind nicht für Getrenntschmierungspumpen geeignet.

## Getriebeöl

- Getriebeöl ist ein spezielles zähes Öl, das in Getrieben und Hinterradantrieben (bei Kardanwellen) eingesetzt wird und überall dort, wo hohe Reibkräfte und Temperaturen herrschen. Es ist in verschiedenen Viskositäten erhältlich.
- Bei allen Zweitaktmotoren werden das Getriebe und die Kupplung mit speziellem Öl geschmiert, welches entsprechend der Herstelleranweisung gewechselt werden muss.
- Obwohl bei den meisten Viertaktmaschinen der Motor, die Kupplung und das Getriebe mit der gleichen Ölversorgung geschmiert werden, gibt es auch Motorräder mit getrennt geschmierten Bauteilen und gegebenenfalls einer Trockenkupplung.
- Motorradhersteller empfehlen entweder ein Einbereichsgetriebeöl oder ein bestimmtes Motoröl, um das Getriebe zu schmieren.
- Getriebeöle sind speziell für ihren Einsatz zwischen Zahnflanken konzipiert. Die Viskosität dieser Öle ist durch eine SAE-Nummer angegeben, doch deren Messung unterscheidet sich von Motorölen. Als grober Hinweis gilt, dass ein SAE-90-Getriebeöl etwa die gleiche Viskosität wie ein SAE-50-Motoröl hat.

## Kardanöl

- Bei mit einem Kardanantrieb ausgerüsteten Motorrädern hat dieser Endantrieb immer seine eigene Ölversorgung. Der Hersteller gibt hierfür eine Klassifizierung und eine Viskosität an.
- Diese Öle werden durch die Zahl hinter der API-Bezeichnung GL (für Gear Lubricant) klassifiziert, ein GL5-Öl ist besser als eines mit der Bezeichnung GL4. Stellen Sie sicher, dass Ihr Öl die vorgegebene Klassifikation zumindest einhält oder übertrifft und die korrekte Viskosität hat. Die Viskosität dieser Öle ist durch eine SAE-Nummer angegeben, doch deren Messung unterscheidet sich von Motorölen. Als grober Hinweis gilt, dass ein SAE-90-Kardanöl etwa die gleiche Viskosität wie ein SAE-50-Motoröl hat.
- Wenn die Benutzung eines druckfesten EP-Öls (Extreme Pressure) vorgeschrieben ist, muss Ihr Öl auch diesen Anforderungen entsprechen.

## Gabelöl und Stoßdämpferflüssigkeit

- Konventionelle Teleskopgabeln arbeiten hydraulisch und erfordern dazu Gabelöl. Um die korrekte Funktion der Gabel sicherzustellen, muss das Gabelöl entsprechend der Herstelleranweisung ausgetauscht werden.
- Gabelöl ist in einer Vielzahl von Viskositäten erhältlich, welche durch die SAE-Rate zu identifizieren ist. Die Werte variieren von leichtem Öl (SAE 5) bis zu sehr dickem Öl (SAE 30). Wenn Sie Gabelöl kaufen, muss darauf geach-

tet werden, dass es den Herstelleranweisungen entspricht.

• Einige Schmiermittelhersteller produzieren auch eine Reihe hochwertiger Federungsflüssigkeiten, die Gabelöl ähnlich sind, aber hauptsächlich für den Einsatz im Wettbewerb bestimmt sind. Diese Flüssigkeiten können unterschiedliche Viskositätsraten haben, die nicht den SAE-Werten für normale Gabeln entsprechen. Im Zweifel müssen die Herstelleranweisungen beachtet werden.

## Brems- und Kupplungsflüssigkeit

• Bremsflüssigkeit wird auch in hydraulischen Kupplungsbetätigungen eingesetzt und ist eine Hydraulikflüssigkeit, die einen sehr hohen Siede- und niedrigen Gefrierpunkt besitzt. Sie greift Gummi nicht, dafür aber Lack und Plastik stark an. Sie ist stark wasseranziehend (hygroskopisch) und altert daher durch Wasseraufnahme aus der Luft. Behälter sollten daher nicht offen stehen gelassen werden. Für den Rennsport ist Bremsflüssigkeit auf Silikonbasis erhältlich, auf die diese Eigenschaft nicht zutrifft, die aber Bremskomponenten aus anderem Material benötigt.

• Alle Scheibenbremsanlagen und einige Kupplungen werden hydraulisch betätigt. Um deren korrekte Funktion sicherzustellen, muss die Hydraulikflüssigkeit regelmäßig entsprechend der Herstelleranweisungen ausgetauscht werden.

• Brems- und Kupplungsflüssigkeit wird durch den DOT-Wert klassifiziert. Die meisten Motorradhersteller schreiben DOT-3 oder -4 vor. Diese beiden Flüssigkeiten basieren auf Glykol und können untereinander gemischt werden. DOT-4 übertrifft die Anforderungen von DOT-3. Es ist empfehlenswert, ein für DOT-3 vorgesehenes System mit DOT-4 zu befüllen – aber niemals anders herum, denn hierdurch wird die Bremswirkung beeinträchtigt.

• Einige Hersteller produzieren auch eine DOT-5-Hydraulikflüssigkeit auf Silikonbasis. Diese Bremsflüssigkeit darf nicht mit DOT-3- oder DOT-4-Flüssigkeit vermischt werden, da hierdurch die Wirkung des Hydrauliksystems stark beeinträchtigt wird.

## Kühlmittel/Frostschutz

• Bei der Beschaffung von Kühlmittel oder Frostschutz muss unbedingt sichergestellt werden, dass es für einen Aluminiummotor geeignet ist und Korrosionsschutzmittel enthält, um das Verstopfen von Kühlmittelkanälen zu verhindern. Als allgemeine Regel gilt, dass die meisten Kühlmittel pur eingesetzt werden müssen und nicht verdünnt werden dürfen, und Frostschutz mit destilliertem Wasser verdünnt werden muss, um eine Lösung der gewünschten Stärke zu erhalten. Beachten Sie die Herstellerangaben auf der Flasche.

• Stellen Sie sicher, dass das Kühlmittel regelmäßig entsprechend der Herstellerangaben gewechselt wird.

## Kettenschmiermittel

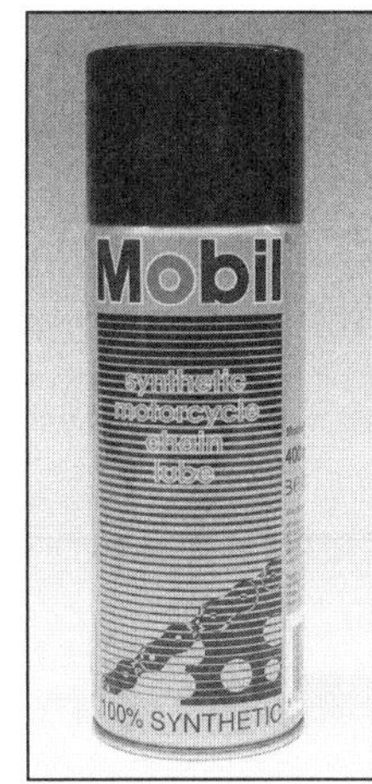


• Dieses wird zumeist als Spray angeboten, welches speziell für den Einsatz an Motorradketten entwickelt wurde. Es hat zum einen die Funktion, die Reibung zwischen der Kette und den Kettenrädern zu vermindern und zum anderen soll es einen Korrosionsschutz bilden. Der regelmäßige Einsatz von Kettenschmiermittel guter Qualität verlängert die Lebensdauer des Endantriebs und sorgt für einen minimalen Kraftverlust zwischen Motor und Hinterrad.

• Nach der Benutzung von Kettenspray muss einige Zeit gewartet werden, bis das Lösungsmittel verdunstet und das Schmiermittel eingezogen ist. Anderenfalls wird es durch die Fliehkraft wieder abgeschleudert und verschmutzt dabei noch die Felge. Achten Sie beim Einsatz von O-Ringketten darauf, dass das Spray dafür geeignet ist.

• Schmiermittel auf Silikonbasis pflegen und schützen Teile aus Gummi (Schläuche, Stopfen u. a.). Sie werden zur Schmierung von Schlössern und Scharnieren verwendet.

## Entfetter und Reiniger

• Entfetter sind starke Lösemittel, um Fett und Ölschmiere zu entfernen. Sie sind in der Regel hochgiftig, können Lack und Kunststoffteile angreifen und sind entzündlich. Manche Lösemittel stehen außerdem in Verdacht, Krebs zu erregen. »Kaltreiniger« ist dagegen ein sanfter Entfetter auf Petroleumbasis, der wasserlöslich ist und daher abgewaschen werden kann, am besten über dem Ölabscheider einer Selbstwaschanlage.

• Es gibt viele verschiedene Reiniger und Entfetter, um Schmutz und Fett zu entfernen, wie es sich im normalen Einsatz ansammelt. Entfetter sind Lösungsmittel, die normalerweise als Spray oder als Flüssigkeit für den Einsatz in Spritzpistolen geliefert werden. Folgen Sie immer sorgfältig den Herstelleranweisungen, und tragen Sie eine Schutzbrille. Die meisten Lösungsmittel sind brennbar und dünsten giftige Gase aus – treffen Sie vor dem Einsatz entsprechende Vorkehrungen (siehe *Sicherheit geht vor!*).

• Für allgemeine Reinigungen können im Fachhandel erhältliche Reiniger und Entfetter benutzt werden. Diese Mittel müssen zumeist einige Zeit einwirken, bevor sie mit Wasser abgespült werden.

**Bremsenreiniger** ist ein Lösungsmittel, welches jegliche Öl-, Fett- und Schmutzreste aus Bremsenteilen entfernen kann. Es verdunstet schnell und bildet keine Rückstände.

**Vergaserreiniger** ist ein Spray, mit dem die hartnäckigen Rückstände und Gummiablagerungen entfernt werden können, wie man sie häufig in zu überholenden Vergasern findet. Es hinterlässt in der Regel einen leichten Ölfilm. Der Reiniger eignet sich nicht für elektrische Komponenten.

**Dichtungsentferner** ist zumeist ein Spray, mit dem hartnäckige Dichtungsreste beseitigt werden können, ohne dass die Gefahr besteht, die Gehäusefläche zu zerkratzen und damit die Dichtfläche zu beschädigen.

**Unterbrecher-/Zündkerzen-Reiniger** soll Ölfilm, Schmutz und Oxidation von Unterbrecherkontakten und Zündkerzenelektroden beseitigen. Er ist fett- und rückstandfrei. Er kann ebenfalls zur Reinigung von Vergaserdüsen verwendet werden.

## Sprühöl

• Sprühöle gibt es in verschiedenen Ausführungen, und sie eignen sich auch zum Schmieren von Hebeln, Schaltern und freiliegenden Gelenken. Versuchen Sie ein Sprühmittel zu beschaffen, welches auf Trockenfilm basiert, da es eine trockene Oberfläche hinterlässt und nicht, wie Öl, Staub und Schmutz anzieht, wodurch die Verschleißrate wieder erhöht werden würde.

• Die meisten Sprühöle fungieren auch als Feuchtigkeitsverdränger und Schutzfilm in Schaltern und Kabelverbindungen oder als Rostlöser bei festen Schrauben.

• Kriechöl wird oft fälschlich als »Kontaktspray« bezeichnet, weil es auch Wasser verdrängen kann. Es ist zum schnellen Schmieren kleiner Lagerstellen und Konservieren von Maschinenteilen geeignet.

• Kontaktspray soll Oxidation von elektrischen Kontakten entfernen und sie gleichzeitig konservieren. Allerdings funktioniert das kaum, da Oxid nur mit Säure entfernt werden kann (solche Sprays gibt es), die Säure aber ihrerseits wieder das Metall angreift. Die üblichen sogenannten Kontaktsprays sind daher lediglich Kriechöle, von denen keine Reinigung der elektrischen Kontakte erwartet werden kann.

## Fette

• Fette werden zum Schmieren von Gelenken und Lagern eingesetzt. Ein gutes Mehrbereichsfett ist für die meisten Anwendungen ausreichend, doch manche Hersteller schreiben den Einsatz spezieller Fette an Bauteilen wie Schwingen- und Anlenkhebellagerungen vor. Diese Fette können im Zubehörfachhandel erworben werden; die üblichen Spezialfette sind Molybdänfett, Lithiumfett, Graphitfett, Silikonfett und temperaturbeständige Kupferpaste.

## Dichtmasse

• Dichtmassen können zusammen mit Dichtungen verwendet werden, um ihre Dichtigkeit zu verbessern. Oder sie werden direkt zum Abdichten zweier Metallflächen verwendet. Abhängig vom Typ härten sie entweder aus oder bleiben dauerelastisch.

• Bei der Beschaffung von Dichtmasse muss sichergestellt sein, dass sie zur Verwendung an einem Verbrennungsmotor geeignet ist. Universaldichtstoffe aus dem Baumarkt können ähnlich aussehen, halten jedoch eventuell weder starke Hitze noch Kontakt mit Öl oder Kraftstoff aus (siehe *Werkzeug- und Werkstatt-Tipps* für weitere Informationen).

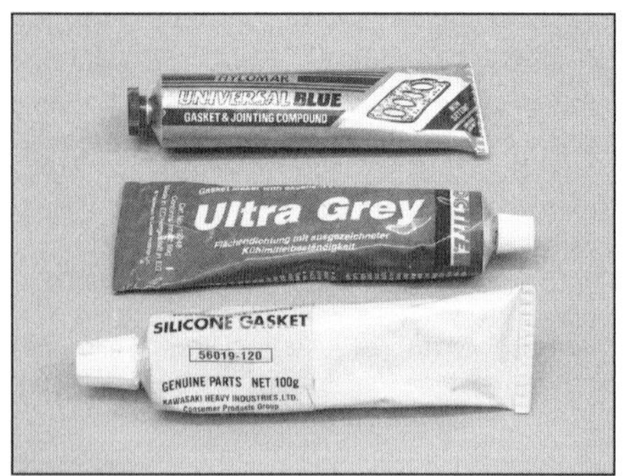


## Schrauben-sicherung

• Diese Mittel werden zum Sichern von Gewinden in Positionen eingesetzt, wo sich Schrauben durch Vibrationen lösen können. Schraubensicherungsmasse kann im Fachhandel beschafft werden. Stellen Sie sicher, dass die Gewindegänge beider Komponenten vollständig sauber und trocken sind, bevor Sie das Mittel sparsam auftragen (siehe *Werkzeug- und Werkstatt-Tipps* für weitere Informationen).

## Kraftstoff-Additive

• Mittel zum Schutz und zur Reinigung des Kraftstoffsystems gibt es in vielfältiger Auswahl. Diese Additive sind konzipiert, alle Ablagerungen in Vergasern und Einspritzanlagen zu entfernen und vor Verschleiß zu schützen, um das Kraftstoffsystem wirkungsvoll funktionieren zu lassen. Wenn ein Kraftstoff-Additiv verwendet wird, muss zuvor sichergestellt sein, dass es in Ihrem Motorrad eingesetzt werden kann, besonders wenn dieses mit einem Katalysator ausgerüstet ist.

• Sogenannte Oktan-Booster erhöhen die Klopffestigkeit des Treibstoffs. Sie können die Leistungsfähigkeit stark getunter Motoren verbessern, wenn diese mit einfachem Benzin betrieben werden – in Serienmotoren bringen sie nichts.

## Wachse und Polituren

• Wachse und Polituren reinigen und konservieren lackierte Teile. Da es unterschiedliche Lackarten gibt, muss ausprobiert werden, ob die jeweilige Politur bzw. das Wachs dazu passt. Für Schutzflüssigkeiten, die kein Wachs, sondern Silikon oder Polymere enthalten, verspricht die Werbung einen vielfach längeren Schutz gegenüber Wachsen. In Tests konnte die längere Dauer des Schutzes jedoch nicht nachgewiesen werden.

# Sicherheitscheck

## Hauptuntersuchung

In Deutschland müssen Motorräder alle zwei Jahre zur Hauptuntersuchung nach § 29 der Straßenverkehrszulassungsordnung (StVZO). Diese Untersuchung wird im Volksmund als »TÜV« bezeichnet; das stammt noch aus der Zeit, als der Technische Überwachungsverein (TÜV bzw. TÜH) das Monopol auf Hauptuntersuchungen besaß. Das ist seit einigen Jahren nicht mehr der Fall. DEKRA und auch freie Sachverständige, die einer anerkannten Überwachungsorganisation wie KÜS oder GTÜ angeschlossen sind, dürfen die Hauptuntersuchung durchführen.

Gerade bei freien Sachverständigen hat dies seine Vorteile für den Fahrzeugbesitzer: Eine familiäre Atmosphäre, sehr kurze Wartezeiten und hohe Kompetenz unterscheiden diese kleinen Prüfbüros von den häufig anonymen und bürokratischen Prüfstellen der eingesessenen Organisationen.

TÜV/TÜH (alte Bundesländer) und DEKRA (neue Bundesländer) besitzen allerdings nach wie vor das Monopol für die Begutachtung von Änderungen am Fahrzeug, für die keine Gutachten vorliegen – etwa selbstgebaute Auspuffanlagen, Umbauten zum Gespann o.Ä.

Bei der Hauptuntersuchung werden Betriebs- und Verkehrssicherheit des Motorrades geprüft. Sachverstand des Prüfers vorausgesetzt – was leider nicht immer der Fall ist –, ist dies ein notwendiger Check im Interesse des Fahrzeugbesitzers. Doch unabhängig von dieser regelmäßigen Untersuchung sollte der Fahrer des Motorrades wissen, wo die sicherheitsrelevanten Baugruppen sitzen und sie selber prüfen können.

***Wenn Sie ein gebrauchtes Motorrad kaufen möchten, so ist eine kürzlich durchgeführte Hauptuntersuchung (HU) keinesfalls eine Gewähr für den einwandfreien Zustand des Fahrzeugs. Motor, Getriebe und wesentliche Teile der Elektrik werden bei der HU nicht geprüft, und selbst wichtige Baugruppen wie Bremsen und Rahmen können von einem inkompetenten Prüfer falsch beurteilt worden sein.***

## Elektrik

### Beleuchtung

Prüfen Sie die Funktion aller Leuchten am Motorrad: Stand-, Abblend-, Fern-, Rück- und Bremslicht, Letzteres bei Fuß- und Handbremse. Das Gleiche gilt für die Blinker und eventuelle Zusatzleuchten wie Breit- oder Zusatzscheinwerfer, Nebelschlussleuchte oder Warnblinker. Häufig wird die Instrumentenbeleuchtung nicht beachtet (übrigens auch nicht bei der HU), doch auch bei einer Nachtfahrt möchte man doch wissen, wie schnell man fährt.

### Scheinwerfereinstellung

Im Gegensatz zu Autos wird bei der HU die Scheinwerfereinstellung bei Motorrädern nicht überprüft. Tun Sie das daher selbst im eigenen Interesse; weder ist es angenehm, andere Verkehrsteilnehmer zu blenden, noch nachts lediglich das Vorderrad oder die Baumwipfel zu beleuchten.
Stellen Sie in einer Werkstatt, die ein Prüfgerät für PKW besitzt, den Scheinwerfer Ihres Motorrades ein. Achten Sie dabei darauf, dass Sie das Motorrad mit dem üblichen Fahrgewicht belasten (1).

### Batterie

Auch der Zustand von Batterie, Sicherungen, Regler und Lichtmaschine ist sicherheitsrelevant. Stellen Sie sich beispielsweise vor, auf der Überholspur der Autobahn geht schlagartig der Motor aus, weil es an Zündfunken fehlt, oder nachts in der gleichen Situation bleibt plötzlich das Licht weg.

**Prüfen der Scheinwerfereinstellung mit einem PKW-Prüfgerät**

## Auspuff und Antrieb

### Auspuff

Auspuff und Schalldämpfer haben zugegebenermaßen wenig mit Sicherheit zu tun. Allerdings kann mit einer nicht genehmigten Änderung die Betriebserlaubnis des Fahrzeugs erlöschen, was bei einem Unfall – der noch nicht einmal selbst verschuldet sein muss – unangenehme Folgen haben kann: Fahren ohne Versicherungsschutz, eventuell Fahren ohne Führerschein (wenn das Motorrad serienmäßig leistungsbegrenzt und die Fahrerlaubnis darauf beschränkt war), Fahren ohne Betriebserlaubnis u. a. Stellen Sie also sicher, dass der angebaute Auspuff entweder serienmäßig oder eingetragen ist, dass die Anlage fest sitzt und keine Löcher oder Durchrostungen vorliegen.

### Antrieb

Sehr viel mehr mit Sicherheit hat der Hinterradantrieb zu tun, obwohl er bei der HU nicht geprüft wird. Ist die Kette in ordentlichem Zustand und weist die richtige Spannung auf? Sind Ritzel und Kettenrad nicht übermäßig abgenutzt? Bei Kardanmaschinen: Ist der Hinterradantrieb öldicht? Ist die Mitnehmerverzahnung des Hinterrads in Ordnung? (Für diese Prüfung muss das Hinterrad ausgebaut werden.)

# Steuerkopf und Federung

## Steuerkopf

Entlasten Sie das Vorderrad, sodass es frei in der Luft steht. Schwenken Sie den Lenker langsam von Anschlag zu Anschlag. Ist der Lenker dabei schwergängig? Sind »Raststellen« zu spüren? Schlägt etwas am Tank an? Das alles darf nicht der Fall sein, andernfalls sind Lenkkopflager und/oder Anschläge neu zu justieren bzw. auszutauschen (2).
Fassen Sie die beiden Enden der Vorderachse mit den Fäusten und versuchen Sie, das Rad nach hinten und vorne zu drücken. Ein loses Lenkkopflager können Sie dabei an einem »Klacken« erkennen, wobei das Geräusch auch von einer ausgeschlagenen Telegabel kommen kann. Um sicher zu gehen, lassen Sie bei diesem Test eine zweite Person einen Finger an den Spalt zwischen Lenkkopf und unterer Gabelbrücke legen. Selbst ein kleines Spiel des Lagers lässt sich so feststellen (3).

**Um das Lenkkopflager zu prüfen, darf das Vorderrad nicht aufstehen, auch nicht so!**

## Vorderradfederung

Bocken Sie das Motorrad ab und halten es mit der Vorderbremse fest. Drücken Sie nun mit dem Lenker die Telegabel zusammen. Sie darf dabei nicht stocken oder klemmen (4). Prüfen Sie die Enden der Tauchrohre auf Öldichtigkeit. Ölnebel oder gar -tropfen weisen auf undichte Simmerringe hin (5).
Prüfen Sie schließlich den Ölstand in den Telegabelrohren nach Anleitung.

**Prüfen von unzulässigem Spiel in Lenkkopflager und Telegabel**

## Hinterradfederung

Lassen Sie das Motorrad in abgebocktem Zustand von einer zweiten Person festhalten. Drücken Sie das Heck nach unten. Die Hinterradfederung darf dabei nicht stocken oder klemmen. Das Heck darf nach dem Loslassen auch nicht nachschwingen (6).
Prüfen Sie das oder die hinteren Federbein/e auf Öldichtigkeit. Nur wenige Federbeine sind reparabel. Erkundigen Sie sich danach.
Fassen Sie das Hinterrad an, und versuchen Sie, es nach links und rechts zu drücken. Damit kann Spiel im Hinterradlager und im Schwingenlager festgestellt werden (9).
Bei Maschinen mit einem Zentralfederbein können die Lager der Anlenkhebel ausschlagen. Lassen Sie eine zweite Person das Hinterrad des Motorrads anheben, und beobachten Sie dabei mit einer Taschenlampe die Lagerstellen, um Spiel festzustellen (7, 8).

**Bei gezogener Handbremse mit dem Lenker die Telegabel zusammendrücken.**

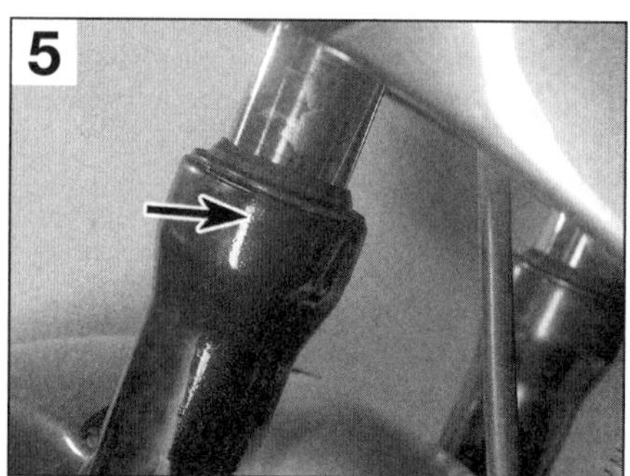

**Bei undichten Simmerringen tritt Öl am oberen Ende des Tauchrohrs aus.**

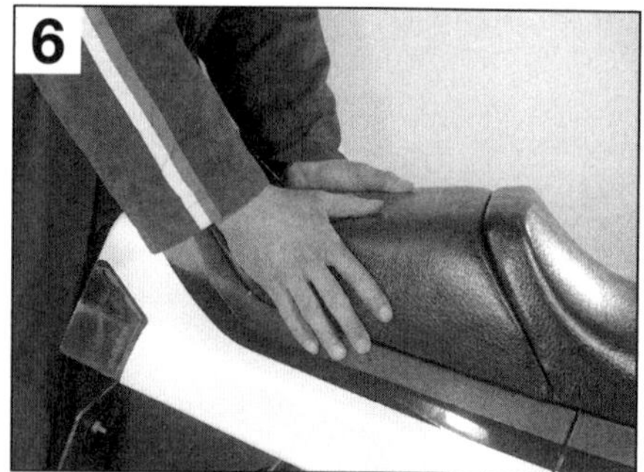

**Herunterdrücken des Hecks zum Prüfen der Hinterradfederung**

**Anheben des Hinterrades, um Spiel . . .**

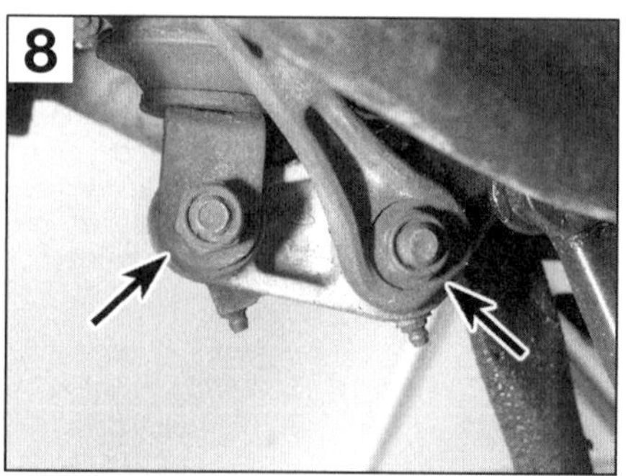

**. . . in den Lagern der Federbein-Anlenkung aufzuspüren.**

**Hinterradschwinge nach links und rechts drücken, um unzulässiges Spiel in den Schwingenlagern festzustellen.**

## Bremsen, Räder und Reifen

### Bremsen

Ziehen Sie bei angehobenem Rad die jeweilige Bremse, und lösen Sie sie wieder. Danach muss sich das Rad frei drehen lassen, ohne dass die Bremse klemmt. Leichte Schleifgeräusche dabei sind bei Scheibenbremsen normal.

Unterziehen Sie die Bremsscheibe einer Sichtprüfung. Sie darf im Bremsbereich keine Riefen und Absätze aufweisen, erst recht keine Risse.

Prüfen Sie die Belagstärke der Bremsbacken, wie im Handbuch beschrieben (10).

Betätigen Sie bei Trommelbremsen den Bremshebel bis zum Anschlag, und prüfen Sie den Winkel zwischen Bremsnockenhebel und Bremsstange bzw. -seilzug; er muss knapp unter 90° liegen (11).

Prüfen Sie bei hydraulischen Bremsen alle Schläuche und Leitungen bei betätigter Bremse auf Undichtigkeiten. Prüfen Sie den Pegel im Bremsflüssigkeitsvorratsbehälter.

### Räder und Reifen

Prüfen Sie Gussräder auf Beschädigung und Risse, Drahtspeichenräder auf lose, verbogene und gebrochene Speichen. Lassen Sie das angehobene Rad frei drehen und prüfen es und den Reifen auf runden Lauf. Kontrollieren Sie, ob das Rad ausgewuchtet wurde und die Wuchtgewichte sich noch an ihren Plätzen befinden.

Fassen Sie das Rad, und versuchen Sie, es nach links und rechts zu drücken. Dabei darf kein Spiel der Radlager feststellbar sein (13). Prüfen Sie den Reifen auf Risse, Beschädigungen und Profiltiefe. In Deutschland muss das Profil an allen Stellen mindestens 1,6 Millimeter tief sein (14).

Stellen Sie sicher, dass Reifen mit den vorgeschriebenen Maßen und Herstellerbindungen montiert sind (siehe Angaben im Fahrzeugschein). Beachten Sie Laufrichtungspfeile an den Reifen-Seitenwänden (15).

Prüfen Sie den Festsitz aller Achsen- und Klemmfaustmuttern und das Vorhandensein vorgesehener Splinte (16).

Die Radflucht (Spur) können Sie am besten mit einer Spurlatte feststellen (17; siehe Beschreibung vorne im Buch).

# Allgemeine Checks

Prüfen Sie den Festsitz aller wesentlichen Muttern von Verkleidung, Lenker, Sitzbank, Motor, Rahmen und Schutzblechen. Fußrasten und Haltegriffe dürfen nicht verbogen oder lose sein. An keiner Stelle darf der Rahmen Durchrostungen zeigen.

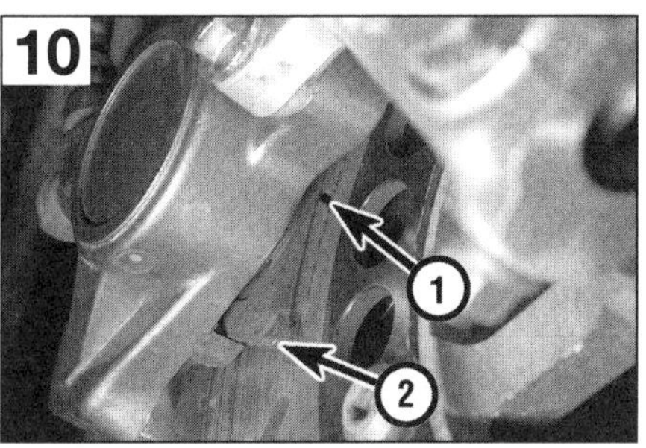


**Der Verschleiß von Bremsbelägen kann meist ohne Abnahme der Bremssättel festgestellt werden. Die meisten besitzen Verschleißnuten (1) oder -markierungen (2).**

**Prüfen Sie an Trommelbremsen bei betätigter Bremse den Winkel zwischen Nockenhebel und Bremsstange bzw. -seilzug. Viele Bremsen besitzen einen Verschleißanzeiger.**

**Die Verschraubung des Bremssattelhalters muss wie vorgeschrieben gesichert sein.**

**Prüfen Sie das Radlagerspiel, indem Sie das Rad nach links und rechts drücken.**

**Prüfen der Profiltiefe**

**Manche Reifen besitzen einen Laufrichtungspfeil an der Seitenwand.**

**Achsenmuttern, die als Kronenmuttern ausgeführt sind, müssen mit einem Splint gesichert werden.**

**Prüfen der Radflucht mit Spurstangen**

# Stilllegen

Es sind einige Dinge zu beachten, bevor man das Motorrad für längere Zeit stilllegt, etwa über den Winter. Das Fahrzeug abzustellen, ohne die beschriebenen Arbeiten auszuführen, bringt erhöhten Verschleiß und Schwierigkeiten beim »Ausmotten« mit sich.

1. Waschen und reinigen Sie das Motorrad gründlich. Führen Sie notwendige Reparaturen jetzt durch, da Sie nach dem Winter ja doch keine Lust dazu haben werden.
2. Fahren Sie das Motorrad warm. Legen Sie dazu an einem sonnigen Tag eine Tour von mindestens 20 Kilometer ein. Fahren Sie auf dem Rückweg an einer Tankstelle vorbei, tanken Sie randvoll und erhöhen Sie den Reifendruck um etwa 1 bar über den vorgeschriebenen Wert.
3. Stellen Sie das Motorrad an einem trockenen Platz ab, wo es längere Zeit stehen soll. Bocken Sie es so auf, dass kein Reifen den Boden berührt.
4. Führen Sie Motor-, Getriebe- und eventuell (bei Kardanmaschinen) Hinterradölwechsel durch. Das geht gut, weil der Motor jetzt noch warm ist. Altes Öl enthält aus Verbrennungsrückständen saure Bestandteile, die mit der Zeit Metall angreifen, daher sollte es nicht im Motorrad belassen werden.
5. Schmieren Sie die Antriebskette.
6. Verschließen Sie die Auspuffrohre mit Plastiktüten, oder stopfen Sie Lappen hinein, um Kondenswasser und damit Innenrost zu vermeiden (3).
7. Drehen Sie alle Zündkerzen heraus und füllen in jedes Loch etwa 20 ml (1 Esslöffel) frisches Motoröl. Legen Sie danach den höchsten Gang ein und drehen den Motor ein paar Mal mit dem Hinterrad durch. Das verteilt das Öl an die Zylinderwände und verhindert Rost. Schrauben Sie die Kerzen wieder ein (1).
8. Ölen Sie alle Bowdenzüge mit einer alten Spritze und Nähmaschinenöl (Beschreibung siehe vorne im Buch).
9. Schließen Sie die Benzinhähne, und entleeren Sie die Schwimmerkammern aller Vergaser, um Verharzung des Benzins zu vermeiden und um beim späteren Start gleich frisches Benzin aus dem Tank zur Verfügung zu haben (2).
10. Bauen Sie die Batterie aus (3) und stellen sie an einen kühlen, frostfreien, trockenen Ort (z. B. Keller). Laden Sie sie etwa alle vier Wochen mit einem Steckerladegerät einen Tag lang nach (Ladestrom max. 1/10 des Wertes der Batteriekapazität). Noch besser ist es, die Batterie ins Auto einzubauen (Parallelanschluss zur Autobatterie).
11. Konservieren Sie leicht rostende und Chromstellen des Motorrades mit Sprühöl oder Wachs.
12. Reinigen Sie den Luftfiltereinsatz und bauen ihn wieder ein.
13. Bedecken Sie das Motorrad mit einem alten Laken oder einem anderen Stoff. Plastikfolie ist nicht geeignet, weil sich darunter Kondenswasser bildet und das Fahrzeug rostet.

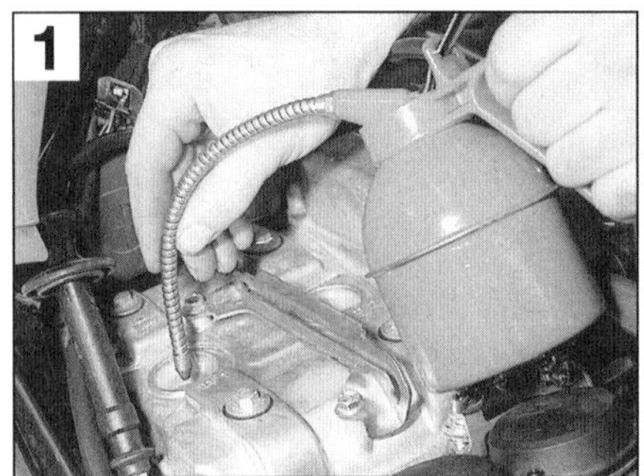


**Etwas Motoröl in jedes Kerzenloch geben.**

**Die meisten Vergaser-Schwimmerkammern besitzen eine Schraube, mit der man das Benzin aus der Kammer ablassen kann.**

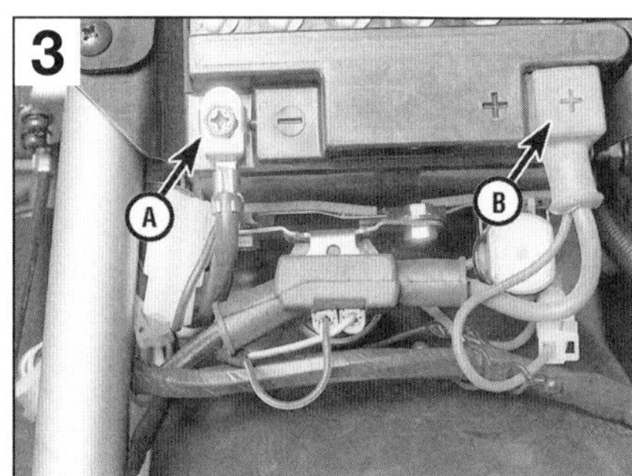


**Batterie abklemmen, Minuspol (A) zuerst.**

# Inbetriebnahme

Haben Sie das Motorrad wie beschrieben gewissenhaft »eingemottet«, so ist der Start in die neue Saison kein Problem.

1. Bauen Sie die geladene Batterie wieder ein (Pluspol zuerst anschließen, Kupferpaste an den Polen nicht vergessen).
2. Wischen Sie überschüssiges Konservierungsöl und -wachs ab.
3. Kontrollieren Sie den Reifen-Luftdruck.
4. Entfernen Sie Plastiktüten bzw. Lappen von den Auspuffrohren.
5. Stellen Sie die Benzinhähne auf »ON« (bei normalen Hähnen) bzw. auf »PRI« (bei Unterdruck-Benzinhähnen), damit die Schwimmerkammern mit frischem Benzin gefüllt werden.
6. Ziehen Sie die Kupplung und befestigen Sie den Hebel mit einem Gummi am Handgriff. Nach längerer Standzeit können die Lamellen zusammenkleben (4).
7. Starten Sie den Motor und lassen ihn etwa eine Minute laufen. Stellen Sie dabei einen eventuellen Unterdruckbenzinhahn wieder auf »ON«.
8. Schalten Sie den Motor wieder aus und kontrollieren nach etwa einer Minute den Motorölstand. Bei Motoren mit Trockensumpf-Schmierung kann es nämlich sein, dass durch die lange Standzeit das Öl aus dem Öltank in den Motor gelaufen ist, sodass eine Kontrolle vor dem Laufenlassen ein falsches Ergebnis brächte. Lösen Sie den Kupplungshebel wieder.
9. Prüfen Sie die Funktion beider Bremsen. Vor allem müssen sie nach dem Bremsen die Räder wieder freigeben.

Das Motorrad ist jetzt bereit zur ersten Fahrt. Lassen Sie es langsam angehen, denn auch die Reflexe müssen erst wieder sitzen. Gute Fahrt!

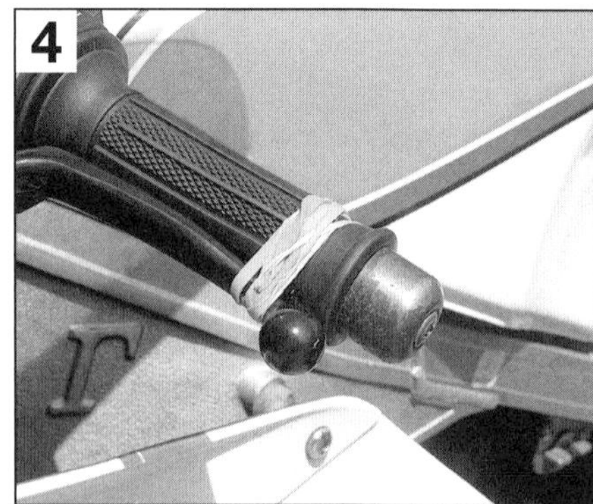


**Der Kupplungshebel wird mit einem Gummi am Handgriff festgebunden.**

# Fehlersuche

(von Hans Hohmann)

In diesem Abschnitt sind die häufigsten Fehler am Motorrad zusammengestellt und ihre Behebung beschrieben. Dennoch kann es vorkommen, dass ausgerechnet die Ursache Ihrer Panne nicht beschrieben ist. Eine umfassende Darstellung der Technik aller Motorräder kann dieses Kapitel nicht leisten. Dazu sind eine Menge spezieller Bücher geschrieben worden.
Eine erfolgreiche Fehlersuche besteht aus etwas Grundwissen zusammen mit systematischer und logischer Vorgehensweise, nicht zu vergessen innerer Ruhe. Daher gibt es keine »mysteriösen Fehler«, sondern nur mangelnde Erfahrung oder mangelnde Systematik.
Beginnen Sie jede Fehlersuche mit der genauen Feststellung der Fehler-Symptome. Überlegen Sie, was es sein könnte; danach, was es noch sein könnte. Beginnen Sie dann mit systematischer Suche, Schritt für Schritt. Die beiden Schemata »Programmierte Fehlersuche« sollen Ihnen dabei helfen. Danach sind Baugruppe für Baugruppe mögliche Fehler erklärt.

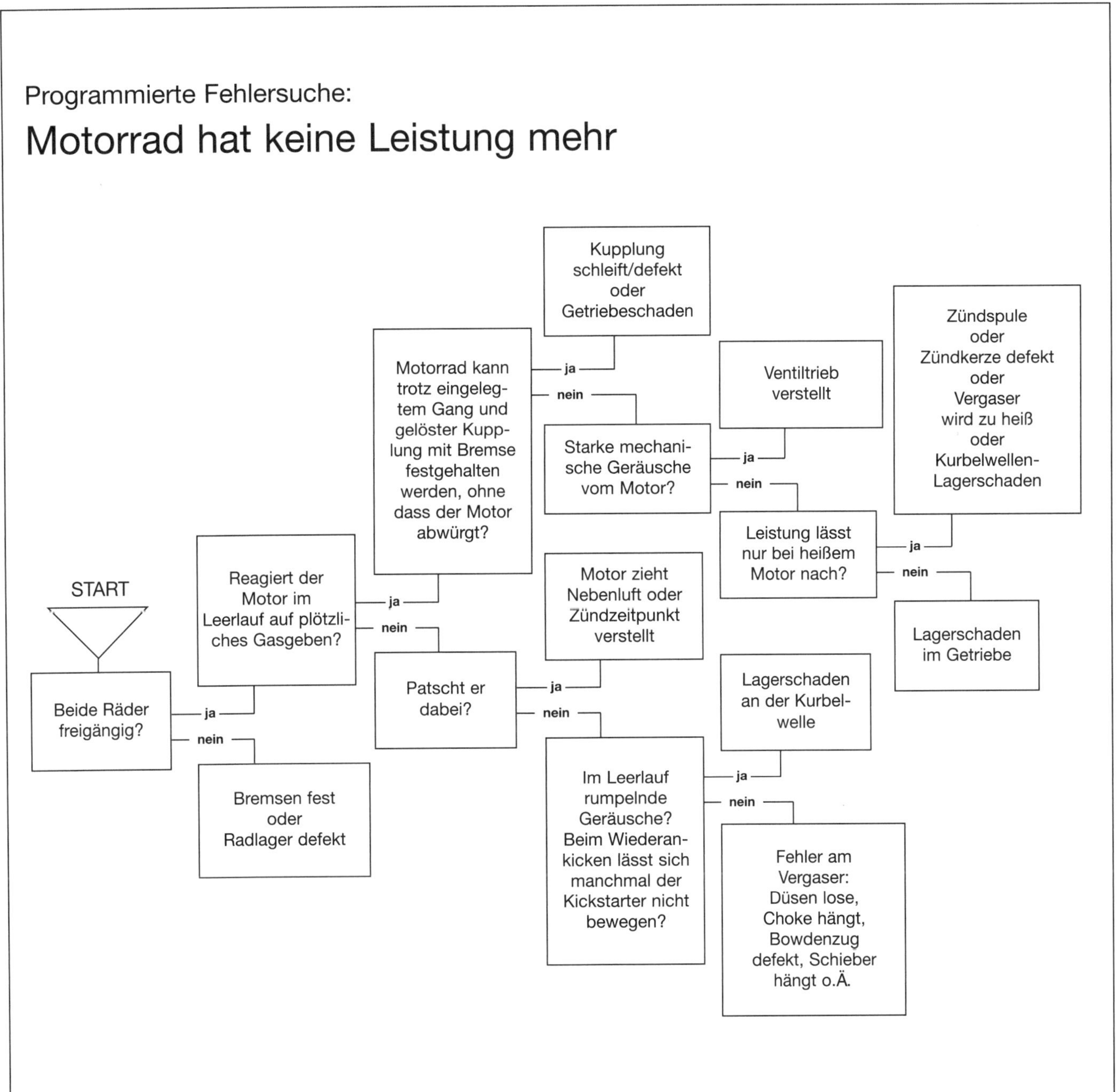

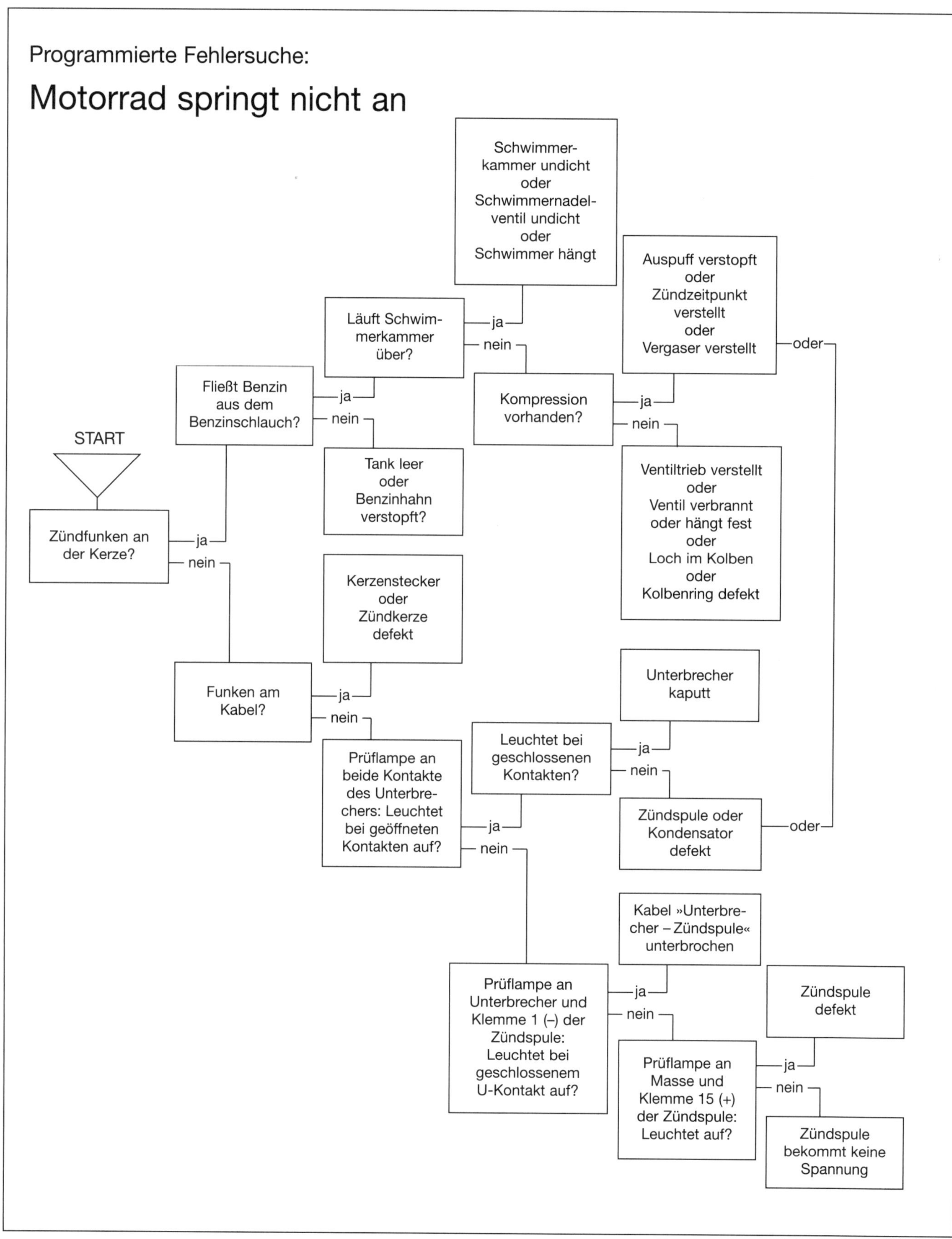
Programmierte Fehlersuche:
Motorrad springt nicht an
START
Zündfunken an der Kerze?
ja
nein
Fließt Benzin aus dem Benzinschlauch?
ja
nein
Läuft Schwimmerkammer über?
ja
nein
Schwimmerkammer undicht oder Schwimmernadelventil undicht oder Schwimmer hängt
Tank leer oder Benzinhahn verstopft?
Kompression vorhanden?
ja
nein
Auspuff verstopft oder Zündzeitpunkt verstellt oder Vergaser verstellt
oder
Ventiltrieb verstellt oder Ventil verbrannt oder hängt fest oder Loch im Kolben oder Kolbenring defekt
Funken am Kabel?
ja
nein
Kerzenstecker oder Zündkerze defekt
Prüflampe an beide Kontakte des Unterbrechers: Leuchtet bei geöffneten Kontakten auf?
ja
nein
Leuchtet bei geschlossenen Kontakten?
ja
nein
Unterbrecher kaputt
Zündspule oder Kondensator defekt
oder
Prüflampe an Unterbrecher und Klemme 1 (–) der Zündspule: Leuchtet bei geschlossenem U-Kontakt auf?
ja
nein
Kabel »Unterbrecher – Zündspule« unterbrochen
Prüflampe an Masse und Klemme 15 (+) der Zündspule: Leuchtet auf?
ja
nein
Zündspule defekt
Zündspule bekommt keine Spannung

# 1 Anlasserprobleme

### Anlasser dreht sich nicht:

- ☐ Killschalter umgelegt.
- ☐ Sicherung durchgebrannt. Prüfen Sie die Hauptsicherung am Anlasserrelais.
- ☐ Batterie leer. Prüfung: Zündung einschalten, Fernlicht an und Hupenknopf drücken. Funktioniert alles, so ist die Batterie voll. Wenn nicht, laden bzw. ersetzen.
- ☐ Leerlauf nicht eingelegt.
- ☐ Defekter Leerlauf-, Kupplungshebel- oder Seitenständerschalter. Schalter und Kabel prüfen.
- ☐ Zündschalter defekt. Mit Ohmmeter prüfen.
- ☐ Killschalter oder dessen Kabel defekt. Prüfen Sie beide auf elektrischen Durchgang in der »RUN«-Position.
- ☐ Anlasserknopf defekt. Mit Ohmmeter prüfen.
- ☐ Anlasserrelais defekt. Siehe Beschreibung vorne im Buch.
- ☐ Verkabelung gebrochen oder Kurzschluss. Prüfen Sie den Anlasserstromkreis mit einer Prüflampe durch.
- ☐ Anlasser defekt. Prüfen: Lösen Sie das Plus-Kabel vom Anlasser und schließen daran und an Masse eine Prüflampe an. Zündung einschalten und Anlasserknopf drücken. Leuchtet die Prüflampe auf, so ist der Anlasser defekt.

### Anlasser dreht sich, aber Motor nicht:

- ☐ Anlasserfreilauf defekt. Ausbauen und reparieren.

### Anlasser will sich drehen, Motor blockiert aber:

- ☐ Motorschaden. Hierfür kann einiges die Ursache sein: Kurbelwellenlager defekt, Kolbenklemmer, Steuerkette übergesprungen, Ventiltrieb defekt u. a.

# 2 Motor springt nicht an

### Kein Benzinfluss zum Vergaser:

- ☐ Kein Benzin im Tank.
- ☐ Benzinhahn steht auf »OFF«.
- ☐ Bei Unterdruck-Benzinhahn: Unterdruck-Schlauch ist defekt oder nicht angeschlossen oder Membran im Hahn ist defekt. Benzinhahn als Notbehelf auf »PRI« stellen.
- ☐ Benzinfilter am Benzinhahn oder am Vergaser verstopft.
- ☐ Bei installierter Benzinpumpe: Pumpe defekt oder bekommt keine Spannung.
- ☐ Tankbelüftung verstopft. Die Belüftung befindet sich oft im Tankdeckel – freiblasen. Manchmal verschließen auch Tankrucksäcke die Belüftung.
- ☐ Benzinleitung verstopft. Das ist sehr unwahrscheinlich, weil ein Filter vorgeschaltet ist. Höchstens kann noch ein Stopfen von einer Reparatur darin stecken.

### Kein Benzin im Brennraum:

- ☐ Schwimmerkammer ist leer und Schwimmer klemmt in oberer Stellung. Das kann nach langer Standzeit des Motorrads der Fall sein, wenn das Benzin aus der Schwimmerkammer verdunstet ist und harzige Rückstände zurückgeblieben sind.
- ☐ Düsen des Vergasers verstopft. Freiblasen.
- ☐ Wassertropfen vor der Hauptdüse. Das kann z. B. nach Wäschen oder langer Standzeit (Kondenswasser) vorkommen. Schwimmerkammer entleeren.
- ☐ Benzinpegel in der Schwimmerkammer zu niedrig. Schwimmer verbogen?

### Motor »abgesoffen«:

- ☐ Schwimmernadelventil klemmt oder ist defekt. Freiblasen oder ersetzen.
- ☐ Schwimmer klemmt in unterer Stellung.
- ☐ Schwimmer verbogen.
- ☐ Choke-Mechanismus lässt sich nicht ausschalten. Prüfen und reparieren.
- ☐ Verstopfter Lufteinlass. Der Luftfiltereinsatz kann sehr dreckig oder nass sein, ein Lappen vor den Lufteinlass legen oder Ähnliches.

### Kein Zündfunke:

- ☐ Zündschalter nicht an.
- ☐ Killschalter auf »OFF«.
- ☐ Sicherung durchgebrannt.
- ☐ Batterie leer.
- ☐ Anlasser verschlissen. Ein verschlissener Anlasser kann beim Starten so viel Strom ziehen, dass die Batteriespannung für einen genügenden Zündfunken nicht mehr ausreicht.
- ☐ Zündkerzen defekt. Dies kann sogar bei neuen Zündkerzen passieren.
- ☐ Zündkerzenkörper feucht und/oder dreckig. Der Zündfunken wandert dann draußen am Zündkerzen-Isolator gegen Masse. Kerze trocknen und säubern, auch den Stecker von innen.
- ☐ Kerzenstecker defekt. Haarrisse im Stecker lassen, vor allem bei feuchtem Wetter, den Funken im Stecker gegen Masse wandern.
- ☐ Zündkabel brüchig. Auch hier können Kriechfunkenstrecken gegen Masse entstehen.
- ☐ Zündkabel lose. Befestigen.
- ☐ Zündspule defekt. Bei einem Mehrzylindermotor ist es allerdings unwahrscheinlich, dass alle Zündspulen gleichzeitig kaputtgehen; er müsste dann zumindest auf einem oder zwei Zylindern zünden.
- ☐ Verkabelung im Zündstromkreis gebrochen oder Kurzschluss.
- ☐ Zündgeberspulen defekt. Spulen wie vorne beschrieben prüfen, evtl. ersetzen.
- ☐ Zündbox defekt. Prüfen – soweit möglich – und evtl. ersetzen.

### Schwacher Zündfunke:

- ☐ Viele der vorgenannten Ursachen können auch einen zu schwachen Zündfunken hervorrufen. Beginnen Sie mit der Prüfung an den Kerzen: Elektrodenabstand korrekt?

### Fehlende Kompression:

- ☐ Zündkerze(n) lose. Nachziehen bzw. defektes Gewinde im Zylinderkopf reparieren.
- ☐ Zylinderkopfdichtung defekt.
- ☐ Ventil schließt nicht. Das kann an einer falschen Ventileinstellung liegen oder an einem verbrannten oder verklemmten Ventil. Die Steuerkette kann auch übergesprungen sein.
- ☐ Verschleiß von Zylinder, Kolben und Kolbenringen.
- ☐ Kolbenringe klemmen im Kolben (Ölkohle) oder sind gebrochen.
- ☐ Loch im Kolben. Das passiert bei einer falschen Zündkerze mit zu niedrigem Wärmewert oder zu heißem Motor, etwa durch abgemagertes Gemisch.

# 3 Motor geht nach dem Starten wieder aus

### *Ursachen:*

- ☐ Choke defekt oder falsch justiert. Ohne Choke springt ein kalter Motor unter Umständen an, läuft jedoch nicht weiter. Umgekehrt mag ein warmer Motor mit Choke anspringen, dann aber wegen Überfettung wieder ausgehen.
- ☐ Fehlfunktion der Zündung. Siehe »schwacher Zündfunke«.
- ☐ Vergaser falsch eingestellt. Falsche Leerlaufdrehzahl oder schlecht justierte Leerlaufgemisch- bzw. Leerlaufluftschraube kann die Ursache sein.
- ☐ Motor zieht Nebenluft. Prüfen Sie Ansaugstutzen und Zylinderkopfdichtung auf Risse und lose Teile.
- ☐ Benzinzulauf schlecht. Verstopfte Benzinfilter, Nachrüstfilter oder Wasser können den Benzinzulauf verringern, sodass der Motor nach kurzer Zeit wegen Benzinmangels ausgeht.
- ☐ Lufteinlassquerschnitt stark verringert. Das kann durch einen verstopften Luftfiltereinsatz oder einen vergessenen Lappen geschehen. Das Gemisch überfettet, und der Motor stirbt ab.
- ☐ Tankbelüftung verstopft. Die Belüftung befindet sich oft im Tankdeckel – freiblasen. Manchmal verschließen auch Tankrucksäcke die Belüftung.

# 4 Schlechter Motorlauf bei Standgas

### *Schwacher Zündfunke oder Fehlzündungen:*

- ☐ Batteriespannung zu schwach. Batterie laden bzw. ersetzen.
- ☐ Defekte Zündkerzen, siehe »kein Zündfunke«.
- ☐ Defekte Kerzenstecker oder Zündkabel.
- ☐ Falscher Wärmewert der Zündkerze. Wird eine Kerze zu heiß, kann es zu Glühzündungen kommen, was oft kapitale Motorschäden nach sich zieht. Achten Sie streng auf den vorgeschriebenen Wärmewert. Siehe auch Zündkerzen-Vergleichstabelle am Schluss des Buches.
- ☐ Falscher Zündzeitpunkt. Prüfen Sie statischen und dynamischen Zündzeitpunkt und die Verstellung bei höheren Drehzahlen.
- ☐ Defekte Zündspule(n). Ein Zündspulendefekt kann nicht nur in totalem Ausfall bestehen, sondern sich auch in Fehlzündungen bemerkbar machen.
- ☐ Defekte Zündgeberspulen. Prüfen Sie sie, wie im Buch beschrieben.
- ☐ Defekte Zündbox. Prüfen durch Messen oder Austausch.

### *Benzin-Luft-Gemisch falsch:*

- ☐ Motor zieht Nebenluft, siehe Punkt 3.
- ☐ Leerlaufgemisch falsch eingestellt. Leerlaufgemisch- bzw. Leerlaufluftschraube justieren.
- ☐ Vergaser nicht synchronisiert. Synchronisation wie vorne im Buch beschrieben.
- ☐ Leerlaufdüse oder Leerlaufsystem des Vergasers verstopft. Freiblasen.
- ☐ Luftfiltereinsatz fehlt oder ist beschädigt. Ersetzen. Achten Sie auch auf den korrekten Sitz des Luftfilterdeckels.
- ☐ Choke defekt oder falsch justiert. Prüfen Sie auch den Choke-Zug auf Leichtgängigkeit und nötiges Spiel.
- ☐ Schwimmerstand zu hoch oder zu niedrig. Einstellen.
- ☐ Benzintank-Belüftung verstopft. Reinigen.
- ☐ Ventilspiel falsch. Ventile neu einstellen (siehe vorne im Buch).

### *Niedrige Kompression:*

- ☐ Siehe unter Punkt 2 »fehlende Kompression«.

# 5 Schlechte Beschleunigung

### *Ursachen:*

- ☐ Siehe Ursachen unter Punkt 4.
- ☐ Vergaserschieber klemmt.
- ☐ Bremsen klemmen. Prüfen Sie die Freigängigkeit der Räder. Verbogene Radachsen und verzogene Bremsscheiben können die gleiche Wirkung hervorrufen.

# 6 Schlechter Motorlauf/ wenig Leistung bei hoher Geschwindigkeit

### *Schwacher Zündfunke oder Fehlzündungen:*

- ☐ Siehe unter Punkt 4.
- ☐ Bei Motorrädern mit Unterbrecherkontaktzündung kann der Unterbrecherkondensator defekt sein. Prüfen durch Austausch.
- ☐ Isolierung von Zündkerzenstecker oder Zündkabel schlecht. Poröse Stecker und Kabel können bei hoher Drehzahl Kriechströme zur Masse leiten und damit Zündunterbrechungen bzw. Fehlzündungen hervorrufen.

### *Benzin-Luft-Gemisch falsch:*

- ☐ Alle unter Punkt 4 beschriebenen Ursachen sind möglich – außer der zweiten (Leerlaufgemisch falsch) und der vierten (Leerlaufsystem verstopft).
- ☐ Hauptdüse des Vergasers hat sich losvibriert oder fehlt ganz.
- ☐ Hauptdüse hat die falsche Größe. Vielleicht hat ein Vorbesitzer eine kleine eingebaut, um vermeintlich Benzin zu sparen. Oder die Hauptdüse ist nach dem Luftdruck im Flachland gewählt, und Sie fahren in den Bergen.
- ☐ Düsennadel und Nadeldüse sind ausgeschlagen. Ersetzen Sie sie als Satz.
- ☐ Belüftungsbohrungen des Vergasers verstopft. Reinigen.
- ☐ Benzinzulauf schlecht. Verstopfte Benzinfilter, Nachrüstfilter oder Wasser können den Benzinzulauf verringern.
- ☐ Tankbelüftung verstopft. Siehe oben.
- ☐ Gummimembran am Vergaserschieber eingerissen (nur bei Gleichdruckvergasern). Erneuern.

### *Niedrige Kompression:*

- ☐ Siehe unter Punkt 2 »fehlende Kompression«.

# 7 Klopfen und Klingeln

### Ursachen:

- ☐ Ölkohleablagerungen im Brennraum. Nach hoher Laufleistung oder bei defekten Kolbenringen oder Ventilschaftdichtungen kann es dazu kommen. Die Kohle beginnt zu glühen und verursacht unkontrollierte Zündungen. Klopfen, Klingeln und kapitale Motorschäden sind die Folge. Zylinderkopf demontieren und Brennraum reinigen.
- ☐ Schlechtes Benzin. Benzin mit zu niedriger Oktanzahl kann zu Klopfen und Klingeln führen. Tanken Sie Superbenzin oder – z. B. im Ausland – erhöhen Sie die Oktanzahl durch Zugabe von Benzol.
- ☐ Wärmewert der Zündkerze falsch. Wird eine Kerze zu heiß, kann es zu Glühzündungen (Klopfen und Klingeln) kommen, was oft kapitale Motorschäden nach sich zieht. Achten Sie streng auf den vorgeschriebenen Wärmewert. Siehe auch Zündkerzen-Vergleichstabelle am Schluss des Buches.
- ☐ Zu mageres Benzin-Luft-Gemisch. Fehlender Luftfilter(einsatz), Nebenluft, niedriger Schwimmerstand, falsche Nadeldüsenstellung und zu kleine Hauptdüse können das Gemisch mit gefährlichen Folgen abmagern.

# 8 Überhitzung

### Falsche Zündeinstellung:

- ☐ Defekte Zündkerzen, siehe Punkt 2.
- ☐ Zündkerzen mit falschem Wärmewert. Wird eine Kerze zu heiß, kann auch der Motor selbst durch Glühzündungen zu heiß werden, was oft kapitale Motorschäden nach sich zieht. Achten Sie streng auf den vorgeschriebenen Wärmewert. Siehe auch Zündkerzen-Vergleichstabelle am Schluss dieses Buches.
- ☐ Falscher Zündzeitpunkt. Einstellen.

### Falsches Benzin-Luft-Gemisch:

- ☐ Leerlaufgemisch- bzw. Leerlaufluftschraube verstellt. Neu justieren.
- ☐ Hauptdüse zu klein.
- ☐ Luftfilter beschädigt oder fehlt.
- ☐ Motor zieht Nebenluft. Lassen Sie den Motor im Standgas laufen und sprühen dabei Starthilfe-Spray auf die Stellen an Ansaugstutzen und Zylinderkopfdichtung, wo Sie Nebenluft vermuten. Läuft darauf der Motor mit höherer Drehzahl, so zieht er Nebenluft. Ist die Drehzahl unverändert, so sind die Stellen dicht.
- ☐ Benzinstand im Schwimmergehäuse zu niedrig. Schwimmer nachstellen.
- ☐ Benzintankbelüftung blockiert.

### Mangelnde Schmierung:

- ☐ Motorölstand zu niedrig. Prüfen und nachfüllen.
- ☐ Motoröl zu alt. Sehr altes Motoröl verliert seine Schmier- und Kühlwirkung. Wechseln Sie rechtzeitig Öl und Ölfilter.
- ☐ Motoröl von schlechter Qualität oder falscher Viskosität. Wechseln gegen eines der richtigen Sorte.

### Ungewöhnliche Ursachen:

- ☐ Rippen des Kühlers sind verdreckt. Sehr stark zugesetzte Kühlrippen beeinträchtigen den Wärmetausch zwischen Fahrtwind und Kühler. Das kann zu Überhitzungen führen.

# 9 Kupplungsprobleme

### Kupplung rutscht durch:

- ☐ Kein Spiel am Kupplungshebel (bei Seilzug-Kupplungen). Einstellen.
- ☐ Kupplungszug schwergängig, weil zu stark geknickt oder Seele aufgefasert. Ersetzen.
- ☐ Ausrückmechanismus verschlissen oder defekt. Reparieren.
- ☐ Flüssigkeitsstand im Ausgleichsbehälter zu hoch (bei hydraulischer Kupplungsbetätigung). Ausgleichen.
- ☐ Reibscheiben stark verschlissen. Erneuern als Paket.
- ☐ Kupplungsfedern gebrochen oder ermüdet. Ausmessen und als Satz erneuern.
- ☐ Kupplungsmitnehmer und/oder -korb verschlissen: Reibscheiben und Lamellen haben sich in die Mitnehmernuten eingearbeitet, sodass sie nicht mehr in den Nuten gleiten können. Mit Schlüsselfeile glätten oder bei starkem Verschleiß Teile ersetzen.
- ☐ Falsches Schmiermittel (bei Nasskupplung). Auch nicht vorgesehene Zusätze wie Molybdändisulfit können die Kupplung zum Durchrutschen bringen. Schmiermittel gegen das vorgeschriebene tauschen. Unter Umständen sind die Reibscheiben der Kupplung durch falsche Zusätze unbrauchbar geworden und müssen ersetzt werden.

### Kupplung trennt nicht:

- ☐ Zu viel Spiel am Kupplungshebel (bei Seilzug-Kupplungen). Einstellen.
- ☐ Ausrückmechanismus verschlissen oder defekt. Reparieren.
- ☐ Flüssigkeitsstand im Ausgleichsbehälter zu niedrig (bei hydraulischer Kupplungsbetätigung). Ausgleichen.
- ☐ Luft im Betätigungssystem (bei hydraulischer Kupplungsbetätigung). Entlüften.
- ☐ Kupplungs-Sekundärzylinder defekt (bei hydraulischer Kupplungsbetätigung). Ein beschädigter Kolben kann im Zylinder feststecken und die Kupplung nicht mehr betätigen.
- ☐ Kupplungsfedern unterschiedlich stark. Passiert bei einer oder mehreren gebrochenen Federn.
- ☐ Verbranntes Motoröl steckt zwischen Lamellen und Reibscheiben. Das kann passieren, wenn die Kupplung unter hoher Last lange geschliffen hat. Motoröl wechseln.
- ☐ Fremdkörper sitzen zwischen Reibscheiben und Lamellen. Kupplung auseinander nehmen und reinigen.
- ☐ Motoröl-Viskosität zu hoch. Öl wechseln.
- ☐ Kupplungsmitnehmer und/oder -korb verschlissen: Reibscheiben und Lamellen haben sich in die Mitnehmernuten eingearbeitet, sodass sie nicht mehr in den Nuten gleiten können. Mit Schlüsselfeile glätten oder bei starkem Verschleiß Teile ersetzen.
- ☐ Stahllamellen der Kupplung verzogen und wellig. Das kann bei zu langem Schleifenlassen geschehen.
- ☐ Lose Kupplungsmutter. Dadurch sind Mitnehmer und Kupplungskorb nicht mehr zentriert, was eine mangelhafte Trennung der Kupplung verursachen kann. Symptom: Das Kupplungsspiel am Hebel ändert sich ständig. Reparieren.

# 10 Schaltprobleme

### Schalthebel kehrt nicht in Mittelstellung zurück:

- ☐ Gebrochene oder verschlissene Schaltfeder. Erneuern.
- ☐ Schaltwelle verbogen oder festgefressen. Verbogene Schaltwellen sind oft Folge eines Sturzes auf den Schalthebel. Leichte Beschädigungen können an der ausgebauten Schaltwelle gerichtet werden.

### Getriebe lässt sich nicht oder schwer schalten:

- ☐ Kupplung trennt nicht, siehe Punkt 9.
- ☐ Schaltwelle verbogen. Siehe oben.
- ☐ Schaltmechanismus verschlissen oder defekt. Reparieren.
- ☐ Schaltgabeln verbogen oder verschlissen. Reparieren bzw. ersetzen.

### Herausspringen eines Gangs:

- ☐ Schaltmechanismus verschlissen oder defekt. Reparieren.
- ☐ Schaltklauen und -fenster der Getrieberäder verschlissen. Die Klauen weisen gegen ein Herausspringen eine Hinterschneidung von etwa 5° auf. Nach langer Laufzeit oder durch Härtefehler können die Klauen verschleißen. Entsprechende Getrieberäder ersetzen.
- ☐ Getrieberäder, -gleitbuchsen und -wellen verschlissen. Erneuern.
- ☐ Schaltwelle verbogen. Siehe oben.

### Überspringen eines Gangs:

- ☐ Schaltmechanismus verschlissen oder defekt. Reparieren.

# 11 Ungewöhnliche Motorgeräusche

### Klopfen und Klingeln:

- ☐ Siehe Punkt 7.

### Kolbenklappern:

- ☐ Kolbenspiel zu groß. Das kann mehrere Ursachen haben: Bei einer Reparatur wurden zu kleine Kolben eingesetzt; Verschleiß nach langer Laufzeit; Schrumpfung der Kolben durch Überhitzung. Kolbenklappern ist ein hohes Klappergeräusch, das bei leichter oder gar keiner Last auftritt, vor allem, wenn gerade Gas gegeben wird. Zylinder aufbohren und Übermaßkolben einsetzen.
- ☐ Pleuel verbogen. Mögliche Ursachen: Motor überdreht; Starten des Motors mit Flüssigkeit im Brennraum (übergelaufener Vergaser); Beschädigung der Kurbelwelle bei einer Reparatur. Bei einem verbogenen Pleuel muss die Kurbelwelle ausgebaut und das Pleuel ersetzt werden.
- ☐ Verschleiß von Kolbenbolzen, Bolzenbohrung im Kolben oder oberem Pleuelauge. Ursache: Mangelnde Schmierung oder hohe Laufleistung. Verschlissene Teile ersetzen.
- ☐ Kolbenringe verschlissen, gebrochen oder festgeklemmt. Erneuern nach gründlicher Prüfung von Kolben und Zylinderbohrung.

### Ventilklappern:

- ☐ Ventilspiel zu groß. Einstellen.
- ☐ Ventilfeder ermüdet oder gebrochen. Erneuern.
- ☐ Nockenwelle oder Zylinderkopf verschlissen oder beschädigt. Die Lagerstellen der Nockenwelle sind sehr empfindlich gegen mangelnde Schmierung, die bei zu niedrigem Ölstand vorkommen kann, aber auch bei hohen Drehzahlen bei kaltem Motor.
- ☐ Schlepphebel verschlissen. Starker Verschleiß eines Hebels und schnelle Änderung des Ventilspiels weisen auf einen gebrochenen Schlepphebel bzw. auf einen Verschleiß der Oberflächenhärte hin. Meist ist auch der zugehörige Nocken verschlissen. Teile erneuern.
- ☐ Verschlissener Nockenwellenantrieb. Eine lose oder gelängte Steuerkette, verschlissene Zahnräder u. a. können sehr unangenehme Geräusche machen. Erneuern Sie die Teile, bevor größerer Motorschaden die Folge ist.

### Andere Geräusche:

- ☐ Pleuelfußlager verschlissen. Ein deutliches Klopfen aus dem Kurbelgehäuse, das schnell lauter wird. Ursache: Mangelnde Schmierung oder sehr hohe Laufleistung. Bei Verdacht auf diesen Fehler sollte der Motor sofort abgeschaltet werden, um noch stärkeren Schaden zu vermeiden (z. B. Pleuel-Abriss).
- ☐ Kurbelwellen-Hauptlager defekt. Dieser Fehler macht sich durch rumpelnde Geräusche und starke Vibrationen bemerkbar. Die Lagerschalen müssen erneuert und die Kurbelwelle eventuell überdreht werden.
- ☐ Kurbelwelle stark unrund. Eine verbogene oder verschränkte Kurbelwelle kann die Folge von Überdrehzahlen oder Schäden im Zylinderkopf sein. Auch ein plötzlich blockierendes Getriebe oder Hinterrad kann Verursacher sein, ebenso wie ein Schlag auf ein Kurbelwellenende, etwa beim Umfallen der Maschine.
- ☐ Motorhalterungen lose. Alle Schrauben und Muttern festziehen.
- ☐ Zylinderkopfdichtung defekt. Das Geräusch ist ein hohes Pfeifen vom Zylinderkopf, es kann aber auch jedes andere Geräusch sein, dass man mit ausströmendem Gas in Verbindung bringt. Meist ist die Leckstelle auch von einem Ölnebel umgeben. Wenn die Dichtung nach innen defekt ist, kann ein Überdruck im Kurbelgehäuse die Folge sein, wodurch einiges Öl aus der Kurbelgehäuseentlüftung gepresst wird. Ursache einer defekten Zylinderkopfdichtung kann sein: sehr hohe Laufleistung; Überhitzung; ungleichmäßiges Anziehen der Zylinderkopfschrauben. Dichtung schnellstmöglich ersetzen.
- ☐ Undichter Auspuff.

## 12 Ungewöhnliche Getriebe- und Endantriebsgeräusche

### *Kupplungsgeräusche:*

- ☐ Zuviel Spiel in einzelnen Komponenten der Kupplung. Vermessen und nötigenfalls erneuern.
- ☐ Zahnrad des Primärantriebs verschlissen oder beschädigt. Erneuern.

### *Getriebegeräusche:*

- ☐ Lager oder Buchsen verschlissen oder beschädigt. Vermessen und erneuern.
- ☐ Getriebezahnräder verschlissen oder beschädigt. Erneuern.
- ☐ Fremdkörper im Getriebe. Das kann Dreck oder Sand sein, aber auch Metallstücke von beschädigten Motorteilen. Öl ablassen und auf Fremdkörper untersuchen, nötigenfalls Getriebe inspizieren.
- ☐ Getriebe-/Motorölstand zu niedrig. Auffüllen.
- ☐ Schaltmechanismus defekt. Reparieren.

### *Endantriebsgeräusche:*

- ☐ Ritzel lose. Festziehen, wenn Innenverzahnung und Abtriebswellenprofil noch in Ordnung sind. Sonst ersetzen.
- ☐ Abtriebskette zu lose. Eine lose oder stark verschlissene Kette kann beim Lauf an Gehäuse und Hinterradschwinge schlagen. Kette spannen oder ersetzen.
- ☐ Ölstand im Winkeltrieb zu niedrig. Auffüllen (Kardanantrieb).
- ☐ Kegelrad/Tellerrad schlecht justiert. Prüfen und einstellen (Kardanantrieb).
- ☐ Kegelrad/Tellerrad beschädigt oder verschlissen. Stets paarweise auswechseln (Kardanantrieb)!

## 13 Starker Auspuffrauch

### *Weißer Rauch:*

- ☐ Rein weißer Rauch deutet auf verdampfendes Kondenswasser hin und hört kurz nach dem Kaltstart auf.

### *Blauer Rauch durch verbranntes Öl:*

- ☐ Kolbenringe verschlissen oder gebrochen. Besonders trifft dies auf den Ölabstreifring zu. Kolben, -ringe und Zylinder vermessen und nötigenfalls erneuern.
- ☐ Zylinder riefig oder verschlissen. Auf nächstes Übermaß aufbohren und Übermaßkolben mit neuen Ringen einsetzen.
- ☐ Ventilschaftdichtungen verschlissen, beschädigt oder verhärtet. Erkenntlich an blauem Rauch, wenn der Gasgriff nach dem Beschleunigen schnell geschlossen wird, etwa beim Gangwechsel. Ersetzen.
- ☐ Ventilführungen verschlissen. Vermessen und ersetzen.
- ☐ Ölstand im Motor zu hoch. Messen und ausgleichen.
- ☐ Zylinderkopfdichtung nach innen defekt. Ersetzen.
- ☐ Defektes Rückschlagventil in der Kurbelgehäuseentlüftung. Ventil ersetzen.

### *Schwarzer Rauch durch zu fettes Gemisch:*

- ☐ Luftfiltereinsatz verstopft oder nass. Erneuern.
- ☐ Hauptdüse zu groß oder lose. Ersetzen bzw. festziehen.
- ☐ Choke-Mechanismus defekt: Choke lässt sich nicht ausschalten. Reparieren.
- ☐ Benzinstand im Schwimmergehäuse zu hoch. Schwimmer nachbiegen.
- ☐ Schwimmernadelventil undicht. Reinigen oder erneuern.

## 14 Öldrucklampe leuchtet auf

### *Schmierungsmangel:*

- ☐ Ölmangel im Motor. Auffüllen.
- ☐ Öl-Viskosität zu niedrig. Ölwechsel.
- ☐ Ölpumpe defekt. Reparieren.
- ☐ Ölansaugleitung verstopft. Reinigen.
- ☐ Lagerstellen der Nockenwelle verschlissen. Bei zu großen Lagerspalten kann sich kein Öldruck mehr aufbauen, die Lampe leuchtet auf. Nockenwelle und/oder Zylinderkopf ersetzen bzw. reparieren.
- ☐ Kurbelwellenlager verschlissen. Siehe oben. Hier genügt es oft, neue Lagerschalen einzubauen.
- ☐ Rückschlagventil klemmt offen. Dadurch kann sich an den Lagerstellen kein genugender Öldruck aufbauen. Ventil reparieren bzw. erneuern.

### *Elektrischer Fehler:*

- ☐ Öldruckschalter defekt. Durchmessen (siehe vorne) und nötigenfalls erneuern.
- ☐ Verkabelung defekt. Prüfen Sie den Öldruckschaltkreis auf Kurzschlüsse, aufgescheuerte oder geknickte Kabel.

# 15 Schlechte Fahreigenschaften

### Schlechter Geradeauslauf:

- ☐ Lenkkopflager zu straff eingestellt. Das verursacht Pendeln bei niedrigen Geschwindigkeiten. Neu justieren.
- ☐ Lenkkopflager verschlissen oder beschädigt. Nach zu straffem Einstellen oder nach einem Unfall kann dies die Folge sein. Das ist auch der Fall, wenn Strom über die Lenkkopflager fließen muß, etwa Masseleitung der Scheinwerfer. Neue Lager sollten geschmiert werden.
- ☐ Reifenluftdruck zu niedrig. Grundsätzlich gilt: besser zu hoch als zu niedrig.
- ☐ Reifen vorne und/oder hinten verschlissen. Abgefahrene Reifen können sich in Pendeln, instabilem Geradeauslauf und Kippeln bemerkbar machen. – Hinterradschwingenlager verschlissen. Erneuern.
- ☐ Verzogene Hinterradschwinge. Dies wird normalerweise nur nach einem Unfall auftreten. Schwinge richten oder erneuern.
- ☐ Radlager verschlissen oder defekt. Erneuern.
- ☐ Falsche Reifen. Manche Reifentypen oder -kombinationen sind einfach ungeeignet für das Motorrad, auch wenn sie noch reichlich Profil haben.

### Motorrad zieht nach links oder rechts:

- ☐ Hinterrad aus der Spur. Ungleichmäßiges Anziehen der Kettenspanner stellt das Hinterrad schräg. Die gleiche Wirkung kann eine verbogene Radachse haben.
- ☐ Räder fluchten nicht. Auch ein verbogener Rahmen, Telegabel oder Hinterradschwinge kann das gleiche Ergebnis haben.
- ☐ Verdrehte Gabelbrücken. Schlaglöcher oder schlechte Wegstrecken können die Gabelbrücken gegeneinander verdrehen. Klemmschrauben der Gabelbrücken, Vorderradachse und Schutzblechhalter lösen, Lenker und Vorderrad gerade stellen und alle Schrauben, von unten beginnend, wieder anziehen.

### Lenker vibriert oder schlägt:

- ☐ Reifen abgefahren oder nicht ausgewuchtet.
- ☐ Reifen nicht ordentlich montiert. An den Reifenflanken sind Linien aufvulkanisiert, die bei richtiger Montage überall den gleichen Abstand zum Felgenhorn haben müssen. Wenn nicht, sitzt der Reifen nicht richtig auf der Felgenschulter. Bei Schlauchreifen kann auch der Schlauch eingeklemmt sein.
- ☐ »Bremsplatte«. Nach starken Bremsungen mit blockierendem (Hinter-)Rad kann der Reifen am Aufstandspunkt abradiert sein. Er »hoppelt« dann und gehört ausgewechselt.
- ☐ Felgen verzogen oder beschädigt. Prüfen Sie sie auf Rundlauf.
- ☐ Hinterradschwingenlager verschlissen. Erneuern.
- ☐ Radlager defekt. Erneuern.
- ☐ Lenkkopflager zu lose. Neu einstellen bzw. erneuern.
- ☐ Lose Vorderradführung. Lose Schrauben und Muttern an Gabelbrücken, Schutzblech, Gabelstabilisator und Achse können zu Vibrationen im Lenker führen.
- ☐ Motoraufhängung lose. Ziehen Sie alle Muttern und Schrauben nach.

### Schlechte Wirkung der Telegabel:

- ☐ Gabelöl-Pegel falsch. Bei zu geringem Ölstand ist mangelnde Dämpfung die Folge, das Rad schlägt nach. Zu viel Öl kann die Gabel steif machen und zu den Dichtringen herausdrücken.
- ☐ Falsches Gabelöl. Im Gegensatz zum Motoröl kommt es beim Gabelöl stark auf die Viskosität an. Wechseln Sie es im Zweifel gegen eines der vorgeschriebenen Sorte.
- ☐ Dämpfermechanik verschlissen. Dies passiert nur bei sehr hoher Laufleistung oder langer Fahrt mit verschlissenen Dichtringen. Die Gabel muss überholt werden.
- ☐ Weiche oder ermüdete Gabelfedern. Die Gabel taucht beim Bremsen extrem stark ein. Gabelfedern ersetzen.
- ☐ Verbogene oder korrodierte Standrohre. Beides kann zum Festklemmen der Gabel führen. Stand- und eventuell Tauchrohre müssen erneuert werden.
- ☐ Verkantete Gabel. Werden beim Festziehen der Vorderradachse die Gabelfäuste zusammengezogen, verkantet die Gabel und kann nicht mehr einfedern. Klemmfäuste lockern und mit gezogener Bremse Gabel ein paar Mal einfedern, damit sie sich wieder ausrichtet. Danach Klemmfäuste wieder anziehen.
- ☐ Defekt im Anti-Dive-Mechanismus, wenn vorhanden.

### Telegabel stuckert beim Bremsen:

- ☐ Zu viel Spiel zwischen Stand- und Tauchrohren. Gabel überholen.
- ☐ Lose Lenkkopflager. Neu einstellen.
- ☐ Verzogene Bremsscheibe(n). Erneuern.

### Schlechte Wirkung der Hinterradfederung:

- ☐ Federbeindämpfer verschlissen oder undicht. Erneuern.
- ☐ Weiche oder ermüdete Feder. Das Motorrad sinkt bei Beladung zu tief ein und verliert an Bodenfreiheit. Ersetzen durch stärkere bzw. neue Feder.
- ☐ Hinterradschwingenlager festgefressen. Erneuern.
- ☐ Lager der Umlenkhebel festgefressen. Erneuern.
- ☐ Verbogene Dämpferstange des Federbeins. Erneuern.

# 16 Ungewöhnliche Rahmen- und Federungsgeräusche

### Geräusche von vorne:

- ☐ Gabelöl zu dünn oder zu wenig. Das kann ein »spritzendes« Geräusch verursachen und ist meist mit unkorrektem Gabelverhalten verbunden.
- ☐ Gabelfeder gebrochen. Dies macht ein klickendes oder schabendes Geräusch.
- ☐ Lenkkopflagerschalen gebrochen. Klickende Geräusche.
- ☐ Gabelbrücken lose. Festziehen.
- ☐ Zu viel Spiel zwischen Stand- und Tauchrohren. Klapperndes Geräusch.

### Geräusch von hinten:

- ☐ Dämpferöl des Federbeins zu wenig. Das kann ein »spritzendes« Geräusch verursachen.
- ☐ Defektes Federbein mit innerer Beschädigung.

# 17 Bremsprobleme

### *Bremsen sind schwammig oder zeigen wenig Wirkung:*

- ☐ Luft im Bremssystem. Entlüften.
- ☐ Bremsbeläge abgenutzt. Prüfen Sie die Stärke anhand der Verschleißmarken, und erneuern Sie sie nötigenfalls.
- ☐ Verölte Beläge. Beläge können bereits verölen, wenn sie mit Fingern auf der Belagfläche angefasst werden. Verölte Beläge können nicht mehr entfettet werden, sind unbrauchbar und durch neue zu ersetzen.
- ☐ Verglaste Beläge. Schlechtes Belagmaterial kann bei bestimmten Reibpaarungen verglasen, d. h. es bildet sich eine glasharte Schicht darauf, die nicht mehr bremst. Notbehelf: mit grobem Schmirgel oder Feile Glasschicht entfernen. Besser: Beläge ersetzen.
- ☐ Wasser im Bremssystem. Da Bremsflüssigkeit wasseranziehend ist, enthält sie nach einigen Jahren einen relativ hohen Wasseranteil. Das kann in Extremsituationen zu Dampfblasenbildung und damit nachlassender Bremsleistung führen. Bremsflüssigkeit erneuern.
- ☐ Manschette im Hauptbremszylinder verschlissen. Symptom: Bei leichtem Zug am Hebel ist zunächst ein Druckpunkt spürbar, doch dann gibt der Hebel nach und wandert langsam Richtung Griff. Hauptbremszylinder überholen.
- ☐ Kolbendichtung im Bremssattel undicht. Ersetzen und Sattel überholen.
- ☐ Hebel bzw. Bremspedal falsch eingestellt. Neu justieren.

### *Bremsen schleifen:*

- ☐ Bremsscheibe(n) verzogen. Erneuern.
- ☐ Korrosion in den Bremssätteln: Kolben, Bohrungen, Bremsklötze. Überholen und reinigen.
- ☐ Kolbendichtung im Bremssattel beschädigt oder zu alt. Der Kolben kann klemmen und nicht mehr in die Ausgangsposition zurückkehren. Dichtung ersetzen.
- ☐ Bremsklotz beschädigt. Bruch oder abgelöster Belag verklemmen die Bremse. Erneuern.
- ☐ Radachse verbogen. Erneuern.
- ☐ Bremspedal/Hebel klemmt. Schmieren und leichtgängig machen.
- ☐ Bremse zu straff eingestellt. Das passiert nur bei gestängebetätigter hinterer Trommelbremse. Das Pedalspiel sollte bei normal beladenem Motorrad eingestellt werden, da sich bei Beladung die Bremse zuzieht.
- ☐ Bremssattelhalter verbogen. Das kann bei einem Unfall passieren. Gussteile austauschen, Schmiedeteile lassen sich wieder richten.
- ☐ Fehler im Anti-Dive-System (wenn vorhanden). Hier kann der zweite Hauptbremszylinder defekt oder die Kolbenstange zu lang sein.

### *Pulsierender Bremshebel/-pedal:*

- ☐ Das Motorrad ist mit einem Antiblockier-System (ABS) ausgerüstet. Pulsieren ist dann normal.
- ☐ Bremsscheibe(n) verzogen. Erneuern.
- ☐ Radachse verbogen. Erneuern.

### *Scheibenbremsgeräusche:*

- ☐ Bremsen quietschen. Mehrere Ursachen möglich: Schwingungsquietschen kann durch Benetzen der Rückseite der Bremsklötze mit Kupferpaste beseitigt werden; Reibpaarungsquietschen, liegt an der Art des Bremsbelages, neue Bremsklötze ausprobieren; verschmutzte Beläge durch Verglasung, Dreck, Öl u. Ä.
- ☐ Bremsscheibe verzogen. Das kann rhythmische Geräusche wie Quietschen, Schaben oder Klicken verursachen. Bremsscheibe erneuern.
- ☐ Bremsklötze zu klein. Es ist sehr unwahrscheinlich, dass falsche Bremsklötze eingebaut wurden, dennoch würde dies ein Klopfen beim Beginn jedes Bremsens hervorrufen.

### *Schütteln beim Bremsen:*

- ☐ Ausgeschlagene Telegabeln und Lenkkopflager rufen ein Schütteln beim Bremsen hervor. Ursache prüfen und beseitigen.

# 18 Elektrikprobleme

### *Batterie schwach oder leer:*

- ☐ Batterie zu alt und sulfatiert. Ersetzen.
- ☐ Batterie wurde lange nicht geladen. Tiefentladung, kurzfristig kann die Batterie zwar noch einmal zum Leben erweckt werden, aber ihre Lebensdauer ist drastisch verkürzt. Daher Batterien bei langer Stillstandszeit des Motorrads regelmäßig nachladen oder, noch besser, im PKW parallel zur PKW-Batterie anschließen.
- ☐ Säurestand zu niedrig. Destilliertes Wasser nachfüllen und Batterie nachladen.
- ☐ Pole korrodiert. Leitungen abnehmen, blank schaben, mit Kupferpaste benetzen und wieder anbauen.
- ☐ Batterie ständig entladen. Entweder liegt ein Kriechstrom vor, der auch bei ausgeschalteter Zündung die Batterie entlädt, oder Regler/Lichtmaschine sind defekt. Prüfen und reparieren.
- ☐ Ständige Stadtfahrten. Bei häufigen Fahrten mit niedriger Drehzahl kann es sein, dass die Batterie nicht genügend geladen wird.
- ☐ Verkabelung defekt. Suchen Sie im Ladestromkreis systematisch nach gebrochenen oder gequetschten Kabeln.

### *Batterie überladen:*

- ☐ Regler defekt. Eine überladene Batterie erkennt man an starkem Gasen. Regler prüfen und erneuern.

### *Totaler Ausfall:*

- ☐ Sicherung durchgebrannt. Prüfen Sie die Hauptsicherung und die Ursache für ihr Durchbrennen.
- ☐ Batterie leer. Ursache feststellen und beseitigen.
- ☐ Massekabel der Batterie lose. Prüfen Sie die Befestigung am Batteriepol und am Motor bzw. Rahmen.
- ☐ Zündschalter defekt. Durchmessen und evtl. erneuern.
- ☐ Verkabelung gebrochen. Systematisch mit Prüflampe prüfen.

### *Starker Lampenverschleiß:*

- ☐ Vibrationsverschleiß. Bei starken Vibrationen von Motor oder Fahrwerk leben Lampen nicht lange. Versuchen Sie, durch Aufhängung in Gummilagern die Schwingungen fernzuhalten.
- ☐ Wackelkontakt. Durch einen »Wackler« wird die Lampe ständig an- und ausgeschaltet, was ihre Lebensdauer verringert.
- ☐ Überspannung. Durch einen defekten Regler kann Überspannung entstehen, was die Lampen schnell durchbrennen lässt.
- ☐ Falsche Lampe. Eine 6-Volt-Lampe in einem 12-Volt-Bordnetz lebt nicht lange.

# Erklärung technischer Begriffe

## A

**ABE** Allgemeine Betriebserlaubnis eines Fahrzeugs.
**Asbest** Natürliches Mineral in Faserform mit hoher Hitzebeständigkeit. Früher in Bremsbelägen und Dichtungen verwendet, heute wegen Krebsgefahr durch andere Materialien ersetzt.
**ABS** Antiblockier-System. Elektronisches oder mechanisches System, das das Blockieren von Rädern beim Bremsen verhindern soll.
**Abzieher** Spezialwerkzeug, das Lager oder Zahnräder von Wellen oder aus Gehäusebohrungen zieht.
**Akkumulator** Chemischer Stromspeicher, landläufig *Batterie* genannt.
**Ampere** (sprich: Ampehr) Einheit für Stromstärke. Abkürzung: A.
**Amperestunden (Ah)** Kapazität eines Akkumulators (Batterie).
**Anlaufscheibe** Unterlegscheibe zwischen zwei sich gegeneinander bewegenden Teilen auf einer Welle.
**Anti-Dive** Wörtlich: »Eintauch-Verhinderer«. In die Vorderradbremse integriertes System, das das Eintauchen der Telegabel beim Bremsen verhindern soll.
**API** American Petroleum Institute. Ein Qualitätsmaß für Viertakt-Motorenöle.
**ATF** Automatic Transmission Fluid. Dünnflüssiges Öl für Automatik-Getriebe, wird oft auch als Dämpferöl in Telegabeln verwendet.
**Aufbohren** Größerdrehen einer Bohrung, z. B. des Zylinders. Erfordert Übermaßkolben.
**axial** In Längsrichtung einer Achse wirkend.

## B

**bar** Einheit für Luftdruck. Faustregel für Motorradreifen: 2,5 bar.
**Batteriesäure** Schwefelsäure bestimmter Dichte und Reinheit.
**Benzin-Luft-Gemisch** Das Gemisch aus Benzinnebel und Luft, das Vergaser oder Einspritzanlage erzeugen, und dessen Volumenverhältnis erfahrungsgemäß bei 1 : 14,7 liegen sollte, um optimal verbrennen zu können.
**Blinkrelais** Schalter, der unter Spannung automatisch und regelmäßig an- und ausschaltet. Mechanische und elektronische Bauformen.
**Bowdenzug** (Sprich: Baudenzug.) Flexibler Seilzug zur mechanischen Fernbetätigung. Beispiel: Gaszug, Kupplungszug, Chokezug. Besteht aus Hülle und Seele.
**Buchse** An beiden Enden offene Hülse, die im Maschinenbau meist als Lager dient.
**Büchse** An nur einem Ende offene Hülse, die im Maschinenbau als Verstärkung von Sacklöchern oder als Lager dient.

## D

**Diagonalreifen** Reifen, bei dem die Karkassenfäden schräg zur Laufrichtung liegen.
**Dichtring** Wellendichtring für rotierende (manchmal auch lineare, siehe Telegabel) Bewegung. Auch: Simmerring (geschützte Bezeichnung der Firma Freudenberg).
**Dichtung** Flächendichtung zwischen Gehäusehälften, Deckeln oder anderen Maschinenbauteilen. Kann aus unterschiedlichen Materialien bestehen, je nach Einsatzzweck.
**Diode** Elektronisches Ventil. Lässt Strom nur in einer Richtung passieren. Halbleiterbauteil.
**dohc** (double overhead camshaft). Doppelte obenliegende Nockenwelle. Bauform der Ventilsteuerung.
**Drehmoment** Maß für die Kraft, mit der etwas (Kurbelwelle, Schraube) gedreht wird. Einheit: Newtonmeter (Nm), Kraft mal Hebelarm.

## E

**E-Starter** Elektrischer Starter, Anlasser.
**Einbereichsöl** Öl mit nur einer Viskosität, z. B. SAE 50W.
**Einspritzsystem** Im Gegensatz zum Vergaser, der das Benzin durch Luftströmung passiv vernebeln lässt, spritzt die Einspritzung den Kraftstoff in exakter Menge in den Ansaugstutzen oder direkt in den Brennraum ein. Sehr aufwändig und teuer, aber genau und kraftstoffsparend.
**Elektrodenabstand** Spalt zwischen den Zündkerzenelektroden, der ab und zu nachgestellt werden muss. Meist 0,6 bis 0,8 mm breit.
**Endloskette** Antriebskette, deren Enden nicht zerstörungsfrei getrennt werden können.

## F

**Federkeil** (Auch: Scheibenfeder.) Halbmondförmiger Metallkeil, der, in die Nut einer Welle gelegt, das darüber geschobene Bauteil (Zahnrad, Lichtmaschine) formschlüssig mit der Welle verbindet.
**Federscheibe** Gewellte Unterlegscheibe aus Federstahl, die Mutter bzw. Schraube am Losdrehen hindern soll.
**Flüssige Schraubensicherung** Flüssigkeit, von der ein paar Tropfen auf ein Gewinde gegeben und dann die Mutter/Schraube eingedreht wird. Die Flüssigkeit erhärtet unter Luftabschluss und sichert damit die Mutter/Schraube. Verbindung ist mit Schraubenschlüssel wieder lösbar.
**Frostschutz** Zusatz zum Kühlwasser, der den Gefrierpunkt senkt. Auf Alkohol- oder Glykol-Basis.
**Fühlerlehre** Auch: Ventillehre. Satz mit verschieden dicken Metallplättchen, die zur Bestimmung von kleinen Innenmaßen dienen.

## G

**Gabelbrücken** Dreieckige Metallklemmen ober- und unterhalb des Lenkkopfs zur Aufnahme der Standrohre.
**Gleichrichter** Elektronisches Halbleiterbauteil (»Diodenplatte«) zum Umformen der von der Lichtmaschine gelieferten Wechselspannung in Gleichspannung.
**Gleichstrom** Stromfluss ohne Änderung der Polarität.
**Gleitlager** Lagerschalen aus bronzebeschichtetem Kupfer oder aus Sintermaterial. Funktioniert nur mit Öldruck: Die Welle gleitet auf einem dünnen Ölfilm in der Lagerbohrung ohne Materialberührung. Verwendung als Kurbelwellen- und Nockenwellenlager. Billig, schnell austauschbar und leise, aber empfindlich und mit hohem Reibwiderstand.

## H

**Halogenlampe** Scheinwerferbirne besonderer Bauform, die mit Halogengas gefüllt ist, um den Niederschlag von verdampfendem Metall der Glühwendel an der Glaswand zu verhindern. Bauformen als H1-, H3- und H4-Birnen.

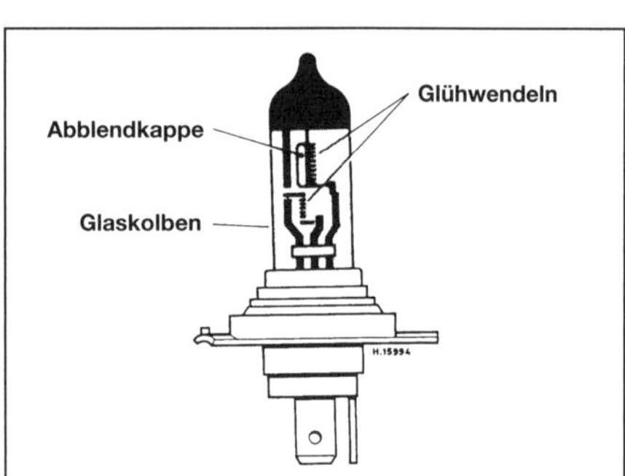


**Halogen-Scheinwerferbirne**

**Hauptlager** Lager der Kurbelwelle im Motorgehäuse.
**Helicoil** Spiralförmiger Gewindeeinsatz zur Reparatur ausgerissener Gewinde, wenn wenig Material vorhanden ist, sodass das Loch nur wenig ausgebohrt werden kann.

**Einschrauben eines Helicoil-Gewindeeinsatzes in ein Zündkerzenloch**

**Hochspannung** Spannung im Sekundärstromkreis des Zündsystems zur Produktion des Zündfunkens. Liegt zwischen 15 000 und 35 000 Volt bei sehr geringer Stromstärke. Unangenehm, aber nicht gefährlich.
**Honen** Überschleifen der Oberfläche eines Zylinders, wobei feine diagonale Riefen entstehen, in denen das Motoröl zur Kolbenschmierung haften kann.
**Hydraulik** Ein mit Flüssigkeit gefülltes System von Leitungen, um Druck zu übertragen. Üblich an (Scheiben-)Bremsen und manchen Kupplungen.
**hygroskopisch** Wasseranziehend. Trifft auf Bremsflüssigkeit zu.
**Hypoidverzahnung** Bauform eines Kegeltriebes (siehe Kegelrad), bei der Antriebs- und Abtriebsachse nicht in einer Ebene liegen, sodass die Zähne von Kegel- und Tellerrad in speziellen Kurven (Hypoidkurven) geschliffen werden müssen. Aufwendig und teuer, aber leise und belastbar. Benötigt spezielles Schmieröl (Hypoidöl).

## I

**IC** Integratet circuit, integrierter Schaltkreis. Halbleiterbauteil.
**Inbusschlüssel** Schlüssel für Innensechskantschrauben.

## K

**Kabelbaum** Durch Schutzschlauch zusammengefasste Kabel, die entlang einer Strecke im Motorrad verlegt sind, z. B. am Rahmen entlang.
**Kardanwelle** Welle, die mit einem Kreuz- oder Gleichlaufgelenk ihre Drehrichtung um einige Winkelgrade ändern kann. Wurde bei Motorrädern mit Wellenantrieb mit Einführung der Hinterradfederung nötig.
**Katalysator** Mit Edelmetall beschichtetes Bauteil im Auspuff, das auf chemisch-katalytischem Weg schädliche Abgasbestandteile (Stickoxide, Kohlenwasserstoffe u. a.) in unschädliche umwandeln soll. Wirkung und Nebenwirkungen sind umstritten.
**Kegelrad** Zusammen mit dem Tellerrad bildet es ein Getriebe, das Drehbewegungen um 90° umlenkt (siehe Abbildung).

**Kegel- und Tellerrad zum Umlenken einer Drehbewegung um 90°**

**Kegelrollenlager** Lager mit Innen- und Außenring, Kegelrollen als Wälzkörper. Hohe axiale und radiale Belastbarkeit. Verwendung als Lenkkopf-, Schwingen- und Radlager. Lagerspiel muss eingestellt werden.
**Kickstarter** Fußbetätigter Hebel zum Durchdrehen des Motors, um ihn zu starten.
**Killschalter** Not-Aus-Schalter, bei den meisten Motorrädern am rechten Lenkerende. Funktioniert als Kurzschluss- oder Zündunterbrechungs-Schalter. In Deutschland nicht vorgeschrieben.
**km** Abkürzung für Kilometer.
**km/h** Abkürzung für Kilometer pro Stunde. Geschwindigkeitseinheit.
**Kolbenbolzen** (Hohler) Bolzen als Verbindung zwischen Kolben und Pleuelauge. Darf weder im Pleuelauge noch im Kolben Klemmsitz haben. Oberfläche poliert und gehärtet.
**Kompression** Verringerung des Volumens und Erhöhung des Drucks im Brennraum durch den aufwärtsgehenden Kolben. Kompression wird als Verhältniszahl genannt, z. B. 1 : 10 = zehn Volumenteile Benzin-Luft-Gemisch werden auf ein Volumenteil zusammengepresst.
**Kontermutter** Mutter, die fest gegen eine andere geschraubt wird, um durch die dadurch hervorgerufene Spannung im Gewinde die zweite am Losdrehen zu hindern.
**Kronenmutter** Mutter mit zinnenartigen Zacken an einem Ende. Zusammen mit einem Querloch im zugehörigen Gewinde kann die Mutter mit einem Splint gegen Aufdrehen gesichert werden.
**Kugellager** Lager mit Innen- und Außenring, Kugeln als Wälzkörper. Häufigste Ausführung: Radialrillen-Kugellager. Kann fast nur radiale Kräfte aufnehmen.

## L

**Lager** Mechanische Verbindung zwischen zwei sich gegeneinander bewegenden Maschinenteilen.
**Läppen** Materialabtrag mit äußerst feinem Schmirgelleinen (Läppleinen). Kurz vor dem Polieren.
**LCD** Liquid crystal display. Flüssigkristall-Anzeige. Bekannt von Armbanduhren, setzt sie sich langsam auch in Kraftfahrzeug-Instrumenten durch.
**LED** Light emitting diode. Leuchtdiode. Wird als verschleißfreier und stromsparender Ersatz für Kontrolllämpchen verwendet.
**Lenkkopfwinkel,** auch Steuerkopfwinkel, Winkel zwischen der gedachten Verlängerung des Lenkkopfs (nicht der Telegabel!) und der Horizontalen.
**Lichtmaschine** Stromgenerator im Kraftfahrzeug. Unterschiedliche Bauarten möglich.

## M

**Manschette** Topfförmiger Gummiring, der in Bremszylindern für Dichtigkeit beim Betätigen sorgt.
**Masse** Bezeichnung des Minuspols am Kraftfahrzeug, der außer bei alten englischen Fahrzeugen am Rahmen (Masse) liegt.
**Mehrbereichsöl** Öle mit speziellen Legierungen, die die Schmierfähigkeit bei unterschiedlichen Temperaturen gewährleisten. Diese Eigenschaft wird in Viskositätsgrenzen ausgedrückt, z. B. SAE 20W50. D. h., dass das Öl bei niedrigen Temperaturen die Viskosität von 20, bei hohen von 50 besitzt.
**Mikrometerschraube** Messgerät für Längen, das durch feine Einteilung bis tausendstel Millimeter anzeigt. Verwendet zum Messen von Durchmessern, z. B. Kolben, Kolbenbolzen, Ventilschäften u. a.
**Multimeter** Elektrisches Messinstrument, das Spannung, Widerstand, oft auch Stromstärke und Kapazität messen kann.

## N

**Nachlauf** Strecke vom Aufstandspunkt des Vorderrads zur Kreuzung der Verlängerung des Lenkkopfs mit dem Boden. Der Nachlauf bestimmt wesentlich die Handlichkeit (geringer N.) bzw. die Spurstabilität (großer N.).
**Nadellager** Lager mit nadelähnlichen Wälzkörpern. Kann hohe, aber nur radiale Kräfte aufnehmen. Verwendung als Pleuellager.
**Nasse Zylinderlaufbuchsen** Bauform eines wassergekühlten Motors, bei dem die Zylinderlaufbuchsen nicht in den Block eingeschrumpft sind, sondern direkt vom Kühlmittel umspült werden.
**Nm** Newtonmeter. Maßeinheit für Drehmoment (Kraft mal Weg).
**Nylstop-Mutter** Mutter mit einem Nylonring in einem Ende. Der Ring wird mit auf das Gewinde geschraubt und sichert die Mutter. Solche selbstsichernden Muttern sind höchstens zweimal zu verwenden.

## O

**O-Ring-Kette** Antriebskette, bei der die Rollen gegen die Laschen mit O-Ringen (Gummi-Dichtringen) abgedichtet sind.
**ohc** (overhead camshaft). Obenliegende Nockenwelle. Bauform der Ventilsteuerung.
**Ohm** Einheit für elektrischen Widerstand.
**Ohmmeter** Widerstandsmessgerät.
**ohv** (overhead valve). Obenliegende Ventile. Bauform der Gassteuerung beim Viertaktmotor.
**Oktanzahl** Maß für den Widerstand eines Kraftstoffs gegen Selbstentzündung.
**OT** Oberer Totpunkt. Höchster Punkt der Kolbenbahn im Zylinder.

## P

**Pferdestärken (PS)** Veraltete Einheit für Leistung. Heute ersetzt durch Watt (W). 1 PS = 0,36 kW.

**Plastigauge** Dünner Plastikstreifen zum Messen von Gleitlagerspiel.
**Pleuel** (auch: Pleuelstange) Verbindungsstange zwischen Kolben und Kurbelwelle.
**Pleuelauge** Obere Bohrung im Pleuel, in der der Kolbenbolzen sitzt.
**Pleuelfuß** Untere Bohrung im Pleuel, in der der Hubzapfen der Kurbelwelle sitzt.
**Primärantrieb** Antrieb der Kurbelwelle zum Getriebe.
**Primärspannung** Spannung im Primärstromkreis des Zündsystems. Bei Batteriezündungen 12 Volt, bei Hochspannungskondensatorzündungen (CDI) etwa 400 Volt bei relativ hoher Stromstärke. CDI-Primärspannung daher gefährlich.
**PTFE** Polytetrafluorethylen. Markenname: Teflon (Firma Dupont). Extrem gleitfähiger und reaktionsarmer Kunststoff. Kann nur in sehr aufwändigen Verfahren mit Metall verbunden werden.

## R

**radial** Senkrecht zu einer Achse wirkend.
**Radialreifen** Reifen, bei dem die Karkassenfäden in Laufrichtung liegen.
**Radstand** Abstand zwischen den Senkrechten durch die Radachsen.
**Regler** Mechanisches oder elektronisches Bauteil im Kraftfahrzeug, das die von der Lichtmaschine gelieferte Spannung im Netz konstant hält, die Lichtmaschine vor Überlastung schützt und den Ladezustand der Batterie regelt.
**Relais** (Sprich: Relee.) Elektromagnetischer, fernsteuerbarer Schalter. Wird zur Schaltung von hohen Strömen eingesetzt.
**Ruckdämpfer** Gummiteile in der Hinterradnabe, die den Ruck plötzlicher Lastwechsel zwischen Kettenrad und Nabe dämpfen (siehe Abbildung). Manchmal werden auch rein metallische Ruckdämpfer konstruiert, z. B. in der Kupplung oder am Getriebeausgang (Knagge).

**Gummi-Ruckdämpfer in der Hinterradnabe**

## S

**SAE** Society of Automotive Engineers. Standard für Flüssigkeits-Viskosität.
**Schaltgabeln** Gabelförmige Metallteile, die beim Schalten die Zahnräder auf den Getriebewellen hin und her schieben.
**Schaltklauen** Radiale Verbindungszapfen zwischen Getriebezahnrädern. Die Zapfenflanken sind schräg gefräst (hinterschnitten), damit sich der Eingriff unter Last nicht lösen kann.
**Schieblehre** Messgerät für Längen, das durch feine Einteilung bis hunderstel Millimeter anzeigt.
**Schraubenfeder** Spiralförmig gewickelte Feder in Zylinderform. Verwendung als Gabel- und Ventilfeder.
**Seegerring** Radial federnder Ring, der zur Sicherung eines Bauteils in eine Nut gesetzt wird.
**Shim** Stahlplättchen spezifischer Stärke, das bei direkt auf die Ventile wirkender Nockenwelle (oft bei dohc-Motoren) als Scheibe dazwischengelegt wird und das Ventilspiel bestimmt.
**Sicherung** Feiner Draht (Schmelzsicherung) oder Automat, der bei zu hohem Strom in einem Stromkreis (z. B. durch Kurzschluss) den Stromkreis unterbricht.
**Simmerring** Siehe Dichtring.
**Spiel** Strecke, mit der sich zwei Bauteile voneinander wegbewegen können, ohne auf Widerstand zu stoßen.
**Standrohr** In den Gabelbrücken geklemmter Teil der Telegabel. In der konventionellen Variante der verchromte und polierte Teil, der in das Tauchrohr eintaucht. Bei der Upside-down-Gabel entsprechend das Außenrohr, in den das Tauchrohr eintaucht.
**Steuerkette** Antriebsmöglichkeit der Nockenwelle. Billig, aber relativ verschleißanfällig.
**Steuerkettenspanner** Mechanische Spannvorrichtung, die die Längenausdehnung der Steuerkette ausgleicht.
**Stirnräder** Antriebsmöglichkeit der Nockenwelle: Zahnradkaskade zwischen Kurbel- und Nockenwelle. Teuer, aber genau und verschleißarm.
**sv** (side valve). Seitliche Ventile. Bauform der Gassteuerung beim Viertaktmotor (sehr alt).

## T

**Tauchrohr** Mit dem Vorderrad verbundener Teil der Telegabel. In der konventionellen Variante das Außenrohr, in den das Standrohr eintaucht. Bei der Upside-down-Gabel entsprechend das zumeist verchromte Innenrohr, das von unten in das Standrohr eintaucht.
**Teflon** Siehe PTFE.
**Telegabel** Häufigste Bauart der Vorderradführung und -federung, die aus Standrohr (oben) und Tauchrohr (unten) besteht. Üblicherweise gleitet das Standrohr im Tauchrohr Upside-down-Gabel.
**Tellerrad** Siehe Kegelrad.
**Thyristor** Halbleiterbauteil mit hoher elektrischer Belastbarkeit. Verwendung als elektronischer, verschleißfreier Schalter.
**Torx** Speziell geformtes, sechskantiges Schraubenkopfprofil.
**Transistor** Halbleiterbauteil, in Zündboxen, Reglern und elektronischen Blinkrelais verbaut.
**TWI** Treadwear Indicator. Reifenverschleißmarke.

## U

**U/min.** Alte Abkürzung für »Umdrehungen pro Minute«, Drehzahl. Heute: 1/min oder $min^{-1}$
**Unterdruckuhren** Messinstrumente, mit denen der Unterdruck in den Ansaugstutzen zwischen Vergaser und Zylinderkopf gemessen werden kann. Erforderlich zum Synchronisieren von Vergasern bei Mehrzylindermotoren.
**Unwucht** Unterschiedliche Masseverteilung auf dem Umfang eines rotierenden Teils (Rad, Kurbelwelle u. a.). Kann durch Gegengewichte ausgeglichen werden.
**Upside-down-Gabel** (USD-Gabel) »Umgedrehte« Telegabel, bei der die Tauchrohre (unten) in den Standrohren gleiten.
**UT** Unterer Totpunkt. Unterster Punkt der Kolbenbahn im Zylinder.

## V

**Ventillehre** Siehe auch: Fühlerlehre.
**Viskosität** Fließfähigkeit von Schmierstoffen. Die Viskosität von SAE 5 ist sehr hoch (dünnflüssiges Öl), SAE 90 ist sehr dickflüssig.
**Volt** Einheit für elektrische Spannung.

## W

**Watt** Einheit für Leistung (W).
**Wechselstrom** Ständig und regelmäßig die Polung ändernder Stromfluss.
**Welle** Runder, sich drehender Stab im Maschinenbau.
**Widerstand** Elektrische Größe, gemessen in Ohm.
**Winkel-Anzugsmoment** Drehmoment, ausgedrückt in Winkelgraden.
**Winkelgradscheibe** Messscheibe mit einem Winkelkreis von 360°, mit der sich, auf ein Kurbelwellenende montiert, die Kolbenstellung in Winkelgraden der Kurbelwelle angeben lässt.

## Z

**Zahnriemen** Flacher Antriebsriemen, dessen Innenseite gezahnt ist und damit in entsprechende Zahnräder eingreifen kann. Verwendung als Nockenwellenantrieb und (seltener) als Hinterradantrieb.
**Zündreihenfolge** Die Reihenfolge, in der Mehrzylindermotoren ihre einzelnen Zylinder zünden. Wird ab Zylinder Nummer eins gezählt.
**Zündzeitpunkt** Punkt in der Kolbenbahn kurz vor Ende des Verdichtungstakts, bei dem der Zündfunke das Gemisch entzündet. Wird in »Millimeter vor OT« oder in Winkelgraden der Kurbelwelle gemessen.

# Umrechnungsfaktoren

## Länge (Distanz)

Inches/Zoll (in) x 25,4 =
Millimeter (mm) x 0,0294 = in
Feet/Fuß (ft) x 0,305 =
Meter (m) x 3,281 = ft
Miles/Meile (M) x 1,609 =
Kilometer (km) x 0,621 = M

## Volumen (Hubraum)

Cubic Inches (cu in) x 16,387 =
Kubikzentimeter ($cm^3$) x 0,061 = cu in
Englische (Imperial) Pints (Imp pt) x 0,568 =
Liter (l) x 1,76 = Imp pt
Englische (Imperial) Quarts (Imp qt) x 1,137 =
Liter (l) x 0,88 = Imp qt
Englische (Imperial) Quarts (Imp qt) x 1,201 =
US-Quarts (US qt) x 0,833 = Imp qt
US-Quarts (US qt) x 0,946 =
Liter (l) x 1,057 = US qt
Englische (Imperial) Gallons (Imp gal) x 4,546 =
Liter (l) x 0,22 = Imp gal
Englische (Imperial) Gallons (Imp gal) x 1,201 =
US-Gallons (US gal) x 0,833 = Imp gal
US-Gallons (US gal) x 3,785 =
Liter (l) x 0,264 = US gal

## Masse (Gewicht)

Ounces/Unzen (oz) x 28,35 =
Gramm (g) x 0,035 = oz
Pound/Pfund (lb) x 0,454 =
Kilogramm (kg) x 2,205 = lb

## Kraft

Ounces-Force (ozf; oz) x 0,278 =
Newton (N) x 3,6 = ozf; oz
Pounds-Force (lbf; lb) x 4,448 =
Newton (N) x 0,225 = lbf; lb
Newtons (N) x 0,1 =
Kilopond (kgf; kg) x 9,81 = N

## Druck

Pounds-Force per Square-Inch (psi; $lbf/in^2$; $lb/in^2$) x 0,070 =
Kilopond pro Quadratzentimeter ($kg/cm^3$) x 14,223 = psi; $lbf/in^2$; $lb/in^2$
Pounds-Force per Square-Inch (psi; $lbf/in^2$; $lb/in^2$) x 0,068 =
Atmosphärendruck (at) x 14,696 = psi; $lbf/in^2$; $lb/in^2$
Pounds-Force per Square-Inch (psi; $lbf/in^2$; $lb/in^2$) x 0,069 =
bar x 14,5 = psi; $lbf/in^2$; $lb/in^2$
Pounds-Force per Square-Inch (psi; $lbf/in^2$; $lb/in^2$) x 6,895 =
Kilopascal (kPa) x 0,145 = psi; $lbf/in^2$; $lb/in^2$
Kilopascal (kPa) x 0,01 =
Kilogramm pro Quadratzentimeter ($kg/cm^2$) x 98,1 = kPa

## Drehmoment (Kraftmoment)

Pounds-Force Inches (lbf in; lb in) x 1,152 =
Kilopond pro Zentimeter (kg/cm) x 0,868 = lbf in; lb in
Pounds-Force Inches (lbf in; lb in) x 0,113 =
Newtonmeter (Nm) x 8,85 = lbf in; lb in
Pounds-Force Inches (lbf in; lb in) x 0,083 =
Pounds-Force Feet (lbf ft; lb ft) x 12 = lbf in; lb in
Pounds-Force Feet (lbf ft; lb ft) x 0,138 =
Kilopondmeter (kg m) x 7,233 = lbf ft; lb ft
Pounds-Force Feet (lbf ft; lb ft) x 1,356 =
Newtonmeter (Nm) x 0,738 = lbf ft; lb ft
Newtonmeter (Nm) x 0,102 =
Kilopondmeter (kg m) x 9,804 = Nm

## Vakuum (Unterdruck)

Inches Mercury (in. HG) x 3,377 =
Kilopascal (kPa) x 0,2961 = in. HG
Inches Mercury (in. HG) x 25,4 =
Millimeter Quecksilbersäule (mm HG) x 0,0394 = in. HG

## Leistung

Brake Horsepower (bhp) x 0,7457 =
Kilowatt (kW) x 1,34 = bhp
Brake Horsepower (bhp) x 0,986 =
Pferdestärke (PS) x 1,014 = bhp
Pferdestärke (PS) x 0,7355 =
Kilowatt (kW) x 1,36 = PS

## Geschwindigkeit

Miles per hour (mph) x 1,609 =
Kilometer pro Stunde (km/h) x 0,621 = mph

## Kraftstoffverbrauch*

Miles per Imperial Gallon (mpg) x 0,354 =
Kilometer pro Liter (km/l) x 2,825 mpg (Imp)
Miles per US-Gallon (mpg) x 0,425 =
Kilometer pro Liter (km/l) x 2,352 = mpg (US)

** Um von mpg auf Liter pro 100 Kilometer (l/100 km) umrechnen zu können, muss das Ergebnis aus mpg (Imp.) x l/100 km = 282 – bzw. aus mpg (US) x l/100 km = 235 betragen. Beispiel: Bei 31 mpg ergibt 282 : 31 = 9,1 l/100 km*

## Temperatur

Grad Fahrenheit (°F) = (°C x 1,8) + 32;
Grad Celsius (°C) = (°F – 32) x 0,56

# Wartung und Reparatur

Phil Mather
**Automatik-Roller**

ISBN 978-3-7688-5347-7

Matthew Coombs
**BMW F 650/F 650 ST/ F 650 GS/F 650 CS**

ISBN 978-3-7688-5288-3

Matthew Coombs
**BMW R 850, 1100 und 1150 Vierventilboxer**

ISBN 978-3-667-11466-2

Jeremy Churchill / Penny Cox
**BMW K 75 und 100**

ISBN 978-3-667-10989-7

Mathew Coombs
**BMW R 1200 GS/RT/ST/S**

ISBN 978-3-667-10995-8

Matthew Coombs
**BMW R 1200**

ISBN 978-3-667-10859-3

Matthew Coombs / Penny Cox
**Ducati 600, 750 & 900**

ISBN 978-3-667-10990-3

Matthew Coombs
**Honda 125/150 cm³ Viertakt-Roller**

ISBN 978-3-7688-5315-6

Matthew Coombs
**Honda CBF 1000/CBF 1000F/ CB 1000 R**

ISBN 978-3-7688-5353-8

Matthew Coombs / Penny Cox
**Honda CBR 600 F & 1000 F**

ISBN 978-3-667-10986-6

Alan Ahlstrand
**Harley Davidson TwinCam 88/96 & 103**

ISBN 978-3-667-10984-1

Tom Schauwecker
**Harley-Davidson Sportster**

ISBN 978-3-667-10994-1

Phil Mather
**KTM Sport-Enduros und Crossmaschinen**

ISBN 978-3-7688-5276-0

Phil Mather
**Motorroller aus China, Taiwan und Korea**

ISBN 978-3-7688-5373-6

Matthew Coombs/Phil Mather
**Piaggio / Vespa**

ISBN 978-3-667-10839-5

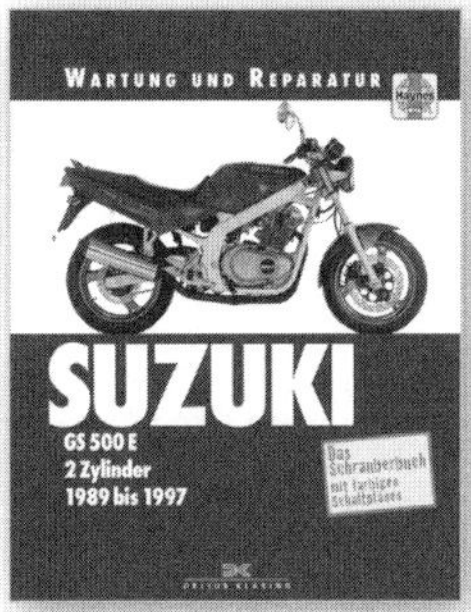

Matthew Coombs
**Suzuki DL 650 V-Strom, SFV 650 Gladius**

ISBN 978-3-667-10701-5

Matthew Coombs
**Suzuki GS 500 E**

ISBN 978-3-667-10988-0

Matthew Coombs/Phil Mather
**Suzuki GSF 600, 650 & 1200 Bandit**

ISBN 978-3-667-11020-6

Matthew Coombs / Penny Cox
**Triumph 3- und 4-Zylinder**

ISBN 978-3-667-10992-7

Matthew Coombs
**Yamaha YZF-R 125**

ISBN 978-3-7688-5360-6

Matthew Coombs
**Yamaha FJR 1300**

ISBN 978-3-667-10316-1

Matthew Coombs
**Yamaha TDM 850/TRX 850**

ISBN 978-3-667-10991-0

Matthew Coombs
**Yamaha XJ 600S Diversion SECA II und XJ 600 N**

ISBN 978-3-667-10993-4

Alan Ahlstrand / John Haynes
**Yamaha XV Virago**

ISBN 978-3-667-10987-3

DELIUS KLASING